MATHEMATISCHE GRUNDLAGEN DER HÖHEREN GEODÄSIE UND KARTOGRAPHIE

VON

DR. R. KÖNIG UND DR. K. H. WEISE

PROFESSOR AN DER UNIVERSITÄT MÜNCHEN

PROFESSOR AN DER UNIVERSITÄT KIEL

DAS ERDSPHÄROID UND SEINE KONFORMEN ABBILDUNGEN

MIT 109 ZUM TEIL FARBIGEN ABBILDUNGEN

SPRINGER-VERLAG
BERLIN / GÖTTINGEN / HEIDELBERG
1951

ISBN 978-3-642-87439-0 ISBN 978-3-642-87438-3 (eBook)
DOI 10.1007/978-3-642-87438-3

Vorwort.

Das vorliegende Werk behandelt denjenigen Teil der mathematischen Geodäsie, in welchem die Erdfigur als schwach abgeplattetes Drehellipsoid mit bekannten Dimensionen, kurz Sphäroid genannt, angenommen wird. Im Gegensatz zur „Niederen Geodäsie", wo Teile der Erdoberfläche durch Ebene oder Kugel angenähert werden, spricht man hier von der „Höheren Geodäsie". Ihre Gegenstände sind — in geometrischer Stufenfolge — die Lagebeschreibung der *Punkte* auf dem Sphäroid durch Koordinaten, die *geodätische Linie*, das *geodätische Dreieck* und daraus gebildete *Ketten* und *Netze*. Demgemäß gliedert sich das Werk folgendermaßen:

Der erste Teil enthält in einheitlich organischem Aufbau die konforme Abbildung des Sphäroids auf Kugel und Ebene und damit die Gewinnung ebener, rechtwinkliger, konformer Punkt-Koordinaten (Abschnitt I bis IX). Besonderes Gewicht wird dabei auf das Studium der Sphäroidabbildungen *im Großen* gelegt, da nur hierdurch vertiefte Einblicke in die Struktur der Abbildungsfunktionen und ihre analytischen Darstellungsmittel gewonnen werden können. Die Formeln und Entwicklungen werden in einer für den praktischen Gebrauch notwendigen Vielseitigkeit und Vollständigkeit gegeben und im Hinblick auf den Praktiker mit durchaus elementaren Methoden so weit geführt, daß der Anschluß an numerische Rechnungen erreicht wird. Dem gleichen Zweck dienen zahlreiche Koeffiziententabellen, die außerdem eine bequeme Abschätzung der vernachlässigten Reihenglieder erlauben. Die hierbei und in den Rechenbeispielen verwendete Genauigkeit ist durch internationale Vereinbarungen festgelegt und das Ausgangszahlenmaterial der geodätischen Literatur entnommen. Eine systematische Bezeichnung soll dazu beitragen, in der verwirrenden Fülle des Materials die klaren und einfachen Grundgedanken hervortreten zu lassen; auch die Überschriften der einzelnen Kapitel wurden dementsprechend gestaltet.

Im zweiten Teil werden, zum Teil in Verallgemeinerung auf beliebige Flächen, die geodätische Linie in geographischen, lokal-räumlichen und isothermen Koordinaten und die beiden sog. Hauptaufgaben der Geodäsie behandelt (Abschnitt XI bis XVI). Die Ausdehnung auf das komplexe Gebiet ergibt auch hierbei die systematische Entwicklung der Hilfsmittel.

Der dritte Teil bringt — als Zwischenstück — die Theorie der allgemeinen und insbesondere der konformen Abbildung zweier Flächen aufeinander mit Anwendung auf das Bild der geodätischen Linie.

Schließlich werden im vierten Teil die geodätischen und zum Teil auch die allgemeinen Dreiecke auf krummen Flächen untersucht. Die sich anschließende Theorie der Dreiecksketten und Netze samt ihrer Ausgleichung nach der Methode der kleinsten Quadrate konnten wir leider im Rahmen des geplanten Umfanges nicht mehr entwickeln.

Die mathematischen Hilfsmittel aus Analysis und Geometrie sind je in einem besonderen Abschnitt X und XXII zusammengestellt. Sie umfassen im ersten Teil insbesondere die Koeffizientenbeziehungen bei dem Rechnen mit Potenzreihen und trigonometrischen Reihen, die auch außerhalb dieses Buches häufig benötigt werden.

Teil I (Abschnitt I bis X) erscheint als erster Band des Werkes mit dem Untertitel: „Das Erdsphäroid und seine konformen Abbildungen" und liefert damit auch der höheren Kartographie die mathematischen Unterlagen,

Teil II bis IV (Abschnitt XI bis XXII) als zweiter Band mit dem Untertitel: „Grundprobleme der höheren Geodäsie".

Hiermit ist aber der Problemkreis geodätischer Forschung noch lange nicht erschöpft. Sie zielt, abgesehen von der praktischen Verwendung für die Landesvermessung, auf die Beantwortung der Frage nach der wahren Erdgestalt, der Bestimmung des „Geoids" und des sich ihm am besten anschmiegenden Erdellipsoids bzw. der günstigsten geodätischen Bezugsfläche. Bei der beabsichtigten Beschränkung auf den mathematischen Teil müssen indessen diese weiterreichenden Theorien außer Betracht bleiben, da sie physikalische und astronomische Methoden erfordern und damit in das Gebiet der „Physikalischen Geodäsie" gehören.

Wir hoffen mit unserem Werk Mathematik und Geodäsie, die in dem Schöpfer der höheren Geodäsie, C. F. Gauß, völlig vereint waren, wieder näher zusammenzuführen, dem Mathematiker zu einem großen Anwendungsgebiet einen neuen Zugang zu erschließen und dem Geodäten nicht nur ein Lehrbuch zu liefern, welches ihm einen klaren und neuen mathematischen Durchblick sowie neue und weiterreichende Methoden verschafft, sondern auch wegen seiner Vielseitigkeit in der Darstellung und der Entwicklung bequemer maschineller Rechenmöglichkeiten ein nützliches Handbuch ist.

Durch ihre Mitarbeit haben uns die Herren Prof. Dr. Hermann Schmidt (vorwiegend in den Abschnitten III und IV), Dr. G. Lochs (XV), Dr. H. Töpfer (IV, V, XI) und Dr. H. Voderberg (†) (XIII) unterstützt, denen hiermit aufs beste gedankt sei. Viele mühevolle Kleinarbeit bei der Herstellung des Manuskriptes und der numerischen Rechnung wurde durch die Kieler Hilfskräfte, insbesondere durch Herrn

Dr. W. Gaschütz und Frl. cand. G. Rothschild, geleistet. Wir danken ferner der Bayerischen Akademie der Wissenschaften, die durch einen Forschungsbeitrag die Vollendung des ersten Bandes ermöglicht hat. Unser Dank gebührt aber insbesondere dem Springer-Verlag, der in schwerer Zeit sich zu der Herausgabe des umfangreichen Werkes entschlossen und sie in bewährter vortrefflicher Weise ausgeführt hat.

Seit je hat die Menschheit die Frage nach der Erdgestalt beschäftigt, sie zu lösen, ist nur durch die friedliche Zusammenarbeit aller Kulturvölker möglich. Möge das Buch in diesem Sinne wirken und in die Welt hinausgehen.

München und Kiel, Ende 1950.

R. König. K. H. Weise.

Inhaltsverzeichnis.

Seite

II. Abschnitt.

Die drei komplexen Grund-Flächenvariablen A = M, B, Γ für eine Drehfläche, insbesondere für Sphäroid und Kugel.

III. Abschnitt.

Zwischenstück: Konforme Abbildung zweier Ebenen.

Seite

IV. Abschnitt.

Der geometrische Zusammenhang zwischen A, B, Γ.

V. Abschnitt.

Analytische Darstellungsmittel (Reihen) für den Zusammenhang zwischen A, B, Γ und ihren Exponentialfunktionen. Zwischenstück: Konforme Abbildungen des Sphäroids auf die Kugel durch $\mu = \mathsf{M}$.

VIII. Abschnitt.

Die Transformationen der isothermen Koordinatensysteme.

IX. Abschnitt.

Verschiedene Projektionen des Erdsphäroids auf Ebene, Kugel und Drehellipsoid.

Übersicht über die Bezeichnungen.

A. Allgemeine mathematische Bezeichnungen.

$\mathfrak{v}, \mathfrak{w}, \ldots$	(kleine deutsche Buchstaben) Vektoren (Kleine deutsche Buchstaben werden auch bei der Bezeichnung von Abplattungen verwendet [siehe unter B])
$\lvert\mathfrak{v}\rvert = v$	absoluter Betrag des Vektors $\mathfrak{v}$
$\arg \mathfrak{v}$	Argument des Vektors $\mathfrak{v}$
$\mathfrak{x}$	Ortsvektor
$\mathfrak{t}$	Tangentenvektor
$\mathfrak{n}$	Normalenvektor
$\mathfrak{e}_1, \mathfrak{e}_2$	Basisvektoren
$\mathfrak{v}\begin{cases} v_1 \\ v_2 \end{cases}$	Komponentendarstellung des Vektors $\mathfrak{v}$
$\mathfrak{v} \circ \mathfrak{w}$	skalares Produkt
$\mathfrak{v} \times \mathfrak{w}$	äußeres oder alternierendes Produkt
$\mathbf{P}$	allgemeine Bezeichnung eines Punktes
$\overrightarrow{\mathbf{P}_1\mathbf{P}_2}$	Vektor von $\mathbf{P}_1$ nach $\mathbf{P}_2$
z	allgemeine komplexe Variable
$z' = \mathfrak{Re}(z)$	Realteil von z
$z'' = \mathfrak{Im}(z)$	Imaginärteil von z (Die Striche werden zum Teil auch links oben gesetzt, zum Beispiel in Verallgemeinerung bedeuten $''Q_\nu$ die Koeffizienten des imaginären Teils der Reihenentwicklung $\Sigma\, Q_\nu\, z^\nu$ usw.)
$\lvert z\rvert$	absoluter Betrag von z
$\arg z$	Argument von z
$\bar{z}$	konjugiert komplexer Wert von z
$z = \varrho\, e^{i\psi}$	Darstellung von z durch absoluten Betrag ϱ und Argument ψ (ϱ wird auch als Umrechnungsfaktor bei Winkelmaßen, ϱ°, ϱ'', und für den mittleren Krümmungshalbmesser gebraucht)
e	Basis der natürlichen Logarithmen (e wird auch zur Bezeichnung der Exzentrizitäten verwendet)
lg	natürlicher Logarithmus
log	dekadischer Logarithmus
s	Bogenlänge einer Kurve
ds	Bogenelement einer Kurve
$d\mathfrak{s}$	Gerichtetes Bogenelement einer Kurve
O	Oberfläche
dO	Oberflächenelement
$\dot{\mathfrak{x}}, \dot{z}, \ldots$	Ableitung von $\mathfrak{x}$, z nach einem beliebigen Parameter
$\mathfrak{x}', z', \ldots$	Ableitung von $\mathfrak{x}$, z nach der Bogenlänge
k	Kurvenkrümmung
K	Kreis

$\mathfrak{E}$	Ebene
$\mathfrak{P}$, $\mathfrak{Q}$	Potenzreihen
x, y, z	rechtwinklige cartesische Koordinaten
C	allgemeines (orientiertes) Kurvenstück
$f(x, \ldots)$	allgemeines Funktionszeichen
f^{-1}	inverse Funktion von f
$f\|_a$	Wert von f an der Stelle a
$f_{\nu 0}$	Koeffizient der Taylor-Entwicklung von f/f_0
R_{l+1}	Reihenrest nach dem l-ten Glied (R auch als Koeffizient der Fourier-Reihe von r)
Gl_n	Glieder n-ter Ordnung bei Reihenentwicklungen

$$\nu' = \begin{cases} \dfrac{\nu+1}{2} & \text{für ungerades } \nu \\[2ex] \dfrac{\nu}{2} & \text{für gerades } \nu \end{cases}$$

$$\nu'' = \begin{cases} \dfrac{\nu-1}{2} & \text{für ungerades } \nu \\[2ex] \dfrac{\nu}{2} & \text{für gerades } \nu \end{cases}$$

ν	allgemeiner variabler Index (ν wird auch zur Bezeichnung der Netzverschwenkung verwendet)
$[1], [2], \ldots, [\nu]$	Koeffizienten im Reihenschema zur numerischen Berechnung; z. B. $\Delta \mathsf{\Gamma} = [1]\, \Delta \mathsf{B} + [2]\, (\Delta \mathsf{B})^2 + \cdots$
$a\|b$	a durch b ersetzt
$\oint$	Integral über geschlossene Kurve
$\sphericalangle(\mathfrak{v}, \mathfrak{w})$	Winkel zwischen $\mathfrak{v}$ und $\mathfrak{w}$
*	allgemeine Kennzeichnung der Bildgrößen bei Abbildungen, z. B. $\mathbf{P}^*$ = Bild von $\mathbf{P}$, k^* Bildkurvenkrümmung usw. (Der Stern wird auch zur Kennzeichnung von Spezialfällen verwendet, z. B. H^*, ${}^*\Lambda$ (siehe C VII).
sh ch th cth	hyperbolische Funktionen
arsh arch arth arcth	Umkehrfunktionen der hyperbolichen Funktionen
ϱ°, ϱ''	Umrechnungsfaktoren Bogenmaß-Grad, Sekunden
•	Der Punkt wird verwendet: 1. zur Normierung, z. B. $\mathsf{\Gamma} \to \dot{\mathsf{\Gamma}}$, 2. für die Ableitung nach einem Parameter, z. B. $\dot{\mathfrak{x}}$, 3. für die Koeffizienten von Umkehrreihen, z. B. (a_ν), $(\dot{a}_\nu)$.
$\mathfrak{U}(\mathbf{P})$	Umgebung eines Punktes $\mathbf{P}$
$\mathfrak{D}$	Durchschnitt von Punktmengen
$\mathfrak{S}$	Streifen

B. Allgemeine geodätische Bezeichnungen.

a, b	Halbachsen der Meridianellipse ($a > b$)
e, e', e''	Exzentrizitäten der Ellipse
$\mathfrak{a}, \mathfrak{a}', \mathfrak{a}''$	Abplattungen der Meridianellipse
$n = \mathfrak{a}''$	
$d = b^2/a$	
$c = a^2/b$	(c siehe auch unten)
B, b	geographische Breite (kleine Buchstaben beziehen sich auf die entsprechenden Größen bei der Kugel)
B_g	geozentrische Breite
B_r	reduzierte Breite
P, p	Polhöhe (p auch Parallelkreisbogen)
H	isometrische Breite
L, l	geographische Länge
α	Azimut
c	abkürzende Bezeichnung für $\cos B$ bzw. $\cos b$ (c auch Bildverschwenkung)
s	abkürzende Bezeichnung für $\sin B$ bzw. $\sin b$
t	abkürzende Bezeichnung für $\operatorname{tg} B$ bzw. $\operatorname{tg} b$
γ	abkürzende Bezeichnung für $\cos\frac{P}{2}$ bzw. $\cos\frac{p}{2}$
σ	abkürzende Bezeichnung für $\sin\frac{P}{2}$ bzw. $\sin\frac{p}{2}$
τ	abkürzende Bezeichnung für $\operatorname{tg}\frac{P}{2}$ bzw. $\operatorname{tg}\frac{p}{2}$
$e_c =$	$e \cos B$
$e_s =$	$e \sin B$
$e'_c =$	$e' \cos B$
$e'_s =$	$e' \sin B$
$\eta = e'_c$	(η auch stereographische Variable)
δ	Drehwinkel der Kugel (insbesondere bei speziellen stereographischen Projektionen)
E, E', F	Grundfunktionen der geographischen Breite
M	Meridiankrümmungshalbmesser
N	Querkrümmungshalbmesser (**N** auch Nordpol)
r	Parallelkreishalbmesser
ϱ	mittlerer Krümmungshalbmesser
K	Gaußsche Flächenkrümmung (auch zur Bezeichnung von Kreisen und als Index für die Kugel verwendet)
$\mathbf{P}_m$	Meridiankrümmungsmittelpunkt
$\mathbf{P}_n$	Querkrümmungsmittelpunkt
G	Meridianbogen
$G^{(m)}$	mittlerer Meridianbogen
$G^{(m)}_{\circ}$	mittlerer Meridiangrad
$\dot{G}$	normierte Meridianbogenlänge
$\varrho_{(\alpha)}$	Krümmungshalbmesser in Richtung α
p	Parallelkreisbogen
$\mathfrak{H}$	Hauptmeridian
$\mathfrak{M}$	beliebiger Meridian
$\mathfrak{A}$	Äquator

N	Nordpol
S	Südpol
Ω, Ω'	Schnittpunkte des Äquators mit dem Hauptmeridian und dem Gegenmeridian
W, O	West- bzw. Ostpunkt
Q	Länge des Meridianquadranten
$\mathfrak{F}$	allgemeine Rotationsfläche
Sph	Sphäroid (auch als Index verwendet)
$O_{B_1 L_1}^{B_2 L_2}$	Sphäroidoberfläche zwischen den Breiten B_1 und B_2 und den Längen L_1 und L_2
$Z_{B_1}^{B_2}$	Sphäroidzone zwischen den Breiten B_1, B_2
λ	reziproke Netzdichte
ν	Netzverschwenkung
m	Abbildungsmodul = (lokales) Vergrößerungsverhältnis
c	Abbildungsargument = (lokale) Bildverschwenkung
$\mathsf{A} = \mathsf{M}$, $\alpha = \mu$	komplexe Länge (kleine griechische Buchstaben auch in anderer Verwendung, insbesondere α und η)
B, β	komplexe Breite
Π, π	komplexe Poldistanz
$\mathsf{\Gamma}$, γ	komplexer Meridianbogen
$\dot{\mathsf{\Gamma}}$, $\dot{\gamma}$	normierter komplexer Meridianbogen
H, η	stereographische Variable
Z, ζ	zentrale Variable
Θ, ϑ	$\Theta = e^{i\mathsf{\Gamma}}$

(Weitere komplexe Flächenvariable siehe unter C VII und C IV)

C. Ergänzende Zeichenerklärungen zu den einzelnen Abschnitten.

I. E, E' Integralperioden des elliptischen Integrals 2. Gattung

$\dot{G}_m = \frac{\dot{G}_1 + \dot{G}_2}{2}$ mittlerer (normierter) Bogenwert

$B_m = \frac{B_1 + B_2}{2}$ Mittelbreite

II. p, q Soldnersche Koordinaten

$\doteq$ Siehe S. **79** Fußnote **22**

III. b', l', p' pseudogeographische Koordinaten

IV.

$\mathfrak{A}$, $\mathfrak{A}^*$	Abbildung	$\mathsf{A} = \mathsf{M} \to \mathsf{B}$ mit Umkehrung
$\mathfrak{A}'$, $\mathfrak{A}'^*$	„	$\mathsf{B} \to \mathsf{\Gamma}$ „ „
$\mathfrak{A}''$, $\mathfrak{A}''^*$	„	$\mathsf{A} \to \mathsf{\Gamma}$ „ „
$\hat{\mathfrak{A}}$, $\hat{\mathfrak{A}}^*$	„	$\mathsf{A} \to \mathsf{Z}$ „ „
$\hat{\mathfrak{A}}'$, $\hat{\mathfrak{A}}'^*$	„	$\mathsf{Z} \to \mathsf{\Gamma}$ „ „

(Zu den jeweiligen Abbildungen gehörende Größen sind mit den entsprechenden Indizierungen versehen, z. B. $\hat{\mathfrak{V}}^*$: Verschwenkungsgleichen für Abbildung $\mathsf{Z} \to \mathsf{A}$)

$\mathfrak{G}_1$, $\mathfrak{G}_2$	Gitternetzlinien
$\mathfrak{U}$ (m_0)	Verzerrungsgleichen
$\mathfrak{V}$ (c_0)	Verschwenkungsgleichen
$\mathfrak{W}_1$, $\mathfrak{W}_2$	Wendepaar

Abgeleitete komplexe Flächenvariable:

$$\hat{\mathsf{H}} = -\frac{\mathsf{H}+1}{\mathsf{H}-1}; \quad \hat{\mathsf{Z}} = -i\frac{\mathsf{Z}-1}{\mathsf{Z}+1}; \quad \hat{\Theta} = -i\frac{\dot{\Gamma}-1}{\dot{\Gamma}+1}$$

(Aber $\hat{\mathsf{M}} = \mathsf{M} + \frac{i\pi}{2}$ [323] nicht analog!)

V. α Hilfsvariable $\mathsf{Z} = \frac{\sqrt{n}}{i} \sin\alpha$ [203]

VI. A Kugelhalbmesser

α Konstante bei der Schmiegkugelabbildung

$C = \cos\mathsf{B}$

$S = \sin\mathsf{B}$

$c = \alpha\cos\beta$, $s = \alpha\sin\beta$ (Spezielle Abkürzung bei der Schmiegkugelabbildung)

B_n, b_n Breite des Normalparallels bei der Abbildung durch die Gaußsche Schmiegkugel

$\ddot{U}_{\mathrm{I,II,III}}$ Ellipsoidübergang 1., 2., 3. Grades

VII. α Öffnungsverhältnis des Kegelsektors bei der Lambertschen Kegelprojektion

$\hat{B}$, $\hat{P}$ Hilfsbreite bzw. Poldistanz bei der Gauß-Lagrangeschen Kegelprojektion [372]

Spezielle komplexe Flächenvariable bzw. Abbildungen

H_A allgemeine stereographische Projektion

H^* stereographische Projektion mit diametralem Null- und Unendlichkeitspunkt

H^*_A stereographische Äquatorialprojektion

H_G Gauß-Krügersche stereographische Projektion

M_G $\mathsf{H}_G = -e^{-M_G}$, entsprechend B_G, L_G

Λ Grund- oder Polarkegelprojektion

$\dot{\Lambda}$ $\dot{\Lambda} = k(\Lambda - \Lambda_0)$ normierte Kegelvariable

Λ_A allgemeine (normale) Kegelprojektion

$^*\Lambda$ Kegelprojektion mit pseudodiametralem Null- und Unendlichkeitspunkt

$^*\Lambda_{A,\Omega}$ Lambertsche Äquatorialprojektion

Λ_G Gauß-Lagrangesche Kegelprojektion

Λ_L spezielle Lagrangesche Projektion

$\Sigma_{(\alpha)}$, $\sigma_{(\alpha)}$ gewöhnliche Bogenabbildung (Azimut α)

$\tilde{\sigma}_{(\alpha)}$ modifizierte Bogenabbildung (Azimut α)

D. Alphabetische Übersicht der Reihenkoeffizienten.

$\mathfrak{P}$: Potenzreihe
$\mathfrak{T}$: trigonometrische Reihe
[ ]: Seitenzahl

a) $[a_\nu]$: $\Delta\dot{\mathsf{\Gamma}} \leftarrow \Delta\mathsf{B}$; $\mathfrak{P}$ [207] $[\dot{a}_\nu]$: $\Delta\,\mathsf{B} \leftarrow \Delta\dot{\mathsf{\Gamma}}$; $\mathfrak{P}$ [164]
$(A_{\mu\nu})$: $\Delta\mathsf{\Gamma}' \leftarrow \Delta B,\ \Delta L$; $\mathfrak{P}$ [247]
$(\dot{A}_{\mu\nu})$: $\Delta B \leftarrow \Delta\mathsf{\Gamma}',\ \Delta\mathsf{\Gamma}''$; $\mathfrak{P}$ [255]
$[A_\nu]$: $\Delta G \leftarrow \Delta B$; $\mathfrak{P}$ [54] $(\dot{A}_\nu)$: $\Delta B \leftarrow \Delta G$; $\mathfrak{P}$ [57]

b) $[b_\nu]$: $\Delta\mathsf{M} \leftarrow \Delta\mathsf{B}$; $\mathfrak{P}$ [171]
$[\dot{b}_\nu]$: $\Delta\mathsf{B} \leftarrow \Delta\mathsf{M}$; $\mathfrak{P}$ [198]
$(B_{\mu\nu})$: $\Delta\mathsf{\Gamma}'' \leftarrow \Delta B,\ \Delta L$; $\mathfrak{P}$ [247]
$(\dot{B}_{\mu\nu})$: $\Delta L \leftarrow \Delta\mathsf{\Gamma}',\ \Delta\mathsf{\Gamma}''$; $\mathfrak{P}$ [255]

c) $c_{2\lambda}^{(\alpha)}$: $F^\alpha \leftarrow B$; $\mathfrak{T}$ [14]
$C_{2\lambda-1}^{(\alpha)}$: $[g_{\nu 0}'^{(\alpha)}] \leftarrow B$; $\mathfrak{T}$ [38]
$[c_\nu]$: $\Delta\mathsf{M} \leftarrow \Delta\dot{\mathsf{\Gamma}}$; $\mathfrak{P}$ [178] $(\dot{c}_\nu)$: $\Delta\dot{\mathsf{\Gamma}} \leftarrow \Delta\mathsf{M}$; $\mathfrak{P}$ [210]
$[C_\nu]$: $\Delta\mathsf{M} \leftarrow \Delta\mathsf{\Gamma}$; $\mathfrak{P}$ [178] $(\dot{C}_\nu)$: $\Delta\mathsf{\Gamma} \leftarrow \Delta\mathsf{M}$; $\mathfrak{P}$ [210]
$(c_{\mu\nu})$: $c \leftarrow \Delta B,\ \Delta L$; $\mathfrak{P}$ [252]

d) $[d_\nu]$: $\Delta\beta \leftarrow \Delta\mathsf{B}$; $\mathfrak{P}$ [188] $[\dot{d}_\nu]$: $\Delta\mathsf{B} \leftarrow \Delta\beta$; $\mathfrak{P}$ [192]

e) $[e_\nu]$: $\Delta\dot{\gamma} \leftarrow \Delta\dot{\mathsf{\Gamma}}$; $\mathfrak{P}$ [195] $[\dot{e}_\nu]$: $\Delta\dot{\mathsf{\Gamma}} \leftarrow \Delta\dot{\gamma}$; $\mathfrak{P}$ [197]

f) $f_{\nu 0}^{(\alpha)}$: $\dfrac{E^\alpha}{E_0^\alpha},\ \dfrac{E'^\alpha}{E_0'^\alpha},\ \dfrac{F^\alpha}{F_0^\alpha} \leftarrow \Delta B$; $\mathfrak{P}$ [24]

g) $[g_{\nu 0}^{(\alpha)})$: $F^\alpha \cos B \leftarrow \Delta B$; $\mathfrak{P}$ [30]
$[g_{\nu 0}'^{(\alpha)})$: $\dfrac{F^\alpha}{\cos B} \leftarrow \Delta B$; $\mathfrak{P}$ [31]

h) $[h_\nu)$: $\dfrac{r}{M} \leftarrow \Delta B$; $\mathfrak{P}$ [35] $[h_\nu')$: $\dfrac{M}{r} \leftarrow \Delta B$; $\mathfrak{P}$ [35]

k) $K_{2\lambda}$: $K \leftarrow B$; $\mathfrak{T}$ [22] $k_{2\lambda}$: $b \leftarrow B$; $\mathfrak{T}$ [187]
$[k_\nu)$: $K \leftarrow \Delta B$; $\mathfrak{P}$ [33] $\dot{k}_{2\lambda}$: $B \leftarrow b$; $\mathfrak{T}$ [191]
$K_{2\lambda}^{(i)}$: $\zeta \leftarrow \mathsf{Z}$; $\mathfrak{T}$ [187]
$\dot{K}_{2\lambda}^{(i)}$: $\mathsf{Z} \leftarrow \zeta$; $\mathfrak{T}$ [190] (k_ν'): $K^{-1} \leftarrow \Delta B$; $\mathfrak{P}$ [34]

l)		
$l_{2\lambda}$: $\dot{\gamma} \leftarrow \mathsf{\Gamma}$; $\mathfrak{T}$ [194]	$L_{2\lambda}$: $\lg m^* \leftarrow b$; $\mathfrak{T}$ [238]	$[L_\nu]$: $\lg \dfrac{d\dot{\mathsf{\Gamma}}}{d\mathsf{M}} \leftarrow \Delta\mathsf{M}$; $\mathfrak{P}$ [251]
$\dot{l}_{2\lambda}$: $\dot{\mathsf{\Gamma}} \leftarrow \dot{\gamma}$; $\mathfrak{T}$ [196]	$\dot{L}_{2\lambda}$: $\lg \dfrac{d\mathsf{M}}{d\dot{\mathsf{\Gamma}}} \leftarrow \dot{\mathsf{\Gamma}}$; $\mathfrak{T}$ [254]	$(\dot{L}_\nu')$: $\Delta G \leftarrow \Delta\mathsf{\Gamma}', \Delta\mathsf{\Gamma}''$; $\mathfrak{P}$ [259]
$L_{2\lambda}^{(i)}$: $\zeta \leftarrow \Theta$; $\mathfrak{T}$ [195]	$L_{2\lambda}'$: $\lg \dfrac{d\mathsf{B}}{d\mathsf{M}} \leftarrow \beta$; $\mathfrak{T}$ [241]	(l_ν): $\lg \dfrac{d\mathsf{H}_\sigma}{d\mathsf{M}} \leftarrow \Delta\mathsf{M}$; $\mathfrak{P}$ [351]
$\dot{L}_{2\lambda}^{(i)}$: $\Theta \leftarrow \zeta$; $\mathfrak{T}$ [196]	$[L_\nu']$: $\lg \dfrac{d\mathsf{B}}{d\mathsf{M}} \leftarrow \Delta\mathsf{M}$; $\mathfrak{P}$ [242]	

m) $(M_{2\lambda})$:	$M \leftarrow B$; $\mathfrak{T}$ [19]	$[\hat{m}_\nu]$:	$\lg \frac{m}{m_0} \leftarrow \Delta B$; $\mathfrak{P}$ [234]
$(M'_{2\lambda})$:	$M^{-1} \leftarrow B$; $\mathfrak{T}$ [19]	$[\hat{m}^*_\nu]$:	$\lg \frac{m^*}{m_0{}^*} \leftarrow \Delta b$; $\mathfrak{P}$ [238]
$[m_\nu)$:	$M \leftarrow \Delta B$; $\mathfrak{P}$ [32]	$(m_{\mu\nu})$:	$m\,G^{(m)} \leftarrow \Delta B, \Delta L$; $\mathfrak{P}$ [249]
		(m_ν):	$m \leftarrow \Delta B$; $\mathfrak{P}$ [273]
$[m'_\nu)$:	$M^{-1} \leftarrow \Delta B$; $\mathfrak{P}$ [32]	$(\hat{m}_\nu)$:	$\lg \frac{m}{m_0} \leftarrow \Delta B$; $\mathfrak{P}$ [274]
		(m^*_ν):	$m^* \leftarrow \Delta b$; $\mathfrak{P}$ [279]
		$(\hat{m}^*_\nu)$:	$\lg \frac{m^*}{m_0{}^*} \leftarrow \Delta b$; $\mathfrak{P}$ [279]
$(\mathsf{M}_{2\lambda})$:	$m \leftarrow B$; $\mathfrak{T}$ [262]		
$(\mathsf{M}'_{2\lambda})$:	$m^* \leftarrow b$; $\mathfrak{T}$ [263]		
n) $(N_{2\lambda})$:	$N \leftarrow B$; $\mathfrak{T}$ [20]		
$(N'_{2\lambda})$:	$N^{-1} \leftarrow B$; $\mathfrak{T}$ [21]		
$[n_\nu)$:	$N \leftarrow \Delta B$; $\mathfrak{P}$ [32]		
$[n'_\nu)$:	$N^{-1} \leftarrow \Delta B$; $\mathfrak{P}$ [33]		
o) (o_ν):	$\Delta b \leftarrow \Delta B$; $\mathfrak{P}$ [269]	$(\dot{o}_\nu)$:	$\Delta B \leftarrow \Delta b$; $\mathfrak{P}$ [277]
p) $p_{2\lambda}$:	$\dot{G} \leftarrow B$; $\mathfrak{T}$ [50]	$\dot{p}_{2\lambda}$:	$B \leftarrow \dot{G}$; $\mathfrak{T}$ [52]
$P^{(i)}_{2\lambda}$:	$\Theta \leftarrow \mathsf{Z}$; $\mathfrak{T}$ [208]	$\dot{P}^{(i)}_{2\lambda}$:	$\mathsf{Z} \leftarrow \Theta$; $\mathfrak{T}$ [165]
q) $q_{2\lambda+1}$:	$\mathsf{M} \leftarrow \mathsf{B}$; $\mathfrak{T}$ [168]		
Q^{-1}_μ:	$\mathsf{H} \leftarrow \mathsf{B}$; $\mathfrak{T}$ [173]		
r) P_ν:	$\frac{\mathsf{P}}{\mathsf{P}_0} \leftarrow \Delta B$; $\mathfrak{P}$ [362]	$[\varrho_\nu)$:	$\varrho \leftarrow \Delta B$; $\mathfrak{P}$ [33]
$\tilde{\mathsf{P}}_\nu$:	$\frac{\mathsf{P}}{\mathsf{P}_0} \leftarrow \Delta G$; $\mathfrak{P}$ [363]		
$\dot{\mathsf{P}}_\nu$:	$\Delta B \leftarrow \frac{\Delta \mathsf{P}}{\mathsf{P}_0}$; $\mathfrak{P}$ [367]		
$(\mathsf{P}_{2\lambda})$:	$\varrho \leftarrow B$; $\mathfrak{T}$ [22]		
$(R_{2\lambda+1})$:	$r \leftarrow B$; $\mathfrak{T}$ [21]	$(\tilde{R}_{2\lambda-1})$:	$m^* \leftarrow b$; $\mathfrak{T}$ [235]
$(R'_{2\lambda+1})$:	$r^{-1} \leftarrow B$; $\mathfrak{T}$ [21]	$r_{2\lambda-1}$:	$\mathsf{M} \leftarrow \dot{\Gamma}$; $\mathfrak{T}$ [177]
$[r_\nu)$:	$r \leftarrow \Delta B$; $\mathfrak{P}$ [34]	$R^{(-1)}_\lambda$:	$\mathsf{H} \leftarrow \dot{\Gamma}$; $\mathfrak{T}$ [181]
$[r'_\nu)$:	$r^{-1} \leftarrow \Delta B$; $\mathfrak{P}$ [34]		
$(\tilde{r}_\nu)$:	$m^* \leftarrow \Delta H$; $\mathfrak{P}$ [236]	$[\mathfrak{r}_\nu)$:	$\lg \frac{r}{r_0} \leftarrow \Delta H$; $\mathfrak{P}$ [351]
$(\tilde{r}'_\nu)$:	$\frac{1}{m^*} \leftarrow \Delta H$; $\mathfrak{P}$ [237]		
s) σ_ν:	$\Delta \mathsf{M} \leftarrow z$; $\mathfrak{P}$ [397]	$\dot{\sigma}_\nu$:	$z \leftarrow \Delta \mathsf{M}$; $\mathfrak{P}$ [397]
$(S_{\mu\nu})$:	$z \leftarrow \Delta B, \Delta L$; $\mathfrak{P}$ [397]		

I. Teil.

Das Erdsphäroid und seine konforme Abbildung.

Einleitung.

Erdsphäroid nennen wir kurz die als schwach abgeplattetes Drehellipsoid mathematisch idealisierte Erdfigur[1]. Seine Punkte sind zunächst durch die geographischen Koordinaten (B, L) festgelegt. Zu einer mathematischen Beherrschung der Fläche bedarf es in erster Linie der Berechnung von Krümmungsgrößen, des Meridian- und Parallelkreisbogens sowie der Oberfläche. Die Durchführung erfolgt in *Abschnitt I.* Bereits hier aber wird der entscheidende Schritt vollzogen, daß B nicht nur auf das reelle Intervall $-\frac{\pi}{2} \leqq B \leqq +\frac{\pi}{2}$ beschränkt, sondern auf die komplexe Zahlenebene ausgedehnt wird. Die gesuchten Größen ergeben sich als einfache analytische Funktionen f von B, und damit erhält man auch naturgemäß die *Darstellungsmittel*, die zu ihrer Berechnung dienen, samt den zugehörigen Gültigkeitsbereichen. Dieses sind erstens *gewöhnliche* (nach ganzen positiven Potenzen von $B-B_0$ fortschreitende) *Potenzreihen* $\mathfrak{P}$ für die Darstellung von f in der Umgebung eines Punktes $\mathbf{P}_0(B_0, L_0)$, zweitens *allgemeine* (nach ganzen positiven und negativen Potenzen von $e^{iB} = z$ fortschreitende) *Potenzreihen* P für die Darstellung von f in einer ringförmigen Umgebung des Einheitskreises der komplexen z-Ebene oder damit gleichbedeutend (siehe X, 3) *trigonometrische* (nach $\sin\nu B, \cos\nu B$ fortschreitende) *Reihen* T für die Darstellung von f in einer komplexen streifenförmigen Umgebung $\mathfrak{S}$ des Hauptmeridians, insbesondere auf diesem selbst. Die Koeffizienten von $\mathfrak{P}$ sind zunächst geschlossene Ausdrücke in $e' \cos B$, $e' \sin B$ (*Koeffizientendarstellung „erster Art“*), wenn aber $\mathbf{P}_0$ in $\mathfrak{S}$ liegt, können sie auch durch fortgesetztes Differenzieren der Reihe T an der Stelle $\mathbf{P}_0$ als trigonometrische Reihen nach $\sin\nu B_0, \cos\nu B_0$ erhalten werden (*Koeffizientendarstellung „zweiter Art“*). Dabei erscheinen sie gleichzeitig als Potenzreihen in n (3. Abplattung, I, 2). In dieser Form sind sie besonders für die numerische maschinelle Berechnung geeignet, worauf H. Boltz ([1], [2]) hingewiesen hat.

[1] Über eine genauere Bestimmung der Erdfigur siehe F. R. Helmert [1] S. 573 oder G. Förster [1] S. 72.

Nach Gauß [1] erhalten wir eine *konforme Abbildung* des Sphäroids in die Ebene, wenn wir eine auf der Fläche definierte komplexe Variable $z = x + iy$ gefunden haben, welche dem Bogenelement die Form $ds^2 = \lambda^2(dx^2 + dy^2)$ erteilt. Die im *Abschnitt II* behandelten drei komplexen *Grundvariablen* $\mathsf{A} = \mathsf{M}$ „komplexe Länge", B „komplexe Breite", Γ „komplexer Bogen" sind dadurch charakterisiert, daß sie auf dem Hauptmeridian jeweils in die isometrische Breite, in die geographische Breite und in den Meridianbogen übergehen. Die komplexe Länge A stimmt außerdem auf dem Äquator mit der geographischen Länge überein. Bei der analytischen Durchführung erweist sich $\mathsf{Z} = e^{i\mathsf{B}}$ als die *zentrale Variable*, in welcher $d\mathsf{M}$ bzw. $d\Gamma$ ein rationales bzw. elliptisches Differential 2. Gattung wird[2]. Die konforme Abbildung durch M (auf das Ellipsoid verallgemeinerte Merkator-Projektion), durch B (verallgemeinerte querachsige Merkator-Projektion der Kugel) und durch Γ (Gauß-Krüger-Projektion) wird zunächst qualitativ *im Großen*, d. h. für das gesamte Sphäroid, entworfen.

Nach einem Zwischenstück (*Abschnitt III*), welches von der konformen Abbildung zweier Ebenen aufeinander handelt, wird im *IV. bzw. V. Abschnitt* der Zusammenhang zwischen $\mathsf{A} = \mathsf{M}, \mathsf{B}, \Gamma$ nach der geometrischen bzw. der analytischen Seite hin genau untersucht. Wir erhalten einerseits die Bilder der geographischen Netzlinien und der Gitterlinien, andererseits aus dem Einblick in das funktionentheoretische Verhalten die bereits im Abschnitt I gekennzeichneten Darstellungsmittel zur quantitativen Beherrschung. (Man vergleiche die Übersicht am Schluß von Abschnitt V.) Werden die entsprechenden komplexen Variablen auf der Kugel mit kleinen griechischen Buchstaben bezeichnet: μ, β, γ, so erweist es sich als notwendig, die durch $\mu = \mathsf{M}$ gegebene konforme Abbildung des Sphäroids auf die Kugel zwischenzuschalten und den hierdurch hervorgerufenen analytischen Zusammenhang zwischen β und B sowie γ und Γ zu benutzen.

Nunmehr kann im *VI. Abschnitt*, 1. Absatz, die durch $\mathsf{A} = \mathsf{M}, \mathsf{B}, \Gamma$ gegebene *konforme Abbildung des Sphäroids auf die Ebene* vollständig geometrisch und analytisch beschrieben werden, und zwar nicht nur wie üblich in der Umgebung des Hauptmeridians, sondern *im Ganzen*. Neben die gegenseitige Berechnung der Koordinaten $(B, L) \longleftrightarrow (x, y)$ tritt die Berechnung des Vergrößerungsverhältnisses m und der Bildverschwenkung c (Meridiankonvergenz). Um für die praktische Verwendung einfach nachschlagen zu können, geben wir in den Abschnitten

---

[2] Es ist unnötig, das elliptische Integral 1. Gattung als Parameter einzuführen, da die im folgenden abgeleiteten trigonometrischen Reihen für die praktische maschinelle Berechnung sehr bequem sind. Für eine Verwendung elliptischer Integrale bei der Meridianbogenberechnung verweisen wir auf F. Tricomi und M. Krafft [1]. Eine in einen höheren Zusammenhang eingeordnete Einführung in die Theorie der elliptischen Funktionen gibt das Buch R. König und M. Krafft [2].

VI und VII ausführliche Formeln. Die für den Geodäten wichtigen „Längen- und Azimut-Reduktionen" werden in einem späteren Abschnitt XIX, Teil IV, behandelt. Der 2. Absatz von Abschnitt VI bringt die grundlegende *Abbildung des Sphäroids auf die Gaußsche Schmiegkugel*, wobei der volle Zusammenhang zwischen β und B erfaßt und damit die Konvergenzfrage geklärt wird. Mit der im 3. Absatz gelieferten konformen *infinitesimalen Abbildung des Sphäroids auf sich selbst und auf ein benachbartes Sphäroid* werden zwei für die Praxis höchst wichtige Probleme gelöst: 1. Die „konforme Anfelderung der Koordinaten" für einen Zusammenschluß zweier längs einer Grenze aneinanderstoßenden Dreiecksnetze und 2. der „konforme Übergang" von einem Sphäroid auf ein anderes, wie es bei zwei aneinandergrenzenden Staaten mit verschiedenen Bezugsellipsoiden oft vorkommt.

Im *VII. Abschnitt* steigen wir von den Grundvariablen zu den Exponentialfunktionen auf und untersuchen erstens die durch $\mathsf{H} = -e^{-\mathsf{M}}$ und ihre linear Transformierten bestimmte *Klasse der stereographischen Projektionen*, insbesondere die Gauß-Krügersche stereographische Projektion H_G; zweitens die durch $\Lambda = -e^{-\alpha \mathsf{M}}$ und ihre linear Transformierten gelieferte *Klasse der Kegelprojektionen*, vor allem die Gauß-Lagrangesche Kegelprojektion Λ_G. Schließlich wird die Gauß-Krüger-Abbildung $\mathsf{\Gamma}$ dadurch verallgemeinert, daß an Stelle des Meridianbogens ein beliebiger geodätischer Bogen durch $\mathbf{P}_0$ mit dem Azimut α tritt: „allgemeine Bogenabbildung" $\Sigma_{(\alpha)}$ mit einer Modifikation $\tilde{\sigma}_{(\alpha)}$ für die Kugel.

Der *VIII. Abschnitt* bringt die Theorie der *Transformation* von komplexen Flächenvariablen (konformen Abbildungen), und zwar nicht nur für hinreichend benachbarte Hauptmeridiane oder Zentralpunkte, sondern für jede Lage der Systeme. Im *IX. Abschnitt* werden noch einige prinzipielle Hinweise auf verschiedene Projektionsmethoden und kartographische Aufgaben gegeben, wobei die Bedeutung des Gauß-Krügerschen Meridianstreifensystems besonders hervortritt. Anschließend enthält der *X. Abschnitt* die Entwicklung derjenigen Hilfsmittel aus der Analysis, welche im Vorhergehenden ständig gebraucht wurden. Bei der großen Fülle von Formeln und Zusammenhängen war es notwendig, eine durch das ganze Buch einheitliche und systematische Bezeichnung durchzuführen. Am Ende der wichtigsten Abschnitte sind zur besseren Orientierung Überblicke über die Reihen mit ihren Gültigkeitsbereichen, über die ausgezeichneten Punkte und Kurven gegeben. Eine Zusammenstellung *sämtlicher* Bezeichnungen am Schluß des ersten Bandes soll es dem Leser ebenfalls leicht ermöglichen, die gewünschten Größen nachzuschlagen.

Wir sind von der Voraussetzung ausgegangen, daß die *Punkte* des Sphäroids ursprünglich durch die geographischen Koordinaten (B, L) festgelegt sind und haben konforme Übertragungen in die Ebene gesucht, wo die geodätischen Rechnungen (z. B. Netzausgleichungen) einfacher und bequemer als auf dem Sphäroid ausgeführt werden können. Damit ist ein wichtiges Glied im Rahmen der höheren Geodäsie gewonnen. Aber um die Voraussetzung zu erlangen, müssen erst von einem festen Zentralpunkt $\mathbf{P}_0$ und einem vorgegebenen Azimut α_0 aus die Koordinaten (B, L) mit Hilfe der *geodätischen Linie* durch Übertragen gewonnen werden. Dieser sich an die Theorie der geodätischen Linie und das geodätische Dreieck anknüpfende Fragenkreis soll u. a. im zweiten und vierten Teil behandelt werden, während im dritten Teil eine Untersuchung über die allgemeine und speziell über die konforme Abbildung zweier beliebiger Flächen durchgeführt wird.

I. Abschnitt.

Das Sphäroid. Berechnung der Krümmungsgrößen, des Meridian- und Parallelkreisbogens, der Oberfläche.

I,1 Bestimmungsstücke der Meridianellipse.

Ein abgeplattetes Drehellipsoid, kurz „Sphäroid" genannt, entsteht durch Drehung einer Meridianellipse um die kleine Achse. Ihre Grundelemente sind: die beiden Halbachsen a, b mit $a > b$, die drei Exzentrizitäten bzw. deren Quadrate

$$e^2 = \frac{a^2 - b^2}{a^2}, \qquad e'^2 = \frac{a^2 - b^2}{b^2}, \qquad e''^2 = \frac{a^2 - b^2}{a^2 + b^2} \tag{1a}$$

und die drei Abplattungen

$$\mathfrak{a} = \frac{a - b}{a}, \qquad \mathfrak{a}' = \frac{a - b}{b}, \qquad \mathfrak{a}'' = \frac{a - b}{a + b} = n. \tag{1b}$$

Zwischen diesen Größen bestehen u. a. folgende des öfteren gebrauchte Zusammenhänge

$$\left.\begin{aligned}
&\mathfrak{a} = \mathfrak{a}'(1 - \mathfrak{a}), \qquad \mathfrak{a}' = \mathfrak{a}(1 + \mathfrak{a}');\\
&e^2 = 2\mathfrak{a} - \mathfrak{a}^2 = \frac{4n}{(1+n)^2} = \frac{2e''^2}{1+e''^2}, \quad e'^2 = 2\mathfrak{a}' + \mathfrak{a}'^2 = \frac{4n}{(1-n)^2} = \frac{2e''^2}{1-e''^2};\\
&1 - e^2 = \frac{1}{1 + e'^2} = (1 - \mathfrak{a})^2 = \left(\frac{1-n}{1+n}\right)^2,\\
&1 + e'^2 = \frac{1}{1 - e^2} = (1 + \mathfrak{a}')^2 = \left(\frac{1+n}{1-n}\right)^2;\\
&e^2 = \frac{e'^2}{1 + e'^2}, \qquad e'^2 = \frac{e^2}{1 - e^2};\\
&\sqrt{1 - e^2} = \frac{b}{a} = \frac{1-n}{1+n}, \qquad \sqrt{1 + e'^2} = \frac{a}{b} = \frac{1+n}{1-n};
\end{aligned}\right|$$

$$
\left.\begin{aligned}
&1-\sqrt{1-e^2}=\frac{a-b}{a}=\mathfrak{a}, \qquad 1-\sqrt{1+e'^2}=\frac{b-a}{b}=-\mathfrak{a}';\\
&1+\sqrt{1-e^2}=\frac{a+b}{a}, \qquad 1+\sqrt{1+e'^2}=\frac{b+a}{b};\\
&\frac{1-\sqrt{1-e^2}}{1+\sqrt{1-e^2}}=\frac{a-b}{a+b}=n, \qquad \frac{1-\sqrt{1+e'^2}}{1+\sqrt{1+e'^2}}=-\frac{a-b}{a+b}=-n;\\
&e^2=\frac{2\mathfrak{a}'+\mathfrak{a}'^2}{(1+\mathfrak{a}')^2}=2\mathfrak{a}'-3\mathfrak{a}'^2+4\mathfrak{a}'^3-\cdots,\\
&e'^2=\frac{2\mathfrak{a}-\mathfrak{a}^2}{(1-\mathfrak{a})^2}=2\mathfrak{a}+3\mathfrak{a}^2+4\mathfrak{a}^3+\cdots;\\
&d=\frac{b^2}{a}=a(1-e^2)=b\sqrt{1-e^2}=a\left(\frac{1-n}{1+n}\right)^2,\\
&c=\frac{a^2}{b}=\frac{a}{1-\mathfrak{a}}=b(1+e'^2)=a\sqrt{1+e'^2}=b\left(\frac{1+n}{1-n}\right)^2;\\
&n=\frac{\frac{\mathfrak{a}}{2}}{1-\frac{\mathfrak{a}}{2}}, \quad \mathfrak{a}=\frac{2n}{1+n}, \quad n=\frac{\frac{\mathfrak{a}'}{2}}{1+\frac{\mathfrak{a}'}{2}}, \quad \mathfrak{a}'=\frac{2n}{1-n};\\
&\frac{a+b}{2}=\frac{a}{2}\left(1+\sqrt{1-e^2}\right)=a\left(1-\frac{\mathfrak{a}}{2}\right)=\frac{a}{1+n},\\
&\frac{a+b}{2}=\frac{b}{2}\left(1+\sqrt{1+e'^2}\right)=b\left(1+\frac{\mathfrak{a}'}{2}\right)=\frac{b}{1-n};\\
&n=\frac{e^2}{4}+\frac{e^4}{8}+\frac{5e^6}{64}+\frac{7e^8}{128}+\frac{21}{512}e^{10}+\cdots,\\
&n=\frac{e'^2}{4}-\frac{e'^4}{8}+\frac{5e'^6}{64}-\frac{7e'^8}{128}+\frac{21}{512}e'^{10}-\cdots;\\
&e^2=4n-8n^2+12n^3-16n^4+20n^5-\cdots,\\
&e'^2=4n+8n^2+12n^3+16n^4+20n^5+\cdots,\\
&e''^2=\frac{2n}{1+n^2}=2n-2n^3+2n^5-2n^7+\cdots.
\end{aligned}\right\} \quad (2)
$$

Infolge der Voraussetzungen sind die positiven Größen $\mathfrak{a}, \mathfrak{a}', e, e', n$ kleiner als eins, und daher konvergieren alle angegebenen Reihenentwicklungen absolut.

I,2 Das Erdsphäroid (numerische Angaben).

Wir nehmen in unseren Untersuchungen an, daß allen geodätischen Messungen und Rechnungen als ideale Bezugsfläche ein Sphäroid zugrunde gelegt ist. Durch Ausgleichung von Gradmessungen auf der Erdoberfläche lassen sich numerische Werte für die Halbachsen ermitteln. Da diese als Fundamentalzahlen in alle Rechnungen eingehen und man ein geometrisch möglichst scharf bestimmtes Ellipsoid benötigt, werden die Konstanten mit sehr großer Stellenzahl angegeben. Je nach dem verwendeten Gradmessungsmaterial hat man dabei verschiedene Zahlwerte. Die beiden wichtigsten heute gebräuchlichen Sphäroide sind dasjenige von Bessel (1841), welches dem größten Teil des deutschen Vermessungswesens zugrunde liegt, und das internationale Erdellipsoid von Hayford (1909). Mit den von Helmert[3] benutzten Konstanten geben wir nach Jordan-Eggert[4] folgende Werte für das Besselsche Sphäroid:

$$\left.\begin{aligned} a &= 6\,377\,397.155\,00 \text{ m} \qquad [\log a = 6.80464\,34637] \\ b &= 6\,356\,078.963\,25 \text{ m} \qquad [\log b = 6.80318\,92839] \\ \alpha &= \frac{1}{299.1528\,1285} = 0.003\,3427\,7318\,1579\,, \\ e^2 &= 0.006\,6743\,7223\,0614 \qquad [\log e^2 = 7.82441\,04237 - 10] \\ e'^2 &= 0.006\,7192\,1879\,7971 \qquad [\log e'^2 = 7.82731\,87833 - 10]\,, \\ n &= 0.001\,6741\,8480\,0816\,. \end{aligned}\right\} \quad (3)$$

Die entsprechenden Daten für das Hayfordsche Sphäroid sind[5]:

$$\left.\begin{aligned} a &= 6\,378\,388 \text{ m} & e^2 &= 0.006\,7226\,7002\,2333\,, \\ b &= 6\,356\,911.946\,13 \text{ m} & e'^2 &= 0.006\,7681\,7019\,7224\,, \\ \alpha &= \frac{1}{297} = 0.003\,3670\,0336\,7003 & n &= 0.001\,6863\,4064\,1\,. \end{aligned}\right\} \quad (4)$$

Längeneinheit ist das internationale Meter. Die Winkel werden bei praktischen Messungen entweder

in alter Kreisteilung:

$$\text{Quadrant} = 90^\circ = 90 \cdot 60' = 90 \cdot 60 \cdot 60''$$

oder in neuer Kreisteilung:

$$\text{Quadrant} = 100^g = 100 \cdot 100^c = 100 \cdot 100 \cdot 100^{cc},$$

oder in gemischter Kreisteilung:

$$\text{Quadrant} = 90^\circ = 90 \cdot 100^{\backslash} = 90 \cdot 100 \cdot 100^{\backslash\backslash}$$

angegeben; bei unseren folgenden theoretischen Betrachtungen dagegen ausschließlich in (unbenanntem) Bogenmaß.

Auf dem Sphäroid wählt man jetzt einen durch seine (astronomisch bestimmten) geographischen Koordinaten[6] (B_0, L_0) festgelegten Punkt $\mathbf{P}_0$ als Ausgangspunkt und eine von ihm ausgehende, durch ihr Azimut festgelegte Richtung als Ausgangsrichtung; von da aus sind die geographischen Koordinaten aller übrigen Punkte geodätisch abzuleiten. Für Deutschland wurde 1928 vom Beirat für das Vermessungswesen als Zentralpunkt der Helmert-Turm in Potsdam mit dem Azimut Helmert-Turm → Golm-Berg als deutsches Einheitssystem angenommen.

---

[3] Helmert [2].

[4] Jordan-Eggert [1] S. 241 u. 242. [5] Jordan-Eggert [1] S. 243 u. 244.

[6] Zählung der geographischen Länge L vom Nullmeridian (Meridian von Greenwich) nach *Osten positiv*!

I, 3 Parameterdarstellung der Ellipse mittels geographischer Breite B. Bogenelement des Meridians. Die drei Grundfunktionen E, E', F.

Mit Rücksicht auf die ausgezeichnete Stellung des Hauptmeridians in der Geodäsie verwenden wir hier und im folgenden ein rechtwinkliges Koordinatensystem, dessen zweite (y-) Achse aus der ersten (x-) Achse durch eine *Rechtsdrehung* hervorgeht, und legen die positive x-Achse nach oben. Im Einklang damit wird als positiver Drehsinn der Uhrzeigersinn erklärt (x-Richtung = Nullrichtung). Die Einheitsvektoren der x-, y-Achse seien $\mathfrak{e}_1$, $\mathfrak{e}_2$. Die von dem üblichen mathematischen Gebrauch abweichende Einführung des Koordinatensystems und des Drehsinns erweist sich vor allem in den späteren Abschnitten als außerordentlich zweckmäßig. Einmal wird auf der Sphäroidoberfläche ein Unterschied zwischen Argument und Azimut, das von Norden über Osten gezählt wird, vermieden, zum anderen können bei der Einführung der komplexen Variablen unmittelbar die bereits im Reellen gewonnenen Reihenentwicklungen verwendet werden.

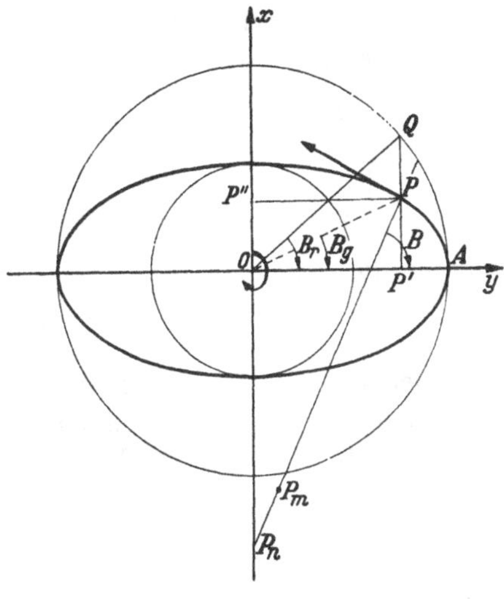

Abb. 1.

Ein beliebiger Vektor $\mathfrak{v} = x\mathfrak{e}_1 + y\mathfrak{e}_2$ hat die Polarkoordinaten

$$|\mathfrak{v}| = \text{„absoluter Betrag" von } \mathfrak{v},$$
$$\sphericalangle(\mathfrak{e}_1, \mathfrak{v}) = \arg \mathfrak{v} = \text{„Argument" von } \mathfrak{v}.$$

Ist $\mathbf{P}(x, y)$, $y \geqq 0$, ein Punkt der Ellipse mit den Halbachsen a und b, $a > b$, $\frac{y^2}{a^2} + \frac{x^2}{b^2} = 1$, so versteht man unter der *geographischen Breite B* von $\mathbf{P}$ den spitzen Winkel zwischen der Ellipsennormalen und der y-Achse; $B \gtreqless 0$ für $x \gtreqless 0$. Daneben spricht man von

$$\textit{geozentrischer Breite } B_g = \sphericalangle(O\mathbf{P}, y\text{-Achse})$$
$$\text{und } \textit{reduzierter Breite } B_r = \sphericalangle(O\mathbf{Q}, y\text{-Achse}) \text{ (s. Abb. 1).}$$

Wir orientieren die Ellipse im Sinne wachsender Breite und bezeichnen mit

$\mathfrak{x}$ den Ortsvektor $\overrightarrow{O\mathbf{P}}$, $\quad \mathfrak{t}$ den Tangentenvektor,

$\mathfrak{n}$ den Normalenvektor $\left(\text{wobei } \arg \mathfrak{n} = \arg \mathfrak{t} + \frac{\pi}{2} \text{ ist}\right)$.

Aus der Parameterdarstellung der rechten Hälfte der Ellipse in B_g und B_r

$$\left.\begin{aligned} x &= |\mathfrak{x}| \sin B_g = b \sin B_r, \\ y &= |\mathfrak{x}| \cos B_g = a \cos B_r \end{aligned}\right\} \tag{5}$$

ergibt sich der Zusammenhang zwischen reduzierter und geozentrischer Breite:

$$\frac{b}{a} \operatorname{tg} B_r = \operatorname{tg} B_g. \tag{6}$$

Es ist ferner — wenn wir unter s die von **A** aus gezählte Bogenlänge der Ellipse verstehen —

$$\mathfrak{t}\begin{cases} \dfrac{dx}{ds} = b \cos B_r \cdot \dfrac{dB_r}{ds} = \cos B, \\ \dfrac{dy}{ds} = -a \sin B_r \cdot \dfrac{dB_r}{ds} = -\sin B, \end{cases} \qquad \mathfrak{n}\begin{cases} n_x = \sin B, \\ n_y = \cos B, \end{cases}$$

woraus die Beziehung

$$\frac{a}{b} \cdot \operatorname{tg} B_r = \operatorname{tg} B \tag{7}$$

zwischen reduzierter und geographischer Breite folgt.

Um die Parameterdarstellung der Ellipse mit Hilfe der geographischen Breite B zu finden, bilden wir

$$\cos B_r = \frac{1}{\sqrt{1 + \operatorname{tg}^2 B_r}} = \frac{1}{\sqrt{1 + \dfrac{b^2}{a^2} \operatorname{tg}^2 B}} = \frac{a \cos B}{\sqrt{a^2 \cos^2 B + b^2 \sin^2 B}},$$

$$\sin B_r = \frac{1}{\sqrt{1 + \operatorname{cotg}^2 B_r}} = \frac{1}{\sqrt{1 + \dfrac{a^2}{b^2} \operatorname{cotg}^2 B}} = \frac{b \sin B}{\sqrt{a^2 \cos^2 B + b^2 \sin^2 B}}.$$

Der fundamentale Ausdruck im Nenner läßt sich auf verschiedene Weise schreiben:

$$\begin{aligned} a^2 \cos^2 B + b^2 \sin^2 B &= a^2(1 - e^2 \sin^2 B) = b^2(1 + e'^2 \cos^2 B) \\ &= a^2 \left[1 - \frac{4n}{(1+n)^2} \cdot \frac{1 - \cos 2B}{2}\right] = \left(\frac{a+b}{2}\right)^2 (1 + 2n \cos 2B + n^2). \end{aligned} \tag{8}$$

Zur Abkürzung führen wir die Bezeichnungen ein:

$$\left.\begin{aligned} & e \cos B = e_c, \quad e \sin B = e_s, \quad e' \cos B = e'_c, \quad e' \sin B = e'_s; \\ & E = 1 - e^2 \sin^2 B \quad E' = 1 + e'^2 \cos^2 B \quad F = 1 + 2n \cos 2B + n^2, \\ & \quad = 1 - e_s^2, \qquad\qquad = 1 + e_c'^2, \end{aligned}\right\} \tag{9}$$

wobei also zwischen den *Grundfunktionen der geographischen Breite* E, E', F die Beziehung besteht:

$$a^2 E = b^2 E' = \left(\frac{a+b}{2}\right)^2 F \quad \text{oder} \quad F = E(1+n)^2 = E'(1-n)^2. \tag{10}$$

Somit gewinnt man schließlich aus (5), (7) und (8) die gewünschte Parameterdarstellung der rechten Halbellipse durch die geographische Breite:

$$\left.\begin{aligned} x &= d\sin B E^{-1/2} = b\sin B E'^{-1/2} = \frac{a+b}{2}(1-n)^2 \sin B F^{-1/2}, \\ y &= a\cos B E^{-1/2} = c\cos B E'^{-1/2} = \frac{a+b}{2}(1+n)^2 \cos B F^{-1/2}, \\ &\qquad -\frac{\pi}{2} \leqq B \leqq +\frac{\pi}{2}. \end{aligned}\right\} \quad (11)$$

Aus den Ableitungen

$$\frac{dx}{dB} = d\cos B E^{-3/2} = c\cos B E'^{-3/2} = \frac{a+b}{2}(1-n^2)^2 \cos B F^{-3/2},$$

$$\frac{dy}{dB} = -d\sin B E^{-3/2} = -c\sin B E'^{-3/2} = -\frac{a+b}{2}(1-n^2)^2 \sin B F^{-3/2}$$

ergibt sich für das Bogenelement des Meridians:

$$\begin{aligned} ds^2 = \left[\left(\frac{dx}{dB}\right)^2 + \left(\frac{dy}{dB}\right)^2\right] dB^2 &= d^2 E^{-3} dB^2 = c^2 E'^{-3} dB^2 \\ &= \left(\frac{a+b}{2}\right)^2 (1-n^2)^4 F^{-3} dB^2. \end{aligned} \quad (12)$$

In den älteren Berechnungen wurde vorwiegend die Exzentrizität e verwendet. Die trigonometrischen Entwicklungen (I, 5) stützen sich zwangsläufig auf die durch ihre Symmetrie ausgezeichnete dritte Abplattung n. Daher ist für die Koeffizientendarstellungen 2. Art der Potenzreihen ebenfalls der Gebrauch von n vorzuziehen, zumal dieser Wert auch numerisch wegen seiner Kleinheit am günstigsten ist. In den geschlossenen Formeln für die Potenzreihenkoeffizienten 1. Art wird neuerdings von den Geodäten der Größe e' der Vorzug gegeben, so daß wir in den Ausgangsgleichungen alle drei Darstellungen nebeneinander benutzen.

I,4 Die Krümmungsgrößen des Drehellipsoids.

Meridiankrümmungshalbmesser M,
Querkrümmungshalbmesser N,
Parallelkreishalbmesser $r = N\cos B$,
mittlerer Krümmungshalbmesser $\varrho = \sqrt{MN}$,
Gaußsche Flächenkrümmung $K = \frac{1}{MN}$.

Wir denken uns in jedem Ellipsenpunkt das aus dem Tangentenvektor $\mathfrak{t}$ und dem Normalenvektor $\mathfrak{n}$ bestehende begleitende Zweibein angeheftet. Durch Differentiation nach der Bogenlänge s entstehen die sog. Frenetschen Formeln:

$$\frac{d\mathfrak{t}}{ds} = -\frac{dB}{ds}\cdot\mathfrak{n}, \quad \frac{d\mathfrak{n}}{ds} = \frac{dB}{ds}\cdot\mathfrak{t}. \quad (13)$$

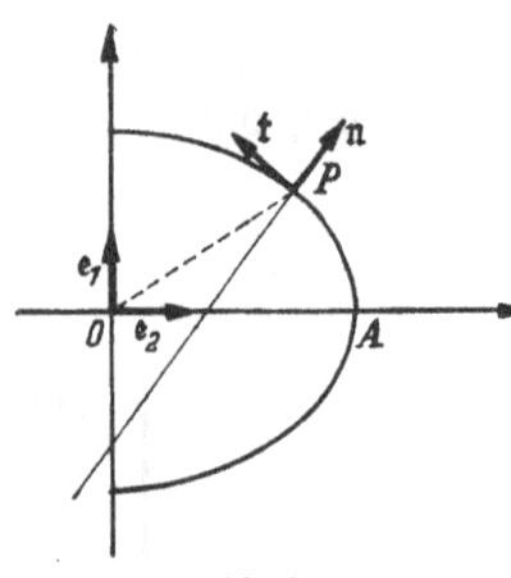

Abb. 2.

Der Faktor $\left(-\frac{dB}{ds}\right)$ ist die mit Vorzeichen versehene Krümmung der Ellipse. Da bei der gewählten Orientierung der Normalenvektor $\mathfrak{n}$ nach außen zeigt, wird sie in der allein betrachteten rechten Halbellipse negativ (Abb. 2).

Unter dem Meridiankrümmungshalbmesser M verstehen wir die positive Größe ds/dB. Aus dem Bogenelement des Meridians (12) folgt hierfür

$$M = dE^{-3/2} = cE'^{-3/2} = \frac{a+b}{2}(1-n^2)^2 F^{-3/2}. \tag{14}$$

In den Scheiteln der Ellipse hat man die speziellen Werte

$$M = d = \frac{c}{\sqrt{1+e'^2}} = \frac{a+b}{2}\cdot\frac{(1-n)^2}{(1+n)} \quad \text{für} \quad B = 0 \text{ (Äquator)},$$

$$M = \frac{d}{\sqrt{1-e^2}} = c = \frac{a+b}{2}\cdot\frac{(1+n)^2}{(1-n)} \quad \text{für} \quad B = \frac{\pi}{2} \text{ (Pol)}.$$

Sie geben eine geometrische Deutung für die in I, 1 eingeführten Konstanten c und d.

Die Lage des Krümmungsmittelpunktes $\mathbf{P}_m$ von $\mathbf{P}$ wird durch den Vektor

$$\mathfrak{x}_m = \mathfrak{x} - M\cdot\mathfrak{n} \qquad \begin{cases} x - M n_x = x + \dfrac{dy}{dB}, \\ y - M n_y = y - \dfrac{dx}{dB} \end{cases} \tag{15}$$

gegeben.

Das mit $\mathbf{PP}_m$ gleichgerichtete Stück $\mathbf{PP}_n$ (Abb. 1) der Normalen liefert für das aus der Meridianellipse entstehende Drehellipsoid den Querkrümmungshalbmesser N. Wegen $N\cos B = y$ folgt aus (11)

$$N = aE^{-1/2} = cE'^{-1/2} = \frac{a+b}{2}(1+n)^2 F^{-1/2}. \tag{16}$$

Nachdem die beiden Hauptkrümmungshalbmesser M und N bestimmt sind, gestattet ihr Verhältnis N/M ein Urteil über die Abweichung von der Kugelgestalt. Es ist

$$\frac{N}{M} = \frac{a}{d}E = E' = \frac{1}{(1-n)^2}F \quad \begin{cases} > 1 & \text{für} \quad 0 \leqq B < \dfrac{\pi}{2}, \\ = 1 & \text{für} \quad B = \dfrac{\pi}{2}. \end{cases}$$

Der maximale Wert von N/M beträgt 1.0067 für $B = 0$ im Fall des Besselschen Sphäroids.

Die Krümmung in einem beliebigen Normalschnitt läßt sich nach dem Eulerschen Satz aus den Hauptkrümmungshalbmessern berechnen. Legt man ihn durch das von Norden über Osten positiv gezählte Azimut α fest, so folgt für den *Krümmungshalbmesser* $\varrho_{(\alpha)}$ in Richtung α

$$\frac{1}{\varrho_{(\alpha)}} = \frac{\cos^2\alpha}{\varrho_{(0)}} + \frac{\sin^2\alpha}{\varrho_{(\pi/2)}}, \qquad \varrho_{(0)} = M, \quad \varrho_{(\pi/2)} = N. \tag{17}$$

An weiteren geometrischen Größen, die in der Geodäsie Verwendung finden, haben wir noch den *mittleren Krümmungshalbmesser* $\varrho = \sqrt{MN}$ mit

$$\varrho = b E^{-1} = c E'^{-1} = \frac{a+b}{2}(1-n)(1+n)^2 F^{-1}, \tag{18}$$

ferner die *Gaußsche Krümmung* K des Sphäroids

$$K = \frac{E^2}{b^2} = \frac{E'^2}{c^2} = \frac{F^2}{\left(\frac{a+b}{2}\right)^2 (1+n)^4 (1-n)^2} \tag{19}$$

und schließlich den *Parallelkreisradius*

$$r = N\cos B = a\cos B\, E^{-1/2} = c\cos B E'^{-1/2} = \frac{a+b}{2}(1+n)^2 \cos B\, F^{-1/2}. \tag{20}$$

Der Vergleich mit dem Bogenelement (12) zeigt, daß der *Meridianbogen G* durch Integration über den Meridiankrümmungshalbmesser gewonnen werden kann:

$$G = \int_0^B M\, dB. \tag{21}$$

Für die späteren Anwendungen bei den Potenzreihen geben wir noch die Ableitungen nach der geographischen Breite B. Zur Abkürzung wird dabei vorübergehend die Differentiation nach B durch einen Punkt bezeichnet und die Exzentrizität e' bevorzugt.

$$\left.\begin{aligned} \frac{dE}{dB} &= \dot{E} = -2e_s e_c, \quad \dot{E}' = -2e'_s e'_c, \quad \dot{F} = -4n\sin 2B, \\ \frac{dM}{dB} &= \dot{M} = 3M^2 N e'_s e'_c, \quad \dot{N} = M e'_s e'_c = N\frac{e'_c e'_s}{E'}, \\ \frac{dK}{dB} &= \dot{K} = -\frac{2e'^2}{c^2} E' \sin 2B = \frac{-2e'^2 \sin 2B}{N^2}, \quad \dot{r} = -M\sin B. \end{aligned}\right\} \tag{22}$$

Unser nächstes Ziel ist die *Berechnung* dieser Größen. Die Kleinheit der Exzentrizitäten legt es nahe, Reihenentwicklungen heranzuziehen. Um eine naturgemäße Herleitung und einen Einblick in die Konvergenzverhältnisse zu gewinnen, dehnen wir die Betrachtung auf das komplexe Zahlengebiet aus und erhalten so für $F^\alpha, M, N, r, K, \varrho, G$

1. eine „Darstellung im Großen" durch allgemeine Potenz- bzw. trigonometrische Reihen, insbesondere für das ganze reelle Intervall $-\frac{\pi}{2} \leqq B \leqq +\frac{\pi}{2}$,

2. eine „Darstellung im Kleinen", d. h. in der Umgebung eines Punktes B_0 durch gewöhnliche Potenzreihen. Die Koeffizienten werden wir in zweifacher Gestalt angeben:

a) in geschlossener Form (1. Art),

b) in Form trigonometrischer Reihen (2. Art), wie sie H. Boltz zuerst bei anderer Gelegenheit verwendet hat[7].

I,5 Trigonometrische Entwicklung der Grundfunktion F, sowie von $F^\alpha, F^\alpha \cos B, F^\alpha \cos^{-1} B, \lg F$ in dem Streifen $\mathfrak{B}_1$ (B) der komplexen B-Ebene. Restabschätzung.

Die bisher auf das reelle Intervall $-\frac{\pi}{2} \leqq B \leqq +\frac{\pi}{2}$ eingeschränkte Veränderliche B dehnen wir jetzt auf die komplexe Ebene aus und setzen

$$B = B' + iB''. \tag{23}$$

Bei dem Übergang zu der komplexen Variablen

$$Z = Z' + iZ'' = e^{iB} \tag{24}$$

geht die Grundfunktion F in eine *rationale* Funktion von Z über, nämlich nach (9) in

$$F = 1 + n^2 + n(Z^2 + Z^{-2}) = (1 + nZ^2)(1 + nZ^{-2}) = n\frac{(Z^2+n)\left(Z^2+\frac{1}{n}\right)}{Z^2}. \tag{25}$$

Sie hat je eine Nullstelle erster Ordnung bei $Z = \pm i\sqrt{n}, \pm\frac{i}{\sqrt{n}}$ und je eine Unendlichkeitsstelle (Pol) zweiter Ordnung bei $Z = 0, \infty$.

Um den Zusammenhang zwischen B und Z zu veranschaulichen, bedient man sich am besten der durch $Z = e^{iB}$ vermittelten Abbildung der komplexen B-Ebene auf die Z-Ebene. Das reelle Achsenstück $-\pi \leqq B' \leqq +\pi$ geht in den Einheitskreis $Z = e^{iB'}$ über, der bei $Z = -1$ aufgeschnitten zu denken ist, da in diesem Punkte zwei Bildpunkte $e^{-i\pi}$ und $e^{+i\pi}$ aufeinanderliegen. Entsprechendes gilt für die Geradenstücke $-\pi \leqq B' \leqq +\pi$, $B'' = \text{const}$ und ihre Bilder $Z = e^{iB'-B''}$, so daß schließlich der unendliche Streifen $-\pi \leqq Re(B) \leqq +\pi$ auf die von $Z = 0$ nach $Z = \infty$ längs der negativen reellen Z-Achse aufgeschnittene Z-Ebene abgebildet wird.

In den Skizzen werden hier und im folgenden die eigentlich aufeinanderliegenden Schnittufer $Z = e^{i\pi - B''}$ und $Z = e^{-i\pi - B''}$ der Deutlichkeit halber getrennt gezeichnet. Außerdem ist die Abplattung n stark ver-

---

[7] Siehe H. Boltz [1] und [2].

größert, um die für das Ellipsoid charakteristischen Abweichungen von der Kugel hervorzuheben. Wir bezeichnen mit[8]

$$\left.\begin{array}{ll} \mathfrak{B}_1^\infty(B) & \text{den unendlichen Streifen } \lg\sqrt{n} \leqq \mathfrak{Im}(B) \leqq -\lg\sqrt{n}, \\ \overline{\mathfrak{B}}_1(B) & \text{den durch } -\pi \leqq \mathfrak{Re}(B) \leqq +\pi \text{ bestimmten Teil des Streifens } \mathfrak{B}_1^\infty(B), \\ \mathfrak{B}_1(B) & \text{denselben Streifen mit identifiziertem oberen und unteren Rand.} \end{array}\right\} \quad (26\text{a})$$

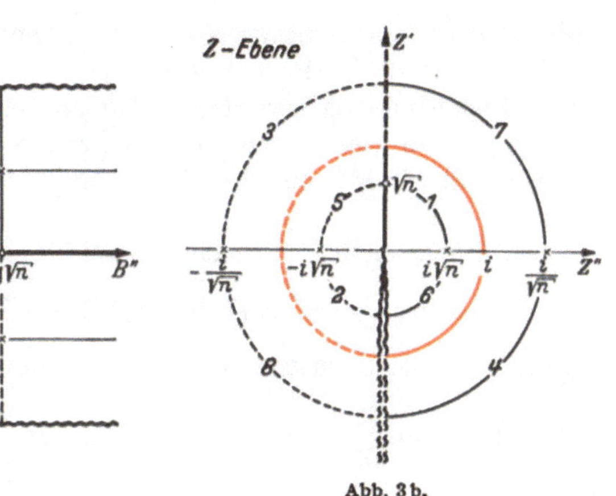

Abb. 3a. Abb. 3b.

Ihm entspricht (in umgekehrter Reihenfolge)

$$\left.\begin{array}{ll} \mathfrak{B}_1(Z), & \text{das ist der Ring } \sqrt{n} \leqq |Z| \leqq \frac{1}{\sqrt{n}}, \\ \overline{\mathfrak{B}}_1(Z), & \text{das ist der längs der negativ reellen Achse aufgeschnittene Ring,} \\ \mathfrak{B}_1^\infty(Z), & \text{das ist der unendlich oft überlagerte Ring.} \end{array}\right\} \quad (26\text{b})$$

Ferner bezeichnen wir mit

$C_1(\mathfrak{B})$ bzw. $C_1(Z)$ die in den Teilbereich 1 entfallenden Randkurven von $\mathfrak{B}_1$, (27a)

$$\left.\begin{array}{l} \mathbf{P}^{(1)}, \mathbf{P}^{(1')} \text{ die Endpunkte von } C_1, \text{ also} \\ B^{(1)} = \frac{1}{i}\lg\sqrt{n} = 3.196214\,i \quad \text{für} \quad n = 0.001674, \qquad Z^{(1)} = \sqrt{n}\,; \\ B^{(1')} = \frac{1}{i}\lg\sqrt{n} + \frac{\pi}{2}, \qquad\qquad Z^{(1')} = i\sqrt{n}. \end{array}\right\} \quad (27\text{b})$$

Die Funktion $F(Z)$ ist auf den Achsen sowie auf dem Einheitskreis reell $\left(F(1) = (1+n)^2\right)$ und besitzt folgende Symmetrieeigenschaft: Bei den Substitutionen 1) bis 4) bzw. 5) bis 8) der „erweiterten Vierer-

[8] Diese Bezeichnungen sind typisch, wir verwenden sie später analog bei $\mathfrak{B}_2$, $\mathfrak{B}_3$, $\mathfrak{B}_4$.

gruppe" (siehe X, 1, Abb. 104) geht F in F bzw. $\overline{F}$ über. Das ist auch der tiefere Grund für die Bevorzugung von F gegenüber E und E'.

Die Nullstellen von F (angekreuzt) liegen bei $\mathbf{P}^{(1')}$ und den homologen, d. h. durch Spiegelung hervorgehenden Punkten

$$B = \pm\frac{\pi}{2} \pm \frac{1}{i}\lg\sqrt{n}, \quad Z = \pm i\sqrt{n}, \quad \pm\frac{i}{\sqrt{n}}.$$

Sie sind singuläre Stellen für F^{α} (α nicht positiv ganzzahlig).

Da M, N, ϱ, r, K im wesentlichen Potenzen von F sind, betrachten wir allgemein die Funktion F^{α}, wobei α eine beliebige reelle Zahl ist, und setzen fest: $F^{\alpha}(1) = (1+n)^{2\alpha}$ positiv reell. Damit wird F^{α} eine im Z-Ring eindeutig erklärte, regulär analytische Funktion und kann daher dort in eine allgemeine Potenzreihe entwickelt werden[9]. Das gleiche gilt für $\lg F$ mit der Festsetzung $\lg F(1)$ positiv reell (Hauptwert).

Die Funktion F^{α} läßt sich in zwei Faktoren aufspalten

$$F^{\alpha} = (1+nZ^2)^{\alpha}(1+nZ^{-2})^{\alpha},$$

deren jeder als geometrische Reihe dargestellt werden kann:

$$(1+nZ^2)^{\alpha} = \sum_{\mu=0}^{\infty}\binom{\alpha}{\mu} n^{\mu} Z^{2\mu}, \quad \text{absolut und gleichmäßig konvergent für } |Z| < \frac{1}{\sqrt{n}},$$

$$(1+nZ^{-2})^{\alpha} = \sum_{\nu=0}^{\infty}\binom{\alpha}{\nu} n^{\nu} Z^{-2\nu}, \quad \text{absolut und gleichmäßig konvergent für } |Z| > \sqrt{n}.$$

Nach X, 6 erhält man durch Multiplikation der Reihen

$$F^{\alpha} = \sum_{\mu,\,\nu=0}^{\infty}\binom{\alpha}{\mu}\binom{\alpha}{\nu} n^{\mu+\nu} Z^{2\mu-2\nu}$$

oder

$$F^{\alpha}(Z) = c_0^{(\alpha)} + \sum_{\lambda=1}^{\infty} c_{2\lambda}^{(\alpha)}\left[Z^{2\lambda} + Z^{-2\lambda}\right], \tag{28a}$$

absolut und gleichmäßig konvergent in $\mathfrak{B}_1(Z)$,

$$F^{\alpha}(B) = c_0^{(\alpha)} + 2\sum_{\lambda=1}^{\infty} c_{2\lambda}^{(\alpha)}\cos 2\lambda B, \tag{28b}$$

absolut und gleichmäßig konvergent in $\overline{\mathfrak{B}}_1(B)$[10].

Speziell ist diese trigonometrische Reihe für alle reellen B-Werte im Intervall $-\frac{\pi}{2} \leqq B \leqq +\frac{\pi}{2}$ gültig. Die Koeffizienten erscheinen als Potenzreihen in n:

[9] In der Funktionentheorie pflegt man diese allgemeinen nach positiven und negativen Potenzen fortschreitenden Reihen auch als *Laurentreihen* zu bezeichnen. Sie konvergieren stets innerhalb eines Kreisringes. Vgl. Abschnitt X.

[10] Vgl. hierzu auch C. F. Gauß [6].

$$\left.\begin{aligned}
c_0^{(\alpha)} &= \sum_{\varkappa=0}^{\infty}\binom{\alpha}{\varkappa}\binom{\alpha}{\varkappa}n^{2\varkappa} = 1+\alpha^2 n^2 + \frac{\alpha^2(\alpha-1)^2}{4}n^4+\cdots\\
c_2^{(\alpha)} &= \sum_{\varkappa=0}^{\infty}\binom{\alpha}{\varkappa}\binom{\alpha}{\varkappa+1}n^{2\varkappa+1} = \alpha n + \frac{\alpha^2(\alpha-1)}{2}n^3+\cdots\\
c_4^{(\alpha)} &= \sum_{\varkappa=0}^{\infty}\binom{\alpha}{\varkappa}\binom{\alpha}{\varkappa+2}n^{2\varkappa+2} = \frac{\alpha(\alpha-1)}{2}n^2 + \frac{\alpha^2(\alpha-1)(\alpha-2)}{6}n^4+\cdots\\
&\cdots\cdots\\
c_{2\lambda}^{(\alpha)} &= \sum_{\varkappa=0}^{\infty}\binom{\alpha}{\varkappa}\binom{\alpha}{\varkappa+\lambda}n^{2\varkappa+\lambda} = \frac{\alpha(\alpha-1)(\alpha-2)\dots(\alpha-\lambda+1)}{\lambda!}n^\lambda+\cdots
\end{aligned}\right\}\quad(29)$$

Zwischen diesen Koeffizienten bestehen Rekursionsformeln. Es gilt zunächst die Cauchysche Integraldarstellung

$$c_{2\lambda}^{(\alpha)} = \frac{1}{2\pi i}\oint_{EK}\frac{F^\alpha}{Z^{2\lambda+1}}\,dZ\,, \tag{30}$$

wobei das Integral über den Einheitskreis in der Z-Ebene zu erstrecken ist. Ferner ist

$$\frac{d}{dz}\left[\frac{F^{\alpha+1}}{Z^{2\lambda}}\right] = -2\lambda\cdot\frac{F^{\alpha+1}}{Z^{2\lambda+1}} + \frac{\alpha+1}{Z^{2\lambda}}[2nZ - 2nZ^{-3}]F^\alpha.$$

Integriert man beide Seiten dieser Gleichung über den Einheitskreis so folgt nach Division durch $2\pi i$

$$\frac{1}{2\pi i}\oint\frac{d}{dz}\left[\frac{F^{\alpha+1}}{Z^{2\lambda}}\right]dZ = -\frac{2\lambda}{2\pi i}\oint\frac{F^{\alpha+1}}{Z^{2\lambda+1}}dZ + {}$$

$$+\frac{2n(\alpha+1)}{2\pi i}\oint\frac{F^\alpha}{Z^{2\lambda-1}}dZ - \frac{2n(\alpha+1)}{2\pi i}\oint\frac{F^\alpha}{Z^{2\lambda+3}}dZ$$

oder wegen (30) die erste Rekursionsformel zwischen Koeffizienten *verschiedener* Reihen

$$0 = -2\lambda c_{2\lambda}^{(\alpha+1)} + 2n(\alpha+1)c_{2(\lambda-1)}^{(\alpha)} - 2n(\alpha+1)c_{2(\lambda+1)}^{(\alpha)}$$

bzw.

$$c_{2\lambda}^{(\alpha+1)} = \frac{n(\alpha+1)}{\lambda}\left[c_{2(\lambda-1)}^{(\alpha)} - c_{2(\lambda+1)}^{(\alpha)}\right]. \tag{31a}$$

Nun gilt aber direkt

$$c_{2\lambda}^{(\alpha+1)} = \frac{1}{2\pi i}\oint\frac{F^{\alpha+1}}{Z^{2\lambda+1}}dZ = \frac{1}{2\pi i}\oint\frac{F^\alpha(1+n^2+nZ^2+nZ^{-2})}{Z^{2\lambda+1}}dZ$$

$$= \frac{1+n^2}{2\pi i}\oint\frac{F^\alpha}{Z^{2\lambda+1}}dZ + \frac{n}{2\pi i}\oint\frac{F^\alpha}{Z^{2\lambda-1}}dZ + \frac{n}{2\pi i}\oint\frac{F^\alpha}{Z^{2\lambda+3}}dZ\,,$$

$$c_{2\lambda}^{(\alpha+1)} = (1+n^2)\,c_{2\lambda}^{(\alpha)} + n\,c_{2(\lambda-1)}^{(\alpha)} + n\,c_{2(\lambda+1)}^{(\alpha)}. \tag{31b}$$

Der Vergleich beider Formeln liefert die gesuchte dritte Rekursionsformel für Koeffizienten derselben Reihe

$$c_{2\lambda}^{(\alpha)} = \frac{n}{\lambda(1+n^2)}\left\{(\alpha+1-\lambda)\,c_{2(\lambda-1)}^{(\alpha)} - (\alpha+1+\lambda)\,c_{2(\lambda+1)}^{(\alpha)}\right\}$$

oder

$$c_{2(\lambda+1)}^{(\alpha)} = \frac{\alpha+1-\lambda}{\alpha+1+\lambda}\,c_{2(\lambda-1)}^{(\alpha)} - \frac{\lambda(1+n^2)}{n(\alpha+1+\lambda)}\,c_{2\lambda}^{(\alpha)}. \tag{31c}$$

Ist α nicht eine negative ganze Zahl, so wird durch (31c) die Berechnung aller Koeffizienten auf diejenige von $c_0^{(\alpha)}$, $c_2^{(\alpha)}$ zurückgeführt.

Bemerkung: Für $\alpha = g/2^\mu$, g ganzzahlig, sind sämtliche $c^{(\alpha)}$ Perioden elliptischer Integrale.

Anschließend geben wir außerdem die für das Folgende notwendige Entwicklung von $F^\alpha \cos B$, welche in demselben Streifen $\overline{\mathfrak{B}}_1(B)$ konvergiert. Es ist

$$\begin{aligned}F^\alpha \cos B &= \tfrac{1}{2}\left\{c_0^{(\alpha)} + \sum_{\lambda=1}^{\infty} c_{2\lambda}^{(\alpha)}(Z^{2\lambda}+Z^{-2\lambda})\right\}(Z+Z^{-1})\\ &= \tfrac{1}{2}\left(c_0^{(\alpha)}+c_2^{(\alpha)}\right)(Z+Z^{-1}) + \tfrac{1}{2}\left(c_2^{(\alpha)}+c_4^{(\alpha)}\right)(Z^3+Z^{-3})+\cdots,\end{aligned}$$

$$\begin{aligned}F^\alpha \cos B &= \left(c_0^{(\alpha)}+c_2^{(\alpha)}\right)\cos B + \left(c_2^{(\alpha)}+c_4^{(\alpha)}\right)\cos 3B + \cdots\\ &= \sum_{\lambda=0}^{\infty}\left(c_{2\lambda}^{(\alpha)}+c_{2\lambda+2}^{(\alpha)}\right)\cos(2\lambda+1)B.\end{aligned} \tag{32}$$

Da $1/\cos B$ nicht mehr im Streifen $\overline{\mathfrak{B}}_1(B)$ regulär ist — Pole bei $B=\pm\frac{\pi}{2}$ —, läßt sich dagegen $F^\alpha \cos^{-1} B$ nur nach Abspaltung des die Singularitäten enthaltenden Summanden const/cos$B$ in eine trigonometrische Reihe entwickeln. Man findet nach X [451] aus (28b)

$$\begin{aligned}\frac{F^\alpha}{\cos B} &= \frac{c_0^{(\alpha)}}{\cos B} + 2\sum_{\lambda=1}^{\infty} c_{2\lambda}^{(\alpha)}\left\{2\sum_{\beta=1}^{\lambda}(-1)^{\lambda-\beta}\cos(2\beta-1)B + \frac{(-1)^\lambda}{\cos B}\right\}\\ &= \frac{1}{\cos B}\left[c_0^{(\alpha)} + 2\sum_{\lambda=1}^{\infty}(-1)^\lambda c_{2\lambda}^{(\alpha)}\right] + \sum_{\lambda=1}^{\infty}\left[4\sum_{\nu=\lambda}^{\infty}(-1)^{\nu-\lambda}c_{2\nu}^{(\alpha)}\right]\cos(2\lambda-1)B.\end{aligned}$$

Die in Gestalt einer unendlichen Reihe auftretende Konstante hat nach (28b) den Wert $F^\alpha(\pi/2) = (1-n)^{2\alpha}$. Somit wird schließlich

$$\frac{F^\alpha}{\cos B} = \frac{(1-n)^{2\alpha}}{\cos B} + \sum_{\lambda=1}^{\infty}\left[4\sum_{\nu=\lambda}^{\infty}(-1)^{\nu-\lambda}c_{2\nu}^{(\alpha)}\right]\cos(2\lambda-1)B \tag{33}$$

mit dem Konvergenzbereich $\overline{\mathfrak{B}}_1(B)$.

Bei der numerischen Berechnung werden von den entwickelten Reihen jeweils nur einige wenige Glieder benutzt. Man hat daher die Aufgabe der Restabschätzung zu lösen, die wir hier im Hinblick auf die Anwendungen für nicht ganzzahliges negatives α durchführen wollen.

Wir geben zuerst eine *Abschätzung für die Koeffizienten* $c^{(\alpha)}$. Es ist

$$\frac{\alpha-p}{p+1}-\frac{\alpha-p-1}{p+2}=\frac{\alpha+1}{(p+1)(p+2)}.$$

Für $p \geqq 0,\ -1<\alpha<0$ folgt $\left|\frac{\alpha-p-1}{p+2}\right|>\left|\frac{\alpha-p}{p+1}\right|$,

für $p \geqq 0,\quad \alpha<-1$ folgt $\left|\frac{\alpha-p-1}{p+2}\right|<\left|\frac{\alpha-p}{p+1}\right|$.

Nun ist

$$c_{2\lambda}^{(\alpha)}=\sum_{\varkappa=0}^{\infty}\binom{\alpha}{\varkappa}\binom{\alpha}{\varkappa+\lambda}n^{2\varkappa+\lambda},$$

$$\binom{\alpha}{\varkappa}=\frac{\alpha}{1}\cdot\frac{\alpha-1}{2}\cdots\frac{\alpha-p}{p+1}\cdots\frac{\alpha-\varkappa+1}{\varkappa},\quad \binom{\alpha}{\varkappa+\lambda}=\frac{\alpha}{1}\cdot\frac{\alpha-1}{2}\cdots\frac{\alpha-\varkappa-\lambda+1}{\varkappa+\lambda}.$$

Für $-1<\alpha<0$ wachsen die Faktoren nach obiger Abschätzung dem absoluten Betrage nach, so daß gilt

$$\left|\binom{\alpha}{\varkappa}\binom{\alpha}{\varkappa+\lambda}\right|<\left|\frac{\alpha-\varkappa-\lambda+1}{\varkappa+\lambda}\right|^{2\varkappa+\lambda}=\left|1-\frac{\alpha+1}{\varkappa+\lambda}\right|^{2\varkappa+\lambda}<1.$$

Daraus folgt

$$\left|c_{2\lambda}^{(\alpha)}\right|=\left|\sum_{\varkappa=0}^{\infty}\binom{\alpha}{\varkappa}\binom{\alpha}{\varkappa+\lambda}n^{2\varkappa+\lambda}\right|<\sum_{\varkappa=0}^{\infty}n^{2\varkappa+\lambda}=\frac{n^{\lambda}}{1-n^2}\quad\text{für}\quad\begin{cases}n<1\\-1<\alpha<0.\end{cases}$$

Für $\alpha<-1$ ist umgekehrt jeweils der erste Faktor dem absoluten Betrage nach am größten, so daß wir abschätzen können

$$\left|\binom{\alpha}{\varkappa}\binom{\alpha}{\varkappa+\lambda}\right|<|\alpha|^{2\varkappa+\lambda}.$$

Damit wird

$$\left|c_{2\lambda}^{(\alpha)}\right|<\sum_{\varkappa=0}^{\infty}|\alpha n|^{2\varkappa+\lambda}=\frac{|\alpha n|^{\lambda}}{1-\alpha^2 n^2}\quad\text{für}\quad\begin{cases}|\alpha n|<1\\\alpha<-1.\end{cases}$$

Wir fassen zusammen:

Es sei $\mathsf{A}=\begin{cases}n & \text{für}\quad -1<\alpha<0\\|\alpha n| & \text{für}\quad \alpha<-1\end{cases}$ und $\mathsf{A}<1$, dann gilt für negative α die Koeffizientenabschätzung

$$\left|c_{2\lambda}^{(\alpha)}\right|<\frac{\mathsf{A}^{\lambda}}{1-\mathsf{A}^2}. \tag{34a}$$

Das Vorzeichen von $c_{2\lambda}^{(\alpha)}$ $(\alpha<0)$ berechnet sich aus

$$\operatorname{sign}\binom{\alpha}{\varkappa}\binom{\alpha}{\varkappa+\lambda}=\operatorname{sign}\binom{\alpha}{\varkappa}^2\frac{(\alpha-\varkappa)\ldots(\alpha-\varkappa-\lambda-1)}{(\varkappa+1)\ldots(\varkappa+\lambda)}=(-1)^{\lambda}$$

zu

$$\operatorname{sign}c_{2\lambda}^{(\alpha)}=(-1)^{\lambda}. \tag{34b}$$

Für die trigonometrische Reihe

$$F^{\alpha}=c_0^{(\alpha)}+2c_2^{(\alpha)}\cos 2B+\cdots+2c_{2\lambda}^{(\alpha)}\cos 2\lambda B+\cdots$$

erhält man daher bei *reellem* B *und für* $\alpha<0$ die Restabschätzung

$$\left|2\sum_{l+1}^{\infty}c_{2\lambda}^{(\alpha)}\cos 2\lambda B\right|\leqq 2\sum_{l+1}^{\infty}\left|c_{2\lambda}^{(\alpha)}\right|\leqq 2\sum_{l+1}^{\infty}\frac{\mathsf{A}^{\lambda}}{1-\mathsf{A}^2}=\frac{2\mathsf{A}^{l+1}}{(1-\mathsf{A}^2)(1-\mathsf{A})}. \tag{35}$$

Setzt man $\alpha = -\frac{3}{2}, -\frac{1}{2}$, so ist damit auch die *Restabschätzung für die Reihen von M und N* gewonnen.

Zum Abschluß wollen wir noch die trigonometrische Entwicklung von $\lg F$ mit ihrer Restabschätzung angeben[11].

Es ist zunächst

$$\lg F = \lg(1 + nZ^2) + \lg(1 + nZ^{-2}).$$

Die Potenzreihenentwicklung führt zu den Reihen

$$\lg(1+nZ^2) = \sum_{\varkappa=1}^{\infty} (-1)^{\varkappa+1} \frac{n^\varkappa}{\varkappa} Z^{2\varkappa}$$ absolut und gleichmäßig konvergent für $|Z| < \frac{1}{\sqrt{n}}$,

$$\lg(1+nZ^{-2}) = \sum_{\varkappa=1}^{\infty} (-1)^{\varkappa+1} \frac{n^\varkappa}{\varkappa} Z^{-2\varkappa}$$ absolut und gleichmäßig konvergent für $|Z| > \sqrt{n}$.

Durch gliedweise Addition erhält man daraus

$$\lg F = \sum_{\varkappa=1}^{\infty} (-1)^{\varkappa+1} \frac{n^\varkappa}{\varkappa} (Z^{2\varkappa} + Z^{-2\varkappa}) \tag{36a}$$

oder

$$\lg F = 2 \sum_{\varkappa=1}^{\infty} (-1)^{\varkappa+1} \frac{n^\varkappa}{\varkappa} \cos 2\varkappa B. \tag{36b}$$

Die Konvergenz ist absolut und gleichmäßig in $\mathfrak{B}_1(Z)$ bzw. $\overline{\mathfrak{B}}_1(B)$. Speziell ist also die Reihe im ganzen reellen Intervall $-\frac{\pi}{2} \leqq B \leqq +\frac{\pi}{2}$ gültig. Für den Reihenrest

$$R_{l+1} = \lg F - \sum_{\varkappa=1}^{l} (-1)^{\varkappa+1} \frac{2}{\varkappa} n^\varkappa \cos 2\varkappa B$$

haben wir, unter Beschränkung auf reelles B,

$$|R_{l+1}| < 2 \sum_{l+1}^{\infty} \frac{n^\varkappa}{\varkappa} = R^*_{l+1};$$

das ist aber der Reihenrest für die Potenzreihenentwicklung von

$$2 \lg \frac{1}{1-n} = 2 \sum_{\varkappa=1}^{\infty} \frac{n^\varkappa}{\varkappa} = 2 \sum_{\varkappa=1}^{l} \frac{n^\varkappa}{\varkappa} + R^*_{l+1}.$$

Nach der Taylorschen Formel gilt

$$R^*_{l+1} = \frac{2}{l+1} \cdot \frac{n^{l+1}}{(1-\vartheta n)^{l+1}} < \frac{2}{l+1} \left[\frac{n}{1-n}\right]^{l+1}, \quad 0 < \vartheta < 1$$

oder

$$|R_{l+1}| < \frac{2}{l+1} \left[\frac{n}{1-n}\right]^{l+1}. \tag{37}$$

[11] Bei den theoretischen Entwicklungen tritt ausschließlich der *natürliche* Logarithmus auf, den wir mit lg bezeichnen, im Gegensatz zu dem *dekadischen* Logarithmus log.

I, 6 Trigonometrische Entwicklung der Krümmungsgrößen $M^{\pm 1}, N^{\pm 1}, r^{\pm 1}, \varrho, K, \left(\frac{r}{M}\right)^{\pm 1}$ in $\overline{\mathfrak{B}}_1(B)$, insbesondere für reelle B-Werte im Intervall $-\frac{\pi}{2} \leqq B \leqq +\frac{\pi}{2}$.

Als Sonderfälle ergeben sich für $\alpha = -\frac{3}{2}, -\frac{1}{2}, -1$ die im B-Streifen $\overline{\mathfrak{B}}_1(B)$ gültigen und für die numerische Berechnung sehr geeigneten *trigonometrischen Reihen für die Krümmungshalbmesser.* Ihre Restabschätzung ist in der oben für $\alpha < 0$ gemachten ebenfalls enthalten (siehe [17]).

a) Für den Meridiankrümmungshalbmesser M (14) gewinnt man aus (28b) die in $\overline{\mathfrak{B}}_1(B)$ gültige Entwicklung

$$M = \frac{a+b}{2} \sum_{\lambda=0}^{\infty} (M_{2\lambda}) \cos 2\lambda B, \tag{38}$$

mit den Koeffizienten

$$\left.\begin{aligned} (M_0) &= (1-n^2)^2\, c_0^{-3/2} = (1-n^2)^2 \sum_{\varkappa=0}^{\infty} \binom{-\frac{3}{2}}{\varkappa}^2 n^{2\varkappa}, \\ (M_{2\lambda}) &= 2(1-n^2)^2\, c_{2\lambda}^{-3/2} \\ &= 2(1-n^2)^2 n^\lambda \sum_{\varkappa=0}^{\infty} \binom{-\frac{3}{2}}{\varkappa}\binom{-\frac{3}{2}}{\varkappa+\lambda} n^{2\varkappa} \quad \text{für } \lambda > 0. \end{aligned}\right\} \tag{38a}$$

Die Ausrechnung der Koeffizientenreihen nach (29) ergibt bis zu den Gliedern 5. Ordnung einschließlich

$$\left.\begin{aligned} (M_0) &= 1 + \tfrac{1}{4}n^2 + \tfrac{1}{64}n^4 + \cdots = +1.00000\,07007\,2381^{12}, \\ (M_2) &= -3n + \tfrac{3}{8}n^3 + \tfrac{3}{64}n^5 + \cdots = -0.00502\,25526\,4274, \\ (M_4) &= +\tfrac{15}{4}n^2 - \tfrac{15}{16}n^4 + \cdots = +0.00001\,05108\,4794, \\ (M_6) &= -\tfrac{35}{8}n^3 + \tfrac{175}{128}n^5 + \cdots = -0.00000\,00205\,2995, \\ (M_8) &= +\tfrac{315}{64}n^4 + \cdots = +0.00000\,00000\,3867, \\ (M_{10}) &= -\tfrac{693}{128}n^5 + \cdots = -0.00000\,00000\,0007, \end{aligned}\right\} \tag{38b}$$

. . . .

a') Die Entwicklung für den reziproken Wert von M

$$M^{-1} = \frac{2}{a+b}(1-n^2)^{-2} F^{3/2} = \frac{2}{a+b} \sum_{\lambda=0}^{\infty} (M'_{2\lambda}) \cos 2\lambda B \tag{39}$$

mit $\quad (M'_0) = (1-n^2)^{-2} c_0^{(3/2)}, \quad (M'_{2\lambda}) = 2(1-n^2)^{-2} c_{2\lambda}^{(3/2)}$ (39a)

---

[12] Die angegebenen Zahlwerte beziehen sich stets auf das Besselsche Sphäroid.

folgt entsprechend als Spezialfall $\alpha = +\frac{3}{2}$. Konvergenzbereich ist $\overline{\mathfrak{B}}_1(B)$. Die ausführliche Koeffizientendarstellung wird wegen des kleinen Faktors $2/a + b$ nur bis n^4 gegeben.

$$\left.\begin{aligned}
(M'_0) &= 1 \quad + \tfrac{17}{4} n^2 \quad + \tfrac{489}{64} n^4 + \cdots = +1.00001\,19124^{12},\\
(M'_2) &= +3n \quad + \tfrac{57}{8} n^3 \quad + \cdots = +0.00502\,25878,\\
(M'_4) &= \quad + \tfrac{3}{4} n^2 \quad + \tfrac{21}{16} n^4 + \cdots = +0.00000\,21022,\\
(M'_6) &= \quad - \tfrac{1}{8} n^3 \quad + \cdots = -0.00000\,00006,\\
(M'_8) &= \quad + \tfrac{3}{64} n^4 + \cdots = +0.00000\,00000,
\end{aligned}\right\} \tag{39b}$$

. . . .

b) Für den Querkrümmungshalbmesser gewinnt man aus (28b) die in $\overline{\mathfrak{B}}_1(B)$ gültige Entwicklung

$$N = \frac{a+b}{2}(1+n)^2 F^{-1/2} = \frac{a+b}{2} \sum_{\lambda=0}^{\infty} (N_{2\lambda}) \cos 2\lambda B, \tag{40}$$

mit den Koeffizienten

$$\left.\begin{aligned}
(N_0) &= (1+n)^2 c_0^{(-1/2)} = (1+n)^2 \sum_{\varkappa=0}^{\infty} \binom{-\frac{1}{2}}{\varkappa}^2 n^{2\varkappa},\\
(N_{2\lambda}) &= 2(1+n)^2 c_{2\lambda}^{(-1/2)}\\
&= 2(1+n)^2 n^\lambda \sum_{\varkappa=0}^{\infty} \binom{-\frac{1}{2}}{\varkappa}\binom{-\frac{1}{2}}{\varkappa+\lambda} n^{2\varkappa}, \qquad \lambda > 0.
\end{aligned}\right\} \tag{40a}$$

Die Ausrechnung bis zu Gliedern 5. Ordnung einschließlich ergibt

$$\left.\begin{aligned}
(N_0) &= 1 + 2n + \tfrac{5}{4} n^2 + \tfrac{1}{2} n^3 + \tfrac{25}{64} n^4 + \tfrac{9}{32} n^5 + \cdots\\
&= +1.00335\,18755\,6942^{12},\\
(N_2) &= -\left\{n + 2\,n^2 + \tfrac{11}{8} n^3 + \tfrac{3}{4} n^4 + \tfrac{39}{64} n^5 + \cdots\right\}\\
&= -0.00167\,97970\,4849,\\
(N_4) &= \tfrac{3}{4} n^2 + \tfrac{3}{2} n^3 + \tfrac{17}{16} n^4 + \tfrac{5}{8} n^5 + \cdots\\
&= +0.00000\,21092\,1826,\\
(N_6) &= -\left\{\tfrac{5}{8} n^3 + \tfrac{5}{4} n^4 + \tfrac{115}{128} n^5 + \cdots\right\}\\
&= -0.00000\,00029\,4268,\\
(N_8) &= \tfrac{35}{64} n^4 + \tfrac{35}{32} n^5 + \cdots\\
&= +0.00000\,00000\,0431,\\
(N_{10}) &= -\left\{\tfrac{63}{128} n^5 + \cdots\right\}\\
&= -0.00000\,00000\,0001,
\end{aligned}\right\} \tag{40b}$$

. . . .

b′) Entsprechend ist aus (28b) für den reziproken Wert des Querkrümmungshalbmessers die in $\overline{\mathfrak{B}}_1(B)$ konvergente trigonometrische Entwicklung abzuleiten.

$$N^{-1} = \frac{2}{a+b}(1+n)^{-2} F^{1/2} = \frac{2}{a+b}\sum_{\lambda=0}^{\infty} (N'_{2\lambda}) \cos 2\lambda B \tag{41}$$

mit den Koeffizienten

$$(N'_0) = (1+n)^{-2} c_0^{(1/2)}, \quad (N'_{2\lambda}) = 2(1+n)^{-2} c_{2\lambda}^{(1/2)} \tag{41a}$$

oder ausführlich bis einschließlich zu Gliedern 4. Ordnung

$$\left.\begin{aligned}
(N'_0) &= 1 - 2n + \tfrac{13}{4}n^2 - \tfrac{9}{2}n^3 + \tfrac{369}{64}n^4 + \cdots = +0.99666\,07187^{12},\\
(N'_2) &= n - 2n^2 + \tfrac{23}{8}n^3 - \tfrac{15}{4}n^4 + \cdots = +0.00166\,85925,\\
(N'_4) &= -\tfrac{1}{4}n^2 + \tfrac{1}{2}n^3 - \tfrac{11}{16}n^4 + \cdots = -0.00000\,06984,\\
(N'_6) &= \tfrac{1}{8}n^3 - \tfrac{1}{4}n^4 + \cdots = +0.00000\,00006,\\
(N'_8) &= -\tfrac{5}{64}n^4 + \cdots = -0.00000\,00000,\\
&\cdots\cdots
\end{aligned}\right\} \tag{41b}$$

c) Die Entwicklung des Parallelkreishalbmessers erscheint als Spezialfall der Reihe (32) mit $\alpha = -\frac{1}{2}$. Man hat daher

$$r = \frac{a+b}{2}(1+n)^2 F^{-1/2} \cos B = \frac{a+b}{2}\sum_{\lambda=0}^{\infty} (R_{2\lambda+1}) \cos(2\lambda+1)B, \tag{42}$$

wobei sich die Koeffizienten aus den bereits berechneten $(N_{2\lambda})$ zusammensetzen:

$$(R_1) = \tfrac{1}{2}[2(N_0) + (N_2)], \quad (R_{2\lambda+1}) = \tfrac{1}{2}[(N_{2\lambda}) + (N_{2\lambda+2})] \text{ für } \lambda > 0. \tag{42a}$$

Aus (40b) folgt daher bis zu Gliedern 5. Ordnung einschließlich

$$\left.\begin{aligned}
(R_1) &= 1 + \tfrac{3}{2}n + \tfrac{1}{4}n^2 - \tfrac{3}{16}n^3 + \tfrac{1}{64}n^4 - \tfrac{3}{128}n^5 + \cdots = +1.00251\,19770\,4518^{12},\\
(R_3) &= -\tfrac{1}{2}n - \tfrac{5}{8}n^2 + \tfrac{1}{16}n^3 + \tfrac{5}{32}n^4 + \tfrac{1}{128}n^5 + \cdots = -0.00083\,88439\,1511,\\
(R_5) &= +\tfrac{3}{8}n^2 + \tfrac{7}{16}n^3 - \tfrac{3}{32}n^4 - \tfrac{35}{256}n^5 + \cdots = +0.00000\,10531\,3779,\\
(R_7) &= -\tfrac{5}{16}n^3 - \tfrac{45}{128}n^4 + \tfrac{25}{256}n^5 + \cdots = -0.00000\,00014\,6919,\\
(R_9) &= +\tfrac{35}{128}n^4 + \tfrac{77}{256}n^5 + \cdots = +0.00000\,00000\,0215,\\
(R_{11}) &= -\tfrac{63}{256}n^5 + \cdots = -0.00000\,00000\,0000,\\
&\cdots\cdots
\end{aligned}\right\} \tag{42b}$$

c′) Zur Berechnung des reziproken Wertes von r müssen wir die Entwicklung (33) für $\alpha = +\frac{1}{2}$ heranziehen. Setzen wir nun

$$\begin{aligned}
\frac{1}{r} &= \frac{2}{a+b}(1+n)^{-2}\frac{F^{1/2}}{\cos B}\\
&= \frac{2}{a+b}\left\{(R'_{-1})\frac{1}{\cos B} + \sum_{\lambda=0}^{\infty}(R'_{2\lambda+1})\cos(2\lambda+1)B\right\}
\end{aligned} \tag{43}$$

(Konvergenzbereich $\overline{\mathfrak{B}}_1(B)$),

so findet sich für die Koeffizienten ausführlich bis zu Gliedern 4. Ordnung einschließlich

$$\left.\begin{aligned}
(R'_{-1}) &= 1 - 3n + 5n^2 - 7n^3 + 9n^4 + \cdots = +0.99499\,14273^{12},\\
(R'_1) &= 2n - \tfrac{7}{2}n^2 + 5n^3 - \tfrac{207}{32}n^4 + \cdots = +0.00333\,85829,\\
(R'_3) &= -\tfrac{1}{2}n^2 + \tfrac{3}{4}n^3 - \tfrac{33}{32}n^4 + \cdots = -0.00000\,13979,\\
(R'_5) &= \tfrac{1}{4}n^3 - \tfrac{11}{32}n^4 + \cdots = +0.00000\,00012,\\
R'_7) &= -\tfrac{5}{32}n^4 + \cdots = -0.00000\,00000,
\end{aligned}\right\} \quad (43a)$$

. . . .

d) Für den mittleren Krümmungshalbmesser (18) gewinnt man aus (28b) die Entwicklung

$$\varrho = \frac{a+b}{2}(1-n)(1+n)^2 F^{-1} = \frac{a+b}{2}\sum_{\lambda=0}^{\infty}(\mathsf{P}_{2\lambda})\cos 2\lambda B, \qquad (44)$$

mit den Koeffizienten

$$(\mathsf{P}_0) = (1-n)(1+n)^2 c_0^{(-1)}, \quad (\mathsf{P}_{2\lambda}) = 2(1-n)(1+n)^2 c_{2\lambda}^{(-1)} \text{ für } \lambda > 0. \quad (44a)$$

Hier lassen sich die Potenzreihen (29) in geschlossener Form angeben

$$c_{2\lambda}^{(-1)} = (-1)^\lambda n^\lambda [1 + n^2 + n^4 + \cdots] = (-1)^\lambda \frac{n^\lambda}{1-n^2}$$

oder, nach dem Kürzen des Nenners,

$$(\mathsf{P}_0) = 1 + n, \quad (\mathsf{P}_{2\lambda}) = 2(-1)^\lambda (1+n)\,n^\lambda \quad \text{für} \quad \lambda > 0. \quad (44b)$$

e) Für die Gaußsche Krümmung (19) hat man die endliche trigonometrische Darstellung

$$\begin{aligned}
K = \frac{1}{\varrho^2} &= \frac{4}{(a+b)^2}\cdot\frac{1}{(1-n)^2(1+n)^4}F^2\\
&= \frac{4}{(a+b)^2}\cdot\{(K_0) + (K_2)\cos 2B + (K_4)\cos 4B\}
\end{aligned} \qquad (45)$$

mit den Koeffizienten

$$\left.\begin{aligned}
(K_0) &= \frac{1+4n^2+n^4}{(1+n)^4(1-n)^2} = 1 - 2n + 9n^2 - 16n^3 + 35n^4 - 54n^5 + \cdots,\\
(K_2) &= \frac{4n(1+n^2)}{(1+n)^4(1+n)^2} = 4n - 8n^2 + 24n^3 - 40n^4 + 76n^5 + \cdots,\\
(K_4) &= \frac{2n^2}{(1+n)^4(1-n)^2} = 2n^2 - 4n^3 + 10n^4 - 16n^5 + \cdots.
\end{aligned}\right\} \quad (45a)$$

f) In den späteren Untersuchungen wird der Quotient aus Meridiankrümmungshalbmesser und Parallelkreishalbmesser gebraucht. Für r/M hat man nach (20) die *endliche* trigonometrische Darstellung

$$\frac{r}{M} = \frac{1}{(1-n)^2}F\cos B = \frac{1+n+n^2}{(1-n)^2}\cos B + \frac{n}{(1-n)^2}\cos 3B. \qquad (46)$$

f′) Die Entwicklung der reziproken Funktion läßt sich mit Hilfe von (33) für $\alpha = -1$ durchführen. Auch hier gelingt die Angabe einer geschlossenen Form für die Koeffizienten:

$$\frac{1}{F\cos B} = \frac{(1-n)^{-2}}{\cos B} + \sum_{\lambda=1}^{\infty}\left[\sum_{\nu=\lambda}^{\infty} 4(-1)^{\nu-\lambda}\cdot(-1)^{\nu}\frac{n^{\nu}}{1-n^2}\right]\cos(2\lambda-1)B$$

$$= \frac{(1-n)^{-2}}{\cos B} + \sum_{\lambda=1}^{\infty}\frac{4(-1)^{\lambda}n^{\lambda}}{(1-n)(1-n^2)}\cos(2\lambda-1)B.$$

Damit erhält man schließlich

$$\frac{M}{r} = \frac{(1-n)^2}{F\cos B} = \frac{1}{\cos B} + \sum_{\lambda=1}^{\infty}\frac{4(-1)^{\lambda}n^{\lambda}}{1+n}\cos(2\lambda-1)B. \qquad (47)$$

I,7 Potenzreihenentwicklung von $F^{\alpha}(B)$, $F^{\alpha}\cos B$, $F^{\alpha}\cos^{-1}B$ mit Koeffizientendarstellung 1. Art. Restabschätzung.

Die Funktion $F^{\alpha}(B)$ ist für beliebiges reelles α in der komplexen B-Ebene nicht mehr eindeutig. Ihre Verzweigungspunkte liegen bei den Nullstellen $B^{(1')}$ von $F(B)$ (Abb. 3a u. (27b)). Wenn wir daher von den Punkten $\mathbf{P}^{(1')}$ und den homologen Stellen Schnitte parallel zur B''-Achse nach ∞ führen, so läßt sich in dem so zerschnittenen, einfach zusammenhängenden ebenen Bereich $B_{(1)}$[13] $F^{\alpha}(B)$ als *eindeutige* regulär analytische Funktion von B durch die Festsetzung erklären, daß $F^{\alpha}(0) = (1+n)^{2\alpha}$ reell positiv sein soll. In der Umgebung jeder von $\mathbf{P}^{(1')}$ (und homologen) verschiedenen Stelle $\mathbf{P}_0$ kann die Funktion dann in eine gewöhnliche Potenzreihe nach $\Delta B = B - B_0$ entwickelt werden. Der Konvergenzkreis reicht bis zur nächsten der singulären Stellen $\frac{\pi}{2} \pm \frac{1}{i}\lg\sqrt{n} + g\pi$, $(g = 0, \pm 1, \pm 2, \ldots)$. Bei der Entwicklung von $F^{\alpha}\cos^{-1}B$ treten noch die Nullstellen von $\cos B$, $B = \frac{\pi}{2} + g\pi$, als weitere singuläre Punkte hinzu.

Wir schicken *einige allgemeine Bemerkungen über die Herstellung der Taylor-Entwicklung einer analytischen Funktion* $f(B)$ voraus.

1a) Man kann die Funktion wiederholt differenzieren, stößt hierbei jedoch im allgemeinen bei der Bildung der höheren Ableitungen auf Schwierigkeiten und erhält so kein allgemeines Bildungsgesetz. Es ist daher in unseren Fällen meist vorteilhafter,

1b) $f(B_0)$ nicht additiv, sondern multiplikativ abzuspalten, also zu setzen:

$$f(B) = f(B_0)\left[1 + f_{10}\Delta B + f_{20}\frac{\Delta B^2}{2!} + f_{30}\frac{\Delta B^3}{3!} + \cdots\right], \qquad (48)$$

---

[13] Die Bezeichnung rechtfertigt sich später (s. $Z_{(1)}$, S. [45]); $B_{(1)}$ ist das erste Blatt einer Riemannschen Fläche über der B-Ebene.

wobei die Berechnung der Koeffizienten

$$f_{\nu 0} = f_\nu(B_0) = \left[\frac{1}{f(B)} \cdot \frac{d^\nu f}{d B^\nu}\right]_{B_0}$$

mittels einer *Rekursionsformel* geschehen kann. Es ist nämlich

$$\frac{1}{f(B)} \frac{d^{\nu+1} f(B)}{d B^{\nu+1}} = \frac{d}{dB}\left[\frac{1}{f(B)} \cdot \frac{d^\nu f(B)}{d B^\nu}\right] + \left(\frac{1}{f(B)} \cdot \frac{d^\nu f(B)}{d B^\nu}\right)\left(\frac{1}{f(B)} \cdot \frac{d f(B)}{d B}\right)$$

und damit

$$f_{\nu+1} = f_\nu f_1 + \frac{d}{dB} \cdot [f_\nu(B)]. \tag{49}$$

1c) Endlich läßt sich bei einfacher Bauart von $f(B)$ die Entwicklung auch durch Zusammensetzen bekannter Reihen (z. B. Cosinusreihe, binomische Reihe usw.) erhalten, wobei das *allgemeine Bildungsgesetz* der Koeffizienten angegeben werden kann.

Da die drei Grundfunktionen E, E', F sich nur um einen konstanten Faktor unterscheiden (siehe 10), folgt

$$\frac{E^\alpha}{E_0^\alpha} = \frac{E'^\alpha}{E_0'^\alpha} = \frac{F^\alpha}{F_0} = 1 + \sum_{\nu=1}^{\infty} f_{\nu 0}^{(\alpha)} \frac{\Delta B^\nu}{\nu!}. \tag{50}$$

Die Koeffizienten sind Funktionen von B_0 und n oder e bzw. e'. Während die Symmetrieeigenschaften der Funktion F mit der ausgezeichneten Stellung des Einheitskreises der Z-Ebene uns in Abschnitt I, 5 die dritte Abplattung n bevorzugt erscheinen ließen, sind bei der lokalen Potenzreihenentwicklung n, e, e' zunächst gleichwertig. Die Verwendung von n führt hier indessen zu recht unhandlichen Ausdrücken, und da sich bei den Berechnungen meist e' als vorteilhafter gegenüber e erweist, wollen wir diese Größe als Ellipsoidparameter bei den Entwicklungen „im Kleinen" benutzen[14].

Für die *Koeffizienten* erhalten wir *drei typische Formen*. Die erste besteht aus einem Faktor $E'^{\pm\nu}$ und einem Polynom in $\cos B$, $\sin B$, $\operatorname{tg} B$. Bei der zweiten Form ist die höchste Cosinuspotenz im Nenner als Faktor herausgezogen, sodaß im zweiten Klammerfaktor keine Singularität mehr bei $B = \pi/2$ vorkommt. Die dritte Form geht aus der zweiten dadurch hervor, daß man $E'^{\pm\nu}$ nach Potenzen von e_c' entwickelt und die entstehenden Potenzprodukte von Sinus und Cosinus in die Sinus und Cosinus der Vielfachen des Winkels umformt. Falls eine negative Potenz von E' vorkommt, ist die Gültigkeit dieser dritten Form allerdings auf $|e_c'| < 1$ beschränkt, was für reelle B immer der Fall ist.

[14] In der Literatur setzt man zur Abkürzung $e' \cos B = \eta$ und drückt $e' \sin B$ mit Hilfe von $\operatorname{tg} B$ aus: $e' \sin B = \eta \operatorname{tg} B$. Abgesehen davon, daß man so für $B = \pi/2$ durch die tg-Funktion scheinbar eine gar nicht vorhandene Singularität hereinbringt, ist für eine komplexe Behandlung $\operatorname{tg} B$ bei der Aufspaltung in Real- und Imaginärteil recht unbequem. Wir arbeiten daher mit den gleichberechtigten Größen $e' \cos B = e_c'$ und $e' \sin B = e_s'$.

Die Koeffizienten der Potenzreihenentwicklung von F^α bzw. E^α oder E'^α sollen zunächst nach der Methode 1b) berechnet werden.

Nach Definition ist

$$f_1^{(\alpha)} = \frac{1}{E'^\alpha} \cdot \frac{dE'^\alpha}{dB} = \frac{\alpha}{E'} \cdot \frac{dE'}{dB} = -\frac{2\alpha e'_c e'_s}{E'}. \tag{50,1}$$

Der Einfachheit halber lassen wir den Index Null fort. Weitere Differentiation nach der Rekursionsformel (49) ergibt

$$f_2^{(\alpha)} = \frac{4\alpha^2 e_c'^2 e_s'^2}{E'^2} - \frac{4\alpha e_c'^2 e_s'^2}{E'^2} - \frac{2\alpha e_c'^2}{E'} + \frac{2\alpha e_s'^2}{E'}$$

oder zusammengefaßt

$$f_2^{(\alpha)} = \frac{2\alpha}{E'^2} [-e_c'^2 + e_s'^2 - e_c'^4 + (2\alpha - 1) e_c'^2 e_s'^2]. \tag{50,2}$$

Entsprechend gilt für die höheren Glieder

$$\begin{aligned} f_3^{(\alpha)} = \frac{4\alpha e'_c e'_s}{E'^3} [2 &+ (1 + 3\alpha) e_c'^2 + 3(1 - \alpha) e_s'^2 + \\ &+ (3\alpha - 1) e_c'^4 + (1 - \alpha)(2\alpha - 1) e_c'^2 e_s'^2], \end{aligned} \tag{50,3}$$

$$\begin{aligned} f_4^{(\alpha)} = \frac{4\alpha}{E'^4} &[2e_c'^2 - 2e_s'^2 + 3(1 + \alpha) e_c'^4 + (16 - 22\alpha) e_c'^2 e_s'^2 - \\ &- 3(1 - \alpha) e_s'^4 + 6\alpha e_c'^6 + (14 - 8\alpha - 12\alpha^2) e_c'^4 e_s'^2 + \\ &+ 6(1 - \alpha)(3 - 2\alpha) e_c'^2 e_s'^4 + (3\alpha - 1) e_c'^8 + \\ &+ (-4 + 14\alpha - 12\alpha^2) e_c'^6 e_s'^2 + (3 - 2\alpha)(1 - \alpha)(2\alpha - 1) e_c'^4 e_s'^4]. \end{aligned} \tag{50,4}$$

Die Koeffizienten $f_\nu^{(\alpha)}$ sind von der Bauart $E'^{-\nu} \times$ Polynom in e'_c, e'_s. Um ihr allgemeines Bildungsgesetz zu erhalten, berechnen wir sie jetzt mit der Methode 1c). Es ist

$$E' = 1 + e_c'^2 = E'_0 + (e_c'^2 - e_{c_0}'^2) = E'_0 \left[1 + \frac{1}{E'_0} (e_c'^2 - e_{c_0}'^2)\right].$$

Die Differenz der Quadrate läßt sich in eine für die Taylor-Entwicklung geeignete Form bringen: $e_c'^2 - e_{c_0}'^2 = \frac{1}{2} e'^2 (\cos 2B - \cos 2B_0)$.

Die Reihe

$$e'^2 \cos 2B = e'^2 \cos 2B_0 + \sum_{\nu=1}^{\infty} \frac{2^\nu}{\nu!} \varepsilon_\nu \Delta B^\nu$$

mit

$$\varepsilon_\nu = \begin{cases} (-1)^{\frac{\nu}{2}} e'^2 \cos 2B_0 = (-1)^{\frac{\nu}{2}} (e_{c_0}'^2 - e_{s_0}'^2) & \text{für gerades } \nu \\ (-1)^{\frac{\nu+1}{2}} e'^2 \sin 2B_0 = (-1)^{\frac{\nu+1}{2}} 2 e'_{c_0} e'_{s_0} & \text{für ungerades } \nu \end{cases}$$

ist für beliebiges ΔB absolut konvergent. Es lassen sich daher die Potenzen bilden

$$\begin{aligned}(e_c'^2 - e_{c_0}'^2)^\lambda &= \left(\sum_{\nu=1}^{\infty} \frac{2^{\nu-1}}{\nu!} \varepsilon_\nu \Delta B^\nu\right)^\lambda \\ &= \sum_{\nu_\iota=1}^{\infty} \frac{2^{\nu_1+\nu_2+\cdots+\nu_\lambda-\lambda}}{\nu_1!\,\nu_2!\cdots\nu_\lambda!} \varepsilon_{\nu_1}\cdot\varepsilon_{\nu_2}\cdots\varepsilon_{\nu_\lambda} \Delta B^{\nu_1+\nu_2+\cdots+\nu_\lambda}.\end{aligned}$$

Die Anwendung der binomischen Reihe auf E'^α ergibt

$$\begin{aligned}\frac{E'^\alpha}{E_0'^\alpha} &= \left[1 + \frac{1}{E_0'}(e_c'^2 - e_{c_0}'^2)\right]^\alpha = 1 + \sum_{\lambda=1}^{\infty} \binom{\alpha}{\lambda} \frac{1}{E_0'^\lambda} (e_c'^2 - e_{c_0}'^2)^\lambda \\ &= 1 + \sum_{\lambda=1}^{\infty} \binom{\alpha}{\lambda} \frac{1}{E_0'^\lambda} \left[\sum_{\nu_\iota=1}^{\infty} \frac{2^{\nu_1+\nu_2+\cdots+\nu_\lambda-\lambda}}{\nu_1!\,\nu_2!\cdots\nu_\lambda!} \varepsilon_{\nu_1}\varepsilon_{\nu_2}\cdots\varepsilon_{\nu_\lambda} \Delta B^{\nu_1+\nu_2+\cdots+\nu_\lambda}\right] \\ &= 1 + \sum_{\nu=1}^{\infty} \left\{ \sum_{\substack{\lambda=1 \\ \nu_1+\nu_2+\cdots+\nu_\lambda=\nu}}^{\nu} \frac{\nu!}{\nu_1!\,\nu_2!\cdots\nu_\lambda!} \binom{\alpha}{\lambda} \frac{2^{\nu-\lambda}}{E_0'^\lambda} \varepsilon_{\nu_1}\varepsilon_{\nu_2}\cdots\varepsilon_{\nu_\lambda} \right\} \frac{\Delta B^\nu}{\nu!} \\ &= 1 + \sum_{\nu=1}^{\infty} f_{\nu 0}^{(\alpha)} \frac{\Delta B^\nu}{\nu!}.\end{aligned}$$

Durch Koeffizientenvergleich folgt die gesuchte allgemeine Darstellung

$$f_{\nu 0}^{(\alpha)} = \sum_{\substack{\lambda,\,\nu_\iota=1 \\ \nu_1+\nu_2+\cdots+\nu_\lambda=\nu}}^{\nu} \frac{\nu!}{\nu_1!\,\nu_2!\cdots\nu_\lambda!} \binom{\alpha}{\lambda} \frac{2^{\nu-\lambda}}{E_0'^\lambda} \varepsilon_{\nu_1}\varepsilon_{\nu_2}\cdots\varepsilon_{\nu_\lambda}. \tag{50a}$$

Bei festem λ ist noch die Summe über alle möglichen additiven Zerlegungen der Zahl ν in positive Summanden größer oder gleich eins zu nehmen.

Wir wollen nun diese Form zur Berechnung der weiteren Koeffizienten $f_5^{(\alpha)}, f_6^{(\alpha)}, f_7^{(\alpha)}$ verwenden, wobei allerdings, wegen der Kleinheit von ΔB, schrittweise die Glieder höherer Ordnung vernachlässigt werden sollen. Der Index Null wird, wie oben, zur Vereinfachung unterdrückt. Aus (50a) folgt für $\nu = 5$:

$$\begin{aligned}f_5^{(\alpha)} &= \frac{5!}{5!}\binom{\alpha}{1}\frac{2^4}{E'}\varepsilon_5 + 2\frac{5!}{1!\,4!}\binom{\alpha}{2}\frac{2^3}{E'^2}\varepsilon_1\varepsilon_4 + 2\frac{5!}{2!\,3!}\binom{\alpha}{2}\frac{2^3}{E'^2}\varepsilon_2\varepsilon_3 + \\ &+ 3\frac{5!}{1!\,1!\,3!}\binom{\alpha}{3}\frac{2^2}{E'^3}\varepsilon_1\varepsilon_1\varepsilon_3 + 3\frac{5!}{1!\,2!\,2!}\binom{\alpha}{3}\frac{2^2}{E'^3}\varepsilon_1\varepsilon_2\varepsilon_2 + \cdots \\ &= -\frac{32\alpha}{E'} e_c' e_s' - \frac{240\alpha(\alpha-1)}{E'^2} e_c' e_s' (e_c'^2 - e_s'^2) + \\ &+ \frac{40\alpha(\alpha-1)(\alpha-2)}{E'^3}[8 e_c'^3 e_s'^3 - 3 e_c' e_s' (e_c'^2 - e_s'^2)^2] + \cdots\end{aligned}$$

oder auf gemeinsamen Nenner gebracht

$$\begin{aligned}f_5^{(\alpha)} = \frac{8\alpha e_c' e_s'}{E'^5} [&-4 + 2(7 - 15\alpha) e_c'^2 + 30(\alpha - 1) e_s'^2 + \\ &+ 3(12 - 15\alpha - 5\alpha^2) e_c'^4 + 10(\alpha - 1)(7\alpha - 5) e_c'^2 e_s'^2 - \\ &- 15(\alpha - 1)(\alpha - 2) e_s'^4] + \mathrm{Gl}_8.\end{aligned} \tag{50,5}$$

Die Abkürzung Gl_8 bedeutet, daß die Glieder 8. Ordnung in e' nicht mehr ausführlich angegeben sind. Entsprechend ergibt sich

$$f_6^{(\alpha)} = \frac{6!}{6!}\binom{\alpha}{1}\frac{2^5}{E'}\varepsilon_6 + 2\frac{6!}{1!\,5!}\binom{\alpha}{2}\frac{2^4}{E'^2}\varepsilon_1\varepsilon_5 + 2\frac{6!}{2!\,4!}\binom{\alpha}{2}\frac{2^4}{E'^2}\varepsilon_2\varepsilon_4 + $$
$$+ \frac{6!}{3!\,3!}\binom{\alpha}{2}\frac{2^4}{E'^2}\varepsilon_3\varepsilon_3 + \cdots$$
$$= -\frac{32\alpha}{E'}(e_c'^2 - e_s'^2) + \frac{16\alpha(\alpha-1)}{E'^2}[64 e_c'^2 e_s'^2 - 15(e_c'^2 - e_s'^2)^2] + \cdots$$

oder zusammengefaßt

$$f_6^{(\alpha)} = \frac{16\alpha}{E'^6}[-2e_c'^2 + 2e_s'^2 + 5(1-3\alpha)e_c'^4 + \qquad (50,6)$$
$$+ 2(47\alpha - 42)e_c'^2 e_s'^2 - 15(\alpha-1)e_s'^4] + \mathrm{Gl}_6 .$$
$$f_7^{(\alpha)} = \frac{7!}{7!}\binom{\alpha}{1}\frac{2^6}{E'}\varepsilon_7 + \mathrm{Gl}_4 = \frac{128\alpha}{E'}e_c' e_s' + \mathrm{Gl}_4 .$$

Im Hinblick auf das allgemeine Bildungsgesetz ist es zweckmäßig, im Nenner E'^7 statt E' zu setzen, da hierdurch an dem Glied 2. Ordnung nichts geändert wird.

$$f_7^{(\alpha)} = \frac{128\alpha\, e_c' e_s'}{E'^7} + \mathrm{Gl}_4 . \qquad (50,7)$$

Wir brechen hier die ausführliche Darstellung der Koeffizienten ab. Je nach der Größe von $|\Delta B|$ und der gewünschten Genauigkeit wird man unter Umständen noch weitere Glieder der Taylor-Reihe heranziehen müssen. Dazu dient die allgemeine Formel (50a). Für reelles B_0 lassen sich die numerischen Werte am einfachsten mit Hilfe der Abkürzung

$$\varepsilon_\nu' = \frac{\varepsilon_\nu}{2E_0'} = \begin{cases} (-1)^{\frac{\nu}{2}}\; e'^2 \dfrac{\cos 2B_0}{2E_0'} & \text{für gerades } \nu \\[2ex] (-1)^{\frac{\nu+1}{2}}\; e'^2 \dfrac{\sin 2B_0}{2E_0'} & \text{für ungerades } \nu \end{cases}$$

berechnen:

$$f_{\nu 0}^{(\alpha)} = 2^\nu \nu! \sum_{\substack{\nu_\iota,\, \lambda = 1 \\ \nu_1 + \nu_2 + \cdots + \nu_\lambda = \nu}}^{\nu} \binom{\alpha}{\lambda} \frac{\varepsilon_{\nu_1}' \varepsilon_{\nu_2}' \cdots \varepsilon_{\nu_\lambda}'}{\nu_1!\,\nu_2! \cdots \nu_\lambda!} . \qquad (50\text{b})$$

Um einen Überblick zu gewinnen, bis zu welchen Beträgen die Koeffizienten ansteigen können, geben wir noch eine *Abschätzung*. Versteht man unter A_0 das Maximum der beiden Beträge $|\sin 2B_0|$, $|\cos 2B_0|$, so folgt aus (50a)

$$|f_{\nu 0}^{(\alpha)}| \leq 2^\nu \nu! \sum_{\substack{\nu_\iota,\, \lambda = 1 \\ \nu_1 + \nu_2 + \cdots + \nu_\lambda = \nu}}^{\nu} \frac{1}{\nu_1!\,\nu_2! \cdots \nu_\lambda!} \left|\binom{\alpha}{\lambda}\right| \left\{\frac{\mathsf{A}_0 e'^2}{2|E_0'|}\right\}^\lambda .$$

Bei *festem* λ läßt sich die Summe leicht abschätzen. Es gilt

$$e^x = \sum_0^\infty \frac{x^\nu}{\nu!}, \qquad e^{\lambda x} = \left(\sum_0^\infty \frac{x^\nu}{\nu!}\right)^\lambda = \sum_{\nu_\iota=0}^\infty \frac{x^{\nu_1+\nu_2+\cdots+\nu_\lambda}}{\nu_1!\,\nu_2!\cdots\nu_\lambda!}$$

$$= \sum_{\nu=0}^\infty \left[\sum_{\substack{\nu_\iota=0\\ \nu_1+\nu_2+\cdots+\nu_\lambda=\nu}}^{\nu} \frac{1}{\nu_1!\,\nu_2!\cdots\nu_\lambda!}\right] x^\nu = \sum_{\nu=0}^\infty \frac{(\lambda x)^\nu}{\nu!}.$$

Damit hat man

$$\sum_{\substack{\nu_\iota=1\\ \nu_1+\nu_2+\cdots+\nu_\lambda=\nu}}^{\nu} \frac{1}{\nu_1!\cdots\nu_\lambda!} < \sum_{\substack{\nu_\iota=0\\ \nu_1+\nu_2+\cdots+\nu_\lambda=\nu}}^{\nu} \frac{1}{\nu_1!\,\nu_2!\cdots\nu_\lambda!} = \frac{\lambda^\nu}{\nu!}$$

oder

$$|f_{\nu 0}^{(\alpha)}| \leqq 2^\nu \sum_{\lambda=1}^{\nu} \left|\binom{\alpha}{\lambda}\right| \left\{\frac{\mathsf{A}_0 e'^2}{2|E_0'|}\right\}^\lambda \cdot \lambda^\nu. \tag{50'}$$

Ist der Entwicklungsmittelpunkt B_0 der Potenzreihe *reell*, so wird $\mathsf{A}_0 \leqq 1$ und $|E_0'| \geqq 1$ oder $\frac{\mathsf{A}_0 e'^2}{2|E_0'|} \leqq \frac{e'^2}{2} < 0.0034$, unabhängig von B_0.

Eine *Restabschätzung der Potenzreihe* folgt für *reelles* B_0 und ΔB aus dem Taylorschen Restglied. Der Reihenrest $R_{l+1}^{(\alpha)}$ nach dem l-ten Glied wird danach durch

$$|R_{l+1}^{(\alpha)}| = |f_{l+1}^{(\alpha)}(B_0 + \vartheta \Delta B)| \frac{|\Delta B|^{l+1}}{l+1!} \leqq \frac{(2|\Delta B|)^{l+1}}{l+1!} \sum_{\lambda=1}^{l+1} \left|\binom{\alpha}{\lambda}\right| \lambda^{l+1} \left(\frac{e'^2}{2}\right)^\lambda,$$
$$0 < \vartheta < 1 \tag{50''}$$

gegeben. Spezielle Werte:

$\alpha = +\frac{3}{2}$, $|R_5^{(3/2)}| < 0.002\ |\Delta B|^5$, $|R_{10}^{(3/2)}| < 0.000003\ |\Delta B|^{10}$;
$\alpha = +\frac{1}{2}$, $|R_5^{(1/2)}| < 0.0005\ |\Delta B|^5$, $|R_{10}^{(1/2)}| < 0.0000004\ |\Delta B|^{10}$;
$\alpha = -\frac{1}{2}$, $|R_5^{(-1/2)}| < 0.0005\ |\Delta B|^5$, $|R_{10}^{(-1/2)}| < 0.0000006\ |\Delta B|^{10}$;
$\alpha = -\frac{3}{2}$, $|R_5^{(-3/2)}| < 0.002\ |\Delta B|^5$, $|R_{10}^{(-3/2)}| < 0.000004\ |\Delta B|^{10}$.

Es ist zu beachten, daß hier ΔB im *Bogenmaß* genommen werden muß. Die Umwandlung in Grade, Minuten, Sekunden erfolgt durch die Faktoren ϱ°, ϱ', ϱ''.

$$\left.\begin{aligned}
\Delta B^\circ &= \varrho^\circ \Delta B, & \varrho^\circ &= 57.295\,779\,5131,\\
& & \frac{1}{\varrho^\circ} &= 0.01745\,32925\,19943,\\
\Delta B' &= \varrho' \Delta B, & \varrho' &= 3437.746\,770\,7849,\\
& & \frac{1}{\varrho'} &= 0.00029\,08882\,0866572,\\
\Delta B'' &= \varrho'' \Delta B, & \varrho'' &= 206264.8062471,\\
& & \frac{1}{\varrho''} &= 0.00000\,48481\,36811\,09536.
\end{aligned}\right\} \tag{51}$$

Für *komplexes* B_0 und ΔB ist die Abschätzung ebenfalls möglich. Zur Abkürzung setzen wir $\mathsf{A}_0' = \frac{\mathsf{A}_0 e'^2}{2|E_0'|}$. Aus der rechten Seite der Ungleichung

$$|R_{l+1}^{(\alpha)}| \leqq |f_{l+1\,0}^{(\alpha)}| \frac{|\Delta B|^{l+1}}{l+1!} + |f_{l+2\,0}^{(\alpha)}| \frac{|\Delta B|^{l+2}}{l+2!} + \cdots$$

entsteht durch Einsetzen von (50′) eine Doppelreihe:

$$\left|R_{l+1}^{(\alpha)}\right| \leqq \sum_{\nu=l+1}^{\infty} \sum_{\lambda=1}^{\nu} \left|\binom{\alpha}{\lambda}\right| \mathsf{A}_0'^{\lambda} \frac{|2\lambda \Delta B|^\nu}{\nu!},$$

in welcher wir zunächst bei festem λ über ν summieren. Hier handelt es sich um den Reihenrest einer reellen Exponentialreihe, die mit Hilfe der Taylor-Formel abgeschätzt werden kann.

$$\sum_{\mu+1}^{\infty} \frac{|2\lambda \Delta B|^\nu}{\nu!} < e^{|2\lambda\Delta B|} \frac{|2\lambda \Delta B|^{\mu+1}}{\mu+1!}.$$

Unter Verwendung dieses Zwischenergebnisses folgt

$$\left|R_{l+1}^{(\alpha)}\right| \leqq \left|\binom{\alpha}{1}\right| \mathsf{A}_0' e^{|2\Delta B|} \frac{|2\Delta B|^{l+1}}{l+1!} + \cdots + \left|\binom{\alpha}{l}\right| \mathsf{A}_0'^{l} e^{|2l\Delta B|} \frac{|2l\Delta B|^{l+1}}{l+1!} + \\ + \sum_{\nu=l+1}^{\infty} \left|\binom{\alpha}{\nu}\right| \mathsf{A}_0'^{\nu} e^{|2\nu\Delta B|} \frac{|2\nu \Delta B|^\nu}{\nu!}.$$

Für den Quotienten zweier aufeinanderfolgender Glieder der Reihe hat man

$$\frac{|\alpha-\nu|}{\nu+1} \mathsf{A}_0' e^{|2\Delta B|} |2\Delta B| \frac{(\nu+1)^{\nu+1}}{\nu+1!} \frac{\nu!}{\nu^\nu} = \left|1 - \frac{\alpha+1}{\nu+1}\right| \mathsf{A}_0' e^{|2\Delta B|} \left(1+\frac{1}{\nu}\right)^\nu.$$

Er ist also nahezu konstant, so daß sich eine geometrische Vergleichsreihe bilden läßt

$$\sum_{\nu=l+1}^{\infty} \left|\binom{\alpha}{\nu}\right| \mathsf{A}_0'^{\nu} e^{|2\nu\Delta B|} \frac{|2\nu\Delta B|^\nu}{\nu!} \\ < \left|\binom{\alpha}{l+1}\right| \mathsf{A}_0'^{l+1} e^{|2(l+1)\Delta B|} \frac{|2(l+1)\Delta B|^{l+1}}{l+1!} \sum_{\nu=0}^{\infty} q^\nu$$

mit

$$q = \mathsf{A}_0' e^{|2\Delta B|+1} |2\Delta B| \operatorname{Max} \left|1 - \frac{\alpha+1}{\nu+1}\right|.$$

Unter der Voraussetzung $q < 1$ ergibt sich schließlich für den gesamten Reihenrest die gewünschte Abschätzung

$$\left|R_{l+1}^{(\alpha)}\right| < \frac{|2\Delta B|^{l+1}}{l+1!} \left\{ \left|\binom{\alpha}{1}\right| \mathsf{A}_0' e^{|2\Delta B|} + \left|\binom{\alpha}{2}\right| \mathsf{A}_0'^2 e^{|4\Delta B|} 2^{l+1} + \cdots \right. \\ \left. + \left|\binom{\alpha}{l}\right| \mathsf{A}_0'^{l} e^{|2l\Delta B|} l^{l+1} + \left|\binom{\alpha}{l+1}\right| \mathsf{A}_0'^{l+1} e^{|2(l+1)\Delta B|} (l+1)^{l+1} \frac{1}{1-q} \right\}. \quad (50''')$$

Beispiel:

$$B_0 = B_0' + iB_0'' \begin{cases} B_0' = 50^\circ = 0.87266, \\ B_0'' = 1.0; \end{cases} \quad \Delta B = 0.1, \quad \alpha = -\tfrac{3}{2}, \quad l = 4,$$

$\cos 2B_0 = \cos 2B_0' \operatorname{ch} 2B_0'' - i \sin 2B_0' \operatorname{sh} 2B_0''$ (siehe X, S. [449]);

$\cos 2B_0 = -0.6533 - 3.5718\,i$;

$\cos^2 B_0 = \dfrac{1+\cos 2B_0}{2} = 0.1734 - 1{,}7859\,i$;

$\sin 2B_0 = \sin 2B_0' \operatorname{ch} 2B_0'' + i \cos 2B_0' \operatorname{sh} 2B_0''$ (siehe X, S. [449]);

$$\sin 2B_0 = +3.7050 - 0.6298\,i;$$
$$|\sin 2B_0| = 3.7581; \quad |\cos 2B_0| = 3.6311; \quad \mathsf{A}_0 = 3.7581;$$
$$E_0' = 1 + e'^2 \cos^2 B_0 = 1.0012 - 0.0120\,i;$$
$$|E_0'| = 1.0013; \quad \mathsf{A}_0' = 0.0126;$$
$$e^{|2\Delta B|} = e^{0.2} = 1.2214, \quad \mathsf{A}_0' e^{|2\Delta B|} = 0.0154, \quad q = 0.0091;$$
$$|R_5^{(-3/2)}| < \frac{0.2^5}{5!}\left\{\frac{3}{2}\cdot 0.0154 + \frac{15}{8}\cdot 0.0154^2\cdot 2^5 + \frac{35}{16}\cdot 0.0154^3\cdot 3^5 + \right.$$
$$\left. + \frac{315}{128}\cdot 0.0154^4\cdot 4^5 + \frac{3465}{1280}\cdot 0.0154^5\cdot 5^5\cdot 1.0092\right\} < 1.1\cdot 10^{-7}.$$

Die *Potenzreihenentwicklung von $F^\alpha \cos B$ und $F^\alpha \cos^{-1} B$* in der Umgebung einer beliebigen nichtsingulären Stelle B_0 schließt sich an diejenige von F^α und $\cos B$ bzw. $\cos^{-1} B$ an. Durch Multiplikation der Reihen

$$F^\alpha = F_0^\alpha \sum_{\nu=0}^{\infty} \frac{f_{\nu 0}^{(\alpha)}}{\nu!} \Delta B^\nu \quad \text{mit} \quad f_{00}^{(\alpha)} = 1$$

und

$$\cos B = \sum_{\mu=0}^{\infty} \frac{c_\mu}{\mu!} \Delta B^\mu \quad \text{mit} \quad c_\mu = \begin{cases} (-1)^{\frac{\mu}{2}} \cos B_0 & \text{für gerades } \mu \\ (-1)^{\frac{\mu+1}{2}} \sin B_0 & \text{für ungerades } \mu \end{cases}$$

finden wir

$$F^\alpha \cos B = F_0^\alpha \sum_{\nu=0}^{\infty} \left(\sum_{\mu=0}^{\nu} \frac{f_{\mu 0}^{(\alpha)}}{\mu!} \frac{c_{\nu-\mu}}{(\nu-\mu)!} \right) \Delta B^\nu = F_0^\alpha \cos B_0 \sum_{\nu=0}^{\infty} (g_{\nu 0}^{(\alpha)}) \frac{\Delta B^\nu}{\nu!} \tag{52}$$

$$\text{mit} \quad (g_{00}^{(\alpha)}) = 1, \quad (g_{\nu 0}^{(\alpha)}) = \frac{\nu!}{\cos B_0} \sum_{\mu=0}^{\nu} \frac{f_{\mu 0}^{(\alpha)}}{\mu!} \frac{c_{\nu-\mu}}{(\nu-\mu)!} \quad \text{für} \quad \nu > 0. \tag{52a}$$

Durch das Abspalten des Faktors $\cos B_0$ tritt in den Koeffizienten $\operatorname{tg} B_0$ auf. Wir verwenden zur Abkürzung $t = \operatorname{tg} B$ und lassen in den ausführlichen Formeln den Index Null stets fort. Ferner wird von der Umformung $t e_c' = e_s'$ Gebrauch gemacht.

$$\left.\begin{aligned}
(g_1^{(\alpha)}) &= -\frac{t}{E'}[1 + (1+2\alpha)\, e_c'^2] \\
(g_2^{(\alpha)}) &= -\frac{1}{E'^2}[1 + 2(1+\alpha)\, e_c'^2 - 6\alpha\, e_s'^2 + (1+2\alpha)\, e_c'^4 - \\
&\qquad - 2\alpha(1+2\alpha)\, e_c'^2 e_s'^2], \\
(g_3^{(\alpha)}) &= \frac{t}{E'^3}[1 + (3+20\alpha)\, e_c'^2 - 6\alpha\, e_s'^2 + (3 + 28\alpha + 12\alpha^2)\, e_c'^4 + \\
&\qquad + 12\alpha(1-2\alpha)\, e_c'^2 e_s'^2 + (1 + 8\alpha + 12\alpha^2)\, e_c'^6 + \\
&\qquad + 2\alpha(1-4\alpha^2)\, e_c'^4 e_s'^2], \\
(g_4^{(\alpha)}) &= \frac{1}{E'^4}[1 + 4(1+5\alpha)\, e_c'^2 - 60\alpha\, e_s'^2 + 6(1 + 8\alpha + 2\alpha^2)\, e_c'^4 - \\
&\qquad - 20\alpha(1+8\alpha)\, e_c'^2 e_s'^2 - 60\alpha(1-\alpha)\, e_s'^4 + \\
&\qquad + 4(1+9\alpha+6\alpha^2)\, e_c'^6 + 4\alpha(11-44\alpha-12\alpha^2)\, e_c'^4 e_s'^2 + \\
&\qquad + 40\alpha(1-\alpha)(1-2\alpha)\, e_c'^2 e_s'^4 + (1 + 8\alpha + 12\alpha^2)\, e_c'^8 + \\
&\qquad + 4\alpha(1-4\alpha-12\alpha^2)\, e_c'^6 e_s'^2 + 4\alpha(1-\alpha)(1-4\alpha^2)\, e_c'^4 e_s'^4] \\
&\cdots\cdots
\end{aligned}\right\} \tag{52b}$$

Die Koeffizienten der *reziproken* Reihe $\cos^{-1}B$ gewinnt man in einer für unsere Zwecke geeigneten Form aus der Rekursionsformel (49).

$$\frac{1}{\cos B} = \sum_{\mu=0}^{\infty} \frac{c'_\mu}{\mu!} \Delta B^\mu \quad \text{mit} \quad \begin{aligned} c'_0 \cos B_0 &= 1, \\ c'_1 \cos B_0 &= t_0, \\ c'_2 \cos B_0 &= 1 + 2t_0^2, \\ c'_3 \cos B_0 &= 5t_0 + 6t_0^3, \\ c'_4 \cos B_0 &= 5 + 28t_0^2 + 24t_0^4 \\ &\cdots\cdots\cdots \end{aligned}$$

Durch Multiplikation mit der Potenzreihenentwicklung von F^α folgt wie oben

$$\frac{F^\alpha}{\cos B} = F_0^\alpha \sum_{\nu=0}^{\infty} \left(\sum_{\mu=0}^{\nu} \frac{f_{\mu 0}^{(\alpha)}}{\mu!} \frac{c'_{\nu-\mu}}{(\nu-\mu)!} \right) \Delta B^\nu = \frac{F_0^{(\alpha)}}{\cos B_0} \sum_{\nu=0}^{\infty} \left(g'^{(\alpha)}_{\nu 0}\right) \frac{\Delta B_\nu}{\nu!} \tag{53}$$

mit

$$\left(g'^{(\alpha)}_{00}\right) = 1, \quad \left(g'^{(\alpha)}_{\nu 0}\right) = \nu! \cos B_0 \sum_{\mu=0}^{\nu} \frac{f_{\mu 0}^{(\alpha)}}{\mu!} \frac{c'_{\nu-\mu}}{(\nu-\mu)!} \quad \text{für} \quad \nu > 0, \tag{53a}$$

oder ausführlich, ohne den Index Null

$$\left.\begin{aligned}
\left(g'^{(\alpha)}_1\right) &= \frac{t}{E'} \left[1 + (1-2\alpha) e_c'^2\right], \\
\left(g'^{(\alpha)}_2\right) &= \frac{1}{E'^2} \left[(1+2t^2) + 2(1-\alpha) e_c'^2 + 2(2-\alpha) e_s'^2 + (1-2\alpha) e_c'^4 + \right. \\
&\qquad \left. + 2(1-\alpha)(1-2\alpha) e_c'^2 e_s'^2\right], \\
\left(g'^{(\alpha)}_3\right) &= \frac{t}{E'^3} \left[(5+6t^2) + (15-4\alpha) e_c'^2 + 6(3-\alpha) e_s'^2 + \right. \\
&\qquad + (15 - 20\alpha + 12\alpha^2) e_c'^4 + 6(3-2\alpha) e_c'^2 e_s'^2 + \\
&\qquad + (5-6\alpha)(1-2\alpha) e_c'^6 + \\
&\qquad \left. + 2(3-2\alpha)(1-\alpha)(1-2\alpha) e_c'^4 e_s'^2\right], \\
\left(g'^{(\alpha)}_4\right) &= \frac{1}{E'^4} \left[(5+28t^2+24t^4) + 4(5-\alpha) e_c'^2 + 4(7+6t^2)(4-\alpha) e_s'^2 + \right. \\
&\qquad + 6(5-4\alpha+2\alpha^2) e_c'^4 + 4(42-17\alpha-4\alpha^2) e_c'^2 e_s'^2 + \\
&\qquad + 12(12-7\alpha+\alpha^2) e_s'^4 + 4(5-9\alpha+6\alpha^2) e_c'^6 + \\
&\qquad + 4(28-37\alpha+28\alpha^2-12\alpha^3) e_c'^4 e_s'^2 + \\
&\qquad + 8(12-8\alpha-3\alpha^2+2\alpha^3) e_c'^2 e_s'^4 + \\
&\qquad + (5-6\alpha)(1-2\alpha) e_c'^8 + 4(7-13\alpha+6\alpha^2)(1-2\alpha) e_c'^6 e_s'^2 + \\
&\qquad \left. + 4(1-\alpha)(1-2\alpha)(6-7\alpha+2\alpha^2) e_c'^4 e_s'^4\right].
\end{aligned}\right\} \tag{53b}$$

Bei der letzten Entwicklung ist darauf zu achten, daß zu den singulären Stellen von F^α noch die Stellen $B = \frac{\pi}{2} + g\pi$ als Singularitäten von $\cos^{-1} B$ hinzutreten.

I,8 Potenzreihenentwicklungen „1. Art“ von $M^{\pm 1}$, $N^{\pm 1}$, ϱ, $K^{\pm 1}$, $r^{\pm 1}$, $\left(\frac{r}{M}\right)^{\pm 1}$.

Die Entwicklungen für $M^{\pm 1}$, $N^{\pm 1}$, ϱ, $K^{\pm 1}$, $r^{\pm 1}$, $\left(\frac{r}{M}\right)^{\pm 1}$ ergeben sich als Sonderfälle für spezielles α aus dem Abschnitt I, 7. Wir können uns daher darauf beschränken, die betreffenden Formeln zusammenzustellen.

a) $$M = M_0\left[1 + \sum_{\nu=1}^{\infty} f_{\nu 0}^{(-3/2)} \frac{\Delta B^\nu}{\nu!}\right] = M_0 \sum_{\nu=0}^{\infty} (m_\nu) \frac{\Delta B^\nu}{\nu!} \qquad \begin{cases}(m_0) = 1\\ (m_\nu) = f_{\nu 0}^{(-3/2)}.\end{cases} \tag{54}$$

Der Index Null wird bei der ausführlichen Darstellung zur Vereinfachung der Schreibweise stets fortgelassen.

$$\left.\begin{aligned}
(m_1) &= f_1^{(-3/2)} = \frac{3e_c' e_s'}{E'},\\
(m_2) &= f_2^{(-3/2)} = \frac{3}{E'^2}[e_c'^2 - e_s'^2 + e_c'^4 + 4e_c'^2 e_s'^2],\\
(m_3) &= f_3^{(-3/2)} = \frac{3e_c' e_s'}{E'^3}[-4 + 7e_c'^2 - 15e_s'^2 + 11e_c'^4 + 20e_c'^2 e_s'^2],\\
(m_4) &= f_4^{(-3/2)} = \frac{3}{E'^4}[-4e_c'^2 + 4e_s'^2 + 3e_c'^4 - 98e_c'^2 e_s'^2 + 15e_s'^4 +\\
&\quad + 18e_c'^6 + 2e_c'^4 e_s'^2 - 180e_c'^2 e_s'^4 + 11e_c'^8 + 104e_c'^6 e_s'^2 + 120e_c'^4 e_s'^4].
\end{aligned}\right\} \tag{54a}$$

. . . .

a′) $$M^{-1} = M_0^{-1}\left[1 + \sum_{1}^{\infty} f_{\nu 0}^{(3/2)} \frac{\Delta B^\nu}{\nu!}\right] = M_0^{-1} \sum_{\nu=0}^{\infty} (m_\nu') \frac{\Delta B^\nu}{\nu!} \qquad \begin{cases}(m_0') = 1\\ (m_\nu') = f_{\nu 0}^{(3/2)}.\end{cases} \tag{55}$$

$$\left.\begin{aligned}
(m_1') &= f_1^{(3/2)} = -\frac{3e_c' e_s'}{E'},\\
(m_2') &= f_2^{(3/2)} = \frac{3}{E'^2}[-e_c'^2 + e_s'^2 - e_c'^4 + 2e_c'^2 e_s'^2],\\
(m_3') &= f_3^{(3/2)} = \frac{3e_c' e_s'}{E'^3}[4 + 11e_c'^2 - 3e_s'^2 + 7e_c'^4 - 2e_c'^2 e_s'^2],\\
(m_4') &= f_4^{(3/2)} = \frac{3}{E'^4}[4e_c'^2 - 4e_s'^2 + 15e_c'^4 - 34e_c'^2 e_s'^2 + 3e_s'^4 + 18e_c'^6 -\\
&\quad - 50e_c'^4 e_s'^2 + 7e_c'^8 - 20e_c'^6 e_s'^2].
\end{aligned}\right\} \tag{55a}$$

. . . .

b) $$N = N_0\left[1 + \sum_{1}^{\infty} f_{\nu 0}^{(-1/2)} \frac{\Delta B^\nu}{\nu!}\right] = N_0 \sum_{\nu=0}^{\infty} (n_\nu) \frac{\Delta B^\nu}{\nu!} \qquad \begin{cases}(n_0) = 1\\ (n_\nu) = f_{\nu 0}^{(-1/2)}.\end{cases} \tag{56}$$

$$\left.\begin{aligned}
(n_1) &= f_1^{(-1/2)} = \frac{e_c' e_s'}{E'},\\
(n_2) &= f_2^{(-1,2)} = \frac{1}{E'^2}[e_c'^2 - e_s'^2 + e_c'^4 + 2e_c'^2 e_s'^2],\\
(n_3) &= f_3^{(-1/2)} = \frac{e_c' e_s'}{E'^3}[-4 + e_c'^2 - 9e_s'^2 + 5e_c'^4 + 6e_c'^2 e_s'^2],\\
(n_4) &= f_4^{(-1/2)} = \frac{1}{E'^4}[-4e_c'^2 + 4e_s'^2 - 3e_c'^4 - 54e_c'^2 e_s'^2 + 9e_s'^4 + 6e_c'^6 -\\
&\quad - 30e_c'^4 e_s'^2 - 72e_c'^2 e_s'^4 + 5e_c'^8 + 28e_c'^6 e_s'^2 + 24e_c'^4 e_s'^4].
\end{aligned}\right\} \tag{56a}$$

. . . .

b') $$N^{-1} = N_0^{-1}\left[1 + \sum_1^\infty f_{\nu 0}^{(1/2)} \frac{\Delta B^\nu}{\nu!}\right] = N_0^{-1} \sum_{\nu=0}^\infty (n'_\nu) \frac{\Delta B^\nu}{\nu!} \quad \begin{cases} (n'_0) = 1 \\ (n'_\nu) = f_{\nu 0}^{(1/2)} \end{cases}. \tag{57}$$

$$\left.\begin{aligned}
(n'_1) &= f_1^{(1/2)} = \frac{-e'_c e'_s}{E'},\\
(n'_2) &= f_2^{(1/2)} = \frac{1}{E'^2}[-e'^2_c + e'^2_s - e'^4_c],\\
(n'_3) &= f_3^{(1/2)} = \frac{e'_c e'_s}{E'^3}[4 + 5e'^2_c + 3e'^2_s + e'^4_c],\\
(n'_4) &= f_4^{(1/2)} = \frac{1}{E'^4}[4e'^2_c - 4e'^2_s + 9e'^4_c + 10e'^2_c e'^2_s - 3e'^4_s + 6e'^6_c +\\
&\quad + 14e'^4_c e'^2_s + 12e'^2_c e'^4_s + e'^8_c].\\
&\ldots\ldots\ldots
\end{aligned}\right\} \tag{57 a}$$

c) $$\varrho = \varrho_0\left[1 + \sum_1^\infty f_{\nu 0}^{(-1)} \frac{\Delta B^\nu}{\nu!}\right] = \varrho_0 \sum_{\nu=0}^\infty (\varrho_\nu) \frac{\Delta B^\nu}{\nu!} \quad \begin{cases} (\varrho_0) = 1 \\ (\varrho_\nu) = f_{\nu 0}^{(-1)} \end{cases}. \tag{58}$$

$$\left.\begin{aligned}
(\varrho_1) &= f_1^{(-1)} = \frac{2e'_c e'_s}{E'},\\
(\varrho_2) &= f_2^{(-1)} = \frac{2}{E'^2}[e'^2_c - e^{2\prime}_s + e'^4_c + 3e'^2_c e'^2_s],\\
(\varrho_3) &= f_3^{(-1)} = \frac{8e'_c e'_s}{E'^3}[-1 + e'^2_c - 3e'^2_s + 2e'^4_c + 3e'^2_c e'^2_s],\\
(\varrho_4) &= f_4^{(-1)} = \frac{8}{E'^4}[-e'^2_c + e'^2_s - 19e'^2_c e'^2_s + 3e'^4_s + 3e'^6_c - 5e'^4_c e'^2_s -\\
&\quad - 30e'^2_c e'^4_s + 2e'^8_c + 15e'^6_c e'^2_s + 15e'^4_c e'^4_s].\\
&\ldots\ldots\ldots
\end{aligned}\right\} \tag{58a}$$

d) $$K = K_0\left[1 + \sum_1^\infty f_{\nu 0}^{(2)} \frac{\Delta B^\nu}{\nu!}\right] = K_0 \sum_{\nu=0}^\infty (k_\nu) \frac{\Delta B^\nu}{\nu!} \quad \begin{cases} (k_0) = 1 \\ (k_\nu) = f_{\nu 0}^{(2)} \end{cases}. \tag{59}$$

$$\left.\begin{aligned}
(k_1) &= f_1^{(2)} = \frac{-4e'_c e'_s}{E'},\\
(k_2) &= f_2^{(2)} = \frac{4}{E'^2}[-e'^2_c + e'^2_s - e'^4_c + 3e'^2_c e'^2_s],\\
(k_3) &= f_3^{(2)} = \frac{8e'_c e'_s}{E'^3}[2 + 7e'^2_c - 3e'^2_s + 5e'^4_c - 3e'^2_c e'^2_s],\\
(k_4) &= f_4^{(2)} = \frac{8}{E'^4}[2e'^2_c - 2e'^2_s + 9e'^4_c - 28e'^2_c e'^2_s + 3e'^4_s + 12e'^6_c -\\
&\quad - 50e'^4_c e'^2_s + 6e'^2_c e'^4_s + 5e'^8_c - 24e'^6_c e'^2_s + 3e'^4_c e'^4_s].\\
&\ldots\ldots\ldots
\end{aligned}\right\} \tag{59a}$$

Diese Koeffizienten lassen sich durch Kürzen von E'-Potenzen vereinfachen:

$$(k_3) = \frac{8e'_c e'_s}{E'^2}[2 + 5e'^2_c - 3e'^2_s],$$

$$(k_4) = \frac{8}{E'^2}[2e'^2_c - 2e'^2_s + 5e'^4_c - 24e'^2_c e'^2_s + 3e'^4_s].$$

. . . .

$$\text{d}')\quad K^{-1} = K_0^{-1}\left[1 + \sum_{1}^{\infty} f_{\nu 0}^{(-2)} \frac{\Delta B^\nu}{\nu!}\right] = K_0^{-1} \sum_{\nu=0}^{\infty} (k'_\nu) \frac{\Delta B^\nu}{\nu!} \quad \begin{cases} (k'_0) = 1 \\ (k'_\nu) = f_{\nu 0}^{(-2)}. \end{cases} \qquad (60)$$

$$\left.\begin{aligned}
(k'_1) &= f_1^{(-2)} = \frac{4 e'_c e'_s}{E'}, \\
(k'_2) &= f_2^{(-2)} = \frac{4}{E'^2}[e'^2_c - e'^2_s + e'^4_c + 5 e'^2_c e'^2_s], \\
(k'_3) &= f_3^{(-2)} = \frac{8 e'_c e'_s}{E'^3}[-2 + 5 e'^2_c - 9 e'^2_s + 7 e'^4_c + 15 e'^2_c e'^2_s], \\
(k'_4) &= f_4^{(-2)} = \frac{8}{E'^4}[-2 e'^2_c + 2 e'^2_s + 3 e'^4_c - 60 e'^2_c e'^2_s + 9 e'^4_s + \\
&\quad + 12 e'^6_c + 18 e'^4_c e'^2_s - 126 e'^2_c e'^4_s + 7 e'^8_c + 80 e'^6_c e'^2_s + 105 e'^4_c e'^4_s].
\end{aligned}\right\} \qquad (60\,\text{a})$$

. . . .

$$e)\quad r = N \cos B = r_0\left[1 + \sum_{\nu=1}^{\infty} (g_{\nu 0}^{(-1/2)}) \frac{\Delta B^\nu}{\nu!}\right] = r_0 \sum_{\nu=0}^{\infty} (r_\nu) \frac{\Delta B^\nu}{\nu!} \quad \begin{cases} (r_0) = 1 \\ (r_\nu) = (g_{\nu 0}^{(-1/2)}). \end{cases} \qquad (61)$$

$$\left.\begin{aligned}
(r_1) &= -\frac{t}{E'}, \\
(r_2) &= -\frac{1}{E'^2}[1 + e'^2_c + 3 e'^2_s], \\
(r_3) &= \frac{t}{E'^3}[1 - 7 e'^2_c + 3 e'^2_s - 8 e'^4_c - 12 e'^2_c e'^2_s], \\
(r_4) &= \frac{1}{E'^4}[1 - 6 e'^2_c + 30 e'^2_s - 15 e'^4_c - 30 e'^2_c e'^2_s + 45 e'^4_s - 8 e'^6_c - \\
&\quad - 60 e'^4_c e'^2_s - 60 e'^2_c e'^4_s].
\end{aligned}\right\} \qquad (61\,\text{a})$$

. . . .

Die Koeffizienten können auch durch unmittelbare Anwendung der Rekursionsformel (49) gewonnen werden, was vor allem für höhere Indizes vorzuziehen ist.

$$\begin{aligned}
\text{e}')\quad r^{-1} = N^{-1} \cos^{-1} B &= r_0^{-1}\left[1 + \sum_{\nu=1}^{\infty} (g'^{(1/2)}_{\nu 0}) \frac{\Delta B^\nu}{\nu!}\right] \\
&= r_0^{-1} \sum_{\nu=0}^{\infty} (r'_\nu) \frac{\Delta B^\nu}{\nu!} \quad \begin{cases} (r'_0) = 1 \\ (r'_\nu) = (g'^{(1/2)}_{\nu 0}), \end{cases}
\end{aligned} \qquad (62)$$

$$\left.\begin{aligned}
(r'_1) &= \frac{t}{E'}, \\
(r'_2) &= \frac{1}{E'^2}[1 + 2t^2 + e'^2_c + 3 e'^2_s], \\
(r'_3) &= \frac{t}{E'^3}[5 + 6t^2 + 13 e'^2_c + 15 e'^2_s + 8 e'^4_c + 12 e'^2_c e'^2_s], \\
(r'_4) &= \frac{1}{E'^4}[5 + 28 t^2 + 24 t^4 + 18 e'^2_c + 14(7 + 6t^2) e'^2_s + 21 e'^4_c + \\
&\quad + 130 e'^2_c e'^2_s + 105 e'^4_s + 8 e'^6_c + 60 e'^4_c e'^2_s + 60 e'^2_c e'^4_s].
\end{aligned}\right\} \qquad (62\,\text{a})$$

. . . .

$$\text{f)}\ \frac{r}{M} = \frac{r_0}{M_0}\left[1 + \sum_{\nu=1}^{\infty} (g_{\nu 0}^{(1)}) \frac{\Delta B^\nu}{\nu!}\right] = \frac{r_0}{M_0} \sum_{\nu=0}^{\infty} (h_\nu) \frac{\Delta B^\nu}{\nu!} \quad \begin{cases} (h_0) = 1 \\ (h_\nu) = (g_{\nu 0}^{(1)}), \end{cases} \tag{63}$$

$$\left.\begin{aligned}
(h_1) &= -\frac{t}{E'}[1 + 3e_c'^2],\\
(h_2) &= -\frac{1}{E'^2}[1 + 4e_c'^2 - 6e_s'^2 - 6e_c'^2 e_s'^2 + 3e_c'^4],\\
(h_3) &= \frac{t}{E'^3}[1 + 23e_c'^2 - 6e_s'^2 + 43e_c'^4 - 12e_c'^2 e_s'^2 + 21e_c'^6 - 6e_c'^4 e_s'^2],\\
(h_4) &= \frac{1}{E'^4}[1 + 24e_c'^2 - 60e_s'^2 + 66e_c'^4 - 180e_c'^2 e_s'^2 + 64e_c'^6 -\\
&\qquad - 180e_c'^4 e_s'^2 + 21e_c'^8 - 60e_c'^6 e_s'^2].
\end{aligned}\right\} \tag{63a}$$

. . . .

Das gleiche Ergebnis erhält man durch Multiplikation der Reihen für r (61) und M^{-1} (55).

$$\text{f')}\ \frac{M}{r} = \frac{M_0}{r_0}\left[1 + \sum_{\nu=1}^{\infty} (g_{\nu 0}'^{(-1)}) \frac{\Delta B^\nu}{\nu!}\right] = \frac{M_0}{r_0} \sum_{\nu=0}^{\infty} (h_\nu') \frac{\Delta B^\nu}{\nu!} \quad \begin{cases} (h_0') = 1 \\ (h_\nu') = (g_{\nu 0}'^{(-1)}), \end{cases} \tag{64}$$

$$\left.\begin{aligned}
(h_1') &= \frac{t}{E'}[1 + 3e_c'^2],\\
(h_2') &= \frac{1}{E'^2}[1 + 2t^2 + 4e_c'^2 + 6e_s'^2 + 3e_c'^4 + 12e_c'^2 e_s'^2],\\
(h_3') &= \frac{t}{E'^3}[5 + 6t^2 + 19e_c'^2 + 24e_s'^2 + 47e_c'^4 + 30e_c'^2 e_s'^2 +\\
&\qquad + 33e_c'^6 + 60e_c'^4 e_s'^2],\\
(h_4') &= \frac{1}{E'^4}[5 + 28t^2 + 24t^4 + 24e_c'^2 + 20(7 + 6t^2)e_s'^2 + 66e_c'^4 +\\
&\qquad + 220e_c'^2 e_s'^2 + 240e_s'^4 + 80e_c'^6 + 420e_c'^4 e_s'^2 +\\
&\qquad + 120e_c'^2 e_s'^4 + 33e_c'^8 + 312e_c'^6 e_s'^2 + 360e_c'^4 e_s'^4].
\end{aligned}\right\} \tag{64a}$$

. . . .

Da die Berechnung der $(g_{\nu 0}'^{(-1)})$ für höhere Indizes mühsamer als diejenige von $(g_{\nu 0}'^{(1/2)})$ ist, kann man auch M/r durch Multiplikation der Reihen von M (54) und r^{-1} (62) gewinnen.

In der Literatur ist es üblich, $e_c' = \eta$ und $e_s' = \eta t$ zu setzen. Wie bereits gesagt, vermeiden wir diese Schreibweise vorläufig wegen der Singularität von t bei $B_0 = \frac{\pi}{2} + g\pi$. Die Klammerausdrücke in (r_ν') und (h_ν') werden durch Abspalten einer geraden Potenz von $\cos^{-1} B_0$ regulär. Man erhält so eine *zweite Form* der Darstellung, z. B.

$$\left.\begin{aligned}
(h_1') &= \frac{t}{E'}\,[1 + 3e_c'^2]\,,\\
(h_2') &= \frac{1}{E'^2\cos^2 B}\,[(2-\cos^2 B) + \\
&\qquad + 2e_c'^2(3-\cos^2 B) + 3e_c'^4(4-3\cos^2 B)]\,,\\
(h_3') &= \frac{t}{E'^3\cos^2 B}\,[(6-\cos^2 B) + e_c'^2(24-5\cos^2 B) + \\
&\qquad + e_c'^4(30+17\cos^2 B) + 3e_c'^6(20-9\cos^2 B)]\,,\\
(h_4') &= \frac{1}{E'^4\cos^4 B}\,[(24-20\cos^2 B+\cos^4 B) + \\
&\qquad + 4e_c'^2(30-25\cos^2 B+\cos^4 B) + \\
&\qquad + 2e_c'^4(120-130\cos^2 B+43\cos^4 B) + \\
&\qquad + 20e_c'^6(6+9\cos^2 B-11\cos^4 B) + \\
&\qquad + 3e_c'^8(120-136\cos^2 B+27\cos^4 B)]\,.
\end{aligned}\right\}\quad (64\,\mathrm{b})$$

. . . .

Innerhalb des Bereiches $|e'\cos B_0| < 1$ läßt sich eine weitere *dritte Form* der Koeffizienten herstellen, die besonders für die numerische Berechnung geeignet ist. Wir entwickeln $E'^{-\nu}$ nach Potenzen von $e_c' = e'\cos B$ und ersetzen die entstehenden Potenzprodukte von $\cos B$ und $\sin B$ durch die trigonometrischen Vielfachen der Winkel, z. B.

$$\begin{aligned}
(h_1') = \operatorname{tg} B \Big[&\Big(1 + e'^2 - \frac{3}{4}e'^4 + \frac{5}{8}e'^6\Big) + \Big(e'^2 - e'^4 + \frac{15}{16}e'^6\Big)\cos 2B + \\
&+ \Big(-\frac{e'^4}{4} + \frac{3}{8}e'^6\Big)\cos 4B + \frac{e'^6}{16}\cos 6B + \mathrm{Gl}_8\Big]\,,
\end{aligned}$$

$$\begin{aligned}
(h_2') = \frac{1}{\cos^2 B}\Big[&\Big(\frac{3}{2} + e'^2 - \frac{e'^4}{4}\Big) + \Big(-\frac{1}{2} + e'^2 - \frac{3}{4}e'^4 + \frac{7}{16}e'^6\Big)\cos 2B + \\
&+ \Big(-\frac{3}{4}e'^4 + \frac{7}{8}e'^6\Big)\cos 4B + \\
&+ \Big(-\frac{1}{4}e'^4 + \frac{9}{16}e'^6\Big)\cos 6B + \frac{1}{8}e'^6\cos 8B + \mathrm{Gl}_8\Big]\,.
\end{aligned}$$

Diese Darstellung hat H. Boltz der Berechnung seiner Tabellen [1], [2] zugrunde gelegt.

Das Auftreten trigonometrischer Reihen weist indessen darauf hin, daß ein Zusammenhang mit der Entwicklung im Großen I, 5 bestehen muß. Allerdings ist dabei die Verwendung von n statt e'^2 naturgemäß, und wir wollen uns daher jetzt dieser wichtigen Frage im Anschluß an I, 5 allgemein zuwenden.

Es stellt sich heraus, daß man mühelos für beliebig hohe Ordnung die Koeffizienten der Potenzreihen in trigonometrischer Gestalt erhalten kann.

I,9 Potenzreihenentwicklung von F^α, $F^\alpha \cos B$, $F^\alpha \cos^{-1} B$, sowie von $M^{\pm 1}$, $N^{\pm 1}$, ϱ, $K^{\pm 1}$, $r^{\pm 1}$, $\left(\frac{r}{M}\right)^{\pm 1}$ mit Koeffizientendarstellung 2. Art in $\overline{\mathfrak{B}}_1(B)$.

Wenn der Entwicklungsmittelpunkt der Potenzreihe im Streifen $\overline{\mathfrak{B}}_1(B)$ liegt, können die Koeffizienten noch auf eine zweite Art gebildet werden. Die bisher für sie gefundenen Ausdrücke $f_\nu^{(\alpha)} = E'^{-\nu} \times$ Polynom (e_c', e_s') sind für die numerische Rechnung nicht bequem, besonders dann nicht, wenn B_0 ein nicht reeller Wert ist, wobei die Aufspaltung in Real- und Imaginärteil noch auszuführen bleibt. Es empfiehlt sich daher eine andere Form, die wir aus der in $\overline{\mathfrak{B}}_1(B)$ gültigen trigonometrischen Reihe (28b)

$$F^\alpha = c_0^{(\alpha)} + 2 \sum_{\nu=1}^{\infty} c_{2\lambda}^{(\alpha)} \cos 2\lambda B$$

erhalten. Die gliedweise gebildete ν-fache Ableitung konvergiert ebenfalls in $\overline{\mathfrak{B}}_1(B)$ und ergibt

$$\frac{d^\nu F^\alpha}{d B^\nu} = \begin{cases} 2(-1)^{\frac{\nu}{2}} \sum\limits_{\lambda=1}^{\infty} (2\lambda)^\nu c_{2\lambda}^{(\alpha)} \cos 2\lambda B & \text{für gerades } \nu, \\ 2(-1)^{\frac{\nu+1}{2}} \sum\limits_{\nu=1}^{\infty} (2\lambda)^\nu c_{2\lambda}^{(\alpha)} \sin 2\lambda B & \text{für ungerades } \nu. \end{cases} \tag{65}$$

Wir schreiben daher im folgenden kürzer

$$\frac{d^\nu F^\alpha}{d B^\nu} = 2(-1)^{\nu'} \sum_{\lambda=1}^{\infty} (2\lambda)^\nu c_{2\lambda}^{(\alpha)} {\cos \atop \sin} 2\lambda B \text{ mit } {\nu' = \frac{\nu}{2} \text{ bzw.}^{15} \atop \nu' = \frac{\nu+1}{2}}$$

Nach dem Bildungsgesetz einer Potenzreihe besteht mit der Entwicklung (50) der Zusammenhang

$$F_0^\alpha f_{\nu 0}^{(\alpha)} = \left.\frac{d^\nu F^\alpha}{d B^\nu}\right|_{B_0}.$$

Damit ist die *zweite (trigonometrische) Darstellungsart für die Koeffizienten* gefunden:

$$F_0^\alpha f_{\nu 0}^{(\alpha)} = 2(-1)^{\nu'} \sum_{\nu=1}^{\infty} (2\lambda)^\nu c_{2\lambda}^{(\alpha)} {\cos \atop \sin} 2\lambda B_0 {}^{15}. \tag{66}$$

Im Anschluß an die trigonometrische Reihe von $F^\alpha \cos B$ (32) haben wir entsprechend

$$F^\alpha \cos B = F_0^\alpha \cos B_0 \sum_{\nu=0}^{\infty} (g_{\nu 0}^{(\alpha)}) \frac{\Delta B^\nu}{\nu!} = \sum_{\nu=0}^{\infty} [g_\nu^\alpha] \frac{\Delta B^\nu}{\nu!}, \tag{67}$$

[15] Bei ${\cos \atop \sin} 2\lambda B$ gilt die *obere* Zeile für *gerades* ν mit $\nu' = \frac{\nu}{2}$, die *untere* Zeile für *ungerades* ν mit $\nu' = \frac{\nu+1}{2}$.

mit den Koeffizienten zweiter Art:

$$[g_\nu^{(\alpha)}] = \sum_{\lambda=0}^{\infty} (-1)^{\nu'} (2\lambda+1)^\nu (c_{2\lambda}^{(\alpha)} + c_{2\lambda+2}^{(\alpha)}) \begin{matrix}\cos\\ \sin\end{matrix} (2\lambda+1) B_0 {}^{15}. \quad (67\text{a})$$

Der in $\overline{\mathfrak{B}}_1(B)$ nicht reguläre Bestandteil von $F^\alpha \cos^{-1} B$ (33) besitzt nach S. 31 die Potenzreihenentwicklung

$$\frac{(1-n)^{2\alpha}}{\cos B} = (1-n)^{2\alpha} \sum_{\mu=0}^{\infty} c'_\mu \frac{\Delta B^\mu}{\mu!}$$

Daher erhält man aus

$$\frac{F^\alpha}{\cos B} = \frac{F_0^\alpha}{\cos B_0} \sum_{\nu=0}^{\infty} (g'^{(\alpha)}_{\nu 0}) \frac{\Delta B^\nu}{\nu!} = \sum_{\nu=0}^{\infty} [g'_\nu] \frac{\Delta B^\nu}{\nu!} \quad (68)$$

für die Boltzsche Art der Koeffizientendarstellung die Ausdrücke

$$[g'^{(\alpha)}_\nu] = (1-n)^{2\alpha} c'_\nu + \sum_{\lambda=1}^{\infty} (-1)^{\nu'} (2\lambda-1)^\nu C_{2\lambda-1}^{(\alpha)} \begin{matrix}\cos\\ \sin\end{matrix} (2\lambda-1) B_0 {}^{15} \quad (68\text{a})$$

mit der Abkürzung

$$C_{2\lambda-1}^{(\alpha)} = \sum_{\nu=\lambda}^{\infty} 4(-1)^{\nu-\lambda} c_{2\nu}^{(\alpha)}.$$

In allen Fällen (66), (67a), (68a) ist jetzt bei komplexem B_0 die Aufspaltung in Real- und Imaginärteil nach X, S. [449] ohne weiteres möglich.

Durch Spezialisierung von α findet man aus (66), (67), (68) für die Krümmungsgrößen die gesuchten Potenzreihenkoeffizienten 2. Art.

a) $$M = \frac{a+b}{2} (1-n^2)^2 F_0^{-3/2} \left[1 + \sum_{\nu=1}^{\infty} f_{\nu 0}^{(-3/2)} \frac{\Delta B^\nu}{\nu!}\right] = \frac{a+b}{2} \sum_{\nu=0}^{\infty} [m_\nu] \frac{\Delta B^\nu}{\nu!} \quad (69)$$

mit $$[m_\nu] = \sum_{\lambda=0}^{\infty} (-1)^{\nu'} (2\lambda)^\nu (M_{2\lambda}) \begin{matrix}\cos\\ \sin\end{matrix} 2\lambda B_0 {}^{15}.$$

Die Faktoren $(M_{2\lambda})$ sind Potenzreihen in n (38b).

Zur numerischen Berechnung geben wir eine Tabelle der Zahlenkoeffizienten[12]. Der Zuwachs ΔB ist zunächst im Bogenmaß zu nehmen. Für die praktische Berechnung bei reellem B_0 benutzt man aber das Gradmaß $\Delta B°$. Der Umrechnungsfaktor wird zweckmäßig in die Tabellenwerte einbezogen. Außerdem wollen wir das konstante Glied in der trigonometrischen Reihe für $[m_0]$ gesondert angeben. Das Reihenschema lautet danach

$$M = \frac{a+b}{2} (M_0) + [0] + [1] \Delta B° + [2] (\Delta B°)^2 + [3] (\Delta B°)^3 + \cdots,$$

wobei $\Delta B°$ in *Grad* genommen und die Werte $[\nu]$ durch Multiplikation der Tabellenspalte mit $\cos 2\lambda B_0$ bzw. $\sin 2\lambda B_0$ zu erhalten sind. Der

Tabellenwert in der λ-ten Zeile und Spalte $[\nu]$ bedeutet

$$\frac{a+b}{2}\,\frac{(-1)^{\nu'}}{\nu!}\left(\frac{2\lambda}{\varrho^\circ}\right)^{\nu}(M_{2\lambda})\qquad \begin{array}{ll}\nu'=\dfrac{\nu}{2} & \text{für gerades } \nu,\\[2mm] \nu'=\dfrac{\nu+1}{2} & \text{für ungerades } \nu.\end{array}$$

M-Tabelle. $\frac{a+b}{2}(M_0) = 6\,366\,742.5204\,5$ m.

	[0]	[2]	[4]	[6]
$\cos 2B_0$	− 3 1977.2770 6	+ 19.4816 71	− 0.0019 782	+ 0.0000 0008
$\cos 4B_0$	+ 66.9198 2	− 0.1630 80	+ 0.0000 662	− 0.0000 0001
$\cos 6B_0$	− 0.1307 1	+ 0.0007 17	− 0.0000 007	
$\cos 8B_0$	+ 0.0002 5	− 0.0000 02		
	[1]	[3]	[5]	[7]
$\sin 2B_0$	+ 1116.2175 41	− 0.2266 795	+ 0.0000 1381	− 0.0000 0000 0
$\sin 4B_0$	− 4.6718 85	+ 0.0037 950	− 0.0000 0093	
$\sin 6B_0$	+ 0.0136 88	− 0.0000 250	+ 0.0000 0001	
$\sin 8B_0$	− 0.0000 34	+ 0.0000 001		

$$\text{a}')\ M^{-1}=\frac{2}{a+b}(1-n^2)^{-2}F_0^{3/2}\left[1+\sum_{\nu=1}^{\infty}f_{\nu 0}^{(3/2)}\frac{\Delta B^{\nu}}{\nu!}\right]=\frac{2}{a+b}\sum_{\nu=0}^{\infty}[m'_\nu]\frac{\Delta B^{\nu}}{\nu!}\quad(70)$$

mit

$$[m'_\nu]=\sum_{\lambda=0}^{\infty}(-1)^{\nu'}(2\lambda)^{\nu}(M'_{2\lambda})\,{\cos\atop\sin}\,2\lambda B_0\ ^{15}.$$

Die Faktoren $(M'_{2\lambda})$ sind Potenzreihen in n (39b).

$$\text{b)}\ N=\frac{a+b}{2}(1+n)^2F_0^{-1/2}\left[1+\sum_{\nu=1}^{\infty}f_{\nu 0}^{(-1/2)}\frac{\Delta B^{\nu}}{\nu!}\right]=\frac{a+b}{2}\sum_{\nu=0}^{\infty}[n_\nu]\frac{\Delta B^{\nu}}{\nu!}\quad(71)$$

mit

$$[n_\nu]=\sum_{\lambda=0}^{\infty}(-1)^{\nu'}(2\lambda)^{\nu}(N_{2\lambda})\,{\cos\atop\sin}\,2\lambda B_0\ ^{15}.$$

Die Faktoren $(N_{2\lambda})$ sind Potenzreihen in n (40b).

Zur numerischen Berechnung geben wir wie unter a) eine Tabelle der Zahlenkoeffizienten[12]:

$$N=\frac{a+b}{2}(N_0)+[0]+[1]\,\Delta B^\circ+[2]\,(\Delta B^\circ)^2+[3]\,(\Delta B^\circ)^3+\cdots.$$

Der Tabellenwert in der λ-ten Zeile und Spalte $[\nu]$ bedeutet

$$\frac{a+b}{2}\,\frac{(-1)^{\nu'}}{\nu!}\left(\frac{2\lambda}{\varrho^\circ}\right)^{\nu}(N_{2\lambda})\qquad \begin{array}{ll}\nu'=\dfrac{\nu}{2} & \text{für gerades } \nu,\\[2mm] \nu'=\dfrac{\nu+1}{2} & \text{für ungerades } \nu.\end{array}$$

ΔB° ist im Gradmaß zu nehmen.

N-Tabelle. $\frac{a+b}{2}(N_0) = 6\,388\,078.5728\,8$ m.

	[0]	[2]	[4]	[6]
$\cos 2B_0$	− 1 0694.8278 0	+ 6.5156 62	− 0.0006 616	+ 0.0000 0003
$\cos 4B_0$	+ 13.4288 4	− 0.0327 25	+ 0.0000 133	
$\cos 6B_0$	− 0.0187 4	+ 0.0001 03	− 0.0000 001	
$\cos 8B_0$	+ 0.0000 3			
	[1]	[3]	[5]	[7]
$\sin 2B_0$	+ 373.3199 16	− 0.0758 132	+ 0.0000 0462	− 0.0000 0000 0
$\sin 4B_0$	− 0.9375 10	+ 0.0007 616	− 0.0000 0019	
$\sin 6B_0$	+ 0.0019 62	− 0.0000 036		
$\sin 8B_0$	− 0.0000 04			

$$\text{b}')\quad N^{-1} = \frac{2}{a+b}(1+n)^{-2}F_0^{1/2}\left[1+\sum_{\nu=1}^{\infty} f_{\nu 0}^{(1/2)}\frac{\Delta B^\nu}{\nu!}\right] = \frac{2}{a+b}\sum_{\nu=0}^{\infty}[n'_\nu]\frac{\Delta B^\nu}{\nu!} \tag{72}$$

mit

$$[n'_\nu] = \sum_{\lambda=0}^{\infty}(-1)^{\nu'}(2\lambda)^\nu (N'_{2\lambda})\,{\cos \atop \sin}\, 2\lambda B_0 \;{}^{15}.$$

Die Faktoren $(N'_{2\lambda})$ sind Potenzreihen in n (41b).

$$\text{c})\quad \varrho = \frac{a+b}{2}(1-n)(1+n)^2F_0^{-1}\left[1+\sum_{\nu=1}^{\infty} f_{\nu 0}^{(-1)}\frac{\Delta B^\nu}{\nu!}\right] = \frac{a+b}{2}\sum_{\nu=0}^{\infty}[\varrho_\nu]\frac{\Delta B^\nu}{\nu!} \tag{73}$$

mit

$$[\varrho_\nu] = \sum_{\lambda=0}^{\infty}(-1)^\nu (2\lambda)^\nu (\mathsf{P}_{2\lambda})\,{\cos \atop \sin}\, 2\lambda B_0 \;{}^{15}$$

Die Faktoren $(\mathsf{P}_{2\lambda})$ sind Polynome in n (44b).

$$\begin{aligned}\text{d})\quad K &= \frac{1}{\left(\frac{a+b}{2}\right)^2}\frac{1}{(1+n)^4(1-n)^2}F_0^2\left[1+\sum_{\nu=1}^{\infty} f_{\nu 0}^{(2)}\frac{\Delta B^\nu}{\nu!}\right]\\ &= \left(\frac{a+b}{2}\right)^{-2}\sum_{\nu=0}^{\infty}[k_\nu]\frac{\Delta B^\nu}{\nu!}\end{aligned} \tag{74}$$

mit

$$[k_\nu] = (-1)^{\nu'}\left\{0^\nu(K_0) + 2^\nu(K_2)\,{\cos \atop \sin}\, 2B_0 + 4^\nu(K_4)\,{\cos \atop \sin}\, 4B_0\right\}^{15}.$$

Dabei bedeutet $0^0 = 1$, $0^\nu = 0$ für $\nu > 0$. Die Faktoren $(K_{2\lambda})$ sind rationale Funktionen in n (45a).

$$\text{e})\quad r = \frac{a+b}{2}(1+n)^2F_0^{-1/2}\cos B_0\left[1+\sum_{\nu=1}^{\infty}(r_\nu)\frac{\Delta B^\nu}{\nu!}\right] = \frac{a+b}{2}\sum_{\nu=0}^{\infty}[r_\nu]\frac{\Delta B^\nu}{\nu!}. \tag{75}$$

Die Koeffizienten entnehmen wir der Entwicklung (67a)

$$[r_\nu] = \sum_{\lambda=0}^{\infty}(-1)^{\nu'}(2\lambda+1)^\nu(R_{2\lambda+1})\,{\cos \atop \sin}\,(2\lambda+1)B_0 \;{}^{15}$$

Die Faktoren $(R_{2\lambda+1})$ sind Potenzreihen in n (42b).

Zur numerischen Berechnung geben wir eine Tabelle der Zahlenkoeffizienten[12].

$$r = [0] + [1]\,\Delta B^\circ + [2]\,(\Delta B^\circ)^2 + [3]\,(\Delta B^\circ)^3 + \cdots.$$

Der Tabellenwert in der λ-ten Zeile und Spalte $[\nu]$ bedeutet

$$\frac{a+b}{2}\,\frac{(-1)^{\nu'}}{\nu!}\left(\frac{2\lambda+1}{\varrho^\circ}\right)^{\nu}(R_{2\lambda+1}) \qquad \begin{aligned} \nu' &= \frac{\nu}{2} \quad \text{für gerades } \nu,\\ \nu' &= \frac{\nu+1}{2} \quad \text{für ungerades } \nu. \end{aligned}$$

ΔB° ist im Gradmaß zu nehmen.

r-Tabelle.

	[0]	[2]	[4]	[6]
$\cos B_0$	+6382731.15898	− 972.1455 48	+ 0.0246 777	− 0.0000 0025
$\cos 3B_0$	− 5340.6994 8	+ 7.3209 15	− 0.0016 726	+ 0.0000 0015
$\cos 5B_0$	+ 6.7050 5	− 0.0255 31	+ 0.0000 162	
$\cos 7B_0$	− 0.0093 5	+ 0.0000 70	− 0.0000 001	
$\cos 9B_0$	+ 0.0000 1			
	[1]	[3]	[5]	[7]
$\sin B_0$	−111399.673994	+ 5.6557 135	− 0.0000 8614	+ 0.0000 0000 1
$\sin 3B_0$	+ 279.6383 71	− 0.1277 741	+ 0.0000 1752	− 0.0000 0000 1
$\sin 5B_0$	− 0.5851 26	+ 0.0007 427	− 0.0000 0028	
$\sin 7B_0$	+ 0.0011 43	− 0.0000 028		
$\sin 9B_0$	− 0.0000 02			

$$\text{e}')\quad \frac{1}{r} = \frac{2}{a+b}(1+n)^{-2}F_0^{1/2}\left[1+\sum_{\nu=1}^{\infty} f_{\nu 0}^{(1/2)}\frac{\Delta B^\nu}{\nu!}\right]\frac{1}{\cos B} = \frac{2}{a+b}\sum_{\nu=0}^{\infty}[r'_\nu]\frac{\Delta B^\nu}{\nu!}. \quad (76)$$

Die Koeffizienten entnehmen wir der Entwicklung (68a)

$$[r'_\nu] = (R'_{-1})\,c'_\nu + \sum_{\lambda=0}^{\infty}(-1)^{\nu'}(2\lambda+1)^{\nu}(R'_{2\lambda+1})\,{\cos \atop \sin}\,(2\lambda+1)\,B_0\;^{15}.$$

Die Faktoren $(R'_{2\lambda+1})$ sind Potenzreihen in n (43a); $c'_\nu = \dfrac{1}{\cos B_0} \times$ Polynom $(\operatorname{tg} B_0)$, S. 31.

$$\text{f})\quad \frac{r}{M} = \frac{1}{(1-n)^2}F_0\left[1+\sum_{\nu=1}^{\infty} f_{\nu 0}^{(1)}\frac{\Delta B^\nu}{\nu!}\right]\cos B = \sum_{\nu=0}^{\infty}[h_\nu]\,\frac{\Delta B^\nu}{\nu!}. \quad (77)$$

Die Koeffizienten entnehmen wir der Entwicklung (67a) oder berechnen sie unmittelbar.

$$[h_\nu] = \frac{1+n+n^2}{(1-n)^2}(-1)^{\nu'}\,{\cos \atop \sin}\,B_0 + \frac{n}{(1-n)^2}(-1)^{\nu'}\,3^{\nu}\,{\cos \atop \sin}\,3B_0\;^{15}.$$

$$\text{f}')\quad \frac{M}{r} = (1-n)^2F_0^{-1}\left[1+\sum_{\nu=1}^{\infty} f_{\nu 0}^{(-1)}\frac{\Delta B^\nu}{\nu!}\right]\frac{1}{\cos B} = \sum_{\nu=0}^{\infty}[h'_\nu]\,\frac{\Delta B^\nu}{\nu!}. \quad (78)$$

Die Koeffizienten entnehmen wir der Entwicklung (68a)

$$[h'_\nu] = c'_\nu + \sum_{\lambda=1}^{\infty}\frac{4(-1)^{\lambda+\nu'}n^\lambda}{1+n}(2\lambda-1)^{\nu}\,{\cos \atop \sin}\,(2\lambda-1)\,B_0\;^{15}.$$

I,10 Der Meridianbogen G in der komplexen B-Ebene bzw. Z-Ebene und die dadurch vermittelte konforme Abbildung.

Die vom Äquator aus gezählte Bogenlänge des Meridians wird durch das Integral gegeben

$$
\begin{aligned}
G = \int_0^B M\,dB &= \frac{a+b}{2}(1-n^2)^2 \int_0^B \frac{dB}{F^{3/2}} \\
&= \frac{a+b}{2}(1-n^2)^2 \int_1^Z \frac{Z^3}{\left[n(Z^2+n)\left(Z^2+\frac{1}{n}\right)\right]^{3/2}}\,\frac{dZ}{iZ}.
\end{aligned}
\tag{79}
$$

Es ist ein elliptisches Integral 2. Gattung. Wir untersuchen es für komplexe $Z = e^{iB}$-Werte. Zu diesem Zweck konstruiert man über der Z-Ebene die zu $F^{1/2}$ gehörige *zweiblättrige Riemannsche Fläche* $\mathfrak{Z}$ mit den vier Verzweigungspunkten $\pm i\sqrt{n}$, $\pm i\frac{1}{\sqrt{n}}$. Die Blätter von $\mathfrak{Z}$ mögen sich längs $-i\sqrt{n}\cdots 0 \cdots +i\sqrt{n}$ und längs $\frac{i}{\sqrt{n}}\cdots\infty\cdots -\frac{i}{\sqrt{n}}$ durchsetzen (siehe Abb. 4).

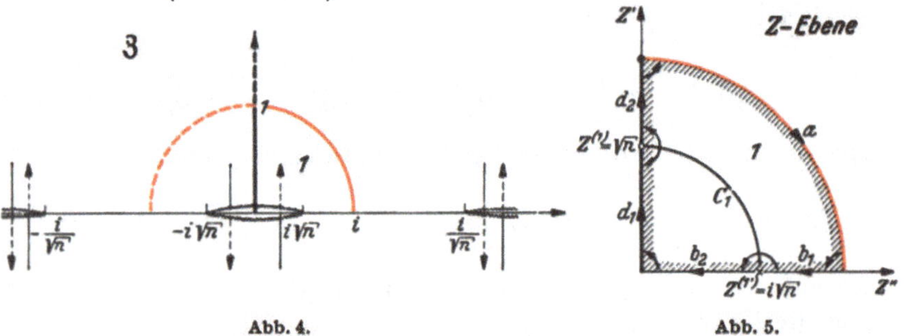

Abb. 4. Abb. 5.

Mit der Festsetzung $F^{1/2}(1) = 1+n$ im *ersten* Blatt kann $F^{1/2}$ und damit auch $F^{-3/2}$ von $Z = 1$ beginnend, durch analytische Fortsetzung auf der ganzen Fläche $\mathfrak{Z}$ eindeutig ausgebreitet werden. Für das Folgende ist insbesondere die Feststellung wichtig, wie sich die Funktion $F(Z)$

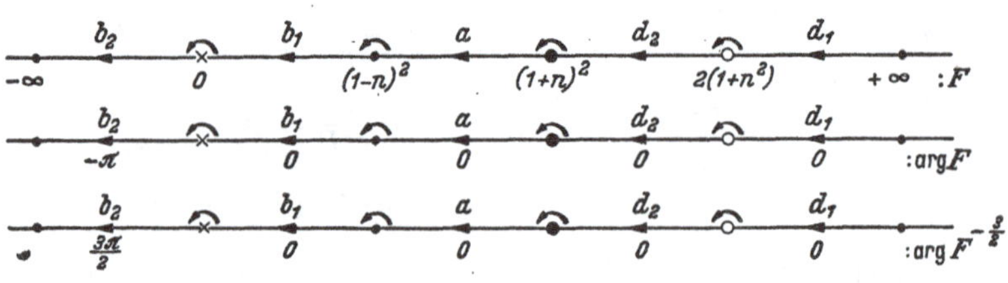

(80)

Abb. 6.

und ihr Argument $\arg F$ bzw. $\arg F^{-3/2}$ bei dem Durchlaufen des Randes vom Teilstück 1 im positiven Sinn verhalten. Wir geben eine schematische Übersicht, wobei die Randstücke einfach nebeneinander gesetzt und die zugehörigen Werte daruntergeschrieben sind.

Aus der Verteilung der F-Werte längs des Randes schließen wir, daß durch $F(Z)$ das Gebiet 1 der Z-Ebene auf die Halbebene $\mathfrak{Im}(F) < 0$ abgebildet wird, wobei infolge des Nullwerdens der Ableitung $\frac{dF}{dZ} = 2n\frac{Z^4-1}{Z^3}$ bei $Z = 1$ und i an diesen Stellen und ebenso bei $Z = 0$ entsprechend der Polstelle 2. Ordnung von F eine *Winkelverdoppelung* eintritt (S. 12).

Das Differential

$$dU = F^{-1/2}\,dB = \frac{1}{i}\,\frac{dZ}{\left[n(Z^2+n)\left(Z^2+\frac{1}{n}\right)\right]^{1/2}} \tag{81}$$

ist auf $\mathfrak{Z}$ überall endlich (elliptisches Integral erster Gattung).

Das Differential

$$dV = F^{-1}\,dU = F^{-3/2}\,dB = \frac{1}{i}\,\frac{Z^2\,dZ}{\left[n(Z^2+n)\left(Z^2+\frac{1}{n}\right)\right]^{3/2}} \tag{82}$$

hat Nullstellen 2. Ordnung bei $Z = 0$ und $Z = \infty$ im ersten und zweiten Blatt und Pole 2. Ordnung bei $Z = \pm i\sqrt{n}$ und $Z = \pm i\frac{1}{\sqrt{n}}$ mit fehlendem Residuum (elliptisches Integral zweiter Gattung). Diese Eigenschaften folgen aus der Untersuchung an den genannten Stellen $Z = 0, \infty, \pm i\sqrt{n}, \pm i\frac{1}{\sqrt{n}}$ durch die Substitutionen $Z = t, \frac{1}{t}, \pm i\sqrt{n} + t^2, \pm\frac{i}{\sqrt{n}} + t^2$. Man erhält dabei für dV die Entwicklungen

bei $Z = 0$: $$\frac{dV}{dt} = \frac{1}{i\,n^{3/2}}\,t^2 + \cdots,$$

bei $Z = \infty$: $$\frac{dV}{dt} = -\frac{1}{i\,n^{3/2}}\,t^2 + \cdots,$$

bei $Z = \pm i\sqrt{n}$: $$\frac{dV}{dt} = \frac{1}{i}\left(\frac{\pm i\sqrt{n}}{2}\right)^{1/2}\frac{1}{(1-n^2)^{3/2}}\cdot\frac{1}{t^2} + \frac{0}{t} + \cdots,$$

bei $Z = \pm\frac{i}{\sqrt{n}}$: $$\frac{dV}{dt} = \frac{1}{i}\left(\frac{\pm i}{2\sqrt{n}}\right)^{1/2}\frac{1}{(n^2-1)^{3/2}}\cdot\frac{1}{t^2} + \frac{0}{t} + \cdots.$$

Nachdem das Verhalten von dV „im Kleinen" bekannt ist, können wir die durch das Integral $V = \int_1^Z dV$ vermittelte konforme Abbildung der Z- auf die V-Ebene „im Großen" betrachten.

Um zunächst die Abbildung des Teilgebietes 1 vom ersten Blatt der Riemannschen Fläche $\mathfrak{Z}$ zu ermitteln (s. Abb. 5), umfahren wir seinen Rand so, daß das Gebiet zur Rechten liegt, und stellen fest, wie

sich das Argument von dV hierbei verhält („Argumentenmethode").
Aus $Z = e^{iB}$ folgt $dZ = iZ\,dB$, also $\arg dB = \arg dZ + \frac{3\pi}{2} - \arg Z$

b_2 b_1 a d_2 d_1
$+\frac{\pi}{2}$ $+\frac{\pi}{2}$ 0 $\frac{3\pi}{2}$ $\frac{3\pi}{2}$: arg dB

und durch Addition $\arg dV = \arg F^{-3/2} + \arg dB$

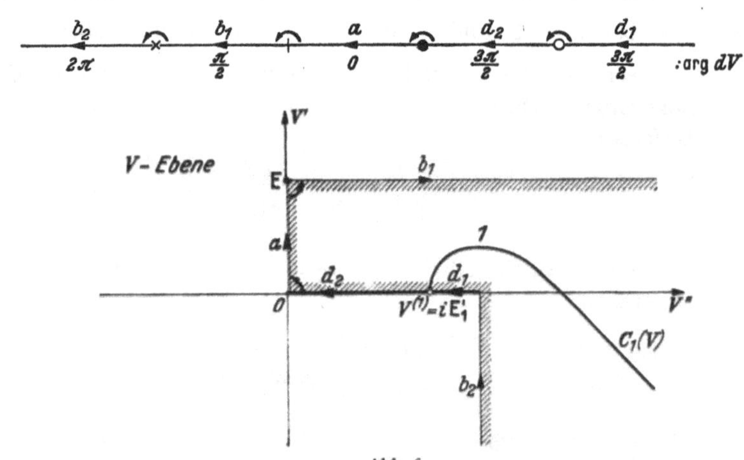

Abb. 6.

Von $Z = 1$ ($V = 0$) beginnend, wird der Bogen a des Einheitskreises auf ein endliches Stück 0 bis E der positiven V-Achse abgebildet, mit

$$\mathsf{E} = \int_0^{\pi/2} F^{-3/2}\,dB = \int_1^{i} F^{-3/2}\,\frac{dZ}{iZ}. \tag{83}$$

Nach einer Drehung in E um $-\pi/2$ geht das anschließende Stück b_1 in den Halbstrahl $\Re(V) = \mathsf{E}$, $\Im(V) \geqq 0$ über. Der Punkt $Z = i\sqrt{n}$, welcher für das Integral V ein Pol 1. Ordnung ist, kommt nach ∞. Zugleich ist $i\sqrt{n}$ aber ein Verzweigungspunkt 1. Ordnung der Riemannschen Fläche, daher entspricht einer Drehung um $-\pi$ von b_1 nach b_2 auf $\mathfrak{Z}$ in der V-Ebene eine Drehung von $-\pi/2$ um ∞, oder von $+\pi/2$ um den Nullpunkt. Somit liefert b_2 einen zur reellen Achse parallelen Halbstrahl, der in einem Punkt der imaginären Achse $V^{(0)} = i\mathsf{E}'$ enden muß. Denn gehen wir von $Z = 1$ rückwärts längs d_2 und d_1, so durchläuft wegen $\arg dV = \pi/2$ das Bild, von $V = 0$ beginnend, ein Stück der positiven imaginären Achse und muß sich im Bildpunkt $V^{(0)}$ von $Z = 0$ schließen. Infolge der zweifachen Nullstelle von dV bei $Z = 0$ wird der rechte Winkel bei $V^{(0)}$ verdreifacht. Wir setzen

$$i\mathsf{E}' = \int_1^0 F^{-3/2}\,\frac{dZ}{iZ} = \int_1^{\sqrt{n}} + \int_{\sqrt{n}}^0 = i\mathsf{E}_1' + i\mathsf{E}_2'. \tag{84}$$

Dem Kreisbogen C_1 vom Radius $\sqrt{n}$ entspricht schließlich eine im Bild von $Z^{(1)} = \sqrt{n}$ (das ist $V^{(1)} = i\,\mathsf{E}_1'$) mit vertikaler Tangente beginnende und unter dem Argument $3\pi/4$ nach $V = \infty$ laufende Kurve $C_1(V)$. Der Winkel zwischen b_1 und b_2 wird durch C_1 im Original, also auch im Bild, halbiert. Wie später (im Abschnitt IV) gezeigt wird, dreht sich die Tangente von $C_1(V)$ stetig in demselben Sinn. $C_1(V)$ ist mit anderen Worten *wendepunktfrei*.

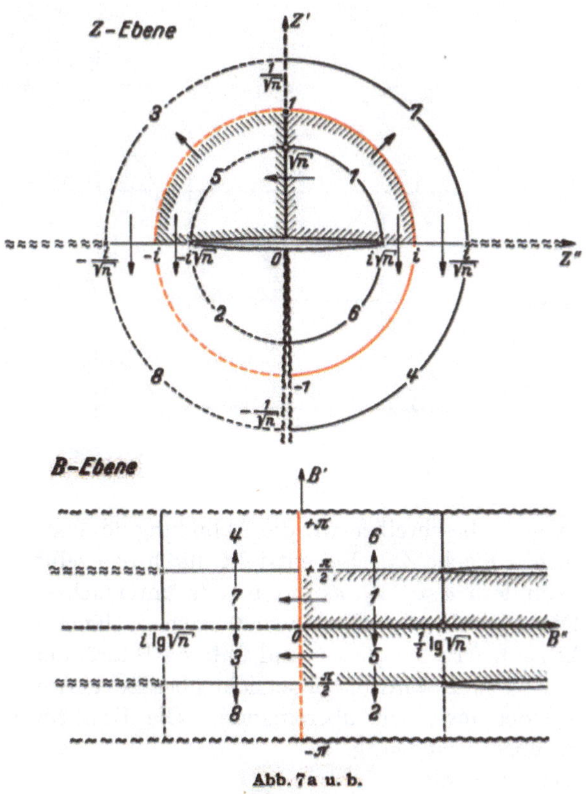

Abb. 7a u. b.

Das erste Blatt $Z_{(1)}$ der Riemannschen Fläche $\mathfrak{Z}$ enthält die Verzweigungsschnitte $+i\sqrt{n}\cdots 0 \cdots -i\sqrt{n}$ und $\frac{i}{\sqrt{n}}\cdots\infty\cdots-\frac{i}{\sqrt{n}}$. Außerdem ist es mit einem längs der negativ reellen Achse von 0 nach ∞ geführten Schnitt versehen (Abb. 7a).

Die Abbildung kann nunmehr nach dem Spiegelungsprinzip erfolgen. Wir nennen den Bildbereich von $Z_{(1)}$ in der B-Ebene $\overline{B}_{(1)}$. Er wird durch folgende Angaben beschrieben:

$$\overline{B}_{(1)}: \quad -\pi \leqq \Re(B) \leqq +\pi, \quad -\infty < \Im(B) < +\infty, \tag{85}$$

aufgeschnitten von $B = \pm\frac{\pi}{2} \pm \frac{1}{i} \lg \sqrt{n}$ nach $\pm\frac{\pi}{2} \pm i\,\infty$ (Abb. 7b). Die im Punkte $Z = 1$ des ersten Blattes sich kreuzenden geschlossenen Kurven „Einheitskreis" und „reelle Achse" liefern die beiden Integralperioden $4\mathsf{E}$ und $4i\mathsf{E}'$ ($\mathsf{E} > 0$, $\mathsf{E}' > 0$). Ihre Berechnung soll später erfolgen.

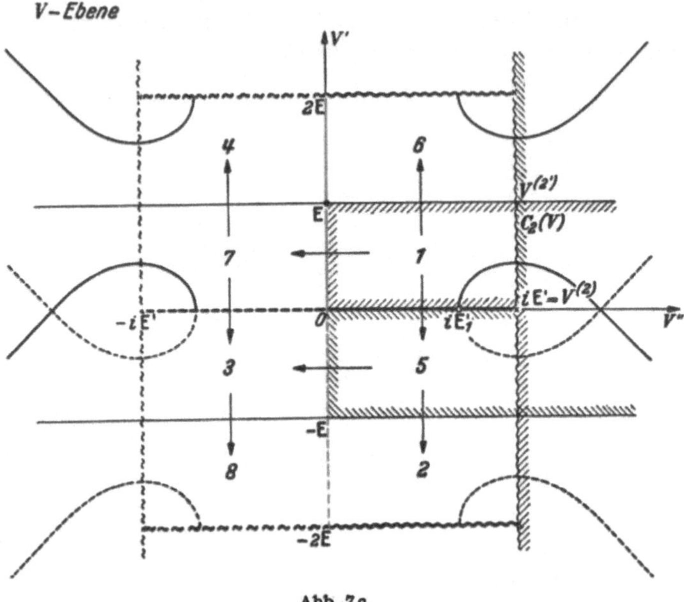

Abb. 7c.

In der Abb. 7c beschreiben wir die Abbildung des ersten Blattes der Riemannschen Fläche $Z_{(1)}$. Sie entsteht durch Spiegelung an den geradlinigen Rändern a, b_1, d_1, d_2 des bereits untersuchten Teilbereichs (Abb. 6). Die Ufer des Schnittes von 0 nach ∞ längs der negativen reellen Z-Achse liefern die oberen und unteren Bildränder, der Streifen $-\mathsf{E}' < \mathfrak{Im}(V) < +\mathsf{E}'$ wird dabei schlicht überdeckt. Außerhalb liegen die Spiegelbilder mehrfach übereinander. Die Umkehrabbildung ist daher nicht überall eindeutig.

Wir bezeichnen mit

$\mathfrak{B}_2^{\infty}(V)$ den unendlichen Streifen $-\mathsf{E}' < \mathfrak{Im}(V) < +\mathsf{E}'$ und $\overline{\mathfrak{B}}_2(V)$, $\mathfrak{B}_2(V)$ analog (26a); ferner mit $C_2(V)$ das Randkurvenstück mit den Endpunkten $\mathbf{P}^{(2)}$, $\mathbf{P}^{(2')}$. (86)

Man entnimmt der Abb. 7c auch die Abbildung des längs der negativ reellen Achse aufgeschnittenen Z-Ringes. Sein Bild enthält einen ebenfalls schlicht überdeckten Parallelstreifen $-\mathsf{E}_1' \leq \mathfrak{Im}(V) \leq +\mathsf{E}_1'$. Die Ausdehnung der Abbildung auf die gesamte B-Ebene, durch fortgesetzte Spiegelung von $\overline{B}_{(1)}$ am oberen und unteren Rand, zeigt, daß die Funktion $V(B)$ in der so aufgeschnittenen B-Ebene $B_{(1)}$ eine eindeutige analytische Funktion ist. Auf den Schnitträndern liegen die singulären Stellen

$$B = \frac{\pi}{2} \pm \frac{1}{i} \lg \sqrt{n} + g\pi \qquad (g \text{ ganzzahlig}).$$

Sie sind Pole 1. Ordnung.

Berechnung der Integralperioden E, E' und der Teilstücke E_1', E_2'.

Zur Berechnung von E brauchen wir nur die auf der reellen B-Achse $(-\pi \leqq B \leqq +\pi)$ gleichmäßig konvergente Fourier-Entwicklung (28b) von $F^{-3/2}$ gliedweise zu integrieren. Man erhält so nach (83)

$$\mathsf{E} = \int_0^{\pi/2} F^{-3/2}\, dB = C_0^{(-3/2)} \frac{\pi}{2}, \quad \textit{Zahlwert}^{12}\text{: } \mathsf{E} = 1.570806 \tag{83a}$$

Die Berechnung von $i\mathsf{E}'$ (84) ist dagegen nicht auf diese Weise möglich, da hier der Integrationsweg nicht mehr dem Konvergenzgebiet der allgemeinen Potenzentwicklung (d. h. dem Z-Kreisring) angehört. Zur Abkürzung setzen wir für das reelle bestimmte Integral

$$\int_0^a \frac{Z^2\, dZ}{(1+nZ^2)^{3/2}(n+Z^2)^{3/2}} = I(a). \tag{87}$$

Damit wird

$$\mathsf{E}' = \frac{1}{i} \int_1^0 F^{-3/2} \frac{dZ}{iZ} = \int_0^1 \frac{Z^2\, dZ}{[(1+nZ^2)(n+Z^2)]^{3/2}} = I(1).$$

Unter Abspaltung des zweiten kritischen Faktors im Nenner können wir $(1+nZ^2)^{-3/2}$ nach dem binomischen Satz in eine wegen $n < 1$ für $0 \leqq |Z| \leqq 1$ gleichmäßig konvergente Reihe entwickeln und das Ergebnis gliedweise integrieren.

$$I(a) = \int_0^a \sum_{\nu=0}^{\infty} \binom{-\frac{3}{2}}{\nu} n^\nu \frac{Z^{2\nu+2}}{(n+Z^2)^{3/2}}\, dZ = \sum_{\nu=0}^{\infty} \binom{-\frac{3}{2}}{\nu} n^\nu \int_0^a \frac{Z^{2\nu+2}}{(n+Z^2)^{3/2}}\, dZ. \tag{88}$$

Die einzelnen Integrale

$$I_\nu(a) = \int_0^a \frac{Z^{2\nu+2}}{(n+Z^2)^{3/2}}\, dZ$$

lassen sich durch die Substitution umformen

$$Z^2 = n\frac{t^2}{1-t^2}, \quad n + Z^2 = n\frac{1}{1-t^2}, \quad dZ = \sqrt{n}\frac{dt}{(1-t^2)^{3/2}}.$$

So erhält man für $\nu = 0$

$$I_0(a) = \int_0^{\frac{a}{\sqrt{a^2+n}}} \frac{t^2}{1-t^2}\, dt = -\frac{a}{\sqrt{a^2+n}} + \frac{1}{2} \lg\left(\frac{\sqrt{a^2+n}+a}{\sqrt{a^2+n}-a}\right)$$

und für $\nu \geqq 1$ durch teilweise Integration die Rekursionsformel

$$I_\nu(a) = \int_0^{\frac{a}{\sqrt{a^2+n}}} n^\nu \left(\frac{t^2}{1-t^2}\right)^{\nu+1} dt = \frac{1}{2\nu} \frac{a^{2\nu+1}}{\sqrt{a^2+n}} - \frac{2\nu+1}{2\nu} n I_{\nu-1}(a)$$

$$= \frac{1}{2\nu} \frac{a^{2\nu+1}}{\sqrt{a^2+n}} - \frac{2\nu+1}{2\nu(2\nu-2)} n \frac{a^{2\nu-1}}{\sqrt{a^2+n}} + \frac{2\nu+1}{2\nu} \frac{2\nu-1}{2\nu-2} n^2 I_{\nu-2}(a)$$

. . . .

Ihre fortgesetzte Anwendung führt zu der Gleichung

$$I_\nu(a) = \binom{-\frac{3}{2}}{\nu} n^\nu I_0(a) + \sum_{\lambda=0}^{\nu-1} \frac{1}{2\nu-2\lambda} \frac{\binom{-\frac{3}{2}}{\nu}}{\binom{-\frac{3}{2}}{\nu-\lambda}} n^\lambda \frac{a^{2\nu+1-2\lambda}}{\sqrt{a^2+n}}. \tag{89}$$

Setzt man jetzt diese Ergebnisse in die unendliche Reihe (88) ein, so folgt

$$I(a) = \sum_{\nu=0}^{\infty} \binom{-\frac{3}{2}}{\nu} n^\nu \left[\binom{-\frac{3}{2}}{\nu} n^\nu I_0(a) + \sum_{\lambda=0}^{\nu-1} \frac{1}{2(\nu-\lambda)} \frac{\binom{-\frac{3}{2}}{\nu}}{\binom{-\frac{3}{2}}{\nu-\lambda}} n^\lambda \frac{a^{2(\nu-\lambda)+1}}{\sqrt{a^2+n}}\right],$$

$$I(a) = I_0(a)\, c_0^{\left(-\frac{3}{2}\right)} + \sum_{\nu=1}^{\infty} \sum_{\lambda=0}^{\nu-1} \frac{1}{2(\nu-\lambda)} \frac{\binom{-\frac{3}{2}}{\nu}^2}{\binom{-\frac{3}{2}}{\nu-\lambda}} n^{\lambda+\nu} \frac{a^{2(\nu-\lambda)+1}}{\sqrt{a^2+n}} \tag{90}$$

oder ausführlich

$$I(a) = \left[\frac{1}{2} \lg \frac{\sqrt{a^2+n}+a}{\sqrt{a^2+n}-a} - \frac{a}{\sqrt{a^2+n}}\right]\left[1 + \frac{9}{4} n^2 + \frac{225}{64} n^4 + \cdots\right] +$$

$$+ \frac{n a^3}{\sqrt{a^2+n}}\left[-\frac{3}{4} + \frac{15}{32} n a^2 - \left(\frac{75}{64} + \frac{35}{96} a^4\right) n^2 + \right.$$

$$\left. + \left(\frac{245}{384} + \frac{315}{1024} a^4\right) n^3 a^2 - \left(\frac{1225}{768} + \frac{945}{2048} a^4 + \frac{693}{2560} a^8\right) n^4 + \cdots\right].$$

Wir brauchen jetzt nur noch a zu spezialisieren.

$$\left.\begin{aligned}
\mathsf{E}' = I(1) &= \left[\frac{1}{2} \lg \frac{\sqrt{1+n}+1}{\sqrt{1+n}-1} - \frac{1}{\sqrt{1+n}}\right]\left[1 + \frac{9}{4} n^2 + \frac{225}{64} n^4 + \cdots\right] + \\
&+ \frac{n}{\sqrt{1+n}}\left[-\frac{3}{4} + \frac{15}{32} n - \frac{295}{192} n^2 + \frac{2905}{3072} n^3 - \frac{71491}{30720} n^4 + \cdots\right], \\
\mathsf{E}_2' = I(\sqrt{n}) &= \left[\frac{1}{2} \lg \frac{\sqrt{2}+1}{\sqrt{2}-1} - \frac{1}{\sqrt{2}}\right]\left[1 + \frac{9}{4} n^2 + \frac{225}{64} n^4 + \cdots\right] - \\
&- \frac{3}{4\sqrt{2}} n^2 - \frac{45}{64\sqrt{2}} n^4 + \cdots, \\
\mathsf{E}_1' &= \mathsf{E}' - \mathsf{E}_2'.
\end{aligned}\right\} \tag{91}$$

Zahlwerte[12]:

$$\mathsf{E}' = 2.8893\,88\,, \quad \frac{\mathsf{E}'}{\mathsf{E}} = 1.8394\,30\,,$$
$$\mathsf{E}_2' = 0.1742\,66\,, \quad \frac{\mathsf{E}_1'}{\mathsf{E}} = 1.7284\,89\,.$$
$$\mathsf{E}_1' = 2.7151\,22\,,$$

Die Restabschätzung dieser Reihe ist sehr einfach. Vergleicht man in der Doppelsumme bei festem λ zwei aufeinanderfolgende ν-Werte

$$\left[\frac{1}{2(\nu+1-\lambda)}\frac{\binom{-\frac{3}{2}}{\nu+1}^2}{\binom{-\frac{3}{2}}{\nu+1-\lambda}}n^{\lambda+\nu+1}\frac{a^{2(\nu-\lambda)+3}}{\sqrt{a^2+n}}\right]:\left[\frac{1}{2(\nu-\lambda)}\frac{\binom{-\frac{3}{2}}{\nu}^2}{\binom{-\frac{3}{2}}{\nu-\lambda}}n^{\lambda+\nu}\frac{a^{2(\nu-\lambda)+1}}{\sqrt{a^2+n}}\right]$$
$$= -\frac{\nu-\lambda}{\left(\nu-\lambda+\frac{3}{2}\right)}\frac{\left(\nu+\frac{3}{2}\right)^2}{(\nu+1)^2}a^2 n\,,$$

so hat der Quotient für $\lambda = 0$ seinen absolut genommen größten Wert, der aber noch unter $a^2 n$ liegt. Für $a^2 n < 1$ sind daher die Teilreihen $\lambda = \text{const.}$ alternierend mit monoton abnehmenden Beträgen, so daß ihre Reste kleiner als das erste nicht mehr berücksichtigte Glied sind. Zu dem gesamten Rest R_{2l+1} gehören nun aber noch die Teilreihen mit $\lambda \geqq l$, die wir durch ihr erstes Glied $\nu = \lambda + 1$ abschätzen können.

$$\sum_{\nu=l+2}^{\infty}\frac{1}{3}\binom{-\frac{3}{2}}{\nu}^2 n^{2\nu-1}\frac{a^3}{\sqrt{a^2+n}} < \sum_{l+2}^{\infty}\frac{1}{3}\left(\frac{3}{2}\right)^{2\nu} n^{2\nu-1}\frac{a^3}{\sqrt{a^2+n}}$$
$$= \frac{a^3}{2\sqrt{a^2+n}}\frac{\left(\frac{3}{2}n\right)^{2l+3}}{\left(1-\frac{9}{4}n^2\right)} \quad \text{für} \quad n < \frac{2}{3}\,.$$

So hat man schließlich für den Reihenrest der Reihe (90) das Ergebnis

$$|R_{2l+1}| < |\text{Glieder } (2l+1)\text{-ter Ordnung}| + \frac{a^3}{2\sqrt{a^2+n}}\frac{\left(\frac{3}{2}n\right)^{2l+3}}{1-\frac{9}{4}n^2} \qquad (92)$$
$$\text{für} \quad n < \frac{2}{3}; \quad a^2 n < 1\,.$$

I,11 Die „normierte Meridian-Bogenlänge" $\dot{G}$ als Funktion der geographischen Breite und ihre Umkehrung.

a) Entwicklung in trigonometrische Reihen in $\mathfrak{B}_1(B)$ bzw. $\mathfrak{B}_2(\dot{G})$. Aus der Länge des Meridianbogens (79)

$$G = \frac{a+b}{2}(1-n^2)^2\int_0^B F^{-3/2}\,dB = \int_0^B M\,dB$$

bestimmt sich die Länge des *Meridianquadranten*

$$Q = \frac{a+b}{2}(1-n^2)^2\,\mathsf{E} \quad \text{Zahlwert}^{12}\text{:} \quad Q = 1000\,0855.7647\,7 \text{ m.} \qquad (93)$$

Die mittlere Länge eines Meridiangrades $G_\circ^{(m)}$ mit der Dimension Länge/Grad und die mittlere Länge eines Einheitsbogens auf dem Meridian $G^{(m)}$ entstehen aus Q durch Division mit $90°$ bzw. $\pi/2$.

$$\begin{aligned} G^{(m)} &= \frac{2}{\pi} Q \text{ „mittlerer Meridianbogen"} & G^{(m)} &= 636\,6742.5204\,5\,\text{m}, \\ G_\circ^{(m)} &= \frac{1}{90°} Q \text{ „mittlerer Meridiangrad"} & G_\circ^{(m)} &= 11\,1120.6196\,1\,\text{m}. \end{aligned} \quad (94)$$

(Zahlwerte [13])

Den Quotienten

$$\dot{G} = \frac{G}{G^{(m)}} = \frac{\pi}{2\mathsf{E}} \int_0^B F^{-3/2}\, dB = \frac{\pi}{2\mathsf{E}} \int_1^Z \frac{Z^3}{\left[n(Z^2+n)\left(Z^2+\frac{1}{n}\right)\right]^{3/2}} \frac{dZ}{iZ} \quad (95)$$

wollen wir die „*normierte Meridian-Bogenlänge*" nennen. Wenn G von 0 bis Q variiert, durchläuft $\dot{G}$ die Werte 0 bis $\pi/2$ [16]. Nach (82) unterscheidet sich $\dot{G}$ von V nur um den Faktor $\pi/2\mathsf{E}$. Daher liefert $\dot{G}(B)$ eine ähnliche Abbildung der B-Ebene auf eine $\dot{G}$-Ebene, wie sie Abb. 7c zeigt, nur mit der normierten Streifenbreite 2π, statt $4\mathsf{E}$. Die Multiplikation mit dem Normierungsfaktor $1/G^{(m)}$ hat nichts an dem analytischen Charakter der Funktion verändert. Insbesondere ist $\dot{G} - B$ im Streifen $\mathfrak{B}_1^\infty(B)$ eine eindeutige, periodische Funktion von B mit der Periode 2π. Wir gewinnen ihre trigonometrische Entwicklung aus derjenigen von M (38). Wegen der gleichmäßigen Konvergenz in $\overline{\mathfrak{B}}_1(B)$ kann diese Reihe gliedweise integriert werden.

$$G = \frac{a+b}{2}\left\{(M_0)\, B + \sum_{\lambda=1}^{\infty} \frac{1}{2\lambda}(M_{2\lambda}) \sin 2\lambda B\right\}. \quad (96)$$

Speziell ist $G\left(\frac{\pi}{2}\right) = Q = \frac{a+b}{2}(M_0)\frac{\pi}{2}, \quad G^{(m)} = \frac{a+b}{2}(M_0)$.

Der Übergang zu der normierten Bogenlänge $\dot{G}$ erfolgt durch Division mit dem mittleren Meridianbogen $G^{(m)}$:

$$\dot{G} = B + \sum_{\lambda=1}^{\infty} p_{2\lambda} \sin 2\lambda B \quad \text{mit} \quad p_{2\lambda} = \frac{1}{2\lambda}\frac{(M_{2\lambda})}{(M_0)}. \quad (97)$$

Die Reihe konvergiert in $\overline{\mathfrak{B}}_1(B)$, ist also insbesondere für reelle B-Werte zur Berechnung gut geeignet. Die Koeffizienten entnimmt man aus (38b), unter Verwendung der reziproken Reihe $\frac{1}{(M_0)} = 1 - \frac{1}{4}n^2 + \frac{3}{64}n^4 - \cdots$.

---

[16] Der Normierungspunkt · ist nicht mit der Ableitung nach einem Parameter zu verwechseln!

$$
\left.\begin{aligned}
p_2 &= -\tfrac{3}{2}n + \tfrac{9}{16}n^3 - \tfrac{3}{32}n^5 + \cdots = -0{,}^\circ 1438\,8543\,3582^{17}\\
&= -517{,}''9875\,6089^{12}\\
p_4 &= +\tfrac{15}{16}n^2 - \tfrac{15}{32}n^4 = +0{,}^\circ 0001\,5055\,6701\\
&= +0{,}''5420\,0412\\
p_6 &= -\tfrac{35}{48}n^3 + \tfrac{105}{256}n^5 + \cdots = -0{,}^\circ 0000\,0019\,6047\\
&= -0{,}''0007\,0577\\
p_8 &= +\tfrac{315}{512}n^4 + \cdots = +0{,}^\circ 0000\,0000\,0277\\
&= +0{,}''0000\,0100\\
p_{10} &= -\tfrac{693}{1280}n^5 + \cdots = -0{,}^\circ 0000\,0000\,0000\\
\cdots\cdots &= -0{,}''0000\,0000
\end{aligned}\right\} \quad (97a)
$$

Nach (95) und (34a), (35) hat man für den Reihenrest im Fall reeller B-Werte die Abschätzung

$$
\begin{aligned}
|R_{l+1}| &\leqq \frac{\pi}{2\mathsf{E}} 2 \sum_{l+1}^{\infty} \frac{\left|c_{2\lambda}^{(-3/2)}\right|}{2\lambda} \leqq \frac{\pi}{2\mathsf{E}} \frac{1}{1-\frac{9}{4}n^2} \sum_{l+1}^{\infty} \frac{\left(\frac{3}{2}n\right)^{\lambda}}{\lambda}\\
&\leqq \frac{\pi}{2\mathsf{E}} \frac{\left(\frac{3}{2}n\right)^{l+1}}{(l+1)\left(1-\frac{9}{4}n^2\right)\left(1-\frac{3}{2}n\right)}.
\end{aligned} \quad (98)
$$

Das normierte Meridianbogenstück $\Delta\dot{G}$ zwischen zwei Breiten B_1 und B_2 entsteht aus der Differenz der Reihen $\dot{G}(B_2)$ und $\dot{G}(B_1)$. Setzen wir zur Abkürzung $B_2 - B_1 = \Delta B$, $B_2 + B_1 = 2\,B_m$, so folgt nach einfacher trigonometrischer Umformung

$$
\Delta\dot{G} = \Delta B + \sum_{\lambda=1}^{\infty} 2 p_{2\lambda} \cos 2\lambda B_m \sin \lambda \Delta B. \quad (99)
$$

Umkehrung: Die geographische Breite B als Funktion des normierten Meridianbogens $\dot{G}$.

Wir haben die Abbildung der B-Ebene bzw. Z-Ebene durch das elliptische Integral 2. Gattung V ausführlich untersucht und dabei in der V-Ebene einen schlicht überdeckten Streifen $\mathfrak{B}_2^\infty(V)$ erhalten. Der Übergang von der V-Ebene zu der $\dot{G}$-Ebene durch Multiplikation mit dem Faktor $\pi/2\mathsf{E}$ führt $\mathfrak{B}_2^\infty(V)$ in den Streifen $\mathfrak{B}_2^\infty(\dot{G})$ über:

$$
\begin{gathered}
\mathfrak{B}_2^\infty(\dot{G}):\ -\frac{\pi}{2\mathsf{E}}\mathsf{E}' < \mathfrak{Im}(\dot{G}) < +\frac{\pi}{2\mathsf{E}}\mathsf{E}',\\
\text{entsprechend } \overline{\mathfrak{B}}_2(\dot{G}),\ \mathfrak{B}_2(\dot{G}).
\end{gathered} \quad (100)
$$

Neben ihn stellen wir durch die Abbildung $D = e^{i\dot{G}}$ einen Kreisring $\overline{\mathfrak{B}}_2(D)$ mit $\sqrt{n'} = e^{-\frac{\mathsf{E}'}{\mathsf{E}}\frac{\pi}{2}}$ (vgl. den Zusammenhang $B \longleftrightarrow Z$).

[17] Die Zahlenwerte sind in Grad $\varrho^\circ p_{2\lambda}$ bzw. Sekunden $\varrho'' p_{2\lambda}$ gegeben.

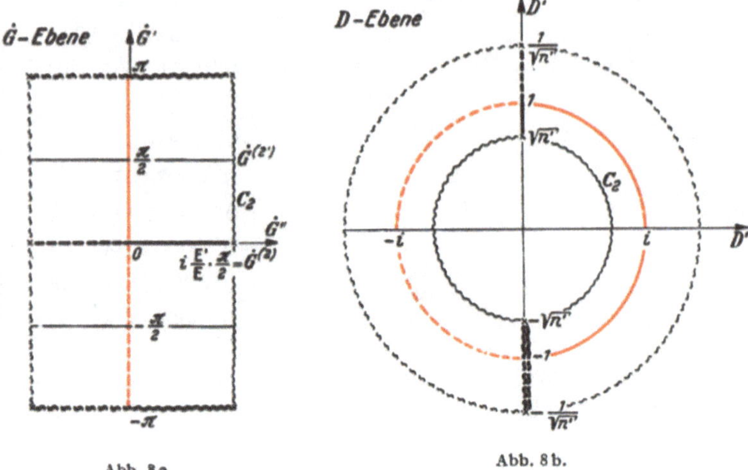

Abb. 8a. Abb. 8b.

Alle Punkte innerhalb des schlichten Bildgebietes $\overline{\mathfrak{B}}_2(\dot{G})$ haben eindeutig bestimmte Urbilder in der $B_{(1)}$- bzw. $Z_{(1)}$-Ebene. Daher ist in $\mathfrak{B}_2^{\infty}(\dot{G})$ die Funktion $B(\dot{G})$ eindeutig, regulär analytisch und periodisch. Auf dem Rand liegen singuläre Stellen bei $\dot{G} = \pm \frac{i\,\mathsf{E}'\pi}{2\,\mathsf{E}} + g\pi$ (g ganzzahlig). Nach den Abbildungen entspricht dem Punkt $\dot{G}^{(2)} = \frac{i\,\mathsf{E}'}{\mathsf{E}} \cdot \frac{\pi}{2}$ in der Z-Ebene $Z^{(2)} = 0$. Wir entwickeln daher die Ableitung von (95) nach Potenzen von Z und integrieren im Kleinen

$$\frac{d\dot{G}}{dZ} = \frac{\pi}{2\,\mathsf{E}\,i} \frac{Z^2}{n^{3/2}} + \cdots, \quad \dot{G} = \dot{G}^{(2)} + \frac{\pi Z^3}{6\,\mathsf{E}\,i\,n^{3/2}} + \cdots = \dot{G}^{(2)} + \frac{\pi\, e^{3iB}}{6\,\mathsf{E}\,i\,n^{3/2}} [1 + \cdots],$$

$$\lg\left(\dot{G} - \dot{G}^{(2)}\right) = \lg \frac{\pi}{6\,\mathsf{E}\,i\,n^{3/2}} + 3iB + \cdots.$$

Die Funktion B hat in $\dot{G} = \dot{G}^{(2)}$ und den homologen Punkten logarithmische Unendlichkeitsstellen.

In dem Kreisring $\mathfrak{B}_2(D)$ der D-Ebene ist Z eindeutige und regulär analytische Funktion von D. Das gleiche gilt für Z/D und den Hauptwert von $\lg \frac{Z}{D} = i(B - \dot{G})$. Daher existiert nach X, 498 zu der Reihe (97) die innerhalb $\overline{\mathfrak{B}}_2(\dot{G})$ absolut und gleichmäßig konvergente Umkehrreihe

$$B = \dot{G} + \sum_{\lambda=1}^{\infty} \dot{p}_{2\lambda} \sin 2\lambda \dot{G}. \tag{101}$$

Die Koeffizienten werden mittels der in X [500] gegebenen Formeln aus den Potenzreihen (97a) für $\dot{p}_{2\lambda}$ berechnet:

$$\left.\begin{aligned}
\dot{p}_2 &= +\tfrac{3}{2}n - \tfrac{27}{32}n^3 + \tfrac{269}{512}n^5 + \cdots = +0^\circ\!.1438\,8535\,7964^{17} \\
&= +517''\!.9872\,8867 \\
\dot{p}_4 &= +\tfrac{21}{16}n^2 - \tfrac{55}{32}n^4 + \cdots = +0^\circ\!.0002\,1077\,8903 \\
&= +0''\!.7588\,0405 \\
\dot{p}_6 &= +\tfrac{151}{96}n^3 - \tfrac{417}{128}n^5 + \cdots = +0^\circ\!.0000\,0042\,2898 \\
&= +0''\!.0015\,2243 \\
\dot{p}_8 &= +\tfrac{1097}{512}n^4 + \cdots = +0^\circ\!.0000\,0000\,0964 \\
&= +0''\!.0000\,0347 \\
\dot{p}_{10} &= +\tfrac{8011}{2560}n^5 + \cdots = +0^\circ\!.0000\,0000\,0002 \\
&= +0''\!.0000\,0001 \\
&\cdots\cdots
\end{aligned}\right\}\quad (101\text{a})$$

Für die Breitendifferenz zweier Punkte ergibt sich mit der Abkürzung

$$\dot{G}_2 - \dot{G}_1 = \Delta\dot{G}, \quad \dot{G}_2 + \dot{G}_1 = 2\dot{G}_m$$

durch Subtraktion der Reihen und trigonometrische Umformung wie oben

$$\Delta B = \Delta\dot{G} + \sum_{\lambda=1}^{\infty} 2\dot{p}_{2\lambda}\cos 2\lambda\dot{G}_m \sin\lambda\Delta\dot{G}. \tag{102}$$

Mit diesen Formeln kann die „*Übertragungsaufgabe für den Meridian*“ gelöst werden.

Gegeben ist P_1 mit der Breite B_1 und der Bogen ΔG; *gesucht* wird P_2 in der Entfernung ΔG mit der Breite B_2.

Lösung: Ist $B_1 = B_1^\circ$ in Grad und ΔG in Meter gegeben, so folgt aus (97)

$$\dot{G}_1^\circ = B_1^\circ + \sum_{\lambda=1}^{\infty} \varrho^\circ \dot{p}_{2\lambda} \sin 2\lambda B_1^\circ,$$

$$\Delta\dot{G}^\circ = \frac{\varrho^\circ}{G^{(m)}}\Delta G, \quad \frac{\varrho^\circ}{G^{(m)}} = 0.0000\,0899\,9229\,8776,$$

$$\dot{G}_m^\circ = \dot{G}_1^\circ + \tfrac{1}{2}\Delta\dot{G}^\circ.$$

Damit wird schließlich nach (102)

$$\Delta B^\circ = \Delta\dot{G}^\circ + \sum_{\lambda=1}^{\infty} 2\varrho^\circ\dot{p}_{2\lambda}\cos 2\lambda\dot{G}_m^\circ \sin\lambda\Delta\dot{G}^\circ,$$

$$B_2^\circ = B_1^\circ + \Delta B^\circ.$$

Für kleine Entfernungen empfiehlt sich die Umrechnung in Sekunden

$$\Delta\dot{G}'' = \frac{\varrho''}{G^{(m)}}\Delta G, \quad \frac{\varrho''}{G^{(m)}} = 0.0323\,9722\,7559,$$

$$\Delta B'' = \Delta\dot{G}'' + \sum_{\lambda=1}^{\infty} 2\varrho''\dot{p}_{2\lambda}\cos 2\lambda\,\dot{G}_m^\circ \sin\lambda\,\Delta\dot{G}''.$$

Beispiel:

$B_1 = 52^\circ\,37'\,32''\!.67$ (Kataster-Koordinatennullpunkt Celle),
$\Delta G = 667\,298$ m.

Der Genauigkeit von 1 m entspricht $0''\!.03$ oder $0^\circ\!.00001$, daher ist siebenstellige Zwischenrechnung in Grad erforderlich:

$$\begin{aligned}
\dot{G}_1^\circ &= 52^\circ\!.6257\,417 - 0^\circ\!.1438\,8543 \sin 2B_1^\circ + 0^\circ\!.0001\,5056 \sin 4B_1^\circ - \\
&\quad - 0^\circ\!.0000\,0020 \sin 6B_1^\circ = 52^\circ\!.4868\,4752\,, \\
\Delta\dot{G}^\circ &= 6672\,98 \cdot 0.0000\,0899\,9229\,88 = 6^\circ\!.0051\,681\,, \\
\dot{G}_m^\circ &= 55^\circ\!.4894\,3157\,, \\
\Delta B^\circ &= 6^\circ\!.0051\,681 + 0^\circ\!.2877\,707 \cos 2\dot{G}_m^\circ \sin \Delta\dot{G}^\circ + \\
&\quad + 0^\circ\!.0004\,215 \cos 4\dot{G}_m^\circ \sin 2\Delta\dot{G}^\circ + 0^\circ\!.0000\,008 \cos 6\dot{G}_m^\circ \sin 3\Delta\dot{G}^\circ \\
&= 5^\circ\!.9943\,244 = 5^\circ\,59'\,39''\!.57 \\
B_1^\circ &= 52^\circ\,37'\,32''\!.67 \\
\hline
B_2^\circ &= \Delta B^\circ + B_1^\circ = 58^\circ\,37'\,12''\!.24
\end{aligned}$$

b) Entwicklung in Potenzreihen.

1. Art der Koeffizientendarstellung für $G(B)$, $\dot{G}(B)$.

Da, wie wir gesehen haben, die Meridian-Bogenlängen G oder $\dot{G}$ in der $B_{(1)}$-Ebene eindeutige, reguläre Funktionen von B sind, können sie in der Umgebung jeder inneren Stelle B_0 in Potenzreihen nach $\Delta B = B - B_0$ entwickelt werden. Das Konvergenzgebiet dieser Entwicklung ist ein Kreis, welcher durch den nächsten singulären Punkt, d. h. den zu B_0 nächstgelegenen Punkt $\frac{\pi}{2} \pm \frac{1}{i} \lg \sqrt{n} + g\pi$, geht. Aus der Taylor-Reihe für den Meridian-Krümmungshalbmesser M (54) folgt durch Integration von B_0 bis B

$$G - G_0 = M_0 \Delta B + M_0 \sum_{\nu=1}^{\infty} f_{\nu 0}^{(-3/2)} \frac{\Delta B^{\nu+1}}{(\nu+1)!} = \sum_{\nu=1}^{\infty} (A_\nu) \frac{\Delta B^\nu}{\nu!} \qquad (103)$$

mit $\quad (A_\nu) = M_0 f_{\nu-1,0}^{(-3/2)}$,

und für den normierten Bogen

$$\dot{G} - \dot{G}_0 = \frac{G - G_0}{G^{(m)}} = \sum_{\nu=1}^{\infty} (a_\nu) \frac{\Delta B^\nu}{\nu!} \quad \text{mit} \quad (a_\nu) = \frac{1}{G^{(m)}} (A_\nu)\,. \qquad (104)$$

Dabei ist, wenn wir wieder den Index Null zur Vereinfachung unterdrücken, ausführlich (Koeffizienten 1. Art in endlicher geschlossener Form)

$$\left.\begin{aligned}
(a_1)\,G^{(m)} &= (A_1) = M_0 = \frac{c}{E'^{3/2}} \quad \text{mit} \quad c = \frac{a^2}{b}, \\
(a_2)\,G^{(m)} &= (A_2) = \frac{3c\,e_c'\,e_s'}{E'^{5/2}}, \\
(a_3)\,G^{(m)} &= (A_3) = \frac{3c}{E'^{7/2}} [e_c'^2 - e_s'^2 + e_c'^4 + 4 e_c'^2 e_s'^2], \\
(a_4)\,G^{(m)} &= (A_4) = \frac{3c\,e_c'\,e_s'}{E'^{9/2}} [-4 + 7 e_c'^2 - 15 e_s'^2 + 11 e_c'^4 + 20 e_c'^2 e_s'^2], \\
(a_5)\,G^{(m)} &= (A_5) = \frac{3c}{E'^{11/2}} [-4 e_c'^2 + 4 e_s'^2 + 3 e_c'^4 - 98 e_c'^2 e_s'^2 + 15 e_s'^4 + \mathrm{Gl}_6],
\end{aligned}\right\} \qquad (103\text{a})$$

. . . .

allgemein $(a_\nu)\,G^{(m)} = (A_\nu) = \frac{1}{E'^{2\nu+1/2}} \times$ Polynom in (e_c', e_s').

Für $\quad \frac{c}{G^{(m)}} = b\left(\frac{1+n}{1-n}\right)^2 \frac{2}{(a+b)(M_0)} = (1-n)\left(\frac{1+n}{1-n}\right)^2 \frac{1}{(M_0)}$

hat man nach Seite [50] die Entwicklung

$$\frac{c}{G^{(m)}} = 1 + 3n + \frac{15}{4}n^2 + \frac{13}{4}n^3 + \frac{195}{64}n^4 + \frac{201}{64}n^5 + \cdots . \qquad (104)$$

Eine Koeffizienten- und Restabschätzung läßt sich aus (50′), (50″) für $\alpha = -\frac{3}{2}$ durch Integration über B gewinnen.

2. Art der Koeffizientendarstellung für $G(B)$, $\dot{G}(B)$.

Ist B_0 eine Stelle im Innern von $\overline{\mathfrak{B}}_1(B)$, so hat man für die praktische Berechnung der Koeffizienten die Möglichkeit, von der trigonometrischen Darstellung im Großen auszugehen. Das trifft speziell für alle reellen B_0-Werte zu. Aus der Taylor-Entwicklung folgt

$$(A_1) = (a_1)\,G^{(m)} = M_0, \qquad (A_\nu) = (a_\nu)\,G^{(m)} = \frac{d^{\nu-1}M}{d\,B^{\nu-1}}\bigg|_{B_0}. \qquad (105)$$

Kennzeichnen wir wieder wie oben die Darstellung 2. Art durch eckige Klammern

$$\Delta G = \frac{a+b}{2}\sum_{\nu=1}^{\infty}[A_\nu]\frac{\Delta B^\nu}{\nu!}, \qquad \Delta\dot{G} = \sum_{\nu=1}^{\infty}[a_\nu]\frac{\Delta B^\nu}{\nu!}, \qquad (106)$$

so ergeben sich die Koeffizienten durch Differenzieren der entsprechenden trigonometrischen Reihen:

$$\left.\begin{aligned} [A_\nu] &= \sum_{\lambda=0}^{\infty}(-1)^{\nu''}(2\lambda)^{\nu-1}(M_{2\lambda})\,{\textstyle\frac{\sin}{\cos}}\,2\lambda B_0 \qquad \nu \geqq 1\ ^{18}, \\ [a_1] &= 1 + \sum_{\lambda=1}^{\infty}2\lambda\, p_{2\lambda}\cos 2\lambda B_0, \\ [a_\nu] &= \sum_{\lambda=1}^{\infty}(-1)^{\nu''}(2\lambda)^{\nu}\,p_{2\lambda}\,{\textstyle\frac{\sin}{\cos}}\,2\lambda B_0 \qquad \nu > 1. \end{aligned}\right\} \qquad (106\,\mathrm{a})$$

Die Faktoren $(M_{2\lambda})$, $p_{2\lambda}$ sind Potenzreihen in n (38b), (97a).

Zur numerischen Berechnung geben wir eine Tabelle der Zahlenkoeffizienten[12]. Das Reihenschema lautet (unter Berücksichtigung der Umwandlung in Gradmaß)

$$\Delta G = \frac{G^{(m)}}{\varrho^\circ}\Delta B^\circ + [1]\,\Delta B^\circ + [2]\,(\Delta B^\circ)^2 + [3]\,(\Delta B^\circ)^3 + \cdots,$$

wobei ΔB° in Grad genommen und die Werte $[\nu]$ durch Multiplikation der Tabellenspalte mit $\sin 2\lambda B_0$ bzw. $\cos 2\lambda B_0$ zu erhalten sind. Die

---

[18] $\nu'' = \frac{\nu}{2}$ für gerades ν, $\nu'' = \frac{\nu-1}{2}$ für ungerades ν, Bei der Bezeichnung ${\textstyle\frac{\sin}{\cos}}\,2\lambda B_0$ gilt stets das *obere* Funktionszeichen für *gerades* ν, das *untere* für *ungerades* ν (vgl. [15]).

Dimension von ΔG ist Meter. Der Tabellenwert in der λ-ten Zeile und Spalte $[\nu]$ bedeutet

$$\frac{a+b}{2}\,\frac{(-1)^{\nu''}}{\nu!}\,\frac{(2\lambda)^{\nu-1}}{(\varrho^\circ)^\nu}\,(M_{2\lambda}) \qquad \begin{array}{ll} \nu''=\frac{\nu}{2} & \text{für gerades } \nu, \\ \nu''=\frac{\nu-1}{2} & \text{für ungerades } \nu. \end{array}$$

ΔG-Tabelle. $\frac{G^{(m)}}{\varrho^\circ} = 11\,1120.6196\,1.$

	[1]	[3]	[5]
$\cos 2B_0$	− 558.1087 7	+ 0.1133 40	− 0.0000 069
$\cos 4B_0$	+ 1.1679 7	− 0.0009 49	+ 0.0000 002
$\cos 6B_0$	− 0.0022 8	+ 0.0000 04	
	[2]	[4]	[6]
$\sin 2B_0$	+ 9.7408 36	− 0.0009 891	+ 0.0000 0004
$\sin 4B_0$	− 0.0407 70	+ 0.0000 166	
$\sin 6B_0$	+ 0.0001 19	− 0.0000 001	

Für den normierten Meridianbogen $\dot{G}$ haben wir das Schema

$$\Delta\dot{G}^\circ = \Delta B^\circ + [1]\,\Delta B^\circ + [2]\,(\Delta B^\circ)^2 + [3]\,(\Delta B^\circ)^3 + \cdots$$

Der Tabellenwert in der λ-ten Zeile und Spalte $[\nu]$ bedeutet

$$\frac{(-1)^{\nu''}}{\nu!}\left(\frac{2\lambda}{\varrho^\circ}\right)^\nu \varrho^\circ\, p_{2\lambda} \qquad \begin{array}{ll} \nu''=\frac{\nu}{2} & \text{für gerades } \nu, \\ \nu''=\frac{\nu-1}{2} & \text{für ungerades } \nu. \end{array}$$

Die Dimension von $\Delta\dot{G}^\circ$ ist Grad.

$\Delta\dot{G}$-Tabelle.

	[1]	[3]	[5]
$\cos 2B_0$	− 0.0050 2254 91	+ 0.0000 0101 997	− 0.0000 0000 0062
$\cos 4B_0$	+ 0.0000 1051 08	− 0.0000 0000 854	+ 0.0000 0000 0002
$\cos 6B_0$	− 0.0000 0002 05	+ 0.0000 0000 004	
	[2]	[4]	[6]
$\sin 2B_0$	+ 0.0000 8766 002	− 0.0000 0000 8901	+0.0000 0000 0000 4
$\sin 4B_0$	− 0.0000 0036 690	+ 0.0000 0000 0149	
$\sin 6B_0$	+ 0.0000 0000 107	− 0.0000 0000 0001	

1. Art der Koeffizientendarstellung für $B(G)$, $B(\dot{G})$.

Durch die trigonometrische Reihe (101) kann zu jedem $\dot{G}_0$ innerhalb des Streifens $\overline{\mathfrak{B}}_2(\dot{G})$ der zugehörige Wert B_0 bestimmt werden. Bei der Berechnung von B-Werten in der Umgebung von $\dot{G}_0$ bedient man sich dann der Entwicklung von $B - B_0$ nach Potenzen von $\Delta G = G - G_0$ bzw. $\Delta\dot{G}$. Die Reihe für $\Delta B = B - B_0$ konvergiert in dem Kreise, welcher durch den $\dot{G}_0$ nächstgelegenen singulären Punkt der Umkehrfunktion geht; in der V-Ebene (Abb. 7c) ist das einer der Punkte $V = \pm i\mathsf{E}' + g\,2\mathsf{E}$, in der $\dot{G}$-Ebene einer der Punkte $\dot{G} = \pm i\frac{\pi\mathsf{E}'}{2\mathsf{E}} + g\pi$. Die Umkehrung der Potenzreihen (103), (104) kann nach Abschnitt X, 4_3 durchgeführt werden:

$$\Delta B = \sum_{\nu=1}^{\infty} (\dot{A}_\nu) \frac{\Delta G^\nu}{\nu!} = \sum_{\nu=1}^{\infty} (\dot{a}_\nu) \frac{\Delta \dot{G}^\nu}{\nu!} \quad \text{mit} \quad (\dot{a}_\nu) = (\dot{A}_\nu)\,(G^{(m)})^\nu. \tag{107}$$

Dabei berechnen sich die Koeffizienten aus den dort gegebenen Rekursionsformeln X [465]. Zur Vereinfachung in der Schreibweise lassen wir wie früher den Index Null fort.

$$\left.\begin{aligned}
(\dot{A}_1) &= \frac{1}{c} E'^{3/2}, \\
(\dot{A}_2) &= -\frac{3}{c^2} e_c' e_s' E'^2, \\
(\dot{A}_3) &= -\frac{3}{c^3} E'^{5/2} [e_c'^2 - e_s'^2 + e_c'^4 - 5 e_c'^2 e_s'^2], \\
(\dot{A}_4) &= \frac{3}{c^4} E'^3 e_c' e_s' [4 + 23 e_c'^2 - 15 e_s'^2 + 19 e_c'^4 - 35 e_c'^2 e_s'^2], \\
(\dot{A}_5) &= -\frac{3}{c^5} E'^{7/2} [-4 e_c'^2 + 4 e_s'^2 - 27 e_c'^4 + 142 e_c'^2 e_s'^2 - 15 e_s'^4 + \mathrm{Gl}_6],
\end{aligned}\right\} \tag{107a}$$

. . . .

Die Koeffizienten sind abhängig von B_0.

2. Art der Koeffizientendarstellung für $B(G)$, $B(\dot{G})$.

Die praktische Berechnung der Koeffizienten und, im komplexen Fall, ihre Zerlegung in Real- und Imaginärteil wird erheblich vereinfacht, wenn der Entwicklungsmittelpunkt $\dot{G}_0$ im Streifen $\mathfrak{B}_2(\dot{G})$ liegt. Wir verwenden die Bezeichnung

$$\Delta B = \sum_{\nu=1}^{\infty} [\dot{a}_\nu] \frac{\Delta \dot{G}^\nu}{\nu!} = \sum_{\nu=1}^{\infty} [\dot{A}_\nu] \frac{\Delta G^\nu}{\nu!} \quad \text{mit} \quad [\dot{A}_\nu] = \frac{[\dot{a}_\nu]}{(G^{(m)})^\nu}, \tag{108}$$

wobei die Koeffizienten durch Differentiation aus der Reihe (101) entstehen und im Gegensatz zu (107a) von $\dot{G}_0$ bzw. G_0 abhängig sind:

$$\left.\begin{aligned}
[\dot{a}_1] &= \frac{dB}{d\dot{G}}\bigg|_0 = 1 + \sum_{\lambda=1}^{\infty} 2\lambda \dot{p}_{2\lambda} \cos 2\lambda \dot{G}_0, \\
[\dot{a}_\nu] &= \frac{d^\nu B}{d\dot{G}^\nu}\bigg|_0 = \sum_{\lambda=1}^{\infty} (-1)^{\nu''} (2\lambda)^\nu \dot{p}_{2\lambda} \begin{matrix}\sin\\ \cos\end{matrix} 2\lambda \dot{G}_0{}^{17} \quad \nu > 1.
\end{aligned}\right\} \tag{108a}$$

Die Faktoren $\dot{p}_{2\lambda}$ sind Potenzreihen in n. Wir geben wieder eine Tabelle der Zahlenkoeffizienten[12]. Das Reihenschema lautet

$$\Delta B^{\circ\prime} = \Delta\dot{G}^\circ + [1]\,\Delta\dot{G}^\circ + [2]\,(\Delta\dot{G}^\circ)^2 + [3]\,(\Delta\dot{G}^\circ)^3 + \cdots.$$

Die Größen $\Delta\dot{G}^\circ, \Delta B^\circ$ sind in Grad zu nehmen. Der Tabellenwert in der λ-ten Zeile und Spalte $[\nu]$ bedeutet

$$\frac{(-1)^{\nu''}}{\nu!}\left(\frac{2\lambda}{\varrho^\circ}\right)^\nu \varrho^\circ \dot{p}_{2\lambda} \qquad \begin{array}{ll} \nu'' = \frac{\nu}{2} & \text{für gerades } \nu, \\ \nu'' = \frac{\nu-1}{2} & \text{für ungerades } \nu. \end{array}$$

ΔB-Tabelle.

	[1]	[3]	[5]
$\cos 2\dot{G}_0$	+ 0.0050 2254 65	− 0.0000 0101 997	+ 0.0000 0000 0062
$\cos 4\dot{G}_0$	+ 0.0000 1471 51	− 0.0000 0001 195	+ 0.0000 0000 0003
$\cos 6\dot{G}_0$	+ 0.0000 0004 43	− 0.0000 0000 008	
$\cos 8\dot{G}_0$	+ 0.0000 0000 01		
	[2]	[4]	[6]
$\sin 2\dot{G}_0$	− 0.0000 8765 997	+ 0.0000 0000 8901	− 0.0000 0000 0000 4
$\sin 4\dot{G}_0$	− 0.0000 0051 366	+ 0.0000 0000 0209	
$\sin 6\dot{G}_0$	− 0.0000 0000 232	+ 0.0000 0000 0002	
$\sin 8\dot{G}_0$	− 0.0000 0000 001		

Beispiel: Die Übertragungsaufgabe für den Meridian (S. 53) kann jetzt mit Hilfe der Entwicklung (108) gelöst werden:

$$\begin{aligned} \Delta B^\circ = \Delta\dot{G}^\circ &- 0.0013\,104\,\Delta\dot{G}^\circ - 0.0000\,8443\,(\Delta\dot{G}^\circ)^2 + \\ &+ 0.0000\,00274\,(\Delta\dot{G}^\circ)^3 + 0.0000\,0000\,85\,(\Delta\dot{G}^\circ)^4 - \\ &- 0.0000\,0000\,002\,(\Delta\dot{G}^\circ)^5. \end{aligned}$$

Mit

$$\begin{aligned} \Delta\dot{G}^\circ &= 6\overset{\circ}{.}0051\,6810 \\ \dot{G}_0 &= 52\overset{\circ}{.}4868\,4752 \text{ [S. 54]} \end{aligned} \qquad \begin{aligned} \Delta B^\circ &= 5\overset{\circ}{.}9943\,244 = 5^\circ 59' 39''\!.57 \\ B_1^\circ &= 52^\circ 37' 32''\!.67 \\ \hline B_2^\circ &= \Delta B^\circ + B_1^\circ = 58^\circ 37' 12''\!.24 \end{aligned}$$

Mittelbreitenformeln.

Handelt es sich um die Berechnung der Meridian-Bogendifferenz zweier Punkte mit den Breiten B_1, B_2, so ist es vorteilhaft, die *Mittelbreite* B_m

$$B_m = \frac{B_1 + B_2}{2} \qquad \begin{aligned} B_1 &= B_m - \tfrac{1}{2}\Delta B \\ B_2 &= B_m + \tfrac{1}{2}\Delta B \end{aligned}$$

als Entwicklungsmittelpunkt der Potenzreihe zu verwenden. Man erhält nach (103)

$$G_2 - G_m = \sum_{\nu=1}^{\infty} \frac{1}{\nu!}(A_\nu)_m \left(\frac{\Delta B}{2}\right)^\nu,$$

$$G_1 - G_m = \sum_{\nu=1}^{\infty} \frac{1}{\nu!}(A_\nu)_m \left(-\frac{\Delta B}{2}\right)^\nu$$

und daraus durch Subtraktion

$$\begin{aligned}\frac{1}{2}(G_2 - G_1) &= \sum_{\nu=1}^{\infty} \frac{1}{(2\nu-1)!}(A_{2\nu-1})_m \left(\frac{\Delta B}{2}\right)^{2\nu-1} \\ &= G^{(m)} \sum_{\nu=1}^{\infty} \frac{1}{(2\nu-1)!}(a_{2\nu-1})_m \left(\frac{\Delta B}{2}\right)^{2\nu-1}\end{aligned} \tag{109}$$

Diese Reihe enthält als Argument nur die halbe Breitendifferenz und außerdem nur die ungeraden Potenzen, so daß sie viel schneller konvergiert.

Entsprechend gilt für die Umkehrfunktion

$$\begin{aligned}\frac{1}{2}(B_2 - B_1) &= \sum_{\nu=1}^{\infty} \frac{1}{(2\nu-1)!}(\dot{A}_{2\nu-1})_m \left(\frac{\Delta \dot{G}}{2}\right)^{2\nu-1} \\ &= \sum_{\nu=1}^{\infty} \frac{1}{(2\nu-1)!}(\dot{a}_{2\nu-1})_m \left(\frac{\Delta \dot{G}}{2}\right)^{2\nu-1}\end{aligned} \tag{110}$$

wobei sich hier der Index m auf den *mittleren Bogenwert* $\dot{G}_m$ bezieht:

$$G_m = \frac{G_1 + G_2}{2} \qquad \begin{aligned} G_1 &= G_m - \tfrac{1}{2}\Delta G \\ G_2 &= G_m + \tfrac{1}{2}\Delta G \end{aligned}$$

Zwischen mittlerem normierten Bogenwert G_m und Mittelbreite B_m entstehen durch Mittelbildung der Reihen (97), (101) für B_1, B_2 bzw. G_1, G_2 die Beziehungen

$$\dot{G}_m = B_m + \sum_{\lambda=1}^{\infty} p_{2\lambda} \sin 2\lambda B_m \cos \lambda \Delta B, \tag{111}$$

$$B_m = \dot{G}_m + \sum_{\lambda=1}^{\infty} \dot{p}_{2\lambda} \sin 2\lambda \dot{G}_m \cos \lambda \Delta \dot{G}. \tag{112}$$

Bei der Anwendung auf die Übertragungsaufgabe S. 53 kennt man bei gegebenen B_1 und ΔG bzw. $\Delta\dot{G}$ den Mittelwert B_m nicht. Er wird daher zunächst geschätzt, z. B. $B_m = B_1 + \frac{1}{2}\Delta\dot{G}$ und damit ΔB durch Umkehrung der Reihe (109) berechnet. [Das kann praktisch indirekt durch Auflösen nach dem linearen Glied und Iterieren geschehen, s. Beispiel. Die Reihe (110) ist *nicht* dazu geeignet, da sich G_m und B_m nicht entsprechen.] Es erfolgt so eine Verbesserung von B_m usw., bis die Werte sich nicht mehr ändern.

Beispiel: $B_1 = 52°\,37'\,32''\!.67$, $\Delta G = 66\,7298$ m (vgl. S. 53),

$$\Delta\dot{G}^\circ = \Delta G \cdot \frac{\varrho^\circ}{G^{(m)}} = 6{,}^\circ0051\,681, \qquad \frac{\Delta\dot{G}^\circ}{2} = 3{,}^\circ0025\,841,$$

geschätzt $B_m = B_1^\circ + \frac{1}{2}\Delta\dot{G}^\circ = 55{,}^\circ6283\,258$.

Wegen $(A_{2\nu-1})_m = \frac{a+b}{2}[A_{2\nu-1}]_m$ kann man die ΔG-Tabelle S. 56 zur Berechnung der Koeffizienten verwenden. Entsprechend der

Gl. (109) erhält man nach S. 55 das Reihenschema

$$\frac{\Delta G}{2} = \frac{G^{(m)}}{\varrho^\circ} \cdot \frac{\Delta B^\circ}{2} + [1]_m \frac{\Delta B^\circ}{2} + [3]_m \left(\frac{\Delta B^\circ}{2}\right)^3 + \cdots$$

und daraus durch Auflösen nach dem ersten linearen Glied $\Delta B^\circ/2$:

$$\frac{\Delta B^\circ}{2} = \frac{\varrho^\circ}{G^{(m)}} \left\{\frac{\Delta G}{2} - [1]_m \frac{\Delta B^\circ}{2} - [3]_m \left(\frac{\Delta B^\circ}{2}\right)^3\right\}.$$

Die Iteration beginnt rechts mit $\Delta B^\circ = 0$. Das Glied 5. Ordnung liefert keinen Beitrag. Nach der ΔG-Tabelle wird

$$|[5]_m| < 3 \cdot 10^{-6}, \qquad \left|\frac{\varrho^\circ}{G^{(m)}} [5]_m \left(\frac{\Delta B^\circ}{2}\right)^5\right| < 1 \cdot 10^{-8}.$$

	B_m°	$-[1]_m$	$-[3]_m$	$\frac{\Delta B^\circ}{2}$
1. Näherung	55°6283 258	− 201.4773	+ 0.04039	2°9971 498
2. Näherung	55°6228 915	− 201.3783	+ 0.04037	2°9971 622
3. Näherung	55°6229 039	− 201.3785	+ 0.04037	2°9971 622

$$\Delta B = 5°9943\,244 = 5°\,59'\,39''57$$
$$B_1 = 52°\,37'\,32''67$$
$$B_2 = B_1 + \Delta B = 58°\,37'\,12''24$$

I, 12 Parallelkreisbogen, Oberfläche und ihre trigonometrische Entwicklung.

Der Parallelkreisbogen p zwischen zwei Meridianen mit den geographischen Längen L_1 und L_2 ist unmittelbar durch den Parallelkreishalbmesser bestimmt:

$$p = N \cos B (L_2 - L_1) = r \Delta L. \tag{113}$$

Mit der trigonometrischen bzw. Potenzreihenentwicklung von r (42), (61) ist auch die Darstellung von p im „Großen" wie im „Kleinen" gegeben.

Von dem Meridian- und Parallelkreisbogenelement dG und dp wird das Flächenelement dO aufgespannt:

$$dO = dG\,dp = MN \cos B\,dB\,dL.$$

Ein Flächenstück des Drehellipsoids zwischen den Breiten B_1, B_2 bzw. den Längen L_1, L_2 hat daher den Inhalt

$$O_{B_1 L_1}^{B_2 L_2} = \int_{B_2}^{B_1} MN \cos B\,dB\,(L_2 - L_1). \tag{114}$$

Um das Integral auszuwerten, führen wir statt der Krümmungsgrößen die Grundfunktionen E, E', F (9) ein:

$$\frac{O}{L_2 - L_1} = b^2 \int_{B_1}^{B_2} E^{-2} \cos B\,dB = c^2 \int_{B_1}^{B_2} E'^{-2} \cos B\,dB$$

$$= \left(\frac{a+b}{2}\right)^2 (1-n^2)^2 (1+n)^2 \int_{B_1}^{B_2} F^{-2} \cos B\,dB.$$

Der Integrand ist eine rationale Funktion von $\cos B$. Durch die Substitution $\sin B = u$ wird eine elementare Quadratur durch Partialbruchzerlegung ermöglicht:

$$\int \frac{\cos B\,dB}{E^2} = \int \frac{du}{(1-eu)^2(1+eu)^2}$$

$$= \frac{1}{4} \int \left\{\frac{1}{(1-eu)^2} + \frac{1}{(1+eu)^2} + \frac{1}{1-eu} + \frac{1}{1+eu}\right\} du$$

$$= \frac{1}{2}\,\frac{u}{1-e^2u^2} + \frac{1}{4e} \lg \frac{1+eu}{1-eu} + \text{const}.$$

Nach Übergang zu dem bestimmten Integral durch Einführen der Grenzen B_1, B_2 erhält man so das gesuchte Flächenstück zwischen den Breiten B_1, B_2 und den Längen L_1, L_2 mit der ersten Exzentrizität e als Parameter.

$$O_{B_1 L_1}^{B_2 L_2} = \frac{b^2}{2} \left\{\frac{\sin B}{1 - e^2 \sin^2 B} + \frac{1}{2e} \lg \frac{1 + e \sin B}{1 - e \sin B}\right\}_{B_1}^{B_2} (L_2 - L_1). \qquad (115)$$

Die entsprechende Durchführung mit der dritten Abplattung n ergibt den schwerfälligeren Ausdruck

$$O_{B_1 L_1}^{B_2 L_2} = \left(\frac{a+b}{2}\right)^2 (1-n^2)^2 \times$$

$$\times \frac{1}{2}\left\{\frac{\sin B}{F} + \frac{1}{4\sqrt{n}(1+n)} \lg \frac{[1+n+2\sqrt{n}\sin B]^2}{F}\right\}_{B_1}^{B_2} (L_2 - L_1). \qquad (115\text{a})$$

Für die *gesamte Sphäroidfläche* folgt daraus

$$O = 2b^2\pi \left(\frac{1}{1-e^2} + \frac{1}{2e} \lg \frac{1+e}{1-e}\right) \qquad (116)$$

oder

$$O = \left(\frac{a+b}{2}\right)^2 (1-n^2)^2 \cdot 2\pi \left[\frac{1}{(1-n)^2} + \frac{1}{2\sqrt{n}(1+n)} \lg \left(\frac{1+\sqrt{n}}{1-\sqrt{n}}\right)\right]. \qquad (116\text{a})$$

Die *flächengleiche Kugel* hat den Radius R_f mit

$$R_f^2 = \frac{b^2}{2} \left(\frac{1}{1-e^2} + \frac{1}{2e} \lg \frac{1+e}{1-e}\right) = \frac{a^2}{2} + \frac{b^2}{4e} \lg \frac{1+e}{1-e}. \qquad (117)$$

Für die numerische Auswertung ist aber die Entwicklung von O in eine trigonometrische Reihe geeigneter.

Der Integrand $F^{-2}\cos B$ gestattet nach (32) die für alle reellen B-Werte absolut und gleichmäßig konvergente Darstellung

$$F^{-2}\cos B = \sum_{\lambda=0}^{\infty} \left(c_{2\lambda}^{(-2)} + c_{2\lambda+2}^{(-2)}\right)\cos(2\lambda+1)B.$$

Durch gliedweise Integration ergibt sich daraus

$$O_{B_1 L_1}^{B_2 L_2} = \left(\frac{a+b}{2}\right)^2 (1-n^2)^2 (1+n)^2 (L_2 - L_1) \times$$
$$\times \left\{\sum_{\lambda=0}^{\infty} \frac{1}{2\lambda+1}\left(c_{2\lambda}^{(-2)} + c_{2\lambda+2}^{(-2)}\right)\sin(2\lambda+1)B\right\}_{B_1}^{B_2}.$$

Dieser Ausdruck läßt sich noch umformen:

$$c_{2\lambda}^{(-2)} = \sum_{\varkappa=0}^{\infty}\binom{-2}{\varkappa}\binom{-2}{\varkappa+\lambda} n^{2\varkappa+\lambda} = (-n)^\lambda \sum_{\varkappa=0}^{\infty}(\varkappa+1)(\varkappa+\lambda+1)n^{2\varkappa}$$
$$= (-n)^{\lambda+2}\sum_{\varkappa=0}^{\infty}(\varkappa+1)\varkappa n^{2\varkappa-2} + (\lambda+1)(-n)^\lambda \sum_{\varkappa=0}^{\infty}(\varkappa+1)n^{2\varkappa}$$
$$= (-n)^{\lambda+2}\cdot\frac{2}{(1-n^2)^3} + (\lambda+1)(-n)^\lambda \frac{1}{(1-n^2)^2}$$
$$= \frac{(-n)^\lambda[(\lambda+1)-(\lambda-1)n^2]}{(1-n^2)^3},$$
$$c_{2\lambda}^{(-2)} + c_{2\lambda+2}^{(-2)} = (-n)^\lambda \frac{\lambda+1+\lambda n}{(1-n^2)(1+n)^2}.$$

Damit folgt schließlich für ein Oberflächenstück des Sphäroids zwischen den Breiten B_1, B_2 und den Längen L_1, L_2, wenn man noch $\left(\frac{a+b}{2}\right)^2(1-n^2)$ durch ab ersetzt, die Reihe

$$O_{B_1 L_1}^{B_2 L_2} = ab(L_2 - L_1)\left\{\sum_{\lambda=0}^{\infty}\frac{(-n)^\lambda}{2\lambda+1}[(\lambda+1)+\lambda n]\sin(2\lambda+1)B\right\}_{B_1}^{B_2}. \quad (118)$$

Speziell für den Sphäroid*oktanten* $(L_2 - L_1) = \frac{\pi}{2}$, $B_1 = 0$, $B_2 = \frac{\pi}{2}$:

$$\frac{1}{8}O = \frac{\pi ab}{2}\left(1 + \frac{2}{3}n + \frac{14}{15}n^2 + \frac{34}{35}n^3 + \frac{62}{63}n^4 + \frac{98}{99}n^5 + \cdots\right).$$

Setzt man die Grenzen ein, so kann noch durch trigonometrische Umformung die Mittelbreite

$$\frac{B_2 + B_1}{2} = B_m, \quad \frac{B_2 - B_1}{2} = \frac{\varDelta B}{2}$$

eingeführt werden.

$$O_{B_1 L_1}^{B_2 L_2} = ab(L_2 - L_1)\left\{\sum_{\lambda=0}^{\infty}\frac{2(-n)^\lambda}{2\lambda+1}[(\lambda+1)+\lambda n]\cos(2\lambda+1)B_m \sin\frac{2\lambda+1}{2}\varDelta B\right\}.$$

Für eine *Zone* $Z_{B_1}^{B_2}$ mit der Mittelbreite B_m ist $L_2 - L_1 = 2\pi$ zu setzen.

I, 13 Anhang: Übersicht über die Reihenentwicklungen in Abschnitt I.

Für die spätere Anwendung ist es bequem, die bisherigen Reihenentwicklungen mit der Angabe der Formel (..), der Seite [..] und der verwendeten Bezeichnung zusammenzustellen.

Trigonometrische Entwicklungen.

$\{F^\alpha(B)\}$: $$F^\alpha = c_0^{(\alpha)} + 2\sum_{\lambda=1}^{\infty} c_{2\lambda}^{(\alpha)} \cos 2\lambda B \qquad (28\text{b}) \quad [14]$$

$\{F^\alpha \cos B\}$: $$F^\alpha \cos B = \sum_{\lambda=0}^{\infty} (c_{2\lambda}^{(\alpha)} + c_{2\lambda+2}^{(\alpha)}) \cos(2\lambda+1) B \qquad (32) \quad [16]$$

$\left\{\frac{F^\alpha}{\cos B}\right\}$: $$\frac{F^\alpha}{\cos B} = \frac{(1-n)^{2\alpha}}{\cos B} + \sum_{\lambda=1}^{\infty}\left[4\sum_{\nu=\lambda}^{\infty}(-1)^{\nu-\lambda} c_{2\nu}^{(\alpha)}\right]\cos(2\lambda-1) B \qquad (33) \quad [16]$$

$\{\lg F(B)\}$: $$\lg F = 2\sum_{\lambda=1}^{\infty}(-1)^{\lambda+1}\frac{n^\lambda}{\lambda}\cos 2\lambda B \qquad (36\text{b}) \quad [18]$$

$\{M(B)\}$: $$M(B) = \frac{a+b}{2}\sum_{\lambda=0}^{\infty}(M_{2\lambda})\cos 2\lambda B \qquad (38) \quad [19]$$

$$(M_0) = (1-n^2)^2 c_0^{(-3/2)}, \quad (M_{2\lambda}) = 2(1-n^2)^2 c_{2\lambda}^{(-3/2)} \qquad (38\text{a, b}) \quad [19]$$

$\{M^{-1}(B)\}$: $$M^{-1} = \frac{2}{a+b}\sum_{\lambda=0}^{\infty}(M'_{2\lambda})\cos 2\lambda B \qquad (39) \quad [19]$$

$$(M'_0) = (1-n^2)^{-2} c_0^{(3/2)}, \quad (M'_{2\lambda}) = 2(1-n^2)^{-2} c_{2\lambda}^{(3/2)} \qquad (39\text{a, b}) \quad [19]$$

$\{N(B)\}$: $$N = \frac{a+b}{2}\sum_{\lambda=0}^{\infty}(N_{2\lambda})\cos 2\lambda B \qquad (40) \quad [20]$$

$$(N_0) = (1+n)^2 c_0^{(-1/2)}, \quad (N_{2\lambda}) = 2(1+n)^2 c_{2\lambda}^{(-1/2)} \qquad (40\text{a, b}) \quad [20]$$

$\{N^{-1}(B)\}$: $$N^{-1} = \frac{2}{a+b}\sum_{\lambda=0}^{\infty}(N'_{2\lambda})\cos 2\lambda B \qquad (41) \quad [21]$$

$$(N'_0) = (1+n)^{-2} c_0^{(1/2)}, \quad (N'_{2\lambda}) = 2(1+n)^{-2} c_{2\lambda}^{(1/2)} \qquad (41\text{a, b}) \quad [21]$$

$\{r(B)\}$: $$r = \frac{a+b}{2}\sum_{\lambda=0}^{\infty}(R_{2\lambda+1})\cos(2\lambda+1) B \qquad (42) \quad [21]$$

$$(R_1) = \tfrac{1}{2}[2(N_0)+(N_2)], \quad (R_{2\lambda+1}) = \tfrac{1}{2}[(N_{2\lambda})+(N_{2\lambda+2})] \qquad (42\text{a, b}) \quad [21]$$

$\{r^{-1}(B)\}$: $$r^{-1} = \frac{2}{a+b}\left\{\frac{(R'_{-1})}{\cos B} + \sum_{\lambda=0}^{\infty}(R'_{2\lambda+1})\cos(2\lambda+1) B\right\} \qquad (43) \quad [21]$$

$$(R'_{-1}) = \frac{1-n}{(1+n)^2}, \quad (R'_{2\lambda+1}) \qquad (43\text{a}) \quad [22]$$

$\{\varrho(B)\}$: $\qquad \varrho = \frac{a+b}{2} \sum_{\lambda=0}^{\infty} (\mathsf{P}_{2\lambda}) \cos 2\lambda B$ (44) [22]

$(\mathsf{P}_0) = 1 + n, \quad (\mathsf{P}_{2\lambda}) = 2(-1)^{\lambda}(1+n)n^{\lambda}$ (44a, b) [22]

$\{K(B)\}$: $K = \left(\frac{2}{a+b}\right)^2 \{(K_0) + (K_2)\cos 2B + (K_4)\cos 4B\}$ (45) [22]

$(K_0) = \frac{1+4n^2+n^4}{(1+n)^4(1-n)^2}, \quad (K_2) = \frac{4n(1+n^2)}{(1+n)^4(1-n)^2},$

$(K_4) = \frac{2n^2}{(1+n)^4(1-n)^2}$ (45a) [22]

$\left\{\frac{r}{M}(B)\right\}$: $\frac{r}{M} = \frac{1}{(1-n)^2}\{(1+n+n^2)\cos B + n\cos 3B\}$ (46) [22]

$\left\{\frac{M}{r}(B)\right\}$: $\frac{M}{r} = \frac{1}{\cos B} + \sum_{\lambda=1}^{\infty} \frac{4(-1)^{\lambda} n^{\lambda}}{1+n} \cos(2\lambda - 1)B$ (47) [23]

$\{G(B)\}$: $G = \frac{a+b}{2}\left\{(M_0)B + \sum_{\lambda=1}^{\infty} \frac{1}{2\lambda}(M_{2\lambda}) \sin 2\lambda B\right\}$ (96) [50]

$\{\dot{G}(B)\}$: $\qquad \dot{G} = B + \sum_{\lambda=1}^{\infty} p_{2\lambda} \sin 2\lambda B$ (97) [50]

$p_{2\lambda} = \frac{1}{2\lambda} \frac{(M_{2\lambda})}{(M_0)}$ (97a) [50]

$\{\Delta\dot{G}(B)\}$: $\quad \Delta\dot{G} = \Delta B + \sum_{\lambda=1}^{\infty} 2p_{2\lambda} \cos 2\lambda B_m \sin \lambda\Delta B$ (99) [51]

$\{O(B)\}$: $O_{B_1 L_1}^{B_2 L_2} = ab(L_2 - L_1) \times$

$\times \left\{\sum_{\lambda=0}^{\infty} \frac{(-n)^{\lambda}}{2\lambda+1}[\lambda + 1 + \lambda n] \sin(2\lambda+1)B\right\}_{B_1}^{B_2}$ (118) [62]

Sämtliche Reihen konvergieren absolut und gleichmäßig innerhalb des $\mathfrak{B}_1(B)$-Streifens (26a) [13] Abb. 3a, insbesondere für alle reellen B-Werte. Bei den Funktionen $\frac{F^x}{\cos B}$, $\frac{1}{r}$, $\frac{M}{r}$ sind die singulären Stellen $\frac{\pi}{2} + g\pi$ $(g = 0, \pm 1, \pm 2, \ldots)$ durch kleine Kreise auszuschließen.

$\{B(\dot{G})\}$: $\qquad B = \dot{G} + \sum_{\lambda=1}^{\infty} \dot{p}_{2\lambda} \sin 2\lambda\dot{G}$ (101) [52]

$\dot{p}_{2\lambda}$ (101a) [53]

$\{\Delta B(\dot{G})\}$: $\quad \Delta B = \Delta\dot{G} + \sum_{\lambda=1}^{\infty} 2\dot{p}_{2\lambda} \cos 2\lambda\dot{G}_m \sin \lambda\Delta\dot{G}$ (102) [53]

Die Reihen konvergieren absolut und gleichmäßig innerhalb des $\mathfrak{B}_2(\dot{G})$-Streifens (100) [51] Abb. 8a.

Potenzreihenentwicklungen mit Koeffizientendarstellung 1. und 2. Art.

Bezeichnung: 1. Art, endlicher geschlossener Ausdruck (c_ν),
2. Art (unendliche) trigonometrische Reihe $[c_\nu]$.

$$\frac{E^\alpha}{E_0^\alpha} = \frac{E'^\alpha}{E_0'^\alpha} = \frac{F^\alpha}{F_0^\alpha} = 1 + \sum_{\nu=1}^{\infty} f_{\nu 0}^{(\alpha)} \frac{\Delta B^\nu}{\nu!} \qquad (50) \quad [24]$$

$$f_{\nu 0}^{(\alpha)} = \frac{1}{E_0'^\nu} \times \text{Polynom}(e' \cos B_0,\ e' \sin B_0) \qquad (50_{1-7}) \ [25-27]$$

$$f_{\nu 0}^{(\alpha)} F_0^\alpha = 2(-1)^{\nu'} \sum_{\lambda=1}^{\infty} (2\lambda)^\nu c_{2\lambda}^{(\alpha)} \frac{\cos}{\sin} 2\lambda B_0 \qquad (66) \quad [37]$$

$$\nu' = \frac{\nu}{2} \text{ für gerades } \nu, \qquad \nu' = \frac{\nu+1}{2} \text{ für ungerades } \nu$$

$$F^\alpha \cos B = F_0^\alpha \cos B_0 \sum_{\nu=0}^{\infty} (g_{\nu 0}^{(\alpha)}) \frac{\Delta B^\nu}{\nu!} = \sum_{\nu=0}^{\infty} [g_{\nu 0}^{(\alpha)}] \frac{\Delta B^\nu}{\nu!} \qquad (52) \quad [30]$$

$$(g_{\nu 0}^{(\alpha)}) = \begin{cases} \dfrac{1}{E_0'^\nu} \times \text{Polynom}(e' \cos B_0,\ e' \sin B_0) & \nu \text{ gerade} \\ \dfrac{t_0}{E_0'^\nu} \times \text{Polynom}(e' \cos B_0,\ e' \sin B_0) & \nu \text{ ungerade} \end{cases} \qquad (52\text{b}) \quad [30]$$

$$[g_{\nu 0}^{(\alpha)}] = \sum_{\lambda=0}^{\infty} (-1)^{\nu'} (2\lambda+1)^\nu \left(c_{2\lambda}^{(\alpha)} + c_{2\lambda+2}^{(\alpha)}\right) \frac{\cos}{\sin} (2\lambda+1) B_0 \qquad (67\text{a}) \quad [38]$$

$$\nu' = \frac{\nu}{2} \text{ für gerades } \nu, \qquad \nu' = \frac{\nu+1}{2} \text{ für ungerades } \nu$$

$$\frac{F^\alpha}{\cos B} = \frac{F_0^\alpha}{\cos B_0} \sum_{\nu=0}^{\infty} (g_{\nu 0}'^{(\alpha)}) \frac{\Delta B^\nu}{\nu!} = \sum_{\nu=0}^{\infty} [g_{\nu 0}'^{(\alpha)}] \frac{\Delta B^\nu}{\nu!} \qquad (53) \quad [31]$$

$$(g_{\nu 0}'^{(\alpha)}) = \begin{cases} \dfrac{1}{E_0'^\nu} \times \text{Polynom}(e' \cos B_0,\ e' \sin B_0) & \nu \text{ gerade} \\ \dfrac{t_0}{E_0'^\nu} \times \text{Polynom}(e' \cos B_0,\ e' \sin B_0) & \nu \text{ ungerade} \end{cases} \qquad (53\text{a}, 53\text{b}) \quad [31]$$

$$[g_{\nu 0}'^{(\alpha)}] = (1-n)^{2\alpha} c_\nu' + \sum_{\lambda=1}^{\infty} (-1)^{\nu'} (2\lambda-1)^\nu C_{2\lambda-1}^{(\alpha)} \frac{\cos}{\sin} (2\lambda-1) B_0$$

$$\nu' = \frac{\nu}{2} \text{ für gerades } \nu, \quad \nu' = \frac{\nu+1}{2} \text{ für ungerades } \nu \qquad (68\text{a}) \quad [38]$$

$$M = \begin{cases} M_0 \sum\limits_{\nu=0}^{\infty} (m_\nu) \dfrac{\Delta B_\nu}{\nu!} & (54,\ 54\text{a}) \quad [32] \\ \dfrac{a+b}{2} \sum\limits_{\nu=0}^{\infty} [m_\nu] \dfrac{\Delta B^\nu}{\nu!} & (69) \quad [38] \end{cases}$$

$$M^{-1} = \begin{cases} M_0^{-1} \sum\limits_{\nu=0}^{\infty} (m'_\nu) \dfrac{\Delta B^\nu}{\nu!} & (55,\ 55\text{a}) \quad [32] \\ \dfrac{2}{a+b} \sum\limits_{\nu=0}^{\infty} [m'_\nu] \dfrac{\Delta B^\nu}{\nu!} & (70) \quad [39] \end{cases}$$

$$N = \begin{cases} N_0 \sum\limits_{\nu=0}^{\infty} (n_\nu) \dfrac{\Delta B^\nu}{\nu!} & (56,\ 56\text{a}) \quad [32] \\ \dfrac{a+b}{2} \sum\limits_{\nu=0}^{\infty} [n_\nu] \dfrac{\Delta B^\nu}{\nu!} & (71) \quad [39] \end{cases}$$

$$N^{-1} = \begin{cases} N_0^{-1} \sum\limits_{\nu=0}^{\infty} (n'_\nu) \dfrac{\Delta B^\nu}{\nu!} & (57,\ 57\text{a}) \quad [33] \\ \dfrac{2}{a+b} \sum\limits_{\nu=0}^{\infty} [n'_\nu] \dfrac{\Delta B^\nu}{\nu!} & (72) \quad [40] \end{cases}$$

$$\varrho = \begin{cases} \varrho_0 \sum\limits_{\nu=0}^{\infty} (\varrho_\nu) \dfrac{\Delta B^\nu}{\nu!} & (58,\ 58\text{a}) \quad [33] \\ \dfrac{a+b}{2} \sum\limits_{\nu=0}^{\infty} [\varrho_\nu] \dfrac{\Delta B^\nu}{\nu!} & (73) \quad [40] \end{cases}$$

$$K = \begin{cases} K_0 \sum\limits_{\nu=0}^{\infty} (k_\nu) \dfrac{\Delta B^\nu}{\nu!} & (59,\ 59\text{a}) \quad [33] \\ \left(\dfrac{2}{a+b}\right)^2 \sum\limits_{\nu=1}^{\infty} [k_\nu] \dfrac{\Delta B^\nu}{\nu!} & (74) \quad [40] \end{cases}$$

$$K^{-1} = K_0^{-1} \sum_{\nu=0}^{\infty} (k'_\nu) \frac{\Delta B^\nu}{\nu!} \qquad (60,\ 60\text{a}) \quad [34]$$

$$r = \begin{cases} r_0 \sum\limits_{\nu=0}^{\infty} (r_\nu) \dfrac{\Delta B^\nu}{\nu!} & (61,\ 61\text{a}) \quad [34] \\ \dfrac{a+b}{2} \sum\limits_{\nu=0}^{\infty} [r_\nu] \dfrac{\Delta B^\nu}{\nu!} & (75) \quad [40] \end{cases}$$

$$r^{-1} = \begin{cases} r_0^{-1} \sum\limits_{\nu=0}^{\infty} (r'_\nu) \dfrac{\Delta B^\nu}{\nu!} & (62,\ 62\text{a}) \quad [34] \\ \dfrac{2}{a+b} \sum\limits_{\nu=0}^{\infty} [r'_\nu] \dfrac{\Delta B^\nu}{\nu!} & (76) \quad [41] \end{cases}$$

$$\frac{r}{M} = \begin{cases} \dfrac{r_0}{M_0} \sum\limits_{\nu=0}^{\infty} (h_\nu) \dfrac{\Delta B^\nu}{\nu!} & (63,\ 63\text{a}) \quad [35] \\ \sum\limits_{\nu=0}^{\infty} [h_\nu] \dfrac{\Delta B^\nu}{\nu!} & (77) \quad [41] \end{cases}$$

$$\frac{M}{r} = \begin{cases} \dfrac{M_0}{r_0} \sum\limits_{\nu=0}^{\infty} (h'_\nu) \dfrac{\Delta B^\nu}{\nu!} & (64,64\text{a},\ 64\text{b}) \quad [35] \\ \sum\limits_{\nu=0}^{\infty} [h'_\nu] \dfrac{\Delta B^\nu}{\nu!} & (78) \quad [41] \end{cases}$$

$$\Delta G = \begin{cases} \sum\limits_{\nu=1}^{\infty} (A_\nu) \dfrac{\Delta B^\nu}{\nu!} & (103,\ 103\text{a}) \quad [54] \\ \dfrac{a+b}{2} \sum\limits_{\nu=1}^{\infty} [A_\nu] \dfrac{\Delta B^\nu}{\nu!} & (106,\ 106\text{a}) \quad [55] \end{cases}$$

$$\Delta \dot{G} = \begin{cases} \sum\limits_{\nu=1}^{\infty} (a_\nu) \dfrac{\Delta B^\nu}{\nu!} & (104) \quad [54] \\ \sum\limits_{\nu=1}^{\infty} [a_\nu] \dfrac{\Delta B^\nu}{\nu!} & (106,\ 106\text{a}) \quad [55] \end{cases}$$

Entwicklungsmittelpunkt B_0 bei $\begin{cases}\text{1. Art in } B_{(1)} \text{ Abb. 7b [45]},\\ \text{2. Art in } \mathfrak{B}_1(B) \text{ Abb. 3a [13]}.\end{cases}$

Ausnahme: $B_0 \neq \frac{\pi}{2} + g\pi$ für $\frac{F^\alpha}{\cos B}$, $\frac{1}{r}$, $\frac{M}{r}$.

Konvergenzkreis bis zum nächsten der singulären Punkte

$$B = \frac{\pi}{2} \pm \frac{1}{i} \lg \sqrt{n} + g\pi .$$

Ausnahme: Zusätzliche singuläre Punkte $B = \frac{\pi}{2} + g\pi$ für $\frac{F^\alpha}{\cos B}$, $\frac{1}{r}$, $\frac{M}{r}$.

$$\Delta B = \begin{cases} \sum\limits_{\nu=1}^{\infty} (\dot{A}_\nu) \dfrac{\Delta G^\nu}{\nu!} & (107,107\text{a}) \quad [57] \\ \sum\limits_{\nu=1}^{\infty} [\dot{A}_\nu] \dfrac{\Delta G^\nu}{\nu!} & (108,108\text{a}) \quad [57] \end{cases}$$

$$\Delta B = \begin{cases} \sum\limits_{\nu=1}^{\infty} (\dot{a}_\nu) \dfrac{\Delta \dot{G}^\nu}{\nu!} & (107) \quad [57] \\ \sum\limits_{\nu=1}^{\infty} [\dot{a}_\nu] \dfrac{\Delta \dot{G}^\nu}{\nu!} & (108,108\text{a}) \quad [57] \end{cases}$$

Entwicklungsmittelpunkt G_0 bzw. $\dot{G}_0$ bei $\begin{cases}\text{1. Art}\\ \text{2. Art}\end{cases}$ in $\mathfrak{B}_2(G)$ bzw. $\mathfrak{B}_2(\dot{G})$ Abb. 8a [52].

Konvergenzkreis bis zum nächsten der singulären Punkte $\dot{G} = \pm i \frac{\mathsf{E}'\pi}{2\mathsf{E}} + g\pi$.

Mittelbreitenformeln.

$$\begin{aligned}\frac{\Delta G}{2} &= \sum_{\nu=1}^{\infty} \frac{1}{(2\nu-1)!} (A_{2\nu-1})_m \left(\frac{\Delta B}{2}\right)^{2\nu-1} \\ &= G^{(m)} \sum_{\nu=1}^{\infty} \frac{1}{(2\nu-1)!} (a_{2\nu-1})_m \left(\frac{\Delta B}{2}\right)^{2\nu-1}\end{aligned} \qquad B_m = \frac{B_1+B_2}{2}, \qquad (109)\ [59]$$

$$\begin{aligned}\frac{\Delta B}{2} &= \sum_{\nu=1}^{\infty} \frac{1}{(2\nu-1)!} (\dot{A}_{2\nu-1})_m \left(\frac{\Delta G}{2}\right)^{2\nu-1} \\ &= \sum_{\nu=1}^{\infty} \frac{1}{(2\nu-1)!} (\dot{a}_{2\nu-1})_m \left(\frac{\Delta \dot{G}}{2}\right)^{2\nu-1}\end{aligned} \qquad G_m = \frac{G_1+G_2}{2}, \qquad (110)\ [59]$$

$$\dot{G}_m = B_m + \sum_{\lambda=1}^{\infty} p_{2\lambda} \sin 2\lambda B_m \cos\lambda \Delta B, \qquad (111)\ [59]$$

$$B_m = \dot{G}_m + \sum_{\lambda=1}^{\infty} \dot{p}_{2\lambda} \sin 2\lambda \dot{G}_m \cos\lambda \Delta \dot{G}. \qquad (112)\ [59]$$

II. Abschnitt.

Die drei komplexen Grund-Flächenvariablen A = M, B, Γ für eine Drehfläche, insbesondere für Sphäroid und Kugel.

II,1 Die Parameterdarstellung einer Drehfläche durch ihre geographische Breite und Länge (B, L).

Da die folgenden Betrachtungen nicht auf das Sphäroid beschränkt sind, sondern großenteils für eine beliebige Drehfläche $\mathfrak{F}$ gelten, wollen wir einige allgemeine Bemerkungen über diese Flächen vorausschicken.

In der x, y-Ebene mit den Einheits- (Basis-) Vektoren $\mathfrak{e}_1, \mathfrak{e}_2$ sei ein (stetig differenzierbares) orientiertes Kurvenstück C gegeben:

$$C: \quad \mathfrak{x}\begin{cases} x = x(s) \\ y = y(s) \end{cases} \quad s = \text{Bogenlänge}; \quad y \geqq 0. \qquad (1)$$

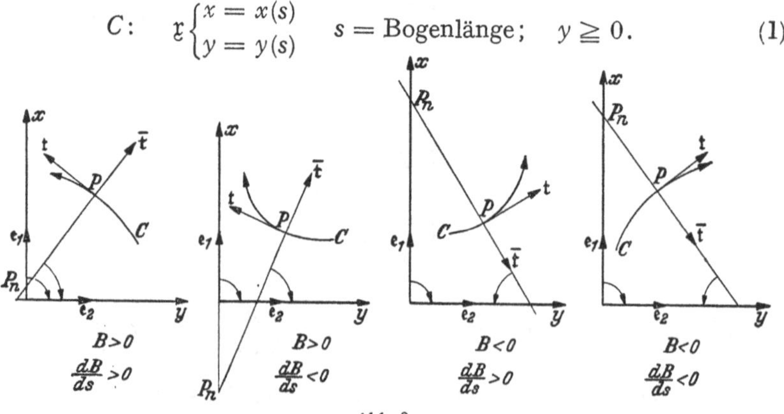

Abb. 9.

Der Tangentenvektor $\mathfrak{t} = d\mathfrak{x}/ds$ und der daraus durch Drehung um $+\frac{\pi}{2}$ hervorgehende Normalenvektor $\bar{\mathfrak{t}}$ bilden das „begleitende Zweibein" der Kurve C. Die *geographische Breite* B definieren wir durch den Winkel

$$B = \sphericalangle(\bar{\mathfrak{t}}, \mathfrak{e}_2), \tag{2}$$

dazu die *Poldistanz* P durch das Komplement

$$P = \frac{\pi}{2} - B. \tag{2a}$$

Betrachtet man — was in der Folge häufig geschieht — Kugel und Sphäroid nebeneinander, so werden für die analogen Begriffe dieselben Buchstaben verwendet, aber kleine für die Kugel und große für das Sphäroid. Bei monoton wachsender oder monoton fallender Breite B können wir nun das Kurvenstück C auf B als Parameter beziehen

$$C: \begin{cases} x = f_1(B) \\ y = f_2(B) \end{cases}, \qquad -\frac{\pi}{2} \leqq B_1 \leqq B \leqq B_2 \leqq +\frac{\pi}{2}.$$

$$\mathfrak{t} = \frac{d\mathfrak{x}}{dB} \cdot \frac{dB}{ds} = \dot{\mathfrak{x}} \frac{dB}{ds} = \begin{cases} \cos B \\ -\sin B \end{cases}, \qquad \bar{\mathfrak{t}} = \begin{cases} \sin B \\ \cos B \end{cases}, \tag{3}$$

$$\frac{d\mathfrak{t}}{ds} = -\frac{dB}{ds}\bar{\mathfrak{t}}, \quad \frac{d\bar{\mathfrak{t}}}{ds} = \frac{dB}{ds}\mathfrak{t}. \tag{4}$$

Unter der Krümmung der Kurve C versteht man die in Richtung des Normalenvektors gemessene Änderung des Tangentenvektors mit der Bogenlänge, also den Faktor $-\frac{dB}{ds}$. Bezeichnen wir mit ε das Vorzeichen der Krümmung,

$$\varepsilon = \begin{cases} +1, & C \text{ konkav gegen die } x\text{-Achse}, \\ -1, & C \text{ konvex gegen die } x\text{-Achse} \end{cases} \tag{5}$$

und mit $1/M$ den absoluten Betrag, so folgt

$$\dot{\mathfrak{x}} \begin{cases} \dot{x} = \varepsilon M \cos B \\ \dot{y} = -\varepsilon M \sin B \end{cases} \qquad \begin{aligned} |\dot{\mathfrak{x}}| &= M \neq 0, \\ \arg \dot{\mathfrak{x}} &= -B \end{aligned} \tag{6}$$

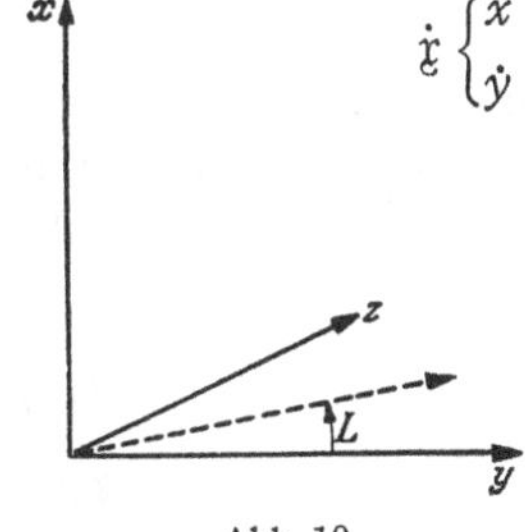

Abb. 10.

Der Punkt bedeutet Differentiation nach der geographischen Breite B.

Im Raum verwenden wir ein Rechtssystem (x, y, z) und zählen den Winkel L von der y-Achse aus. Damit erhält die aus C durch Drehung um die x-Achse entstehende Drehfläche $\mathfrak{F}$ die Parameterdarstellung

$$\mathfrak{x} = \mathfrak{x}(B, L) \begin{cases} x = f_1(B) \\ y = f_2(B) \cos L, \\ z = f_2(B) \sin L \end{cases} \qquad \begin{aligned} -\frac{\pi}{2} \leqq B_1 \leqq B \leqq B_2 \leqq +\frac{\pi}{2} \\ -\pi \leqq L \leqq +\pi. \end{aligned} \tag{7}$$

Der Abstand des Flächenpunktes von dem Durchstoßpunkt der Normalen mit der Drehachse $\mathbf{P}_n$ (Abb. 9) ergibt den Querkrümmungshalbmesser N. Wir stellen die Krümmungsgrößen der Fläche zusammen:

Meridiankrümmungshalbmesser	$M = \left\|\frac{ds}{dB}\right\| = \varepsilon \frac{ds}{dB}$,
Querkrümmungshalbmesser	$N = \|\mathbf{PP}_n\|$,
Parallelkreishalbmesser	$r = N \cos B = f_2(B)$,
Gaußsche Krümmung	$K = \frac{\varepsilon}{MN}$.

Aus den Gl. (6), (7) folgt für die Ableitungen nach der geographischen Breite

$$\begin{aligned} \dot{x} &= \dot{f}_1 = \varepsilon M \cos B, \\ \dot{r} &= \dot{f}_2 = -\varepsilon M \sin B, \end{aligned} \qquad |\dot{\mathfrak{x}}| = M. \tag{8}$$

Die Tangentenvektoren an die geographischen Netzlinien $L = \text{const.}$ bzw. $B = \text{const.}$ spannen im Flächenpunkt $\mathbf{P}$ die Tangentialebene auf und bilden ein Basissystem für alle Flächenvektoren in $\mathbf{P}$. Man erhält sie durch partielle Differentiation:

$$\mathfrak{t}_1 = \frac{\partial \mathfrak{x}}{\partial B} = \begin{cases} \dot{f}_1 \\ \dot{f}_2 \cos L, \\ \dot{f}_2 \sin L \end{cases} \quad \mathfrak{t}_2 = \frac{\partial \mathfrak{x}}{\partial L} = \begin{cases} 0 \\ -f_2 \sin L, \\ f_2 \cos L \end{cases} \quad \begin{aligned} \mathfrak{t}_1 \circ \mathfrak{t}_1 &= \dot{f}_1^2 + \dot{f}_2^2 = M^2 \\ \mathfrak{t}_1 \circ \mathfrak{t}_2 &= 0 \\ \mathfrak{t}_2 \circ \mathfrak{t}_2 &= f_2^2 = r^2 \end{aligned} \; [19] \quad . \tag{9}$$

Für das Quadrat eines gerichteten Linienelementes

$$d\mathfrak{x} = \frac{\partial \mathfrak{x}}{\partial B} dB + \frac{\partial \mathfrak{x}}{\partial L} dL$$

ergibt sich dementsprechend

$$ds^2 = d\mathfrak{x} \circ d\mathfrak{x} = M^2 dB^2 + r^2 dL^2. \tag{10}$$

Die Determinante $M^2 r^2$ der quadratischen Form verschwindet wegen $M \neq 0$ nur für $r = 0$. Hier liegen demnach singuläre Stellen des Netzes vor.

Durch die Drehung $\mathfrak{t}_1 \to \mathfrak{t}_2$ (um $\pi/2$) wird in den nichtsingulären Punkten ein *positiver* Drehsinn auf der Fläche $\mathfrak{F}$ erklärt. Als Nullrichtung wählen wir dabei die Richtung $\mathfrak{t}_1$. Der Winkel zwischen ihr und einem beliebigen Flächenvektor $\mathfrak{v}$ in $\mathbf{P}$

$$\alpha = \sphericalangle(\mathfrak{t}_1, \mathfrak{v}) \tag{11}$$

heißt *Azimut* von $\mathfrak{v}$. Die entsprechende auf die $\mathfrak{t}_2$-Richtung bezogene Größe ist $\beta = \sphericalangle(\mathfrak{t}_2, \mathfrak{v}) = \alpha - \frac{\pi}{2}$. Zerlegt man auf der Fläche $\mathfrak{v}$ in Komponenten

$$\mathfrak{v} = v_1 \mathfrak{t}_1 + v_2 \mathfrak{t}_2, \quad |\mathfrak{v}| = v,$$

[19] Das Symbol $\circ$ bedeutet skalare Multiplikation der Vektoren.

so bestehen die Beziehungen

$$\mathfrak{t}_1 \circ \mathfrak{v} = M v \cos\alpha = M^2 v_1, \qquad \cos\alpha = \frac{M v_1}{v},$$

$$\mathfrak{t}_2 \circ \mathfrak{v} = r v \cos\beta = r^2 v_2, \qquad \cos\beta = \sin\alpha = \frac{r v_2}{v}.$$

Für den Tangentenvektor einer Flächenkurve gilt daher speziell

$$\left.\begin{aligned} \mathfrak{v} = \mathfrak{t} = \frac{d\mathfrak{x}}{ds} = \frac{dB}{ds}\mathfrak{t}_1 + \frac{dL}{ds}\mathfrak{t}_2, \\ \cos\alpha = M\frac{dB}{ds}, \qquad \cos\beta = \sin\alpha = r\frac{dL}{ds}. \end{aligned}\right\} \qquad (12a)$$

Das von $\mathfrak{t}_1$, $\mathfrak{t}_2$ aufgespannte Parallelogramm hat den Flächeninhalt

$$\sqrt{(\mathfrak{t}_1 \times \mathfrak{t}_2) \circ (\mathfrak{t}_1 \times \mathfrak{t}_2)} = M r.$$ [19a]

Für zwei beliebige Linienelemente

$$d_\alpha \mathfrak{x} = d_\alpha B\, \mathfrak{t}_1 + d_\alpha L\, \mathfrak{t}_2 \quad (\alpha = 1, 2)$$

folgt

$$d_1\mathfrak{x} \times d_2\mathfrak{x} = \begin{vmatrix} d_1 B & d_1 L \\ d_2 B & d_2 L \end{vmatrix} \mathfrak{t}_1 \times \mathfrak{t}_2$$

und damit für das von ihnen aufgespannte Oberflächenelement

$$dO = \begin{vmatrix} d_1 B & d_1 L \\ d_2 B & d_2 L \end{vmatrix} M r. \qquad (13)$$

Die Determinante ist positiv oder negativ, je nachdem $(d_1\mathfrak{x}, d_2\mathfrak{x})$ gleich orientiert wie $(\mathfrak{t}_1, \mathfrak{t}_2)$ ist oder nicht.

Im Sonderfall des *Sphäroids* lautet die Parameterdarstellung nach I (11), [9]

$$\left.\begin{aligned} x &= dE^{-1/2}\sin B &&= bE'^{-1/2}\sin B &&= \frac{a+b}{2}(1-n)^2 F^{-1/2}\sin B, \\ y &= aE^{-1/2}\cos B\cos L &&= cE'^{-1/2}\cos B\cos L &&= \frac{a+b}{2}(1+n)^2 F^{-1/2}\cos B\cos L, \\ z &= aE^{-1/2}\cos B\sin L &&= cE'^{-1/2}\cos B\sin L &&= \frac{a+b}{2}(1+n)^2 F^{-1/2}\cos B\sin L, \\ & -\frac{\pi}{2} \leqq B \leqq +\frac{\pi}{2}, \quad -\pi \leqq L \leqq +\pi, \end{aligned}\right\} \qquad (14)$$

für die *Kugel* $a = b$ geht sie über in

$$\left.\begin{aligned} x &= a\sin b, \\ y &= a\cos b\cos l, \\ z &= a\cos b\sin l. \end{aligned}\right\} \qquad (14a)$$

[19a] Das Symbol $\times$ bedeutet äußere oder alternierende Multiplikation der Vektoren; das Produkt $\mathfrak{t}_1 \times \mathfrak{t}_2$ stellt das von den beiden Vektoren $\mathfrak{t}_1$, $\mathfrak{t}_2$ aufgespannte gerichtete Parallelogramm dar.

Auf der Kugel werden die zum *Hauptmeridian* $l = 0$ senkrechten Großkreise durch die Ebenen $x/y = \varkappa = \text{const.}$ und die parallelen Kleinkreise durch die Ebenen $y = \varkappa$ ausgeschnitten. Ihre Gleichungen lauten

$$\frac{\operatorname{tg} b}{\cos l} = \varkappa \quad \text{bzw.} \quad \cos b \cos l = \frac{\varkappa}{a}. \tag{15}$$

In den singulären Punkten des geographischen Netzes (Nord- und Südpol) wird die Nullrichtung durch den festgewählten Hauptmeridian $\mathfrak{H}$ gegeben und der positive Drehsinn durch die Richtung wachsender L-Werte bestimmt, im Nordpol erhält man so einen entgegengesetzten Drehsinn wie in den Punkten der übrigen Fläche.

II,2 Die isometrische Breite H und die drei komplexen Grund-Flächenvariablen $\mathsf{A} = \mathsf{M}$, B, $\mathsf{\Gamma}$.

Die Koeffizienten des Bogenelementes einer Drehfläche (10) hängen nur von der geographischen Breite ab. Es läßt sich daher auf die Form bringen

$$ds^2 = M^2 dB^2 + r^2 dL^2 = r^2\left\{\left(\frac{M}{r}\, dB\right)^2 + dL^2\right\} = r^2\{dH^2 + dL^2\} \tag{16}$$

mit

$$\frac{dH}{dB} = \frac{M}{r}(B), \qquad H = \int\limits_{B_0}^{B} \frac{M}{r}\, dB. \tag{17}$$

Die so erklärte neue Variable H heißt „*isometrische Breite*".

Für die Kugel ist, wobei wir kleine Buchstaben verwenden,

$$h = \int\limits_0^b \frac{a}{a\cos b}\, db = \int\limits_0^b \frac{db}{\cos b} = \lg \operatorname{tg}\left(\frac{\pi}{4} + \frac{b}{2}\right) = \lg \operatorname{cotg}\left(\frac{\pi}{4} - \frac{b}{2}\right)$$

$$= \lg \operatorname{cotg}\frac{p}{2} = -\lg \operatorname{tg}\frac{p}{2} \qquad \left(p = \frac{\pi}{2} - b, \quad \text{s. (2a)}\right) \tag{17a}$$

$$e^{-h} = \operatorname{tg}\frac{p}{2},$$

für das Sphäroid (I (47) [23])

$$\left.\begin{aligned} H &= \int\limits_0^B \frac{M}{r}\, dB = \frac{d}{a}\int\limits_0^B \frac{dB}{E\cos B} = \int\limits_0^B \frac{dB}{E'\cos B} = (1-n)^2 \int\limits_0^B \frac{dB}{F\cos B}, \\ H &= \int\limits_0^B \frac{dB}{\cos B} - e^2 \int\limits_0^B \frac{\cos B\, dB}{1 - e^2\sin^2 B} \\ &= \lg\left[\operatorname{tg}\left(\frac{\pi}{4} + \frac{B}{2}\right)\left(\frac{1 - e\sin B}{1 + e\sin B}\right)^{e/2}\right] = H_{\mathrm{K}} - \lg \mathrm{E} \end{aligned}\right\} \tag{17b}$$

mit der Abspaltung des „Kugelteiles":

$$\left.\begin{aligned} H_K = H_{\text{Kugel}} &= \lg\operatorname{tg}\left(\frac{\pi}{4}+\frac{B}{2}\right) = -\lg\operatorname{tg}\frac{P}{2}, \\ \mathrm{E} &= \left(\frac{1+e\sin B}{1-e\sin B}\right)^{e/2} = \left(\frac{1+e\cos P}{1-e\cos P}\right)^{e/2}. \end{aligned}\right\} \tag{18}$$

Definition: Auf einer Fläche $\mathfrak{F}$ heißt ein Parameterpaar (u, v) *isotherm* oder *isometrisch*, wenn das Bogenelement von $\mathfrak{F}$ damit die Gestalt erhält

$$ds^2 = \lambda^2(u, v)\,(du^2 + dv^2). \tag{19}$$

Speziell bildet also (H, L) auf einer Drehfläche ein isothermes System.

Unter einer *komplexen Flächenvariablen* verstehen wir nun eine Veränderliche

$$w = u + iv, \tag{19a}$$

deren Real- und Imaginärteil ein Paar von *isothermen* Parametern bilden. Ihre Bedeutung liegt darin, daß durch w und jede analytische Funktion $f(w)$ bzw. $f(\bar{w})$ eine *konforme* Abbildung von $\mathfrak{F}$ auf die Ebene bewirkt wird (mit oder ohne Umlegung der Winkel).

Die drei wichtigsten komplexen Flächenvariablen einer Drehfläche, insbesondere des Sphäroids und der Kugel, und die durch sie bewirkten konformen Abbildungen auf die Ebene sind:

1. Die „komplexe Länge" $\mathsf{A} = \mathsf{M}$: Merkator-Projektion.
2. Die „komplexe Breite" B: verallgemeinerte querachsige Merkator-Projektion.
3. Der „komplexe Meridianbogen" $\mathsf{\Gamma}$: Gauß-Krügersche Projektion.

Dazu treten die Exponentialfunktionen:

4. Die „stereographische" Variable $\mathsf{H} = -e^{-\mathsf{M}}$.
5. Die „zentrale" Variable $\mathsf{Z} = e^{i\mathsf{B}}$, durch die letzten Endes alles analytisch ausgedrückt wird.
6. Die Variable $\Theta = e^{i\mathsf{\Gamma}}$.

Zu 1.

$$\mathsf{M} = H + iL. \tag{20}$$

Die Punkte der Drehfläche (B, L) werden gewissen Punkten der komplexen M-Ebene durch $\mathsf{M} = H + iL$ zugeordnet. Um Eindeutigkeit zu erreichen, schneiden wir die Drehfläche längs $L = \pm\pi$ auf und unterscheiden die Ränder $L = +\pi$ bzw. $L = -\pi$. Da (H, L) ein isothermes Parameterpaar ist, wird dadurch die Fläche auf den Parallelstreifen $-\pi \leqq L \leqq +\pi$ konform abgebildet. Meridiane und Parallelkreise gehen in die Gitterlinien $L = \text{const.}$ bzw. $H = \text{const.}$ über, der Hauptmeridian $L = 0$ in die reelle Achse. Für die Kugel liefert $\mu = h + il$ die bekannte Projektion von Merkator[20].

---

[20] Als *erste* komplexe Grundvariable bezeichnen wir M auch durch den *ersten* Buchstaben A; bei der Kugel, mit $\mu = \alpha$, ist eine Verwechslung der komplexen Variablen $\alpha = \alpha' + i\alpha''$ mit einem reellen Winkel α nicht zu befürchten, zumal wir in den Formeln ausschließlich den Buchstaben μ verwenden.

Zu 2. $\mathsf{B} = \mathsf{B}' + i\mathsf{B}''$.

B wird als Funktion von M erklärt durch die Differentialgleichung

$$\frac{d\mathsf{B}}{d\mathsf{M}} = \frac{r}{M}(\mathsf{B}) = \frac{\cos\mathsf{B}}{(1-n)^2}(1 + n^2 + 2n\cos 2\mathsf{B}) \tag{21}$$

mit der Anfangsbedingung: Für $\mathsf{B} = \mathsf{B}_0$ (reell) ist $\mathsf{M} = \mathsf{M}_0$ (reell).

Sphäroid: $\mathsf{B}_0 = \mathsf{M}_0 = 0$,

Kugel: $\beta_0 = \mu_0 = 0$.

Reellen Werten von M entsprechen auch reelle B-Werte. (21) geht in $\frac{d\mathsf{B}'}{dH} = \frac{r}{M}(\mathsf{B}')$ über, woraus man erkennt, daß auf dem Hauptmeridian $\mathfrak{H}$, bei geeigneter Festsetzung über den Nullpunkt, B' mit der geographischen Breite B identisch ist.

Die entsprechende Variable β auf der Kugel erzeugt die transversale Merkator-Projektion; B bedeutet daher eine Verallgemeinerung für das Sphäroid.

Zu 3. $\Gamma = \Gamma' + i\Gamma''$.

Γ wird als Funktion von B durch die Differentialgleichung erklärt

$$\frac{d\Gamma}{d\mathsf{B}} = M(\mathsf{B}) = \frac{a+b}{2}(1-n^2)^2 \frac{1}{(1+n^2+2n\cos 2\mathsf{B})^{3/2}} \tag{22}$$

mit der Anfangsbedingung: Für $\mathsf{B} = \mathsf{B}_0$ (reell) ist $\Gamma = \Gamma_0$ (reell).

Sphäroid: $\mathsf{B}_0 = \Gamma_0 = 0$,

Kugel: $\beta_0 = \gamma_0 = 0$.

Für reelle Werte von B wird auch Γ reell und die Differentialgleichung geht in $d\Gamma'/dB = M(B)$ über. Auf dem Hauptmeridian $\mathfrak{H}$ ist daher, bei geeigneter Festsetzung über den Nullpunkt, Γ' mit der Meridianbogenlänge G identisch.

Bei einer Kugel vom Radius a ist $\gamma = a\beta$ ebenfalls eine transversale Merkator-Projektion. Für das Sphäroid liefert Γ, als weitere Verallgemeinerung davon, die Gauß-Krügersche Projektion.

II,3 Der Zusammenhang zwischen M und B (bzw. Z) für Kugel und Sphäroid.

II,3₁ Kugel: Zusammenhang $\mu \longleftrightarrow \beta(\zeta)$. Konforme Abbildung der Kugel durch die komplexe Breite β (querachsige Merkator-Abbildung).

a) Analytischer Teil.

Für die Kugel verwenden wir, wie bereits mehrfach erwähnt, die entsprechenden kleinen Buchstaben. Nach (21) besteht zwischen μ und β die Beziehung

$$\frac{d\beta}{d\mu} = \frac{a\cos\beta}{a} = \cos\beta \quad \text{und daher für eine Hilfsvariable} \quad \zeta = e^{i\beta} \tag{21a}$$

$$\frac{d\zeta}{d\mu} = \frac{\zeta + \zeta^{-1}}{2} i\zeta = \frac{i}{2}(\zeta^2 + 1),$$

oder

$$d\mu = \frac{2}{i}\frac{d\zeta}{\zeta^2+1} = \left(\frac{1}{\zeta+i} - \frac{1}{\zeta-i}\right) d\zeta. \tag{21b}$$

Durch Integration erhält man daraus unter Beachtung der Anfangsbedingung (für $\mu = 0$ ist $\zeta = 1$)

$$\mu = -2i\operatorname{arctg}\zeta + \frac{i\pi}{2} = \lg\left(\frac{\zeta+i}{\zeta-i}\right) - i\frac{\pi}{2} = \lg\left(-i\frac{\zeta+i}{\zeta-i}\right), \tag{23}$$

wobei bei den unendlich vieldeutigen Funktionen arctg und lg die Hauptwerte zu nehmen sind. Die Umrechnung

$$-\left(\frac{\zeta+i}{\zeta-i}\right)^2 = -\frac{\zeta^2+2i\zeta-1}{\zeta^2-2i\zeta-1} = \frac{1+\dfrac{\zeta-\zeta^{-1}}{2i}}{1-\dfrac{\zeta-\zeta^{-1}}{2i}} = \frac{1+\sin\beta}{1-\sin\beta},$$

$$2\lg\frac{\zeta+i}{\zeta-i} - i\pi = \lg\frac{1+\sin\beta}{1-\sin\beta},$$

ergibt für μ den Ausdruck

$$\mu = \frac{1}{2}\lg\frac{1+\sin\beta}{1-\sin\beta} = \lg\frac{1+\sin\beta}{\cos\beta}. \tag{23a}$$

Die weitere Umrechnung

$$\frac{\zeta+i}{\zeta-i} = \frac{e^{i\beta}+e^{\frac{i\pi}{2}}}{e^{i\beta}-e^{\frac{i\pi}{2}}} \cdot \frac{e^{-\frac{i\pi}{2}}}{e^{-\frac{i\pi}{2}}} = \frac{e^{2i\left(\frac{\pi}{4}+\frac{\beta}{2}\right)}-1}{e^{2i\left(\frac{\pi}{4}+\frac{\beta}{2}\right)}+1} = i\operatorname{tg}\left(\frac{\pi}{4}+\frac{\beta}{2}\right)$$

führt zu der Darstellung

$$\mu = \lg\operatorname{tg}\left(\frac{\pi}{4}+\frac{\beta}{2}\right). \tag{23b}$$

Auf dem Hauptmeridian werden β, μ reell $\beta = b$, $\mu = h$. Man erhält so neben (17a) die Formel

$$\left.\begin{aligned} h &= \frac{1}{2}\lg\frac{1+\sin b}{1-\sin b} = \lg\frac{1+\sin b}{\cos b} = \operatorname{arth}(\sin b) \\ &-\frac{\pi}{2} < b < +\frac{\pi}{2}, \qquad -\infty < h < +\infty. \end{aligned}\right\} \tag{17a'}$$

Schließlich wollen wir noch zu der Exponentialfunktion übergehen

$$\left.\begin{aligned} e^{\mu} &= e^{il}\operatorname{tg}\left(\frac{\pi}{4}+\frac{b}{2}\right) = \operatorname{tg}\left(\frac{\pi}{4}+\frac{\beta}{2}\right) = \frac{\cos\beta' + i\operatorname{sh}\beta''}{\operatorname{ch}\beta'' - \sin\beta'}, \\ \text{wegen} \quad &\operatorname{tg}\frac{\alpha+\beta}{2} = \frac{\sin\alpha+\sin\beta}{\cos\alpha+\cos\beta}. \end{aligned}\right\} \tag{24}$$

Für die praktische Anwendung empfiehlt es sich, noch andere Zusammenhänge aufzustellen. Die Umkehrung von (23) liefert

$$\zeta = \operatorname{tg}\left(\frac{\pi}{4}+\frac{i\mu}{2}\right) \quad \text{und damit} \quad \beta = \frac{1}{i}\lg\operatorname{tg}\left(\frac{\pi}{4}+i\frac{\mu}{2}\right). \tag{25}$$

Wegen
$$\zeta = \frac{\operatorname{tg}\frac{\pi}{4} + \operatorname{tg}\frac{i\mu}{2}}{1 - \operatorname{tg}\frac{\pi}{4}\operatorname{tg}\frac{i\mu}{2}} = \frac{1 + \operatorname{tg}\frac{i\mu}{2}}{1 - \operatorname{tg}\frac{i\mu}{2}}$$
gilt auch
$$\operatorname{tg}\frac{i\mu}{2} = \frac{\zeta - 1}{\zeta + 1} = \frac{e^{i\beta} - 1}{e^{i\beta} + 1} = i\operatorname{tg}\frac{\beta}{2} = \operatorname{th}\frac{i\beta}{2} \quad \text{oder} \quad \underline{\operatorname{th}\frac{\mu}{2} = \operatorname{tg}\frac{\beta}{2}}. \tag{26}$$

Zwischen Argument und halbem Argument bestehen bekannte trigonometrische Umformungen. Sie führen zu den Beziehungen

$$\left.\begin{aligned} \sin i\mu = i\operatorname{sh}\mu &= \frac{2\operatorname{tg}\frac{i\mu}{2}}{1 + \operatorname{tg}^2\frac{i\mu}{2}} = \frac{2\operatorname{th}\frac{i\beta}{2}}{1 + \operatorname{th}^2\frac{i\beta}{2}} = \operatorname{th} i\beta \quad \text{oder} \quad \underline{\operatorname{sh}\mu = \operatorname{tg}\beta}, \\ \frac{1}{\cos i\mu} = \frac{1}{\operatorname{ch}\mu} &= \frac{1 + \operatorname{tg}^2\frac{i\mu}{2}}{1 - \operatorname{tg}^2\frac{i\mu}{2}} = \frac{1 + \operatorname{th}^2\frac{i\beta}{2}}{1 - \operatorname{th}^2\frac{i\beta}{2}} = \operatorname{ch} i\beta \quad \text{oder} \quad \underline{\frac{1}{\operatorname{ch}\mu} = \cos\beta}, \\ \operatorname{tg} i\mu &= \qquad\qquad\qquad\qquad = \operatorname{sh} i\beta \quad \text{oder} \quad \underline{\operatorname{th}\mu = \sin\beta}. \end{aligned}\right\} \tag{27}$$

Auf dem Hauptmeridian ergeben sich so für reelle Argumente die weiteren Formeln über den Zusammenhang der geographischen mit der isometrischen Breite
$$\operatorname{th}\frac{h}{2} = \operatorname{tg}\frac{b}{2}, \quad \operatorname{th} h = \sin b, \quad \operatorname{sh} h = \operatorname{tg} b, \quad \frac{1}{\operatorname{ch} h} = \cos b. \tag{28}$$

Setzt man $\Delta b = b - b_0$, $\Delta h = h - h_0$, $\tau = \operatorname{tg}\frac{p}{2}$, so folgt aus (28)
$$\operatorname{tg}\frac{\Delta b}{2} = \tau_0 \frac{e^{\Delta h} - 1}{e^{\Delta h} + \tau_0^2} \quad \text{bzw. umgekehrt} \quad \Delta h = \lg\left[\frac{1 + \tau_0 \operatorname{tg}\frac{\Delta b}{2}}{1 - \frac{1}{\tau_0}\operatorname{tg}\frac{\Delta b}{2}}\right]. \tag{28a}$$

Für die Zwecke numerischer Rechnung ist schließlich noch die Zerspaltung von (23b) und (25) in Real- und Imaginärteil erforderlich. Allgemein gilt nach X [449]
$$\lg\operatorname{tg} z = -\operatorname{arth}\frac{\cos 2x}{\operatorname{ch} 2y} + i\operatorname{arctg}\frac{\operatorname{sh} 2y}{\sin 2x}.$$
Durch Anwendung auf
$$z = \frac{\pi}{4} + \frac{\beta}{2} = \left(\frac{\pi}{4} + \frac{\beta'}{2}\right) + i\frac{\beta''}{2} \qquad \begin{aligned} 2x &= \frac{\pi}{2} + \beta', \\ 2y &= \beta'' \end{aligned}$$
erhält man aus (23b)
$$\mu = h + il = \operatorname{arth}\frac{\sin\beta'}{\operatorname{ch}\beta''} + i\operatorname{arctg}\frac{\operatorname{sh}\beta''}{\cos\beta'} \tag{29}$$
oder
$$\operatorname{th} h = \frac{\sin\beta'}{\operatorname{ch}\beta''} = \sin b, \qquad \operatorname{tg} l = \frac{\operatorname{sh}\beta''}{\cos\beta'} \tag{29a}$$

und andererseits für

$$z = \frac{\pi}{4} + i\frac{\mu}{2} = \left(\frac{\pi}{4} - \frac{l}{2}\right) + \frac{ih}{2} \qquad \begin{aligned} 2x &= \frac{\pi}{2} - l, \\ 2y &= h \end{aligned}$$

aus (25)

$$\beta = \beta' + i\beta'' = \operatorname{arctg}\frac{\operatorname{sh} h}{\cos l} + i \operatorname{arth}\frac{\sin l}{\operatorname{ch} h} \tag{30}$$

oder

$$\operatorname{tg}\beta' = \frac{\operatorname{sh} h}{\cos l} = \frac{\operatorname{tg} b}{\cos l}, \qquad \operatorname{th}\beta'' = \frac{\sin l}{\operatorname{ch} h} = \sin l \cos b. \tag{30a}$$

b) Geometrischer Teil.

Die Bedeutung der Hilfsveränderlichen ζ geht aus der Tatsache hervor, daß $d\mu$ nach (21b) ein rationales Differential in ζ ist. Es besitzt keine Nullstellen, aber wegen der örtlichen Entwicklung

$$\zeta \mp i = t, \qquad \frac{d\mu}{dt} = \mp\frac{1}{t} + \cdots$$

zwei Pole 1. Ordnung bei $\zeta = \pm i$ mit dem Residuum ∓ 1. Um das Integral zu einer eindeutigen Funktion zu machen, darf der Integrationsweg einen singulären Punkt nicht umlaufen. Wir schneiden daher die

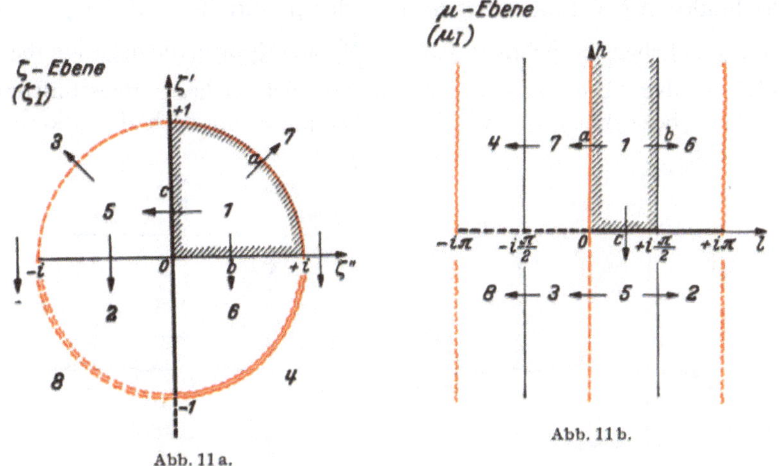

Abb. 11a.

Abb. 11b.

ζ-Ebene zwischen $\pm i$ längs der unteren Hälfte des Einheitskreises auf (Abb. 11a). Die so zerschnittene ζ-Ebene wird mit ζ_{I} bezeichnet. In ζ_{I} ist das Integral

$$\mu = -2i\int_1^{\zeta} \frac{d\zeta}{\zeta^2 + 1} \tag{23c}$$

eindeutig und bildet — wie unmittelbar zu sehen — das Teilgebiet *1* der ζ-Ebene auf den Streifen *1* der μ-Ebene ab. Die Bilder der übrigen Teilgebiete ergeben sich nach dem Spiegelungsprinzip, wie es die Pfeile andeuten.

Die ganze aufgeschnittene ζ_{I}-Ebene wird durch (23c) umkehrbar eindeutig auf den Parallelstreifen $-\pi \leqq l \leqq +\pi$ der μ-Ebene (μ_{I}) abgebildet. Die Abbildung ist konform, außer in den singulären Punkten $\zeta = \pm i$.

c) Konforme Abbildung der Kugel durch die komplexe Breite β (Querachsige Merkator-Abbildung).

Die Kugel werde längs des Meridians $\mathfrak{H}'$, $l = \pm\pi$. und längs des Äquators $\mathfrak{A}$ vom Ostpunkt **O**: $l = +\frac{\pi}{2}$ nach $l = +\pi$ und vom Westpunkt **W**: $l = -\frac{\pi}{2}$ nach $l = -\pi$ aufgeschnitten. Die so entstehende berandete, einfach zusammenhängende Fläche nennen wir „K_{II}", den Schnitt des Äquators $\mathfrak{A}$ mit dem Hauptmeridian Ω und den Gegenpunkt Ω'.

Durch die Merkator-Variable μ wird die aufgeschnittene Kugel K_{II} auf den Parallelstreifen der Abb. 11b abgebildet; dieser ist jetzt aber noch mit je einem Schnitt von $l = \pm\frac{\pi}{2}$ nach $l = \pm\pi$ zu versehen (Abb. 12a). Den so zerschnittenen Streifen bezeichnen wir mit μ_{II}. Die Funktion $\zeta = \zeta(\mu)$ bildet nach b) den μ_{II}-Streifen auf die ζ-Ebene ab. Dabei gehen die Schnitte von $\pm\frac{i\pi}{2}$ nach $\pm i\pi$ in die negative reelle ζ-Achse über. Die längs der negativ reellen Achse aufgeschnittene ζ_{I}-Ebene bezeichnen wir mit ζ_{II}. Führt man nun noch die bekannte

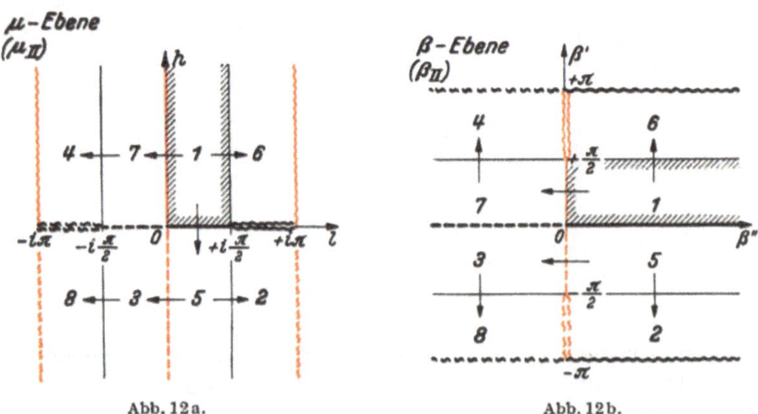

Abb. 12a. Abb. 12b.

Abbildung $e^{i\beta} = \zeta$ aus, so entsteht zusammengefaßt eine konforme Abbildung der Kugel K_{II} auf die β-Ebene β_{II}. Wir setzen die Bilder nebeneinander (Abb. 12a, 12b); an die Stelle der Kugel K_{II} tritt der aufgeschnittene Merkator-Streifen μ_{II}.

Diese Abbildung ist nichts anderes als eine *querachsige Merkator-Projektion*, wobei an Stelle des Äquators der Hauptmeridian $\mathfrak{H}$ (und seine Ergänzung zum Vollkreis) tritt. Daß die Koordinatennetze übereinstimmen, d. h. die Geraden $\beta' = \text{const.}$ mit den Bildern der zu dem Hauptmeridian $\mathfrak{H}$ senkrechten Großkreise und die Geradenstücke $\beta'' = \text{const.}$ mit den Bildern der zu $\mathfrak{H}$ parallelen Kleinkreise, lehrt schon der Vergleich von Abb. 12a und Abb. 12b. Aber auch die Koordinaten selbst sind die gleichen. Das folgt zunächst aus funktionentheoretischen Gründen. Nach (30a) ist für $l = 0$ $\beta' = b$, d. h. der Hauptmeridian $\mathfrak{H}$ wird durch β in gleicher Weise abgebildet wie der Äquator durch μ. Durch die Angabe der Funktionswerte auf einem endlichen Kurvenstück ist aber die komplexe Abbildungsfunktion bereits eindeutig festgelegt. Man kann auch den direkten rechnerischen Nachweis dadurch führen, daß man den Äquator $\mathfrak{A} = (\mathbf{W}\Omega\mathbf{O})$ durch Drehung um $\pi/2$ in den Hauptmeridian $\mathfrak{H} = (\mathbf{S}\Omega\,\mathbf{N})$ bringt und das zu dieser Querlage gehörige $\tilde{\mu}$ bildet. Das geschieht entweder komplex mit Hilfe der komplexen Darstellung von Kugeldrehungen (s. Abschnitt VII $A_{2,1}$) oder reell durch Zwischenschalten der sog. „*Soldnerschen Koordinaten*“ (p, q). Wird durch einen beliebigen Kugelpunkt $\mathbf{P}$ ein zu dem Hauptmeridian $\mathfrak{H}$ senkrechter Großkreis $\mathfrak{G}$ gezogen, so sind p, q die Abschnitte auf $\mathfrak{H}$ bzw. $\mathfrak{G}$ nach Abb. 13.

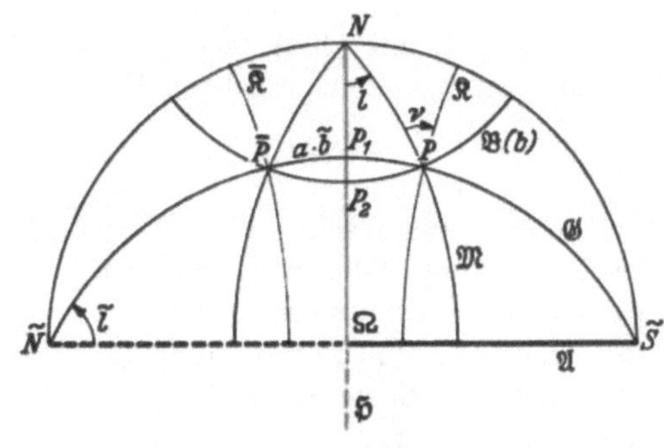

Abb. 13.
a Kugelradius, $\mathfrak{H}$ Hauptmeridian, $\mathfrak{A}$ Äquator, $\mathfrak{G}$ Großkreis durch $\mathbf{P}(b, l) \perp \mathfrak{H}$, $\mathfrak{M}$ Meridian durch $\mathbf{P}$, $\mathfrak{B}$ Parallelkreis durch $\mathbf{P}$, $\mathfrak{K}, \bar{\mathfrak{K}}$ Kleinkreise parallel $\mathfrak{H}$.

$$p = \Omega\mathbf{P}_1, \quad q = \mathbf{P}_1\mathbf{P}, \quad \nu = \sphericalangle(\mathfrak{M}, \mathfrak{K}) \text{ Netzverschwenkung}^{21},$$

$$\mathbf{P}\colon (b, l) \div (p, q) \div (-a\,\tilde{b}, \tilde{l}) \div (-\tilde{h}, \tilde{l}) \div (\beta', \beta'')^{22},$$

$$\bar{\mathbf{P}}\colon (b, -l) \div (p, -q) \div (a\,\tilde{b}, \tilde{l}) \div (\tilde{h}, \tilde{l}) \div (-\beta', \beta''),$$

$$\mathbf{P}_1 = \mathbf{P}_f = \text{Fußpunkt des „Lotes“ von } \mathbf{P} \text{ auf } \mathfrak{H}\colon (b_f, 0) \div (p_f, 0) \div (p, 0).$$

$$\mathbf{P}_2 = \mathbf{P}_b = \text{Schnitt von } \mathfrak{H} \text{ mit } \mathfrak{B}\colon (b, 0) \div (p_b, 0).$$

Für die Soldnerschen Koordinaten gilt als Großkreisstücke auf der Kugel vom Halbmesser a

$$p = a \cdot \tilde{l}, \quad q = -a \cdot \tilde{b}. \tag{31}$$

[21] Dieser Begriff wird in Abschnitt III erläutert.

[22] Das Zeichen $\div$ soll verschiedene Koordinierungen desselben Punktes bedeuten.

In dem rechtwinkligen sphärischen Dreieck $\mathbf{NP_1P}$ hat man die Beziehungen

$$\sin\frac{q}{a} = \cos b \sin l, \qquad \operatorname{tg}\frac{p}{a} = \frac{\operatorname{tg} b}{\cos l}$$

und daher mit (31)

$$\sin\tilde{b} = -\cos b \sin l, \qquad \operatorname{tg}\tilde{l} = \frac{\operatorname{tg} b}{\cos l} \tag{32}$$

oder wegen des Zusammenhanges zwischen $\tilde{b}$ und $\tilde{h}$ (28) auch

$$\operatorname{th}(-\tilde{h}) = \cos b \sin l, \qquad \operatorname{tg}\tilde{l} = \frac{\operatorname{tg} b}{\cos l}. \tag{33}$$

Der Vergleich mit (30a) zeigt, daß $\tilde{l}$, $-\tilde{h}$ mit β', β'' übereinstimmen. Damit hat man den gesuchten Nachweis

$$\beta = \beta' + i\beta'' = -i(\tilde{h} + i\tilde{l}) = -i\tilde{\mu}. \tag{34}$$

Diese Soldnerschen Koordinaten (p, q) und die zugehörige Netzverschwenkung (Meridiankonvergenz) ν können auch dazu benutzt werden, den Rechnungsgang $(\beta', \beta'') \longleftrightarrow (b, l)$ etwas zu verschärfen. Bei Beschränkung auf einen Meridianstreifen mit kleinem l wird man vorteilhaft auch das kleine Stück $\mathbf{P_1P_2}$, d. h. $b_f - b$ bzw. $p - p_b$, in die Rechnung einführen:

1. Gegeben (b, l), gesucht (β', β'') und ν:

$$\left.\begin{aligned}
&\underline{\operatorname{tg}\nu} = \sin b \operatorname{tg} l, \quad \sin\frac{q}{a} = \cos b \sin l, \quad p_b = a\cdot b, \quad p = p_b + (p - p_b),\\
&\beta'' = \frac{1}{2}\lg\frac{1+\sin\frac{q}{a}}{1-\sin\frac{q}{a}} = \sin\frac{q}{a}\left(1 + \frac{1}{3}\sin^2\frac{q}{a} + \frac{1}{5}\sin^4\frac{q}{a} + \cdots\right),\\
&\qquad\operatorname{tg}\frac{b_f - b}{2} = \operatorname{tg}\frac{q}{2a}\operatorname{tg}\frac{\nu}{2};\\
&\underline{\beta'} = \frac{p}{a} = b + (b_f - b) = b + 2\operatorname{tg}\frac{b_f - b}{2}\left\{1 - \frac{1}{3}\operatorname{tg}^2\frac{b_f - b}{2} + \cdots\right\}.
\end{aligned}\right\} \tag{35}$$

2. Gegeben (β', β''), gesucht (b, l) und ν:

$$\left.\begin{aligned}
&p = a\beta', \quad b_f = \beta', \quad \underline{\operatorname{tg} l} = \frac{\operatorname{sh}\beta''}{\cos b_f}, \quad \underline{\operatorname{tg}\nu} = \operatorname{th}\beta'' \operatorname{tg}\beta',\\
&\quad\underline{\operatorname{tg}\frac{b_f - b}{2}} = \operatorname{th}\frac{\beta''}{2}\operatorname{tg}\frac{\nu}{2},\\
&\quad\underline{b} = \beta' - (b_f - b) = \beta' - 2\operatorname{tg}\frac{b_f - b}{2}\left\{1 - \frac{1}{3}\operatorname{tg}^2\frac{b_f - b}{2} + \cdots\right\},\\
&\operatorname{tg}\frac{l}{2} = \operatorname{tg}\frac{\nu}{2}\,\frac{\cos\frac{b_f - b}{2}}{\sin\frac{b_f + b}{2}}.
\end{aligned}\right\} \tag{36}$$

II, 3_2 Sphäroid: Zusammenhang $\mathsf{M} \longleftrightarrow \mathsf{B}(\mathsf{Z})$. Konforme Abbildung des Sphäroids durch die komplexe Breite B.

a) Analytischer Teil.

Die komplexe Breite B wird durch die Differentialgleichung (21) definiert:

$$\frac{d\mathsf{B}}{d\mathsf{M}} = \frac{r}{M}(\mathsf{B}) \quad \text{oder} \quad \frac{d\mathsf{M}}{d\mathsf{Z}} = \frac{M}{r}(\mathsf{Z})\frac{1}{i\mathsf{Z}}.$$

Die rechte Seite ist in der zentralen Variablen Z eine rationale Funktion [vgl. I (14), (20), (25)].

$$\frac{d\mathsf{M}}{d\mathsf{Z}} = \frac{2(1-n)^2}{n} \frac{\mathsf{Z}^2}{(\mathsf{Z}^2+n)\left(\mathsf{Z}^2+\frac{1}{n}\right)(\mathsf{Z}+\mathsf{Z}^{-1})} \cdot \frac{1}{i\mathsf{Z}}$$

$$= -\frac{1}{\mathsf{Z}-i} + \frac{1}{\mathsf{Z}+i} + \frac{\sqrt{n}}{1+n}\left(\frac{1}{\mathsf{Z}-i\sqrt{n}} - \frac{1}{\mathsf{Z}+i\sqrt{n}}\right) + \tag{37}$$

$$+ \frac{\sqrt{n}}{1+n}\left(\frac{1}{\mathsf{Z}-\frac{i}{\sqrt{n}}} - \frac{1}{\mathsf{Z}+\frac{i}{\sqrt{n}}}\right).$$

Daher läßt sich nach der Partialbruchzerlegung die Integration ohne weiteres ausführen:

$$\mathsf{M} = \mathsf{M}_{\mathrm{K}} + \frac{\sqrt{n}}{1+n}\lg\left(\frac{\mathsf{Z}-i\sqrt{n}}{\mathsf{Z}+i\sqrt{n}} \cdot \frac{\mathsf{Z}-\frac{i}{\sqrt{n}}}{\mathsf{Z}+\frac{i}{\sqrt{n}}}\right) + \frac{\sqrt{n}}{1+n}C.$$

Unter $\mathsf{M}_{\mathrm{Kugel}}$ oder kürzer M_{K} wollen wir dabei die Funktionswerte für $n = 0$ verstehen. Nach (23), (23b) ergibt sich

$$\mathsf{M}_{\mathrm{K}} = \lg\left(-i\frac{\mathsf{Z}+i}{\mathsf{Z}-i}\right) = -2i\operatorname{arctg}\mathsf{Z} + \frac{i\pi}{2} = \lg\operatorname{tg}\left(\frac{\pi}{4}+\frac{\mathsf{B}}{2}\right). \tag{38}$$

Die Integrationskonstante bestimmt sich aus $\mathsf{Z} = 1 \to \mathsf{M} = 0$ zu $C = -i\pi$. Nehmen wir statt ihrer den Faktor (-1) unter den Logarithmus, so wird

$$\begin{aligned} \mathsf{M} &= \mathsf{M}_{\mathrm{K}} + \frac{\sqrt{n}}{1+n}\lg\left(\frac{\mathsf{Z}-i\sqrt{n}}{\mathsf{Z}+i\sqrt{n}} \cdot \frac{1+i\sqrt{n}\,\mathsf{Z}}{1-i\sqrt{n}\,\mathsf{Z}}\right) \\ &= \mathsf{M}_{\mathrm{K}} + \frac{\sqrt{n}}{1+n}\lg\frac{1+\frac{i\sqrt{n}}{1+n}(\mathsf{Z}-\mathsf{Z}^{-1})}{1-\frac{i\sqrt{n}}{1+n}(\mathsf{Z}-\mathsf{Z}^{-1})}, \end{aligned} \tag{39}$$

$$\begin{aligned} \mathsf{M} &= \mathsf{M}_{\mathrm{K}} - \frac{e}{2}\lg\frac{1+e\sin\mathsf{B}}{1-e\sin\mathsf{B}} = \mathsf{M}_{\mathrm{K}} - e\operatorname{arth}(e\sin\mathsf{B}) \\ &= \mathsf{M}_{\mathrm{K}} + ie\operatorname{arctg}\left(e\frac{\mathsf{Z}^2-1}{2\mathsf{Z}}\right). \end{aligned} \tag{40}$$

Für reelle B-Werte B hat man auf dem Hauptmeridian neben dem schon bekannten Ausdruck (18) aus (40) noch die Formel

$$H = H_{\mathrm{K}} - \frac{e}{2}\lg\frac{1+e\sin B}{1-e\sin B} = H_{\mathrm{K}} - e\,\mathrm{arth}\,(e\sin B). \tag{18a}$$

Um in der folgenden Abbildung die Lage einiger Punkte zu bestimmen, berechnen wir verschiedene spezielle Werte, nämlich

$$\left.\begin{aligned} &\text{für}\quad \mathsf{Z} = {}^{(0)}\mathsf{Z} = 0 \quad\rightarrow\quad \mathsf{M} = {}^{(0)}\mathsf{M}\ ^{23},\\ &\text{für}\quad \mathsf{Z} = \mathsf{Z}^{(1)} = \sqrt{n} \quad\rightarrow\quad \mathsf{M} = \mathsf{M}^{(1)},\\ &\qquad \mathsf{Z} = \mathring{\mathsf{Z}} \leftarrow \text{für}\ \mathsf{M} = \mathring{\mathsf{M}} = \frac{i\pi}{2}\quad \text{(Ostpunkt)}. \end{aligned}\right\} \tag{41}$$

Aus (38) und (40) findet man, wenn Z von 1 reell gegen Null abnimmt,

$${}^{(0)}\mathsf{M} = \frac{i\pi}{2} + \frac{2i\sqrt{n}}{1+n}\left(-\frac{\pi}{2}\right) = \frac{i\pi}{2}\left(1 - \frac{2\sqrt{n}}{1+n}\right) = \frac{(1-e)\,i\pi}{2}, \tag{41a}$$

$$\begin{aligned} \mathsf{M}^{(1)} &= -2i\,\mathrm{arctg}\sqrt{n} + \frac{i\pi}{2} + \frac{2i\sqrt{n}}{1+n}\,\mathrm{arctg}\frac{n-1}{n+1}\\ &= \frac{i\pi}{2} - 2i\,\mathrm{arctg}\sqrt{n} - i\,e\,\mathrm{arctg}\sqrt{1-e^2}. \end{aligned} \tag{41b}$$

Die komplexe Zahl $\mathring{\mathsf{Z}}$ hat, wie die qualitative Untersuchung der Abbildung $\mathsf{Z} \rightarrow \mathsf{M}$ später lehrt (S. [85]), die Form

$$\mathring{\mathsf{Z}} = i\sqrt{n}\,k, \qquad 1 < k < \frac{1}{\sqrt{n}},$$

so daß zur Bestimmung von k nach (39) die Gleichung dient

$$\frac{i\pi}{2} = \frac{i\pi}{2} + \lg\frac{1+\sqrt{n}\,k}{1-\sqrt{n}\,k} + \frac{\sqrt{n}}{1+n}\lg\left(\frac{k-1}{k+1}\cdot\frac{1-kn}{1+kn}\right).$$

Um den Grenzwert für $n \rightarrow 0$ bestimmen zu können, entwickeln wir wegen $k\sqrt{n} < 1$, $kn < 1$ die Logarithmen in Potenzreihen

$$\tfrac{1}{2}\lg\frac{k+1}{k-1} - k = \frac{n\,k^3}{3} + n^2\left(\frac{k^3}{3} + \frac{k^5}{5}\right) + \cdots$$

und erhalten als nullte Näherung die transzendente Gleichung

$$\tfrac{1}{2}\lg\frac{k_0+1}{k_0-1} - k_0 = 0; \qquad k_0 = 1.199\,678.$$

Mit $k = k_0 + \Delta k$ ergibt sich daraus durch Taylor-Entwicklung

$$\begin{aligned} &\left(\tfrac{1}{2}\lg\frac{k_0+1}{k_0-1} - k_0\right) + \frac{k_0^2}{1-k_0^2}\,\Delta k + \frac{k_0}{(1-k_0^2)^2}\,\Delta k^2 + \cdots\\ &\qquad = n\left(\frac{k_0^3}{3} + k_0^2\,\Delta k\right) + n^2\left(\frac{k_0^3}{3} + \frac{k_0^5}{5}\right) + \cdots \end{aligned}$$

---

[23] Neben ${}^{(0)}\mathsf{Z}$ tritt auch $\mathsf{Z}^{(0)}$ auf (vgl. Abb. 14a und S. [87]).

oder nach dem linearen Glied aufgelöst

$$\Delta k = \frac{n k_0}{3}(1 - k_0^2) + n \Delta k (1 - k_0^2) + n^2 \left(\frac{k_0}{3} + \frac{k_0^3}{5}\right)(1 - k_0^2) - \\ - \frac{\Delta k^2}{k_0(1 - k_0^2)} + \cdots.$$

Durch Iteration folgt

$$\Delta k = \frac{n k_0}{3}(1 - k_0^2) + \frac{n^2 k_0}{3}\left(\frac{5}{3} - \frac{2}{5} k_0^2\right)(1 - k_0^2) + \cdots = -0.000\,294$$

und damit

$$k = k_0 + \Delta k = 1.199\,384, \qquad \overset{\circ}{\mathsf{Z}} = i\sqrt{n}\,k. \tag{41c}$$

b) Geometrischer Teil.

Um die Verteilung der komplexen Funktionswerte geometrisch übersehen zu können, muß man die durch $\mathsf{M}(\mathsf{Z})$ bewirkte Abbildung untersuchen. Zur Anwendung der Argumentenmethode gehen wir dabei von dem definierenden Differential $d\mathsf{M}$ (37) aus:

$$d\mathsf{M} = -2i\frac{(1-n)^2}{n}\,\frac{\mathsf{Z}^2}{(\mathsf{Z}^2+1)(\mathsf{Z}^2+n)\left(\mathsf{Z}^2+\frac{1}{n}\right)}\,d\mathsf{Z}.$$

Es handelt sich um ein rationales Differential in Z mit

Nullstellen 2. Ordnung bei $\mathsf{Z} = 0, \infty$,

Polen 1. Ordnung bei $\mathsf{Z} = \pm i, \ \pm i\sqrt{n}, \ \pm\frac{i}{\sqrt{n}}$.

Wir untersuchen das Verhalten an den Polstellen. Mit $t = \mathsf{Z} - i$ ergibt sich für die Umgebung von $\mathsf{Z} = i$ eine Entwicklung

$$\left.\begin{aligned} \frac{d\mathsf{M}}{dt} &= \frac{1}{t}\cdot\frac{-2i(1-n)^2}{n}\cdot\frac{i^2}{2i(i^2-n)\left(i^2+\frac{1}{n}\right)} + \mathfrak{P}(t) \\ &= -\frac{1}{t} + \mathfrak{P}(t); \quad (\mathfrak{P}(t) = \text{reguläre Potenzreihe}). \end{aligned}\right\} \tag{42a}$$

Bei $\mathsf{Z} = i\sqrt{n}$ setzen wir $t = \mathsf{Z} - i\sqrt{n}$ und finden

$$\left.\begin{aligned} \frac{d\mathsf{M}}{dt} &= \frac{1}{t}\cdot\frac{-2i(1-n)^2}{n}\cdot\frac{-n}{(-n+1)\left(-n+\frac{1}{n}\right)(2i\sqrt{n})} + \mathfrak{P}(t) \\ &= \frac{\sqrt{n}}{1+n}\cdot\frac{1}{t} + \mathfrak{P}(t) = \frac{e}{2}\cdot\frac{1}{t} + \mathfrak{P}(t). \end{aligned}\right\} \tag{42b}$$

Ein entsprechendes Verhalten liegt an den übrigen Polstellen vor. Schneidet man die Z-Ebene nicht nur zwischen $\pm i$ wie oben (längs der unteren Hälfte des Einheitskreises), sondern nun auch längs

$$+i\sqrt{n}\cdots 0\cdots -i\sqrt{n} \quad \text{und} \quad +\frac{i}{\sqrt{n}}\cdots 0\cdots -\frac{i}{\sqrt{n}}$$

auf, so kann in der so zerschnittenen Z-Ebene ein *eindeutiger* Zweig des Integrals

$$\mathsf{M} = -2i\,\frac{(1-n)^2}{n}\int\limits_1^{\mathsf{Z}} \frac{\mathsf{Z}^2}{(\mathsf{Z}^2+1)(\mathsf{Z}^2+n)\left(\mathsf{Z}^2+\frac{1}{n}\right)}\,d\mathsf{Z} \qquad (40\text{a})$$

erklärt werden.

Betrachten wir zunächst das Teilgebiet 1 und die Abbildung seiner Randstücke a, b_1, b_2, d_1, d_2. Auf dem Kreisbogen a mit dem Anfang in $\mathsf{Z} = 1$ nimmt M den reellen Wert H an, bildet also a auf die positive reelle H-Achse ab. In $\mathsf{Z} = i$ hat $d\mathsf{M}$ einen Pol 1. Ordnung, M daher

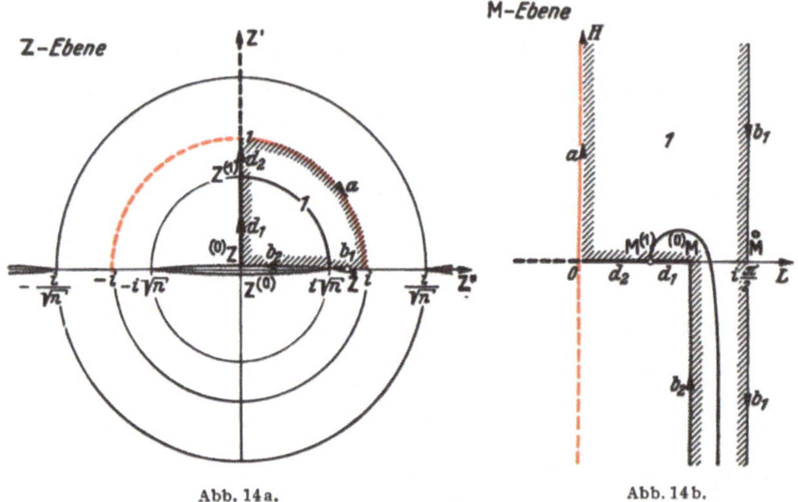

Abb. 14a. Abb. 14b.

einen logarithmischen Unendlichkeitspunkt. Durch die lg-Funktion wird ein Blatt der Riemannschen Fläche in der Umgebung des logarithmischen Verzweigungspunktes mit dem Winkelraum 2π auf einen Streifen der Breite 2π abgebildet. Einer Drehung im singulären Punkt $\mathsf{Z} = i$ um den Winkel $-\frac{\pi}{2}$ entspricht daher in der M-Ebene ein Zuwachs von $-\frac{\pi}{2} \times \text{Residuum} = \left(-\frac{\pi}{2}\right)(-1) = +\frac{\pi}{2}$. Längs des Stückes b_1, $+i\sqrt{n} \leq \mathsf{Z} \leq i$, ist $d\mathsf{M}$ reell, die Bildkurve ist also eine um den berechneten Zuwachs $+\frac{\pi}{2}$ verschobene Gerade parallel zur reellen Achse. Ihrem Schnittpunkt mit der imaginären Achse $\overset{\circ}{\mathsf{M}}$ entspricht der bereits berechnete Zwischenpunkt $\overset{\circ}{\mathsf{Z}} = i\sqrt{nk}$ (41c).

In $\mathsf{Z} = i\sqrt{n}$ fanden wir das Residuum $e/2$ (42b). Einer Drehung um den Winkel $-\pi$ in $\mathsf{Z} = i\sqrt{n}$ entspricht daher ein Zuwachs von $-\pi\cdot\frac{e}{2}$ in der M-Ebene. Auf dem anschließenden Stück b_2 ist $d\mathsf{M}$ wieder reell, die Bildkurve also geradlinig und parallel zur Geraden

$L = \frac{\pi}{2}$ im Abstand $-\frac{\pi e}{2}$, d. h. $L = \frac{\pi}{2}(1-e)$. Wir wissen noch nicht, welcher Punkt dieser Geraden Bildpunkt von $\mathsf{Z} = 0$ ist. Um ihn zu bestimmen, gehen wir jetzt von $\mathsf{Z} = 1$ rückwärts längs d_2, d_1 nach $\mathsf{Z} = 0$. Für reelles Z wird $d\mathsf{M}$ und damit auch M rein imaginär, d. h. die Bilder von d_2, d_1 liegen auf der imaginären M-Achse. Dem Zwischenpunkt $\mathsf{Z}^{(1)} = \sqrt{n}$ entspricht der oben berechnete Wert

$$\mathsf{M}^{(1)} = \frac{i\pi}{2} - 2i \operatorname{arctg} \sqrt{n} - ie \operatorname{arctg} \sqrt{1-e^2},$$

dem Punkt ${}^{(0)}\mathsf{Z}$ der Bildpunkt ${}^{(0)}\mathsf{M} = \frac{1-e}{2} i\pi$. In ${}^{(0)}\mathsf{M}$ muß sich die Figur schließen, deshalb reicht das Bild von b_2 bis an die imaginäre Achse. Der Punkt $\mathsf{Z} = 0$ ist eine Nullstelle 2. Ordnung des Differentials $d\mathsf{M}$; dementsprechend tritt bei ${}^{(0)}\mathsf{M}$ eine Verdreifachung der Winkel auf $\frac{\pi}{2} \to \frac{3\pi}{2}$.

Das Bild des Kreisbogens vom Radius $\sqrt{n}$ wird eine in $\mathsf{M}^{(1)}$ mit vertikaler Tangente beginnende und in dem Halbstreifen zwischen b_1 und b_2 gegen die Mittellinie asymptotisch verlaufende Kurve C_1; sie ist wendepunktfrei, wie wir später sehen werden.

Nachdem so die Abbildung des Teilgebietes 1 festliegt, kann das Bild der ganzen (entsprechend aufgeschnittenen) Z-Ebene durch Spiegelung gewonnen werden. Doch ist diese Abbildung für uns nicht Selbstzweck, es interessiert nur der den Merkator-Streifen ergebende Teil. Deshalb trennen wir in der M-Ebene durch einen zwischen $\frac{i(1-e)\pi}{2} \cdots i\frac{\pi}{2}$ längs der imaginären Achse geführten Schnitt den unterhalb davon gelegenen Teil ab und behalten nur den oberen Bildteil zwischen $L = 0$ und $L = \pi/2$, der von der imaginären Achse (dem Äquatorbild) begrenzt wird. Dem genannten Schnitt zwischen ${}^{(0)}\mathsf{M}$ und $\overset{\circ}{\mathsf{M}}$ entspricht in der Z-Ebene eine von ${}^{(0)}\mathsf{Z} = 0$ nach $\overset{\circ}{\mathsf{Z}} = i\sqrt{nk}$ verlaufende Kurve $\overset{\circ}{C}(\mathsf{Z})$, deren Tangente in ${}^{(0)}\mathsf{Z}$ den Winkel $\pi/3$, in $\overset{\circ}{\mathsf{Z}}$ den Winkel 0 mit der reellen Achse bildet. Daß sich im übrigen die Tangente stets in demselben Sinne ändert [d. h., daß $\overset{\circ}{C}(\mathsf{Z})$ wendepunktfrei ist], wird eine wesentlich spätere Feststellung sein (IV [134]).

Vervollständigen wir nun durch Spiegelung die ganze Abbildung, so entstehen folgende Bilder (Abb. 15a, 15b, 15b′).

Die längs $\pm i$ wie oben aufgeschnittene Z-Ebene, aus welcher der von der Acht-Kurve und ihrer Spiegelung am Einheitskreis begrenzte Teil herausgenommen ist, wird also durch den Hauptwert des Integrals (40b) umkehrbar eindeutig auf den mit zwei Schlitzen versehenen Parallelstreifen $-\pi \leqq L \leqq +\pi$ der M-Ebene abgebildet (Abb. 15c).

Die Abbildung ist konform außer in den Punkten $\mathsf{Z} = \pm i$ und $\mathsf{Z} = 0, \infty$. Die beiden durch das Herausschneiden der Acht-Kurve

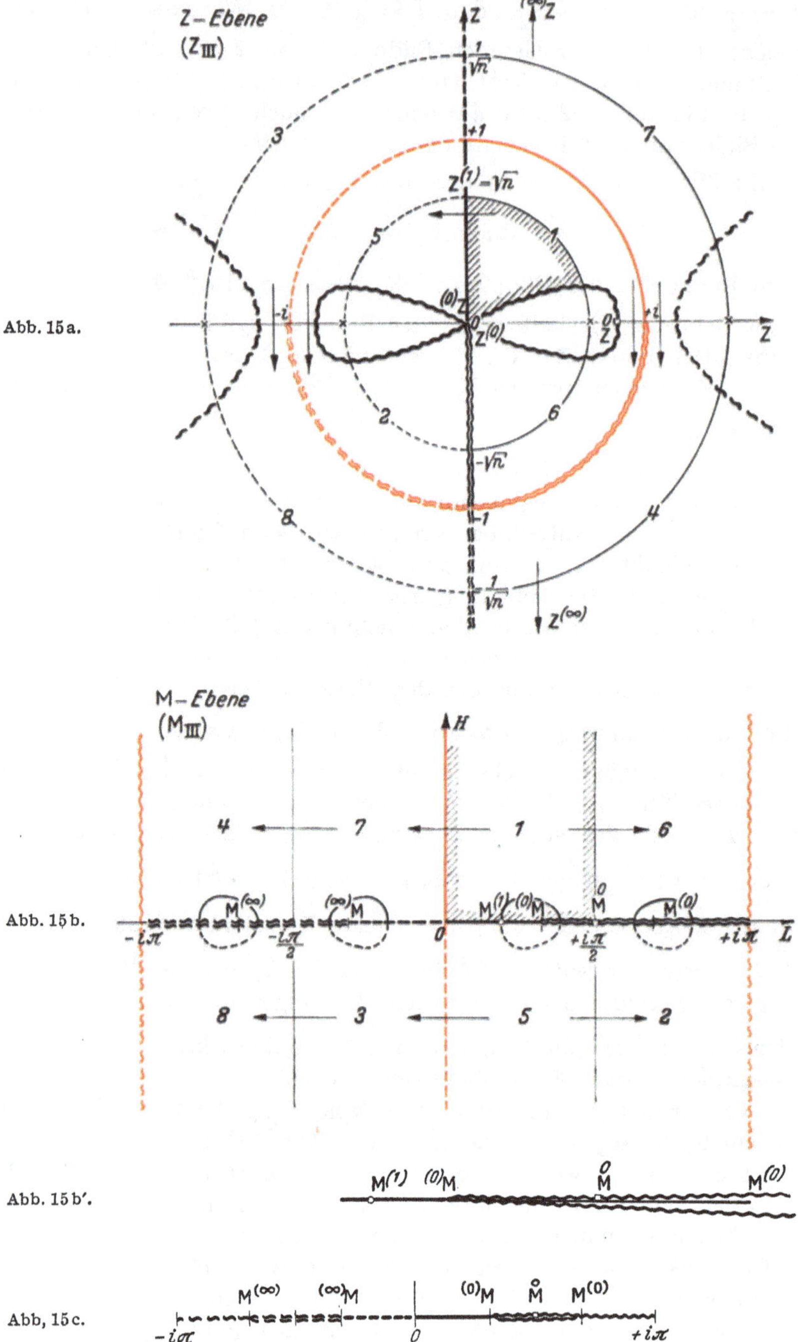

Abb. 15a.

Abb. 15b.

Abb. 15b′.

Abb. 15c.

entstehenden Randpunkte bei $\mathsf{Z} = 0$ unterscheiden wir durch ${}^{(0)}\mathsf{Z}$ und $\mathsf{Z}^{(0)}$; ihre Bilder sind ${}^{(0)}\mathsf{M}$ und $\mathsf{M}^{(0)}$. Analog entstehen durch Herausschneiden der am Einheitskreis gespiegelten Acht-Kurve zwei Randpunkte bei $\mathsf{Z} = \infty$, die wir durch ${}^{(\infty)}\mathsf{Z}$ und $\mathsf{Z}^{(\infty)}$ unterscheiden; ihre Bilder sind ${}^{(\infty)}\mathsf{M}$ und $\mathsf{M}^{(\infty)}$. Dem Winkel $2\pi/3$ bei ${}^{(0)}\mathsf{Z}$, $\mathsf{Z}^{(0)}$, ${}^{(\infty)}\mathsf{Z}$, $\mathsf{Z}^{(\infty)}$ entspricht jeweils ein Winkel von 2π im Bildpunkt.

Im Hinblick auf das Folgende ist noch eine Zerschneidung längs der negativen reellen Z-Achse und des entsprechenden Bildes in der M-Ebene ausgeführt (Abb. 15a, 15b, 15b′). Die so aufgeschnittene Z- und M-Ebene kennzeichnen wir durch Z_{III}, M_{III}.

c) Konforme Abbildung des Sphäroids durch die komplexe Breite B.

Das Sphäroid werde längs $L = \pm\pi$ aufgeschnitten, dann im Ost- und Westpunkt eingekerbt, und zwar bei $L = \pi/2$ längs des Äquators von $L = \frac{(1-e)\pi}{2}$ bis $L = \frac{(1+e)\pi}{2}$, analog im Westpunkt von $L = -\frac{(1-e)\pi}{2}$ bis $L = -\frac{(1+e)\pi}{2}$. Von den Endstellen der Kerbe $L = \pm\frac{(1+e)\pi}{2}$ führen wir noch je einen Schnitt längs des Äquators bis $L = \pm\pi$. Die so entstehende berandete, einfach zusammenhängende Fläche bezeichnen wir als „Sphäroid$_{III}$".

Durch die komplexe Variable M wird „Sph$_{III}$" auf den Parallelstreifen der M-Ebene abgebildet, wie ihn Abb. 15b zeigt, wobei längs der L-Achse je ein Schnitt von $L = \frac{(1+e)\pi}{2}$ ($\mathsf{M}^{(0)}$) bis $L = +\pi$ und von $L = -\frac{(1+e)\pi}{2}$ ($\mathsf{M}^{(\infty)}$) bis $L = -\pi$ geführt ist (M_{III}). Durch die Funktion $\mathsf{Z} = \mathsf{Z}(\mathsf{M})$ wird M_{III} auf die Z-Ebene, aus welcher der von der Acht-Kurve und ihrem Spiegelbild begrenzte Teil herausgeschnitten zu denken ist, konform abgebildet. Die genannten Kurven entsprechen den beiden Kerbschnitten; den Rändern $L = \pm\pi$ des M-Streifens entsprechen die Ufer des Schnittes von $\mathsf{Z} = +i$ nach $-i$ längs der unteren Hälfte des Einheitskreises, schließlich ist Z noch längs der negativen reellen Achse (von $\mathsf{Z}^{(0)}$ bis $\mathsf{Z} = -1$ und von $\mathsf{Z}^{(\infty)}$ bis $\mathsf{Z} = -1$) entsprechend den Schnitten von $\mathsf{M}^{(0)}$ bis $\mathsf{M} = i\pi$ und von $\mathsf{M}^{(\infty)}$ bis $\mathsf{M} = -i\pi$ aufzuschneiden (Z_{III}). Jetzt brauchen wir nur noch die bekannte Abbildung $e^{i\mathsf{B}} = \mathsf{Z}$ auszuführen, um die konforme Abbildung des Sphäroids auf die B-Ebene, genauer „Sph$_{III}$" $\to \mathsf{B}_{III}$, zu erhalten. Zum Vergleich stellen wir den Streifen M_{III} als Ersatz für Sph$_{III}$ und das Bild B_{III} nebeneinander (Abb. 16a, b).

Das durch die komplexe Breite entworfene konforme Abbild des Sphäroids (Sph$_{III}$) ist also ein horizontaler Parallelstreifen, begrenzt von $\mathsf{B}' = \pm\pi$, der längs der reellen Achse je von $\mathsf{B}' = \pm\frac{\pi}{2}$ bis $\pm\pi$ aufgeschnitten ist und aus dem durch das Bild der Acht-Kurve und ihrer Spiegelung vier zu den Achsen symmetrisch gelegene Flächenteile herausgeschnitten zu denken sind. Entsprechend der Einmündung der Acht-Kurve in ${}^{(0)}\mathsf{Z}$ unter dem Winkel $\pi/3$ gegen die reelle Z-Achse nähert sich der betreffende Bildast in der B-Ebene asymptotisch der Geraden $\mathsf{B}' = \pi/3$.

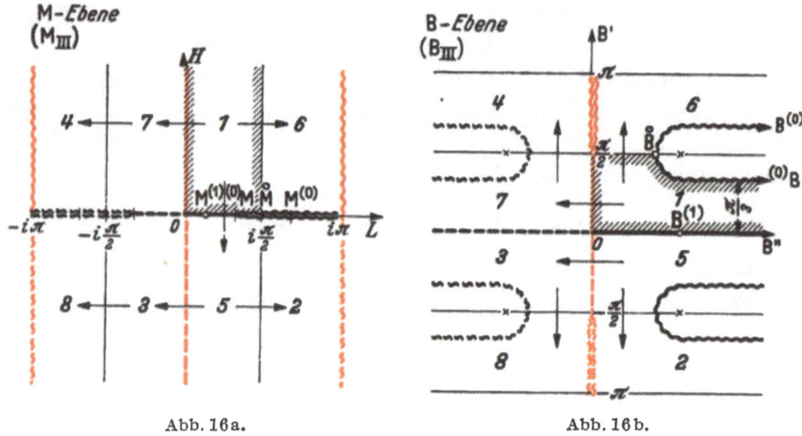

Abb. 16a. Abb. 16b.

II, 4 Der Zusammenhang zwischen Γ und B (bzw. Z) für Kugel und Späroid.

II, 4_1 Kugel: Zusammenhang $\gamma \longleftrightarrow \beta$.

Auf der Kugel ist wegen (22) $d\gamma/d\beta = a$, $\gamma = a\beta$ der normierte komplexe Meridianbogen $\dot{\gamma} = \gamma/a = \beta$ gleich der komplexen Breite.

II, 4_2 Sphäroid: Zusammenhang $\Gamma \longleftrightarrow \mathsf{B}$ (Z).

Konforme Abbildung des Sphäroids durch den komplexen Bogen Γ bzw. $\dot{\Gamma}$ (Gauß-Krüger-Abbildung).

Nach (22) und I (79) haben wir auf dem Sphäroid für den komplexen Bogen die definierende Differentialgleichung

$$\frac{d\Gamma}{d\mathsf{Z}} = \frac{d\Gamma}{d\mathsf{B}} \cdot \frac{1}{i\mathsf{Z}} = M(\mathsf{Z}) \cdot \frac{1}{i\mathsf{Z}} = \frac{a+b}{2}(1-n^2)^2 F^{-3/2}(\mathsf{Z}) \cdot \frac{1}{i\mathsf{Z}}$$

und daher durch Integration

$$\Gamma = \frac{a+b}{2}(1-n^2)^2 \int\limits_1^{\mathsf{Z}} \frac{\mathsf{Z}^3}{\left[n(\mathsf{Z}^2+n)\left(\mathsf{Z}^2+\frac{1}{n}\right)\right]^{3/2}} \cdot \frac{d\mathsf{Z}}{i\mathsf{Z}} = \frac{a+b}{2}(1-n^2)^2 \cdot V(\mathsf{Z}). \quad (43)$$

Das ist dieselbe Funktion $\Gamma = \Gamma(\mathsf{Z})$ wie die bereits im ersten Abschnitt behandelte Meridianbogenfunktion $G = G(Z)$ über der komplexen Z-Ebene [I, (79)]. Nur der Variabilitätsbereich von $\mathsf{Z} = \mathsf{Z}(\mathsf{M})$ ist ein anderer als derjenige von Z, welchen wir bei der Betrachtung der konformen Abbildung $Z \to G$ (I, Abb. 7a, b, c [45, 46]) auf den Bereich $Z_{(1)}$ beschränkt hatten. Um von da zu dem (dem Sph$_{\rm III}$ entsprechenden) Bereich $\mathsf{Z}_{\rm III}$ zu kommen, müssen wir noch längs der unteren Hälfte des Einheitskreises aufschneiden und aus $Z_{(1)}$ das durch die Acht-Kurve und ihr Spiegelbild am Einheitskreis begrenzte Gebiet herausschneiden (Abb. 15a). Die Verzweigungsschnitte von $Z_{(1)}$, die in dieses Gebiet hineinfallen, verschwinden damit von selbst.

Wollen wir nun die konforme Abbildung: Sphäroid (Sph$_{\rm III}$) → Γ-Ebene gewinnen, so muß zunächst in der V-Ebene (I, Abb. 6, 7a [44, 45]) das Bild der Acht-Kurve $\overset{\circ}{C}$ samt ihrem Spiegelbild entworfen und der davon begrenzte Teil entfernt werden. Das Ganze ist dann noch mit dem konstanten Faktor $\frac{a+b}{2}(1-n^2)^2$ ähnlich zu vergrößern.

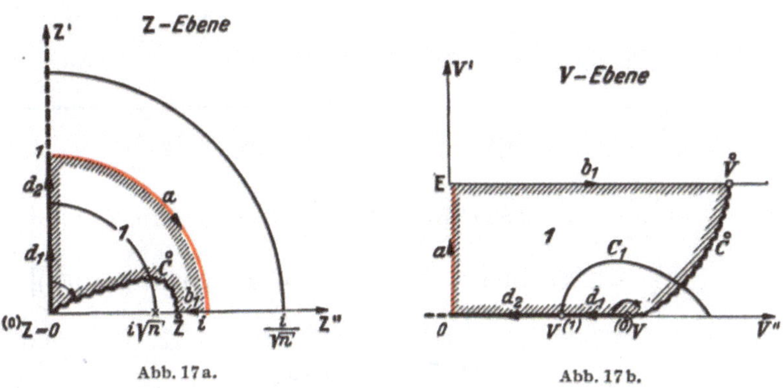

Abb. 17a. Abb. 17b.

Da die Acht-Kurve $\overset{\circ}{C}$ in $^{(0)}\mathsf{Z}$ mit einem Winkel $\pi/3$ gegen d_1 beginnt, und bei der Abbildung in $\mathsf{Z} = 0$ eine Verdreifachung der Winkel stattfindet, beginnt das Bild von $\overset{\circ}{C}$ in $^{(0)}V$ mit derselben Tangentenrichtung wie d_1, also horizontal und endet in $\overset{\circ}{V}$ infolge der Konformität vertikal. Daß sich auf dem ganzen Weg $^{(0)}V \ldots \overset{\circ}{V}$ die Tangente an $\overset{\circ}{C}$ sich stets in demselben Sinne dreht, werden wir später beweisen (IV [154]). Damit ist jener Teil vom Bereich 1 in der V-Ebene (I, Abb. 6 [44]), der bei den nachfolgenden Spiegelungen zu einer *mehrfachen* Überdeckung führte, weggefallen.

Definieren wir schließlich den *normierten* komplexen Meridianbogen durch

$$\dot{\Gamma} = \frac{1}{G^{(m)}}\Gamma = \frac{1}{c_0^{(-3/2)}}V = \frac{\pi}{2\mathsf{E}}V = \frac{\pi}{2\mathsf{E}}\int\limits_1^{\mathsf{Z}} \frac{\mathsf{Z}^3}{\left[n(\mathsf{Z}^2+n)\left(\mathsf{Z}^2+\frac{1}{n}\right)\right]^{3/2}}\frac{d\mathsf{Z}}{i\mathsf{Z}} \qquad (44)$$

(vgl. I (95) [50]),

so wird die konforme Abbildung des Sphäroids Sph_{III} bzw., als Ersatz, der M_{III}-Ebene, auf die $\dot{\Gamma}$-Ebene ($\dot{\Gamma}_{III}$) durch die folgende Abbildung beschrieben[24]

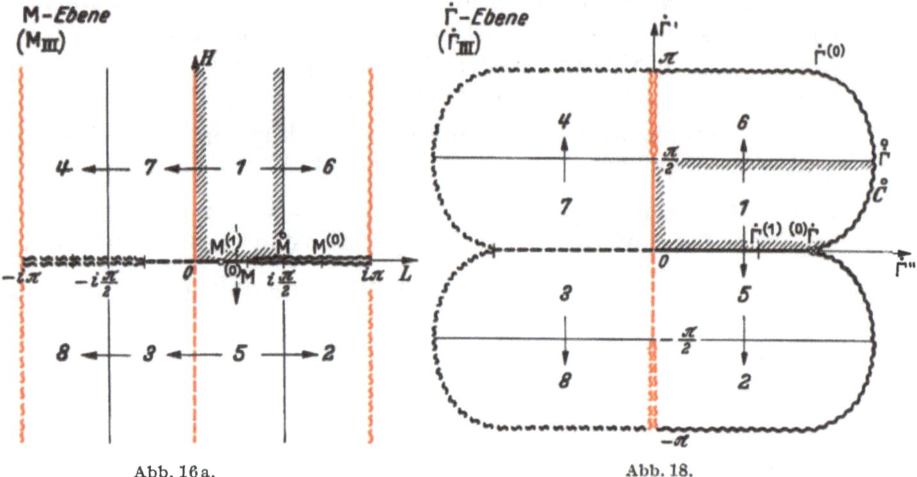

Abb. 16a. Abb. 18.

$$\dot{\Gamma}^{(0)} = \pi + \frac{i\pi E'}{2E} = \pi + 2.889\,370\,i \qquad \dot{\Gamma}^{(1)} = \frac{i\pi E_1'}{2E} = 2.715\,105\,i,$$

$$^{(0)}\dot{\Gamma} = \frac{i\pi}{2}\cdot\frac{E'}{E} = 2.889\,370\,i \qquad \overset{0}{\dot{\Gamma}} = \frac{\pi}{2} + 4.079\,118\,i \text{ (V [205])} \qquad (44a)$$

II, 5 Anhang: Übersicht über die in Abschnitt I und II eingeführten komplexen Variablen, besonderen Punkte, Kurven und Bereiche.

1. Variable auf einer beliebigen Drehfläche.

B geographische Breite; L geographische Länge;

B-Ebene: in das Komplexe ausgedehnte B-Werte; $Z = e^{iB}$;

G Meridianbogen, $G = \frac{G}{G^{(m)}}$ normierter Meridianbogen;

---

[24] Diese Abbildung hat auf ganz anderem Wege (unter Benutzung des Kalküls der Jakobischen elliptischen Funktionen) K. Ludwig [1] S. 214 erhalten. Wird seine Bildebene mit Γ_L bezeichnet, so ist $\Gamma = a\Gamma_L = G^{(m)}\dot{\Gamma}$, also

$$\Gamma_L = \frac{1}{a} G^{(m)}\dot{\Gamma} = \frac{(M_0)}{1+n}\dot{\Gamma} \text{ (I (38a) [19]).}$$

Alle bei K. Ludwig gegebenen Werte sind daher mit

$$\frac{1+n}{(M_0)} = 1 + n - \frac{n^2}{4} - \frac{n^3}{4} + \frac{3}{64}n^4 + \frac{3}{64}n^5 + \cdots = 1.0016\,7348\,2904\,36$$

zu multiplizieren, um die entsprechenden Werte für die $\dot{\Gamma}$-Ebene zu erhalten.

G- bzw. $\dot{G}$-Ebene: in das Komplexe ausgedehnte G- bzw. $\dot{G}$-Werte $C = e^{i\dot{G}}$;

V-Ebene: $V = c_0^{(-3/2)}\dot{G}$ Ebene des elliptischen Integrals 2. Gattung.

Komplexe Grund-Flächenvariable:

$\mathsf{A} = \mathsf{M} = H + iL$ komplexe Länge (Merkator-Variable);
B komplexe Breite II (21) [74];
Γ komplexer Meridianbogen (Gauß-Krüger-Variable) II (22) [74];
$\dot{\Gamma}$ normierter komplexer Meridianbogen II (44) [89].

Abgeleitete bzw. Hilfsvariable:

$\mathsf{H} = -e^{-\mathsf{M}}$ stereographische Variable II [73];
$\mathsf{Z} = e^{i\mathsf{B}}$ zentrale Variable II [73];
$\Theta = e^{i\Gamma}$ bzw. $\dot{\Theta} = e^{i\dot{\Gamma}}$ II [73].

Zwischen komplexer B-Ebene und komplexer Breite B besteht folgender begrifflicher Unterschied: Die reelle geographische Breite wird in eine komplexe B-Ebene fortgesetzt, um die Konvergenzbereiche der Entwicklungen ihrer Funktionen $f(B)$ übersehen zu können. Die komplexe Variable $\mathsf{B} = \mathsf{B}' + i\mathsf{B}''$ ist eine komplexe Flächenvariable, in der das Linienelement mit $(\mathsf{B}', \mathsf{B}'')$-Parameterwerten die isotherme Gestalt erhält: $ds^2 = \lambda^2(d\mathsf{B}'^2 + d\mathsf{B}''^2)$. Entsprechendes gilt für $iL \longleftrightarrow \mathsf{M}$, $G \longleftrightarrow \Gamma$, $\dot{G} \longleftrightarrow \dot{\Gamma}$.

Auf der *Kugel* werden sämtliche Variable durch entsprechende *kleine* Buchstaben gekennzeichnet.

2. Sphäroid.

$\mathfrak{A}$ Äquator,
$\mathfrak{A}'$ Äquatorstück $\left(L = +\frac{\pi}{2} \cdots \pi \cdots + \frac{3\pi}{2}\right)$ (s. $\mathrm{Sph}_{\mathrm{II}}$),
$\mathfrak{H}$ Null- (Haupt-) Meridian $(L = 0)$, $\mathfrak{H}'$ Gegenmeridian $(L = \pm\pi)$.
Auf $\mathfrak{H}$ liegen: **N** Nordpol, **S** Südpol,
auf $\mathfrak{A}$ liegen: $\Omega\,(L = 0)$, **O** $\left(L = \frac{\pi}{2}\right)$ Ostpunkt,
$\Omega'\,(L = \pm\pi)$, **W** $\left(L = -\frac{\pi}{2}\right)$ Westpunkt;
$\overset{\mathrm{o}}{C}$ Äquatorstück $L = \frac{1-e}{2}\pi \cdots \frac{\pi}{2} \cdots \frac{(1+e)\pi}{2}$,
$\overset{\mathrm{w}}{C}$ Äquatorstück $L = \frac{-(1-e)\pi}{2} \cdots -\frac{\pi}{2} \cdots \frac{-(1+e)\pi}{2}$,
Sph Sphäroid = Erddrehellipsoid,
$\mathrm{Sph}_{\mathrm{I}}$ Sphäroid mit Schnitt längs $\mathfrak{H}'$,
$\mathrm{Sph}_{\mathrm{II}}$ Sphäroid mit Kreuzschnitt längs $\mathfrak{H}'$ und $\mathfrak{A}'$,
$\mathrm{Sph}_{\mathrm{III}}$ Sphäroid $\mathrm{Sph}_{\mathrm{II}}$ mit Einkerbungen längs $\overset{\mathrm{o}}{C}$ und $\overset{\mathrm{w}}{C}$.

3. Bilder.

M_I (μ_I) Abb. 11a [77]	B_I
M_{II} (μ_{II}) Abb. 12a [78]	B_{II} (β_{II}) Abb. 12b [78]
M_{III} Abb. 15b [86], Abb. 16a [88]	B_{III} Abb. 16b [88]
Γ_I	Z_I (ζ_I) Abb. 11a [77]
Γ_{II}	Z_{II} (ζ_{II})
Γ_{III} bzw. $\dot{\Gamma}_{III}$ Abb. 18 [90]	Z_{III} Abb. 15a [86]

Äquatorschlitz $\overset{\circ}{C}$ am Ostpunkt mit Bildern.

${}^{(0)}\mathsf{M}$ $\overset{\circ}{\mathsf{M}}$ $\mathsf{M}^{(0)}$

in $\mathsf{A} = \mathsf{M}$: $\overset{\circ}{C}(\mathsf{M})$

$${}^{(0)}\mathsf{M} = \frac{i(1-e)\pi}{2} \qquad \underline{\overset{\circ}{\mathsf{M}} = \frac{i\pi}{2}(\square)}\,^{25} \qquad \mathsf{M}^{(0)} = \frac{i(1+e)\pi}{2}$$

$$= 1.442\,467\,i \qquad = 1.570\,796\,i \qquad = 1.699\,125\,i$$

II (41a) [82] II, Abb. 15b [86]

in B: $\overset{\circ}{C}(\mathsf{B})$ rechte Randkurve, zerfällt in zwei Stücke II, Abb. 16b [88]

$${}^{(0)}\mathsf{B} = \infty \qquad \overset{\circ}{\mathsf{B}} = \frac{\pi}{2} - i\lg(k\sqrt{n}) \qquad \mathsf{B}^{(0)} = \infty$$

$$= \frac{\pi}{2} + 3.014\,406\,i$$

II (41c) [83]

in $\dot{\Gamma}$: $\overset{\circ}{C}(\dot{\Gamma})$ rechte Randkurve II, Abb. 18 [90]

$${}^{(0)}\dot{\Gamma} = \frac{i\pi \mathsf{E}'}{2\mathsf{E}} \qquad \overset{\circ}{\dot{\Gamma}} = \qquad \dot{\Gamma}^{(0)} = \pi + {}^{(0)}\dot{\Gamma}$$

$$= 2.889\,370\,i \qquad = \frac{\pi}{2} + 4.079\,118\,i$$

II (44a) [90] V [205] II, Abb. 18 [90]

in Z: $\overset{\circ}{C}(\mathsf{Z})$ „Acht-Kurve"

$$\underline{{}^{(0)}\mathsf{Z} = 0(\circledast)}\,^{26} \qquad \overset{\circ}{\mathsf{Z}} = ik\sqrt{n} = 0.049\,075\,i \qquad \underline{\mathsf{Z}^{(0)} = 0}$$

$$= 1.199\,384\,\sqrt{n}\,i$$

II (41c) [83] II, Abb. 14a [84] am anderen Schnittufer gelegen.

[25] Die erste Definition eines Wertes bzw. Punktes bei allen Abbildungen wird unterstrichen und mit Signatur versehen.

[26] ${}^{(0)}\mathsf{Z}$ ist nicht im strengen Sinne Bildpunkt von ${}^{(0)}\mathsf{B}$, sondern asymptotischer Wert: ${}^{(0)}\mathsf{Z} = \lim_{\mathsf{B} \to +i\infty} e^{i\mathsf{B}}$. Wir erlauben uns trotzdem, hier und in ähnlichen Fällen vom „Bild" zu sprechen und dieselbe Bezeichnung zu verwenden.

4. Bereiche.

$\mathfrak{Z}$ zweiblättrige Riemannsche Fläche über der Z-Ebene mit den vier Verzweigungspunkten $Z = \pm i\sqrt{n},\ \pm \frac{i}{\sqrt{n}}$ I, Abb. 4 [42]:

$Z_{(1)}$ Erstes Blatt von $\mathfrak{Z}$ mit Schnitt längs $\mathfrak{H}'$, I, Abb. 7a [45],

$\overline{B}_{(1)}$ Bild von $Z_{(1)}$ in der B-Ebene, I, Abb. 7b [45],

$B_{(1)}$ periodisch nach beiden Seiten wiederholter Streifen $\overline{B}_{(1)}$,

$\overline{V}_{(1)}$ Bild von $Z_{(1)}$ in der V-Ebene, I, Abb. 6 [44],

$V_{(1)}$ periodisch nach beiden Seiten wiederholter Streifen $\overline{V}_{(1)}$, I, Abb. 7c [46].

$\mathfrak{B}_1$ Bereich; C_1 Randkurvenstück im Teilgebiet **1**; $\mathbf{P}^{(1)}$, $\mathbf{P}^{(1')}$ Endpunkte von C_1:

in B: $\mathfrak{B}_1^\infty(B)$ Streifen $+\lg\sqrt{n} < \mathfrak{Im}(B) < -\lg\sqrt{n}$, I (26a) [13],

$\overline{\mathfrak{B}}_1(B)$ Teilstück von $\mathfrak{B}_1^\infty(B)$ mit $-\pi \leqq \mathfrak{Re}(B) \leqq +\pi$, I (26a) [13],

$\mathfrak{B}_1(B)$ oberer und unterer Rand von $\overline{\mathfrak{B}}_1(B)$ werden identifiziert, I (26a) [13],

$C_1(B)$ rechtes Randstück $B'' = -\lg\sqrt{n}$ mit den Endpunkten $B^{(1)} = +\frac{1}{i}\lg\sqrt{n}$, $B^{(1')} = \frac{\pi}{2} + \frac{1}{i}\lg\sqrt{n}$, I (27a), (27b) [13];

in B: Bezeichnungen und Werte wie in B, aber B durch B ersetzt;

in Z: $\mathfrak{B}_1(Z)$ Ring $\sqrt{n} < |Z| < \frac{1}{\sqrt{n}}$ I (26b) [13],

$\overline{\mathfrak{B}}_1(Z)$ längs der negativen reellen Achse aufgeschnittener Ring $\mathfrak{B}_1(Z)$ I (26b) [13],

$\mathfrak{B}_1^\infty(Z)$ unendlich oft überlagerter Ring I (26b) [13],

$C_1(Z)$ Kreisbogen $|Z| = \sqrt{n}$ mit den Endpunkten $Z^{(1)} = \sqrt{n}$, $Z^{(1')} = i\sqrt{n}$, I (27a) [13];

in Z: Bezeichnungen und Werte wie in Z, aber Z durch Z ersetzt;

in M: $\overline{\mathfrak{B}}_1(\mathsf{M})$ Bildbereich von $\overline{\mathfrak{B}}_1(\mathsf{Z})$ II, Abb. 14b [84],

$C_1(\mathsf{M})$ Bildkurve von $C_1(\mathsf{Z})$ mit den Endpunkten

$$\mathsf{M}^{(1)} = \frac{i\pi}{2} - 2i\,\mathrm{arctg}\sqrt{n} - ie\,\mathrm{arctg}\sqrt{1-e^2}$$

$$\mathsf{M}^{(1')} = \infty \qquad \text{II (41b) [82];}$$

in V: $\overline{\mathfrak{B}}_1(V)$ Bildbereich von $\overline{\mathfrak{B}}_1(Z)$ I, Abb. 7c [46],

$C_1(V)$ Bildkurve von $C_1(Z)$ mit den Endpunkten $V^{(1)} = i\mathsf{E}_1'$, $V^{(1')} = \infty$ I, Abb. 6 [44];

in $\dot{G}$: im Verhältnis $\pi/2\mathsf{E}$ verkleinerte Angaben von V;

in $\dot{\Gamma}$: Bezeichnungen und Werte wie in $\dot{G}$, aber $\dot{G}$ durch $\dot{\Gamma}$, Z durch Z ersetzt.

$\mathfrak{B}_2$ Bereich; C_2 Randkurvenstück im Teilgebiet 1; $\mathbf{P}^{(2)}$, $\mathbf{P}^{(2')}$ Endpunkte von C_2:

in V: $\mathfrak{B}_2^\infty(V)$ Streifen $-\mathsf{E}' < \mathfrak{Im}\, V < +\mathsf{E}'$ I (86) [46],

$\overline{\mathfrak{B}}_2(V)$ Teilstück von $\mathfrak{B}_2^\infty(V)$ mit $-2\mathsf{E} \leqq \mathfrak{Re}(V) \leqq +2\mathsf{E}$ I (86) [46],

$\mathfrak{B}_2(V)$ oberer und unterer Rand von $\overline{\mathfrak{B}}_2(V)$ werden identifiziert I (86) [46],

$C_2(V)$ rechtes Randstück $V'' = +\mathsf{E}'$ mit den Endpunkten $V^{(2)} = i\mathsf{E}'$, $V^{(2')} = \mathsf{E} + i\mathsf{E}'$ I, Abb. 7c [46];

in $\dot{G}$: im Verhältnis $\pi/2\mathsf{E}$ verkleinerte Angaben von V;

in $\dot{\Gamma}$: Bezeichnungen und Werte wie in $\dot{G}$, aber $\dot{G}$ durch $\dot{\Gamma}$ ersetzt;

in D: $\mathfrak{B}_2(D)$ Ring $\sqrt{n'} < D < \frac{1}{\sqrt{n'}}$ mit $\sqrt{n'} = e^{-\frac{\mathsf{E}\pi}{2\mathsf{E}}}$ I Abb. 8b [52],

$\overline{\mathfrak{B}}_2(D)$ längs der negativen reellen Achse aufgeschnittener Ring $\mathfrak{B}_2(D)$, I, Abb. 8b [52],

$\mathfrak{B}_2^\infty(D)$ unendlich oft überlagerter Ring.

III. Abschnitt.

Zwischenstück: Konforme Abbildung zweier Ebenen.

III, 1 Eigenschaften im „Kleinen".

III, 1_1 Abbildungs- und Netzgrößen.

Die Untersuchung der Projektionen im II. Abschnitt kann noch nicht als abgeschlossen gelten. Sie muß nach der geometrischen wie analytischen Seite wesentlich ergänzt werden, was in den Abschnitten IV und V geschieht. Hier schalten wir ein Zwischenstück über die konforme Abbildung zweier Ebenen ein, welches zugleich als Vorbereitung für die später (Abschnitt XVII) zu betrachtende Abbildung zweier beliebiger Flächen aufeinander dient.

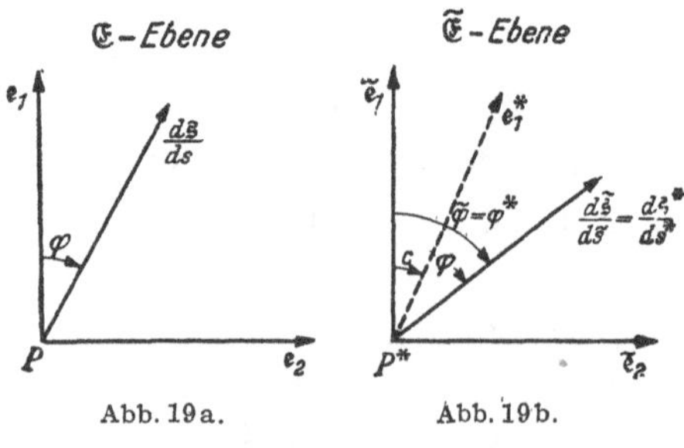

Abb. 19a. Abb. 19b.

Es seien zwei Ebenen $\mathfrak{E}(z = x + iy)$ und $\tilde{\mathfrak{E}}(\tilde{z} = \tilde{x} + i\tilde{y})$ gegeben und es werde ein gewisser Bereich $\mathfrak{B}$ von $\mathfrak{E}$ durch eine in $\mathfrak{B}$ reguläre analytische Funktion
$$\tilde{z} = z^* = f(z) \tag{1}$$

auf den Bereich $\mathfrak{B}^*$ konform abgebildet ($\mathbf{P} \to \mathbf{P}^*$). Der Bildvektor $\mathfrak{e}_1^*$ ist dabei der Tangentenvektor an die Bildkurve der Geraden $y = \text{const.}$ durch $\mathbf{P}$, der Bildvektor $d\mathfrak{s}^*/ds^*$ Tangentenvektor des Bildes einer beliebigen durch $\mathbf{P}$ mit der Richtung $d\mathfrak{s}$ laufenden Kurve. In den Punkten mit verschwindender Ableitung bis zur $(n-1)$-ten Ordnung

$$f' = f'' = \cdots = f^{(n-1)}(z) = 0, \qquad f^{(n)}(z) \neq 0,$$

werden die Winkel ver-n-facht. An der Stelle $\mathbf{P}$ mit $f'(z)$ 0 haben wir die *Abbildungsgrößen* (m, c):

$$\left.\begin{aligned} m &= |f'(z)| \quad \text{Abbildungsmodul} = \text{(lokales) Vergrößerungsverhältnis}, \\ c &= \arg f'(z) \quad \text{Abbildungsargument} = \text{(lokale) Bildverschwenkung}, \end{aligned}\right\} \qquad (2)$$

deren geometrische Bedeutung aus den Gleichungen folgt

$$dz^* = f'(z)\,dz \quad \begin{cases} |dz^*| = m\,|dz|, \\ \arg dz^* = \varphi^* = \arg dz + c = \varphi + c \end{cases} \qquad (1\text{a})$$

oder aus der Beziehung von Linienelement und Bild-Linienelement

$$d\mathfrak{s} \begin{cases} |d\mathfrak{s}| = ds \\ \arg d\mathfrak{s} = \varphi \end{cases} \to\ d\tilde{\mathfrak{s}} = d\mathfrak{s}^* \begin{cases} |d\mathfrak{s}^*| = ds^* = m\,ds, \\ \arg d\mathfrak{s}^* = \varphi^* = \varphi + c. \end{cases} \qquad (3)$$

Zur Berechnung von (m, c) dient

$$\left.\begin{aligned} m^2 &= f'(z)\cdot\overline{f'(z)} = |f'(z)|^2, \\ c &= \frac{1}{2i}\lg\{f'(z) : \overline{f'(z)}\} \quad \text{bzw.} \quad \cos 2c = \Re\left(\frac{f'}{\bar{f}'}\right), \quad \sin 2c = \Im\left(\frac{f'}{\bar{f}'}\right). \end{aligned}\right\} \qquad (2\text{a})$$

Man kann $z^* = f(z)$ auch als *Transformation* in *derselben* Ebene $\mathfrak{E}$ deuten. Dabei wird der Punkt $\mathbf{P}$ festgehalten

$$\mathbf{P}(x, y) = \mathbf{P}(x^*, y^*)$$

und das Linienelement $d\mathfrak{s}$ einmal auf die alte Netzrichtung $\mathfrak{e}_1$, zum anderen auf die Tangentenrichtung $\tilde{\mathfrak{e}}_1$ der Kurve $y^* = \text{const,}$ durch $\mathbf{P}$ bezogen.

Für die neuen Netzparameter (x^*, y^*) gilt

$$\left.\begin{aligned} d\tilde{s}^2 &= ds^2 = \lambda^2\,dz^*\,d\bar{z}^* \qquad & \lambda &= \frac{1}{m}, \\ \arg d\tilde{\mathfrak{s}} &= \tilde{\varphi} = \varphi - \nu & \nu &= -c \end{aligned}\right\} \qquad (4)$$

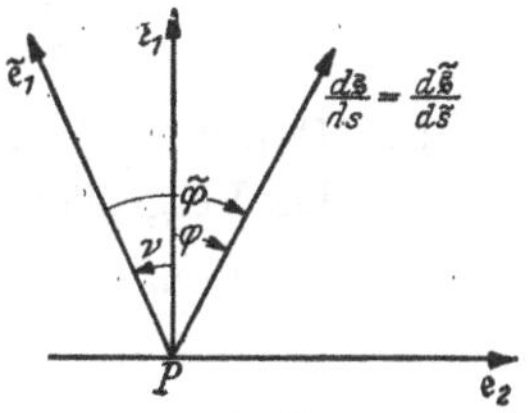

mit den *Netz-* (*Parameter-*) *Größen* (λ, ν)

$$\left.\begin{aligned} \lambda &= \text{reziproke „Netzdichte"}, \\ \nu &= \text{„Netzverschwenkung"}, \end{aligned}\right\} \qquad (5)$$

Abb. 20
Alte Netzparameter (x, y), neue Netzparameter (x^*, y^*).

d. i. der Winkel, um welchen die alte 1-Netzrichtung geschwenkt werden muß, um in die neue 1-Netzrichtung zu kommen. Im Gegensatz zu der Auffassung eines „aktiven" Überganges $z \to \tilde{z}$ der $\mathfrak{E}$-Ebene auf die

$\tilde{\mathfrak{E}}$-Ebene spricht man bei der Koordinatentransformation in einer Ebene von „passiver" Deutung. Das Bogenelement hat in den alten Netzlinien die Gestalt $ds^2 = dx^2 + dy^2$; in den neuen gilt nach (4)

$$ds^2 = \lambda^2 (dx^{*2} + dy^{*2}).$$

Beide Koordinatennetze sind daher isotherm [vgl. II (19)].

Der Transformation für das Differential dz stellen wir noch diejenige für den

$$\left.\begin{aligned} &\text{Differentialoperator 1. Ordnung } \frac{\partial}{\partial z} = \frac{\partial}{\partial x} + \frac{1}{i}\frac{\partial}{\partial y} \\ &\text{und den Differentialoperator 2. Ordnung } \frac{\partial}{\partial z}\left(\overline{\frac{\partial}{\partial z}}\right) = \Delta_{xy} = \frac{\partial^2}{\partial x^2} + \frac{\partial^2}{\partial y^2} \end{aligned}\right\} \quad (6)$$

gegenüber. Es ist

$$\left.\begin{aligned} dz &= \frac{dz}{dz^*}\, dz^* & \frac{\partial}{\partial z} &= \frac{dz^*}{dz}\frac{\partial}{\partial z^*}, \\ dz\,\overline{dz} &= ds^2 = \frac{1}{|f'(z)|^2}\, dz^*\,\overline{dz^*} & \frac{\partial}{\partial z}\left(\overline{\frac{\partial}{\partial z}}\right) &= \Delta_{xy} = |f'(z)|^2 \frac{\partial}{\partial z^*}\left(\overline{\frac{\partial}{\partial z^*}}\right) \\ &= \frac{1}{m^2}\, ds^{*2} & &= m^2 \Delta_{x^* y^*}. \end{aligned}\right\} \quad (7)$$

Beweis:

$$\overline{\frac{\partial}{\partial z}} = \overline{\frac{dz^*}{dz}}\;\overline{\frac{\partial}{\partial z^*}}, \qquad \frac{\partial}{\partial z}\left(\overline{\frac{\partial}{\partial z}}\right) = \frac{\partial}{\partial z}\left(\overline{\frac{dz^*}{dz}}\right)\overline{\frac{\partial}{\partial z^*}} + \overline{\frac{dz^*}{dz}}\;\frac{\partial}{\partial z}\left(\overline{\frac{\partial}{\partial z^*}}\right).$$

Bei einer analytischen Funktion hängt die Ableitung nicht von der Differentiationsrichtung ab. Daher gilt

$$\frac{dz^*}{dz} = \frac{\partial x^*}{\partial x} + i\frac{\partial y^*}{\partial x} = \frac{1}{i}\frac{\partial x^*}{\partial y} + \frac{\partial y^*}{\partial y},$$

$$\frac{\partial}{\partial z}\left(\overline{\frac{dz^*}{dz}}\right) = \frac{\partial}{\partial x}\left(-\frac{1}{i}\frac{\partial x^*}{\partial y} + \frac{\partial y^*}{\partial y}\right) + \frac{1}{i}\frac{\partial}{\partial y}\left(\frac{\partial x^*}{dx} - i\frac{\partial y^*}{\partial x}\right) = 0.$$

Setzt man dieses Ergebnis oben ein, so folgt schließlich

$$\frac{\partial}{\partial z}\left(\overline{\frac{\partial}{\partial z}}\right) = \overline{\frac{dz^*}{dz}}\;\frac{dz^*}{dz}\;\frac{\partial}{\partial z^*}\left(\overline{\frac{\partial}{\partial z^*}}\right).$$

Ein Punkt $\mathbf{P}_0$ heißt „*Zentralpunkt der Abbildung*" $z^* = f(z)$, wenn in ihm das Vergrößerungsverhältnis stationär ist und den Wert $m = 1$ hat [Bezeichnung: $\dot{\mathbf{P}}_0$]:

$$m = 1, \qquad \frac{\partial m}{\partial x} = \frac{\partial m}{\partial y} = 0. \tag{8}$$

Normiert man die Abbildung so (was immer durch eine Parallelverschiebung und Drehstreckung erreicht werden kann), daß in der Umgebung $\mathfrak{U}(\dot{\mathbf{P}}_0)$ die Potenzreihenentwicklung gilt

$$z^* = 1 \cdot z + a_2 z^2 + a_3 z^3 + \cdots,$$

so wird

$$m^2 = 1 + 2(a_2 z + \overline{a_2 z}) + \cdots,$$

und es folgt aus (8)

$$2m \frac{\partial m}{\partial x}\Big|_{\dot{P}_0} = 4a_2' = 0, \quad 2m \frac{\partial m}{\partial y}\Big|_{\dot{P}_0} = 4a_2'' = 0.$$

Damit hat man in der Umgebung eines Zentralpunktes für die *normierte* Abbildung die Darstellung

$$z^* = z + a_3 z^3 + \cdots \tag{9}$$

Im Hinblick auf die spätere Verallgemeinerung geben wir noch die bekannten — durch Zerspaltung in Real- und Imaginärteil folgenden — Gleichungen an:

Cauchy-Riemannsche Differentialgleichungen 1. Ordnung

$$\frac{\partial x^*}{\partial x} = \frac{\partial y^*}{\partial y}, \quad \frac{\partial x^*}{\partial y} = -\frac{\partial y^*}{\partial x}. \tag{10}$$

Laplacesche Differentialgleichung 2. Ordnung

$$\Delta_{xy}\, x^* = 0, \quad \Delta_{xy}\, y^* = 0. \tag{11}$$

Gleichungen zur Bestimmung der *Abbildungs- bzw. Netzgrößen*

$$\left.\begin{aligned} m\cos c &= \frac{1}{\lambda}\cos\nu = \frac{\partial x^*}{\partial x} = \frac{\partial y^*}{\partial y}, \\ m\sin c &= -\frac{1}{\lambda}\sin\nu = \frac{\partial y^*}{\partial x} = -\frac{\partial x^*}{\partial y}. \end{aligned}\right\} \tag{12}$$

$$\left.\begin{aligned} m^2 &= \frac{1}{\lambda^2} = \left(\frac{\partial x^*}{\partial x}\right)^2 + \left(\frac{\partial y^*}{\partial x}\right)^2 = \left(\frac{\partial x^*}{\partial y}\right)^2 + \left(\frac{\partial y^*}{\partial y}\right)^2, \\ \operatorname{tg} c &= -\operatorname{tg}\nu = \frac{\partial y^*}{\partial x} : \frac{\partial x^*}{\partial x} = -\frac{\partial x^*}{\partial y} : \frac{\partial x^*}{\partial x}. \end{aligned}\right\} \tag{13}$$

Abbildungsgrößen für die umgekehrte Abbildung $z = f^{(-1)}(z^*) = g(z^*)$ sind

$$\left.\begin{aligned} \left|\frac{dz}{dz^*}\right| &= \frac{1}{m} = m^*, \\ \arg\frac{dz}{dz^*} &= -c = c^*. \end{aligned}\right\} \tag{14}$$

III, 1_2 Krümmung und Bildkrümmung.

a) Die Krümmung der ebenen Kurven.

In der (x, y)-Ebene seien die Punkte einer Kurve C in Parameterdarstellung durch ihren Ortsvektor $\mathfrak{x}$ oder in der entsprechenden komplexen Ebene durch z gegeben

$$\mathfrak{x} = \mathfrak{x}(t) = \begin{cases} x(t) \\ y(t) \end{cases} \quad \text{oder} \quad z = x + iy = x(t) + iy(t) = z(t).$$

Wir setzen voraus

$$\dot{\mathfrak{x}} \neq 0 \qquad\qquad \dot{z} \neq 0$$
$$\ddot{\mathfrak{x}} \text{ vorhanden, stetig} \qquad \ddot{z} \text{ vorhanden, stetig.}$$

$\dot{\mathfrak{x}}$, $\dot{z}$ usw. bedeutet die Ableitung nach t; $\mathfrak{x}'$, z' usw. Ableitung nach der Bogenlänge s. Für das Bogenelement der Kurve hat man die beiden Darstellungen

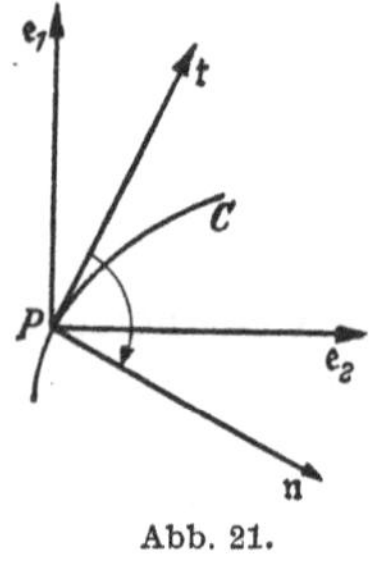

Abb. 21.

$$\left.\begin{aligned} ds^2 &= (\dot{\mathfrak{x}} \circ \dot{\mathfrak{x}})\, dt^2 \;{}^{19} \\ \text{oder} \qquad ds^2 &= |\dot{z}|^2\, dt^2 = (\dot{x}^2 + \dot{y}^2)\, dt^2. \end{aligned}\right\} \tag{15}$$

In einem Punkt **P** von C betrachten wir nun das Paar der Basisvektoren $(\mathfrak{e}_1, \mathfrak{e}_2)$ und das aus Tangenten- und Normalenvektor bestehende begleitende Zweibein $(\mathfrak{t}, \mathfrak{n})$ (Abb. 21). Es ist

$$\begin{aligned} \mathfrak{t} &= \frac{\dot{\mathfrak{x}}}{|\dot{\mathfrak{x}}|} = \mathfrak{x}' = \begin{cases}\cos\psi\\ \sin\psi\end{cases} & & \frac{\dot{z}}{|\dot{z}|} = z' = e^{i\psi}, \\ \mathfrak{n} &= \begin{cases}-\sin\psi\\ \cos\psi\end{cases} & \text{oder} \quad & i z' = e^{i\left(\psi + \frac{\pi}{2}\right)}. \end{aligned} \tag{16}$$

Die *Krümmung* der Kurve wird durch die Änderung des Argumentes mit der Bogenlänge definiert

$$k = \frac{d\psi}{ds} = \pm |z''|. \tag{17}$$

Durch Differentiation von (16) folgen die sog. Frenetschen Formeln

$$\frac{d\mathfrak{t}}{ds} = k\mathfrak{n}, \quad \frac{d\mathfrak{n}}{ds} = -k\mathfrak{t} \quad \text{bzw.} \quad \frac{dz'}{ds} = k i z', \quad \frac{d(iz')}{ds} = -k z'. \tag{18}$$

Der *Krümmungsmittelpunkt* liegt auf der Kurvennormalen im Abstand $1/k$

$$\mathfrak{x} + \frac{1}{k}\mathfrak{n} \quad \text{oder} \quad z + \frac{i}{k} z'. \tag{19}$$

Will man jetzt die Kurvenkrümmung für eine beliebige Parameterdarstellung berechnen, so ergibt sich mit Hilfe der Beziehungen

$$\dot{z} = |\dot{z}|\, e^{i\psi}; \qquad \bar{\dot{z}} = |\bar{\dot{z}}|\, e^{-i\psi}; \qquad \frac{\dot{z}}{\bar{\dot{z}}} = e^{2i\psi} = z'^2$$

aus (17) und (18)

$$k = \frac{d\psi}{ds} = \frac{d}{dt}\left(\operatorname{arctg}\frac{\dot{y}}{\dot{x}}\right) : \frac{ds}{dt} = \frac{\dot{x}\ddot{y} - \ddot{x}\dot{y}}{(\dot{x}^2 + \dot{y}^2)^{3/2}} = \frac{|\dot{\mathfrak{x}}\,\ddot{\mathfrak{x}}|}{(\dot{\mathfrak{x}} \circ \dot{\mathfrak{x}})^{3/2}} \;{}^{27} \tag{20}$$

bzw.

$$k = \frac{1}{i}\frac{z''}{z'} = \frac{1}{2i}\frac{d \lg z'^2}{ds} = \frac{1}{2i}\frac{d}{dt}\lg\frac{\dot{z}}{\bar{\dot{z}}} : \frac{ds}{dt},$$

$$k = \frac{1}{2i}\frac{\ddot{z}\bar{\dot{z}} - \bar{\ddot{z}}\dot{z}}{|\dot{z}|^3} = \frac{\Im\mathrm{m}(\ddot{z}\bar{\dot{z}})}{|\dot{z}|^3} = \frac{1}{|\dot{z}|}\Im\mathrm{m}\left(\frac{\ddot{z}}{\dot{z}}\right). \tag{20a}$$

[27] $|\dot{\mathfrak{x}}\,\ddot{\mathfrak{x}}|$ ist eine Abkürzung für die Determinante $\begin{vmatrix}\dot{x} & \ddot{x}\\ \dot{y} & \ddot{y}\end{vmatrix}$.

Weiter findet man — was wir für den späteren Gebrauch noch anmerken —[28]

$$\frac{dk}{dt} = \frac{1}{|\dot z|}\,\mathfrak{Im}\left\{\frac{\dddot z}{\dot z} - \frac{3}{2}\frac{\ddot z^2}{\dot z^2}\right\} = \frac{1}{|\dot z|}\,\mathfrak{Im}\,(z_s(t)), \tag{21}$$

wobei in der Klammer der sog. „Schwarzsche Differentialausdruck“ $z_s(t)$ steht. Die *Scheitel* der Kurve $dk/dt = 0$ werden damit durch die reellen Lösungen von $\mathfrak{Im}(z_s) = 0$ geliefert, und zwar haben wir, wenn die erste, nicht verschwindende Ableitung von ungerader Ordnung und positiv ist, ein Minimum der Krümmung, wenn sie negativ ist, ein Maximum der Krümmung und bei gerader Ordnung einen Wendepunkt der Krümmung.

b) Die Bildkrümmung[29].

Wir betrachten einen Punkt **P** von C mit $(\mathfrak{e}_1, \mathfrak{e}_2)$, $(\mathfrak{t}, \mathfrak{n})$ und den Bildpunkt **P*** auf der Bildkurve C^* in $\mathfrak{E}^* = \tilde{\mathfrak{E}}$ mit den Basisvektoren $(\tilde{\mathfrak{e}}_1, \tilde{\mathfrak{e}}_2)$ und dem begleitenden Zweibein $(\mathfrak{t}^*, \mathfrak{n}^*)$. Dann ist zunächst

$$C: \quad z = z(t), \qquad\qquad C^*: \quad z^* = f(z(t)) = z^*(t),$$

$$\dot z \begin{cases} |\dot z| = \dfrac{ds}{dt} \\ \arg \dot z = \arg z' = \psi \end{cases} \qquad \dot z^* \begin{cases} |\dot z^*| = \dfrac{ds^*}{dt} = m|\dot z| \\ \arg \dot z^* = \arg f'(z) + \arg \dot z = c + \psi = \psi^* \end{cases}$$

$$z' = \frac{\dot z}{|\dot z|} = e^{i\psi} \qquad\qquad z'^* = \frac{\dot z^*}{|\dot z^*|} = e^{i\psi^*}$$

$$\mathfrak{t}\begin{cases} x' = \cos\psi \\ y' = \sin\psi \end{cases} \quad \mathfrak{n}\begin{cases} -y' = -\sin\psi \\ x' = \cos\psi \end{cases} \quad \mathfrak{t}^*\begin{cases} x'^* = \cos\psi^* \\ y'^* = \sin\psi^* \end{cases} \quad \mathfrak{n}^*\begin{cases} -y'^* = -\sin\psi^* \\ x'^* = \cos\psi^* \end{cases}$$

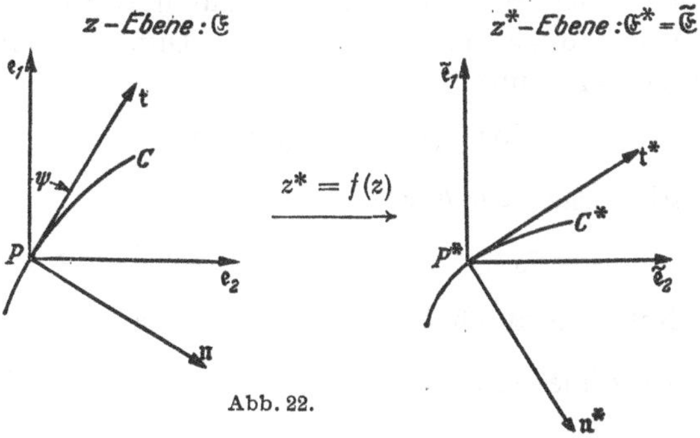

Abb. 22.

Für die Bildkrümmung gilt

$$k^* = \frac{d\psi^*}{ds^*} = \left(\frac{d\psi}{ds} + \frac{dc}{ds}\right)\frac{ds}{ds^*} = \frac{1}{m}k + \frac{1}{m}\frac{dc}{ds}. \tag{22}$$

Die Bildverschwenkung c ist der Imaginärteil einer analytischen Funktion

$$\lg f'(z) = \lg|f'(z)| + i\arg f'(z) = \lg m + ic.$$

---

[28] Siehe Ludwig Knöll [1]. [29] Vgl. hierzu Hermann Schmidt [1].

Die Cauchy-Riemannschen Differentialgleichungen sind nur ein Spezialfall eines allgemeineren Sachverhaltes. Die Ableitungen in Richtung der Kurve C und senkrecht dazu müssen für eine komplex differenzierbare Funktion übereinstimmen:

$$\lim_{\Delta z\to 0}\frac{\Delta f}{\Delta z}=\lim_{\Delta z\to 0}\frac{\Delta f}{|\Delta z|}\cdot\frac{\overline{\Delta z}}{|\Delta z|}=\frac{df}{ds}\bar{z}'=\frac{\partial f}{\partial n}(-i\bar{z}') \;\to\; \frac{df}{ds}=-i\frac{\partial f}{\partial n}.$$

Aufspaltung in Real- und Imaginärteil ergibt

$$\frac{du}{ds}=\frac{\partial v}{\partial n},\quad \frac{\partial u}{\partial n}=-\frac{dv}{ds}. \tag{23}$$

Wenden wir dieses Ergebnis auf die Bildverschwenkung an, so hat man

$$\begin{aligned}\frac{dc}{ds}&=-\frac{\partial}{\partial n}\lg m=\frac{\partial}{\partial n}\lg\frac{1}{m}=m\frac{\partial}{\partial n^*}\lg|f'^{(-1)}|\\&=-m\frac{d}{ds^*}\mathfrak{Im}(\lg f'^{(-1)})=+\mathfrak{Im}\frac{d}{ds}(\lg f')\end{aligned} \tag{24}$$

und damit für die Bildkrümmung folgende Formeln:

$$\begin{aligned}k^*&=\frac{1}{|f'(z)|}k+\frac{1}{|f'(z)|}\mathfrak{Im}\left(\frac{d\lg f'(z)}{dz}\frac{dz}{ds}\right)\\&=\left|\frac{dz}{dz^*}\right|k+\left|\frac{dz}{dz^*}\right|\mathfrak{Im}\left(\frac{d}{dz^*}\left(\frac{1}{\left(\frac{dz}{dz^*}\right)}\right)\frac{dz^*}{ds}\right)\\&=\frac{1}{|f'(z)\dot{z}|}\mathfrak{Im}\left(\frac{\ddot{z}}{\dot{z}}+\dot{z}\frac{f''(z)}{f'(z)}\right)\quad[\text{vgl. (20a)}].\end{aligned} \tag{22a}$$

Die Scheitel der Bildkurve werden durch $dk^*/dt=0$ bestimmt, oder unter Verwendung der Schwarzschen Differentialausdrücke $z_s(t)$ und $f_s(z)$ [vgl. (21)] durch

$$\mathfrak{Im}\,[z_s(t)+\dot{z}^2 f_s(z)]=0\ ^{28}. \tag{25}$$

Spezialfall: Gerade durch **P**.

$$z-z_0=e^{i\vartheta}s,\quad \frac{dz}{ds}=e^{i\vartheta},\quad k\equiv 0.$$

$\vartheta=0$ 1-Netzlinie durch **P**, $ds_1=dx,\quad dn_1=dy,\quad k_1=0,$

$\vartheta=\frac{\pi}{2}$ 2-Netzlinie durch **P**, $ds_2=dy,\quad dn_2=-dx,\quad k_2=0.$

Bildkrümmung der Netzlinien:

$$\begin{aligned}k_1^*&=\frac{1}{m}\frac{\partial}{\partial y}\lg\frac{1}{m}=\frac{\partial}{\partial n_1{}^*}(\lg m^*) & k_2^*&=-\frac{1}{m}\frac{\partial}{\partial x}\lg\frac{1}{m}=\frac{\partial}{\partial n_2{}^*}(\lg m^*)\\&=\frac{1}{|f'(z)|}\mathfrak{Im}\left(\frac{d\lg f'(z)}{dz}\right) & &=\frac{1}{|f'(z)|}\mathfrak{Re}\left(\frac{d\lg f'(z)}{dz}\right)\\&=\left|\frac{dz}{dz^*}\right|\mathfrak{Im}\left(\frac{d}{dz^*}\left(\frac{1}{\frac{dz}{dz^*}}\right)\right) & &=\left|\frac{dz}{dz^*}\right|\mathfrak{Re}\left(\frac{d}{dz^*}\left(\frac{1}{\frac{dz}{dz^*}}\right)\right)\end{aligned} \tag{26}$$

oder komplex zusammengefaßt

$$\begin{aligned} k_2^* + i k_1^* &= -\frac{1}{m}\frac{\partial}{\partial z}\lg\frac{1}{m} = -\frac{\partial}{\partial z}\left(\frac{1}{m}\right) = \left(\frac{\partial}{\partial n_2^*} + i\frac{\partial}{\partial n_1^*}\right)(\lg m^*) \\ &= \frac{1}{|f'(z)|}\frac{d\lg f'(z)}{dz} = |g'(z^*)|\frac{d}{dz^*}\left(\frac{1}{g'(z^*)}\right). \end{aligned} \tag{26a}$$

Für die *umgekehrte Abbildung* $z^* \to z$ durch die Funktion $z = g(z^*)$ sind zu ersetzen

$$z|z^*, \quad k|k^*, \quad f(z)|g(z^*), \quad m|m^*, \quad \text{usw.}$$

$$\text{z.B. } k_2 + i k_1 = -\frac{\partial}{\partial z^*}\left(\frac{1}{m^*}\right) = \left|\frac{1}{g'(z^*)}\right|\frac{d\lg g'(z^*)}{dz^*} = |f'(z)|\frac{d}{dz}\left(\frac{1}{f'(z)}\right). \tag{26b}$$

Eine etwas allgemeinere Form der Abbildung erhält man durch folgende Auffassung. Über der komplexen z-Ebene bzw. $\tilde z$-Ebene wird je eine analytische Funktion $w = f(z)$ bzw. $\tilde w = \tilde f(\tilde z)$ erklärt. Eine Abbildung der beiden Ebenen aufeinander entsteht nun durch das Gleichsetzen der Funktionswerte $w = \tilde w$. Bei dieser symmetrischen Darstellung ist keine der Variablen bevorzugt:

$$\tilde z = \tilde f^{(-1)}(\tilde w) = \tilde g(\tilde w) = \tilde g(w) = \tilde g(f(z)), \quad z = f^{(-1)}(w) = g(w) = g(\tilde w) = g(\tilde f(\tilde z)).$$

Abbildungsgrößen (2a):

$$m = \frac{|f'(z)|}{|\tilde f'(\tilde z)|} = \frac{ds^*}{ds}, \quad c = \arg f'(z) - \arg \tilde f'(\tilde z) = \varphi - \tilde\varphi. \tag{27}$$

Bildkrümmung (22a):

$$\begin{aligned} k^* &= \frac{1}{m}k + \frac{1}{m}\frac{\partial}{\partial n}\lg\frac{1}{m} = m^* k + \frac{\partial}{\partial n^*}\lg m^* \\ &= \frac{|\tilde f'|}{|f'|}k + \frac{|\tilde f'|}{|f'|}\,\mathfrak{Im}\left(\frac{d\lg\frac{f'}{\tilde f'}}{dz}\,\frac{dz}{ds}\right) = \left|\frac{g'}{\tilde g'}\right|k + \left|\frac{g'}{\tilde g'}\right|\mathfrak{Im}\left(\frac{d\lg\frac{\tilde g'}{g'}}{dz}\,\frac{dz}{ds}\right). \end{aligned} \tag{28}$$

Bildkrümmung der Netzlinien (26a):

$$\begin{aligned} k_2^* + i k_1^* &= -\frac{1}{m}\frac{\partial}{\partial z}\lg\frac{1}{m} = -\frac{\partial}{\partial z}\left(\frac{1}{m}\right) = \left(\frac{\partial}{\partial n_2^*} + i\frac{\partial}{\partial n_1^*}\right)\lg m^* \\ &= \left|\frac{\tilde f'}{f'}\right|\frac{d}{dz}\lg\frac{f'}{\tilde f'} = \left|\frac{\tilde f'}{f'}\right|\left(\frac{d\lg f'}{dz} + \frac{\tilde g''}{\tilde g'}\,\frac{1}{g'}\right) \\ &= \left|\frac{g'}{\tilde g'}\right|\frac{d}{d\tilde z}\,\frac{\tilde g'}{g'} = \left|\frac{g'}{\tilde g'}\right|\left(\tilde g'\frac{d}{d\tilde z}\left(\frac{1}{g'}\right) + \frac{\tilde g''}{\tilde g' g'}\right). \end{aligned} \tag{29}$$

k_2^*, k_1^* können auch als die Bildkrümmungen des isothermen Kurvennetzes $\mathfrak{Re}(g(w)) = \text{const.}$, $\mathfrak{Im}(g(w)) = \text{const.}$ bei der Abbildung $\tilde z = \tilde g(w)$ aufgefaßt werden; z. B. ist für das aus $g(w) = \lg(w - a)$ entspringende Netz konzentrischer Kreise und Halbstrahlen in der w-Ebene die Bildkrümmung

$$k_2^* + i k_1^* = \frac{1}{|w - a|\,|\tilde g'(w)|}\left\{1 + \frac{\tilde g''}{\tilde g'}(w - a)\right\}.$$

c) Allgemeine Sätze.

Die Herleitung weiterer allgemeiner Sätze über Eigenschaften der Bildkrümmung liegt nicht in der Absicht dieses Werkes. Wir verweisen deshalb auf die oben[29] angeführte Arbeit von H. Schmidt und das dort gegebene Schriftenverzeichnis (S. 81), sowie auf L. Knöll[28]. Erwähnt sei lediglich der wichtige Satz:

Für zwei einander in **P** berührende Kurven $C^{(1)}, C^{(2)}$ ist die Differenz der Krümmungen eine relative Invariante

$$k^{(1)*} - k^{(2)*} = m^*(k^{(1)} - k^{(2)}). \tag{30}$$

Der Beweis folgt unmittelbar aus (22a).

Ist speziell eine der beiden Kurven die Tangente der anderen, $k^{(2)} = 0$, und das Bild $C^{(1)*}$ geradlinig, $k^{(1)*} = 0$, so gilt

$$k^{(2)*} = -m^* k^{(1)}.$$

III, 2 Eindeutige Bestimmung und Fortsetzung der Abbildung „im Großen".

III, 2₁ Bestimmung der konformen Abbildung durch Vorgabe der Abbildung eines Kurvenstückes.

Wir lösen zuerst folgende Aufgabe:

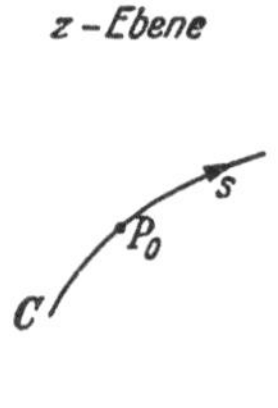

Abb. 23 a.

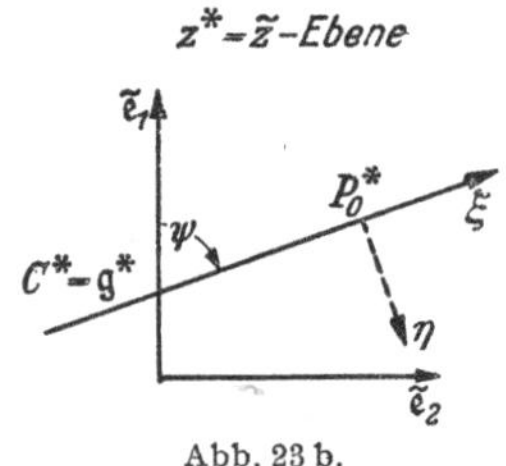

Abb. 23 b.

In des z-Ebene sei ein analytisches Kurvenstück C gegeben:

$$x - x_0 = g_1(s),$$
$$y - y_0 = g_2(s),$$

s Bogenlänge, $\mathbf{P}_0(x_0 y_0)$ für $s = 0$, $g_1(s), g_2(s)$ analytische Funktionen von s.

In der z^*-Ebene sei eine Gerade $\mathfrak{g}^*$ mit dem Richtungswinkel ψ gegeben:

$$z^* - z_0^* = e^{i\psi}\zeta,$$
$$\zeta = \xi + i\eta,$$

so daß die ξ-Achse in die positive $\mathfrak{g}^*$-Richtung fällt.

Es soll diejenige konforme Abbildung der z-Ebene auf die z^*-Ebene gefunden werden, welche die orientierte Kurve C auf die orientierte Gerade $C^* = \mathfrak{g}^*$ längentreu abbildet; $\mathbf{P}_0$ entspreche dabei der Bildpunkt $\mathbf{P}_0^*$.

Kurve und Gerade werden längentreu aufeinander durch $s = \xi$ bezogen. Wir haben daher auf C

$$(x - x_0) + i(y - y_0) = g_1(s) + i g_2(s) = g(s) = g(\xi),$$

wobei g nach Voraussetzung eine analytische Funktion von s bzw. ξ ist. Definiert man nun in einer gewissen Umgebung von C eine analytische Funktion $z(z^*)$ durch

$$z - z_0 = g(\zeta) = g(e^{-i\psi}[z^* - z_0^*]),$$

so leistet diese das Gewünschte und ist auch dadurch eindeutig bestimmt, wie aus den Elementen der Funktionentheorie bekannt ist. Im Sonderfall $\psi = 0$ handelt es sich einfach um die analytische Fortsetzung über die reelle Achse

$$\begin{aligned} C:&\quad (x - x_0) + i(y - y_0) = g(s) = g(x^* - x_0^*), \\ \downarrow \mathfrak{U}(C):&\quad z - z_0 = g((x^* - x_0^*) + i(y^* - y_0^*)) = g(z^* - z_0^*), \end{aligned}$$

im Fall $\psi = \pi/2$ um die Fortsetzung über die imaginäre Achse

$$\begin{aligned} C:&\quad (x - x_0) + i(y - y_0) = g(s) = g(y^* - y_0^*) = \hat{g}(i(y^* - y_0^*)), \\ \downarrow \mathfrak{U}(C):&\quad z - z_0 = g\left(\frac{1}{i}(z^* - z_0^*)\right) = \hat{g}(z^* - z_0^*). \end{aligned}$$

Es sei jetzt in der z- bzw. $\tilde{z} = z^*$-Ebene je ein beliebiges analytisches Kurvenstück C bzw. $\tilde{C} = C^*$ gegeben, und die Aufgabe laute, durch eine konforme Abbildung $z \to z^*$ die Kurve C in C^* längentreu zu überführen.

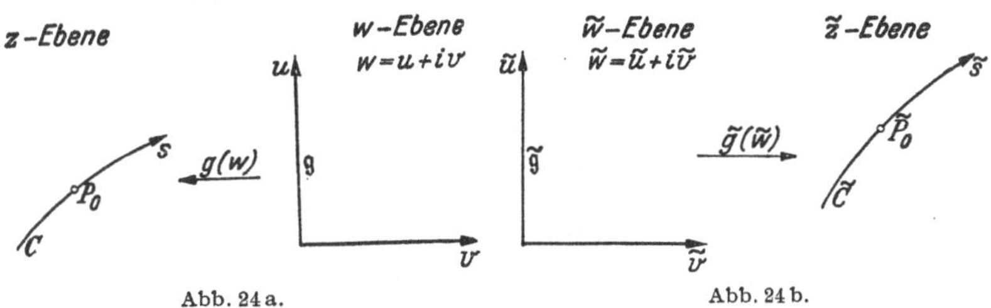

Abb. 24a. Abb. 24b.

Um das bisherige Ergebnis verwenden zu können, schalten wir hier die Übergänge $z \to w$ bzw. $\tilde{z} \to \tilde{w}$ dazwischen, durch welche C bzw. $\tilde{C}$ zunächst auf das Geradenstück $\mathfrak{g}$ bzw. $\tilde{\mathfrak{g}}$ abgebildet werden (Abb. 24). Ohne Einschränkung der Allgemeinheit sei $z_0 = \tilde{z}_0 = 0$.

$$\begin{aligned} \text{Auf } C:&\quad x + iy = g_1(s) + i g_2(s) \\ &\quad\qquad = g_1(u) + i g_2(u) \\ \downarrow&\quad\qquad = g(u) \\ \text{in } \mathfrak{U}(C):&\quad z = g(w), \end{aligned} \qquad \begin{aligned} \text{Auf } \tilde{C}:&\quad \tilde{x} + i\tilde{y} = \tilde{g}_1(\tilde{s}) + i\tilde{g}_2(\tilde{s}) \\ &\quad\qquad = \tilde{g}_1(\tilde{u}) + i\tilde{g}_2(\tilde{u}) \\ \downarrow&\quad\qquad = \tilde{g}(\tilde{u}) \\ \text{in } \tilde{\mathfrak{U}}(\tilde{C}):&\quad \tilde{z} = \tilde{g}(\tilde{w}). \end{aligned}$$

Die gesuchte Lösung wird nun durch die Abbildung gegeben:

$$\left.\begin{aligned} C \to \mathfrak{g} &= \tilde{\mathfrak{g}} \to \tilde{C} = C^*,\\ w &= \tilde{w},\\ z^* &= \tilde{g}\left(g^{(-1)}(z)\right) = F(z). \end{aligned}\right\} \tag{31}$$

Eine letzte Verallgemeinerung besteht darin, daß die Abbildung $C \to C^*$ nicht längentreu, sondern vermöge einer gegebenen analytischen Beziehung

$$s^* = \varphi(s)$$

erfolgen soll. Statt $w = \tilde{w}$ ist dann entsprechend

$$\tilde{w} = \varphi(w)$$

zu nehmen. Damit erhält man für die Abbildungsfunktion

$$z^* = \tilde{g}\left(\varphi\left(g^{(-1)}(z)\right)\right) = F(z). \tag{32}$$

Beispiel: Der Kreis K_0 um $\mathbf{M}_0$ mit dem Radius R_0 soll längentreu auf die imaginäre y^*-Achse abgebildet werden, mit $\mathring{\mathbf{P}} \to \mathring{\mathbf{P}}^* = 0$ (Abb. 25).

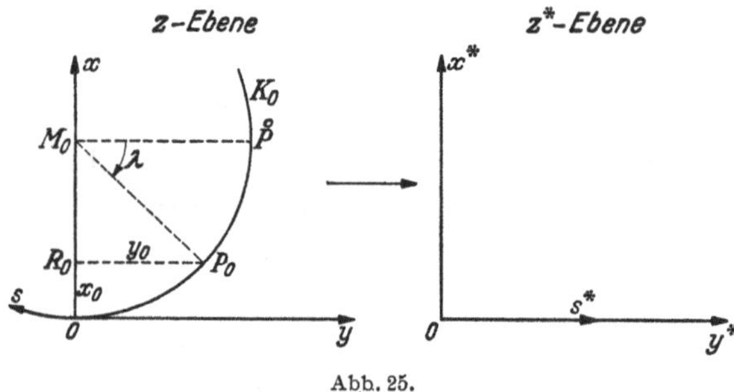

Abb. 25.

Die längentreue Kurvenabbildung lautet

$$s = \lambda R_0 = y^*.$$

Damit wird auf dem Kreis K_0

$$x = R_0 - R_0 \sin\lambda = R_0\left(1 - \sin\frac{y^*}{R_0}\right),$$

$$y = R_0 \cos\lambda = R_0 \cos\frac{y^*}{R_0}$$

oder

$$x + iy = R_0\left(1 - \sin\frac{y^*}{R_0} + i\cos\frac{y^*}{R_0}\right) = R_0\left(1 + e^{i\left(\frac{y^*}{R_0} + \frac{\pi}{2}\right)}\right).$$

Schließlich ergibt die Fortsetzung in das Komplexe über die imaginäre Achse die gewünschte Abbildung

$$z = x + iy = R_0\left(1 + e^{\frac{z^*}{R_0} + \frac{i\pi}{2}}\right) = R_0\left(1 + i e^{\frac{z^*}{R_0}}\right). \tag{33}$$

Umkehrung: $$z^* = R_0 \lg\left(\frac{z - R_0}{i R_0}\right).$$

III, 2_2 Das Spiegelungsprinzip von H. A. Schwarz.

Das von H. A. Schwarz zuerst begründete Spiegelungsprinzip gestattet die analytische Fortsetzung einer analytischen Funktion $w = f(z)$ über ein analytisches Kurvenstück C in der Weise, daß „Spiegelpunkten" hinsichtlich C „Spiegelpunkte" hinsichtlich der Bildkurve C^* entsprechen[30].

Wir brauchen in diesem Buch nur den einfachen Fall, daß C und C^* Geradenstücke oder Kreisbogenstücke sind. Unter einem Spiegelpunkt

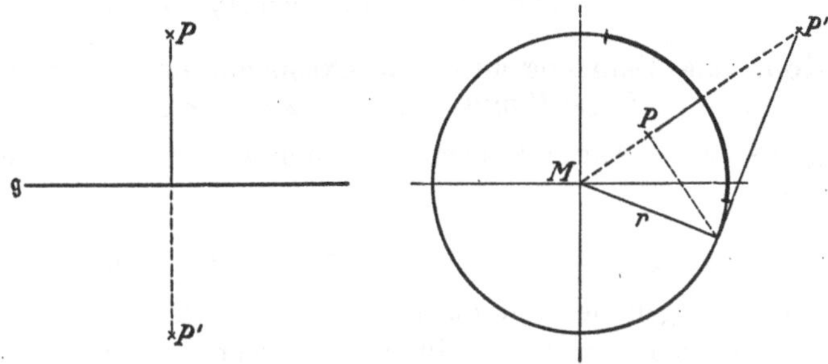

Abb. 26.

zu **P** an einer Geraden $\mathfrak{g}$ versteht man den im gleichen Abstand auf der anderen Seite liegenden Punkt **P'** mit $\mathbf{PP'} \perp \mathfrak{g}$. Unter einem Spiegelpunkt zu **P** an einem Kreis versteht man den auf dem Strahl **MP** liegenden Punkt **P'** im Abstand **MP'** vom Mittelpunkt mit $\overline{\mathbf{MP}} \cdot \overline{\mathbf{MP'}} = r^2$ (Abb. 26).

III, 3 Beispiele zur konformen Abbildung zweier Ebenen.

III, 3_1 Konforme Abbildungen durch elementare Funktionen.

Im Hinblick auf spätere Anwendungen geben wir einige Beispiele:

a) Konforme Abbildung durch rationale Funktionen $z^* = R(z)$.

$z^* = az + b$	Drehstreckung und Parallelverschiebung der Ebene.
$z^* = z^n$	Konforme Abbildung auf die n-blättrige Riemannsche Fläche mit den Verzweigungspunkten $(n - 1)$-ter Ordnung bei $z = 0$ und $z = \infty$.
$z^* = (m + 1)z - z^{m+1}$	(m positiv, ganzzahlig) „epizykloidische Abbildung". Es wird das Innere des Einheitskreises der z-Ebene auf das Innere einer m-spitzigen Epizykloide abgebildet[31].

[30] Näheres siehe Hurwitz-Courant [1] S. 372—376.

[31] Für $m = 2$ ergibt sich die von A. Wedemeyer [1] untersuchte Abbildung der Kugel in die Ebene.

$z^* = \dfrac{az+b}{cz+d}$ mit $ad - bc \neq 0$. Konforme Abbildung der gesamten z-Ebene (einschließlich $z = \infty$) auf die gesamte z^*-Ebene (einschließlich $z^* = \infty$), wobei Kreise in Kreise übergehen (Kreisverwandtschaft).

$z^* = \dfrac{m}{z} + z^m$ (m positiv, ganzzahlig) „hypozykloidische Abbildung". Es wird das Innere des Einheitskreises der z-Ebene konform auf das Äußere einer $(m+1)$-spitzigen Hypozykloide abgebildet.

b) Konforme Abbildung durch die Exponentialfunktion bzw. den Logarithmus. $z^* = e^z$, $z = \lg z^*$.

Wegen späterer Anwendungen betrachten wir die etwas allgemeinere Abbildung

$$z = \frac{1}{\alpha} \lg \frac{d}{d - z^*} = g(z^*), \quad z^* = d(1 - e^{-\alpha z}) = f(z) \quad \alpha, d \text{ reell, positiv,} \tag{34}$$

und wollen sie genauer untersuchen. Um in Real- und Imaginärteil spalten zu können, führt man in der z^*-Ebene an der Stelle $z^* = d$ Polarkoordinaten ein:

$$z^* - d = \varrho e^{i\delta},$$

$$z = \frac{1}{\alpha} \lg \left(\frac{d}{\varrho} e^{i(\pi - \delta)}\right)$$

oder

$$\begin{cases} x = \dfrac{1}{\alpha} \lg \dfrac{d}{\varrho}, \\ y = \dfrac{1}{\alpha} (\pi - \delta) \end{cases} \quad \text{bzw. umgekehrt} \quad \begin{cases} \varrho = d e^{-\alpha x}, \\ \delta = \pi - \alpha y. \end{cases}$$

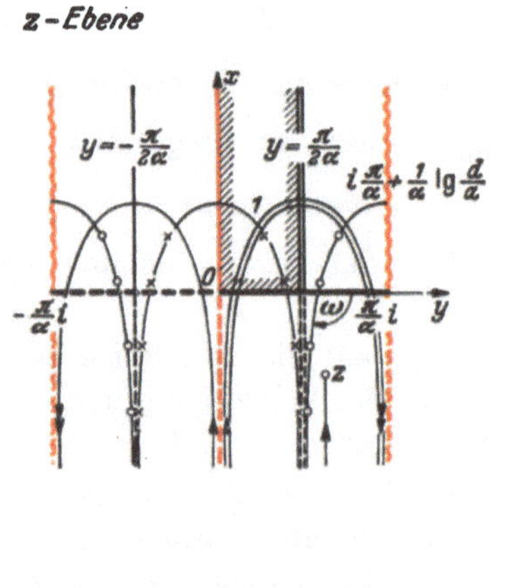

Abb. 27 a.

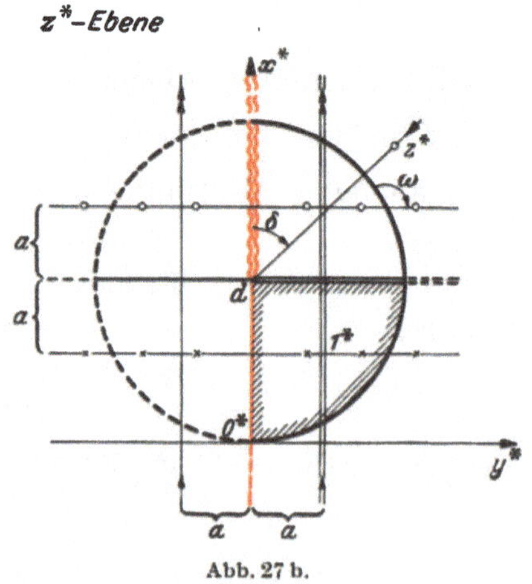

Abb. 27 b.

Die Exponentialfunktion (34) hat die Periode $2\pi i/\alpha$. Daher entspricht einem Streifen der Breite $2\pi/\alpha$ in der z-Ebene die gesamte z^*-Ebene, wobei die Geraden $\mathfrak{Im}(z) = \pm\pi/\alpha$ beide in die reelle positive

z^*-Achse oberhalb d übergehen. Um Eindeutigkeit zwischen z^* und z zu erreichen, denken wir uns die positive reelle Achse bis $x^* = d$ aufgeschnitten und die beiden Schnittränder den verschiedenen Streifenrändern zugeordnet. Den Gitterlinien $x = \text{const.}$ bzw. $y = \text{const.}$ entsprechen die konzentrischen Kreise mit dem Mittelpunkt $z^* = d$ bzw. die Halbstrahlen durch $z^* = d$. Der obere z-Halbstreifen wird auf das Innere des aufgeschnittenen Kreises vom Radius d abgebildet (Abb. 27a, b).

Ein Streifen der Breite 2π wird entsprechend auf einen Kreissektor der Winkelöffnung $2\alpha\pi$ abgebildet. Hier sind die Fälle $\alpha \begin{cases} < 1 \\ = 1 \\ > 1 \end{cases}$ zu unterscheiden, im letzten Falle findet eine mehrfache Überdeckung der z^*-Ebene mit einem Windungspunkt bei $z^* = d$ statt.

Vergrößerungsverhältnis und Bildverschwenkung:

$$\frac{dz}{dz^*} = g'(z^*) = \frac{1}{\alpha}\frac{1}{d - z^*}; \quad \frac{dz^*}{dz} = f'(z) = \alpha d e^{-\alpha z} = \alpha(d - z^*),$$

$$\left.\begin{aligned} m^{*2} &= \frac{1}{\alpha^2\varrho^2}, \\ c^* &= \arg\left(\frac{1}{d - z^*}\right) = \pi - \delta, \end{aligned}\right\} \quad \left.\begin{aligned} m^2 &= \alpha^2\varrho^2, \\ c &= -\alpha y = \delta - \pi. \end{aligned}\right\} \tag{34a}$$

Krümmung:

Aus Formel (22a) erhält man unter Vertauschung von $z|z^*$ usw.

$$\left.\begin{aligned} k &= \alpha\varrho k^* + \alpha\varrho\,\mathfrak{Im}\left\{\frac{d}{dz^*}\left[\lg\left(\frac{1}{\alpha}\frac{1}{d - z^*}\right)\right]\frac{dz^*}{ds^*}\right\} \\ &= \alpha\varrho k^* + \alpha\varrho\,\mathfrak{Im}\left\{\frac{1}{d - z^*}\frac{dz^*}{ds^*}\right\}, \\ k^* &= \frac{1}{\alpha\varrho}k + \frac{1}{\alpha\varrho}\mathfrak{Im}\left\{\frac{d}{dz}[\lg(\alpha d e^{-\alpha z})]\frac{dz}{ds}\right\} = \frac{1}{\alpha\varrho}k + \frac{1}{\alpha\varrho}\mathfrak{Im}\left\{-\alpha\frac{dz}{ds}\right\}. \end{aligned}\right\} \tag{34b}$$

Sind insbesondere folgende Geraden gegeben:

$$z^* = z_0^* + s^* e^{i\vartheta^*} \quad (k^* = 0) \qquad \text{bzw.} \qquad z = z_0 + s e^{i\vartheta} \quad (k = 0),$$

so wird

$$\begin{aligned} k &= \alpha\varrho\,\mathfrak{Im}\left\{\frac{1}{d - z^*}e^{i\vartheta^*}\right\} & k^* &= \frac{1}{\alpha\varrho}\mathfrak{Im}\{-\alpha e^{i\vartheta}\} \\ &= \alpha\varrho\,\mathfrak{Im}\left\{\frac{1}{\varrho e^{i(\delta+\pi)}}e^{i\vartheta^*}\right\} \\ &= \alpha\,\mathfrak{Im}\{e^{i(\vartheta^* - \delta - \pi)}\} \\ k &= \alpha\sin(\delta - \vartheta^*) & k^* &= -\frac{\sin\vartheta}{\varrho} \end{aligned} \tag{34c}$$

z. B.

$\vartheta^* = 0$ (Parallele zur x^*-Achse) $\qquad \vartheta = 0$ (Parallele zur x-Achse)

$k = \alpha\sin\delta \qquad k^* = 0$

$\vartheta^* = \frac{\pi}{2}$ (Parallele zur y^*-Achse) $\qquad \vartheta = \frac{\pi}{2}$ (Parallele zur y-Achse)

$k = -\alpha\cos\delta \qquad k^* = -\frac{1}{\varrho}$.

c) Konforme Abbildung durch Kreis- bzw. Hyperbelfunktionen mit Umkehrung.

Aus diesem Gebiet sollen ausführlicher nur $\operatorname{th} z$ und $\sin z$ behandelt werden.

α) Konforme Abbildung durch $\operatorname{th} z$ bzw. $\operatorname{arth} z$.

$$z = \operatorname{arth} z^* = \frac{1}{2} \lg \frac{1+z^*}{1-z^*}, \qquad z^* = \operatorname{th} z = \frac{e^{2z}-1}{e^{2z}+1}. \tag{35}$$

Die Abbildung läßt sich durch Aneinanderreihen von

$$t = t' + i t'' = e^{2z} = e^{2x}(\cos 2y + i \sin 2y) \quad \text{und} \quad z^* = \frac{t-1}{t+1}$$

gewinnen.

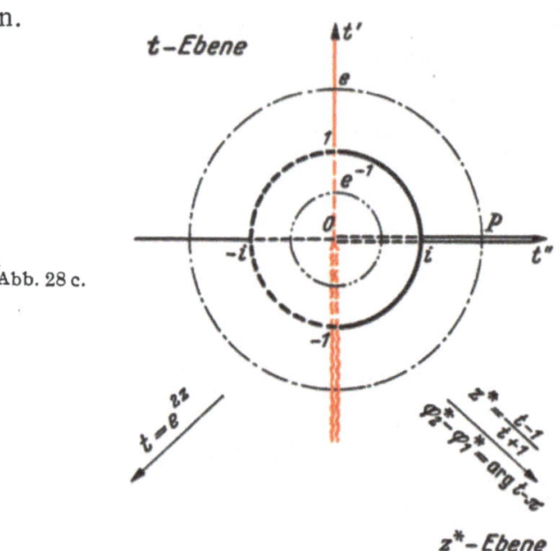

Abb. 28 c.

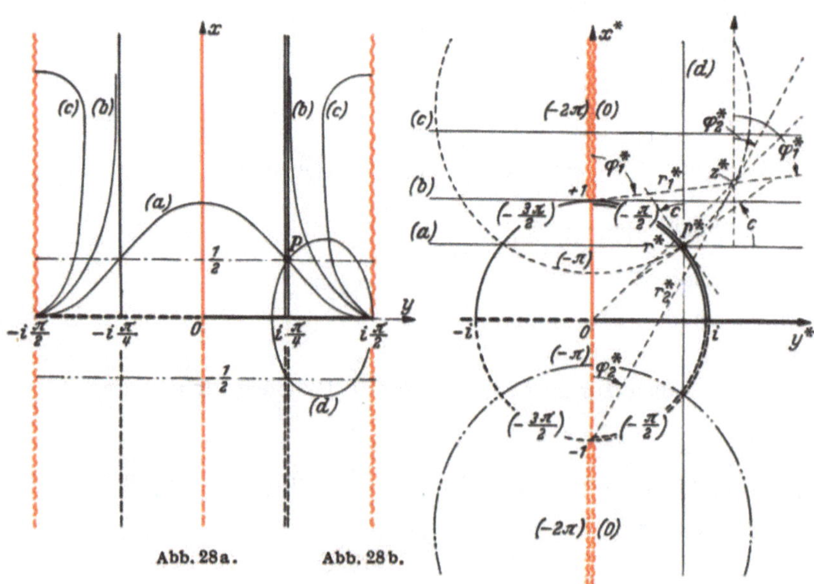

Abb. 28a. Abb. 28b.

Der Streifen von der Breite π in der z-Ebene wird so auf die von 0 bis ∞ aufgeschnittene t-Ebene abgebildet, daß den Gitterlinien $x = \text{const.}$ bzw. $y = \text{const.}$ das konzentrische Kreisbüschel um den Nullpunkt und das zugehörige orthogonale Strahlenbüschel entspricht. Wegen der Kreisverwandtschaft $t \to z^*$ und der Konformität gehen diese in orthogonale Kreisbüschel mit den Grundpunkten ± 1 in der z^*-Ebene über. Setzt man

$$z^* - 1 = r_1^* e^{i\varphi_1^*}, \quad 0 \leqq \varphi_1^* \leqq 2\pi; \quad z^* + 1 = r_2^* e^{i\varphi_2^*}, \quad -\pi \leqq \varphi_2^* \leqq +\pi$$

$$z^* = x^* + iy^* = r^* e^{i\varphi^*} = \operatorname{th} z = \frac{\operatorname{sh} 2x + i \sin 2y}{\operatorname{ch} 2x + \cos 2y} \quad \text{(s. X [449])},$$

so folgt aus (35) durch Aufspalten in Real- und Imaginärteil

$$\begin{aligned} x &= \frac{1}{2} \lg \frac{r_2^*}{r_1^*}, & x^* &= \frac{\operatorname{sh} 2x}{\operatorname{ch} 2x + \cos 2y} = r^* \cos\varphi^*, \\ y &= \frac{1}{2}(\varphi_2^* - \varphi_1^*), & y^* &= \frac{\sin 2y}{\operatorname{ch} 2x + \cos 2y} = r^* \sin\varphi^* \end{aligned} \tag{35a}$$

oder wegen

$$z = \frac{1}{2} \lg \frac{1 + z^*}{1 - z^*} = \frac{1}{2} \lg \frac{1 + x^* + iy^*}{1 - x^* - iy^*}$$

durch Übergang zu kartesischen bzw. Polarkoordinaten

$$\begin{aligned} x &= \frac{1}{2} \operatorname{arth} \frac{2x^*}{1 + x^{*2} + y^{*2}} & & r^{*2} = \frac{\operatorname{ch} 2x - \cos 2y}{\operatorname{ch} 2x + \cos 2y} \\ & & -\frac{\pi}{2} \leqq y \leqq +\frac{\pi}{2} & \\ y &= \frac{1}{2} \operatorname{arctg} \frac{2y^*}{1 - x^{*2} - y^{*2}} & & \operatorname{tg} \varphi^* = \frac{\sin 2y}{\operatorname{sh} 2x}. \end{aligned} \tag{35b}$$

Es entspricht demnach der Gitterlinie

$$y^* = y_0^*$$

eine zur y-Achse symmetrische, in $i\frac{\pi}{2}$ einmündende und dort die Gerade $y = \pi/2$ berührende, ovalähnliche Kurve mit der Gleichung

$$\operatorname{ch} 2x + \cos 2y - \frac{1}{y_0^*} \sin 2y = 0.$$

Die Schar der Gitterlinien

$$x^* = x_0^*$$

gibt für $0 < |x_0^*| < 1$

Kurven vom Typus (a), für $|x_0^*| = 1$ die aus zwei Ästen bestehende

Es entspricht demnach der Gitterlinie

$$y = y_0$$

der Kreis

$$K_1^*: \ 1 - x^{*2} - y^{*2} - 2\lambda y^* = 0$$

mit $\lambda \operatorname{tg} 2y_0 = 1$

des Büschels durch $z^* = \pm 1$,

der Gitterlinie

$$x = x_0,$$

der Kreis

$$K_2^*: \ x^{*2} + y^{*2} + 1 - 2\lambda x^* = 0$$

des Büschels mit den Grundpunkten $z^* = \pm 1$

und dem Parameter $\lambda = \dfrac{1}{\operatorname{th} 2x_0}$.

Kurve vom Typus (b) mit den Asymptoten $y = \pm\frac{\pi}{4}$, für

$$1 < |x_0^*| < \infty$$

die aus zwei Ästen bestehende Kurve vom Typus (c) mit der Gleichung

$$\operatorname{ch} 2x + \cos 2y - \frac{1}{x_0^*}\operatorname{sh} 2x = 0.$$

Für die genauere Festlegung dieser Bilder ist die Berechnung von Tangentenrichtung und Krümmung wesentlich, was im folgenden geschehen soll.

Unter Benutzung der Grundkreise

$$\mathbf{K}_1^* \equiv (x^* + 1)^2 + y^{*2} = 0,$$
$$\mathbf{K}_2^* \equiv (x^* - 1)^2 + y^{*2} = 0$$

können die Kreise des Büschels K_2^* auch so geschrieben werden:

$$\frac{1-\lambda}{2}\mathbf{K}_1^* + \frac{1+\lambda}{2}\mathbf{K}_2^* = 0.$$

Die Radien r_1, r_2 von K_1^*, K_2^* sind

$$r_1 = \frac{1}{\sin 2y_0}, \quad r_2 = \frac{1}{\operatorname{sh} 2x_0}.$$

Vergrößerungsverhältnis und Bildverschwenkung (2a):

$$\frac{dz}{dz^*} = g'(z^*) = \frac{1}{1-z^{*2}}$$

$$m^{*2} = \left|\frac{dz}{dz^*}\right|^2 = \frac{1}{(1-z^{*2})(1-\bar z^{*2})}$$

$$c^* = \arg\left(\frac{1}{1-z^{*2}}\right) = \arg(1-\bar z^{*2})$$

$$\left.\begin{aligned} m^{*2} &= \frac{1}{(y^{*2}-x^{*2}+1)^2+4x^{*2}y^{*2}} \\ c^* &= \arg\frac{dz}{dz^*} = \operatorname{arctg}\frac{2x^*y^*}{y^{*2}-x^{*2}+1} \end{aligned}\right\}$$

$$\frac{dz^*}{dz} = \frac{1}{\operatorname{ch}^2 z}$$

$$m = \left|\frac{dz^*}{dz}\right| = \frac{1}{\operatorname{ch} z\,\overline{\operatorname{ch} z}} = \frac{4}{(e^z+e^{-z})(e^{\bar z}+e^{-\bar z})}$$

$$c = \arg\frac{1}{\operatorname{ch}^2 z} = -2\arg(e^z+e^{-z}).$$

$$\left.\begin{aligned} m &= \frac{2}{\operatorname{ch} 2x + \cos 2y} \\ c &= -2\operatorname{arctg}(\operatorname{th} x \operatorname{tg} y). \end{aligned}\right\} \quad (35c)$$

Krümmung (22a):

$$k = \frac{1}{m^*}k^* + \frac{1}{m^*}\Im\mathrm{m}\left\{\frac{d\lg g'(z^*)}{dz^*}\frac{dz^*}{ds^*}\right\}$$
$$= \frac{1}{m^*}k^* + $$
$$+ \frac{1}{m^*}\Im\mathrm{m}\left\{\frac{2z^*(1-\bar z^{*2})}{(1-z^{*2})(1-\bar z^{*2})}\frac{dz^*}{ds^*}\right\}.$$

$$k^* = \frac{1}{m}k + \frac{1}{m}\Im\mathrm{m}\left\{\frac{d}{dz}\left(\lg\frac{1}{\operatorname{ch}^2 z}\right)\frac{dz}{ds}\right\}$$

$$k = \frac{1}{m^*}k^* + $$
$$+ 2m^*\,\Im\mathrm{m}\left\{(A^*+iB^*)\frac{dz^*}{ds^*}\right\},$$

mit

$$A^* = x^*(1-x^{*2}-y^{*2})$$
$$B^* = y^*(1+x^{*2}+y^{*2}).$$

$$k^* = \frac{1}{m}k - \frac{2}{m}\Im\mathrm{m}\left\{\operatorname{th} z\frac{dz}{ds}\right\} \quad (35d)$$

Anwendung auf die Geraden

$$z^* - z_0^* = e^{i\vartheta^*} s^*; \quad \frac{dz^*}{ds^*} = e^{i\vartheta^*}; \quad k^* = 0.$$

$$k = 2m^* \,\Im\mathrm{m}\{(A^* + iB^*)\, e^{i\vartheta^*}\}$$
$$= 2m^* (B^* \cos\vartheta^* + A^* \sin\vartheta^*)$$

$\vartheta^* = 0$: Parallele zur x^*-Achse

$$k = 2m^* B^*.$$

Da B^* nur für $y^* = 0$ verschwindet, hat man für $y = 0$, $y = \pm \frac{\pi}{2}$ die Krümmung $k = 0$.

$\vartheta^* = \frac{\pi}{2}$: Parallele zur y^*-Achse

$$k = 2m^* A^*.$$

A^* verschwindet für $x^* = 0$,

$$x^{*2} + y^{*2} = 1,$$

d. h. Wendepunkte kann es nur auf der Geraden $y = \pm \frac{\pi}{4}$ geben.

$$z - z_0 = e^{i\vartheta} s; \quad \frac{dz}{ds} = e^{i\vartheta}; \quad k = 0.$$

$$k^* = -\frac{2}{m} \,\Im\mathrm{m}\{\mathrm{th}\, z e^{i\vartheta}\}$$
$$= -(\sin 2y \cos\vartheta + \mathrm{sh}\, 2x \sin\vartheta)$$

(vgl. [449]),

$\vartheta = 0$: Parallele zur x-Achse

$$k^* = -\sin 2y.$$

$\vartheta = \frac{\pi}{2}$: Parallele zur y-Achse

$$k^* = -\mathrm{sh}\, 2x.$$

Die Abbildung eines Parallelstreifens der Breite π/α auf ein Vollkreisnetz mit der zusätzlichen Forderung, daß die Mittellinie des Streifens (x-Achse) in die Verbindungslinie der Büschelgrundpunkte (x^*-Achse) und

$$\mathbf{P}_0(x_0, 0) \to z^* = 0;$$
$$\mathbf{N}(z = \infty) \to \mathbf{N}^*(z^* = d)$$

übergeht, wird nach der vorhergehenden Untersuchung durch folgende Funktion beschrieben:

$$\alpha(z - z_0) = \mathrm{arth}\,\frac{z^*}{d},$$
$$z^* = d\,\mathrm{th}[\alpha(z - z_0)]$$

($z_0 = x_0$, α, d reelle positive Konstante).

Durch die Substitution

$$\zeta = \xi + i\eta = \alpha(z - z_0),$$
$$\zeta^* = \xi^* + i\eta^* = \frac{z^*}{d}$$

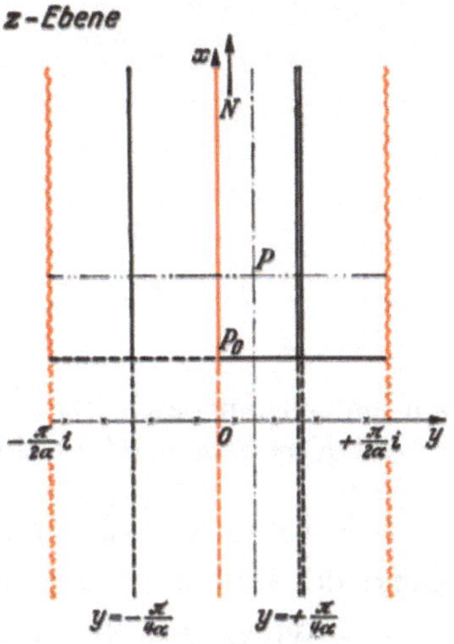

Abb. 29 a.

kommt man auf die frühere Funktion $\zeta^* = \mathrm{th}\,\zeta$, $\zeta = \mathrm{arth}\,\zeta^*$ zurück.

Da diese Abbildung für die folgenden Abschnitte sehr wichtig wird (VII [334]), geben wir hierzu noch ausführliche Erläuterungen. Sie wird

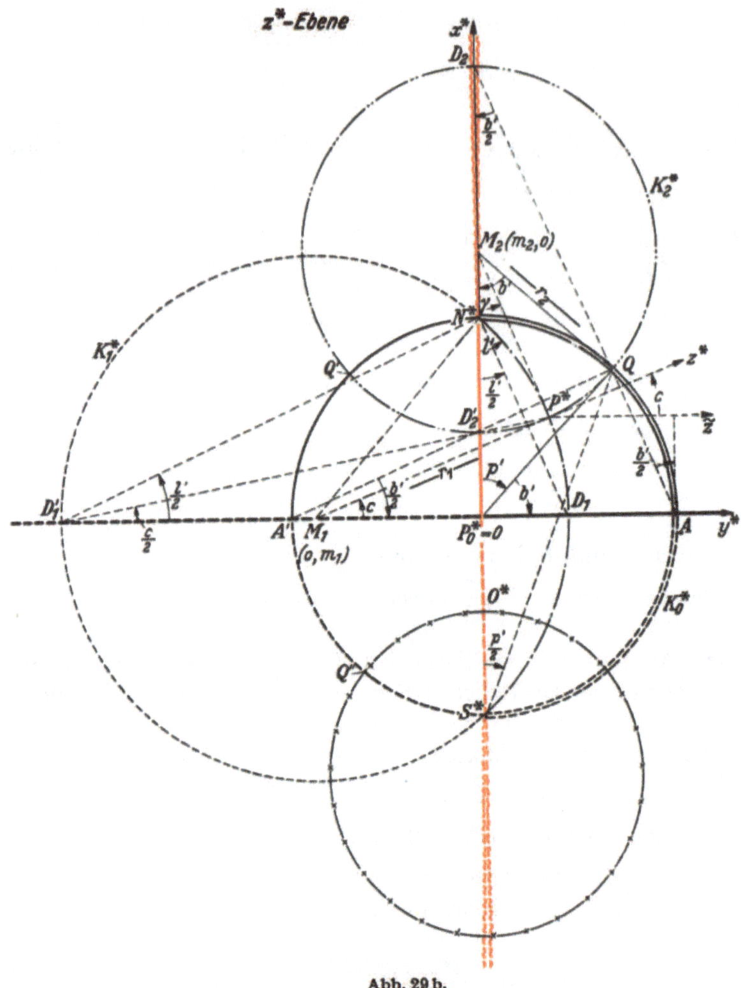

Abb. 29b.

am einfachsten beschrieben, wenn man die ebenen „*pseudo-geographischen*" *Koordinaten* (b', l') einführt (Abb. 29b):

$p' = \arg Q$; $b' = \frac{\pi}{2} - p'$; $0 \leqq p' \leqq \pi$ (Q ist der Schnittpunkt des Halbkreises $\mathbf{N}^* A \mathbf{S}^*$ mit dem Büschelkreis K_2^*).

l' = Winkel bei $\mathbf{N}^*$ zwischen x^*-Achse und Tangente an Kreis K_1^*, $-\pi \leqq l' \leqq +\pi$ (positiver Drehsinn bei $\mathbf{N}^*$, entgegengesetzt dem Uhrzeigersinn, vgl. II [72]). (36)

1. Eigenschaften des Kreisnetzes.

1a) Die Punkte $A'D_2'Q$ liegen auf einer Geraden, denn es ist

$$\sphericalangle Q'QA' = \sphericalangle QA'\mathbf{P}_0^* = \frac{b'}{2} \quad \text{und} \quad \sphericalangle Q'QD_2' = \sphericalangle D_2'D_2Q = \frac{b'}{2}.$$

1b) Die Punkte AQD_2 liegen auf einer Geraden, denn es ist

$$\sphericalangle D_2QD_2' = \frac{\pi}{2} \quad \text{und} \quad \sphericalangle AQA' = \sphericalangle AQD_2' = \frac{\pi}{2}.$$

1c) Die Punkte $D_1'D_2'\mathbf{P}^*$ liegen auf einer Geraden, denn der Winkel $\mathbf{N}^*\mathbf{P}^*\mathbf{S}^*$ wird sowohl durch $\mathbf{P}^*D_1'$ wie durch $\mathbf{P}^*D_2'$ halbiert.

Beweis: $\sphericalangle D_1'\mathbf{P}^*\mathbf{N}^* = \sphericalangle D_1'\mathbf{S}^*\mathbf{N}^* = \sphericalangle D_1'\mathbf{N}^*\mathbf{S}^* = \sphericalangle D_1'\mathbf{P}^*\mathbf{S}^*$.

Ferner folgt aus der Eigenschaft des Orthogonalkreises K_2^* zu K_0^* die Konstanz des Streckenverhältnisses

$$\frac{\mathbf{P}^*\mathbf{N}^*}{\mathbf{P}^*\mathbf{S}^*} = \frac{D_2'\mathbf{N}^*}{D_2'\mathbf{S}^*} = \frac{Q\mathbf{N}^*}{Q\mathbf{S}^*} = \operatorname{tg}\frac{p'}{2}$$

und daher

$$\frac{\mathbf{P}^*\mathbf{N}^*}{D_2'\mathbf{N}^*} = \frac{\mathbf{P}^*\mathbf{S}^*}{D_2'\mathbf{S}^*} \quad \text{oder} \quad \frac{\sin\sphericalangle \mathbf{N}^*D_2'\mathbf{P}^*}{\sin\sphericalangle D_2'\mathbf{P}^*\mathbf{N}^*} = \frac{\sin\sphericalangle \mathbf{P}^*D_2'\mathbf{S}^*}{\sin\sphericalangle D_2'\mathbf{P}^*\mathbf{S}^*} = \frac{\sin\sphericalangle \mathbf{N}^*D_2'\mathbf{P}^*}{\sin\sphericalangle D_2'\mathbf{P}^*\mathbf{S}^*}$$

$$\sin\sphericalangle D_2'\mathbf{P}^*\mathbf{N}^* = \sin\sphericalangle D_2'\mathbf{P}^*\mathbf{S}^*.$$

2) Damit steht die Richtigkeit aller Winkeleintragungen b', $\frac{b'}{2}$, p', $\frac{p'}{2}$, l', $\frac{l'}{2}$ in der Abb. 29b fest.

3a) Man liest aus dem rechtwinkligen Dreieck $D_1\mathbf{N}^*D_1'$ ab:

$$OD_1 \cdot OD_1' = d^2, \quad OD_1 = d\operatorname{tg}\frac{l'}{2}, \quad OD_1' = d\operatorname{cotg}\frac{l'}{2}.$$

$$r_1 = \frac{d}{\sin l'}, \quad -m_1 = d\operatorname{cotg} l' = r_1\cos l'. \tag{37a}$$

3b) Aus dem Dreieck OQD_2 folgt

$$OD_2 \cdot OD_2' = (OQ)^2 = d^2, \quad OD_2' = d\operatorname{tg}\frac{b'}{2}, \quad OD_2 = d\operatorname{cotg}\frac{b'}{2}.$$

$$r_2 = d\operatorname{tg}p' = d\operatorname{cotg}b', \quad m_2 = \frac{d}{\cos p'} = \frac{d}{\sin b'} = \frac{r_2}{\cos b'}. \tag{37b}$$

2. Berechnung von $(x^*, y^*, m, \tilde{\nu} = c)$ durch (b', l').

a) Die Netzverschwenkung $\tilde{\nu} = c$, d. h. der Winkel zwischen der x^*-Richtung und der Tangente an den Kreis in $\mathbf{P}^*$ im Sinn wachsender b', ist in der Abb. 29b negativ. Daher erhält man

$$-\operatorname{tg}\frac{c}{2} = \frac{OD_2'}{OD_1'} = \frac{d\cdot\operatorname{tg}\frac{b'}{2}}{d\cdot\operatorname{cotg}\frac{l'}{2}} = \operatorname{tg}\frac{b'}{2}\operatorname{tg}\frac{l'}{2}. \tag{38}$$

Durch Übergang zum doppelten Winkel folgt

$$\left.\begin{aligned} -\sin c &= \frac{2\operatorname{tg}\frac{b'}{2}\operatorname{tg}\frac{l'}{2}}{1+\operatorname{tg}^2\frac{b'}{2}\operatorname{tg}^2\frac{l'}{2}} = \frac{\frac{1}{2}\sin b'\sin l'}{\cos^2\frac{b'}{2}\cos^2\frac{l'}{2}+\sin^2\frac{b'}{2}\sin^2\frac{l'}{2}} = \\ &= \frac{\sin b'\sin l'}{1+\cos b'\cos l'}, \\ \cos c &= \frac{1-\operatorname{tg}^2\frac{c}{2}}{1+\operatorname{tg}^2\frac{c}{2}} = \frac{\cos^2\frac{b'}{2}\cos^2\frac{l'}{2}-\sin^2\frac{b'}{2}\sin^2\frac{l'}{2}}{\cos^2\frac{b'}{2}\cos^2\frac{l'}{2}+\sin^2\frac{b'}{2}\sin^2\frac{l'}{2}} = \\ &= \frac{\cos b'+\cos l'}{1+\cos b'\cos l'}. \end{aligned}\right\} \tag{38a}$$

b) Die Koordinatenwerte entnimmt man der Abb. 29b:

$$x^* = -r_1\sin c = \frac{d\sin b'}{1+\cos b'\cos l'} \qquad\qquad x^{*2}+y^{*2} = d^2\frac{1-\cos b'\cos l'}{1+\cos b'\cos l'},$$

$$y^* = -r_2\sin c = \frac{d\cos b'\sin l'}{1+\cos b'\cos l'}$$

$$z^* = x^* + i\,y^* = d\,\frac{\sin b' + i\cos b'\sin l'}{1+\cos b'\cos l'}. \tag{39}$$

c) Die Berechnung des Vergrößerungsverhältnisses m folgt am Schluß von *3.*

3. Berechnung von (x, y) durch (b', l').

Wir ziehen die Gleichungen der Bildkreise K_1^* und K_2^* heran.

K_1^*: Nach den früheren Untersuchungen S. [109] hatten wir in den normierten Koordinaten die Gleichung erhalten

$$\xi^{*2} + \eta^{*2} + 2\lambda\eta^* - 1 = 0.$$

Durch Übergang zu den neuen Größen S. [111] ergibt sich daraus

$$x^{*2} + y^{*2} + \frac{2d}{\operatorname{tg}(2\alpha\Delta y)}\,y^* - d^2 = 0.$$

Andererseits lesen wir unmittelbar aus (37a) $M_1(0, m_1), r_1$ ab:

$$x^{*2} + (y^* + d\operatorname{cotg} l')^2 - \frac{d^2}{\sin^2 l'} = 0$$

oder

$$x^{*2} + y^{*2} + 2d\operatorname{cotg} l'\,y^* - d^2 = 0.$$

Der Vergleich ergibt die Beziehung

$$\operatorname{cotg}(2\alpha\Delta y) = \operatorname{cotg}(2\alpha y) = \operatorname{cotg} l' \to 2\alpha y = l'. \tag{40a}$$

K_2^*: Entsprechend entnimmt man S. [109] für den zweiten Kreis die Gleichung

$$\xi^{*2} + \eta^{*2} - 2\lambda\xi^* + 1 = 0$$

oder

$$x^{*2} + y^{*2} - \frac{2d}{\operatorname{th}(2\alpha\Delta x)}\,x^* + d^2 = 0.$$

Nach (37b) folgt aus Mittelpunkt $M_2(m_2, 0)$ und Halbmesser r_2

$$\left(x^* - \frac{d}{\cos p'}\right)^2 + y^{*2} - d^2 \operatorname{tg}^2 p' = 0$$

oder

$$x^{*2} + y^{*2} - \frac{2d}{\cos p'} x^* + d^2 = 0.$$

Der Vergleich ergibt schließlich

$$\coth(2\alpha\Delta x) = \frac{1}{\cos p'}, \quad \frac{e^{2\alpha\Delta x} + e^{-2\alpha\Delta x}}{e^{2\alpha\Delta x} - e^{-2\alpha\Delta x}} = \frac{\operatorname{cotg}^2 \frac{p'}{2} + 1}{\operatorname{cotg}^2 \frac{p'}{2} - 1}.$$

$$e^{2\alpha\Delta x} = \operatorname{cotg}\frac{p'}{2} \to 2\alpha\Delta x = \lg\operatorname{cotg}\frac{p'}{2} = \lg\operatorname{tg}\left(\frac{b'}{2} + \frac{\pi}{4}\right). \tag{40b}$$

Fassen wir nun beide Ergebnisse komplex zusammen, so zeigt sich, daß die pseudogeographischen Koordinaten (b', l') mit $2\alpha(z - z_0)$ in derselben Weise zusammenhängen wie die geographische Breite und Länge auf der Kugel mit ihrer Merkator-Variablen:

$$2\alpha\Delta z = h' + i l' = \mu'; \quad h' = \lg\operatorname{tg}\left(\frac{b'}{2} + \frac{\pi}{4}\right) \quad \text{vgl. II (23b) [75].} \tag{41}$$

Die Abbildungsfunktion $z^* = z^*(b', l')$ (39) drückt sich in der Variablen μ' folgendermaßen aus:

$$z^* = d \cdot \operatorname{th}\frac{\mu'}{2} \tag{42}$$

oder mit der Abkürzung $e^{h'} = v$

$$z^* = d\frac{\operatorname{sh} h' + i \sin l'}{\operatorname{ch} h' + \cos l'} = d\frac{(v^2 - 1) + 2iv\sin l'}{(v^2 + 1) + 2v\cos l'}.$$

c) Es bleibt noch die Berechnung von m aus (b', l') nachzutragen:

$$\left.\begin{aligned} m &= \left|\frac{dz^*}{dz}\right| = d\cdot\alpha\left|\frac{d\operatorname{th}\zeta}{d\zeta}\right| = \frac{2d\cdot\alpha}{\operatorname{ch}2\xi + \cos 2\eta}, \\ m &= \frac{2d\cdot\alpha}{\frac{1}{\cos b'} + \cos l'} = 2d\cdot\alpha\frac{\cos b'}{1 + \cos b'\cos l'} = -2d\cdot\alpha\frac{\sin c}{\operatorname{tg} b'\sin l'}. \end{aligned}\right\} \tag{43}$$

4. *Bemerkung über die pseudogeographischen Koordinaten* (b', l').

Auf der Kugeloberfläche sei ein Kreis mit dem Mittelpunkt in $\mathbf{P}_0(b_0, l_0)$ und dem als Großkreisbogen gemessenen Halbmesser ϱ gegeben. In den geographischen Koordinaten (b, l) lautet die Gleichung dieses Kreises nach dem cos-Satz der sphärischen Trigonometrie

$$\cos\varrho = \sin b_0 \sin b + \cos b_0 \cos b \cos(l - l_0)$$

oder

$$A\sin b + \cos b(B\cos l + C\sin l) + D = 0$$

mit geeigneten Konstanten.

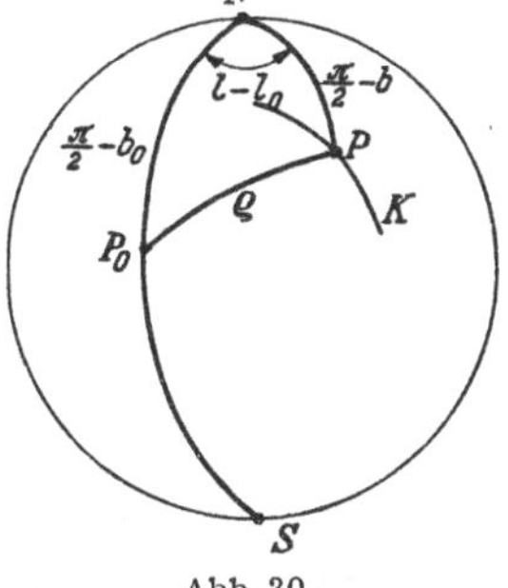

Abb. 30.

Die Gleichung eines Kreises in der z^*-Ebene

$$(x^* - x_0^*)^2 + (y^* - y_0^*)^2 - r^2 = 0$$

hat in pseudogeographischen Koordinaten (b', l') dieselbe Gestalt, denn es gilt

$$x^* = -\frac{d \sin c}{\sin l'} \quad (39),\ (37\text{a}) \qquad\qquad x^{*2} + y^{*2} = d^2 \frac{1 - \cos b' \cos l'}{1 + \cos b' \cos l'}.$$
$$y^* = -d \operatorname{ctg} b' \sin c \quad (39),\ (37\text{b})$$

und damit

$$d^2 - d^2 \cos b' \cos l' - 2 x_0^* \, d \sin b' - 2 y_0^* \, d \cos b' \sin l' +$$
$$+ (x_0^{*2} + y_0^{*2} - r^2)(1 + \cos b' \cos l') = 0,$$

oder $$A' \sin b' + \cos b' (B' \cos l' + C' \sin l') + D' = 0.$$

Betrachten wir jetzt einen Parallelstreifen der z-Ebene von der Breite π, so wird dieser durch

$$\alpha (z - z_0) = \operatorname{arth} \frac{z^*}{d}$$

bzw. $$z^* = d \operatorname{th} \alpha (z - z_0)$$

auf ein *Kreisbogenzweieck* mit den Ecken **N***, **S*** und mit der Winkelöffnung $2\pi\alpha$ abgebildet. Hierbei sind die Fälle

$$\alpha < 1, \qquad \alpha = 1, \qquad \alpha > 1$$

zu unterscheiden. Für $\alpha = 1$ haben wir genau die Abb. 29b, für $\alpha < 1$ ein eigentliches Zweieck (Abb. 31b), das für $\alpha = \frac{1}{2}$ in die Kreisfläche

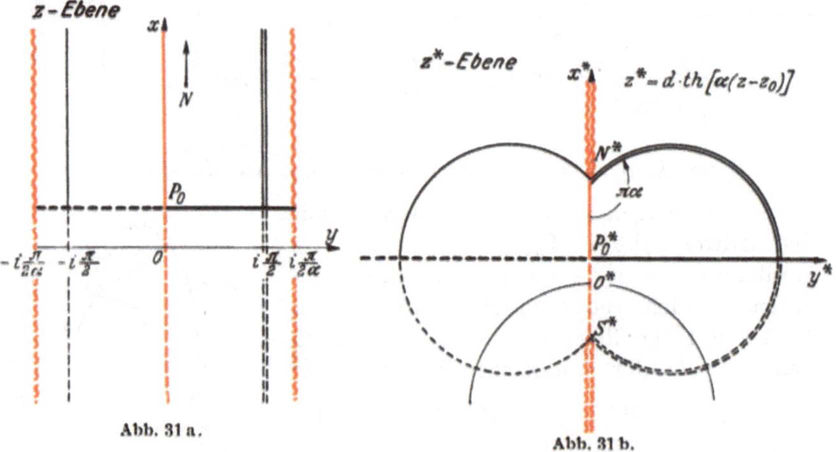

Abb. 31 a.

Abb. 31 b.

vom Radius d übergeht; für $\alpha > 1$ erhält man eine mehrfache Überdeckung der z^*-Ebene mit Windungspunkten bei **N*** und **S***.

Durch

$$\alpha(z - z_0) = 2 \operatorname{arth} \frac{z^*}{d} \quad \text{bzw.} \quad z^* = d \cdot \operatorname{th} \frac{\alpha(z - z_0)}{2}$$

wird schließlich der Parallelstreifen der z-Ebene von der Breite 2π in der geschilderten Weise abgebildet.

Wir untersuchen noch die etwas allgemeinere Abbildung

$$z = \frac{2}{a} \operatorname{arth} \frac{z^*}{b}, \qquad z^* = b \operatorname{th} \frac{a z}{2}, \tag{44}$$

wobei a, b zwei beliebige komplexe Zahlen sind, beschränken uns jedoch auf den später wichtigen Fall $b = 2/a$, also auf die Abbildung

$$z = \frac{2}{a} \operatorname{arth} \frac{a z^*}{2}, \qquad z^* = \frac{2}{a} \operatorname{th} \frac{a z}{2}, \tag{44a}$$

welche für $a \to 0$ in $z = z^*$ übergeht und für $a = 1$ das Frühere liefert.

Setzt man $a = |a| e^{i\alpha} = \varkappa e^{i\alpha}$, so wird, wie durch Nacheinanderausführen der Abbildungen

$$z \to z' = e^{i\alpha} z \to \zeta' = \frac{2}{\varkappa} \operatorname{th} \frac{\varkappa}{2} z' \to z^* = e^{-i\alpha} \zeta'$$

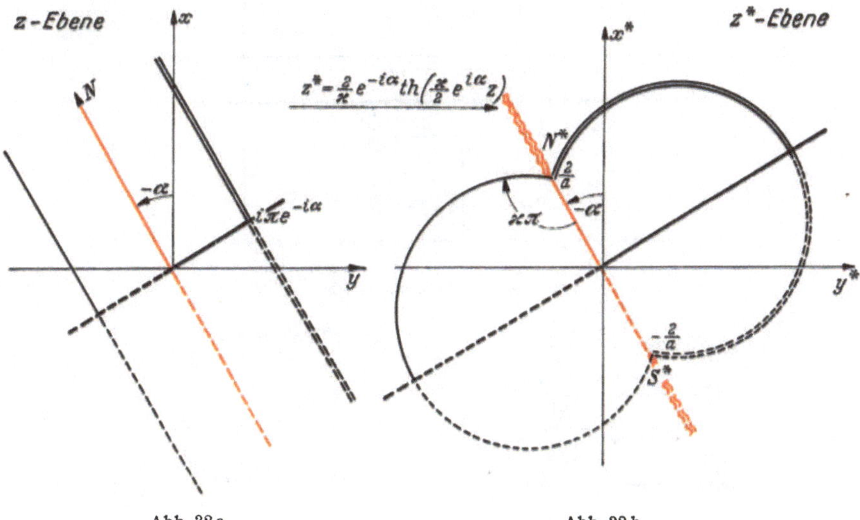

Abb. 32a. Abb. 32b.

zu ersehen ist, der um den Winkel $-\alpha$ gedrehte Parallelstreifen der z-Ebene von der Breite 2π konform auf das Kreisbogenzweieck der z^*-Ebene mit den Grundpunkten

$$\pm \frac{2}{\varkappa} e^{-i\alpha} = \pm \frac{2}{a}$$

und der Öffnung $2\pi\varkappa$ abgebildet.

Abbildungsgrößen:

$$\frac{dz^*}{dz} = \frac{1}{\mathrm{ch}^2\left(\frac{\varkappa}{2} e^{i\alpha} z\right)},$$

$$\left.\begin{aligned} m &= \left|\frac{dz^*}{dz}\right| = \frac{2}{\mathrm{ch}\{\varkappa(x\cos\alpha - y\sin\alpha)\} + \cos\{\varkappa(x\sin\alpha + y\cos\alpha)\}}, \\ c &= -2\,\mathrm{arctg}\left\{\mathrm{th}\left[\frac{\varkappa}{2}(x\cos\alpha - y\sin\alpha)\right]\mathrm{tg}\left[\frac{\varkappa}{2}(x\sin\alpha + y\cos\alpha)\right]\right\}, \end{aligned}\right\} \quad (44\,\mathrm{b})$$

$\varkappa = 0$ Parallelstreifen der Breite 2π,
$0 < \varkappa < 1$ eigentliches Kreisbogenzweieck mit Winkelöffnung 2π,
$\varkappa = 1$ (aufgeschnittene) Vollebene.

β) Konforme Abbildung durch $\sin z$ bzw. $\arcsin z$.

$$z = \arcsin z^* = \int_0^{z^*} \frac{dz^*}{\sqrt{1 - z^{*2}}}; \qquad z^* = \sin z = \frac{1}{2i}(e^{iz} - e^{-iz}). \qquad (45)$$

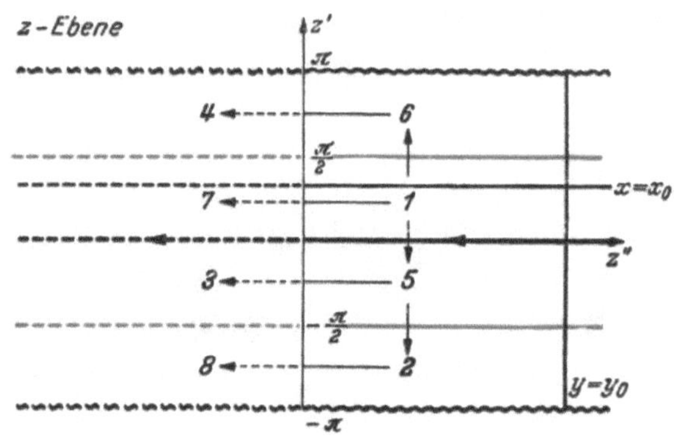

Abb. 33.

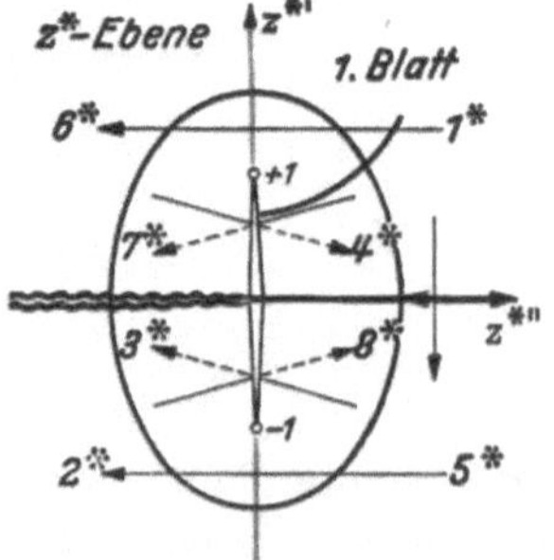

Abb. 34a.

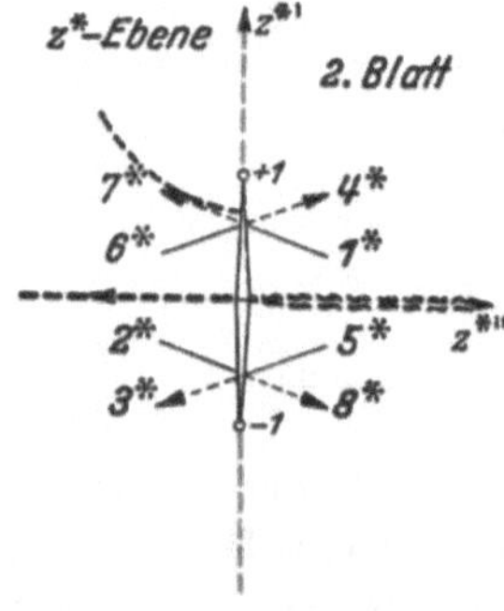

Abb. 34b.

Erstes Blatt: durchgezogene Linien }
Zweites Blatt: durchbrochene Linien } Schnitte in Wellenlinien.

Wir schneiden die z^*-Ebene zwischen den Verzweigungspunkten $z^* = \pm 1$ des Integranden längs der reellen Achse auf. Die Abbildung des Gebietes *1* der z^*-Ebene wird durch die Anwendung der Argumentenmethode auf den Rand dieses Gebietes ermittelt:

$$\arg dz = \arg dz^* - \arg \sqrt{1 - z^{*2}}.$$

Im Punkte $z^* = 0$ sei die positive Wurzel genommen. Auf der negativ durchlaufenen imaginären z^*-Achse $\overrightarrow{+i\infty, 0}$ wird $\arg dz = -\frac{\pi}{2}$; auf der positiv durchlaufenen reellen z^*-Achse ist zwischen $z^* = 0$ und $z^* = 1$ $\arg dz = 0$, ferner zwischen $z^* = 1$ und $z^* = +\infty$ $\arg dz = \pi/2$. Dem Punkt $z^* = 1$ entspricht in der z-Ebene der Punkt $z = \int\limits_0^1 \frac{dz^*}{\sqrt{1 - z^{*2}}} = \frac{\pi}{2}$. Damit ist gezeigt, daß der Quadrant 1^* der z^*-Ebene konform auf den zwischen $\Re(z) = 0$ und $\Re(z) = \pi/2$ liegenden Parallelstreifen der z-Ebene mit $\Im(z) > 0$ übergeht. Abgesehen von $z^* = 1$, wo wegen des Verzweigungspunktes eine Halbierung der Winkel stattfindet, ist die Abbildung auch auf dem Rand konform.

Die Abbildung der übrigen Gebiete gewinnt man an Spiegelungen, wobei auf den Schnitt zu achten ist. Die beiden Blätter der zu $\sqrt{1 - z^{*2}}$ gehörenden Riemannschen Fläche werden auf der reellen Achse zwischen $z^* = -1$ und $z^* = +1$ miteinander verheftet (Abb. 34a, b). Das Bild der ganzen Riemannschen Fläche ist der Streifen

$$-\pi \leqq \Re(z) \leqq +\pi.$$

Die Ränder dieses Streifens gehen dabei im ersten Blatt in die negativ imaginäre, im zweiten Blatt in die positiv imaginäre Achse über, so daß auch dort noch jeweils ein weiterer Schnitt zu führen ist.

Durch Aufspalten in Real- und Imaginärteil erhält man aus (45)

$$\begin{aligned} x^* &= \sin x \operatorname{ch} y, \\ y^* &= \cos x \operatorname{sh} y. \end{aligned} \tag{45a}$$

Wird x bzw. y konstant gehalten, $x = x_0$ bzw. $y = y_0$, so entstehen aus der Parameterdarstellung (45a) der Bildkurven die Gleichungen

$$\frac{x^{*2}}{\sin^2 x_0} - \frac{y^{*2}}{\cos^2 x_0} = 1 \quad \text{für} \quad x = x_0, \qquad \frac{x^{*2}}{\operatorname{ch}^2 y_0} + \frac{y^{*2}}{\operatorname{sh}^2 y_0} = 1 \quad \text{für} \quad y = y_0.$$

Dem Gitternetz der z-Ebene entspricht also das konfokale Ellipsen-Hyperbel-Netz mit den Brennpunkten ± 1.

III,3₂ Konforme Abbildung durch elliptische Funktionen und Integrale.

Als Beispiel erwähnen wir die konforme Abbildung durch das elliptische Integral 2. Gattung

$$U^{(2)} = \frac{1}{i}\int\limits_1^Z \frac{Z^2\,dZ}{\left[n(Z^2+n)\left(Z^2+\frac{1}{n}\right)\right]^{3/2}} = V \quad \text{I}\,(82)\,[43], \qquad (46)$$

die wir bereits im ersten Abschnitt ausführlich untersucht haben. Im folgenden soll das zu derselben Riemannschen Fläche gehörige Integral 1. Gattung

$$U^{(1)} = \frac{1}{i}\int\limits_1^Z \frac{dZ}{\left[n(Z^2+n)\left(Z^2+\frac{1}{n}\right)\right]^{1/2}} = U \quad \text{I}\,(81)\,[43] \qquad (47)$$

behandelt werden.

Die Riemannsche Fläche des Integranden besteht aus zwei Blättern, die zwischen den Verzweigungspunkten $\pm i\sqrt{n}$ (über 0) und $\pm \frac{i}{\sqrt{n}}$

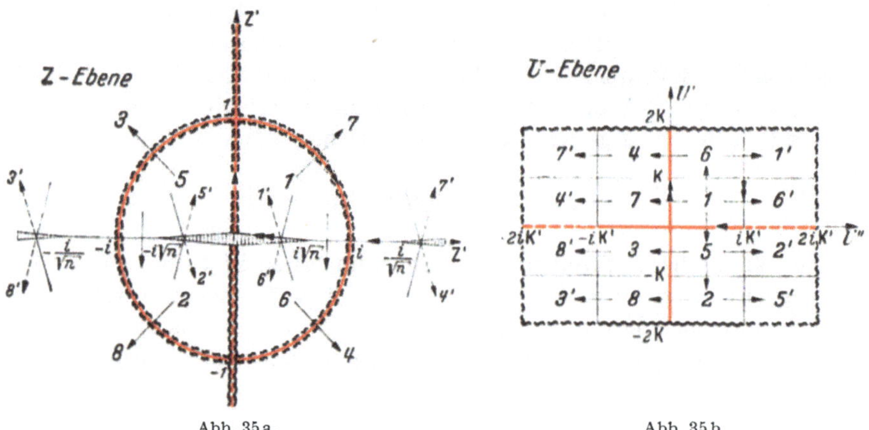

Abb. 35a. Abb. 35b.

(über ∞) aufgeschnitten und miteinander verheftet zu denken sind[32]. Im ersten Blatt soll für $Z = 1$ der positive Wert der Wurzel genommen und die Integration dort begonnen werden. Wendet man die Argumentenmethode auf das Differential

$$dU^{(1)} = -i\left[n(Z^2+n)\left(Z^2+\frac{1}{n}\right)\right]^{-1/2} dZ$$

[32] Die im ersten Blatt der Riemannschen Fläche liegenden Kurven sind durchgezogen, diejenigen des zweiten Blattes durchbrochen. Schnitte werden gewellt, Periodenwege glatt gezeichnet.

für den Rand des Bereiches *1* im ersten Blatt an (Abb. 35a), so ergibt sich [vgl. I (42)]

$$\text{auf } \overrightarrow{1,0} \ \arg dU^{(1)} = +\frac{\pi}{2}, \qquad \text{auf } \overrightarrow{i, i\sqrt{n}} \ \arg dU^{(1)} = +\frac{\pi}{2},$$

$$\text{auf } \overrightarrow{1,i} \ \arg dU^{(1)} = 0, \qquad \text{auf } \overrightarrow{i\sqrt{n}, 0} \ \arg dU^{(1)} = +\pi.$$

Das Bild des ersten Quadranten des Einheitskreises im ersten Blatt der Z-Ebene ist daher das Rechteck *1* in der U-Ebene mit den Ecken $0, \mathsf{K}, \mathsf{K} + i\mathsf{K}', i\mathsf{K}'$,

$$\mathsf{K} = \frac{1}{i}\int_1^i \frac{d\mathsf{Z}}{\left[n(\mathsf{Z}^2+n)\left(\mathsf{Z}^2+\frac{1}{n}\right)\right]^{1/2}}, \qquad \mathsf{K}' = -\int_1^0 \frac{d\mathsf{Z}}{\left[n(\mathsf{Z}^2+n)\left(\mathsf{Z}^2+\frac{1}{n}\right)\right]^{1/2}}.$$

Nach dem Spiegelungsprinzip werden die weiteren im ersten Blatt liegenden Bereiche *2* bis *8* auf die entsprechend anschließenden Rechtecke abgebildet (Abb. 35b). (Schnitte beachten!) Der obere Rand von *4, 6* und der untere Rand von *8, 2* sind gleichzeitig Bilder der negativen reellen Z-Achse; diese ist daher von 0 bis $-\infty$ aufzuschneiden. Durch Spiegelung über die Heftnähte der Riemannschen Fläche hinweg in das zweite Blatt erhält man die Bilder der Bereiche *1'* bis *8'*. Den Außenrändern der Rechtecke entsprechen im zweiten Blatt Einheitskreis und positiv reelle Achse, die also ebenfalls aufgeschnitten werden müssen. Durch das Zerschneiden der zweiblättrigen Riemannschen Z-Fläche ist so ein einfach zusammenhängender Bereich $\mathfrak{B}$ entstanden, in welchem das Integral (47) eindeutig ist. Das Bild von $\mathfrak{B}$ besteht aus dem Rechteck mit den Ecken $\pm 2\mathsf{K} \pm 2i\mathsf{K}'$. Die Perioden sind die Integrale über den Einheitskreis im ersten Blatt und die reelle Achse mit der negativen Hälfte im ersten und der positiven Hälfte im zweiten Blatt.

Man kann daraus viele Teilabbildungen entnehmen: Die obere Halbebene geht auf das Rechteck aus *1, 5, 3, 7* um $U = 0$ und die von $i\sqrt{n} \ldots \frac{i}{\sqrt{n}}$ und längs des Einheitskreises von $+i \cdots -1$ aufgeschlitzte rechte Halbebene geht auf das Rechteck *6', 1, 7, 4'* über. Ferner hat der längs $-1 \cdots 0$ und $-i\sqrt{n} \cdots +i\sqrt{n}$ aufgeschlitzte Einheitskreis das Rechteck aus *2, 5, 1, 6* als Bild. Werden bei den beiden letzten Beispielen die Schnittufer des Schnittes längs des Einheitskreises von $+i \cdots -1$ bzw. längs $-1 \cdots 0$ miteinander verheftet, so ergibt sich jeweils ein zusammengerolltes Rechteck *6', 1, 7, 4', 6'* ... bzw. *2, 5, 1, 6, 2* ...

III, 3₃ Konforme Abbildungen durch algebraische Funktionen und Integrale.

Als Beispiel erwähnen wir hier die von H. A. Schwarz [1] gefundene Abbildung des Einheitskreises auf ein reguläres n-Eck durch das überall endliche Abelsche Integral

$$z^* = \int_0^z \frac{dz}{(1-z^n)^{2/n}}. \tag{48}$$

Die Argumentenmethode geht von dem Differential der Funktion aus. Es ist

$$dz^* = \frac{dz}{(1-z^n)^{2/n}}, \quad \arg dz^* = \arg dz - \frac{2}{n}\arg(1-z^n). \tag{49}$$

Auf dem Achsenstück von 0 bis 1 ist z positiv, und wenn wir die reelle positive Wurzel ziehen, $\arg dz^* = \arg dz = 0$. Von $z = 1$ aus geht man nun auf dem Einheitskreis weiter. Für ihn gilt

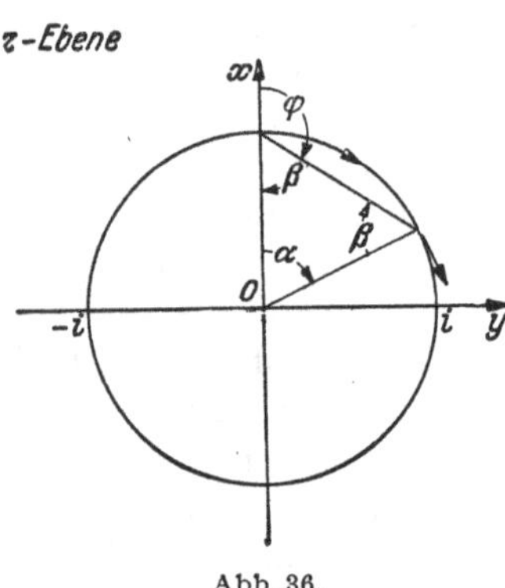

Abb. 36.

$$\arg z = \alpha,$$

$$\arg(z-1) = \varphi = \frac{\alpha}{2} + \frac{\pi}{2} \text{ wegen } \begin{matrix}\varphi = \alpha + \beta \\ \beta = \pi - \varphi\end{matrix},$$

$$\arg z^n = n\alpha; \quad \arg(z^n - 1) = \frac{n\alpha}{2} + \frac{\pi}{2},$$

$$\arg dz = \alpha + \frac{\pi}{2}$$

und damit nach (49)

$$\arg dz^* = \alpha + \frac{\pi}{2} - \frac{2}{n}\left(\frac{n\alpha}{2} + \frac{\pi}{2} - \pi\right)$$

$$= \frac{\pi}{2} + \frac{\pi}{n}.$$

Das Bildargument ist konstant und gleicht dem Argument der von $z = 1$ ausgehenden Seite des regulären n-Ecks. Bedeutet ε_n eine n-te Einheitswurzel, so bewirkt schließlich die Änderung $z \to \varepsilon_n z$ im Argument die Änderung $\arg dz^* \to \arg dz + \frac{2\pi}{n}$. Setzt man daher

$$\int_0^1 \frac{dz}{(1-z^n)^{2/n}} = K_n, \qquad (K_n \text{ reell, positiv})$$

so erhalten wir als Bild des Kreissektors der Öffnung $\frac{2\pi}{n}$ ein Dreieck mit den Eckpunkten 0, K_n, $\varepsilon_n K_n$ und dem Winkel $\frac{2\pi}{n}$ bei 0. Die Vervollständigung der Abbildung durch Spiegelungen liefert als Bild der mit geradlinigen Schlitzen von $z = \varepsilon_n^\lambda$, $\lambda = 0, 1, \ldots, n-1$, nach $z = \infty$ versehenen z-Ebene einen n-zackigen Stern (Abb. 36, 37, 38).

Für die genauere Untersuchung der Abbildung, insbesondere hinsichtlich der Krümmung der Netzbilder, vgl. man die bereits angeführte Arbeit von H. Schmidt.

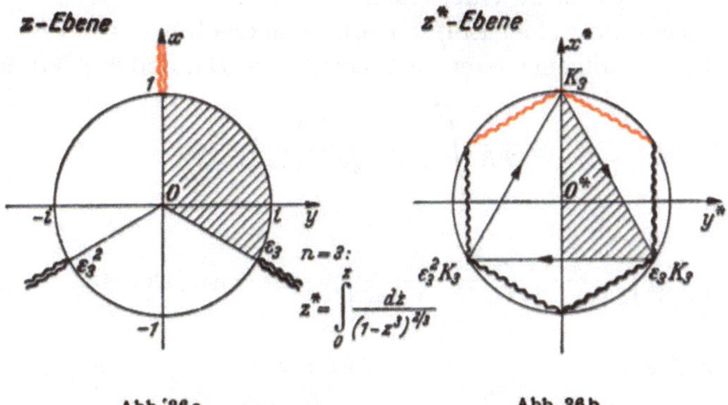

Abb. 36a. Abb. 36b.

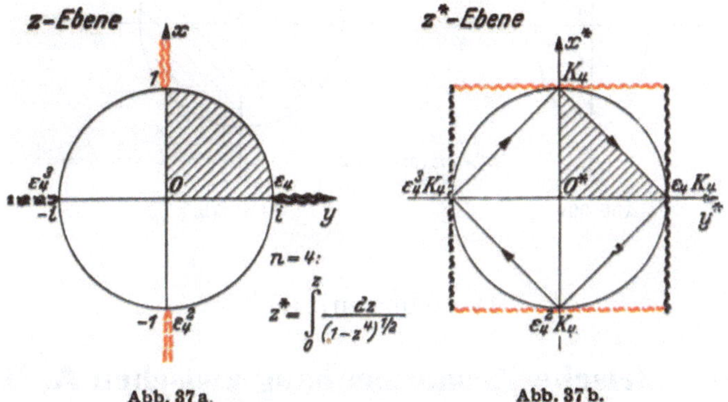

Abb. 37a. Abb. 37b.

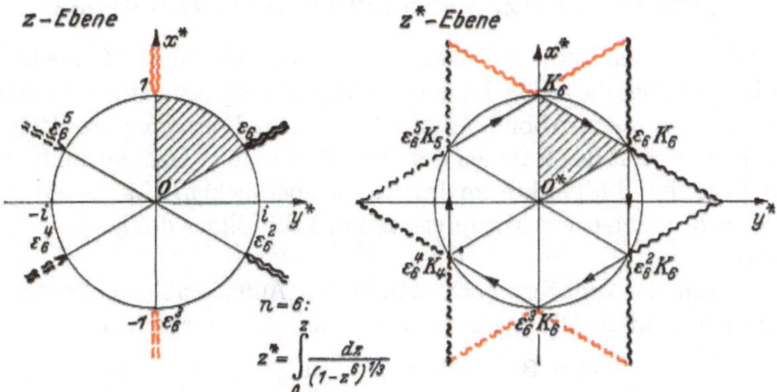

Abb. 38a Abb. 38b.

Zum Schluß sei noch eine Abbildung von H. A. Schwarz angegeben, die das Innere einer Ellipse konform in das Innere eines Kreises überführt. In der allgemeineren symmetrischen Darstellung hat man

$$w = \arcsin z, \qquad w^* = \frac{\pi}{2K}\int\limits_0^{z^*} \frac{dz^*}{\sqrt{(1-z^{*2})(1-k^2 z^{*2})}}, \qquad w = w^*,$$

oder aufgelöst

$$z = \sin\left(\frac{\pi}{2K}\int\limits_0^{z^*} \frac{dz^*}{\sqrt{(1-z^{*2})(1-k^2 z^{*2})}}\right); \qquad z^* = \operatorname{sn}(\arcsin z). \tag{50}$$

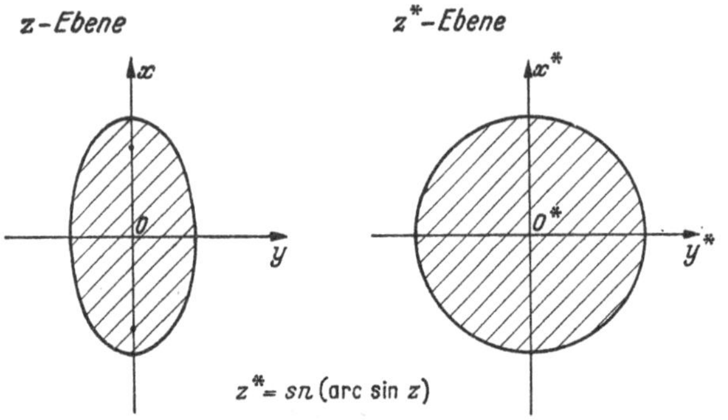

Abb. 39a. Abb. 39b.

IV. Abschnitt.

Der geometrische Zusammenhang zwischen A, B, Γ.

IV, 1 Aufgabe und Ziel. Bildgitternetz, Verzerrungsnetz, Wendepaar.

Wir nehmen hier den Gegenstand von Abschnitt II wieder auf. In ihm wurden die Bildgebiete des geeignet aufgeschnittenen Sphäroids bei der konformen Abbildung durch die Grundvariablen ermittelt. Damit ist aber erst der Rahmen gegeben. Nun muß es sich darum handeln, die Lage der Bildpunkte im Innern zu überblicken. Um dieses Ziel zu erreichen, untersuchen wir in erster Linie die Bilder des geographischen Netzes.

Stellen wir zunächst noch einmal den Aufgabenbereich zusammen. Folgende fünf Abbildungen sind genauer zu untersuchen:

$$\left.\begin{array}{llll} \mathfrak{A}: & \mathsf{A} = \mathsf{M} \to \mathsf{B} & \text{mit Umkehrung} & \mathfrak{A}^*: \ \mathsf{B} \to \mathsf{A}, \\ \mathfrak{A}': & \mathsf{B} \to \Gamma & \text{mit Umkehrung} & \mathfrak{A}'^*: \ \Gamma \to \mathsf{B}, \\ \mathfrak{A}'': & \mathsf{A} \to \Gamma & \text{mit Umkehrung} & \mathfrak{A}''^*: \ \Gamma \to \mathsf{A}, \end{array}\right\} \tag{1}$$

sowie die Hilfsabbildungen

$$\left.\begin{array}{llll} \hat{\mathfrak{A}}: & \mathsf{A} = \mathsf{M} \to \mathsf{Z} & \text{mit Umkehrung} & \hat{\mathfrak{A}}^*: \quad \mathsf{Z} \to \mathsf{A}, \\ \hat{\mathfrak{A}}': & \mathsf{Z} \to \Gamma & \text{mit Umkehrung} & \hat{\mathfrak{A}}'^*: \quad \Gamma \to \mathsf{Z}. \end{array}\right\} \tag{2}$$

a) Durch die Abbildung der *Gitter-* (*Netz-*) *Linien* wird in der Bildebene ein krummliniges orthogonales Kurvennetz festgelegt, das zu einer näheren geometrischen Beschreibung dienen kann. Wenn allgemein gilt

$$\mathfrak{A}\ : \mathfrak{E}(\mathfrak{e}_1, \mathfrak{e}_2, z) \to \tilde{\mathfrak{E}}(\tilde{\mathfrak{e}}_1, \tilde{\mathfrak{e}}_2, z^*) \text{ vermöge } z^* = \tilde{z} = f(z) = f_1(x, y) + i f_2(x, y),$$

$$\mathfrak{A}^*: \mathfrak{E}(\mathfrak{e}_1, \mathfrak{e}_2, z) \leftarrow \tilde{\mathfrak{E}}(\tilde{\mathfrak{e}}_1, \tilde{\mathfrak{e}}_2, z^*) \text{ vermöge } z = g(z^*) = g_1(x^*, y^*) + i g_2(x^*, y^*),$$

so entsprechen den beiden Abbildungen $\mathfrak{A}, \mathfrak{A}^*$ die Netze

$$\left.\begin{array}{l} (1, 2)\text{-Gitternetz} \begin{cases} x = c_1 \\ y = c_2 \end{cases} \to (\mathfrak{G}_1^* \, \mathfrak{G}_2^*)\text{-Bildnetz} \begin{cases} g_1(x^*, y^*) = c_1 \\ g_2(x^*, y^*) = c_2, \end{cases} \\ (\mathfrak{G}_1^{\sim} \, \mathfrak{G}_2^{\sim})\text{-Bildnetz} \begin{cases} f_1(x, y) = c_1 \\ f_2(x, y) = c_2 \end{cases} \leftarrow (\tilde{\mathfrak{e}}_1, \tilde{\mathfrak{e}}_2)\text{-Netz} \begin{cases} x^* = c_1 \\ y^* = c_2. \end{cases} \end{array}\right\} \tag{3}$$

b) Die wichtigsten Größen zur Charakterisierung der Verzerrung bei einer Abbildung $\mathfrak{A}$ sind

m = Abbildungsmodul (Streckenverzerrung),
c = Bildverschwenkung.

Um den Verlauf dieser Werte in der Bildebene verfolgen zu können, werden die Punkte mit gleichem Vergrößerungsverhältnis und mit gleicher Bildverschwenkung zu „*Verzerrungskurven*" miteinander verbunden:

$$\left.\begin{array}{lll} \mathfrak{U}(m_0): & \lg m(x, y) = \lg m_0: & \text{„}\textit{(Strecken-) Verzerrungsgleichen}\text{"}, \\ \mathfrak{V}(c_0): & c(x, y) \quad = c_0 \quad : & \text{„}\textit{Verschwenkungsgleichen}\text{"}. \end{array}\right\} \tag{4}$$

Sie bilden wie $\mathfrak{G}_1^*, \mathfrak{G}_2^*$ ein isothermes Netz in der $\tilde{\mathfrak{E}}$-Ebene, das *Verzerrungsnetz*.

Bei der Umkehrung $\mathfrak{A}^*$ werden die entsprechenden Größen mit einem Stern bezeichnet. Die Verzerrungsgleichen $\mathfrak{U}(m_0)$ können erst später, nach der Bereitstellung der analytischen Hilfsmittel, behandelt werden. Von den Verschwenkungsgleichen $\mathfrak{V}(c_0)$ untersuchen wir die Fälle $c_0 = 0, \pm\frac{\pi}{2}, \pm\pi, \pm\frac{3\pi}{2}$, soweit sie für die Diskussion des Bildgitternetzes in Betracht kommen.

Wegen $\operatorname{tg} c = \dfrac{\mathfrak{Im}\, f'(z)}{\mathfrak{Re}\, f'(z)}$ folgt aus $\begin{array}{l} \mathfrak{Im} f'(z) = 0: \mathfrak{V}(0), \ \mathfrak{V}(\pm\pi) \\ \mathfrak{Re} f'(z) = 0: \mathfrak{V}\left(\pm\frac{\pi}{2}\right), \ \mathfrak{V}\left(\pm\frac{3\pi}{2}\right). \end{array}$

Mit diesen Kurven sind die extremen Stellen der Bildgitterlinien (oben, unten, rechts, links) bekannt.

c) Für den qualitativen Verlauf des Bildgitternetzes ist die Kenntnis der Wendepunkte von besonderer Bedeutung. Wir entnehmen sie der *Bildkrümmung* $(k_2^* + i k_1^*)$. Sie sind in dem geometrischen Ort $\mathfrak{W}_1^* : k_1^* = 0$ bzw. $\mathfrak{W}_2^* : k_2^* = 0$ enthalten, denn das Verschwinden der Krümmung ist nur eine notwendige, aber nicht hinreichende Bedingung für einen Wendepunkt.

$$\text{„\textit{Wendepunktkurven}“} \quad \mathfrak{W}_1^* \quad \text{und} \quad \mathfrak{W}_2^*. \tag{5}$$

Wir fassen $\mathfrak{W}_1^*$, $\mathfrak{W}_2^*$ auch unter dem Namen „*Wendepaar*“ zusammen. Für die Umkehrung hat man entsprechend Bildkrümmung $k_2 + i k_1$ und Wendepaar $\mathfrak{W}_{\bar 1}$, $\mathfrak{W}_{\bar 2}$.

IV, 2 Sonderfall der Kugel: Abbildung $\alpha = \mu \leftrightarrow \beta$.

Für die Kugel reduziert sich wegen $\gamma = a\beta$ alles auf den Zusammenhang $\mu \leftrightarrow \beta$. Daher können und wollen wir diese Abbildung zunächst analytisch wie geometrisch vollständig angeben.

Nach Abschnitt II (21a) [75] gilt

$$d\mu = \frac{d\beta}{\cos\beta}, \quad d\beta = \frac{d\mu}{\operatorname{ch}\mu} \tag{6}$$

mit den Abbildungsgrößen

$$\left.\begin{aligned} m^* &= \left|\frac{d\mu}{d\beta}\right| = \frac{1}{|\cos\beta|}, & m &= \left|\frac{d\beta}{d\mu}\right| = \frac{1}{|\operatorname{ch}\mu|}, \\ c^* &= \arg\frac{d\mu}{d\beta} = -\arg(\cos\beta), & c &= \arg\frac{d\beta}{d\mu} = -\arg(\operatorname{ch}\mu). \end{aligned}\right\} \tag{7}$$

Zur Berechnung des absoluten Betrages bilden wir

$$\cos\beta = \cos\beta' \operatorname{ch}\beta'' - i \sin\beta' \operatorname{sh}\beta'', \qquad \operatorname{ch}\mu = \operatorname{ch}h \cos l + i \operatorname{sh}h \sin l,$$

und unter Verwendung des Zusammenhanges mit der geographischen Breite und Länge II (29a) [76]

$$\begin{aligned} &\operatorname{sh}\beta'' = \cos\beta' \operatorname{tg} l, \\ &\sin\beta' = \operatorname{ch}\beta'' \sin b, & &\operatorname{ch}h = \frac{1}{\cos b}, \\ &|\cos\beta|^2 = \cos^2\beta' \operatorname{ch}^2\beta'' + \sin^2\beta' \operatorname{sh}^2\beta'' & &\operatorname{ch}\mu = \frac{\cos l + i \sin b \sin l}{\cos b}, \\ &\qquad = \cos^2\beta' + \operatorname{sh}^2\beta'' = \operatorname{ch}^2\beta'' - \sin^2\beta', \\ &|\cos\beta|^2 = \frac{\cos^2\beta'}{\cos^2 l} = \operatorname{ch}^2\beta'' \cos^2 b, & &|\operatorname{ch}\mu|^2 = \frac{1 - \sin^2 l \cos^2 b}{\cos^2 b}. \end{aligned}$$

Das Argument läßt sich unmittelbar aus $\cos\beta$ bzw. $\operatorname{ch}\mu$ ablesen. Ergebnis:

$$\left.\begin{aligned} m^* &= \frac{1}{\sqrt{\cos^2\beta' + \operatorname{sh}^2\beta''}} & m &= \frac{\cos b}{\sqrt{1-\sin^2 l\cos^2 b}} \\ &= \frac{1}{\sqrt{\operatorname{ch}^2\beta'' - \sin^2\beta'}} & &= \cos b \operatorname{ch}\beta'', \\ &= \frac{\cos l}{\cos\beta'} = \frac{1}{\operatorname{ch}\beta''\cos b}, & & \text{(II (30a) [77])} \\ \operatorname{tg} c^* &= \operatorname{tg}\beta' \operatorname{th}\beta'', & \operatorname{tg} c &= -\operatorname{tg} l \sin b. \end{aligned}\right\} \quad (7\text{a})$$

Durch Einsetzen der Bildverschwenkung c in das Vergrößerungsverhältnis erhält man nach der Zwischenrechnung

$$\frac{1}{\operatorname{ch}^2\beta''} = 1 - \sin^2 l\cos^2 b = \cos^2 l\,(1 + \operatorname{tg}^2 l \sin^2 b) = \frac{\cos^2 l}{\cos^2 c}$$

für m bzw. m^* auch noch die folgenden Ausdrücke

$$m^* = \frac{1}{\cos b}\cdot\frac{\cos l}{\cos c}, \qquad m = \cos b\frac{\cos c}{\cos l}. \tag{7b}$$

Die Berechnung der Bildkrümmung erfolgt nach den Formeln III (22a) [100]

$$\frac{d}{d\beta}\lg\frac{d\mu}{d\beta} = -\frac{d\lg\cos\beta}{d\beta} = \operatorname{tg}\beta, \qquad \frac{d}{d\mu}\lg\frac{d\beta}{d\mu} = -\frac{d\lg\operatorname{ch}\mu}{d\mu} = -\operatorname{th}\mu.$$

$$k = \frac{1}{m^*}k^* + \frac{1}{m^*}\Im\mathrm{m}\left\{\operatorname{tg}\beta\frac{d\beta}{ds^*}\right\}, \qquad k^* = \frac{1}{m}k - \frac{1}{m}\Im\mathrm{m}\left\{\operatorname{th}\mu\frac{d\mu}{ds}\right\}. \tag{8}$$

Von besonderem Interesse ist die Krümmung der Geradenbilder. Für die Parameterdarstellung einer allgemeinen Geraden hat man die komplexe Gleichung

$$\begin{aligned} &\beta - \beta_0 = e^{i\vartheta^*}s^*; \quad k^* = 0, & &\mu - \mu_0 = e^{i\vartheta}s; \quad k = 0. \\ &\frac{d\beta}{ds^*} = e^{i\vartheta^*}, & &\frac{d\mu}{ds} = e^{i\vartheta}. \end{aligned} \tag{9}$$

Wegen der Aufspaltung

$$\operatorname{tg}\beta = \frac{\sin 2\beta' + i\operatorname{sh}2\beta''}{\cos 2\beta' + \operatorname{ch}2\beta''}, \qquad \operatorname{th}\mu = \frac{\operatorname{sh}2h + i\sin 2l}{\operatorname{ch}2h + \cos 2l} \qquad \text{(X [449])}$$

folgt aus (8) für die Bildkrümmung

$$\begin{aligned} k &= \frac{1}{m^*}\left[\frac{\operatorname{sh}2\beta''\cos\vartheta^* + \sin 2\beta'\sin\vartheta^*}{\operatorname{ch}2\beta'' + \cos 2\beta'}\right], \\ &= \frac{1}{2m^*}\left[\frac{\operatorname{sh}2\beta''\cos\vartheta^* + \sin 2\beta'\sin\vartheta^*}{\cos^2\beta' + \operatorname{sh}^2\beta''}\right]. \end{aligned}$$

$$\begin{aligned} k^* &= -\frac{1}{m}\left[\frac{\sin 2l\cos\vartheta + \operatorname{sh}2h\sin\vartheta}{\operatorname{ch}2h + \cos 2l}\right], \\ &= -\frac{1}{2m}\left[\frac{\sin 2l\cos\vartheta + \operatorname{sh}2h\sin\vartheta}{\operatorname{ch}^2 h - \sin^2 l}\right], \\ &= -\frac{\cos^2 b}{2m}\left[\frac{\sin 2l\cos\vartheta + \operatorname{sh}2h\sin\vartheta}{1 - \sin^2 l\cos^2 b}\right]. \end{aligned}$$

$$\left.\begin{aligned} k &= \frac{\operatorname{sh}2\beta''\cos\vartheta^* + \sin 2\beta'\sin\vartheta^*}{2\sqrt{\cos^2\beta' + \operatorname{sh}^2\beta''}}, \\ k^* &= -\frac{\sin 2l\cos b\cos\vartheta + 2\operatorname{tg} b\sin\vartheta}{2\sqrt{1-\sin^2 l\cos^2 b}}. \end{aligned}\right\} \quad (10)$$

Spezielle Werte

$$\left.\begin{aligned}
\vartheta^* = 0:\quad & k_1 = \frac{1}{2}\,\frac{\operatorname{sh} 2\beta_0''}{\sqrt{\cos^2\beta' + \operatorname{sh}^2\beta_0''}}\,,\\
& \qquad\vartheta = 0:\quad k_1^* = -\frac{\sin 2\,l_0 \cos b}{2\sqrt{1-\sin^2 l_0 \cos^2 b}}\,,\\
\vartheta^* = \frac{\pi}{2}:\quad & k_2 = \frac{1}{2}\,\frac{\sin 2\beta_0'}{\sqrt{\cos^2\beta_0' + \operatorname{sh}^2\beta''}}\,,\\
& \qquad\vartheta = \frac{\pi}{2}:\quad k_2^* = -\frac{\operatorname{tg} b_0}{\sqrt{1-\sin^2 l \cos^2 b_0}}\,.
\end{aligned}\right\}\qquad (10\text{a})$$

Damit sind wir in der Lage, die in Abschnitt II,3_1 Abb. 12 gegebene Abbildung $\mu \to \beta$ durch die Bilder der Gitterlinien der μ-Ebene, d. h. also der geographischen Netzlinien in der β-Ebene, zu vervollständigen.

Geht man von der Kugel vom Radius a und dem Quadrat des Linienelementes $ds_K^2 = a^2\cos^2 b\,(dh^2 + dl^2)$ II (16) [72] aus, so ist das Vergrößerungsverhältnis m noch mit einem Faktor zu multiplizieren:

$$m_K = \frac{d s_\beta}{d s_K} = \frac{d s_\beta}{d s_\mu}\cdot\frac{d s_\mu}{d s_K} = m\,\frac{1}{a\cos b} = \frac{1}{a}\,\frac{1}{\sqrt{1-\sin^2 l\cos^2 b}}\,. \qquad (11)$$

Wir hatten bereits früher festgestellt, II [78], daß die konforme Abbildung der Kugel auf die β-Ebene mit der querachsigen Merkator-Projektion übereinstimmt. Die Gitterlinien $\beta'' = \text{const.}$ sind die Bilder der zum Hauptmeridian parallelen Kleinkreise. Der Schnittwinkel eines Meridians mit einem solchen Kreis wird als *Meridiankonvergenz* bezeichnet. Wegen der Winkeltreue der Abbildung ist die Verschwenkung c der l-Gitterlinien, d. h. der Winkel, um den das Meridianbild gegen die Nullrichtung der β-Ebene gedreht ist, gleich der negativ genommenen Meridiankonvergenz.

Auf dem Hauptmeridian $l = 0$ gilt:

$$m_K = \frac{1}{a}\,,\qquad c = 0\,,\qquad k_1^* = 0\,. \qquad (12_0)$$

Für einen beliebigen Meridian $l = l_0$ mit $0 < l_0 < \frac{\pi}{2}$; $0 \leqq b \leqq \frac{\pi}{2}$ hat man die Werte

$$\left.\begin{aligned}
m_K &= \frac{1}{a}\,\frac{1}{\sqrt{1-\sin^2 l_0\cos^2 b}} && \frac{1}{a\cos l_0} \geqq m_K \geqq \frac{1}{a}\,,\\
\operatorname{tg} c &= -\operatorname{tg} l_0 \sin b && 0 \leqq |c| \leqq l_0\\
k_1^* &= -\frac{\sin 2\,l_0}{2}\,\frac{\cos b}{\sqrt{1-\sin^2 l_0\cos^2 b}} && \sin l_0 \geqq |k_1^*| \geqq 0\,.
\end{aligned}\right\}\qquad (12)$$

Nord- und Südpol sind Wendepunkte der Meridianbilder ($k_1^* = 0$).

Auf dem Äquator $b = 0$ gilt

$$m_K = \frac{1}{a\cos l}\,,\qquad c = 0\,,\qquad k_2^* = 0\,. \qquad (13_0)$$

Für einen beliebigen Parallelkreis $b = b_0$ mit $0 < b_0 < \frac{\pi}{2}$, $0 \leqq l \leqq \frac{\pi}{2}$ hat man die Werte

$$\left.\begin{aligned} m_K &= \frac{1}{a}\,\frac{1}{\sqrt{1-\sin^2 l\cos^2 b_0}} & \frac{1}{a} &\leqq m_K \leqq \frac{1}{a\sin b_0},\\ \operatorname{tg} c &= -\operatorname{tg} l \sin b_0 & 0 &\leqq |c| \leqq \frac{\pi}{2},\\ k_2^* &= -\frac{\operatorname{tg} b_0}{\sqrt{1-\sin^2 l\cos^2 b_0}} & \operatorname{tg} b_0 &\leqq |k_2^*| \leqq \frac{1}{\cos b_0}. \end{aligned}\right\} \quad (13)$$

Wendepunkte kommen auf den Parallelkreisen $0 < b_0 < \frac{\pi}{2}$ nicht vor.

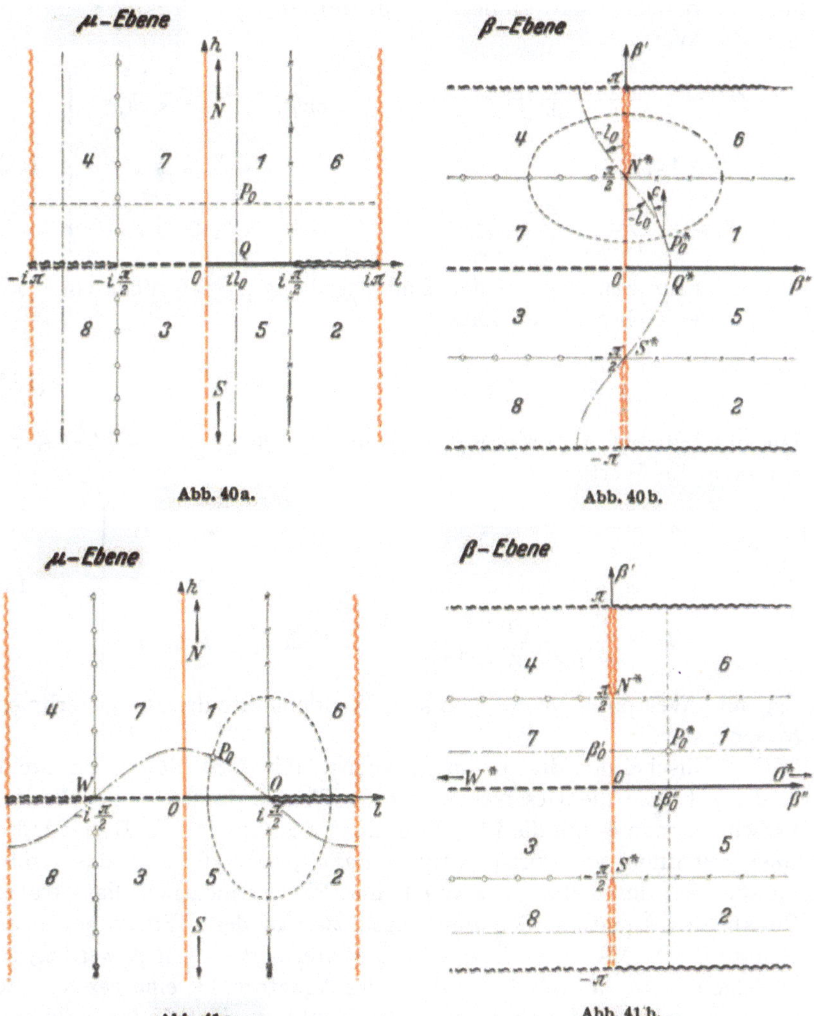

Abb. 40a.

Abb. 40b.

Abb. 41a.

Abb. 41b.

Wir betrachten nun die *umgekehrte Abbildung* $\beta \to \mu$. Wie bereits bemerkt, ist β nichts anderes als eine querachsige Merkator-Variable $\beta = -i\tilde{\mu}$. Also liefern die Bilder von $\beta' = \beta'_0$ die Darstellung der zum Hauptmeridian senkrechten Großkreise in der μ-Ebene, die Bilder von $\beta'' = \beta''_0$ die Darstellung der zum Hauptmeridian parallelen Kleinkreise. Den Gitterlinien müssen die gleichen, nur um den Winkel $\pi/2$ gedrehten Kurven entsprechen (Abb. 41a, b).

Auf der Mittellinie $\beta'' = 0$ gilt

$$m^* = \frac{1}{\cos\beta'}, \qquad c^* = 0, \qquad k_1 = 0. \tag{14_0}$$

Für eine beliebige Gitterlinie $\beta'' = \beta''_0$ mit $0 < \beta''_0$, $0 \leqq \beta' \leqq \frac{\pi}{2}$ hat man die Werte

$$\left.\begin{aligned} m^* &= \frac{1}{\sqrt{\cos^2\beta' + \operatorname{sh}^2\beta''_0}} & \frac{1}{\operatorname{ch}\beta''_0} &\leqq m^* \leqq \frac{1}{\operatorname{sh}\beta''_0}, \\ \operatorname{tg} c^* &= \operatorname{tg}\beta' \operatorname{th}\beta''_0 & 0 &\leqq c^* \leqq \frac{\pi}{2}, \\ k_1 &= \frac{1}{2}\,\frac{\operatorname{sh} 2\beta''_0}{\sqrt{\cos^2\beta' + \operatorname{sh}^2\beta''_0}} & \operatorname{sh}\beta''_0 &\leqq k_1 \leqq \operatorname{ch}\beta''_0. \end{aligned}\right\} \tag{14}$$

Wendepunkte kommen auf den Bildgitterlinien $\beta''_0 > 0$ nicht vor.

Auf der Achse $\beta' = 0$ gilt

$$m^* = \frac{1}{\operatorname{ch}\beta''}, \qquad c^* = 0, \qquad k_2 = 0. \tag{15_0}$$

Für eine beliebige Gitterlinie $\beta' = \beta'_0$ mit $0 < \beta'_0 < \frac{\pi}{2}$, $0 \leqq \beta'' < +\infty$ hat man die Werte

$$\left.\begin{aligned} m^* &= \frac{1}{\sqrt{\cos^2\beta'_0 + \operatorname{sh}^2\beta''}} & \frac{1}{\cos\beta'_0} &\geqq m^* \geqq 0, \\ \operatorname{tg} c^* &= \operatorname{tg}\beta'_0 \operatorname{th}\beta'' & 0 &\leqq c^* \leqq \beta'_0, \\ k_2 &= \frac{1}{2}\,\frac{\sin 2\beta'_0}{\sqrt{\cos^2\beta'_0 + \operatorname{sh}^2\beta''}} & \sin\beta'_0 &\geqq k_2 \geqq 0. \end{aligned}\right\} \tag{15}$$

Ost- und Westpunkt $\beta'' = \pm\infty$ sind Wendepunkte der Bildgitterlinien $\beta' = \text{const.}$

Das Büschel der Bilder von $\beta'_0 = \text{const.}$ mit $-\pi \leqq \beta_0 \leqq +\pi$ stellt in der μ-Ebene die Gesamtheit der Großkreise durch **O** und **W** dar. Verschiebt man es um die Länge l entlang des Äquators, z. B. mit Hilfe einer Zeichnung auf durchsichtigem Papier, so ergibt sich das Großkreisbüschel durch die um l von **O** und **W** verschiedenen diametralen Punkte des Äquators. Soll nun durch zwei in der μ-Ebene gegebene Punkte der Großkreis — bzw. das Großkreisbild — gelegt werden, so verschiebt man das Büschel entlang des Äquators, bis eine gezeichnete oder interpoliert gedachte Kurve diese Punkte verbindet (Methode von

Favé)[33]. Werden die Parallelkleinkreise beziffert und mitverschoben, so kann auf diese Weise die Kugeldistanz der beiden gegebenen Punkte ermittelt werden.

IV, 3 Die Hilfsabbildung $\hat{\mathfrak{A}}$: $\mathsf{A} = \mathsf{M} \to \mathsf{Z}$.

Infolge der Einfachheit der Merkator-Abbildung haben wir schon mehrfach den M-Streifen geradezu als Repräsentant des Sphäroids betrachtet. Es ist daher notwendig, an die Spitze der Untersuchungen diejenige Abbildung zu stellen, welche den Übergang zu der zentralen Variablen Z gestattet.

Aus der definierenden Differentialgleichung II (37) [81] erhält man durch $\mathsf{Z} = e^{i\mathsf{B}}$

$$\frac{d\mathsf{M}}{d\mathsf{Z}} = \frac{2(1-n)^2}{i n} \cdot \frac{\mathsf{Z}^2}{(\mathsf{Z}^2+1)(\mathsf{Z}^2+n)\left(\mathsf{Z}^2+\frac{1}{n}\right)} = -\frac{8i}{e'^2} \cdot \frac{\mathsf{Z}^2}{P(\mathsf{Z})} \tag{16}$$

mit den Abkürzungen

$$P(\mathsf{Z}) = 1 + p\,\mathsf{Z}^2 + p\,\mathsf{Z}^4 + \mathsf{Z}^6 \quad \text{und} \quad p = 1 + n + \frac{1}{n}. \tag{17}$$

Setzen wir

$$\mathsf{Z} = r e^{i\varphi}, \qquad \mathsf{Z}^2 = r^2 e^{2i\varphi} = R e^{i\Phi}, \tag{18}$$

so wird

$$\frac{d\mathsf{Z}}{d\mathsf{M}} = \frac{i e'^2}{8} \cdot \frac{P}{\mathsf{Z}^2} = \frac{i e'^2 P \overline{\mathsf{Z}}^2}{8(\mathsf{Z}\overline{\mathsf{Z}})^2} = \frac{i e'^2}{8|\mathsf{Z}|^4}(\overline{\mathsf{Z}}^2 + pR^2 + pR^2\mathsf{Z}^2 + R^2\mathsf{Z}^4)$$
$$= \frac{i e'^2}{8R}(e^{-i\Phi} + pR + pR^2 e^{i\Phi} + R^3 e^{2i\Phi}),$$

und daher

$$\left.\begin{aligned} \mathfrak{Re}\left(\frac{d\mathsf{Z}}{d\mathsf{M}}\right) &= -\frac{e'^2}{8R}[-\sin\Phi + pR^2\sin\Phi + R^3\sin 2\Phi] \\ &= -\frac{e'^2}{8R}\sin\Phi\,(2R^3\cos\Phi + pR^2 - 1); \\ \mathfrak{Im}\left(\frac{d\mathsf{Z}}{d\mathsf{M}}\right) &= \frac{e'^2}{8R}[\cos\Phi + pR + pR^2\cos\Phi + R^3\cos 2\Phi] \\ &= \frac{e'^2}{8R}[R(p - R^2) + (1 + pR^2)\cos\Phi + 2R^3\cos^2\Phi]. \end{aligned}\right\} \tag{19}$$

Auf Grund der Symmetrieeigenschaften genügt es, sich auf den Teilbereich *1* der Z-Ebene zu beschränken. Wir wollen zunächst die Verschwenkungsgleichen $\hat{\mathfrak{B}}_{(0)}$ und $\hat{\mathfrak{B}}_{(\pi/2)}$ untersuchen (4) [125]. Ihre Gleichungen lauten nach (19)

$$\hat{\mathfrak{B}}_{(0)}:\quad R(p - R^2) + (1 + pR^2)\cos\Phi + 2R^3\cos^2\Phi = 0, \tag{20}$$

$$\hat{\mathfrak{B}}_{(\pi/2)}:\ 1 - pR^2 - 2R^3\cos\Phi = 0 \quad \text{oder} \quad \cos 2\varphi = \frac{1 - p r^4}{2 r^6} = f(r). \tag{21}$$

[33] L. Driencourt u. J. Laborde [1] Bd. II, S. 65.

Die Diskussion der ersten Gleichung überlassen wir dem Leser und wenden uns gleich zu $\hat{\mathfrak{B}}_{(\pi/2)}$.

Die Funktion $f(r)$ fällt (unter Annahme $n < 1, p > 3$) monoton von $f(0) = \infty \to f(r_1) = 1 \to f\left(\sqrt[4]{\frac{1}{p}}\right) = 0 \to f(r_2) = -1$ bis $r = \sqrt[4]{\frac{3}{p}}$, wo $f(r)$ einen Minimalwert kleiner als -1 annimmt, dann wächst sie wieder monoton über $f(1) = \frac{1-p}{2} < -1 \to f(\infty) = 0$ und nähert sich dabei asymptotisch der r-Achse (Abb. 42).

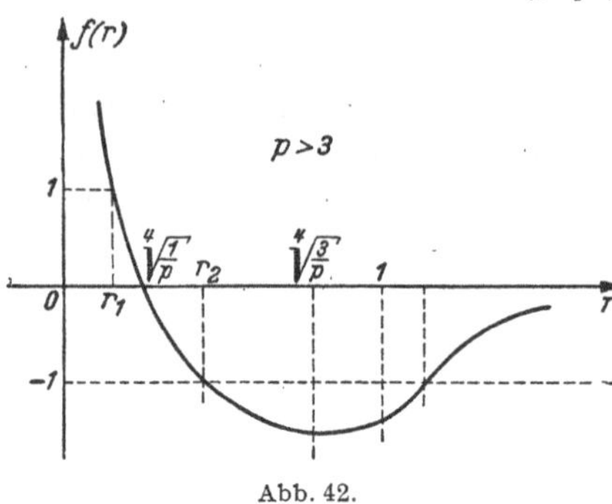

Abb. 42.

Zahlwerte [12]:

$r_1 = 0.202\,187$,

$r_2 = 0.202\,201 = \sqrt{n} \cdot 4{,}941\,760$.

Aus der Gleichung $\cos 2\varphi = f(r)$ ergeben sich daher bei der Beschränkung auf $|\mathsf{Z}| = r \leqq 1$ reelle φ-Werte nur im Intervall $r_1 \leqq r \leqq r_2$. Für diese Werte ist die Ableitung negativ, und daher findet man

$$\frac{dr}{d\varphi} = -\frac{2\sin 2\varphi}{f'(r)} \begin{cases} > 0 & \text{für} \quad 0 < \varphi < \frac{\pi}{2}, \\ = 0 & \text{für} \quad \varphi = 0, \ \frac{\pi}{2}. \end{cases}$$

Ergebnis: $\hat{\mathfrak{B}}_{(\pi/2)}$ setzt auf der reellen Z-Achse in $\mathsf{Z} = r_1$ rechtwinklig an, durchläuft den ersten Quadranten so, daß r mit φ monoton wächst, und erreicht die imaginäre Z-Achse unter rechtem Winkel bei $\mathsf{Z} = i r_2$ (vgl. Abb. 43b).

Die Krümmung der Netzlinien läßt sich nach III (26b) [101] berechnen. Man findet aus (16, 17, 18)

$$\hat{k}_2^* + i\,\hat{k}_1^* = \left|\frac{d\mathsf{M}}{d\mathsf{Z}}\right| \frac{d}{d\mathsf{Z}}\left(\frac{1}{\frac{d\mathsf{M}}{d\mathsf{Z}}}\right) = -\left|\frac{d\mathsf{M}}{d\mathsf{Z}}\right| \frac{\frac{d^2\mathsf{M}}{d\mathsf{Z}^2}}{\left(\frac{d\mathsf{M}}{d\mathsf{Z}}\right)^2}, \tag{22}$$

$$\frac{d\mathsf{M}}{d\mathsf{Z}} = -\frac{8i}{e'^2}\frac{\mathsf{Z}^2}{P}, \qquad \frac{d^2\mathsf{M}}{d\mathsf{Z}^2} = -\frac{8i}{e'^2}\left(\frac{2\mathsf{Z}}{P} - \frac{\mathsf{Z}^2 P'}{P^2}\right),$$

$$\frac{\frac{d^2\mathsf{M}}{d\mathsf{Z}^2}}{\left(\frac{d\mathsf{M}}{d\mathsf{Z}}\right)^2} = \frac{i e'^2}{8}\frac{2P - \mathsf{Z}P'}{\mathsf{Z}^3} = \frac{i e'^2}{4\mathsf{Z}^3}(1 - p\,\mathsf{Z}^4 - 2\,\mathsf{Z}^6)$$

$$= \frac{i e'^2}{4 r^6}(\bar{\mathsf{Z}}^3 - p r^6 \mathsf{Z} - 2 r^6 \mathsf{Z}^3) = \frac{i e'^2}{4 r^3}(e^{-3i\varphi} - p r^4 e^{i\varphi} - 2 r^6 e^{3i\varphi})$$

oder in Real- und Imaginärteil aufgespalten

$$\hat{k}_1^* = -\frac{e'^2}{4}\left|\frac{d\mathsf{M}}{d\mathsf{Z}}\right| \frac{\cos\varphi}{r^3}\left[(1 - 2r^6)(4\cos^2\varphi - 3) - p r^4\right], \tag{23a}$$

$$\hat{k}_2^* = -\frac{e'^2}{4}\left|\frac{d\mathsf{M}}{d\mathsf{Z}}\right| \frac{\sin\varphi}{r^3}\left[(1 + 2r^6)(3 - 4\sin^2\varphi) + p r^4\right]. \tag{23b}$$

Speziell folgen daraus für das Wendepaar (5) die Gleichungen

$$\hat{\mathfrak{W}}_1^*: \qquad (1 - 2r^6)(4\cos^2\varphi - 3) - pr^4 = 0, \qquad (24\text{a})$$

$$\hat{\mathfrak{W}}_2^*: \qquad (1 + 2r^6)(3 - 4\sin^2\varphi) + pr^4 = 0. \qquad (24\text{b})$$

Die Diskussion der ersten Gleichung überlassen wir wieder dem Leser. Die andere Kurve ist der geometrische Ort für die Wendepunkte der Parallelkreisbilder. Dazu gehört insbesondere die sog. *Acht-Kurve* als Bild des Äquatorschlitzstückes $\overset{\circ}{C}$, deren Wendepunktfreiheit noch zu beweisen ist. Wir wenden uns daher jetzt der Untersuchung von $\hat{\mathfrak{W}}_2^*$ zu.

Im Intervall $0 \leqq \varphi < \frac{\pi}{3}$ hat die Gl. (24b) keine reellen Lösungen für r; für $\varphi = \pi/3$ ist $r = 0$. Anschließend mit wachsendem Argument $\frac{\pi}{3} < \varphi < \frac{\pi}{2}$ ist (unter der Annahme $p > 3$) $\frac{dr}{d\varphi} > 0$, d. h. r wächst monoton mit φ und erreicht für $\varphi = \pi/2$ den bereits auf S. 132 berechneten Wert r_2. Dort wird $dr/d\varphi = 0$; die Kurve $\hat{\mathfrak{W}}_2^*$ trifft also in $\mathsf{Z} = ir_2$ rechtwinklig auf die imaginäre Achse auf. Für die aufgeworfene Frage ist es wesentlich, daß $\hat{\mathfrak{W}}_2^*$ ganz oberhalb $\overset{\circ}{C}$ verläuft, mit Ausnahme des Punktes ${}^{(0)}\mathsf{Z} = 0$, wo $\overset{\circ}{C}$ ebenfalls unter dem Winkel $\varphi = \pi/3$ einmündet. Anstatt den Nachweis in der Z-Ebene zu führen, zeigen wir in der M-Ebene, daß das Bild von $\hat{\mathfrak{W}}_2^*$ oberhalb des Bildes von $\overset{\circ}{C}(\mathsf{Z})$, d. h. des Stückes $\frac{(1-e)\pi}{2} \leqq L \leqq \frac{\pi}{2}$ der imaginären M-Achse, liegt. Aus dem Integral [vgl. (18)]

$$\mathsf{M} = {}^{(0)}\mathsf{M} - \frac{8i}{e'^2} \int\limits_{{}^{(0)}\mathsf{Z}}^{\mathsf{Z}} \frac{\mathsf{Z}^2}{P(\mathsf{Z})}\, d\mathsf{Z}$$

berechnet sich das gesuchte Bild $\hat{\mathfrak{W}}_2^*$ durch die Substitution $\mathsf{Z} = re^{i\varphi}$ mit φ als Funktion von r nach der Gl. (24b)

$$\sin^2\varphi = \frac{3 + pr^4 + 6r^6}{4(1 + 2r^6)}, \qquad 0 \leqq R = r^2 \leqq r_2^2 < \sqrt{\frac{3}{p}} < 1.$$

Man erhält

$$\mathsf{M} = {}^{(0)}\mathsf{M} - \frac{8i}{e'^2} \int\limits_0^r \frac{r^2 e^{2i\varphi}\{e^{i\varphi} dr + r i e^{i\varphi} d\varphi\}}{1 + p r^2 e^{2i\varphi} + p r^4 e^{4i\varphi} + r^6 e^{6i\varphi}},$$

wobei noch $\varphi = \varphi(r)$ einzutragen ist. Wir können uns darauf beschränken, das Vorzeichen von $\Re(\mathsf{M})$ zu bestimmen. Es ist

$$\Re(\mathsf{M}) = \frac{8}{e'^2} \int\limits_{\pi/3}^{\varphi} \frac{r^2}{|P(\mathsf{Z})|^2} \{(1 + r^6)(4\cos^2\varphi - 3) + (1 + r^2) pr^2\}\, r\cos\varphi\, d\varphi$$

$$+ \frac{8}{e'^2} \int\limits_0^r \frac{r^2}{|P(\mathsf{Z})|^2} \{(1 - r^6)(3 - 4\sin^2\varphi) + (1 - r^2) pr^2\} \sin\varphi\, dr$$

oder unter Verwendung der Abhängigkeit $\varphi(r)$

$$\Re e(\mathsf{M}) = \frac{8}{e'^2}\int_0^r \frac{r^2}{|P(\mathsf{Z})|^2}\cdot\frac{r^2 p(1-r^4)}{4(1+2r^6)^3\sin\varphi}\cdot S_1(r)\,dr, \tag{25}$$

mit

$$\begin{aligned} S_1(r) &= (1+2r^6)(3-10r^2+3r^4+2r^6-12r^8+2r^{10})+\\ &\quad + p r^4(3-2r^2+3r^4+4r^6+4r^{10})\\ &= [3-10r^2+(3+2p)r^4]+pr^4(1-r^2)^2+\\ &\quad +2r^6[4+(p-16)r^2+(4+2p)r^4]+4r^{12}[1+(p-6)r^2+r^4]. \end{aligned}$$

Die einzelnen Klammern sind für $0 \leqq r \leqq 1$, $p \geqq 4$ stets positiv. Damit wird der Integrand positiv, d. h. aber, die Bildkurve von $\hat{\mathfrak{W}}_2^*$ in der M-Ebene wächst monoton von ${}^{(0)}\mathsf{M}$ aus, liegt also beständig, bis auf den Anfangspunkt, *oberhalb* der imaginären Achse. Damit ist die Acht-Kurve $\overset{0}{C}(\mathsf{Z})$, abgesehen von ${}^{(0)}\mathsf{Z}$, *wendepunktfrei.*

Die über die $\hat{\mathfrak{B}}$- und $\hat{\mathfrak{W}}$-Kurven gewonnenen Erkenntnisse können verwendet werden, um die Bilder der Gitterlinien der M-Ebene (Meridiane und Parallelkreise) in der Z-Ebene zu entwerfen: $\hat{\mathfrak{G}}_1^*$, $\hat{\mathfrak{G}}_2^*$ (siehe Abb. 43a, b).

Die *Parallelkreise* gliedern sich auf in Typen a, b, c, die je einen Schnittpunkt mit $\hat{\mathfrak{B}}_{(\pi/2)}$ gemeinsam haben, deren Tangente also die vertikale Lage *zweimal* erreicht (Abb. 43a), und die Typen d, e, welche $\hat{\mathfrak{B}}_{(\pi/2)}$ auf der Geraden $\Im m(\mathsf{M}) = \pi/2$ berühren (Grenzfall), bzw. welche $\hat{\mathfrak{B}}_{(\pi/2)}$ nicht treffen und daher nur eine vertikale Tangente enthalten. Die Parallelkreisbilder a, b, c treffen $\hat{\mathfrak{W}}_2^*$ je einmal, besitzen also einen Wendepunkt. Für d ergibt sich in $\mathsf{Z} = r_2 i$ ein Flachpunkt; e besitzt keinen Wendepunkt; b berührt $\hat{\mathfrak{B}}_{(0)}$ im Schnitt mit $\hat{\mathfrak{W}}_2^*$. Hier ist die einzige horizontale Tangente zugleich Wendetangente (Grenzfall), c, d, e enthalten keine horizontale Tangente.

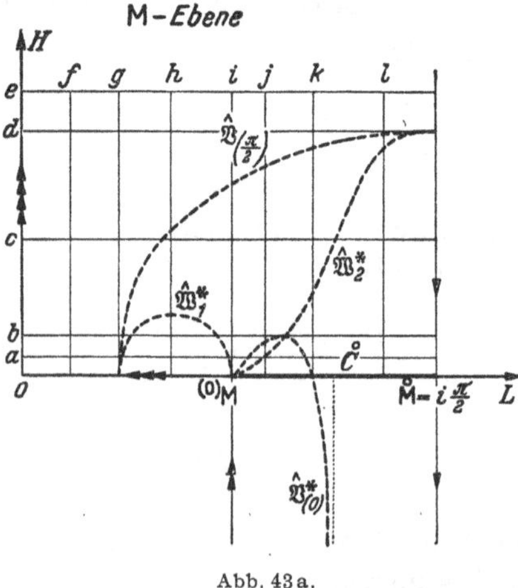

Abb. 43a.

Bei den *Meridianen* ist zwischen f, g, h und j, k, l zu unterscheiden. Die ersteren enden senkrecht auf der reellen Achse, die letzteren auf $\overset{0}{C}$, i ist die Grenzkurve zwischen beiden Typen. f, g, i, j, k, l haben nur eine horizontale Tangente; auf h erreicht die Tangente zweimal die horizontale Lage; dazwischen liegt ein Wendepunkt. g hat in $\mathsf{Z} = r_1$ und i in $\mathsf{Z} = 0$ einen Flachpunkt. Die anderen Meridiane besitzen keine Wendepunkte. Eine senkrechte Tangente haben j und k als Grenzfall; die anderen Typen besitzen keine vertikale Tangente.

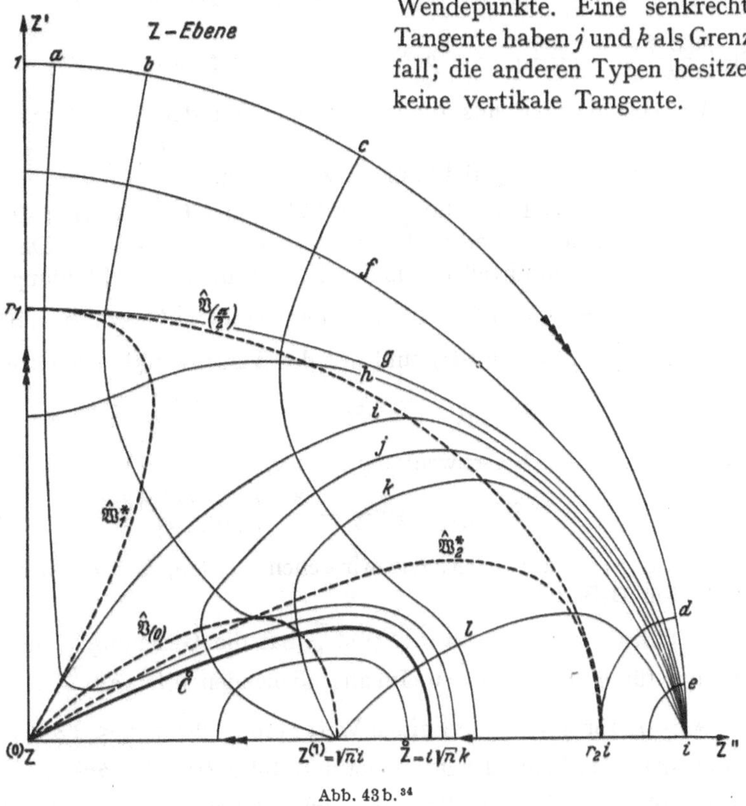

Abb. 43b.[34]

Die Fortsetzung dieses Netzes in das von imaginärer Achse und Acht-Kurve $\overset{\circ}{C}$ begrenzte Gebiet bereitet keine Schwierigkeiten (Abb. 43b).

IV, 4 Die erste Abbildung $\mathfrak{A}$: $\mathsf{A} = \mathsf{M} \to \mathsf{B}$.

Die Ableitung der Abbildungsfunktion entnimmt man unmittelbar der Gl. (16). Es gilt mit $\mathsf{Z} = e^{i\mathsf{B}} = r e^{i\varphi}$, d. h. $r = e^{-\mathsf{B}''}$, $\varphi = \mathsf{B}'$

$$\frac{d\mathsf{M}}{d\mathsf{B}} = \frac{d\mathsf{M}}{d\mathsf{Z}} \cdot \frac{d\mathsf{Z}}{d\mathsf{B}} = -\frac{8i}{e'^2} \cdot \frac{\mathsf{Z}^2}{P(\mathsf{Z})} \cdot i\,\mathsf{Z} = \frac{8\,\mathsf{Z}^3}{e'^2 P(\mathsf{Z})},$$

$$\text{oder} \quad \frac{d\mathsf{B}}{d\mathsf{M}} = \frac{e'^2}{8|\mathsf{Z}|^6} \cdot \bar{\mathsf{Z}}^3(1 + p\,\mathsf{Z}^2 + p\,\mathsf{Z}^4 + \mathsf{Z}^6); \quad p = 1 + n + \frac{1}{n}$$
$$= \frac{e'^2}{8 r^3}(e^{-3i\varphi} + p r^2 e^{-i\varphi} + p r^4 e^{i\varphi} + r^6 e^{3i\varphi}). \tag{26}$$

[34] Es sei nochmals darauf hingewiesen, daß alle Skizzen für *große* Werte der Abplattung n gezeichnet sind, um die charakteristischen Merkmale besser hervortreten zu lassen.

Aufspalten in Real- und Imaginärteil ergibt

$$\Re\left(\frac{d\mathsf{B}}{d\mathsf{M}}\right) = \frac{e'^2\cos\varphi}{8r^3}\left[-3+pr^2+pr^4-3r^6+4\cos^2\varphi\,(1+r^6)\right], \qquad (27\text{a})$$

$$\Im\left(\frac{d\mathsf{B}}{d\mathsf{M}}\right) = \frac{e'^2\sin\varphi}{8r^3}\left[-3-pr^2+pr^4+3r^6+4\sin^2\varphi\,(1-r^6)\right]. \qquad (27\text{b})$$

Wir beschränken uns zunächst wieder auf den Teilbereich *1* der M-Ebene.

Bildverschwenkung.

$c=0$ für $r=1$ und für $\varphi=0$ (27b), oder $\mathsf{B}''=0$, $\mathsf{B}'=0$, d. h. auf der reellen und auf der imaginären B-Achse. Das folgt auch unmittelbar aus der Konformität der Abbildung.

$c=-\frac{\pi}{2}$ für $\varphi=\pi/2$ (27a), d. h. auf der Geraden $\mathsf{B}'=\pi/2$ (von $\mathsf{B}''=0$ bis $\mathsf{B}''=\Im(\overset{0}{\mathsf{B}})$) und auf der Verschwenkungsgleichen

$$\mathfrak{B}_{(-\pi/2)}:\qquad \cos^2\varphi = \frac{3-pr^2-pr^4+3r^6}{4(1+r^6)}. \qquad (28\text{a})$$

$c=-\pi$ auf der Verschwenkungsgleichen

$$\mathfrak{B}_{(-\pi)}:\qquad \sin^2\varphi = \frac{3+pr^2-pr^4-3r^6}{4(1-r^6)}. \qquad (28\text{b})$$

Diese Kurve verläuft aber, wie wir sehen werden, außerhalb des betrachteten B-Bereiches.

Zu (28a): Im Intervall $0\leqq\varphi<\frac{\pi}{6}$ hat die Gleichung keine reelle Lösung; für $\varphi=\frac{\pi}{6}$ ist $r=0$. Im anschließenden Intervall $\frac{\pi}{6}<\varphi<\frac{\pi}{2}$ ist $\frac{d\varphi}{dr}>0$; für $\varphi=\frac{\pi}{2}$ hat r einen Wert r_4 mit $\sqrt{2n}<r_4<\sqrt{3n}$, $p>3$. Man sieht das leicht aus der Diskussion des Zählers $f(r)=3-pr^2-pr^4+3r^6$. Es ist $f(0)=3$, $f(1)=6-2p<0$, $f'(r)<0$ in $0\leqq r\leqq 1$; $f(\sqrt{2n})>0$, $f(\sqrt{3n})<0$. Wegen der Stetigkeit der Funktion $f(r)$ und wegen der negativen Ableitung liegt zwischen $\sqrt{2n}$ und $\sqrt{3n}$ genau eine Nullstelle r_4 (Zahlwert $r_4=0.0706\,35$, $r_4=1.7262\,98\sqrt{n}$). Das bedeutet, in die Sprache der B-Ebene übersetzt, wobei wir jetzt die Kurve im umgekehrten Sinn durchlaufen: $\mathfrak{B}_{(-\pi/2)}$ stößt auf $\mathsf{B}'=\frac{\pi}{2}$ im Punkt $\frac{\pi}{2}-i\lg r_4$ rechtwinklig auf, fällt mit wachsendem B'' monoton (wegen $\frac{d\mathsf{B}'}{d\mathsf{B}''}=-r\frac{d\varphi}{dr}<0$ in $0<r<1$) und nähert sich für unbegrenzt wachsendes B'' asymptotisch der Geraden $\mathsf{B}'=\frac{\pi}{6}$ (Abb. 44b).

Zu (28b): Im Intervall $0\leqq\varphi<\frac{\pi}{3}$ hat die Gleichung keine reelle Lösung; für $\varphi=\frac{\pi}{3}$ ist $r=0$. Anschließend für $\frac{\pi}{3}<\varphi<\frac{\pi}{2}$ ist $\frac{d\varphi}{dr}>0$ und für $\varphi=\frac{\pi}{2}$ hat r den Wert $r_3=\sqrt{n}$, oder umgekehrt durchlaufen und in die Sprache der B-Ebene übersetzt: $\mathfrak{B}_{(-\pi)}$ stößt auf $\mathsf{B}'=\frac{\pi}{2}$ im

Punkt $\frac{\pi}{2} - i \lg \sqrt{n} = \mathsf{B}^{(1)}$ rechtwinklig auf, fällt mit wachsendem B'' monoton $\left(\text{wegen } \frac{d\mathsf{B}'}{d\mathsf{B}''} = -r\frac{d\varphi}{dr} < 0 \text{ in } 0 < r < 1\right)$ und nähert sich für unbegrenzt wachsendes B'' asymptotisch der Geraden $\mathsf{B}' = \frac{\pi}{3}$.

Krümmung der Bildgitterlinien.

Nach III (26a) [101] findet man

$$k_2^* + i k_1^* = \left|\frac{d\mathsf{M}}{d\mathsf{B}}\right| \frac{d}{d\mathsf{B}}\left(\frac{1}{\frac{d\mathsf{M}}{d\mathsf{B}}}\right) = \left|\frac{d\mathsf{M}}{d\mathsf{B}}\right| \frac{d}{d\mathsf{Z}}\left(\frac{1}{\frac{d\mathsf{M}}{d\mathsf{B}}}\right)\frac{d\mathsf{Z}}{d\mathsf{B}}$$

$$= \left|\frac{d\mathsf{M}}{d\mathsf{B}}\right| \frac{d}{d\mathsf{Z}}\left(\frac{e'^2 P(\mathsf{Z})}{8\,\mathsf{Z}^3}\right) i\,\mathsf{Z} = \left|\frac{d\mathsf{M}}{d\mathsf{B}}\right| \cdot \frac{i e'^2}{8} \cdot \frac{P'\mathsf{Z} - 3P}{\mathsf{Z}^3}$$

$$= \left|\frac{d\mathsf{M}}{d\mathsf{B}}\right| \frac{i e'^2}{8\,\mathsf{Z}^3}(-3 - p\,\mathsf{Z}^2 + p\,\mathsf{Z}^4 + 3\,\mathsf{Z}^6)$$

$$= \frac{e'^2}{8r^3}\left|\frac{d\mathsf{M}}{d\mathsf{B}}\right| e^{-3i\varphi}(-3 - pr^2 e^{2i\varphi} + pr^4 e^{4i\varphi} + 3r^6 e^{6i\varphi})\,.$$

oder nach [135]

$$k_1^* - i k_2^* = \frac{1}{|P(\mathsf{Z})|}\{[3\cos 3\varphi(r^6 - 1) + pr^2\cos\varphi(r^2 - 1)] + \\ + i[3\sin 3\varphi(r^6 + 1) + pr^2\sin\varphi(r^2 + 1)]\}. \tag{29}$$

$k_1^* = 0$: $\quad (r^2 - 1)\cos\varphi[3(4\cos^2\varphi - 3)(r^4 + r^2 + 1) + pr^2] = 0$

oder $\quad r = 1, \quad \varphi = \frac{\pi}{2}, \quad$ d.h. $\mathsf{B}'' = 0, \quad \mathsf{B}' = \frac{\pi}{2}$,

$$\mathfrak{W}_1^*: \qquad \cos^2\varphi = \frac{9(r^4 + r^2 + 1) - pr^2}{12(r^4 + r^2 + 1)}. \tag{30a}$$

Im Intervall $0 \leqq \varphi < \frac{\pi}{6}$ hat (30a) keine reelle Lösung; für $\varphi = \frac{\pi}{6}$ ist $r = 0$. Im anschließenden Intervall $\frac{\pi}{6} < \varphi < \frac{\pi}{2}$ ist $\frac{d\varphi}{dr} > 0$ und für $\varphi = \frac{\pi}{2}$ hat (30a) eine Lösung $r = r_5 < 1$ [Zahlwert $r_5 = 0.123595 = \sqrt{n}\,3.020643$ ($p > 27$)]. In die Sprache der B-Ebene übersetzt und mit fallendem φ durchlaufen heißt das: $\mathfrak{W}_1^*$ stößt auf $\mathsf{B}' = \frac{\pi}{2}$ im Punkt $\frac{\pi}{2} - i\lg r_5$ rechtwinklig auf, fällt, wegen $\frac{d\mathsf{B}'}{d\mathsf{B}''} = -r\frac{d\varphi}{dr} < 0$, mit wachsendem B'' monoton und nähert sich mit unbegrenzt wachsendem B'' asymptotisch (von oben) der Geraden $\mathsf{B}' = \frac{\pi}{6}$ (Abb. 44b).

$k_2^* = 0$: $\quad (r^2 + 1)\sin\varphi[3(3 - 4\sin^2\varphi)(r^4 - r^2 + 1) + pr^2] = 0$

oder $\qquad \varphi = 0, \quad$ d.h. $\mathsf{B}' = 0$.

$$\mathfrak{W}_2^*: \qquad \sin^2\varphi = \frac{9(1 - r^2 + r^4) + pr^2}{12(1 - r^2 + r^4)}. \tag{30b}$$

Im Intervall $0 \leqq \varphi < \frac{\pi}{3}$ hat (30b) keine reelle Lösung; für $\varphi = \frac{\pi}{3}$ ist $r = 0$. Mit wachsendem φ, $\frac{\pi}{3} < \varphi < \frac{\pi}{2}$, ist $\frac{d\varphi}{dr} > 0$, für $\varphi = \frac{\pi}{3}$ hat (30b) eine Lösung $r = r_4' = r_4 < r_5$, d. h. wieder in die Sprache der B-Ebene übersetzt: $\mathfrak{W}_2^*$ setzt auf $\mathsf{B}' = \frac{\pi}{2}$ im Punkt $\frac{\pi}{2} - i \lg r_4$ rechtwinklig an, fällt mit wachsendem B'' monoton und nähert sich mit unbegrenzt wachsendem B'' asymptotisch der Geraden $\mathsf{B}' = \frac{\pi}{3}$.

Für uns ist nun die Feststellung wichtig, daß die Randkurve $\overset{\circ}{C}$ mit $\mathfrak{W}_2^*$ keinen Punkt gemeinsam hat. Das wird gezeigt sein, wenn

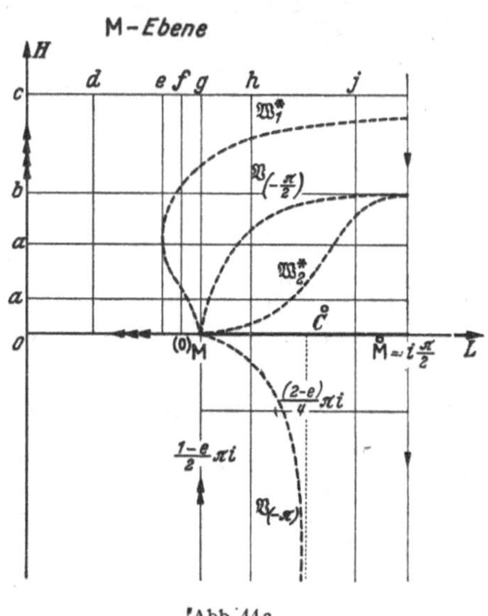

Abb. 44a.

wir nachweisen, daß in der M-Ebene, vom Anfangspunkt ${}^{(0)}\mathsf{M}$ abgesehen, das Bild von $\mathfrak{W}_2^*$ ganz oberhalb der imaginären Achse liegt. Wie bei der analogen Behauptung über die „Acht-Kurve" [133] zeigen wir sogar das monotone Wachstum von $\Re e\,(\mathsf{M})$ längs $\mathfrak{W}_2^*$.

Trägt man in die Formel für $\Re e\,(\mathsf{M})$ [133] diesmal als Funktion $\varphi(r)$ die zu der Kurve $\mathfrak{W}_2^*$ gehörige Beziehung ein:

$$\sin^2\varphi = \frac{9(1-r^2+r^4)+p r^2}{12(1-r^2+r^4)}, \qquad 2\sin\varphi\cos\varphi\, d\varphi = \frac{p r(1-r^4)\, dr}{6(1-r^2+r^4)^2},$$

so folgt nach kurzer Zwischenrechnung

$$\Re e\,(\mathsf{M}) = \frac{8}{e'^2} \int\limits_0^r \frac{r^2}{|P(\mathsf{Z})|^2} \cdot \frac{p r^2 (1-r^2)}{18(1-r^2+r^4)^2 \sin\varphi} \cdot S_2(r)\, dr \tag{31}$$

mit

$$S_2(r) = 2p r^2(1+r^4) + 6(1-r^2+r^4)(1-4r^2+r^4).$$

Für $p = 3$ wird $S_2(r) = 6(1 - r^2)^4 \geqq 0$, für $p > 3$ ist daher die Funktion $S_2(r)$ im Intervall $0 \leqq r \leqq 1$ stets positiv; die Kurve $\overset{\circ}{C}(\mathsf{B})$ ist also *wendepunktfrei.*

Auf Grund der über die $\mathfrak{B}$- und $\mathfrak{W}$-Kurven gewonnenen Erkenntnisse ergeben sich folgende Bilder $\mathfrak{G}_1^*$, $\mathfrak{G}_2^*$ der Gitterlinien der M-Ebene in der B-Ebene (s. Abb. 44a, b).

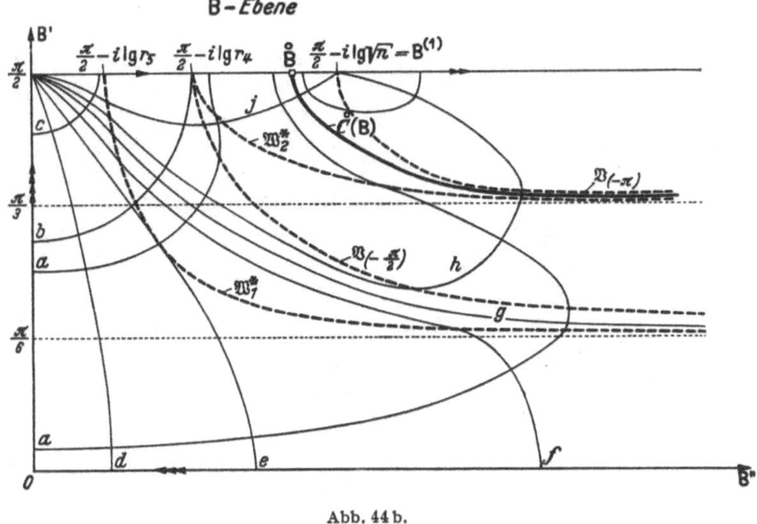

Abb. 44 b.

Meridiane:

Nullmeridian: $\mathsf{B}'' = 0$.

Typ d: kein Wendepunkt, stets negativ gekrümmt.

Typ e: Grenzfall, Berührung mit $\mathfrak{W}_1^*$, im Berührungspunkt verschwindet die Krümmung („Flachpunkt“).

Typ f: zwei Wendepunkte; in $\mathbf{N}\left(\mathsf{B}' = \frac{\pi}{2}\right)$ beginnt das Bild mit negativer Krümmung, ist nach dem Schnittpunkt mit $\mathfrak{W}_1^*$ positiv gekrümmt bis zum zweiten Schnittpunkt und setzt schließlich zuletzt wieder negativ gekrümmt auf $\mathsf{B}' = 0$ senkrecht auf.

Typ g: Grenzfall, der zweite Wendepunkt rückt ins Unendliche.

Typ h: nur ein Wendepunkt, eine horizontale Tangente tritt bei dem Schnitt mit $\mathfrak{B}_{(-\pi/2)}$ auf; senkrechtes Einmünden auf $\overset{\circ}{C}$.

Typ j: wie h innerhalb des $\mathsf{B}_{\mathrm{III}}$-Bereiches; außerhalb kein Schnitt mit $\mathfrak{B}_{(-\pi)}$.

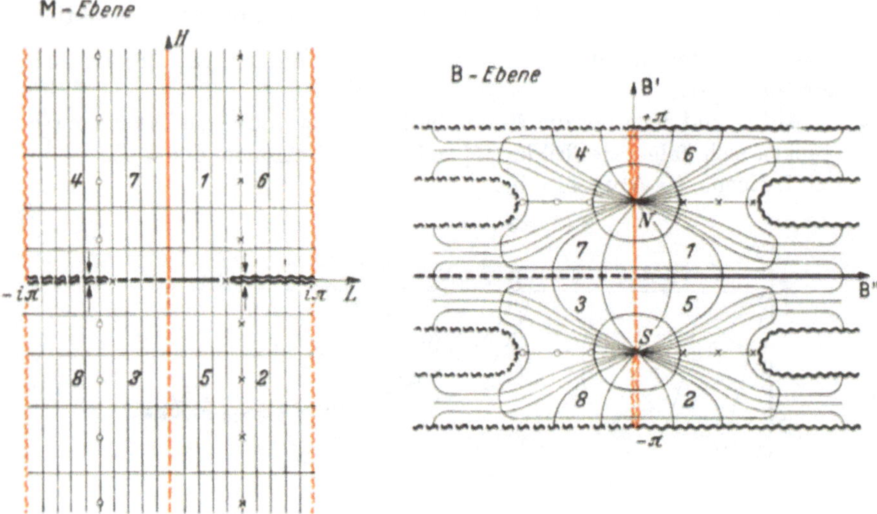

𝔄: M → B (Z)[35] Abb. 45 b.

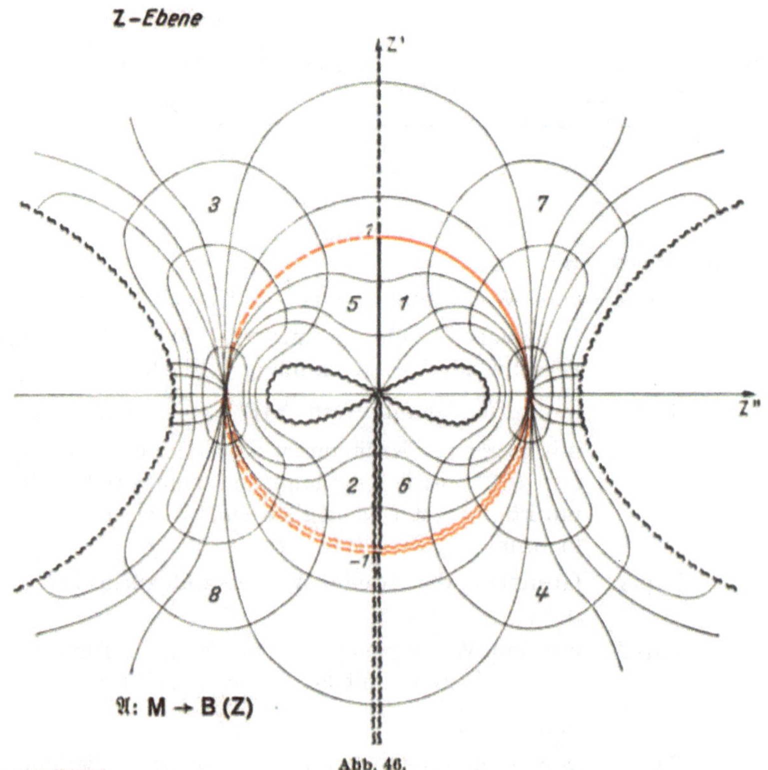

Abb. 46.

[35] Sämtliche Skizzen sollen nur das qualitative Verhalten angeben.

Parallelkreise:

Äquator: imaginäre B-Achse und $\overset{\circ}{C}$-Kurve.

Typ a: zwei vertikale Tangenten, dazwischen ein Wendepunkt.

Typ b: Grenzfall, Wendepunkt rückt auf $\mathsf{B}' = \frac{\pi}{2}$, dadurch entsteht ein Flachpunkt.

Typ c: durchgehend negativ gekrümmt, mit vertikaler Tangente auf $\mathsf{B}' = \frac{\pi}{2}$ wie a und b.

Die Vervollständigung durch Spiegelung führt zu den Abb. 45a und 45b. Daneben wiederholen wir auch Abb. 46, die ebenfalls vervollständigte frühere Abb. $\mathsf{M} \to \mathsf{Z}$. (Alle Skizzen grob schematisch.)

IV, 5 Die umgekehrte Abbildung $\mathfrak{A}^*$: $\mathsf{B} \to \mathsf{A} = \mathsf{M}$.

Da die Bildverschwenkung bei der Abbildung $\mathfrak{A}^*$ entgegengesetzt gleich derjenigen von $\mathfrak{A}$ ist, liefern uns die Kurven $\mathfrak{B}_{(-\pi/2)}$, $\mathfrak{B}_{(-\pi)}$ (28a, b) [136] jetzt die geometrischen Örter $\mathfrak{B}^*_{(\pi/2)}$, $\mathfrak{B}^*_{(\pi)}$. Es bleibt also nur noch die Bildnetzkrümmung zu berechnen (III (26a) [101]).

Bildnetzkrümmung:

$$k_2 + i k_1 = \left|\frac{d\mathsf{B}}{d\mathsf{M}}\right| \frac{d}{d\mathsf{M}} \left(\frac{1}{\frac{d\mathsf{B}}{d\mathsf{M}}}\right)$$

$$= \left|\frac{d\mathsf{B}}{d\mathsf{M}}\right| \frac{d}{d\mathsf{Z}} \left(\frac{d\mathsf{M}}{d\mathsf{B}}\right) \frac{d\mathsf{Z}}{d\mathsf{M}} = \frac{e'^2 |P(\mathsf{Z})|}{8 r^3} \frac{d}{d\mathsf{Z}} \left(\frac{8\mathsf{Z}^3}{e'^2 P(\mathsf{Z})}\right) \frac{i e'^2 P(\mathsf{Z})}{8\mathsf{Z}^2}$$

$$= \frac{e'^2 |P(\mathsf{Z})|\, P(\mathsf{Z})\, i}{8 r^3 \mathsf{Z}^2} \frac{d}{d\mathsf{Z}} \left(\frac{\mathsf{Z}^3}{P(\mathsf{Z})}\right) \qquad \text{vgl. (16, 26)}$$

oder ausführlich, unter Verwendung der Abkürzung $\mathsf{Z}^2 = R e^{i\Phi}$ (18),

$$k_1 - i k_2 = \frac{e'^2 |P(\mathsf{Z})|}{8 r^3 P(\mathsf{Z})} (3 + p\mathsf{Z}^2 - p\mathsf{Z}^4 - 3\mathsf{Z}^6)$$

$$= \frac{e'^2}{8 r^3 |P(\mathsf{Z})|} (3 + p\mathsf{Z}^2 - p\mathsf{Z}^4 - 3\mathsf{Z}^6)\left(1 + p\overline{\mathsf{Z}}^2 + p\overline{\mathsf{Z}}^4 + \overline{\mathsf{Z}}^6\right).$$

$$\left.\begin{aligned} k_1 - i k_2 = {} & \frac{e'^2}{8 R\sqrt{R}\,|P(\mathsf{Z})|} \{3 + p^2R^2 - p^2R^4 - 3R^6 + \\ & + e^{i\Phi}(pR - p^2R^3 - 3pR^5) + e^{-i\Phi}(3pR + p^2R^3 - pR^5) + \\ & + e^{2i\Phi}(-pR^2 - 3pR^4) + e^{-2i\Phi}(3pR^2 + pR^4) - \\ & - 3R^3 e^{3i\Phi} + 3R^3 e^{-3i\Phi}\}. \end{aligned}\right\} \quad (32)$$

$k_1 = 0$:

$$\text{Aus (32) folgt } k_1 = \frac{e'^2(1 - R^2)}{8R\sqrt{R}\,|P(\mathsf{Z})|} \{3 + (p^2 - 2p + 3)R^2 + 3R^4 + 4pR(1 + R^2)\cos\Phi + 4pR^2\cos 2\Phi\}. \quad (32a)$$

Die Krümmung k_1 verschwindet für $r = 1$, d. h. auf $\mathsf{B}'' = 0$ und auf der Wendepunktskurve

$$\mathfrak{W}_{\tilde{1}}: 3 + (p^2 - 2p + 3)R^2 + 3R^4 + 4pR(1 + R^2)\cos\Phi + 4pR^2\cos^2\Phi = 0. \quad (33\text{a})$$

Zur Diskussion dieser Kurve führen wir neue Veränderliche ein[36]:

$$R + \frac{1}{R} = x, \quad \cos\Phi = y, \quad p - 3 = q > 0 \quad \text{für} \quad p > 3. \quad (34)$$

Damit geht die Gl. (33a) über in

$$4pR^2\left[y^2 + xy + \frac{1}{4(q+3)}\left(3R^2 + q^2 + 4q + 6 + \frac{3}{R^2}\right)\right] = 0$$

oder

$$4pR^2 F_1(x, y) \equiv 4pR^2\left[y^2 + xy + \frac{3x^2}{4(q+3)} + \frac{q(q+4)}{4(q+3)}\right] = 0.$$

$F_1(x, y) = 0$ stellt eine Hyperbel mit dem Mittelpunkt $(0, 0)$ dar, deren Äste im zweiten bzw. vierten Quadranten liegen. Uns interessieren hier nur positive x-Werte und damit der Teil im zweiten Quadranten mit $x \geqq 2$, $-1 \leqq y < 0$. Symmetrieachse dieser Hyperbel ist die Gerade

$$y = \operatorname{tg}\alpha \cdot x = -\sqrt{\frac{3}{4(q+3)}} \cdot x.$$

Wird nämlich $x = \frac{1}{\operatorname{tg}\alpha}\tilde{y}$ und $y = \operatorname{tg}\alpha \cdot \tilde{x}$ gesetzt, so ergibt sich dieselbe Kurvengleichung für $(\tilde{x}, \tilde{y})$. Für $\varphi = \pi/2$ hat man $\Phi = \pi$ und $y = -1$. Wir suchen daher die Wurzeln von $F_1(x, -1) = 0$ auf. Sie haben die Werte

$$\left.\begin{aligned} x_3 &= 2 + q = n + \frac{1}{n}, \\ x_4 &= 2 + \frac{q}{3} = \frac{1}{3}\left(n + \frac{1}{n} + 4\right) = \frac{p}{3} + 1 \end{aligned}\right\}$$

oder

$$r_3 = \sqrt{n}, \quad r_4 = \sqrt{\frac{1}{6}\left(3 + p - \sqrt{p^2 + 6p - 27}\right)}. \quad (35)$$

Dieser Wert r_4 stimmt mit dem auf S. 136 eingeführten überein. Denn man hat

$$f(r) = \left(r + \frac{1}{r}\right)\left[3\left(R + \frac{1}{R}\right) - 3 - p\right] = 3\left(r + \frac{1}{r}\right)\left[x - 1 - \frac{p}{3}\right].$$

Der Richtungsfaktor des Strahles von $(0, 0)$ nach $(x_4, -1)$ ist

$$\operatorname{tg}\alpha' = -\frac{1}{x_4} = -\frac{3}{6+q}, \quad \operatorname{tg}\alpha = -\sqrt{\frac{3}{4(q+3)}} < -\frac{3}{6+q} = \operatorname{tg}\alpha',$$

d. h. $\alpha < \alpha'$.

---

[36] Diesen Weg verdanken wir einer Mitteilung von Hermann Schmidt.

Damit ergibt sich folgende Abbildung in der (x, y)-Ebene:

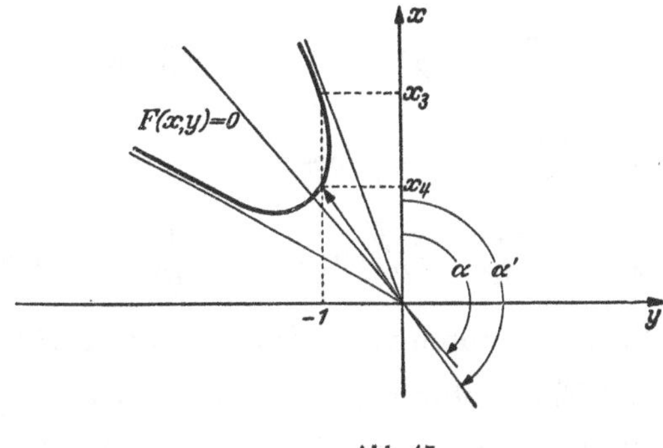

Abb. 47.

So gehört zu jedem x mit $x_4 \leqq x \leqq x_3$ ein und nur ein y mit $-1 \leqq y < 0$, d. h. aber wegen (34) die Winkel $\Phi = \pm\Phi' + g2\pi$ (Φ' im zweiten Quadranten). Wir wählen, um in den ersten Quadranten (Teilbereich *1*) der Z-Ebene zu kommen, $\Phi = -\Phi' + 2\pi$ oder $\varphi = -\varphi' + \pi$, so daß also die Halbstrahlen φ und φ' spiegelbildlich zur imaginären Achse liegen, $\frac{\varphi + \varphi'}{2} = \frac{\pi}{2}$. Dann können wir über den Teilbereich *1* der Z- bzw. B-Ebene folgende Aussagen machen:

$\mathfrak{W}_{\bar{1}}(\mathsf{Z})$ ist eine Kurve, die die Punkte $\mathsf{Z} = i\sqrt{n}$ und ir_4 verbindet, senkrecht auf die imaginäre Z-Achse auftrifft und zwischendurch jeden Kreisbogen $|\mathsf{Z}| = r$ einmal und nur einmal schneidet. Insbesondere wird $C_1(\mathsf{Z})$ nur im Anfangspunkt $\mathsf{Z} = i\sqrt{n}$ berührt (Abb. 48b).

Die Kurve $\mathfrak{W}_{\bar{1}}(\mathsf{B})$ verbindet die Punkte $\mathsf{B} = \frac{\pi}{2} - i \lg r_4$ und $\frac{\pi}{2} - i \lg \sqrt{n}$, wo sie vertikale Tangenten besitzt, und schneidet dazwischen jede 1-Netzlinie einmal und nur einmal. In dem von $\mathfrak{W}_{\bar{1}}$ abgetrennten Bereich ist die Krümmung k_1 negativ, sonst positiv. Für $\mathsf{B}'' = 0$ ist $k_1 = 0$. Die Wendepunktskurve $\mathfrak{W}_{\bar{1}}$ mündet genau in derselben Stelle ein wie die Verschwenkungsgleiche $\mathfrak{V}^*_{(\pi/2)}$ (Abb. 48a).

$k_2 = 0$:

Aus (32) folgt
$$k_2 = \frac{e'^2 \sin\Phi}{4\sqrt{R}\,|P(\mathsf{Z})|}\{p + p^2R^2 + pR^4 + \\ + 4pR(1 + R^2)\cos\Phi + 12R^2\cos^2\Phi - 3R^2\}. \tag{32b}$$

Die Krümmung k_2 verschwindet für $\varphi = 0, \pi/2$, d. h. auf $\mathsf{B}' = 0$, $\mathsf{B}' = \pi/2$ (mit $\mathsf{B}'' \geqq 0$) und auf der Wendepunktskurve

$$\mathfrak{W}_{\bar{2}}:\ F_2(R, \Phi) \equiv \frac{p}{R^2} + (p^2 - 3) + pR^2 + \\ + 4p\left(R + \frac{1}{R}\right)\cos\Phi + 12\cos^2\Phi = 0. \tag{33b}$$

Im Intervall $0 \leqq R \leqq 1$ ist $F_2(R, \Phi) > 0$, wie man aus der Bildung der Ableitungen erkennt:

$$\frac{\partial F_2}{\partial R} = F_2' = -\frac{2p}{R^3} + 2pR + 4p\left(1 - \frac{1}{R^2}\right)\cos\Phi,$$

$$\frac{\partial^2 F_2}{\partial R^2} = F_2'' = \frac{6p}{R^4} + 2p + \frac{8p}{R^3}\cos\Phi,$$

$$\frac{\partial^3 F_2}{\partial R^3} = F_2''' = -\frac{24p}{R^5} - \frac{24p}{R^4}\cos\Phi = -\frac{24p}{R^5}(1 + R\cos\Phi).$$

Wegen $F_2''' \leqq 0$ fällt F_2'' monoton von $F_2''(0,\Phi) = \infty$ bis $F_2''(1,\Phi) \geqq 0$,
wegen $F_2'' \geqq 0$ steigt F_2' monoton von $F_2'(0,\Phi) = -\infty$ bis $F_2'(1,\Phi) = 0$,
wegen $F_2' \leqq 0$ fällt F_2 monoton von $F_2(0,\Phi) = \infty$ bis $F_2(1,\Phi) > 0$
$\left(\text{wegen } F_2(1,\Phi) = 12\left(\frac{p}{3} + \cos\Phi\right)^2 - 3\left(\frac{p}{3} - 1\right)^2 \text{ ist } F_2(1,\Phi) > 0 \text{ für } p > 3\right)$.

Bildgitternetz:

Zusammenfassend ergeben sich für die Bilder der Gitterlinien der B-Ebene in der M-Ebene folgende Aussagen:

Die Kurven $\mathfrak{G}_{\bar{1}}$ (Typ $k - r$) setzen senkrecht auf $H = 0$ an.

Typ k: dauernd positiv gekrümmt, eine horizontale Tangente auf $L = \pi/2$.

Typ l: dauernd positiv gekrümmt, ein Flachpunkt auf $L = \pi/2$.

Typ m: zwei horizontale Tangenten, dazwischen ein Wendepunkt.

Typ n: eine horizontale Tangente, einen Wendepunkt, Einmünden in $\overset{\circ}{\mathsf{M}}$.

Typ o: zwei horizontale Tangenten, dazwischen ein Wendepunkt, Endpunkt auf $L = \pi/2$ mit $H < 0$.

Typ $p = C_1(\mathsf{M})$: (Rand des Streifens $\overline{\mathfrak{B}}_1$ II [84]), *stets positiv gekrümmt* mit einer horizontalen Tangente und einer vertikalen Asymptote $L = \frac{(2-e)\pi}{4}$.

Typ q, r: enthalten eine vertikale Tangente, Auftreffen senkrecht auf $L = \frac{(1-e)\pi}{2}$ mit $H < 0$.

Die Kurven $\mathfrak{G}_{\bar{2}}$ (Typ $s - w$) beginnen mit horizontaler Tangente auf $L = 0$ und haben immer positive Krümmung. Eine weitere horizontale Tangente besitzen nur w und der Grenzfall v, der horizontal in ${}^{(0)}\mathsf{M}$ einmündet. Vertikale Tangenten haben u, v, w und der Grenzfall t, der in ${}^{(0)}\mathsf{M}$ senkrecht auf $H = 0$ auftrifft.

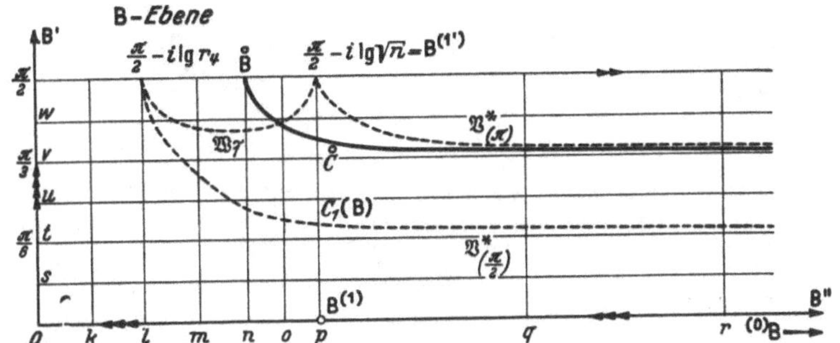

Abb. 48a.

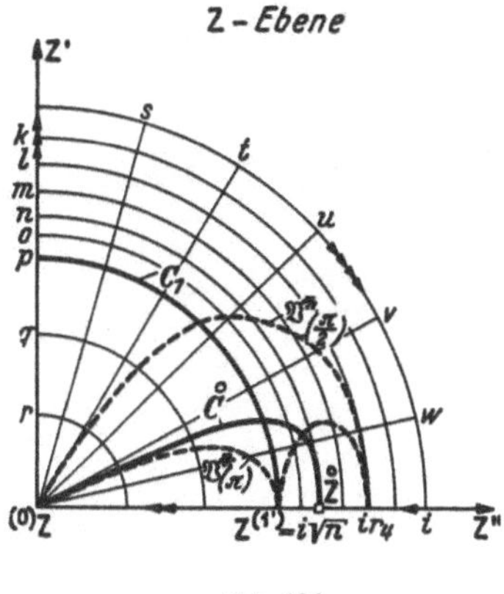

Z-Ebene

Abb. 48 b.

M-Ebene

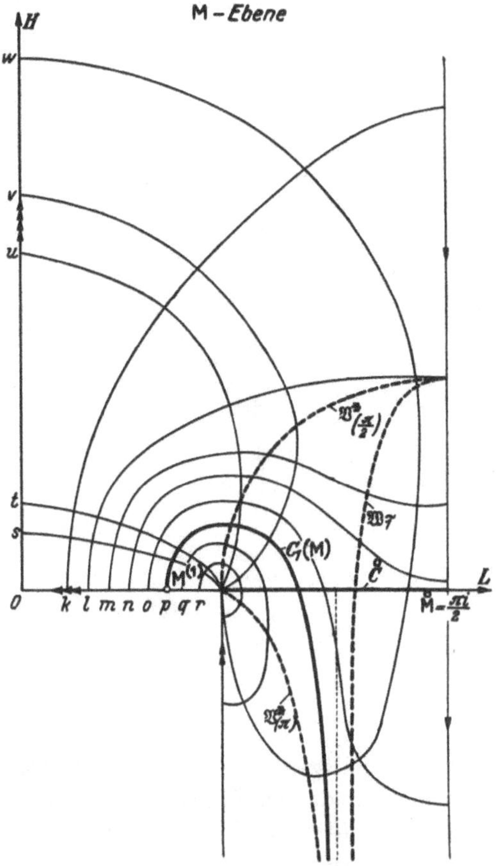

Abb. 48c.

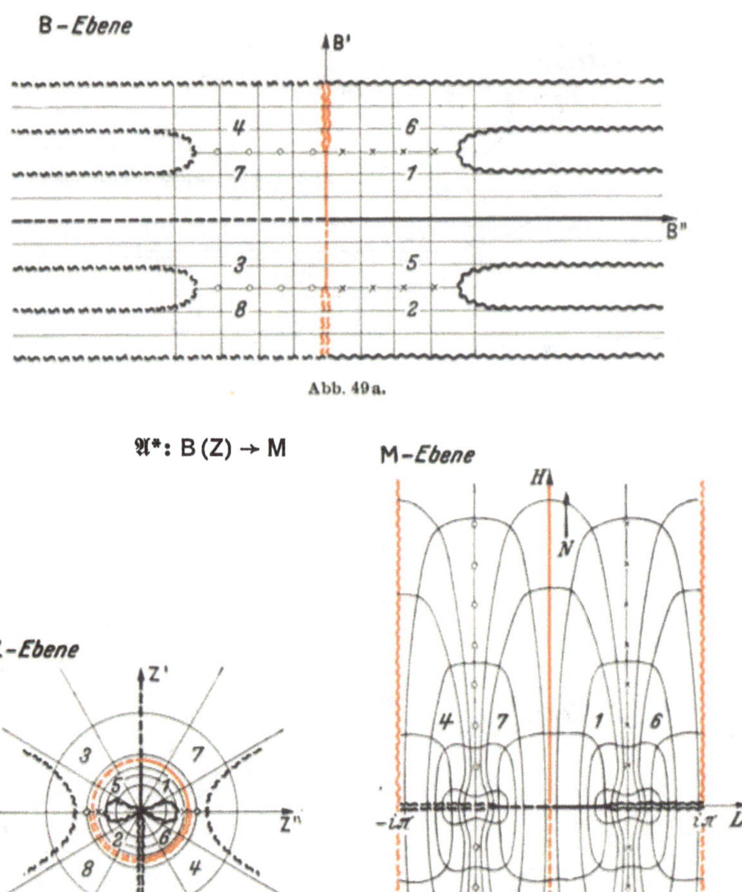

Abb. 49a.

Abb. 49b.

Abb. 49c.

Die Skizzen sind sämtlich nicht maßstäblich zu verstehen, sondern sollen nur das qualitative Verhalten charakterisieren. Die angewendete funktionentheoretische Methode erlaubt weitgehend Aussagen über die Bildstruktur, ohne daß es nötig wäre, die Kurven streng punktweise zu berechnen. Wir geben oben die durch Spiegelung des Teilbereiches *1* vervollständigten Abbildungen.

IV, 6 Die zweite Abbildung $\mathfrak{A}'$: $\mathsf{B} \to \dot{\Gamma}$.

Nach I (9) [8], II (44) [89] hat man für die Abbildung die definierende Differentialgleichung

$$\left.\begin{aligned} \frac{d\dot{\Gamma}}{d\mathsf{B}} &= \frac{\pi}{2\mathsf{E}} F^{-3/2}(\mathsf{B}) = \frac{\pi}{2\mathsf{E}} \frac{1}{[(1+n\mathsf{Z}^2)(1+n\mathsf{Z}^{-2})]^{3/2}}, \\ F(\mathsf{B}) &= 1 + n^2 + 2n\cos 2\mathsf{B} = (1+n\mathsf{Z}^2)(1+n\mathsf{Z}^{-2}) \end{aligned}\right\} \tag{36}$$

oder nach Aufspaltung

$$\mathfrak{Re}\left(\frac{d\dot{\Gamma}}{d\mathsf{B}}\right) = \frac{\pi}{2\mathsf{E}} \mathfrak{Re}\,(F^{-3/2}), \quad \mathfrak{Im}\left(\frac{d\dot{\Gamma}}{d\mathsf{B}}\right) = \frac{\pi}{2\mathsf{E}} \mathfrak{Im}\,(F^{-3/2}). \tag{37}$$

Bevor wir hieran die Untersuchung der Bildverschwenkungsgleichen $\mathfrak{B}'_{(\pi/2)}$, $\mathfrak{B}'_{(\pi)}$ knüpfen, soll die Bildnetzkrümmung berechnet werden.

Bildnetzkrümmung:

$$k_2'^* + i k_1'^* = \frac{1}{\left|\frac{d\dot{\Gamma}}{d\mathsf{B}}\right|} \cdot \frac{d}{d\mathsf{B}}\left(\lg \frac{d\dot{\Gamma}}{d\mathsf{B}}\right) = \frac{2\mathsf{E}}{\pi} |F^{3/2}| \frac{d}{d\mathsf{Z}}\left(\lg \frac{\pi}{2\mathsf{E}} F^{-3/2}\right) i\mathsf{Z} \tag{38}$$

oder

$$\begin{aligned} k_1'^* - i k_2'^* &= \frac{-3\mathsf{E}}{\pi} |F^{3/2}| F^{-1} \frac{dF}{d\mathsf{Z}} \mathsf{Z} = \frac{-3\mathsf{E}}{\pi} |F^{-1/2}| \bar{F} \frac{dF}{d\mathsf{Z}} \mathsf{Z} \\ &= \frac{6\mathsf{E}n}{\pi} |F^{-1/2}| \left(1 + n\bar{\mathsf{Z}}^2\right)\left(1 + n\bar{\mathsf{Z}}^{-2}\right)(\mathsf{Z}^{-2} - \mathsf{Z}^2) \\ &= \frac{6\mathsf{E}n}{\pi} |F^{-1/2}| (1 + nRe^{-i\Phi}) \left(1 + \frac{n}{R} e^{i\Phi}\right)\left(\frac{1}{R} e^{-i\Phi} - Re^{i\Phi}\right). \end{aligned}$$

$$\left.\begin{aligned} k_1'^* - i k_2'^* = \frac{6\mathsf{E}n}{\pi} |F^{-1/2}| \Big[\frac{n}{R^2} &- nR^2 - \\ - (n^2+1)\, Re^{i\Phi} + \frac{1+n^2}{R} e^{-i\Phi} &+ ne^{-2i\Phi} - ne^{2i\Phi}\Big]. \end{aligned}\right. \tag{38a}$$

$k_1'^* = 0$:

Aus (38a) entnimmt man die Krümmung k'^*_1 durch Übergang zum Realteil

$$\begin{aligned} k_1'^* &= \frac{6\mathsf{E}n}{\pi} |F^{-1/2}| \left[\frac{n}{R^2} - nR^2 + \cos\Phi\left(-n^2 R - R + \frac{1}{R} + \frac{n^2}{R}\right)\right] \\ &= \frac{6\mathsf{E}n}{\pi} |F^{-1/2}| \left(\frac{1}{R} - R\right)\left[R + \frac{1}{R} + \left(n + \frac{1}{n}\right)\cos\Phi\right]. \end{aligned} \tag{39a}$$

Sie verschwindet für $r = 1$, d. h. auf $\mathsf{B}'' = 0$ und auf der Wendepunktskurve

$$\mathfrak{W}_1'^*: \quad \cos\Phi = -\frac{R + \frac{1}{R}}{n + \frac{1}{n}}, \qquad R = r^2. \tag{40a}$$

Da $\cos\Phi$ im Intervall $0 < R \leqq 1$ eine von $-\infty$ bis $-\frac{2n}{1+n^2}$ monoton steigende Funktion von R ist, gibt es im Intervall $0 < r < \sqrt{n}$ keine reelle Lösung Φ, im Intervall $\sqrt{n} \leqq r \leqq 1$ eine und nur eine Lösung φ

im ersten Quadranten. In die B-Ebene übertragen heißt das: rechts von $\mathsf{B}'' = \lg\sqrt{n}$ gibt es keine Punkte von $\mathfrak{W}_1'^*$; die Wendelinie setzt in $\mathsf{B} = \frac{\pi}{2} - i\lg\sqrt{n} = \mathsf{B}^{(1')}$ rechtwinklig auf $\mathsf{B}' = \frac{\pi}{2}$ an, verläuft dann nach links, jede Gitterlinie einmal und nur einmal schneidend, und endet auf $\mathsf{B}'' = 0$ im Punkt $\mathsf{B} = \frac{1}{2}\operatorname{arc\,cos}\left(-\frac{2n}{1+n^2}\right)$ mit horizontaler Tangente. Insbesondere hat also die Kurve C_1, d. h. die Randkurve des Streifens $\overline{\mathfrak{B}}_1$ mit $\mathfrak{W}_1'^*$ keinen Punkt außer $\mathsf{B}^{(1')}$ gemein, ihr Bild in der $\dot{\Gamma}$-Ebene, $C_1(\dot{\Gamma})$, hat somit stets *positive* Krümmung und im Unendlichen eine Wendetangente (Abb. 50a, b).

$k_2'^* = 0$:

Aus (38a) folgt für den Imaginärteil

$$k_2'^* = \frac{6\,\mathsf{E}\,n}{\pi}\,|F^{-1/2}|\,\sin\Phi\left[(1+n^2)\left(R+\frac{1}{R}\right)+4\,n\cos\Phi\right]. \quad (40\text{b})$$

Die Bildkrümmung verschwindet für $\varphi = 0,\ \pi/2$; die Wendepunktskurve ist hier nicht reell:

$$\mathfrak{W}_2'^*:\quad \cos\Phi = -\frac{1}{4}\left(n+\frac{1}{n}\right)\left(R+\frac{1}{R}\right) < -1. \quad (40\text{b})$$

Demnach sind die Bilder der 2-Netzlinien der B-Ebene durchweg positiv gekrümmt, von $\mathsf{B}' = 0, \pi/2$ abgesehen, die sich als Gerade abbilden.

Bildverschwenkung:

Es bleibt die Untersuchung der Bildverschwenkungen nachzutragen. Die Kurven $\mathfrak{B}'_{(\pi/2)}$ bzw. $\mathfrak{B}'_{(\pi)}$ werden nach (37) durch $\mathfrak{Re}\,(F^{-3/2}) = 0$ bzw. $\mathfrak{Im}\,(F^{-3/2}) = 0$ gegeben, d.h. durch diejenigen Punkte der B-Ebene, in denen die Grundfunktion F die Werte hat

$$F = \varrho\, e^{\frac{\nu\pi i}{3}},\quad 0 < \varrho < \infty,\quad \nu = 0, 1, 2, 3, 4, 5. \quad (41)$$

Beschränken wir uns zunächst wieder auf den Teilbereich *1* der B-Ebene, so entspricht diesem (nach I (80) [42]) die linke komplexe F-Halbebene. In sie fallen nur die Halbstrahlen

$$\text{und}\quad \begin{array}{l} \varrho e^{\frac{4\pi i}{3}} \quad\text{mit}\quad F^{-\frac{3}{2}} = \varrho^{-\frac{3}{2}} e^{-2i\pi} = \varrho^{-\frac{3}{2}},\quad\text{also}\quad \mathfrak{Im}\left(F^{-\frac{3}{2}}\right) = 0 \\ \varrho e^{\frac{5\pi i}{3}} \quad\text{mit}\quad F^{-\frac{3}{2}} = \varrho^{-\frac{3}{2}} e^{-\frac{5\pi i}{2}} = -i\varrho^{-\frac{3}{2}},\ \text{also}\quad \mathfrak{Re}\left(F^{-\frac{3}{2}}\right) = 0. \end{array}$$

Für ihre Bilder in der B-Ebene kann man daher behaupten: Die Verschwenkungsgleichen $\mathfrak{B}'_{(\pi/2)}$, $\mathfrak{B}'_{(\pi)}$ setzen in $\mathsf{B} = \frac{\pi}{2} - i\lg\sqrt{n} = \mathsf{B}^{(1')}$ unter Drittelung des Winkels π an und laufen entlang der Asymptoten $\mathsf{B}' = \frac{\pi}{6}$ bzw. $\mathsf{B}' = \frac{\pi}{3}$ nach $\mathsf{B}'' \to +\infty$. Da — wie wir gesehen haben — die Bilder der 2-Netzlinien keine Wendepunkte besitzen, schneiden

$\mathfrak{B}'_{(\pi/2)}$, $\mathfrak{B}'_{(\pi)}$ die 2-Gitterlinien höchstens einmal. Ebenso treffen die 1-Gitterlinien mit $\mathsf{B}'' > -\lg\sqrt{n}$ wegen der Lage von $\mathfrak{W}_1'^*$ nur einmal auf $\mathfrak{B}'_{(\pi/2)}$. Die 1-Linie mit $\mathsf{B}'' = -\lg\sqrt{n}$, d. i. C_1, wird wegen des Ausgangswinkels von $\mathfrak{B}'_{(\pi/2)}$ in einem Punkt $S = S' - i\lg\sqrt{n}$ getroffen. Es gibt daher einen Wert $\varrho_s > 0$ mit

$$1 + n^2 + 2n\cos 2S = \varrho_s e^{-\frac{i\pi}{3}} = \varrho_s\left(\frac{1}{2} - \frac{i\sqrt{3}}{2}\right) \tag{42}$$

oder zerspalten

$$1 + n^2 + 2n\cos(2S')\,\mathrm{ch}(\lg n^{-1}) = (1 + n^2)\,(1 + \cos 2S') = \tfrac{1}{2}\varrho_s,$$
$$2n\sin(2S')\,\mathrm{sh}(\lg n^{-1}) = (1 - n^2)\sin 2S' = \frac{\sqrt{3}}{2}\varrho_s.$$

Aus diesen beiden Gleichungen kann S' und ϱ_s bestimmt werden:

$$\frac{1}{\sqrt{3}}(1 - n^2)\sin 2S' = (1 + n^2)\,(1 + \cos 2S'),$$
$$\operatorname{tg} S' = \frac{1 + n^2}{1 - n^2}\sqrt{3}, \qquad \frac{\pi}{3} < S' < \frac{\pi}{2}.$$

Es bleibt unentschieden, welche Lage S bezüglich $\overset{\circ}{C}$ einnimmt; ebenso bleibt die Frage offen, ob der Schnittpunkt T von $\mathfrak{B}'_{(\pi/2)}$ und $\mathfrak{W}_1'^*$ oberhalb, auf oder unterhalb $\overset{\circ}{C}$ liegt.

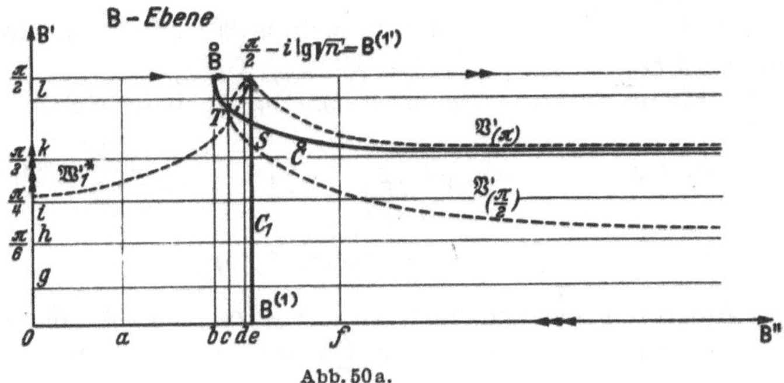

Abb. 50a.

Bildgitternetz:

Unter der Annahme der Lage von S, T wie in Abb. 50a ergeben sich

für die $\mathfrak{G}_1'^*$ die Typen a, $\underline{b, c}$, d, $\underline{e = C_1}$, f,

für die $\mathfrak{G}_2'^*$ die Typen g, h, i, k, l.

(Einzelfälle sind unterstrichen.) Ihr Verhalten kann aus den Abb. 50a, b abgelesen werden. Insbesondere ist *das Bild der Geraden* $C_1(\mathrm{B})$ *in der* $\dot{\Gamma}$*-Ebene, die Kurve* $C_1(\dot{\Gamma})$, *stets positiv gekrümmt.*

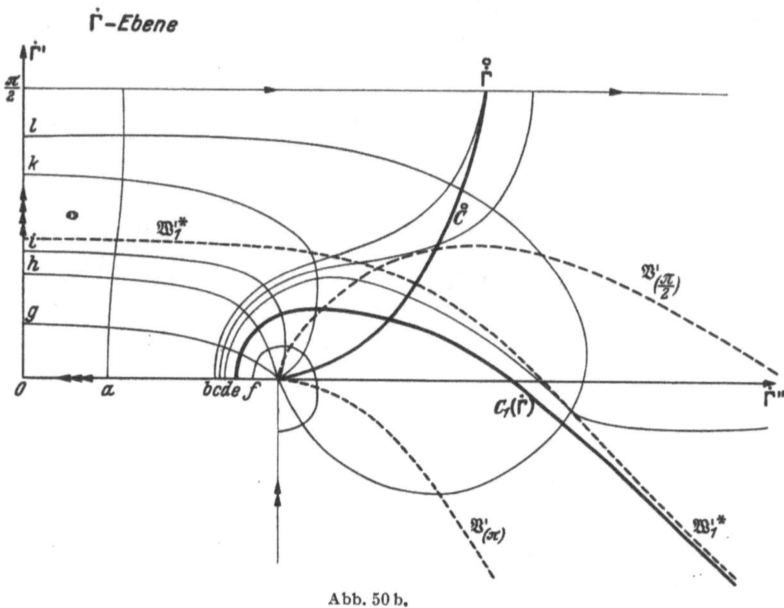

Abb. 50 b.

IV, 7 Die umgekehrte Abbildung $\mathfrak{A}'^*$: $\dot{\Gamma} \to \mathrm{B}$.

Das Paar $\mathfrak{B}'_{(\pi/2)}$, $\mathfrak{B}'_{(\pi)}$ der Abbildung $\mathfrak{A}'$ liefert zunächst unmittelbar die *Verschwenkungsgleichen* $\mathfrak{B}'^*_{(-\pi/2)}$, $\mathfrak{B}'^*_{(-\pi)}$.

Es bleibt noch die *Bildnetzkrümmung* zu berechnen:

$$k_2 + i k_1 = \left|\frac{d\dot{\Gamma}}{d\mathrm{B}}\right|^3 \cdot \frac{d}{d\mathrm{B}}\left(\frac{1}{\frac{d\dot{\Gamma}}{d\mathrm{B}}}\right) = \frac{\pi}{2\mathrm{E}}\,|F^{-3/2}|\,\frac{d}{d\mathrm{Z}}\left(\frac{2\mathrm{E}}{\pi}F^{3/2}\right) i\mathrm{Z},$$

$$k_2 + i k_1 = 3in\,|F^{-3/2}|\,F^{1/2}(\mathrm{Z}^2 - \mathrm{Z}^{-2}). \tag{43}$$

Das Auftreten von Quadratwurzeln legt es nahe, vor der Aufspaltung in Real- und Imaginärteil zum Quadrat überzugehen:

$$(k_2 + i k_1)^2 = -9n^2\,|F^{-3}|\,[1 + n^2 + n(\mathrm{Z}^2 + \mathrm{Z}^{-2})]\,[-2 + (\mathrm{Z}^4 + \mathrm{Z}^{-4})].$$

Als Imaginärteil ergibt sich

$$\begin{aligned} 2k_1 k_2 &= 9n^2|F^{-3}|\,\Im\mathrm{m}\{2(1 + n^2) + n(\mathrm{Z}^2 + \mathrm{Z}^{-2}) - \\ &\qquad - (1 + n^2)(\mathrm{Z}^4 + \mathrm{Z}^{-4}) - n(\mathrm{Z}^6 + \mathrm{Z}^{-6})\} \\ &= 9n^2|F^{-3}|\,\frac{(R^2 - 1)\sin\Phi}{R^3}\,[n(R^2 + 1)^2 - 2(1 + n^2)R(R^2 + 1)\cos\Phi - \\ &\qquad - 4n(R^4 + R^2 + 1)\cos^2\Phi]. \end{aligned}$$

Das Produkt $k_1 k_2$ der Bildkrümmungen verschwindet für $\varphi = 0$, $\pi/2$; $R = 1$ und auf der Kurve

$$n(R^2+1)^2 - 2(1+n^2)R(R^2+1)\cos\Phi - 4n(R^4+R^2+1)\cos^2\Phi = 0.$$

Zur Diskussion setzen wir $R + \frac{1}{R} = x$, $\cos\Phi = y$ und erhalten die Gleichung 4. Grades

$$x^2 - 2\left(n + \frac{1}{n}\right)xy - 4y^2(x^2-1) = 0. \tag{44}$$

Wegen $R \leqq 1$ kann man sich auf $x \geqq 2$ beschränken. Es kommen nur die oberen Teilstücke mit den Asymptoten $y = \pm\frac{1}{2}$ in Frage, die je einem Zweig des Wendepaares $\tilde{\mathfrak{W}}_{\bar{1}}'$, $\tilde{\mathfrak{W}}_{\bar{2}}'$ entsprechen.

Für $y = -1$ ist

$$x = \frac{1+n^2}{3n} + \frac{1}{3n}\sqrt{1+n^4+14n^2} \approx \frac{2}{3n},$$

$$r \approx \sqrt{\frac{3}{2}n}, \quad \varphi = \frac{\pi}{2},$$

für $x = 2$ ist

$$y = -\frac{1+n^2}{6n} + \frac{1}{6n}\sqrt{1+n^4+14n^2} \approx n,$$

$$r = 1, \quad \varphi \approx \frac{\pi}{4} - \frac{n}{2}.$$

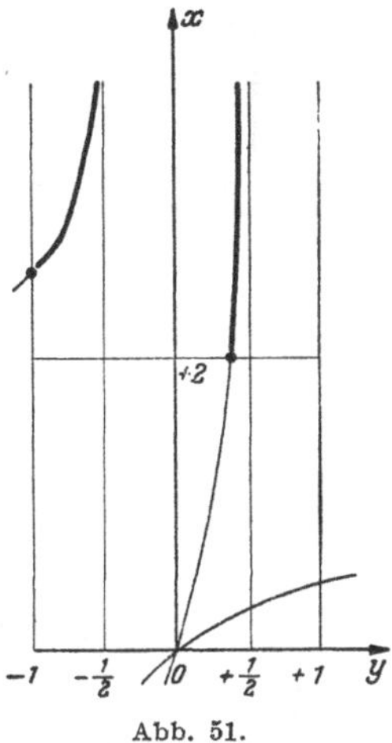

Abb. 51.

Die Übertragung in die B-Ebene ergibt folgendes Resultat:

$\tilde{\mathfrak{W}}_{\bar{1}}'$ beginnt auf der reellen B-Achse etwas unterhalb $B' = \pi/4$ unter rechtem Winkel (aus Symmetriegründen), fällt mit wachsendem B'' monoton $\left(\text{wegen } \frac{1}{r}\frac{dr}{d\varphi} = -\frac{dB''}{dB'}\right)$ und nähert sich mit unbegrenzt wachsendem B'' asymptotisch der Geraden $B' = \pi/6$ (Abb. 52b).

$\tilde{\mathfrak{W}}_{\bar{2}}'$ beginnt in $B \approx \frac{\pi}{2} - i \lg\sqrt{\frac{3n}{2}}$ unter rechtem Winkel gegen die Gerade $B' = \pi/2$ (aus Symmetriegründen), fällt mit wachsendem B'' monoton und nähert sich mit unbegrenzt wachsendem B'' asymptotisch der Geraden $B' = \pi/3$. Der Schnittpunkt von $\tilde{\mathfrak{W}}_{\bar{2}}'$ mit $\mathfrak{V}'^*_{(-\pi/2)}$ ist zugleich der äußerste Links-Punkt von $\mathfrak{V}'^*_{(-\pi/2)}$, da das Zusammenrücken von zwei Stellen mit Bildverschwenkung $-\frac{\pi}{2}$ einen Wendepunkt für die 1-Netzlinienbilder nach sich zieht.

Zusammenfassend ergibt sich für die *Bilder der Gitterlinien* $\mathfrak{G}_{\bar{1}}$, $\mathfrak{G}_{\bar{2}}$ der $\dot{\Gamma}$-Ebene in B folgender Verlauf:

Die Schar $\mathfrak{G}_{\bar{1}}$ hat drei Typen: h, g, f; insbesondere gehört das Bild des Randes $C_2(\dot{\Gamma})$ von $\overline{\mathfrak{B}}_2(\dot{\Gamma})$ dazu (g). Diese Kurve $C_2(\mathrm{B})$ ist *wendepunktfrei*, der Wendepunkt ist nach ∞ gerückt.

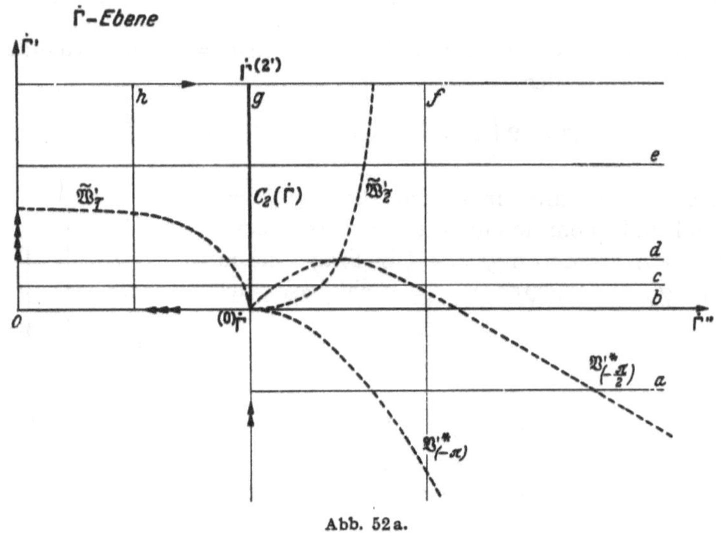

Abb. 52a.

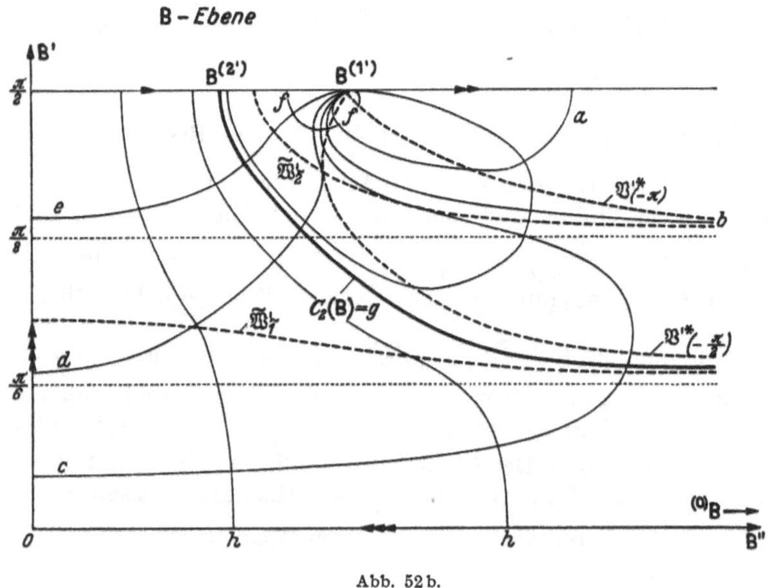

Abb. 52b.

Die Schar $\mathfrak{G}_{\bar{2}}$ hat fünf Typen: a, b, c, d, e. Ihr Verhalten kann aus der Abb. 52b entnommen werden.

IV, 8 Die dritte Abbildung $\mathfrak{A}''$: $\mathsf{A} = \mathsf{M} \to \dot{\mathsf{\Gamma}}$.

Bei der genaueren Untersuchung der Abbildung $\mathsf{M} \to \dot{\mathsf{\Gamma}}$ hat man wieder von der Ableitung auszugehen:

$$\frac{d\dot{\mathsf{\Gamma}}}{d\mathsf{M}} = \frac{d\dot{\mathsf{\Gamma}}}{d\mathsf{Z}} \cdot \frac{d\mathsf{Z}}{d\mathsf{M}} = \frac{\pi}{2i\mathsf{E}} \frac{1}{\mathsf{Z}[(1+n\mathsf{Z}^2)(1+n\mathsf{Z}^{-2})]^{3/2}} \times$$

$$\times \frac{in}{2(1-n)^2} \frac{(\mathsf{Z}^2+1)(\mathsf{Z}^2+n)\left(\mathsf{Z}^2+\frac{1}{n}\right)}{\mathsf{Z}^2}. \qquad \text{(II (37) [81], (44) [89])}$$

$$\frac{d\dot{\mathsf{\Gamma}}}{d\mathsf{M}} = \frac{\pi}{4\mathsf{E}(1-n)^2} \frac{\mathsf{Z}^2+1}{\left[n(\mathsf{Z}^2+n)\left(\mathsf{Z}^2+\frac{1}{n}\right)\right]^{1/2}}. \tag{45}$$

Um die Diskussion zu erleichtern, führen wir das Quadrat als neue Funktion ein:

$$V(\mathsf{Z}) = \frac{16\,\mathsf{E}^2 n(1-n)^4}{\pi^2}\left(\frac{d\dot{\mathsf{\Gamma}}}{d\mathsf{M}}\right)^2 = \frac{(\mathsf{Z}^2+1)^2}{(\mathsf{Z}^2+n)\left(\mathsf{Z}^2+\frac{1}{n}\right)}. \tag{46}$$

Die multiplikative Konstante ist positiv. Man hat $\arg V(\mathsf{Z}) = 2\arg\frac{d\dot{\mathsf{\Gamma}}}{d\mathsf{M}}$ und damit folgende Aussagen über die *Bildverschwenkung*:

V reell positiv $\to \mathfrak{Im}\left(\frac{d\dot{\mathsf{\Gamma}}}{d\mathsf{M}}\right) = 0 \to$ geometrischer Ort $\mathfrak{B}''_{(0)}$ bzw. $\mathfrak{B}''_{(\pm\pi)}$,

V reell negativ $\to \mathfrak{Re}\left(\frac{d\dot{\mathsf{\Gamma}}}{d\mathsf{M}}\right) = 0 \to$ geometrischer Ort $\mathfrak{B}''_{(-\pi/2)}$ bzw. $\mathfrak{B}''_{(+\pi/2)}$.

Nun ergibt eine leichte Diskussion der Abbildung $\mathsf{M} \to \mathsf{Z} \to V$, daß der Teilbereich *1* der M-Ebene bzw. Z-Ebene auf die linke V-Halbebene abgebildet wird, und zwar so, daß dem Randstück b_1 die negative reelle V-Achse, dem Randstück b_2, d_1, d_2, a die positive reelle V-Achse entspricht (s. II, Abb. 14a, b [84]). Daher ist die Bildverschwenkung gleich Null auf $L = 0$; $H = 0$ und $0 \leq L \leq \frac{(1-e)\pi}{2}$; ferner auf $L = \frac{(1-e)\pi}{2}$ und $H < 0$. Sie ist gleich $-\frac{\pi}{2}$ auf $L = \frac{\pi}{2}$. Verschwenkungen um $+\frac{\pi}{2}$, $\pm\pi$ kommen hier nicht in Frage.

Für die *Bildnetzkrümmung* haben wir (nach III (26a) [101])

$$k_2''^* + ik_1''^* = \left|\frac{d\mathsf{M}}{d\dot{\mathsf{\Gamma}}}\right| \cdot \frac{d}{d\mathsf{M}}\left(\lg\frac{d\dot{\mathsf{\Gamma}}}{d\mathsf{M}}\right) = \left|\frac{d\mathsf{M}}{d\dot{\mathsf{\Gamma}}}\right| \frac{d}{d\mathsf{Z}}\left(\lg\frac{d\dot{\mathsf{\Gamma}}}{d\mathsf{M}}\right)\frac{d\mathsf{Z}}{d\mathsf{M}}.$$

Aus (45) findet man

$$\frac{d}{d\mathsf{Z}}\left(\lg\frac{d\dot{\mathsf{\Gamma}}}{d\mathsf{M}}\right) = \left(\frac{1}{n} - 2 + n\right)\frac{\mathsf{Z}(\mathsf{Z}^2-1)}{(\mathsf{Z}^2+1)(\mathsf{Z}^2+n)\left(\mathsf{Z}^2+\frac{1}{n}\right)}$$

und damit

$$k_2''^* + i k_1''^* = \left(\frac{d\mathsf{M}}{d\dot{\Gamma}}\right)\left(\frac{1}{n} - 2 + n\right)\frac{\mathsf{Z}(\mathsf{Z}^2-1)}{(\mathsf{Z}^2+1)(\mathsf{Z}^2+n)\left(\mathsf{Z}^2+\frac{1}{n}\right)} \times$$

$$\times \frac{in(\mathsf{Z}^2+1)(\mathsf{Z}^2+n)\left(\mathsf{Z}^2+\frac{1}{n}\right)}{2(1-n)^2\mathsf{Z}^2},$$

oder $$k_2''^* + i k_1''^* = \frac{i}{2}\left|\frac{d\mathsf{M}}{d\dot{\Gamma}}\right|\left(\mathsf{Z} - \frac{1}{\mathsf{Z}}\right), \tag{47}$$

$$\left.\begin{aligned} k_1''^* &= \frac{1}{2}\left|\frac{d\mathsf{M}}{d\dot{\Gamma}}\right|\left(r - \frac{1}{r}\right)\cos\varphi, \\ k_2''^* &= -\frac{1}{2}\left|\frac{d\mathsf{M}}{d\dot{\Gamma}}\right|\left(r + \frac{1}{r}\right)\sin\varphi. \end{aligned}\right\} \tag{48}$$

In $0 < \varphi < \pi/2$, $0 < r < 1$, d. h. innerhalb des Teilbereiches *1*, sind $k_1''^*$ und $k_2''^*$ negativ, es ist ferner

$k_1''^* = 0$ auf dem Randstück $r = 1$ und $\varphi = \frac{\pi}{2}$ $\left(\text{d. h. } L = 0 \text{ und } L = \frac{\pi}{2}\right)$,

$k_2''^* = 0$ auf dem Randstück $\varphi = 0$ $\left(\text{d. h. } H = 0 \text{ und } 0 \leqq L \leqq \frac{(1-e)\pi}{2}\right)$.

Insbesondere ist der rechte Rand des $\dot{\Gamma}$-Bereiches, $\overset{0}{C}(\dot{\Gamma})$, vom Anfangspunkt abgesehen, immer negativ gekrümmt.

Das Bildgitternetz wird in den nebenstehenden Skizzen veranschaulicht.

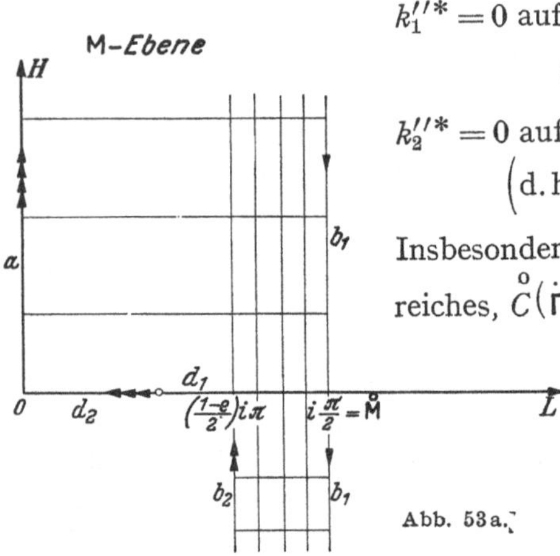

Abb. 53a.

Wir hatten früher festgestellt (Abschnitt II), daß die „Breitenabbildung" M → B

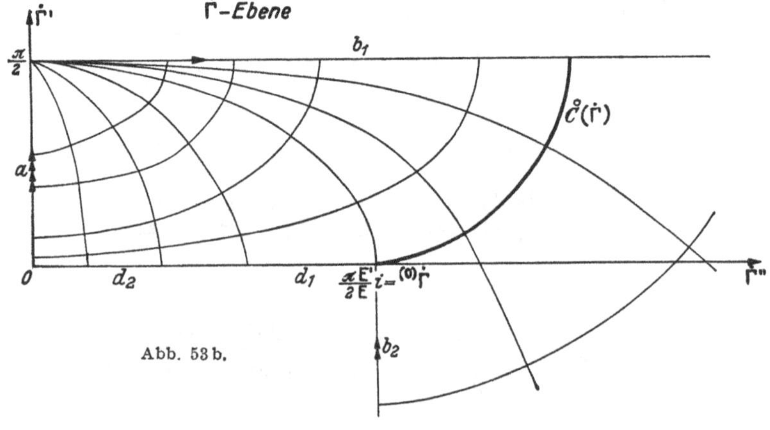

Abb. 53b.

und die „Bogenabbildung“ $\mathsf{M} \to \dot{\Gamma}$ beide als Verallgemeinerungen einer querachsigen Merkator-Projektion anzusehen sind. Sie unterscheiden sich aber sehr wesentlich voneinander; das Bildgebiet des aufgeschnittenen

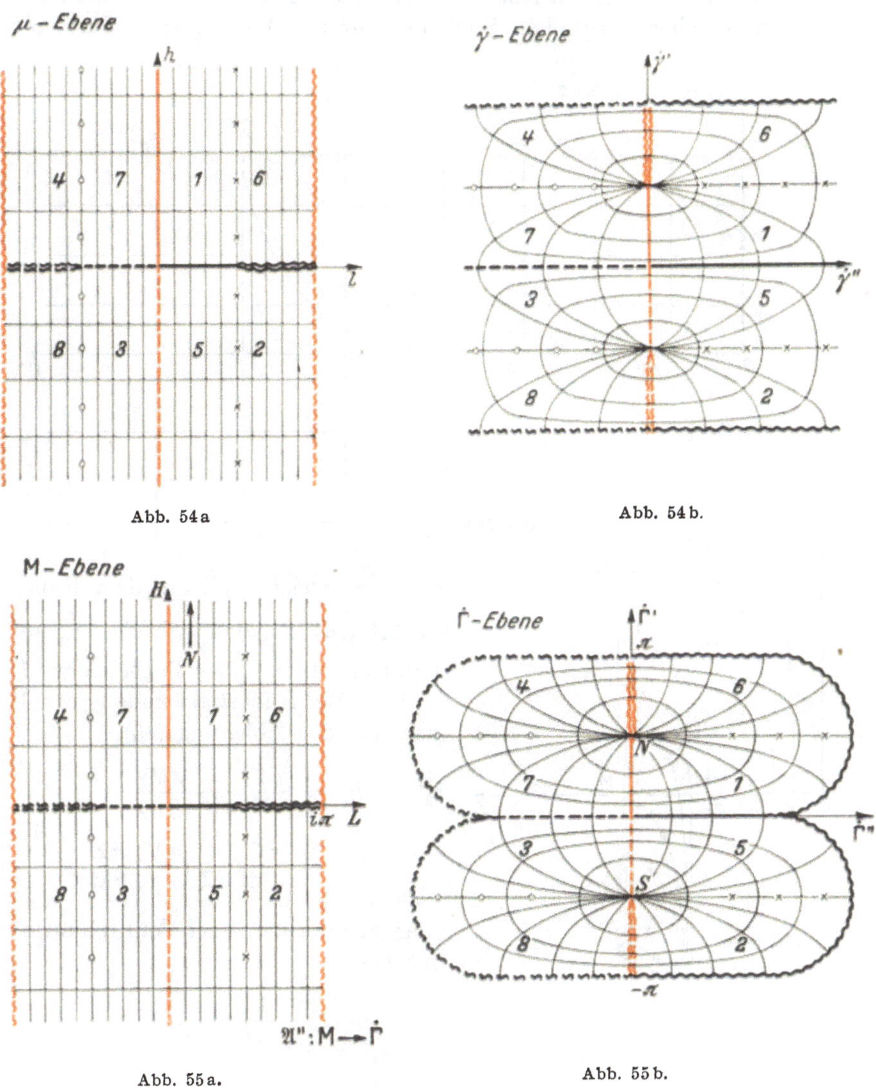

Abb. 54a

Abb. 54b.

Abb. 55a.

Abb. 55b.

Sphäroids ist im ersten Fall unendlich, im zweiten Fall dagegen endlich. Vergleicht man jetzt die „Bogenabbildung“ für Kugel $(\mu \to \dot{\gamma})$ und Sphäroid $(\mathsf{M} \to \dot{\Gamma})$, so bewirkt die kleinste Abplattung n des Sphäroids bereits diesen charakteristischen Unterschied. Wir stellen die Bilder für Kugel und Sphäroid nebeneinander.

IV, 9 Die umgekehrte Abbildung $\mathfrak{A}''^{*}$: $\dot{\Gamma} \to M$.

Eine Aussage über die *Bildverschwenkung* erhalten wir unmittelbar aus der vorhergehenden Abbildung $\mathfrak{A}''$, da sich bei dem Argument der Ableitung einer reziproken Funktion nur das Vorzeichen ändert. Sie

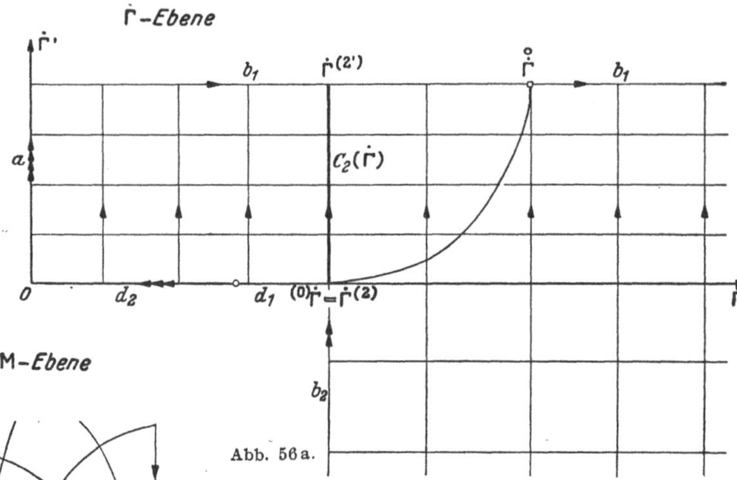

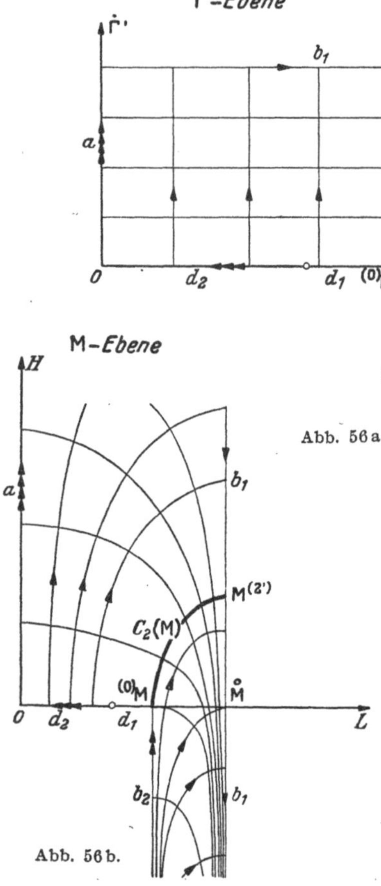

Abb. 56a.

Abb. 56b.

ist daher gleich Null auf dem Randstück (b_2, d_1, d_2, a) und gleich $+\frac{\pi}{2}$ auf dem Randstück b_1 des Teilbereiches *1*.

Für die *Bildnetzkrümmung* erhält man aus der Ableitung (45)

$$k_2'' + i k_1'' = \left|\frac{d\dot{\Gamma}}{dM}\right| \frac{d}{dM}\left(\frac{dM}{d\dot{\Gamma}}\right) = \left|\frac{d\dot{\Gamma}}{dM}\right| \frac{d}{dZ}\left(\frac{dM}{d\dot{\Gamma}}\right)\frac{dZ}{dM} \tag{49}$$

oder ausführlich, nach Multiplikation mit $(-i)$

$$k_1'' - i k_2'' = \frac{2\,E\,n^{3/2}}{\pi}\left|\frac{d\dot{\Gamma}}{dM}\right| \frac{(Z^2+1)(Z^2+n)\left(Z^2+\frac{1}{n}\right)}{Z^2} \times$$

$$\times \frac{d}{dZ}\left\{\frac{\left[(Z^2+n)\left(Z^2+\frac{1}{n}\right)\right]^{1/2}}{(Z^2+1)}\right\},$$

$$k_1'' - i k_2'' = \frac{2\,E\,(1-n)^2\sqrt{n}}{\pi}\left|\frac{d\dot{\Gamma}}{dM}\right| \frac{\left[(Z^2+n)\left(Z^2+\frac{1}{n}\right)\right]^{1/2}}{(Z^2+1)}\left(\frac{1}{Z}-Z\right). \tag{49a}$$

Setzen wir zur Abkürzung

$$V^*(\mathsf{Z}) = \frac{(\mathsf{Z}^2+n)\left(\mathsf{Z}^2+\frac{1}{n}\right)}{\mathsf{Z}^2}\left(\frac{1-\mathsf{Z}^2}{1+\mathsf{Z}^2}\right)^2 = -\frac{1}{n}F(\mathsf{B})\,\mathrm{tg}^2\mathsf{B}, \tag{50}$$

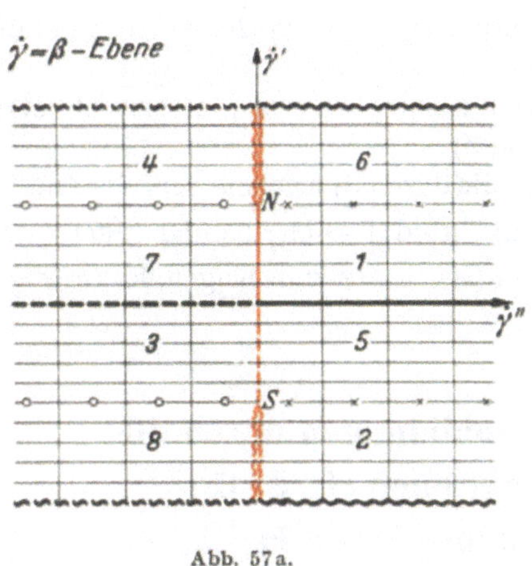

Abb. 57a.

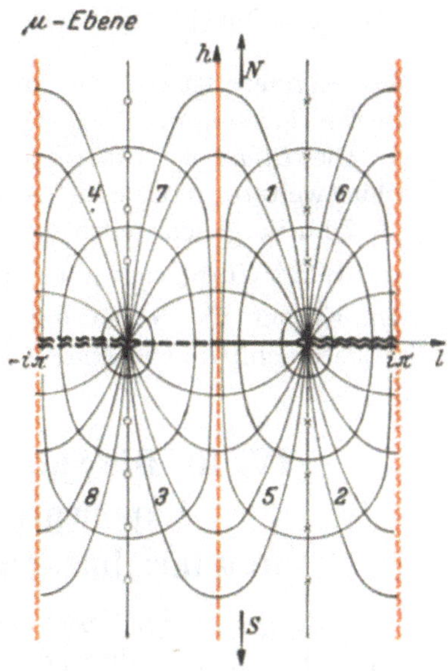

Abb. 57b.

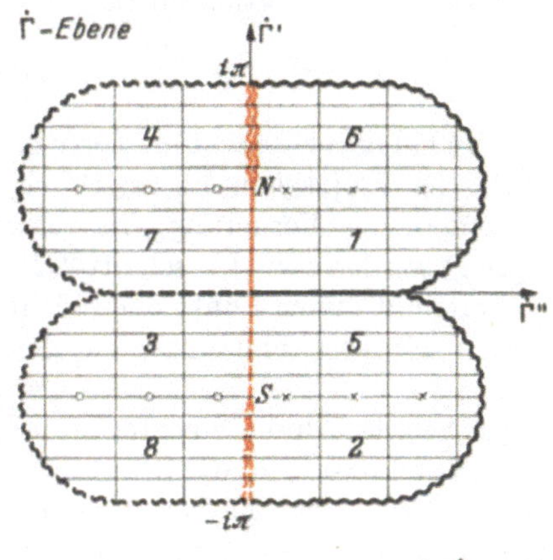

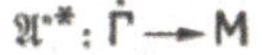

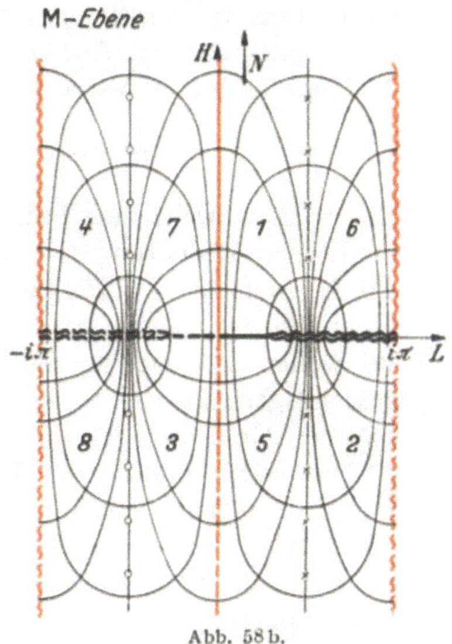

Abb. 58b.

auch V^* reell, für reelle und rein imaginäre Z-Werte ist V^* ebenfalls reell. Sämtliche Bildpunkte des Bereiches 1 liegen in der linken V^*-Halbebene. Damit verschwinden die Netzkrümmungen nur auf dem Rand von 1, und zwar ist speziell

$$k_1'' = 0 \to \mathfrak{Re}\left(\sqrt{V^*(\mathsf{Z})}\right) = 0 \to V^*(\mathsf{Z}) \text{ negativ reell; Randstücke } a, b_2,$$
$$k_2'' = 0 \to \mathfrak{Im}\left(\sqrt{V^*(\mathsf{Z})}\right) = 0 \to V^*(\mathsf{Z}) \text{ positiv reell; Randstücke } b_1, d_1, d_2.$$

Insbesondere ist das Bild der Randkurve $C_2(\dot{\Gamma})$ in der M-Ebene stets positiv gekrümmt.

Die *Bilder der Gitterlinien* der $\dot{\Gamma}$-Ebene, $\mathfrak{G}_1''$, $\mathfrak{G}_2''$, lassen sich jetzt ohne weiteres skizzieren (Abb. 56a, b).

Zum Vergleich stellen wir wieder die durch Spiegelung vervollständigten Bilder für Kugel $\dot{\gamma} \to \mu$ und Sphäroid $\dot{\Gamma} \to \mathsf{M}$ einander gegenüber. Die Kurven $\dot{\Gamma}' = \text{const.}$ münden im Gegensatz zum Kugelbild auf dem Äquatorschlitz nebeneinander[35].

IV, 10 Die Sphäroidabbildungen durch die Exponentialfunktionen H, Z, Θ und ihre linear Transformierten $\hat{\mathsf{H}}$, $\hat{\mathsf{Z}}$, $\hat{\Theta}$.

Die gegenseitigen Beziehungen zwischen den komplexen Grundvariablen A, B, Γ werden durch die Hilfsveränderliche Z beherrscht, die mit B durch eine Exponentialfunktion verknüpft ist. Sie verdankt ihre Bedeutung dem Umstand, daß die auftretenden Funktionen in Z rational oder algebraisch werden, eine praktische Anwendung in der Kartographie findet sie indessen nicht. Aus systematischen Gründen liegt es nahe, auch bei den anderen beiden Variablen zu der Exponentialfunktion überzugehen

$$\mathsf{H} = -e^{-\mathsf{A}}, \quad \mathsf{Z} = e^{i\mathsf{B}}, \quad \Theta = e^{i\dot{\Gamma}}. \tag{51}$$

Die etwas abweichende Definition bei H hat ihre Ursache in der geometrischen Bedeutung als stereographische Projektion. Es zeigt sich, daß H auch noch durch eine rein geometrische Forderung, eindeutig bis auf lineare Transformationen, festgelegt werden kann (Abschnitt VII). Wir wollen uns jedoch in diesem Abschnitt mit diesen Funktionen nicht beschäftigen, sondern stellen nur skizzenhaft ihre Abbildungen für den späteren Gebrauch gegenüber.

Man kann sämtliche Schnitte und Schlitze durch lineare Transformationen aus dem Innern des Einheitskreises in die Umgebung des Randes bringen und dadurch in der Umgebung von $\mathfrak{Q}$ besonders weitreichende Potenzreihenentwicklungen erhalten, wie unmittelbar aus den Abb. 60a, b, c zu ersehen ist. Die zugehörigen Abbildungsfunktionen sind

$$\left.\begin{aligned} \hat{H} = -\frac{H+1}{H-1} = \operatorname{th}\frac{A}{2}, \qquad \hat{Z} = -i\frac{Z-1}{Z+1} = \operatorname{tg}\frac{B}{2}, \\ \hat{\Theta} = -i\frac{\Theta-1}{\Theta+1} = \operatorname{tg}\frac{\dot{\Gamma}}{2}. \end{aligned}\right\} \tag{52}$$

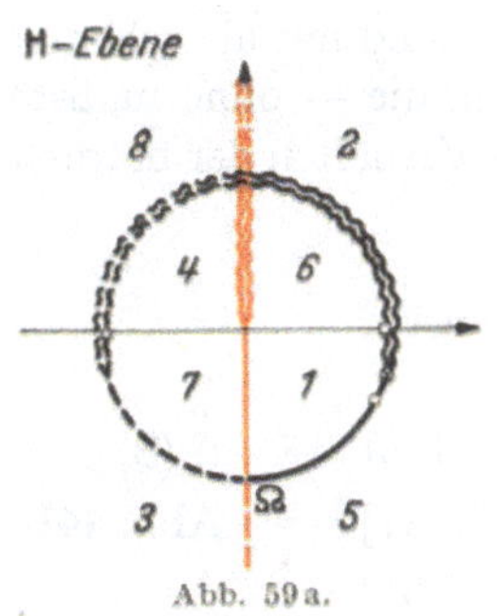

Abb. 59a.

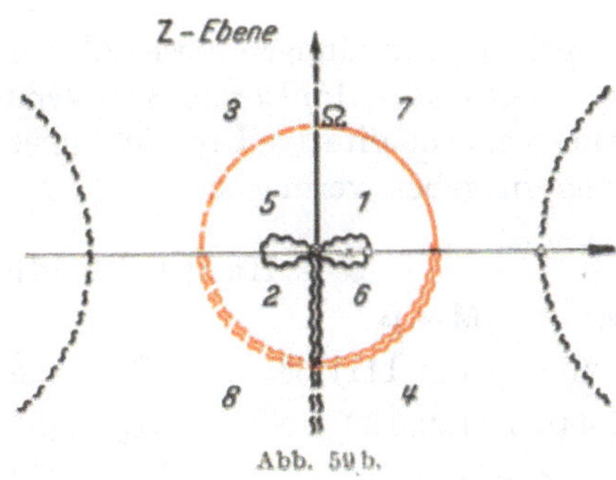

Abb. 59b.

Zeichenerklärung:

□ Ostpunkt

$\triangle$ Westpunkt

Ω Schnittpunkt Äquator-Hauptmeridian

× besonderer (singulärer) Punkt $\mathbf{P}^{(1')}$[36a]

⊗ besonderer (singulärer) Punkt $^{(0)}\mathbf{P}$

○ besonderer Punkt $\mathbf{P}^{(2)}$

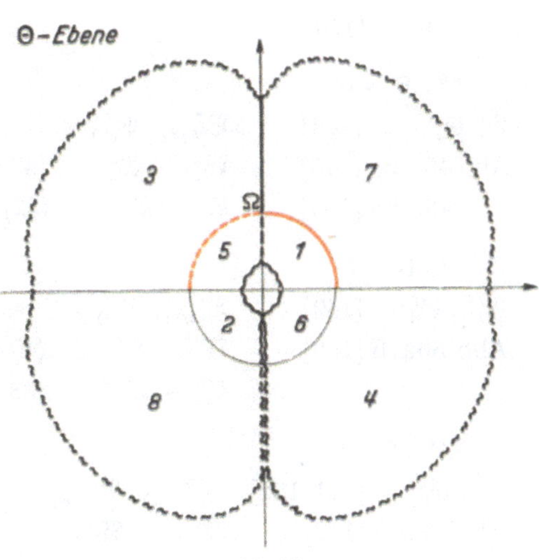

Abb. 59c.

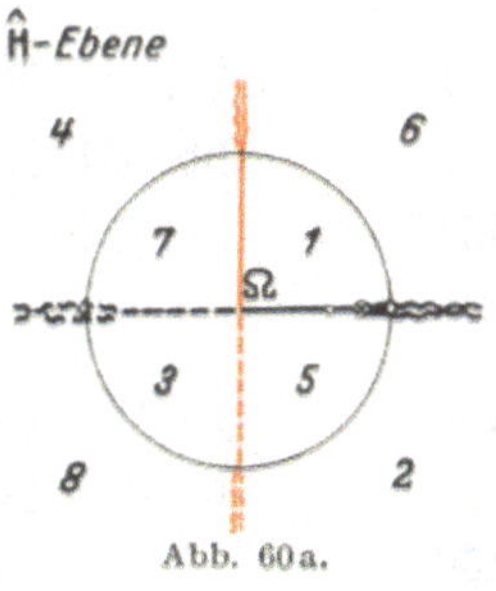

Abb. 60a.

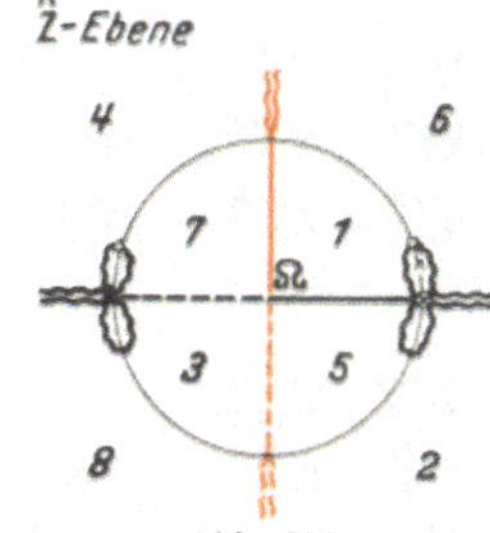

Abb. 60b.

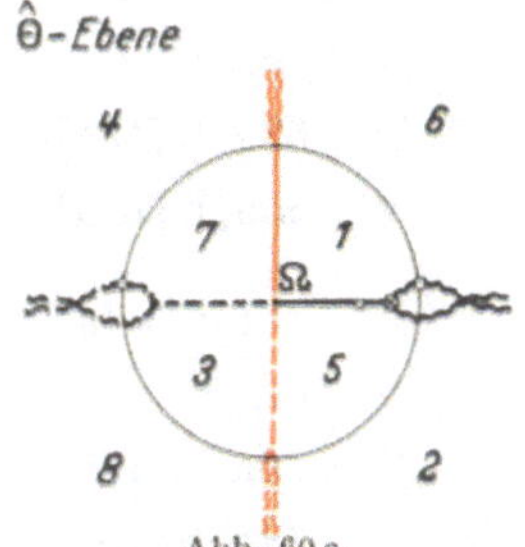

Abb. 60c.

[36a] Vgl. auch Anhang II, 5.

IV, 11 Anhang: Übersicht über die Verschwenkungsgleichen, Wendepunktkurven, Bildnetzkrümmungen und Bildgitterlinien im Abschnitt IV.

Sämtliche Abbildungen dieses Abschnittes sind nur als schematische Skizzen *mit großer Abplattung n* zu verstehen, die — ohne maßstäblich zu sein — eine qualitative Übersicht über das Verhalten der betrachteten Kurven zu geben vermögen.

Hauptabbildungen.

$\mathfrak{A}$: A = M → B

$\mathfrak{G}_1^*, \mathfrak{G}_2^*$	[139, 141]	$\mathfrak{B}_{(-\pi/2)}, \mathfrak{B}_{(-\pi)}$	(28a, b)	[136]	$\overset{o}{C}$ (B)	[138]
Abb. 44a, b	[138, 139]	$\mathfrak{W}_1^*, \mathfrak{W}_2^*$	(30a, b)	[137]	Abb. 44b	[139]
45a, b	[140]	$k_1^* - i k_2^*$	(29)	[137]		
46	[140]					

$\mathfrak{A}^*$: B → M

$\mathfrak{G}_1^{\sim}$ $\mathfrak{G}_2^{\sim}$	[144]	$\mathfrak{B}^*_{(\pi/2)}, \mathfrak{B}^*_{(\pi)}$		[141]	C_1 (M)	[144]
Abb. 48a, b, c	[145]	$\mathfrak{W}_1^{\sim}, \mathfrak{W}_2^{\sim}$	(33a, b)	[142, 143]	Abb. 48c	[145]
49a, b, c	[146]	$k_1 - i k_2$	(32)	[141]		

$\mathfrak{A}'$: B → $\dot{\Gamma}$

$\mathfrak{G}_1'^*, \mathfrak{G}_2'^*$	[149]	$\mathfrak{B}'_{(\pi/2)}, \mathfrak{B}'_{(\pi)}$		[148]	$C_1(\dot{\Gamma})$	[150]
Abb. 50a, b	[150]	$\mathfrak{W}_1'^*, \mathfrak{W}_2'^*$	(40a, b)	[147, 148]	Abb. 50b	[150]
		$k_1'^* - i k_2'^*$	(38a)	[147]		

$\mathfrak{A}'^*$: $\dot{\Gamma}$ → B

$\mathfrak{G}_1'^{\sim}, \mathfrak{G}_2'^{\sim}$	[151, 152]	$\mathfrak{B}'^*_{(-\pi/2)}, \mathfrak{B}'^*_{(-\pi)}$		[150]	C_2(B)	[152]
Abb. 52a, b	[152]	$\tilde{\mathfrak{W}}_1'^{\sim}, \tilde{\mathfrak{W}}_2'^{\sim}$		[151]	Abb. 52b	[152]
		$k_2 + i k_1$	(43)	[150]		

$\mathfrak{A}''$: A = M → $\dot{\Gamma}$

$\mathfrak{G}_1''^*, \mathfrak{G}_2''^*$		$\mathfrak{B}''_{(0)}, \mathfrak{B}''_{(-\pi/2)}$		[153]	$\overset{o}{C}(\dot{\Gamma})$	[154]
Abb. 53a, b	[154]	$\mathfrak{W}_1''^*, \mathfrak{W}_2''^*$	trivial		Abb. 53b	[154]
55a, b	[155]	$k_1''^*, k_2''^*$	(48)	[154]		

$\mathfrak{A}''^*$: $\dot{\Gamma}$ → M

$\mathfrak{G}_1'', \mathfrak{G}_2''$		$\mathfrak{B}''^*_{(0)}, \mathfrak{B}''^*_{(\pi/2)}$		[156]	C_2(M)	[156]
Abb. 56a, b	[156]	$\mathfrak{W}_1''^{\sim}, \mathfrak{W}_2''^{\sim}$	trivial		Abb. 56b	[156]
58a, b	[157]	$k_1'' - i k_2''$	(49a)	[156]		

Hilfsabbildung.

$\hat{\mathfrak{A}}$: $\mathsf{A} = \mathsf{M} \to \mathsf{Z}$

$\hat{\mathfrak{G}}_1^*, \hat{\mathfrak{G}}_2^*$ [134]	$\hat{\mathfrak{B}}_{(0)}, \hat{\mathfrak{B}}_{(\pi/2)}$	(20, 21) [131]	$\overset{\circ}{C}(\mathsf{Z})$ [134]
Abb. 43a, b [134, 135]	$\hat{\mathfrak{W}}_1^*, \hat{\mathfrak{W}}_2^*$	(24a, b) [133]	Abb. 43b [135]
	$\hat{k}_1^*, \hat{k}_2^*$	(23a, b) [132]	

V. Abschnitt.

Analytische Darstellungsmittel (Reihen) für den Zusammenhang zwischen A, B, $\mathsf{\Gamma}$ und ihren Exponentialfunktionen.

Zwischenstück: Konforme Abbildung des Sphäroids auf die Kugel durch $\mu = \mathsf{M}$.

V, 1 Plan und Methode.

Im Abschnitt II wurde die Definition der drei komplexen Grundflächenvariablen $\mathsf{A} = \mathsf{M}, \mathsf{B}, \mathsf{\Gamma}$ und der funktionale Zusammenhang $\mathsf{A} \longleftrightarrow \mathsf{B} \longleftrightarrow \mathsf{\Gamma}$ gegeben. Die geometrische Diskussion im Abschnitt IV erlaubte bereits qualitative Aussagen über die Lage der Bildpunkte. Jetzt kommt es darauf an, geeignete *analytische Darstellungsmittel* zu gewinnen, welche die *Berechnung* dieser Größen in ihrem Existenzbereich erlauben. Diese ergeben sich zwangsläufig aus der Beschaffenheit der im vorigen Abschnitt untersuchten Bereiche, und zwar zunächst für

$$\left.\begin{aligned} \mathsf{B} &\text{ als Funktion von } \dot{\mathsf{\Gamma}} \\ \mathsf{A} = \mathsf{M} &\text{ als Funktion von } \mathsf{B} \\ \mathsf{A} = \mathsf{M} &\text{ als Funktion von } \dot{\mathsf{\Gamma}} \end{aligned}\right\} \tag{1}$$

in Form von gewöhnlichen und allgemeinen Potenzreihen (trigonometrischen Reihen).

Wir werden sehen, daß die darzustellenden Gebiete jeweils in ein *Hauptgebiet*, d. h. in einen zum Hauptmeridian symmetrischen Streifen, und in ein *Restgebiet* zerfallen. Für das Hauptgebiet gewinnen wir ein Darstellungsmittel in Form einer trigonometrischen Reihe, deren reelle Koeffizienten selbst gewöhnliche Potenzreihen in n sind (I_1). Das den Randbezirk umfassende Restgebiet erfordert jeweils eine besondere Behandlung und Darstellung (I_2). Daneben kann die Umgebung jedes regulären Punktes $\mathbf{P}_0$ natürlich durch eine gewöhnliche Potenzreihenentwicklung erfaßt werden, deren Konvergenzkreis bis zum nächsten singulären Punkt reicht (II). Ihre Koeffizienten erscheinen zunächst als geschlossene Ausdrücke, die aber rasch unbequem werden: „*Koeffizientendarstellung 1. Art*"; liegt $\mathbf{P}_0$ im Hauptgebiet, so können sie, was für die Rechnung viel vorteilhafter ist, durch Differenzieren der dort vorhandenen trigonometrischen Entwicklung, also selbst in Gestalt trigonometrischer Reihen, für die Stelle $\mathbf{P}_0$ gewonnen werden: „*Koeffizientendarstellung 2. Art*".

Wollen wir die analogen Darstellungsmittel für

$$\left.\begin{array}{l} \mathsf{B} \text{ als Funktion von } \mathsf{A} = \mathsf{M} \\ \dot{\mathsf{\Gamma}} \text{ als Funktion von } \mathsf{B} \\ \dot{\mathsf{\Gamma}} \text{ als Funktion von } \mathsf{A} = \mathsf{M} \end{array}\right\} \qquad (2)$$

erhalten, so muß die konforme Abbildung $\mu = \mathsf{M}$, Sphäroid $\longleftrightarrow$ Kugel, eingeschaltet werden. Sie induziert einen funktionalen Zusammenhang

$$\beta \longleftrightarrow \mathsf{B}, \qquad \dot{\gamma} = \beta \longleftrightarrow \dot{\mathsf{\Gamma}},$$

mit dessen Hilfe von M nach B bzw. $\dot{\mathsf{\Gamma}}$ geschritten werden kann:

$$\mathsf{M} \to \mu \to \beta \to \mathsf{B}; \qquad \mathsf{M} \to \mu \to \dot{\gamma} \to \dot{\mathsf{\Gamma}}.$$

Wichtige Sonderfälle sind

bei I) die Entwicklungen auf dem ganzen Hauptmeridian $\mathfrak{H}$ bzw. der ganzen reellen Achse,

bei II) die Lage des Entwicklungsmittelpunktes $\mathbf{P}_0$ auf dem Hauptmeridian $\mathfrak{H}$.

Je nach dem Zuwachs $\Delta z = \Delta x + i\Delta y$ der unabhängigen Veränderlichen in der Potenzreihenentwicklung unterscheiden wir dabei

a) die „*Kreis-Entwicklung*" in $\mathbf{P}_0$ mit reellen Koeffizienten und komplexem Δz,

b) die reelle „*Längs-Entwicklung*" der Funktion auf einem Teilintervall von $\mathfrak{H}$ bzw. der reellen Achse für reelles Δx,

c) die reelle „*Quer-Entwicklung*" von Real- und Imaginärteil der Funktion nach Δy.

Erste Gruppe:

V, 2_1 B als Funktion von $\dot{\mathsf{\Gamma}}$.

Wir übernehmen die Abbildungen II, 16b [88], 18 [90] und denken uns die Schnitte längs $\mathfrak{H}\left(+\frac{\pi}{2}\cdots\pi \text{ und } -\frac{\pi}{2}\cdots-\pi\right)$ geschlossen, was wir an den Bereichen $\dot{\mathsf{\Gamma}}_{\mathrm{III}}$ und $\mathsf{B}_{\mathrm{III}}$ durch einen beigefügten Stern andeuten. B ist in $\dot{\mathsf{\Gamma}}_{\mathrm{III}*}$ eine eindeutige reguläre analytische Funktion, singuläre Stellen liegen auf dem Rand bei $\pm^{(0)}\dot{\mathsf{\Gamma}}$, $\pm^{(0)}\dot{\mathsf{\Gamma}} \pm \pi$. Die Differenz $\mathsf{B}(\dot{\mathsf{\Gamma}}) - \dot{\mathsf{\Gamma}}$ hat die Periode 2π. Der darzustellende Bereich $\dot{\mathsf{\Gamma}}_{\mathrm{III}*}$

besteht aus dem Streifen $\overline{\mathfrak{B}}_2$, dem sog. Hauptgebiet, und dem durch die Randkurve $C_2(\dot{\Gamma})$ und ihre homologen Stücke abgetrennten Restgebiet $\mathfrak{R}_2$.

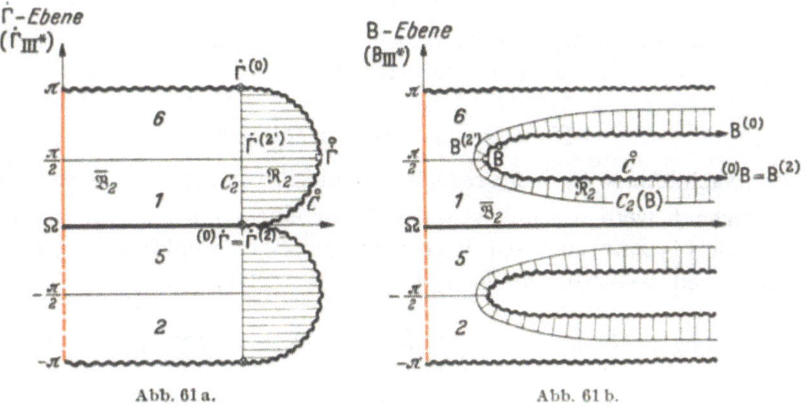

Abb. 61 a. Abb. 61 b.

I_1 *Darstellung im Hauptgebiet.*

Hier haben wir die bereits bekannte trigonometrische Entwicklung I (101) [52]:

$$\mathsf{B} = \dot{\Gamma} + \sum_{\lambda=1}^{\infty} \dot{p}_{2\lambda} \sin 2\lambda \dot{\Gamma} \qquad \text{(Konvergenzbereich } \overline{\mathfrak{B}}_2). \quad (3)$$

Ihre Aufspaltung in Real- und Imaginärteil ergibt

$$\begin{aligned} \mathsf{B}' &= \dot{\Gamma}' + \sum_{\lambda=1}^{\infty} \dot{p}_{2\lambda} \sin 2\lambda \dot{\Gamma}' \operatorname{ch} 2\lambda \dot{\Gamma}'', \\ \mathsf{B}'' &= \dot{\Gamma}'' + \sum_{\lambda=1}^{\infty} \dot{p}_{2\lambda} \cos 2\lambda \dot{\Gamma}' \operatorname{sh} 2\lambda \dot{\Gamma}''. \end{aligned} \quad (3\mathrm{a})$$

Auf dem Hauptmeridian $\mathfrak{H}$ geht sie in die *reelle* trigonometrische Reihe über:

$$B = \dot{G} + \sum_{\lambda=1}^{\infty} \dot{p}_{2\lambda} \sin 2\lambda \dot{G}, \qquad -\frac{\pi}{2} \leqq \dot{G} \leqq +\frac{\pi}{2}. \quad (3_0)$$

I_2 *Darstellung im Restgebiet.*

Das Restgebiet $\mathfrak{R}_2$ kann durch eine Taylor-Entwicklung mit dem Mittelpunkt $\overset{\circ}{\Gamma}$ erfaßt werden, dessen Berechnung allerdings erst später durchgeführt wird [205]. Der zugehörige Konvergenzkreis geht durch den singulären Randpunkt ${}^{(0)}\dot{\Gamma} = \frac{i\pi}{2} \frac{\mathsf{E}'}{\mathsf{E}}$ und enthält wegen der im Abschnitt IV nachgewiesenen Wendepunktfreiheit der Randkurve $\overset{\circ}{C}$ wirklich das gesamte Restgebiet:

$$\Delta \mathsf{B} = \sum_{\nu=1}^{\infty} (\dot{a}_\nu) \frac{\Delta \dot{\Gamma}^\nu}{\nu!} = \sum_{\nu=1}^{\infty} (\dot{A}_\nu) \frac{\Delta \Gamma^\nu}{\nu!} \qquad \text{I (107, 107a) [57].} \quad (4)$$

Die Koeffizienten sind an der Stelle $\overset{\circ}{\mathsf{B}}$ (II (41c) [83]) zu bilden. Speziell wird so für den besonderen Punkt

$$\dot{\mathsf{\Gamma}}^{(2')} \to \mathsf{B}^{(2')} \to \mathsf{Z}^{(2')} \tag{5}$$

die Berechnung ermöglicht, jedoch soll die numerische Durchführung später mit anderen Methoden erfolgen.

II *Darstellung in Punktumgebung.*

Nachdem so für jeden regulären Punkt $\mathbf{P}_0$ von $\dot{\mathsf{\Gamma}}_{III^*}$ das zugehörige B_0 berechnet werden kann, lassen sich für eine Kreisumgebung von $\dot{\mathsf{\Gamma}}_0$, welche bis zum nächsten der obigen singulären Punkte reicht, die zugehörigen B-Werte aus der gewöhnlichen Potenzreihe

$$\mathsf{B} - \mathsf{B}_0 = \sum_{\nu=1}^{\infty} [\dot{a}_\nu)\frac{\Delta \dot{\mathsf{\Gamma}}^\nu}{\nu!} = \sum_{\nu=1}^{\infty} [\dot{A}_\nu)\frac{\Delta \dot{\mathsf{\Gamma}}^\nu}{\nu!} \quad ^{37,38} \quad \text{I (107, 108) [57]} \tag{6}$$

entnehmen, wobei für $\dot{\mathsf{\Gamma}}_0 \subset \overline{\mathfrak{B}}_2$ die Koeffizientendarstellung 1. und 2. Art, für $\dot{\mathsf{\Gamma}}_0 \subset \mathfrak{R}_2$ nur die Koeffizientendarstellung 1. Art möglich ist.

Im Abschnitt I lag der Potenzreihen-Entwicklungsmittelpunkt $\mathbf{P}_0$ in einer komplexen B- oder $\dot{G}$-Ebene, wir haben daher bei der Übernahme der Koeffizienten $[\dot{a}_\nu)$ bzw. $[\dot{A}_\nu)$ aus I die Größen $B_0, \dot{G}_0$ durch $\mathsf{B}_0, \dot{\mathsf{\Gamma}}_0$ zu ersetzen.

Insbesondere gelten für $\mathbf{P}_0$ auf dem Hauptmeridian $\mathfrak{H}$ die *Kreis-*, *Längs-* und *Quer-Entwicklung*

$$\text{mit } \Delta\dot{\mathsf{\Gamma}} = \varrho e^{i\psi} \begin{cases} \Delta \mathsf{B}' = \sum\limits_{\nu=1}^{\infty} [\dot{a}_\nu)\dfrac{\varrho^\nu}{\nu!}\cos\nu\psi, \\ \Delta \mathsf{B}'' = \sum\limits_{\nu=1}^{\infty} [\dot{a}_\nu)\dfrac{\varrho^\nu}{\nu!}\sin\nu\psi, \end{cases} \tag{7a}$$

$$\text{mit } \Delta\dot{\mathsf{\Gamma}} = \Delta\dot{G} \quad \Delta B = \sum_{\nu=1}^{\infty} [\dot{a}_\nu)\frac{\Delta \dot{G}^\nu}{\nu!} = \sum_{\nu=1}^{\infty} [\dot{A}_\nu)\frac{\Delta G^\nu}{\nu!}, \tag{7b}$$

$$\text{mit } \Delta\dot{\mathsf{\Gamma}} = i\dot{\mathsf{\Gamma}}'' \begin{cases} \Delta \mathsf{B}' = \qquad -[\dot{a}_2)\dfrac{(\dot{\mathsf{\Gamma}}'')^2}{2!} \qquad +[\dot{a}_4)\dfrac{(\dot{\mathsf{\Gamma}}'')^4}{4!} \mp \cdots \\ \Delta \mathsf{B}'' = [\dot{a}_1)\dfrac{\dot{\mathsf{\Gamma}}''}{1!} \qquad -[\dot{a}_3)\dfrac{(\dot{\mathsf{\Gamma}}'')^3}{3!} \qquad \pm \cdots \end{cases} \tag{7c}$$

und entsprechende Entwicklungen nach $\Delta\mathsf{\Gamma}$.

[37] Gelten beide Koeffizientendarstellungen 1. Art und 2. Art gleichzeitig, so wollen wir dies durch Verwendung je einer eckigen und einer runden Klammer [ ) andeuten.

[38] Sämtliche Reihenentwicklungen werden in dimensionslosen Größen, d. h. in analytischem Maß (Bogenmaß), durchgeführt.

V, 2_2 Z als Funktion von Θ (bzw. $\dot{\mathsf{\Gamma}}$).

Durch Übergang zu den Exponentialfunktionen („zweite Stufe") erhält man im Hauptgebiet $\mathfrak{B}_2(\Theta)$ aus (3) unter Benutzung von X [489]

$$\mathsf{Z} = e^{i\mathsf{B}} = e^{i\left(\dot{\mathsf{\Gamma}} + \sum\limits_{\lambda=1}^{\infty} \dot{p}_{2\lambda} \sin 2\lambda \dot{\mathsf{\Gamma}}\right)} = \Theta \sum_{-\infty}^{+\infty} \dot{P}_{2\lambda}^{(i)} \Theta^{2\lambda}. \tag{8}$$

Die Bezeichnung schließt sich an diejenige des Abschnittes X an, doch soll der Punkt über dem Koeffizienten $\dot{P}_{2\lambda}^{(i)}$ andeuten, daß von $\dot{p}_{2\lambda}$ auszugehen ist. Im einzelnen hat man für die Koeffizienten bis zu Gliedern 4. Ordnung:

$$\left.\begin{array}{ll|ll}
\multicolumn{4}{c}{\dot{P}_0^{(i)} = 1 - \frac{9}{16}n^2 + \frac{72}{256}n^4 + \cdots} \\
\dot{P}_2^{(i)} = \frac{3}{4}n \quad - \frac{9}{8}n^3 & + \cdots & \dot{P}_{-2}^{(i)} = -\frac{3}{4}n \quad + \frac{9}{64}n^3 & + \cdots \\
\dot{P}_4^{(i)} = \quad + \frac{15}{16}n^2 \quad - \frac{35}{16}n^4 & + \cdots & \dot{P}_{-4}^{(i)} = \quad - \frac{3}{8}n^2 \quad + \frac{69}{256}n^4 & + \cdots \\
\dot{P}_6^{(\ )} = \quad + \frac{259}{192}n^3 & + \cdots & \dot{P}_{-6}^{(i)} = \quad - \frac{35}{96}n^3 & + \cdots \\
\dot{P}_8^{(i)} = \quad + \frac{531}{256}n^4 & + \cdots & \dot{P}_{-8}^{(i)} = \quad - \frac{7}{16}n^4 & + \cdots \\
\cdots\cdots & & \cdots\cdots &
\end{array}\right\} \tag{8a}$$

Im Bereich $\overline{\mathfrak{B}}_2(\dot{\mathsf{\Gamma}})$ der $\dot{\mathsf{\Gamma}}$-Ebene gilt entsprechend für Z als Funktion von $\dot{\mathsf{\Gamma}}$ nach X [489]

$$\mathsf{Z} = e^{i\dot{\mathsf{\Gamma}}}\left\{\dot{P}_0^{(i)} + 2\sum_{\lambda=1}^{\infty}\left[{}'\dot{P}_{2\lambda}^{(i)} \cos 2\lambda\dot{\mathsf{\Gamma}} + i\,{}''\dot{P}_{2\lambda}^{(i)} \sin 2\lambda\dot{\mathsf{\Gamma}}\right]\right\} \tag{9}$$

mit den Koeffizienten

$$\left.\begin{array}{ll|ll}
2\,{}'\dot{P}_2^{(i)} = \quad - \frac{63}{64}n^3 & + \cdots & 2\,{}''\dot{P}_2^{(i)} = \frac{3}{2}n \quad - \frac{81}{64}n^3 & + \cdots \\
2\,{}'\dot{P}_4^{(i)} = \frac{9}{16}n^2 \quad - \frac{491}{256}n^4 & + \cdots & 2\,{}''\dot{P}_4^{(i)} = \quad + \frac{21}{16}n^2 \quad - \frac{629}{256}n^4 & + \cdots \\
2\,{}'\dot{P}_6^{(i)} = \quad + \frac{63}{64}n^3 & + \cdots & 2\,{}''\dot{P}_6^{(i)} = \quad + \frac{329}{192}n^3 & + \cdots \\
2\,{}'\dot{P}_8^{(i)} = \quad + \frac{419}{256}n^4 & + \cdots & 2\,{}''\dot{P}_8^{(i)} = \quad + \frac{643}{256}n^4 & + \cdots \\
\cdots\cdots & & \cdots\cdots &
\end{array}\right\} \tag{9a}$$

Auf der reellen Achse ist $\dot{\mathsf{\Gamma}} = \dot{G}$ oder

$$\mathsf{Z} = e^{i\dot{G}}\left\{\dot{P}_0^{(i)} + 2\sum_{\lambda=1}^{\infty}\left[{}'\dot{P}_{2\lambda}^{(i)} \cos 2\lambda\dot{G} + i\,{}''\dot{P}_{2\lambda}^{(i)} \sin 2\lambda\dot{G}\right]\right\}.$$

Eine Potenzreihenentwicklung in der Θ-Ebene ist nur von geringem Interesse. Die Variable Θ dient vor allem als Hilfsgröße für allgemeine Potenzreihen in Kreisringsbereichen. Zur *Darstellung im Restgebiet* $\mathfrak{R}_2$ der $\dot{\mathsf{\Gamma}}$-Ebene erhalten wir aus (6) in der Umgebung eines Punktes $\mathbf{P}_0$

$$\mathsf{Z} = e^{i(\mathsf{B} - \mathsf{B}_0)} = e^{i\sum\limits_{\nu=1}^{\infty}(\dot{a}_\nu)\frac{\Delta\dot{\mathsf{\Gamma}}^\nu}{\nu!}} = 1 + \sum_{\nu=1}^{\infty}(\dot{\mathsf{A}}_\nu)\frac{\Delta\dot{\mathsf{\Gamma}}^\nu}{\nu!}, \tag{10}$$

wobei die Koeffizienten $(\dot{\mathsf{A}}_\nu)$ aus den $(\dot{a}_\nu)$ nach X [461] herzuleiten sind.

V, 3_1 $\mathsf{A} = \mathsf{M}$ als Funktion von B.

Die komplexe Merkator-Variable M ist nach II (37) [81] aus der Differentialgleichung zunächst als Funktion von Z durch das Integral

$$\mathsf{M} = -2i\,\frac{(1-n)^2}{n}\int\limits_1^{\mathsf{Z}}\frac{\mathsf{Z}^2\,d\mathsf{Z}}{(\mathsf{Z}^2+1)(\mathsf{Z}^2+n)\left(\mathsf{Z}^2+\frac{1}{n}\right)} \tag{11}$$

gegeben. Um Eindeutigkeit zu erreichen, ist die Z-Ebene hierbei mit drei Einschnitten zwischen den drei Paaren singulärer Punkte $\pm i$,

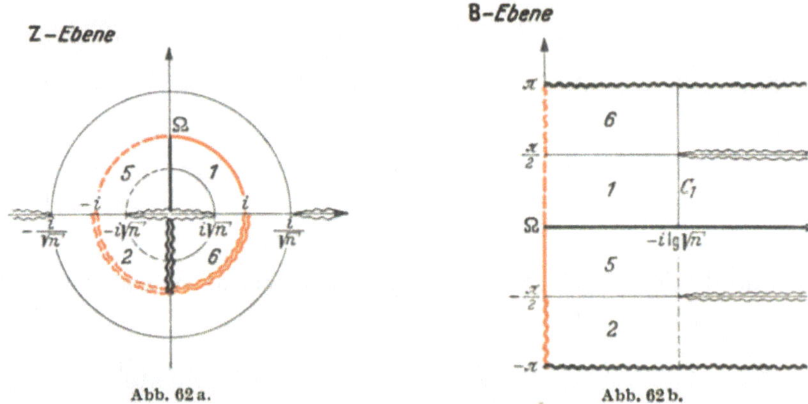

Abb. 62a. Abb. 62b.

$\pm i\sqrt{n}$, $\pm \frac{i}{\sqrt{n}}$ und mit einem Schnitt längs der negativen reellen Achse zu versehen. Die Schnitte dürfen von dem Integrationsweg nicht überschritten werden. Entsprechend ist beim Übergang zu B die B-Ebene aufzuschneiden.

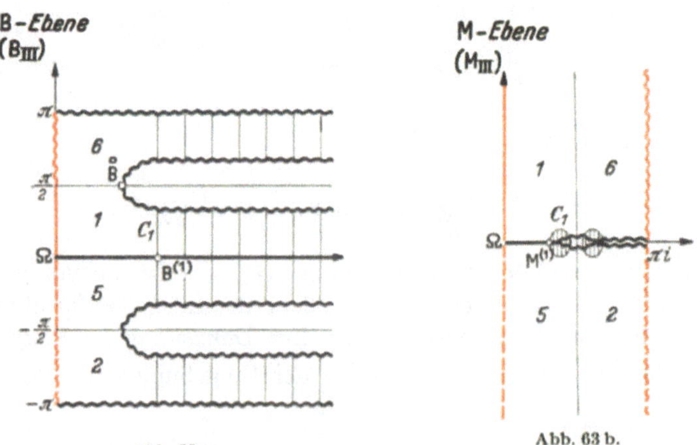

Abb. 63a. Abb. 63b.

In dem aufgeschnittenen Bereich ist M eine eindeutige reguläre analytische Funktion von B mit den singulären Stellen auf dem Rand bei $\pm\frac{\pi}{2}$, $\pm\frac{\pi}{2}\pm\frac{1}{i}\lg\sqrt{n}$. Bei der Abbildung des Sphäroids $\mathrm{Sph}_{\mathrm{III}}$ wird aber nur das durch $\overset{\circ}{C}$ begrenzte Teilgebiet $\mathsf{B}_{\mathrm{III}}$ (II, Abb. 16b [88]) verwendet. (Vgl. auch die Abb. IV 45a, b [140], 48a, b, c [145], 49a, b, c [146].)

I_1 *Darstellung im Hauptgebiet.*

Spalten wir vom Differential $d\mathsf{M}$ den „Kugelanteil" ab, so ergibt sich

$$d\mathsf{M}=\frac{-2i\,d\mathsf{Z}}{\mathsf{Z}^2+1}+\frac{2i\,(\mathsf{Z}^2+1)\,d\mathsf{Z}}{(\mathsf{Z}^2+n)\left(\mathsf{Z}^2+\frac{1}{n}\right)}$$

oder

$$\mathsf{M}=\mathsf{M}_K+2i\int\limits_1^{\mathsf{Z}}\frac{(\mathsf{Z}^2+1)\,d\mathsf{Z}}{(\mathsf{Z}^2+n)\left(\mathsf{Z}^2+\frac{1}{n}\right)}=\mathsf{M}_K+2in\int\limits_1^{\mathsf{Z}}\left(1+\frac{1}{\mathsf{Z}^2}\right)F^{-1}d\mathsf{Z} \qquad (12)$$

II (37) [81].

Für das restliche Integral sind die Stellen $\mathsf{Z}=\pm i$ nicht mehr singulär, so daß jetzt in der Z-Ebene der Schnitt von $+i$ nach $-i$ und entsprechend in der B-Ebene die vertikalen Schlitze geschlossen werden können. Der Integrand ist im Ring $\mathfrak{B}_1(\mathsf{Z})$ eine eindeutige reguläre analytische Funktion mit der allgemeinen Potenzreihenentwicklung I (28a) [14]:

$$\left(1+\frac{1}{\mathsf{Z}^2}\right)F^{-1}=\left(1+\frac{1}{\mathsf{Z}^2}\right)\left\{c_0^{(-1)}+\sum_{\lambda=1}^{\infty}c_{2\lambda}^{(-1)}\left(\mathsf{Z}^{2\lambda}+\mathsf{Z}^{-2\lambda}\right)\right\}$$

$$=c_0^{(-1)}+c_2^{(-1)}+\sum_{\lambda=1}^{\infty}\left[c_{2\lambda}^{(-1)}+c_{2\lambda+2}^{(-1)}\right]\mathsf{Z}^{2\lambda}+\sum_{\lambda=1}^{\infty}\left[c_{2\lambda}^{(-1)}+c_{2\lambda-2}^{(-1)}\right]\mathsf{Z}^{-2\lambda},$$

$$c_{2\lambda}^{(-1)}=\frac{(-n)^{\lambda}}{1-n^2},\quad c_{2\lambda}^{(-1)}+c_{2\lambda+2}^{(-1)}=\frac{(-n)^{\lambda}}{1+n},\quad c_{2\lambda}^{(-1)}+c_{2\lambda-2}^{(-1)}=\frac{(-n)^{\lambda-1}}{1+n}$$

(I [22]).

Durch Integration innerhalb des aufgeschnittenen Ringes $\overline{\mathfrak{B}}_1(\mathsf{Z})$ erhält man schließlich

$$\int\limits_1^{\mathsf{Z}}\left(1+\frac{1}{\mathsf{Z}^2}\right)F^{-1}d\mathsf{Z}=\frac{1}{4}\sum_{\lambda=1}^{\infty}q_{2\lambda-1}\left[\mathsf{Z}^{2\lambda-1}-\mathsf{Z}^{-(2\lambda-1)}\right] \qquad (13)$$

mit

$$q_{2\lambda-1}=\frac{4\,(-n)^{\lambda}}{(1+n)\,(2\lambda-1)},\qquad \lambda\geqq 1.$$

Bei der Zusammensetzung sind die im Kugelteil verbliebenen Singularitäten zu berücksichtigen und daher der Schnitt $+i\cdots-i$ in der Z-Ebene wieder anzubringen. Wir deuten dies durch einen vertikalen

Strich neben $\mathfrak{B}_1$ an. Damit sind die Entwicklungen gewonnen

$$\mathsf{M} = \mathsf{M}_K(\mathsf{Z}) + \frac{1}{2i} \sum_{\lambda=1}^{\infty} q_{2\lambda-1} [\mathsf{Z}^{2\lambda-1} - \mathsf{Z}^{-(2\lambda-1)}] \quad \text{in} \quad \mathfrak{B}_1(\mathsf{Z})|, \tag{14}$$

$$\mathsf{M} = \mathsf{M}_K(\mathsf{B}) + \sum_{\lambda=1}^{\infty} q_{2\lambda-1} \sin(2\lambda - 1)\,\mathsf{B} \quad \text{in} \quad \mathfrak{B}_1(\mathsf{B})|, \tag{14a}$$

$$\left.\begin{aligned}
q_1 &= -\frac{4n}{1+n} = -4n + 4n^2 - 4n^3 + 4n^4 + \cdots = -0{,}3830\,5359\,03^{12,17} \\
q_3 &= +\frac{4n^2}{3(1+n)} = \quad +\frac{4}{3}n^2 - \frac{4}{3}n^3 + \frac{4}{3}n^4 + \cdots = +0{,}0002\,1376\,75 \\
q_5 &= -\frac{4n^3}{5(1+n)} = \quad -\frac{4}{5}n^3 + \frac{4}{5}n^4 + \cdots = -0{,}0000\,0021\,47 \\
q_7 &= +\frac{4n^4}{7(1+n)} = \quad +\frac{4}{7}n^4 + \cdots = +0{,}0000\,0000\,03 \\
&\cdots\cdots\cdots
\end{aligned}\right\} \tag{14b}$$

Die Zerspaltung in Real- und Imaginärteil ergibt (II (29, 29a) [76])

$$\left.\begin{aligned}
H &= \operatorname{arth}\left(\frac{\sin \mathsf{B}'}{\operatorname{ch} \mathsf{B}''}\right) + \sum_{\lambda=1}^{\infty} q_{2\lambda-1} \sin(2\lambda-1)\,\mathsf{B}' \operatorname{ch}(2\lambda-1)\,\mathsf{B}'', \\
L &= \operatorname{arctg}\left(\frac{\operatorname{sh} \mathsf{B}''}{\cos \mathsf{B}'}\right) + \sum_{\lambda=1}^{\infty} q_{2\lambda-1} \cos(2\lambda-1)\,\mathsf{B}' \operatorname{sh}(2\lambda-1)\,\mathsf{B}''.
\end{aligned}\right\} \tag{14c}$$

Insbesondere wird auf dem Hauptmeridian für $-\frac{\pi}{2} < B < +\frac{\pi}{2}$

$$H = \operatorname{arth}(\sin B) + \sum_{\lambda=1}^{\infty} q_{2\lambda-1} \sin(2\lambda-1)\,B, \tag{14_0}$$

$$\operatorname{arth}(\sin B) = -\lg \tau, \quad \tau = \operatorname{tg}\frac{P}{2} \qquad \text{II (2a) [69].}$$

I_2 *Darstellung im Restgebiet.*

Der Gedanke der Abspaltung geeigneter Singularitäten läßt sich auch dazu verwenden, eine Entwicklung im Restgebiet aufzustellen. Wir trennen vom Differential $d\mathsf{M}$ jetzt den die singulären Stellen $\pm i\sqrt{n}$ enthaltenden Bestandteil ab

$$d\mathsf{M} = \frac{2in\,d\mathsf{Z}}{(1+n)(n+\mathsf{Z}^2)} - \frac{2i(1+n^2\mathsf{Z}^2)\,d\mathsf{Z}}{(1+n)(1+n\mathsf{Z}^2)(1+\mathsf{Z}^2)} \tag{15}$$

und schließen gleichzeitig in der B-Ebene (Abb. 62b) die horizontalen Schlitze. Im Gebiet $|\mathsf{Z}| < 1$ läßt sich das zweite Glied von (15) in eine Potenzreihe entwickeln:

$$\begin{aligned}
\frac{1}{(1+n\mathsf{Z}^2)(1+\mathsf{Z}^2)} &= \sum_{\varkappa=0}^{\infty} (-1)^{\varkappa} n^{\varkappa} \mathsf{Z}^{2\varkappa} \sum_{\varkappa=0}^{\infty} (-1)^{\varkappa} \mathsf{Z}^{2\varkappa} \\
&= \sum_{\nu=0}^{\infty} (-1)^{\nu} \frac{1-n^{\nu+1}}{1-n} \mathsf{Z}^{2\nu}, \\
\frac{1+n^2\mathsf{Z}^2}{(1+n\mathsf{Z}^2)(1+\mathsf{Z}^2)} &= \sum_{\nu=0}^{\infty} (-1)^{\nu} (1+n-n^{\nu+1})\,\mathsf{Z}^{2\nu},
\end{aligned}$$

und man erhält so durch gliedweise Integration aus (15) die weitere Darstellung

$$\mathsf{M} = ie \operatorname{arctg}\left(\frac{\mathsf{Z}}{\sqrt{n}}\right) - \frac{2i}{1+n} \sum_{\nu=0}^{\infty} (-1)^{\nu} \frac{1+n-n^{\nu+1}}{2\nu+1} \mathsf{Z}^{2\nu+1} + \frac{(1-e)i\pi}{2}. \tag{15a}$$

Dabei ist der Hauptwert des arctg zu nehmen. Die Integrationskonstante bestimmt sich aus der Forderung

$$\mathsf{Z} = {}^{(0)}\mathsf{Z} = 0 \to \mathsf{M} = {}^{(0)}\mathsf{M} = \frac{(1-e)i\pi}{2}.$$

Setzen wir vorübergehend

$$\mathsf{Z}^* = \frac{\mathsf{Z}}{\sqrt{n}}, \quad \mathsf{Z}^* = e^{i\mathsf{B}^*}, \quad \mathsf{B}^* = \mathsf{B} + i \lg \sqrt{n},$$

so wird nach II (38) [81]

$$ie \operatorname{arctg}\left(\frac{\mathsf{Z}}{\sqrt{n}}\right) = -\frac{e}{2} \lg \operatorname{tg}\left(\frac{\pi}{4} + \frac{\mathsf{B}^*}{2}\right) + \frac{ie\pi}{4}.$$

In dem rechten Halbstreifen der B-Ebene, $\mathsf{B}'' > 0$, gilt daher die Entwicklung

$$\begin{aligned} \mathsf{M} = & -\frac{e}{2} \lg \operatorname{tg}\left(\frac{\mathsf{B}}{2} + \frac{\pi}{4} + \frac{i}{2} \lg \sqrt{n}\right) + \left(1 - \frac{e}{2}\right)\frac{i\pi}{4} - \\ & - \frac{2i}{1+n} \sum_{\nu=0}^{\infty} (-1)^{\nu} \frac{1+n-n^{\nu+1}}{2\nu+1} [\cos(2\nu+1)\mathsf{B} + i \sin(2\nu+1)\mathsf{B}]. \end{aligned} \tag{15b}$$

Wegen des ersten bei $\mathsf{Z} = \pm i\sqrt{n}$ singulären Gliedes müssen die wagerechten Schnitte wieder angebracht werden (Abb. 62b). Das Konvergenzgebiet geht über $\mathfrak{R}_1$ weit hinaus. Es enthält speziell die Randkurve C_1 und die uns interessierenden Randpunkte

$$\mathsf{M}^{(1)}, \mathsf{M}^{(2)}, \mathsf{M}^{(3)}, \mathsf{M}^{(4)}; \quad \mathsf{M}^{(1')}, \mathsf{M}^{(2')}, \mathsf{M}^{(3')}, \mathsf{M}^{(4')}.$$

Soweit uns diese nicht schon bekannt sind, wollen wir sie daher jetzt berechnen. Ihre Bedeutung und Bezeichnung wird teilweise erst später eingeführt.

<u>$\mathsf{M}^{(1)}$:</u> $\mathsf{M}^{(1)}$ gehört zu $\mathsf{Z}^{(1)} = \sqrt{n}$. Es ist nach (15a) wegen $e = \frac{2\sqrt{n}}{1+n}$

$$\left.\begin{aligned} \mathsf{M}^{(1)} &= ie\frac{\pi}{4} - \frac{2i\sqrt{n}}{1+n} \sum_{\nu=0}^{\infty} (-1)^{\nu} \frac{1+n-n^{\nu+1}}{2\nu+1} n^{\nu} + \frac{(1-e)i\pi}{2} \\ &= i\left\{\frac{\pi}{2}\left(1 - e\frac{4+\pi}{2\pi}\right) + e \sum_{\nu=1}^{\infty} (-1)^{\nu+1} \frac{1+n-n^{\nu+1}}{2\nu+1} n^{\nu}\right\}. \end{aligned}\right\} \tag{16$_1$}$$

Da die Reihe mit einem positiven Glied beginnt und alterniert, liegt $\mathsf{M}^{(1)}$ auf der L-Achse zwischen

$$\frac{\pi i}{2}\left(1 - e\frac{4+\pi}{2\pi}\right) \quad \text{und} \quad \frac{\pi i}{2}(1 - e) = {}^{(0)}\mathsf{M}.$$

Zahlwert [12]: $\mathsf{M}^{(1)} = 1.424980\,i = \overset{\circ}{\mathsf{M}} - 0.145816\,i; \qquad \overset{\circ}{\mathsf{M}} = \frac{\pi i}{2}$ (Ostpunkt).

$\mathsf{M}^{(1')}$: $\mathsf{M}^{(1')}$ ist Bild von $\mathsf{Z}^{(1')} = i\sqrt{n}; \qquad \mathsf{M}^{(1')} = \infty.$ $\qquad (16_{1'})$

$\mathsf{M}^{(2)}$: $\mathsf{M}^{(2)} = {}^{(0)}\mathsf{M} = \frac{(1-e)\,i\pi}{2} = 1.442467\,i$ [12] $= \overset{\circ}{\mathsf{M}} - 0.128329\,i.$ $\qquad (16_2)$

$\mathsf{M}^{(2')}$: Nach Abb. 61b liegt $\mathsf{B}^{(2')}$ zwischen $\overset{\circ}{\mathsf{B}}$ und $\pi/2$; damit wird $\mathsf{Z}^{(2')} = i\varkappa\sqrt{n}$ mit reellem positivem $\varkappa > 1$. Eingesetzt in (15a) ergibt sich wegen $\operatorname{arctg} i\varkappa = \frac{\pi}{2} + \frac{i}{2}\lg\frac{\varkappa+1}{\varkappa-1}$:

$$\frac{1}{e}\left(\mathsf{M} - \overset{\circ}{\mathsf{M}}\right) = \varkappa - \frac{1}{2}\lg\frac{\varkappa+1}{\varkappa-1} + \sum_{\nu=1}^{\infty} n^{\nu}\,\frac{1+n-n^{\nu+1}}{2\nu+1}\,\varkappa^{2\nu+1}. \qquad (17\text{a})$$

Der Zahlwert läßt sich erst später berechnen, wenn $\varkappa$ bekannt ist.

$\mathsf{M}^{(3)}$: $\mathsf{M}^{(3)}$ ist Bild von $\mathsf{Z}^{(3)} = k\sqrt{n}$ (II (41c) [83]). Aus der Darstellung (15a) erhält man für ein beliebiges $\mathsf{Z} = \varkappa\sqrt{n}$

$$\frac{i}{e}\left(\mathsf{M} - {}^{(0)}\mathsf{M}\right) = \varkappa - \operatorname{arctg}\varkappa + \sum_{\nu=1}^{\infty} (-n)^{\nu}\,\frac{1+n-n^{\nu+1}}{2\nu+1}\,\varkappa^{2\nu+1} \qquad (17\text{b})$$

oder

$\mathsf{M}^{(3)} = 1.416110\,i = \frac{i\pi}{2} - 0.154686\,i$ [12] für $\varkappa = k = 1.199384.$ $\qquad (16_3)$

$\mathsf{M}^{(3')}$: $\mathsf{M}^{(3')} = \overset{\circ}{\mathsf{M}} = \frac{\pi i}{2} = 1.570796\,i.$ $\qquad (16_{3'})$

$\mathsf{M}^{(4)}$: $\mathsf{M}^{(4)} = {}^{(0)}\mathsf{M} = \mathsf{M}^{(2)}.$ $\qquad (16_4)$

$\mathsf{M}^{(4')}$: Der Punkt $\mathsf{M}^{(4')}$ wird im Zusammenhang mit der Sphäroid-kugel Abbildung $\mathsf{M} = \mu$ erklärt. Wir wollen hier aber bereits die Berechnung von $\mathsf{Z}^{(4')}$ aus $\mathsf{M}^{(4')}$ durch *Umkehrung der Reihe* (17a) vornehmen. Aus der transzendenten Gleichung

$$\frac{1}{e}\left(\mathsf{M} - \overset{\circ}{\mathsf{M}}\right) = \varkappa_0 - \frac{1}{2}\lg\frac{\varkappa_0+1}{\varkappa_0-1} \qquad (17\text{a}')$$

bestimmt man zunächst eine nullte Näherung $\varkappa_0$. Durch Taylor-Entwicklung in der Umgebung erhalten wir dann mit $\Delta\varkappa = \varkappa - \varkappa_0$

$$- \sum_{\nu=1}^{\infty} n^{\nu}\,\frac{1+n-n^{\nu+1}}{2\nu+1}\,\varkappa_0^{2\nu+1} = \frac{\varkappa_0^2}{\varkappa_0^2-1}\,\Delta\varkappa - \frac{\varkappa_0}{(\varkappa_0^2-1)^2}\,\Delta\varkappa^2 +$$

$$+ \frac{3\varkappa_0^2+1}{3(\varkappa_0^2-1)^3}\,\Delta\varkappa^3 - \cdots + n\,\frac{1+n-n^2}{3}\,[3\varkappa_0^2\Delta\varkappa + 3\varkappa_0\Delta\varkappa^2 + \Delta\varkappa^3] +$$

$$+ n^2\,\frac{1+n-n^3}{5}\,[5\varkappa_0^4\Delta\varkappa + \cdots] + \cdots.$$

Die Auflösung nach $\Delta\varkappa$ erfolgt entweder durch Reihenumkehr der Potenzreihe in $\Delta\varkappa$ oder, bei kleiner Gliederzahl, einfacher durch Iteration. Bis zu Gliedern 2. Ordnung ergibt sich

$$\Delta\varkappa = -\frac{(\varkappa_0^2-1)\,\varkappa_0}{3}(n+n^2) - (\varkappa_0^2-1)\,n\Delta\varkappa - \\ -\frac{(\varkappa_0^2-1)\,\varkappa_0^3}{5}n^2 + \frac{1}{\varkappa_0(\varkappa_0^2-1)}\Delta\varkappa^2 + \cdots,$$

$$\Delta\varkappa = -\varkappa_0(\varkappa_0^2-1)\,n\left[\frac{1}{3} + n\left(\frac{1}{3} - \frac{4}{5}\varkappa_0^2\right)\right] + \cdots. \tag{17a''}$$

II *Darstellung in Punkt-Umgebung.*

Nachdem so für jeden Punkt $\mathbf{P}_0$ aus B_{III} das zugehörige M berechnet werden kann, lassen sich für die Kreis-Umgebung von B_0, welche bis zum nächsten singulären Punkt

$$\pm\frac{\pi}{2}, \quad \pm\mathsf{B}^{(1)} \pm \frac{\pi}{2}$$

reicht, die zugehörigen M-Werte aus der gewöhnlichen Potenzreihe

$$\mathsf{M} - \mathsf{M}_0 = \sum_{\nu=1}^{\infty} [b_\nu] \frac{\Delta\mathsf{B}^\nu}{\nu!} \tag{18}$$

erhalten.

Koeffizientendarstellung 1. Art.

Nach II (21) [74] ist

$$(b_\nu) = \frac{d^\nu \mathsf{M}}{d\mathsf{B}^\nu}\bigg|_{\mathsf{B}_0} = \frac{d^{\nu-1}}{d\mathsf{B}^{\nu-1}}\left(\frac{M}{r}(\mathsf{B})\right)_0 = \frac{M}{r}(\mathsf{B}_0)(h'_{\nu-1}) = \frac{(h'_{\nu-1})}{E'(\mathsf{B}_0)\cos\mathsf{B}_0}. \tag{19a}$$

In I [35, 36] sind verschiedene Formen für die Größen (h'_ν) angegeben, wobei jetzt nur B_0 durch B_0 zu ersetzen ist. Danach wird z. B.[39]

$$\left.\begin{aligned} (b_1) &= \frac{1}{E_0'\cos\mathsf{B}_0}, \\ (b_2) &= \frac{t_0}{E_0'^2\cos\mathsf{B}_0}[1+3e_c'^2]_0 = \frac{1}{E_0'^2\cos\mathsf{B}_0}[t+3e_c'e_s']_0, \\ (b_3) &= \frac{1}{E_0'^3\cos\mathsf{B}_0}[1+2t^2+4e_c'^2+6e_s'^2+3e_c'^4+12e_c'^2e_s'^2]_0. \end{aligned}\right\} \tag{19b}$$

. . . .

Wir haben bereits erwähnt (I [36]), daß zur praktischen Berechnung der Koeffizienten $E_0'^\nu$ noch in Potenzen von $e_c'^2$ entwickelt werden kann, vorausgesetzt, daß $|e_c'^2| < 1$ ist. Die Umwandlung der cos- bzw. sin-Potenzen in cos bzw. sin der Vielfachen führte zu der von Boltz verwendeten Darstellungsart. Behält man jetzt die Potenzen bei, ersetzt aber e_s' durch $e_c' t$, so entsteht eine weitere Form, in der wir nun auch die in der Literatur übliche Abkürzung

$$\eta = e'\cos B_0 \text{ bzw. entsprechend } \eta = e'\cos\mathsf{B}_0 \tag{20}$$

[39] Siehe E. Lehmann [1].

einsetzen wollen. Man erhält so aus (18b) bzw. I (64a) für $|\eta| < 1$

$$\left.\begin{aligned}
(b_1) &= \frac{1}{\cos \mathsf{B}_0}\,[1 - \eta^2 + \eta^4 - \eta^6 + \eta^8]_0 + \mathrm{Gl}_{10},\\
(b_2) &= \frac{t_0}{\cos \mathsf{B}_0}\,[1 + \eta^2 - 3\eta^4 + 5\eta^6 - 7\eta^8]_0 + \mathrm{Gl}_{10},\\
(b_3) &= \frac{1}{\cos \mathsf{B}_0}\,[1 + 2t^2 + \eta^2 - 3\eta^4 + 6\eta^4 t^2 + 5\eta^6 - 20\eta^6 t^2]_0 + \mathrm{Gl}_8,\\
(b_4) &= \frac{t_0}{\cos \mathsf{B}_0}\,[5 + 6t^2 - \eta^2 + 21\eta^4 - 6\eta^4 t^2]_0 + \mathrm{Gl}_6,\\
(b_5) &= \frac{1}{\cos \mathsf{B}_0}\,[5 + 28t^2 + 24t^4 - \eta^2]_0 + \mathrm{Gl}_4,\\
(b_6) &= \frac{t_0}{\cos \mathsf{B}_0}\,[61 + 180t^2 + 120t^4]_0 + \mathrm{Gl}_2.
\end{aligned}\right\} \quad (19\mathrm{c})$$

. . . .

Koeffizientendarstellung 2. Art in $\mathfrak{B}_1|$.

Nach I (78) [41] ist

$$[b_\nu] = \frac{d^\nu \mathsf{M}}{d\mathsf{B}^\nu}\bigg|_{\mathsf{B}_0} = \frac{d^{\nu-1}}{d\mathsf{B}^{\nu-1}}\left(\frac{M}{r}(\mathsf{B})\right)_0 = [h'_{\nu-1}] \tag{21}$$

oder ausführlich

$$[b_\nu] = \frac{d^{\nu-1}\cos^{-1}\mathsf{B}}{d\mathsf{B}^{\nu-1}}\bigg|_0 + 4\sum_{\lambda=1}^{\infty}(-1)^{\lambda+\nu''}\frac{(2\lambda-1)^{\nu-1}n^\lambda}{1+n}\,{\sin \atop \cos}(2\lambda-1)\,\mathsf{B}_0{}^{18}.$$

Für praktische Zwecke geben wir eine Tabelle der Zahlenkoeffizienten. Das Reihenschema lautet für Gradmaß

$$\Delta\mathsf{M}^\circ = [1]\,\Delta\mathsf{B}^\circ + [2]\,(\Delta\mathsf{B}^\circ)^2 + [3]\,(\Delta\mathsf{B}^\circ)^3 + \cdots.$$

Δ M-Tabelle.

	[1]	[3]	[5]
$10^{-1}\sec \mathsf{B}_0$	+ 10.0000 0000 00	—	—
$10^{-1}\sec \mathsf{B}_0(1+2t_0^2)$	—	+ 0.0005 0769 570	—
$10^{-3}\sec \mathsf{B}_0 \times (5+28t_0^2+24t_0^4)$	—	—	+ 0.0000 0077 3265
$\cos \mathsf{B}_0$	− 0.0066 8554 64	+ 0.0000 0033 942	− 0.0000 0000 0005
$\cos 3\mathsf{B}_0$	+ 0.0000 1119 28	− 0.0000 0000 511	+ 0.0000 0000 0001
$\cos 5\mathsf{B}_0$	− 0.0000 0001 87	+ 0.0000 0000 002	—
	[2]	**[4]**	**[6]**
$10^{-1}\sec \mathsf{B}_0\, t_0$	+ 0.0872 6646 260	—	—
$10^{-2}\sec \mathsf{B}_0(5t_0+6t_0^3)$	—	+ 0.0000 2215 2404	—
$10^{-4}\sec \mathsf{B}_0 \times (61t_0+180t_0^3+120t_0^5)$	—	—	+ 0.0000 0002 2493 4
$\sin \mathsf{B}_0$	+ 0.0000 5834 240	− 0.0000 0000 1481	—
$\sin 3\mathsf{B}_0$	− 0.0000 0029 303	+ 0.0000 0000 0067	—
$\sin 5\mathsf{B}_0$	+ 0.0000 0000 082	− 0.0000 0000 0001	—

[7]	$10^{-5}\sec \mathsf{B}_0(61 + 662t_0^2 + 1320t_0^4 + 720t_0^6)$	+ 0.0000 0000 0560 8
[8]	$10^{-6}\sec \mathsf{B}_0(1385t_0 + 7266t_0^3 + 10\,920t_0^5 + 5040t_0^7)$	+ 0.0000 0000 0012 24
[9]	$10^{-7}\sec \mathsf{B}_0(1385 + 24\,568t_0^2 + 83\,664t_0^4 + 100\,800t_0^6 + 40\,320t_0^8)$	+ 0.0000 0000 0000 24
[10]	$10^{-8}\sec \mathsf{B}_0(50\,521t_0 + 408\,360t_0^3 + 1\,023\,120t_0^5 + 1\,028\,160t_0^7 + 362\,880t_0^9)$	+ 0.0000 0000 0000 004

Insbesondere haben wir für $\mathbf{P}_0$ auf dem Hauptmeridian $\mathfrak{H}$ die *Kreis-*, *Längs-* und *Querentwicklung*

$$\text{mit } \Delta\mathsf{B}=\varrho e^{i\psi} \quad \Delta H=\sum_{\nu=1}^{\infty}[b_\nu)\frac{\varrho^\nu}{\nu!}\cos\nu\psi; \quad \Delta L=\sum_{\nu=1}^{\infty}[b_\nu)\frac{\varrho^\nu}{\nu!}\sin\nu\psi, \tag{22a}$$

$$\text{mit } \Delta\mathsf{B}=\Delta B \quad \Delta H=\sum_{\nu=1}^{\infty}[b_\nu)\frac{\Delta B^\nu}{\nu!}\,{}^{40}, \tag{22b}$$

$$\text{mit } \Delta\mathsf{B}=i\mathsf{B}''\begin{cases}\Delta H= \qquad -[b_2)\frac{(\mathsf{B}'')^2}{2!} \qquad +[b_4)\frac{(\mathsf{B}'')^4}{4!}+\cdots\\ \Delta L=+[b_1)\frac{\mathsf{B}''}{1!} \qquad -[b_3)\frac{(\mathsf{B}'')^3}{3!}+\cdots\end{cases} \tag{22c}$$

V, 3_2 H als Funktion von Z (bzw. B).

Aus den vorhergehenden Entwicklungen können wir jetzt durch Übergang zu den Exponentialfunktionen die Darstellungsmittel für den Zusammenhang zwischen H und Z bzw. B herleiten. Für die Kugel ist zunächst nach II (23, 23b) [75] in geschlossener Form

$$\eta=-e^{-\mu}=\frac{1}{i}\frac{\zeta-i}{\zeta+i}=-\operatorname{tg}\left(\frac{\pi}{4}-\frac{\beta}{2}\right)\,{}^{41}. \tag{23}$$

Auf dem Sphäroid gilt im aufgeschnittenen Bereich $\mathfrak{B}_1|$ nach (14a)

$$\begin{aligned}\mathsf{H}=-e^{-\mathsf{M}}&=-e^{-\mathsf{M}_K}\cdot e^{-\sum_{\lambda=1}^{\infty}q_{2\lambda-1}\sin(2\lambda-1)\mathsf{B}}\\ &=\frac{1}{i}\frac{\mathsf{Z}-i}{\mathsf{Z}+i}\sum_{-\infty}^{+\infty}Q_\mu^{(-1)}\cdot\mathsf{Z}^\mu \quad \text{nach X [486, 487]},\end{aligned} \tag{24}$$

$$\mathsf{H}=-\operatorname{tg}\left(\frac{\pi}{4}-\frac{\mathsf{B}}{2}\right)\left\{Q_0^{(-1)}+2\sum_{\lambda=1}^{\infty}[{}'Q_{2\lambda}^{(-1)}\cos 2\lambda\mathsf{B}+{}''Q_{2\lambda-1}^{(-1)}\sin(2\lambda-1)\mathsf{B}]\right\}. \tag{25}$$

Im einzelnen hat man für die Koeffizienten bis zu Gliedern 4. Ordnung:

$$\left.\begin{aligned}Q_0^{(-1)}&=1+4n^2-8n^3+\tfrac{148}{9}n^4+\cdots\\ 2\,{}'Q_2^{(-1)}&=-4n^2+\tfrac{16}{3}n^3-12n^4+\cdots\\ 2\,{}'Q_4^{(-1)}&=+\tfrac{8}{3}n^3-\tfrac{12}{5}n^4+\cdots\\ 2\,{}'Q_6^{(-1)}&=-\tfrac{92}{45}n^4+\cdots\\ &\cdots\cdots\\ 2\,{}''Q_1^{(-1)}&=4n-4n^2+12n^3-\tfrac{76}{3}n^4+\cdots\\ 2\,{}''Q_3^{(-1)}&=-\tfrac{4}{3}n^2-\tfrac{4}{3}n^3+\tfrac{4}{3}n^4+\cdots\\ 2\,{}''Q_5^{(-1)}&=+\tfrac{4}{5}n^3+\tfrac{28}{15}n^4+\cdots\\ 2\,{}''Q_7^{(-1)}&=-\tfrac{4}{7}n^4+\cdots\\ &\cdots\cdots\end{aligned}\right\} \tag{25a}$$

[40] Siehe W. Grossmann [2].

[41] Die Bezeichnung η wird *doppelt* verwendet: 1. η stereographische Variable auf der Kugel; 2. $\eta=e_c'=e'\cos B$. Verwechslungen sind nicht zu befürchten.

Liegt $\mathbf{P}_0$ auf dem Hauptmeridian $\mathfrak{H}$ und wird $\mathsf{B} = \mathsf{B}' = B$ reell genommen, so entsteht die reelle Entwicklung

$$\mathsf{H}' = -\operatorname{tg}\left(\frac{\pi}{4} - \frac{B}{2}\right)\left\{Q_0^{(-1)} + 2\sum_{\lambda=1}^{\infty}\left[{}'Q_{2\lambda}^{(-1)}\cos 2\lambda B + {}''Q_{2\lambda-1}^{(-1)}\sin(2\lambda-1)B\right]\right\}. \quad (25_0)$$

Im *Restgebiet* (und Hauptgebiet) haben wir für die Umgebung einer Stelle B_0 nach (18) die gewöhnliche Potenzreihenentwicklung

$$\frac{\mathsf{H}}{\mathsf{H}_0} = e^{-(\mathsf{M}-\mathsf{M}_0)} = 1 + \sum_{\nu=1}^{\infty}(\mathsf{B}_\nu)\frac{(\mathsf{B}-\mathsf{B}_0)^\nu}{\nu!}, \quad (26)$$

wobei die (B_ν) aus den (b_ν) nach X [461] zu bilden sind.

V,4₁ A = M als Funktion von $\dot{\mathsf{r}}$.

Die Grundveränderliche M ist im Bereich $\dot{\mathsf{r}}_{III}$ eine eindeutige, reguläre analytische Funktion von $\dot{\mathsf{r}}$; ihre singulären Stellen liegen

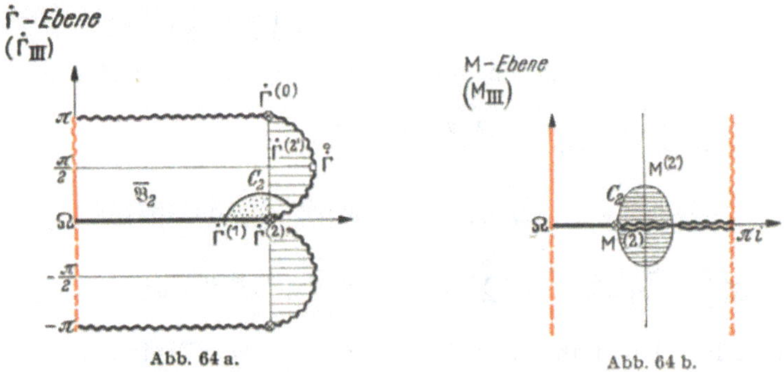

Abb. 64 a. Abb. 64 b.

auf dem Rande bei $\pm{}^{(0)}\dot{\mathsf{r}}$, $\pm{}^{(0)}\dot{\mathsf{r}} \pm \pi$. Die Darstellung von M erfolgt durch Zusammensetzen der beiden vorangehenden Entwicklungen $\dot{\mathsf{r}} \to \mathsf{B} \to \mathsf{M}$.

I₁ *Darstellung im Hauptgebiet.*

Die Konvergenzbereiche der beiden Reihen (3) und (14a) sind $\mathfrak{B}_2$ und $\mathfrak{B}_1|$. Die Randkurve C_1 von $\overline{\mathfrak{B}}_1$ schneidet zwar aus $\overline{\mathfrak{B}}_2$ ein (punktiertes) Teilgebiet ab, da aber die zusammengesetzte Reihe in jedem Fall bis zu den singulären Stellen der Funktion gültig ist, d. h. also in $\overline{\mathfrak{B}}_2$ konvergiert, brauchen wir uns um Konvergenzfragen in der Zwischenrechnung nicht zu kümmern. Der Kugelanteil M_K verlangt eine besondere Behandlung.

Das Eintragen der trigonometrischen Entwicklung

$$\mathsf{B} = \dot{\mathsf{r}} + \sum_{\lambda=1}^{\infty}\dot{p}_{2\lambda}\sin 2\lambda\dot{\mathsf{r}}$$

in den ellipsoidischen Teil von (14a)

$$w = \sum_{\mu=1}^{\infty} q_{2\mu-1} \sin(2\mu - 1)\,\mathsf{B}$$

wird nach den allgemeinen Formeln in Abschnitt X [496] durchgeführt. Dabei sind $u \big| \dot{\mathsf{\Gamma}}, v \big| \mathsf{B}, p_{2\lambda} \big| \dot{p}_{2\lambda}, k_{2\mu-1} \big| q_{2\mu-1}$ zu ersetzen. Man erhält

$$w = \sum_{\nu=1}^{\infty} \tilde{l}_{2\nu-1} \sin(2\nu - 1)\,\dot{\mathsf{\Gamma}} \tag{27}$$

mit

$$\tilde{l}_{2\nu-1} = \sum_{\mu=1}^{\infty} q_{2\mu-1} \left[\dot{P}^{(2\mu-1)i}_{2\nu-2\mu} - \dot{P}^{(2\mu-1)i}_{-2\nu-2\mu+2}\right]$$ [42].

Für die ausführliche Darstellung verweisen wir auf X [497] und geben hier nur die Koeffizienten bis zu Gliedern 4. Ordnung:

$$\left.\begin{aligned} \tilde{l}_1 &= -4n + n^2 - \tfrac{7}{4} n^3 + \tfrac{25}{16} n^4 + \cdots \\ \tilde{l}_3 &= -\tfrac{5}{3} n^2 + \tfrac{1}{6} n^3 + \tfrac{7}{12} n^4 + \cdots \\ \tilde{l}_5 &= -\tfrac{31}{20} n^3 + \tfrac{11}{120} n^4 + \cdots \\ \tilde{l}_7 &= -\tfrac{613}{330} n^4 + \cdots \\ &\;\cdots\cdots\cdots \end{aligned}\right\} \tag{27a}$$

Die Umrechnung ist noch nicht beendet, auch im Kugelanteil

$$\mathsf{M}_K(\mathsf{Z}) = \frac{2}{i} \int_1^{\mathsf{Z}} \frac{d\mathsf{Z}}{\mathsf{Z}^2 + 1}$$

ist statt Z die Variable Θ bzw. $\dot{\mathsf{\Gamma}}$ einzuführen. Wir zerlegen das Differential in zwei Faktoren

$$\frac{2}{i}\,\frac{d\mathsf{Z}}{\mathsf{Z}^2+1} = \frac{2}{\mathsf{Z}+\mathsf{Z}^{-1}} \cdot \frac{d\mathsf{Z}}{i\mathsf{Z}}$$

und erhalten für den ersten nach X [492] die Reihenentwicklung

$$\begin{aligned} \frac{\mathsf{Z}+\mathsf{Z}^{-1}}{2} &= \cos\mathsf{B} = \cos\left[\dot{\mathsf{\Gamma}} + \sum_{\lambda=1}^{\infty} \dot{p}_{2\lambda} \sin 2\lambda\dot{\mathsf{\Gamma}}\right] \\ &= \cos\dot{\mathsf{\Gamma}}\left\{\dot{\mathsf{B}}_0^{(i)} + 2\sum_{\alpha=1}^{\infty} \dot{\mathsf{B}}_{2\alpha}^{(i)} \cos 2\alpha\dot{\mathsf{\Gamma}}\right\}, \end{aligned}$$

oder

$$\cos\mathsf{B} = a_0 \cos\dot{\mathsf{\Gamma}}\left\{1 + 2\sum_{\alpha=1}^{\infty} a_{2\alpha} \cos 2\alpha\dot{\mathsf{\Gamma}}\right\} \quad \text{mit} \quad a_{2\alpha} = \frac{\dot{\mathsf{B}}_{2\alpha}^{(i)}}{\dot{\mathsf{B}}_0^{(i)}} \tag{28}$$ [43],

---

[42] Die Größen $\dot{P}^{(2\mu-1)i}_{2\nu-2\mu}$ müßten eigentlich ihrer Entstehung nach mit $\dot{P}^{((2\mu-1)i)}_{2\nu-2\mu}$ bezeichnet werden, doch wollen wir zur Vereinfachung bei dem *oberen* Index eine zweite Klammer vermeiden.

[43] Die Koeffizienten $a_{2\alpha}$ sind von denjenigen einer Potenzreihenentwicklung $(a_{2\alpha})$ oder $[a_{2\alpha}]$ zu unterscheiden.

$$\left.\begin{aligned} \dot{\mathsf{B}}_0^{(i)} &= \sum_{\nu=1}^{\infty} (-1)^{\nu-1}\left[\dot{P}_{2\nu-2}^{(i)} + \dot{P}_{-2\nu}^{(i)}\right] = a_0, \\ \dot{\mathsf{B}}_{2\alpha}^{(i)} &= \sum_{\nu=1}^{\infty} (-1)^{\nu-\alpha}\left[\dot{P}_{2\nu}^{(i)} + \dot{P}_{-2\nu-2}^{(i)}\right]. \end{aligned}\right\} \tag{28a}$$

Durch Übergang zum Reziproken folgt ebenfalls nach X [483]

$$\frac{2}{\mathsf{Z}+\mathsf{Z}^{-1}} = \frac{1}{\cos\mathsf{B}} = \frac{1}{a_0}\cdot\frac{1}{\cos\dot{\Gamma}}\left\{a_0^{(-1)} + 2\sum_{\lambda=1}^{\infty} a_{2\lambda}^{(-1)}\cos 2\lambda\Gamma\right\}. \tag{29}$$

Der zweite Faktor wird aus (3) durch Differenzieren gewonnen:

$$\left.\begin{aligned} \frac{d\mathsf{Z}}{i\mathsf{Z}} &= \frac{1}{i}\,d\lg\mathsf{Z} = d\mathsf{B} = d\dot{\Gamma} + \left(\sum_{\lambda=1}^{\infty} 2\lambda\dot{p}_{2\lambda}\cos 2\lambda\dot{\Gamma}\right)d\dot{\Gamma}, \\ \frac{d\mathsf{Z}}{i\mathsf{Z}} &= \frac{1}{i}\,d\lg\Theta\left\{1 + 2\sum_{\lambda=1}^{\infty}\lambda\dot{p}_{2\lambda}\cos 2\lambda\dot{\Gamma}\right\}. \end{aligned}\right\} \tag{30}$$

Die Multiplikation von (29) und (30) ergibt nach X [474]

$$\begin{aligned} \frac{2}{i}\cdot\frac{d\mathsf{Z}}{\mathsf{Z}^2+1} &= \frac{1}{a_0}\frac{1}{\cos\dot{\Gamma}}\frac{d\Theta}{i\Theta}\left\{a_0^{(-1)}+2\sum_{\lambda=1}^{\infty} a_{2\lambda}^{(-1)}\cos 2\lambda\dot{\Gamma}\right\}\left\{1+2\sum_{\lambda=1}^{\infty}\lambda\dot{p}_{2\lambda}\cos 2\lambda\dot{\Gamma}\right\} \\ &= \frac{1}{a_0}\frac{1}{\cos\dot{\Gamma}}\frac{d\Theta}{i\Theta}\left\{c_0 + 2\sum_{\nu=1}^{\infty} c_{2\nu}\cos 2\nu\dot{\Gamma}\right\} \\ &= \frac{c_0}{a_0}\cdot\frac{2}{i}\frac{d\Theta}{\Theta^2+1} + \frac{2}{a_0}\frac{d\Theta}{i\Theta}\sum_{\nu=1}^{\infty} c_{2\nu}\frac{\cos 2\nu\dot{\Gamma}}{\cos\dot{\Gamma}}. \end{aligned}$$

Die trigonometrischen Quotienten lassen sich unter Verwendung von Θ leicht umformen:

$$\frac{\cos 2\nu\dot{\Gamma}}{\cos\dot{\Gamma}} = \frac{\Theta^{2\nu}+\Theta^{-2\nu}}{\Theta+\Theta^{-1}} = 2\cos(2\nu-1)\,\Gamma - 2\cos(2\nu-3)\,\dot{\Gamma} \pm\cdots + \frac{(-1)^{\nu}}{\cos\dot{\Gamma}}.$$

Damit erhält man schließlich

$$\begin{aligned} \frac{2}{i}\frac{d\mathsf{Z}}{\mathsf{Z}^2+1} &= \left(\frac{c_0}{a_0} + \frac{1}{a_0}\sum_{\nu=1}^{\infty}(-1)^{\nu}c_{2\nu}\right)\frac{2}{i}\frac{d\Theta}{\Theta^2+1} + \\ &\quad + \frac{2}{a_0}\sum_{\alpha=1}^{\infty} 2\left[\sum_{\beta=\alpha}^{\infty}(-1)^{\beta-\alpha}c_{2\beta}\right]\cos(2\alpha-1)\,\dot{\Gamma}\,\frac{d\Theta}{i\Theta} \\ &= C_0\frac{2}{i}\frac{d\Theta}{\Theta^2+1} + \frac{1}{i}\sum_{\alpha=1}^{\infty} C_{2\alpha-1}\left[\Theta^{2\alpha-2}+\Theta^{-2\alpha}\right]d\Theta \end{aligned} \tag{31}$$

mit

$$C_0 = \frac{c_0}{a_0} + \frac{2}{a_0}\sum_{\nu=1}^{\infty}(-1)^{\nu}c_{2\nu}, \quad C_{2\alpha-1} = \frac{2}{a_0}\sum_{\beta=\alpha}^{\infty}(-1)^{\beta-\alpha}c_{2\beta}. \tag{31a}$$

Die Konstante C_0 hat einen einfachen Wert. Wir lösen (31) nach C_0 auf:

$$C_0 = \frac{\Theta^2+1}{\mathsf{Z}^2+1}\cdot\frac{d\mathsf{Z}}{d\Theta} - \frac{1}{2}(\Theta^2+1)\sum_{\alpha=1}^{\infty} C_{2\alpha-1}\left[\Theta^{2\alpha-2}+\Theta^{-2\alpha}\right],$$

und vollziehen den Grenzübergang $\Theta \to i$, $\mathsf{Z} \to i$:

$$C_0 = \lim_{\Theta \to i} \frac{2\Theta\, d\Theta}{2\mathsf{Z}\, d\mathsf{Z}} \cdot \frac{d\mathsf{Z}}{d\Theta} = 1\,.$$

Im Hinblick auf die Integration geben wir die ausführliche Darstellung bis zu Gliedern 4. Ordnung für

$$\left.\begin{aligned}
\tilde{k}_{2\nu-1} &= \frac{2C_{2\nu-1}}{2\nu-1} \\
\tilde{k}_1 &= 3n + \tfrac{3}{4}n^2 - \tfrac{11}{48}n^3 + \tfrac{21}{64}n^4 + \cdots \\
\tilde{k}_3 &= + \tfrac{3}{2}n^2 + \tfrac{11}{48}n^3 - \tfrac{33}{32}n^4 + \cdots \\
\tilde{k}_5 &= \phantom{3n + \tfrac{3}{2}n^2} + \tfrac{35}{24}n^3 + \tfrac{5}{32}n^4 + \cdots \\
\tilde{k}_7 &= \phantom{3n + \tfrac{3}{2}n^2 + \tfrac{35}{24}n^3} + \tfrac{7}{4}n^4 + \cdots
\end{aligned}\right\} \tag{31b}$$

. . . .

Die Integration ergibt schließlich

$$\frac{2}{i}\int_1^{\mathsf{Z}} \frac{d\mathsf{Z}}{\mathsf{Z}^2+1} = \frac{2}{i}\int_1^{\Theta} \frac{d\Theta}{\Theta^2+1} + \frac{1}{i}\sum_{\alpha=1}^{\infty} \frac{C_{2\alpha-1}}{2\alpha-1}\left[\Theta^{2\alpha-1} - \Theta^{-(2\alpha-1)}\right],$$

$$\mathsf{M}_K(\mathsf{Z}) = \mathsf{M}_K(\Theta) + 2\sum_{\alpha=1}^{\infty} \frac{C_{2\alpha-1}}{2\alpha-1} \sin(2\alpha-1)\dot{\Gamma}\,. \tag{32}$$

Fassen wir jetzt den ellipsoidischen (27) und den Kugelanteil (32) zusammen, so folgt die gesuchte trigonometrische Darstellung

$$\left.\begin{aligned}
\mathsf{M} &= \mathsf{M}_K(\Theta) + \sum_{\nu=1}^{\infty}\left[\tilde{l}_{2\nu-1} + \frac{2C_{2\nu-1}}{2\nu-1}\right]\sin(2\nu-1)\dot{\Gamma} \\
&\text{oder} \\
\mathsf{M} &= \mathsf{M}_K(\dot{\Gamma}) + \sum_{\lambda=1}^{\infty} r_{2\lambda-1}\sin(2\lambda-1)\dot{\Gamma} \quad \text{in } \mathfrak{B}_2(\dot{\Gamma})|\,^{44}, \\
\mathsf{M}_K(\dot{\Gamma}) &= \lg\operatorname{tg}\left(\frac{\pi}{4} + \frac{\dot{\Gamma}}{2}\right).
\end{aligned}\right\} \tag{33}$$

Die ausführliche Berechnung der Koeffizienten ist nach den gegebenen Hinweisen auf X durchzuführen. Wir geben sie wieder bis zu Gliedern 4. Ordnung:

$$\left.\begin{aligned}
r_1 &= -n + \tfrac{7}{4}n^2 - \tfrac{95}{48}n^3 + \tfrac{121}{64}n^4 + \cdots = -0^\circ\!.0956\,4321\,49\,^{12} \\
r_3 &= - \tfrac{1}{6}n^2 + \tfrac{19}{48}n^3 - \tfrac{43}{96}n^4 + \cdots = -0^\circ\!.0000\,2665\,94 \\
r_5 &= \phantom{-n - \tfrac{1}{6}n^2} - \tfrac{11}{120}n^3 + \tfrac{119}{480}n^4 + \cdots = -0^\circ\!.0000\,0002\,45 \\
r_7 &= \phantom{-n - \tfrac{1}{6}n^2 - \tfrac{11}{120}n^3} - \tfrac{25}{336}n^4 + \cdots = -0^\circ\!.0000\,0000\,00
\end{aligned}\right\} \tag{33a}$$

. . . .

---

[44] Vgl. auch L. Krüger [1] S. 15.

Die Zerspaltung in Real- und Imaginärteil liefert die Reihen

$$\left.\begin{aligned} H &= \operatorname{arth}\left(\frac{\sin \dot{\mathfrak{r}}'}{\operatorname{ch} \dot{\mathfrak{r}}''}\right) + \sum_{\lambda=1}^{\infty} r_{2\lambda-1} \sin(2\lambda-1)\,\dot{\mathfrak{r}}' \operatorname{ch}(2\lambda-1)\,\dot{\mathfrak{r}}'', \\ L &= \operatorname{arctg}\left(\frac{\operatorname{sh} \dot{\mathfrak{r}}''}{\cos \dot{\mathfrak{r}}'}\right) + \sum_{\lambda=1}^{\infty} r_{2\lambda-1} \cos(2\lambda-1)\,\dot{\mathfrak{r}}' \operatorname{sh}(2\lambda-1)\,\dot{\mathfrak{r}}''. \end{aligned}\right\} \tag{33b}$$

Insbesondere wird auf dem Hauptmeridian für $-\frac{\pi}{2} < \dot{\mathfrak{r}}' < +\frac{\pi}{2}$

$$H = \operatorname{arth}(\sin \dot{G}) + \sum_{\lambda=1}^{\infty} r_{2\lambda-1} \sin(2\lambda-1)\dot{G}. \tag{33c}$$

I$_2$ *Darstellung im Restgebiet.*

Das Restgebiet $\mathfrak{R}_2$ läßt sich vollständig durch eine Potenzreihe mit dem Mittelpunkt $\overset{\circ}{\dot{\mathfrak{r}}}$ erfassen:

$$\mathsf{M} - \mathsf{M} = \sum_{\nu=1}^{\infty} (c_\nu) \frac{\left(\dot{\mathfrak{r}} - \overset{\circ}{\dot{\mathfrak{r}}}\right)^\nu}{\nu!}. \tag{34}$$

Die Koeffizientenberechnung erfolgt anschließend.

II *Darstellung in Punktumgebung.*

Für jeden von den singulären Randpunkten des Bereiches $\dot{\mathfrak{r}}_{\mathrm{III}}$ (vgl. [174]) verschiedenen Punkt $\mathbf{P}_0$ existiert eine gewöhnliche Potenzreihenentwicklung

$$\varDelta \mathsf{M} = \sum_{\nu=1}^{\infty} [c_\nu) \frac{\varDelta \dot{\mathfrak{r}}^\nu}{\nu!} = \sum_{\nu=1}^{\infty} [C_\nu) \frac{\varDelta \mathfrak{r}^\nu}{\nu!} \quad \text{mit} \quad [C_\nu) \{G^{(m)}\}^\nu = [c_\nu), \tag{35}$$

welche in einem Kreis bis zur nächsten singulären Stelle $\pm\frac{\pi}{2}$, $\pm^{(0)}\dot{\mathfrak{r}}$, $\pm^{(0)}\dot{\mathfrak{r}} \pm \pi$ konvergiert.

Koeffizientendarstellung 1. Art.

Das Zusammensetzen von gewöhnlichen Potenzreihen ist wesentlich einfacher als dasjenige trigonometrischer Reihen. Wir verweisen auf das allgemeine Koeffizientengesetz in X [460] und geben hier unmittelbar die Koeffizienten, die aus (6) und (18) zu berechnen sind.

1. Form:

$$\left.\begin{aligned} (C_1) &= \frac{1}{r_0} = \frac{1}{N_0 \cos \mathsf{B}_0}, \\ (C_2) &= \frac{t_0}{N_0^2 \cos \mathsf{B}_0}, \\ (C_3) &= \frac{1}{N_0^3 \cos \mathsf{B}_0} [1 + 2t^2 + e_c'^2]_0, \end{aligned}\right|$$

$$\left.\begin{aligned}
(C_4) &= \frac{t_0}{N_0^4 \cos \mathsf{B}_0}\,[5+6t^2+e_c'^2-4e_c'^4]_0\,,\\
(C_5) &= \frac{1}{N_0^5 \cos \mathsf{B}_0}\,[5+28t^2+24t^4+6e_c'^2+8e_s'^2-3e_c'^4+4e_c'^2e_s'^2]_0+\mathrm{Gl}_6\,,\\
(C_6) &= \frac{t_0}{N_0^6 \cos \mathsf{B}_0}\,[61+180t^2+120t^4+46e_c'^2+48e_s'^2]_0+\mathrm{Gl}_4\,,\\
(C_7) &= \frac{1}{N_0^7 \cos \mathsf{B}_0}\,[61+662t^2+1320t^4+720\,t^6]_0+\mathrm{Gl}_2\,.
\end{aligned}\right\}\quad(35\mathrm{a})$$

. . . .

Entwickelt man nach Potenzen von $\frac{\Delta\Gamma}{r_0}$, so entsteht für die Koeffizienten eine in $\mathsf{B}_0=\pm\frac{\pi}{2}$ reguläre Darstellung ohne t_0; sie entspricht der in I [36] gegebenen zweiten Form, wenn man noch $e_c'=e'\cos\mathsf{B}_0$ ausschreibt.

2. Form[45]:

$$\left.\begin{aligned}
r_0(C_1) &= 1\,,\\
r_0^2(C_2) &= \sin\mathsf{B}_0\,,\\
r_0^3(C_3) &= 2-\cos^2\mathsf{B}_0+e'^2\cos^4\mathsf{B}_0\,,\\
r_0^4(C_4) &= \sin\mathsf{B}_0\,[6-\cos^2\mathsf{B}_0+e'^2\cos^4\mathsf{B}_0-4e'^4\cos^6\mathsf{B}_0]\,,\\
r_0^5(C_5) &= 24-20\cos^2\mathsf{B}_0+(1+8e'^2)\cos^4\mathsf{B}_0+(-2e'^2+4e'^4)\cos^6\mathsf{B}_0+\\
&\quad+(-7e'^4+24e'^6)\cos^8\mathsf{B}_0-28e'^6\cos^{10}\mathsf{B}_0\,,\\
r_0^6(C_6) &= \sin\mathsf{B}_0\,[120-60\cos^2\mathsf{B}_0+(1+48e'^2)\cos^4\mathsf{B}_0-\\
&\quad-(2e'^2+36e'^4)\cos^6\mathsf{B}_0+(33e'^4-96e'^6)\cos^8\mathsf{B}_0+\\
&\quad+(196e'^6-192e'^8)\cos^{10}\mathsf{B}_0+280e'^8\cos^{12}\mathsf{B}_0]\,.
\end{aligned}\right\}\quad(35\mathrm{b})$$

. . . .

Eine dritte Form für $|e_c'|<1$ wäre durch Potenzentwicklung von $E_0'^{\frac{\nu}{2}}$ zu erhalten, wobei entweder $e_c'=\eta$ beibehalten werden (vgl. [172]) oder die trigonometrischen Potenzen in die Funktionen der Vielfachen des Winkels umgeformt werden können (vgl. I [36]). Wir ziehen die folgende wesentlich durchsichtigere Berechnung im Hauptgebiet vor.

Koeffizientendarstellung 2. Art.

Sie ist für alle Punkte $\dot{\Gamma}_0\subset\mathfrak{B}_2|$ gültig und ergibt sich direkt aus (33) durch Differentiation

$$\left.\begin{aligned}
[c_\nu] &= [c_\nu]_K+\sum_{\lambda=1}^{\infty}(-1)^{\nu''}(2\lambda-1)^\nu\, r_{2\lambda-1}\,{\sin \atop \cos}\,(2\lambda-1)\,\dot{\Gamma}_0{}^{18}\\
\text{mit}\qquad [c_\nu]_K &= \frac{d^{\nu-1}}{d\,\dot{\Gamma}^{\nu-1}}\left(\frac{1}{\cos\dot{\Gamma}}\right)_0.
\end{aligned}\right\}\quad(36)$$

[45] Vgl. O. Schreiber [1], S. 23, L. Krüger [1] S. 38, W. Grossmann [1] S. 360, Wl. K. Hristow [2], S. 467.

Zum praktischen Gebrauch geben wir eine Tabelle der Zahlenkoeffizienten *des sphäroidischen Teiles,* wobei wir wie früher vom analytischen (dimensionslosen) Maß zum Gradmaß übergehen (vgl. Δ M-Tabelle [172]). Das Reihenschema lautet:

$$\Delta \mathsf{M}^\circ = \sum_{\nu=1}^{\infty} \varrho^\circ \frac{[c_\nu]_K}{\nu!} \left(\frac{\Delta \dot{\mathsf{r}}^\circ}{\varrho^\circ}\right)^\nu + [1]\,\Delta \dot{\mathsf{r}}^\circ + [2]\,(\Delta \dot{\mathsf{r}}^\circ)^2 + [3]\,(\Delta \dot{\mathsf{r}}^\circ)^3 + \cdots$$

Der Tabellenwert in der λ-ten Zeile und Spalte $[\nu]$ bedeutet

$$\frac{(-1)^{\nu''}}{\nu!} \left(\frac{2\lambda-1}{\varrho^\circ}\right)^\nu \varrho^\circ\, r_{2\lambda-1} \qquad \begin{cases} \nu'' = \frac{\nu}{2} & \text{für gerades } \nu\,, \\ \nu'' = \frac{\nu-1}{2} & \text{für ungerades } \nu \end{cases}$$

Δ **M-Tabelle** (sphäroidischer Teil).

	[1]	[3]	[5]
......	....	....	....
$\cos\ \dot{\mathsf{r}}_0$	− 0.0016 6928 90	+ 0.0000 0008 475	−0.0000 0000 0001
$\cos 3\,\dot{\mathsf{r}}_0$	− 0.0000 0139 59	+ 0.0000 0000 064	
$\cos 5\,\dot{\mathsf{r}}_0$	− 0.0000.0000 21		
	[2]	**[4]**	
......	....	....	
$\sin\ \dot{\mathsf{r}}_0$	+ 0.0000 1456 729	− 0.0000 0000 0370	
$\sin 3\,\dot{\mathsf{r}}_0$	+ 0.0000 0003 654	− 0.0000 0000 0008	
$\sin 5\,\dot{\mathsf{r}}_0$	+ 0.0000 0000 009		

Insbesondere haben wir für einen Punkt $\mathbf{P}_0$ auf dem Hauptmeridian $\mathfrak{H}$ bzw. auf der reellen Achse die *Kreis-*, *Längs-* und *Quer*entwicklung

$$\text{mit } \Delta \dot{\mathsf{r}} = \varrho\, e^{i\psi} \qquad \begin{cases} \Delta H = \sum_{\nu=1}^{\infty} [c_\nu) \frac{\varrho^\nu}{\nu!} \cos \nu\psi\,, \\ \Delta L = \sum_{\nu=1}^{\infty} [c_\nu) \frac{\varrho^\nu}{\nu!} \sin \nu\psi\,, \end{cases} \tag{37a}$$

$$\text{mit } \Delta \dot{\mathsf{r}} = \Delta \dot{G} \qquad \Delta H = \sum_{\nu=1}^{\infty} [c_\nu) \frac{\Delta \dot{G}^\nu}{\nu!} = \sum_{\nu=1}^{\infty} [C_\nu) \frac{\Delta G^\nu}{\nu!}\,, \tag{37b}$$

$$\text{mit } \Delta \dot{\mathsf{r}} = i \dot{\mathsf{r}}'' \begin{cases} \Delta H = \quad - [c_2) \frac{(\dot{\mathsf{r}}'')^2}{2!} \quad + [c_4) \frac{(\dot{\mathsf{r}}'')^4}{4!} \pm \cdots, \\ L = [c_1) \frac{\dot{\mathsf{r}}''}{1!} \quad - [c_3) \frac{(\dot{\mathsf{r}}'')^3}{3!} \quad \pm \cdots. \end{cases} \tag{37c}$$

V, 4_2 H als Funktion von Θ (bzw. $\dot{\mathsf{r}}$).

Für die Kugel ist wegen $\beta = \dot{\gamma}$ ($\zeta = \vartheta$)

$$\eta = -e^{-\mu} = \frac{1}{i}\frac{\vartheta - i}{\vartheta + i} = -\operatorname{tg}\left(\frac{\pi}{4} - \frac{\dot{\gamma}}{2}\right). \tag{38}$$

Auf dem Sphäroid hat man entsprechend der Entwicklung [173] im Bereich $\mathfrak{B}_2(\Theta)|$ bzw. $\mathfrak{B}_2(\dot{\mathsf{r}})|$ die trigonometrische Reihe

$$\mathsf{H} = -e^{-\mathsf{M}} = -e^{-\mathsf{M}_K}\, e^{-\sum\limits_{\lambda=1}^{\infty} r_{2\lambda-1}\sin(2\lambda-1)\dot{\mathsf{r}}}$$

$$= \frac{1}{i}\frac{\Theta - i}{\Theta + i}\sum_{-\infty}^{+\infty} R_\mu^{(-1)}\Theta^\mu \qquad \text{nach X [486]},$$

$$\mathsf{H} = -\operatorname{tg}\left(\frac{\pi}{4} - \frac{\dot{\mathsf{r}}}{2}\right)\left\{R_0^{(-1)} + 2\sum_{\lambda=1}^{\infty}\left[{}'R_{2\lambda}^{(-1)}\cos 2\lambda\dot{\mathsf{r}} + {}''R_{2\lambda-1}^{(-1)}\sin(2\lambda-1)\dot{\mathsf{r}}\right]\right. . \tag{39}$$

Im einzelnen gilt für die Koeffizienten bis zu Gliedern 4. Ordnung:

$$\left.\begin{aligned}
R_0^{(-1)} &= 1 + \tfrac{1}{4}n^2 - \tfrac{7}{8}n^3 + \tfrac{16}{9}n^4 + \cdots\\
2\,{}'R_2^{(-1)} &= -\tfrac{1}{4}n^2 + \tfrac{23}{24}n^3 - \tfrac{407}{192}n^4 + \cdots\\
2\,{}'R_4^{(-1)} &= -\tfrac{1}{12}n^3 + \tfrac{379}{960}n^4 + \cdots\\
2\,{}'R_6^{(-1)} &= -\tfrac{19}{360}n^4 + \cdots\\
&\ldots\ldots\ldots\\
2\,{}''R_1^{(-1)} &= n - \tfrac{7}{4}n^2 + \tfrac{101}{48}n^3 - \tfrac{493}{192}n^4 + \cdots\\
2\,{}''R_3^{(-1)} &= +\tfrac{1}{6}n^2 - \tfrac{7}{16}n^3 + \tfrac{17}{24}n^4 + \cdots\\
2\,{}''R_5^{(-1)} &= +\tfrac{11}{120}n^3 - \tfrac{43}{160}n^4 + \cdots\\
2\,{}''R_7^{(-1)} &= +\tfrac{25}{336}n^4 + \cdots\\
&\ldots\ldots\ldots
\end{aligned}\right\} \tag{39a}$$

Insbesondere hat man auf dem Hauptmeridian für reelle $\dot{\mathsf{r}} = \dot{G}$ die reelle Entwicklung

$$\mathsf{H}' = -e^{-H} \tag{39$_0$}$$

$$= -\operatorname{tg}\left(\frac{\pi}{4} - \frac{\dot{G}}{2}\right)\left\{R_0^{(-1)} + 2\sum_{\lambda=1}^{\infty}\left[{}'R_{2\lambda}^{(-1)}\cos 2\lambda\dot{G} + {}''R_{2\lambda-1}^{(-1)}\sin(2\lambda-1)\dot{G}\right]\right\}.$$

Für die *Darstellung im Restgebiet* haben wir in der Umgebung einer regulären Stelle $\dot{\mathsf{r}}_0$ aus (35) die Entwicklung

$$\frac{\mathsf{H}}{\mathsf{H}_0} = +e^{-\Delta\mathsf{M}} = e^{-\sum\limits_{\nu=1}^{\infty}[c_\nu]\frac{\Delta\dot{\mathsf{r}}^\nu}{\nu!}} = 1 + \sum_{\nu=1}^{\infty}(\mathsf{r}_\nu)\frac{\Delta\dot{\mathsf{r}}^\nu}{\nu!}, \tag{40}$$

wobei die Koeffizienten nach X [461] zu bilden sind.

Zwischenstück: V, 5 Die konforme Abbildung des Sphäroids auf die Kugel: $\mu = \mathsf{M}$.

V, 5₁ Die durch $\mu = \mathsf{M}$ bewirkte Beziehung zwischen β und B bzw. ζ und Z.

Durch die Forderung $\mu = \mathsf{M}$ wird jedem Kugelpunkt ein Sphäroidpunkt mit dem gleichen Wert der komplexen Flächenveränderlichen zugeordnet und umgekehrt. Da es sich um eine analytische Beziehung handelt, entsteht so eine konforme Abbildung der beiden Flächen aufeinander. Wir wollen nun untersuchen, wie sich die anderen Grundvariablen dabei verhalten, denn die Kenntnis dieser Zusammenhänge gibt uns den Schlüssel zum Verständnis der weiteren Entwicklungen.

Die Gleichung $\mu = \mathsf{M}$ liefert mit II (23) [75] und II (39) [81] zunächst den Zusammenhang der zentralen Variablen

$$\begin{aligned} \lg\left(-i\frac{\zeta+i}{\zeta-i}\right) &= \lg\left(-i\frac{\mathsf{Z}+i}{\mathsf{Z}-i}\right) + e\,i\,\operatorname{arctg}\left(\frac{\sqrt{n}}{1+n}\,\frac{\mathsf{Z}^2-1}{\mathsf{Z}}\right) \\ &= \lg\left(-i\frac{\mathsf{Z}+i}{\mathsf{Z}-i}\right) + \frac{e}{2}\lg\frac{(\mathsf{Z}-i\sqrt{n})(1+i\sqrt{n}\,\mathsf{Z})}{(\mathsf{Z}+i\sqrt{n})(1-i\sqrt{n}\,\mathsf{Z})} \end{aligned} \tag{41}$$

oder

$$\frac{\zeta+i}{\zeta-i} = \frac{\mathsf{Z}+i}{\mathsf{Z}-i}\left(\frac{\mathsf{Z}-i\sqrt{n}}{\mathsf{Z}+i\sqrt{n}}\,\frac{1+i\sqrt{n}\,\mathsf{Z}}{1-i\sqrt{n}\,\mathsf{Z}}\right)^{e/2}. \tag{41a}$$

Mit II (23b) [75] und II (40) [81] können wir zu β bzw. B übergehen:

$$\lg\operatorname{tg}\left(\frac{\pi}{4}+\frac{\beta}{2}\right) = \lg\operatorname{tg}\left(\frac{\pi}{4}+\frac{\mathsf{B}}{2}\right) - \frac{e}{2}\lg\frac{1+e\sin\mathsf{B}}{1-e\sin\mathsf{B}}, \tag{42}$$

$$\operatorname{tg}\left(\frac{\pi}{4}+\frac{\beta}{2}\right) = \operatorname{tg}\left(\frac{\pi}{4}+\frac{\mathsf{B}}{2}\right)\left(\frac{1-e\sin\mathsf{B}}{1+e\sin\mathsf{B}}\right)^{e/2} \tag{42a}$$

oder durch Einführen einer „*komplexen Poldistanz*"

$$\dot{\pi} = \frac{\pi}{2} - \beta, \quad \dot{\Pi} = \frac{\pi}{2} - \mathsf{B}, \quad \text{reell } p = \frac{\pi}{2} - b, \quad P = \frac{\pi}{2} - B \tag{43}$$

die Gl. (42a) vereinfachen:

$$\operatorname{tg}\frac{\dot{\pi}}{2} = \operatorname{tg}\frac{\dot{\Pi}}{2}\left(\frac{1+e\sin\mathsf{B}}{1-e\sin\mathsf{B}}\right)^{e/2} = \operatorname{tg}\frac{\dot{\Pi}}{2}\,\mathsf{E}(\mathsf{B}) \tag{44}$$

mit

$$\mathsf{E}(\mathsf{B}) = \left(\frac{1+e\sin\mathsf{B}}{1-e\sin\mathsf{B}}\right)^{e/2} = \left(\frac{1+e\cos\dot{\Pi}}{1-e\cos\dot{\Pi}}\right)^{e/2} = \mathsf{E}(\dot{\Pi}). \qquad \text{II (18) [73]}$$

Geometrische Untersuchung der konformen Abbildung $\zeta \longleftrightarrow \mathsf{Z}$.

Um aus (41a) und (42a) eine geeignete Darstellung $\zeta \longleftrightarrow \mathsf{Z}$ bzw. $\beta \longleftrightarrow \mathsf{B}$ zu gewinnen, betrachten wir zunächst die durch $\mu = \mathsf{M}$ hervorgerufene Abbildung zwischen der ζ- und Z-Ebene.

Erläuterung: Die Schnitte von 0 über -1 nach ∞ sind für den Zusammenhang $\zeta \longleftrightarrow \mathsf{Z}$ zu schließen.

Dem Einheitskreis der Z-Ebene (Hauptmeridian) entspricht der Einheitskreis der ζ-Ebene. Geht man von $\mathsf{Z} = 1$ auf der reellen Achse (Äquator) bis $\mathsf{Z} = {}^{(0)}\mathsf{Z} = 0$, so wandert der Bildpunkt ζ von $\zeta = 1$

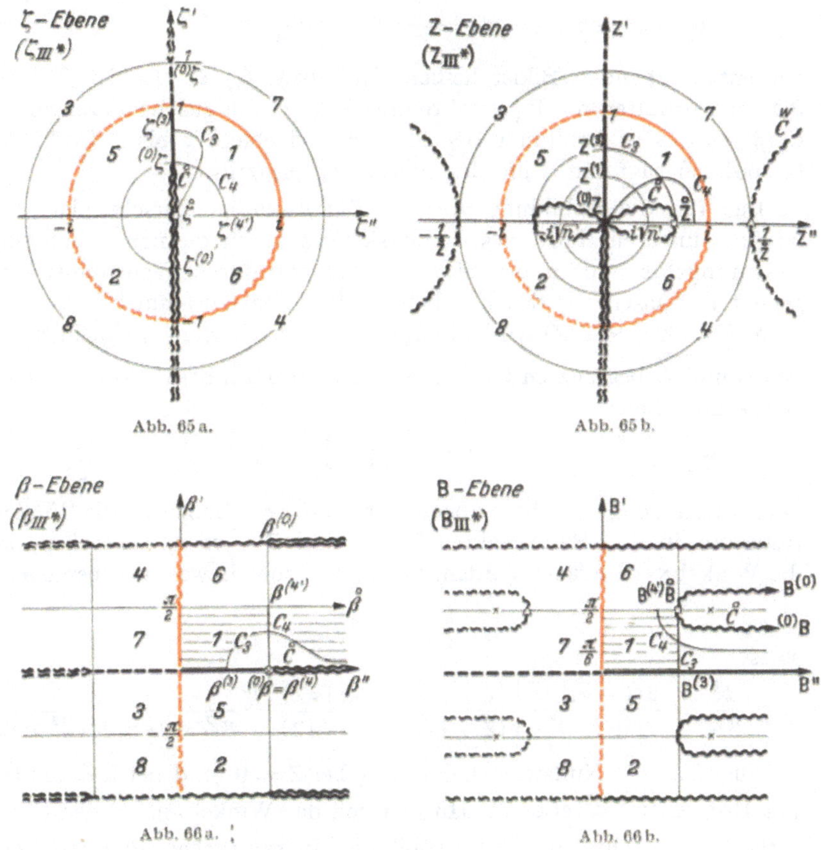

Abb. 65a. Abb. 65b.

Abb. 66a. Abb. 66b.

auf der reellen Achse bis zu einer gewissen Stelle $\zeta = {}^{(0)}\zeta$, deren Wert man nach II (41) [82] und II (25) [75] findet:

$$
\begin{gathered}
{}^{(0)}\mathsf{Z} = 0 \to {}^{(0)}\mathsf{M} = \frac{(1-e)\,\pi i}{2} = {}^{(0)}\mu , \\
{}^{(0)}\mu \to {}^{(0)}\beta = \frac{1}{i} \lg \operatorname{tg}\left[\frac{\pi}{4} - \frac{(1-e)\,\pi}{4}\right] \to {}^{(0)}\zeta = e^{i\,{}^{(0)}\beta} \operatorname{tg}\frac{e\,\pi}{4} .
\end{gathered}
\tag{45}
$$

Gehen wir nun von ${}^{(0)}\mathsf{Z}$ weiter längs der Acht-Kurve $\overset{\circ}{C}$ bis $\overset{\circ}{\mathsf{Z}}$ (Äquatorstück bis zum Ostpunkt), so wandert der Bildpunkt ζ von ${}^{(0)}\zeta$ bis $\overset{\circ}{\zeta} = 0$. Dem Stück der imaginären Achse von $\overset{\circ}{\mathsf{Z}}$ bis $\mathsf{Z} = i$ entspricht schließlich das Stück der ζ''-Achse von $\overset{\circ}{\zeta} = 0$ bis $\zeta = i$. Für die folgenden Entwicklungen brauchen wir in beiden Ebenen neue Kreisringbereiche und definieren daher

$$
\begin{aligned}
&C_3(\mathsf{Z}):\quad \text{Kreisbogen } |\mathsf{Z}| = \mathsf{Z}^{(3)} = \frac{1}{i}\overset{\circ}{\mathsf{Z}} = k_3\sqrt{n},\ (k_3 = k,\ \text{II}\,(41\,\text{c})\,[83]),\\
&C_4(\zeta):\quad \text{Kreisbogen } |\zeta| = {}^{(0)}\zeta = \frac{1}{i}\,\zeta^{(4')} = \operatorname{tg}\frac{e\pi}{4}.
\end{aligned}
\tag{46}
$$

Die entsprechenden Bilder heißen $C_3(\zeta)$ bzw. $C_4(\mathsf{Z})$. In der β- bzw. B-Ebene erhalten die Bildpunkte und Kurven die gleiche Bezeichnung $C_3(\beta)$ usw. Die Abbildung der übrigen Teilgebiete *2* bis *8* (Abb. 65a bis 66b) erfolgt mit Hilfe des Spiegelungsprinzips.

Das für die Abbildung $\mathsf{M} \to \mathsf{B} \to \dot{\Gamma}$ notwendige Zerschneiden entlang der unteren Hälfte des Einheitskreises ist für die neue Abbildung bedeutungslos und in der Skizze daher nur durch Wellenlinien angedeutet. Fassen wir das Ergebnis noch einmal zusammen:

a) Durch $\zeta = \zeta(\mathsf{Z})$ wird die $\mathsf{Z}_{\text{III}*}$-Ebene nach Herausschneiden des von $\overset{\circ}{C}$ und $\overset{\text{w}}{C}$ begrenzten Gebietsteiles konform auf die längs der reellen Achse zwischen

$$
{}^{(0)}\zeta \ldots \overset{\circ}{\zeta} \ldots \zeta^{(0)} = -{}^{(0)}\zeta \quad \text{und} \quad \frac{1}{{}^{(0)}\zeta} \cdots \infty \cdots \frac{1}{\zeta^{(0)}} = -\frac{1}{{}^{(0)}\zeta}
$$

aufgeschnittene $\zeta_{\text{III}*}$-Ebene abgebildet. In diesem Gebiet ist die Winkeltreue nur in den Randpunkten $\mathsf{Z} = 0$ und $\mathsf{Z} = \infty$ unterbrochen, wo die Winkel verdreifacht werden. Setzen wir zum Beweis vorübergehend

$$
\frac{\zeta + i}{\zeta - i} = \tilde{\zeta},
$$

so ist

$$
\frac{d\tilde{\zeta}}{d\mathsf{Z}} = \frac{2(1-n)^2\,\mathsf{Z}^2}{i(\mathsf{Z}-i)^2}\left[\frac{(\mathsf{Z} - i\sqrt{n})(1 + i\sqrt{n}\,\mathsf{Z})}{(\mathsf{Z} + i\sqrt{n})(1 - i\sqrt{n}\,\mathsf{Z})}\right]^{e/2} \frac{1}{n\,\mathsf{Z}^4 + (1+n^2)\,\mathsf{Z}^2 + n},
$$

woraus man die Nullstelle 2. Ordnung bei $\mathsf{Z} = 0$ (und bei $\mathsf{Z} = \infty$) für das Differential $d\tilde{\zeta}$ erkennt. Hinsichtlich der Winkel ändert der Übergang $\tilde{\zeta} \to \zeta$ nichts, da diese Abbildung in sämtlichen Punkten konform ist.

b) ζ ist in $\mathsf{Z}_{\text{III}*}$ eine eindeutige, regulär analytische Funktion, welche auf dem Rand in $\overset{\circ}{\mathsf{Z}}$ (Ostpunkt) eine Nullstelle 1. Ordnung, in $1/\overset{\circ}{\mathsf{Z}}$ (Westpunkt) eine Unendlichkeitsstelle 1. Ordnung hat.

c) Die Funktionen $\lg\zeta$ und $\lg\frac{\zeta}{\mathsf{Z}}$ (Hauptwert) gestatten daher in dem Kreisring

$$
\mathfrak{B}_3(\mathsf{Z}):\quad |\overset{\circ}{\mathsf{Z}}| < |\mathsf{Z}| < \frac{1}{|\overset{\circ}{\mathsf{Z}}|}, \qquad \overset{\circ}{\mathsf{Z}} = ik\sqrt{n}
$$

die Entwicklung in eine allgemeine Potenzreihe, und die Differenz $\beta - \mathsf{B}$ in $\overline{\mathfrak{B}}_3(\mathsf{B})$ die Entwicklung in eine trigonometrische Reihe, die aufzustellen unser Ziel ist.

Für die umgekehrte Abbildung $\zeta \to \mathsf{Z}$ gilt zusammengefaßt:

a*) Die ζ_{III*}-Ebene wird durch $\mathsf{Z} = \mathsf{Z}(\zeta)$ auf das Gebiet Z_{III*} konform abgebildet. Die Winkeltreue wird nur in den Randpunkten $\pm {}^{(0)}\zeta$, $\pm \frac{1}{{}^{(0)}\zeta}$, wo die Winkel gedrittelt werden, unterbrochen.

b*) Z ist in der ζ_{III*}-Ebene eine eindeutige, regulär analytische Funktion, welche nirgends verschwindet und in den Randpunkten $\pm {}^{(0)}\zeta$, $\pm \frac{1}{{}^{(0)}\zeta}$ Verzweigungssingularitäten besitzt.

c*) Die Funktionen $\lg \mathsf{Z}$ und $\lg \frac{\mathsf{Z}}{\zeta}$ (Hauptwert) gestatten daher in dem Kreisring

$$\mathfrak{B}_4(\zeta)\colon\ |{}^{(0)}\zeta| < |\zeta| < \frac{1}{|{}^{(0)}\zeta|}$$

die Entwicklung in eine allgemeine Potenzreihe und die Differenz $\mathsf{B} - \beta$ in $\overline{\mathfrak{B}}_4(\zeta)$ die Entwicklung in eine trigonometrische Reihe (Umkehrreihe).

Nach Klärung des Sachverhaltes gehen wir an die analytische Durchführung.

I_1 *Darstellung von β durch* B *im Hauptgebiet.*

Setzen wir in der Gl. (41) für den Sphäroidteil zur Abkürzung

$$\mathsf{N} = \frac{i\sqrt{n}}{1+n} \lg\left(\frac{\mathsf{Z} - i\sqrt{n}}{\mathsf{Z} + i\sqrt{n}} \cdot \frac{1 + i\sqrt{n}\,\mathsf{Z}}{1 - i\sqrt{n}\,\mathsf{Z}}\right), \quad \mathsf{M} = \mathsf{M}_E - i\mathsf{N} \quad \text{II}\,(39)\,[81] \tag{47}$$

so erhält man

$$\frac{\zeta + i}{\zeta - i} = \frac{\mathsf{Z} + i}{\mathsf{Z} - i} e^{-i\mathsf{N}}$$

oder nach ζ aufgelöst

$$\zeta = i \frac{\mathsf{Z}(1 + e^{i\mathsf{N}}) + i(1 - e^{i\mathsf{N}})}{\mathsf{Z}(1 - e^{i\mathsf{N}}) + i(1 + e^{i\mathsf{N}})} = i \frac{\mathsf{Z}\left(e^{\frac{i\mathsf{N}}{2}} + e^{-\frac{i\mathsf{N}}{2}}\right) - i\left(e^{\frac{i\mathsf{N}}{2}} - e^{-\frac{i\mathsf{N}}{2}}\right)}{-\mathsf{Z}\left(e^{\frac{i\mathsf{N}}{2}} - e^{-\frac{i\mathsf{N}}{2}}\right) + i\left(e^{\frac{i\mathsf{N}}{2}} + e^{-\frac{i\mathsf{N}}{2}}\right)},$$

$$\zeta = \mathsf{Z} \frac{1 + \frac{1}{\mathsf{Z}} \operatorname{tg} \frac{\mathsf{N}}{2}}{1 - \mathsf{Z} \operatorname{tg} \frac{\mathsf{N}}{2}}. \tag{48}$$

Für N besteht nach (14) die allgemeine Potenzentwicklung im Kreisring $\mathfrak{B}_1(\mathsf{Z})$

$$\mathsf{N} = \frac{1}{2} \sum_{\lambda=1}^{\infty} q_{2\lambda-1} [\mathsf{Z}^{2\lambda-1} - \mathsf{Z}^{-(2\lambda-1)}], \qquad q_{2\lambda-1} = \frac{4(-n)^\lambda}{(1+n)(2\lambda-1)}.$$

Daraus gewinnt man mit Hilfe der Tangensreihe nach X [475]

$$\operatorname{tg} \frac{\mathsf{N}}{2} = \frac{\mathsf{N}}{2} + \frac{1}{3}\left(\frac{\mathsf{N}}{2}\right)^3 + \cdots$$

$$\operatorname{tg} \frac{\mathsf{N}}{2} = \sum_{\lambda=1}^{\infty} t_{2\lambda-1} [\mathsf{Z}^{2\lambda-1} - \mathsf{Z}^{-(2\lambda-1)}] = \sum_{-\infty}^{+\infty} t_{2\lambda-1} \mathsf{Z}^{2\lambda-1}, \tag{49}$$

$$t_{-(2\lambda-1)} = -t_{2\lambda-1}.$$

Ausführlich lauten die Koeffizienten bis zu Gliedern 4. Ordnung:

$$\left.\begin{aligned}
t_1 &= \tfrac{1}{4}q_1 + \tfrac{1}{192}(3q_1^2 q_3 - 3q_1^3) + \cdots = -n + n^2 \qquad - \tfrac{5}{3}n^4 + \cdots \\
t_3 &= \tfrac{1}{4}q_3 + \tfrac{1}{192}(q_1^3 - 6q_1^2 q_3) + \cdots = \quad + \tfrac{1}{3}n^2 - \tfrac{2}{3}n^3 + \tfrac{2}{3}n^4 + \cdots \\
t_5 &= \tfrac{1}{4}q_5 + \tfrac{1}{192}3q_1^2 q_3 + \cdots \quad = \quad - \tfrac{1}{5}n^3 + \tfrac{8}{15}n^4 + \cdots \\
t_7 &= \tfrac{1}{4}q_7 + \cdots \quad = \quad + \tfrac{1}{7}n^4 + \cdots \\
&\cdots\cdots
\end{aligned}\right\} \qquad (49\mathrm{a})$$

Auf dem Hauptmeridian wird $-i\mathsf{N}$ reell und dem Betrage nach

$$|\mathsf{N}| < \sum_1^\infty |q_{2\lambda-1}| < \frac{4n}{1-n^2}.$$

Daher gibt es sicher einen den Einheitskreis enthaltenden schmalen Ring, in welchem die Abschätzung gilt:

$$|\mathsf{N}| < \frac{\pi}{2}, \qquad \left|\mathsf{Z}\,\mathrm{tg}\frac{\mathsf{N}}{2}\right| < 1,$$

$$\left|\frac{1}{\mathsf{Z}}\,\mathrm{tg}\frac{\mathsf{N}}{2}\right| < 1.$$

Damit sind die vorausgehende und die nachfolgenden Reihenentwicklungen gerechtfertigt.

$$-\lg\left(1 - \mathsf{Z}\,\mathrm{tg}\frac{\mathsf{N}}{2}\right) = \sum_{\nu=1}^\infty \frac{\mathsf{Z}^\nu}{\nu}\left[\sum_{\varkappa=-\infty}^{+\infty} t_{2\varkappa-1}\,\mathsf{Z}^{2\varkappa-1}\right]^\nu = \sum_{-\infty}^{+\infty} k'_{2\varkappa}\,\mathsf{Z}^{2\varkappa},$$

$$\lg\left(1 + \frac{1}{\mathsf{Z}}\,\mathrm{tg}\frac{\mathsf{N}}{2}\right) = \sum_{\nu=1}^\infty \frac{(-1)^{\nu-1}\mathsf{Z}^{-\nu}}{\nu}\left[\sum_{\varkappa=-\infty}^{+\infty} t_{2\varkappa-1}\,\mathsf{Z}^{2\varkappa-1}\right]^\nu = \sum_{-\infty}^{+\infty} k''_{2\varkappa}\,\mathsf{Z}^{2\varkappa}$$

mit

$$k'_{2\varkappa} = \tfrac{1}{1}t^{(1)}_{2\varkappa-1} + \tfrac{1}{2}t^{(2)}_{2\varkappa-2} + \tfrac{1}{3}t^{(3)}_{2\varkappa-3} + \tfrac{1}{4}t^{(4)}_{2\varkappa-4} + \cdots,$$

$$k''_{2\varkappa} = \tfrac{1}{1}t^{(1)}_{2\varkappa+1} - \tfrac{1}{2}t^{(2)}_{2\varkappa+2} + \tfrac{1}{3}t^{(3)}_{2\varkappa+3} - \tfrac{1}{4}t^{(4)}_{2\varkappa+4} + \cdots.$$

Die Größe $t^{(\nu)}_{2\varkappa}$ ist der Koeffizient von $\mathsf{Z}^{2\varkappa}$ in der zur ν-ten Potenz erhobenen Reihe. Um die Struktur der Summe beider Reihen zu überblicken, untersuchen wir diese Potenzkoeffizienten. Man hat

$$t^{(2\nu-1)}_{-(2\varkappa-1)} = -\,t^{(2\nu-1)}_{(2\varkappa-1)}, \qquad t^{(2\nu)}_{2\varkappa} = t^{(2\nu)}_{-2\varkappa}$$

und daraus

$$k'_{-2\varkappa} = -\tfrac{1}{1}t^{(1)}_{2\varkappa+1} + \tfrac{1}{2}t^{(2)}_{2\varkappa+2} - \tfrac{1}{3}t^{(3)}_{2\varkappa+3} + \tfrac{1}{4}t^{(4)}_{2\varkappa+4} - \cdots = -\,k''_{2\varkappa},$$

$$k''_{-2\varkappa} = -\tfrac{1}{1}t^{(1)}_{2\varkappa-1} - \tfrac{1}{2}t^{(2)}_{2\varkappa-2} - \tfrac{1}{3}t^{(3)}_{2\varkappa-3} - \tfrac{1}{4}t^{(4)}_{2\varkappa-4} - \cdots = -\,k'_{2\varkappa}.$$

Setzen wir daher $k_{2\varkappa} = 2k'_{2\varkappa} + 2k''_{2\varkappa}$, so entsteht für ζ die Entwicklung

$$\lg\zeta = \lg\mathsf{Z} + \lg\left(1 + \frac{1}{\mathsf{Z}}\,\mathrm{tg}\frac{\mathsf{N}}{2}\right) - \lg\left(1 - \mathsf{Z}\,\mathrm{tg}\frac{\mathsf{N}}{2}\right) = \lg\mathsf{Z} + \frac{1}{2}\sum_{\varkappa=-\infty}^{+\infty}{}' k_{2\varkappa}\,\mathsf{Z}^{2\varkappa},$$

$$\lg\zeta = \lg\mathsf{Z} + \sum_{\nu=1}^\infty k_{2\nu}\left(\frac{\mathsf{Z}^{2\nu} - \mathsf{Z}^{-2\nu}}{2}\right) \qquad (50)$$

oder

$$\beta = \mathsf{B} + \sum_{\nu=1}^\infty k_{2\nu}\sin 2\nu\mathsf{B}. \qquad (51)$$

Der Konvergenzbereich ist, wie bereits bemerkt wurde, unabhängig von der Zwischenrechnung der Kreisring $\mathfrak{B}_3(\mathsf{Z})$ bzw. $\overline{\mathfrak{B}}_3(\mathsf{B})$. Für die Koeffizienten erhält man ausführlich bis zu Gliedern 4. Ordnung[46]

$$\begin{aligned}
k_2 &= -2n + \tfrac{2}{3}n^2 + \tfrac{4}{3}n^3 - \tfrac{82}{45}n^4 + \cdots = -690''\!.2640\,94 \quad {}^{17,12}\\
k_4 &= + \tfrac{5}{3}n^2 - \tfrac{16}{15}n^3 - \tfrac{13}{9}n^4 + \cdots = +0''\!.9625\,29\\
k_6 &= \phantom{-2n+\tfrac{2}{3}n^2} - \tfrac{26}{15}n^3 + \tfrac{34}{21}n^4 + \cdots = -0''\!.0016\,75\\
k_8 &= \phantom{-2n+\tfrac{2}{3}n^2-\tfrac{26}{15}n^3} + \tfrac{1237}{630}n^4 + \cdots = +0''\!.0000\,03\\
&\ldots\ldots\ldots
\end{aligned}$$

Die Zerspaltung von (51) in Real- und Imaginärteil läßt sich ohne weiteres durchführen:

$$\begin{aligned}
\beta' &= \mathsf{B}' + \sum_{\nu=1}^{\infty} k_{2\nu} \sin 2\nu\mathsf{B}' \operatorname{ch} 2\nu\mathsf{B}'',\\
\beta'' &= \mathsf{B}'' + \sum_{\nu=1}^{\infty} k_{2\nu} \cos 2\nu\mathsf{B}' \operatorname{sh} 2\nu\mathsf{B}''.
\end{aligned} \tag{52}$$

Insbesondere bekommen wir so auf dem Hauptmeridian den reellen Zusammenhang zwischen Kugel- und Sphäroidbreite

$$b = B + \sum_{\nu=1}^{\infty} k_{2\nu} \sin 2\nu B, \qquad -\frac{\pi}{2} \leqq B \leqq +\frac{\pi}{2}. \tag{52$_0$}$$

Der Übergang $B \longleftrightarrow b$ wird so häufig gebraucht, daß es zweckmäßig ist, die Differenz $b - B$ in Tabellenform anzugeben. Wir beschränken uns dabei, als Beispiel, auf ein kleines Intervall, welches für die Rechnungen in V, 11 ausreicht (Tabelle, S. 229).

Die entsprechenden Beziehungen für die Exponentialfunktionen können aus (50) mit Hilfe der Entwicklungen in Abschnitt X gewonnen werden, wobei $p_{2\lambda}|k_{2\lambda}$, $P_{2\lambda}|K_{2\lambda}$, $'P_{2\lambda}|'K_{2\lambda}$, $''P_{2\lambda}|''K_{2\lambda}$ zu ersetzen ist. Wir skizzieren daher hier nur die Durchführung. Es ist

$$\zeta = \mathsf{Z} \sum_{\lambda=-\infty}^{+\infty} K_{2\lambda}^{(i)} \mathsf{Z}^{2\lambda}, \tag{53}$$

$$\zeta = \mathsf{Z}\left\{K_0^{(i)} + 2\sum_{\lambda=1}^{\infty}{}' K_{2\lambda}^{(i)} \cos 2\lambda\mathsf{B} + 2i\sum_{\lambda=1}^{\infty}{}'' K_{2\lambda}^{(i)} \sin 2\lambda\mathsf{B}\right\}. \tag{54}$$

I_2 *Darstellung von ζ durch Z im Restgebiet.*

Zur Berechnung der ζ-Werte im Restgebiet verwendet man zweckmäßig die im ganzen Einheitskreis $|\mathsf{Z}| < 1$ gültige Entwicklung $\mathsf{M}(\mathsf{Z})$ (15a) und geht vermittels $\mu = \mathsf{M}$ zur Kugel über. Aus μ lassen sich

[46] Vgl. L. Krüger [1] S. 14.

anschließend ζ bzw. β bestimmen. Als Beispiel geben wir die Ermittlung von $\zeta^{(3)}$ und $\zeta^{(1)}$. Es ist

$$\lg\left(-i\,\frac{\zeta^{(3)}+i}{\zeta^{(3)}-i}\right)=\mathsf{M}^{(3)}=\frac{i\pi}{2}-0.1546\,86\,i\to\zeta^{(3)}=+0.0774\,97,$$

$$\lg\left(-i\,\frac{\zeta^{(1)}+i}{\zeta^{(1)}-i}\right)=\mathsf{M}^{(1)}=\frac{i\pi}{2}-0.1458\,16\,i\to\zeta^{(1)}=+0.0730\,38.$$

II *Darstellung von β durch* B *in Punktumgebung.*

Die komplexe Kugelbreite β ist im Bereich B_{III*} eine eindeutige, regulär analytische Funktion von B mit den auf dem Rand liegenden singulären Stellen $\pm\overset{o}{\mathsf{B}},\ \pm(\overset{o}{\mathsf{B}}-\pi)$. Bei der analytischen Fortsetzung über den Rand $\overset{o}{C}$ stößt man auf die weiteren singulären Stellen $\pm\frac{\pi}{2}\pm\frac{1}{i}\lg\sqrt{n}$. Entwickelt man daher an einer Stelle $\mathsf{B}_0\subset\mathsf{B}_{III*}$ in Potenzen

$$\varDelta\beta=\sum_{\nu=1}^{\infty}[d_\nu]\frac{\varDelta\mathsf{B}^\nu}{\nu!},\tag{55}$$

so reicht der Konvergenzkreis bis an die nächste der gesamten genannten singulären Stellen.

Koeffizientendarstellung 1. Art.

Wir differenzieren (42) nach B und erhalten

$$\left.\begin{aligned}\frac{\frac{d\beta}{d\mathsf{B}}}{\sin\left(\frac{\pi}{2}+\beta\right)}&=\frac{1}{\sin\left(\frac{\pi}{2}+\mathsf{B}\right)}-\frac{e^2\cos\mathsf{B}}{1-e^2\sin^2\mathsf{B}},\\ \frac{d\beta}{d\mathsf{B}}&=\frac{\cos\beta}{E'(\mathsf{B})\cos\mathsf{B}}.\end{aligned}\right\}\tag{56}$$

Aus dem Potenzreihenansatz (55) hat man einerseits für die Ableitung

$$\frac{d\beta}{d\mathsf{B}}=\frac{\cos\beta}{E'\cos\mathsf{B}}=\sum_{\nu=0}^{\infty}(d_{\nu+1})\frac{\varDelta\mathsf{B}^\nu}{\nu!},$$

andererseits gilt nach (18)

$$\frac{d\mathsf{M}}{d\mathsf{B}}=\frac{1}{E'\cos\mathsf{B}}=\sum_{\nu=0}^{\infty}(b_{\nu+1})\frac{\varDelta\mathsf{B}^\nu}{\nu!}.$$

Setzen wir vorläufig für $\cos\beta$ ebenfalls eine Potenzreihe an

$$\cos\beta=\sum_{\nu=0}^{\infty}\tilde{a}_\nu\frac{\varDelta\mathsf{B}^\nu}{\nu!},\tag{57}$$

so ergibt sich durch Vergleich

$$\sum_{\nu=0}^{\infty}(d_{\nu+1})\frac{\varDelta\mathsf{B}^\nu}{\nu!}=\sum_{\nu=0}^{\infty}\tilde{a}_\nu\frac{\varDelta\mathsf{B}^\nu}{\nu!}\cdot\sum_{\nu=0}^{\infty}(b_{\nu+1})\frac{\varDelta\mathsf{B}^\nu}{\nu!}$$

oder nach Multiplikation der Reihen auf der rechten Seite

$$\frac{1}{\nu!}(d_{\nu+1}) = \sum_{\varkappa+\lambda=\nu}^{\infty} \frac{\tilde{a}_\varkappa}{\varkappa!} \frac{(b_{\lambda+1})}{\lambda!}. \tag{58}$$

Wir haben nun noch die Entwicklung (57) nachzutragen. Mit der Bezeichnung

$$\varDelta\beta = \sum_{\nu=1}^{\infty}(d_\nu)\frac{\varDelta\mathsf{B}^\nu}{\nu!} \to \varDelta\beta^h = \sum_{\nu=h}^{\infty}(d_\nu^{(h)})\frac{\varDelta\mathsf{B}^\nu}{\nu!}$$

erhält man schließlich

$$\begin{aligned}
\cos\beta &= \cos\beta_0 - \sin\beta_0\frac{\varDelta\beta}{1!} - \cos\beta_0\frac{\varDelta\beta^2}{2!} + \sin\beta_0\frac{\varDelta\beta^3}{3!} + \cdots \\
&= \cos\beta_0 + \frac{\varDelta\mathsf{B}}{1!}[-(d_1)\sin\beta_0] + \\
&\quad + \frac{\varDelta\mathsf{B}^2}{2!}\left[-(d_2)\sin\beta_0 - \frac{1}{2!}(d_2^{(2)})\cos\beta_0\right] + \\
&\quad + \frac{\varDelta\mathsf{B}^3}{3!}\left[-(d_3)\sin\beta_0 - \frac{1}{2!}(d_3^{(2)})\cos\beta_0 + \frac{1}{3!}(d_3^{(3)})\sin\beta_0\right] + \\
&\quad \cdots\cdots\cdots \\
&\quad + \frac{\varDelta\mathsf{B}^\nu}{\nu!}\left[-(d_\nu)\sin\beta_0 - \frac{1}{2!}(d_\nu^{(2)})\cos\beta_0 + \cdots \pm \frac{1}{\nu!}(d_\nu^{(\nu)})\,{}^{\sin}_{\cos}\beta_0\right] + \\
&\quad \cdots\cdots\cdots
\end{aligned} \tag{59}$$

Die Koeffizienten $\tilde{a}_\nu$ können abgelesen und in (58) eingetragen werden:

$$\begin{aligned}
(d_1) &= \tilde{a}_0(b_1) = (b_1)\cos\beta_0 = \frac{\cos\beta_0}{E'(\mathsf{B}_0)\cos\mathsf{B}_0}, \\
(d_2) &= \tilde{a}_0(b_2) + \tilde{a}_1(b_1) = (b_2)\cos\beta_0 - (b_1)(d_1)\sin\beta_0, \\
(d_3) &= \tilde{a}_0(b_3) + 2\tilde{a}_1(b_2) + \tilde{a}_2(b_1) = \\
&= (b_3)\cos\beta_0 - 2(b_2)(d_1)\sin\beta_0 - (b_1)(d_2)\sin\beta_0 - (b_1)(d_1)^2\cos\beta_0, \\
(d_4) &= \tilde{a}_0(b_4) + 3\tilde{a}_1(b_3) + 3\tilde{a}_2(b_2) + \tilde{a}_3(b_1) = \\
&= (b_4)\cos\beta_0 - 3(b_3)(d_1)\sin\beta_0 - 3(b_2)(d_2)\sin\beta_0 - 3(b_2)(d_1)^2\cos\beta_0 - \\
&\quad - (b_1)(d_3)\sin\beta_0 - 3(b_1)(d_1)(d_2)\cos\beta_0 + (b_1)(d_1)^3\sin\beta_0, \\
&\cdots\cdots\cdots
\end{aligned}$$

Unter Benutzung der Ausdrücke für (b_ν) in (19b) findet man daraus die gewünschte Darstellung

$$\left.\begin{aligned}
(d_1) &= \frac{\cos\beta_0}{E_0'\cos\mathsf{B}_0}, \\
(d_2) &= \frac{\cos\beta_0}{E_0'^2\cos^2\mathsf{B}_0}[(1+3e_c'^2)\sin\mathsf{B} - \sin\beta]_0, \\
(d_3) &= \frac{\cos\beta_0}{E_0'^3\cos^3\mathsf{B}_0}[3 - 2\cos^2\beta - \cos^2\mathsf{B} - 3(1+3e_c'^2)\sin\mathsf{B}\sin\beta + \\
&\quad + 6e_c'^2 - 2e_c'^2\cos^2\mathsf{B} + 12e_c'^4 - 9e_c'^4\cos^2\mathsf{B}]_0, \\
(d_4) &= \frac{\cos\beta_0}{E_0'^4\cos^4\mathsf{B}_0}[\sin\beta(6\cos^2\beta + 7\cos^2\mathsf{B} - 12 - 42e_c'^2 + \\
&\quad + 26e_c'^2\cos^2\mathsf{B} + 75e_c'^4 + 63e_c'^4\cos^2\mathsf{B}) - \\
&\quad - 12\cos^2\beta\sin\mathsf{B}(1+3e_c'^2) + \sin\mathsf{B}(12 - \cos^2\mathsf{B} + \\
&\quad + 42e_c'^2 - 5e_c'^2\cos^2\mathsf{B} + 30e_c'^4 + 17e_c'^4\cos^2\mathsf{B} + \\
&\quad + 60e_c'^6 - 27e_c'^6\cos^2\mathsf{B})]_0, \\
&\cdots\cdots\cdots
\end{aligned}\right\} \tag{55a}$$

Koeffizientendarstellung 2. Art.

Bei der Schwerfälligkeit dieser Ausdrücke wird man im Hauptgebiet für die praktische Rechnung wieder die Reihendarstellung im Großen heranziehen. Sie bietet außerdem den Vorteil, daß nicht gleichzeitig B_0 und β_0 nebeneinander benötigt werden. Aus (51) folgt unmittelbar

$$\left.\begin{aligned}
[d_1] &= \frac{d\beta}{d\mathsf{B}}\bigg|_0 = 1 + \sum_{\lambda=1}^{\infty} 2\lambda k_{2\lambda}\cos 2\lambda \mathsf{B}_0,\\
[d_\nu] &= \frac{d^\nu\beta}{d\mathsf{B}^\nu}\bigg|_0 = \sum_{\lambda=1}^{\infty} (-1)^{\nu''}(2\lambda)^\nu k_{2\lambda}\,{}^{\sin}_{\cos}\,2\lambda\mathsf{B}_0, \qquad \nu > 1\ ^{18}.
\end{aligned}\right\} \quad (55\,\mathrm{b})$$

Auf die Angabe einer Koeffiziententabelle wollen wir hier verzichten, da die Abbildung $\mu = \mathsf{M}$ nur als Hilfsmittel für die Zusammenhänge im Großen dient, und bei Potenzreihenentwicklungen im Kleinen die Kugelabbildung nicht dazwischengeschaltet zu werden braucht.

Insbesondere haben wir für $\mathbf{P}_0$ auf dem Hauptmeridian die *Kreis-*, *Längs-* und *Querentwicklung*

$$\text{mit}\quad \varDelta\mathsf{B} = \varrho e^{i\psi}\quad \left\{\begin{aligned}
\varDelta\beta' &= \sum_{\nu=1}^{\infty}[d_\nu)\frac{\varrho^\nu}{\nu!}\cos\nu\psi,\\
\varDelta\beta'' &= \sum_{\nu=1}^{\infty}[d_\nu)\frac{\varrho^\nu}{\nu!}\sin\nu\psi,
\end{aligned}\right. \quad (60\,\mathrm{a})$$

$$\text{mit}\quad \varDelta\mathsf{B} = \varDelta B \qquad \varDelta b = \sum_{\nu=1}^{\infty}[d_\nu)\frac{\varDelta B^\nu}{\nu!}, \quad (60\,\mathrm{b})$$

$$\text{mit}\quad \varDelta\mathsf{B} = i\mathsf{B}''\quad \left\{\begin{aligned}
\varDelta\beta' &= \qquad\qquad -[d_2)\frac{(\mathsf{B}'')^2}{2!} \qquad +[d_4)\frac{(\mathsf{B}'')^4}{4!} + \cdots,\\
\varDelta\beta'' &= [d_1)\frac{\mathsf{B}''}{1!} \qquad -[d_3)\frac{(\mathsf{B}'')^3}{3!} \qquad\qquad + \cdots.
\end{aligned}\right. \quad (60\,\mathrm{c})$$

I_1^* *Darstellung von* B *durch* β *im Hauptgebiet.*

Für die Umkehrfunktion $\mathsf{Z} = \mathsf{Z}(\zeta)$ bzw. $\mathsf{B} = \mathsf{B}(\beta)$ existiert, wie wir bereits nachgewiesen haben, eine allgemeine Potenzreihenentwicklung in ζ bzw. trigonometrische Entwicklung in β mit den Konvergenzgebieten $\mathfrak{B}_4(\zeta)$ bzw. $\overline{\mathfrak{B}}_4(\beta)$:

$$\mathsf{B} = \beta + \sum_{\lambda=1}^{\infty}\dot{k}_{2\lambda}\sin 2\lambda\beta, \quad (61)$$

$$\mathsf{Z} = \zeta\sum_{\lambda=-\infty}^{+\infty}\dot{K}_{2\lambda}^{(i)}\zeta^{2\lambda}, \quad (62)$$

$$\mathsf{Z} = \zeta\left\{\dot{K}_0^{(i)} + 2\sum_{\lambda=1}^{\infty}{}'\dot{K}_{2\lambda}^{(i)}\cos 2\lambda\beta + 2i\sum_{\lambda=1}^{\infty}{}''\dot{K}_{2\lambda}^{(i)}\sin 2\lambda\beta\right\}. \quad (62\,\mathrm{a})$$

Die Koeffizienten sind nach den in Abschnitt X [489] gegebenen allgemeinen Formeln aus (51) zu berechnen, wobei $p_{2\lambda} \mid \dot{k}_{2\lambda}$, $P \mid \dot{K}$, $'P \mid '\dot{K}$, $''P \mid ''\dot{K}$ zu ersetzen ist[47]. Ausführlich hat man bis zu Gliedern 4. Ordnung

$$\left.\begin{aligned}
\dot{k}_2 &= 2n - \tfrac{2}{3}n^2 - 2n^3 + \tfrac{116}{45}n^4 + \cdots = +690''.2634\,50 = +0.0033\,4649\,1640^{17,12}\\
\dot{k}_4 &= +\tfrac{7}{3}n^2 - \tfrac{8}{5}n^3 - \tfrac{227}{45}n^4 + \cdots = +\ 1''.3474\,33 = +0.0000\,0653\,2540\\
\dot{k}_6 &= +\tfrac{56}{15}n^3 - \tfrac{136}{35}n^4 + \cdots = +\ 0''.0036\,07 = +0.0000\,0001\,7488\\
\dot{k}_8 &= +\tfrac{4279}{630}n^4 + \cdots = +\ 0''.0000\,11 = +0.0000\,0000\,0053\\
&\cdots\cdots\cdots
\end{aligned}\right\} \quad (61a)$$

Die Zerspaltung in Real- und Imaginärteil ist wieder unmittelbar wie bei (52) gegeben, und auf dem Hauptmeridian $\mathfrak{H}$ haben wir die reelle Entwicklung

$$B = b + \sum_{\lambda=1}^{\infty} \dot{k}_{2\lambda} \sin 2\lambda B, \qquad -\frac{\pi}{2} \leqq B \leqq +\frac{\pi}{2}. \qquad (61_0)$$

Die Differenz $B - b$ wird für numerische Zwecke am besten tabelliert. Einen Ausschnitt geben wir in V, 11 [230].

I_2^* *Die Darstellung von* Z *durch* ζ *im Restgebiet.*

Die Potenzreihenentwicklungen mit einem geeigneten Mittelpunkt- z. B. $\zeta = i$, konvergieren im Restgebiet sehr schlecht. Daher ist es zweckmäßiger, wieder die Reihe (15a) bzw. ihre Umkehrung zu benutzen. Man geht von $\zeta \to \mu = \mathsf{M} \to \mathsf{Z}$. Als Beispiel diene der besondere Punkt $\zeta^{(4')}$ bzw. $\mathsf{Z}^{(4')}$:

$$\zeta^{(4')} = i^{(0)}\zeta = i \operatorname{tg} \frac{e\pi}{4};$$

$$\mathsf{M}^{(4')} = \lg\left(-i\frac{\zeta + i}{\zeta - i}\right) = \frac{i\pi}{2} + 2\left[\operatorname{tg}\frac{e\pi}{4} + \frac{1}{3}\operatorname{tg}^3\frac{e\pi}{4} + \frac{1}{5}\operatorname{tg}^5\frac{e\pi}{4} + \cdots\right],$$

$$\mathsf{M}^{(4')} = \frac{i\pi}{2} + \pi\sqrt{n}\left[1 + n\left(\frac{\pi^2}{6} - 1\right) + n^2\left(\frac{\pi^4}{24} - \frac{\pi^2}{2} + 1\right) + \cdots\right]$$

$$= \frac{i\pi}{2} + \pi\sqrt{n} \cdot 1.0010\,80 = i\frac{\pi}{2} + 0.1286\,83.$$

Die Berechnung von $\mathsf{Z}^{(4')}$ durch die Umkehrung von (15a) wurde bereits S. 170 durchgeführt. Man findet

$$\varkappa_0 = 2.0947\,26, \quad \Delta\varkappa = -0.0038\,97, \quad \varkappa = 2.0908\,29,$$

$$\mathsf{Z}^{(4')} = i\sqrt{n}\,\varkappa = i\sqrt{n} \cdot 2.0908\,29 = 0.0855\,50\,i.$$

II* *Darstellung von* B *durch* β *in Punktumgebung.*

Die komplexe Sphäroidbreite B ist im Bereich β_{III^*} eine eindeutige, regulär analytische Funktion mit den auf dem Rand liegenden sin-

[47] Siehe L. Krüger [1] S. 14.

gulären Stellen $\pm^{(0)}\beta$, $\pm^{(0)}\beta \pm \pi$. Macht man daher für eine reguläre Stelle $\beta_0 \subset \beta_{III^*}$ die Potenzreihenentwicklung

$$\Delta \mathsf{B} = \sum_{\nu=1}^{\infty} [\dot{d}_\nu) \frac{\Delta\beta^\nu}{\nu!}, \tag{63}$$

so reicht der Konvergenzkreis bis an die nächste der genannten singulären Stellen.

Koeffizientendarstellung 1. Art.

Wir bilden die Umkehrreihe von (55) nach X [466] und erhalten aus den alten Koeffizienten (d_ν) die neuen $(\dot{d}_\nu)$. Ausführlich findet man für die ersten vier Glieder:

$$\left.\begin{aligned}
(\dot{d}_1) &= \frac{E'(\mathsf{B}_0)\cos\mathsf{B}_0}{\cos\beta_0},\\
(\dot{d}_2) &= \frac{E'_0\cos\mathsf{B}_0}{\cos^2\beta_0}[\sin\beta - (1+3e_c'^2)\sin\mathsf{B}]_0,\\
(\dot{d}_3) &= \frac{E'_0\cos\mathsf{B}_0}{\cos^3\beta_0}[3-\cos^2\beta - 2\cos^2\mathsf{B} - 3(1+3e_c'^2)\sin\mathsf{B}\sin\beta +\\
&\quad + 12e_c'^2 - 16e_c'^2\cos^2\mathsf{B} + 15e_c'^4 - 18e_c'^4\cos^2\mathsf{B}]_0,\\
(\dot{d}_4) &= \frac{E'_0\cos\mathsf{B}_0}{\cos^4\beta_0}[\sin\beta(12-\cos^2\beta - 12\cos^2\mathsf{B} + 72e_c'^2 -\\
&\quad - 96e_c'^2\cos^2\mathsf{B} + 90e_c'^4 - 108e_c'^4\cos^2\mathsf{B}) +\\
&\quad + 7\cos^2\beta\sin\mathsf{B}(1+3e_c'^2) + \sin\mathsf{B}(6\cos^2\mathsf{B} -\\
&\quad - 12 - 72e_c'^2 + 90e_c'^2\cos^2\mathsf{B} - 135e_c'^4 +\\
&\quad + 238e_c'^4\cos^2\mathsf{B} - 105e_c'^6 + 162e_c'^6\cos^2\mathsf{B})]_0,
\end{aligned}\right\} \tag{63a}$$

. . . .

Koeffizientendarstellung 2. Art.

Für Punkte im Hauptgebiet $\overline{\mathfrak{B}}_4(\beta)$ lassen sich die Koeffizienten aus (61) durch Differenzieren gewinnen:

$$\left.\begin{aligned}
[\dot{d}_1] &= 1 + \sum_{\lambda=1}^{\infty} 2\lambda\dot{k}_{2\lambda}\cos 2\lambda\beta_0,\\
[\dot{d}_\nu] &= \sum_{\lambda=1}^{\infty}(-1)^{\nu''}(2\lambda)^\nu\dot{k}_{2\lambda}\,{\sin \atop \cos}\,2\lambda\beta_0, \quad \nu > 1
\end{aligned}\right\} \tag{63b}$$

[18].

Insbesondere haben wir für $\mathbf{P}_0$ auf dem Hauptmeridian die *Kreis-*, *Längs-* und *Querentwicklung*

$$\text{mit } \Delta\beta = \varrho e^{i\psi} \begin{cases} \Delta\mathsf{B}' = \sum_{\nu=1}^{\infty} [\dot{d}_\nu) \frac{\varrho^\nu}{\nu!}\cos\nu\psi,\\ \Delta\mathsf{B}'' = \sum_{\nu=1}^{\infty} [\dot{d}_\nu) \frac{\varrho^\nu}{\nu!}\sin\nu\psi, \end{cases} \tag{64a}$$

$$\text{mit } \Delta\beta = \Delta b \quad \Delta B = \sum_{\nu=1}^{\infty} [\dot{d}_\nu) \frac{\Delta b^\nu}{\nu!}. \tag{64b}$$

$$\text{mit } \Delta\beta = i\beta'' \begin{cases} \Delta\mathsf{B}' = \quad - [\dot{d}_2)\frac{\beta''^2}{2!} + [\dot{d}_4)\frac{\beta''^4}{4!} - \cdots,\\ \Delta\mathsf{B}'' = [\dot{d}_1)\frac{\beta''}{1!} - [\dot{d}_3)\frac{\beta''^3}{3!} + \cdots. \end{cases} \tag{64c}$$

V, 5_2 Die durch $\mu = \mathsf{M}$ bewirkte Beziehung zwischen $\dot{\gamma}$ und $\dot{\Gamma}$ bzw. ϑ und Θ.

Wir stellen die Abbildungen V 66a und II 18 einander gegenüber, wobei in beiden der Schnitt längs des Gegenmeridians $\mathfrak{H}'$ geschlossen

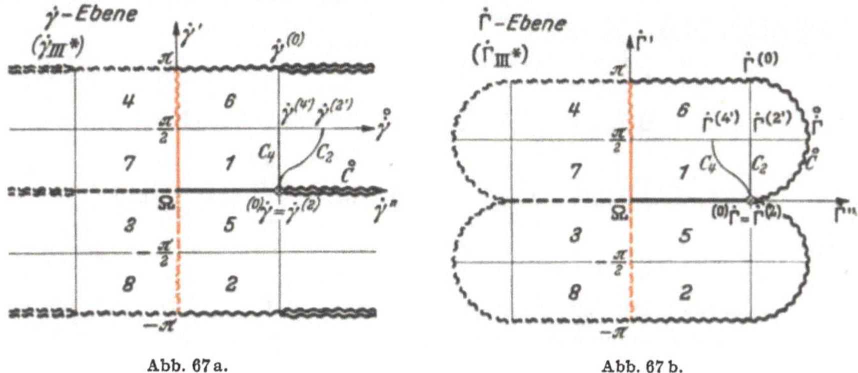

Abb. 67a. Abb. 67b.

werden kann, was wir durch einen Stern andeuten. Es gilt dann für die Abbildung $\dot{\Gamma} \to \dot{\gamma} = \beta$:

a) Durch $\dot{\gamma} = \dot{\gamma}(\dot{\Gamma})$ wird die $\dot{\Gamma}_{III*}$-Ebene mit Ausnahme von $\pm\mathring{\dot{\Gamma}}$, $\pm\left(\mathring{\dot{\Gamma}} - \pi\right)$ konform auf die $\dot{\gamma}_{III*}$-Ebene abgebildet.

b) $\dot{\gamma} = \beta$ ist in $\dot{\Gamma}_{III*}$ eine eindeutige, regulär analytische Funktion von $\dot{\Gamma}$. Singularitäten liegen auf dem Rande an den Stellen ${}^{(0)}\dot{\Gamma}$, $\dot{\Gamma}^{(0)}$ und ihren Spiegelbildern. $(\dot{\gamma} - \dot{\Gamma})$ ist eine ungerade Funktion von $\dot{\Gamma}$ und hat die Periode 2π.

c) $(\dot{\gamma} - \dot{\Gamma})$ kann daher in $\overline{\mathfrak{B}}_2$ in eine trigonometrische Reihe nach den Sinus der Vielfachen von $\dot{\Gamma}$ entwickelt werden, ferner $\dot{\gamma}$ um jeden nichtsingulären Punkt $\mathbf{P}_0$ aus $\dot{\Gamma}_{III*}$ in eine gewöhnliche Potenzreihe nach $(\dot{\Gamma} - \dot{\Gamma}_0)$, deren Konvergenzkreis bis zum nächsten der angeführten singulären Punkte reicht.

Für die umgekehrte Abbildung $\beta = \dot{\gamma} \to \dot{\Gamma}$ hat man entsprechend:

a*) Durch $\dot{\Gamma} = \dot{\Gamma}(\dot{\gamma})$ wird die $\dot{\gamma}_{III*}$-Ebene konform auf die $\dot{\Gamma}_{III*}$-Ebene abgebildet.

b*) $\dot{\Gamma}$ ist in $\dot{\gamma}_{III*}$ eine eindeutige, regulär analytische Funktion von $\dot{\gamma}$. Singularitäten liegen nur auf dem Rande an den Stellen $\pm{}^{(0)}\dot{\gamma}$ und $\pm({}^{(0)}\dot{\gamma} \pm \pi)$; $(\dot{\Gamma} - \dot{\gamma})$ ist eine ungerade Funktion von $\dot{\gamma}$ mit der Periode 2π.

c*) $(\dot{\Gamma} - \dot{\gamma})$ kann daher in $\overline{\mathfrak{B}}_4$ in eine trigonometrische Reihe nach den Sinus der Vielfachen von $\dot{\gamma}$ entwickelt werden, ferner $\dot{\Gamma}$ um jeden nichtsingulären Punkt $\mathbf{P}_0$ aus $\dot{\gamma}_{III*}$ in eine gewöhnliche Potenzreihe nach $(\dot{\gamma} - \dot{\gamma}_0)$, deren Konvergenzkreis bis an den nächsten der angegebenen singulären Punkte reicht.

I_1 *Darstellung von $\dot{\gamma}$ durch $\dot{\mathsf{r}}$ im Hauptgebiet.*

Wir gehen bei gegebenem $\dot{\mathsf{r}}$ zur Berechnung des Funktionswertes $\dot{\gamma}(\dot{\mathsf{r}})$ folgenden Weg:

$$\begin{aligned}
&\dot{\mathsf{r}},\\
\downarrow\;&\mathsf{B} = \dot{\mathsf{r}} + \sum_{\lambda=1}^{\infty} \dot{p}_{2\lambda} \sin 2\lambda \dot{\mathsf{r}} \quad \text{in} \quad \overline{\mathfrak{B}}_1 \quad (3)\ [163],\\
\downarrow\;&\beta = \mathsf{B} + \sum_{\nu=1}^{\infty} k_{2\nu} \sin 2\nu \mathsf{B} \quad \text{in} \quad \overline{\mathfrak{B}}_3 \quad (51)\ [186],\\
\downarrow\;&\dot{\gamma} = \beta.
\end{aligned}$$

Die trigonometrischen Reihen lassen sich nach X [496] zusammensetzen; der Konvergenzbereich wird nach der geometrischen Betrachtung der Streifen $\overline{\mathfrak{B}}_2(\dot{\mathsf{r}})$:

$$\dot{\gamma} = \left(\dot{\mathsf{r}} + \sum_{\lambda=1}^{\infty} \dot{p}_{2\lambda} \sin 2\lambda \dot{\mathsf{r}}\right) + \sum_{\nu=1}^{\infty} k_{2\nu} \sin 2\nu \left[\dot{\mathsf{r}} + \sum_{\lambda=1}^{\infty} \dot{p}_{2\lambda} \sin 2\lambda \dot{\mathsf{r}}\right]$$

oder

$$\dot{\gamma} = \dot{\mathsf{r}} + \sum_{\lambda=1}^{\infty} l_{2\lambda} \sin 2\lambda \dot{\mathsf{r}} \quad \text{in} \quad \overline{\mathfrak{B}}_2(\dot{\mathsf{r}}). \tag{65}$$

Ausführlich lauten die Koeffizienten bis zu Gliedern 4. Ordnung[48]

$$\left.\begin{aligned}
l_2 &= -\tfrac{1}{2}n + \tfrac{2}{3}n^2 - \tfrac{37}{96}n^3 + \tfrac{1}{360}n^4 + \cdots = -0^{\circ}\!.0478\;5490\;25^{17,12}\\
l_4 &= -\tfrac{1}{48}n^2 - \tfrac{1}{15}n^3 + \tfrac{437}{1440}n^4 + \cdots = -0^{\circ}\!.0000\;0336\;35\\
l_6 &= -\tfrac{17}{480}n^3 + \tfrac{37}{840}n^4 + \cdots = -0^{\circ}\!.0000\;0000\;95\\
l_8 &= -\tfrac{4397}{161280}n^4 + \cdots = -0^{\circ}\!.0000\;0000\;00
\end{aligned}\right\} \tag{65a}$$

Die Aufspaltung in Real- und Imaginärteil ergibt die reellen Reihen

$$\left.\begin{aligned}
\beta' &= \dot{\gamma}' = \dot{\mathsf{r}}' + \sum_{\lambda=1}^{\infty} l_{2\lambda} \sin 2\lambda \dot{\mathsf{r}}' \operatorname{ch} 2\lambda \dot{\mathsf{r}}'',\\
\beta'' &= \dot{\gamma}'' = \dot{\mathsf{r}}'' + \sum_{\lambda=1}^{\infty} l_{2\lambda} \cos 2\lambda \dot{\mathsf{r}}' \operatorname{sh} 2\lambda \dot{\mathsf{r}}''.
\end{aligned}\right\} \tag{65b}$$

Auf dem Hauptmeridian $\mathfrak{H}$ hat man speziell die Entwicklung

$$b = \dot{g} = \dot{G} + \sum_{\lambda=1}^{\infty} l_{2\lambda} \sin 2\lambda \dot{G}. \tag{65_0}$$

[48] Siehe L. Krüger [1] S. 14.

Der Übergang zu den Exponentialfunktionen liefert nach X [489]

$$\zeta = \vartheta = \Theta \sum_{\lambda=-\infty}^{+\infty} L_{2\lambda}^{(i)} \Theta^{2\lambda} \quad \text{in} \quad \mathfrak{B}_2(\Theta) \tag{66}$$

oder

$$\zeta = \vartheta = \Theta \left\{ L_0^{(i)} + 2 \sum_{\lambda=1}^{\infty} {}' L_{2\lambda}^{(i)} \cos 2\lambda \dot{\Gamma} + 2i \sum_{\lambda=1}^{\infty} {}'' L_{2\lambda}^{(i)} \sin 2\lambda \dot{\Gamma} \right\}, \tag{66a}$$

wobei in den allgemeinen Formeln im Abschnitt X die Größen $p_{2\lambda} | l_{2\lambda}$, $P_{2\lambda} | L_{2\lambda}$, $'P_{2\lambda} | 'L_{2\lambda}$, $''P_{2\lambda} | ''L_{2\lambda}$ zu ersetzen sind. Ausführlich ergibt sich bis zu Gliedern 4. Ordnung

$$\left.\begin{aligned}
L_0^{(i)} &= 1 - \tfrac{1}{16} n^2 + \tfrac{1}{6} n^3 - \tfrac{119}{576} n^4 + \cdots \\
L_2^{(i)} &= -\tfrac{1}{4} n + \tfrac{1}{3} n^2 - \tfrac{3}{16} n^3 - \tfrac{5}{144} n^4 + \cdots \\
L_4^{(i)} &= \phantom{-\tfrac{1}{4} n} + \tfrac{1}{48} n^2 - \tfrac{7}{60} n^3 + \tfrac{241}{960} n^4 + \cdots \\
L_6^{(i)} &= -\tfrac{17}{960} n^3 + \tfrac{47}{1260} n^4 + \cdots \\
L_8^{(i)} &= -\tfrac{751}{80\,640} n^4 + \cdots \\
L_{-2}^{(i)} &= +\tfrac{1}{4} n - \tfrac{1}{3} n^2 + \tfrac{35}{192} n^3 + \tfrac{1}{40} n^4 + \cdots \\
L_{-4}^{(i)} &= + \tfrac{1}{24} n^2 - \tfrac{1}{20} n^3 - \tfrac{619}{11\,520} n^4 + \cdots \\
L_{-6}^{(i)} &= + \tfrac{11}{480} n^3 - \tfrac{139}{5040} n^4 + \cdots \\
L_{-8}^{(i)} &= + \tfrac{25}{1344} n^4 + \cdots
\end{aligned}\right\} \tag{66b}$$

I_2 *Darstellung von $\dot{\gamma}$ durch $\dot{\Gamma}$ im Restgebiet.*

Aus der Darstellung (40) im Restgebiet

$$\mu - \frac{i\pi}{2} = \mathsf{M} - \overset{0}{\mathsf{M}} = \sum_{\nu=1}^{\infty} (c_\nu) \frac{\left(\dot{\Gamma} - \overset{0}{\dot{\Gamma}}\right)^\nu}{\nu!}$$

folgt durch Übergang zur Exponentialfunktion

$$i e^{-\mu} = i \operatorname{cotg}\left(\frac{\pi}{4} + \frac{\dot{\gamma}}{2}\right) = 1 + \sum_{\nu=1}^{\infty} (\Gamma_\nu) \frac{\Delta \dot{\Gamma}^\nu}{\nu!} \quad \text{[vgl. (40)]}. \tag{67}$$

II *Darstellung von $\dot{\gamma}$ durch $\dot{\Gamma}$ in Punktumgebung.*

In einem regulären Punkt des Γ_{III*}-Bereiches läßt sich $\dot{\gamma}$ in eine Potenzreihe nach $\Delta \dot{\Gamma}$ entwickeln:

$$\Delta \dot{\gamma} = \sum_{\nu=1}^{\infty} [e_\nu] \frac{\Delta \dot{\Gamma}^\nu}{\nu!}. \tag{68}$$

Koeffizientendarstellung 1. Art.

Die Koeffizienten können durch das Zusammensetzen der beiden Reihen

$$\Delta \mathsf{B} = \sum_{\nu=1}^{\infty} (\dot{a}_\nu) \frac{\Delta \dot{\Gamma}^\nu}{\nu!} \qquad (6)$$

und

$$\Delta \dot{\gamma} = \Delta \beta = \sum_{\nu=1}^{\infty} (\dot{d}_\nu) \frac{\Delta \mathsf{B}^\nu}{\nu!} \qquad (55)$$

erhalten werden. Wir überlassen die Durchführung dem Leser.

Koeffizientendarstellung 2. Art.

Im Hauptgebiet folgt durch Differentiation der trigonometrischen Reihe (65) unmittelbar

$$\left.\begin{aligned} [e_1] &= 1 + \sum_{\lambda=1}^{\infty} 2\lambda l_{2\lambda} \cos 2\lambda \dot{\Gamma}_0, \\ [e_\nu] &= \sum_{\lambda=1}^{\infty} (-1)^{\nu''} (2\lambda)^\nu l_{2\lambda} \genfrac{}{}{0pt}{}{\sin}{\cos} 2\lambda \Gamma_0, \qquad \nu > 1 \;{}^{18}. \end{aligned}\right\} \qquad (68\text{b})$$

I_1^* *Darstellung von* $\dot{\Gamma}$ *durch* $\dot{\gamma}$ *im Hauptgebiet.*

Durch die geometrische Betrachtung war bereits sichergestellt, daß $\dot{\Gamma} - \dot{\gamma}$ in einem Streifen $\overline{\mathfrak{B}}_4(\dot{\gamma})$ in eine trigonometrische Reihe entwickelt werden kann. Bezeichnen wir sie sinngemäß mit

$$\dot{\Gamma} = \dot{\gamma} + \sum_{\lambda=1}^{\infty} \dot{l}_{2\lambda} \sin 2\lambda\dot{\gamma}\,, \qquad \text{in} \qquad \overline{\mathfrak{B}}_4(\dot{\gamma}), \qquad (69)$$

so lassen sich die Koeffizienten nach X [500] als Potenzreihen in n angeben. Ausführlich findet man bis zu Gliedern 4. Ordnung[47]

$$\left.\begin{aligned} \dot{l}_2 &= \tfrac{1}{2}n - \tfrac{2}{3}n^2 + \tfrac{5}{16}n^3 + \tfrac{41}{180}n^4 + \cdots = +0^\circ\!.0478\,5488\,30 \quad {}^{17\;12} \\ \dot{l}_4 &= \qquad + \tfrac{13}{48}n^2 - \tfrac{3}{5}n^3 + \tfrac{557}{1440}n^4 + \cdots = +0^\circ\!.0000\,4333\,31 \\ \dot{l}_6 &= \qquad\qquad + \tfrac{61}{240}n^3 - \tfrac{103}{140}n^4 + \cdots = +0^\circ\!.0000\,0006\,80 \\ \dot{l}_8 &= \qquad\qquad\qquad + \tfrac{49\,561}{161\,280}n^4 + \cdots = +0^\circ\!.0000\,0000\,01 \\ &\cdots\cdots\cdots \end{aligned}\right\} \qquad (69\text{a})$$

Die Zerspaltung der Reihe (69) in Real- und Imaginärteil kann wie früher ohne weiteres durchgeführt werden. Auf dem Hauptmeridian $\mathfrak{H}$ erhält man so speziell

$$\dot{G} = \dot{g} + \sum_{\lambda=1}^{\infty} \dot{l}_{2\lambda} \sin 2\lambda\dot{g} = b + \sum_{\lambda=1}^{\infty} \dot{l}_{2\lambda} \sin 2\lambda b. \qquad (69_0)$$

Der Übergang zu den Exponentialfunktionen liefert nach X [489]

$$\Theta = \zeta \sum_{-\infty}^{+\infty} \dot{L}_{2\lambda}^{(i)} \zeta^{2\lambda},$$

$$\Theta = \zeta \left\{ \dot{L}_0^{(i)} + 2 \sum_{\lambda=1}^{\infty} \left[{}'\dot{L}_{2\lambda}^{(i)} \cos 2\lambda\dot{\gamma} + i\,{}''\dot{L}_{2\lambda}^{(i)} \sin 2\lambda\dot{\gamma} \right] \right\} \quad \text{in} \quad \overline{\mathfrak{B}}_4.$$

I_2^* *Darstellung von* $\dot{\Gamma}$ *durch* $\dot{\gamma}$ *im Restgebiet.*

Die Punkte im Restgebiet des $\dot{\gamma}_{III*}$-Bereiches können mit dem Weg über $\vartheta = \zeta = e^{i\dot{\gamma}}$ durch eine Potenzreihe

$$\dot{\Gamma} - \frac{\pi}{2} = \mathfrak{P}(\vartheta - i) \tag{70}$$

an der Stelle $\vartheta = i$ erfaßt werden. Ihre Koeffizienten lassen sich aus (69) berechnen. Der Konvergenzradius reicht bis zur nächsten singulären Stelle ${}^{(0)}\vartheta = \mathrm{tg}\frac{e\pi}{4}$. Infolge der schlechten Konvergenz dieser Entwicklung dürfte es jedoch vorzuziehen sein, folgenden Weg einzuschlagen: $\dot{\gamma} \to \mu = \mathsf{M} \to \mathsf{Z} \to \dot{\Gamma}$ (vgl. dazu V, 7_2).

II* *Darstellung von* $\dot{\Gamma}$ *durch* $\dot{\gamma}$ *in Punktumgebung.*

Durch Umkehrung der Reihe (68) folgt unmittelbar

$$\Delta\dot{\Gamma} = \sum_{\nu=1}^{\infty} [\dot{e}_\nu] \frac{\Delta\dot{\gamma}^\nu}{\nu!}. \tag{71}$$

Zweite Gruppe.

V, 6_1 B als Funktion von A = M.

Die komplexe Breite **B** ist eine im Bereich M_{III} eindeutige, regulär analytische Funktion von **M** mit den auf dem Rand liegenden Singularitäten in ${}^{(0)}\mathsf{M} = \mathsf{M}^{(4)}$ und in den durch Spiegelung daraus hervorgehenden Stellen.

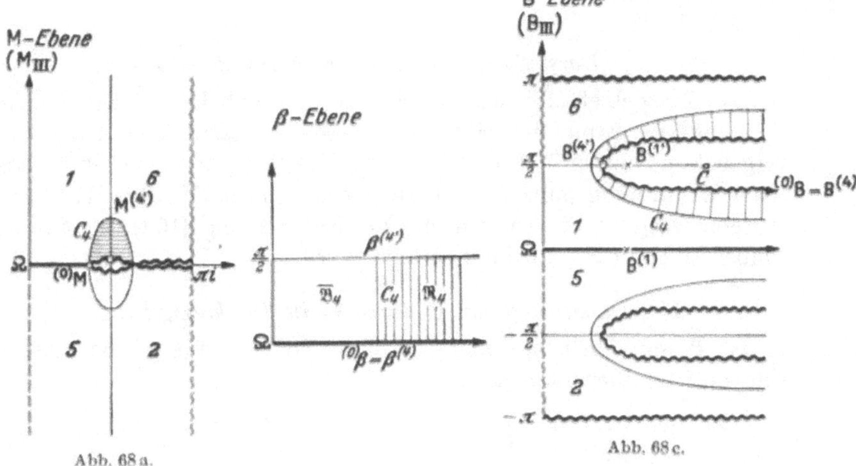

Abb. 68a. Abb. 68c.

I_1 *Darstellung von* **B** *durch* **M** *im Hauptgebiet.*

Während eine unmittelbare Umkehrung der Reihe im Großen (14a) [168] infolge der Abspaltung des Kugelteiles nicht möglich ist, gelingt eine Darstellung mit dem Umweg über die Beziehung $\mu = \mathsf{M}$. Das Zwischenschalten der Kugel erlaubt nämlich den Übergang von μ nach β in geschlossener Form, und wegen (61) [190] ist die Rückkehr zum Sphäroid im Hauptgebiet gesichert. Wir kennzeichnen das Zusammensetzen der Rechnungen durch folgendes Schema:

$$\left.\begin{array}{l} \mathsf{M} \\ \downarrow \\ \mu = \mathsf{M} \\ \downarrow \\ \beta = \frac{1}{i} \lg \operatorname{tg}\left(\frac{\pi}{4} + \frac{i\mu}{2}\right) \quad \text{oder} \quad \begin{cases} \operatorname{tg}\beta' = \frac{\operatorname{sh} h}{\cos l} = \frac{\operatorname{tg} b}{\cos l} \\ \operatorname{th}\beta'' = \frac{\sin l}{\operatorname{ch} h} = \sin l \cos b \end{cases} \\ \downarrow \\ \mathsf{B} = \beta + \sum_{\lambda=1}^{\infty} \dot{k}_{2\lambda} \sin 2\lambda\beta \quad \text{in} \quad \overline{\mathfrak{B}}_4(\beta) \qquad \text{II (30a) [77].} \end{array}\right\} \tag{72}$$

In der M-Ebene ist das Bild von $\overline{\mathfrak{B}}_4(\beta)$ ein ovaler Bereich in der Umgebung des Ostpunktbildes $\overset{0}{\mathsf{M}}$ (Abb. 68a). Mit Ausnahme dieses Gebietes ist auf diese Weise zu allen M-Werten der Funktionswert B durch (72) gegeben.

Insbesondere haben wir auf dem Hauptmeridian $\mathfrak{H}$ das Schema

$$\left.\begin{array}{l} H \\ \downarrow \\ h = H \\ \downarrow \\ b = \frac{1}{i} \lg \operatorname{tg}\left(\frac{\pi}{4} + \frac{i h}{2}\right) \quad \text{oder} \quad \begin{array}{l} \operatorname{tg} b = \operatorname{sh} h \\ \text{bzw. } \sin b = \operatorname{th} h \end{array} \quad \text{II (28) [76]} \\ \downarrow \\ B = b + \sum_{\lambda=1}^{\infty} \dot{k}_{2\lambda} \sin 2\lambda b. \end{array}\right\} \tag{72_0}$$

I_2 *Darstellung von* B *durch* M *im Restgebiet.*

Das Restgebiet läßt sich durch eine gewöhnliche Potenzreihenentwicklung von B mit dem Mittelpunkt $\mathsf{M}^{(4')}$ erfassen [191], deren Konvergenzkreis durch ${}^{(0)}\mathsf{M}$ läuft und die Kurve $C_4(\mathsf{M})$ wegen ihrer positiven Krümmung ganz im Innern enthält (nach IV (10a) [128]). Ein weiterer Weg ist die Umkehrung der Entwicklung (15a), die für den Punkt $\mathsf{Z}^{(4')}$ auf S. 170 durchgeführt wurde.

II *Darstellung von* B *durch* M *in Punktumgebung.*

Ist $\mathbf{P}_0$ eine beliebige nichtsinguläre Stelle von $\mathsf{M}_{\mathrm{III}}$, so existiert eine Potenzreihenentwicklung

$$\mathsf{B} - \mathsf{B}_0 = \sum_{\nu=1}^{\infty} [\dot{b}_\nu) \frac{\Delta \mathsf{M}^\nu}{\nu!}, \tag{73}$$

die durch Umkehrung der Reihe (18) mit den Koeffizienten (b_ν) erhalten wird. Der Konvergenzkreis reicht bis zum nächsten singulären Punkt $\pm{}^{(0)}\mathsf{M}$, $\pm\mathsf{M}^{(0)}$.

Koeffizientendarstellung 1. Art.

Die Koeffizienten werden nach X [465] aus (19b) bzw. (19c) berechnet. Für die erste Form geben wir nur vier Werte, da es bequemer ist, E' auszumultiplizieren (vgl. Wl. K. Hristow[49]):

$$\left.\begin{aligned}(\dot{b}_1) &= E'(\mathsf{B}_0)\cos\mathsf{B}_0,\\ (\dot{b}_2) &= -E_0'\cos^2\mathsf{B}_0\cdot t_0(1+3e_c'^2)_0,\\ (\dot{b}_3) &= -E_0'\cos^3\mathsf{B}_0(1-t^2+4e_c'^2-12e_c'^2t^2+3e_c'^4-15e_c'^4t^2)_0,\\ (\dot{b}_4) &= E_0'\cos^4\mathsf{B}_0\cdot t_0(5-t^2+51e_c'^2-39e_c'^2t^2+103e_c'^4-\\ &\qquad -135e_c'^4t^2+57e_c'^6-105e_c'^6t^2)_0.\end{aligned}\right\}\quad(73\text{a})$$

. . . .

Zu einer weiteren Form wollen wir die aus (19c) entstehenden Größen $(\dot{b}_\nu)$ durch Multiplikation der Tangenspotenzen mit Cosinuspotenzen umbilden. Man erhält im einzelnen mit der Abkürzung $\eta = e'\cos\mathsf{B}$:

$$\left.\begin{aligned}(\dot{b}_1) &= \cos\mathsf{B}_0[1+\eta^2]_0,\\ (\dot{b}_2) &= -\cos\mathsf{B}_0\sin\mathsf{B}_0[1+4\eta^2+3\eta^4]_0,\\ (\dot{b}_3) &= \cos\mathsf{B}_0[1+13\eta^2+27\eta^4+15\eta^6-\\ &\qquad -(2+18\eta^2+34\eta^4+18\eta^6)\cos^2\mathsf{B}]_0,\\ (\dot{b}_4) &= -\cos\mathsf{B}_0\sin\mathsf{B}_0[1+40\eta^2+174\eta^4-\\ &\qquad -(6+96\eta^2+328\eta^4)\cos^2\mathsf{B}]_0+\mathrm{Gl}_6,\\ (\dot{b}_5) &= \cos\mathsf{B}_0[1+121\eta^2-(20+664\eta^2)\cos^2\mathsf{B}+\\ &\qquad +(24+600\eta^2)\cos^4\mathsf{B}]_0+\mathrm{Gl}_4,\\ (\dot{b}_6) &= -\cos\mathsf{B}_0\sin\mathsf{B}_0[1-60\cos^2\mathsf{B}+120\cos^4\mathsf{B}]_0+\mathrm{Gl}_2.\end{aligned}\right\}\quad(73\text{b})$$

. . . .

Eine dritte Form entsteht aus (73b) durch Übergang zu den Vielfachen der Winkelfunktionen.

Koeffizientendarstellung 2. Art.

Eine Koeffizientendarstellung 2. Art im alten Sinn gibt es nicht, denn die Funktion **B**(**M**) läßt keine direkte Entwicklung im Großen zu. Trotzdem ist es aber möglich, die Potenzreihenkoeffizienten einer trigonometrischen Reihe im Hauptgebiet $\overline{\mathfrak{B}}_4(\beta)$ zu entnehmen.

---

[49] Wl. K. Hristow [1] S. 48.

Aus (61) und II (21a) folgt nämlich in $\overline{\mathfrak{B}}_4(\beta)$

$$[\dot{b}_1]:\quad \frac{d\mathsf{B}}{d\mathsf{M}} = \frac{d\mathsf{B}}{d\beta}\cdot\frac{d\beta}{d\mathsf{M}} = \frac{d\mathsf{B}}{d\beta}\cdot\frac{d\beta}{d\mu} = \frac{d\mathsf{B}}{d\beta}\cdot\cos\beta = \cos\beta + \\ + \sum_1^\infty \left[\lambda\,\dot{k}_{2\lambda} + (\lambda - 1)\,\dot{k}_{2\lambda-2}\right]\cos(2\lambda - 1)\beta, \tag{73c}$$

$$[\dot{b}_2]:\quad \frac{d^2\mathsf{B}}{d\mathsf{M}^2} = -\frac{1}{2}\sin 2\beta - \sum_1^\infty \left[\left(\lambda + \frac{1}{2}\right)(\lambda + 1)\,\dot{k}_{2\lambda+2} + \right. \\ \left. + 2\lambda\cdot\lambda\dot{k}_{2\lambda} + \left(\lambda - \frac{1}{2}\right)(\lambda - 1)\,\dot{k}_{2\lambda-2}\right]\sin 2\lambda\beta,$$

. . . .

$$\frac{d^{\nu+1}\mathsf{B}}{d\mathsf{M}^{\nu+1}} = \cos\beta\,\frac{d}{d\beta}\left(\frac{d^\nu\mathsf{B}}{d\mathsf{M}^\nu}\right),$$

wobei nach jeder Multiplikation mit $\cos\beta$ die trigonometrischen Produkte umzuformen sind:

$$\cos 2\lambda\beta\cos\beta = \tfrac{1}{2}\cos(2\lambda + 1)\beta + \tfrac{1}{2}\cos(2\lambda - 1)\beta,$$
$$\sin(2\lambda + 1)\beta\cos\beta = \tfrac{1}{2}\sin(2\lambda + 2)\beta + \tfrac{1}{2}\sin 2\lambda\beta.$$

Das Bildungsgesetz für die Koeffizienten der Ableitungen läßt sich nach folgendem Schema leicht übersehen:

1		b_1	$-\frac{1}{2}$			d_1	$-\frac{1}{2}$
a_2	1			c_2	1		
		b_3	$-\frac{3}{2}$			d_3	$-\frac{3}{2}$
a_4	2			c_4	2		
		b_5	$-\frac{5}{2}$			d_5	$-\frac{5}{2}$
a_6	3			c_6	3		
		b_7	$-\frac{7}{2}$			d_7	$-\frac{7}{2}$
a_8	4			c_8	4		
		b_9	$-\frac{9}{2}$			d_9	$-\frac{9}{2}$
				c_{10}	5		
						d_{11}	$-\frac{11}{2}$

usw.

Dabei sollen die Buchstaben $a_{2\nu}$ die Koeffizienten der Ausgangsreihe (hier also $a_{2\nu} = \dot{k}_{2\nu}$) bedeuten. Multipliziert man sie mit den dahinterstehenden Zahlen und addiert jeweils die durch Striche zusammengehörigen Werte, z. B. $b_5 = 2a_4 + 3a_6$ oder $b_9 = 4a_8 + 5a_{10}$, so entstehen die Koeffizienten der nächsten Ableitung usw. Hat man für die erste Spalte bereits die Zahlwerte, so lassen sich beliebig viele weitere Spalten bequem bilden.

Zur numerischen Berechnung geben wir eine Zahlentabelle[12]. Das Reihenschema lautet nach Umwandlung in Gradmaß

$$\varDelta\mathsf{B}^\circ = [1]\,\varDelta\mathsf{M}^\circ + [2]\,(\varDelta\mathsf{M}^\circ)^2 + [3]\,(\varDelta\mathsf{M}^\circ)^3 + \cdots$$

Der Tabellenwert in der λ-ten Zeile und Spalte $[\nu]$ bedeutet den Koeffizienten von $\cos(2\lambda-1)\beta_0$ bzw. $\sin 2\lambda\,\beta_0$ in der trigonometrischen Reihe für $\left.\frac{d^\nu \mathsf{B}}{d\mathsf{M}^\nu}\right|_0$ multipliziert mit $\frac{1}{\nu!\,(\varrho^\circ)^{\nu-1}}$, wobei die Ausgangskoeffizienten $\dot{k}_{2\lambda}$ in absolutem Maß (d. h. also *nicht* durch $\varrho^\circ \dot{k}_{2\lambda}$) gegeben sind.

Δ **B-Tabelle.**

	[1	[3]	[5]	[7]
$\cos\ \beta_0$	+ 1.0033 4649 16	− 0.0000 2572 558	+0.0000 0000 0795	− 0.0000 0000 0000 0
$\cos 3\beta_0$	+ 0.0033 5955 67	− 0.0000 2624 060	+0.0000 0000 2034	−0.0000 0000 0000 1
$\cos 5\beta_0$	+ 0.0000 1311 75	− 0.0000 0052 004	+0.0000 0000 1299	−0.0000 0000 0000 2
$\cos 7\beta_0$	+ 0.0000 0005 27	− 0.0000 0000 506	+0.0000 0000 0061	−0.0000 0000 0000 1
$\cos 9\beta_0$	+ 0.0000 0000 02	− 0.0000 0000 004	+0.0000 0000 0001	
	[2]	[4]	[6]	
$\sin\ 2\beta_0$	− 0.0044 2190 145	+ 0.0000 0022 7869	−0.0000 0000 0010 0	
$\sin\ 4\beta_0$	− 0.0000 4426 267	+ 0.0000 0017 7417	−0.0000 0000 0018 3	
$\sin\ 6\beta_0$	− 0.0000 0028 779	+ 0.0000.0000.5750	−0.0000 0000 0010 1	
$\sin\ 8\beta_0$	− 0.0000 0000 162	+ 0.0000 0000 0078	−0.0000 0000 0000 6	
$\sin 10\beta_0$	− 0.0000 0000 001	+ 0.0000 0000 0001		

Insbesondere haben wir auf dem Hauptmeridian $\mathfrak{H}$ die *Kreis-*, *Längs-* und *Querentwicklung*

$$\text{mit}\quad \Delta\mathsf{M}=\varrho\, e^{i\psi}\quad \begin{cases} \Delta\mathsf{B}' = \sum\limits_{\nu=1}^{\infty}[\dot{b}_\nu)\dfrac{\varrho^\nu}{\nu!}\cos\nu\psi \\ \Delta\mathsf{B}'' = \sum\limits_{\nu=1}^{\infty}[\dot{b}_\nu)\dfrac{\varrho^\nu}{\nu!}\sin\nu\psi \end{cases} \tag{74a}$$

$$\text{mit}\quad \Delta\mathsf{M}=\Delta H \qquad \Delta B = \sum_{\nu=1}^{\infty}[\dot{b}_\nu)\frac{\Delta H^\nu}{\nu!} \tag{74b}$$

$$\text{mit}\quad \Delta\mathsf{M}=iL\quad \begin{cases} \Delta\mathsf{B}' = \qquad\qquad -[\dot{b}_2)\dfrac{L^2}{2!} \qquad +[\dot{b}_4)\dfrac{L^4}{4!} \qquad + \cdots \\ \Delta\mathsf{B}'' = [\dot{b}_1)\dfrac{L}{1!} \qquad -[\dot{b}_3)\dfrac{L^3}{3!} \qquad +[\dot{b}_5)\dfrac{L^5}{5!} + \cdots \end{cases} \tag{74c}$$

V, 6_2 Z bzw. B als Funktion von H.

Für die Kugel hat man einen linearen Zusammenhang:

$$\zeta = \frac{1}{i}\,\frac{\eta - i}{\eta + i}.$$

Bei dem Sphäroid ist nach Abb. 59a [159] **Z** eine im Einheitskreis eindeutige und regulär analytische Funktion von **H** mit den singulären

Stellen auf dem Rand. Sie läßt sich daher in eine Potenzreihe mit dem Mittelpunkt $\mathsf{H} = 0$ entwickeln:

$$\mathsf{Z} = \mathfrak{P}(\mathsf{H}) \quad \text{für } |\mathsf{H}| < 1. \tag{75}$$

Zur Berechnung der Koeffizienten gehen wir von der allgemeinen Potenzreihe (24)

$$\mathsf{H} = \frac{1}{i}\frac{\mathsf{Z}-i}{\mathsf{Z}+i}\sum_{-\infty}^{+\infty} Q_\mu^{(-1)}\,\mathsf{Z}^\mu = \mathfrak{Q}\,(\mathsf{Z}-i)$$

aus, entwickeln die rechte Seite ihrerseits in eine gewöhnliche Potenzreihe mit dem Mittelpunkt $\mathsf{Z} = i$ und kehren die Reihe um. Die Durchführung überlassen wir dem Leser.

V, 7₁ $\dot{\Gamma}$ als Funktion von B.

Den komplexen normierten Meridianbogen als Funktion der komplexen Breite haben wir bereits in Abschnitt I ausführlich untersucht. Wir können uns daher hier kurz fassen.

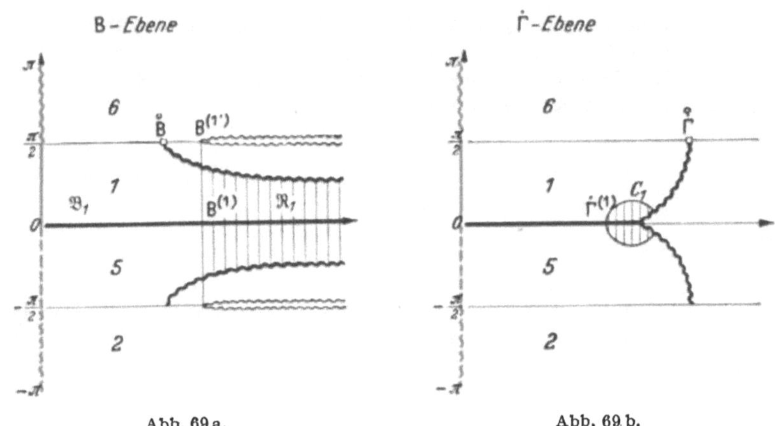

Abb. 69a. Abb. 69b.

Die Funktion $\dot{\Gamma} = \dot{\Gamma}(\mathsf{B})$ ist eine im Bereich $\mathfrak{B}_1$ (I, Abb. 7b [45]) eindeutige, regulär analytische Funktion mit den singulären Stellen in $\pm\,\mathsf{B}^{(1')}$ und $\pm(\mathsf{B}^{(1')} - \pi)$. Der Regularitätsbereich reicht also über B_{III} hinaus.

T_1 *Darstellung von* $\dot{\Gamma}$ *durch* B *im Hauptgebiet.*

In der neuen Bezeichnung übernehmen wir diese aus I (97) [50]:

$$\dot{\Gamma} = \mathsf{B} + \sum_{\lambda=1}^{\infty} p_{2\lambda} \sin 2\lambda\,\mathsf{B} \quad \text{in } \overline{\mathfrak{B}}_1. \tag{76}$$

Die Zerspaltung in Real- und Imaginärteil kann wie oben vorgenommen werden. Auf dem Hauptmeridian hat man speziell die reelle Entwicklung

$$\dot{G} = B + \sum_{\lambda=1}^{\infty} p_{2\lambda} \sin 2\lambda\, B \qquad \text{(vgl. I (97) [50]).} \tag{76$_0$}$$

I_2 *Darstellung von* $\dot{\Gamma}$ *durch* B *im Restgebiet.*

Bei der Berechnung der Integralperioden im Abschnitt I [47] haben wir bereits eine Untersuchung außerhalb des Hauptgebietes durchgeführt. Sie bestand in der Abspaltung des kritischen Faktors im Integranden, und wir wollen jetzt durch eine Hilfsabbildung der Variablen Z bzw. $\varkappa$

$$Z = \varkappa \sqrt{n} = \frac{\sqrt{n}}{i} \sin \alpha \quad (\text{vgl. III (45) [118]}) \tag{77}$$[50]

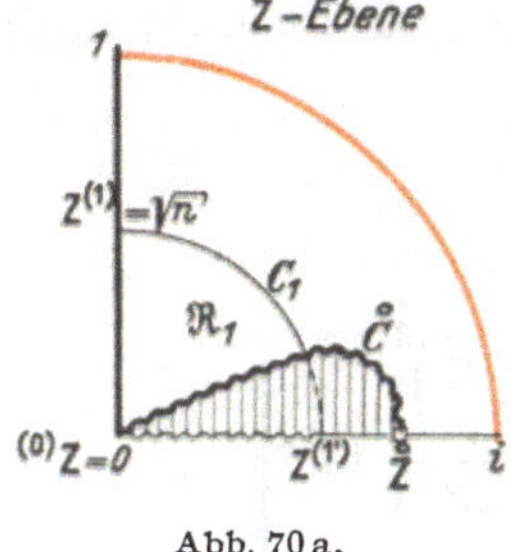

Abb. 70 a.

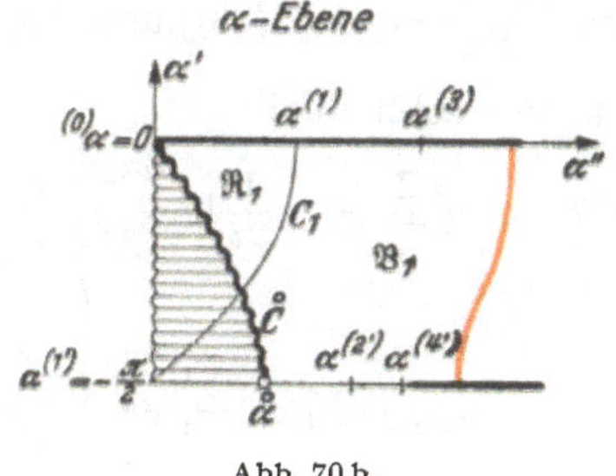

Abb. 70 b.

auf eine α-Ebene unsere Einsicht in diese Darstellung vertiefen. Aus der Differentialgleichung der Funktion $\dot{\Gamma} = \dot{\Gamma}(Z)$ II (44) [89] folgt durch Integration in der aufgeschnittenen Z-Ebene

$$\dot{\Gamma} = \frac{\pi}{2 i E} \int_1^Z \frac{Z^2 \, dZ}{[(n + Z^2)(1 + n Z^2)]^{3/2}} = \frac{\pi}{2 i E} \int_1^0 \cdots + \frac{\pi}{2 i E} \int_0^Z \cdots,$$

$$\dot{\Gamma} = {}^{(0)}\dot{\Gamma} + \frac{\pi}{2 i E} \int_0^Z \frac{1}{(n + Z^2)^{3/2}} \cdot \frac{Z^2}{(1 + n Z^2)^{3/2}} \, dZ. \tag{78}$$

Entwickeln wir nun den zweiten Faktor unter dem Integral in eine für $|Z| < \frac{1}{\sqrt{n}}$ absolut und gleichmäßig konvergente Potenzreihe

$$\frac{Z^2}{(1 + n Z^2)^{3/2}} = \sum_{\nu=0}^{\infty} \binom{-\frac{3}{2}}{\nu} n^\nu Z^{2\nu+2},$$

so darf gliedweise integriert werden,

$$\dot{\Gamma} - {}^{(0)}\dot{\Gamma} = \frac{\pi}{2 i E} \sum_{\nu=0}^{\infty} \left\{ \binom{-\frac{3}{2}}{\nu} n^\nu \int_0^Z \frac{Z^{2\nu+2}}{(n + Z^2)^{3/2}} \, dZ \right\}.$$

Die Weiterbehandlung der Reihe kann genau wie in I [47, 48] erfolgen und ergibt mit der dortigen Bezeichnung (88)

$$\dot{\Gamma} - {}^{(0)}\dot{\Gamma} = \frac{\pi}{2 i E} \sum_{\nu=0}^{\infty} \left\{ \binom{-\frac{3}{2}}{\nu} n^\nu I_\nu(Z) \right\} = \frac{\pi}{2 i E} I(Z)$$

---

[50] Die Größe $\alpha = \mu$ als komplexe Merkatorvariable ist von dieser Hilfsgröße α zu unterscheiden!

oder nach Rekursion I (90)

$$\dot{\Gamma} - {}^{(0)}\dot{\Gamma} = \frac{\pi c_0^{(-3/2)}}{2i\,\mathsf{E}} I_0(\mathsf{Z}) +$$

$$+ \frac{\pi}{2i\,\mathsf{E}} \frac{1}{\sqrt{\mathsf{Z}^2+n}} \sum_{\nu=1}^{\infty} \sum_{\lambda=0}^{\nu-1} \left\{ \frac{1}{2(\nu-\lambda)} \frac{\binom{-\frac{3}{2}}{\nu}^2}{\binom{-\frac{3}{2}}{\nu-\lambda}} n^{\nu+\lambda} \mathsf{Z}^{2(\nu-\lambda)+1} \right\}.$$

Wegen $\frac{\pi c_0^{(-3/2)}}{2\mathsf{E}} = 1$ [I (83)] und dem expliziten Ausdruck für $I_0(\mathsf{Z})$ I [47] erhält man schließlich

$$\dot{\Gamma} - {}^{(0)}\dot{\Gamma} = \frac{i\mathsf{Z}}{\sqrt{\mathsf{Z}^2+n}} + \frac{1}{2i} \lg \frac{\sqrt{\mathsf{Z}^2+n}+\mathsf{Z}}{\sqrt{\mathsf{Z}^2+n}-\mathsf{Z}} +$$

$$+ \frac{\pi}{2i\,\mathsf{E}\sqrt{\mathsf{Z}^2+n}} \sum_{\nu=1}^{\infty} \sum_{\lambda=0}^{\nu-1} \left\{ \frac{\mathsf{Z}^{2(\nu-\lambda)+1}}{2(\nu-\lambda)} \frac{\binom{-\frac{3}{2}}{\nu}^2}{\binom{-\frac{3}{2}}{\nu-\lambda}} n^{\nu+\lambda} \right\}. \tag{79}$$

Diese bzw. die daraus mit $\mathsf{Z} = e^{i\mathsf{B}}$ folgende Darstellung von $\dot{\Gamma}$ durch B kann nicht nur im Restgebiet $\mathfrak{R}_1 : |\mathsf{Z}| < \sqrt{n}$, sondern darüber hinaus sogar bis $|\mathsf{Z}| < \frac{1}{\sqrt{n}}$ verwendet werden, wenn man die singulären Stellen $\mathsf{Z} = \pm i\sqrt{n}$ vorher durch kleine Kreise ausschließt. Sie läßt sich daher insbesondere dort mit Vorteil gebrauchen, wo die trigonometrische Reihe (76) schlecht konvergiert, wie es in der Nähe von $|\mathsf{Z}| = \sqrt{n}$ der Fall ist. Die besonderen Randpunkte der verschiedenen Bereiche liegen alle in einem solchen Gebiet:

$$\left.\begin{aligned} &\mathsf{Z}^{(1)} = \sqrt{n}\,, \quad \mathsf{Z}^{(2)} = {}^{(0)}\mathsf{Z} = 0\,, \quad \mathsf{Z}^{(3)} = k\sqrt{n} = \frac{1}{i}\overset{\circ}{\mathsf{Z}}\,, \quad \mathsf{Z}^{(4)} = {}^{(0)}\mathsf{Z}\,, \\ &\mathsf{Z}^{(1')} = i\sqrt{n}\,, \ \mathsf{Z}^{(2')} = \varkappa_{2'}\sqrt{n}\,, \ \mathsf{Z}^{(3')} = ik\sqrt{n} = \overset{\circ}{\mathsf{Z}}\ [83], \ \mathsf{Z}^{(4')} = \varkappa_{4'}\sqrt{n}\ [191]. \end{aligned}\right\} \tag{80}$$

Der Wert $\mathsf{Z}^{(2')}$ ist umgekehrt aus dem bekannten Punkt $\Gamma^{(2')} = \frac{i\pi}{2}\frac{\mathsf{E}'}{\mathsf{E}} + \frac{\pi}{2}$ zu berechnen.

Um die zugehörigen $\dot{\Gamma}$-Werte bestimmen zu können, führen wir die Entwicklung noch etwas näher aus. Mit der Substitution $\mathsf{Z} = \varkappa\sqrt{n}$ erhält man

$$\dot{\Gamma} - {}^{(0)}\dot{\Gamma} = \frac{i\varkappa}{\sqrt{\varkappa^2+1}} + \frac{1}{2i} \lg \frac{\sqrt{\varkappa^2+1}+\varkappa}{\sqrt{\varkappa^2+1}-\varkappa} +$$

$$+ \frac{\pi}{2i\,\mathsf{E}\sqrt{\varkappa^2+1}} \sum_{\nu=1}^{\infty} \sum_{\lambda=0}^{\nu-1} \left\{ \frac{\varkappa^{2(\nu-\lambda)+1}}{2(\nu-\lambda)} \frac{\binom{-\frac{3}{2}}{\nu}^2}{\binom{-\frac{3}{2}}{\nu-\lambda}} n^{2\nu} \right\},$$

$$\dot{\mathsf{\Gamma}} - {}^{(0)}\dot{\mathsf{\Gamma}} = \frac{i\varkappa}{\sqrt{\varkappa^2+1}} + \frac{1}{2i}\lg\frac{\sqrt{\varkappa^2+1}+\varkappa}{\sqrt{\varkappa^2+1}-\varkappa} +$$
$$+ \frac{\pi}{2i\,\mathsf{E}\sqrt{\varkappa^2+1}}\left[-\frac{3}{4}\varkappa^3 n^2 + \left(\frac{15}{32}\varkappa^2 - \frac{75}{64}\right)\varkappa^3 n^4 + \cdots\right].$$

Durch Übergang zur α-Ebene vereinfachen sich die Ausdrücke.

$$\dot{\mathsf{\Gamma}} - {}^{(0)}\dot{\mathsf{\Gamma}} = \operatorname{tg}\alpha - \alpha - \frac{\pi}{2\mathsf{E}}\left[\frac{3}{4}\operatorname{tg}\alpha\sin^2\alpha\, n^2 + \left(\frac{75}{64} + \frac{15}{32}\sin^2\alpha\right)\operatorname{tg}\alpha\sin^2\alpha\, n^4 + \cdots\right]. \tag{81}$$

Setzen wir $\varkappa = \varkappa' + i\varkappa''$, so wird speziell für

a) $\varkappa'' = 0:\quad \varkappa' = \operatorname{sh}\alpha'',\quad \alpha' = 0,$

b) $\varkappa' = 0:\quad \begin{cases} |\varkappa''| \leqq 1, & \alpha'' = 0, \quad \varkappa'' = -\sin\alpha', \\ |\varkappa''| \geqq 1, & \alpha' = -\frac{\pi}{2}, \quad \varkappa'' = \operatorname{ch}\alpha''. \end{cases}$

Im Fall a) ergibt die Trennung in Real- und Imaginärteil

$$\left.\begin{aligned} &\Re e\,(\dot{\mathsf{\Gamma}} - {}^{(0)}\dot{\mathsf{\Gamma}}) = 0, \\ &\Im m\,(\dot{\mathsf{\Gamma}} - {}^{(0)}\dot{\mathsf{\Gamma}}) = \operatorname{th}\alpha'' - \alpha'' + \\ &+ \frac{\pi}{2\mathsf{E}}\left[\frac{3}{4}\operatorname{th}\alpha''\operatorname{sh}^2\alpha''\, n^2 + \left(\frac{75}{64} - \frac{15}{32}\operatorname{sh}^2\alpha''\right)\operatorname{th}\alpha''\operatorname{sh}^2\alpha''\, n^4 + \cdots\right]. \end{aligned}\right\} \tag{81a}$$

Im Fall b_1)

$$\left.\begin{aligned} &\Re e\,(\dot{\mathsf{\Gamma}} - {}^{(0)}\dot{\mathsf{\Gamma}}) = \operatorname{tg}\alpha' - \alpha' - \\ &- \frac{\pi}{2\mathsf{E}}\left[\frac{3}{4}\operatorname{tg}\alpha'\sin^2\alpha'\, n^2 + \left(\frac{75}{64} + \frac{15}{32}\sin^2\alpha'\right)\operatorname{tg}\alpha'\sin^2\alpha'\, n^4 + \cdots\right], \\ &\Im m\,(\dot{\mathsf{\Gamma}} - {}^{(0)}\dot{\mathsf{\Gamma}}) = 0. \end{aligned}\right\} \tag{81b$_1$}$$

Im Fall b_2)

$$\left.\begin{aligned} &\Re e\,(\dot{\mathsf{\Gamma}} - {}^{(0)}\dot{\mathsf{\Gamma}}) = \frac{\pi}{2}, \\ &\Im m\,(\dot{\mathsf{\Gamma}} - {}^{(0)}\dot{\mathsf{\Gamma}}) = \operatorname{coth}\alpha'' - \alpha'' - \\ &- \frac{\pi}{2\mathsf{E}}\left[\frac{3}{4}\operatorname{coth}\alpha''\operatorname{ch}^2\alpha''\, n^2 + \left(\frac{75}{64} + \frac{15}{32}\operatorname{ch}^2\alpha''\right)\operatorname{coth}\alpha''\operatorname{ch}^2\alpha''\, n^4 + \cdots\right]. \end{aligned}\right\} \tag{81b$_2$}$$

Wir wollen nun diese Formeln zur Berechnung der besonderen Kurvenendpunkte verwenden:

$\underline{C}$: ${}^{(0)}\mathsf{Z} = 0 \to {}^{(0)}\dot{\mathsf{\Gamma}} = \frac{i\pi\mathsf{E}'}{2\mathsf{E}} = 2.889370\, i$ (I [49]),

$\overset{0}{\mathsf{Z}} = ik\sqrt{n} = i\,1.199384\sqrt{n} \to \alpha'' = \operatorname{arch} 1.199384 = 0.621433,$

$\operatorname{coth}\alpha'' = 1.811184,$

$\dot{\mathsf{\Gamma}} - {}^{(0)}\dot{\mathsf{\Gamma}} = \frac{\pi}{2} + 1.189748\, i;\quad \overset{0}{\dot{\mathsf{\Gamma}}} = \frac{\pi}{2} + 4.079118\, i.$

$\underline{C_1}$: $Z^{(1)} = \sqrt{n} \to \alpha'' = \text{arsh}\, 1 = 0.881\,374, \quad \text{th}\,\alpha'' = 0.707\,107,$

$\dot{\Gamma}^{(1)} - {}^{(0)}\dot{\Gamma} = -0.174\,266\, i, \quad \dot{\Gamma}^{(1)} = 2.715\,104\, i,$

$Z^{(1')} = i\sqrt{n} \quad \to \quad \dot{\Gamma}^{(1')} = \infty.$

$\underline{C_2}$: $Z^{(2)} = 0, \qquad \dot{\Gamma}^{(2)} = {}^{(0)}\dot{\Gamma},$

$Z^{(2')}$ [s. unten], $\dot{\Gamma}^{(2')} = \frac{\pi}{2} + {}^{(0)}\dot{\Gamma}.$

$\underline{C_3}$: $Z^{(3)} = 1.199\,384\sqrt{n} \to \alpha' = \text{arsh}\, 1.199\,384 = 1.015\,579,$

$\text{th}\,\alpha'' = 0.768\,060,$

$\dot{\Gamma}^{(3)} - {}^{(0)}\dot{\Gamma} = -0.247\,517\, i, \quad \dot{\Gamma}^{(3)} = 2.641\,853\, i,$

$Z^{(3')} = \overset{\circ}{Z}; \qquad \dot{\Gamma}^{(3')} = \overset{\circ}{\dot{\Gamma}}.$

$\underline{C_4}$: $Z^{(4)} = {}^{(0)}Z \to \dot{\Gamma}^{(4)} = {}^{(0)}\dot{\Gamma},$

$Z^{(4')} = i\, 2.090\,829\sqrt{n} \to \alpha'' = \text{arch}\, 2.090\,829 = 1.367\,879,$

$\coth \alpha'' = 1.138\,679,$

$\dot{\Gamma}^{(4')} - {}^{(0)}\dot{\Gamma} = \frac{\pi}{2} - 0.229\,210\, i; \quad \dot{\Gamma}^{(4')} = \frac{\pi}{2} + 2.660\,160\, i.$

Es bleibt noch $Z^{(2')}$ aus $\dot{\Gamma}^{(2')}$ zu bestimmen. Die Umkehrung der Gl. (81) kann mit Hilfe einer Potenzreihenentwicklung in der Umgebung eines Näherungswertes durchgeführt werden. Ist α_0 ein solcher, so erhält man unter Benutzung der Reihen

$$\begin{aligned} \text{tg}\,\alpha &= \text{tg}\,\alpha_0 + \frac{1}{\cos^2\alpha_0}\Delta\alpha + \frac{\text{tg}\,\alpha_0}{\cos^2\alpha_0}\Delta\alpha^2 + \cdots \\ \sin^2\alpha &= \sin^2\alpha_0 + 2\sin\alpha_0\cos\alpha_0\,\Delta\alpha + \cdots \end{aligned} \qquad \Delta\alpha = \alpha - \alpha_0$$

für die gegebene Differenz der $\dot{\Gamma}$-Werte

$$\begin{aligned} \Gamma - {}^{(0)}\Gamma = \text{tg}\,\alpha_0 &+ \frac{1}{\cos^2\alpha_0}\Delta\alpha + \frac{\text{tg}\,\alpha_0}{\cos^2\alpha_0}\Delta\alpha^2 + \cdots - \alpha_0 - \Delta\alpha - \\ &- \frac{\pi}{2E}\left\{\frac{3}{4}n^2[\text{tg}\,\alpha_0\sin^2\alpha_0 + (2\sin^2\alpha_0 + \text{tg}^2\alpha_0)\Delta\alpha] + \right. \\ &\left. + n^4\,\text{tg}\,\alpha_0\sin^2\alpha_0\left(\frac{75}{64} + \frac{15}{32}\sin^2\alpha_0\right) + \cdots\right\}. \end{aligned} \tag{82}$$

Als nullte Näherungsgleichung ergibt sich

$$\dot{\Gamma} - {}^{(0)}\dot{\Gamma} = \text{tg}\,\alpha_0 - \alpha_0 \tag{82a}$$

Für die Eindeutigkeit der Lösung sorgt das Aufschneiden der Z-Ebene. Die Gebiete der Skizzen 70a, 70b entsprechen einander umkehrbar eindeutig.

Man kann $\Delta\alpha$ aus (82) entweder durch Umkehrung bestimmen oder, da $\Delta\alpha$ mit n klein wird, eine Potenzreihenentwicklung nach Potenzen von n ansetzen

$$\Delta\alpha = \sum_{\nu=1}^{\infty} \alpha_\nu n^\nu,$$

deren Koeffizienten durch Einsetzen und Umordnen bestimmt werden. Es ergibt sich so

$$\begin{aligned}\Delta\alpha &= \frac{3\pi n^2}{8\mathsf{E}}\sin\alpha_0\cos\alpha_0 + \\ &+ n^4\left[\frac{\pi}{2\mathsf{E}}\left(\frac{75}{64}+\frac{15}{32}\sin^2\alpha_0\right)\sin\alpha_0\cos\alpha_0 + \frac{9\pi^2}{32\mathsf{E}^2}\sin\alpha_0\cos^3\alpha_0\right] + \cdots\end{aligned} \tag{82b}$$

und schließlich

$$\alpha = \alpha_0 + \Delta\alpha.$$

In unserem besonderen Fall lautet die transzendente Gleichung

$$\frac{\pi}{2} = \operatorname{tg}\alpha_0^{(2')} - \alpha_0^{(2')}.$$

Wir entnehmen der Abb. 70b, daß $\alpha_0^{(2')} = -\frac{\pi}{2} + i\,\alpha_0''^{(2')}$ ist mit positivem Imaginärteil. Damit geht die vorstehende Gleichung über in

$$\coth\alpha_0''^{(2')} - \alpha_0''^{(2')} = 0 \;\rightarrow\; \begin{aligned}\alpha_0^{(2')} &= -\frac{\pi}{2} + 1.1996786\,i \\ \Delta\alpha^{(2')} &= \quad\; - 0.0000057\,i \\ \hline \alpha^{(2')} &= -\frac{\pi}{2} + 1.199673\,i\end{aligned}$$

Dazu gehört schließlich nach (77) der gesuchte Wert

$$\mathsf{Z}^{(2')} = i\,1.810162\sqrt{n} = 0.074066\,i$$

und nach (17a) mit $\varkappa = 1.810162$ für $\mathsf{M}^{(2')}$ der Wert $\mathsf{M}^{(2')} = \frac{i\pi}{2} + 0.097351$.

II *Darstellung von* $\dot{\mathsf{\Gamma}}$ *durch* B *in Punktumgebung.*

Für die Umgebung eines Punktes $\mathbf{P}_0$ können wir die gewöhnliche Potenzreihenentwicklung aus I (103), (104) [54] übernehmen:

$$\Delta\dot{\mathsf{\Gamma}} = \sum_{\nu=1}^{\infty}[a_\nu]\frac{\Delta\mathsf{B}^\nu}{\nu!} \quad \text{bzw.} \quad \Delta\mathsf{\Gamma} = \sum_{\nu=1}^{\infty}[A_\nu]\frac{\Delta\mathsf{B}^\nu}{\nu!}. \tag{83}$$

Koeffizientendarstellung 1. Art: (a_ν), (A_ν) I (103a, 104) [54],

Koeffizientendarstellung 2. Art in $\overline{\mathfrak{B}}_1$: $[a_\nu]$, $[A_\nu]$ I (106a) [55].

Liegt $\mathbf{P}_0$ auf dem Hauptmeridian, so haben wir wieder insbesondere die *Kreis-*, *Längs-* und *Querentwicklung*

$$\text{mit} \qquad \Delta \mathsf{B} = \varrho e^{i\psi} \quad \begin{cases} \Delta \dot{\mathfrak{r}}' = \sum_{\nu=1}^{\infty} [a_\nu) \frac{\varrho^\nu}{\nu!} \cos \nu \psi, \\ \Delta \dot{\mathfrak{r}}'' = \sum_{\nu=1}^{\infty} [a_\nu) \frac{\varrho^\nu}{\nu!} \sin \nu \psi \end{cases} \tag{83a}$$

$$\text{mit} \qquad \Delta \mathsf{B} = \Delta B \qquad \Delta \dot{G} = \sum_{\nu=1}^{\infty} [a_\nu) \frac{\Delta B^\nu}{\nu!} \tag{83b}$$

$$\text{mit} \quad \Delta \mathsf{B} = i\mathsf{B}'' \begin{cases} \Delta \dot{\mathfrak{r}}' = \qquad - [a_2) \frac{\mathsf{B}''^2}{2!} \quad + [a_4) \frac{\mathsf{B}''^4}{4!} + \cdots \\ \Delta \dot{\mathfrak{r}}'' = [a_1) \frac{\mathsf{B}''}{1!} \quad - [a_3) \frac{\mathsf{B}''^3}{3!} \qquad + \cdots \end{cases} \tag{83c}$$

V, 7₂ Θ bzw. $\dot{\mathfrak{r}}$ als Funktion von Z.

Der Übergang zu den Exponentialfunktionen bringt keinen neuen Gedanken und kann daher nach den Formeln X [489] durchgeführt werden:

$$\begin{aligned} \Theta &= \mathsf{Z}\, e^{i \sum_{\lambda=1}^{\infty} p_{2\lambda} \sin 2\lambda \mathsf{B}} \\ &= \mathsf{Z} \sum_{\lambda=-\infty}^{+\infty} P_{2\lambda}^{(i)} \mathsf{Z}^{2\lambda} \\ &= \mathsf{Z} \left\{ P_0^{(i)} + 2 \sum_{\lambda=1}^{\infty} {}' P_{2\lambda}^{(i)} \cos 2\lambda \mathsf{B} + 2i \sum_{\lambda=1}^{\infty} {}'' P_{2\lambda}^{(i)} \sin 2\lambda \mathsf{B} \right\}. \end{aligned} \tag{84}$$

Die Koeffizienten lauten ausführlich bis zu Gliedern 4. Ordnung

$$\left. \begin{array}{llll} P_0^{(i)} = +1 - \frac{9}{16} n^2 + \frac{9}{32} n^4 + \cdots & & & \\ P_2^{(i)} = -\frac{3}{4} n + \frac{27}{32} n^3 + \cdots & & P_{-2}^{(i)} = +\frac{3}{4} n - \frac{9}{64} n^3 + \cdots & \\ P_4^{(i)} = +\frac{3}{4} n^2 - \frac{265}{256} n^4 + \cdots & & P_{-4}^{(i)} = -\frac{3}{16} n^2 - \frac{5}{128} n^4 + \cdots & \\ P_6^{(i)} = -\frac{151}{192} n^3 + \cdots & & P_{-6}^{(i)} = +\frac{1}{12} n^3 + \cdots & \\ P_8^{(i)} = +\frac{107}{128} n^4 + \cdots & & P_{-8}^{(i)} = -\frac{11}{256} n^4 + \cdots & \\ \cdots\cdots & & \cdots\cdots & \end{array} \right\} \tag{84a}$$

Entsprechend folgt für die Darstellung im Restgebiet eine Potenzreihenentwicklung in der Umgebung eines geeigneten Punktes

$$\Theta = e^{i(\dot{\mathfrak{r}} - \dot{\mathfrak{r}}_0)} = e^{i \sum_{\nu=1}^{\infty} (a_\nu) \frac{\Delta \mathsf{B}^\nu}{\nu!}} = 1 + \sum_{\nu=1}^{\infty} (\mathsf{A}_\nu) \frac{\Delta \mathsf{B}^\nu}{\nu!}. \tag{85}$$

Die Koeffizienten (A_ν) sind aus den (a_ν) nach X [461] zu berechnen.

V, 8_1 $\dot{\Gamma}$ als Funktion von $A = M$.

Wir stellen die Abb. 71a und 71b einander gegenüber, wobei noch die Abb. 67a [193] dazwischen zu denken ist, aus der man das von C_4 begrenzte Hauptgebiet $\overline{\mathfrak{B}}_4$ entnehmen kann.

Der komplexe normierte Meridianbogen $\dot{\Gamma}$ ist eine in M_{III} eindeutige, regulär analytische Funktion von M; singuläre Stellen liegen auf dem Rande in $\pm{}^{(0)}M$ und $\pm M^{(0)}$.

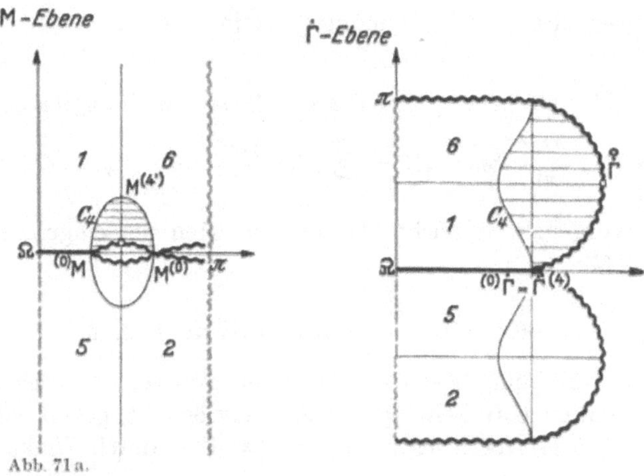

I_1 *Darstellung von $\dot{\Gamma}$ durch M im Hauptgebiet.*

Durch Übergang zur Kugel $M = \mu$ schaffen wir wieder die Voraussetzungen für eine trigonometrische Entwicklung im Großen. Im Einzelnen ist folgender Weg einzuschlagen:

$$\left.\begin{array}{l} M \\ \downarrow \\ \mu = M \\ \downarrow \\ \beta = \frac{1}{i} \lg \operatorname{tg}\left(\frac{\pi}{4} + \frac{i\mu}{2}\right) \quad \text{oder} \quad \begin{cases} \operatorname{tg}\beta' = \dfrac{\operatorname{sh} h}{\cos l} = \dfrac{\operatorname{tg} b}{\cos l} \\ \operatorname{th}\beta'' = \dfrac{\sin l}{\operatorname{ch} h} = \sin l \cos b \end{cases} \\ \downarrow \\ \dot{\gamma} = \beta \\ \downarrow \\ \dot{\Gamma} = \dot{\gamma} + \sum_{\lambda=1}^{\infty} \dot{l}_{2\lambda} \sin 2\lambda\dot{\gamma} \quad \text{in } \overline{\mathfrak{B}}_4 \quad (69)\ [196]. \end{array}\right\} \tag{86}$$

Die Aufspaltung in Real- und Imaginärteil erfolgt in gewohnter Weise. Insbesondere gilt auf dem Hauptmeridian die reelle Entwicklung

$$\left.\begin{array}{l} H \\ \downarrow \\ h = H \\ \downarrow \\ b = \frac{1}{i} \lg \operatorname{tg}\left(\frac{\pi}{4} + \frac{ih}{2}\right) \quad \text{oder} \quad \begin{cases} \operatorname{tg} b = \operatorname{sh} h \\ \sin b = \operatorname{th} h \end{cases} \\ \downarrow \\ \dot{g} = b \\ \downarrow \\ \dot{G} = \dot{g} + \sum_{\lambda=1}^{\infty} \dot{l}_{2\lambda} \sin 2\lambda \dot{g}. \end{array}\right\} \tag{86$_0$}$$

I_2 *Darstellung von* $\dot{\mathsf{r}}$ *durch* M *im Restgebiet.*

Das Restgebiet kann durch eine gewöhnliche Potenzreihenentwicklung mit dem Mittelpunkt $\mathsf{M}^{(4')}$ erfaßt werden:

$$\dot{\mathsf{r}} - \dot{\mathsf{r}}^{(4')} = \sum_{\nu=1}^{\infty} (\dot{c}_\nu) \frac{\Delta \mathsf{M}^\nu}{\nu!}. \tag{87}$$

Der Konvergenzkreis läuft dabei durch ${}^{(0)}\mathsf{M}$ und enthält die Kurve C_4 wegen ihrer positiven Krümmung ganz im Innern[51].

II *Darstellung von* $\dot{\mathsf{r}}$ *durch* M *in Punktumgebung.*

$$\Delta \dot{\mathsf{r}} = \sum_{\nu=1}^{\infty} (\dot{c}_\nu) \frac{\Delta \mathsf{M}^\nu}{\nu!} \quad \text{bzw.} \quad \Delta \mathsf{r} = \sum_{\nu=1}^{\infty} (\dot{C}_\nu) \frac{\Delta \mathsf{M}^\nu}{\nu!} \quad \text{mit} \quad (\dot{C}_\nu) = G^{(m)} (\dot{c}_\nu). \tag{88}$$

Der Konvergenzkreis reicht bis zum nächsten der singulären Punkte $\pm{}^{(0)}\mathsf{M}, \pm \mathsf{M}^{(0)}$.

Koeffizientendarstellung 1. Art.

Da die Abbildung $\mathsf{M} \to \dot{\mathsf{r}}$ den Übergang von geographischen Koordinaten zu einem Gauß-Krüger-Gitter ermöglicht, geben wir mehrere Formen für die Koeffizienten an. Sie werden durch Umkehrung der Reihe (34) erhalten.

1. Form [52]:

$$\left.\begin{aligned}
(\dot{c}_1) &= \frac{1}{G^{(m)}} \cdot r(\mathsf{B}_0) = \frac{1}{G^{(m)}} \frac{c \cos \mathsf{B}_0}{E_0'^{\,1/2}}; \qquad (\dot{C}_1) = r(\mathsf{B}_0),\\
(\dot{c}_2) &= -(\dot{c}_1) \sin \mathsf{B}_0,\\
(\dot{c}_3) &= -(\dot{c}_1) \cos^2 \mathsf{B}_0 \,[1 + e_c'^2 - t^2]_0,\\
(\dot{c}_4) &= (\dot{c}_1) \cos^3 \mathsf{B}_0 \cdot t_0 \,[5 + 9 e_c'^2 + 4 e_c'^4 - t^2]_0,\\
(\dot{c}_5) &= (\dot{c}_1) \cos^4 \mathsf{B}_0 \,[5 + 14 e_c'^2 + 13 e_c'^4 + 4 e_c'^6 -\\
&\qquad - t^2 (18 + 58 e_c'^2 + 64 e_c'^4 + 24 e_c'^6) + t^4]_0,\\
(\dot{c}_6) &= -(\dot{c}_1) \cos^5 \mathsf{B}_0 \cdot t_0 \,[61 + 270 e_c'^2 + 445 e_c'^4 + 324 e_c'^6 + 88 e_c'^8 -\\
&\qquad - t^2 (58 + 330 e_c'^2 + 680 e_c'^4 +\\
&\qquad + 600 e_c'^6 + 192 e_c'^8) + t^4]_0,\\
(\dot{c}_7) &= -(\dot{c}_1) \cos^6 \mathsf{B}_0 \,[61 + 331 e_c'^2 + 715 e_c'^4 -\\
&\qquad - t^2 (479 + 3298 e_c'^2 + 8655 e_c'^4) +\\
&\qquad + t^4 (179 + 1771 e_c'^2 + 6080 e_c'^4) - t^6]_0 + \mathrm{Gl}_6,\\
(\dot{c}_8) &= (\dot{c}_1) \cos^7 \mathsf{B}_0 \cdot t_0 \,[1385 - 3111 t^2 + 543 t^4 - t^6]_0 + \mathrm{Gl}_2,
\end{aligned}\right\} \tag{88a}$$

. . . .

---

[51] Diese Annahme wird nicht bewiesen.

[52] L. Krüger [1] S. 43 (18*) und S. 46 (18**).

2. Form [53]:

$$\left.\begin{aligned}
(\dot{c}_1) &= \frac{1}{G^{(m)}}\, r(\mathsf{B})_0; \qquad (\dot{C}_1) = r(\mathsf{B}_0),\\
(\dot{c}_2) &= -(\dot{c}_1)\sin\mathsf{B}_0,\\
(\dot{c}_3) &= (\dot{c}_1)\left[1 - 2\cos^2\mathsf{B} - e_c'^2\cos^2\mathsf{B}\right]_0,\\
&\ldots\ldots\ldots\ldots
\end{aligned}\right\}\quad (88\text{b})$$

3. Form (für $|e_c'| < 1$):

Durch Entwicklung von $\frac{c}{G^{(m)}}$ und $E'^{-1/2}$ nach Potenzen von e'^2 und Ersatz der Potenzprodukte aus $\cos\mathsf{B}$ und $\sin\mathsf{B}$ durch die trigonometrischen Funktionen der Vielfachen des Winkels erhält man

$$\left.\begin{aligned}
(\dot{c}_1) &= \left(1 + \tfrac{3}{8}e'^2 - \tfrac{3}{16}e'^4\right)\cos\mathsf{B}_0 + \left(-\tfrac{e'^2}{8} + \tfrac{3}{128}e'^4\right)\cos 3\mathsf{B}_0 +\\
&\quad + \tfrac{3}{128}e'^4\cos 5\mathsf{B}_0 + \mathrm{Gl}_6,\\
(\dot{c}_2) &= \left(-\tfrac{1}{2} - \tfrac{e'^2}{4} + \tfrac{27}{256}e'^4\right)\sin 2\mathsf{B}_0 + \left(\tfrac{e'^2}{16} - 0\cdot e'^4\right)\sin 4\mathsf{B}_0 -\\
&\quad - \tfrac{3}{256}e'^4\sin 6\mathsf{B}_0 + \mathrm{Gl}_6,\\
(\dot{c}_3) &= \left(-\tfrac{1}{2} - \tfrac{3}{4}e'^2 - \tfrac{29}{256}e'^4\right)\cos\mathsf{B}_0 + \left(-\tfrac{1}{2} - \tfrac{e'^2}{2} + \tfrac{3}{256}e'^4\right)\cos 3\mathsf{B}_0 -\\
&\quad - \tfrac{1}{256}e'^4\cos 5\mathsf{B}_0 - \tfrac{1}{256}e'^4\cos 7\mathsf{B}_0 + \mathrm{Gl}_6,\\
(\dot{c}_4) &= \left(1 + \tfrac{29}{16}e'^2\right)\sin 2\mathsf{B}_0 + \left(\tfrac{3}{4} + \tfrac{11}{8}e'^2\right)\sin 4\mathsf{B}_0 + \tfrac{3}{16}e'^2\sin 6\mathsf{B}_0 + \mathrm{Gl}_4,\\
&\ldots\ldots\ldots\ldots
\end{aligned}\right\}\quad (88\text{c})$$

Bei Übergang zu $(\dot{C}_\nu)$ muß eine Konstante mit der Dimension einer Länge auftreten. H. Boltz [1] wählt dafür die große Halbachse a und ersetzt in den Entwicklungen e'^2 durch e^2. Wir geben anschließend seine Werte wieder:

$$\begin{aligned}
(\dot{C}_1)\cdot\frac{1}{a} = &\left(1 + \tfrac{1}{8}e^2 + \tfrac{3}{64}e^4 + \tfrac{25}{1024}e^6 + \tfrac{245}{16384}e^8 + \tfrac{1323}{131072}e^{10}\right)\cos\mathsf{B}_0 && +1.0008\,3639\,20\\
&-\left(\tfrac{1}{8}e^2 + \tfrac{9}{128}e^4 + \tfrac{45}{1024}e^6 + \tfrac{245}{8192}e^8 + \tfrac{2835}{131072}e^{10}\right)\cos 3\mathsf{B}_0 && -0.0008\,3744\,19\\
&+\left(\tfrac{3}{128}e^4 + \tfrac{25}{1024}e^6 + \tfrac{175}{8192}e^8 + \tfrac{4725}{262144}e^{10}\right)\cos 5\mathsf{B}_0 && +0.0000\,0105\,14\\
&-\left(\tfrac{5}{1024}e^6 + \tfrac{245}{32768}e^8 + \tfrac{2205}{262144}e^{10}\right)\cos 7\mathsf{B}_0 && -0.0000\,0000\,15\\
&+\left(\tfrac{35}{32768}e^8 + \tfrac{567}{262144}e^{10}\right)\cos 9\mathsf{B}_0 &&\\
&-\tfrac{63}{262144}e^{10}\cos 11\mathsf{B}_0 &&\\
-(\dot{C}_2)\frac{1}{a} = &\left(\tfrac{1}{2} + \tfrac{1}{8}e^2 + \tfrac{15}{256}e^4 + \tfrac{35}{1024}e^6 + \tfrac{735}{32768}e^8 + \tfrac{2079}{131072}e^{10}\right)\sin 2\mathsf{B}_0 && +0.5008\,3691\,69\\
&-\left(\tfrac{1}{16}e^2 + \tfrac{3}{64}e^4 + \tfrac{35}{1024}e^6 + \tfrac{105}{4096}e^8 + \tfrac{10395}{524288}e^{10}\right)\sin 4\mathsf{B}_0 && -0.0004\,1924\,66\\
&+\left(\tfrac{3}{256}e^4 + \tfrac{15}{1024}e^6 + \tfrac{945}{65536}e^8 + \tfrac{3465}{262144}e^{10}\right)\sin 6\mathsf{B}_0 && +0.0000\,0052\,64\\
&-\left(\tfrac{5}{2048}e^6 + \tfrac{35}{8192}e^8 + \tfrac{693}{131072}e^{10}\right)\sin 8\mathsf{B}_0 && -0.0000\,0000\,07\\
&+\left(\tfrac{35}{65536}e^8 + \tfrac{315}{262144}e^{10}\right)\sin 10\mathsf{B}_0 &&
\end{aligned}$$

[53] O. Schreiber [1] S. 10.

$$\left.\begin{array}{rll}
-(\dot C_3)\frac{1}{a} = & \left(\frac{1}{2}+\frac{5}{8}e^2+\frac{167}{256}e^4+\frac{679}{1024}e^6+\frac{21903}{32768}e^8\right)\cos \mathsf{B}_0 & +0.5042\,0074\\
& +\left(\frac{1}{2}+\frac{3}{8}e^2+\frac{87}{256}e^4+\frac{331}{1024}e^6+\frac{10287}{32768}e^8\right)\cos 3\mathsf{B}_0 & +0.5025\,1813\\
& +\left(\frac{1}{256}e^4+\frac{9}{1024}e^6+\frac{851}{65536}e^8\right)\cos 5\mathsf{B}_0 & +0.0000\,0018\\
& +\left(\frac{1}{256}e^4+\frac{3}{512}e^6+\frac{419}{65536}e^8\right)\cos 7\mathsf{B}_0 & +0.0000\,0018\\
& -\left(\frac{1}{1024}e^6+\frac{129}{65536}e^8\right)\cos 9\mathsf{B}_0 & \\
(\dot C_4)\frac{1}{a} = & \left(1+\frac{25}{16}e^2+\frac{269}{128}e^4+\frac{2693}{1024}e^6+\frac{51667}{16384}e^8\right)\sin 2\mathsf{B}_0 & +1.0105\,2311\\
& +\left(\frac{3}{4}+\frac{19}{16}e^2+\frac{421}{256}e^4+\frac{2157}{1024}e^6+\frac{337001}{131072}e^8\right)\sin 4\mathsf{B}_0 & +0.7579\,9971\\
& +\left(\frac{3}{16}e^2+\frac{45}{128}e^4+\frac{33}{64}e^6+\frac{22281}{32768}e^8\right)\sin 6\mathsf{B}_0 & +0.0012\,6726\\
& +\left(\frac{7}{512}e^4+\frac{59}{2048}e^6+\frac{1435}{32768}e^8\right)\sin 8\mathsf{B}_0 & +0.0000\,0062\\
& -\left(\frac{1}{1024}e^6+\frac{77}{32768}e^8\right)\sin 10\mathsf{B}_0 & \\
(\dot C_5)\frac{1}{a} = & -\left(1+\frac{47}{16}e^2+\frac{721}{128}e^4+\frac{9303}{1024}e^6\right)\cos \mathsf{B}_0 & -1.0198\,60\\
& -\left(\frac{5}{2}+\frac{93}{16}e^2+\frac{663}{64}e^4+\frac{16505}{1024}e^6\right)\cos 3\mathsf{B}_0 & -2.5392\,61\\
& -\left(\frac{3}{2}+\frac{69}{16}e^2+\frac{133}{16}e^4+\frac{6925}{512}e^6\right)\cos 5\mathsf{B}_0 & -1.5291\,58\\
& -\left(\frac{15}{16}e^2+\frac{5}{2}e^4+\frac{1205}{256}e^6\right)\cos 7\mathsf{B}_0 & -0.0063\,70\\
& -\left(\frac{25}{128}e^4+\frac{569}{1024}e^6\right)\cos 9\mathsf{B}_0 & -0.0000\,09\\
-(\dot C_6)\frac{1}{a} = & -\left(\frac{17}{4}+\frac{227}{16}e^2+\frac{8275}{256}e^4+\frac{62409}{1024}e^6\right)\sin 2\mathsf{B}_0 & -4.3461\,5\\
& -\left(\frac{15}{2}+\frac{101}{4}e^2+\frac{7409}{128}e^4+\frac{224635}{2048}e^6\right)\sin 4\mathsf{B}_0 & -7.6711\,4\\
& -\left(\frac{15}{4}+\frac{285}{16}e^2+\frac{5889}{128}e^4+\frac{47625}{512}e^6\right)\sin 6\mathsf{B}_0 & -3.8709\,6\\
& -\left(\frac{135}{32}e^2+\frac{4025}{256}e^4+\frac{76771}{2048}e^6\right)\sin 8\mathsf{B}^0 & -0.0288\,7\\
& -\left(\frac{435}{256}e^4+\frac{6365}{1024}e^6\right)\sin 10\mathsf{B}_0 & -0.0000\,8
\end{array}\right\} \quad (88\mathrm{d})$$

Koeffizientendarstellung 2. Art.

Nach der Auffassung, die unserem Werk zugrunde liegt, versuhcen wir, eine trigonometrische Darstellung der Potenzreihenkoeffizienten durch fortgesetzte Differentiation von entsprechenden Reihen zu erhalten. Da es eine unmittelbare Streifenentwicklung der Funktion $\dot{\mathsf{r}} = \dot{\mathsf{r}}(\mathsf{M})$ nicht gibt, schalten wir wieder, wie in V, 6_1, die Kugelabbildung $\mathsf{M} = \mu$ dazwischen. Es ist nach (69)

$$\frac{d\dot{\mathsf{r}}}{d\mathsf{M}} = \frac{d\dot{\mathsf{r}}}{d\dot\gamma}\cdot\frac{d\dot\gamma}{d\mathsf{M}} = \frac{d\dot{\mathsf{r}}}{d\dot\gamma}\cdot\frac{d\beta}{d\mu} = \frac{d\dot{\mathsf{r}}}{d\dot\gamma}\cos\dot\gamma\,.$$

Damit erhält man eine völlig analoge Darstellung zu (73c) [200] im Bereich $\mathfrak{B}_4(\dot\gamma)$. Für die ersten beiden Koeffizienten folgt ausführlich (vgl. [200])

$$\left.\begin{aligned}
[\dot{c}_1] &= \cos\dot{\gamma}_0 + \sum_1^\infty [\lambda \dot{l}_{2\lambda} + (\lambda - 1)\, \dot{l}_{2\lambda-2}] \cos(2\lambda - 1)\, \dot{\gamma}_0, \\
[\dot{c}_2] &= -\tfrac{1}{2}\sin 2\dot{\gamma}_0 - \\
&\quad - \sum_1^\infty [(\lambda+\tfrac{1}{2})(\lambda+1)\dot{l}_{2\lambda+2} + 2\lambda^2 \dot{l}_{2\lambda} + (\lambda-\tfrac{1}{2})(\lambda-1)\dot{l}_{2\lambda-2}] \sin 2\lambda\, \dot{\gamma}_0, \\
&\ldots\ldots\ldots\ldots \\
[\dot{c}_\nu]: &\qquad \frac{d^\nu \dot{\Gamma}}{d M^\nu} = \cos\dot{\gamma} \cdot \frac{d}{d\dot{\gamma}} \left(\frac{d^{\nu-1}\dot{\Gamma}}{d M^{\nu-1}}\right).
\end{aligned}\right\} \quad (88\text{e})$$

Bei der Berechnung der Tabellen ist es zweckmäßig, die mit Zahlenkoeffizienten versehene Reihe (69) zu differenzieren und nach Multiplikation mit $\cos\dot{\gamma}$ trigonometrisch umzuformen. Man kann so sehr leicht Ableitungen und damit Koeffizienten $[\dot{c}_\nu]$ beliebig hoher Ordnung erhalten. Im Gegensatz zur Boltzschen Darstellung tritt das Argument $\dot{\gamma}_0 = \beta_0$ statt B_0 auf. Mit Hilfe der Gl. (51) und der Umformung in Abschnitt X [491] ließe sich noch im Bereich $\mathfrak{B}_3(B)$ β_0 durch B_0 ersetzen.

Zur praktischen Anwendung geben wir wieder eine Tabelle der Zahlenkoeffizienten[12]. Das Reihenschema lautet (im Gradmaß)

$$\Delta \dot{\Gamma}^\circ = [1]\, \Delta M^\circ + [2]\, (\Delta M^\circ)^2 + [3]\, (\Delta M^\circ)^3 + \cdots$$

Der Tabellenwert in der λ-ten Zeile und Spalte $[\nu]$ bedeutet den Koeffizienten von $\cos(2\lambda - 1)\dot{\gamma}_0$ bzw. $\sin 2\lambda\dot{\gamma}_0$ in der trigonometrischen Entwicklung für $\left.\frac{d^\nu \dot{\Gamma}}{d M^\nu}\right|_0$ multipliziert mit $\frac{1}{\nu!\,(\varrho^\circ)^\nu}$, wenn die Ausgangskoeffizienten $\dot{l}_{2\lambda}$ bereits im Gradmaß, d. h. durch $\varrho^\circ \dot{l}_{2\lambda}$, gegeben sind (vgl. [200]).

$\Delta \dot{\Gamma}$-Tabelle.

	[1]	[3]	[5]	[7]
$\cos\dot{\gamma}_0$	+ 1.0008 3522 53	− 0.0000 2546 971	+ 0.0000 0000 0779	−0.0000 0000 0000 0
$\cos 3\dot{\gamma}_0$	+ 0.0008 3673 79	− 0.0000 2559 754	+ 0.0000 0000 1958	−0.0000 0000 0000 1
$\cos 5\dot{\gamma}_0$	+ 0.0000 0151 62	− 0.0000 0012 841	+ 0.0000 0000 1194	−0.0000 0000 0000 2
$\cos 7\dot{\gamma}_0$	+ 0.0000 0000 36	− 0.0000 0000 058	+ 0.0000 0000 0015	−0.0000 0000 0000 1
	[2]	[4]	[6]	
$\sin 2\dot{\gamma}_0$	− 0.0043 7792 036	+ 0.0000 0022 3102	−0.0000 0000 0009 7	
$\sin 4\dot{\gamma}_0$	− 0.0000 1098 595	+ 0.0000 0016 8936	−0.0000 0000 0017 2	
$\sin 6\dot{\gamma}_0$	− 0.0000 0003 319	+ 0.0000 0000 1410	−0.0000 0000 0008 8	
$\sin 8\dot{\gamma}_0$	− 0.0000 0000 011	+ 0.0000 0000 0009	−0.0000 0000 0000 2	

Für einen Punkt $\mathbf{P}_0$ auf dem Hauptmeridian $\mathfrak{H}$ gibt es wieder die *Kreis-*, *Längs-* und *Querentwicklung*

$$\text{mit}\quad \Delta \mathsf{M} = \varrho e^{i\psi} \begin{cases} \Delta \dot{\mathsf{r}}' = \sum\limits_{\nu=1}^{\infty} [\dot{c}_\nu) \dfrac{\Delta\varrho^\nu}{\nu!} \cos\nu\psi, \\ \Delta \dot{\mathsf{r}}'' = \sum\limits_{\nu=1}^{\infty} [\dot{c}_\nu) \dfrac{\Delta\varrho^\nu}{\nu!} \sin\nu\psi, \end{cases} \tag{89a}$$

$$\text{mit}\quad \Delta \mathsf{M} = \Delta H \qquad \Delta\dot{G} = \sum_{\nu=1}^{\infty} [\dot{c}_\nu) \frac{\Delta H^\nu}{\nu!}, \tag{89b}$$

$$\text{mit}\quad \Delta \mathsf{M} = iL \quad \begin{cases} \Delta \dot{\mathsf{r}}' = \qquad\qquad - [\dot{c}_2) \dfrac{L^2}{2!} \qquad\qquad + [\dot{c}_4) \dfrac{L^4}{4!} + \cdots, \\ \Delta \dot{\mathsf{r}}'' = [\dot{c}_1) \dfrac{L}{1!} \qquad - [\dot{c}_3) \dfrac{L^3}{3!} \qquad\qquad + \cdots. \end{cases} \tag{89c}$$

V, 8_2 Θ bzw. $\dot{\mathsf{r}}$ als Funktion von H.

Die Exponentialfunktion Θ ist in dem Gebiet $(1 + 7 + 4 + 6)$, d. h. im Innern des Einheitskreises, nach Abb. 59a [159], eine eindeutige, regulär analytische Funktion von H. Infolgedessen existiert eine gewöhnliche Potenzreihe

$$\Theta = \mathfrak{P}(\mathsf{H}) \qquad \text{für } |\mathsf{H}| < 1 \tag{90}$$

mit dem Mittelpunkt $\mathsf{H} = 0$. Zur Bestimmung der Koeffizienten muß die Reihe (39) in der Umgebung von $\dot{\mathsf{r}} = \pi/2$ nach Potenzen von $\left(\dot{\mathsf{r}} - \frac{\pi}{2}\right)$ entwickelt und dann umgekehrt werden:

$$\dot{\mathsf{r}} - \frac{\pi}{2} = \mathfrak{Q}(\mathsf{H}).$$

Durch den anschließenden Übergang zur Exponentialfunktion entsteht die gesuchte Darstellung.

Der Leser mache sich noch den Zusammenhang zwischen den abgeleiteten Größen klar

$$\hat{\mathsf{H}} \leftrightarrow \hat{\mathsf{Z}} \leftrightarrow \hat{\Theta} \qquad \text{(s. IV (52) und Abb. 60a—c [159])},$$

wobei statt $\hat{\Theta} = \operatorname{tg}\frac{\dot{\mathsf{r}}}{2}$ vorteilhafter $\hat{\hat{\Theta}} = -\operatorname{tg}\left(\frac{\pi}{4} - \frac{\dot{\mathsf{r}}}{2}\right)$ einzuführen wäre, weil dadurch die Singularität auf den *Rand* des Einheitskreises verlegt wird.

V, 9 Anhang: Übersicht über die Reihenentwicklungen.

I_1 *Trigonometrische Entwicklungen im Hauptgebiet.*

$$\mathsf{A} = \mathsf{M} \longleftrightarrow \mathsf{B} \longleftrightarrow \dot{\mathsf{\Gamma}}$$

$\{\mathsf{B}(\mathsf{M})\}$ Weg über $\mathsf{M} \to \mu \to \beta \to \mathsf{B} = \{\mathsf{B}(\beta)\}$ in $\overline{\mathfrak{B}}_4$ (72) [198]
auf $\mathfrak{H}$: $H \to h \to b \to B = \{B(b)\}$ (72_0) [198]

$$\{\mathsf{M}(\mathsf{B})\} \left\{ \begin{aligned} &\mathsf{M} = \mathsf{M}_K(\mathsf{B}) + \sum_{\lambda=1}^{\infty} q_{2\lambda-1} \sin(2\lambda - 1)\mathsf{B} && \text{in } \mathfrak{B}_1| \quad (14\text{a}) \; [168] \\ &H = \operatorname{arth}(\sin B) + \sum_{\lambda=1}^{\infty} q_{2\lambda-1} \sin(2\lambda - 1) B && (14_0) \; [168] \end{aligned} \right.$$

$$\{\dot{\mathsf{\Gamma}}(\mathsf{B})\} \left\{ \begin{aligned} &\dot{\mathsf{\Gamma}} = \mathsf{B} + \sum_{\lambda=1}^{\infty} p_{2\lambda} \sin 2\lambda\mathsf{B} && \text{in } \overline{\mathfrak{B}}_1 \quad (76) \; [202] \\ &\dot{G} = B + \sum_{\lambda=1}^{\infty} p_{2\lambda} \sin 2\lambda B && (76_0) \; [202] \end{aligned} \right.$$

$$\{\mathsf{B}(\dot{\mathsf{\Gamma}})\} \left\{ \begin{aligned} &\mathsf{B} = \dot{\mathsf{\Gamma}} + \sum_{\lambda=1}^{\infty} \dot{p}_{2\lambda} \sin 2\lambda\dot{\mathsf{\Gamma}} && \text{in } \overline{\mathfrak{B}}_2 \quad (3) \; [163] \\ &B = \dot{G} + \sum_{\lambda=1}^{\infty} \dot{p}_{2\lambda} \sin 2\lambda\dot{G} && (3_0) \; [163] \end{aligned} \right.$$

$\{\dot{\mathsf{\Gamma}}(\mathsf{M})\}$ Weg über $\mathsf{M} \to \mu \to \beta = \dot{\gamma} \to \dot{\mathsf{\Gamma}} = \{\dot{\mathsf{\Gamma}}(\dot{\gamma})\}$ in $\overline{\mathfrak{B}}_4$ (86) [209]
auf $\mathfrak{H}$: $H \to h \to b = \dot{g} \to \dot{G} = \{\dot{G}(\dot{g})\}$ (86_0) [209]

$$\{\mathsf{M}(\dot{\mathsf{\Gamma}})\} \left\{ \begin{aligned} &\mathsf{M} = \mathsf{M}_K(\dot{\mathsf{\Gamma}}) + \sum_{\lambda=1}^{\infty} r_{2\lambda-1} \sin(2\lambda - 1)\dot{\mathsf{\Gamma}} && \text{in } \mathfrak{B}_2| \quad (33) \; [177] \\ &H = \operatorname{arth}(\sin\dot{G}) + \sum_{\lambda=1}^{\infty} r_{2\lambda-1} \sin(2\lambda - 1)\dot{G} && (33_0) \; [178] \end{aligned} \right.$$

$$\{\beta(\mathsf{B})\} \left\{ \begin{aligned} &\beta = \mathsf{B} + \sum_{\lambda=1}^{\infty} k_{2\lambda} \sin 2\lambda\mathsf{B} && \text{in } \overline{\mathfrak{B}}_3 \quad (51) \; [186] \\ &b = B + \sum_{\lambda=1}^{\infty} k_{2\lambda} \sin 2\lambda B && (52_0) \; [187] \end{aligned} \right.$$

$$\{\mathsf{B}(\beta)\} \left\{ \begin{aligned} &\mathsf{B} = \beta + \sum_{\lambda=1}^{\infty} \dot{k}_{2\lambda} \sin 2\lambda\beta && \text{in } \overline{\mathfrak{B}}_4 \quad (61) \; [190] \\ &B = b + \sum_{\lambda=1}^{\infty} \dot{k}_{2\lambda} \sin 2\lambda b && (61_0) \; [191] \end{aligned} \right.$$

$$\{\dot{\gamma}(\dot{\mathsf{\Gamma}})\} \left\{ \begin{aligned} &\dot{\gamma} = \dot{\mathsf{\Gamma}} + \sum_{\lambda=1}^{\infty} l_{2\lambda} \sin 2\lambda\dot{\mathsf{\Gamma}} && \text{in } \overline{\mathfrak{B}}_2 \quad (65) \; [194] \\ &\dot{g} = \dot{G} + \sum_{\lambda=1}^{\infty} l_{2\lambda} \sin 2\lambda\dot{G} && (65_0) \; [194] \end{aligned} \right.$$

$\{\dot{\Gamma}(\dot{\gamma})\}$

$$\dot{\Gamma} = \dot{\gamma} + \sum_{\lambda=1}^{\infty} \dot{l}_{2\lambda} \sin 2\lambda\dot{\gamma} \quad \text{in } \overline{\mathfrak{B}}_4 \qquad (69)\ [196]$$

$$\dot{G} = \dot{g} + \sum_{\lambda=1}^{\infty} \dot{l}_{2\lambda} \sin 2\lambda\dot{g} \quad (\dot{g} = b) \qquad (69_0)\ [196]$$

$\{\mathsf{H}(\mathsf{B})\}$

$$\mathsf{H} = -\operatorname{tg}\left(\frac{\pi}{4} - \frac{\mathsf{B}}{2}\right) \times$$
$$\times \left\{Q_0^{(-1)} + 2\sum_{\lambda=1}^{\infty}[{}'Q_{2\lambda}^{(-1)}\cos 2\lambda\,\mathsf{B} + {}''Q_{2\lambda-1}^{(-1)}\sin(2\lambda-1)\mathsf{B}]\right\} \text{ in } \mathfrak{B}_1| \quad [173]$$

$\{\mathsf{H}(\dot{\Gamma})\}$

$$\mathsf{H} = -\operatorname{tg}\left(\frac{\pi}{4} - \frac{\dot{\Gamma}}{2}\right) \times$$
$$\times \left\{R_0^{(-1)} + 2\sum_{\lambda=1}^{\infty}[{}'R_{2\lambda}^{(-1)}\cos 2\lambda\,\dot{\Gamma} + {}''R_{2\lambda-1}^{(-1)}\sin(2\lambda-1)\dot{\Gamma}]\right\} \text{ in } \mathfrak{B}_2| \quad [181]$$

$\{\mathsf{Z}(\dot{\Gamma})\}$

$$\mathsf{Z} = \Theta\left\{\dot{P}_0^{(i)} + 2\sum_{\lambda=1}^{\infty}[{}'\dot{P}_{2\lambda}^{(i)}\cos 2\lambda\,\dot{\Gamma} + i\,{}''\dot{P}_{2\lambda}^{(i)}\sin 2\lambda\dot{\Gamma}]\right\} \text{ in } \overline{\mathfrak{B}}_2 \quad [165]$$

$\{\Theta(\mathsf{B})\}$

$$\Theta = \mathsf{Z}\left\{P_0^{(i)} + 2\sum_{\lambda=1}^{\infty}[{}'P_{2\lambda}^{(i)}\cos 2\lambda\,\mathsf{B} + i\,{}''P_{2\lambda}^{(i)}\sin 2\lambda\mathsf{B}]\right\} \text{ in } \overline{\mathfrak{B}}_1 \quad [208]$$

$\{\zeta(\mathsf{B})\}$

$$\zeta = \mathsf{Z}\left\{K_0^{(i)} + 2\sum_{\lambda=1}^{\infty}[{}'K_{2\lambda}^{(i)}\cos 2\lambda\,\mathsf{B} + i\,{}''K_{2\lambda}^{(i)}\sin 2\lambda\mathsf{B}]\right\} \text{ in } \overline{\mathfrak{B}}_3 \quad [187]$$

$\{\mathsf{Z}(\beta)\}$

$$\mathsf{Z} = \zeta\left\{\dot{K}_0^{(i)} + 2\sum_{\lambda=1}^{\infty}[{}'\dot{K}_{2\lambda}^{(i)}\cos 2\lambda\beta + i\,{}''\dot{K}_{2\lambda}^{(i)}\sin 2\lambda\beta]\right\} \text{ in } \overline{\mathfrak{B}}_4 \quad [190]$$

$\{\zeta(\dot{\Gamma})\}$

$$\zeta = \Theta\left\{L_0^{(i)} + 2\sum_{\lambda=1}^{\infty}[{}'L_{2\lambda}^{(i)}\cos 2\lambda\dot{\Gamma} + i\,{}''L_{2\lambda}^{(i)}\sin 2\lambda\dot{\Gamma}]\right\} \text{ in } \overline{\mathfrak{B}}_2 \quad [195]$$

$\{\Theta(\dot{\gamma})\}$

$$\Theta = \zeta\left\{\dot{L}_0^{(i)} + 2\sum_{\lambda=1}^{\infty}[{}'\dot{L}_{2\lambda}^{(i)}\cos 2\lambda\dot{\gamma} + i\,{}''\dot{L}_{2\lambda}^{(i)}\sin 2\lambda\dot{\gamma}]\right\} \text{ in } \overline{\mathfrak{B}}_4 \quad [196]$$

I_2 *Entwicklungen im Restgebiet.*

$\mathsf{B} - \mathsf{B}^{(4')} = \mathfrak{P}(\mathsf{M} - \mathsf{M}^{(4')})$ in $\mathfrak{R}_4$ [198] (nicht ausgeführt).

$$\mathsf{M} = -\frac{e}{2}\lg\operatorname{tg}\left(\frac{\mathsf{B}}{2} + \frac{\pi}{4} + \frac{i}{2}\lg\sqrt{n}\right) + \left(1 - \frac{e}{2}\right)\frac{i\pi}{4} -$$
$$-\frac{2i}{1+n}\sum_{\nu=0}^{\infty}(-1)^\nu\frac{1+n-n^{\nu+1}}{2\nu+1}[\cos(2\nu+1)\mathsf{B} + i\sin(2\nu+1)\mathsf{B}]$$

(15a, b) [169]

in $\overline{\mathfrak{R}}_1(\mathsf{B})$ bzw. in $|\mathsf{Z}| < \sqrt{n}$ und weiter in $|\mathsf{Z}| < 1$.

$$\dot{\Gamma} - {}^{(0)}\dot{\Gamma} = \frac{i\mathsf{Z}}{\sqrt{\mathsf{Z}^2+n}} + \frac{1}{2i}\lg\frac{\sqrt{\mathsf{Z}^2+n}+\mathsf{Z}}{\sqrt{\mathsf{Z}^2+n}-\mathsf{Z}} +$$
$$+ \frac{\pi}{2i\,\mathsf{E}\sqrt{\mathsf{Z}^2+n}}\left\{\sum_{\nu=1}^{\infty}\sum_{\lambda=0}^{\nu-1}\frac{\mathsf{Z}^{2(\nu-\lambda)+1}}{2(\nu-\lambda)}\cdot\frac{\binom{-\frac{3}{2}}{\nu}^2}{\binom{-\frac{3}{2}}{\nu-\lambda}}n^{\nu+\lambda}\right\}$$

$\mathsf{Z} = \cos\mathsf{B} + i\sin\mathsf{B}$; in $\mathfrak{R}_1$: $|\mathsf{Z}| < \sqrt{n}$ und weiter in $|\mathsf{Z}| < \frac{1}{\sqrt{n}}$ (79, 80, 81) [204]

$$\mathsf{B} - \overset{o}{\mathsf{B}} = \sum_{\nu=1}^{\infty} (\dot{a}_\nu) \frac{\left(\dot{\mathsf{r}} - \overset{o}{\dot{\mathsf{r}}}\right)^\nu}{\nu!} \quad \text{in } \mathfrak{R}_2 \qquad (4)\ [163]$$

$$\dot{\mathsf{r}} - \dot{\mathsf{r}}^{(4')} = \sum_{\nu=1}^{\infty} (\dot{c}_\nu) \frac{(\mathsf{M} - \mathsf{M}^{(4')})^\nu}{\nu!} \quad \text{in } \mathfrak{R}_4 \qquad [210]$$

$$\mathsf{M} - \overset{o}{\mathsf{M}} = \sum_{\nu=1}^{\infty} (c_\nu) \frac{\left(\dot{\mathsf{r}} - \overset{o}{\dot{\mathsf{r}}}\right)^\nu}{\nu!} \quad \text{in } \mathfrak{R}_2 \qquad [178]$$

II *Potenzreihenentwicklungen in Punktumgebung.*

$$\mathsf{A} = \mathsf{M} \leftrightarrow \mathsf{B} \leftrightarrow \dot{\mathsf{r}}$$

$$\Delta\mathsf{B} = \sum_{\nu=1}^{\infty} [\dot{b}_\nu) \frac{\Delta\mathsf{M}^\nu}{\nu!} \qquad (73)\ [198]$$

$(\dot{b}_\nu)$ 1. Form (73a), 2. Form (73b) [199]

$[\dot{b}_\nu]$ in $\overline{\mathfrak{B}}_4$ (73c) [200]

$$\Delta\mathsf{M} = \sum_{\nu=1}^{\infty} [b_\nu) \frac{\Delta\mathsf{B}^\nu}{\nu!} \qquad (18)\ [171]$$

(b_ν) 1. Form [171], 2. Form [172] siehe auch VII [396]

$[b_\nu]$ in $\overline{\mathfrak{B}}_1|$ [172]

$$\Delta\dot{\mathsf{r}} = \sum_{\nu=1}^{\infty} (a_\nu) \frac{\Delta\mathsf{B}^\nu}{\nu!} \qquad [207] \text{ mit I (103a)}$$

$$= \sum_{\nu=1}^{\infty} [a_\nu] \frac{\Delta\mathsf{B}^\nu}{\nu!} \text{ in } \overline{\mathfrak{B}}_1 \qquad [207] \text{ mit I (106a)}$$

$$\Delta\mathsf{B} = \sum_{\nu=1}^{\infty} (\dot{a}_\nu) \frac{\Delta\dot{\mathsf{r}}^\nu}{\nu!} \qquad (6)\ [164] \text{ mit I (107, 107a)}$$

$$= \sum_{\nu=1}^{\infty} [\dot{a}_\nu] \frac{\Delta\dot{\mathsf{r}}^\nu}{\nu!} \text{ in } \overline{\mathfrak{B}}_2 \qquad (6)\ [164] \text{ mit I (108, 108a)}$$

$$\Delta\dot{\mathsf{r}} = \sum_{\nu=1}^{\infty} [\dot{c}_\nu) \frac{\Delta\mathsf{M}^\nu}{\nu!} \qquad (88)\ [210]$$

$(\dot{c}_\nu)$ 1. Form [210], 2. Form [211]

3. Form [211], 4. Form [211]

$[\dot{c}_\nu]$ in $\overline{\mathfrak{B}}_4$ [213]

$\Delta\mathsf{M} = \sum\limits_{\nu=1}^{\infty} (c_\nu)\dfrac{\Delta\dot{\Gamma}^\nu}{\nu!}$	(35) [178] mit (35a, b)	[179]
$= \sum\limits_{\nu=1}^{\infty} [c_\nu]\dfrac{\Delta\dot{\Gamma}^\nu}{\nu!}$ in $\overline{\mathfrak{B}}_2$	(35) [178] mit (36)	[179]
$\Delta\beta = \sum\limits_{\nu=1}^{\infty} (d_\nu)\dfrac{\Delta\mathsf{B}^\nu}{\nu!}$	(55) [188] mit (55a)	[189]
$= \sum\limits_{\nu=1}^{\infty} [d_\nu]\dfrac{\Delta\mathsf{B}^\nu}{\nu!}$ in $\overline{\mathfrak{B}}_3$	(55) [188] mit (55b)	[190]
$\Delta\mathsf{B} = \sum\limits_{\nu=1}^{\infty} (\dot{d}_\nu)\dfrac{\Delta\beta^\nu}{\nu!}$	(63) [192] mit (63a)	[192]
$= \sum\limits_{\nu=1}^{\infty} [\dot{d}_\nu]\dfrac{\Delta\beta^\nu}{\nu!}$	(63) [192] mit (63b)	[192]
$\Delta\dot{\gamma} = \sum\limits_{\nu=1}^{\infty} (e_\nu)\dfrac{\Delta\dot{\Gamma}^\nu}{\nu!}$	(68) [195] nicht ausgeführt	
$= \sum\limits_{\nu=1}^{\infty} [e_\nu]\dfrac{\Delta\dot{\Gamma}^\nu}{\nu!}$ in $\overline{\mathfrak{B}}_2$	(68) [195] mit (68b)	[196]
$\Delta\dot{\Gamma} = \sum\limits_{\nu=1}^{\infty} (\dot{e}_\nu)\dfrac{\Delta\dot{\gamma}^\nu}{\nu!}$	(71) [197] nicht ausgeführt	
$= \sum\limits_{\nu=1}^{\infty} [\dot{e}_\nu]\dfrac{\Delta\dot{\gamma}^\nu}{\nu!}$ in $\overline{\mathfrak{B}}_4$	(71) [197] nicht ausgeführt	

V, 10 Anhang: Übersicht über die besonderen Punkte.

N Nordpol, **S** Südpol, $\overset{\text{o}}{\mathbf{P}}$ Ostpunkt, $\overset{\text{w}}{\mathbf{P}}$ Westpunkt.

Endpunkte im Teilbereich *1* des Schlitzes $\overset{\text{o}}{C}$ am Ostpunkt: $^{(0)}\mathbf{P}$, $\mathbf{P}^{(0)}$, des Randes C_i von $\mathfrak{B}_i$: $\mathbf{P}^{(i)}$, $\mathbf{P}^{(i')}$, $i = 1, 2, 3, 4$.

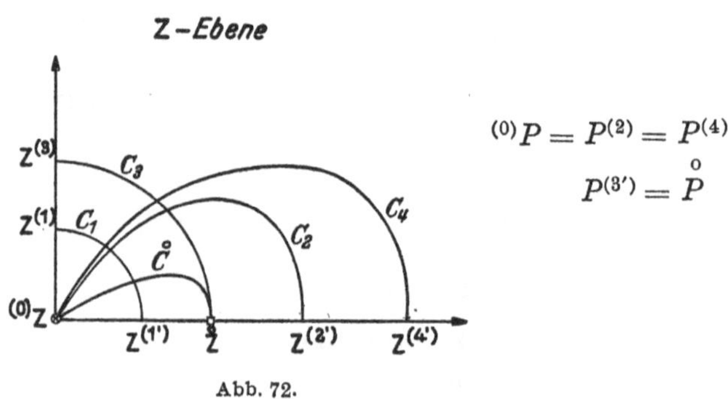

Abb. 72.

Tabelle der besonderen Punkte[54].

$\overset{\circ}{M} = \underline{\frac{i\pi}{2}} =$ $= 1.5707\,96\,i$ II Abb. 14b [84]	${}^{(0)}M = \frac{(1-e)\,i\pi}{2} =$ $= 1.4424\,67\,i$ II (41a) [82]	$M^{(1)} = \frac{\pi i}{2} -$ $- 0.1458\,16\,i$ $= 1.4249\,80\,i$ V (16_1) [169]	$M^{(1')} = \infty$ [170]	$M^{(2')} = \frac{\pi i}{2} +$ $+ 0.0973\,51$ V [207]	$M^{(3)} = \frac{\pi i}{2} -$ $- 0.1546\,86\,i$ $= 1.4161\,10\,i$ V [170]	$M^{(4')} = \frac{\pi i}{2} +$ $+ 0.1286\,83$ V [191]
$\overset{\circ}{B} = \frac{\pi}{2} +$ $+ 3.0144\,06\,i$	${}^{(0)}B = \infty$	$B^{(1)} =$ $= 3.1962\,14\,i$	$B^{(1')} = i\,\frac{\pi}{2} +$ $+ 3.1962\,14$	$B^{(2')} = \frac{\pi}{2} +$ $+ 2.6026\,99\,i$	$B^{(3)} = B^{(1)} -$ $- 0.1818\,08\,i$	$B^{(4')} = \frac{\pi}{2} +$ $+ 2.4586\,53\,i$
$\overset{\circ}{Z} = i\,k\sqrt{n} =$ $= 0.0490\,75\,i$ II (41c) [83]	$\underline{{}^{(0)}Z = 0}$	$\underline{Z^{(1)} = \sqrt{n}} =$ $= 0.0409\,17$ I Abb. 3b [13]	$\underline{Z^{(1')} = i\sqrt{n}} =$ $= 0.0409\,17\,i$ I Abb. 3b [13]	$Z^{(2')} =$ $= \sqrt{n}\cdot 1.8101\,62\,i$ $= 0.0740\,66\,i$ V [207]	$\underline{Z^{(3)} = k\sqrt{n}} =$ $= 0.0490\,75$ II (41c) [83] V Abb. 65b [183]	$Z^{(4')} =$ $= \sqrt{n}\cdot 2.0908\,29\,i$ $= 0.0855\,50\,i$ V [191]
$\overset{\circ}{\dot{\Gamma}} = {}^{(0)}\dot{\Gamma} + \frac{\pi}{2} +$ $+ 1.1897\,48\,i$ $= \frac{\pi}{2} + 4.0791\,18\,i$ V [205]	${}^{(0)}\dot{\Gamma} = \frac{i\pi E'}{2E} =$ $= 2{,}8893\,70\,i$ I (83a) [47] II (44a) [90]	$\dot{\Gamma}^{(1)} = {}^{(0)}\dot{\Gamma} -$ $- 0.1742\,66\,i$ $= 2.7151\,04\,i$ V [206]	$\dot{\Gamma}^{(1')} = \infty$ V [206]	$\underline{\dot{\Gamma}^{(2')} = \frac{\pi}{2} + {}^{(0)}\dot{\Gamma}}$ I Abb. 8a [52] IV Abb. 52a [152]	$\dot{\Gamma}^{(3)} = {}^{(0)}\dot{\Gamma} -$ $- 0.2475\,17\,i$ $= 2.6418\,53\,i$ V [206]	$\dot{\Gamma}^{(4')} = {}^{(0)}\dot{\Gamma} + \frac{\pi}{2} -$ $- 0.2292\,10\,i$ $= \frac{\pi}{2} + 2.6601\,60\,i$ V [206]
$\overset{\circ}{\zeta} = 0$ V [183] V Abb. 65a [183]	${}^{(0)}\zeta = \operatorname{tg}\frac{e\pi}{4}$ V (45) [183]	$\zeta^{(1)} = 0.0730\,38$ V [188]	$\zeta^{(1')}$ liegt außerhalb des ersten Blattes der Riemannschen Fläche	$\zeta^{(2')}$ nicht berechnet	$\zeta^{(3)} = 0.0774\,97$ V [188]	$\underline{\zeta^{(4')} = i\operatorname{tg}\frac{e\pi}{4}}$ V Abb. 65a [183] V (46) [184]

[54] Der definierende Wert ist unterstrichen.

V, 11 Anhang: Numerische Beispiele für die Berechnung der Grundvariablen.

Wir wollen die Berechnung der verschiedenen Grundvariablen „im Großen" und „im Kleinen" für einen Sphäroidpunkt verfolgen, um die Anwendung der gegebenen Entwicklungen kennenzulernen. *Die Koeffiziententabellen erlauben eine bequeme Abschätzung der Reihenglieder* und geben daher bei gegebener Genauigkeit Aufschluß über die zu berücksichtigenden Terme. Reicht die tabellierte Ordnung für sehr große Differenzen nicht aus, so lassen sich bei allen Koeffizientendarstellungen 2. Art ohne weiteres die höheren Koeffizientenzahlwerte nach den angegebenen Formeln berechnen.

Gegeben:
geographische Breite

$$B = 50°\,51'\,18''.3891\,[55],$$

geographischer Längenunterschied gegen den Hauptmeridian

$$L = 1°\,59'\,43''.1538.$$

Komplexe Länge M.

I) Im Anschluß an (14_0) haben wir folgendes Rechenschema:

$$P = 90° - B = 39°\;\;8'\,41''.6109$$

$$\frac{P}{2} = 19°\,34'\,20''.80545 = 19°.5724\,4595\,84$$

$$-\log\operatorname{tg}\frac{P}{2} = +0.4491\,0885\,74 \text{ (dekadischer Logarithmus)}$$

$$\frac{\varrho°}{\text{Modul}} \times \left(-\log\operatorname{tg}\frac{P}{2}\right) = 59°.2502\,1649 = H_K.$$

[Genauigkeit: Der Ausgangswert hat einen Abrundungsfehler von $5'' \cdot 10^{-5} = 1°.4 \cdot 10^{-8}$; die Zwischenrechnung in Grad erfolgt daher 10stellig.]

$$\begin{array}{llll}
[168] & q_1 = -0°.3830\,5359\,03 & \sin B = +0.7755\,5169\,08 \\
& q_3 = +0°.0002\,1376\,75 & \sin 3B = +0.4607\,370 \\
& q_5 = -0°.0000\,0021\,47 & \sin 5B = -0.9626 \\
& q_7 = +0°.0000\,0000\,03 & \sin 7B = -0.07
\end{array}$$

$$\begin{aligned}
H - H_K &= -0°.2969\,7929 \\
H_K &= \;\;59°.2502\,1649 \\
H &= \;\;58°.9532\,3720 \\
&= \;\;58°.57'\,11''.6539
\end{aligned}$$

$$\mathsf{M} = 58°\,57'\,11''.6539 + i \cdot 1°\,59'\,43''.1538$$

[55] H. Boltz [1] S. XVI.

II) Bei der Berechnung einer größeren Anzahl von Punkten ist die Verwendung von Potenzreihen wesentlich bequemer und schärfer. Man hat dazu nur einmalig für den Entwicklungsmittelpunkt die Rechnung I) durchzuführen und kann dann die Δ M-Tabelle [172] benutzen. Wir wählen als diesen Mittelpunkt auf dem Hauptmeridian in der B-Ebene den Wert

$$\mathsf{B}_0 = B_0 = 50°\,50' \text{ und erhalten } H_0 = 58\overset{\circ}{.}9188\,4457$$
$$L_0 = 0.$$

Die Koeffizienten ermittelt man aus der Δ M-Tabelle [172] mit dem Argument $B_0 = 50°\,50'$; z. B. wird

$$[1] = +10.0000\,0000\,00 \cdot 10^{-1} \sec B_0 - 0.0066\,8554\,64 \cos B_0 + + 0.0000\,1119\,28 \cos 3B_0 - 0.0000\,0001\,87 \cos 5B_0 + \cdots \text{ usw.}$$

Δ M-Tabelle.

$[1] = +1.5791\,0245\,82$	$\Delta B = 1'\,18''\!.3891$	$=$	$0\overset{\circ}{.}0217\,7475\,01$
$[2] = +0.0170\,069$	$\Delta B^2 =$	$=$	$0.0004\,7393\,29$
$[3] = +0.0003\,2$	$\Delta B^3 =$	$=$	$0.0000\,1032\,43$
$[4] = +0$	$\Delta B^4 =$	$=$	$0.0000\,0022\,49$
	ΔH	$=$	$0\overset{\circ}{.}0343\,9263$
	H_0	$=$	$58\overset{\circ}{.}9188\,4457$
	H	$=$	$58\overset{\circ}{.}9532\,3720$
		$=$	$58°\,57'\,11''\!.6539$

Umkehrung.

I*) Nach (72_0) ist im Großen, d. h. für beliebige Punkte des Hauptgebietes, bei der Umkehrung die Kugelabbildung $\mathsf{M} = \mu$ zwischenzuschalten:

$$H = h = 58°\,57'\,11''\!.6539 = 58\overset{\circ}{.}9532\,3720$$
$$\frac{1}{\varrho°} h = 1.0289\,2809\,25$$
$$\operatorname{sh} h = 1.2203\,3755\,79 = \operatorname{tg} b; \qquad b = 50°\,40'\,2''\!.1105.$$

(Die Berechnung der hyperbolischen Funktionen ist ohne geeignete Tafeln sehr unbequem.) Der Übergang $b \to B$ wird nach [191] vollzogen mit dem Rechenschema

[191]

$\dot{k}_2 = +0\overset{\circ}{.}1917\,3984\,72$	$\sin 2b = +0.9804\,9647\,1$
$\dot{k}_4 = +0\overset{\circ}{.}0003\,7428\,70$	$\sin 4b = -0.3854\,07$
$\dot{k}_6 = +0\overset{\circ}{.}0000\,0100\,20$	$\sin 6b = -0.8290$
$\dot{k}_8 = +0\overset{\circ}{.}0000\,0000\,31$	$\sin 8b = +0.7$
	$B - b = 0\overset{\circ}{.}1878\,5516$
	$b = 50\overset{\circ}{.}6672\,5291$
$L = l = 1°\,59'\,43''\!.1538$	$B = 50\overset{\circ}{.}8551\,0807 = 50°\,51'\,18''\!.3891$

II*) Bei jeder Potenzreihenentwicklung muß der Mittelpunkt mit seinem Bildpunkt bekannt sein; die zugehörige Rechnung ist daher vorauszuschicken. Wie bereits erwähnt hat man aber dann den Vorteil, beliebig viele Punkte in der Umgebung bequem abbilden zu können. Wird die Koeffizientendarstellung 1. Art verwendet, so ist zu gegebenem B_0 die isometrische Breite H_0 zu ermitteln und man findet aus der Längsentwicklung (74b) die Differenz $\varDelta B$ in Abhängigkeit von $\varDelta H$. Bei der Darstellung 2. Art tritt die Kugelbreite β_0 bzw. b_0 als Argument für die $\varDelta$ B-Tabelle [201] auf. Wir wählen

$\beta_0 = b_0 = 50°40'$ und erhalten $H_0 = h_0 = \varrho° \lg \operatorname{tg}\left(\frac{\pi}{4} + \frac{b_0}{2}\right) = 58\overset{\circ}{.}9523\,1225$.

Die Berechnung von B_0 aus b_0 erfolgt wie oben. Zur Vereinfachung ist auf S. [230] eine Tabelle angegeben, aus der B_0 durch Interpolation entnommen werden kann:

$$B_0 = b_0 + 676''\!.2814 = 50°\,51'\,16''\!.2814.$$

Aus der $\varDelta$ B-Tabelle [201] erhält man die Koeffizienten der Potenzreihe mit $b_0 = 50°\,40'$.

$\varDelta$ B-Tabelle.

[1] = +0.6329 821	$\varDelta H$ = 0°0009 2494 00
[2] = −0.0043	$\varDelta H^2$ = 0.0000 0085 55
[3] = +0	$\varDelta H^3$ = 0.0000 0000 08
	$\varDelta B$ = 0°0005 8546 = 2″1077
	B_0 = 50° 51′ 16″2814
	B = 50° 51′ 18″3891

Komplexer Meridianbogen $\dot{\Gamma}$.

I) Das Rechenschema ergibt sich aus der allgemeinen Überlegung (86). Statt von M $= \mu$ auszugehen, d. h. also h aus B zu berechnen, ermitteln wir zunächst b nach [187]

$$B = 50°\,51'\,18''\!.3891 = 50\overset{\circ}{.}8551\,0808;\quad L = l = 1°\,59'\,43''\!.1538$$

[187]		
	$k_2 = -0\overset{\circ}{.}1917\,4002\,61$	$\sin 2B = +0.9791\,8663$
	$k_4 = +0\overset{\circ}{.}0002\,6736\,93$	$\sin 4B = -0.3974\,751$
	$k_6 = -0\overset{\circ}{.}0000\,0046\,53$	$\sin 6B = -0.8178$
	$k_8 = +0\overset{\circ}{.}0000\,0000\,09$	$\sin 8B = +0.7$

Der Wert von b kann auch unmittelbar aus der Tabelle [229c] durch Interpolation entnommen werden.

$b - B = -0\overset{\circ}{.}1878\,5516$
$B = 50\overset{\circ}{.}8551\,0808$
$b = 50\overset{\circ}{.}6672\,5292 = 50°\,40'\,2''\!.1105$

$\sin l = +0.0348\,1787\,37$	$\operatorname{tg}\beta' = \frac{\operatorname{tg} b}{\cos l} = +1.2210\,7793\,05$
$\cos l = +0.9993\,9367\,42$	$\beta' = \dot{\gamma}' = 50°\,41'\,3''\!.4378 = 50\overset{\circ}{.}6842\,8827$
$\cos b = +0.6338\,2305\,32$	$\operatorname{th}\beta'' = \sin l \cos b = +0.0220\,6837\,10$
$\operatorname{tg} b = +1.2203\,3755\,95$	$\beta'' = \dot{\gamma}'' = 0.0220\,7195\,46 = 1\overset{\circ}{.}2646\,2984\,4$

Anschließend ist der Übergang von $\dot{\gamma} = \dot{\gamma}' + i\dot{\gamma}''$ zu $\dot{\Gamma} = \dot{\Gamma}' + i\dot{\Gamma}''$ nach [196] durchzuführen:

[196]			
	$\dot{l}_2 = +0^\circ\!.0478\,5488\,3$	$\sin 2\dot{\gamma}' = +0.9803\,7944$	$\mathrm{ch}\, 2\dot{\gamma}'' = +1.0009\,7256$
	$\dot{l}_4 = +0^\circ\!.0000\,4333\,3$	$\sin 4\dot{\gamma}' = -0.3865\,04$	$\mathrm{ch}\, 4\dot{\gamma}'' = +1.0039\,00$
	$\dot{l}_6 = +0^\circ\!.0000\,0006\,8$	$\sin 6\dot{\gamma}' = -0.828$	$\mathrm{ch}\, 6\dot{\gamma}'' = +1.008$

$$\dot{l}_2 \sin 2\dot{\gamma}' \,\mathrm{ch}\, 2\dot{\gamma}'' = +0^\circ\!.0469\,6166$$
$$\dot{l}_4 \sin 4\dot{\gamma}' \,\mathrm{ch}\, 4\dot{\gamma}'' = -0^\circ\!.0000\,1681 \qquad \frac{G^{(m)}}{\varrho^\circ} = 111\,120.6196$$
$$\dot{l}_6 \sin 6\dot{\gamma}' \,\mathrm{ch}\, 6\dot{\gamma}'' = -0^\circ\!.0000\,0006$$

$$\dot{\Gamma}' - \dot{\gamma}' = +0^\circ\!.0469\,4479$$
$$\dot{\gamma}' = 50^\circ\!.6842\,8827 \qquad \Gamma' = \dot{\Gamma}' \frac{G^{(m)}}{\varrho^\circ} = 5\,637\,286.051 \text{ m}$$
$$\dot{\Gamma}' = 50^\circ\!.7312\,3306$$

$\cos 2\dot{\gamma}' = -0.1971\,1969$	$\mathrm{sh}\, 2\dot{\gamma}'' = +0.0441\,5825$	$\dot{l}_2 \cos 2\dot{\gamma}' \,\mathrm{sh}\, 2\dot{\gamma}'' = -0^\circ\!.0004\,1655$
$\cos 4\dot{\gamma}' = -0.9222\,88$	$\mathrm{sh}\, 4\dot{\gamma}'' = +0.0884\,03$	$\dot{l}_4 \cos 4\dot{\gamma}' \,\mathrm{sh}\, 4\dot{\gamma}'' = -0^\circ\!.0000\,0353$
$\cos 6\dot{\gamma}' = +0.561$	$\mathrm{sh}\, 6\dot{\gamma}'' = +0.133$	$\dot{l}_6 \cos 6\dot{\gamma}' \,\mathrm{sh}\, 6\dot{\gamma}'' = +0^\circ\!.0000\,0000$

$$\Gamma'' = \dot{\Gamma}'' \frac{G^{(m)}}{\varrho^\circ} = 140\,479.772 \text{ m} \qquad \dot{\Gamma}'' - \dot{\gamma}'' = -0^\circ\!.0004\,2008$$
$$\dot{\gamma}'' = +1^\circ\!.2646\,2984$$
$$\dot{\Gamma} = 50^\circ\!.7312\,3306 + 1^\circ\!.2642\,0976\, i \qquad \dot{\Gamma}'' = 1^\circ\!.2642\,0976$$
$$\Gamma = 5\,637\,286.051 + 140\,479.772\, i \text{ (m)}$$

II) Als Entwicklungsmittelpunkt in der M-Ebene wählen wir einen Punkt auf dem Hauptmeridian mit der Breite B. Verwendet man die Koeffizientendarstellung 1. Art, z. B. in der 4. Form nach H. Boltz, so läßt sich, nachdem $\dot{\Gamma}_0 = \dot{G}(B)$ aus (76_0) ermittelt ist, $\Delta\dot{\Gamma}$ durch eine Querentwicklung $\Delta \mathsf{M} = iL$ berechnen. Wir wollen entsprechend unserer allgemeinen Zielsetzung die Koeffizientendarstellung 2. Art wegen ihres einfacheren Bildungsgesetzes bevorzugen. Man hat dann allerdings als Argument die „Kugelbreite" b, aber der Rechenaufwand ist mit einer Tabelle für den Übergang $B \to b$ der gleiche.

$B = 50^\circ\, 51'\, 18''\!.3891 \to b = \dot{g} = 50^\circ\, 40'\, 2''\!.1105$ nach Tabelle [229c].

Die Koeffizienten werden aus der $\Delta\dot{\Gamma}$-Tabelle [213] mit dem Argument $b = \dot{g}$ berechnet:

$\Delta \mathsf{M} = iL = i\, 1^\circ\!.9953\,2050$	$[1] = +0.6336\,1319\,94$
$\Delta \mathsf{M}^3 = -i\, 7.9439\,77$	$[3] = +0.0000\,0649\,46$
$\Delta \mathsf{M}^5 = i\, 31.63$	$[5] = -0.0000\,0000\,15$
	$\dot{\Gamma}'' = \Delta\dot{\Gamma}'' = 1^\circ\!.2642\,0976$
$\Delta \mathsf{M}^2 = -\ 3.9813\,0390$	$[2] = -0.0042\,8827\,40$
$\Delta \mathsf{M}^4 = +15.851$	$[4] = +0.0000\,0015\,25$
$\Delta \mathsf{M}^6 = -63$	$[6] = +0.0000\,0000\,00$
	$\Delta\dot{\Gamma}' = +0^\circ\!.0170\,7534$

[196]

$$\begin{array}{ll}
\dot{l}_2 = +0^\circ\!.0478\,5488\,30 & \sin 2\dot{g} = +0.9804\,9647\,4 \\
\dot{l}_4 = +0^\circ\!.0000\,4333\,31 & \sin 4\dot{g} = -0.3854\,0 \\
\dot{l}_6 = +0^\circ\!.0000\,0006\,80 & \sin 6\dot{g} = -0.829 \\
\dot{l}_8 = +0^\circ\!.0000\,0000\,01 & \sin 8\dot{g} = +0.7 \\
\hline
 & \dot{G} - \dot{g} = +0^\circ\!.0469\,0479 \\
 & \dot{g} = 50^\circ\!.6672\,5291 \\
\hline
 & \dot{G} = 50^\circ\!.7141\,5770 \\
 & \Delta\dot{\Gamma}' = 0^\circ\!.0170\,7534 \\
\hline
 & \dot{\Gamma}' = 50^\circ\!.7312\,3304
\end{array}$$

Umkehrung.

$$\dot{\Gamma} = 50^\circ\!.7312\,3304 + 1^\circ\!.2642\,0976\,i.$$

I*) Die Rechnung erfolgt im Anschluß an die Entwicklung $\dot{\gamma} = \dot{\gamma}(\dot{\Gamma})$ [194].

[194]

$$\begin{array}{lll}
l_2 = -0^\circ\!.0478\,5490\,25 & \sin 2\dot{\Gamma}' = +0.9800\,5510 & \mathrm{ch}\, 2\dot{\Gamma}'' = +1.0009\,7385 \\
l_4 = -0^\circ\!.0000\,0336\,35 & \sin 4\dot{\Gamma}' = -0.3895\,2 & \mathrm{ch}\, 4\dot{\Gamma}'' = +1.0038\,95 \\
l_6 = -0^\circ\!.0000\,0000\,95 & \sin 6\dot{\Gamma}' = -0.825 & \mathrm{ch}\, 6\dot{\Gamma}'' = +1.009 \\
\hline
 & & \dot{\gamma}' - \dot{\Gamma}' = -0^\circ\!.0469\,4479 \\
 & & \dot{\Gamma}' = 50^\circ\!.7312\,3304 \\
\hline
 & & \beta' = \dot{\gamma}' = 50^\circ\!.6842\,8825
\end{array}$$

$$\begin{array}{lll}
l_2 = -0^\circ\!.0478\,5490\,25 & \cos 2\dot{\Gamma}' = -0.1987\,2595 & \mathrm{sh}\, 2\dot{\Gamma}'' = +0.0441\,4357 \\
l_4 = -0^\circ\!.0000\,0336\,35 & \cos 4\dot{\Gamma}' = -0.9210\,16 & \mathrm{sh}\, 4\dot{\Gamma}'' = +0.0883\,73 \\
l_6 = -0^\circ\!.0000\,0000\,95 & \cos 6\dot{\Gamma}' = +0.565 & \mathrm{sh}\, 6\dot{\Gamma}'' = +0.133 \\
\hline
 & & \dot{\gamma}'' - \dot{\Gamma}'' = +0^\circ\!.0004\,2008 \\
 & & \dot{\Gamma}'' = 1^\circ\!.2642\,0976 \\
\hline
 & & \beta'' = \dot{\gamma}'' = 1^\circ\!.2646\,2984
\end{array}$$

$$\begin{array}{lll}
\sin\beta' = 0.7736\,6649\,36 & & \\
 & \sin b = \dfrac{\sin\beta'}{\mathrm{ch}\,\beta''} = 0.7734\,7807\,78 & b = 50^\circ\,40'\,2''\!.1105 \\
\cos\beta' = 0.6335\,9305\,30 & & \\
\mathrm{sh}\,\beta'' = 0.0220\,7374\,68 & & \\
 & \mathrm{tg}\, l = \dfrac{\mathrm{sh}\,\beta''}{\cos\beta'} = 0.0348\,3899\,76 & l = L = 1^\circ\,59'\,43''\!.1538 \\
\mathrm{ch}\,\beta'' = 1.0002\,4359\,55 & &
\end{array}$$

Übergang $b \rightarrow B$ nach Tabelle [230c] $B = 50^\circ\,51'\,18''\!.3891$.

II*) Als Entwicklungsmittelpunkt wählen wir $\dot{\Gamma}_0 = \dot{\Gamma}'$. Bei der Koeffizientendarstellung 2. Art können für den Kugelteil in der ΔM-Tabelle die sphärischen Glieder der ΔM-Tabelle [172] benutzt werden, wobei B_0 durch $\dot{\Gamma}_0$ zu ersetzen ist:

z. B. $[1] = +10.0000\,0000\,00 \cdot 10^{-1} \sec\dot{\Gamma}_0 - 0.0016\,6928\,90 \cos\dot{\Gamma}_0 - \cdots$

Kugelteil [172] + Sphäroidteil [180]

$$\begin{array}{ll}
[1] = +1.5788\,2594\,7 & \Delta\dot{\Gamma} = i\dot{\Gamma}'' = 1^\circ\!.2642\,0976\,i \\
[3] = +0.0003\,2025\,5 & \Delta\dot{\Gamma}^3 = \quad -2.0204\,93\,i \\
[5] = +0.0000\,0012\,29 & \Delta\dot{\Gamma}^5 = \quad +3.2292\,i \\
[7] = +0.0000\,0000\,01 & \Delta\dot{\Gamma}^7 = \quad -5.16\,i \\
\hline
\multicolumn{2}{c}{iL = +1^\circ\!.9953\,2050 = 1^\circ\,59'\,43''\!.1538}
\end{array}$$

$$\begin{array}{ll}
[2] = +0.0168\,7454\,4 & \Delta\dot{\Gamma}^2 = \quad -1.5982\,2632 \\
[4] = +0.0000\,0598\,3 & \Delta\dot{\Gamma}^4 = \quad +2.5543 \\
[6] = +0.0000\,0000\,26 & \Delta\dot{\Gamma}^6 = \quad -4.08 \\
\hline
 & \Delta H = \quad -0^\circ\!.0269\,5407
\end{array}$$

Dem Punkt $\dot{\Gamma}_0$ entspricht in der B-Ebene $\mathsf{B}_0 = B_0 = 50^\circ\!.8721\,6618$ [163]
$B_0 = 50^\circ\,52'\,19''\!.7983$

Übergang $B_0 \to b_0$ nach Tabelle [229c]: $b_0 = 50^\circ\,41'\,3''\!.6022$. [187]
Die Berechnung von ΔB aus ΔH bei gegebenem B_0 bzw. b_0 wurde bereits in II* [222] durchgeführt. Man findet

$$\begin{array}{rl}
\Delta B = & -0^\circ\!.0170\,5809 \\
B_0 = & 50^\circ\!.8721\,6618 \\
\hline
B = & 50^\circ\!.8551\,0809 = 50^\circ\,51'\,18''\!.3891
\end{array}$$

Komplexe Breite B.

I) Im ersten Teil unterscheidet sich wegen $\beta' = \dot{\gamma}'$, $\beta'' = \dot{\gamma}''$ diese Rechnung von der entsprechenden für $\dot{\Gamma}$ nicht, nur sind die Produkte nicht mit $\dot{l}_{2\lambda}$, sondern mit $\dot{k}_{2\lambda}$ [191] zu multiplizieren:

$$\begin{array}{ll}
\dot{k}_2 = +0^\circ\!.1917\,3984\,72 & \dot{k}_2 \sin 2\beta' \operatorname{ch} 2\beta'' = +0^\circ\!.1881\,6098\,8 \\
\dot{k}_4 = +0^\circ\!.0003\,7428\,70 & \dot{k}_4 \sin 4\beta' \operatorname{ch} 4\beta'' = -0^\circ\!.0001\,4522\,8 \\
\dot{k}_6 = +0^\circ\!.0000\,0100\,20 & \dot{k}_6 \sin 6\beta' \operatorname{ch} 6\beta'' = -0^\circ\!.0000\,0083\,7 \\
\dot{k}_8 = +0^\circ\!.0000\,0000\,31 & \dot{k}_8 \sin 8\beta' \operatorname{ch} 8\beta'' = +0^\circ\!.0000\,0000\,2 \\
\hline
 & \mathsf{B}' - \beta' = +0^\circ\!.1880\,1493 \\
 & \beta' = 50^\circ\!.6842\,8827 \\
\hline
 & \mathsf{B}' = 50^\circ\!.8723\,0320 = 50^\circ\,52'\,20''\!.2915
\end{array}$$

$$\begin{array}{l}
\dot{k}_2 \cos 2\beta' \operatorname{sh} 2\beta'' = -0^\circ\!.0016\,6899\,2 \\
\dot{k}_4 \cos 4\beta' \operatorname{sh} 4\beta'' = -0^\circ\!.0000\,3051\,7 \\
\dot{k}_6 \cos 6\beta' \operatorname{sh} 6\beta'' = +0^\circ\!.0000\,0007\,5 \\
\hline
\mathsf{B}'' - \beta'' = -0^\circ\!.0016\,9943 \\
\beta'' = +1^\circ\!.2646\,2984 \\
\hline
\mathsf{B}'' = +1^\circ\!.2629\,3041 = 1^\circ\,15'\,46''\!.5495
\end{array}$$

$$\mathsf{B} = 50^\circ\,52'\,20''\!.2915 + 1^\circ\,15'\,46''\!.5495\,i.$$

II) Als Entwicklungsmittelpunkt wird $\mathsf{B}_0 = B = 50°\,51'\,18''\!.3891$ auf dem Hauptmeridian gewählt. Die zugehörige „Kugelbreite" ist $b_0 = 50°\,40'\,2''\!.1105$ (Tabelle [229c]). Damit wird $\Delta\mathsf{M} = iL$ [223]. Aus der $\Delta\mathsf{B}$-Tabelle [201] mit dem Argument b_0 findet man die Koeffizienten

$$[1] = +0.6329\,7406\,6 \qquad [2] = -0.0043\,1836\,2$$
$$[3] = +0.0000\,0700\,8 \qquad [4] = +0.0000\,0015\,03$$
$$[5] = -0.0000\,0000\,16 \qquad [6] = +0.0000\,0000\,001\,.$$

Die $\Delta\mathsf{M}$-Potenzen sind bereits auf S. [223] berechnet. Man findet daher

$$[1]\,\Delta\mathsf{M} = +1°\!.2629\,8613\,0\,i \qquad [2]\,\Delta\mathsf{M}^2 = +0°\!.0171\,9271\,1$$
$$[3]\,\Delta\mathsf{M}^3 = -0°\!.0000\,5567\,1\,i \qquad [4]\,\Delta\mathsf{M}^4 = +0°\!.0000\,0238\,2$$
$$[5]\,\Delta\mathsf{M}^5 = -0°\!.0000\,0005\,1\,i \qquad [6]\,\Delta\mathsf{M}^6 = -0°\!.0000\,0000\,1$$

$$i\mathsf{B}'' = +1°\!.2629\,3041\,i \qquad \Delta\mathsf{B}' = +0°\!.0171\,9510$$
$$\mathsf{B}_0 = 50°\!.8551\,0808$$
$$\mathsf{B}' = 50°\!.8723\,0318$$

Umkehrung.

$$\mathsf{B}' = 50°\!.8723\,0318 \qquad \mathsf{B}'' = 1°\!.2629\,3041$$

I*)

[187]

$k_2 = -0°\!.1917\,4002\,6$	$\sin 2\mathsf{B}' = +0.9790\,6464$	$\mathrm{ch}\,2\mathsf{B}'' = +1.0009\,7188$
$k_4 = +0°\!.0002\,6736\,9$	$\sin 4\mathsf{B}' = -0.3985\,764$	$\mathrm{ch}\,4\mathsf{B}'' = +1.0038\,89$
$k_6 = -0°\!.0000\,0046\,5$	$\sin 6\mathsf{B}' = -0.8168$	$\mathrm{ch}\,6\mathsf{B}'' = +1.008$

$$\beta' - \mathsf{B}' = -0°\!.1880\,1493$$
$$\mathsf{B}' = 50°\!.8723\,0318$$
$$\beta' = 50°\!.6842\,8825$$

$k_2 = -0°\!.1917\,4002\,6$	$\cos 2\mathsf{B}' = -0.2035\,4959$	$\mathrm{sh}\,2\mathsf{B}'' = +0.0440\,9886\,0$
$k_4 = +0°\!.0002\,6736\,9$	$\cos 4\mathsf{B}' = -0.9171\,35$	$\mathrm{sh}\,4\mathsf{B}'' = +0.0882\,83$
$k_6 = -0°\!.0000\,0046\,5$	$\cos 6\mathsf{B}' = +0.577$	$\mathrm{sh}\,6\mathsf{B}'' = +0.137$

$$\beta'' - \mathsf{B}'' = +0°\!.0016\,9943$$
$$\mathsf{B}'' = 1°\!.2629\,3041$$
$$\beta'' = 1°\!.2646\,2984$$

Die weitere Rechnung entspricht völlig I* [224].

II*) Wir wollen jetzt noch ein Beispiel für eine Kreisentwicklung geben und wählen daher als Entwicklungsmittelpunkt $\mathsf{B}_0 = B_0 = 50°\,40'$.

$$\mathsf{B} = 50\overset{\circ}{.}8723\,0318 + 1\overset{\circ}{.}2629\,3041\,i$$
$$\mathsf{B}_0 = 50\overset{\circ}{.}6666\,6667$$
$$\Delta\mathsf{B} = 0\overset{\circ}{.}2056\,3651 + 1\overset{\circ}{.}2629\,3041\,i = \varrho e^{i\psi}$$

$\varrho = 1\overset{\circ}{.}2795\,6226\,7$	$\cos\psi = +0.1607\,0848\,5$	$\sin\psi = +0.9870\,0193\,7$
$\varrho^2 = 1.6372\,7959\,5$	$\cos 2\psi = -0.9483\,4561$	$\sin 2\psi = +0.3172\,3918$
$\varrho^3 = 2.0950\,012$	$\cos 3\psi = -0.4655\,228$	$\sin 3\psi = -0.8850\,359$
$\varrho^4 = 2.6806\,8$	$\cos 4\psi = +0.7987$	$\sin 4\psi = -0.6017$
$\varrho^5 = 3.430$	$\cos 5\psi = +0.722$	$\sin 5\psi = +0.69$
$\varrho^6 = 4.4$	$\cos 6\psi = -0.6$	$\sin 6\psi = +0.8$

Die Koeffizienten ermittelt man aus der ΔM-Tabelle [172] mit dem Argument $B_0 = 50°\,40'$:

	$[\nu]\,\varrho\cos\nu\psi$	$[\nu]\,\varrho\sin\nu\psi$
[1] = +1.5734 6031 0	+0°.3235 6088 7	+1°.9871 7089 0
[2] = +0.0168 4636 2	−0°.0261 5746 4	+0°.0087 5015 6
[3] = +0.0003 1888 2	−0°.0003 1099 6	−0°.0005 9125 7
[4] = +0.0000 0594 21	+0°.0000 1272 3	−0°.0000 0958 5
[5] = +0.0000 0012 19	+0°.0000 0030 3	+0°.0000 0029 0
[6] = +0.0000 0000 33	−0°.0000 0000 8	+0°.0000 0001 1
	$\Delta H = +0\overset{\circ}{.}2971\,0545$	$\Delta L = 1\overset{\circ}{.}9953\,2050\,5$

Die Berechnung von ΔB aus ΔH kann nach dem Muster in II* [222] erfolgen.

In dem Beispiel wurde, um Potenzreihe und trigonometrische Reihe gegenüberzustellen, ein in der Nähe des Hauptmeridians gelegener Punkt gewählt, doch die Anwendungsmöglichkeit der Methoden I), I*) ist keineswegs darauf beschränkt. Die theoretische Grenze wird durch das jeweilige Hauptgebiet gegeben, die praktische Grenze hängt von der geforderten Genauigkeit ab, da die hyperbolischen Funktionen mit größerem Argument stark anwachsen. Bei der Potenzreihenentwicklung ist der Umweg über die Kugelabbildung $\mathsf{M} = \mu$ grundsätzlich nicht notwendig. Man muß dann die Darstellung 1. Art in ihren verschiedenen Formen verwenden. Bei der Darstellung 2. Art tritt teilweise β_0 als Argument auf. Man könnte dies unter Benützung von $\beta \to \mathsf{B}$ [186] vermeiden, erhält dann aber nicht mehr so übersichtliche Bildungsgesetze für die Koeffizienten. Liegt der Entwicklungsmittelpunkt auf dem Hauptmeridian $\mathfrak{H}$, so ist der Übergang $b \longleftrightarrow B$ leicht zu tabellieren. Der Vorteil der Darstellung 2. Art wirkt sich vor allem aus, wenn der Mittelpunkt der Potenzreihenentwicklung außerhalb $\mathfrak{H}$ gelegen ist. Wir wollen zum Schluß auch dafür noch ein Beispiel angeben. Die ausführlichen Koeffiziententabellen gestatten überall sofort eine Aussage über die Genauigkeit der Rechnung. Für kartographische Zwecke reicht eine *wesentlich* geringere Gliederzahl aus:

$$\mathbf{P}: \qquad B = 50^\circ\, 51'\, 18''\!.4, \qquad L = 1^\circ\, 59'\, 43''\!.2$$

(Genauigkeit 0''.05 oder angenähert 1,5 m).

Als Entwicklungsmittelpunkt sei willkürlich gewählt

$$\mathsf{M}_0 = H_0 + iL_0, \quad H_0 \to B_0 = 50^\circ\, 50', \quad L_0 = 2^\circ.$$

Nach Methoden I) folgt:

$$\dot{\gamma}_0 = \beta_0 = \beta_0' + i\beta_0'' = 50^\circ\!.6625\,67 + 1^\circ\!.2681\,84\, i$$
$$\dot{\Gamma}_0 = \dot{\Gamma}_0' + i\dot{\Gamma}_0'' = 50^\circ\!.7095\,19 + 1^\circ\!.2677\,64\, i$$

Wir müssen als erstes die Lage von **P** feststellen, d. h. **M** bestimmen. Man findet nach II) [221]:

$$H = 58^\circ\!.9532\,37 \quad \text{und damit} \quad \Delta\mathsf{M} = 0^\circ\!.0343\,92 - 0^\circ\!.0046\,67\, i = \varrho e^{i\psi}$$

$\varrho = 0.0347\,08$	$\cos\psi = 0.9909\,13$	$\sin\psi = -0.1344\,56$
$\varrho^2 = 0.0012\,05$	$\cos 2\psi = 0.9638\,42$	$\sin 2\psi = -0.2664\,70$
$\varrho^3 = 0.0000\,42$	$\cos 3\psi = 0.9192\,60$	$\sin 3\psi = -0.3936\,44$

Das Reihenschema von S. [213] lautet

$$\Delta\dot{\Gamma} = [1]\,\Delta\mathsf{M} + [2]\,(\Delta\mathsf{M})^2 + \cdots,$$

wobei jetzt auch die Koeffizienten komplexe Zahlen sind:

$$[\nu] = [\nu]' + i\,[\nu]''.$$

Aus der $\Delta\dot{\Gamma}$-Tabelle [213] ergeben sich für sie mit

$$\Re\mathrm{e}\, \sin 2\lambda\dot{\gamma}_0 = \sin 2\lambda\dot{\gamma}_0' \,\mathrm{ch}\, 2\lambda\dot{\gamma}_0''$$
$$\Re\mathrm{e}\, \cos(2\lambda - 1)\,\dot{\gamma}_0 = \cos(2\lambda - 1)\,\dot{\gamma}_0' \,\mathrm{ch}\,(2\lambda - 1)\,\dot{\gamma}_0''$$
$$\Im\mathrm{m}\, \sin 2\lambda\dot{\gamma}_0 = \cos 2\lambda\dot{\gamma}_0' \,\mathrm{sh}\, 2\lambda\dot{\gamma}_0''$$
$$\Im\mathrm{m}\, \cos(2\lambda - 1)\,\dot{\gamma}_0 = -\sin(2\lambda - 1)\,\dot{\gamma}_0' \,\mathrm{sh}\,(2\lambda - 1)\,\dot{\gamma}_0''$$

die Zahlenwerte

$$[1] = [1]' + i\,[1]'' = +0.6338\,29 + i\,0.0171\,61$$
$$[2] = [2]' + i\,[2]'' = -0.0042\,93 + i\,0.0000\,39$$
$$[3] = [3]' + i\,[3]'' = +0.0000\,06 + i\,0.0000\,01$$

Damit findet man

$$\Delta\dot{\Gamma}' = [1]'\,\varrho\cos\psi - [1]''\,\varrho\sin\psi + [2]'\,\varrho^2\cos 2\psi - [2]''\,\varrho^2\sin 2\psi + \cdots$$
$$\Delta\dot{\Gamma}'' = [1]'\,\varrho\sin\psi + [1]''\,\varrho\cos\psi + [2]'\,\varrho^2\sin 2\psi + [2]''\,\varrho^2\cos 2\psi + \cdots$$

oder ausgerechnet

$\Delta\dot{\Gamma}' = +0^\circ\!.0217\,14$	$\Delta\dot{\Gamma}'' = -0^\circ\!.0035\,47$
$\dot{\Gamma}_0' = 50^\circ\!.7095\,19$	$\dot{\Gamma}_0'' = 1^\circ\!.2677\,64$
$\dot{\Gamma}' = 50^\circ\!.7312\,33$	$\dot{\Gamma}'' = 1^\circ\!.2642\,17$

$(b-B)$-Tabelle.

(Die Δ^2-Werte sind nahezu konstant und daher einheitlich in allen 1 Minutenintervallen *für jede Sekunde* angegeben. Man findet z. B. den Wert für 52″ an der 52. Stelle zu −1.33 in Einheiten der 5. Dezimale.)

B	$b''-B''$	Δ pro sec	Δ^2	B	$b''-B''$	Δ pro sec	Δ^2
50° 0′	−680″.105 18	+114.66	−0.00	50° 30′	−677.941 16	+126.17	−2.87
1′	−680.036 39	+115.04	−0.19	31′	865 46	+126.55	−2,87
2′	−679.967 36	+115.43	−0.37	32′	789 53	+126.93	−2.86
3′	898 11	+115.81	−0.55	33′	713 87	+127.32	−2.84
4′	828 62	+116.20	−0.72	34′	636 98	+127.70	−2.82
5′	758 90	+116.58	−0.88	35′	560 36	+128.08	−2.79
6′	688 96	+116.96	−1.03	36′	483 52	+128.46	−2.76
7′	618 78	+117.35	−1.18	37′	406 44	+128.85	−2.72
8′	548 37	+117.73	−1.33	38′	329 13	+129.23	−2.67
9′	477 73	+118.11	−1.47	39′	251 59	+129.61	−2.61
50° 10′	406 86	+118.50	−1.60	50° 40′	173 82	+129.99	−2.55
11′	335 77	+118.88	−1.72	41′	095 83	+130.38	−2.49
12′	264 44	+119.27	−1.84	42′	−677.017 60	+130.76	−2.41
13′	192 88	+119.65	−1.95	43′	−676.939 15	+131.14	−2.33
14′	121 09	+120.03	−2.06	44′	860 46	+131.52	−2.25
15′	−679.049 07	+120.42	−2.15	45′	781 55	+131.91	−2.15
16′	−678.976 82	+120.80	−2.25	46′	702 40	+132.29	−2.06
17′	904 34	+121.18	−2.33	47′	623 03	+132.67	−1.95
18′	831 63	+121.57	−2.41	48′	543 42	+133.05	−1.84
19′	758 69	+121.95	−2.49	49′	463 59	+133.44	−1.72
50° 20′	685 52	+122.33	−2.55	50° 50′	383 53	+133.82	−1.60
21′	612 12	+122.72	−2.61	51′	303 24	+134.20	−1.47
22′	538 48	+123.10	−2.67	52′	222 72	+134.58	−1.33
23′	464 62	+123.48	−2.72	53′	141 97	+134.96	−1.18
24′	390 53	+123.87	−2.76	54′	−676.060 99	+135.35	−1.03
25′	316 21	+124.25	−2.79	55′	−675.979 78	+135.73	−0.88
26′	241 66	+124.63	−2.82	56′	898 35	+136.11	−0.72
27′	166 88	+125.02	−2.84	57′	816 68	+136.49	−0.55
28′	091 87	+125.40	−2.86	58′	734 78	+136.88	−0.37
29′	−678.016 63	+125.78	−2.87	59′	652 66	+137.26	−0.19
50° 30′	−677.941 16		−2.87	51° 0′	−675.570 31		−0.00

Beispiel: $B = 50° 24' 52''.78913$
$\quad -11' 18''.32515$
$b = 50° 13' 34''.46398$

50° 24′ →	−678″.390 53	$b''-B''$
52″.789 13 × +123.87 =	+6538.99	Δ^1
52″.8 →	−1.21	Δ^2
	−678″.325 15	

(B − b)-Tabelle.

(Für die Δ^2-Werte vgl. die vorhergehende Tabelle [229].)

b	$B''-b''$	Δ pro sec	Δ^2	b	$B''-b''$	Δ pro sec	Δ^2
50° 0′	+679″.312 83	−118.86	+0.00	50° 30′	+677.073 59	−130.32	+2.86
1′	241 51	−119.25	+0.19	31′	+676.995 40	−130.70	+2.85
2′	169 96	−119.63	+0.37	32′	916 98	−131.08	+2.85
3′	098 19	−120.01	+0.54	33′	838 34	−131.46	+2.83
4′	+679.026 18	−120.39	+0.71	34′	759 46	−131.84	+2.81
5′	+678.953 95	−120.77	+0.87	35′	680 36	−132.22	+2.78
6′	881 48	−121.16	+1.03	36′	601 03	−132.60	+2.74
7′	808 79	−121.54	+1.18	37′	521 47	−132.98	+2.70
8′	735 86	−121.92	+1.32	38′	441 68	−133.36	+2.65
9′	662 71	−122.30	+1.46	39′	361 66	−133.74	+2.60
50° 10′	589 33	−122.69	+1.59	50° 40′	281 41	−134.12	+2.54
11′	515 72	−123.07	+1.71	41′	200 94	−134.50	+2.47
12′	431 88	−123.45	+1.83	42′	120 24	−134.89	+2.40
13′	367 81	−123.83	+1.94	43′	+676.039 30	−135.27	+2.32
14′	293 51	−124.21	+2.04	44′	+675.958 15	−135.65	+2.24
15′	218 98	−124.59	+2.14	45′	876 76	−136.03	+2.14
16′	144 22	−124.98	+2.24	46′	795 14	−136.41	+2.04
17′	+678.069 24	−125.36	+2.32	47′	713 30	−136.79	+1.94
18′	+677.994 02	−125.74	+2.40	48′	631 23	−137.17	+1.83
19′	918 58	−126.12	+2.47	49′	548 93	−137.55	+1.71
50° 20′	842 91	−126.50	+2.54	50° 50′	466 40	−137.93	+1.59
21′	767 00	−126.88	+2.60	51′	383 64	−138.31	+1.46
22′	690 87	−127.27	+2.65	52′	300 36	−138.69	+1.32
23′	614 51	−127.65	+2.70	53′	217 45	−139.07	+1.18
24′	537 93	−128.03	+2.74	54′	134 00	−139.45	+1.03
25′	461 11	−128.41	+2.78	55′	+675.050 34	−139.83	+0.87
26′	384 06	−128.79	+2.81	56′	+674.966 44	−140.21	+0.71
27′	306 79	−129.17	+2.83	57′	882 32	−140.59	+0.54
28′	229 28	−129.55	+2.85	58′	797 96	−140.97	+0.37
29′	151 55	−129.93	+2.85	59′	713 38	−141.35	+0.19
50° 30′	+677.073 59		+2.86	51° 0′	+674.628 58		+0.00

Beispiel: $b = 50°\ 13'\ 34''.463\,98$
$+11'\ 18''.325\,16$
$B = 50°\ 24'\ 52''.789\,14$

50° 13′ → +678″.36781 $B''-b''$
34″.46398 × −123.83 = −4267.67 Δ^1
34″.5 → +2.80 Δ^2
+678″.325 16

VI. Abschnitt.

Die konforme Abbildung des Sphäroids auf Ebene, Kugel und Sphäroid.

VI, 1 Die drei Grundabbildungen in die Ebene. Allgemeines. Abbildungsgrößen.

Im Abschnitt III (1_1 [94]) wurde die durch eine analytische Funktion $\tilde{z} = z^* = f(z)$ erzeugte konforme Abbildung einer Ebene $\mathfrak{E}\,(z = x + i\,y)$ auf eine zweite Ebene $\tilde{\mathfrak{E}}\,(\tilde{z} = \tilde{x} + i\,\tilde{y})$ betrachtet (Abb. 19a, b [94]); jetzt tritt an Stelle von $\mathfrak{E}$ eine krumme Fläche $\mathfrak{F}$, das Erdsphäroid, das mit der komplexen Flächenvariablen $z = \mathsf{M}$ ausgestattet ist. Die Basisvektoren $(\mathfrak{e}_1, \mathfrak{e}_2)$ bedeuten dabei die (normierten) Tangentialvektoren an die Netzlinien. Eine konforme Abbildung $\mathfrak{A}: \mathfrak{F} \to \tilde{\mathfrak{E}}$ erfolgt nun gleichfalls durch eine analytische Funktion

$$\tilde{z} = z^* = f(\mathsf{M}) \quad \text{insbesondere mit} \quad f(\mathsf{M}) = \mathsf{M}, \mathsf{B}(\mathsf{M}), \dot{\Gamma}(\mathsf{M}). \tag{1}$$

Hierbei haben wir die analogen Abbildungsgrößen m und c. Sind

$$d\mathfrak{s}\begin{cases} ds \\ \varphi \end{cases} \quad \text{und} \quad d\tilde{\mathfrak{s}} = d\mathfrak{s}^* \begin{cases} ds^* \\ \varphi^* \end{cases} \tag{2}$$

einander entsprechende Linienelemente auf $\mathfrak{F}$ und $\tilde{\mathfrak{E}}$, mit

$$ds^2 = r^2\, d\mathsf{M}\, \overline{d\mathsf{M}} \quad \text{(II (16) [72])}; \quad ds^{*2} = |f'(\mathsf{M})|^2\, d\mathsf{M}\, \overline{d\mathsf{M}}, \tag{3}$$

so bedeutet $m = \dfrac{ds^*}{ds} = \dfrac{|f'\mathsf{M}|}{r}$ das lokale *Vergrößerungsverhältnis*,

$$c = \arg f'(\mathsf{M}) \quad \text{die lokale } \textit{Bildverschwenkung}. \tag{4}$$

Der Winkel zwischen dem Meridianbild und der 1-Netzrichtung wurde bereits früher [128] als „*Meridiankonvergenz*" bezeichnet. Da er in der Literatur in negativem Drehsinn gezählt wird, sind Meridiankonvergenz und Bildverschwenkung entgegengesetzt gleich.

Unter einem „*Zentralpunkt*" $\dot{\mathrm{P}}_0$ der Abbildung verstehen wir einen Punkt, in welchem das Vergrößerungsverhältnis einen stationären Wert eins hat:

$$m = 1, \quad \frac{\partial m}{\partial H} = 0, \quad \frac{\partial m}{\partial L} = 0 \quad \text{(vgl. III (8) [96])}. \tag{5}$$

Für die umgekehrte Abbildung $\mathfrak{A}^*: \tilde{\mathfrak{E}} \to \mathfrak{F}$ hat man die Abbildungsgrößen

$$m^* = \frac{ds_{\mathfrak{F}}}{ds^*_{\tilde{\mathfrak{E}}}} = \frac{1}{m}, \quad c^* = -c. \tag{4*}$$

Unsere Aufgabe ist eine doppelte:

a) Zu gegebenen geographischen Koordinaten (B, L) auf der Fläche $\mathfrak{F}$ für eine bestimmte Abbildung $\mathfrak{A}$ die Größen (x^*, y^*), m, c zu bestimmen und umgekehrt

b) zu gegebenen Koordinaten (x^*, y^*) in der Ebene $\tilde{\mathfrak{E}}$ für die Umkehrabbildung $\mathfrak{A}^*$ die Größen (B, L), m^*, c^* zu berechnen[56].

Für den Geodäten ist ferner noch das Bild der zwei Punkte $\mathbf{P}_1, \mathbf{P}_2$ verbindenden geodätischen Linie und sein Vergleich mit der Sehne $\mathbf{P}_1^*, \mathbf{P}_2^*$ von Bedeutung, doch müssen wir diese Untersuchung auf einen späteren Abschnitt (XIX) verschieben.

Wir stellen jeweils die Lösung der Aufgabe für die Kugel voraus.

VI, 1_1 Die Längenabbildung mittels $\mathsf{A} = \mathsf{M}$ (Merkator-Projektion).

Durch $z^* = \mathsf{M}$ wird das längs $\mathfrak{H}'$ aufgeschnittene Sphäroid (Sph_I) auf den Parallelstreifen der M-Ebene: $-\pi \leqq L \leqq +\pi$ (Ebene M_I) konform abgebildet, abgesehen vom Nord- und Südpol. Die Netzlinien von $\mathfrak{F}$ und die Gitterlinien von $\mathfrak{E}^*$ entsprechen einander.

Lösung der Abbildungsaufgaben für die Kugel.

a) aus (b, l) folgt nach II (17a) [72]

$$\mu\left\{\begin{aligned} h &= \lg\operatorname{tg}\left(\frac{b}{2}+\frac{\pi}{4}\right) = -\lg\operatorname{tg}\frac{p}{2} \\ &= \tfrac{1}{2}\lg\frac{1+\sin b}{1-\sin b} = h(b), \\ l &= l. \end{aligned}\right\} \quad (6)$$

$$\left.\begin{aligned} m &= \frac{1}{r} = \frac{1}{A\cos b}, \\ c &= 0. \end{aligned}\right\} \quad (8)$$

b) aus μ (h, l) folgt nach II (25) [75], (28) [76]

$$b = \frac{1}{i}\lg\operatorname{tg}\left(\frac{ih}{2}+\frac{\pi}{4}\right) = b(h) \quad (7)$$

bzw.

$$\left.\begin{aligned} &\sin b = \operatorname{th} h, \\ &\cos b = 1 : \operatorname{ch} h, \quad \operatorname{tg}\frac{b}{2} = \operatorname{th}\frac{h}{2}, \\ &\operatorname{tg} b = \operatorname{sh} h \end{aligned}\right\} \quad (7\mathrm{a})$$

oder

$$\lg\operatorname{tg}\left(\frac{b}{2}+\frac{\pi}{4}\right) = h; \qquad l = l.$$

$$\left.\begin{aligned} m^* &= r = \frac{A}{\operatorname{ch} h}, \\ c^* &= 0. \end{aligned}\right\} \quad (8^*)$$

A = Halbmesser der Kugel[57].

Eine etwas allgemeinere Abbildung entsteht durch eine lineare Funktion von μ. Wir nennen sie *normiert* bezüglich $\mathbf{P}_0$, wenn der

---

[56] Zur Vereinfachung lassen wir bei ebenen rechtwinkligen Koordinaten den Stern * meist fort.

[57] Wir müssen die Möglichkeit offen halten, den Kugelhalbmesser geeignet wählen zu können; daher wird er nicht mit a bezeichnet, um Verwechslungen mit der großen Halbachse des Sphäroids zu vermeiden.

Koordinatenursprung in $\mathbf{P}_0^*$ liegt und das Vergrößerungsverhältnis in $\mathbf{P}_0^*$ den Wert eins hat.

$$z^* = r_0(\mu - \mu_0). \tag{9}$$

Für das Linienelement hat man

$$\begin{aligned} d s_K^2 &= r^2\, d\mu\, d\bar{\mu} = \left(\frac{r}{r_0}\right)^2 dz^*\, d\bar{z}^* \\ &= \frac{A^2}{\mathrm{ch}^2 h}\, d\mu\, d\bar{\mu} = \frac{\mathrm{ch}^2 h_0}{\mathrm{ch}^2 h}\, dz^*\, d\bar{z}^* \end{aligned}$$

und aus (9) für das Vergrößerungsverhältnis nach kurzer Zwischenrechnung

$$e^{\frac{x^*}{r_0}} = e^{h-h_0}, \qquad e^{-h_0} = \mathrm{tg}\,\frac{p_0}{2},$$

$$\begin{aligned} \frac{\mathrm{ch}\, h}{\mathrm{ch}\, h_0} &= \frac{e^h + e^{-h}}{e^{h_0} + e^{-h_0}} = \frac{e^{h-h_0} + e^{-(h-h_0)} e^{-2h_0}}{1 + e^{-2h_0}} = \frac{e^{\frac{x^*}{r_0}} + e^{-\frac{x^*}{r_0}} e^{-2h_0}}{1 + e^{-2h_0}} \\ &= \cos^2\frac{p_0}{2}\, e^{\frac{x^*}{r_0}} + \sin^2\frac{p_0}{2}\, e^{-\frac{x^*}{r_0}}, \end{aligned}$$

$$\left.\begin{aligned} m &= \frac{d s_{\mathfrak{E}}}{d s_K} = \frac{r_0}{r} = \frac{\cos b_0}{\cos b}, \\ \frac{1}{m^*} &= \frac{\mathrm{ch}\, h}{\mathrm{ch}\, h_0} = \cos^2\frac{p_0}{2}\, e^{\frac{x^*}{r_0}} + \sin^2\frac{p_0}{2}\, e^{-\frac{x^*}{r_0}}. \\ c &= c^* = 0, \qquad m(\mathbf{P}_0) = 1. \end{aligned}\right\} \tag{10}$$

Die erste Abbildungsaufgabe für das Sphäroid.

I *Darstellung für das ganze Gebiet Sph_{I}.*

Aus (B, L) folgt nach V (14_0) [168] und I (43) [21]

$$\mathsf{M}\left\{\begin{aligned} & H = H_K + \sum_{\lambda=1}^{\infty} q_{2\lambda-1} \sin(2\lambda - 1) B,\ H_K = \mathrm{lg\,tg}\left(\frac{B}{2} + \frac{\pi}{4}\right) \text{ vgl. (6)}, \\ & L = L. \end{aligned}\right\} \tag{11}$$

$$\left.\begin{aligned} m &= \frac{1}{r} = \frac{2}{a+b}\left\{\frac{(R'_{-1})}{\cos B} + \sum_{\lambda=1}^{\infty} (R'_{2\lambda-1}) \cos(2\lambda - 1) B\right\}, \\ c &= 0. \end{aligned}\right\} \tag{12}$$

II *Darstellung für eine Punktumgebung.*

In der Umgebung einer Stelle B_0, zu welcher nach (11) H_0 ermittelt ist, können die H-Werte aus der Potenzreihe

$$\Delta H = \sum_{\nu=1}^{\infty} [b_\nu] \frac{\Delta B^\nu}{\nu!} \quad \text{mit} \quad \begin{aligned} &(b_\nu) \text{ V (19a, b, c) [171, 172]} \\ &[b_\nu] \text{ V (21) [172]} \end{aligned} \tag{13}$$

berechnet werden. Konvergenzintervall: $|\Delta B| < \frac{\pi}{2} - |B_0|$.

Die m-Werte erhält man aus der Reihe

$$m = \frac{1}{r} = \begin{cases} r_0^{-1} \sum_{\nu=0}^{\infty} (r'_\nu) \frac{\Delta B^\nu}{\nu!} & \text{I (62, 62a) [34]}, \\ \frac{2}{a+b} \sum_{\nu=0}^{\infty} [r'_\nu] \frac{\Delta B^\nu}{\nu!} & \text{I (76) [41]}, \end{cases} \qquad c = 0. \tag{14}$$

Bei dem Vergrößerungsverhältnis kommt es in erster Linie auf den Wert des Quotienten m/m_0 an. Daher hat hier die Reihe mit den Koeffizienten 2. Art nur geringes Interesse. Andererseits ist die praktische Berechnung der Ableitungen aus einer trigonometrischen Reihe so wesentlich bequemer, daß wir nach einer solchen Darstellung im Großen fragen. Sie wird durch den Übergang zu $\lg m$ ermöglicht. Es gilt

$$\lg m = -\lg r = -\lg\left[\frac{a+b}{2}(1+n)^2\right] - \lg\cos B + \frac{1}{2}\lg F \qquad \text{I (20) [11]}$$

oder

$$\lg m = -\lg\left[\frac{a+b}{2}(1+n)^2\right] - \lg\cos B + \sum_{\lambda=1}^{\infty} (-1)^{\lambda+1}\frac{n^\lambda}{\lambda}\cos 2\lambda B \tag{15}$$

I (36b) [18].

Entwickeln wir jetzt $\lg\frac{m}{m_0}$ in eine Potenzreihe

$$\lg\frac{m}{m_0} = \sum_{\nu=1}^{\infty} [\hat{m}_\nu] \frac{\Delta B^\nu}{\nu!}, \tag{15a}$$

so folgt das einfache Koeffizientengesetz 2. Art

$$[\hat{m}_\nu] = -\left.\frac{d^\nu \lg\cos B}{dB^\nu}\right|_0 + \sum_{\lambda=1}^{\infty} (-1)^{\lambda+\nu'+1}\frac{n^\lambda}{\lambda}(2\lambda)^\nu \frac{\cos}{\sin} 2\lambda B_0. \tag{15b}$$

Zum praktischen Gebrauch trennen wir in einer gesonderten Tabelle den „Kugelteil" ab, da er später auch mit einem anderen sphäroidischen Zuwachs verwendet werden kann. Das starke Anwachsen der Faktoren wird durch eine geeignete Potenz $10^{-\sigma}$ berücksichtigt. Da bereits der Nenner $\nu!$, der Umwandlungsfaktor $(\varrho^\circ)^{-\nu}$ und der Modul der Logarithmen in den Zahlwerten enthalten sind, gibt diese Tabelle, wie alle anderen, sofort einen Überblick über die Anzahl der benötigten Potenzreihenglieder bei gegebenem ΔB°. Für eine genaue Restabschätzung verweisen wir auf die Methoden in Teil I.

Reihenschema:

$$\mathbf{log}\frac{m}{m_0} = [1]\,\Delta B^\circ + [2]\,(\Delta B^\circ)^2 + [3]\,(\Delta B^\circ)^3 + \cdots$$

(dekadischer Logarithmus).

$\log \frac{m}{m_0}$**-Tabelle.**

[1]	$10^{-1}\, t_0$	+ 0.0757 9868 63
[2]	$10^{-1}(1 + t_0^2)$	+ 0.0006 6146 832
[3]	$10^{-2}(2\, t_0 + 2\, t_0^3)$	+ 0.0000 3848 267
[4]	$10^{-2}(2 + 8t_0^2 + 6t_0^4)$	+ 0.0000 0016 791
[5]	$10^{-3}(16t_0 + 40t_0^3 + 24t_0^5)$	+ 0.0000 0000 5861
[6]	$10^{-3}(16 + 136t_0^2 + 240t_0^4 + 120t_0^6)$	+ 0.0000 0000 0017 1
[7]	$10^{-4}(272t_0 + 1232t_0^3 + 1680t_0^5 + 720t_0^7)$	+ 0.0000 0000 0000 4

	[1]	[3]
$\sin 2B_0$	− 0.0000 2538 02	+ 0.0000 0000 515
$\sin 4B_0$	+ 0.0000 0004 25	− 0.0000 0000 004
$\sin 6B_0$	− 0.0000 0000 01	
	[2]	**[4]**
$\cos 2B_0$	− 0.0000 0044 297	+ 0.0000 0000 0045
$\cos 4B_0$	+ 0.0000 0000 148	− 0.0000 0000 0001

Die zweite Abbildungsaufgabe für das Sphäroid.

I* *Darstellung für das ganze Gebiet Sph_{I}.*

Aus $\mathsf{M}(H, L)$ folgt — entsprechend dem Abbildungsgang —

$$\left.\begin{array}{lll} \mu = \mathsf{M}: & h = H, & \\ \downarrow\ \beta = \beta(\mu) & b = b(h), \quad \text{wie } (7, 7\text{a}, 7\text{b}) & \\ \downarrow\ \mathsf{B} = \mathsf{B}(\beta) & B = b + \sum\limits_{\lambda=1}^{\infty} k_{2\lambda} \sin 2\lambda b, & \text{V } (61_0)\ [191] \\ & L = L, & \end{array}\right\} \tag{16}$$

$$\left.\begin{array}{ll} m^* = r = \dfrac{a+b}{2} \sum\limits_{\lambda=1}^{\infty} (R_{2\lambda-1}) \cos(2\lambda - 1)\, B, & \text{I } (42)\ [21] \\ c^* = 0. & \end{array}\right\} \tag{17}$$

Da B mit b durch eine für alle reellen b-Werte gültige trigonometrische Reihe verbunden ist, kann m^* auch durch b ausgedrückt werden. Mit den in Abschnitt X [496] entwickelten Hilfsmitteln finden wir so

$$m^* = \frac{a+b}{2} \sum_{\lambda=1}^{\infty} (\tilde{R}_{2\lambda-1}) \cos(2\lambda - 1)\, b. \tag{17a}$$

Ausführlich erhält man für die Koeffizienten bis zu Gliedern 4. Ordnung

$$\left.\begin{array}{ll} (\tilde{R}_1) = 1 + \frac{1}{2} n - \frac{5}{12} n^2 + \frac{7}{16} n^3 + \frac{221}{2880} n^4 + \cdots & = +1.0008\,3592\,66^{12} \\ (\tilde{R}_3) = +\frac{1}{2} n - \frac{1}{8} n^2 - \frac{61}{80} n^3 + \frac{1397}{1440} n^4 + \cdots & = +0.0008\,3673\,85 \\ (\tilde{R}_5) = +\frac{13}{24} n^2 - \frac{7}{16} n^3 - \frac{2617}{2016} n^4 + \cdots & = +0.0000\,0151\,62 \\ (\tilde{R}_7) = +\frac{61}{80} n^3 - \frac{5663}{5760} n^4 + \cdots & = +0.0000\,0000\,36 \\ (\tilde{R}_9) = +\frac{49\,561}{40\,320} n^4 + \cdots & = +0.0000\,0000\,00 \end{array}\right\} \tag{17b}$$

II* *Darstellung für eine Punktumgebung.*

In der Umgebung einer Stelle (H_0, L_0), für welche nach (15) B_0 ermittelt ist, können die B-Werte aus der Potenzreihe V (74b) [201] berechnet werden:

$$\Delta B = \sum_{\nu=1}^{\infty} [\dot{b}_\nu] \frac{\Delta H^\nu}{\nu!}, \quad \left.\begin{array}{l} (\dot{b}_\nu) \text{ V (73a, b) [199]}, \\ [\dot{b}_\nu] \text{ V (73c) [200]}. \end{array}\right\} \tag{18}$$

Die Entwicklungskoeffizienten $[\dot{b}_\nu]$ hängen von b_0 (statt B_0) ab. Diese Größe wird aber bereits bei der Berechnung von B_0 gebraucht.

Konvergenzradius: $|\Delta H| < |\mathsf{M}_0 - {}^{(0)}\mathsf{M}| = \sqrt{H_0^2 + \frac{(1-e)^2 \pi^2}{4}}$,

$$m^* = r = r_0 \left\{1 + \sum_{\nu=1}^{\infty} [\tilde{r}_\nu] \frac{\Delta H^\nu}{\nu!}\right\}. \tag{19}$$

Die Koeffizienten 1. Art gewinnen wir durch Zusammensetzen der Reihe I (61) mit (18). Da die Funktion r (B) in $\mathsf{B}_{\mathrm{III}*}$ regulär ist und die Funktion $\mathsf{B}(\mathsf{M})$ ebenso in $\mathsf{M}_{\mathrm{III}}$ mit singulären Randstellen in ${}^{(0)}\mathsf{M}$ und Spiegelpunkten (s. V, Abb. 68a, c [197]), so ist $r(\mathsf{M})$ in $\mathsf{M}_{\mathrm{III}}$ regulär analytisch und die Entwicklung (18) reicht von $\mathsf{M}_0 = H_0$ bis ${}^{(0)}\mathsf{M}$, d. h. der Konvergenzradius ist derselbe wie oben.

Benutzt man für die Koeffizienten 1. Art (r_ν) und $(\dot{b}_\nu)$ je die erste Form I (61a) [34], V (73a) [199], so entstehen die Ausdrücke

$$\left.\begin{aligned}
(\tilde{r}_1) &= -\cos B_0\, t_0 \\
(\tilde{r}_2) &= \cos^2 B_0 (-1 + t^2 - e_c'^2)_0 \\
(\tilde{r}_3) &= \cos^3 B_0\, t_0 (5 - t^2 + 9 e_c'^2 + 4 e_c'^4)_0 \\
(\tilde{r}_4) &= \cos^4 B_0 (5 - 18 t^2 + t^4 + 14 e_c'^2 - 58 e_c'^2 t^2 + \\
&\qquad + 13 e_c'^4 - 64 e_c'^4 t^2)_0 + \mathrm{Gl}_6 \\
&\ldots\ldots\ldots\ldots
\end{aligned}\right\} \tag{19a}$$

Ausführlicher wollen wir die zweite Form angeben $(\eta = e_c')$:

$$\left.\begin{aligned}
(\tilde{r}_1) &= -\sin B_0 \\
(\tilde{r}_2) &= 1 - (2 + \eta_0^2) \cos^2 B_0 \\
(\tilde{r}_3) &= -\sin B_0 [1 - (6 + 9\eta_0^2 + 4\eta_0^4) \cos^2 B_0] \\
(\tilde{r}_4) &= 1 - (20 + 58\eta_0^2 + 64\eta_0^4) \cos^2 B_0 + \\
&\qquad + (24 + 72\eta_0^2 + 77\eta_0^4) \cos^4 B_0 + \mathrm{Gl}_6 \\
(\tilde{r}_5) &= -\sin B_0 [1 - (60 + 330\eta_0^2) \cos^2 B_0 + \\
&\qquad + (120 + 600\eta_0^2) \cos^4 B_0] + \mathrm{Gl}_4 \\
(\tilde{r}_6) &= 1 - 182 \cos^2 B_0 + 840 \cos^4 B_0 - 720 \cos^6 B_0 + \mathrm{Gl}_2 \\
&\ldots\ldots\ldots\ldots
\end{aligned}\right\} \tag{19b}$$

Im folgenden wird auch die Berechnung von $m = \frac{1}{m^*} = \frac{1}{r}$ in Abhängigkeit von $\varDelta H$ gebraucht. Wir bilden daher die reziproke Reihe (nach X [458])

$$m = \frac{1}{m^*} = \frac{1}{r_0}\left[1 + \sum_{\nu=1}^{\infty} (\tilde{r}'_\nu)\,\frac{\varDelta H^\nu}{\nu!}\right] \tag{20}$$

mit

$$\left.\begin{aligned}
(\tilde{r}'_1) &= \sin B_0\\
(\tilde{r}'_2) &= 1 + \eta_0^2 \cos^2 B_0\\
(\tilde{r}'_3) &= \sin B_0\,[1 - (3\eta_0^2 + 4\eta_0^4)\cos^2 B_0]\\
(\tilde{r}'_4) &= 1 + (10\eta_0^2 + 32\eta_0^4)\cos^2 B_0 - (12\eta_0^2 + 39\eta_0^4)\cos^4 B_0 + \mathrm{Gl}_6\\
(\tilde{r}'_5) &= \sin B_0\,[1 - 30\eta_0^2\cos^2 B_0 + 60\eta_0^2\cos^4 B_0] + \mathrm{Gl}_4\\
(\tilde{r}'_6) &= 1 + \mathrm{Gl}_2\\
&\ldots\ldots\ldots
\end{aligned}\right\} \tag{20a}$$

Aus den gleichen Gründen wie oben wollen wir noch zu $\lg m^*$ übergehen. Die Differentialgleichung für den Zusammenhang $\mathsf{B} \longleftrightarrow \beta$

$$\frac{d\mathsf{B}}{\cos\mathsf{B}} = \frac{d\beta}{\cos\beta}E', \qquad \operatorname{tg}\mathsf{B}\,d\mathsf{B} = \frac{d\beta}{\cos\beta}E'\sin\mathsf{B}$$

läßt sich, nachdem auf der rechten Seite B durch β mit Hilfe von V (61) [190] ersetzt ist, integrieren und so eine Entwicklung für $\lg\cos\mathsf{B}$ gewinnen, die in $\overline{\mathfrak{B}}_4(\beta)$ mit Ausnahme der Punkte $\beta = \pm\frac{\pi}{2}$ konvergiert:

$$\lg\cos\mathsf{B} = \lg\cos\beta - \sum_{\lambda=1}^{\infty} C_{2\lambda}\,(1 - \cos 2\lambda\beta). \tag{21}$$

Die Koeffizienten sind Potenzreihen in n. Ausführlich hat man bis zu Gliedern 4. Ordnung

$$\left.\begin{aligned}
C_2 &= 2n - \tfrac{4}{3}n^2 - 2\,n^3 + \tfrac{164}{45}n^4 + \cdots\\
C_4 &= \quad + \tfrac{7}{3}n^2 - \tfrac{12}{5}n^3 - \tfrac{208}{45}n^4 + \cdots\\
C_6 &= \qquad + \tfrac{56}{15}n^3 - \tfrac{1604}{315}n^4 + \cdots\\
C_8 &= \qquad\quad + \tfrac{4279}{630}n^4 + \cdots\\
&\ldots\ldots\ldots
\end{aligned}\right\} \tag{21a}$$

Diese Umformung gestattet es, in $\lg m^* = -\lg m$ die Kugelbreite b einzuführen. Nach Gl. (15) haben wir zunächst

$$\lg m^* = \lg N + \lg\cos B = \lg\cos B + \lg\left[\frac{a+b}{2}(1+n)^2\right] + \\ + \sum_{\lambda=1}^{\infty} (-1)^\lambda \frac{n^\lambda}{\lambda}\cos 2\lambda B$$

und unter Verwendung von (21) und V (61) [190]

$$\lg m^* = \text{const} + \lg \cos b + \sum_{\lambda=1}^{\infty} L_{2\lambda} \cos 2\lambda b \tag{22}$$

mit den Koeffizienten

$$\left.\begin{aligned} L_2 &= n - \tfrac{4}{3} n^2 + \tfrac{1}{3} n^3 + \tfrac{62}{45} n^4 + \cdots = +0.0016\,7044\,918\ ^{12} \\ L_4 &= \quad + \tfrac{5}{6} n^2 - \tfrac{26}{15} n^3 + \tfrac{34}{9} n^4 + \cdots = +0.0000\,0232\,764 \\ L_6 &= \qquad + \tfrac{16}{15} n^3 - \tfrac{178}{63} n^4 + \cdots = +0.0000\,0000\,498 \\ L_8 &= \qquad\quad + \tfrac{8159}{1260} n^4 + \cdots = +0.0000\,0000\,005 \\ &\cdots\cdots\cdots \end{aligned}\right\} \tag{22a}$$

Aus dieser für alle reellen b-Werte $\left(\text{mit Ausnahme von } b = \pm\frac{\pi}{2}\right)$ konvergenten Entwicklung können wir eine trigonometrische Darstellung der Ableitungen erhalten. Für die Potenzreihe

$$\lg \frac{m^*}{m_0^*} = \sum_{\nu=1}^{\infty} [\hat{m}_\nu^*] \frac{\Delta b^\nu}{\nu!} \tag{23}$$

folgt so das einfache Koeffizientengesetz 2. Art

$$[\hat{m}_\nu^*] = \left.\frac{d^\nu \lg \cos b}{d b^\nu}\right|_0 + \sum_{\lambda=1}^{\infty} (-1)^{\nu'} L_{2\lambda} (2\lambda)^\nu \begin{matrix}\cos\\ \sin\end{matrix}\, 2\lambda b_0\ ^{15}. \tag{23..}$$

Man könnte sich darauf beschränken, die Zahlwerte der sphäroidischen Glieder anzugeben (für den Kugelteil siehe die $\log\frac{m}{m_0}$-Tabelle [235], wo jetzt B_0 durch b_0 zu ersetzen ist). Die Umwandlung in Gradmaß für $\Delta b°$ und der Übergang zu dem dekadischen Logarithmus sind bereits berücksichtigt.

Reihenschema: $\log \frac{m^*}{m_0^*} = [1]\,\Delta b° + [2]\,(\Delta b°)^2 + [3]\,(\Delta b°)^3 + \cdots$

$\log \frac{m^*}{m_0^*}$ - Tabelle.

[1]	$10^{-1} t_0 = 10^{-1} \operatorname{tg} b_0$	− 0.0757 9868 63
[2]	$10^{-1}(1 + t_0^2)$	− 0.0006 6146 832
[3]	$10^{-2}(2t_0 + 2t_0^3)$	− 0.0000 3848 267
[4]	$10^{-2}(2 + 8t_0^2 + 6t_0^4)$	− 0.0000 0016 791
[5]	$10^{-3}(16t_0 + 40t_0^3 + 24t_0^5)$	− 0.0000 0000 5861
[6]	$10^{-3}(16 + 136t_0^2 + 240t_0^4 + 120t_0^6)$	− 0.0000 0000 0017 1
[7]	$10^{-4}(272t_0 + 1232t_0^3 + 1680t_0^5 + 720t_0^7)$	− 0.0000 0000 0000 4

	[1]	[3]
$\sin 2b_0$	− 0.0000 2532 36	+ 0.0000 0000 514
$\sin 4b_0$	− 0.0000 0007 06	+ 0.0000 0000 006
$\sin 6b_0$	− 0.0000 0000 02	

	[2]	[4]
$\cos 2b_0$	− 0.0000 0044 198	+ 0.0000 0000 0045
$\cos 4b_0$	− 0.0000 0000 246	+ 0.0000 0000 0001
$\cos 6b_0$	− 0.0000 0000 001	

VI, 1_2 Die „Breitenabbildung" mittels B. (Verallgemeinerte querachsige Merkator-Projektion.)

Durch $z^* = \mathsf{B}$ wird das Sphäroid (Sph_{III}) auf den querliegenden Parallelstreifen der B-Ebene, B_{III}, konform abgebildet (s. IV, Abb. 45b [140]). Die Konformität ist unterbrochen auf dem Rande in $^{(0)}\mathsf{M}$ und seinen Spiegelpunkten; in Nord- und Südpol bleibt sie erhalten. Die Bilder der geographischen Netzlinien siehe in IV, Abb. 40b [129] und 44b [139], 45b [140], umgekehrt die Bilder der Gitterlinien der B-Ebene auf dem Sphäroid bzw. auf der M-Ebene in IV, Abb. 41a [129] und 48c [145], 49c [146].

Lösung der Abbildungsaufgabe für die Kugel.

a) Aus (b, l) folgt nach (6) bzw. II (25) [75] oder (30a) [77]

$$h = h(b), \quad \mu = h + il \to \beta = \frac{1}{i}\lg\operatorname{tg}\left(\frac{\pi}{4} + \frac{i\mu}{2}\right) = \beta(\mu). \tag{24}$$

Der Weg über die isometrische Breite h läßt sich vermeiden; man erhält β unmittelbar aus

$$\left.\begin{aligned} \operatorname{tg}\beta' &= \frac{\operatorname{tg} b}{\cos l}, \\ \operatorname{th}\beta'' &= \sin l\cos b; \quad \beta'' = \operatorname{arth}\sin l\cos b = \frac{1}{2}\lg\frac{1+\sin l\cos b}{1-\sin l\cos b}, \\ \beta'' &= \sin l\cos b + \frac{1}{3}\sin^3 l\cos^3 b + \frac{1}{5}\sin^5 l\cos^5 b + \cdots \end{aligned}\right\} \tag{25}$$

Der Realteil $\beta' = b_f$ kann statt dessen auch nach II (36) [80] berechnet werden

$$\operatorname{tg}\frac{b_f - b}{2} = \operatorname{th}\frac{\beta''}{2}\operatorname{tg}\frac{\nu}{2} \quad \text{mit} \quad \operatorname{tg}\nu = \operatorname{tg} l\sin b. \tag{25a}$$

Ferner ist nach (4) und IV (7a) [127], (11) [128]

$$\left.\begin{aligned} m &= \frac{d s_\beta}{d s_K} = \frac{1}{\nu}\left|\frac{d\beta}{d\mu}\right| = \frac{1}{A\sqrt{1-\sin^2 l\cos^2 b}} = \frac{1}{A}\,\frac{\cos c}{\cos l}, \\ \operatorname{tg} c &= -\sin b\operatorname{tg} l. \end{aligned}\right\} \tag{26}$$

b) Umgekehrt folgt aus $\beta(\beta', \beta'')$ nach II (23b) [75], (29a) [76]

$$\mu = \lg\operatorname{tg}\left(\frac{\pi}{4} + \frac{\beta}{2}\right) = h + il \to b = b(h), \tag{27}$$

oder einfacher — unter Vermeidung von h —

$$\sin b = \frac{\sin\beta'}{\operatorname{ch}\beta''}, \quad \operatorname{tg} l = \frac{\operatorname{sh}\beta''}{\cos\beta'}. \tag{28}$$

Durch Übergang zu kleinen Werten, die für die Rechenschärfe günstig sind, findet man nach II (36) [80]

$$\left.\begin{aligned} \operatorname{tg}\nu &= \operatorname{tg}\beta' \operatorname{th}\beta'', \\ \operatorname{tg}\frac{\beta'-b}{2} &= \operatorname{tg}\frac{\nu}{2}\operatorname{th}\frac{\beta''}{2} \to b, \\ \operatorname{tg}\frac{l}{2} &= \operatorname{tg}\frac{\nu}{2}\,\frac{\cos\frac{\beta'-b}{2}}{\sin\frac{\beta'+b}{2}} \to l. \end{aligned}\right\} \tag{29}$$

Schließlich ist nach (4) und IV (7a) [127], (11) [128]

$$\left.\begin{aligned} m^* &= \frac{d\,s_K}{d\,s_\beta} = r\left|\frac{d\mu}{d\beta}\right| = \frac{A}{\operatorname{ch}\beta''}, \\ \operatorname{tg}c^* &= \operatorname{tg}\beta' \operatorname{th}\beta''. \end{aligned}\right\} \tag{30}$$

Die erste Abbildungsaufgabe für das Sphäroid.

I_1 *Darstellung im Hauptgebiet* $(\overline{\mathfrak{B}}_4)$. V, Abb. 68a, b, c [197].

$$(B, L) \to \mathbf{M} \to \mu = \mathbf{M} \to \beta = \beta(\mu) \to$$

$$\mathbf{B} = \beta + \sum_{\lambda=1}^{\infty} \dot{k}_{2\lambda} \sin 2\lambda\beta \quad \text{in} \quad \overline{\mathfrak{B}}_4 \qquad \text{V (61) [190]}. \tag{31}$$

Praktische Durchführung:

$$(B, L) \to \begin{cases} b = B + \sum\limits_{\lambda=1}^{\infty} k_{2\lambda} \sin 2\lambda B, & \text{V } (52_0) \text{ [187]} \\ l = L \end{cases}$$

$$\operatorname{tg}\beta' = \frac{\operatorname{tg}b}{\cos l}; \quad \operatorname{th}\beta'' = \sin l \cos b,$$

$$\mathbf{B}' = \beta' + \sum_{\lambda=1}^{\infty} \dot{k}_{2\lambda} \sin 2\lambda\beta' \operatorname{ch} 2\lambda\beta'',$$

$$\mathbf{B}'' = \beta'' + \sum_{\lambda=1}^{\infty} \dot{k}_{2\lambda} \cos 2\lambda\beta' \operatorname{sh} 2\lambda\beta''.$$

Der Übergang von der Sphäroidbreite B zur Kugelbreite b läßt sich vermeiden, wenn man nach Abschnitt X, 8_{1-3} $(p_{2\lambda} | k_{2\lambda})$ die Reihen für $\sin b, \cos b, \operatorname{tg} b$ aufstellt:

$$\sin b = \sin B \left\{ \mathsf{A}_0^{(i)} + 2 \sum_{\alpha=1}^{\infty} \mathsf{A}_{2\alpha}^{(i)} \cos 2\alpha B \right\}, \qquad \text{X [492]}$$

$$\cos b = \cos B \left\{ \mathsf{B}_0^{(i)} + 2 \sum_{\alpha=1}^{\infty} \mathsf{B}_{2\alpha}^{(i)} \cos 2\alpha B \right\}, \qquad \text{X [494]}$$

$$\operatorname{tg} b = \operatorname{tg} B \frac{1}{\mathsf{B}_0^{(i)}} \left\{ \Gamma_0^{(i)} + 2 \sum_{\alpha=1}^{\infty} \Gamma_{2\alpha}^{(i)} \cos 2\alpha B \right\}. \qquad \text{X [495]}$$

Bei gegebenem (B, L) folgt nun unmittelbar für β', β'':

$$\left.\begin{aligned} \operatorname{tg}\beta' &= \frac{\operatorname{tg}B}{\cos L}\cdot\frac{1}{\mathsf{B}_0^{(i)}}\left\{\Gamma_0^{(i)} + 2\sum_{\alpha=1}^{\infty}\Gamma_{2\alpha}^{(i)}\cos 2\alpha B\right\}, \\ \operatorname{th}\beta'' &= \sin L\cos B\left\{\mathsf{B}_0^{(i)} + 2\sum_{\alpha=1}^{\infty}\mathsf{B}_{2\alpha}^{(i)}\cos 2\alpha B\right\}. \end{aligned}\right\} \tag{32}$$

Die Abbildungsgrößen berechnen sich aus der Ableitung $d\mathsf{B}/d\mathsf{M}$ [81]. Für die Aufspaltung in den absoluten Betrag und das Argument ist es wesentlich einfacher, den Logarithmus zu bilden:

$$\lg\frac{d\mathsf{B}}{d\mathsf{M}} = \lg\cos\mathsf{B} + \lg F(\mathsf{B}) - 2\lg(1-n).$$

Die unbekannte komplexe Breite **B** läßt sich durch die entsprechende Hilfsgröße β nach (18) und V (61) [190] ersetzen:

$$\lg\frac{d\mathsf{B}}{d\mathsf{M}} = \lg\cos\beta + \sum_{\lambda=0}^{\infty} L'_{2\lambda}\cos 2\lambda\beta \tag{33}$$

mit den Koeffizienten (bis zu Gliedern 4. Ordnung)

$$\left.\begin{array}{ll} L'_0 = & -4n^2 + \frac{8}{3}n^3 - \frac{29}{9}n^4 + \cdots = -0.0000\,1119\,909 \\ L'_2 = & +4n - \frac{4}{3}n^2 - \frac{20}{3}n^3 + \frac{1368}{45}n^4 + \cdots = +0.0066\,9297\,079 \\ L'_4 = & +\frac{16}{3}n^2 - \frac{56}{15}n^3 - \frac{964}{45}n^4 + \cdots = +0.0000\,1493\,108 \\ L'_6 = & +\frac{136}{15}n^3 - \frac{3032}{315}n^4 + \cdots = +0.0000\,0004\,247 \\ L'_8 = & +\frac{4678}{630}n^4 + \cdots = +0.0000\,0000\,006 \end{array}\right\}^{12} \tag{33a}$$

. . . .

Wegen

$$\lg m = -\lg r + \lg\left|\frac{d\mathsf{B}}{d\mathsf{M}}\right| = -\lg r + \Re\mathrm{e}\lg\frac{d\mathsf{B}}{d\mathsf{M}}, \qquad c = \Im\mathrm{m}\lg\frac{d\mathsf{B}}{d\mathsf{M}}$$

folgt schließlich für Vergrößerungsverhältnis und Bildverschwenkung

$$\left.\begin{aligned} \lg m &= -\lg r + \tfrac{1}{2}\lg(\cos^2\beta' + \operatorname{sh}^2\beta'') + \sum_{\lambda=0}^{\infty} L'_{2\lambda}\cos 2\lambda\beta'\operatorname{ch}2\lambda\beta'', \\ c &= -\operatorname{arctg}(\operatorname{tg}\beta'\operatorname{th}\beta'') - \sum_{\lambda=1}^{\infty} L'_{2\lambda}\sin 2\lambda\beta'\operatorname{sh}2\lambda\beta'' \\ &\qquad [\text{für } \lg r \text{ vgl. (15) [234]}]. \end{aligned}\right\} \tag{34}$$

Die Hauptglieder gestatten noch eine Umformung:

$$\cos^2\beta' + \operatorname{sh}^2\beta'' = \frac{1}{1+\operatorname{tg}^2\beta'} + \frac{\operatorname{th}^2\beta''}{1-\operatorname{th}^2\beta''} = \frac{\cos^2 b}{1-\sin^2 l\cos^2 b},$$

$$\operatorname{tg}\beta'\operatorname{th}\beta'' = \operatorname{tg}l\sin b.$$

Die Darstellung I_2 im Restgebiet V, Abb. 63b [166] unterbleibt. Es besteht aus je einem kleinen Oval um den Ost- und Westpunkt. Wir verweisen auf die entsprechenden Untersuchungen im Abschnitt V.

II *Darstellung für eine Punktumgebung.*

$$\varDelta \mathsf{B} = \sum_{\nu=1}^{\infty} [\dot{b}_\nu] \frac{\varDelta \mathsf{M}^\nu}{\nu!} \qquad \text{V (73) (73a, b, c) [198, 199]}, \qquad (35)$$

insbesondere für $\mathbf{P}_0$ auf $\mathfrak{H}$: Kreis-, Längs-, Querentwicklung V (74a, b, c) [201].

Zur Berechnung der Abbildungsgrößen können wir zwei Wege einschlagen. Zunächst läßt sich die Ableitung in eine Potenzreihe entwickeln und in Real- und Imaginärteil aufspalten:

$$\frac{d\mathsf{B}}{d\mathsf{M}} = \sum_{\nu=1}^{\infty} [\dot{b}_\nu] \frac{\varDelta \mathsf{M}^{\nu-1}}{(\nu-1)!} = \dot{\mathfrak{p}}_1' + i\,\dot{\mathfrak{p}}_1''.$$

Die numerische Durchführung kann mit Hilfe der $\varDelta\mathsf{B}$-Tabelle [201] und dem Reihenschema

$$\frac{d\mathsf{B}}{d\mathsf{M}} = [1] + 2\,[2]\,\varDelta \mathsf{M}^\circ + 3\,[3]\,(\varDelta \mathsf{M}^\circ)^2 + \cdots$$

erfolgen.

$$m = \frac{1}{r(B)} \sqrt{\dot{\mathfrak{p}}_1'^2 + \dot{\mathfrak{p}}_1''^2}, \qquad \operatorname{tg} c = \frac{\dot{\mathfrak{p}}_1''}{\dot{\mathfrak{p}}_1'}. \qquad (36)$$

Die Ausdrücke in (36) sind für die praktische Rechnung ungeeignet. Man hat noch durch Potenzentwicklung in $\varDelta H$ und $\varDelta L$ den Wurzelausdruck zu beseitigen, für $1/r$ die Reihe (20) einzutragen und schließlich $\varDelta H$ durch $\varDelta B$ zu ersetzen.

Zweitens läßt sich die trigonometrische Reihe (33) zu einer Koeffizientendarstellung 2. Art heranziehen. Man findet

$$\frac{d}{d\mathsf{M}} \lg \frac{d\mathsf{B}}{d\mathsf{M}} = -\sin\beta - \sum_{\lambda=1}^{\infty} (\lambda L_{2\lambda}' + (\lambda-1)\, L_{2\lambda-2}') \sin(2\lambda-1)\beta$$

. . . .

(für das Bildungsgesetz vgl. [200]),

$$\lg \frac{d\mathsf{B}}{d\mathsf{M}} = \lg \frac{d\mathsf{B}}{d\mathsf{M}}\Big|_0 + \sum_{\nu=1}^{\infty} [L_\nu'] \frac{\varDelta \mathsf{M}^\nu}{\nu!}. \qquad (37)$$

Die Aufspaltung in Real- und Imaginärteil liefert Vergrößerungsverhältnis und Bildverschwenkung, wenn noch $\lg 1/r$ zu (37) hinzugefügt wird. (Für die Durchführung vgl. [251].)

Die zweite Abbildungsaufgabe für das Sphäroid.

I_1^* *Darstellung im Hauptgebiet $\overline{\mathfrak{B}}_1$ bzw. $\overline{\mathfrak{B}}_3$.*

Es bieten sich zwei Möglichkeiten, die gesuchten Größen zu berechnen:

1. Weg (in $\overline{\mathfrak{B}}_1$) V, Abb. 63a, b [166]

$$\downarrow \mathsf{B}(\mathsf{B}', \mathsf{B}'')$$

$$\mathsf{M} = \mathsf{M}_K + \sum_{\lambda=1}^{\infty} q_{2\lambda-1} \sin(2\lambda - 1)\mathsf{B} \text{ in } \mathfrak{B}_1 \quad \text{V (14a) [168]},$$

$$\left.\begin{aligned} H &= \lg\operatorname{tg}\left(\frac{\pi}{4} + \frac{B_K}{2}\right) + \sum_{\lambda=1}^{\infty} q_{2\lambda-1} \sin(2\lambda-1)\mathsf{B}' \operatorname{ch}(2\lambda-1)\mathsf{B}'', \\ L &= L_K + \sum_{\lambda=1}^{\infty} q_{2\lambda-1} \cos(2\lambda-1)\mathsf{B}' \operatorname{sh}(2\lambda-1)\mathsf{B}'', \end{aligned}\right\} \quad (38)$$

wobei (B_K, L_K) aus $(\mathsf{B}', \mathsf{B}'')$ wie (b, l) aus (β', β'') nach (30) oder (31) zu bilden sind. Der Übergang $H \to B$ erfolgt schließlich wie bei Gl. (13).

Für den Logarithmus der Ableitung bietet sich unmittelbar nach [241] die Darstellung

$$\lg\frac{d\mathsf{M}}{d\mathsf{B}} = -\lg\cos\mathsf{B} + 2\lg(1-n) + 2\sum_{\lambda=1}^{\infty}(-1)^{\lambda}\frac{n^{\lambda}}{\lambda}\cos 2\lambda\mathsf{B}$$

oder

$$\left.\begin{aligned} \lg m^* &= \lg r - \tfrac{1}{2}\lg(\cos^2\mathsf{B}' + \operatorname{sh}^2\mathsf{B}'') + 2\lg(1-n) + \\ &\quad + 2\sum_{\lambda=1}^{\infty}(-1)^{\lambda}\frac{n^{\lambda}}{\lambda}\cos 2\lambda\mathsf{B}' \operatorname{ch}2\lambda\mathsf{B}'', \\ c^* &= \operatorname{arctg}(\operatorname{tg}\mathsf{B}' \operatorname{th}\mathsf{B}'') - 2\sum_{\lambda=1}^{\infty}(-1)^{\lambda}\frac{n^{\lambda}}{\lambda}\sin 2\lambda\mathsf{B}' \operatorname{sh}2\lambda\mathsf{B}''. \end{aligned}\right\} \quad (39)$$

2. Weg (in $\overline{\mathfrak{B}}_3$) V, Abb. 66b [183].

Die Umkehrung der ersten Lösung I_1 führt zu folgendem Schema:

$$\left.\begin{aligned} &\mathsf{B}(\mathsf{B}', \mathsf{B}'') \\ \downarrow\; &\beta = \mathsf{B} + \sum_{\lambda=1}^{\infty} k_{2\lambda}\sin 2\lambda\mathsf{B} \quad \text{in } \mathfrak{B}_3 \quad \text{V (51) [186]}, \\ \downarrow\; &\mu = \mu(\beta) \to \mathsf{M} = \mu \to (B, L). \end{aligned}\right\} \quad (40)$$

Einfacher ist es, aus β unmittelbar $\sin b$, $\operatorname{tg} l$ nach (30) oder (31) aufzusuchen und anschließend die geographischen Koordinaten aus

$$\left.\begin{aligned} B &= b + \sum_{\lambda=1}^{\infty} \dot{k}_{2\lambda}\sin 2\lambda b \quad \text{V } (61_0) \text{ [191]}, \\ L &= l \end{aligned}\right\} \quad (41)$$

zu ermitteln.

Wie ein Blick auf die Abb. 66b [183] in V zeigt, ist der von C_3 berandete Streifen $\overline{\mathfrak{B}}_3$ schmaler als der von C_1 berandete Streifen $\overline{\mathfrak{B}}_1$ ($\mathsf{B}^{(3)} = \mathsf{B}^{(1)} - 0{,}1818\,08\,i$ V [219]) und daher der zweite Weg ungünstiger als der erste.

Die *Darstellung* I_2^* *im Restgebiet* unterbleibt.

II* *Darstellung für eine Punktumgebung.*

$$\Delta \mathsf{M} = \sum_{\nu=1}^{\infty} [b_\nu] \frac{\Delta \mathsf{B}^\nu}{\nu!}, \quad \text{V (18) (19a, b, c) (21) [171, 172]} \tag{42}$$

insbesondere für $\mathbf{P}_0$ auf $\mathfrak{H}$ Kreis-, Längs-, Querentwicklung V (22a, b, c) [173]. Die Ableitung

$$\frac{d\mathsf{M}}{d\mathsf{B}} = \sum_{\nu=1}^{\infty} [b_\nu] \frac{\Delta \mathsf{B}^{\nu-1}}{(\nu-1)!} = \mathfrak{p}_1' + i\mathfrak{p}_1'' \tag{43}$$

läßt sich in $\overline{\mathfrak{B}}_1$ bequem in Real- und Imaginärteil aufspalten, da hier eine Darstellung 2. Art für die Koeffizienten zur Verfügung steht. Die Zahlwerte entnimmt man aus der $\Delta\mathsf{M}$-Tabelle [172] mit dem Reihenschema

$$\frac{d\mathsf{M}}{d\mathsf{B}} = [1] + 2\,[2]\,\Delta \mathsf{B}^\circ + 3\,[3]\,(\Delta \mathsf{B}^\circ)^2 + \cdots$$

($\Delta \mathsf{B}^\circ$ im Gradmaß). Aus (44) entstehen die Abbildungsgrößen durch die Formeln

$$m^* = r(B)\sqrt{\mathfrak{p}_1'^2 + \mathfrak{p}_1''^2}, \qquad \operatorname{tg} c^* = \frac{\mathfrak{p}_1''}{\mathfrak{p}_1'}\,; \text{ für } r(B) \text{ vgl. (18), (19).} \tag{44}$$

Wiederum bemerken wir, daß diese Formeln noch nicht als endgültig anzusehen sind. Durch Entwicklung des Wurzelausdrucks nach Potenzen von $\Delta\mathsf{B}', \Delta\mathsf{B}''$, ferner durch den Übergang $\Delta B \to \Delta H \to \Delta\mathsf{B}', \Delta\mathsf{B}''$ in der Darstellung von $r(B)$ lassen sich für praktische Zwecke geeignete Reihen angeben.

VI, 1₃ Die „Meridianbogenabbildung" mittels $\dot{\Gamma}$. (Gauß-Krügersche Projektion)[58].

Durch $z^* = \dot{\Gamma}$ wird das Sphäroid ($\mathrm{Sph}_{\overline{\mathrm{III}}}$) auf den *endlichen* Bereich $\dot{\Gamma}_{\mathrm{III}}$ konform abgebildet (V, Abb. 69a, b [202]). Die Bilder der geographischen Netzlinien sind in IV, Abb. 53a, b, 54a, b, 55a, b [154, 155] und umgekehrt die Bilder der Gitterlinien der $\dot{\Gamma}$-Ebene auf dem Sphäroid bzw. auf der M-Ebene in IV, Abb. 56a, b, 57a, b, 58a, b [156, 157] skizziert.

Lösung der Abbildungsaufgabe für die Kugel.

Auf der Kugel stimmen komplexe Breite und komplexer normierter Bogen überein, $\beta = \dot{\gamma}$, so daß die Abbildungsaufgaben bereits auf S. [239, 240] erledigt sind. Wir wollen aber für den praktischen Gebrauch statt der expliziten Formeln in der Umgebung eines Punktes $\mathbf{P}_0$ auch noch Reihenentwicklungen angeben[59].

---

[58] C. F. Gauß [5], L. Krüger [1], [3], O. Schreiber [1].

[59] L. Krüger [1], S. 8 Formel 8*, 8**.

a) Liegt $\mathbf{P}_0$ auf dem Hauptmeridian $\mathfrak{H}$, so liefert (35) durch Spezialisierung für die Kugel die Querentwicklung

$$\beta - \beta_0 = \beta - b_0 = \sum_{\nu=1}^{\infty} (\dot{b}_\nu) \frac{(il)^\nu}{\nu!} \quad \text{(Abb. 73a)}$$

oder nach Aufspaltung

$$\left.\begin{aligned} \beta' - b_0 &= \quad\quad - (\dot{b}_2)\frac{l^2}{2!} \quad + (\dot{b}_4)\frac{l^4}{4!} \quad - (\dot{b}_6)\frac{l^6}{6!} + \cdots \\ \beta'' &= (\dot{b}_1)\frac{l}{1!} \quad - (\dot{b}_3)\frac{l^3}{3!} \quad + (\dot{b}_5)\frac{l^5}{5!} \quad + \cdots \end{aligned}\right\} \quad (45)$$

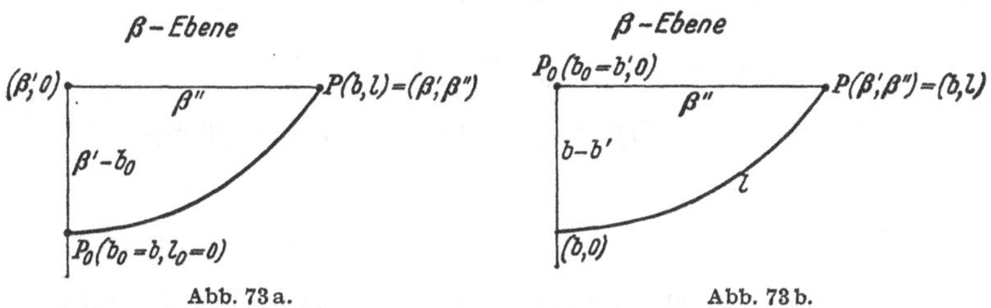

Abb. 73a. Abb. 73b.

Die Koeffizienten entnimmt man V (73a, b) [199] mit $\mathsf{B}_0 = b_0$, $e'_c = \eta = 0$, und die Abbildungsgrößen m, c werden nach (24), (25) berechnet, wobei nach Potenzen von l entwickelt werden kann:

$$\left.\begin{aligned} m = \frac{1}{A}\Big[1 &+ \frac{1}{2} l^2 \cos^2 b - \frac{1}{24} l^4 \cos^2 b (4 - 9\cos^2 b) + \\ &+ \frac{1}{720} l^6 \cos^2 b (16 - 180\cos^2 b + 225\cos^4 b) + \cdots\Big] \end{aligned}\right\} \quad (46)$$

$$c = -l\sin b - \frac{1}{3} l^3 \sin b\cos^2 b - \frac{1}{15} l^5 \sin b \cos^2 b\,(2 - 3\sin^2 b) + \cdots$$

b) Entsprechend gilt für die Umkehraufgabe mit $\mathbf{P}_0$ auf $\mathfrak{H}$ nach (42)

$$\mu - \mu_0 = \mu - h_0 = \sum_{\nu=1}^{\infty} (b_\nu) \frac{(i\beta'')^\nu}{\nu!} \quad \text{(Abb. 73b)}$$

oder

$$\left.\begin{aligned} h - h_0 &= \quad\quad - (b_2)\frac{\beta''^2}{2!} \quad + (b_4)\frac{\beta''^4}{4!} - \cdots \\ l &= (b_1)\frac{\beta''}{1!} \quad - (b_3)\frac{\beta''^3}{3!} \quad + \cdots \end{aligned}\right\} \quad (47)$$

Die erste Gleichung läßt sich noch umformen mit dem Ziel, die Breite b unmittelbar zu erhalten. Setzt man nach Spezialisierung auf die Kugel in die Querentwicklung von (17) Δh ein, so folgt

$$b - b_0 = -(\tilde{b}_2)\frac{\beta''^2}{2!} + (\tilde{b}_4)\frac{\beta''^4}{4!} - \cdots \quad (47\text{a})$$

mit den Koeffizienten

$$\left.\begin{aligned} (b_1) &= \frac{1}{\cos b'} & (\tilde{b}_2) &= \operatorname{tg} b' = t' \\ (b_3) &= \frac{1}{\cos b'}(1 + 2t'^2) & (\tilde{b}_4) &= t'(5 + 3t'^2) \\ (b_5) &= \frac{1}{\cos b'}(5 + 28t'^2 + 24t'^4) & (\tilde{b}_6) &= t'(61 + 90t'^2 + 45t'^4) \\ &\ldots\ldots\ldots\ldots & &\ldots\ldots\ldots\ldots \end{aligned}\right\} \quad (47\,b)$$

Für die Abbildungsgrößen entstehen die gesuchten Reihenentwicklungen nach Potenzen von β'' aus (29), (30)

$$\left.\begin{aligned} m^* &= A\left[1 - \tfrac{1}{2}\beta''^2 + \tfrac{5}{24}\beta''^4 - \tfrac{61}{720}\beta''^6 + \cdots\right] \\ c^* &= \beta''\operatorname{tg}\beta'\left[1 - \tfrac{1}{3}(1+\operatorname{tg}^2\beta')\beta''^2 + \tfrac{1}{15}(1+\operatorname{tg}^2\beta')(2+3\operatorname{tg}^2\beta')\beta''^4 + \cdots\right] \end{aligned}\right\} \quad (48)$$

Die erste Abbildungsaufgabe für das Sphäroid.

I_1 *Darstellung im Hauptgebiet* $(\overline{\mathfrak{B}}_4)$ V, Abb. 71a, b [209]

$$\left.\begin{aligned} &(B, L) \to \mathsf{M} \quad (11) \\ \downarrow\ &\mu = \mathsf{M} \\ \downarrow\ &\beta = \beta(\mu) \to \dot{\gamma} = \beta \\ \downarrow\ &\dot{\Gamma} = \dot{\gamma} + \sum_{\lambda=1}^{\infty} \dot{l}_{2\lambda} \sin 2\lambda\dot{\gamma} \quad \text{in } \overline{\mathfrak{B}}_4 \quad \text{V (69) [196].} \end{aligned}\right\} \quad (49)$$

Einfacher ist es, die isometrische Breite H zu vermeiden:

$$\left.\begin{aligned} &(B, L) \to \begin{cases} b = B + \sum_{\lambda=1}^{\infty} k_{2\lambda} \sin 2\lambda B, \\ l = L, \end{cases} \\ \downarrow\ &(\beta', \beta'') \qquad (25)\ (26)\ (36) \qquad \beta = \dot{\gamma} \\ \downarrow\ &\begin{cases} \dot{\Gamma}' = \dot{\gamma}' + \sum_{\lambda=1}^{\infty} \dot{l}_{2\lambda} \sin 2\lambda\dot{\gamma}' \operatorname{ch} 2\lambda\dot{\gamma}'', \\ \dot{\Gamma}'' = \dot{\gamma}'' + \sum_{\lambda=1}^{\infty} \dot{l}_{2\lambda} \cos 2\lambda\dot{\gamma}' \operatorname{sh} 2\lambda\dot{\gamma}''. \end{cases} \end{aligned}\right\} \quad (50)$$

Die bei der Merkator-Abbildung aufgestellte trigonometrische Reihe für $\lg r(B)$ läßt sich jetzt zur Berechnung der Abbildungsgrößen heranziehen. Nach II [81, 88] haben wir

$$\frac{d\dot{\Gamma}}{d\mathsf{M}} = \frac{d\dot{\Gamma}}{d\mathsf{B}} \cdot \frac{d\mathsf{B}}{d\mathsf{M}} = \frac{r(\mathsf{B})}{G^{(m)}}$$

und damit aus (22) [238] durch analytische Fortsetzung in das Komplexe

$$\lg\frac{d\dot{\mathfrak{r}}}{d\mathsf{M}} = \lg r(\mathsf{B}) - \lg G^{(m)} = \text{const.} + \lg\cos\beta + \sum_{\lambda=1}^{\infty} L_{2\lambda}\cos 2\lambda\beta. \tag{51}$$

Für die Abbildungsgrößen erhält man so in $\overline{\mathfrak{B}}_3(\beta)$ die Darstellung

$$\lg m = -\lg r(B) + \Re\lg\frac{d\dot{\mathfrak{r}}}{d\mathsf{M}} = -\lg G^{(m)} + \frac{1}{2}\lg(\cos^2\beta' + \operatorname{sh}^2\beta'') - \lg\cos b + \sum_{\lambda=1}^{\infty} L_{2\lambda}(\cos 2\lambda\beta'\operatorname{ch}2\lambda\beta'' - \cos 2\lambda b)$$

oder nach Umformung mit II (29a, 30a) [76]

$$\left.\begin{aligned}\lg G^{(m)} m &= -\frac{1}{2}\lg(1-\cos^2 b\sin^2 l) + \sum_{\lambda=1}^{\infty} L_{2\lambda}(\cos 2\lambda\beta'\operatorname{ch}2\lambda\beta'' - \cos 2\lambda b),\\ c &= -\operatorname{arctg}(\operatorname{tg}\beta'\operatorname{th}\beta'') - \sum_{\lambda=1}^{\infty} L_{2\lambda}\sin 2\lambda\beta'\operatorname{sh}2\lambda\beta''\\ &= -\operatorname{arctg}(\operatorname{tg}l\sin b) - \sum_{\lambda=1}^{\infty} L_{2\lambda}\sin 2\lambda\beta'\operatorname{sh}2\lambda\beta''.\end{aligned}\right\} \tag{52}$$

I_2 *Darstellung im Restgebiet* $(\Re_4)$.

$$\dot{\mathfrak{r}} - \dot{\mathfrak{r}}^{(4')} = \sum_{\nu=1}^{\infty}(\dot{c}_\nu)\frac{(\mathsf{M}-\mathsf{M}^{(4')})^\nu}{\nu!}. \qquad \text{V (87) [210]} \tag{53}$$

II *Darstellung für eine Punktumgebung.*

$$\Delta\dot{\mathfrak{r}} = \sum_{\nu=1}^{\infty}(\dot{c}_\nu)\frac{\Delta\mathsf{M}^\nu}{\nu!} \quad \text{bzw.} \quad \Delta\mathfrak{r} = \sum_{\nu=1}^{\infty}(\dot{C}_\nu)\frac{\Delta\mathsf{M}^\nu}{\nu!}. \tag{54}$$

V (88) [210], (88a—e) [210—213]

Liegt $\mathbf{P}_0$ auf dem Hauptmeridian $\mathfrak{H}$, so werden die Koeffizienten $(\dot{c}_\nu)$ reell.

a) Die *Kreisentwicklung* V (89a) [214] ist von uns bisher stets mit der Zerspaltung $\Delta\mathsf{M} = \varrho e^{i\psi} = \varrho\cos\psi + i\varrho\sin\psi$ durchgeführt worden. Hat man die Absicht, die Zwischenrechnung durch Elimination von ΔH zu vereinfachen, so sind in $\Delta\mathsf{M} = \Delta H + iL$, $\Delta\mathsf{M}^2 = \Delta H^2 - L^2 + 2i\Delta HL$ usw. die Potenzen von ΔH durch ΔB nach V (22b) [173] zu ersetzen und man erhält nach der Aufspaltung in Real- und Imaginärteil die Doppelreihen

$$\left.\begin{aligned}\Delta\dot{\mathfrak{r}}' &= \sum_{\mu,\nu=0}^{\infty}(a_{\mu\nu})\Delta B^\mu L^\nu \quad \text{bzw.} \quad \Delta\mathfrak{r}' = \sum_{\mu,\nu=0}^{\infty}(A_{\mu\nu})\Delta B^\mu L^\nu,\\ \Delta\dot{\mathfrak{r}}'' = \dot{\mathfrak{r}}'' &= \sum_{\mu,\nu=0}^{\infty}(b_{\mu\nu})\Delta B^\mu L^\nu \quad \text{bzw.} \quad \Delta\mathfrak{r}'' = \mathfrak{r}'' = \sum_{\mu,\nu=0}^{\infty}(B_{\mu\nu})\Delta B^\mu L^\nu.\end{aligned}\right\} \tag{54a}$$

Wir geben die Koeffizienten in der 2. Form[60], wobei die Potenzen von E_0' nach η_0 entwickelt sind mit Ausnahme eines Faktors N_0. Durch Division mit N_0 wird $\frac{\Delta\Gamma'}{N_0}$, $\frac{\Delta\Gamma''}{N_0}$ dimensionslos; zur Abkürzung wird $\cos B_0 = c_0$ gesetzt:

$$\left.\begin{aligned}
&(A_{00}) = 0,\\
&(A_{10}) = N_0(1-\eta^2+\eta^4-\eta^6)_0 + \mathrm{Gl}_8, \quad (A_{01}) = 0,\\
&(A_{20}) = \tfrac{3}{2} N_0 t_0 (\eta^2 - 2\eta^4)_0 + \mathrm{Gl}_6, \quad (A_{11}) = 0,\\
&\qquad (A_{02}) = \tfrac{1}{2} N_0 c_0^2 t_0,\\
&(A_{30}) = \tfrac{1}{2} N_0 (\eta^2 - t^2\eta^2 - 2\eta^4 + 7t^2\eta^4)_0 + \mathrm{Gl}_6, \quad (A_{21}) = 0,\\
&\qquad (A_{12}) = \tfrac{1}{2} N_0 c_0^2 (1 - t^2 + t^2\eta^2 - t^2\eta^4)_0 + \mathrm{Gl}_6, \quad (A_{03}) = 0,\\
&(A_{40}) = -\tfrac{1}{2} N_0 t_0 \eta_0^2 + \mathrm{Gl}_4, \quad (A_{31}) = 0,\\
&\qquad (A_{22}) = \tfrac{1}{4} N_0 c_0^2 t_0 (-4 + 3\eta^2 - 3t^2\eta^2)_0 + \mathrm{Gl}_4, \quad (A_{13}) = 0,\\
&\qquad (A_{04}) = \tfrac{1}{24} N_0 c_0^4 t_0 (5 - t^2 + 9\eta^2)_0 + \mathrm{Gl}_4,\\
&(A_{50}) = 0 + \mathrm{Gl}_2, \quad (A_{41}) = 0, \quad (A_{32}) = \tfrac{1}{3} N_0 c_0^2 (-1 + t_0^2) + \mathrm{Gl}_2,\\
&\qquad (A_{23}) = 0, \ (A_{14}) = \tfrac{1}{24} N_0 c_0^4 (5 - 18t^2 + t^4)_0 + \mathrm{Gl}_2, \ (A_{05}) = 0.\\
&\cdots\cdots\cdots\\
&(B_{00}) = 0,\\
&(B_{10}) = 0, \quad (B_{01}) = N_0 c_0,\\
&(B_{20}) = 0, \quad (B_{11}) = N_0 c_0 t_0 (-1 + \eta^2 - \eta^4)_0 + \mathrm{Gl}_6, \quad (B_{02}) = 0,\\
&(B_{30}) = 0, \quad (B_{21}) = \tfrac{1}{2} N_0 c_0 (-1 + \eta^2 - 3t^2\eta^2 - \eta^4 + 6t^2\eta^4)_0 + \mathrm{Gl}_6,\\
&\qquad (B_{12}) = 0, \quad (B_{03}) = \tfrac{1}{6} N_0 c_0^3 (1 - t^2 + \eta^2)_0,\\
&(B_{40}) = 0, \quad (B_{31}) = \tfrac{1}{6} N_0 c_0 t_0 (1 - 10\eta^2 + 3\eta^2 t^2)_0 + \mathrm{Gl}_4,\\
&\qquad (B_{22}) = 0,\\
&\qquad (B_{13}) = \tfrac{1}{6} N_0 c_0^3 t_0 (-5 + t^2 - 4\eta^2 - t^2\eta^2)_0 + \mathrm{Gl}_4,\\
&\qquad (B_{04}) = 0,\\
&(B_{50}) = 0, \quad (B_{41}) = \tfrac{1}{24} N_0 c_0 + \mathrm{Gl}_2, \quad (B_{32}) = 0,\\
&\qquad (B_{23}) = \tfrac{1}{12} N_0 c_0^3 (-5 + 13t_0^2) + \mathrm{Gl}_2, \quad (B_{14}) = 0,\\
&\qquad (B_{05}) = \tfrac{1}{120} N_0 c_0^5 (5 - 18t^2 + t^4)_0 + \mathrm{Gl}_2.
\end{aligned}\right\} \tag{54b}$$

b) Die *Längsentwicklung* V (74b) [201] geht mit dem Ersatz von ΔH durch ΔB in die bekannte Entwicklung I (103, 104) [54] über.

[60] Siehe Wl. K. Hristow [1].

c) Die *Querentwicklung* V (89c) [214] lautet

$$\left.\begin{aligned} \Delta\dot{\mathfrak{r}}' &= \quad - (\dot{c}_2)\frac{L^2}{2!} \quad + (\dot{c}_4)\frac{L^4}{4!} \quad - (\dot{c}_6)\frac{L^6}{6!} + \cdots \\ \Delta\dot{\mathfrak{r}}'' &= (\dot{c}_1)\frac{L}{1!} \quad - (\dot{c}_3)\frac{L^3}{3!} \quad + (\dot{c}_5)\frac{L^5}{5!} \quad - \cdots \end{aligned}\right\} \tag{55}$$

bzw.

$$\begin{aligned} \Delta\mathfrak{r}' &= \quad - (\dot{C}_2)\frac{L^2}{2!} \quad + (\dot{C}_4)\frac{L^4}{4!} \quad - (\dot{C}_6)\frac{L^6}{6!} + \cdots \\ \Delta\mathfrak{r}'' &= (\dot{C}_1)\frac{L}{1!} \quad - (\dot{C}_3)\frac{L^3}{3!} \quad + (\dot{C}_5)\frac{L^5}{5!} \quad - \cdots \end{aligned}$$

Die Koeffizienten 1. Art werden in drei verschiedenen Formen ausführlich auf den Seiten [210—212] gegeben; für die praktische Berechnung ist besonders die Darstellung von H. Boltz geeignet. Koeffizienten 2. Art (88e) [213] erhält man nur auf dem Umweg über die Kugel $\mathsf{M} = \mu$. Sie haben den bereits mehrfach erwähnten Vorteil eines einfachen Bildungsgesetzes, so daß man für große L-Werte bequem zu höheren Gliedern aufsteigen kann. Der Nachteil eines Überganges $B \to b$ läßt sich durch eine kleine Tabelle für $(B - b)$ (s. V [230]) beheben; Zahlwerte der Koeffizienten sind auf S. 211—213 angegeben.

Für das *Vergrößerungsverhältnis* müssen wir die Ableitung in Real- und Imaginärteil aufspalten:

$$\frac{d\dot{\mathfrak{r}}}{d\mathsf{M}} = \sum_{\nu=0}^{\infty} (\dot{c}_{\nu+1}) \frac{\Delta \mathsf{M}^\nu}{\nu!} = \dot{\mathfrak{p}}_2' + i\dot{\mathfrak{p}}_2'' = \frac{r_0}{G^{(m)}}\left\{1 - \sin B_0 \Delta \mathsf{M} + \cdots\right\}.$$

Die Durchführung beschränken wir auf den Fall, daß der Entwicklungsmittelpunkt auf dem Hauptmeridian liegt, die Koeffizienten $(\dot{c}_{\nu+1})$ also reell sind.

a) Kreisentwicklung für m.

Nach (52) gilt zunächst $m = \frac{1}{r}\left|\frac{d\dot{\mathfrak{r}}}{d\mathsf{M}}\right| = \frac{1}{r}\sqrt{\dot{\mathfrak{p}}_2'^2 + \dot{\mathfrak{p}}_2''^2}$. Der Wurzelausdruck läßt sich für genügend kleine $\Delta\mathsf{M}$ in eine Doppelreihe entwickeln:

$$\begin{aligned} \sqrt{\dot{\mathfrak{p}}_2'^2 + \dot{\mathfrak{p}}_2''^2} &= \frac{r_0}{G^{(m)}}\sqrt{(1 - \sin B_0 \Delta H + \cdots)^2 + (-\sin B_0 L + \cdots)^2} \\ &= \frac{r_0}{G^{(m)}}\{1 - \sin B_0 \Delta H + \cdots\}. \end{aligned}$$

Nach I (62) [34] hat man ferner die Reihe

$$\frac{1}{r} = \frac{1}{r_0}\left[1 + \sum_{\nu=1}^{\infty} (r_\nu') \frac{\Delta B^\nu}{\nu!}\right].$$

Durch Zusammensetzen und Übergang von ΔH zu ΔB nach V (22b) [173] entsteht

$$m = \frac{1}{G^{(m)}}\left[1 + \sum_{\mu,\,\nu=0}^{\infty} (m_{\mu\nu}) \Delta B^\mu L^\nu\right]. \tag{56}$$

Wir geben die Koeffizienten nach Wl. K. Hristow [3] S. 612, in der ersten Form:

$$\left.\begin{aligned}
(m_{02}) &= \tfrac{1}{2}\cos^2 B_0(1+\eta_0^2),\\
(m_{12}) &= -t_0\cos^2 B_0(1+2\eta_0^2),\\
(m_{22}) &= \tfrac{1}{2}\cos^2 B_0(-1+t_0^2-2\eta_0^2+6\eta_0^2 t_0^2)+\mathrm{Gl}_4,\\
(m_{04}) &= \tfrac{1}{24}\cos^4 B_0(5-4t_0^2+14\eta_0^2-28t_0^2\eta_0^2)+\mathrm{Gl}_4,\\
(m_{32}) &= \tfrac{2}{3}t_0\cos^2 B_0+\mathrm{Gl}_2,\\
(m_{14}) &= \tfrac{1}{6}t_0\cos^4 B_0(-7+2t_0^2)+\mathrm{Gl}_2,\\
(m_{42}) &= \tfrac{1}{6}\cos^2 B_0(1-t_0^2)+\mathrm{Gl}_2,\\
(m_{24}) &= \tfrac{1}{12}\cos^4 B_0(-7+27t_0^2-2t_0^4)+\mathrm{Gl}_2,\\
(m_{06}) &= \tfrac{1}{720}\cos^6 B_0(61-148t_0^2+16t_0^4)+\mathrm{Gl}_2.\\
&\ldots\ldots\ldots
\end{aligned}\right\}\qquad(56\mathrm{a})$$

Alle nicht angegebenen $(m_{\mu\nu})$ mit $\mu+\nu \leqq 6$ sind Null. Die anderen Formen lassen sich leicht aus (56a) herstellen.

b) Längsentwicklung für m.

Auf dem Hauptmeridian ist trivialerweise $m = \frac{d\dot{G}}{r\,dH} = \frac{1}{G^{(m)}}$; $mG^{(m)} = 1$.

c) Querentwicklung für m.

Spezialisiert man sich bei der Kreisentwicklung auf den Fall $\Delta B = 0$, so entsteht

$$G^{(m)}m = 1 + (m_{02})L^2 + (m_{04})L^4 + (m_{06})L^6 + \cdots \qquad (57)$$

Wir wollen die Koeffizienten in der zur praktischen Rechnung geeigneten dritten Form geben:

$$\left.\begin{aligned}
(m_{02}) &= \left(\tfrac{1}{4}+\tfrac{3}{16}e'^2\right)+\left(\tfrac{1}{4}+\tfrac{1}{4}e'^2\right)\cos 2B_0+\tfrac{1}{16}e'^2\cos 4B_0,\\
(m_{04}) &= \left(\tfrac{11}{192}+\tfrac{7}{64}e'^2\right)+\left(\tfrac{5}{48}+\tfrac{91}{384}e'^2\right)\cos 2B_0+\\
&\qquad+\left(\tfrac{3}{64}+\tfrac{35}{192}e'^2\right)\cos 4B_0+\tfrac{7}{128}e'^2\cos 6B_0+\mathrm{Gl}_4,\\
(m_{06}) &= \left(\tfrac{173}{5760}+\tfrac{751}{22\,840}\cos 2B_0+\tfrac{35}{1280}\cos 4B_0+\tfrac{5}{512}\cos 6B_0\right)+\mathrm{Gl}_2.\\
&\ldots\ldots\ldots
\end{aligned}\right\}\qquad(57\mathrm{a})$$

Während das Koeffizientengesetz bei diesen zusammengesetzten Entwicklungen völlig undurchsichtig ist, haben wir durch den Übergang zu $\lg\frac{d\dot{\Gamma}}{d\mathsf{M}}$ die Möglichkeit, Ableitungen beliebig hoher Ordnung bequem berechnen zu können. Aus (51) folgt

$$\frac{d}{d\mathsf{M}}\lg\frac{d\dot{\Gamma}}{d\mathsf{M}} = -\sin\beta - \sum_{\lambda=1}^{\infty}\left[\lambda L_{2\lambda} + (\lambda-1)L_{2\lambda-2}\right]\sin(2\lambda-1)\beta,$$

$$\frac{d^2}{d\mathsf{M}^2}\lg\frac{d\dot{\Gamma}}{d\mathsf{M}} = -\frac{1}{2} - \frac{1}{2}L_2 - \frac{1}{2}\cos 2\beta -$$

$$-\sum_{\lambda=1}^{\infty}\left[(\lambda+1)\left(\lambda+\frac{1}{2}\right)L_{2\lambda+2} + 2\lambda^2 L_{2\lambda} + (\lambda-1)\left(\lambda-\frac{1}{2}\right)L_{2\lambda-2}\right]\cos 2\lambda\beta.$$

. . . .

Für die Bildung der Koeffizienten vgl. das entsprechende Schema S. 200.

Liegt der Entwicklungsmittelpunkt der Potenzreihe

$$\lg\frac{d\dot{\Gamma}}{d\mathsf{M}} = \lg\frac{d\dot{\Gamma}}{d\mathsf{M}}\bigg|_0 + \sum_{\nu=1}^{\infty}[L_\nu]\frac{\Delta\mathsf{M}^\nu}{\nu!} \tag{58}$$

auf dem Hauptmeridian, so werden die Koeffizienten mit $\beta = b$ reell. Die Entwicklung von $r(B)$ stimmt nach (51) mit (58) überein, wenn $\Delta\mathsf{M} = \Delta H$ gesetzt wird:

$$\lg r(B) = \lg r(B_0) + \sum_{\nu=1}^{\infty}[L_\nu]\frac{\Delta H^\nu}{\nu!}. \tag{58a}$$

So findet man schließlich die Kreisentwicklung

$$\left.\begin{aligned}\lg m &= -\lg G^{(m)} + \sum_{\nu=1}^{\infty}[L_\nu]\frac{1}{\nu!}\,\Re\mathrm{e}(\Delta\mathsf{M}^\nu - \Delta H^\nu),\\ c &= \sum_{\nu=1}^{\infty}[L_\nu]\frac{1}{\nu!}\,\Im\mathrm{m}(\Delta\mathsf{M}^\nu).\end{aligned}\right\} \tag{59}$$

Speziell entsteht eine Querentwicklung für $\Delta\mathsf{M} = iL$, $\Delta H = 0$:

$$\left.\begin{aligned}\lg G^{(m)} m &= \quad -[L_2]\frac{L^2}{2!} + [L_4]\frac{L^4}{4!} - [L_6]\frac{L^6}{6!} + \cdots\\ c &= [L_1]L - [L_3]\frac{L^3}{3!} + [L_5]\frac{L^5}{5!} - \cdots\end{aligned}\right\} \tag{59a}$$

Zur numerischen Berechnung geben wir eine Tabelle der Zahlwerte im Anschluß an (59a) mit der Abkürzung

$$[2\nu] = (-1)^\nu\frac{\text{Modul}}{(2\nu)!\,(\varrho^\circ)^{2\nu}}[L_{2\nu}],\quad [2\nu+1] = (-1)^\nu\frac{\varrho''}{(2\nu+1)!\,(\varrho^\circ)^{2\nu+1}}[L_{2\nu+1}],$$

so daß sich mit L° im Gradmaß $\log(G^{(m)} m)$ als dekadischer Logarithmus und c'' in Sekunden ergibt.

$\log(G^{(m)}\,m)$-Tabelle.

	[2]	[4]
1	+ 0.0000 3312 87	+ 0.0000 0000 042
$\cos 2b_0$	+ 0.0000 3329 49	+ 0.0000 0000 170
$\cos 4b_0$	+ 0.0000 0016 70	+ 0.0000 0000 130
$\cos 6b_0$	+ 0.0000 0000 08	+ 0.0000 0000 002

c-Tabelle.

	[1]	[3]	[5]
$\sin b_0$	− 3606.0136	− 0.0920 0	− 0.0000 03
$\sin 3b_0$	− 6.0304	− 0.0929 2	− 0.0000 07
$\sin 5b_0$	− 0.0168	− 0.0009 3	− 0.0000 04
$\sin 7b_0$	− 0.0001	− 0.0000 1	

Für die *Bildverschwenkung* oder (negative) Meridiankonvergenz haben wir in (59) bzw. (59a) bereits eine Kreis- und Querentwicklung mit Koeffizienten 2. Art erhalten. Wegen der großen Bedeutung der Abbildung soll nun auch noch die Darstellung 1. Art nachgetragen werden. Aus der Reihenentwicklung

$$\lg\frac{d\dot{\mathsf{r}}}{d\mathsf{M}} = \lg(\dot{c}_1)\left\{1+\sum_{\nu=1}^{\infty}\frac{(\dot{c}_{\nu+1})}{(\dot{c}_1)}\frac{\varDelta\mathsf{M}^\nu}{\nu!}\right\}$$

$$= \lg(\dot{c}_1)+\sum_{\nu=1}^{\infty}\frac{(\dot{c}_{\nu+1})}{(\dot{c}_1)}\frac{\varDelta\mathsf{M}^\nu}{\nu!}-\frac{1}{2}\sum_{\mu,\nu=1}^{\infty}\frac{(\dot{c}_{\mu+1})(\dot{c}_{\nu+1})}{(\dot{c}_1)^2}\frac{\varDelta\mathsf{M}^{\nu+\mu}}{\mu!\,\nu!}+\cdots$$

folgt mit $\varDelta\mathsf{M} = \varDelta H + iL$ und Ersetzen von $\varDelta H$ durch $\varDelta B$ nach V (22b) [173]

$$c = \Im\mathrm{m}\left(\lg\frac{d\dot{\mathsf{r}}}{d\mathsf{M}}\right) = \sum_{\mu,\nu=0}^{\infty}(c_{\mu\nu})\,\varDelta B^\mu L^\nu\ ^{61}. \tag{60}$$

Die speziellen Werte für $(\dot{c}_\nu)$ werden in der ersten Form aus V (88a) [210] entnommen:

$$\left.\begin{aligned}
&(c_{01}) = -t_0\cos B_0 && (c_{31}) = \tfrac{1}{6}\cos B_0\\
&(c_{11}) = -\cos B_0 && (c_{13}) = -\tfrac{1}{3}\cos^3 B_0(1-2t_0^2+3\eta_0^2-12t_0^2\eta_0^2)\\
&(c_{21}) = +\tfrac{1}{2}t_0\cos B_0 && (c_{41}) = -\tfrac{1}{24}t_0\cos B_0 + \mathrm{Gl}_2\\
&(c_{03}) = -\tfrac{1}{3}t_0\cos^3 B_0(1+3\eta_0^2+2\eta_0^4) && (c_{23}) = \tfrac{1}{6}t_0\cos^3 B_0(7-2t_0^2)+\mathrm{Gl}_2\\
& && (c_{05}) = -\tfrac{1}{15}t_0\cos^5 B_0(2-t_0^2)+\mathrm{Gl}_2\\
&\cdots\cdots && \cdots\cdots
\end{aligned}\right\} \tag{60a}$$

Die zweite Form findet sich bei O. Schreiber [1] S. 31, die dritte geben wir nur für den Spezialfall der Querentwicklung $\varDelta B = 0$ [62]:

$$\left.\begin{aligned}
(c_{01}) &= -\sin B_0,\\
(c_{03}) &= -\left(\tfrac{1}{12}+\tfrac{1}{8}e'^2+\tfrac{5}{96}e'^4\right)\sin B_0-\left(\tfrac{1}{12}+\tfrac{3}{16}e'^2+\tfrac{3}{32}e'^4\right)\sin 3B_0-\\
&\quad-\left(\tfrac{1}{16}e'^2+\tfrac{5}{96}e'^4\right)\sin 5B_0-\tfrac{1}{96}\sin 7B_0,\\
(c_{05}) &= -\left(\tfrac{1}{120}\sin B_0+\tfrac{1}{48}\sin 3B_0+\tfrac{1}{80}\sin 5B_0\right)+\mathrm{Gl}_2.\\
&\cdots\cdots
\end{aligned}\right\} \tag{60b}$$

---

[61] Siehe Wl. K. Hristow [4] S. 614. [62] H. Boltz [2] S. XIV.

Die zweite Abbildungsaufgabe für das Sphäroid.

I_1^* *Darstellung im Hauptgebiet* $(\mathfrak{B}_2|)$ *bzw.* $\overline{\mathfrak{B}}_2$ V, Abb. 64a, b [174].

1. Weg (in $\mathfrak{B}_2|$):

$$\left.\begin{aligned}
&\dot{\mathsf{r}}(\dot{\mathsf{r}}', \dot{\mathsf{r}}'')\\
&\downarrow\\
&\mathsf{M} = \mathsf{M}_K + \sum_{\lambda=1}^{\infty} r_{2\lambda-1} \sin(2\lambda-1)\,\dot{\mathsf{r}} \quad \text{in } \mathfrak{B}_2| \quad \text{V (33) [177]},\\
&H = \lg\operatorname{tg}\left(\frac{\pi}{2} + \frac{B_K}{2}\right) + \sum_{\lambda=1}^{\infty} r_{2\lambda-1} \sin(2\lambda-1)\,\dot{\mathsf{r}}' \operatorname{ch}(2\lambda-1)\,\dot{\mathsf{r}}'',\\
&L = \qquad L_K \qquad + \sum_{\lambda=1}^{\infty} r_{2\lambda-1} \cos(2\lambda-1)\,\dot{\mathsf{r}}' \operatorname{sh}(2\lambda-1)\,\dot{\mathsf{r}}'',\\
&H \to B \quad (16),
\end{aligned}\right\} \qquad (61)$$

wobei (B_K, L_K) aus $(\dot{\mathsf{r}}', \dot{\mathsf{r}}'')$ wie (b, l) aus $(\dot{\gamma}', \dot{\gamma}'') = (\beta', \beta'')$ nach (30) oder (31) zu bilden sind.

Wegen

$$\frac{d\mathsf{M}}{d\dot{\mathsf{r}}} = \frac{1}{\cos\dot{\mathsf{r}}} + \sum_{\lambda=1}^{\infty} (2\lambda-1)\, r_{2\lambda-1} \cos(2\lambda-1)\,\dot{\mathsf{r}} = \mathfrak{P}_2' + i\,\mathfrak{P}_2'' \qquad (62)$$

mit

$$\mathfrak{P}_2' = \frac{\cos\dot{\mathsf{r}}' \operatorname{ch}\dot{\mathsf{r}}''}{\operatorname{ch}^2\dot{\mathsf{r}}'' - \sin^2\dot{\mathsf{r}}'} + \sum_{\lambda=1}^{\infty} (2\lambda-1)\, r_{2\lambda-1} \cos(2\lambda-1)\,\dot{\mathsf{r}}' \operatorname{ch}(2\lambda-1)\,\dot{\mathsf{r}}'',$$

$$\mathfrak{P}_2'' = \frac{\sin\dot{\mathsf{r}}' \operatorname{sh}\dot{\mathsf{r}}''}{\operatorname{ch}^2\dot{\mathsf{r}}'' - \sin^2\dot{\mathsf{r}}'} - \sum_{\lambda=1}^{\infty} (2\lambda-1)\, r_{2\lambda-1} \sin(2\lambda-1)\,\dot{\mathsf{r}}' \operatorname{sh}(2\lambda-1)\,\dot{\mathsf{r}}''$$

folgt für die Abbildungsgrößen

$$\left.\begin{aligned}
m^* &= r\sqrt{\mathfrak{P}_2'^2 + \mathfrak{P}_2''^2} = r\frac{\mathfrak{P}_2'}{\cos c^*} = r\frac{\mathfrak{P}_2''}{\sin c^*},\\
\operatorname{tg} c^* &= \frac{\mathfrak{P}_2''}{\mathfrak{P}_2'}.
\end{aligned}\right\} \qquad (63)$$

2. Weg in $\overline{\mathfrak{B}}_2$ (Umkehrung von I_1):

$$\left.\begin{aligned}
&\dot{\mathsf{r}}(\dot{\mathsf{r}}', \dot{\mathsf{r}}'')\\
&\downarrow\\
&\dot{\gamma} = \dot{\mathsf{r}} + \sum_{\lambda=1}^{\infty} l_{2\lambda} \sin 2\lambda\,\dot{\mathsf{r}} \quad \text{in } \mathfrak{B}_2 \quad \text{V (65) [194]}\\
&\downarrow\\
&\beta = \dot{\gamma} \to \sin b,\ \operatorname{tg} l \quad (30), (31) \to L = l, \quad b \to B\ (44)\\
&\downarrow\\
&\mu = \mu(\beta) \to \mathsf{M} = \mu.
\end{aligned}\right\} \qquad (64)$$

Zur Berechnung der Abbildungsgrößen wollen wir wie oben den Logarithmus verwenden. Aus (51) folgt

$$\lg \frac{d\mathsf{M}}{d\dot{\Gamma}} = \text{const.} - \lg \cos\beta - \sum_{\lambda=1}^{\infty} L_{2\lambda} \cos 2\lambda\beta .$$

Als nächster Schritt ist statt $\beta = \dot{\gamma}$ die Variable $\dot{\Gamma}$ einzuführen. Entsprechend (21) findet man unter Verwendung von V (29) [176] aus V (65) [194] im Bereich $\overline{\mathfrak{B}}_2(\dot{\Gamma})$

$$\lg \cos\dot{\gamma} = \lg \cos\dot{\Gamma} - \sum_{\lambda=1}^{\infty} \dot{D}_{2\lambda} (1 - \cos 2\lambda\dot{\Gamma}) . \tag{65}$$

Die Koeffizienten sind Potenzreihen in n:

$$\left.\begin{aligned}
\dot{D}_2 &= -\tfrac{1}{2} n + \tfrac{23}{24} n^2 - \tfrac{115}{96} n^3 + \tfrac{6829}{5760} n^4 + \cdots \\
\dot{D}_4 &= \qquad -\tfrac{1}{48} n^2 + \tfrac{1}{15} n^3 - \tfrac{233}{2304} n^4 + \cdots \\
\dot{D}_6 &= \qquad\qquad -\tfrac{17}{480} n^3 + \tfrac{9707}{8064} n^4 + \cdots \\
\dot{D}_8 &= \qquad\qquad\qquad -\tfrac{6707}{10\,080} n^4 + \cdots \\
&\ldots\ldots\ldots
\end{aligned}\right\} \tag{65a}$$

Formt man jetzt noch die Reihenglieder $\cos 2\lambda\beta = \cos 2\lambda\dot{\gamma}$ nach den Methoden in Abschnitt X um, so entsteht die gesuchte Darstellung

$$\lg \frac{d\mathsf{M}}{d\dot{\Gamma}} = \text{const.} - \lg \cos\dot{\Gamma} - \sum_{\lambda=1}^{\infty} \dot{L}_{2\lambda} \cos 2\lambda\dot{\Gamma} \tag{66}$$

mit den Koeffizienten bis zu Gliedern 4. Ordnung

$$\left.\begin{aligned}
\dot{L}_2 &= +\tfrac{1}{2} n - \tfrac{3}{8} n^2 + \tfrac{3}{32} n^3 - \tfrac{55}{1152} n^4 + \cdots = +0.0008\,3604\,175, \\
\dot{L}_4 &= \qquad +\tfrac{5}{16} n^2 - \tfrac{1}{3} n^3 + \tfrac{2421}{772} n^4 + \cdots = +0.0000\,0087\,437, \\
\dot{L}_6 &= \qquad\qquad +\tfrac{83}{480} n^3 - \tfrac{173}{899} n^4 + \cdots = +0.0000\,0000\,081, \\
\dot{L}_8 &= \qquad\qquad\qquad +\tfrac{1531}{336} n^4 + \cdots = +0.0000\,0000\,004, \\
&\ldots\ldots\ldots
\end{aligned}\right\} \tag{66a}$$

Auf dem Hauptmeridian geht (66) nach (51) über in

$$\lg \frac{dH}{d\dot{G}} = -\lg r(B) + \lg G^{(m)} = \text{const.} - \lg \cos\dot{G} - \sum_{\lambda=1}^{\infty} \dot{L}_{2\lambda} \cos 2\lambda\dot{G} .$$

Für das Vergrößerungsverhältnis m^* erhalten wir so eine Darstellung im Großen:

$$\lg \left(m^* \frac{1}{G^{(m)}} \right) = \lg r(B) - \lg G^{(m)} + \Re e \lg \frac{d\mathsf{M}}{d\dot{\Gamma}} \tag{67}$$

$$= \lg \frac{\cos\dot{G}}{\sqrt{\cos^2\dot{\Gamma}' + \operatorname{sh}^2\dot{\Gamma}''}} - \sum_{\lambda=1}^{\infty} \dot{L}_{2\lambda} (\cos 2\lambda\dot{\Gamma}' \operatorname{ch} 2\lambda\dot{\Gamma}'' - \cos 2\lambda\dot{G}) .$$

Entsprechend gilt für die Bildverschwenkung bzw. Meridiankonvergenz

$$c^* = \Im m \lg \frac{d\mathsf{M}}{d\dot{\Gamma}} = \operatorname{arctg}\left(\operatorname{tg}\dot{\Gamma}' \operatorname{th}\dot{\Gamma}''\right) + \sum_{\lambda=1}^{\infty} \dot{L}_{\overline{2\lambda}} \sin 2\lambda\dot{\Gamma}' \operatorname{sh} 2\lambda\dot{\Gamma}''. \qquad (68)$$

Die Größe $\dot{G}$ ist dabei der zur Breite B gehörige reelle Meridianbogen und nicht mit $\dot{\Gamma}'$ zu verwechseln!

Eine *Darstellung* I_2^* *im Restgebiet* kann mit Hilfe der Potenzreihe V (35) [178] gewonnen werden.

II* *Darstellung für eine Punktumgebung.*

$$\Delta\mathsf{M} = \sum_{\nu=1}^{\infty} [c_\nu] \frac{\Delta\dot{\Gamma}^\nu}{\nu!} = \sum_{\nu=1}^{\infty} [C_\nu] \frac{\Delta\Gamma^\nu}{\nu!} \qquad \text{V (35) [178]} \qquad (69)$$

mit Koeffizienten 1. Art V (35a, b) [179],
mit Koeffizienten 2. Art V (36) [179].

Für den besonderen Fall, daß der Entwicklungsmittelpunkt $\mathbf{P}_0$ auf dem Hauptmeridian $\mathfrak{H}$ liegt, die Koeffizienten also reell sind, wollen wir die Lösung noch weiterführen.

a) *Die Kreisentwicklung* V (37a) [180].

An Stelle der trigonometrischen Darstellung $\Delta\dot{\Gamma} = \varrho\cos\psi + i\varrho\sin\psi$ wie in V (37a) verwenden wir jetzt bei der Zerspaltung

$$\Delta\dot{\Gamma} = \Delta\dot{\Gamma}' + i\Delta\dot{\Gamma}'', \qquad \Delta\mathsf{M} = \Delta H + iL$$

und führen statt ΔH nach V (74b) [201] die Breitendifferenz ΔB ein. Mit der ersten Form der Koeffizienten (C_ν) erhält man so die Koeffizientendarstellung 1. Art in ihrer ersten Form[63]

$$\left.\begin{aligned} \Delta B &= \sum_{\mu,\nu=0}^{\infty} (\dot{A}_{\mu\nu})\, \Delta\Gamma'^{\mu} \Delta\Gamma''^{\nu}, \\ L &= \sum_{\mu,\nu=0}^{\infty} (\dot{B}_{\mu\nu})\, \Delta\Gamma'^{\mu} \Delta\Gamma''^{\nu}. \end{aligned}\right\} \qquad (70)$$

Während $\Delta B, L$ und $\dot{\Gamma}$ in analytischem Maß (Bogenmaß) von vornherein dimensionslos sind, ist die Dimension von Γ durch diejenige von $G^{(m)}$ festgelegt. Schreibt man daher die Potenzreihe in der Form (70), so müssen die Koeffizienten einen Faktor $[\text{Länge}]^{-\mu-\nu}$ enthalten, den man mit $\Delta\Gamma', \Delta\Gamma''$ zusammenziehen kann. Hier übernimmt N_0 wie

[63] Siehe Wl. K. Hristow [1] S. 14.

bereits auf S. 248 die Rolle des normierenden Faktors, so daß in Wirklichkeit Entwicklungen nach $\Delta\Gamma'/N_0$, $\Delta\Gamma''/N_0$ vorliegen:

$$\left.\begin{aligned}
&(\dot A_{10}) = \frac{1}{N_0}(1+\eta_0^2), \quad (\dot A_{01}) = 0,\\
&(\dot A_{20}) = \frac{3}{2}\frac{t_0}{N_0^2}(-\eta^2-\eta^4)_0,\ (\dot A_{11}) = 0,\ (\dot A_{02}) = \frac{1}{2}\frac{t_0}{N_0^2}(-1-\eta_0^2),\\
&(\dot A_{30}) = \frac{1}{2N_0^3}(-\eta^2+t^2\eta^2-2\eta^4+6\,t^2\eta^4)_0 + \mathrm{Gl}_6,\ (\dot A_{21}) = 0,\\
&\qquad(\dot A_{12}) = \frac{1}{2N_0^3}(-1-t^2-2\eta^2+2t^2\eta^2-\eta^4+3t^2\eta^4)_0 + \mathrm{Gl}_6,\ (\dot A_{03}) = 0,\\
&(\dot A_{40}) = \frac{1}{2N_0^4}t_0\eta_0^2 + \mathrm{Gl}_4, \quad (\dot A_{31}) = 0,\\
&\qquad(\dot A_{22}) = \frac{t_0}{4N_0^4}(-2-2t^2+9\eta^2+t^2\eta^2)_0 + \mathrm{Gl}_4,\ (\dot A_{13}) = 0,\\
&\qquad(\dot A_{04}) = \frac{t_0}{24N_0^4}(5+3t^2+6\eta^2-6t^2\eta^2)_0 + \mathrm{Gl}_4,\\
&(\dot A_{50}) = 0 + \mathrm{Gl}_2,\ (\dot A_{41}) = 0,\ (\dot A_{32}) = \frac{1}{6N_0^5}(-1-4t^2-3t^4)_0 + \mathrm{Gl}_2,\ (\dot A_{23}) = 0,\\
&\qquad(\dot A_{14}) = \frac{1}{24N_0^5}(5+14t^2+9t^4)_0 + \mathrm{Gl}_2,\ (\dot A_{05}) = 0.\\
&\ldots\ldots\ldots\ldots
\end{aligned}\right\}\quad(70\text{a})$$

$$\left.\begin{aligned}
&(\dot B_{10}) = 0,\ (\dot B_{01}) = \frac{1}{r_0},\\
&(\dot B_{20}) = 0,\ (\dot B_{11}) = \frac{t_0}{N_0^2 c_0},\ (\dot B_{02}) = 0,\\
&(\dot B_{30}) = 0,\ (\dot B_{21}) = \frac{1}{2N_0^3 c_0}(1+2t^2+\eta^2)_0,\ (\dot B_{12}) = 0,\\
&\qquad(\dot B_{03}) = \frac{1}{6N_0^3 c_0}(-1-2t^2-\eta^2)_0,\\
&(\dot B_{40}) = 0,\ (\dot B_{31}) = \frac{1}{6N_0^4 c_0}(5+6t^2+\eta^2)_0 + \mathrm{Gl}_4,\ (\dot B_{22}) = 0,\\
&\qquad(\dot B_{13}) = \frac{t_0}{6N_0^4 c_0}(-5-6t^2-\eta^2)_0 + \mathrm{Gl}_4,\ (\dot B_{04}) = 0,\\
&(\dot B_{50}) = 0,\ (\dot B_{41}) = \frac{1}{24N_0^5 c_0}(5+28t^2+24t^4)_0 + \mathrm{Gl}_2,\ (\dot B_{32}) = 0,\\
&\qquad(\dot B_{23}) = \frac{1}{12N_0^5 c_0}(-5-28t^2-24t^4)_0 + \mathrm{Gl}_2,\ (\dot B_{14}) = 0,\\
&\qquad(\dot B_{05}) = \frac{1}{120N_0^5 c_0}(5+28t^2+24t^4)_0 + \mathrm{Gl}_2.\\
&\ldots\ldots\ldots\ldots
\end{aligned}\right\}\quad(70\text{b})$$

Die Überführung in die zweite und dritte Form überlassen wir dem Leser.

b) *Die Längsentwicklung* I (107) [57].

Sie kommt mit $\Delta H \to \Delta B$ auf die bekannte Entwicklung

$$\Delta B = \sum_{\nu=1}^{\infty} (\dot a_\nu)\frac{\Delta \dot G^\nu}{\nu!}$$

zurück.

c) *Die Querentwicklung* V (37c) [180].

Sind (Γ', Γ'') die zu übertragenden Werte in der Γ-Ebene, so wird der Entwicklungsmittelpunkt auf den Hauptmeridian an die Stelle $(\Gamma', 0)$ gelegt. Die zu diesem Punkt gehörige geographische Breite sei B', sie tritt als Argument in den Koeffizienten auf. Wieder ersetzen wir ΔH durch ΔB nach V (22c) [173] und erhalten so die Reihen

$$\left.\begin{aligned} \Delta B &= -(\tilde{c}_2)\frac{\dot{\Gamma}''^2}{2!} + (\tilde{c}_4)\frac{\dot{\Gamma}''^4}{4!} - \cdots \\ &= -(\tilde{C}_2)\frac{\Gamma''^2}{2!} + (\tilde{C}_4)\frac{\Gamma''^4}{4!} - \cdots \\ L &= (c_1)\frac{\dot{\Gamma}''}{1!} - (c_3)\frac{\dot{\Gamma}''^3}{3!} + (c_5)\frac{\dot{\Gamma}''^5}{5!} - \cdots \\ &= (C_1)\frac{\Gamma''}{1!} - (C_3)\frac{\Gamma''^3}{3!} + (C_5)\frac{\Gamma''^5}{5!} + \cdots \end{aligned}\right\} \quad (71)$$

Die Koeffizienten der zweiten Reihe sind bereits auf S. 178 angegeben, wobei überall B' als Argument einzutragen ist. Für die anderen erhält man in der ersten Form[64]

$$\left.\begin{aligned} (\tilde{C}_2) &= \frac{tE'}{N^2}\Big|_{B'}, \\ (\tilde{C}_4) &= \frac{tE'}{N^4}[5 + 3t^2 + 4e_c'^2 - 9e_s'^2 - e_c'^4]_{B'}, \\ (\tilde{C}_6) &= \frac{tE'}{N^6}[61 + 90t^2 + 45t^4 + 46e_c'^2 - 252e_s'^2 - 90e_s'^2t^2 - \\ &\qquad - 3e_c'^4 - 66e_c'^2e_s'^2 + 225e_s'^4]_{B'} + \mathrm{Gl}_6. \\ &\ldots\ldots\ldots\ldots \end{aligned}\right\} \quad (71\mathrm{a})$$

Der in V (35b) gegebenen zweiten Form entspricht die Darstellung für die neuen Koeffizienten $(\tilde{C}_{2\nu})$[65]:

$$\left.\begin{aligned} r'^2(\tilde{C}_2) &= E'\sin B'\cos B', \\ r'^4(\tilde{C}_4) &= E'\sin B'\cos B'\,[3 + (2 - 9e'^2)\cos^2 B' + 10e'^2\cos^4 B' - \\ &\qquad - 4e'^2\cos^6 B'], \\ r'^6(\tilde{C}_6) &= E'\sin B'\cos B'\,[45 - 90e'^2\cos^2 B' + (16 - 72e'^2 + \\ &\qquad + 225e'^4)\cos^4 B' + (208e'^2 - 516e'^4)\cos^6 B' + \\ &\qquad + 288e'^4\cos^8 B] + \mathrm{Gl}_6. \\ &\ldots\ldots\ldots\ldots \end{aligned}\right\} \quad (71\mathrm{b})$$

Eine Koeffizientendarstellung 2. Art gibt es hier nicht, aber wir können die Lösung der Aufgabe in folgender Weise mit Hilfe der gegebenen Tabellen durchführen.

---

64 L. Krüger [1] S. 393, Wl. K. Hristow [5] S. 600.
65 O. Schreiber [1] S. 25.

Mit dem Argument $\dot{\Gamma}_0 = \dot{\Gamma}'$ erhält man aus der ΔM-Tabelle [180] die Koeffizienten des Reihenschemas (Querentwicklung):

$$\left.\begin{aligned} \Delta H = &-\{[2]_K + [2]\}\dot{\Gamma}''^2 & L = &\ \{[1]_K + [1]\}\dot{\Gamma}'' \\ &+\{[4]_K + [4]\}\dot{\Gamma}''^4 & &-\{[3]_K + [3]\}\dot{\Gamma}''^3 \\ &-\{[6]_K + [6]\}\dot{\Gamma}''^6 + \cdots & &+\{[5]_K + [5]\}\dot{\Gamma}''^5 - \cdots \end{aligned}\right\} \quad (72\text{a})$$

wobei unter $[\nu]_K$ der aus der ΔM-Tabelle [172] zu entnehmende Kugelteil (ebenfalls mit dem Argument $\dot{\Gamma}'$!) zu verstehen ist. Zur Abkürzung sei

$$\{[\nu]_K + [\nu]\} = \{\nu\}.$$

Für den Übergang $\Delta H \to \Delta B$ verfügt man über die ΔB-Tabelle [201] mit dem Koeffizientenargument $\beta_0 = \dot{\gamma}_0 = \dot{g}' = b'$. Wie bereits früher erwähnt, würden sich die trigonometrischen Reihen für die Ableitungen $\frac{d^\nu \mathsf{B}}{d\mathsf{M}^\nu}$ auch in die Variablen B oder $\dot{\Gamma}$ umrechnen lassen, doch verliert man dann den Vorteil des einfachen Koeffizientengesetzes. Da die Breite B' in jedem Falle bekannt sein muß, ist b' aus der Hilfstabelle [229] abzulesen. Von S. [200] entnimmt man das Reihenschema

$$\Delta B° = [1]\,\Delta H° + [2]\,(\Delta H°)^2 + [3]\,(\Delta H°)^3 + \cdots,$$

und durch Zusammensetzen entsteht

$$\begin{aligned} \Delta B° = &-[1]\{2\}\dot{\Gamma}''^2 + ([1]\{4\} + [2]\{2\}^2)\,\dot{\Gamma}''^4 - \\ &-([1]\{6\} + 2[2]\{2\}\{4\} + [3]\{2\}^3)\,\dot{\Gamma}''^6 + \cdots \end{aligned} \quad (72\text{b})$$

(vgl. Beispiel VI [309]).

Abbildungsgrößen.

Das Vergrößerungsverhältnis m^* wird durch die Gleichung gegeben

$$m^* = r\left|\frac{d\mathsf{M}}{d\dot{\Gamma}}\right| = rG^{(m)}\left|\frac{d\mathsf{M}}{d\Gamma}\right|. \quad (73)$$

In (69) [255] stehen alle Größen bereit, um auf dem gleichen Weg wie [249] zu einer Doppelreihe in $\Delta\Gamma'$, Γ'' zu kommen, wenn der Entwicklungsmittelpunkt auf dem Hauptmeridian liegt. Da wir aber auch die reziproke Reihe, wenigstens für die Querentwicklung, aufstellen wollen, ist es zweckmäßiger, zunächst $\lg m^*$ zu bilden.

Die Längsentwicklung von $\lg\frac{d\mathsf{M}}{d\Gamma}$ auf dem Hauptmeridian stimmt mit derjenigen von $\lg\frac{1}{r(B)}$ bis auf eine additive Konstante überein $\left(\frac{m^*}{G^{(m)}} = 1 \text{ auf } \mathfrak{H}\right)$. Entwickelt man daher $\lg\frac{d\mathsf{M}}{d\Gamma}$ in eine Potenzreihe mit dem Mittelpunkt auf $\mathfrak{H}$

$$\lg\frac{d\mathsf{M}}{d\Gamma} = \sum_{\nu=0}^{\infty}(\dot{L}_\nu)\frac{\Delta\Gamma^\nu}{\nu!},$$

so gilt

$$\left.\begin{aligned} \lg \frac{m^*}{G^{(m)}} &= \sum_{\nu=1}^{\infty} (\dot{L}_\nu) \frac{1}{\nu!} \Re (\Delta \Gamma^\nu - \Delta G^\nu), \\ c^* &= \sum_{\nu=1}^{\infty} (\dot{L}_\nu) \frac{1}{\nu!} \Im (\Delta \Gamma^\nu). \end{aligned}\right\} \tag{74}$$

Für die Koeffizienten ergibt sich aus V (35a) [178] die Darstellung 1. Art (1. Form)

$$\left.\begin{aligned} (\dot{L}_1) &= \frac{t_0}{N_0}, \\ (\dot{L}_2) &= \frac{1}{N_0^2}[1 + t^2 + \eta^2]_0, \\ (\dot{L}_3) &= \frac{t_0}{N_0^3}[2 + 2t^2 - 2\eta^2 - 4\eta^4)]_0, \\ (\dot{L}_4) &= \frac{1}{N_0^4}[2 + 8t^2 + 6t^4 + 4\eta^2 t^2 - 6\eta^4 + 20\eta^4 t^2]_0 + \mathrm{Gl}_6, \\ (\dot{L}_5) &= \frac{t_0}{N_0^5}[16 + 40t^2 + 24t^4 + 16\eta^2 + 8\eta^2 t^2]_0 + \mathrm{Gl}_4, \\ (\dot{L}_6) &= \frac{1}{N_0^6}[16 + 136t^2 + 240t^4 + 120t^6] + \mathrm{Gl}_2. \end{aligned}\right\} \text{(74a}$$

Dabei ist ΔG die zu dem Breitenunterschied ΔB gehörige Bogendifferenz. Wir wollen sie durch $\Delta \Gamma'$, Γ'' ausdrücken. Durch Zusammensetzen der Reihen

$$\Delta G = \sum_{\nu=1}^{\infty} (\dot{C}_\nu) \frac{\Delta H^\nu}{\nu!}, \qquad \Delta H = \Re\left(\sum_{\nu=1}^{\infty} (C_\nu) \frac{\Delta \Gamma^\nu}{\nu!}\right)$$

entsteht (in den ursprünglichen Koeffizienten geschrieben)

$$\left.\begin{aligned} \Delta G = \Delta \Gamma' &- \tfrac{1}{2}(\dot{L}_1)\,\Gamma''^2 - \tfrac{1}{2}(\dot{L}_2)\,\Delta\Gamma'\,\Gamma''^2 - \tfrac{1}{4}(\dot{L}_3)\,\Delta\Gamma'^2\,\Gamma''^2 + \\ &+ \tfrac{1}{24}[(\dot{L}_3) + 3(\dot{L}_1)(\dot{L}_2) - 2(\dot{L}_1)^3]\,\Gamma''^4 - \\ &- \tfrac{1}{12}(\dot{L}_4)\,\Delta\Gamma'^3\,\Gamma''^2 + \tfrac{1}{24}[(\dot{L}_4) + 3(\dot{L}_1)(\dot{L}_3) + \\ &+ 3(\dot{L}_2)^2 - 6(\dot{L}_1)^2(\dot{L}_2)]\,\Delta\Gamma'\,\Gamma''^4 - \\ &- \tfrac{1}{48}(\dot{L}_5)\,\Delta\Gamma'^4\,\Gamma''^2 + \tfrac{1}{48}[(\dot{L}_5) + 3(\dot{L}_1)(\dot{L}_4) + 9(\dot{L}_2)(\dot{L}_3) - \\ &- 6(\dot{L}_1)^2(\dot{L}_3) - 12(\dot{L}_1)(\dot{L}_2)^2]\,\Delta\Gamma'^2\,\Gamma''^4 - \\ &- \tfrac{1}{720}[(\dot{L}_5) + 5(\dot{L}_1)(\dot{L}_4) + 10(\dot{L}_2)(\dot{L}_3) - 5(\dot{L}_1)^2(\dot{L}_3) + \\ &+ 15(\dot{L}_1)(\dot{L}_2)^2 - 50(\dot{L}_1)^3(\dot{L}_2) + 16(\dot{L}_1)^5]\,\Gamma''^6 + \cdots \end{aligned}\right\} \tag{75}$$

Die weitere Durchführung für den allgemeinen Fall können wir dem Leser überlassen und uns jetzt der *Querentwicklung* zuwenden. Die Breite des Entwicklungsmittelpunktes $\Gamma_0 = \Gamma'$ werde jetzt zum Unterschied gegen B_0 mit B, statt B' bezeichnet und die Größen E', η, N

an dieser Stelle entsprechend rechts unten mit einem Strich versehen. Aus (74), (75) folgt für $\Delta\,\Gamma' = 0$:

$$\lg \frac{m^*}{G^{(m)}} = -\frac{(\dot L_2)}{2!}\Gamma''^2 + \frac{(\dot L_4)}{4!}\Gamma''^4 - \frac{(\dot L_6)}{6!}\Gamma''^6 + \cdots - \\ - (\dot L_1)\,\Delta G - \frac{(\dot L_2)}{2!}\Delta G^2 - \frac{(\dot L_3)}{3!}\Delta G^3 - \cdots \tag{76}$$

oder ausführlich

$$\lg \frac{m^*}{G^{(m)}} = -\frac{1}{2}(1+\eta_{\prime}^2)\left(\frac{\Gamma''}{N_{\prime}}\right)^2 + \frac{1}{12}[1 - 3\eta_{\prime}^4 + 12\eta_{\prime}^4 t_{\prime}^2 + \mathrm{Gl}_6]\left(\frac{\Gamma''}{N_{\prime}}\right)^4 - \\ - \frac{1}{45}[1 + \mathrm{Gl}_2]\left(\frac{\Gamma''}{N_{\prime}}\right)^6 + \cdots \tag{76a}$$

Zum Abschluß gehen wir noch zu m^* und $m = 1/m^*$ über[66]:

$$\frac{m^*}{G^{(m)}} = 1 - \frac{1}{2}(1+\eta_{\prime}^2)\left(\frac{\Gamma''}{N_{\prime}}\right)^2 + \\ + \frac{1}{24}[5 + 6\eta_{\prime}^2 - 3\eta_{\prime}^4 + 24\eta_{\prime}^4 t_{\prime}^2]\left(\frac{\Gamma''}{N_{\prime}}\right)^4 - \frac{61}{720}\left(\frac{\Gamma''}{N_{\prime}}\right)^6 + \cdots \tag{77}$$

$$\frac{G^{(m)}}{m^*} = 1 + \frac{1}{2}(1+\eta_{\prime}^2)\left(\frac{\Gamma''}{N_{\prime}}\right)^2 + \\ + \frac{1}{24}[1 + 6\eta_{\prime}^2 + 9\eta_{\prime}^4 - 24\eta_{\prime}^4 t_{\prime}^2]\left(\frac{\Gamma''}{N_{\prime}}\right)^4 + \frac{1}{720}\left(\frac{\Gamma''}{N_{\prime}}\right)^6 + \cdots \tag{78}$$

Der Faktor des quadratischen Gliedes legt es nahe, statt N den mittleren Krümmungshalbmesser $\varrho = N/\sqrt{E}$ zu verwenden. Man erhält dann einfacher

$$\frac{G^{(m)}}{m^*} = 1 + \frac{1}{2}\left(\frac{\Gamma''}{\varrho_{\prime}}\right)^2 + \frac{1}{24}[1 + 4\eta_{\prime}^2 - 24\eta_{\prime}^4 t_{\prime}^2 + \mathrm{Gl}_6]\left(\frac{\Gamma''}{\varrho_{\prime}}\right)^4 + \\ + \frac{1}{720}[1 + \mathrm{Gl}_2]\left(\frac{\Gamma''}{\varrho_{\prime}}\right)^6 + \cdots \tag{78a}$$

Gegenüber den in der Literatur vorliegenden Entwicklungen haben wir jetzt noch die Möglichkeit, die Koeffizienten $(\dot L_\nu)$ in der 2. Art der Darstellung $[\dot L_\nu]$ *mit dem Argument* $\dot\Gamma_0 = \dot\Gamma'$ (an Stelle von $B_{\prime}$) zu gewinnen. Aus (66) folgt unmittelbar

$$[\dot L_\nu] = \frac{d^\nu}{d\dot\Gamma^\nu}\left(\lg\frac{d\mathrm{M}}{d\dot\Gamma}\right)\Big|_0 = -\frac{d^\nu \lg\cos\dot\Gamma}{d\dot\Gamma^\nu}\Big|_0 + \\ + \sum_{\lambda=1}^{\infty}(-1)^{\nu'}\dot L_{2\lambda}(2\lambda)^\nu \,{}^{\cos}_{\sin}\, 2\lambda\dot\Gamma_0 \;{}^{15} \tag{79}$$

mit dem Zusammenhang

$$(\dot L_\nu) = [\dot L_\nu]\left(\frac{1}{G^{(m)}}\right)^\nu.$$

---

[66] Die zweite Form der Koeffizienten gibt O. Schreiber [1] S. 39.

Ersetzt man daher in (74), (75), (76) überall $(\dot{L}_\nu)$ durch $[\dot{L}_\nu]$ und *gleichzeitig* $\Delta \Gamma, \Delta G$ durch die dimensionslosen Größen $\frac{\Delta \Gamma}{G^{(m)}}, \frac{\Delta G}{G^{(m)}}$, so lassen sich ΔG und m^* bzw. $\lg m^*$ ohne Kenntnis von $B_,$ berechnen.

L. Krüger bringt sämtliche Formeln in die „Kugelgestalt" und entwickelt daraus abgekürzte Gebrauchsformeln für geringere Entfernung vom Hauptmeridian[67]. Als Beispiel führen wir an:

Für $n = 0$ ist nach (32)

$$\lg \frac{m^*}{A} = -\lg \operatorname{ch} \dot{\Gamma}'' = -\frac{\dot{\Gamma}''^2}{2} + \frac{\dot{\Gamma}''^4}{12} - \frac{\dot{\Gamma}''^6}{45} + \cdots$$

Es liegt daher nahe, in Gl. (76a) den „Kugelanteil" abzuspalten:

$$-\lg \frac{m^*}{G^{(m)}} = \lg m G^{(m)} = \lg \operatorname{ch} \frac{\Gamma''}{\varrho_,} + \\ + \frac{1}{6} \eta_,^2 \left[1 - \frac{6 \eta_,^2 t_,^2}{E_,'}\right] \left(\frac{\Gamma''}{\varrho_,}\right)^4 + \eta_,^2 \times \text{Glieder 6. Grades} \tag{80}$$

oder

$$m G^{(m)} = \operatorname{ch}\left(\frac{\Gamma''}{\varrho_,}\right) \left\{1 + \frac{1}{6} \eta_,^2 \left[1 - \frac{6 \eta_,^2 t_,^2}{E_,'}\right] \left(\frac{\Gamma''}{\varrho_,}\right)^4 + \\ + \eta_,^2 \times \text{Glieder 6. Grades}\right\}. \tag{81}$$

VI, 2 Die konforme Abbildung des Sphäroids auf die Kugel. Allgemeines. Die Abbildungsgrößen.

Die drei den Grundabbildungen auf die Ebene entsprechenden *Grundabbildungen auf die Kugel* werden durch folgende Gleichungen definiert:

$$\mu = \mathsf{M}, \quad \beta = \mathsf{B}, \quad \dot{\gamma} = \dot{\Gamma}. \tag{82}$$

Allgemeine konforme Abbildungen entstehen, wenn wir statt der Identität eine analytische Funktion, z. B. speziell $\mu = f(\mathsf{M})$, wählen. Sind

$$d\mathfrak{s}\begin{cases} ds \\ \varphi \end{cases} \text{ auf } \mathfrak{F} \text{ (Sphäroid) bzw. } d\tilde{\mathfrak{s}} = d\mathfrak{s}^* \begin{cases} ds^* \\ \varphi^* \end{cases} \text{ auf } \tilde{\mathfrak{F}} \text{ (Kugel)}$$

einander entsprechende Linienelemente mit

$$\left.\begin{aligned} ds^2 &= r_{\text{Sph}}^2 \, d\mathsf{M}\, d\overline{\mathsf{M}}, & ds^{*2} &= r_K^2 \, d\mu\, d\bar{\mu} = r_K^2 |f'(\mathsf{M})|^2 d\mathsf{M}\, d\overline{\mathsf{M}}, \\ r_{\text{Sph}} &= N \cos B, & r_K &= A \cos b \end{aligned}\right\} \tag{83}$$

und mit von den Meridianrichtungen auf $\mathfrak{F}$ bzw. $\tilde{\mathfrak{F}}$ gezählten Argumenten φ, φ^* (Azimute), so erhält man das *lokale Vergrößerungsverhältnis*:

$$m = \frac{A \cos b}{N \cos B} |f'(\mathsf{M})| \tag{84}$$

---

[67] Siehe L. Krüger [1] und [3].

und die *lokale Bildverschwenkung*:

$$c = \varphi^* - \varphi = \arg f'(\mathsf{M}) \quad \text{(Meridiankonvergenz)}. \tag{85}$$

Wir beschränken uns im folgenden auf die drei Abbildungen (mit den analogen Aufgaben 1 und 2 wie oben [232]):

1. $\mu = \mathsf{M} \quad (A = a)$ — Grund-Kugelabbildung;
2. $\mu = \mathsf{M} - \varkappa \quad (A = N_0,\ \varkappa = H_0 - h_0)$ — Abbildung auf die Soldnersche Kugel;
3. $\mu = \alpha\mathsf{M} - \varkappa \quad (A, \alpha, \varkappa$ [264]) — Abbildung auf die Gaußsche Schmiegkugel.

VI, 2₁ Die erste Grundabbildung auf die Kugel.

$$\mu = \mathsf{M}\begin{cases} l = L \\ h = H \end{cases} \quad \text{oder exponentiell mit } \mathsf{H} = -e^{-\mathsf{M}}, \quad \text{V [182]} \tag{86}$$

$$\eta = \mathsf{H}\begin{cases} |\eta| = |\mathsf{H}| \to \operatorname{tg}\frac{p}{2} = \operatorname{tg}\frac{P}{2}\,\mathsf{E}(P), \\ \arg\eta = -l + \pi = \arg\mathsf{H} = -L + \pi. \end{cases} \tag{86a}$$

Die geographischen Netze entsprechen einander; für die Abbildungsgrößen gilt

$$m = \frac{A\cos b}{N\cos B}, \qquad c = 0. \tag{87}$$

Die Forderung $m|_{B=0} = 1$ legt den Kugelhalbmesser mit $A = a$ fest.

Die erste Abbildungsaufgabe[68].

$$(B, L) \to \begin{cases} b = B + \sum\limits_{\lambda=1}^{\infty} k_{2\lambda}\sin 2\lambda B, \quad \text{V } (52_0)\ [187], [229] \\ l = L. \end{cases} \tag{88}$$

Zur Berechnung des Vergrößerungsverhältnisses m stellen wir zunächst nach X [494] die Entwicklung auf

$$\cos b = \cos B\left\{\mathsf{B}_0^{(i)} + 2\sum_{\alpha=1}^{\infty} B_{2\alpha}^{(i)}\cos 2\alpha B\right\}$$

und erhalten nach Multiplikation mit N^{-1} die Reihe

$$m = \frac{2a}{a+b}\left\{\sum_{\lambda=0}^{\infty}(N'_{2\lambda})\cos 2\lambda B\right\}\cdot\left\{\mathsf{B}_0^{(i)} + 2\sum_{\alpha=1}^{\infty}\mathsf{B}_{2\alpha}^{(i)}\cos 2\alpha B\right\}, \quad \text{(I [21])}$$

$$\left.\begin{aligned} m &= \frac{2a}{a+b}\sum_{\lambda=0}^{\infty}(\mathsf{M}_{2\lambda})\cos 2\lambda B, \\ c &= 0. \end{aligned}\right\} \tag{89}$$

Die weitere Durchführung überlassen wir dem Leser.

---

[68] Im folgenden tritt der Buchstabe b dreimal auf: 1. zur Numerierung, 2. zur Bezeichnung der kleinen Halbachse, 3. als geographische Breite auf der Kugel.

Die zweite Abbildungsaufgabe.

$$(b, l) \to \begin{cases} B = b + \sum_{\lambda=1}^{\infty} \dot{k}_{2\lambda} \sin 2\lambda b, & \text{V } (61_0) \ [191], [230] \\ L = l. \end{cases} \tag{90}$$

Aus (17a) folgt

$$\left.\begin{aligned} m^* &= \frac{1}{m} = \frac{a+b}{2a} \sum_{\lambda=1}^{\infty} (\tilde{R}_{2\lambda-1}) \frac{\cos(2\lambda-1)b}{\cos b} = \frac{a+b}{2a} \sum_{\lambda=0}^{\infty} (\mathsf{M}'_{2\lambda}) \cos 2\lambda b, \\ c^* &= -c = 0 \text{ [69]}. \end{aligned}\right\} \tag{91}$$

VI, 2_2 Die Abbildung auf die Soldnersche Kugel.

Es werde auf dem Sphäroid ein Normalparallelkreis der Breite B_n ausgezeichnet und in der ganzen linearen Funktion $\mu = \alpha \mathsf{M} - \varkappa$ die Konstanten $\alpha, \varkappa$ sowie der Kugelradius A durch die Forderungen bestimmt:

1. $l = L$,
2. b_n (Breite des Bildes des Normalparallels) $= B_n$,
3. $m(B_n) = 1$.

Hieraus folgt sofort: $\alpha = 1, \varkappa = H_n - h_n, A = N_n$, also

$$\mu = \mathsf{M} - \varkappa \quad \text{oder} \quad \eta = e^{\varkappa} \mathsf{H} \quad \text{mit} \quad e^{\varkappa} = \frac{1}{\mathsf{E}(P_n)}. \tag{92}$$

VI, 2_3 Die Gaußsche Abbildung auf die Gaußsche Schmiegkugel.

Die von Gauß in den „Untersuchungen über Gegenstände der Höheren Geodäsie“, 1. Abhandlung (1844)[70], erstmals entwickelte Abbildung des Sphäroids auf die Kugel bietet praktisch die meisten Vorteile und soll deshalb ausführlich untersucht werden.

Auf dem Sphäroid ist (wie oben) ein Normalparallelkreis der Breite B_n ausgezeichnet, etwa der Mittelparallelkreis des abzubildenden Gebietes. Die Bestimmung der drei reellen Konstanten A und $\alpha, \varkappa$ in $\mu = \alpha \mathsf{M} - \varkappa$ soll jetzt dadurch erfolgen, daß für die Normalbreite der Wert von m der Einheit gleich werden, für benachbarte Breiten hingegen nur um Größen der 3. Ordnung von eins abweichen soll (die Breitenunterschiede als Größen 1. Ordnung betrachtet). Mit anderen Worten, es wird gefordert

$$\left.\begin{aligned} &\text{für } B = B_n: \quad m = 1, \quad \frac{dm}{dB} = 0, \quad \frac{d^2 m}{dB^2} = 0 \\ &\text{oder} \qquad\qquad m = 1, \quad \frac{d \lg m}{dB} = 0, \quad \frac{d^2 \lg m}{dB^2} = 0. \end{aligned}\right\} \tag{93}$$

---

[69] Siehe auch die Monographie von W. Deimler [1].

[70] C. F. Gauß [3] S. 265.

Aus der Abbildungsgleichung II (40) [81], V (42, 42a), (44) [182]

$$\mu = \alpha \mathsf{M} - \varkappa \left\{ \begin{aligned} \lg\operatorname{tg}\left(\frac{\pi}{4} + \frac{b}{2}\right) &= \alpha \lg\operatorname{tg}\left(\frac{\pi}{4} + \frac{B}{2}\right) - \alpha \lg \mathsf{E}(B) - \varkappa, \\ l &= \alpha L \end{aligned} \right\} \tag{94}$$

oder exponentiell geschrieben

$$\eta = e^{\varkappa} \mathsf{H} \left\{ \begin{aligned} \operatorname{tg}\frac{p}{2} &= k \operatorname{tg}^{\alpha}\frac{P}{2}\, \mathsf{E}^{\alpha}(P), \quad k = e^{\varkappa}, \\ l &= \alpha L \end{aligned} \right\} \tag{94a}$$

folgt durch Differentiation wegen

$$\frac{d \lg \mathsf{E}(B)}{dB} = \frac{e^2 \cos B}{1 - e^2 \sin^2 B} = \frac{e^2 \cos B}{E(B)}$$

die Beziehung

$$\frac{1}{\sin\left(\frac{\pi}{2} + b\right)} \frac{db}{dB} = \frac{\alpha}{\sin\left(\frac{\pi}{2} + B\right)} - \frac{\alpha e^2 \cos B}{E}$$

$$\frac{1}{\cos b} \frac{db}{dB} = \frac{\alpha}{\cos B} - \frac{\alpha e^2 \cos B}{E} = \frac{\alpha (1 - e^2)}{E \cos B}$$

und damit schließlich die Differentialgleichung für den Zusammenhang der Breiten

$$\frac{db}{dB} = \frac{\alpha (1 - e^2)}{E} \frac{\cos b}{\cos B} = \frac{\alpha}{E'} \frac{\cos b}{\cos B} = \frac{\alpha (1 - n)^2}{F} \frac{\cos b}{\cos B}. \tag{95}$$

Um die Bedingungen für das Vergrößerungsverhältnis formulieren zu können, bilden wir $\lg m$ mit seinen Ableitungen:

$$\begin{aligned} m = \frac{ds_K}{ds_{\mathrm{Sph}}} &= \alpha \frac{A \cos b}{N \cos B} = \frac{A\alpha}{a} E^{1/2} \frac{\cos b}{\cos B} = \frac{A\alpha}{c} E'^{1/2} \frac{\cos b}{\cos B} = \\ &= \frac{A\alpha}{a(1+n)} F^{1/2} \frac{\cos b}{\cos B}, \end{aligned} \tag{96}$$

$$\lg m = \lg \frac{A\alpha}{c} + \frac{1}{2} \lg E' + \lg \cos b - \lg \cos B,$$

$$\frac{d \lg m}{dB} = -\frac{e'^2 \sin B \cos B}{E'} - \frac{\alpha \sin b}{E' \cos B} + \operatorname{tg} B = \frac{\sin B - \alpha \sin b}{E' \cos B},$$

$$\frac{d^2 \lg m}{dB^2} = (\sin B - \alpha \sin b) \frac{d}{dB}\left(\frac{1}{E' \cos B}\right) + \frac{1}{E' \cos B}\left[\cos B - \frac{\alpha^2 \cos^2 b}{E' \cos B}\right].$$

Aus den drei Forderungen (93) folgt also

$$A = \frac{N_n \cos B_n}{\alpha \cos b_n}, \sin B_n = \alpha \sin b_n, \alpha \cos b_n = E_n'^{1/2} \cos B_n = \left(\frac{N_n}{M_n}\right)^{1/2} \cos B_n \tag{97}$$

$$\left.\begin{aligned}
&\text{oder}\quad A=\sqrt{M_n N_n}=\varrho_n=\frac{c}{E'(B_n)},\qquad \alpha^2=1+e'^2\cos^4 B_n,\\
&\sin b_n=\frac{1}{\alpha}\sin B_n,\quad \operatorname{tg} b_n=\left(\frac{M_n}{N_n}\right)^{1/2}\operatorname{tg} B_n,\\
&k=\frac{\operatorname{tg}^{\alpha}\left(\frac{B_n}{2}+\frac{\pi}{4}\right)}{\operatorname{tg}\left(\frac{b_n}{2}+\frac{\pi}{4}\right)\mathsf{E}^{\alpha}(B_n)}=\frac{\operatorname{tg}^{\alpha}\left(\frac{B_n}{2}+\frac{\pi}{4}\right)}{\operatorname{tg}\left(\frac{b_n}{2}+\frac{\pi}{4}\right)\operatorname{tg}^{e\alpha}\left(\frac{\vartheta}{2}+\frac{\pi}{4}\right)}.
\end{aligned}\right\}\tag{98}$$

Der in der letzten Gleichung eingeführte Hilfswinkel ϑ wird durch

$$\tau_n=\frac{\pi}{2}-\vartheta,\qquad \cos\tau_n=e\cos P_n=e\sin B_n \tag{99}$$

erklärt, womit sich für den Faktor

$$\mathsf{E}\,(P_n)=\left(\frac{1+\cos\tau_n}{1-\cos\tau_n}\right)^{e/2}=\frac{1}{\operatorname{tg}^{e}\frac{\tau_n}{2}}$$

ergibt.

Damit sind bei gegebener Breite B_n die Konstanten A, α, $\varkappa$ und die Normalbildbreite b_n bestimmt. Ist, wie bei Gauß, jedoch b_n vorgeschrieben, so muß zuerst B_n eliminiert werden:

$$\cos^4 B_n=(1-\sin^2 B_n)^2=(1-\alpha^2\sin^2 b_n)^2=1-2\alpha^2\sin^2 b_n+\alpha^4\sin^4 b_n,$$

$$\alpha^2=1+e'^2(1-2\alpha^2\sin^2 b_n+\alpha^4\sin^4 b_n)$$

oder nach α^2 aufgelöst

$$\alpha^2=\frac{1+2e'^2\sin^2 b_n-\sqrt{1+4e'^2\sin^2 b_n\cos^2 b_n}}{2e'^2\sin^4 b_n}.$$

Zur Auswertung entwickeln wir die Wurzel in eine binomische Reihe und erhalten

$$\begin{aligned}\alpha^2=1&+e'^2\cos^4 b_n-2e'^4\sin^2 b_n\cos^6 b_n+5e'^6\sin^4 b_n\cos^8 b_n-\\&-14e'^8\sin^6 b_n\cos^{10} b_n+42e'^{10}\sin^8 b_n\cos^{12} b_n-\cdots\end{aligned}$$

$$\begin{aligned}\alpha=1&+\frac{1}{2}e'^2\cos^4 b_n-\frac{1}{8}e'^4\cos^6 b_n(8-7\cos^2 b_n)\\
&+\frac{1}{16}e'^6\cos^8 b_n(40-72\cos^2 b_n+33\cos^4 b_n)\\
&-\frac{1}{128}e'^8\cos^{10} b_n(896-2464\cos^2 b_n+2288\cos^4 b_n-715\cos^6 b_n)\\
&+\frac{1}{256}e'^{10}\cos^{12} b_n(5376-19968\cos^2 b_n+28080\cos^4 b_n-\\
&\qquad-17680\cos^6 b_n+4199\cos^8 b_n)\\
&\cdots\cdots\cdots\cdots
\end{aligned}\tag{100}$$

Zahlwert für $b_n=52°\,40'$: $\alpha=1.0004\,5291\,8118$.

Anschließend sind B_n, A, k durch (98) bestimmt.

Für eine möglichst scharfe und günstige Berechnung der Abbildungskonstanten A, α, k und $B_n - b_n$ gibt Gauß noch gewisse trigonometrische Umformungen an (s. Gauß III, S. 266). O. Schreiber verwendet dazu Potenzreihenentwicklungen nach $e'^2 \cos^2 B_n$ (s. O. Schreiber [2], S. 599—600). Bei der Hannoverschen Landesvermessung hat Gauß einen glatten Wert

$$b_n = 52^\circ\, 40'\, 0''$$

gewählt und für die Normalbreite auf dem Sphäroid mit den Besselschen Daten

$$B_n = 52^\circ\, 42'\, 2''.532\,516$$

erhalten.

Nachdem die konforme Abbildung

$$\text{Sphäroid} \longleftrightarrow \text{Gaußsche Schmiegkugel in } P_n(B_n, 0)$$

festgelegt ist, untersuchen wir den aus $\mu = \alpha \mathsf{M} - \varkappa$ folgenden funktionentheoretischen Zusammenhang zwischen B und β, woraus im Reellen speziell derjenige zwischen Sphäroidbreite B und Kugelbreite b folgt.

In Verallgemeinerung von V (41), (42) [182] haben wir die Gleichungen

$$\lg \operatorname{tg}\left(\frac{\pi}{4} + \frac{\beta}{2}\right) = \alpha \lg \operatorname{tg}\left(\frac{\pi}{4} + \frac{\mathsf{B}}{2}\right) - \alpha \lg \mathsf{E}(\mathsf{B}) - \varkappa, \tag{101}$$

$$\frac{\zeta + i}{\zeta - i} = \frac{i}{k}\left(-i\frac{\mathsf{Z}+i}{\mathsf{Z}-i}\right)^{\alpha}\left[\frac{\mathsf{Z} - i\sqrt{n}}{\mathsf{Z} + i\sqrt{n}}\,\frac{1 + i\sqrt{n}\,\mathsf{Z}}{1 - i\sqrt{n}\,\mathsf{Z}}\right]^{\frac{e\alpha}{2}}. \tag{101a}$$

VI,2$_{3a}$ β als Funktion von B.

Zunächst haben wir die Singularitäten der Funktion $\beta(\mathsf{B})$ festzustellen und betrachten daher neben (101), (101a) noch ihre Differentialgleichung. Aus (95) [264] folgt

$$\frac{d\beta}{d\mathsf{B}} = \alpha \frac{\cos\beta}{E'(\mathsf{B})\cos\mathsf{B}} = \frac{\alpha(1-n)^2}{F(\mathsf{B})}\,\frac{\cos\beta}{\cos\mathsf{B}}. \tag{95a}$$

Singuläre Stellen der Funktion liegen erstens bei $\mathsf{B} = \pm\frac{\pi}{2}$ (Nord- und Südpol); sie sind, wie die Gl. (101a) zeigt, Verzweigungsstellen, in denen die Winkel bei der Abbildung $\mathsf{B} \to \beta$ ver-α-facht werden. Zweitens sind die Stellen B singulär, in denen das Bild β unendlich wird; wegen $\beta = \lg \operatorname{tg}\left(\frac{\pi}{4} + i\frac{\mu}{2}\right)$ und $\mu = \alpha\mathsf{M} - \varkappa$ sind das in der M-Ebene die Werte $\frac{\varkappa}{\alpha} \pm \frac{i\pi}{2\alpha} = U, \overline{U}$. Die entsprechenden Punkte in der B-Ebene sind logarithmische Unendlichkeitsstellen für die Funktion $\beta(\mathsf{B})$. Drittens haben wir als singuläre Punkte die Nullstellen von $F(\mathsf{B})$, sie liegen aber außerhalb des Bereiches B_{III} (II, Abb. 16b [88]) und kommen daher für uns nicht in Frage.

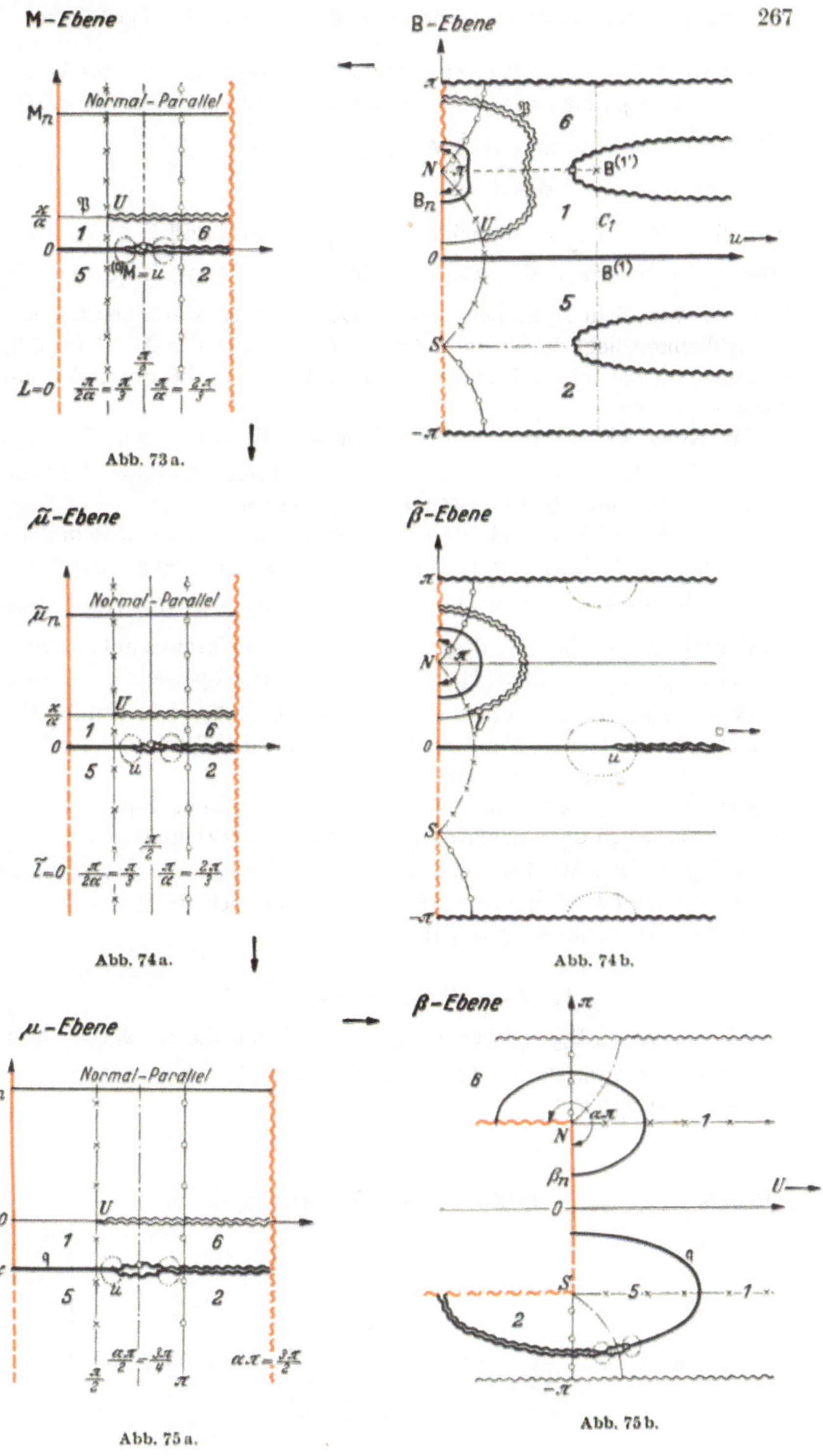

Abb. 73a.

Abb. 74a.

Abb. 74b.

Abb. 75a.

Abb. 75b.

Wir vertiefen unsere Einsicht durch die Betrachtung der *konformen Abbildung* $\mathsf{B} \to \beta$, die in folgender Weise aus Einzelschritten aufgebaut wird:

$$\begin{array}{l} \mathsf{M} \to \tilde{\mu} = \mathsf{M} \to \mu = \alpha\,\tilde{\mu} - \varkappa \\ \downarrow \\ \mathsf{B} \to \tilde{\beta} \to \beta\,. \end{array}$$

Speziell sei $B_n > 0$, womit auch $b_n > 0$, $h_n > 0$ wird und $k > 1\,(\varkappa > 0)$; ferner nehmen wir $\alpha = \frac{3}{2}$ an, um für die Zeichnung bequeme und deutliche Verhältnisse zu bekommen. (Der Wert ist stark übertrieben, in Wirklichkeit liegt er sehr nahe an eins [vgl. (98)].) Für $k < 1$ $(\varkappa < 0)$ kommt $\mathfrak{P}$ in die untere B-Halbebene und dafür $\mathfrak{q}$ in die obere β-Halbebene zu liegen.

Zur Konstruktion werden die Bilder der Meridiane und Parallelkreise (Gitterlinien der $\mathsf{M} - \tilde{\mu} - \mu$-Ebene) in der $\mathsf{B} - \tilde{\beta} - \beta$-Ebene (nach IV, Abb. 40a, b [129], 44a, b [138]) verwendet.

Der Punkt U ist der Schnitt des Meridians $L = \pi/2\alpha$ mit dem Parallel $\mathfrak{P}$, zu dem die isometrische Breite $H = \varkappa/\alpha$ gehört; seine Koordinate in der B-Ebene findet man aus $\mathsf{M} = \frac{\varkappa}{\alpha} + \frac{i\pi}{2\alpha}$ nach V (72) [198]. Von dieser Stelle aus ist das Bild des betreffenden Parallelkreises aufzuschneiden; genau so ist die linke Hälfte, die sich durch Spiegelung an dem Stück $\mathbf{N} \ldots 0 \ldots \mathbf{S}$ der reellen Achse ergibt, zu behandeln (Punkt $\overline{U}$). Den so zerschnittenen Bereich $\mathsf{B}_{\mathrm{III}}$ (II, Abb. 16b [88]) nennen wir $\mathsf{B}_{\mathrm{III},\,\alpha,\,\varkappa}$ und können jetzt feststellen:

β ist in $\mathsf{B}_{\mathrm{III},\,\alpha,\,\varkappa}$ eine eindeutige, regulär analytische Funktion; auf dem Rande liegen die singulären Stellen $\mathbf{N}, \mathbf{S}$ (Verzweigungsstellen mit Ver-α-fachung der Winkel) und $U, \overline{U}$ (logarithmische Unendlichkeitsstellen mit dem Residuum 1). Hieraus ergeben sich die Darstellungsmittel für die Funktion $\beta = \beta(\mathsf{B})$.

I_1 *Darstellung im Hauptgebiet.*

Wir begrenzen $\mathsf{B}_{\mathrm{III},\,\alpha,\,\varkappa}$ rechts und links durch die Gerade C_1 bzw. ihr Spiegelbild $\left(\mathfrak{Im}(\mathsf{B}) = \pm \lg\sqrt{n}\right)$. In diesem Gebiet gibt es folgenden Darstellungsweg:

$$\left.\begin{array}{l} \mathsf{B} \\ \downarrow \\ \mathsf{M} = \mathsf{M}_K + \sum\limits_{\lambda=1}^{\infty} q_{2\lambda-1} \sin(2\lambda - 1)\,\mathsf{B} \quad (\text{V (14a) [168]}) \\ \downarrow \\ \tilde{\mu} = \mathsf{M} \\ \downarrow \\ \mu = \alpha\,\tilde{\mu} - \varkappa \\ \downarrow \\ \beta = \frac{1}{i} \lg\operatorname{tg}\left(\frac{\pi}{4} + \frac{i\mu}{2}\right) \quad \text{bzw.} \quad \left\{\begin{array}{l} \operatorname{tg}\beta' = \frac{\operatorname{sh} h}{\cos l} \\ \operatorname{th}\beta'' = \frac{\sin l}{\operatorname{ch} h} \end{array}\right., \quad (\text{II (30a) [77]}) \end{array}\right\} \quad (102)$$

insbesondere für reelles $\mathsf{B} = B$:

$$\left.\begin{array}{l} B \\ \downarrow \\ H = H_K + \sum_{\lambda=1}^{\infty} q_{2\lambda-1} \sin(2\lambda - 1)B \\ \downarrow \\ \tilde{h} = H \\ \downarrow \\ h = \alpha\tilde{h} - \varkappa \\ \downarrow \\ b \quad \text{nach II (28) [76] oder aus } \lg\operatorname{tg}\left(\frac{\pi}{4} + \frac{b}{2}\right) = h. \end{array}\right\} \quad (102_0)$$

I_2 *Darstellung im Restgebiet.*

Der Übergang $\mathsf{B} \to \mathsf{M}$ im Restgebiet wird durch die Formel V (15b) [169] geleistet, der anschließende Weg $\mathsf{M} \to \beta$ wie unter (102).

II *Darstellung für eine Punktumgebung.*

Liegt $\mathbf{P}_0$ in $\mathsf{B}_{III, \alpha, \varkappa}$, so können wir für die Umgebung von $\mathbf{P}_0$ eine Potenzreihenentwicklung herstellen:

$$\beta - \beta_0 = \sum_{\nu=1}^{\infty} (o_\nu) \frac{\Delta \mathsf{B}^\nu}{\nu!}. \quad (103)$$

Der Konvergenzkreis wird durch die $\mathbf{P}_0$ nächstgelegene singuläre Stelle $\mathbf{N}, \mathbf{S}, U, \bar{U}$ bestimmt; für $k > 1$ ($\varkappa > 0$) befindet sich U im Teilgebiet *1*, für $k < 1$ ($\varkappa < 0$) im Teilgebiet *5*. Die Berechnung der Koeffizienten kann in völliger Analogie zu V (56), (58) [188] durchgeführt werden, wobei jetzt nur der Faktor α zu berücksichtigen ist. Aus der Abb. 75b geht hervor, daß in diesem Fall trigonometrische Entwicklungen wegen der Verzweigungspunkte bei $\mathbf{N}, \mathbf{S}$ nicht existieren können. Daher gibt es keine Darstellungen 2. Art. Liegt der Entwicklungsmittelpunkt an einer beliebigen Stelle, so kommt man auch mit der bisher angegebenen Gliederzahl aus, da $|\Delta B|$ genügend klein gewählt werden kann. Verlegt man aber speziell $\mathbf{P}_0$ in den Zentralpunkt auf dem Normalparallel, so werden zwar die Koeffizienten vereinfacht, aber für unter Umständen große $|\Delta B|$ ist die Gliederzahl 6 nicht mehr ausreichend. Wir müssen daher unabhängig von den früheren Entwicklungen vorgehen und setzen zur Abkürzung

$$\left.\begin{array}{ll} C = \cos\mathsf{B}, & c = \alpha\cos\beta, \\ S = \sin\mathsf{B}, & s = \alpha\sin\beta. \end{array}\right\} \quad (104)$$

Die Differentiation wird durch einen Index gekennzeichnet.

In Verallgemeinerung der Methode von O. Schreiber [2] geben wir ein System von Rekursionsformeln, das mehrfach Anwendung finden soll und daher mit allgemeinen Buchstaben geschrieben wird. Es seien $U(\mathsf{B}), V(\mathsf{B})$ Funktionen von B und $v = v(\beta)$. Dann läßt sich die Differentialgleichung (95a) in folgender Form schreiben:

$$U o_1 = V + v \quad \text{mit} \quad U = E'\cos\mathsf{B}, \; V = 0, \; v = \alpha\cos\beta, \; o_1 = \frac{d\beta}{d\mathsf{B}}\ [71]$$

[71] Zur Vereinfachung wird vorübergehend o_ν statt (o_ν) geschrieben.

Durch fortgesetztes Differenzieren nach B folgt:

$$\left.\begin{aligned}
&U o_1 = V + v,\\
&U_1 o_1 + U o_2 = V_1 + v_1 o_1,\\
&U_2 o_1 + 2\,U_1 o_2 + U o_3 = V_2 + v_2 o_1^2 + v_1 o_2,\\
&U_3 o_1 + 3\,U_2 o_2 + 3\,U_1 o_3 + U o_4 = V_3 + v_3 o_1^3 + 3\,v_2 o_1 o_2 + v_1 o_3,\\
&U_4 o_1 + 4\,U_3 o_2 + 6\,U_2 o_3 + 4\,U_1 o_4 + U o_5\\
&\quad = V_4 + v_4 o_1^4 + 6\,v_3 o_1^2 o_2 + v_2(3 o_2^2 + 4 o_1 o_3) + v_1 o_4,\\
&U_5 o_1 + 5\,U_4 o_2 + 10\,U_3 o_3 + 10\,U_2 o_4 + 5\,U_1 o_5 + U o_6\\
&\quad = V_5 + v_5 o_1^5 + 10 v_4 o_1^3 o_2 + v_3(15 o_1 o_2^2 + 10 o_1^2 o_3) +\\
&\qquad + v_2(10 o_2 o_3 + 5 o_1 o_4) + v_1 o_5,\\
&U_6 o_1 + 6 U_5 o_2 + 15 U_4 o_3 + 20 U_3 o_4 + 15 U_2 o_5 + 6 U_1 o_6 + U o_7\\
&\quad = V_6 + v_6 o_1^6 + 15 v_5 o_1^4 o_2 + v_4(45 o_1^2 o_2^2 + 20 o_1^3 o_3) +\\
&\qquad + v_3(60 o_1 o_2 o_3 + 15 o_2^3 + 15 o_1^2 o_4) + v_2(10 o_3^2 +\\
&\qquad + 15 o_2 o_4 + 6 o_1 o_5) + v_1 o_6,\\
&U_7 o_1 + 7 U_6 o_2 + 21 U_5 o_3 + 35 U_4 o_4 + 35 U_3 o_5 + 21 U_2 o_6 + 7 U_1 o_7 + U o_8\\
&\quad = V_7 + v_7 o_1^7 + 21 v_6 o_1^5 o_2 + v_5(105 o_1^3 o_2^2 + 35 o_1^4 o_3) +\\
&\qquad + v_4(105 o_1 o_2^3 + 210 o_1^2 o_2 o_3 + 35 o_1^3 o_4) +\\
&\qquad + v_3(105 o_2^2 o_3 + 70 o_1 o_3^2 + 105 o_1 o_2 o_4 + 21 o_1^2 o_5) +\\
&\qquad + v_2(35 o_3 o_4 + 21 o_2 o_5 + 7 o_1 o_6) + v_1 o_7,\\
&U_8 o_1 + 8 U_7 o_2 + 28 U_6 o_3 + 56 U_5 o_4 + 70 U_4 o_5 + 56 U_3 o_6 +\\
&\qquad + 28 U_2 o_7 + 8 U_1 o_8 + U o_9\\
&\quad = V_8 + v_8 o_1^8 + 28\, v_7 o_1^6 o_2 + v_6(210\, o_1^4 o_2^2 + 56\, o_1^5 o_3) +\\
&\qquad + v_5(420\, o_1^2 o_2^3 + 560\, o_1^3 o_2 o_3 + 70\, o_1^4 o_4) +\\
&\qquad + v_4(105 o_2^4 + 840 o_1 o_2^2 o_3 + 280 o_1^2 o_3^2 + 420 o_1^2 o_2 o_4 + 56 o_1^3 o_5)\\
&\qquad + v_3(280 o_2 o_3^2 + 210 o_2^2 o_4 + 280 o_1 o_3 o_4 + 168 o_1 o_2 o_5 + 28 o_1^2 o_6)\\
&\qquad + v_2(35 o_4^2 + 56 o_3 o_5 + 28 o_2 o_6 + 8 o_1 o_7) + v_1 o_8,\\
&U_9 o_1 + 9 U_8 o_2 + 36\, U_7 o_3 + 84\, U_6 o_4 + 126\, U_5 o_5 + 126\, U_4 o_6 +\\
&\qquad + 84\, U_3 o_7 + 36\, U_2 o_8 + 9\, U_1 o_9 + U o_{10}\\
&\quad = V_9 + v_9 o_1^9 + 36\, v_8 o_1^7 o_2 + v_7(378\, o_1^5 o_2^2 + 84\, o_1^6 o_3) +\\
&\qquad + v_6(1260\, o_1^3 o_2^3 + 1260\, o_1^4 o_2 o_3 + 126 o_1^5 o_4) +\\
&\qquad + v_5(945 o_1 o_2^4 + 3780 o_1^2 o_2^2 o_3 + 840 o_1^3 o_3^2 +\\
&\qquad + 1260 o_1^3 o_2 o_4 + 126 o_1^4 o_5) +\\
&\qquad + v_4(1260 o_2^3 o_3 + 2520 o_1 o_2 o_3^2 + 1890 o_1 o_2^2 o_4 +\\
&\qquad + 1260 o_1^2 o_3 o_4 + 756 o_1^2 o_2 o_5 + 84 o_1^3 o_6) +\\
&\qquad + v_3(280 o_3^3 + 1260 o_2 o_3 o_4 + 378 o_2^2 o_5 + 315 o_1 o_4^2 +\\
&\qquad + 504 o_1 o_3 o_5 + 252 o_1 o_2 o_6 + 36 o_1^2 o_7) +\\
&\qquad + v_2(126 o_4 o_5 + 84 o_3 o_6 + 36 o_2 o_7 + 9 o_1 o_8) + v_1 o_9.\\
&\quad \cdots\cdots\cdots
\end{aligned}\right\}\quad(105)$$

Zur Auswertung dieser Rekursionsformeln müssen noch die Größen U_ν, V_ν, v_ν bekannt sein. Ausführlich haben wir

$$\begin{aligned} V_\nu &= 0, \\ v &= \alpha \cos\beta, \\ v_1 &= -v_3 = +v_5 = -v_7 = +v_9 = -\alpha \sin\beta, \\ v_2 &= -v_4 = +v_6 = -v_8 = -\alpha\cos\beta. \end{aligned}$$

$$\left.\begin{aligned} U &= E'C = C(1+e'^2C^2) & U_5 &= -S(1-60e'^2+243e'^2C^2) \\ U_1 &= -S(1+3e'^2C^2) & U_6 &= -C(1-546e'^2+729e'^2C^2) \\ U_2 &= -C(1-6e'^2+9e'^2C^2) & U_7 &= S(1-546e'^2+2187e'^2C^2) \\ U_3 &= S(1-6e'^2+27e'^2C^2) & U_8 &= C(1-4920e'^2+6561e'^2C^2) \\ U_4 &= C(1-60e'^2+81e'^2C^2) & U_9 &= -S(1-4920e'^2+19683e'^2C^2) \\ & & & \ldots\ldots\ldots \end{aligned}\right\} \quad (106)$$

Die *allgemeine* Auflösung dieser Formeln nach den (o_ν) ist nicht vorteilhaft, da die Ergebnisse völlig unübersichtlich werden und man bei gegebenen Zahlwerten besser unmittelbar an (105), (106) anschließt[72]. Wir geben daher nur die ersten vier Koeffizienten (für kleine $|\varDelta\mathsf{B}|$) in der zweiten Form

$$\left.\begin{aligned} (o_1) &= \frac{c_0}{C_0 E_0'}, \\ (o_2) &= \frac{c_0}{C_0^2 E_0'^2}[S_0 - s_0 + 3e'^2 S_0 C_0^2], \\ (o_3) &= \frac{c_0}{C_0^3 E_0'^3}[2 - C_0^2 - 3s_0S_0 + s_0^2 - c_0^2 + e'^2C_0^2(6-2C_0^2-9s_0S_0) + \\ &\quad + 3e'^4C_0^4(4-3C_0^2)], \\ (o_4) &= \frac{c_0}{C_0^4 E_0'^4}[6S_0 - 2s_0 - S_0C_0^2 - 2s_0C_0^2 - 6c_0^2S_0 + 4c_0^2s_0 - \\ &\quad - 9s_0S_0^2 + 6s_0^2S_0 + s_0c_0^2 - s_0^3 + 12e'^2s_0C_0^2 + \\ &\quad + 24e'^2S_0C_0^2 - 18e'^2c_0^2S_0C_0^2 + 18e'^2s_0^2S_0C_0^2 - \\ &\quad - 54e'^2s_0S_0^2C_0^2 - 28e'^2s_0C_0^4 - 5e'^2S_0C_0^4] + \mathrm{Gl}_4. \\ &\ldots\ldots\ldots \end{aligned}\right\} (106\text{a})$$

Liegt $\mathbf{P}_0$ auf dem Hauptmeridian, so werden die Koeffizienten reell und wir haben

a) die Kreisentwicklung mit $\varDelta\mathsf{B} = \varrho e^{i\psi}$

$$\left.\begin{aligned} \varDelta\beta' &= \sum_{\nu=1}^{\infty}(o_\nu)\frac{\varrho^\nu}{\nu!}\cos\nu\psi, \\ \varDelta\beta'' &= \sum_{\nu=1}^{\infty}(o_\nu)\frac{\varrho^\nu}{\nu!}\sin\nu\psi. \end{aligned}\right\} \quad (107\text{a})$$

[72] Vgl. O. Schreiber [2] S. 611, C. F. Gauß [3].

b) die Längsentwicklung mit $\Delta \mathsf{B} = \Delta B$

$$\Delta b = \sum_{\nu=1}^{\infty} (o_\nu) \frac{\Delta B^\nu}{\nu!} \text{ oder } b - B = (b_0 - B_0) - \Delta B + \sum_{\nu=1}^{\infty} (o_\nu) \frac{\Delta B^\nu}{\nu!}. \quad (107\,\mathrm{b})$$

c) die Querentwicklung mit $\Delta \mathsf{B} = i \Delta \mathsf{B}'' = i \mathsf{B}''$

$$\left.\begin{aligned} \Delta\beta' &= \phantom{(o_1)\frac{\mathsf{B}''}{1!}} - (o_2)\frac{\mathsf{B}''^2}{2!} \phantom{- (o_3)\frac{\mathsf{B}''^3}{3!}} + (o_4)\frac{\mathsf{B}''^4}{4!} - \cdots \\ \beta'' &= (o_1)\frac{\mathsf{B}''}{1!} \phantom{- (o_2)\frac{\mathsf{B}''^2}{2!}} - (o_3)\frac{\mathsf{B}''^3}{3!} \phantom{+ (o_4)\frac{\mathsf{B}''^4}{4!}} + \cdots \end{aligned}\right\} \quad (107\,\mathrm{c})$$

Die Koeffizienten vereinfachen sich weiter, wenn der Entwicklungsmittelpunkt auf dem Normalparallel gewählt wird, $\mathsf{B}_0 = B_n$. Mit $s_n = S_n$, $c_n = C_n E_n'^{1/2}$ erhält man für die ersten sechs Koeffizienten:

2. Form:

$$\left.\begin{aligned} (o_1) &= \frac{1}{E_n'^{1/2}}, \\ (o_2) &= \frac{3e'^2 C_n S_n}{E_n'^{3/2}}, \\ (o_3) &= \frac{3e'^2}{E_n'^{5/2}}[-1 + 2C_n^2 + e'^2 C_n^2 (4 - 3C_n^2)], \\ (o_4) &= \frac{e'^2 C_n S_n}{E_n'^{7/2}}[-16 + e'^2(-45 + 62C_n^2) + e'^4 C_n^2 (60 - 27C_n^2)], \\ (o_5) &= \frac{e'^2}{E_n'^{9/2}}[12 - 28C_n^2 + e'^2(45 - 480C_n^2 + 436C_n^4] + \mathrm{Gl}_6, \\ (o_6) &= \frac{e'^2 S_n}{C_n E_n'^{11/2}}[68C_n^2 - 12] + \mathrm{Gl}_4. \end{aligned}\right\} \quad (108)$$

Zum praktischen Gebrauch geben wir die Zahlenwerte der Koeffizienten für die spezielle Gaußsche Schmiegkugel mit

$$b_n = 52^\circ\, 40'\, 0''; \qquad B_n = 52^\circ\, 42'\, 2''\!.5325\, 16\,^{73}.$$

Reihenschema:

$$b'' - B'' = -122''\!.532516 + [1]\left(\frac{\Delta B^\circ}{10}\right) + [2]\left(\frac{\Delta B^\circ}{10}\right)^2 + [3]\left(\frac{\Delta B^\circ}{10}\right)^3 + [4]\left(\frac{\Delta B^\circ}{10}\right)^4 + \cdots$$

[1] = −44.3305 527	[4] = −0.4135 396	[7] = −0.0001 521
[2] = +30.4138 658	[5] = +0.0022 704	[8] = −0.0000 328
[3] = − 0.9462 606	[6] = +0.0009 662	[9] = −0.0000 060

Die erste Abbildungsaufgabe.

$$\left.\begin{aligned} (B, L) \to &\begin{cases} b \text{ nach } (102_0)\ [269], \\ l = \alpha L, \end{cases} \\ &m = \alpha \frac{A \cos b}{N \cos B}, \quad c = 0. \end{aligned}\right\} \quad (109)$$

[73] Vgl. C. F. Gauß [3] S. 269.

Potenzreihenentwicklung für die Umgebung von $P_0(B_0, L_0)$:

$$\Delta b = \sum_{\nu=1}^{\infty} (o_\nu) \frac{\Delta B^\nu}{\nu!} \quad (103)\ [269],$$
$$\Delta l = \alpha \Delta L, \quad c = 0.$$

Zur Berechnung des Vergrößerungsverhältnisses können wir bekannte Reihen zusammensetzen:

$$\left. \begin{aligned} m = \alpha \frac{A \cos b}{N \cos B} = \frac{A}{M} \frac{db}{dB} &= \frac{A}{M_0} \sum_{\nu=0}^{\infty} (m'_\nu) \frac{\Delta B^\nu}{\nu!} \sum_{\nu=0}^{\infty} (o_{\nu+1}) \frac{\Delta B^\nu}{\nu!} \\ &= m_0 \left(1 + \sum_{\nu=1}^{\infty} (m_\nu) \frac{\Delta B^\nu}{\nu!}\right). \end{aligned} \right. \tag{110}$$

Ausführlich folgt im allgemeinen Fall mit beliebigem Entwicklungsmittelpunkt

$$\left. \begin{aligned} (m_1) &= \frac{S_0 - s_0}{E'_0 C_0}, \\ (m_2) &= \frac{1}{E'^2_0 C^2_0} [2 - C^2_0 - 3 s_0 S_0 + s^2_0 - c^2_0 + e'^2 C^2_0 (3 - 2 C^2_0 - 3 s_0 S_0)], \\ (m_3) &= \frac{1}{E'^3_0 C^3_0} [6 S_0 - 2 s_0 - S_0 C^2_0 - 2 s_0 C^2_0 - 6 c^2_0 S_0 + 4 c^2_0 s_0 - \\ &\qquad - 9 s_0 S^2_0 + 6 s^2_0 S_0 + s_0 c^2_0 - s^3_0 + 30 e'^2 s_0 C^2_0 + \\ &\qquad + 15 e'^2 S_0 C^2_0 - 9 e'^2 c^2_0 S_0 C^2_0 + 9 e'^2 s^2_0 S_0 C^2_0 - \\ &\qquad - 54 e'^2 s_0 S^2_0 C^2_0 - 37 e'^2 s_0 C^4_0 - 2 e'^2 S_0 C^4_0] + \mathrm{Gl}_4. \\ &\ldots\ldots\ldots\ldots \end{aligned} \right\} \tag{110a}$$

Für $B_0 = B_n$ müssen nach Definition der Abbildung (m_1), (m_2) verschwinden. Wir geben noch drei weitere Koeffizienten

$$\left. \begin{aligned} (m_1) &= 0, \quad (m_2) = 0, \\ (m_3) &= -\frac{4 e'^2 S_n C_n}{E'^2_n}, \\ (m_4) &= -\frac{4 e'^2 C^2_n}{E'^3_n} [1 + e'^2 (12 - 11 C^2_n)] + \mathrm{Gl}_6, \\ (m_5) &= +\frac{4 e'^2 S_n}{C_n E'^4_n} [5 C^2_n - 3] + \mathrm{Gl}_4. \\ &\ldots\ldots\ldots\ldots \end{aligned} \right\} \tag{110b}$$

Die Koeffizienten 1. Art (108), (110b) können auch in die dritte Form gebracht werden, doch soll die Durchführung unterbleiben[72].

Die allgemeinen Formeln (110a) sind so unhandlich, daß man vorziehen wird, mit größeren ΔB-Werten die Reihen um den Zentralpunkt zu verwenden. Die Berechnung der höheren Ableitungen kann mit dem gleichen Rekursionsschema wie oben [270] erfolgen, wenn an Stelle von m der Logarithmus genommen wird:

$$\lg \frac{m}{m_0} = \sum_{\nu=1}^{\infty} (\hat{m}_\nu) \frac{\Delta B^\nu}{\nu!}; \qquad (\hat{m}_1) = \left.\frac{d \lg m}{dB}\right|_0 = \left.\frac{S-s}{E' \cos B}\right|_0 \qquad (110\text{c})$$

oder für die Rekursion

$$U\hat{m}_1 = V + v \quad \text{mit} \quad U = E' \cos B, \quad V = \sin B, \quad v = -\alpha \sin \beta.$$

Auf der rechten Seite in (105) werden die (o_ν) beibehalten, links aber durch $(\hat{m}_\nu)$ ersetzt. Zum praktischen Gebrauch geben wir die Zahlenwerte der Koeffizienten für die spezielle Gaußsche Schmiegkugel[70] in Einheiten der siebenten Dezimale des dekadischen Logarithmus.

Reihenschema:

$$\lg \frac{m}{m_0} = [3] \left(\frac{\Delta B^\circ}{10}\right)^3 + [4] \left(\frac{\Delta B^\circ}{10}\right)^4 + [5] \left(\frac{\Delta B^\circ}{10}\right)^5 + \cdots$$

$[3] = -49.61243$	$[6] = -0.12219$	$[9] = -0.00155$
$[4] = -\ 1.73299$	$[7] = -0.02852$	$[10] = -0.00038$
$[5] = -\ 0.23938$	$[8] = -0.00650$	

VI, 2₈b B als Funktion von β.

Für die Umkehrfunktion haben wir nach (95a) [266] die Differentialgleichung

$$\frac{d\mathsf{B}}{d\beta} = \frac{1}{\alpha} \frac{E'(\mathsf{B}) \cos \mathsf{B}}{\cos \beta} = \frac{F(\mathsf{B}) \cos \mathsf{B}}{\alpha (1-n)^2 \cos \beta}. \qquad (111)$$

Singuläre Stellen der Funktion $\mathsf{B} = \mathsf{B}(\beta)$ liegen erstens bei $\beta = \pm \frac{\pi}{2}$ (Nord- und Südpol) als Verzweigungsstellen mit Winkelverkleinerung $1 : \alpha$ (s. S. 266 und Abb. 73a, 75a, b), zweitens an den Stellen, in denen B unendlich wird; das sind aber der Punkt u und sein Spiegelbild an der reellen Achse, $\bar{u}$, welcher in der M-Ebene bei $\frac{(1-e)\, i\pi}{2}$, in der μ-Ebene bei $\frac{\alpha(1-e)\, i\pi}{2} - \varkappa$ und in der β-Ebene im Schnitt des Parallelkreisbildes $\mathfrak{q}$, $h = -\varkappa$, mit dem Bild des Meridians $l = \frac{\alpha(1-e)\pi}{2}$ (in der μ-Ebene) liegt. An diesen Stellen $u, \bar{u}$ wird die Funktion $\mathsf{B}(\beta)$ logarithmisch unendlich.

Wir entwerfen die

konforme Abbildung $\beta \to \mathsf{B}$

und setzen sie auf folgende Weise zusammen:

$$\begin{array}{ccl} \beta & \to & \mu \\ & & \downarrow \\ \tilde{\beta} & \leftarrow & \tilde{\mu} = \frac{\mu}{\alpha} + \frac{\varkappa}{\alpha} \\ \downarrow & & \parallel \\ \mathsf{B} & \leftarrow & \mathsf{M} = \tilde{\mu}. \end{array}$$

Für die Abbildung werden die Verhältnisse wie oben [266] gewählt. Von u aus ist das Bild des Parallelkreises $\mathfrak{q}$ $(h = -\varkappa)$ aufzuschneiden,

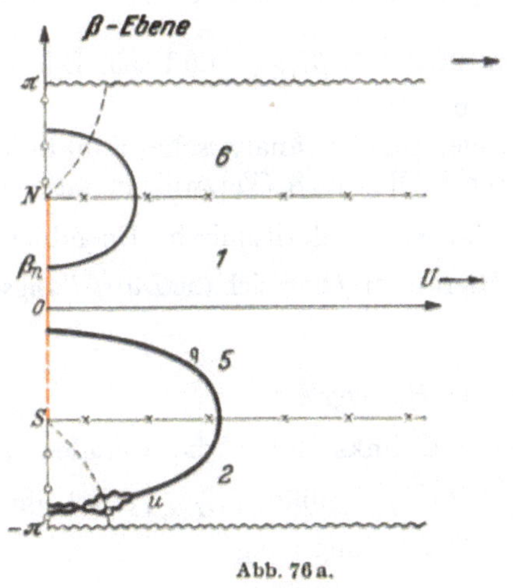

Abb. 76a.

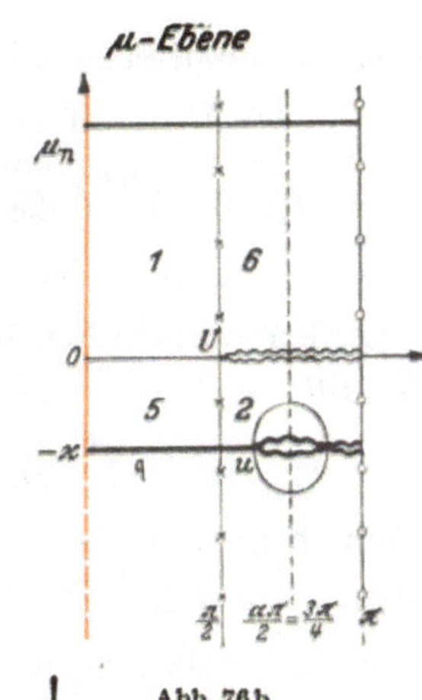

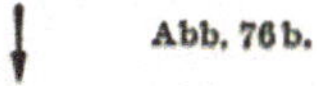
Abb. 76b.

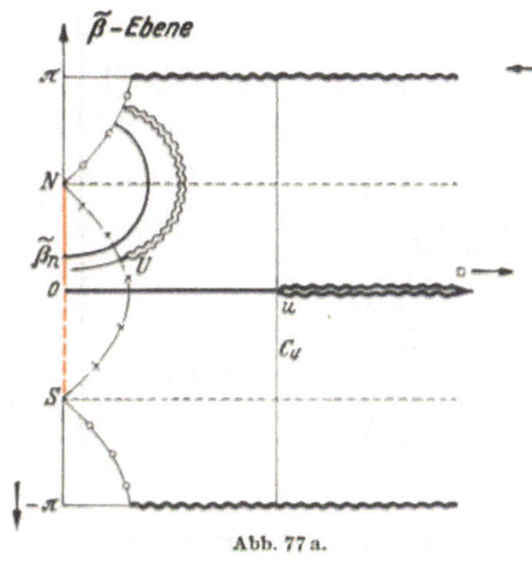

Abb. 77a.

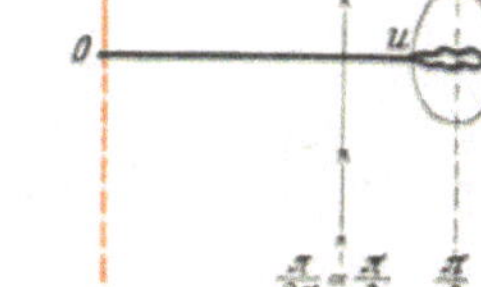

Abb. 77b.

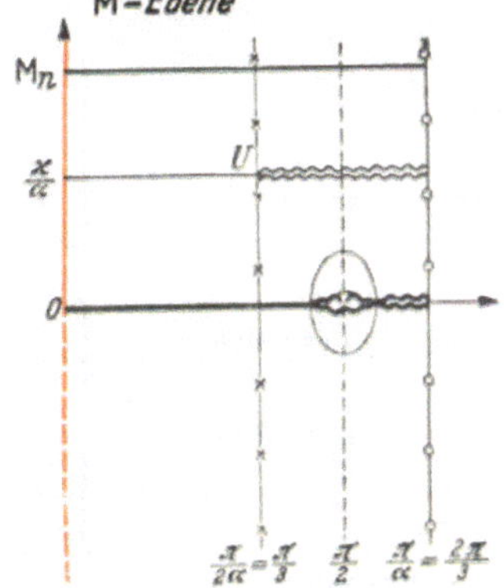

Abb. 78b.

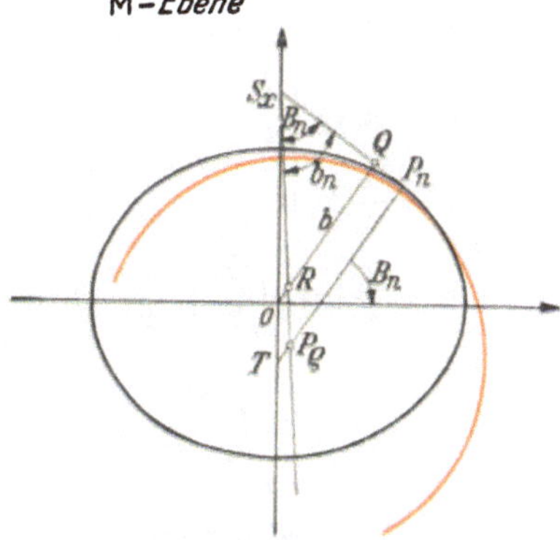

Abb. 78b.

18*

den so zerschnittenen β-Bereich nennen wir $\beta_{\text{III},\alpha,\varkappa}$ und sein Bild in der $\tilde\beta$-Ebene $\tilde\beta_{\text{III},\alpha,\varkappa}$ (vgl. V, Abb. 66a [183]).

B ist in $\beta_{\text{III},\alpha,\varkappa}$ eine eindeutige, regulär analytische Funktion; auf dem Rande liegen die singulären Stellen $\mathbf{N}$, $\mathbf{S}$ (Verzweigungsstellen mit Ver-$\frac{1}{\alpha}$-fachung der Winkel) und u, $\bar u$ (logarithmische Unendlichkeitsstellen mit dem Residuum 1). Hieraus ergeben sich die *Darstellungsmittel für die Funktion* $\mathsf{B} = \mathsf{B}(\beta)$.

I_1 *Darstellung im Hauptgebiet.*

Wir begrenzen $\tilde\beta_{\text{III},\alpha,\varkappa}$ rechts und links durch die Gerade C_4: $\mathfrak{Im}(\tilde\beta) = \frac{1}{i}{}^{(0)}\tilde\beta = \frac{1}{i}\tilde\beta^{(4)} = \frac{1}{i}u$ und ihr Spiegelbild, $\beta_{\text{III},\alpha,\varkappa}$ durch ihre Bilder, und haben dann folgenden Darstellungsgang:

$$\left.\begin{aligned}
&\beta\\
&\downarrow\\
&\mu = \lg\operatorname{tg}\left(\frac{\pi}{4}+\frac{\beta}{2}\right) \quad \text{bzw.} \quad \begin{cases} \operatorname{th} h = \dfrac{\sin\beta'}{\operatorname{ch}\beta''} \\ \operatorname{tg} l = \dfrac{\operatorname{sh}\beta''}{\cos\beta'} \end{cases} \qquad \text{II (29a) [76]}\\
&\downarrow\\
&\tilde\mu = \frac{\mu}{\alpha} + \frac{\varkappa}{\alpha} \qquad \begin{cases} \tilde h = \dfrac{h}{\alpha} + \dfrac{\varkappa}{\alpha} \\ \tilde l = \dfrac{1}{\alpha} l \end{cases}\\
&\downarrow\\
&\tilde\beta = \frac{1}{i}\lg\operatorname{tg}\left(\frac{\pi}{4}+\frac{i\tilde\mu}{2}\right) \quad \text{bzw.} \quad \begin{cases} \operatorname{tg}\tilde\beta' = \dfrac{\operatorname{sh}\tilde h}{\cos\tilde l} \\ \operatorname{th}\tilde\beta'' = \dfrac{\sin\tilde l}{\operatorname{ch}\tilde h} \end{cases} \qquad \text{II (30a) [77]}
\end{aligned}\right\} \quad (112)$$

und schließlich wegen $\mathsf{M} = \tilde\mu$

$$\downarrow \qquad \mathsf{B} = \tilde\beta + \sum_{\lambda=1}^{\infty} k_{2\lambda} \sin 2\lambda\tilde\beta \quad \text{in} \quad \mathfrak{B}_4(\tilde\beta). \qquad \text{V (61) [190]}$$

Insbesondere gilt für reelles $\beta = b$:

$$\left.\begin{aligned}
&b\\
&\downarrow\\
&h = \lg\operatorname{tg}\left(\frac{\pi}{4}+\frac{b}{2}\right)\\
&\downarrow\\
&\tilde h = \frac{1}{\alpha}h + \frac{\varkappa}{\alpha}\\
&\downarrow\\
&\tilde b = \frac{1}{i}\lg\operatorname{tg}\left(\frac{i\tilde h}{2}+\frac{\pi}{4}\right) \quad \text{bzw.} \quad \sin\tilde b = \operatorname{th}\tilde h, \quad \operatorname{tg}\tilde b = \operatorname{sh}\tilde h\\
&\downarrow \qquad\qquad \text{oder} \quad \lg\operatorname{tg}\left(\frac{\tilde b}{2}+\frac{\pi}{4}\right) = \tilde h, \quad -\frac{\pi}{2} < \tilde b < +\frac{\pi}{2}\\
&B = \tilde b + \sum_{\lambda=1}^{\infty} k_{2\lambda} \sin 2\lambda\tilde b.
\end{aligned}\right\} \quad (112_0)$$

Für die I_2-*Darstellung im Restgebiet* vgl. V [191].

II *Darstellung für eine Punktumgebung.*

Liegt $\mathbf{P}_0$ im Bereich $\beta_{\mathrm{III},\alpha,\varkappa}$, so können wir für die Umgebung von $\mathbf{P}_0$ eine Potenzreihenentwicklung aufstellen:

$$\mathsf{B} - \mathsf{B}_0 = \sum_{\nu=1}^{\infty} (\dot{o}_\nu)\, \Delta\beta^\nu. \tag{113}$$

Der Konvergenzkreis wird durch die $\mathbf{P}_0$ nächstgelegene singuläre Stelle $\mathbf{N}, \mathbf{S}, u, \bar{u}$ bestimmt. Für $k > 1$ ($\varkappa > 0$) liegt u im Teilgebiet *2*, für $k < 1$ ($\varkappa < 0$) im Teilgebiet *6*. Die Koeffizienten $(\dot{o}_\nu)$ ergeben sich durch Umkehrung der Reihe (103) nach X [465]. Für die Koeffizienten der höheren Glieder ist es wieder zweckmäßig, das Rekursionssystem [270] zu verwenden[72]. Man hat dabei β mit B und o_ν mit $\dot{o}_\nu$ zu vertauschen. Ferner bedeuten jetzt $U = \alpha\cos\beta$, $V = 0$, $v = E'\cos\mathsf{B}$. Ausführlich geben wir im allgemeinen Fall vier und für $\beta_0 = b_n$ secl Koeffizienten in der zweiten Form mit den Abkürzungen (104):

$$\left.\begin{aligned}
(\dot{o}_1) &= \frac{E_0' C_0}{c_0},\\
(\dot{o}_2) &= -\frac{E_0' C_0}{c_0^2}\,[S_0 - s_0 + 3e'^2 S_0 C_0^2],\\
(\dot{o}_3) &= \frac{E_0' C_0}{c_0^3}\,[1 - 2C_0^2 - 3S_0 s_0 + 2s_0^2 + c_0^2 +\\
&\qquad + e'^2 C_0^2 (12 - 16C_0^2 - 9s_0 S_0) + 3e'^4 C_0^4 (5 - 6C_0^2)],\\
(\dot{o}_4) &= -\frac{E_0' C_0}{c_0^4}\,[6S_0^3 - 6s_0^3 - 12S_0^2 s_0 + 11 S_0 s_0^2 - 5S_0 + 6s_0 +\\
&\qquad + 4c_0^2 S_0 - 5c_0^2 s_0 +\\
&\qquad + 3e'^2 C_0^2 (30S_0^3 - 32S_0^2 s_0 + 11 S_0 s_0^2 - 17S_0 + 8s_0 + 4c_0^2 S_0) +\\
&\qquad + e'^4 C_0^4 (238 S_0^3 - 108 S_0^2 s_0 - 103 S_0 + 18 s_0) +\\
&\qquad + e'^6 C_0^6 (162 S_0^3 - 57 S_0)].\\
&\dots\dots\dots
\end{aligned}\right\} \tag{113a}$$

Liegt $\mathbf{P}_0$ auf dem Hauptmeridian $\mathfrak{H}$, so werden die Koeffizienten wieder reell und wir haben analog zu [271]

a) die Kreisentwicklung mit $\Delta\beta = \varrho e^{i\varphi}$,

b) die Längsentwicklung mit $\Delta\beta = \Delta b$,

$$\Delta B = \sum_{\nu=1}^{\infty} (\dot{o}_\nu) \frac{\Delta b^\nu}{\nu!}, \tag{113$_0$}$$

c) die Querentwicklung mit $\Delta\beta = i\,\Delta\beta'' = i\beta''$.

Eine Vereinfachung der Koeffizienten tritt ein, wenn der Entwicklungsmittelpunkt auf dem Normalparallel gewählt wird:

$$\left.\begin{aligned}
(\dot{o}_1) &= E_n'^{1/2},\\
(\dot{o}_2) &= -3e'^2 S_n C_n,\\
(\dot{o}_3) &= \frac{3e'^2}{E_n'^{1/2}}[1 - 2C_n^2 + e'^2 C_n^2(5 - 6C_n^2)],\\
(\dot{o}_4) &= +\frac{e'^2 C_n S_n}{E_n'}[16 + e'^2(-45 + 118C_n^2) +\\
&\qquad + e'^4 C_n^2(-105 + 162\,C_n^2)],\\
(\dot{o}_5) &= \frac{e'^2}{E_n'^{3/2}}[28C_n^2 - 12 + e'^2(45 - 600\,C_n^2 + 644\,C_n^4)] + \mathrm{Gl}_6,\\
(\dot{o}_6) &= \frac{e'^2 S_n}{E_n'^2 C_n}[12 - 68C_n^2] + \mathrm{Gl}_4.\\
&\ldots\ldots\ldots\ldots
\end{aligned}\right\}\quad (113\mathrm{b})$$

In diesem Fall ließe sich auch wieder die dritte Form herstellen, doch wollen wir darauf verzichten, da diese Entwicklung nur für den ganz speziellen Wert $b = b_n$ möglich ist. Dagegen geben wir noch die Zahlwerte für $b_n = 52°\,40'\,0''$ [12, 73].

Reihenschema:

$$B'' - b'' = 122''\!.532516 + [1]\frac{\Delta b°}{10} + [2]\left(\frac{\Delta b°}{10}\right)^2 + [3]\left(\frac{\Delta b°}{10}\right)^3 + \cdots$$

[1] = +44.3852 089	[4] = +0.4119 589	[7] = +0.0001 782
[2] = −30.5264 984	[5] = −0.0043 118	[8] = +0.0000 313
[3] = + 1.0026 425	[6] = −0.0008 764	[9] = +0.0000 058

Die zweite Abbildungsaufgabe.

$$\left.\begin{aligned}
&(b, l) \rightarrow \begin{cases} B \quad \text{nach} \quad (112_0)\ [276] \\ L = \dfrac{1}{\alpha} l, \end{cases}\\
&m^* = \frac{1}{\alpha}\frac{N\cos B}{A\cos b}, \qquad c^* = 0.
\end{aligned}\right\}\quad (114)$$

Potenzreihenentwicklung für die Umgebung von $\mathbf{P}_0(b_0, l_0)$

$$\left.\begin{aligned}
\Delta B &= \sum_{\nu=1}^{\infty}(\dot{o}_\nu)\frac{\Delta b^\nu}{\nu!}, \qquad (113_0)\ [277]\ ^{74}\\
\Delta L &= \frac{1}{\alpha}\Delta l, \qquad c^* = 0.
\end{aligned}\right\}\quad (115)$$

---

[74] Statt dessen kann man auch

$$B - b = (B_0 - b_0) + ((\dot{o}_1) - 1)\,\Delta b + (\dot{o}_2)\frac{\Delta b^2}{2!} + \cdots$$

berechnen.

Es gibt zwei Wege, die Entwicklung für das Vergrößerungsverhältnis zu erhalten. Zunächst hat man aus (114)

$$\begin{aligned} m^* &= \frac{M}{A}\frac{dB}{db} = \frac{M_0}{A}\sum_{\nu=0}^{\infty}(m_\nu)\frac{\Delta b^\nu}{\nu!}\sum_{\nu=0}^{\infty}(\dot{o}_{\nu+1})\frac{\Delta b^\nu}{\nu!} \\ &= m_0^*\left(1+\sum_{\nu=1}^{\infty}(m_\nu^*)\frac{\Delta b^\nu}{\nu!}\right) \end{aligned} \tag{116}$$

mit den Koeffizienten im allgemeinen Fall

$$\left.\begin{aligned} (m_1^*) &= -\frac{S_0-s_0}{c_0}, \\ (m_2^*) &= \frac{1}{c_0^2}[1-2C_0^2+2s_0^2+c_0^2-3s_0S_0-e'^2C_0^4], \\ (m_3^*) &= \frac{1}{c_0^3}[6s_0+6s_0^3+5s_0c_0^2-11s_0^2S_0-12s_0C_0^2-S_0-4S_0c_0^2+ \\ &\quad +6S_0C_0^2+3e'^2C_0^4(3S_0-2s_0)+4e'^4S_0C_0^6] \\ &\ldots\ldots\ldots \end{aligned}\right\} \tag{116a}$$

und für den Sonderfall $b_0 = b_n$

$$\left.\begin{aligned} (m_1^*) &= 0, \quad (m_2^*) = 0, \\ (m_3^*) &= \frac{4e'^2C_nS_n}{E_n'^{1/2}}, \\ (m_4^*) &= \frac{4e'^2C_n^2}{E_n'}[1+e'^2(7C_n^2-6)]+\mathrm{Gl}_6, \\ (m_5^*) &= \frac{12e'^2S_n}{C_nE_n'^{3/2}}[1+C_n^2]+\mathrm{Gl}_4 \\ &\ldots\ldots\ldots \end{aligned}\right\} \tag{116b}$$

Bei größeren Ansprüchen an die Genauigkeit sind die Rekursionsformeln [270] heranzuziehen. Es gilt

$$\lg\frac{m^*}{m_0^*} = \sum_{\nu=1}^{\infty}(\hat{m}_\nu^*)\frac{\Delta b^\nu}{\nu!}, \qquad (\hat{m}_1^*) = \left.\frac{d\lg m^*}{db}\right|_0 = \frac{s-S}{c}$$

oder

$$U\hat{m}_1^* = V+v \quad \text{mit} \quad U = \alpha\cos b, \quad V = \alpha\sin b, \quad v = -\sin B$$

unter Vertauschung von β mit B und Ersetzen von β, B durch b, B. Auf der rechten Seite der Rekursionsformeln (105) sind die (o_ν) durch $(\dot{o}_\nu)$ und auf der linken Seite durch $(\hat{m}_\nu^*)$ zu ersetzen. Zur Beurteilung der Größenordnung der Glieder und für den praktischen Gebrauch geben wir für die spezielle Gaußsche Schmiegkugel[73] die Zahlwerte in Einheiten der siebenten Dezimale des dekadischen Logarithmus.

Reihenschema:

$$\lg \frac{m^*}{m_0^*} = [3]\left(\frac{\Delta b^\circ}{10}\right)^3 + [4]\left(\frac{\Delta b^\circ}{10}\right)^4 + \cdots$$

$$\begin{array}{lll} [3] = +49.79616 & [6] = +0.12398 & [9] = +0.00154 \\ [4] = +\ \ 1.61503 & [7] = +0.02823 & [10] = +0.00037 \\ [5] = +\ \ 0.23922 & [8] = +0.00643 & \end{array}$$

Wir haben im vorhergehenden die konforme Abbildung des Erdsphäroids auf die Gaußsche Schmiegkugel untersucht. Es ist daneben von Interesse, auch die räumliche Lage beider Flächen zueinander kennenzulernen; wir verweisen diesbezüglich auf

G. Clauss: Das Verhältnis der Soldnerschen und der Gaußschen Bildkugel zum Besselschen Erdellipsoid[75],

Fr. Joh. Müller: Über eine Kurve 4. Ordnung 1. Art, die in der Geodäsie eine Rolle spielt[76],

Fr. Joh. Müller: Bestimmung des Maximalabstandes der Gauß-Kugel vom Besselschen Erdsphäroid[76].

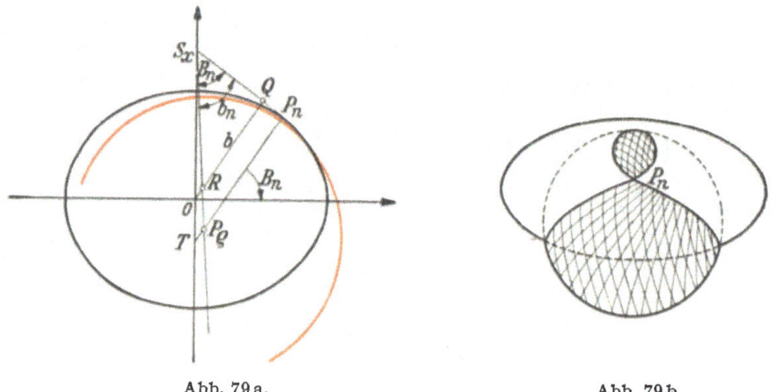

Abb. 79a. Abb. 79b.

Im Meridianschnitt läßt sich der Mittelpunkt der Gaußschen Schmiegkugel auf einfache Weise konstruieren[77]. Ist

$$x \sin B_n + y \cos B_n - a E_n^{1/2} = 0$$

die Gleichung der Tangente an die Meridianellipse im Punkte $\mathbf{P}_n$ (vgl. I (11) [9]) in der Hesseschen Normalform, so folgt für den Abstand OQ des Nullpunktes

$$OQ = a E_n^{1/2} = b E_n'^{1/2}.$$

Trägt man jetzt von Q aus auf diesem Lot b ab und verbindet R mit dem Schnittpunkt der Tangente S_x, so schneidet die Gerade $S_x R$ die Normale in P_ϱ, dem Mittelpunkt der Gaußschen Schmiegkugel.

[75] G Clauss [1] S. 249ff. [76] Fr. Joh. Müller [1] S. 241, [2] S. 17.
[77] H. Schmehl [1].

Beweis:

$$\varrho = \frac{c}{E'} = \frac{c}{E'^{1/2}} \cdot \frac{1}{E'^{1/2}} = N \cdot \frac{OQ}{b} = \mathbf{P}_n T \cdot \frac{OQ}{RQ} = P_\varrho \mathbf{P}_n .$$

Die Gauß-Kugel durchdringt das Besselsche Erdellipsoid in einer Raumkurve 4. Ordnung 1. Art, die im Berührungspunkt einen Doppelpunkt hat (Abb. 79b). Da ϱ als Mittelwert zwischen M und N liegt, ist die Kugel in der Meridianrichtung schwächer und senkrecht dazu stärker als das Sphäroid gekrümmt. Das Tangentenpaar an die Schnittkurve in $\mathbf{P}_n$ gibt diejenigen Flächenrichtungen, in denen die Normalschnittkrümmung mit ϱ übereinstimmt. Aus I (17) [11] folgt

$$\frac{1}{\varrho} = \frac{\cos^2\alpha}{M} + \frac{\sin^2\alpha}{N}, \qquad \operatorname{tg}^2\alpha = \frac{N-\varrho}{\varrho - M} = \frac{\sqrt{N}(\sqrt{N}-\sqrt{M})}{\sqrt{M}(\sqrt{N}-\sqrt{M})} = E'^{1/2},$$

$$\pm\alpha \approx \frac{\pi}{4} + \frac{e'^2}{8}\cos^2 B_n .$$

Die außerhalb des Ellipsoides liegenden Teile der Kugeloberfläche sind in Abb. 79b schraffiert[75].

VI, 3 Die konforme Abbildung des Sphäroids auf ein zweites Sphäroid.

Allgemeines.

Es seien zwei Drehellipsoide $\mathfrak{F}$ und $\tilde{\mathfrak{F}}$ gegeben. Den drei Grundabbildungen von $\mathfrak{F}$

auf die Ebene: $z = \mathsf{M}$, $z = \mathsf{B}$, $z = \dot{\Gamma}$

bzw. auf die Kugel: $\mu = \mathsf{M}$, $\beta = \mathsf{B}$, $\dot{\gamma} = \dot{\Gamma}$

entsprechen jetzt die *drei Grundabbildungen auf das zweite Sphäroid:*

$$\tilde{\mathsf{M}} = \mathsf{M}, \quad \tilde{\mathsf{B}} = \mathsf{B}, \quad \tilde{\dot{\Gamma}} = \dot{\Gamma}. \tag{117}$$

Eine allgemeine konforme Abbildung $\mathfrak{F} \to \tilde{\mathfrak{F}}$ wird durch eine analytische Funktion $\tilde{\mathsf{M}} = f(\mathsf{M})$ beschrieben. Ihre Abbildungsgrößen sind

das lokale Vergrößerungsverhältnis $m = \frac{\tilde{\gamma}}{\gamma}\,|f'(\mathsf{M})|$,

die lokale Bildverschwenkung $c = \varphi^* - \varphi = \arg f'(\mathsf{M})$ (Meridiankonvergenz).

In den praktischen Anwendungen hat man es vor allem mit in den Konstanten nur wenig voneinander abweichenden Sphäroiden zu tun. Die auftretenden Größen können daher alle nach Potenzen dieser Unterschiede entwickelt werden, und wir wollen nun den für viele, insbesondere kartographische Zwecke ausreichenden Standpunkt einnehmen, daß hierbei Größen höherer Ordnung zu vernachlässigen sind. Bei der Abbildungsfunktion machen wir ebenfalls einen von der Identität nur wenig abweichenden Ansatz („infinitesimale" Abbildung).

VI, 3_1 Eine infinitesimale Abbildung auf ein benachbartes Ellipsoid („konformer Ellipsoidübergang") [78].

Die beiden gegebenen Sphäroide $\mathfrak{F}$, $\tilde{\mathfrak{F}}$ mit den großen Halbachsen a, $\tilde{a} = a + \delta a$ und die Abplattungen $\mathfrak{a}$, $\tilde{\mathfrak{a}} = \mathfrak{a} + \delta\mathfrak{a}$ sollen wenig voneinander abweichen, d. h. $\delta a/a$, $\delta\mathfrak{a}$ sind als so kleine Größen 1. Ordnung anzusehen, daß die Entwicklungen bereits nach dem linearen Glied abgebrochen werden können (z. B. ist für die nach Plessis bzw. Clarke 1880 benannten Sphäroide $\delta a/a = 0.00027$, $\delta\mathfrak{a} = 0.00017$, womit dann auch die Genauigkeit der übrigen Rechnungen festgelegt ist).

Es bietet sich nun häufig die Aufgabe dar, einzelne trigonometrische Punkte oder ganze Dreiecksnetze von dem einen Sphäroid auf das andere zu übertragen (wenn z. B. zwei Länder mit verschiedenen Sphäroiden aneinanderstoßen und die geodätischen Netze beider Länder angeschlossen werden sollen). Diese Übertragung geschieht wegen der Erhaltung der Winkel des Netzes am besten durch eine konforme Abbildung.

Es sei $\mathbf{P}_0(B_0, L_0)$ der Mittelpunkt des zu behandelnden Gebietes auf $\mathfrak{F}$ (Nullpunkt der Triangulation), und es entspreche ihm auf $\tilde{\mathfrak{F}}$ der Punkt $\tilde{\mathbf{P}}_0$ mit denselben geographischen Koordinaten $\tilde{B}_0 = B_0$, $\tilde{L}_0 = L_0$, woraus das zu $\mathsf{M}_0 = H_0 + iL_0$ gehörige $\tilde{\mathsf{M}}_0 = \tilde{H}_0 + i\tilde{L}_0$ folgt. In die Größen H_0, $\tilde{H}_0$ gehen die verschiedenen Konstanten der beiden Ellipsoide ein, so daß $H_0 \neq \tilde{H}_0$ ist. Für die konforme Abbildung $\mathfrak{F} \to \tilde{\mathfrak{F}}$ machen wir den Ansatz $\Delta\tilde{\mathsf{M}} =$ Polynom $(\Delta\mathsf{M})$, wobei es für die Anwendungen genügt, höchstens bis zum 3. Grad zu gehen:

$$\tilde{\mathsf{M}} - \tilde{\mathsf{M}}_0 = \Delta\tilde{\mathsf{M}} = C_1\Delta\mathsf{M} + \frac{1}{2!}c_2\Delta\mathsf{M}^2 + \frac{1}{3!}c_3\Delta\mathsf{M}^3; \quad C_1 = 1 + c_1. \tag{118}$$

Gemäß der gestellten Aufgabe werden wir fordern, daß für $\delta a \to 0$, $\delta\mathfrak{a} \to 0$ die Abbildung in die Identität übergeht, d. h. aus δa, $\delta\mathfrak{a} \to 0$ soll c_1, c_2, $c_3 \to 0$ folgen. Damit sind diese Koeffizienten ebenfalls kleine, von δa, $\delta\mathfrak{a}$ abhängige Größen, deren Entwicklung nach δa, $\delta\mathfrak{a}$ sinngemäß nach der ersten Potenz abzubrechen ist. Um die Orientierung des Dreiecksnetzes zu erhalten, fordern wir weiter: Der Meridian durch $\mathbf{P}_0$ soll in den Meridian durch $\tilde{\mathbf{P}}_0$ übergehen, d. h. c_1, c_2, c_3 sind reell. Zur endgültigen Bestimmung der Konstanten können wir je nach dem gewählten Abbildungsgrad in (118) verschiedene Bedingungen aufstellen:

1. Bei der Abbildung 1. Grades $\Delta\tilde{\mathsf{M}} = (1 + c_1)\Delta\mathsf{M}$:

$$m(\mathbf{P}_0) = 1, \quad \text{woraus folgt} \quad 1 + c_1 = r_0/\tilde{r}_0 = N_0/\tilde{N}_0.$$

2. Bei der Abbildung 2. Grades $\Delta\tilde{\mathsf{M}} = (1 + c_1)\Delta\mathsf{M} + \frac{c_2}{2}\Delta\mathsf{M}^2$:

$$\mathbf{P}_0 \text{ „Zentralpunkt", d. h. } m|_0 = 1, \quad \frac{\partial m}{\partial B}\bigg|_0 = 0, \quad \frac{\partial m}{\partial L}\bigg|_0 = 0.$$

---

[78] Siehe H. Bodemüller [1].

Die letzte Forderung ist von selbst erfüllt; aus den beiden ersten folgt c_1 wie oben, c_2 wie S. 287.

3. Bei der Abbildung 3. Grades $\Delta\tilde{\mathsf{M}} = (1 + c_1)\Delta\mathsf{M} + \frac{c_2}{2}\Delta\mathsf{M}^2 + \frac{c_3}{6}\Delta\mathsf{M}^3$ stellen wir die Forderung 2 und eine das *Abbildungsgebiet* betreffende Forderung an das Vergrößerungsverhältnis m [289], wodurch c_3 bestimmt wird.

VI, 3_{1a} Ellipsoidübergang 1. Grades $\breve{U}_I$ [78].

$$\Delta\tilde{\mathsf{M}} = (1 + c_1)\Delta\mathsf{M} \begin{cases} \Delta\tilde{H} = (1 + c_1)\,\Delta H = C_1 \Delta H, \\ \Delta\tilde{L} = (1 + c_1)\,\Delta L = C_1 \Delta L. \end{cases} \tag{119}$$

Die Meridiane gehen in Meridiane über, $\breve{U}_I$ ist also „azimuttreu"; die Bildverschwenkung oder Meridiankonvergenz c wird Null.

Um die Abbildungsgleichungen in den geographischen Koordinaten zu erhalten, ziehen wir die Reihen heran

$$\Delta H = \sum_{\nu=1}^{\infty} (b_\nu) \frac{\Delta B^\nu}{\nu!}, \qquad \Delta B = \sum_{\nu=1}^{\infty} (\dot{b}_\nu) \frac{\Delta H^\nu}{\nu!}, \tag{120}$$

V (22b) [173], (74b) [201]

mit der 1. Form der Koeffizienten V (19b) [171], (73a) [199] und die analogen für $\tilde{\mathfrak{F}}$ gebildeten Reihen. Es folgt

$$\begin{aligned} \Delta\tilde{B} &= \sum_{\nu=1}^{\infty} \left(\dot{\tilde{b}}_\nu\right) \frac{\Delta\tilde{H}^\nu}{\nu!} = \sum_{\nu=1}^{\infty} \left(\dot{\tilde{b}}_\nu\right) \frac{C_1^\nu}{\nu!} \Delta H^\nu \\ &= \sum_{\nu=1}^{\infty} \left(\dot{\tilde{b}}_\nu\right) \frac{C_1^\nu}{\nu!} \sum_{\mu=\nu}^{\infty} (b_\mu^{(\nu)}) \frac{\Delta B^\mu}{\mu!} = \sum_{\nu=1}^{\infty} \ddot{u}_\nu^{\mathrm{I}} \frac{\Delta B^\nu}{\nu!} \end{aligned} \tag{121}$$

mit

$$\ddot{u}_\nu^{\mathrm{I}} = \sum_{\varkappa=1}^{\nu} (b_\nu^{(\varkappa)}) \left(\dot{\tilde{b}}_\varkappa\right) \frac{C_1^\varkappa}{\varkappa!}$$

und demnach für

$$\delta B = \tilde{B} - B = (\tilde{B} - \tilde{B}_0) + (\tilde{B}_0 - B_0) + (B_0 - B) = \Delta\tilde{B} - \Delta B,$$
$$\delta L = \tilde{L} - L = (\tilde{L} - \tilde{L}_0) + (\tilde{L}_0 - L_0) + (L_0 - L) = \Delta\tilde{L} - \Delta L,$$

$$\left.\begin{aligned} \delta B &= (\ddot{u}_1^{\mathrm{I}} - 1)\,\Delta B + \sum_{\nu=2}^{\infty} \ddot{u}_\nu^{\mathrm{I}} \frac{\Delta B^\nu}{\nu!}, \\ \delta L &= c_1\,\Delta L. \end{aligned}\right\} \tag{122}$$

Für die ersten Koeffizienten hat man

$$\left.\begin{aligned} \ddot{u}_1^{\mathrm{I}} - 1 &= \frac{M_0}{\tilde{M}_0} - 1, \\ \ddot{u}_2^{\mathrm{I}} &= C_1 \cdot \frac{\tilde{E}_0'}{E'^2} t_0 \left[1 + 3\eta^2 - C_1(1 + 3\tilde{\eta}^2)\right]_0, \\ \ddot{u}_3^{\mathrm{I}} &= C_1 \cdot \frac{\tilde{E}_0'}{E'^3} \left[1 + 2t^2 - 3C_1 t^2(1 + 3\tilde{\eta}^2) - C_1^2(1 - t^2 + 4\tilde{\eta}^2 - 12\tilde{\eta}^2 t^2)\right]_0, \\ &\ldots\ldots\ldots \end{aligned}\right\} \tag{122a}$$

wobei im letzten Koeffizienten bereits η^2, aber nicht $\tilde{\eta}^2$ vernachlässigt ist.

Es muß jetzt noch alles nach $\delta a/a$, $\delta \mathfrak{a}$ entwickelt werden. Für den späteren Gebrauch wollen wir auch gleich eine zunächst beliebige kleine Änderung δB in Betracht ziehen und diese Größe analog behandeln.

Ellipsoidkonstanten und Grundgrößen.

$$a, \quad b = a(1-\mathfrak{a}), \quad c = \frac{a^2}{b} = \frac{a}{1-\mathfrak{a}} = a\sqrt{1+e'^2}, \quad e'^2 = \frac{2\mathfrak{a}-\mathfrak{a}^2}{(1-\mathfrak{a})^2}.$$

Wir verwenden wieder die Abkürzungen I (2) [5]

$$\eta^2 = e'^2\cos^2 B, \quad C = \cos B, \quad S = \sin B, \quad t = \operatorname{tg} B.$$

Damit erhält man

$$\left.\begin{aligned}
&\frac{\tilde{c}}{c} = 1 + \frac{\delta a}{a} + \frac{1}{1-\mathfrak{a}}\delta\mathfrak{a}, \qquad \delta e'^2 = \frac{2}{(1-\mathfrak{a})^3}\delta\mathfrak{a} = 2\left(\frac{a}{b}\right)^3\delta\mathfrak{a},\\
&\tilde{E}' = E' + C^2\delta e'^2 - 2e'^2 CS\delta B = E' + 2\left(\frac{a}{b}\right)^3 C^2\delta\mathfrak{a} - 2\eta^2 t\delta B,\\
&\left(\frac{\tilde{E}'}{E'}\right)^\alpha = 1 + 2\alpha\left(\frac{a}{b}\right)^3\frac{C^2}{E'}\delta\mathfrak{a} - \frac{2\eta^2 t}{E'}\alpha\delta B.
\end{aligned}\right\} \tag{123}$$

Zweckmäßig wird alles in einer Größe, und zwar η^2, ausgedrückt:

$$\begin{aligned}
\frac{a}{b} &= (1+e'^2)^{1/2} = [1+\eta^2(1+t^2)]^{1/2}\\
&= 1 + \frac{\eta^2}{2}(1+t^2) - \frac{\eta^4}{8}(1+t^2)^2 + \frac{\eta^6}{16}(1+t^2)^3 + \cdots\\
E'^{-1} &= 1 - \eta^2 + \eta^4 - \eta^6 + \cdots
\end{aligned}$$

Damit geht (123) über in

$$\begin{aligned}
\left(\frac{\tilde{E}'}{E'}\right)^\alpha = 1 + 2\alpha C^2\delta\mathfrak{a}\left[1 + \frac{\eta^2}{2}(1+3t^2) - \frac{\eta^4}{8}(1+6t^2-3t^4)\right] -\\
- 2t\alpha\delta B\,[\eta^2 - \eta^4] + \mathrm{Gl}_6.
\end{aligned} \tag{123a}$$

Für die Krümmungshalbmesser folgt durch spezielle Wahl von α

$$\begin{aligned}
\frac{\tilde{M}}{M} = \frac{\tilde{c}}{c}\left(\frac{\tilde{E}'}{E'}\right)^{-3/2} = 1 + \frac{\delta a}{a} - C^2\Big[2 - t^2 + \eta^2 + \frac{7}{2}t^2\eta^2 - \frac{1}{2}\eta^2 t^4 -\\
- \frac{1}{4}\eta^4 - \frac{15}{8}\eta^4 t^2 + \frac{3}{2}\eta^4 t^4 + \frac{1}{8}\eta^4 t^6\Big]\delta\mathfrak{a} + [3\eta^2 t - 3\eta^4 t]\,\delta B.
\end{aligned} \tag{124}$$

$$\begin{aligned}
\frac{\tilde{N}}{N} = \frac{\tilde{c}}{c}\left(\frac{\tilde{E}'}{E'}\right)^{-1/2} = 1 + \frac{\delta a}{a} + S^2\Big[1 - \frac{\eta^2}{2} + \frac{1}{2}\eta^2 t^2 + \frac{3}{8}\eta^4 -\\
- \frac{3}{4}\eta^4 t^2 - \frac{1}{8}\eta^4 t^4\Big]\delta\mathfrak{a} + [\eta^2 t - \eta^4 t]\,\delta B.
\end{aligned} \tag{125}$$

$$\begin{aligned}
\frac{\tilde{r}}{r} = \frac{\tilde{N}}{N}\frac{\cos\tilde{B}}{\cos B} = 1 + \frac{\delta a}{a} + S^2\Big[1 - \frac{1}{2}\eta^2(1-t^2) +\\
+ \frac{1}{8}\eta^4(3 - 6t^2 - t^4)\Big]\delta\mathfrak{a} + [-t + \eta^2 t - \eta^4 t]\,\delta B
\end{aligned} \tag{126}$$

wegen

$$\frac{\cos\tilde{B}}{\cos B} = 1 - t\delta B.$$

Die reziproken Werte $M/\tilde{M}$, $N/\tilde{N}$, $r/\tilde{r}$ erhalten wir einfach durch Umkehrung des Vorzeichens in den Koeffizienten von δa, $\delta\mathfrak{a}$, δB.

Durch die erste Forderung ist jetzt die Konstante in der Abbildungsfunktion bei gegebenem $\delta a/a$, $\delta\mathfrak{a}$ bekannt:

$$C_1 = 1 + c_1 = \frac{N_0}{\tilde{N}_0} = 1 - \frac{\delta a}{a} - S_0^2\Big[1 - \frac{1}{2}\eta^2 + \frac{1}{2}\eta^2 t^2 + \frac{3}{8}\eta^4 - \\ - \frac{3}{4}\eta^4 t^2 - \frac{1}{8}\eta^4 t^4\Big]_0 \delta\mathfrak{a}. \qquad (127)$$

Die weitere Ausrechnung der Koeffizienten für die Übergangsgleichungen liefert[78]

$$\left.\begin{aligned} \ddot{u}_1^{\mathrm{I}} - 1 &= -\frac{\delta a}{a} + C_0^2\Big[2 - t^2 + \eta^2 + \frac{7}{2}\eta^2 t^2 - \frac{1}{2}\eta^2 t^4 - \frac{1}{4}\eta^4 - \\ &\quad - \frac{15}{8}\eta^4 t^2 + \frac{3}{2}\eta^4 t^4 + \frac{1}{8}\eta^4 t^6 + \mathrm{Gl}_6\Big]_0 \cdot \delta\mathfrak{a}, \\ \ddot{u}_2^{\mathrm{I}} &= t_0\Big[(1 + 2\eta^2)_0 \frac{\delta a}{a} - C_0^2\Big(6 - t^2 + 3\eta^2 + \frac{15}{2}\eta^2 t^2 - \\ &\quad - \frac{1}{2}\eta^2 t^4 + \mathrm{Gl}_4\Big)_0 \delta\mathfrak{a}\Big], \\ \ddot{u}_3^{\mathrm{I}} &= [2 + t^2]_0 \frac{\delta a}{a} + C_0^2\,[-8 + 8t^2 + t^4 + \mathrm{Gl}_2]_0\, \delta\mathfrak{a}, \\ &\cdots\cdots\cdots \end{aligned}\right\} \qquad (122\mathrm{b})$$

Damit werden δB, δL homogen und linear von $\delta a/a$, $\delta\mathfrak{a}$ abhängig, sind also ebenfalls bei festem ΔB, ΔL „kleine Größen 1. Ordnung", deren Produkte untereinander und mit $\delta a/a$, $\delta\mathfrak{a}$ vernachlässigt werden können. (Bei der Variation δB [284] wurde diese Eigenschaft bereits vorausgesetzt.)

Vergrößerungsverhältnis:

$$m = \frac{\tilde{r}}{r}\,|f'(\mathsf{M})| = \frac{\tilde{r}}{r}\, C_1. \qquad (128)$$

In den ersten Faktoren von (126) sind die Koeffizienten noch in der Umgebung von B_0 nach Potenzen von ΔB zu entwickeln:

$$S^2\,[1 - \tfrac{1}{2}\eta^2(1 - t^2) + \tfrac{1}{8}\eta^4(3 - 6t^2 - t^4)] = S_0^2\,[1 - \tfrac{1}{2}\eta^2(1 - t^2) + \\ + \tfrac{1}{8}\eta^4(3 - 6t^2 - t^4)]_0 + C_0^2 t_0\,[2 - \eta^2(1 - 3t^2)]_0\,\Delta B + \\ + C_0^2\,[1 - t^2]_0\,\Delta B^2 + \cdots$$

$$[t - \eta^2 t + \eta^4 t] = t_0\,[1 - \eta^2(1 - \eta^2)]_0 + [1 + t^2 - \eta^2(1 - t^2)]_0\,\Delta B + \\ + [t(1 + t^2)]_0\,\Delta B^2 + \cdots$$

(wobei nur bis η^4 bzw. η^2 bzw. η^0 gegangen wird).

Setzt man nun δB nach (122) in (126) ein und ordnet nach Potenzen von ΔB, so entsteht die gesuchte Entwicklung

$$m = C_1\frac{\tilde{r}}{r} = 1 + \Big[t_0(1 - \eta^2)_0\frac{\delta a}{a} + S_0^2\Big(1 - \frac{1}{2}\eta^2\big(3 - t^2\big)\Big)_0 \delta\mathfrak{a}\Big]\Delta B + \\ + \frac{1}{2}\Big[(2 + t^2)_0\frac{\delta a}{a} - C_0^2\big(2 - t^2(2 + t^2)\big)_0\,\delta\mathfrak{a}\Big]\Delta B^2 + \cdots \qquad (129)$$

In den Koeffizienten können die Glieder η^4 bzw. η^2 im Hinblick auf die Kleinheit von $\delta a/a$, $\delta \mathfrak{a}$ vernachlässigt werden.

Die Bildverschwenkung c verschwindet, wie wir bereits oben festgestellt haben.

Dem Vorteil, daß die Abbildung azimuttreu ist, steht der Nachteil gegenüber, daß in m ein lineares Glied vorkommt, wodurch bei zunehmendem ΔB die Verzerrung verhältnismäßig große Beträge erreicht. Wir wollen deshalb den Abbildungsgrad erhöhen.

VI,3$_{1b}$ Ellipsoidübergang 2. Grades $\ddot{U}_{II}$.

$$\Delta \tilde{\mathsf{M}} = (1+c_1)\Delta \mathsf{M} + \frac{c_2}{2}\Delta \mathsf{M}^2 \left\{ \begin{aligned} \Delta \tilde{H} &= (1+c_1)\,\Delta H + \frac{c_2}{2}(\Delta H^2 - \Delta L^2) \\ \Delta \tilde{L} &= (1+c_1)\,\Delta L + c_2 \Delta H \Delta L. \end{aligned} \right\} \quad (130)$$

Um die Übergangsgrößen δB, δL zu erhalten, setzen wir die Abbildungsgleichungen zunächst in die allgemeineren Reihen (120), (121) ein:

$$\Delta \tilde{B} = \left(\tilde{b}_1\right)\Delta \tilde{H} + \frac{1}{2}\left(\tilde{b}_2\right)\Delta \tilde{H}^2 + \cdots$$

$$= \tilde{E}_0' C_0\left[C_1 \Delta H + \frac{c_2}{2}\Delta H^2 - \frac{c_2}{2}\Delta L^2\right] - \frac{1}{2}\tilde{E}_0' C_0 S_0 (1+3\tilde{\eta}_0^2) C_1^2 \Delta H^2 + \cdots$$

$$\Delta B = E_0' C_0 \Delta H - \frac{1}{2} E_0' C_0 S_0 (1 + 3\eta_0^2)\Delta H^2 + \cdots$$

und finden so mit den zulässigen Vernachlässigungen

$$\left.\begin{aligned} \delta B &= \tilde{B} - B = \Delta \tilde{B} - \Delta B = C_0\left[E_0' c_1 + C_0^2\, 2\left(\frac{a}{b}\right)^3 \delta \mathfrak{a}\right]\Delta H + \\ &\quad + \frac{C_0}{2}\left[c_2 - S_0 (C_1^2 - 1) - 8\, C_0^2 S_0 C_1^2\, \delta \mathfrak{a}\right]\Delta H^2 - \frac{C_0}{2} c_2 \Delta L^2 + \cdots \\ \delta L &= \tilde{L} - L = \Delta \tilde{L} - \Delta L = c_1 \Delta L + c_2 \Delta H \Delta L, \end{aligned}\right\} \quad (131)$$

wobei in der letzten Klammer nur der Kugelanteil berücksichtigt ist.

Nach den Ausführungen von S. 284 gilt für den Quotienten der Halbachsen die Entwicklung

$$\begin{aligned} 2\left(\frac{a}{b}\right)^3 &= 2 + 3e'^2 + \frac{3}{4}e'^4 + \cdots = 2 + 3\eta_0^2 + 3\,\eta_0^2 t_0^2 + \frac{3}{4}\eta_0^4 + \\ &\quad + \frac{3}{2}\eta_0^4 t_0^2 + \frac{3}{4}\eta_0^4 t_0^4 + \cdots \end{aligned} \quad (132)$$

Damit haben wir den Übergang $B \to \tilde{B}$, $L \to \tilde{L}$ in isometrischen Koordinaten ausgedrückt und müssen nun, um die Konstanten c_1, c_2 bestimmen zu können, das Vergrößerungsverhältnis m zunächst ebenfalls in *isometrischen* Koordinaten berechnen. Es ist

$$m = \frac{\tilde{r}}{r}\left|C_1 + c_2 \Delta \mathsf{M}\right| = \frac{\tilde{r}}{r} C_1\left(1 + \frac{c_2}{C_1}\Delta H\right) \quad \text{wegen} \quad c_2^2 \approx 0. \quad 133)$$

Aus (126) folgt für $\tilde{r}/r$ eine Entwicklung nach ΔB. Ersetzt man ΔB, δB durch ΔH nach (131), so ergibt sich

$$\begin{aligned}\frac{\tilde{r}}{r} &= 1+\frac{\delta a}{a}+S_0^2\Big[1-\frac{1}{2}\eta^2(1-t^2)+\frac{1}{8}\eta^4(3-6t^2-t^4)\Big]_0\delta\mathfrak{a}-S_0c_1\Delta H+\\ &\quad+[-2c_1+S^2(C_1^2-1)-Sc_2-2C^4\delta\mathfrak{a}]_0\frac{\Delta H^2}{2}+c_2S_0\frac{\Delta L^2}{2}+\cdots\end{aligned} \tag{134}$$

und nach Multiplikation mit dem zweiten Faktor

$$\begin{aligned}m &= C_1\Big\{1+\frac{\delta a}{a}+S_0^2\Big[1-\frac{1}{2}\eta^2+\frac{1}{2}\eta^2t^2+\frac{1}{8}\eta^4(3-6t^2-t^4)\Big]_0\delta\mathfrak{a}\Big\}-\\ &\quad-(c_1S_0-c_2)\,\Delta H-[2c_1C^2+c_2S+2C^4\delta\mathfrak{a}]_0\frac{\Delta H^2}{2}+c_2S_0\frac{\Delta L^2}{2}+\cdots\end{aligned}$$

Stellt man jetzt die zweite Forderung [282]

$$\left.\begin{aligned}m(\mathbf{P}_0) = 1 \to C_1 &= 1-\frac{\delta a}{a}-S_0^2\Big[1-\frac{1}{2}\eta^2(1-t^2)+\\ &\quad+\frac{1}{8}\eta^4(3-6t^2-t^4)\Big]_0\delta\mathfrak{a}=\frac{r_0}{\tilde{r}_0},\\ \frac{\partial m}{\partial B}\Big|_{\mathbf{P}_0}=0 \to \frac{\partial m}{\partial H}\Big|_{\mathbf{P}_0}&=0\to c_2=c_1S_0,\end{aligned}\right\} \tag{135}$$

so lauten die Abbildungsgleichungen in isometrischen Koordinaten

$$\left.\begin{aligned}\Delta\tilde{H} &= (1+c_1)\Delta H+\frac{S_0c_1}{2}(\Delta H^2-\Delta L^2),\\ \Delta\tilde{L} &= (1+c_1)\Delta L+S_0c_1\Delta H\,\Delta L\end{aligned}\right\} \tag{136}$$

mit

$$c_1=-\frac{\delta a}{a}-S_0^2\Big[1-\frac{1}{2}\eta^2(1-t^2)+\frac{1}{8}\eta^4(3-6t^2-t^4)\Big]_0\delta\mathfrak{a}.$$

Für das Vergrößerungsverhältnis ergibt sich

$$\begin{aligned}m &= 1-C_0^2[c_1(2+t_0^2)+2C_0^2\delta\mathfrak{a}]\frac{\Delta H^2}{2}+c_1S_0^2\frac{\Delta L^2}{2}+\cdots\\ &= 1+C_0^2\Big[(2+t_0^2)\frac{\delta a}{a}-C_0^2(2-2t^2-t^4)_0\delta\mathfrak{a}\Big]\frac{\Delta H^2}{2}-\\ &\quad-S_0^2\Big(\frac{\delta a}{a}+S_0^2\delta\mathfrak{a}\Big)\frac{\Delta L^2}{2}+\cdots\end{aligned} \tag{137}$$

und für die Bildverschwenkung aus (133) im Rahmen der zulässigen Vernachlässigungen

$$\operatorname{tg}c=\frac{c_2\Delta L}{1+c_1+c_2\Delta H}=c_2\Delta L$$

oder

$$\operatorname{tg}c=-S_0\Big[\frac{\delta a}{a}+S_0^2\Big(1-\frac{1}{2}\eta^2+\frac{1}{2}\eta^2t^2\Big)_0\delta\mathfrak{a}\Big]\Delta L. \tag{138}$$

Man wird schließlich die Übertragungsgleichungen sowie m noch in geographischen Koordinaten aufstellen, wobei nur ΔH durch ΔB unter Berücksichtigung der gefundenen Werte für c_1, c_2 zu ersetzen ist[78].

$$\left.\begin{aligned}
\delta B = \Big[& -\frac{\delta a}{a} + C_0^2 \Big\{2 - t^2 + \frac{1}{2}\eta^2(2 + 7t^2 - t^4) - \\
& - \frac{1}{8}\eta^4(2 + 15t^2 - 12t^4 - t^6)\Big\}_0 \delta \mathfrak{a}\Big] \Delta B + \\
& + \frac{3}{2} t_0 \left[\eta_0^2 \frac{\delta a}{a} - C_0^2(2 + \eta^2(1 + 2t^2))_0 \delta \mathfrak{a}\right] \Delta B^2 + \\
& + \frac{1}{2} t_0 C_0^2 \left[(1 + \eta_0^2)\frac{\delta a}{a} + S_0^2 \left(1 + \frac{1}{2}\eta^2 + \frac{1}{2}\eta^2 t^2\right)_0 \delta \mathfrak{a}\right] \Delta L^2 - \\
& - \frac{1}{2} S_0^2 \left[\frac{\delta a}{a} + S_0^2 \delta \mathfrak{a}\right] \Delta B \Delta L^2 + \\
& + \frac{1}{6}\left[(2 + t_0^2)\frac{\delta a}{a} - 8 C_0^2 \left(1 - t^2 - \frac{t^4}{8}\right)_0 \delta \mathfrak{a}\right] \Delta B^3 + \cdots \\
\delta L = - \Big[& \frac{\delta a}{a} + S_0^2 \Big\{1 - \frac{1}{2}\eta^2(1 - t^2) + \\
& \frac{1}{8}\eta^4(3 - 6t^2 - t^4)\Big\}_0 \delta \mathfrak{a}\Big] \Delta L - \\
& - t_0 \left[(1 - \eta_0^2)\frac{\delta a}{a} + S_0^2\left(1 - \frac{3}{2}\eta^2 + \frac{1}{2}\eta^2 t^2\right)_0 \delta \mathfrak{a}\right] \Delta B \Delta L - \\
& - \frac{1}{2} t_0^2 \left[\frac{\delta a}{a} + S_0^2 \delta \mathfrak{a}\right] \Delta B^2 \Delta L + \cdots
\end{aligned}\right\} \quad (139)$$

$$\left.\begin{aligned}
m = 1 & + \frac{1}{2}\left[(2 + t_0^2)\frac{\delta a}{a} - C_0^2(2 - 2t_0^2 - t_0^4)\delta \mathfrak{a}\right] \Delta B^2 - \\
& - \frac{S_0^2}{2}\left[\frac{\delta a}{a} + S_0^2 \delta \mathfrak{a}\right] \Delta L^2 + \cdots \\
\operatorname{tg} c & = - S_0 \left[\frac{\delta a}{a} + S_0^2\left(1 - \frac{1}{2}\eta^2 + \frac{1}{2}\eta^2 t^2\right)_0 \delta \mathfrak{a}\right] \Delta L.
\end{aligned}\right\} \quad (140)$$

VI,3$_{1c}$ Ellipsoidübergang 3. Grades $\tilde{U}_{III}$.

$$\left.\begin{aligned}
\Delta \tilde{\mathsf{M}} &= (1 + c_1)\Delta \mathsf{M} + \frac{c_2}{2!}\Delta \mathsf{M}^2 + \frac{c_3}{3!}\Delta \mathsf{M}^3, \\
\Delta \tilde{H} &= (1 + c_1)\Delta H + \frac{c_2}{2}(\Delta H^2 - \Delta L^2) + \frac{c_3}{6}(\Delta H^3 - 3\Delta H \Delta L^2), \\
\Delta \tilde{L} &= (1 + c_1)\Delta L + c_2 \Delta H \Delta L + \frac{c_3}{6}(3\Delta H^2 \Delta L - \Delta L^3).
\end{aligned}\right\} \quad (141)$$

Wir schreiten gleich zur Bildung des Vergrößerungsverhältnisses

$$\begin{aligned}
m &= \frac{\tilde{r}}{r}\left|C_1 + c_2 \Delta \mathsf{M} + \frac{c_3}{2}\Delta \mathsf{M}^2\right| \\
&= \frac{\tilde{r}}{r} C_1\left[1 + \frac{c_2}{C_1}\Delta H + \frac{c_3}{2C_1}(\Delta H^2 - \Delta L^2)\right].
\end{aligned} \quad (142)$$

Setzt man die Entwicklung (134) für $\tilde{r}/r$ ein und multipliziert die Faktoren unter Berücksichtigung der Vernachlässigungen, so entsteht

$$m = C_1\left\{1 + \frac{\delta a}{a} + S_0^2\left[1 - \frac{1}{2}\eta^2(1-t^2) + \frac{1}{8}\eta^4(3-6t^2-t^4)\right]_0 \delta\mathfrak{a}\right\} - \\ -[c_1 S_0 - c_2]\Delta H + [-2c_1C^2 - c_2S + c_3 - 2C^4\delta\mathfrak{a}]_0 \frac{\Delta H^2}{2} + \\ + [c_2 S - c_3]_0 \frac{\Delta L^2}{2} + \cdots \tag{143}$$

Aus der Forderung, daß $\mathbf{P}_0$ ein Zentralpunkt der konformen Abbildung sein soll, folgen für c_1, c_2 *dieselben* Werte wie oben, da sich die Änderung nur auf Glieder 2. und 3. Grades erstreckt. Damit vereinfacht sich die Reihe für m

$$m = 1 + [-c_1(2+t^2)\,C^2 - 2C^4\delta\mathfrak{a} + c_3]\frac{\Delta H^2}{2} + [c_1 S^2 - c_3]\frac{\Delta L^2}{2} + \cdots$$

Die Konstante c_3 ist noch verfügbar; sie bedingt die Gestalt der kegelschnittartigen Kurven $m =$ const. in der M-Ebene. Nach einem Satz von Eisenlohr[79] zeigt die *konforme Abbildung im Innern eines Gebietes die kleinste Verzerrung, wenn die Vergrößerung auf dem ganzen Rand einen konstanten Wert behält.* Die in der Praxis am häufigsten vorkommenden Gebiete sind nun

a) Meridianstreifen,
b) Parallelkreiszonen,
c) kreisförmige Bereiche.

Ihnen können und wollen wir die Abbildung durch geeignete Wahl von c_3 so anpassen, daß m (in quadratischer Näherung) auf dem Rande konstant wird, d. h. für

a) muß der Koeffizient von ΔH^2 Null werden, damit m nur von ΔL abhängt, also

$$c_3 = c_1 C_0^2(2 + t_0^2) + 2C_0^4\,\delta\mathfrak{a}; \tag{144a}$$

b) muß der Koeffizient von ΔL^2 Null werden, damit m nur von ΔB abhängt, also

$$c_3 = c_1 S_0^2; \tag{144b}$$

c) müssen die Koeffizienten von ΔH^2 und ΔL^2 gleich werden, also

$$c_3 = c_1 + C_0^4\,\delta\mathfrak{a} = -\frac{\delta a}{a} + C_0^4(1 - t^2 - t^4)_0\,\delta\mathfrak{a} + \mathrm{Gl}_2.$$

Mit diesen Konstanten gestaltet sich der *Ellipsoidübergang für kreisförmige Gebiete*, auf den wir uns beschränken wollen, folgendermaßen:

---

[79] Siehe F. Eisenlohr [1] S. 146.

In *isometrischen* Koordinaten:

$$\Delta\tilde{H} = (1 + c_1)\Delta H + \frac{1}{2} c_1 S_0 (\Delta H^2 - \Delta L^2) + \\ + \frac{1}{6}\left[-\frac{\delta a}{a} + C_0^4 (1 - t^2 - t^4)_0 \,\delta \mathfrak{a}\right] (\Delta H^3 - 3\Delta H \Delta L^2) + \cdots \tag{145}$$

$$\Delta\tilde{L} = (1 + c_1)\Delta L + S_0 c_1 \Delta H \Delta L + \\ + \frac{1}{6}\left[-\frac{\delta a}{a} + C_0^4 (1 - t^2 - t^4)_0 \,\delta \mathfrak{a}\right] (3\Delta H^2 \Delta L - \Delta L^3) + \cdots$$

mit

$$c_1 = -\frac{\delta a}{a} - S_0^2\left[1 - \frac{1}{2}\eta^2 (1 - t^2) + \frac{1}{8}\eta^4 (3 - 6t^2 - t^4)\right]_0 \delta \mathfrak{a}.$$

(In den Gliedern 3. Grades ist nur der Kugelanteil mitgenommen.)

$$\left.\begin{aligned} m &= 1 + \frac{1}{2} C_0^2\left[\frac{\delta a}{a} - C_0^2 (1 - t_0^2)\,\delta \mathfrak{a}\right] (\Delta H^2 + \Delta L^2) + \cdots \\ \operatorname{tg} c &= \frac{c_2 \Delta L + c_3 \Delta H \Delta L}{C_1 + c_2 \Delta H + \frac{c_3}{2}(\Delta H^2 - \Delta L^2)} = c_2 \Delta L + c_3 \Delta H \Delta L + \cdots \\ &= -S_0\left[\frac{\delta a}{a} + S_0^2\left(1 - \frac{\eta^2}{2}(1 - t^2)\right)_0 \delta \mathfrak{a}\right]\Delta L - \\ &\quad -\left[\frac{\delta a}{a} - C_0^4 (1 - t^2 - t^4)_0 \,\delta \mathfrak{a}\right]\Delta H \Delta L + \cdots . \end{aligned}\right\} \tag{146}$$

Auf den rechten Seiten der Übergangsgleichungen $\ddot{U}_{II}$ (139) kommen jetzt

in *geographischen* Koordinaten

folgende Glieder 3. Ordnung hinzu:

bei δB das Glied $\frac{c_3}{6}(\Delta H^3 - 3\Delta H \Delta L^2)\left(\tilde{b}_1\right)$,

das mit den zulässigen Vernachlässigungen lautet

$$\frac{1}{6}\left[-\frac{\delta a}{a} + C_0^4 (1 - t^2 - t^4)_0 \,\delta \mathfrak{a}\right]\left[\frac{\Delta B^3}{\cos^3 B_0} - 3\frac{\Delta B \Delta L^2}{\cos B_0}\right]\cos B_0 \\ = \left[-(1 + t^2)\frac{\delta a}{a} + C^2 (1 - t^2 - t^4)\,\delta \mathfrak{a}\right]_0 \frac{\Delta B^3}{6} - \\ - \left[\frac{\delta a}{a} + C^4 (1 - t^2 - t^4)\,\delta \mathfrak{a}\right]_0 \frac{\Delta B \Delta L^2}{2},$$

bei δL das Glied $\frac{c_3}{6}(3\Delta H^2 \Delta L - \Delta L^3)$,

das mit den zulässigen Vernachlässigungen lautet

$$\frac{1}{6}\left[-\frac{\delta a}{a} + C_0^4 (1 - t^2 - t^4)_0 \,\delta \mathfrak{a}\right]\left[3\frac{\Delta B^2 \Delta L}{\cos^2 B_0} - \Delta L^3\right] \\ = (1 + t_0^2)\left[-\frac{\delta a}{a} + C_0^4 (1 - t^2 - t^4)_0 \,\delta \mathfrak{a}\right]\frac{\Delta B^2 \Delta L}{2} - \\ - \left[-\frac{\delta a}{a} + C_0^4 (1 - t^2 - t^4)_0 \,\delta \mathfrak{a}\right]\Delta L^3.$$

Bezeichnet man mit δB_{II}, δL_{II} die rechten Seiten von (139) *bis zu den Gliedern 2. Grades* einschließlich, so entstehen die Übergangsgleichungen für die Abbildung 3. Grades

$$\left.\begin{aligned} \delta B &= \delta B_{II} + \frac{\Delta B \Delta L^2}{2} C_0^2 \left[\frac{\delta a}{a} - C_0^2 (1 - t_0^2)\, \delta \mathfrak{a}\right] + \\ &\quad + \frac{\Delta B^3}{6} \left[\frac{\delta a}{a} - 7\, C_0^2 (1 - t_0^2)\, \delta \mathfrak{a}\right] + \cdots \\ \delta L &= \delta L_{II} - \frac{\Delta B^2 \Delta L}{2} \left[(1 + 2\, t^2) \frac{\delta a}{a} - C_0^2 (1 - t^2 - 2\, t^4)\, \delta \mathfrak{a}\right]_0 + \\ &\quad + \frac{\Delta L^3}{6} \left[\frac{\delta a}{a} - C_0^4 (1 - t^2 - t^4)_0\, \delta \mathfrak{a}\right] + \cdots \end{aligned}\right\} \tag{147}$$

Ferner wird

$$m = 1 + \frac{1}{2} \left[\frac{\delta a}{a} - C_0^2 (1 - t_0^2)\, \delta \mathfrak{a}\right] (\Delta B^2 + C_0^2 \Delta L^2) + \cdots \tag{148}$$

$$\begin{aligned} \operatorname{tg} c = &- S_0 \left[\frac{\delta a}{a} + S_0^2 \left(1 - \frac{1}{2} \eta^2 + \frac{1}{2} \eta^2 t^2\right)_0 \delta \mathfrak{a}\right] \Delta L - \\ &- C_0 \left[(1 + t^2) \frac{\delta a}{a} - C^2 (1 - t^2 - t^4)\, \delta \mathfrak{a}\right]_0 \Delta B \Delta L + \cdots \end{aligned} \tag{149}$$

Statt $m(\mathbf{P}_0) = 1$ kann man auch $m(\mathbf{P}_0) = m_0$ vorschreiben und dadurch das Vergrößerungsverhältnis im Gesamtgebiet noch günstiger gestalten.

VI, 3_2 Eine infinitesimale Abbildung des Sphäroids auf sich selbst („konforme Anfelderung")[80].

Durch die Praxis wird noch eine zweite Aufgabe nahegelegt. Angenommen, es sei ein Dreiecksnetz mit dem Triangulationsnullpunkt $\mathbf{P}_0$ nach der vorigen Methode von dem ersten Sphäroid auf das zweite übertragen. Dann soll dieses Netz an ein bereits dort vorhandenes Netz angeschlossen werden, d. h. die Koordinaten des übertragenen Netzes sollen so verbessert werden, daß sie mit den Koordinaten der dort vorhandenen Triangulation möglichst gut übereinstimmen. Man spricht von Anfelderung der Koordinaten.

Wir werden dieses Ziel wieder am besten durch eine *konforme* Abbildung erreichen. Diesmal bleibt $\mathfrak{F}$ fest, aber dem Punkt $\mathbf{P}$ entspreche der Bildpunkt $\mathbf{P}^*$.

Zunächst sind am Triangulationsnullpunkt $\mathbf{P}_0(B_0, L_0)$ die Verbesserungen δB_0, δL_0 anzubringen, so daß sich entsprechen

$$\mathbf{P}_0(B_0, L_0) \to \mathbf{P}_0^*(B_0^* = B_0 + \delta B,\, L_0^* = L_0 + \delta L).$$

Für die konforme Abbildung machen wir wie oben den Ansatz

$$\Delta \mathsf{M}^* = \text{Polynom}\,(\Delta \mathsf{M}),$$

[80] Siehe H. Bodemüller [1] S. 331.

wobei es für die Anwendungen genügt, bis zum 3. Grad zu gehen:

$$\Delta \mathsf{M}^* = C_1 \Delta \dot{\mathsf{M}} + c_2 \frac{\Delta \mathsf{M}^2}{2!} + c_3 \frac{\Delta \mathsf{M}^3}{3!}, \qquad C_1 = 1 + c_1. \tag{150}$$

Die Konstanten c_1, c_2, c_3 werden durch die Forderungen bestimmt:

1. Das abzubildende Netz (Gebiet) erfahre in $\mathbf{P}_0$ eine infinitesimale Drehstreckung, d. h. es sei in $\mathbf{P}_0$

$$m = 1 + \delta m_0, \qquad c = \delta \alpha_0.$$

2. Das Vergrößerungsverhältnis sei in $\mathbf{P}_0$ stationär, d. h. es gilt in $\mathbf{P}_0$

$$\left.\frac{\partial m}{\partial B}\right|_0 = 0, \qquad \left.\frac{\partial m}{\partial L}\right|_0 = 0.$$

3. m sei auf dem Rande des Gebietes, das (in zweiter Näherung) als kreisförmig (in der M-Ebene) angenommen wird, konstant.

4. Mit $\delta B_0, \delta L_0, \delta m_0, \delta \alpha_0 \to 0$ sollen auch $c_1, c_2, c_3 \to 0$ streben, d. h. c_1, c_2, c_3 dürfen als kleine, von den $\delta B_0, \delta L_0, \delta m_0, \delta \alpha_0$ abhängige Größen 1. Ordnung angesehen werden, deren Produkte untereinander und mit den δB_0 usw. zu vernachlässigen sind.

Bemerkung: Durch das Wort „infinitesimal" bringen wir wie in VI, 3_1 zum Ausdruck, daß alle von den Variationen δ abhängige Größen in Potenzreihen nach δ zu entwickeln sind, die bereits nach dem linearen Glied abgebrochen werden. Die Größen δ haben zwar kleine, aber durchaus endliche Werte, und die zu entwickelnden Formeln geben nur die Grenzwerte für $\delta \to 0$ an.

Wir werden sehen, daß durch die Bedingungen 1 bis 4 in der Tat die komplexen Konstanten

$$c_j = c_j' + i c_j'', \qquad j = 1, 2, 3$$

eindeutig gekennzeichnet sind.

Die Abbildungsgleichungen lauten in isometrischen Koordinaten

$$\left.\begin{aligned} \Delta H^* &= (1 + c_1')\Delta H - c_1''\Delta L + \tfrac{1}{2}[c_2'(\Delta H^2 + \Delta L^2) - 2c_2''\Delta H \Delta L] \\ &\quad + \tfrac{1}{6}[c_3'(\Delta H^3 - 3\Delta H \Delta L) - c_3''(3\Delta H^2 \Delta L - \Delta L^3)], \\ \Delta L^* &= c_1''\Delta H + (1 + c_1')\Delta L + \tfrac{1}{2}[2c_2'\Delta H \Delta L + c_2''(\Delta H^2 - \Delta L^2)] \\ &\quad + \tfrac{1}{6}[c_3'(3\Delta H^2 \Delta L - \Delta L^3) + c_3''(\Delta H^3 - 3\Delta H \Delta L^2)], \end{aligned}\right\} \tag{151}$$

und es ist

$$\delta H = H^* - H = (H^* - H_0^*) + (H_0^* - H_0) + (H_0 - H) = \Delta H^* - \Delta H + \delta H_0,$$

$$\left.\begin{aligned} \delta B &= B^* - B = (B^* - B_0^*) + (B_0^* - B_0) + (B_0 - B) = \Delta B^* - \Delta B + \delta B_0, \\ \delta L &= L^* - L = (L^* - L_0^*) + (L_0^* - L_0) + (L_0 - L) = \Delta L^* - \Delta L + \delta L_0. \end{aligned}\right\} \tag{152}$$

$\delta B, \delta L$ werden, im obigen Sinn, ebenfalls kleine Größen 1. Ordnung, deren Produkte untereinander und mit δB_0 usw. zu vernachlässigen sind. Für δL ist das direkt aus (151) zu ersehen; δB berechnet sich wie folgt (V (73a) [199]):

$$\Delta B = E_0' \cos B_0 \Delta H - \tfrac{1}{2} E_0' C_0^2 t_0 (1 + 3\eta_0^2) \Delta H^2 + \cdots,$$
$$\Delta B^* = E_0'^* \cos B_0^* \Delta H^* - \tfrac{1}{2} E_0'^* C_0^{*2} t_0^* (1 + 3\eta_0^{*2}) \Delta H^{*2} + \cdots.$$

Die in dieser Reihe auftretenden Koeffizienten sind nach δB_0 zu entwickeln:

$$E_0'^* = E_0' - 2\eta_0^2 t_0 \delta B_0, \qquad \cos B_0^* = \cos B_0 (1 - t_0 \delta B_0),$$
$$\cos^2 B_0^* = \cos^2 B_0 (1 - 2\, t_0 \delta B_0), \quad t_0^* = t_0 + \frac{1}{\cos^2 B_0} \delta B_0,$$
$$E_0'^* \cos B_0^* = E_0' C_0 - S_0 (1 + 3\eta_0^2)\, \delta B_0,$$
$$E_0'^* \cos^2 B_0^* = E_0' C_0^2 - 2 t_0 (1 + 2\eta_0^2)\, C_0^2 \delta B_0,$$
$$E_0'^* \cos^2 B_0^* t_0 (1 + 3\eta_0^{*2}) =$$
$$= C_0^2 [t_0 (1 + 4\eta^2 - 3\eta^4)_0 - \{1 + t^2 - \eta^2 (4 - 12 t^2) + \eta^4 (-3 + 15 t^2)\}_0 \delta B_0].$$

Damit wird ΔB^*, wenn man für ΔH^* die Reihe (151) einsetzt,

$$\begin{aligned} \Delta B^* = {} & (1 + c_1') [C E' - S (1 + 3\eta^2)\, \delta B_0]_0 \Delta H - c_1'' C_0 E_0' \Delta L + \\ & + \tfrac{1}{2} \{c_2' C E' - C_1'^2 C^2 [t + \eta^2 t (4 + 3\eta^2) + \\ & + \{1 - t^2 + 4\eta^2 (1 - 3t^2) + 3\eta^4 (1 - 5t^2)\} \delta B_0]\}_0 \Delta H^2 - \\ & - \{c_2'' C E' - C_1' c_1'' C^2 t (1 + 4\eta^2 + 3\eta^4)\}_0 \Delta H \Delta L - \tfrac{1}{2} c_2' C_0 E_0' \Delta L^2 + \cdots, \end{aligned}$$

und schließlich folgt aus (152)

$$\begin{aligned} \delta B = {} & \delta B_0 + [c_1' C E' - S (1 + 3\eta^2)\, \delta B_0]_0 \Delta H - c_1'' C_0 E_0' \Delta L + \\ & + \tfrac{1}{2} C_0 [c_2' - 2 S c_1' - C (1 - t^2)\, \delta B_0]_0 \Delta H^2 - \\ & - \tfrac{1}{2} c_2' C_0 \Delta L^2 + C_0 (c_1'' S_0 - c_2'') \Delta H \Delta L + \cdots. \end{aligned} \tag{153}$$

Nachdem hiermit unsere Behauptung über den Charakter von δB nachgewiesen ist, können wir an die Berechnung von m gehen:

$$m = \frac{r^*}{r} \left| C_1 + c_2 \Delta \mathsf{M} + \frac{c_3}{2} \Delta \mathsf{M}^2 \right|. \tag{154}$$

Die Entwicklung des ersten Faktors nach δB ergibt

$$\begin{aligned} & \frac{N^2}{N^{*2}} = \frac{E^{*\prime}}{E'} = 1 - \frac{2\eta^2 t}{E'} \delta B; \quad \frac{\cos^2 B}{\cos^2 B^*} = 1 + 2t\, \delta B; \\ & \frac{r^2}{r^{*2}} = 1 + \frac{2t}{E'} \delta B; \quad \frac{r}{r^*} = 1 + \frac{t}{E'} \delta B; \quad \frac{r^*}{r} = 1 - \frac{t}{E'} \delta B. \end{aligned} \tag{155}$$

Für den Koeffizienten von δB haben wir in der Umgebung von $\mathbf{P}_0$ die Darstellung als Reihe in ΔB

$$\frac{t}{E'} = \frac{t_0}{E_0'} + (1 + t^2 - \eta^2 + \eta^2 t^2)_0 \Delta B + t_0 (1 + t_0^2) \Delta B^2 + \cdots$$

oder mit ΔH an Stelle von ΔB nach V (74b) [201]

$$\frac{t}{E'} = \frac{t_0}{E_0'} + C_0 (1 + t^2 + 2\eta^2 t^2)_0 \Delta H + \tfrac{1}{2} t_0 \Delta H^2 + \cdots. \tag{156}$$

Der zweite Faktor in dem Ausdruck für m (154) wird unmittelbar durch eine binomische Entwicklung gegeben:

$$\begin{aligned}\left|C_1 + c_2\,\Delta\mathsf{M} + \frac{c_3}{2}\,\Delta\mathsf{M}^2\right| &= |C_1|\left|1 + \frac{c_2}{C_1}\,\Delta\mathsf{M} + \frac{c_3}{2\,C_1}\,\Delta\mathsf{M}^2\right| \\ &= |C_1|\Big\{1 + \frac{C_1' c_2'}{|C_1|^2}\,\Delta H - \frac{C_1' c_2''}{|C_1|^2}\,\Delta L + \\ &\quad + \tfrac{1}{2}\,\frac{C_1' c_3'}{|C_1|^2}\,(\Delta H^2 - \Delta L^2) - \frac{C_1' c_3''}{|C_1|^2}\,\Delta H\,\Delta L + \cdots\Big\}.\end{aligned} \tag{157}$$

Durch Zusammensetzen der Gl. (153) bis (157) entsteht schließlich die gesuchte Darstellung[80]

$$\begin{aligned}m = |C_1|\Big\{1 &- \frac{t_0}{E_0'}\,\delta B_0 - \left(C_0\,\delta B_0 + S_0\,c_1' - \frac{C_1' c_2'}{|C_1|^2}\right)\Delta H + \\ &+ \left(c_1'' S_0 - \frac{C_1' c_2''}{|C_1|^2}\right)\Delta L - \\ &- \tfrac{1}{2}\left(2\,C_0^2\,c_1' - 2\,S_0\,C_0\,\delta B_0 + S_0\,c_2' - \frac{C_1' c_3'}{|C_1|^2}\right)\Delta H^2 - \\ &- \tfrac{1}{2}\left(\frac{C_1' c_3'}{|C_1|^2} - S_0\,c_2'\right)\Delta L^2 + \left(C_0^2\,c_1'' + S_0\,c_2'' - \frac{C_1' c_3''}{|C_1|^2}\right)\Delta H\,\Delta L + \cdots\Big\}.\end{aligned} \tag{158}$$

Nunmehr kann die Konstantenbestimmung erfolgen.

Forderung 1 (und 4) ergibt

$$\left.\begin{aligned}\operatorname{tg}\delta\,\alpha_0 &= \frac{c_1''}{1 + c_1'} \quad \text{oder} \quad c_1'' = \delta\,\alpha_0\,, \\ 1 + \delta\,m_0 &= |C_1|\left(1 - \frac{t_0}{E_0'}\,\delta B_0\right) \quad \text{oder} \quad c_1' = \delta\,m_0 + \frac{t_0}{E_0'}\,\delta B_0.\end{aligned}\right\} \tag{159,1}$$

Forderung 2 (und 4) ergibt

$$\left.\begin{aligned}C_0\,\delta B_0 + S_0\,c_1' - \frac{C_1' c_2'}{|C_1|^2} = 0 \quad \text{oder} \quad c_2' &= C_0\,\delta B_0 + S_0\,c_1' \\ &= S_0\,\delta\,m_0 + \frac{\delta B_0}{C_0} + \delta B_0\cdot \mathrm{Gl}_2, \\ c_1'' S_0 - \frac{C_1' c_2''}{|C_1|^2} = 0 \quad \text{oder} \quad c_2'' &= S_0\,\delta\,\alpha_0.\end{aligned}\right\} \tag{159,2}$$

Damit schließlich die dritte Forderung erfüllt ist, müssen die Koeffizienten der rein quadratischen Glieder ΔH^2, ΔL^2 einander gleich sein und das Produktglied $\Delta H\,\Delta L$ verschwinden.

$$\left.\begin{aligned}&\frac{C_1' c_3''}{|C_1|^2} = C_0^2\,c_1'' + S_0\,c_2'' \quad \text{oder} \quad c_3'' = \delta\alpha_0, \\ &2\,C_0^2\,c_1' - 2\,S_0\,C_0\,\delta B_0 + S_0\,c_2' - \frac{C_1' c_3'}{|C_1|^2} = \frac{C_1' c_3'}{|C_1|^2} - S_0\,c_2', \\ &c_3' = C_0^2\,c_1' - S_0\,C_0\,\delta B_0 + S_0\,c_2' \\ &\quad = \delta\,m_0 + \frac{t_0}{E_0'}\,\delta B_0 + \delta B_0\cdot \mathrm{Gl}_2 = c_1' + \delta B_0\cdot \mathrm{Gl}_2.\end{aligned}\right\} \tag{159,3}$$

Die so bestimmten Konstanten sind in (151) und (158) einzusetzen:

$$\left.\begin{aligned} \varDelta H^* &= (1+c_1')\varDelta H - \delta\alpha_0 \varDelta L + \frac{1}{2}(C_0\delta B_0 + S_0 c_1')(\varDelta H^2 - \varDelta L^2) - \\ &\quad - S_0\delta\alpha_0\varDelta H\varDelta L + \frac{c_1'}{6}(\varDelta H^3 - 3\varDelta H\varDelta L^2) - \\ &\quad - \frac{\delta\alpha_0}{6}(3\varDelta H^2\varDelta L - \varDelta L^3) + \cdots, \\ \varDelta L^* &= \delta\alpha_0\varDelta H + (1+c_1')\varDelta L + (C_0\delta B_0 + S_0 c_1')\varDelta H\varDelta L + \\ &\quad + \frac{1}{2}S_0\delta\alpha_0(\varDelta H^2 - \varDelta L^2) + \frac{c_1'}{6}(3\varDelta H^2\varDelta L - \varDelta L^3) - \\ &\quad - \frac{\delta\alpha_0}{6}(\varDelta H^3 - 3\varDelta H\varDelta L^2) + \cdots \end{aligned}\right\} \quad (160)$$

mit $\quad c_1' = \delta m_0 + \frac{t_0}{E_0'}\delta B_0,$

$$m = (1+\delta m_0) - \delta m_0 C_0^2 \frac{\varDelta H^2}{2} - \delta m_0 C_0^2 \frac{\varDelta L^2}{2}. \quad (161)$$

Für die Bildverschwenkung folgt aus der Abbildungsgleichung (150)

$$\operatorname{tg} c = c_1'' + c_2'\varDelta L + c_2''\varDelta H + \frac{c_3''}{2}(\varDelta H^2 - \varDelta L^2) + c_3'\varDelta H\varDelta L + \cdots \quad (162)$$

oder

$$\begin{aligned} \operatorname{tg} c = \delta\alpha_0 &+ \left(S_0\delta m_0 + \left[\frac{S_0 t_0}{E_0'} + C_0\right]\delta B_0\right)\varDelta L + S_0\delta\alpha_0\varDelta H + \\ &+ \tfrac{1}{2}\delta\alpha_0(\varDelta H^2 - \varDelta L^2) + c_1'\varDelta H\varDelta L + \cdots. \end{aligned}$$

Um die Abbildungsgleichungen in geographischen Koordinaten zu erhalten, ist auf den rechten Seiten von (160) noch $\varDelta H$ durch $\varDelta B$ zu ersetzen V (22b) [173]:

$$\left.\begin{aligned} \delta H &= \delta H_0 + \frac{1}{E_0' C_0}\left(\delta m_0 + \frac{t_0}{E_0'}\delta B_0\right)\varDelta B - \delta\alpha_0\varDelta L + \\ &\quad + \frac{1}{2E_0'^2 C_0^2}\left\{S_0(2+3\eta_0^2)\delta m_0 + C_0\left[1 + \frac{t_0^2}{E_0'}(2+3\eta_0^2)\right]\delta B_0\right\}\varDelta B^2 - \\ &\quad - \frac{C_0}{2}\left[\left(1 + \frac{t_0^2}{E_0'^2}\right)\delta B_0 + t_0\delta m_0\right]\varDelta L^2 - \frac{t_0\delta\alpha_0}{E_0'}\varDelta B\varDelta L + \\ &\quad + \frac{1}{6C_0}[2(1+3t^2)\delta m_0 + t(5+6t^2)\delta B_0]_0\varDelta B^3 - \frac{1+2t_0^2}{2}\delta\alpha_0\varDelta B^2\varDelta L - \\ &\quad - \frac{1}{2C_0}(\delta m_0 + t_0\delta B_0)\varDelta B\varDelta L^2 + \frac{\delta\alpha_0}{6}\varDelta L^3, \\ \delta L &= \delta L_0 + \frac{\delta\alpha_0}{C_0 E_0'}\varDelta B + \left(\delta m_0 + \frac{t_0}{E_0'}\right)\varDelta L + \frac{t_0}{2C_0}\delta\alpha_0(2-\eta_0^2)\varDelta B^2 - \\ &\quad - \frac{1}{2}S_0\delta\alpha_0\varDelta L^2 + [t(1-\eta^2)\delta m_0 + (1+t^2-\eta^2-2\eta^2 t^2)\delta B_0]_0\varDelta B\varDelta L + \\ &\quad + \frac{\delta\alpha_0}{3C_0}(1+3t_0^2)\varDelta B^3 + \frac{1}{2}[(1+2t^2)\delta m_0 + 2t(1+t^2)\delta B_0]_0\varDelta B^2\varDelta L - \\ &\quad - \frac{\delta\alpha_0}{2C_0}\varDelta B\varDelta L - \frac{1}{6}(\delta m_0 + t_0\delta B_0)\varDelta L^3 + \cdots. \end{aligned}\right\} \quad (163)$$

Schließlich müssen wir in der ersten Gleichung noch von δH zu δB übergehen. Aus $dH = \frac{dB}{E' \cos B}$ folgt

$$\delta H = \frac{\delta B}{E' \cos B} + \text{höhere Glieder.}$$

Der Faktor $E' \cos B$ muß ebenfalls noch in der Umgebung von $\mathbf{P}_0$ entwickelt werden:

$$E' \cos B = E_0' C_0 - S_0 (1 + 3\eta_0^2) \Delta B - C_0 (1 + 3\eta^2 - 6\eta^2 t^2)_0 \frac{\Delta B^2}{2} + S_0 \frac{\Delta B^3}{6} + \cdots.$$

Setzt man diese Zwischenrechnungen in (163) ein, so entsteht die Variation der geographischen Breite

$$\begin{aligned} \delta B = \delta B_0 &+ [\delta m_0 - 3\eta^2 t (1 - \eta^2) \delta B_0]_0 \Delta B - \\ &- C_0 (1 + \eta_0^2) \delta\alpha_0 \Delta L - \frac{3}{2} \eta_0^2 [t \delta m_0 + (1 - t^2) \delta B_0]_0 \Delta B^2 - \\ &- \frac{C_0^2}{2} [(1 + t^2 + \eta^2) \delta B_0 + t (1 + \eta^2) \delta m_0]_0 \Delta L^2 + 3 S_0 \eta_0^2 \delta\alpha_0 \Delta B \Delta L - \\ &- \frac{\delta m_0}{6} \Delta B^3 - \frac{C_0^2}{2} \delta m_0 \Delta B \Delta L^2 + \frac{C_0}{6} \delta\alpha_0 \Delta L^3 + \cdots. \end{aligned} \tag{163a}$$

Zum Abschluß tragen wir auch noch ΔB an Stelle von ΔH in (161), (162) ein

$$m = 1 + \delta m_0 - \frac{\delta m_0}{2} \Delta B^2 - \frac{\delta m_0}{2} C_0^2 \Delta L^2 + \cdots. \tag{164}$$

$$\begin{aligned} \operatorname{tg} c = \delta\alpha_0 &+ \left[S_0 \delta m_0 + \left(\frac{S_0 t_0}{E_0'} + C_0\right) \delta B_0\right] \Delta L + \frac{t_0}{E_0'} \delta\alpha_0 \Delta B + \\ &+ \frac{\delta\alpha_0}{2 C_0^2} (2 - C_0^2) \Delta B^2 + [\delta m_0 + t_0 \delta B_0] \frac{\Delta B \Delta L}{C_0} - \frac{1}{2} \delta\alpha_0 \Delta L^2 + \cdots, \end{aligned} \tag{165}$$

wobei in den quadratischen Gliedern nur die Kugelanteile mitgenommen sind.

VI, 4 Anhang: Übersicht über die Abbildungen in Abschnitt VI.

A) Die „Längen"-Abbildung $\mathsf{A} = \mathsf{M}$ (Merkator-Projektion).

1. Aufgabe $(B, L) \to (H, L)$ VI [233]

I (im Großen):

$$H = H_K + \sum_{\lambda=1}^{\infty} q_{2\lambda-1} \sin(2\lambda - 1) B \qquad \text{V } (14_0) \text{ [168]}$$

$$L = L$$

$$m = \frac{1}{r} = \frac{2}{a+b} \left\{ \frac{(R'_{-1})}{\cos B} + \sum_{\lambda=1}^{\infty} (R'_{2\lambda-1}) \cos(2\lambda - 1) B \right\} \qquad \text{I (43) [21]}$$

$$c = 0$$

$$\lg m = -\lg\left(\frac{a+b}{2} (1+n)^2\right) - \lg \cos B + \sum_{\lambda=1}^{\infty} (-1)^{\lambda+1} \frac{n^\lambda}{\lambda} \cos 2\lambda B \qquad \text{VI (15) [234]}$$

II (im Kleinen):

$$\Delta H = \sum_{\nu=1}^{\infty} [b_\nu) \frac{\Delta B^\nu}{\nu!} \qquad \text{V (22b) [173]}$$

$$\Delta L = \Delta L$$

$$m = \frac{1}{r_0} \sum_{\nu=0}^{\infty} (r'_\nu) \frac{\Delta B^\nu}{\nu!} \qquad \text{I (62) [34]}$$

$$= \frac{2}{a+b} \sum_{\nu=0}^{\infty} [r'_\nu] \frac{\Delta B^\nu}{\nu!} \qquad \text{I (76) [41]}$$

$$\lg \frac{m}{m_0} = \sum_{\nu=1}^{\infty} [\hat{m}_\nu] \frac{\Delta B^\nu}{\nu!} \qquad \text{VI (15a) [234]}$$

2. Aufgabe: $(H, L) \to (B, L)$ VI [235].

I*)

$$H = h \to \sin b = \operatorname{th} h, \quad \cos b = \frac{1}{\operatorname{ch} h}, \quad \operatorname{tg} b = \operatorname{sh} h, \quad \operatorname{tg}\frac{b}{2} = \operatorname{th}\frac{h}{2} \qquad \text{VI (7) [232]}$$

$$B = b + \sum_{\lambda=1}^{\infty} \dot{k}_{2\lambda} \sin 2\lambda b \qquad \text{V (61}_0\text{) [191]}$$

$$L = L$$

$$m^* = r = \frac{a+b}{2} \sum_{\lambda=1}^{\infty} (R_{2\lambda-1}) \cos(2\lambda - 1) B \qquad \text{I (42) [21]}$$

$$m^* = \frac{a+b}{2} \sum_{\lambda=1}^{\infty} (\tilde{R}_{2\lambda-1}) \cos(2\lambda - 1) b \qquad \text{VI (17a) [235]}$$

$$c^* = 0$$

$$\lg m^* = \text{const.} + \lg \cos b + \sum_{\lambda=1}^{\infty} L_{2\lambda} \cos 2\lambda b \qquad \text{VI (22) [238]}$$

II*)

$$\Delta B = \sum_{\nu=1}^{\infty} [\dot{b}_\nu) \frac{\Delta H^\nu}{\nu!} \qquad \text{V (74b) [201]}$$

$$\Delta L = \Delta L$$

$$m^* = r_0 \left\{ 1 + \sum_{\nu=1}^{\infty} (\tilde{r}_\nu) \frac{\Delta H^\nu}{\nu!} \right\} \qquad \text{VI (19) [236]}$$

$$\frac{1}{m^*} = \frac{1}{r_0} \left\{ 1 + \sum_{\nu=1}^{\infty} (\tilde{r}'_\nu) \frac{\Delta H^\nu}{\nu!} \right\} \qquad \text{VI (20) [237]}$$

$$\lg \frac{m^*}{m_0^*} = \sum_{\nu=1}^{\infty} [\hat{m}^*_\nu] \frac{\Delta b^\nu}{\nu!} \qquad \text{VI (23) [238]}$$

B. Die „Breiten"-Abbildung B (verallgemeinerte querachsige Merkator-Projektion).

1. Aufgabe: $(B, L) \to (\mathsf{B}', \mathsf{B}'')$ [240]:

I)

$$B \to b = B + \sum_{\lambda=1}^{\infty} k_{2\lambda} \sin 2\lambda B \qquad \text{V } (52_0) \ [187]$$

$$L \to l = L$$

$$\downarrow$$

$$\operatorname{tg}\beta' = \frac{\operatorname{tg} b}{\cos l}, \qquad \operatorname{th}\beta'' = \sin l \cos b \qquad \text{II (30a) [77]}$$

$$\mathsf{B} = \beta + \sum_{\lambda=1}^{\infty} \dot{k}_{2\lambda} \sin 2\lambda\beta \qquad \text{VI (31) [240]}$$

$$\lg m = -\lg r + \tfrac{1}{2}\lg(\cos^2\beta' + \operatorname{sh}^2\beta'') + \sum_{\lambda=0}^{\infty} L'_{2\lambda} \cos 2\lambda\beta' \operatorname{ch} 2\lambda\beta''$$

$$c = -\operatorname{arctg}(\operatorname{tg}\beta' \operatorname{th}\beta'') - \sum_{\lambda=1}^{\infty} L'_{2\lambda} \sin 2\lambda\beta' \operatorname{sh} 2\lambda\beta'' \qquad \text{VI (34) [241]}$$

II)

$$\Delta\mathsf{B} = \sum_{\nu=1}^{\infty} [\dot{b}_\nu) \frac{\Delta \mathsf{M}^\nu}{\nu!} \qquad \text{V (73) [198]}$$

$$\lg m = -\lg r + \Re\left\{\lg \frac{d\mathsf{B}}{d\mathsf{M}}\bigg|_0 + \sum_{\nu=1}^{\infty} [L'_\nu] \frac{\Delta \mathsf{M}^\nu}{\nu!}\right\}$$

$$c = \Im\left\{\lg \frac{d\mathsf{B}}{d\mathsf{M}}\bigg|_0 + \sum_{\nu=1}^{\infty} [L'_\nu] \frac{\Delta \mathsf{M}^\nu}{\nu!}\right\} \qquad \text{VI (37) [242]}$$

2. Aufgabe: $(\mathsf{B}', \mathsf{B}'') \to (B, L)$ [242]:

I*)

$$\mathsf{M} = \mathsf{M}_K + \sum_{\lambda=1}^{\infty} q_{2\lambda-1} \sin(2\lambda - 1)\mathsf{B} \qquad \text{V (14a) [168]}$$

$H \to B$ siehe A, I*.

$$\lg m^* = \lg r - \tfrac{1}{2}\lg(\cos^2\mathsf{B}' + \operatorname{sh}^2\mathsf{B}'') + 2\lg(1-n) + {}$$
$$+ 2\sum_{\lambda=1}^{\infty} (-1)^\lambda \frac{n^\lambda}{\lambda} \cos 2\lambda\mathsf{B}' \operatorname{ch} 2\lambda\mathsf{B}''$$

$$c^* = \operatorname{arc\,tg}(\operatorname{tg}\mathsf{B}' \operatorname{th}\mathsf{B}'') - 2\sum_{\lambda=1}^{\infty} (-1)^\lambda \frac{n^\lambda}{\lambda} \sin 2\lambda\mathsf{B}' \operatorname{sh} 2\lambda\mathsf{B}'' \qquad \text{VI (39) [243]}$$

oder

$$\beta = \mathsf{B} + \sum_{\lambda=1}^{\infty} k_{2\lambda} \sin 2\lambda\mathsf{B} \to \mu = \mathsf{M} \to B, L \qquad \text{V (51) [186]}$$

$$\downarrow$$

$$\sin b = \frac{\sin\beta'}{\operatorname{ch}\beta''}, \quad \operatorname{tg} l = \frac{\operatorname{sh}\beta''}{\cos\beta'} \qquad \text{II (29a) [76]}$$

$$\downarrow$$

$$B = b + \sum_{\lambda=1}^{\infty} \dot{k}_{2\lambda} \sin 2\lambda b, \quad L = l. \qquad \text{V } (61_0) \ [191]$$

II*)
$$\Delta \mathsf{M} = \sum_{\nu=1}^{\infty} [b_\nu) \frac{\Delta \mathsf{B}^\nu}{\nu!} \qquad \text{V (18) [171]}$$

$$\frac{d\mathsf{M}}{d\mathsf{B}} = \sum_{\nu=1}^{\infty} [b_\nu) \frac{\Delta \mathsf{B}^{\nu-1}}{(\nu-1)!} = \mathfrak{p}_1' + i\,\mathfrak{p}_1'' \qquad \text{VI (43) [244]}$$

$$m^* = r(B)\sqrt{\mathfrak{p}_1'^2 + \mathfrak{p}_1''^2}$$

$$\operatorname{tg} c^* = \frac{\mathfrak{p}_1''}{\mathfrak{p}_1'} \qquad \text{VI (44) [244]}$$

C. Die „Meridianbogen“-Abbildung $\dot{\Gamma}$ (Gauß-Krügersche Projektion).

1. Aufgabe: $(B, L) \to (\dot{\Gamma}', \dot{\Gamma}'')$ bzw. (Γ', Γ'') VI [246]

I)
$$(B, L) \to \mathsf{M} = \mu \to \beta = \dot{\gamma}$$

$$\dot{\Gamma} = \dot{\gamma} + \sum_{\lambda=1}^{\infty} \dot{l}_{2\lambda} \sin 2\lambda\dot{\gamma} \qquad \text{V (69) [196]}$$

oder
$$(B, L) \to b = B + \sum_{\lambda=1}^{\infty} k_{2\lambda} \sin 2\lambda B \qquad \text{V (52}_0\text{) [187]}$$

$$l = L$$

$$\downarrow$$

β', β'' siehe B, I; $\beta = \dot{\gamma}$

$$\Gamma = \dot{\gamma} + \sum_{\lambda=1}^{\infty} \dot{l}_{2\lambda} \sin 2\lambda\dot{\gamma} \qquad \text{V (69) [196]}$$

$$\lg(G^{(m)} m) = -\tfrac{1}{2}\lg(1 - \cos^2 b \sin^2 l) + \sum_{\lambda=1}^{\infty} L_{2\lambda}(\cos 2\lambda\beta' \operatorname{ch} 2\lambda\beta'' - \cos 2\lambda b) \qquad \text{VI (52) [247]}$$

$$c = -\operatorname{arctg}(\operatorname{tg} l \sin b) - \sum_{\lambda=1}^{\infty} L_{2\lambda} \sin 2\lambda\beta' \operatorname{sh} 2\lambda\beta''$$

II)
$$\Delta\Gamma = \sum_{\nu=1}^{\infty} (\dot{c}_\nu) \frac{\Delta \mathsf{M}^\nu}{\nu!}, \qquad \Delta\Gamma = \sum_{\nu=1}^{\infty} (\dot{C}_\nu) \frac{\Delta \mathsf{M}^\nu}{\nu!} \qquad \text{V (88) [210]}$$

$$\Delta\Gamma' = \sum_{\mu,\nu=0}^{\infty} (A_{\mu\nu}) \Delta B^\mu L^\nu, \qquad \Delta\Gamma'' = \sum_{\mu,\nu=0}^{\infty} (B_{\mu\nu}) \Delta B^\mu L^\nu \qquad \text{VI (54a) [247]}$$

$$m G^{(m)} = 1 + \sum_{\mu,\nu=0}^{\infty} (m_{\mu\nu}) \Delta B^\mu L^\nu \qquad \text{VI (56) [249]}$$

$$c = \sum_{\mu,\nu=0}^{\infty} (c_{\mu\nu}) \Delta B^\mu L^\nu \qquad \text{VI (60) [252]}$$

$$\lg(m G^{(m)}) = \sum_{\nu=1}^{\infty} [L_\nu] \frac{1}{\nu!} \Re(\Delta \mathsf{M}^\nu - \Delta H^\nu)$$

$$c = \sum_{\nu=1}^{\infty} [L_\nu] \frac{1}{\nu!} \Im(\Delta \mathsf{M}^\nu) \qquad \text{VI (59) [251]}$$

2. Aufgabe: $(\dot{\Gamma}', \dot{\Gamma}'')$ bzw. $(\Gamma', \Gamma'') \to (B, L)$ VI [253]

I*)

$$\mathsf{M} = \mathsf{M}_K + \sum_{\lambda=1}^{\infty} r_{2\lambda-1} \sin(2\lambda - 1)\, \dot{\Gamma} \qquad \text{V (33) [177]}$$

$H \to B$ siehe A, I*

oder

$$\dot{\gamma} = \dot{\Gamma} + \sum_{\lambda=1}^{\infty} l_{2\lambda} \sin 2\lambda \dot{\Gamma} \qquad \text{V (65) [194]}$$

$\downarrow$

$\dot{\gamma} = \beta \to B,\ L$ siehe B, I*

$$\lg \frac{m^*}{G^{(m)}} = \lg \frac{\cos \dot{G}}{\sqrt{\cos^2 \dot{\Gamma}' + \mathrm{sh}^2 \dot{\Gamma}''}} - \sum_{\lambda=1}^{\infty} \dot{L}_{2\lambda}(\cos 2\lambda \dot{\Gamma}' \,\mathrm{ch}\, 2\lambda \dot{\Gamma}'' - \cos 2\lambda \dot{G}) \qquad \text{VI (67) [254]}$$

$$c^* = \operatorname{arctg}(\operatorname{tg} \dot{\Gamma}' \,\mathrm{th}\, \dot{\Gamma}'') + \sum_{\lambda=1}^{\infty} \dot{L}_{2\lambda} \sin 2\lambda \dot{\Gamma}' \,\mathrm{sh}\, 2\lambda \dot{\Gamma}'' \qquad \text{VI (68) [255]}$$

II*)

$$\Delta \mathsf{M} = \sum_{\nu=1}^{\infty} [c_\nu) \frac{\Delta \dot{\Gamma}^\nu}{\nu!} = \sum_{\nu=1}^{\infty} [C_\nu) \frac{\Delta \Gamma^\nu}{\nu!} \qquad \text{V (35) [178]}$$

$$\Delta B = \sum_{\mu,\nu=0}^{\infty} (\dot{A}_{\mu\nu})\, \Delta \Gamma'^\mu \Delta \Gamma''^\nu$$

$$L = \sum_{\mu,\nu=0}^{\infty} (\dot{B}_{\mu\nu})\, \Delta \Gamma'^\mu \Delta \Gamma''^\nu \qquad \text{VI (70) [255]}$$

$$\Delta G = \Delta \Gamma' - \tfrac{1}{2}(\dot{L}_1)\, \Gamma''^2 + \cdots \qquad \text{VI (75) [259]}$$

$$\lg \frac{m^*}{G^{(m)}} = \sum_{\nu=1}^{\infty} (\dot{L}_\nu) \frac{1}{\nu!} \Re(\Delta \Gamma^\nu - \Delta G^\nu)$$

$$c^* = \sum_{\nu=1}^{\infty} (\dot{L}_\nu) \frac{1}{\nu!} \Im(\Delta \Gamma^\nu) \qquad \text{VI (74) [259]}$$

$$\frac{m^*}{G^{(m)}} = 1 - \frac{1}{2}(1 + \eta_{\prime}^2)\left(\frac{\Gamma''}{N_\prime}\right)^2 + \cdots \qquad \text{VI (77) [260]}$$

$$\frac{G^{(m)}}{m^*} = 1 + \frac{1}{2}\left(\frac{\Gamma''}{\varrho_\prime}\right)^2 + \cdots = \mathrm{ch} \frac{\Gamma''}{\varrho_\prime}[1 + \cdots] \qquad \text{VI (78a) (81) [260, 261]}$$

D. Die erste Grundabbildung auf die Kugel: $\mathsf{M} = \mu$.

1. Aufgabe: VI [262]

$$(B, L) \to b = B + \sum_{\lambda=1}^{\infty} k_{2\lambda} \sin 2\lambda B \qquad \text{V } (52_0) \text{ [187]}$$

$$l = L$$

$$m = \frac{2a}{a+b} \sum_{\lambda=0}^{\infty} (\mathsf{M}_{2\lambda}) \cos 2\lambda B = \frac{A \cos b}{N \cos B} \qquad \text{VI (89) [262]}$$

$$c = 0$$

2. Aufgabe: VI [263]

$(b, l) \to B = b + \sum_{\lambda=1}^{\infty} \dot{k}_{2\lambda} \sin 2\lambda b$ V (61_0) [191]

$L = l$

$m^* = \frac{a+b}{2a} \sum_{\lambda=0}^{\infty} (M'_{2\lambda}) \cos 2\lambda b$ VI (91) [263]

$c^* = 0$

E. Die Abbildung auf die Soldnersche Kugel $\mu = \mathsf{M} - \varkappa$

mit $e^{\varkappa} = \frac{1}{\mathsf{E}(P_n)}$ VI [263].

F. Die Abbildung auf die Gaußsche Schmiegkugel $\mu = \alpha\,\mathsf{M} - \varkappa$.

$$B = B_n: \quad m = 1, \quad \frac{dm}{dB} = 0, \quad \frac{d^2 m}{dB^2} = 0.$$

1. Aufgabe: VI [272]

I) $(B, L) \to H = H_K + \sum_{\lambda=1}^{\infty} q_{2\lambda-1} \sin(2\lambda - 1) B$ V (14_0) [168]

$\tilde{h} = H$

$h = \alpha \tilde{h} - \varkappa = \lg\operatorname{tg}\left(\frac{\pi}{4} + \frac{b}{2}\right)$ VI (102_0) [269]

$l = \alpha L$

$m = \alpha \frac{A \cos b}{N \cos B}, \quad c = 0$ VI (109) [272]

II) $\Delta b = \sum_{\nu=1}^{\infty} (o_\nu) \frac{\Delta B^\nu}{\nu!}$ VI (103) [269]

$\Delta l = \alpha \Delta L$

$m = m_0 \left(1 + \sum_{\nu=1}^{\infty} (m_\nu) \frac{\Delta B^\nu}{\nu!}\right)$ VI (110) [273]

$c = 0$

$\lg \frac{m}{m_0} = \sum_{\nu=1}^{\infty} (\hat{m}_\nu) \frac{\Delta B^\nu}{\nu!}$ VI (110c) [274]

2. Aufgabe: VI [278]

I*) $(b, l) \to h = \lg\operatorname{tg}\left(\frac{\pi}{4} + \frac{b}{2}\right)$

$\tilde{h} = \frac{1}{\alpha} h + \frac{\varkappa}{\alpha} \to \sin \tilde{b} = \operatorname{th} \tilde{h}$

$\operatorname{tg} \tilde{b} = \operatorname{sh} \tilde{h}$

$B = \tilde{b} + \sum_{\lambda=1}^{\infty} \dot{k}_{2\lambda} \sin 2\lambda \tilde{b}$ V (61_0) [191]

$L = \frac{1}{\alpha} l$

$m^* = \frac{1}{\alpha} \frac{N \cos B}{A \cos b}, \quad c^* = 0$ VI (114) [278]

II*)

$$\Delta B = \sum_{\nu=1}^{\infty} (\dot{o}_\nu) \frac{\Delta b^\nu}{\nu!} \qquad \text{VI } (113_0)\ [277]$$

$$\Delta L = \frac{1}{\alpha} \Delta l$$

$$m^* = m_0^* \left(1 + \sum_{\nu=1}^{\infty} (m_\nu^*) \frac{\Delta b^\nu}{\nu!}\right) \qquad \text{VI } (116)\ [279]$$

$$c^* = 0$$

$$\lg \frac{m^*}{m_0^*} = \sum_{\nu=1}^{\infty} (\hat{m}_\nu^*) \frac{\Delta b^\nu}{\nu!} \qquad \text{VI } [279]$$

G. Eine infinitesimale Abbildung auf ein benachbartes Ellipsoid (konformer Ellipsoidübergang).

$\ddot{U}_{\text{I}}$ Abbildung 1. Grades: $\Delta \tilde{\mathsf{M}} = (1 + c_1) \Delta \mathsf{M}$ VI [283]

$$c_1 = -\frac{\delta a}{a} - S_0^2 \left(1 - \frac{1}{2}\eta^2(1-t^2) + \frac{1}{8}\eta^4(3-6t^2-t^4)\right)_0 \delta\mathfrak{a} \qquad \text{VI } (127)\ [285]$$

$$\delta B = (\ddot{u}_1^{\text{I}} - 1)\Delta B + \sum_{\nu=2}^{\infty} \ddot{u}_\nu^{\text{I}} \frac{\Delta B^\nu}{\nu!} \qquad \text{VI } (122\text{b})\ [285]$$

$$\delta L = c_1 \Delta L$$

$$m = 1 + \left\{t_0 \frac{\delta a}{a} + S_0^2\, \delta\mathfrak{a} + \text{Gl}_2\right\} \Delta B + \cdots \qquad \text{VI } (129)\ [285]$$

$$c = 0$$

$\ddot{U}_{\text{II}}$ Abbildung 2. Grades: $\Delta \tilde{\mathsf{M}} = (1 + c_1) \Delta \mathsf{M} + \frac{c_2}{2} \Delta \mathsf{M}^2$ VI [286]

$$c_1 = -\frac{\delta a}{a} - S_0^2 \left(1 - \frac{1}{2}\eta^2(1 - t^2) + \frac{1}{8}\eta^4(3 - 6t^2 - t^4)\right)_0 \delta\mathfrak{a}$$

$$c_2 = c_1 S_0$$

$$\begin{aligned} \delta B &= [\,]\Delta B + [\,]\Delta B^2 + [\,]\Delta L^2 + [\,]\Delta B \Delta L^2 + [\,]\Delta B^3 + \cdots \\ \delta L &= [\,]\Delta L + [\,]\Delta B \Delta L + [\,]\Delta B^2 \Delta L + \cdots \end{aligned} \qquad \text{VI } (139)\ [288]$$

$$m = 1 + [\,]\Delta B^2 + [\,]\Delta L^2 + \cdots$$

$$\text{tg}\, c = [\,]\Delta L + \cdots \qquad \text{VI } (140)\ [288]$$

$\ddot{U}_{\text{III}}$ Abbildung 3. Grades: $\Delta \tilde{\mathsf{M}} = (1 + c_1)\Delta \mathsf{M} + \frac{c_2}{2} \Delta \mathsf{M}^2 + \frac{c_3}{6} \Delta \mathsf{M}^3$ VI [288]

c_1, c_2 wie $\ddot{U}_{\text{II}}$

a) $c_3 = c_1 C_0^2 (2 + t_0^2) + 2 C_0^4 \delta\mathfrak{a}$ m hängt nur von ΔL^2 ab (in 2. Näherung)

b) $c_3 = c_1 S_0^2$ m hängt nur von ΔB^2 ab (in 2. Näherung)

c) $c_3 = c_1 + C_0^4 \delta\mathfrak{a}$ m hängt nur von $(\Delta H^2 + \Delta L^2)$ ab (in 2. Näherung)

Fall c):

$$\left.\begin{aligned}\Delta\tilde{H} &= (1+c_1)\,\Delta H + [\,](\Delta H^2 - \Delta L^2) + \cdots\\ \Delta\tilde{L} &= (1+c_1)\,\Delta L + [\,]\,\Delta H\,\Delta L + \cdots\end{aligned}\right\}$$ VI (145) [290]

$$\left.\begin{aligned}m &= 1+[\,](\Delta H^2+\Delta L^2)+\cdots = 1+[\,](\Delta B^2+C_0^2\Delta L^2)+\cdots\\ \operatorname{tg} c &= c_2\Delta L + c_3\Delta H\Delta L+\cdots = [\,]\,\Delta L + [\,]\,\Delta B\,\Delta L+\cdots\end{aligned}\right\}$$ VI (146, 148, 149) [290, 291]

$$\left.\begin{aligned}\delta B &= \delta B_{\mathrm{II}} + [\,]\,\Delta B\,\Delta L^2 + [\,]\,\Delta B^3 + \cdots\\ \delta L &= \delta L_{\mathrm{II}} + [\,]\,\Delta B^2\Delta L + [\,]\,\Delta L^3 + \cdots\end{aligned}\right\}$$ VI (147) [291]

H. Eine infinitesimale Abbildung des Sphäroids auf sich selbst (konforme Anfelderung).

$$\Delta\mathsf{M}^* = (1+c_1)\,\Delta\mathsf{M} + \frac{c_2}{2}\Delta\mathsf{M}^2 + \frac{c_3}{6}\Delta\mathsf{M}^3,\quad c_\nu = c_\nu' + i c_\nu''\quad \nu = 1,2,3.$$

$$c_1' = \delta m_0 + \frac{t_0}{E_0'}\,\delta B_0,\qquad c_1'' = \delta\alpha_0,$$

$$c_2' = C_0\,\delta B_0 + S_0\,c_1',\qquad c_2'' = S_0\,\delta\alpha_0,$$

$$c_3' = C_0^2\,c_1' - S_0\,C_0\,\delta B_0 + S_0\,c_2',\quad c_3'' = \delta\alpha_0,$$

$$\left.\begin{aligned}\delta H &= \delta H_0 + [\,]\,\Delta B - \delta\alpha_0\,\Delta L + \cdots\\ \delta L &= \delta L_0 + [\,]\,\Delta B + [\,]\,\Delta L + \cdots\end{aligned}\right\}$$ VI (163) [295]

$$\delta B = \delta B_0 + [\,]\,\Delta B + [\,]\,\Delta L + \cdots$$ VI (163a) [296]

$$m = 1 + \delta m_0 - \frac{\delta m_0}{2}\Delta B^2 - \frac{\delta m_0}{2}C_0^2\,\Delta L^2 + \cdots$$ VI (164) [296]

$$\operatorname{tg} c = \delta\alpha_0 + [\,]\,\Delta L + [\,]\,\Delta B + \cdots$$ VI (165) [296]

VI, 5 Anhang: Numerische Beispiele für die Abbildungen im Abschnitt VI.

Im Anhang V wurde bereits die Berechnung der Bildpunkte zu einem vorgegebenen Sphäroidpunkt (B, L) mit der Umkehrung durchgeführt. Wir brauchen daher hier nur noch zur Erläuterung der numerischen Tabellen in Abschnitt VI die Abbildungsgrößen m und c zu ergänzen. Wie früher stellen wir dabei die Formeln im Großen und im Kleinen nebeneinander.

Die „Längen"-Abbildung $\mathsf{A} = \mathsf{M}$ (*Merkator-Projektion*):

$$\mathbf{P}\begin{cases}B = 50^\circ\ 51'\ 18''\!.3891\\ L = \ \ 1^\circ\ 59'\ 43''\!.1538\end{cases}$$ (Längenunterschied gegen Hauptmeridian).

Die Berechnung nach V [220] ergibt:

$$\mathsf{M} = 58^\circ\, 57'\, 11''\!.6539 + i\, 1^\circ\, 59'\, 43''\!.1538 .$$

I) Vergrößerungsverhältnis:

	I [22]	
$\frac{1}{\cos B} = 1.5840\,7396\,05$	R'_{-1}	$R'_{-1}\,\frac{1}{\cos B} = +1.5761\,4001\,1$
$\cos B = 0.6312\,8366$	R'_1	$R'_1\,\cos B = +0.0021\,0759\,3$
$\cos 3B = -0.8875\,37$	R'_3	$R'_3 \cos 3B = +0.0000\,0124\,1$
$c = 0$		$\frac{a+b}{2}\,m = +1.5782\,4884$

II) Als Vergleichspunkt wählen wir $B_0 = 50^\circ\, 50'$, $L = 0$. Aus der $\log\frac{m}{m_0}$-Tabelle [235] erhält man die Werte für die Koeffizienten

$[1] = 0.0092\,8004\,54$	$\Delta B \;\; = 0^\circ\!.0217\,7475$
$[2] = 0.0001\,6591\,50$	$\Delta B^2 = 0.0004\,7414$
$[3] = 0.0000\,0237\,36$	$\Delta B^3 = 0.0000\,1032$

$$\log\frac{m}{m_0} = 0.0002\,0214\,94$$

$$\lg\frac{m}{m_0} = 0.0004\,6546\,6$$

$$\frac{m}{m_0} = 1.0004\,6557$$

I*) Gegeben $\begin{cases} H = 58^\circ\, 57'\, 11''\!.6539 \\ L = \;\; 1^\circ\, 59'\, 43''\!.1538 \end{cases}$;

nach V [221] erhält man $b = 50^\circ\, 40'\, 2''\!.1105$.

Vergrößerungsverhältnis:

	[235]	
$\cos b = \;\; 0.6338\,2305\,32$	$\tilde{R}_1$	$\tilde{R}_1 \cos b = +0.6343\,5288\,3$
$\cos 3b = -0.8837\,7999$	$\tilde{R}_3$	$\tilde{R}_3 \cos 3b = -0.0007\,3880\,8$
$\cos 5b = -0.2867$	$\tilde{R}_5$	$\tilde{R}_5 \cos 5b = -0.0000\,0043\,5$
$\cos 7b = +1.00$	$\tilde{R}_7$	$\tilde{R}_7 \cos 7b = +0.0000\,0000\,4$
$c^* = 0$		$\frac{2}{a+b}\,m^* = +0.6336\,1364$

Kontrolle: $\frac{a+b}{2}\,m \cdot \frac{2}{a+b}\,m^* = 1.0000\,0000 .$

II*) Als Vergleichspunkt wählen wir $b_0 = 50°\,40'$. Aus der $\log \frac{m^*}{m_0^*}$-Tabelle [238] erhält man die Werte für die Koeffizienten

$$[1] = -0.0092\,7460\,78 \qquad \Delta b = 0.0005\,8625\,0$$
$$[2] = -0.0001\,6456\,10 \qquad \Delta b^2 = 0.0000\,0034\,4$$

$$\log\frac{m^*}{m_0^*} = -0.0000\,0543\,73$$
$$\lg\frac{m^*}{m_0^*} = -0.0000\,1252\,0$$
$$\frac{m^*}{m_0^*} = 0.9999\,8748$$

Die „Breiten"-Abbildung B *(querachsige Merkator-Projektion).*

Gegeben: **P** $\begin{cases} B = 50°\,51'\,18''\!.3891 \\ L = 1°\,59'\,43''\!.1538 \end{cases}$

Berechnung nach V [226]: $\mathsf{B} = 50°\!.8723\,0318 + i\,1°\!.2629\,3041,$
$\beta = 50°\!.6842\,8825 + i\,1°\!.2646\,2984.$

I) Vergrößerungsverhältnis:

$\cos\beta' = +0.6335\,9305\,2$	$\mathrm{sh}\,\beta'' = +0.0220\,7374\,7$	$\frac{1}{2}\lg(\cos^2\beta' + \mathrm{sh}^2\beta'') = -0.4557\,4189\,9$	[241]
$\cos 2\beta' = -0.1971\,1968\,8$	$\mathrm{ch}\,2\beta'' = +1.0009\,7450$	$\cos 2\beta'\,\mathrm{ch}\,2\beta'' = -0.1973\,1178\,0$	L_2'
$\cos 4\beta' = -0.9222\,8766$	$\mathrm{ch}\,4\beta'' = +1.0038\,999$	$\cos 4\beta'\,\mathrm{ch}\,4\beta'' = -0.9258\,8449\,6$	L_4'
$\cos 6\beta' = +0.5607\,21$	$\mathrm{ch}\,6\beta'' = +1.0087\,82$	$\cos 6\beta'\,\mathrm{ch}\,6\beta'' = +0.5656\,45$	L_6'
$\cos 8\beta' = +0.701$	$\mathrm{ch}\,8\beta'' = +1.016$	$\cos 8\beta'\,\mathrm{ch}\,8\beta'' = +0.712$	L_8'

Die Größe $\frac{2}{a+b}r$ entnimmt man der Merkator-Abbildung ($m^* = r$)

$$L_0' = -0.0000\,1119\,9$$
$$-\lg\frac{2}{a+b}r = +0.4563\,1591\,1$$

$$\lg\frac{a+b}{2}m = -0.0007\,7159\,0$$
$$\frac{a+b}{2}m = +0.9992\,2871$$

Bildverschwenkung:

$\mathrm{tg}\,\beta' = +1.2210\,7793\,2$ $\quad\mathrm{th}\,\beta'' = +0.0220\,6837\,1$ $\quad\mathrm{tg}\,\beta'\,\mathrm{th}\,\beta'' = 0.0269\,4720\,08$

		$\mathrm{arctg}(\mathrm{tg}\,\beta'\,\mathrm{th}\,\beta'') = 0.0269\,4068\,10$	[241]
$\sin 2\beta' = +0.9803\,7943\,1$	$\mathrm{sh}\,2\beta'' = +0.0441\,5824\,3$	$\sin 2\beta'\,\mathrm{sh}\,2\beta'' = +0.0432\,9183\,3$	L_2'
$\sin 4\beta' = -0.3865\,0417$	$\mathrm{sh}\,4\beta'' = +0.0884\,0256$	$\sin 4\beta'\,\mathrm{sh}\,4\beta'' = -0.0341\,6796$	L_4'
$\sin 6\beta' = -0.8280\,04$	$\mathrm{sh}\,6\beta'' = +0.1328\,19$	$\sin 6\beta'\,\mathrm{sh}\,6\beta'' = -0.1099\,75$	L_6'
$\sin 8\beta' = +0.713$	$\mathrm{sh}\,8\beta'' = +0.178$	$\sin 8\beta'\,\mathrm{sh}\,8\beta'' = +0.127$	L_8'

$$-c = 0.0272\,2991\,71$$
$$c = -\,5616''\!.574$$

II) Als Potenzreihenmittelpunkt wählen wir $b_0 = 50°40'$, $l_0 = 0$.

Nach [222] ergibt sich $H_0 = 58.9523\,1225 \quad L_0 = 0$

[220] $H = 58^\circ\!.9532\,3720 \quad L = 1^\circ\!.59'\,43''\!.1538$

$\Delta\mathsf{M} = +0^\circ\!.0009\,2495 + i\,1^\circ\!.9953\,2050\,0$

Die Berechnung der Koeffizienten erfolgt mit der $\Delta\mathsf{B}$-Tabelle [201] und dem Argument $\beta_0 = 50°40'$.

			$[1] = +0.6329\,8205\,52$
$\Delta\mathsf{M} =$	$+\ 0.0009\,2495$	$+\ 1.9953\,2050\,0\,i$	$2[2] = -0.0086\,3676\,336$
$\Delta\mathsf{M}^2 =$	$-\ 3.9813\,0304$	$+\ 0.0036\,9114\,i$	$3[3] = +0.0000\,2102\,256$
$\Delta\mathsf{M}^3 =$	$-\ 0.0110\,49$	$-\ 7.9439\,72\,i$	$4[4] = +0.0000\,0060\,1375$
$\Delta\mathsf{M}^4 =$	$+\ 15.8508$	$-\ 0.0294\,i$	$5[5] = -0.0000\,0000\,8018$
$\Delta\mathsf{M}^5 =$	$+\ 0.07$	$+\ 31.63\,i$	$6[6] = +0.0000\,0000\,0031\,2$

$\dot{\mathfrak{p}}_1' = +0.6328\,9023\,57 \quad \dot{\mathfrak{p}}_1'' = -0.0172\,3780\,97 \quad \dot{\mathfrak{p}}_1'^2 + \dot{\mathfrak{p}}_1''^2 = 0.4008\,4719\,25$

$\operatorname{tg} c = \dfrac{\dot{\mathfrak{p}}_1''}{\dot{\mathfrak{p}}_1'} = -0.0272\,3664\,98$

$c = -0.0272\,2992$

$c = -5616''\!.57$

$\sqrt{\dot{\mathfrak{p}}_1'^2 + \dot{\mathfrak{p}}_1''^2} = +0.6331\,2494\,22$

$\dfrac{a+b}{2}\,\dfrac{1}{r(B)} = +1.5782\,4884$

$\dfrac{a+b}{2}\,m = 0.9992\,2871$

I*) Gegeben: $\mathbf{P}^* \begin{cases} \mathsf{B}' = 50^\circ\!.8723\,0318 \\ \mathsf{B}'' = 1^\circ\!.2629\,3041 \end{cases}$

Vergrößerungsverhältnis:

$\cos\mathsf{B}' = +0.6310\,5087\,49$	$\operatorname{sh}\mathsf{B}'' = +0.0220\,4407\,9$	$-\frac{1}{2}\lg(\cos^2\mathsf{B}' + \operatorname{sh}^2\mathsf{B}'') = +0.4597\,5903\,53$	
$\cos 2\mathsf{B}' = -0.2035\,4959$	$\operatorname{ch} 2\mathsf{B}'' = +1.0009\,7188\,3$	$\cos 2\mathsf{B}' \operatorname{ch} 2\mathsf{B}'' = -0.2037\,4742$	$-2n$
$\cos 4\mathsf{B}' = -0.9171\,3513$	$\operatorname{ch} 4\mathsf{B}'' = +1.0038\,8941$	$\cos 4\mathsf{B}' \operatorname{ch} 4\mathsf{B}'' = -0.9207\,0224$	$+n^2$
$\cos 6\mathsf{B}' = +0.5769\,145$	$\operatorname{ch} 6\mathsf{B}'' = +1.0087\,58$	$\cos 6\mathsf{B}' \operatorname{ch} 6\mathsf{B}'' = +0.5819\,67$	$-\frac{2}{3}n^3$
		$2\lg(1-n) = -0.0033\,5117\,56$	
		$\lg\dfrac{2}{a+b}\,r = -0.4563\,1591\,1$	
		$\lg\dfrac{2}{a+b}\,m^* = +0.0007\,7158\,7$	
		$\dfrac{2}{a+b}\,m^* = +1.0007\,7189$	

Von S. [305] übernehmen wir wieder $r = m^*$:

Kontrolle:

$\dfrac{a+b}{2}\,m \cdot \dfrac{2}{a+b}\,m^* = 1.0000\,0000$

Die Berechnung der Bildverschwenkung wollen wir unterdrücken, da sie ganz entsprechend verläuft.

II*) Als Potenzreihenmittelpunkt wählen wir $\mathsf{B}_0 = B_0 = 50°\,40'$.

$\varDelta\mathsf{M}$-Tabelle [172] mit dem Argument $\mathsf{B}_0 = 50°\,40'$:

			$[1] = +1.5734\,6031\,0$
$\varDelta\mathsf{B} = +0°\!.2056\,365$	$+\,i\,1°\!.2629\,304$		$2\,[2] = +0.0336\,9272\,4$
$\varDelta\mathsf{B}^2 = -1.5527\,1$	$+\,i\,0.5194\,1$		$3\,[3] = +0.0009\,5664\,6$
$\varDelta\mathsf{B}^3 = -0.9753$	$-\,i\,1.8542$		$4\,[4] = +0.0000\,2376\,8$
$\varDelta\mathsf{B}^4 = +2.14$	$-\,i\,1.61$		$5\,[5] = +0.0000\,0048\,8$
$\varDelta\mathsf{B}^5 = +2$	$+\,i\,2$		$6\,[6] = +0.0000\,0000\,12$

$\mathfrak{p}_1' = +1.5788\,8151 \qquad \mathfrak{p}_1'' = +0.0430\,0346 \qquad \mathfrak{p}_1'^2 + \mathfrak{p}_1''^2 = 2.4947\,1612$

$\operatorname{tg} c^* = \frac{\mathfrak{p}_1''}{\mathfrak{p}_1'} = 0.0272\,3666\,0 \qquad \sqrt{\mathfrak{p}_1'^2 + \mathfrak{p}_1''^2} = 1.5794\,6707$

$\frac{2}{a+b}\,r = 0.6336\,1364$

$c^* = 5616''\!.57 \qquad \frac{2}{a+b}\,m^* = 1.0007\,7188$

Die „Meridianbogen"-Abbildung $\dot{\mathsf{\Gamma}}$ *(Gauß-Krügersche Projektion)*

Gegeben: **P** $\begin{cases} B = 50°\,51'\,18''\!.3891 \\ L = \;\;1°\,59'\,43''\!.1538 \end{cases}$

Berechnung nach V [223]: $\dot{\mathsf{\Gamma}} = 50°\!.7312\,3306 + i\,1°\!.2642\,0976$

$\mathsf{\Gamma}' = 5637\,286.051\,m, \quad \mathsf{\Gamma}'' = 140\,479.772\,m$

$\dot{\gamma} = \beta = 50°\!.6842\,8827 + i\,1°\!.2646\,2984$

$b = 50°\,40'\,2''\!.1105 \qquad l = 1°\,59'\,43''\!.1538$

Vergrößerungsverhältnis:

I)

$\cos b = 0.6338\,2305\,32$	$\sin l = 0.0348\,1787\,37$	$\cos^2 b \sin^2 l = 0.0004\,8701\,30$
$\cos 2\beta' = -0.1971\,1969$	$\operatorname{ch} 2\beta'' = +1.0009\,7256$	$\cos 2b = -0.1965\,3667$
$\cos 4\beta' = -0.9222\,89$	$\operatorname{ch} 4\beta'' = +1.0039\,00$	$\cos 4b = -0.9227\,4668$
$\cos 6\beta' = +0.561$	$\operatorname{ch} 6\beta'' = +1.008$	$\cos 6b = +0.5592\,4$

$-\frac{1}{2}\lg(1 - \cos^2 b \sin^2 l) = +0.0002\,4356\,58$	[238]
$\cos 2\beta' \operatorname{ch} 2\beta'' - \cos 2b = -0.0007\,7473$	$L_2 = +0.0016\,7045$
$\cos 4\beta' \operatorname{ch} 4\beta' - \cos 4b = -0.0031\,39$	$L_4 = +0.0000\,0233$
$\cos 6\beta' \operatorname{ch} 6\beta'' - \cos 6b = +0.006$	$L_6 = +0.0000\,0000$

$\lg(G^{(m)} m) = +0.0002\,4226\,43$

$G^{(m)} m = 1.0002\,4229$

Bildverschwenkung:

$\sin b = 0.7734\,7808$	$\operatorname{tg} l = 0.0348\,3900$	$\sin b \operatorname{tg} l = 0.0269\,4720$	
		$\operatorname{arctg}(\operatorname{tg} l \sin b) = +0.0269\,4068$	[238]
$\sin 2\beta' = +0.9803\,7944$	$\operatorname{sh} 2\beta'' = +0.0441\,5825$	$\sin 2\beta' \operatorname{sh} 2\beta'' = +0.0432\,9184$	L_2
$\sin 4\beta' = -0.3865\,04$	$\operatorname{sh} 4\beta'' = +0.0884\,03$	$\sin 4\beta' \operatorname{sh} 4\beta'' = -0.0341\,68$	L_4

$-c = +0.0270\,1292$

$-c = 5571''\!.815$

$c = -1°\,32'\,51''\!.815$

II) $\log(G^{(m)}m)$-Tabelle [251] mit dem Argument $b = 50°40'2''.1105$ [222]:

$$\cos 2b = -0.1965\,3667$$

$L^2 = 3.9813\,0390$ [2] $= +0.0000\,2643\,14$ $\cos 4b = -0.9227\,47$

$L^4 = 15.851$ [4] $= -0.0000\,0000\,11$ $\cos 6b = +0.5592$

$\log(G^{(m)}m) = 0.0001\,0521\,40$ $\lg(G^{(m)}m) = 0.0002\,4226\,42$

$G^{(m)}m = 1.0002\,4229$

---

c-Tabelle [252] mit dem Argument $b = 50°\,40'\,2''.1105$ [222]:

$\sin b = +0.7734\,7808$

$\sin 3b = +0.4694\,4446$

$L = 1°.9953\,2050$ [1] $= -2791.9873$ $\sin 5b = -0.9580\,04$

$L^3 = 7.9439\,77$ [3] $= -0.1139$ $\sin 7b = -0.0928\,8$

$c = -5571''.814$

I*) Gegeben: **P*** $\begin{cases} \dot{\Gamma}' = 50°.7312\,3304 & \Gamma' = 5637\,286.049\,m \\ \dot{\Gamma}'' = 1°.2642\,0976 & \Gamma'' = 140\,479.772\,m \end{cases}$

Berechnung nach V [224] $\dot{G} = 50°.7141\,5770 = 50°\,42'\,50''.9677$.

Vergrößerungsverhältnis:

$\cos \dot{G} = 0.6331\,8964$		$\cos^2 \dot{G} = 0.4009\,2912$
$\cos \dot{\Gamma}' = +0.6329\,5894$	$\mathrm{sh}\,\dot{\Gamma}'' = 0.0220\,6641$	$\cos^2\dot{\Gamma}' + \mathrm{sh}^2\dot{\Gamma}'' = 0.4011\,2395$
$\cos 2\dot{\Gamma}' = -0.1987\,2595$	$\mathrm{ch}\,2\dot{\Gamma}'' = 1.0009\,7385$	$\cos 2\dot{G} = -0.1981\,4176$
$\cos 4\dot{\Gamma}' = -0.9210\,16$	$\mathrm{ch}\,4\dot{\Gamma}'' = 1.0038\,95$	$\cos 4\dot{G} = -0.9214\,80$
$\cos 6\dot{\Gamma}' = +0.565$	$\mathrm{ch}\,6\dot{\Gamma}'' = 1.009$	$\cos 6\dot{G} = +0.563$
$\cos 8\dot{\Gamma}' = +0.7$	$\mathrm{ch}\,8\dot{\Gamma}'' = 1.0$	$\cos 8\dot{G} = +0.7$

$$\left.\begin{array}{r} -\tfrac{1}{2}\lg\cos^2\dot{G} \\ \tfrac{1}{2}\lg(\cos^2\dot{\Gamma}' + \mathrm{sh}^2\dot{\Gamma}'') \end{array}\right\} = 0.0002\,4291\,41 \quad [254] \quad \frac{\cos^2\dot{\Gamma}' + \mathrm{sh}^2\dot{\Gamma}''}{\cos^2\dot{G}} = 1.0004\,8594\,62$$

$\cos 2\dot{\Gamma}'\,\mathrm{ch}\,2\dot{\Gamma}'' - \cos 2\dot{G} = -0.0007\,7772$ | $\dot{L}_2 = +0.0008\,3604$

$\cos 4\dot{\Gamma}'\,\mathrm{ch}\,4\dot{\Gamma}'' - \cos 4\dot{G} = -0.0031\,23$ | $\dot{L}_4 = +0.0000\,0087$

$$-\lg\frac{m^*}{G^{(m)}} = 0.0002\,4226\,12$$

$$\frac{G^{(m)}}{m^*} = 1.0002\,4229$$

Bildverschwenkung:

$\operatorname{tg}\dot{\Gamma}' = 1.2231\,2098$	$\operatorname{th}\dot{\Gamma}'' = 0.0220\,6104$	$\operatorname{tg}\dot{\Gamma}'\operatorname{th}\dot{\Gamma}'' = 0.0269\,8332$	
		$\operatorname{arctg}(\operatorname{tg}\dot{\Gamma}'\operatorname{th}\dot{\Gamma}'') = 0.0269\,7677$	[254]
$\sin 2\dot{\Gamma}' = +\,0.9800\,5510$	$\operatorname{sh} 2\dot{\Gamma}'' = 0.0441\,4357$	$\sin 2\dot{\Gamma}'\operatorname{sh} 2\dot{\Gamma}'' = 0.0432\,6313$	$\dot{L}_2$
$\sin 4\dot{\Gamma}' = -\,0.3895\,2$	$\operatorname{sh} 4\dot{\Gamma}'' = 0.0883\,73$	$\sin 4\dot{\Gamma}'\operatorname{sh} 4\dot{\Gamma}'' = 0.0344\,23$	$\dot{L}_4$
		$c^* = 0.0270\,1291$	
		$c^* = 5571''\!.813$	

II*) Wir schieben die Berechnung der geographischen Breite mit Hilfe des zusammengesetzten Schemas (72b) [258] ein:

$$\dot{\Gamma}_0 = \dot{\Gamma}' = 50^\circ\!.7312\,3304 = 50^\circ\,43'\,52''\!.4389$$
$$B_0 = B_{\prime} = 50^\circ\,52'\,19''\!.7983$$
$$b_0 = b_{\prime} = 50^\circ\,41'\,3''\!.6022$$

Nach V [225] ist	Aus der ΔB-Tabelle mit $b_0 = b_{\prime}$ ergibt sich für die Koeffizienten:
$\{2\} = \{[2]_K + [2]\} = +\,0.0168\,7454\,4$	$[1] = +\,0.6327\,4128\,68$
$\{4\} = +\,0.0000\,0598\,3$	$[2] = -\,0.0043\,1779\,49$
$\{6\} = +\,0.0000\,0000\,26$	$[3] = +\,0.0000\,0702\,43$

		$\dot{\Gamma}'' = 1^\circ\!.2642\,0976$
$-[1]\{2\}$	$= -\,0.0106\,7722\,07$	$\dot{\Gamma}''^2 = 1.5982\,2632$
$[1]\{4\} + [2]\{2\}^2$	$= +\,0.0000\,0255\,62$	$\dot{\Gamma}''^4 = 2.5543\,27$
$-([1]\{6\} + 2\,[2]\{2\}\{4\} + [3]\{2\}^3)$	$= +\,0.0000\,0000\,68$	$\dot{\Gamma}''^6 = 4.0824$

$$\Delta B^\circ = -\,0^\circ\!.0170\,5805\,80 = -\;\;0^\circ\;\;1'\;\;1''\!.4090$$
$$B_{\prime} = \;\;50^\circ\,52'\,19''\!.7983$$
$$B = \;\;50^\circ\,51'\,18''\!.3893$$

Zur Berechnung von Vergrößerungsverhältnis und Bildverschwenkung wollen wir diesmal die Koeffizientendarstellung 1. Art (1. Form) benutzen:

$t_{\prime} = \operatorname{tg} B_{\prime} = 1.2292\,7911$	$t_{\prime}^2 = 1.5111\,2713$
$\cos B_{\prime} = 0.6310\,5273$	$\eta_{\prime}^2 = 0.0026\,7577\,80$
$\cos^2 B_{\prime} = 0.3982\,2755$	$\eta_{\prime}^4 = 0.0000\,0715\,98$
$1 + 4\eta_{\prime}^2 - 24\eta_{\prime}^4 t_{\prime}^2 = 1.0104\,4344\,72$	$\varrho'' t_{\prime} = 253\,557.0174\,5$

$$-\frac{\varrho'' t_{\prime}}{3}\,[1 + t_{\prime}^2 - \eta_{\prime}^2 - 2\eta_{\prime}^4] = -\,212\,010.602$$

$$+\frac{\varrho'' t_{\prime}}{15}\,[2 + 5t_{\prime}^2 + 3t_{\prime}^4 + 2\eta_{\prime}^2 + \eta_{\prime}^2 t_{\prime}^2] = +\,277\,485.1295$$

Aus I (44) [22] folgt

$$\frac{a+b}{2}\,\frac{1}{\varrho_{\prime}} = (1 + \eta_{\prime}^2)\,(1 - 3n + 5n^2 - 7n^3 + 9n^4 \cdots) = 0.9976\,5380\,35.$$

Damit wird

$$\frac{\Gamma''}{\varrho_\prime} = 0.0220\,1287\,03 \qquad \frac{1}{\sqrt{E'_\prime}} = 0.9986\,6478\,99$$

$$\left(\frac{\Gamma''}{\varrho_\prime}\right)^2 = 0.0004\,8456\,65 \qquad \left(\frac{\Gamma''}{N_\prime}\right) = \frac{\Gamma''}{\varrho_\prime \sqrt{E'_\prime}} = 0.0219\,8347\,85$$

$$\left(\frac{\Gamma''}{\varrho_\prime}\right)^4 = 0.0000\,0023\,48 \qquad \left(\frac{\Gamma''}{N_\prime}\right)^3 = 0.0000\,1062\,40$$

$$\left(\frac{\Gamma''}{\varrho_\prime}\right)^6 = 0.0000\,0000\,01 \qquad \left(\frac{\Gamma''}{N_\prime}\right)^5 = 0.0000\,0000\,51$$

nach (78a) [260] folgt daraus

$$\frac{G^{(m)}}{m^*} = 1.0002\,4229$$

nach (74) [259] folgt entsprechend

$$c^* = 5571''.814$$

Die Abbildung auf die Gaußsche Schmiegkugel $\mu = \alpha \mathsf{M} - \varkappa$.

Gegeben: $\mathbf{P}\begin{cases} B = 50°\,51'\,18''.3891 \\ L = 1°\,59'\,43''.1538 \end{cases}$ $\quad b_n = 52°\,40'\,0''$, $\quad B_n = 52°\,42'\,2''.5325\,16$

Zunächst sind die Konstanten zu berechnen. Man findet nach [265]:

$$\alpha = 1.0004\,5291\,8118$$

$\sin B_n = 0.7954\,8092\,1110 \qquad \sin^2 B_n = 0.6327\,8989\,5850$

$\cos B_n = 0.6059\,7863\,3411 \qquad \cos^2 B_n = 0.3672\,1010\,4150$

$\varkappa = -0.0038\,4734\,4933$ (in den Abb. 73—75 wird $\varkappa > 0$ angenommen).

I) $H = 58°\,57'\,11''.6539 = 1.0289\;\;2809\,39$ nach V [220]

$$h = \alpha H - \varkappa = 1.0332\,4145\,89$$

$$\operatorname{th}\frac{h}{2} = 0.4750\,8767\,49 = \operatorname{tg}\frac{b}{2}; \qquad \frac{b}{2} = 25°\,24'\,42''.5398\,2$$

$$b = 50°\,49'\,25''.0796$$

$$L = 1^\circ\!.9953\,2050 \qquad l = \alpha L = 1.9962\,2421\,68$$

$$l = 1°\,59'\,46''.4072$$

Zur Berechnung des Vergrößerungsverhältnisses brauchen wir den Radius der Schmiegkugel:

$$A = c\,[1 - \eta_n^2 + \eta_n^4 - \eta_n^6 + \cdots] = c \cdot 0.9975\,3870\,7872$$

Aus den gegebenen Grundkonstanten a, b findet man (in Abweichung von Jordan [1], [241])

$$c = \frac{a^2}{b} = 6\,398\,786.8476\,4$$

und damit

$$A = 6\,383\,037.5639\,4; \qquad \cos b = 0.6317\,0960\,16.$$

Aus I (20) [11] folgt

$$N\cos B = r = 4\,034\,052.0965\,6; \qquad A\cos b = 4032\,226.1161\,7$$

$$\frac{A\cos b}{N\cos B} = 0.9995\,4735\,8253 \qquad \underline{m = 1.0000\,0007\,1362}$$

II) Die Berechnungen von b und m vereinfachen sich bei Verwendung der Potenzreihen erheblich.

		[272]	[274]
$\frac{\Delta B^0}{10}$	$= -0.1845\,5954$	$-44.3305\,527$	
$\left(\frac{\Delta B}{10}\right)^2$	$= +0.0340\,622$	$+30.4138\,658$	
$\left(\frac{\Delta B}{10}\right)^3$	$= -0.0062\,865$	$-\ \ 0.9462\,606$	$-49.6124\,3$
$\left(\frac{\Delta B}{10}\right)^4$	$= +0.0011\,602$	$-\ \ 0.4135\,396$	$-\ \ 1.7329\,9$
$\left(\frac{\Delta B}{10}\right)^5$	$= -0.0002\,141$	$+\ \ 0.0022\,704$	$-\ \ 0.2393\,8$
$\left(\frac{\Delta B}{10}\right)^6$	$= +0.0000\,395$	$+\ \ 0.0009\,662$	$-\ \ 0.1221\,9$

$$+\ \ 9''2230\,56 \qquad \log m = 0.0000\,0003\,0992$$

$$-122''5325\,16 \qquad \lg m = 0.0000\,0007\,1363$$

$$b'' - B'' = -113''3094\,60$$

$$B = 50°\,51'\,18''3891$$

$$\underline{b = 50°\,49'\,25''0796} \qquad \underline{m = 1.0000\,0007\,1363}$$

I*) Gegeben $\begin{cases} b = 50°\,49'\,25''0796 \\ l = \ \ 1°\,59'\,46''4072 \end{cases}$

$$\frac{1}{\alpha} = 0.9995\,4728\,6924; \qquad \underline{L = \frac{1}{\alpha}\,l = 1°\,59'\,43''1538}$$

$$\frac{\varkappa}{\alpha} = -0.0038\,4560\,3190$$

$$h = \lg\,\mathrm{tg}\,70°\,24'\,42''5398 = 1.0332\,4145\,85$$

$$\tilde{h} = \frac{1}{\alpha}h + \frac{\varkappa}{\alpha} \qquad = 1.0289\,2809\,34$$

$$\mathrm{th}\,\frac{\tilde{h}}{2} = 0.4734\,1606\,32 = \mathrm{tg}\,\frac{\tilde{b}}{2}; \qquad \frac{\tilde{b}}{2} = 25°\,20'\ \ 1''0552\,3$$

$$\tilde{b} = 50°\,40'\ \ 2''1104\,6$$

nach Tabelle [230c]: $\underline{B = 50°\,51'\,18''3891}$

II*) Potenzreihenentwicklung: $b = 50° 49' 25''\!.0796$

$b_n = 52° 40'$

$\Delta b = -1° 50' 34''\!.9204$

	[278]	[280]
$\frac{\Delta b^0}{10} = -0.1843\,0334$	$+44.3852\,089$	
$\left(\frac{\Delta b}{10}\right)^2 = +0.0339\,6772$	$-30.5264\,984$	
$\left(\frac{\Delta b}{10}\right)^3 = -0.0062\,604$	$+\ 1.0026\,425$	$+49.7961\,6$
$\left(\frac{\Delta b}{10}\right)^4 = +0.0011\,538$	$+\ 0.4119\,589$	$+\ 1.6150\,3$
$\left(\frac{\Delta b}{10}\right)^5 = -0.0002\,127$	$-\ 0.0043\,118$	$+\ 0.2392\,2$
$\left(\frac{\Delta b}{10}\right)^6 = +0.0000\,39$	$-\ 0.0008\,764$	$+\ 0.1239\,8$
	$-\ \ 9''\!.2230\,59$	$\log m^* = -0.3099\,25 \cdot 10^{-7}$
	$+122''\!.5325\,16$	$\lg m^* = -0.71363 \cdot 10^{-7}$

$B'' - b'' = 113''\!.3094\,57$

$b = 50° 49' 25''\!.0796$

$B = 50° 51' 18''\!.3891$ $\qquad m^* = 0.9999\,9992\,8637$

VII. Abschnitt.

Die stereographischen Abbildungen, Kegelabbildungen und die allgemeine Bogenabbildung des Sphäroids.

Aus jeder der drei Grundveränderlichen $\mathsf{A} = \mathsf{M}$, B, $\dot{\Gamma}$ kann vermöge einer analytischen Funktion eine neue komplexe Variable auf dem Sphäroid und damit eine neue konforme Abbildung des Sphäroids in die Ebene abgeleitet werden. Wir haben schon oft die durch die Exponentialfunktion gelieferten Variablen mit ihren Abbildungen eingeführt und teilweise näher betrachtet. Hier verfolgen wir

1. die durch H und die linearen Funktionen von H gelieferte Klasse der stereographischen Projektionen,

2. die durch die Potenz H^α (α reell) und die linearen Funktionen

von H^{α} gelieferte Klasse der Gauß-Lambert-Lagrangeschen Kegelprojektionen und

3. die allgemeine Bogenabbildung als Erweiterung der Meridianbogenabbildung[81].

VII, 1 Die Klasse der stereographischen Projektionen.

Die stereographischen Projektionen sind vor allen anderen dadurch ausgezeichnet und gekennzeichnet, daß sie eine umkehrbar eindeutige konforme Abbildung des *ganzen* Sphäroids bzw. der *ganzen* Kugel auf die *Vollebene* mit Einschluß des unendlich fernen Punktes ergeben. Durch

$$\eta = -e^{-\mu}, \quad \mathsf{H} = -e^{-\mathsf{M}} \tag{1}$$

wird zunächst die in **N** (Nordpol) und **S** (Südpol) punktierte Kugel bzw. Sphäroidfläche konform auf die in 0 und ∞ punktierte Ebene abgebildet[82]. Lassen wir aber **N** den Wert η bzw. $\mathsf{H} = 0$ und **S** den Wert η bzw. $\mathsf{H} = \infty$ entsprechen, und erklären wir in diesen Punkten die Winkel wie auf den Flächen, so wird die Abbildung ausnahmslos umkehrbar eindeutig und konform. Diese Eigenschaft bleibt auch dann und nur dann erhalten, wenn wir die Ebene noch einer linearen Transformation unterwerfen. *Durch die linearen Funktionen von η bzw. von H ist also die Klasse aller „stereographischen Projektionen" gegeben.* Dieser einfachen und klaren funktionentheoretischen Definition stehen in der geodätischen Literatur bisweilen recht verschwommene Begriffsbildungen gegenüber. Ein deutliches Bild von der Verteilung der H-Werte auf dem Sphäroid vermittelt die „erweiterte Vierergruppe" in $\mathsf{H} = -e^{-\mathsf{M}} = -e^{-H} \cdot e^{-iL}$ [vgl. X (447)]

a)	$\mathsf{H} \mid \mathsf{H}$	$(B, L) \mid (B, L)$	Identität,
b)	$\mid -\mathsf{H}$	$\mid (B, L + \pi)$	Spiegelung an der x-Achse,
c)	$\mid +\frac{1}{\mathsf{H}}$	$\mid (-B, -L)$	Spiegelung an der y-Achse,
d)	$\mid -\frac{1}{\mathsf{H}}$	$\mid (-B, -L + \pi)$	Spiegelung an der z-Achse,
e)	$\mid \overline{\mathsf{H}}$	$\mid (B, -L)$	Spiegelung an der xy-Ebene,
f)	$\mid -\overline{\mathsf{H}}$	$\mid (B, -L + \pi)$	Spiegelung an der zx-Ebene,
g)	$\mid \frac{1}{\overline{\mathsf{H}}}$	$\mid (-B, L)$	Spiegelung an der yz-Ebene,
h)	$\mid -\frac{1}{\overline{\mathsf{H}}}$	$\mid (-B, L + \pi)$	Spiegelung am Mittelpunkt des Sphäroids.

[81] Siehe auch A. Frank [1], wo im ersten Abschnitt ein geschichtlicher Überblick gegeben ist.

[82] „Punktiert" bedeutet „mit Ausnahme des betr. Punktes".

Es werden die acht Buchstaben a bis h verwendet, um diese Gebietsteilung von der durch Z bewirkten Aufteilung, welche durch die Ziffern *1* bis *8* gekennzeichnet ist, zu unterscheiden.

VII, 1_1 Die stereographische Grund- oder Polarprojektion.

Um die bereits erwähnten gemeinsamen Eigenschaften aller stereographischen Abbildungen auch durch eine gemeinsame Bezeichnung zum Ausdruck zu bringen, wollen wir stets den Buchstaben H verwenden, ihn aber noch in den verschiedenen Fällen mit einem Index oder Zeichen versehen.

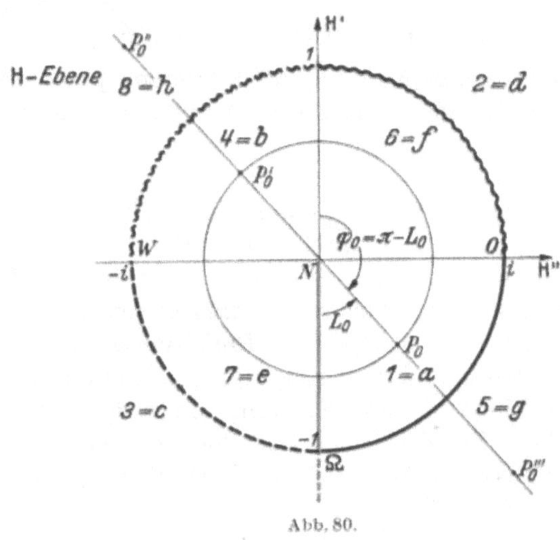

Abb. 80.

$\mathbf{P}_0(B_0, L_0)$ $\quad \mathbf{P}_0'(B_0, L_0+\pi)$ $\quad \mathbf{P}_0''(-B_0, L_0+\pi)$ $\quad \mathbf{P}_0'''(-B_0, L_0)$

Man beachte:

Zählung der geographischen Längen in $\mathsf{H} = 0$ (**N**) *entgegengesetzt* dem Uhrzeigersinn,

Zählung der Argumente in $\mathsf{H} = 0$(**N**) *gleich* dem Uhrzeigersinn (vgl. II [72]).

Bei der Definition von H wurde nicht $e^{i\mathsf{M}}$ in Analogie zu $\mathsf{Z} = e^{i\mathsf{B}}$, sondern $-e^{-\mathsf{M}}$ gewählt, um die in der Abb. 80 gezeichnete Lage des Hauptmeridians $\mathbf{N}\Omega\mathbf{S}$ zu erreichen. Dem Netz der Meridiane und Parallelkreise entspricht das Netz der Halbstrahlen und der konzentrischen Kreise durch und um den Nullpunkt. Durch Beifügen eines positiven Faktors k zu H könnte erreicht werden, daß ein gewisser Normalparallelkreis längentreu abgebildet wird od. dgl.

Bei der *Kugel* vom Radius A kann die durch $2A\eta$ analytisch gegebene Abbildung auch geometrisch durch Projektion ihrer Punkte vom Südpol aus auf die Äquatorebene erzeugt werden. (Daher der Name „stereographische Projektion".) Für das *Sphäroid* führt dieser geometrische Abbildungsvorgang jedoch nicht zu einer konformen Projektion, so daß in diesem Fall nur die analytische Definition einer eindeutigen konformen Abbildung auf die gesamte Ebene möglich ist.

Die erste Abbildungsaufgabe.

Gegeben die geographischen Koordinaten, gesucht $\mathsf{H}, (\eta), m, c$.

Kugel (b, l)

$$\left.\begin{array}{l} |\eta| = e^{-h} = \operatorname{cotg}\left(\frac{\pi}{4} + \frac{b}{2}\right) = \operatorname{tg}\frac{p}{2} = \tau, \\ \arg\eta = \pi - l. \\ \qquad\qquad \text{Sphäroid } (B, L) \qquad \text{II (18) [73]} \;\; \text{V (43) [182]} \\ |\mathsf{H}| = e^{-H} = \operatorname{tg}\frac{P}{2}\,\mathsf{E}(P) = \mathsf{T} = \tau\mathsf{E}, \\ \arg\mathsf{H} = \pi - L \end{array}\right\} \quad (2)$$

oder in Real- und Imaginärteil aufgespalten

$$\left.\begin{array}{ll} \eta' = -\tau\cos l, & \mathsf{H}' = -\mathsf{T}\cos L, \\ \eta'' = +\tau\sin l, & \mathsf{H}'' = +\mathsf{T}\sin L. \end{array}\right\} \quad (2\text{a})$$

Die explizite Form des $|\mathsf{H}|$ ist zur numerischen Berechnung wenig geeignet, wir bedienen uns besser der trigonometrischen Entwicklung V (25) [173].

$$\left.\begin{array}{l} |\mathsf{H}| = e^{-H} = -\mathsf{H}'|_{L=0} = \\ = \operatorname{tg}\frac{P}{2}\left[Q_0^{(-1)} + 2\sum_{\lambda=1}^{\infty}({}'Q_{2\lambda}^{(-1)}\cos 2\lambda B + {}''Q_{2\lambda-1}^{(-1)}\sin(2\lambda-1)B\right]. \end{array}\right\} \quad (2\text{b})$$

Linienelement, Vergrößerungsverhältnis, Bildverschwenkung:

$$\frac{d\eta}{d\mu} = -\eta, \qquad \frac{d\mathsf{H}}{d\mathsf{M}} = -\mathsf{H}.$$

$$\left.\begin{array}{ll} ds^2 = r^2\frac{d\mu\,\overline{d\mu}}{d\eta\,\overline{d\eta}}\,d\eta\,\overline{d\eta} = \lambda^2\,d\eta\,\overline{d\eta} & ds^2 = r^2\frac{d\mathsf{M}\,\overline{d\mathsf{M}}}{d\mathsf{H}\,\overline{d\mathsf{H}}}\,d\mathsf{H}\,\overline{d\mathsf{H}} = \lambda^2\,d\mathsf{H}\,\overline{d\mathsf{H}} \\ \lambda = r : \left|\frac{d\eta}{d\mu}\right| = \frac{r}{|\eta|} & \lambda = r : \left|\frac{d\mathsf{H}}{d\mathsf{M}}\right| = \frac{r}{|\mathsf{H}|} \\ \lambda = \frac{A\sin p}{\tau} = 2A\cos^2\frac{p}{2} = \frac{2A}{1+\tau^2} & \lambda = \frac{N\sin P}{\tau\mathsf{E}} = \frac{2N}{\mathsf{E}}\cos^2\frac{P}{2} = \frac{2N}{\mathsf{E}(1+\tau^2)} \end{array}\right\} \quad (3)$$

$$\left.\begin{array}{ll} m = \frac{ds_\eta}{ds_K} = \frac{1}{\lambda} = \frac{1}{2A}\,\frac{1}{\cos^2\frac{p}{2}} & m = \frac{ds_H}{ds_{\text{Sph}}} = \frac{1}{\lambda} = \frac{1}{2N}\,\frac{\mathsf{E}}{\cos^2\frac{P}{2}} \\ c = \arg\frac{d\eta}{d\mu} = -l & c = \arg\frac{d\mathsf{H}}{d\mathsf{M}} = -L. \end{array}\right\} \quad (4)$$

Spezielle Werte:

$$m|_{\text{Äquator}} = \frac{1}{A}\,; \quad m|_{\mathrm{N}} = \frac{1}{2A} \quad \Big| \quad m|_{\text{Äquator}} = \frac{1}{a}\,; \quad m|_{\mathrm{N}} = \frac{1}{2c}\left(\frac{1+e}{1-e}\right)^{e/2}.$$

Will man z. B. im Nullpunkt (N) das Vergrößerungsverhältnis $m|_{\mathrm{N}} = 1$ festsetzen, so ist der Normierungsfaktor

$$k = 2A \qquad \text{bzw.} \qquad k = 2c\left(\frac{1-e}{1+e}\right)^{e/2}$$

zu wählen. Auch hier dient zur Berechnung die trigonometrische Entwicklung I (36b) [18], V (14_0) [168].

$$\lg m = -\lg\left(2\cos^2\frac{P}{2}\right) + \lg \mathsf{E} - \lg N.$$

Aus (2) folgt

$$\lg \mathsf{T} = -H = \lg\operatorname{tg}\frac{P}{2} + \lg \mathsf{E}\,(P) = \lg\operatorname{tg}\frac{P}{2} - \sum_{\lambda=1}^{\infty} q_{2\lambda-1}\sin(2\lambda-1)B$$

oder

$$\lg \mathsf{E}\,(P) = -\sum_{\lambda=1}^{\infty} q_{2\lambda-1}\sin(2\lambda-1)B,$$

$$\lg N = \lg\left[\frac{a+b}{2}(1+n)^2\right] - \frac{1}{2}\lg F$$

$$= \lg\left[\frac{a+b}{2}(1+n)^2\right] + \sum_{\varkappa=1}^{\infty}(-1)^{\varkappa}\frac{n^{\varkappa}}{\varkappa}\cos 2\varkappa B.$$

Damit erhält man schließlich

$$\lg m = -\lg\left[2\,\frac{a+b}{2}(1+n)^2\cos^2\frac{P}{2}\right] + \sum_{\varkappa=1}^{\infty}(-1)^{\varkappa+1}\frac{n^{\varkappa}}{\varkappa}\cos 2\varkappa B - \\ - \sum_{\lambda=1}^{\infty} q_{2\lambda-1}\sin(2\lambda-1)B. \tag{4a}$$

Zur Darstellung von H in der Umgebung eines Punktes $\mathbf{P}_0$ steht die Potenzreihe V (26) [174] zur Verfügung:

$$\frac{\mathsf{H}}{\mathsf{H}_0} = e^{-\Delta\mathsf{M}} = \sum_{\nu=0}^{\infty}\frac{(-\Delta\mathsf{M})^{\nu}}{\nu!} = 1 + \sum_{\nu=1}^{\infty}(-1)^{\nu}\frac{\Delta\mathsf{M}^{\nu}}{\nu!}\,; \tag{5}$$

oder nach Zerspaltung in Real- und Imaginärteil

$$\mathsf{H}' = \mathfrak{P}_1(\Delta H, \Delta L) = \mathfrak{Q}_1(\Delta B, \Delta L),$$

$$\mathsf{H}'' = \mathfrak{P}_2(\Delta H, \Delta L) = \mathfrak{Q}_2(\Delta B, \Delta L),$$

wobei wir die Durchführung dem Leser überlassen wollen.

Ebenfalls nur skizziert erhält man ferner

$$\left.\begin{aligned} m &= \frac{1}{2\cos^2\frac{P}{2}}\,\frac{\mathsf{E}}{N} = \frac{1}{2N_0\cos^2\frac{P_0}{2}}\,\mathfrak{Q}_3(\varDelta B)\,, \\ c &= -L\,. \end{aligned}\right\} \qquad (6)$$

Aus (4a) ließe sich eine Koeffizientendarstellung 2. Art für eine Potenzreihe von $\lg m$ nach $\varDelta B$ gewinnen.

$$m^* = \frac{r}{|\mathsf{H}|}\,; \qquad r = r_0\left\{1 + \sum_{\nu=1}^{\infty}(\tilde{r}_\nu)\frac{\varDelta H^\nu}{\nu!}\right\} \text{ VI (19) [236]}.$$

$$\frac{1}{|\mathsf{H}|} = \frac{1}{|\mathsf{H}_0|}\,e^{\varDelta H} = \frac{1}{|\mathsf{H}_0|}\left\{1 + \sum_{\nu=1}^{\infty}\frac{\varDelta H^\nu}{\nu!}\right\},$$

$$m^* = \frac{r_0}{|\mathsf{H}_0|}\,\dot{\mathfrak{P}}_4(\varDelta H) = \frac{r_0}{|\mathsf{H}_0|}\,\mathfrak{Q}_4(\varDelta B)\,. \qquad (6a)$$

Die zweite Abbildungsaufgabe.

Gegeben die ebenen (rechtwinkligen) Koordinaten, gesucht (B, L), m^*, c^*.

$$\eta\,(\eta', \eta'') \qquad\qquad \mathsf{H}\,(\mathsf{H}', \mathsf{H}'')$$

$$\downarrow \qquad\qquad \downarrow$$

$$\operatorname{tg}\frac{p}{2} = |\eta|, \quad b = \frac{\pi}{2} - p \qquad \mathsf{M}\begin{cases} e^{-H} = |\mathsf{H}|\,, H = -\lg|\mathsf{H}| \\ L \;\;= \pi - \arg\mathsf{H} \end{cases} \qquad (7)$$

$$l = \pi - \arg\eta$$

dann von H nach B wie VI (16) [235]

$$h = H, \quad b = b(h)$$

$$B = b + \sum_{\lambda=1}^{\infty}\dot{k}_{2\lambda}\sin 2\lambda b$$

$$\left.\begin{aligned} & m^* = \frac{ds_K}{ds_\eta} = \frac{2A}{1+\tau^2} = \frac{2A}{1+|\eta|^2} \qquad m^* = \frac{ds_{\mathrm{Sph}}}{ds_{\mathsf{H}}} = \frac{r}{|\mathsf{H}|} \quad \text{mit} \\ & \qquad\qquad r = \frac{a+b}{2}\sum_{\nu=1}^{\infty}(R_{2\nu+1})\cos(2\nu+1)B \\ & \qquad\qquad \text{I (42) [21]} \\ & c^* = l \qquad\qquad c^* = L\,. \end{aligned}\right\} (8)$$

In einer Punktumgebung kehren wir die Potenzreihe (5) um:

$$\varDelta\mathsf{M} = \sum_{\nu=1}^{\infty}\frac{(-1)^\nu}{\nu}\left(\frac{\varDelta\mathsf{H}}{\mathsf{H}}\right)^\nu \qquad (9)$$

oder

$$\varDelta H = \mathfrak{P}_1^*(\varDelta\mathsf{H}', \varDelta\mathsf{H}'') \to \varDelta B = \mathfrak{Q}_1^*(\varDelta\mathsf{H}', \varDelta\mathsf{H}'')\,,$$

$$\varDelta L = \mathfrak{P}_2^*(\varDelta\mathsf{H}', \varDelta\mathsf{H}'')\,.$$

Für die Abbildungsgrößen ergibt sich schließlich

$$m^* = \frac{r}{|\mathsf{H}|}\,; \quad r = r_0\left\{1 + \sum_{\nu=1}^{\infty} (\tilde{r}_\nu)\frac{\Delta H^\nu}{\nu!}\right\} = r_0\, \mathfrak{P}_3^* (\Delta \mathsf{H}', \Delta \mathsf{H}''),$$

$$\frac{1}{|\mathsf{H}|} = \frac{1}{|\mathsf{H}_0|}\frac{1}{\left|1 + \frac{\Delta \mathsf{H}}{\mathsf{H}_0}\right|} = \frac{1}{|\mathsf{H}_0|}\mathfrak{P}_4^* (\Delta \mathsf{H}', \Delta \mathsf{H}'').$$

$$\left.\begin{aligned} m^* &= \frac{r_0}{|\mathsf{H}_0|}\mathfrak{P}_5^* (\Delta \mathsf{H}', \Delta \mathsf{H}''), \\ c^* &= L = L_0 + \mathfrak{P}_2^* (\Delta \mathsf{H}', \Delta \mathsf{H}''). \end{aligned}\right\} \tag{10}$$

VII, 1_2 Die allgemeinen stereographischen Projektionen H_A.

Diese werden durch lineare Transformationen von H gegeben:

$$\mathsf{H}_\mathsf{A} = \frac{a\mathsf{H} + b}{c\mathsf{H} + d}.$$

Unter ihnen heben sich drei Arten besonders heraus:

2a) die stereographische Projektion mit diametralem Null- und Unendlichkeitspunkt,

2b) die stereographische Projektion mit zur Äquatorebene symmetrischem Null- und Unendlichkeitspunkt,

2c) die Gauß-Krügersche stereographische Projektion mit einem Punkt $\dot{\mathbf{P}}_0$ als „Zentralpunkt“ der Abbildung.

Wir behandeln sie nacheinander.

VII, 1_{2a} Die stereographische Projektion H^* mit diametralem Null- und Unendlichkeitspunkt, insbesondere die stereographische Äquatorialprojektion $\mathsf{H}_\mathsf{\ddot{A}}^*$.

Ein diametral gelegenes Punktepaar $\mathbf{P}_0, \mathbf{P}_0''$ (wir denken uns $B_0 > 0$) hat die Koordinaten $\mathsf{H}_0, -\frac{1}{\overline{\mathsf{H}}_0}$; infolgedessen lautet unsere Projektion

$$\mathsf{H}^* = \frac{C}{\overline{\mathsf{H}}_0}\frac{\mathsf{H} - \mathsf{H}_0}{\mathsf{H} + \frac{1}{\overline{\mathsf{H}}_0}} = C\frac{\mathsf{H} - \mathsf{H}_0}{\overline{\mathsf{H}}_0\mathsf{H} + 1}. \tag{11}$$

Die noch willkürliche Konstante C kann durch Vorgabe eines dritten Punktes und seines Bildes festgelegt werden.

Für die *Kugel* bedeutet die vorstehende Transformation, wenn wir η^* nicht in der Ebene, sondern selbst wieder auf der Kugel deuten, eine *Drehung* bzw. *Drehstreckung*. Um das einzusehen, bemerken wir, daß ein beliebiger Punkt $\mathbf{P}_m$ des Meridians $\mathbf{NP}_0\mathbf{S} = \mathfrak{M}_0$ mit dem Polabstand $p_0 + \alpha$ die Parameterdarstellung $\eta_m = \varrho_m\, e^{i\varphi_0}$ besitzt,

$$0 \leqq \varrho_m \leqq \infty; \quad \varrho_m = \operatorname{tg}\frac{p_0 + \alpha}{2}, \quad \varphi_0 = \pi - l_0.$$

Der Bildpunkt $\mathbf{P}_m^*$ berechnet sich nach (11) zu

$$\eta_m^* = C\, e^{i\varphi_0} \frac{\varrho_m - \varrho_0}{\varrho_m \varrho_0 + 1} = C\, e^{i\varphi_0} \operatorname{tg} \frac{\alpha}{2}\,.$$

Für $C = e^{i\vartheta}$ liegen die Bildpunkte auf einem Halbstrahl mit dem Argument $\varphi_0 + \vartheta$ und nach Polarprojektion zurück auf die Kugel auf dem entsprechenden Meridian mit dem Polabstand α. Der Großkreis $\mathbf{N P_0 S}$ wird daher bei der Abbildung längentreu in einen anderen Großkreis übergeführt. Da sich dieses Ergebnis auch durch eine geeignete Drehung der Kugel erreichen läßt, andererseits die Abbildung nach III durch Vorgabe der Werte auf einem Halbstrahl eindeutig bestimmt ist, muß der Übergang $\eta \to \eta^*$ der Drehung völlig entsprechen. Soll überdies $\mathfrak{M}_0$ in den Nullmeridian übergeführt werden oder η_m^* auf die negativ reelle Achse zu liegen kommen, so muß außerdem gelten

$$\arg \eta_m^* = \vartheta + \varphi_0 = \vartheta + \pi - l_0 = \pi\,.$$

Für diese spezielle (*normierte*) *Drehung* hat man somit

$$\eta^* = -\frac{1}{\tau_0} \frac{\eta - \eta_0}{\eta + \dfrac{1}{\overline{\eta}_0}} = e^{i\,l_0} \frac{\eta - \eta_0}{\overline{\eta}_0\, \eta + 1}\,. \tag{12}$$

Eine allgemeinere Konstante $C = k e^{i\,l_0}$ $(k > 0)$ bringt noch eine *Streckung* (in der η^*-Ebene Ähnlichkeitstransformation $1 : k$ vom Nullpunkt aus) mit sich.

Für die Kugeldrehungen kann noch eine zweite Darstellung mit Hilfe der Fixpunkte der Drehung gegeben werden. Sind $D_1 (\eta = d_1)$ und $D_2 \left(\eta = d_2 = -\dfrac{1}{\overline{d}_1}\right)$ die Endpunkte der Drehachse und wird um den Winkel δ in D_1 gedreht, so ist

$$\frac{\eta^* - d_1}{\eta^* - d_2} = e^{i\delta} \frac{\eta - d_1}{\eta - d_2}\,. \tag{13}$$

Die Abbildung Sphäroid $\to$ Ebene durch H^* kann aus drei Schritten zusammengesetzt werden:

$$\left.\begin{array}{lll}
1.\ \eta = \mathsf{H}\ (\mu = \mathsf{M}) & \text{Abbildung Sphäroid} \to \text{Kugel,} \\
2.\ \eta^* = C \dfrac{\eta - \eta_0}{\overline{\eta}_0\, \eta + 1} & \text{Abbildung Kugel} \to \text{Kugel (Kugeldrehung bzw. Drehstreckung),} \\
3.\ \mathsf{H}^* = \eta^*\ (\mathsf{M}^* = \mu^*) & \text{Abbildung Kugel} \to \mathsf{H}^*\text{-Ebene.}
\end{array}\right\} \tag{14}$$

Wird C wie oben normiert, $C = k e^{i\,L_0}$, so geht auch hier der Sphäroid-Meridian $\mathfrak{M}_0$ in die reelle Achse — genauer der Bogen $\mathbf{P}_0 \Omega\, \mathbf{S}$ in die negative reelle H^*-Achse — über; wir sprechen von „normierter" Abbildung

$$\mathsf{H}^* = k\, e^{i\,L_0} \frac{\mathsf{H} - \mathsf{H}_0}{\overline{\mathsf{H}}_0\, \mathsf{H} + 1}\,. \tag{15}$$

Definiert man eine neue komplexe Flächenvariable μ^* bzw. M^* durch

$$\frac{\eta^*}{k} = -e^{-\mu^*} \quad \text{bzw.} \quad \frac{\mathsf{H}^*}{k} = -e^{-\mathsf{M}^*}, \tag{16}$$

so bewirkt die lineare Beziehung in η bzw. H eine analytische Abhängigkeit von μ und μ^* bzw. M und M^*, woraus diejenige von (b, l) und (b^*, l^*) bzw. von (B, L) und (B^*, L^*) erschlossen werden kann.

Wir behandeln zunächst einige Sonderfälle.

a) Drehung der Kugel oder des Sphäroids mit der Drehachse **N S** um den Winkel δ:

$$\left.\begin{array}{ll} \eta^* = e^{i\delta}\eta & \mathsf{H}^* = e^{i\delta}\mathsf{H} \\ \downarrow & \downarrow \\ -\mu^* = -\mu + i\delta \begin{cases} h^* = h \; (b^* = b) \\ l^* = l - \delta \end{cases} & -\mathsf{M}^* = -\mathsf{M} + i\delta \begin{cases} H^* = H \, (B^* = B) \\ L^* = L - \delta. \end{cases} \end{array}\right\} \tag{17}$$

b) Drehung der η-Kugel mit der Drehachse OW um den Winkel δ führt zur Abbildung (Abb. 81a):

$$\left.\begin{array}{l} \eta^* = \dfrac{\eta + \operatorname{tg}\frac{\delta}{2}}{-\operatorname{tg}\frac{\delta}{2}\eta + 1} = \dfrac{\alpha\eta + \beta}{-\beta\eta + \alpha}, \qquad \begin{array}{l} \alpha = \cos\frac{\delta}{2} \\ \beta = \sin\frac{\delta}{2} \end{array}, \\ \mathsf{H}^* = \dfrac{\mathsf{H} + \operatorname{tg}\frac{\delta}{2}}{-\operatorname{tg}\frac{\delta}{2}\mathsf{H} + 1} = \dfrac{\alpha\mathsf{H} + \beta}{-\beta\mathsf{H} + \alpha}, \\ \mathbf{P}_0\,(p_0 = \delta, l_0 = 0), \eta_0 = -\operatorname{tg}\frac{\delta}{2} = -\tau_0 \; (\delta > 0), \\ D_1\colon\; d_1 = i, \qquad D_2\colon\; d_2 = -i. \end{array}\right\} \tag{18}$$

Speziell erhält man für $\delta = \frac{\pi}{2}$ die

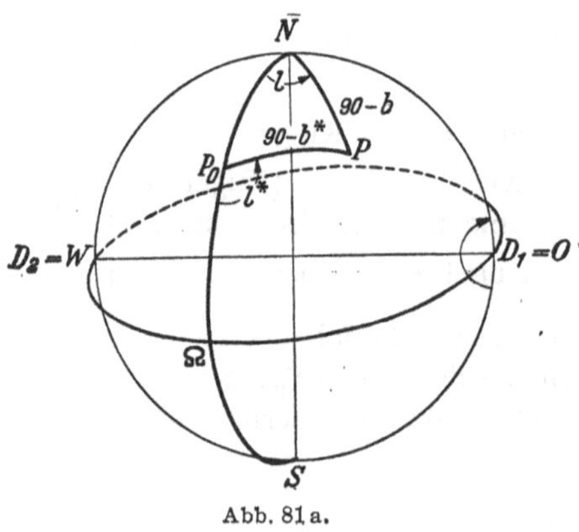

Abb. 81a.

stereographische Äquatorialprojektion (Ω)

$$\left.\begin{array}{l} \eta^*_{\ddot{A},\Omega} = -\dfrac{\eta + 1}{\eta - 1} = \operatorname{th}\dfrac{\mu}{2}, \\ \mathsf{H}^*_{\ddot{A},\Omega} = -\dfrac{\mathsf{H} + 1}{\mathsf{H} - 1} = \operatorname{th}\dfrac{\mathsf{M}}{2}. \end{array}\right\} \tag{18a}$$

Die Zerspaltung in Real- und Imaginärteil ergibt (nach X [449])

$$\eta^{*\prime} = \frac{\operatorname{sh} h}{\operatorname{ch} h + \cos l}, \quad \eta^{*\prime\prime} = \frac{\sin l}{\operatorname{ch} h + \cos l},$$

$$\mathsf{H}^{*\prime} = \frac{\operatorname{sh} H}{\operatorname{ch} H + \cos L}, \quad \mathsf{H}^{*\prime\prime} = \frac{\sin L}{\operatorname{ch} H + \cos L}.$$

Bei der Kugel läßt sich die isometrische Breite noch durch die geographische Breite ersetzen II (28) [76]:

$$\eta^{*\prime} = \frac{\operatorname{tg} b}{\frac{1}{\cos b} + \cos l} = \frac{\sin b}{1 + \cos b \cos l} = \frac{1 - \tau^2}{1 + \tau^2 + 2\tau \cos l}\,; \qquad \tau = \operatorname{tg}\frac{p}{2},$$

$$\eta^{*\prime\prime} = \frac{\sin l}{\frac{1}{\cos b} + \cos l} = \frac{\sin l \cos b}{1 + \cos b \cos l} = \frac{2\tau \sin l}{1 + \tau^2 + 2\tau \cos l}.$$

Aus der Beziehung zwischen H und H^* folgt der Zusammenhang zwischen M und M^* (s. X [449]):

$$i\pi - \mathsf{M}^* = \lg\left(\operatorname{th}\frac{\mathsf{M}}{2}\right) = -\operatorname{arth}\left(\frac{\cos L}{\operatorname{ch} H}\right) + i \operatorname{arctg}\left(\frac{\sin L}{\operatorname{sh} H}\right)$$

oder aufgespalten

$$\left.\begin{aligned} H^* &= \operatorname{arth}\left(\frac{\cos L}{\operatorname{ch} H}\right), & \pi - L^* &= \operatorname{arctg}\left(\frac{\sin L}{\operatorname{sh} H}\right), \\ \operatorname{th} H^* &= \frac{\cos L}{\operatorname{ch} H}\,; & \operatorname{tg} L^* &= -\frac{\sin L}{\operatorname{sh} H}. \end{aligned}\right\} \tag{19}$$

Der Übergang zu der geographischen Breite b^* bzw. B^* ist nur bei der Kugel in geschlossener Form möglich. Man erhält so für den Zusammenhang der alten mit den neuen geographischen Koordinaten die Formeln

für die Kugel:	für das Sphäroid in drei Schritten (s. oben):
$\sin b^* = \cos b \cos l$ $\operatorname{tg} l^* = -\frac{\sin l}{\operatorname{tg} b}$ (auch unmittelbar aus dem sphärischen Dreieck $\mathbf{N}\Omega\mathbf{P}$; s. Abb. 81a für $\mathbf{P}_0 = \Omega$).	1. $(B, L) \to (b, l)$ vermöge $\eta = \mathsf{H}$, $(\mu = \mathsf{M})$, d. h. $\begin{cases} b = B + \sum_{\lambda=1}^{\infty} k_{2\lambda} \sin 2\lambda B, \\ l = L. \end{cases}$ 2. $(b, l) \to (b^*, l^*)$ vermöge $\eta^* = -\frac{\eta + 1}{\eta - 1}$, d. h. $\sin b^* = \cos b \cos l$, $\operatorname{tg} l^* = -\frac{\sin l}{\operatorname{tg} b}$. 3. $(b^*, l^*) \to (B^*, L^*)$ vermöge $\mathsf{H}^* = \eta^*$ $(\mathsf{M}^* = \mu^*)$, d. h. $\begin{cases} B^* = b^* + \sum_{\lambda=1}^{\infty} \dot{k}_{2\lambda} \sin 2\lambda b^*, \\ L^* = l^*. \end{cases}$ (20)

Zum Abschluß geben wir noch ein Bild der stereographischen Äquatorialprojektion für die Kugel:

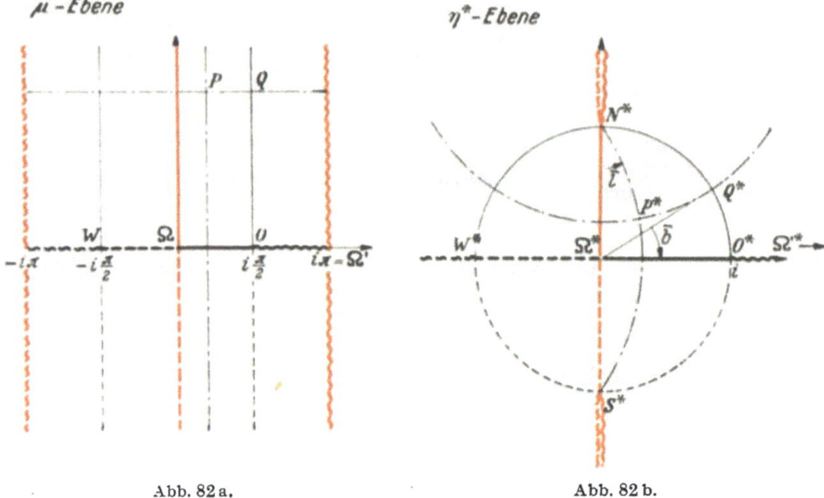

Abb. 82a. Abb. 82b.

Büschel der Großkreise (Meridiane) durch **NS** → Kreisbüschel durch **N*S***,

Büschel der dazu orthogonalen Kleinkreise (Breitenkreise) → orthogonales Kreisbüschel mit den Nullkreisen **N***, **S***,

Büschel der Großkreise durch $\Omega\Omega'$ → Geradenbüschel durch Ω^*.

Aus der Konformität der Abbildung folgt die Beziehung $\bar{l} = l$, während für Q^* der Winkel $\bar{b}$ mit der geographischen Breite übereinstimmt, $\bar{b} = b$, worin die Projektion ihren einfachsten Ausdruck findet.

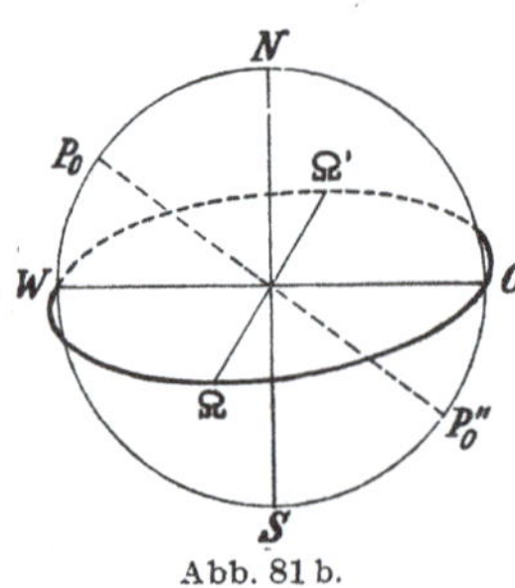

Abb. 81b.

Für das Sphäroid ist die Abbildung $\mathsf{M} \to \mathsf{H}^*$ analog. Das geographische Netz geht ebenfalls in das Kreisbüschel durch **N* S*** und das dazu orthogonale über, auch für die Länge gilt wegen der Konformität $\bar{l} = L$, aber die Beziehung zwischen den Breiten wird durch $\bar{b} = b = B + \sum_{\lambda=1}^{\infty} k_{2\lambda} \sin 2\lambda B$ gegeben.

c) Drehung der Kugel mit der Drehachse $\Omega\Omega'$ um den Winkel δ führt zur Abbildung

$$\eta^* = \frac{\eta + i\tau_0}{i\tau_0\eta + 1} = \frac{\alpha\eta + i\beta}{i\beta\eta + \alpha}$$

$$\mathbf{P}_0\left(p_0 = \delta,\, l_0 = -\frac{\pi}{2}\right),\quad \delta > 0$$

$$\eta_0 = -i\,\mathrm{tg}\frac{\delta}{2} = -i\tau_0$$

$$\left.\begin{aligned} \mathsf{H}^* &= \frac{\mathsf{H} + i\,\mathrm{tg}\frac{\delta}{2}}{i\,\mathrm{tg}\frac{\delta}{2}\,\mathsf{H} + 1} = \frac{\alpha\mathsf{H} + i\beta}{i\beta\mathsf{H} + \alpha} \\ D_1 &= \Omega : d_1 = -1 \\ D_2 &= \Omega' : d_2 = +1. \end{aligned}\right\} \quad (21)$$

Speziell erhält man für $\delta = \pi/2$ die

stereographische Äquatorialprojektion (West):

$$\left.\begin{aligned}
\eta^*_{\breve{A},\mathrm{W}} &= \frac{\eta+i}{i\eta+1} = i\,\mathrm{th}\frac{\hat{\mu}}{2} & \mathsf{H}^*_{\breve{A},\mathrm{W}} &= \frac{\mathsf{H}+i}{i\,\mathsf{H}+1} = i\,\mathrm{th}\frac{\hat{\mathsf{M}}}{2}\\
&= -\mathrm{cotg}\left(\frac{\pi}{4}+\frac{i\mu}{2}\right) & &= \mathrm{tg}\left(\frac{i\,\mathsf{M}}{2}-\frac{\pi}{4}\right)\\
\text{mit } \hat{\mu} &= \mu+\frac{i\pi}{2} & &= -\mathrm{cotg}\left(\frac{\pi}{4}+\frac{i\,\mathsf{M}}{2}\right)\\
\mu^* &= \mathrm{lg\,tg}\left(\frac{\pi}{4}+\frac{i\mu}{2}\right) & \text{mit } \hat{\mathsf{M}} &= \mathsf{M}+\frac{i\pi}{2}.\\
\frac{1}{i}\mu^* &= \beta \text{ vgl. II (25) [75]} & &
\end{aligned}\right\}\quad (21\,\mathrm{a})$$

Die Weiterbehandlung kann wie oben erfolgen. Liegt die Drehachse beliebig ohne weitere Einschränkung in der Äquatorebene, so ergibt sich die

allgemeine stereographische Äquatorialprojektion, hervorgerufen durch Drehung um einen beliebigen Äquatordurchmesser:

$$\mathsf{H}^*_{\breve{A}} = i\,\mathrm{th}\frac{\hat{\mathsf{M}}}{2} \quad \text{mit} \quad \hat{\mathsf{M}} = \mathsf{M} - i\,L_0. \tag{22}$$

Wir wenden uns nun dem allgemeinen Fall zu.

Diametraler Null- und Unendlichkeitspunkt in beliebiger Lage.

Normierte Abbildung:

$$\mathsf{H}^* = -\frac{k}{\mathsf{T}_0}\,\frac{\mathsf{H}-\mathsf{H}_0}{\mathsf{H}+\dfrac{1}{\overline{\mathsf{H}}_0}} = k\cdot e^{i L_0}\frac{\mathsf{H}-\mathsf{H}_0}{\overline{\mathsf{H}}_0\mathsf{H}+1} \tag{15}$$

mit den Bezeichnungen

$$\begin{aligned}
&\mathsf{T} = \tau\mathsf{E}, \qquad \tau = \mathrm{tg}\frac{P}{2}, \qquad \mathsf{E}(P) = \left(\frac{1+\cos P}{1-\cos P}\right)^{e/2}\\
&\mathsf{H} = \mathsf{T}e^{i(\pi-L)}, \qquad \mathsf{H}_0 = \mathsf{T}_0 e^{i(\pi-L_0)} \qquad (\text{Annahme } B_0 \geqq 0). \qquad (15\,\mathrm{a})\\
&|\mathsf{H}| = \mathsf{T} = e^{-H}, \quad \Delta\mathsf{M} = \mathsf{M}-\mathsf{M}_0
\end{aligned}$$

Das Büschel der Meridiane wird in das Kreisbüschel durch die Punkte **N***, **S*** (Bilder von **N**, **S**) mit den Koordinaten

$$\mathsf{H}^*_{\mathbf{N}^*} = n^* = k\,\mathsf{T}_0, \qquad \mathsf{H}^*_{\mathbf{S}^*} = s^* = -\frac{k}{\mathsf{T}_0} \tag{23}$$

abgebildet, insbesondere geht der Meridianbogen $\mathbf{P}_0\Omega\mathbf{S}$ in die negative reelle H^*-Achse über. Das Büschel der Parallelkreise wird auf das hierzu orthogonale Büschel mit den Grundpunkten $\mathbf{N}^*$, $\mathbf{S}^*$ abgebildet; seine Potenzlinie geht durch den Halbierungspunkt

$$\mathsf{H}_m^* = \frac{k}{2}\left(\mathsf{T}_0 - \frac{1}{\mathsf{T}_0}\right). \tag{24}$$

Wenn wir sie als neue imaginäre Achse einführen, wird die Darstellung besonders einfach. Man findet zunächst

$$\mathsf{H}^* = -\frac{k}{\mathsf{T}_0}\cdot\frac{-e^{-\mathsf{M}}+e^{-\mathsf{M}_0}}{-e^{-\mathsf{M}}-e^{\overline{\mathsf{M}}_0}} = \frac{k}{\mathsf{T}_0}\cdot\frac{-e^{-\Delta\mathsf{M}}+1}{e^{-\Delta\mathsf{M}}+e^{2H_0}} = k\mathsf{T}_0\cdot\frac{-e^{-\Delta\mathsf{M}}+1}{\mathsf{T}_0^2 e^{-\Delta\mathsf{M}}+1},$$

$$\mathsf{H}^* - \mathsf{H}_m^* = k\left\{\frac{\mathsf{T}_0(-e^{-\Delta\mathsf{M}}+1)}{\mathsf{T}_0^2 e^{-\Delta\mathsf{M}}+1} - \frac{\mathsf{T}_0^2-1}{2\mathsf{T}_0}\right\} = k\frac{1+\mathsf{T}_0^2}{2\mathsf{T}_0}\,\frac{1-\mathsf{T}_0^2 e^{-\Delta\mathsf{M}}}{1+\mathsf{T}_0^2 e^{-\Delta\mathsf{M}}}.$$

Die symmetrische Bauart dieser Formel legt es nahe, die Differenz $\Delta\mathsf{M}$ von einem anderen Ausgangspunkt zu zählen, d. h. ein neues $\dot{\Delta}\mathsf{M} = \mathsf{M} - \mathsf{M}_{00}$ mit einem neuen Punkt

$$\mathsf{M}_{00} = \mathsf{M}_0 + 2\lg\mathsf{T}_0 \tag{25}$$

zu bilden, so daß $\mathsf{T}_0^2 e^{-\Delta\mathsf{M}} = e^{-(\mathsf{M}-\mathsf{M}_{00})} = e^{-\dot{\Delta}\mathsf{M}}$ wird. Dann folgt

$$\mathsf{H}^* - \mathsf{H}_m^* = k\frac{1+\mathsf{T}_0^2}{2\mathsf{T}_0}\,\frac{1-e^{\dot{\Delta}\mathsf{M}}}{1+e^{\dot{\Delta}\mathsf{M}}} = k\frac{1+\mathsf{T}_0^2}{2\mathsf{T}_0}\,\mathrm{th}\frac{\dot{\Delta}\mathsf{M}}{2},$$

also schließlich für die allgemeine normierte Abbildung

$$\mathsf{H}^* = k\frac{\mathsf{T}_0^2-1}{2\mathsf{T}_0} + k\frac{\mathsf{T}_0^2+1}{2\mathsf{T}_0}\,\mathrm{th}\frac{\dot{\Delta}\mathsf{M}}{2} \quad\text{mit}\quad \begin{array}{l}\dot{\Delta}\mathsf{M} = \dot{\Delta}H + i\Delta L\\ \dot{\Delta}H = \Delta H - \lg\mathsf{T}_0^2.\end{array} \tag{26}$$

Für die *Kugel* vereinfacht sich die Gleichung noch weiter wegen

$$\mathsf{T}_0=\tau_0=\mathrm{tg}\frac{p_0}{2} \;\text{ zu }\; \eta^*=k\left\{-\frac{1}{\mathrm{tg}p_0}+\frac{1}{\sin p_0}\,\mathrm{th}\frac{\dot{\Delta}\mu}{2}\right\}=k\left\{-\mathrm{tg}\,b_0+\frac{1}{\cos b_0}\,\mathrm{th}\frac{\dot{\Delta}\mu}{2}\right\}. \tag{27}$$

Wir sehen also, daß es sich um eine Abbildung durch die Funktion Tangens hyperbolicus handelt, die früher in III [108] genau untersucht wurde.

Die praktische Berechnung der Werte an die geschlossene Formel (26) anzuschließen, wäre unzweckmäßig; man bedient sich besser wieder der Reihenentwicklungen. Für eine Darstellung im Kleinen kommt vor allem die Potenzreihenentwicklung um den Nullpunkt $\mathbf{P}_0$ in Frage, von der wir aber nur die ersten Glieder ausführlich berechnen wollen. Der Ähnlichkeitsfaktor k kann so gewählt werden, daß $m(\mathbf{P}_0) = 1$ wird, woraus nach S. [330] $k = r_0\frac{1+\mathsf{T}_0^2}{\mathsf{T}_0}$ folgt. Für eine Taylor-Entwicklung ermitteln wir den Funktionswert und die Ableitungen an der Stelle $\mathbf{P}_0$. Es ist

$$\mathrm{th}\frac{\dot{\Delta}\mathsf{M}}{2}\bigg|_{\mathbf{P}_0} = \mathrm{th}\left(\lg\frac{1}{\mathsf{T}_0}\right) = \frac{1-\mathsf{T}_0^2}{1+\mathsf{T}_0^2}$$

und damit wird

$$\mathsf{H}^*(\mathbf{P}_0) = r_0 \frac{1+\mathsf{T}_0^2}{\mathsf{T}_0}\left\{\frac{\mathsf{T}_0^2-1}{2\,\mathsf{T}_0} + \frac{1-\mathsf{T}_0^2}{2\,\mathsf{T}_0}\right\} = 0,$$

wie es nach der Herleitung der Abbildungsfunktion zu erwarten ist. Ferner haben wir

$$\frac{d}{d\mathsf{M}}\left(\operatorname{th}\frac{\dot{\Delta}\mathsf{M}}{2}\right)\bigg|_{\mathbf{P}_0} = \frac{1}{2}\,\frac{1}{\operatorname{ch}^2\dfrac{\dot{\Delta}\mathsf{M}}{2}}\Bigg|_{\mathbf{P}_0} = \frac{1}{2}\left(\frac{2\,\mathsf{T}_0}{1+\mathsf{T}_0^2}\right)^2$$

oder

$$\frac{d\mathsf{H}^*}{d\mathsf{M}}\bigg|_{\mathbf{P}_0} = \frac{r_0}{2}\left(\frac{1+\mathsf{T}_0^2}{\mathsf{T}_0}\right)^2\cdot\frac{1}{2}\left(\frac{2\,\mathsf{T}_0}{1+\mathsf{T}_0^2}\right)^2 = r_0,$$

$$\frac{d^2\left(\operatorname{th}\dfrac{\dot{\Delta}\mathsf{M}}{2}\right)}{d\mathsf{M}^2}\Bigg|_{\mathbf{P}_0} = -\frac{1}{2}\,\frac{1}{\operatorname{ch}^2\dfrac{\dot{\Delta}\mathsf{M}}{2}}\operatorname{th}\frac{\dot{\Delta}\mathsf{M}}{2}\bigg|_{\mathbf{P}_0} = -\frac{1}{2}\,\frac{1-\mathsf{T}_0^2}{1+\mathsf{T}_0^2}\left(\frac{2\,\mathsf{T}_0}{1+\mathsf{T}_0^2}\right)^2,$$

$$\frac{d^2\mathsf{H}^*}{d\mathsf{M}^2}\bigg|_{\mathbf{P}_0} = -r_0\,\frac{1-\mathsf{T}_0^2}{1+\mathsf{T}_0^2} \quad \text{usw.}$$

Die Potenzreihe beginnt daher mit den Gliedern

$$\mathsf{H}^* = r_0\left\{\Delta\mathsf{M} - \frac{1-\mathsf{T}_0^2}{1+\mathsf{T}_0^2}\cdot\frac{\Delta\mathsf{M}^2}{2!} + \cdots\right\} \tag{28}$$

oder speziell für die *Kugel*

$$\eta^* = r_0\left\{\Delta\mu - \cos\varphi_0\frac{\Delta\mu^2}{2!} + \cdots\right\}. \tag{29}$$

Der Konvergenzkreis geht durch die nächste der singulären Stellen

$$\operatorname{th}\frac{\dot{\Delta}\mathsf{M}}{2} = \pm 1.$$

Bei der Gauß-Krügerschen stereographischen Projektion, wo $\mathbf{P}_0$ zugleich Zentralpunkt ist, führen wir die entsprechende Entwicklung noch weiter [347].

Wenden wir uns nun wieder der geschlossenen Form zu. Nach Abschnitt X lautet die Zerspaltung von $\operatorname{th} z$ in Real- und Imaginärteil

$$\operatorname{th} z = \frac{\operatorname{sh} 2x}{\operatorname{ch} 2x + \cos 2y} + i\,\frac{\sin 2y}{\operatorname{ch} 2x + \cos 2y}$$

und damit hat man aus (26)

$$\frac{\mathsf{H}^{*\prime}}{k} = \frac{\mathsf{T}_0^2-1}{2\,\mathsf{T}_0} + \frac{1+\mathsf{T}_0^2}{2\,\mathsf{T}_0}\,\frac{\operatorname{sh}\dot{\Delta}H}{\operatorname{ch}\dot{\Delta}H + \cos\Delta L},$$

$$\frac{\mathsf{H}^{*\prime\prime}}{k} = \frac{1+\mathsf{T}_0^2}{2\,\mathsf{T}_0}\,\frac{\sin\Delta L}{\operatorname{ch}\dot{\Delta}H + \cos\Delta L}.$$

Wegen

$$\mathsf{T}_0 = e^{-H_0};\quad H_0 = -\lg \mathsf{T}_0;\quad \Delta H = H - H_0 - 2\lg \mathsf{T}_0 = H + H_0$$

können wir die Gleichungen noch umformen:

$$\left.\begin{aligned}\frac{\mathsf{H}^{*\prime}}{k} &= -\operatorname{sh} H_0 + \operatorname{ch} H_0 \frac{\operatorname{sh}(H+H_0)}{\operatorname{ch}(H+H_0)+\cos\Delta L} = \frac{\operatorname{sh} H - \operatorname{sh} H_0 \cos\Delta L}{\operatorname{ch}(H+H_0)+\cos\Delta L},\\ \frac{\mathsf{H}^{*\prime\prime}}{k} &= \frac{\operatorname{ch} H_0 \sin\Delta L}{\operatorname{ch}(H+H_0)+\cos\Delta L}.\end{aligned}\right\}\quad(26\text{a})$$

Im Fall der Kugel läßt sich die isometrische Breite in geschlossener Form noch durch die geographische Breite ersetzen II (28) [76]

$$\left.\begin{aligned}\frac{\eta^{*\prime}}{k} &= \frac{\operatorname{tg} b - \operatorname{tg} b_0 \cos\Delta l}{\frac{1}{\cos b_0}\cdot\frac{1}{\cos b} + \operatorname{tg} b_0 \operatorname{tg} b + \cos\Delta l} = \frac{\cos b_0 \sin b - \sin b_0 \cos b \cos\Delta l}{1+\sin b_0 \sin b + \cos b_0 \cos b \cos\Delta l},\\ \frac{\eta^{*\prime\prime}}{k} &= \frac{\frac{1}{\cos b_0}\cdot\sin\Delta l}{\frac{1}{\cos b_0}\cdot\frac{1}{\cos b} + \operatorname{tg} b_0 \operatorname{tg} b + \cos\Delta l} = \frac{\cos b \sin\Delta l}{1+\sin b_0 \sin b + \cos b_0 \cos b \cos\Delta l}.\end{aligned}\right\}\quad(27\text{a})$$

Für das Sphäroid lassen sich aus der trigonometrischen Reihe

$$H = \operatorname{arth}(\sin B) + \sum_{\lambda=1}^{\infty} q_{2\lambda-1} \sin(2\lambda-1)B \qquad \text{V } (14_0)\ [168]$$

die in (26a) benötigten Reihen nach Abschnitt X [487] herstellen:

$$\operatorname{th} H = \frac{\sin B + \operatorname{th}(\Sigma\ldots)}{1-\sin B \operatorname{th}(\Sigma\ldots)} = \sin B + \text{trigonometrische Reihe in } B,$$

$$\operatorname{ch} H = \frac{1}{\cos B}\{1 + \text{trigonometrische Reihe in } B\},$$

$$\operatorname{sh} H = \operatorname{tg} B\ \{1 + \text{trigonometrische Reihe in } B\}.$$

Neben den rechtwinkligen Koordinaten $\mathsf{H}^{*\prime}, \mathsf{H}^{*\prime\prime}$ in der H^*-Ebene wollen wir nun noch die Polarkoordinaten, d. h. den absoluten Betrag und das Argument von H^*, berechnen:

$$\mathsf{H}^* = |\mathsf{H}^*|\cdot e^{i(\pi - L^*)} = \mathsf{T}^* e^{i(\pi - L^*)}.$$

Aus (26a) folgt

$$\left.\begin{aligned}\operatorname{tg}(\pi - L^*) &= \frac{\mathsf{H}^{*\prime\prime}}{\mathsf{H}^{*\prime}} = \frac{\operatorname{ch} H_0\cdot\sin\Delta L}{\operatorname{sh} H - \operatorname{sh} H_0 \cos\Delta L};\\ |\mathsf{H}^*|^2 &= \mathsf{H}^*\overline{\mathsf{H}}^* = \frac{k^2}{\mathsf{T}_0^2}\,\frac{\mathsf{H}-\mathsf{H}_0}{\mathsf{H}+\frac{1}{\overline{\mathsf{H}}_0}}\cdot\frac{\overline{\mathsf{H}}-\overline{\mathsf{H}}_0}{\overline{\mathsf{H}}+\frac{1}{\mathsf{H}_0}};\qquad |\mathsf{H}| = \mathsf{T}\\ &\text{oder}\\ \mathsf{T}^{*2} &= e^{-2H^*} = k^2\frac{\mathsf{T}_0^2 + \mathsf{T}^2 - 2\mathsf{T}_0\mathsf{T}\cos\Delta L}{1+\mathsf{T}_0^2\mathsf{T}^2 + 2\mathsf{T}_0\mathsf{T}\cos\Delta L}.\end{aligned}\right\}\quad(26\text{b})$$

Für die Kugel erhält man daraus speziell wegen

$$\cos^2\frac{p}{2}\cos^2\frac{p_0}{2}+\sin^2\frac{p}{2}\sin^2\frac{p_0}{2}=\frac{1}{2}(1+\cos p_0\cos p),$$

$$\sin^2\frac{p_0}{2}\cos^2\frac{p}{2}+\cos^2\frac{p_0}{2}\sin^2\frac{p}{2}=1-\frac{1}{2}(1+\cos p_0\cos p)$$

die einfachere Darstellung in den geographischen Koordinaten

$$\left.\begin{aligned}
&\operatorname{tg}(\pi-l^*)=\frac{\cos b\sin\Delta l}{\cos b_0\sin b-\sin b_0\cos b\cos\Delta l},\\
&|\eta^*|^2=k^2\,\frac{\tau_0^2+\tau^2-2\tau_0\tau\cos\Delta l}{1+\tau_0^2\tau^2+2\tau_0\tau\cos\Delta l}\cdot\frac{\cos^2\frac{p}{2}\cos^2\frac{p_0}{2}}{\cos^2\frac{p}{2}\cos^2\frac{p_0}{2}}\\
&\text{oder}\\
&\tau^{*2}=\operatorname{tg}^2\frac{p^*}{2}=k^2\,\frac{1-\cos p_0\cos p-\sin p_0\sin p\cos\Delta l}{1+\cos p_0\cos p+\sin p_0\sin p\cos\Delta l}=k^2\,\frac{1-d}{1+d}
\end{aligned}\right\}\quad(27\,\mathrm{b})$$

mit der Abkürzung

$$d=\sin b_0\sin b+\cos b_0\cos b\cos\Delta l.$$

Dieses Formelpaar bekommen wir auch durch Anwendung der trigonometrischen Formeln auf das sphärische Dreieck $\mathbf{N}\mathbf{P}_0\mathbf{P}$ (Cosinus- und Seitencosinussatz), wenn die Abbildung $\eta\to\eta^*$ mit $k=1$ passiv als Transformation gedeutet wird.

$\mathfrak{H}$ = Hauptmeridian in den alten geographischen Koordinaten mit dem Pol **N**,

$\mathfrak{H}^*$ = Hauptmeridian (willkürlich) in den neuen Koordinaten mit dem Pol $\mathbf{P}_0$.

Poldistanz $p=\mathbf{NP}$,

Poldistanz $p^*=\mathbf{P}_0\mathbf{P}$.

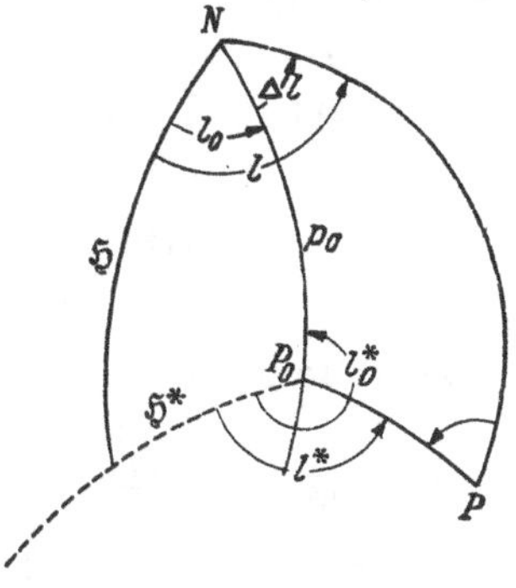

Abb. 83.

Aus dem Cosinussatz für das sphärische Dreieck $\mathbf{P}_0\mathbf{P}\mathbf{N}$ folgt

$$\cos p^*=\cos p_0\cos p+\sin p_0\sin p\cos\Delta l$$

oder

$$\sin b^*=\sin b_0\sin b+\cos b_0\cos b\cos\Delta l$$

und damit

$$\operatorname{tg}^2\frac{p^*}{2}=\frac{1-\cos p^*}{1+\cos p^*}=\frac{1-\sin b^*}{1+\sin b^*}=\frac{1-s_0s-c_0c\cos\Delta l}{1+s_0s+c_0c\cos\Delta l}\quad[\text{vgl. (27b)}].$$

Entsprechend hat man

$$\sin\Delta l \operatorname{cotg}(l_0^* - l^*) = \sin p_0 \operatorname{cotg} p - \cos p_0 \cos\Delta l$$

oder

$$\operatorname{tg}(l^* - l_0^*) = -\frac{\sin\Delta l}{\cos b_0 \operatorname{tg} b - \sin b_0 \cos\Delta l} \quad \text{[vgl. (27b)]}.$$

Zur Übersicht stellen wir nochmals den analytischen Zusammenhang zwischen den verschiedenen Variablen auf:

H und H*: $$\mathsf{H}^* = -\frac{k}{\mathsf{T}_0}\cdot\frac{\mathsf{H}-\mathsf{H}_0}{\mathsf{H}+\frac{1}{\overline{\mathsf{H}}_0}} = k\,e^{i L_0}\frac{\mathsf{H}-\mathsf{H}_0}{\overline{\mathsf{H}}_0\mathsf{H}+1}, \tag{30a}$$

M und M*: $$-e^{-\mathsf{M}^*} = k\left\{-\frac{1-\mathsf{T}_0^2}{2\mathsf{T}_0} + \frac{1+\mathsf{T}_0^2}{2\mathsf{T}_0}\operatorname{th}\frac{\Delta\mathsf{M}}{2}\right\}, \tag{30b}$$

(B, L) und (B^*, L^*): $\operatorname{tg}(\pi - L^*)$, T^{*2} nach (26b). (30c)

Dabei muß für das Sphäroid noch der Übergang $H \to B, H^* \to B^*$ vollzogen werden (s. VI (16) [235]).

Das Ziel unserer Untersuchungen muß die Bewältigung der Abbildungsaufgaben sein. Dazu brauchen wir noch die Ableitung der Abbildungsfunktion für das Vergrößerungsverhältnis und die Bildverschwenkung.

$$\frac{1}{k}\frac{d\mathsf{H}^*}{d\mathsf{M}} = \frac{1}{k}\cdot\frac{d\mathsf{H}^*}{d\mathsf{H}}\cdot\frac{d\mathsf{H}}{d\mathsf{M}} = -\frac{k}{\mathsf{T}_0}\cdot\frac{d}{d\mathsf{H}}\left(\frac{\mathsf{H}-\mathsf{H}_0}{\mathsf{H}+\frac{1}{\overline{\mathsf{H}}_0}}\right)(-\mathsf{H})$$

$$= \frac{\mathsf{H}\overline{\mathsf{H}}_0}{\mathsf{T}_0}\cdot\frac{1+\mathsf{H}_0\overline{\mathsf{H}}_0}{(1+\mathsf{H}\overline{\mathsf{H}}_0)^2} = \mathsf{T}\,e^{-i\Delta L}\frac{1+\mathsf{T}_0^2}{(1+\mathsf{T}_0\mathsf{T}\,e^{-i\Delta L})^2}.$$

Daraus folgt

$$\left.\begin{aligned}
\arg\frac{d\mathsf{H}^*}{d\mathsf{M}} &= -\Delta L - 2\arg(1+\mathsf{T}_0\mathsf{T}\,e^{-i\Delta L}),\\
\frac{1}{k}\left|\frac{d\mathsf{H}^*}{d\mathsf{M}}\right| &= \frac{\mathsf{T}(1+\mathsf{T}_0^2)}{(1+\mathsf{T}_0\mathsf{T}\,e^{-i\Delta L})(1+\mathsf{T}_0\mathsf{T}\,e^{i\Delta L})}\\
&= \frac{\mathsf{T}(1+\mathsf{T}_0^2)}{1+\mathsf{T}_0^2\mathsf{T}^2+2\mathsf{T}_0\mathsf{T}\cos\Delta L} = \frac{\operatorname{ch}H_0}{\operatorname{ch}(H+H_0)+\cos\Delta L}.
\end{aligned}\right\} \tag{31}$$

Für die *Kugel* wird speziell

$$\left.\begin{aligned}
\arg\frac{d\eta^*}{d\mu} &= -\Delta l - 2\arg(1+\tau_0\tau e^{-i\Delta l}),\\
\frac{1}{k}\left|\frac{d\eta^*}{d\mu}\right| &= \frac{\cos b}{1+\sin b_0\sin b+\cos b_0\cos b\cos\Delta l} \quad \text{[vgl. (27a)]}.
\end{aligned}\right\} \tag{32}$$

Die erste Abbildungsaufgabe.

Gegeben die geographischen Koordinaten (B, L), gesucht die ebenen rechtwinkligen Koordinaten m und c.

$$\left.\begin{array}{l}
\downarrow (b, l) \\
\eta^{*\prime} = k \dfrac{\cos b_0 \sin b - \sin b_0 \cos b \cos \Delta l}{1 + \sin b_0 \sin b + \cos b_0 \cos b \cos \Delta l} \\
\eta^{*\prime\prime} = k \dfrac{\cos b \sin \Delta l}{1 + \sin b_0 \sin b + \cos b_0 \cos b \cos \Delta l} \\
\text{oder} \\
|\eta^*|^2 = \tau^{*2} = k^2 \dfrac{1-d}{1+d} \\
\text{mit} \\
d = \sin b \sin b_0 + \cos b \cos b_0 \cos \Delta l \\
\operatorname{tg} l^* = \dfrac{-\cos b \sin \Delta l}{\cos b_0 \sin b - \sin b_0 \cos b \cos \Delta l} \\
(B, L) \to \mathsf{T} = \tau \mathsf{E} = e^{-H} \\
\lg \mathsf{T} = -H = \lg \operatorname{tg} \dfrac{P}{2} - \sum\limits_{\lambda=1}^{\infty} q_{2\lambda-1} \sin (2\lambda - 1) B \qquad \mathrm{V}\,(14_0)\,[168] \\
\mathsf{T} = \operatorname{tg} \dfrac{P}{2} \left[Q_0^{(-1)} + 2 \sum\limits_{\lambda=1}^{\infty} \left({}'Q_{2\lambda}^{(-1)} \cos 2\lambda B + {}''Q_{2\lambda-1}^{(-1)} \sin (2\lambda - 1) B \right) \right] \\
\qquad\qquad \mathrm{V}\ (25)\ [175] \\
\mathsf{H}^{*\prime} = k \dfrac{\operatorname{sh} H - \operatorname{sh} H_0 \cos \Delta L}{\operatorname{ch}(H + H_0) + \cos \Delta L} \\
\mathsf{H}^{*\prime\prime} = k \dfrac{\operatorname{ch} H_0 \sin \Delta L}{\operatorname{ch}(H + H_0) + \cos \Delta L} \\
\text{oder} \\
|\mathsf{H}^*|^2 = \mathsf{T}^{*2} = k^2 \dfrac{\mathsf{T}_0^2 + \mathsf{T}^2 - 2\mathsf{T}_0 \mathsf{T} \cos \Delta L}{1 + \mathsf{T}_0^2 \mathsf{T}^2 + 2\mathsf{T}_0 \mathsf{T} \cos \Delta L} \\
\operatorname{tg} L^* = -\dfrac{\operatorname{ch} H_0 \sin \Delta L}{\operatorname{sh} H - \operatorname{sh} H_0 \cos \Delta L}
\end{array}\right\} \quad (33)$$

In der Umgebung des Nullpunktes $\mathbf{P}_0$ hat man die Darstellung im Kleinen

$$\eta^* = r_0 \left\{ \Delta \mu - \cos p_0 \frac{\Delta \mu^2}{2!} + \cdots \right\}; \quad \mathsf{H}^* = r_0 \left\{ \Delta \mathsf{M} - \frac{1 - \mathsf{T}_0^2}{1 + \mathsf{T}_0^2} \cdot \frac{\Delta \mathsf{M}^2}{2!} + \cdots \right\}.$$

Zur Berechnung der Abbildungsgrößen bilden wir die Ableitung

$$\frac{d\mathsf{H}^*}{d\mathsf{M}} = k \frac{\mathsf{T}_0^2 + 1}{2\mathsf{T}_0} \cdot \frac{1}{2 \operatorname{ch}^2 \frac{\Delta \mathsf{M}}{2}}; \qquad \left| \frac{d\mathsf{H}^*}{d\mathsf{M}} \right| = k \cdot \frac{\operatorname{ch} H_0}{\operatorname{ch}(H + H_0) + \cos \Delta L}. \quad (34)$$

Aus dem Quadrat des Linienelementes

$$ds^2 = r^2 \frac{d\mu}{d\eta^*} \cdot \frac{\overline{d\mu}}{d\eta^*} d\eta^* \, d\bar{\eta}^* = \lambda^2 d\eta^* \, d\bar{\eta}^*;$$

$$ds^2 = r^2 \frac{d\mathsf{M}}{d\mathsf{H}^*} \cdot \frac{\overline{d\mathsf{M}}}{d\mathsf{H}^*} d\mathsf{H}^* \, d\bar{\mathsf{H}}^* = \lambda^2 d\mathsf{H}^* \, d\bar{\mathsf{H}}^*$$

folgt für das *Vergrößerungsverhältnis*

$$\left.\begin{aligned} m &= \frac{ds_{\eta^*}}{ds_K} = \frac{1}{\lambda} = \frac{1}{r}\left|\frac{d\eta^*}{d\mu}\right| && m = \frac{ds_{\mathsf{H}^*}}{ds_{\mathrm{Sph}}} = \frac{1}{\lambda} = \frac{1}{r}\left|\frac{d\mathsf{H}^*}{d\mathsf{M}}\right| \\ &= \frac{k}{A\cos b}\,\frac{\operatorname{ch} h_0}{\operatorname{ch}(h+h_0)+\cos\Delta l} && = \frac{k}{N\cos B}\cdot\frac{\operatorname{ch} H_0}{\operatorname{ch}(H+H_0)+\cos\Delta L} \\ &= \frac{k}{A}\,\frac{1}{1+\sin b\sin b_0+\cos b\cos b_0\cos\Delta l} \end{aligned}\right\} \quad (35)$$

Will man die Konstante k durch die Forderung $m(\mathbf{P}_0) = 1$ festlegen, so ergibt sich

$$k = 2A \qquad\qquad k = r_0 \frac{1+\operatorname{ch} 2H_0}{\operatorname{ch} H_0} = r_0 \frac{1+\mathsf{T}_0^2}{\mathsf{T}_0}$$

Für die *Bildverschwenkung* folgt aus (34)

$$\left.\begin{aligned} c &= \arg\frac{d\eta^*}{d\mu} = -2\arg\operatorname{ch}\frac{\Delta\mu}{2} && c = \arg\frac{d\mathsf{H}^*}{d\mathsf{M}} = -2\arg\operatorname{ch}\frac{\Delta\mathsf{M}}{2} \\ c &= -2\operatorname{arctg}\left(\operatorname{th}\frac{h+h_0}{2}\operatorname{tg}\frac{\Delta l}{2}\right) && c = -2\operatorname{arctg}\left(\operatorname{th}\frac{H+H_0}{2}\operatorname{tg}\frac{\Delta L}{2}\right) \\ &\text{oder} \\ \operatorname{tg}\frac{c}{2} &= -\operatorname{tg}\frac{\Delta l}{2}\cdot\frac{1-\operatorname{tg}\frac{p_0}{2}\operatorname{tg}\frac{p}{2}}{1+\operatorname{tg}\frac{p_0}{2}\operatorname{tg}\frac{p}{2}} && \operatorname{tg}\frac{c}{2} = -\operatorname{tg}\frac{\Delta L}{2}\cdot\frac{1-\mathsf{T}_0\mathsf{T}}{1+\mathsf{T}_0\mathsf{T}} \\ \operatorname{tg}\frac{c}{2} &= -\operatorname{tg}\frac{\Delta l}{2}\cdot\frac{\sin\frac{b+b_0}{2}}{\cos\frac{b-b_0}{2}} \end{aligned}\right\} \quad (36)$$

Im Fall der *Kugel* kann die Abbildungsaufgabe auch *geometrisch* durch Projektion ihrer Punkte vom Gegenpunkt $\mathbf{P}_0''$ aus auf die in $\mathbf{P}_0$ berührende Tangentialebene gelöst werden. Im Hinblick darauf formen wir den analytischen Formelapparat noch etwas um. Die komplexe Abbildungsfunktion hatte nach (27b) die Gestalt

$$\frac{\eta^*}{k} = \frac{(\cos b_0 \sin b - \sin b_0 \cos b \cos\Delta l) + i\cos b \sin\Delta l}{1 + \sin b_0 \sin b + \cos b_0 \cos b \cos\Delta l}.$$

Durch Einführen der halben Winkel $\frac{\Delta l}{2}$, $\frac{\Delta b}{2}$ und $\frac{b+b_0}{2}$ erhält man für die einzelnen Ausdrücke im Zähler und Nenner unter Verwendung von (36)

$$1+\sin b_0 \sin b+\cos b_0 \cos b \cos \Delta l =$$
$$= 1+\cos\Delta b - 2\cos b_0 \cos b \sin^2\frac{\Delta l}{2}$$
$$= 2\cos^2\frac{\Delta b}{2} - 2\left(\cos^2\frac{\Delta b}{2} - \sin^2\frac{b+b_0}{2}\right)\sin^2\frac{\Delta l}{2}$$
$$= 2\cos^2\frac{\Delta b}{2}\cos^2\frac{\Delta l}{2}\left[1+\operatorname{tg}^2\frac{c}{2}\right],$$

$$\cos b_0 \sin b - \sin b_0 \cos b \cos\Delta l =$$
$$= \sin\Delta b + 2\sin b_0 \cos b \sin^2\frac{\Delta l}{2}$$
$$= 2\sin\frac{\Delta b}{2}\cos\frac{\Delta b}{2} + 2\left(\sin\frac{b+b_0}{2}\cos\frac{b+b_0}{2} - \sin\frac{\Delta b}{2}\cos\frac{\Delta b}{2}\right)\sin^2\frac{\Delta l}{2}$$
$$= 2\sin\frac{\Delta b}{2}\cos\frac{\Delta b}{2}\cos^2\frac{\Delta l}{2} + 2\sin\frac{b+b_0}{2}\cos\frac{b+b_0}{2}\sin^2\frac{\Delta l}{2}$$

oder

$$\frac{\eta^*}{k} = \operatorname{tg}\frac{\Delta b}{2}\cos^2\frac{c}{2} + \operatorname{tg}^2\frac{c}{2}\,\frac{\cos\frac{b+b_0}{2}}{\sin\frac{b+b_0}{2}}\cos^2\frac{c}{2} + i\cos b\cos^2\frac{c}{2}\operatorname{tg}\frac{\Delta l}{2}\,\frac{1}{\cos^2\frac{\Delta b}{2}}$$
$$= \operatorname{tg}\frac{\Delta b}{2} + \sin^2\frac{c}{2}\,\frac{\cos b}{\cos\frac{\Delta b}{2}\sin\frac{b+b_0}{2}} - i\,\frac{\cos b\sin c}{2\cos\frac{\Delta b}{2}\sin\frac{b+b_0}{2}}.$$

Als Ergebnis unserer Umformung entsteht so nach Trennung in Real- und Imaginärteil

$$\frac{\eta^{*\prime}}{k} = \operatorname{tg}\frac{\Delta b}{2} - \operatorname{tg}\frac{c}{2}\,\frac{\eta^{*\prime\prime}}{k}, \qquad \frac{\eta^{*\prime\prime}}{k} = -\left(\operatorname{ctg}\frac{b+b_0}{2} - \operatorname{tg}\frac{\Delta b}{2}\right)\frac{\sin c}{2}. \quad (37)$$

Dieser Ausdruck für η^* hat eine höchst einfache geometrische Bedeutung. Um das zu erkennen, wenden wir die Gauß-Mollweideschen Formeln auf das Dreieck $\mathbf{NP_0P}$ an:

1. $\cos\frac{p^*}{2}\cos\frac{\pi-\delta_0+\delta}{2} = \sin\frac{\lambda}{2}\cos\frac{p+p_0}{2}$,

2. $\cos\frac{p^*}{2}\sin\frac{\pi-\delta_0+\delta}{2} = \cos\frac{\lambda}{2}\cos\frac{p-p_0}{2}$,

3. $\sin\frac{p^*}{2}\cos\frac{\pi-\delta_0-\delta}{2} = \sin\frac{\lambda}{2}\sin\frac{p+p_0}{2}$,

4. $\sin\frac{p^*}{2}\sin\frac{\pi-\delta_0-\delta}{2} = \cos\frac{\lambda}{2}\sin\frac{p-p_0}{2}$.

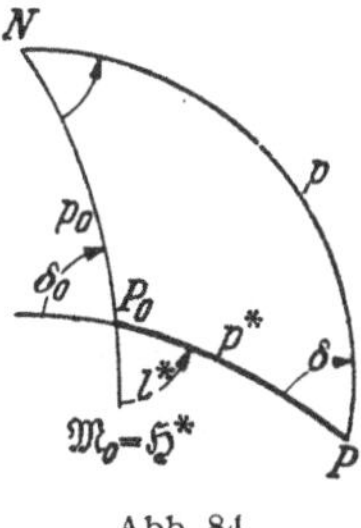

Abb. 84.

Meridian $\mathfrak{M}_0$ = Hauptmeridian für das neue (gedrehte) System. Aus der 1. und 2. Gleichung folgt

$$\operatorname{cotg}\left[\frac{\pi}{2} - \frac{\delta_0-\delta}{2}\right] = -\operatorname{tg}\frac{\delta-\delta_0}{2} = \operatorname{tg}\frac{\lambda}{2}\,\frac{\cos\frac{p+p_0}{2}}{\cos\frac{p-p_0}{2}} = -\operatorname{tg}\frac{c}{2}$$

also
$$c = \delta - \delta_0 \tag{38}$$
(in der Abb. 84 wird c negativ).

Aus der 4. und 2. Gleichung folgt $\left(\frac{\delta+\delta_0}{2} = \delta_0 + \frac{\delta-\delta_0}{2}\right)$

$$\operatorname{tg}\frac{p^*}{2}\,\frac{\cos\frac{\delta+\delta_0}{2}}{\cos\frac{\delta-\delta_0}{2}} = \operatorname{tg}\frac{p-p_0}{2} = \operatorname{tg}\frac{p^*}{2}\left[\cos\delta_0 - \sin\delta_0\operatorname{tg}\frac{\delta-\delta_0}{2}\right]$$

oder
$$\operatorname{tg}\frac{\Delta b}{2} = -\operatorname{tg}\frac{p^*}{2}\left[\cos\delta_0 - \sin\delta_0\operatorname{tg}\frac{c}{2}\right]. \tag{39}$$

Aus der 3. und 1. Gleichung folgt

$$\operatorname{tg}\frac{p^*}{2}\,\frac{\sin\frac{\delta+\delta_0}{2}}{-\sin\frac{\delta-\delta_0}{2}} = \operatorname{tg}\frac{p+p_0}{2} = -\operatorname{tg}\frac{p^*}{2}\left[\sin\delta_0\operatorname{cotg}\frac{\delta-\delta_0}{2} + \cos\delta_0\right],$$

$$\operatorname{cotg}\frac{b+b_0}{2} = -\operatorname{tg}\frac{p^*}{2}\left[\sin\delta_0\operatorname{cotg}\frac{\delta-\delta_0}{2} + \cos\delta_0\right]. \tag{40}$$

Durch Einsetzen von (38), (39), (40) in (37) erhalten wir schließlich

$$\begin{aligned}\frac{\eta^{*\prime\prime}}{k} &= -\sin\frac{c}{2}\cos\frac{c}{2}\operatorname{tg}\frac{p^*}{2}\left\{\left[-\sin\delta_0\operatorname{cotg}\frac{c}{2} - \cos\delta_0\right] + \right.\\ &\qquad\left. + \left[\cos\delta_0 - \sin\delta_0\operatorname{tg}\frac{c}{2}\right]\right\}\\ &= \sin\frac{c}{2}\cos\frac{c}{2}\operatorname{tg}\frac{p^*}{2}\sin\delta_0\left(\operatorname{cotg}\frac{c}{2} + \operatorname{tg}\frac{c}{2}\right) = \operatorname{tg}\frac{p^*}{2}\sin\delta_0\end{aligned}$$

und

$$\begin{aligned}\operatorname{tg}\frac{\Delta b}{2} - \frac{\eta^{*\prime\prime}}{k}\operatorname{tg}\frac{c}{2} &= -\operatorname{tg}\frac{p^*}{2}\left\{\left[\cos\delta_0 - \sin\delta_0\operatorname{tg}\frac{c}{2}\right] + \sin\delta_0\operatorname{tg}\frac{c}{2}\right\}\\ &= -\operatorname{tg}\frac{p^*}{2}\cos\delta_0\end{aligned}$$

oder zusammengesetzt

$$\frac{\eta^*}{k} = -\operatorname{tg}\frac{p^*}{2}(\cos\delta_0 - i\sin\delta_0) = \operatorname{tg}\frac{p^*}{2}e^{i(\pi-\delta_0)} = \operatorname{tg}\frac{p^*}{2}e^{i(\pi-l^*)}. \tag{41}$$

Der Vergleich mit η (2a) zeigt eine völlige formale Übereinstimmung, wenn (b, l) durch (b^*, l^*) ersetzt wird.

Durch dieselben Umformungen [331] erzielen wir für das Vergrößerungsverhältnis

$$m = \frac{k}{A}\,\frac{1}{1+\sin b_0\sin b + \cos b_0\cos b\cos\Delta l} = \frac{k}{2A}\,\frac{\cos^2\frac{c}{2}}{\cos^2\frac{\Delta b}{2}\cos^2\frac{\Delta l}{2}}$$

und mit Hilfe der 2. Gauß-Mollweideschen Gleichung

$$\cos\frac{\Delta p}{2}\cos\frac{\Delta l}{2} = \cos\frac{\Delta b}{2}\cos\frac{\Delta l}{2} = \cos\frac{p^*}{2}\cos\frac{c}{2}$$

schließlich den zu (4) [315] analogen Ausdruck unter Vertauschung von p mit p^*:

$$m = \frac{k}{2A} \cdot \frac{1}{\cos^2 \frac{p^*}{2}}. \tag{42}$$

Für die Bildverschwenkung ergibt sich aus (38)

$$c = \delta - l^*. \tag{43}$$

Geometrische Konstruktion der stereographischen Abbildung: Kugel (Radius A) $\rightarrow$ η^*-Ebene ($k = 2A$).

Die folgende Abbildung ist so zu verstehen, daß die Kugel, deren Schnitt mit der Zeichenebene der Kreis K_0 mit dem Mittelpunkt $\mathbf{M}_0$ und dem Radius A ist ($\mathbf{NP}_0\mathbf{SP}_0''$), vom Projektionspunkt $\mathbf{P}_0''$ aus auf die in $\mathbf{P}_0$ berührende Tangentialebene projiziert und die Projektionsebene um die Tangente an K_0 in $\mathbf{P}_0$ in die Zeichenebene umgeklappt wird. Die von $\mathbf{P}_0''$ aus gesehen rechte (östliche) Hälfte der Kugel erscheint so auf die rechte Hälfte der η^*-Ebene abgebildet, insbesondere das sphärische Dreieck $\mathbf{NP}_0\mathbf{P}$ auf das ebene (Kreisbogen-) Dreieck $\mathbf{N}^*\mathbf{P}_0^*\mathbf{P}^*$ ($\mathbf{P}_0^*$ = Anfangspunkt $\mathbf{O}^*$). Die durch ↷ angedeuteten Winkel haben ein Vorzeichen, und zwar sind δ_0, δ, ε, λ positiv und c negativ; die durch ↷ gekennzeichneten sind dem absoluten Betrage nach zu verstehen. Man beachte, daß die geographischen Längen (l in $\mathbf{N}$, l^* in $\mathbf{P}_0$) entgegengesetzt dem positiven Drehsinn der Kugel gezählt werden.

Gegeben $\mathbf{P}(b, l)$ als Schnitt von K_1 (Meridian), $l - l_0 = \lambda$, K_2 (Parallelkreis), Polhöhe p,

Mittelpunkte: $\begin{cases}\mathbf{M}_1, \ \mathbf{M}_1\mathbf{M}_0 \perp \mathbf{SN}, \\ \mathbf{M}_2, \ \mathbf{M}_2 \text{ auf } \mathbf{SN},\end{cases}$

Dreieck $\mathbf{NP}_0\mathbf{P}$,
Seite $\mathbf{NP}_0$,
Seite $\mathbf{NP}$,
Seite $\mathbf{P}_0\mathbf{P}$,
Schnittpunkte K_0, K_2: C, D (Polhöhe p),
mit dem zu C gehörigen Zentriwinkel $p_0 - p = b - b_0$
und dem zu C gehörigen Peripheriewinkel $\Delta b/2$.

Gesucht $\mathbf{P}^*(\eta^{*\prime}, \eta^{*\prime\prime})$ als Schnitt von K_1^* und K_2^* bzw. K_1^* und $\mathbf{P}_0''\mathbf{P}$,

Mittelpunkte: $\begin{cases}\mathbf{M}_1^* \text{ auf Potenzlinie}, \\ \mathbf{M}_2^* \text{ auf } \mathbf{S}^*\mathbf{N}^*,\end{cases}$

Dreieck $\mathbf{N}^*\mathbf{P}_0^*\mathbf{P}^*$:
Gerade $\mathbf{N}^*\mathbf{P}_0^* = \mathbf{N}^*\mathbf{O}^*$,
Kreisbogen $\mathbf{N}^*\mathbf{P}^*$ (auf K_1^*),
Gerade $\mathbf{P}_0^*\mathbf{P}^* = \mathbf{O}^*\mathbf{P}^*$.

Aus der geometrischen Definition der Projektion folgt nun unmittelbar

$$|\eta^*| = 2A \operatorname{tg} \frac{p^*}{2}, \quad \arg \eta^* = \varepsilon = \pi - \delta_0 = \pi - l^* \quad \text{[vgl. (41) Abb. 84]}.$$

Für die *Bildverschwenkung* liest man aus der Abb. 85 den Winkel c ab

$$c = -(\alpha^* - \beta^*) = (\pi - \delta_0) - (\pi - \delta) = \delta - \delta_0 \qquad \text{[vgl. (43)]}$$

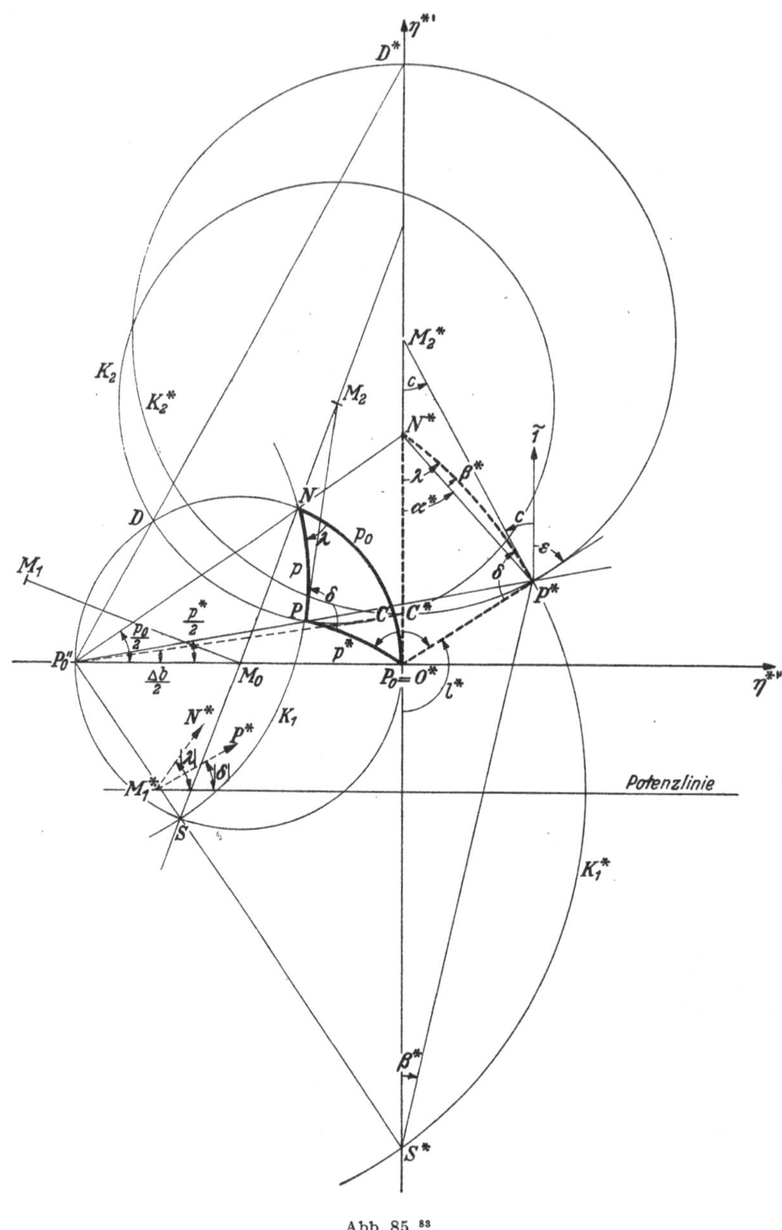

Abb. 85.[83]

Auch das *Vergrößerungsverhältnis m* kann aus der geometrischen Konstruktion entnommen werden. Die zur Achse $\mathbf{P}_0\mathbf{P}_0''$ senkrechten Breitenkreise gehen in konzentrische Kreise mit dem Mittelpunkt $\mathbf{0}^*$ über

[83] Vgl. auch Abb. 29b.

und werden unabhängig vom Argument l^* verzerrt. Der aus dieser Schar stammende Kugelkleinkreis durch **P** hat den Radius $A \sin p^*$, der Bildkreis den Radius $\mathbf{O^*P^*} = 2A \operatorname{tg}\frac{p^*}{2}$, und demnach ist m der Quotient aus beiden Größen

$$m = \frac{2A \operatorname{tg}\frac{p^*}{2}}{A \sin p^*} = \frac{1}{\cos^2 \frac{p^*}{2}} \qquad \text{[vgl. (42)]}.$$

Meridian- und Parallelkreisbilder.

Wegen der bekannten Eigenschaft der stereographischen Projektion (Kugel $\longleftrightarrow$ Ebene) Kreise in Kreise überzuführen, geht das Meridianbüschel in das Kreisbüschel durch $\mathbf{N^*}\,\mathbf{S^*}$ und das Parallelkreisbüschel in das hierzu orthogonale Büschel (mit den Grundpunkten $\mathbf{N^*}$, $\mathbf{S^*}$) über.

Im einzelnen finden wir das *Meridianbild* K_1^* folgendermaßen (Abb. 85): Zunächst ist

$$\mathbf{O^*M_1^{*\prime}} = \frac{\eta^*_{\mathbf{N^*}} + \eta^*_{\mathbf{S^*}}}{2} = A\left(\tau_0 - \frac{1}{\tau_0}\right) = -2A \operatorname{cotg} p_0.$$

Bezeichnen wir mit m_1^*, n^* die komplexen Werte der Punkte $\mathbf{M_1^*}$, $\mathbf{N^*}$ in der η^*-Ebene, so hat man wegen der Winkeltreue in $\mathbf{N^*}$

$$n^* - m_1^* = r_1^* \cdot e^{i\left(\frac{\pi}{2} - \lambda\right)} \left\{ \begin{aligned} r_1^* \sin\lambda &= \mathbf{M_1^{*\prime}N^*} = 2A(\operatorname{cotg} p_0 + \tau_0) \\ &= 2\frac{A}{\cos b_0} = d^*, \\ r_1^* \cos\lambda &= -m_1^{*\prime\prime}, \end{aligned} \right.$$

also

$$\mathbf{M_1^*} \begin{cases} m_1^{*\prime} = -2A \operatorname{tg} b_0, \\ m_1^{*\prime\prime} = -d^* \operatorname{cotg}\lambda = -\dfrac{2A}{\cos b_0} \operatorname{cotg}\lambda; \quad r_1^* = \dfrac{d^*}{\sin\lambda} = \dfrac{2A}{\cos b_0 \sin\lambda}. \end{cases} \tag{44a}$$

Für das *Parallelkreisbild* K_2^* gilt:

Die Schnittpunkte von K_2 mit K_0, **C** und **D** haben die Polhöhe p; es ist daher

$$\text{Bogen } \mathbf{P_0C} = 2A(p_0 - p) = 2A(b - b_0); \quad \mathbf{O^*C^*} = 2A \operatorname{tg}\frac{\Delta b}{2},$$

$$\text{Bogen } \mathbf{P_0D} = 2A(p_0 + p) = 2A(\pi - (b + b_0)); \quad \mathbf{O^*D^*} = 2A \operatorname{cotg}\frac{b + b_0}{2},$$

$$r_2^* = \mathbf{C^*M_2^*} = \frac{1}{2}\mathbf{C^*D^*} = A\left(\operatorname{cotg}\frac{b+b_0}{2} - \operatorname{tg}\frac{b-b_0}{2}\right) = 2A\frac{\cos b}{\sin b + \sin b_0}$$

oder für den Mittelpunkt des Bildkreises

$$\mathbf{M_2^*} \begin{cases} m_2^{*\prime} = \mathbf{O^*C^*} + \mathbf{C^*M_2^*} = A\left[\operatorname{cotg}\dfrac{b+b_0}{2} + \operatorname{tg}\dfrac{b-b_0}{2}\right] \\ \qquad\quad = 2A\dfrac{\cos b_0}{\sin b + \sin b_0}, \\ m_2^{*\prime\prime} = 0. \end{cases} \tag{44b}$$

Damit läßt sich auch die Formel (37) für η^* aus der geometrischen Konstruktion gewinnen:

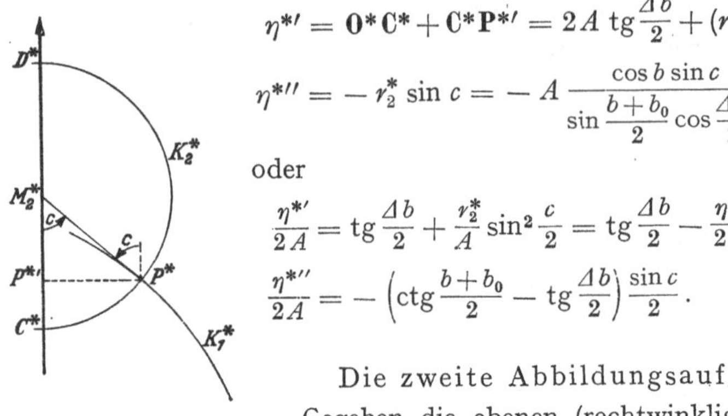

Abb. 86.

$$\eta^{*\prime} = \mathbf{O}^*\mathbf{C}^* + \mathbf{C}^*\mathbf{P}^{*\prime} = 2A \operatorname{tg}\frac{\Delta b}{2} + (r_2^* - r_2^* \cos c),$$

$$\eta^{*\prime\prime} = -\, r_2^* \sin c = -\, A \frac{\cos b \sin c}{\sin\dfrac{b+b_0}{2}\cos\dfrac{\Delta b}{2}}$$

oder

$$\frac{\eta^{*\prime}}{2A} = \operatorname{tg}\frac{\Delta b}{2} + \frac{r_2^*}{A}\sin^2\frac{c}{2} = \operatorname{tg}\frac{\Delta b}{2} - \frac{\eta^{*\prime\prime}}{2A}\operatorname{tg}\frac{c}{2},$$

$$\frac{\eta^{*\prime\prime}}{2A} = -\left(\operatorname{ctg}\frac{b+b_0}{2} - \operatorname{tg}\frac{\Delta b}{2}\right)\frac{\sin c}{2}.$$

Die zweite Abbildungsaufgabe.

Gegeben die ebenen (rechtwinkligen) Koordinaten, gesucht (B, L), m^*, c^*.

Die Umkehrung der Formel (15) ergibt

$$\mathsf{H} = -\frac{\dfrac{\mathsf{T}_0}{k}\dfrac{\mathsf{H}^*}{\overline{\mathsf{H}}_0} - \mathsf{H}_0}{\dfrac{\mathsf{T}_0}{k}\mathsf{H}^* + 1} = -\frac{\mathsf{H}^* - k\mathsf{T}_0}{\overline{\mathsf{H}}_0\mathsf{H}^* + k\dfrac{\overline{\mathsf{H}}_0}{\mathsf{T}_0}} = \frac{e^{-iL_0}}{\mathsf{T}_0}\frac{\mathsf{H}^* - n^*}{\mathsf{H}^* - s^*}. \tag{45}$$

Setzen wir

$$\mathsf{H}^* - n^* = A^* e^{i(\pi - \alpha^*)}, \qquad \mathsf{H}^* - s^* = B^* e^{i\beta^*}, \tag{46}$$

so folgt

$$|\mathsf{H}| = e^{-H} = \frac{1}{\mathsf{T}_0}\frac{A^*}{B^*}, \qquad \arg \mathsf{H} = \pi - L = (\pi - L_0) - (\alpha^* + \beta^*). \tag{47}$$

Aus der 1. Gleichung ist H und damit B zu entnehmen, aus der 2. Gleichung folgt

$$\Delta L = \alpha^* + \beta^*. \tag{48}$$

Die Durchführung ergibt im einzelnen

$$\mathsf{H}^* - n^* = \mathsf{H}^* - k\mathsf{T}_0 = (\mathsf{H}^{*\prime} - k\mathsf{T}_0) + i\,\mathsf{H}^{*\prime\prime},$$

$$\mathsf{H}^* - s^* = \mathsf{H}^* + \frac{k}{\mathsf{T}_0} = \left(\mathsf{H}^{*\prime} + \frac{k}{\mathsf{T}_0}\right) + i\,\mathsf{H}^{*\prime\prime}$$

oder weiter mit der einfacheren Bezeichnung für die ebenen rechtwinkligen Koordinaten

$$\mathsf{H}^{*\prime} = x, \quad \mathsf{H}^{*\prime\prime} = y, \quad \mathsf{H}^* = z, \tag{49}$$

$$A^* = \sqrt{(x - k\mathsf{T}_0)^2 + y^2}, \quad B^* = \sqrt{\left(x + \frac{k}{\mathsf{T}_0}\right)^2 + y^2},$$

$$e^{-H} = \frac{1}{\mathsf{T}_0}\sqrt{\frac{(x - k\mathsf{T}_0)^2 + y^2}{\left(x + \dfrac{k}{\mathsf{T}_0}\right)^2 + y^2}}, \tag{47a}$$

$$\operatorname{tg}(\pi - \alpha^*) = -\operatorname{tg}\alpha^* = \frac{y}{x - k\mathsf{T}_0}, \qquad \operatorname{tg}\beta^* = \frac{\mathsf{T}_0 y}{\mathsf{T}_0 x + k},$$

$$\operatorname{tg}\Delta L = \frac{-\dfrac{y}{x-k\mathsf{T}_0}+\dfrac{y}{x+\dfrac{k}{\mathsf{T}_0}}}{1+\dfrac{y^2}{(x-k\mathsf{T}_0)\left(x+\dfrac{k}{\mathsf{T}_0}\right)}} = -ky\frac{\mathsf{T}_0+\dfrac{1}{\mathsf{T}_0}}{|z|^2+k\left(\dfrac{1}{\mathsf{T}_0}-\mathsf{T}_0\right)x-k^2}$$

$$\operatorname{tg}\Delta L = \frac{1+\mathsf{T}_0^2}{\mathsf{T}_0}\frac{\dfrac{y}{k}}{1-\dfrac{|z|^2}{k^2}-\dfrac{1-\mathsf{T}_0^2}{\mathsf{T}_0}\cdot\dfrac{x}{k}}. \tag{48a}$$

Zur numerischen Berechnung sind die geschlossenen Formeln (**47** a, **48** a) noch ungeeignet, eine Weiterentwicklung wollen wir aber bei dieser Abbildung nicht durchführen.

Für die *Kugel* läßt sich noch der Übergang zur geographischen Breite vollziehen. Aus (47) folgt

$$e^{-h} = \tau = \operatorname{tg}\frac{p}{2} = \frac{1}{\tau_0}\frac{A^*}{B^*},$$

oder einfacher

$$\sin b = \cos p = \frac{1-\tau^2}{1+\tau^2} = \frac{\tau_0^2 B^{*2}-A^{*2}}{\tau_0^2 B^{*2}+A^{*2}} = \frac{\left(1-\dfrac{|z|^2}{k^2}\right)\sin b_0 + 2\dfrac{x}{k}\cos b_0}{1+\dfrac{|z|^2}{k^2}} \tag{50}$$

bzw. noch einfacher aus (37)

$$\operatorname{tg}\frac{\Delta b}{2} = \frac{x}{k} - \operatorname{tg}\frac{c^*}{2}\cdot\frac{y}{k} \quad \text{mit } c^* \text{ aus (55)}. \tag{50a}$$

Ferner hat man unmittelbar aus (48a)

$$\begin{aligned}\operatorname{tg}\Delta l &= 2\frac{y}{k}\frac{1}{\sin p_0\left[1-\dfrac{|z|^2}{k^2}\right]-2\cos p_0\dfrac{x}{k}}\\ &= 2\frac{y}{k}\frac{1}{\cos b_0\left[1-\dfrac{|z|^2}{k^2}\right]-2\sin b_0\dfrac{x}{k}}.\end{aligned} \tag{51}$$

Zur Berechnung der Abbildungsgrößen m^* und c^* bilden wir aus (45) die Ableitung

$$\frac{d\mathsf{H}}{d\mathsf{H}^*} = \frac{e^{-iL_0}}{\mathsf{T}_0}\cdot\frac{n^*-s^*}{(\mathsf{H}^*-s^*)^2} = \frac{k}{\mathsf{T}_0}\left(\mathsf{T}_0+\frac{1}{\mathsf{T}_0}\right)e^{-iL_0}\frac{1}{B^{*2}e^{2i\beta^*}} \tag{52}$$

oder nach Aufspaltung in absoluten Betrag und Argument

$$\left|\frac{d\mathsf{H}}{d\mathsf{H}^*}\right| = k\frac{\mathsf{T}_0^2+1}{\mathsf{T}_0^2 B^{*2}}; \quad \arg\frac{d\mathsf{H}}{d\mathsf{H}^*} = -L_0 - 2\beta^*. \tag{52a}$$

Für das *Vergrößerungsverhältnis* entsteht so die Formel [nach (3), (47)]

$$m^* = \frac{d s_{\text{sph}}}{d s_{\mathsf{H}^*}} = \frac{d s_{\text{sph}}}{d s_{\mathsf{H}}}\left|\frac{d\mathsf{H}}{d\mathsf{H}^*}\right| = \frac{r}{|\mathsf{H}|}\left|\frac{d\mathsf{H}}{d\mathsf{H}^*}\right|,$$

$$m^* = N\sin P\frac{\mathsf{T}_0 B^*}{A^*}\cdot k\frac{\mathsf{T}_0^2+1}{\mathsf{T}_0^2 B^{*2}} = k\frac{\mathsf{T}_0^2+1}{\mathsf{T}_0}\frac{N\sin P}{A^* B^*}. \tag{53}$$

Einen anderen Ausdruck für m^* gewinnt man aus m unter Verwendung von $\mathsf{T}^* = |\mathsf{H}^*| = |z|$. Aus (26b) folgt zunächst

$$1 + \frac{\mathsf{T}^{*2}}{k^2} = \frac{(1 + \mathsf{T}_0^2)(1 + \mathsf{T}^2)}{1 + \mathsf{T}_0^2 \mathsf{T}^2 + 2\mathsf{T}_0 \mathsf{T} \cos \Delta L} = \frac{2 \operatorname{ch} H \operatorname{ch} H_0}{\operatorname{ch}(H + H_0) + \cos \Delta L}$$

und damit nach (35)

$$m^* = \frac{1}{m} = \frac{N \sin P}{2k \operatorname{ch} H} \cdot \frac{1}{1 + \frac{|z|^2}{k^2}} = \frac{2N}{k} \frac{\left(\sin^2 \frac{p}{2} \mathsf{E} + \cos^2 \frac{p}{2} \mathsf{E}^{-1}\right)}{1 + \frac{|z|^2}{k^2}}. \tag{53a}$$

Mit der Forderung $m^*(\mathbf{P}_0) = 1$ erhält der Normierungsfaktor k so die Gestalt

$$k = 2 N_0 \left(\sin^2 \frac{p}{2} \mathsf{E}_0 + \cos^2 \frac{p}{2} \mathsf{E}_0^{-1}\right). \tag{54}$$

Im Fall der *Kugel* vereinfacht sich (53a) zu

$$m^* = \frac{2A}{k} \frac{1}{1 + \frac{|z|^2}{k^2}}. \tag{53b}$$

Bei der *Bildverschwenkung* c^* liegen die Verhältnisse einfacher:

$$\begin{aligned} c^* &= \arg \frac{d\mathsf{M}}{d\mathsf{H}^*} = \arg \frac{d\mathsf{M}}{d\mathsf{H}} + \arg \frac{d\mathsf{H}}{d\mathsf{H}^*} \\ &= L - L_0 - 2\beta^* = \Delta L - 2\beta^* = (\alpha^* + \beta^*) - 2\beta^* = \alpha^* - \beta^* \end{aligned}$$

oder

$$\operatorname{tg} c^* = \frac{\frac{-y}{x - k\mathsf{T}_0} - \frac{y}{x + \frac{k}{\mathsf{T}_0}}}{1 - \frac{y^2}{(x - k\mathsf{T}_0)\left(x + \frac{k}{\mathsf{T}_0}\right)}} = \frac{y}{k} \frac{2\frac{x}{k} + \frac{1 - \mathsf{T}_0^2}{\mathsf{T}_0}}{1 - \frac{x^2 - y^2}{k^2} - \frac{1 - \mathsf{T}_0^2}{\mathsf{T}_0} \frac{x}{k}} \tag{55}$$

und speziell für die *Kugel*

$$\operatorname{tg} c^* = \frac{2y}{k} \frac{\frac{x}{k} + \operatorname{cotg} p_0}{1 - \frac{x^2 - y^2}{k^2} - 2 \operatorname{cotg} p_0 \frac{x}{k}} = \frac{2y}{k} \frac{\cos b_0 \frac{x}{k} + \sin b_0}{\cos b_0 \left[1 - \frac{x^2 - y^2}{k^2}\right] - 2 \sin b_0 \frac{x}{k}}. \tag{55a}$$

Zum Abschluß geben wir noch die Bilder der Meridiane und Parallelkreise an. Da für einen Meridian L und damit $\operatorname{tg} \Delta L$ konstant ist, folgt aus (48a) unmittelbar die *Gleichung des Meridianbildes*:

$$\begin{aligned} \frac{2y}{k \operatorname{tg} \Delta L \frac{2\mathsf{T}_0}{1 + \mathsf{T}_0^2}} &= 1 - \frac{|z|^2}{k^2} - 2\frac{x}{k} \frac{1 - \mathsf{T}_0^2}{2\mathsf{T}_0} \\ &= \left(\frac{1 + \mathsf{T}_0^2}{2\mathsf{T}_0}\right)^2 - \frac{y^2}{k^2} - \left(\frac{x}{k} + \frac{1 - \mathsf{T}_0^2}{2\mathsf{T}_0}\right)^2 \end{aligned}$$

oder

$$\left(\frac{x}{k} + \frac{1 - \mathsf{T}_0^2}{2\mathsf{T}_0}\right)^2 + \left(\frac{y}{k} + \frac{1}{\operatorname{tg} \Delta L \frac{2\mathsf{T}_0}{1 + \mathsf{T}_0^2}}\right)^2 = \left(\frac{1 + \mathsf{T}_0^2}{2\mathsf{T}_0}\right)^2 \frac{1}{\sin^2 \Delta L}. \tag{56}$$

Für das *Parallelkreisbild* gehen wir von (47a) mit festgehaltenem $B(P, H)$ aus:.

$$\mathsf{T}^2 (x\mathsf{T}_0 + k)^2 + \mathsf{T}^2\mathsf{T}_0^2 y^2 = (x - k\mathsf{T}_0)^2 + y^2$$

oder

$$\left[\frac{x}{k} + \frac{\mathsf{T}_0(\mathsf{T}^2+1)}{\mathsf{T}_0^2\mathsf{T}^2 - 1}\right]^2 + \frac{y^2}{k^2} = \frac{\mathsf{T}^2(\mathsf{T}_0^2+1)^2}{(\mathsf{T}_0^2\mathsf{T}^2-1)^2}. \tag{57}$$

VII, 1_{2b} Die stereographische Projektion $\tilde{\mathsf{H}}$ mit zur Äquatorebene symmetrischem Null- und Unendlichkeitspunkt.

Wir wählen als Nullpunkt $\mathbf{P}_0'$ $(B_0 > 0)$, d.h. in der H-Ebene $-\mathsf{H}_0$, und als Unendlichkeitspunkt $\mathbf{P}_0''$, d.h. $-\frac{1}{\overline{\mathsf{H}}_0}$. Die zugehörige stereographische Variable ist

$$\tilde{\mathsf{H}} = \frac{C}{\overline{\mathsf{H}}_0} \frac{\mathsf{H}+\mathsf{H}_0}{\mathsf{H}+\frac{1}{\overline{\mathsf{H}}_0}} = C\frac{\mathsf{H}+\mathsf{H}_0}{\overline{\mathsf{H}}_0\mathsf{H}+1}. \tag{58}$$

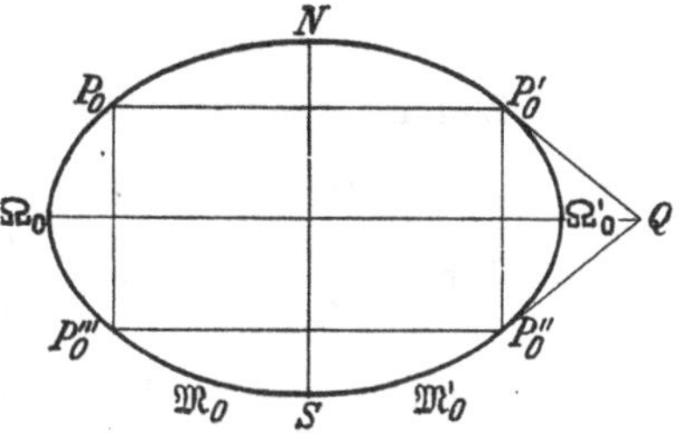

Abb. 87.

Verlangen wir, daß der Meridian $\mathfrak{M}_0$ auf die reelle Achse abgebildet wird — genauer das Stück $\mathbf{P}_0'\mathbf{N}\mathbf{P}_0\Omega_0\mathbf{P}_0'''\mathbf{S}\mathbf{P}_0''$ auf die negative reelle Achse —, so ist mit $\mathsf{H} = \varrho\mathsf{H}_0$, $-1 \leq \varrho < \infty$

$$\tilde{\mathsf{H}} = C\mathsf{H}_0\frac{\varrho+1}{\varrho\mathsf{T}_0^2+1} \to \arg C\mathsf{H}_0 = \pi \quad \text{oder} \quad \arg C = L_0.$$

Für die so normierte Abbildung gilt daher wie oben (15)

$$C = k \cdot e^{iL_0}, \qquad k > 0. \tag{58a}$$

Durch die Forderung $\Omega_0 \to -1$ oder $\tilde{\mathsf{H}}(-e^{iL_0}) = -1$ wird $k = \frac{1+\mathsf{T}_0^2}{1+\mathsf{T}_0}$ festgelegt. Hier interessiert zunächst auf der *Kugel*

1. das geographische Netz, das in das Kreisbüschel durch die Bildpunkte $\tilde{\mathbf{N}}, \tilde{\mathbf{S}}$ und das hierzu orthogonale abgebildet wird,

2. das Büschel der Kreise durch $\mathbf{P}_0', \mathbf{P}_0''$ „Pseudo-Meridiane" und das hierzu orthogonale Kreisbüschel mit den Grundpunkten $\mathbf{P}_0'\mathbf{P}_0''$ „Pseudo-Parallelkreise", welches durch das Ebenenbüschel mit der durch $\mathbf{Q}$ auf der Ebene $\mathbf{N\,S\,Q}$ senkrechten Geraden $\mathfrak{Q}$ als Achse („konjugierte Gerade" zu $\mathbf{P}_0'\mathbf{P}_0''$) ausgeschnitten wird; ihre Bilder sind die Halbstrahlen durch $\tilde{\mathsf{H}} = 0$ und die dazugehörigen orthogonalen konzentrischen Kreise.

Beim *Sphäroid* haben wir

1. das geographische Netz wie oben unter 1,

2. die von den Ebenenbüscheln mit den Achsen $\mathfrak{P} = \mathbf{P}_0'\mathbf{P}_0''$ und $\mathfrak{Q}$ ausgeschnittenen Ellipsenbüschel „Pseudo-Meridiane" und „Pseudo-Parallele",

3. die beiden orthogonalen Kurvenbüschel durch $\mathbf{P}_0', \mathbf{P}_0''$ und um $\mathbf{P}_0', \mathbf{P}_0''$, welche bei der Abbildung in die Halbstrahlen durch $\tilde{\mathsf{H}} = 0$ und in die konzentrischen Kreise um $\tilde{\mathsf{H}} = 0$ übergehen.

Die analytische Durchführung verläuft analog wie bei VII, 1_{2a}. Außer den schon gebrauchten Abkürzungen führen wir noch die „modifizierte Polhöhe" ein durch

$$\operatorname{tg}\frac{\check{P}}{2} = \operatorname{tg}\frac{P}{2}\,\mathsf{E}(P) = \mathsf{T} = e^{-H}.$$

(Sie entspricht völlig der bei der Abbildung auf die Kugel $\mathsf{M} = \mu$ V [182] eingeführten Kugelbreite bzw. Kugelpolhöhe.) Für $\check{P}$ gelten die „Kugelformeln"

$$\operatorname{ch} H = \frac{1}{\sin \check{P}}, \qquad \operatorname{sh} H = \frac{1}{\operatorname{tg} \check{P}}, \qquad \operatorname{th} H = \cos \check{P}.$$

Unser Ziel ist die Darstellung von $\tilde{\mathsf{H}}$ durch M. Aus

$$\tilde{\mathsf{H}} = \frac{C}{\mathsf{H}_0}\,\frac{\mathsf{H} + \mathsf{H}_0}{\mathsf{H} + \frac{1}{\mathsf{H}_0}} = -\frac{k}{\mathsf{T}_0}\,\frac{\mathsf{H} + \mathsf{H}_0}{\mathsf{H} + \frac{1}{\mathsf{H}_0}} \quad \text{folgt} \quad \begin{cases} \tilde{\mathsf{H}}_{\mathrm{N}} = \tilde{\mathsf{H}}(0) \;= \tilde{n} = -k\,\mathsf{T}_0 \\ \tilde{\mathsf{H}}_{\mathrm{S}} = \tilde{\mathsf{H}}(\infty) = \tilde{s} = -\dfrac{k}{\mathsf{T}_0} \end{cases}$$

und daher gilt für den Halbierungspunkt der Bildstrecke $\tilde{\mathbf{N}}\tilde{\mathbf{S}}$

$$\tilde{\mathsf{H}}_m = -\frac{k}{2}\left(\mathsf{T}_0 + \frac{1}{\mathsf{T}_0}\right) = -k\,\frac{1}{\sin \check{P}_0} = -k \operatorname{ch} H_0$$

und bei der Einführung der Potenzlinie $\tilde{\mathsf{H}}' = \tilde{\mathsf{H}}_m$ als neue imaginäre Achse

$$\tilde{\mathsf{H}} - \tilde{\mathsf{H}}_m = k\,\frac{1 - \mathsf{T}_0^2}{2\,\mathsf{T}_0}\,\frac{1 - \mathsf{T}_0^2\, e^{-\varDelta \mathsf{M}}}{1 + \mathsf{T}_0^2\, e^{-\varDelta \mathsf{M}}} = k\,\frac{1 - \mathsf{T}_0^2}{2\,\mathsf{T}_0}\,\frac{1 - e^{-\dot{\varDelta} \mathsf{M}}}{1 + e^{-\dot{\varDelta} \mathsf{M}}},$$

wenn wie bei H^* (25) zur Vereinfachung

$$\mathsf{M}_{00} = \mathsf{M}_0 + 2 \lg \mathsf{T}_0, \qquad \dot{\varDelta} \mathsf{M} = \mathsf{M} - \mathsf{M}_{00} = \varDelta \mathsf{M} - 2 \lg \mathsf{T}_0$$

eingeführt wird. Damit folgt analog (26)

$$\tilde{\mathsf{H}} = -k\,\frac{\mathsf{T}_0^2 + 1}{2\,\mathsf{T}_0} - k\,\frac{\mathsf{T}_0^2 - 1}{2\,\mathsf{T}_0} \operatorname{th} \frac{\dot{\varDelta} \mathsf{M}}{2} \tag{59}$$

oder unter Verwendung von $\check{P}$

$$\tilde{\mathsf{H}} = -\frac{k}{\sin \check{P}_0} + \frac{k}{\operatorname{tg} \check{P}_0} \operatorname{th} \frac{\dot{\varDelta} \mathsf{M}}{2}.$$ [84]

Für die *Kugel* erhält man aus (59) wegen $\check{P}_0 = p_0 = \frac{\pi}{2} - b_0$

$$\tilde{\eta} = k\left\{-\frac{1}{\sin p_0} + \frac{1}{\operatorname{tg} p_0} \operatorname{th} \frac{\dot{\varDelta}\mu}{2}\right\} = k\left\{-\frac{1}{\cos b_0} + \operatorname{tg} b_0 \operatorname{th} \frac{\dot{\varDelta}\mu}{2}\right\}. \tag{59a}$$

[84] Die modifizierte Polhöhe $\check{P}$ kann auch bereits früher zur Abkürzung eingeführt werden.

Da bei beiden Abbildungen $\tilde{\mathsf{H}}$ und H^* derselbe Punkt $\mathbf{P}_0''$ in den unendlichfernen Punkt übergeht, müssen diese Variablen durch eine *ganze* lineare Beziehung auseinander hervorgehen. Man findet aus (26) und (59)

$$\tilde{\mathsf{H}} = \frac{1-\mathsf{T}_0^2}{1+\mathsf{T}_0^2}\,\mathsf{H}^* - k\frac{2\,\mathsf{T}_0'}{1+\mathsf{T}_0^2} = \cos\check{P}_0\,\mathsf{H}^* - k\sin\check{P}_0\,. \qquad (60)$$

Die erste und zweite Abbildungsaufgabe können ähnlich wie bei der Abbildung H^* mit diametralem Null- und Unendlichkeitspunkt gelöst werden.

VII, 1_{2c} Die Gauß-Krügersche stereographische Projektion des Sphäroids H_G.[85]

Die Gauß-Krügersche Projektion unterscheidet sich von den Abbildungen 2a und 2b wesentlich dadurch, daß außer dem Nullpunkt $\mathbf{P}_0$ *nicht* der Unendlichkeitspunkt vorgeschrieben wird, sondern $\mathbf{P}_0$ ein „Zentralpunkt" der Abbildung werden soll:

$$\mathbf{P}_0 = \mathbf{P}_0: \qquad m = 1\,, \qquad \frac{\partial m}{\partial B} = 0\,, \qquad \frac{\partial m}{\partial L} = 0\,. \qquad (61)$$

Das stationäre Verhalten des Vergrößerungsverhältnisses im Punkt $\dot{\mathbf{P}}_0$ hat eine große praktische Bedeutung, da die Verzerrungen in der Umgebung eines Zentralpunktes besonders klein sind. Somit verdient diese Abbildung vor den früheren den Vorzug. Für die Kugel fällt 2c mit 2a zusammen, weshalb wir uns im folgenden auf das Sphäroid beschränken können. Im einzelnen erfolgt die Festlegung der in der allgemeinen stereographischen Abbildung

$$\mathsf{H}_A = \frac{a\,\mathsf{H}+b}{c\,\mathsf{H}+d} = C\,\frac{\mathsf{H}-\mathsf{H}_0}{\mathsf{H}-\mathsf{H}_\infty}$$

willkürlichen drei komplexen Konstanten folgendermaßen:

1. Der ausgezeichnete Punkt $\dot{\mathbf{P}}_0(B_0 > 0, L_0)$ soll in den Nullpunkt abgebildet werden; damit ist die Nullstelle H_0 bekannt.

2. Der Meridian $\mathfrak{M}_0$ durch $\dot{\mathbf{P}}_0\,(\mathbf{N}\,\dot{\mathbf{P}}_0\,\mathbf{S})$ soll auf die reelle Achse abgebildet werden; diese Forderung ist, da bereits $\dot{\mathbf{P}}_0$ in Null übergeht, äquivalent mit

a) Bild von $\mathbf{S}$, d. i. C, reell; wir setzen $C = -c_2$,

b) Bild von $\mathbf{N}$, d. i. $C\cdot\frac{\mathsf{H}_0}{\mathsf{H}_\infty}$, reell, also $\frac{\mathsf{H}_0}{\mathsf{H}_\infty}$ reell; wir setzen $\mathsf{H}_\infty = c_1\mathsf{H}_0$.

3. Die beiden noch willkürlichen reellen Konstanten c_1, c_2 werden festgelegt durch

$$\text{a)}\quad m\big|_{\dot{\mathbf{P}}_0} = 1\,, \qquad \text{b)}\quad \frac{\partial m}{\partial B}\Big|_{\dot{\mathbf{P}}_0} = 0\,.$$

---

[85] Vgl. hierzu L. Krüger [4].

$\left.\frac{\partial m}{\partial L}\right|_{\dot{P}_0} = 0$ ist wegen der Symmetrie der Abbildung von selbst erfüllt. Aus 1. und 2. haben wir zunächst für H_G die Form

$$\mathsf{H}_G = -c_2 \frac{\mathsf{H} - \mathsf{H}_0}{\mathsf{H} + c_1 \mathsf{H}_0}, \quad \text{mit reellen Konstanten } c_1, c_2. \tag{62}$$

Um das Vergrößerungsverhältnis zu berechnen, bildet man

$$\frac{d\,\mathsf{H}_G}{d\,\mathsf{H}} = -c_2 \frac{(1 + c_1)\,\mathsf{H}_0}{(\mathsf{H} + c_1 \mathsf{H}_0)^2}$$

und findet damit den Ausdruck

$$m = \frac{d s_{\overline{\mathsf{H}}_G}}{d s_{\text{sph}}} = \left|\frac{d\,\mathsf{H}_G}{d\,\mathsf{H}}\right| \left|\frac{d\,\mathsf{H}}{d\,\mathsf{M}}\right| \frac{|d\,\mathsf{M}|}{r\,|d\,\mathsf{M}|} = \frac{|c_2 (1 + c_1)|\,|\mathsf{H}_0|\,|\mathsf{H}|}{N \cos B\,|\mathsf{H} + c_1 \mathsf{H}_0|^2}.$$

Wir können uns für die Zentralpunktforderung auf den Meridian $\mathfrak{M}_0$ beschränken. Für ihn gilt

$$\mathsf{H} = e^{-H}\, e^{i(\pi - L_0)} = e^{-\Delta H}\, \mathsf{H}_0$$

und daher

$$m|_{\mathfrak{M}_0} = m(B) = \frac{|c_2 (1 + c_1)|}{N \cos B} \frac{e^{-\Delta H}}{(e^{-\Delta H} + c_1)^2}.$$

Es ist bequemer, für 3. die logarithmische Ableitung heranzuziehen:

$$\lg m = \lg|c_2(1 + c_1)| - \Delta H - 2 \lg(e^{-\Delta H} + c_1) - \lg N - \lg \cos B,$$

$$\frac{d \lg m}{d B} = \left[\frac{2 e^{-\Delta H}}{e^{-\Delta H} + c_1} - 1\right] \frac{d H}{d B} - \frac{4 n \sin B \cos B}{F} + \operatorname{tg} B \qquad [\text{s. I (22) [11]}]$$

$$= \frac{e^{-\Delta H} - c_1}{e^{-\Delta H} + c_1} \frac{(1 - n)^2}{F \cos B} - \frac{4 n \sin B \cos B}{F} + \operatorname{tg} B.$$

Aus der Forderung 3b folgt

$$0 = \frac{1 - c_1}{1 + c_1} \frac{(1 - n)^2}{F_0 \cos B_0} - \frac{4 n \sin B_0 \cos B_0}{F_0} + \operatorname{tg} B_0,$$

$$0 = \frac{(1 - n)^2}{F_0 \cos B_0} \left\{\frac{1 - c_1}{1 + c_1} + \sin B_0\right\},$$

oder

$$c_1 = \frac{1 + \sin B_0}{1 - \sin B_0} = \frac{1 + \cos P_0}{1 - \cos P_0} = \frac{1}{\operatorname{tg}^2 \frac{P_0}{2}} = \frac{1}{\tau_0^2}. \tag{63a}$$

Die weitere Forderung 3a ergibt schließlich die restliche Konstante:

$$m(B_0) = |c_2| \frac{1}{1 + c_1} \frac{1}{N_0 \sin P_0} = 1 \quad \rightarrow \quad |c_2| = 2 N_0 \operatorname{cotg} \frac{P_0}{2}.$$

Wir sehen, daß das Vorzeichen von c_2 willkürlich bleibt, und wählen es daher positiv für $B_0 > 0$:

$$c_2 = 2 N_0 \operatorname{cotg} \frac{P_0}{2}. \tag{63b}$$

Durch Einsetzen der Konstanten ergibt sich nun die endgültige Form von H_G

$$H_G = -2\,N_0 \operatorname{cotg}\frac{P_0}{2}\,\frac{H - H_0}{H + \operatorname{cotg}^2\frac{P_0}{2}\,H_0}$$

$$= -2\,N_0 \operatorname{cotg}\frac{P_0}{2}\,\frac{e^{i(\pi-L)}\,T - e^{i(\pi-L_0)}\,T_0}{e^{i(\pi-L)}\,T + \operatorname{cotg}^2\frac{P_0}{2}\,e^{i(\pi-L_0)}\,T_0}$$

oder schließlich mit der Abkürzung

$$T = \tau\,E, \quad T_0 = \tau_0\,E_0, \quad \frac{E}{E_0} = g\,(P, P_0),$$

$$H_G = -2\,N_0\,\frac{e^{-i\,\Delta L}\,\tau\,g - \tau_0}{e^{-i\,\Delta L}\,\tau_0\,\tau\,g + 1}\,. \tag{64}$$

Die Unendlichkeitsstelle für H_G liegt bei

$$H = -\frac{1}{\tau_0^2}\,H_0 = \frac{e^{-i\,L_0}\,E_0}{\tau_0}\,.$$

Zum Vergleich stellen wir fest, daß H^* und $\tilde{H}$ an einer anderen Stelle

$$H = -\frac{1}{\overline{H}_0} = \frac{e^{-i\,L_0}}{\tau_0\,E_0}$$

unendlich werden, so daß nur für die Kugel mit $E_0 = 1$ Übereinstimmung herrscht.

Eine etwas allgemeinere Abbildung entsteht durch eine nachträgliche Ähnlichkeitstransformation, die gleichbedeutend damit ist, die Forderung 3a fallen zu lassen und einen willkürlichen Normierungsfaktor $k > 0$ einzusetzen:

$$H_{\text{Gauß-Krüger}} = H_G = -\frac{k}{\tau_0}\,\frac{H - H_0}{H + \frac{1}{\tau_0^2}\,H_0}\,. \tag{65}$$

Dem geographischen Netz auf dem Sphäroid entspricht die komplexe Grundvariable M. Es wird daher unser erstes Ziel sein, H_G durch M auszudrücken. An die Stelle von $2N_0$ tritt in (64) jetzt der allgemeinere Ähnlichkeitsfaktor k

$$H_G = -k\,\frac{\tau\,g\,e^{-i\,\Delta L} - \tau_0}{\tau_0\,\tau\,g\,e^{-i\,\Delta L} + 1}\,. \tag{65a}$$

Mit demselben Leitgedanken wie früher führen wir auch hier wieder die Potenzlinie des Kreisbüschels mit den Grundpunkten n_G, s_G (Bilder von **N**, **S**) ein:

$$H_G(\mathbf{N}) = n_G = k\,\tau_0, \qquad H_G(\mathbf{S}) = s_G = -\frac{k}{\tau_0}, \qquad H_{G_m} = \frac{k}{2}\left(\tau_0 - \frac{1}{\tau_0}\right).$$

Die Gleichung der Potenzlinie lautet $H_G' = H_{G_m}$. Damit wird

$$H_G - H_{G_m} = -k\,\tau_0\,\frac{e^{-\Delta M} - 1}{\tau_0^2\,e^{-\Delta M} + 1} - \frac{k}{2}\left(\tau_0 - \frac{1}{\tau_0}\right) = k\,\frac{1 + \tau_0^2}{2\,\tau_0}\,\frac{1 - \tau_0^2\,e^{-\Delta M}}{1 + \tau_0^2\,e^{-\Delta M}}\,.$$

Den Übergang zur Darstellung durch die th-Funktion gibt entsprechend den früheren Ausführungen bei H^* und $\tilde{\mathsf{H}}$ ein Hilfspunkt

$$\mathsf{M}_{00} = \mathsf{M}_0 + 2\lg\tau_0 . \tag{66}$$

Mit der Differenz $\dot{\Delta}\mathsf{M} = \mathsf{M} - \mathsf{M}_{00}$ findet man so

$$\mathsf{H}_G - \mathsf{H}_{G_m} = k\frac{1+\tau_0^2}{2\tau_0}\,\frac{1-e^{-\dot{\Delta}\mathsf{M}}}{1+e^{-\dot{\Delta}\mathsf{M}}} = k\frac{1+\tau_0^2}{2\tau_0}\,\mathrm{th}\frac{\dot{\Delta}\mathsf{M}}{2}$$

oder schließlich

$$\mathsf{H}_G = k\left\{-\mathrm{tg}\,B_0 + \frac{1}{\cos B_0}\,\mathrm{th}\frac{\dot{\Delta}\mathsf{M}}{2}\right\} \qquad \begin{aligned}\dot{\Delta}\mathsf{M} &= \dot{\Delta}H + i\Delta L,\\ \dot{\Delta}H &= \Delta H - \lg\tau_0^2.\end{aligned} \tag{67}$$

Um den Zusammenhang mit den früheren stereographischen Variablen herzustellen, überlegen wir uns, daß sowohl H_G wie auch H^* lineare Funktionen von H mit derselben Nullstelle sind. Daher haben die reziproken Funktionen dieselbe Unendlichkeitsstelle und müssen durch eine ganze lineare Beziehung miteinander verbunden sein:

$$\frac{1}{\mathsf{H}_G} = a\frac{1}{\mathsf{H}^*} + b .$$

Durch Einsetzen spezieller Werte $\mathsf{H} = 0, \mathsf{H} = \infty$ findet man

$$a = \frac{1}{1+\mathsf{T}_0^2}\left(\mathsf{E}_0 + \frac{\mathsf{T}_0^2}{\mathsf{E}_0}\right) = \frac{\sin\check{P}}{\sin P}, \qquad b = \frac{\mathsf{T}_0}{1+\mathsf{T}_0^2}\left(\mathsf{E}_0 - \frac{1}{\mathsf{E}_0}\right) = \frac{\cos P - \cos\check{P}}{\sin P}$$

oder

$$\mathsf{H}_G = \frac{\mathsf{H}^*}{a + b\,\mathsf{H}^*} . \tag{68}$$

Für die Kugel wird $\check{P}_0 = P_0 = p_0$, $a = 1$, $b = 0$, $\eta_G = \eta^*$.

Entsprechend besteht zwischen H_G und $\tilde{\mathsf{H}}$, wie man durch Zusammensetzen mit (60) findet, die gebrochen lineare Relation

$$\mathsf{H}_G = \frac{\tilde{\mathsf{H}} + k\sin\check{P}_0}{b\,\tilde{\mathsf{H}} + (a\cos\check{P}_0 + k\,b\sin\check{P}_0)} , \tag{69}$$

wenn die Normierungsfaktoren beider Variablen einander gleich gesetzt werden.

Grenzfälle:

$P_0\,(B_0 \to 0,\ L_0 = 0)$, $k = 1$; $\mathsf{H}_G \to \mathrm{th}\frac{\mathsf{M}}{2}$ (stereographische Äquatorialprojektion),

$P_0\,(B_0 \to \frac{\pi}{2}, L_0 = 0)$, $k = 2N_0$; $\mathsf{H}_G \to 2\,\mathrm{c}\left(\frac{1-e}{1+e}\right)^{e/2}\cdot\mathsf{H}$ (stereographische Polarprojektion, normiert durch $m(\mathbf{N}) = 1$ [314]).

Die erste Abbildungsaufgabe.

Gegeben die geographischen Koordinaten B, L; gesucht die ebenen rechtwinkligen Koordinaten $\mathsf{H}'_G, \mathsf{H}''_G, m$ und c.

Die Zerspaltung von (67) in Real- und Imaginärteil liefert zunächst

$$\left.\begin{aligned} \frac{\mathsf{H}'_G}{k} &= -\operatorname{cotg} P_0 + \frac{1}{\sin P_0}\,\frac{\operatorname{sh}\dot{\Delta} H}{\operatorname{ch}\dot{\Delta} H + \cos\Delta L} \\ \frac{\mathsf{H}''_G}{k} &= \frac{1}{\sin P_0}\,\frac{\sin\Delta L}{\operatorname{ch}\dot{\Delta} H + \cos\Delta L} \end{aligned}\right\} \text{ mit } \dot{\Delta} H = \Delta H - \lg \tau_0^2. \tag{67a}$$

Wir wollen diese Gleichungen noch in verschiedenen anderen Gestalten schreiben, um für die praktische Durchführung jeweils die geeignete zur Verfügung zu haben. Setzt man zur Abkürzung

$$V = \frac{\mathsf{T}}{\mathsf{T}_0}\,\tau_0^2 = e^{-\dot{\Delta} H} = \tau\,\tau_0\,g, \qquad \text{(vgl. [343])} \tag{70}$$

so folgt

$$\left.\begin{aligned} \frac{\mathsf{H}'_G}{k} &= \frac{(1-\cos P_0) - (1+\cos P_0)\,V^2 - 2\,V\cos P_0\cos\Delta L}{\sin P_0\,(1 + V^2 + 2\,V\cos\Delta L)}, \\ \frac{\mathsf{H}''_G}{k} &= \frac{2\,V\sin\Delta L}{\sin P_0 (1 + V^2 + 2\,V\cos\Delta L)}. \end{aligned}\right\} \tag{67b}$$

Zur Berechnung der Konstanten T_0 und der Variablen T hat man die Reihe zur Verfügung

$$\mathsf{T} = \operatorname{tg}\left(\frac{\pi}{4} - \frac{B}{2}\right)\left\{Q_0^{(-1)} + 2\sum_{\lambda=1}^{\infty}\left[{}'Q_{2\lambda}^{(-1)}\cos 2\lambda B + {}''Q_{2\lambda-1}^{(-1)}\sin(2\lambda-1)B\right]\right\}$$

V (25) [173].

Unter Verwendung der für das Sphäroid charakteristischen Größe $g = \mathsf{E}/\mathsf{E}_0$ entsteht aus (67b) mit Hilfe von (70)

$$\left.\begin{aligned} \frac{\mathsf{H}'_G}{k} &= \frac{\tau_0\,(1 - \tau^2 g^2) - (1 - \tau_0^2)\,\tau\,g\cos\Delta L}{1 + \tau^2\tau_0^2 g^2 + 2\,\tau\,\tau_0\,g\cos\Delta L}, \\ \frac{\mathsf{H}''_G}{k} &= \frac{(1 + \tau_0^2)\,\tau\,g\sin\Delta L}{1 + \tau^2\tau_0^2 g^2 + 2\,\tau\,\tau_0\,g\cos\Delta L}. \end{aligned}\right\} \tag{67c}$$

Schließlich können noch an Stelle von $\tau = \operatorname{tg}\frac{P}{2}$ die Funktionen $\sigma = \sin\frac{P}{2}$, $\gamma = \cos\frac{P}{2}$ eingeführt werden:

$$\left.\begin{aligned} \frac{\mathsf{H}'_G}{k} &= \frac{\sin P_0\,(\gamma^2 - g^2\sigma^2) - g\cos P_0\sin P\cos\Delta L}{2\gamma_0^2\gamma^2 + 2\sigma_0^2\sigma^2 g^2 + g\sin P_0\sin P\cos\Delta L}, \\ \frac{\mathsf{H}''_G}{k} &= \frac{g\sin P\sin\Delta L}{2\gamma_0^2\gamma^2 + 2\sigma_0^2\sigma^2 g^2 + g\sin P_0\sin P\cos\Delta L}. \end{aligned}\right\} \tag{67d}$$

Diese letzte Umformung gibt eine Vergleichsmöglichkeit mit den Kugelformeln (27a). Wegen $2\gamma_0^2\gamma^2 + 2\sigma_0^2\sigma^2 = 1 + \cos p_0 \cos p$ stimmen beide für $g = 1$ (Kugel) überein. Die Größe $g = \mathsf{E}/\mathsf{E}_0$ ist mit Hilfe der Reihen für E oder $\lg \mathsf{E}$ zu berechnen:

$$\lg \mathsf{E} = -\sum_{\nu=1}^{\infty} q_{2\nu-1} \sin(2\nu-1)B, \qquad \text{V } (14_0)\ [168]$$

$$\mathsf{E} = Q_0^{(-1)} + 2\sum_{\nu=1}^{\infty} [{}'Q_{2\nu}^{(-1)} \cos 2\nu B + {}''Q_{2\nu-1}^{(-1)} \sin(2\nu-1)B]. \qquad \text{V } (25)\ [173]$$

Aus der neuen stereographischen Variablen H_G lassen sich eine neue Merkator-Variable M_G und damit auch neue „geographische" Koordinaten B_G, L_G mit $\dot{\mathbf{P}}_0$ als Pol herleiten.

$$\mathsf{H}_G = -e^{-\mathsf{M}_G} = e^{-H_G} e^{i(\pi - L_G)} = \mathsf{T}_G e^{i(\pi - L_G)}.$$

Für $\arg \mathsf{H}_G = \pi - L_G$ folgt aus (67c)

$$\operatorname{tg}(\pi - L_G) = \frac{\mathsf{H}_G''}{\mathsf{H}_G'} = \frac{(1+\tau_0^2)\,\tau g \sin \Delta L}{\tau_0(1-\tau^2 g^2) - \tau g (1-\tau_0^2)\cos \Delta L} \tag{71}$$

und für den absoluten Betrag

$$\mathsf{T}_G^2 = |\mathsf{H}_G|^2 = \frac{k^2}{\tau_0^2} \frac{\mathsf{H} - \mathsf{H}_0}{\mathsf{H} + \frac{1}{\tau_0^2}\mathsf{H}_0} \cdot \frac{\overline{\mathsf{H}} - \overline{\mathsf{H}}_0}{\overline{\mathsf{H}} + \frac{1}{\tau_0^2}\overline{\mathsf{H}}_0} = k^2 \frac{\mathsf{T}_0^2 + \mathsf{T}^2 - 2\mathsf{T}_0\mathsf{T}\cos\Delta L}{\frac{1}{\tau_0^2}\mathsf{T}_0^2 + \tau_0^2\mathsf{T}^2 + 2\mathsf{T}_0\mathsf{T}\cos\Delta L},$$

$$\mathsf{T}_G^2 = k^2 \frac{\tau_0^2 + \tau^2 g^2 - 2\tau_0\tau g \cos\Delta L}{1 + \tau_0^2\tau^2 g^2 + 2\tau_0\tau g\cos\Delta L}. \tag{72}$$

Die Abbildungsgrößen gewinnt man wie früher aus der Ableitung der Abbildungsfunktion. Durch Differentiation nach M entsteht aus (67)

$$\frac{1}{k}\frac{d\mathsf{H}_G}{d\mathsf{M}} = \frac{1}{2\cos B_0 \operatorname{ch}^2 \frac{\dot{\Delta}\mathsf{M}}{2}} = \frac{2e^{-\dot{\Delta}\mathsf{M}}}{\cos B_0 \left(1 + e^{-\dot{\Delta}\mathsf{M}}\right)^2} = \frac{(1+\tau_0)^2 \tau g e^{-i\Delta L}}{(1+\tau_0\tau g e^{-i\Delta L})^2}, \tag{73}$$

und damit hat man für Argument und absoluten Betrag die Formeln

$$\left.\begin{aligned} \arg\frac{d\mathsf{H}_G}{d\mathsf{M}} &= -\Delta L - 2\arg(1+\tau_0\tau g e^{-i\Delta L}), \\ \frac{1}{k}\left|\frac{d\mathsf{H}_G}{d\mathsf{M}}\right| &= \frac{(1+\tau_0^2)\,\tau g}{1+\tau_0^2\tau^2 g^2 + 2\tau_0\tau g\cos\Delta L}. \end{aligned}\right\} \tag{74}$$

Linienelement, Vergrößerungsverhältnis, Bildverschwenkung.

$$ds^2_{sph} = r^2 \cdot \frac{d\mathsf{M}}{d\mathsf{H}_G} \frac{d\overline{\mathsf{M}}}{d\overline{\mathsf{H}}_G} \cdot d\mathsf{H}_G\, d\overline{\mathsf{H}}_G = \lambda^2\, d\mathsf{H}_G\, d\overline{\mathsf{H}}_G = \lambda^2\, ds^2_{\mathsf{H}_G},$$

$$m = \frac{1}{\lambda} = \frac{1}{r}\left|\frac{d\mathsf{H}_G}{d\mathsf{M}}\right| = \frac{1}{N \sin P}\, \frac{k\tau g(1+\tau_0^2)}{1+\tau_0^2\tau^2 g^2 + 2\tau_0\tau g \cos \Delta L} \tag{75}$$

oder

$$m = k\frac{g}{N}\cdot\frac{1}{2\gamma_0^2\gamma^2 + 2\sigma_0^2\sigma^2 g^2 + g \sin P_0 \sin P \cos \Delta L}.$$

$$c = \arg\frac{d\mathsf{H}_G}{d\mathsf{M}},$$

$$\operatorname{tg}\frac{c}{2} = \frac{-\operatorname{tg}\frac{\Delta L}{2} + \frac{V \sin \Delta L}{1+V\cos \Delta L}}{1+\operatorname{tg}\frac{\Delta L}{2}\cdot\frac{V\sin\Delta L}{1+V\cos\Delta L}} = \frac{-\operatorname{tg}\frac{\Delta L}{2} + V\left(-\operatorname{tg}\frac{\Delta L}{2}\cos\Delta L + \sin\Delta L\right)}{1+V\left(\cos\Delta L + \operatorname{tg}\frac{\Delta L}{2}\sin\Delta L\right)},$$

$$\operatorname{tg}\frac{c}{2} = -\operatorname{tg}\frac{\Delta L}{2}\cdot\frac{1-\tau\tau_0 g}{1+\tau\tau_0 g}, \quad V = \tau_0\tau g \;\; [345]. \tag{76}$$

Für die Kugel gehen (75), (76) in die Formeln (35), (36) über.

Durch die geschlossenen Formeln (67) wird das gesamte Sphäroid auf die Vollebene abgebildet. Bei der praktischen Anwendung hat man es nun aber nur mit der Umgebung des Punktes $\dot{\mathbf{P}}_0$ zu tun, in der die Verzerrungen noch genügend klein sind, und daher wird man zu den wesentlich bequemeren Potenzreihenentwicklungen übergehen. Als Ausgangspunkt kann dazu die Formel ($6\dot{7}$) dienen, wobei $\operatorname{th}\frac{\Delta\dot{\mathsf{M}}}{2}$ nach $\Delta\mathsf{M}$ an der Stelle $\frac{\Delta\dot{\mathsf{M}}}{2} = -\lg\tau_0$ zu entwickeln ist. Wir können aber auch aus der Darstellung

$$\mathsf{H}_G = -k\tau_0\frac{e^{-\Delta\mathsf{M}}-1}{\tau_0^2 e^{-\Delta\mathsf{M}}+1} \quad \text{(vgl. [343])} \tag{77}$$

heraus unmittelbar eine Potenzreihe in der Umgebung von $\Delta\mathsf{M} = 0$ aufstellen. Es ist

$$\frac{\mathsf{H}_G}{k} = \tau_0\frac{1-e^{-\Delta\mathsf{M}}}{(1+\tau_0^2)-\tau_0^2(1-e^{-\Delta\mathsf{M}})} = \frac{\tau_0}{1+\tau_0^2}\cdot\frac{1-e^{-\Delta\mathsf{M}}}{1-(1-e^{-\Delta\mathsf{M}})\sin^2\frac{P_0}{2}}.$$

Setzen wir vorübergehend

$$\tilde{e}^2 = 1-e^{-\Delta\mathsf{M}}, \quad \frac{P_0}{2} = \widetilde{B}_0, \quad \tilde{n} = \frac{1-\sqrt{1-\tilde{e}^2}}{1+\sqrt{1-\tilde{e}^2}} = \operatorname{th}\frac{\Delta\mathsf{M}}{4},$$

so folgt in Analogie zu den Grundgrößen I (10)

$$\frac{\mathsf{H}_G}{k} = \frac{\tau_0}{1+\tau_0^2}\,\frac{\tilde{e}^2}{1-\tilde{e}^2\sin^2\widetilde{B}_0} = \frac{\tau_0}{1+\tau_0^2}\cdot\frac{\tilde{e}^2(1+\tilde{n})^2}{\widetilde{F}}$$

$$= \frac{\tau_0}{1+\tau_0^2}\,\frac{\tilde{e}^2(1+\tilde{n})^2}{1-\tilde{n}^2}\{1-2\tilde{n}\cos 2\widetilde{B}+\cdots\} \qquad \text{vgl. I [14]}$$

oder wieder in der alten Bezeichnung

$$\frac{\mathsf{H}_G}{k} = \frac{\tau_0}{1+\tau_0^2} \frac{4\,\mathrm{th}\frac{\Delta \mathsf{M}}{4}}{1-\mathrm{th}^2\frac{\Delta \mathsf{M}}{4}} \Big\{1 - 2\,\mathrm{th}\frac{\Delta \mathsf{M}}{4}\cos P_0 + 2\,\mathrm{th}^2\frac{\Delta \mathsf{M}}{4}\cos 2P_0 - 2\,\mathrm{th}^3\frac{\Delta \mathsf{M}}{4}\cos 3P_0 + \cdots\Big\},$$

$$\left.\begin{aligned} \frac{\mathsf{H}_G}{k} = \frac{\tau_0}{1+\tau_0^2}\, 4\Big\{&\mathrm{th}\frac{\Delta \mathsf{M}}{4} - 2\,\mathrm{th}^2\frac{\Delta \mathsf{M}}{4}\cos P_0 + \mathrm{th}^3\frac{\Delta \mathsf{M}}{4}(1+2\cos 2P_0) - \\ &- 2\,\mathrm{th}^4\frac{\Delta \mathsf{M}}{4}(\cos P_0 + \cos 3P_0) + \\ &+ \mathrm{th}^5\frac{\Delta \mathsf{M}}{4}(1 + 2\cos 2P_0 + 2\cos 4P_0) - \\ &- 2\,\mathrm{th}^6\frac{\Delta \mathsf{M}}{4}(\cos P_0 + \cos 3P_0 + \cos 5P_0) + \cdots\Big\} \end{aligned}\right\} \quad (78)$$

Mit der elementaren Reihe

$$\mathrm{th}\frac{\Delta \mathsf{M}}{4} = \frac{\Delta \mathsf{M}}{4} - \frac{1}{3}\left(\frac{\Delta \mathsf{M}}{4}\right)^3 + \frac{2}{15}\left(\frac{\Delta \mathsf{M}}{4}\right)^5 - \cdots$$

erhält man nach Umordnung schließlich die gesuchte Potenzreihenentwicklung

$$\left.\begin{aligned} \frac{\mathsf{H}_G}{k}\frac{1+\tau_0^2}{\tau_0} = \Delta \mathsf{M} &+ \frac{\Delta \mathsf{M}^3}{3!}\frac{(1+3\cos 2P_0)}{4} + \frac{\Delta \mathsf{M}^5}{5!}\frac{(1+15\cos 4P_0)}{16} + \cdots \\ &- \frac{\Delta \mathsf{M}^2}{2!}\cos P_0 - \frac{\Delta \mathsf{M}^4}{4!}\frac{(\cos P_0 + 3\cos 3P_0)}{4} - \\ &- \frac{\Delta \mathsf{M}^6}{6!}\frac{(2\cos P_0 - 15\cos 3P_0 + 45\cos 5P_0)}{32} - \cdots \end{aligned}\right\} \quad (79)$$

Zur späteren Verwendung geben wir auch noch die erste Form der Koeffizienten an:

$$\begin{aligned} \frac{\mathsf{H}_G}{k}\frac{1+\tau_0^2}{\tau_0} = \Delta \mathsf{M} &- \frac{t_0}{2}c_0\Delta \mathsf{M}^2 + \frac{2t_0^2-1}{12}c_0^2\Delta \mathsf{M}^3 + \\ &+ \frac{t_0(2-t_0^2)}{24}c_0^3\Delta \mathsf{M}^4 + \frac{2-11t_0^2+2t_0^4}{240}c_0^4\Delta \mathsf{M}^5 - \\ &- \frac{t_0(17-26t_0^2+2t_0^4)}{1440}c_0^5\Delta \mathsf{M}^6 + \cdots \end{aligned} \quad (79\text{a})$$

Eine Trennung in Real- und Imaginärteil kann am einfachsten mit $\Delta \mathsf{M} = \varrho e^{i\psi}$ erfolgen. Da sich aber $|\Delta \mathsf{M}|$ schlecht mit großer Schärfe bestimmen läßt, wollen wir die Aufspaltung besser mit $\Delta \mathsf{M} = \Delta H + i\Delta L$ durchführen. Gleichzeitig sei der Normierungsfaktor k in der oben angegebenen Weise bestimmt:

$$k = 2N_0; \quad \frac{k\tau_0}{1+\tau_0^2} = r_0. \quad (80)$$

Für r_0 existiert eine Darstellung als trigonometrische Reihe I (42) [21]. Durch Multiplikation entsteht daher die dritte Form der Koeffizienten 1. Art mit n statt e'^2 [86].

$$\mathsf{H}_G = \frac{a+b}{2} \sum_{\nu=1}^{\infty} (\mathfrak{g}_\nu) \frac{\Delta \mathsf{M}^\nu}{\nu!} \tag{81}$$

mit

$$\left.\begin{aligned}
(\mathfrak{g}_1) &= \sum_{\lambda=0}^{\infty} (R_{2\lambda+1}) \cos(2\lambda+1)B_0, \qquad \text{I (42) [21]}\\
(\mathfrak{g}_2) &= \sum_{\lambda=0}^{\infty} (R_{2\lambda+1}) \left[\tfrac{1}{2}\sin 2\lambda B_0 - \tfrac{1}{2}\sin(2\lambda+2)B_0\right],\\
(\mathfrak{g}_3) &= \sum_{\lambda=0}^{\infty} (R_{2\lambda+1}) \left[\tfrac{1}{4}\cos(2\lambda+1)B_0 - \tfrac{3}{8}\cos(2\lambda+3)B_0 - \right.\\
&\qquad\qquad \left. - \tfrac{3}{8}\cos(2\lambda-1)B_0\right],\\
(\mathfrak{g}_4) &= \sum_{\lambda=0}^{\infty} (R_{2\lambda+1}) \left[-\tfrac{1}{8}\sin(2\lambda+2)B_0 + \tfrac{1}{8}\sin 2\lambda B_0 + \right.\\
&\qquad\qquad \left. + \tfrac{3}{8}\sin(2\lambda+4)B_0 - \tfrac{3}{8}\sin(2\lambda-2)B_0\right],\\
(\mathfrak{g}_5) &= \sum_{\lambda=0}^{\infty} (R_{2\lambda+1}) \left[\tfrac{1}{16}\cos(2\lambda+1)B_0 + \tfrac{15}{32}\cos(2\lambda+5)B_0 + \right.\\
&\qquad\qquad \left. + \tfrac{15}{32}\cos(2\lambda-3)B_0\right],\\
(\mathfrak{g}_6) &= \sum_{\lambda=0}^{\infty} (R_{2\lambda+1}) \left[-\tfrac{1}{32}\sin(2\lambda+2)\,B_0 + \tfrac{1}{32}\sin 2\lambda B_0 - \right.\\
&\qquad\qquad - \tfrac{15}{64}\sin(2\lambda+4)\,B_0 + \tfrac{15}{64}\sin(2\lambda-2)\,B_0 - \\
&\qquad\qquad \left. - \tfrac{45}{64}\sin(2\lambda+6)\,B_0 + \tfrac{45}{64}\sin(2\lambda-4)\,B_0\right],\\
&\ldots\ldots\ldots\ldots
\end{aligned}\right\} \tag{81a}$$

Zum praktischen Gebrauch geben wir die Zahlwerte[12] der Koeffizienten, wobei $\Delta \mathsf{M}$ in Grad und H_G in Metern zu messen ist.

H_G-Tabelle.

	[1]	[3]	[5]
$\cos B_0$	+ 111 399.6739 9	− 0.7051 90	+ 0.0000 054
$\cos 3B_0$	− 93.2127 9	− 2.1220 78	+ 0.0000 404
$\cos 5B_0$	+ 0.1170 3	+ 0.0017 76	+ 0.0000 404
$\cos 7B_0$	− 0.0001 6	− 0.0000 02	
	[2]	**[4]**	**[6]**
$\sin 2B_0$	− 486.4794 92	+ 0.0061 668	− 0.0000 0007
$\sin 4B_0$	+ 0.4072 28	+ 0.0092 567	− 0.0000 0023
$\sin 6B_0$	− 0.0005 11	− 0.0000 078	− 0.0000 0018
$\sin 8B_0$	+ 0.0000 01		

[86] Obwohl formale Übereinstimmung besteht, haben wir die Bezeichnung „Koeffizientendarstellung 2. Art" auf die Fälle beschränkt, in denen die Koeffizienten durch Differentiation einer trigonometrischen Reihe gewonnen werden konnten.

Das Reihenschema lautet nach Aufspaltung in Real- und Imaginärteil

$$\begin{aligned}\mathsf{H}'_G(\text{Meter}) = {} & [1]\,\Delta H^\circ + [2]\{\Delta H^2 - \Delta L^2\} + [3]\{\Delta H^3 - 3\Delta H\,\Delta L^2\} + \\ & + [4]\{\Delta H^4 - 6\Delta H^2\Delta L^2 + \Delta L^4\} + [5]\{\Delta H^5 - 10\Delta H^3\Delta L^2 + \\ & + 5\Delta H\Delta L^4\} + [6]\{\Delta H^6 - 15\Delta H^4\Delta L^2 + 15\Delta H^2\Delta L^4 - \Delta L^6\} + \cdots\end{aligned}$$

$$\begin{aligned}\mathsf{H}''_G(\text{Meter}) = {} & [1]\,\Delta L^\circ + [2]\{2\Delta H\,\Delta L\} + [3]\{3\Delta H^2\Delta L - \Delta L^3\} + \\ & + [4]\{4\Delta H^3\Delta L - 4\Delta H\Delta L^3\} + [5]\{5\Delta H^4\Delta L - 10\Delta H^2\Delta L^3 + \\ & + \Delta L^5\} + [6]\{6\Delta H^5\Delta L - 20\Delta H^3\Delta L^3 + 6\Delta H\,\Delta L^5\} + \cdots\end{aligned}$$

Der Übergang $\Delta B \to \Delta H$ kann nach V (22b) [173] berechnet werden.

Für manche Zwecke ist es vorteilhaft, daneben noch die geschlossene Form der Koeffizientendarstellung 1. Art zu verwenden und dabei gleichzeitig für die isometrische Breitendifferenz ΔH die geographische ΔB einzuführen. Wir geben die Doppelreihen ausführlich bis zu Gliedern 5. Grades mit den entsprechenden Vernachlässigungen in η. ($s_0 = \sin B_0$, $c_0 = \cos B_0$, $t_0 = \operatorname{tg} B_0$, $\Delta L = L$) [87]:

$$\left.\begin{aligned}\frac{\mathsf{H}'_G}{N_0} = {} & (1 - \eta^2 + \eta^4 - \eta^6)_0\,\Delta B + \frac{3}{2}\,t_0\,(\eta^2 - 2\eta^4)_0\,\Delta B^2 + \frac{1}{2}\,s_0 c_0 L^2 + \\ & + \frac{1}{12}(1 + 4\eta^2 - 6\eta^2 t^2 - 9\eta^4 + 42\eta^4 t^2)_0\,\Delta B^3 + \\ & + \frac{c_0^2}{4}(1 - 2t^2 - \eta^2 + 2\eta^2 t^2 + \eta^4 - 2\eta^4 t^2)_0\,\Delta B L^2 - \\ & - \frac{1}{4}\,t_0\eta_0^2\,\Delta B^4 - \frac{3}{8}\,s_0 c_0\,(1 - 3\eta^2 + 2\eta^2 t^2)_0\,\Delta B^2 L^2 + \\ & + \frac{1}{24}\,s_0 c_0^3\,(2 - t_0^2)\,L^4 + \frac{1}{120}\,\Delta B^5 - \frac{1}{24}\,\Delta B^3 L^2 + \\ & + \frac{1}{48}\,c_0^4\,(2 - 11 t_0^2 + 2 t_0^4)\,\Delta B L^4 + \cdots \\ \frac{\mathsf{H}''_G}{r_0} = {} & L - t_0\,(1 - \eta^2 + \eta^4)_0\,\Delta B L - \frac{1}{4}(1 - 2\eta^2 + 6\eta^2 t^2 + \\ & + 3\eta^4 - 12\eta^4 t^2)_0\,\Delta B^2 L + \frac{1}{12}\,c_0^2\,(1 - 2t_0^2 + \eta_0^2)\,L^3 - \\ & - \frac{1}{12}\,t_0\,(1 + 14\eta^2 - 6\eta^2 t^2)_0\,\Delta B^3 L - \frac{1}{6}\,s_0 c_0\,(2 - t^2 - 2\eta^2 + \\ & + \eta^2 t^2)_0\,\Delta B L^3 - \frac{1}{24}\,\Delta B^4 L - \frac{1}{24}\,c_0^2\,(2 - 7t_0^2)\,\Delta B^2 L^3 + \\ & + \frac{1}{240}\,c_0^4\,(2 - 11 t_0^2 + 2 t_0^4)\,L^5 + \cdots\end{aligned}\right\} \quad (81\,\text{b})$$

Eine Potenzreihenentwicklung für die Abbildungsgrößen können wir leicht aus der Darstellung (79) ableiten. Es gilt zunächst

$$\begin{aligned}\frac{d\mathsf{H}_G}{d\mathsf{M}}\cdot\frac{1}{r_0} = {} & 1 - \Delta\mathsf{M}\sin B_0 + \frac{\Delta\mathsf{M}^2}{2!}\left(\frac{1}{4} - \frac{3}{4}\cos 2B_0\right) - \\ & - \frac{\Delta\mathsf{M}^3}{3!}\left(\frac{1}{4}\sin B_0 - \frac{3}{4}\sin 3B_0\right) + \frac{\Delta\mathsf{M}^4}{4!}\left(\frac{1}{16} + \frac{15}{16}\cos 4B_0\right) - \\ & - \frac{\Delta\mathsf{M}^5}{5!}\left(\frac{1}{16}\sin B_0 + \frac{15}{32}\sin 3B_0 + \frac{45}{32}\sin 5B_0\right) + \cdots\end{aligned}$$

---

[87] Siehe Wl. K. Hristow [6] S. 50 und [7] S. 87, G. Lehmann [1] S. 343.

und damit unter Verwendung der Logarithmusreihe

$$\lg \frac{d\mathsf{H}_G}{d\mathsf{M}} = \lg r_0 + \sum_{\nu=1}^{\infty} (l_\nu) \frac{\Delta \mathsf{M}^\nu}{\nu!} \tag{82}$$

mit

$$\left.\begin{aligned} (l_1) &= -\sin B_0, \\ (l_2) &= -\tfrac{1}{4} - \tfrac{1}{4}\cos 2B_0, \\ (l_3) &= \tfrac{1}{8}\sin B_0 + \tfrac{1}{8}\sin 3B_0, \\ (l_4) &= \tfrac{1}{32} + \tfrac{1}{8}\cos 2B_0 + \tfrac{3}{32}\cos 4B_0, \\ (l_5) &= -\tfrac{1}{16}\sin B_0 - \tfrac{5}{32}\sin 3B_0 - \tfrac{3}{32}\sin 5B_0. \end{aligned}\right\} \tag{82a}$$

Es ist jetzt eine Entwicklung von $\lg r$ nach Potenzen von ΔH nachzutragen:

$$\lg \frac{r}{r_0} = \sum_{\nu=1}^{\infty} [\mathfrak{r}_\nu] \frac{\Delta H^\nu}{\nu!}. \tag{83}$$

Für die Koeffizienten findet man folgendermaßen eine Darstellung 2. Art:

$$\left.\begin{aligned} [\mathfrak{r}_1] &= \frac{d\lg r}{dH} = \frac{d\lg r}{dB}\cdot\frac{dB}{dH} = \left\{-\operatorname{tg} B + \sum_{\nu=1}^{\infty} 2(-1)^{\nu+1} n^\nu \sin 2\nu B\right\} \times \\ &\quad \times \left\{\frac{1}{(1-n)^2} F \cos B\right\} = -\sin B, \qquad \text{I (46)} \\ [\mathfrak{r}_2] &= -\frac{\cos B}{(1-n)^2}\{(1+n+n^2)\cos B + n\cos 3B\} = \\ &= \left(-\tfrac{1}{2} - \tfrac{3}{2}n - 3n^2 - \tfrac{9}{2}n^3 - 6n^4\right) + \\ &\quad + \left(-\tfrac{1}{2} - 2n - 4n^2 - 6n^3 - 8n^4\right)\cos 2B + \\ &\quad + \left(-\tfrac{n}{2} - n^2 - \tfrac{3}{2}n^3 - 2n^4\right)\cos 4B + \mathrm{Gl}_5, \\ [\mathfrak{r}_3] &= \left(\tfrac{1}{2} + 3n + 11n^2 + 29n^3 + 62n^4\right)\sin B + \\ &\quad + \left(\tfrac{1}{2} + \tfrac{9}{2}n + 18n^2 + \tfrac{99}{2}n^3 + 108n^4\right)\sin 3B + \\ &\quad + \left(\tfrac{3}{2}n + 8n^2 + \tfrac{49}{2}n^3 + 56n^4\right)\sin 5B + \\ &\quad + (n^2 + 4n^3 + 10n^4)\sin 7B + \mathrm{Gl}_5, \\ [\mathfrak{r}_4] &= \left(\tfrac{1}{4} + 3n + \tfrac{79}{4}n^2 + 85n^3\right) + \left(1 + \tfrac{23}{2}n + 69n^2 + \tfrac{563}{2}n^3\right)\cos 2B + \\ &\quad + \left(\tfrac{3}{4} + 13n + 85n^2 + 359n^3\right)\cos 4B + \\ &\quad + \left(\tfrac{9}{2}n + 43n^2 + 211n^3\right)\cos 6B + \\ &\quad + \left(\tfrac{29}{4}n^2 + 52n^3\right)\cos 8B + \tfrac{7}{2}n^3\cos 10B + \mathrm{Gl}_4, \\ [\mathfrak{r}_5] &= -(1 + 15n + 125n^2)\sin B - \left(\tfrac{5}{2} + 45n + 380n^2\right)\sin 3B - \\ &\quad - \left(\tfrac{3}{2} + 45n + 440n^2\right)\sin 5B - \\ &\quad - \left(15n + \tfrac{455}{2}n^2\right)\sin 7B - \tfrac{85}{2}n^2\sin 9B + \mathrm{Gl}_3. \end{aligned}\right\} \tag{83a}$$

Aus (75) folgt nun

$$\lg\frac{m}{m_0} = -\lg\frac{r}{r_0} + \Re\mathrm{e}\lg\frac{d\mathsf{H}_G}{d\mathsf{M}} = \sum_{\nu=2}^{\infty} -[\mathfrak{r}_\nu]\frac{\Delta H^\nu}{\nu!} + \sum_{\nu=2}^{\infty}(l_\nu)\frac{\Re\mathrm{e}\,\Delta\mathsf{M}^\nu}{\nu!}. \quad (84)$$

Wir tabellieren wieder die Zahlwerte[12] der Koeffizienten, wobei $\Delta H°$, $\Delta L°$ in Grad zu nehmen sind und das Ergebnis den *dekadischen* Logarithmus darstellt.

log $\frac{m}{m_0}$ -Tabelle.

	[2]	{2}	[4]	{4}
1	+ 0.0000 1670 34	− 0.0000 1653 67	− 0.0000 0000 038	+ 0.0000 0000 005
cos 2 B	+ 0.0000 1675 89	− 0.0000 1653 67	− 0.0000 0000 150	+ 0.0000 0000 021
cos 4 B	+ 0.0000 0005 56		− 0.0000 0000 114	+ 0.0000 0000 016
cos 6 B			− 0.0000 0000 001	
	[3]	**{3}**	**[5]**	**{5}**
sin B	− 0.0000 0014 625	+ 0.0000 0004 810	+ 0.0000 0000 0006	− 0.0000 0000 0000
sin 3 B	− 0.0000 0014 723	+ 0.0000 0004 810	+ 0.0000 0000 0014	− 0.0000 0000 0001
sin 5 B	− 0.0000 0000 098		+ 0.0000 0000 0009	− 0.0000 0000 0001

Das Reihenschema lautet

$$\log\frac{m}{m_0} = [2]\,\Delta H^2 + \{2\}\,(-\Delta L^2) + [3]\,\Delta H^3 + \{3\}\,(-3\,\Delta H\,\Delta L^2) + \\ + [4]\,\Delta H^4 + \{4\}\,(-6\,\Delta H^2\Delta L^2 + \Delta L^4) + [5]\,\Delta H^5 + \\ + \{5\}\,(-10\,\Delta H^3\Delta L^2 + 5\,\Delta H\,\Delta L^4) + \cdots$$

Für die Bildverschwenkung haben wir aus dem Imaginärteil von (82) die Gleichung

$$c = \sum_{\nu=1}^{\infty}(l_\nu)\frac{1}{\nu!}\,\Im\mathrm{m}\,(\Delta\mathsf{M}^\nu). \quad (85)$$

Zum praktischen Gebrauch können wir für die Koeffizienten $\{\nu\}$ die log $\frac{m}{m_0}$-Tabelle verwenden, wenn noch ein Umrechnungsfaktor $f = 474\,942.2681$ zur Umwandlung in Bogensekunden hinzugefügt wird.

Reihenschema:

$$c'' = -\Delta L''\sin B_0 + f\{2\}\,2\Delta H°\,\Delta L° + f\{3\}\,(3\Delta H^2\Delta L - \Delta L^3) + \\ + f\{4\}\,(4\Delta H^3\,\Delta L - 4\Delta H\,\Delta L^3) + \cdots$$

Entwickelt man in den Gl. (75), (76) $V = \tau\tau_0 g$ und r nach Potenzen von ΔH, cosΔL nach Potenzen von ΔL und geht von ΔH zu ΔB über, so entstehen die Reihen[88]

$$m = 1 + \tfrac{1}{4}(1-\eta_0^2)\,\Delta B^2 + \tfrac{1}{4}c_0^2L^2 + \tfrac{1}{4}t_0\eta_0^2\,\Delta B^3 - \\ - \tfrac{1}{4}s_0c_0(1-\eta_0^2)\,\Delta B L^2 + \tfrac{1}{24}\Delta B^4 + \tfrac{1}{48}c_0^4(2-t_0^2)\,L^4 + \cdots \quad (86)$$

[88] Siehe G. Lehmann [1] S. 363.

bzw. durch Übergang von $\operatorname{tg}\frac{c}{2}$ zu c:

$$c = s_0 L + \frac{1}{2} c_0 (1 - \eta^2 + \eta^4)_0 \Delta B L + \frac{3}{4} s_0 \eta_0^2 \Delta B^2 L + \\ + \frac{1}{12} s_0 c_0^2 L^3 + \frac{1}{24 c_0} (1 - 4 s^2 + 3 s^4)_0 \Delta B^4 - \\ - \frac{1}{24 c_0^3} (-1 + 2 s^2 - s^4)_0 \Delta B^3 L + \cdots. \tag{87}$$

Die zweite Abbildungsaufgabe.

Gegeben die ebenen (rechtwinkligen) Koordinaten H_G', H_G'', gesucht die geographischen Koordinaten B, L, ferner m^*, c^*.

Die Umkehrung von (65) liefert

$$\mathsf{H} = -\frac{\mathsf{H}_0}{\tau_0^2} \cdot \frac{\mathsf{H}_G - n_G}{\mathsf{H}_G - s_G} = \mathsf{H}_0 \frac{1 - \frac{1}{k\tau_0} \mathsf{H}_G}{1 + \frac{\tau_0}{k} \mathsf{H}_G}. \tag{88}$$

Setzen wir zur Abkürzung

$$\mathsf{H}_G - n_G = A e^{i(\pi - \alpha)}, \quad \mathsf{H}_G - s_G = B e^{i\beta},$$

so lassen sich absoluter Betrag und Argument der stereographischen Grundvariablen H ohne weiteres ablesen:

$$\mathsf{H} = \frac{e^{i(\pi - L_0)}}{\tau_0} \frac{A}{B} e^{-i(\alpha + \beta)}, \tag{89}$$

$$\left. \begin{aligned} |\mathsf{H}| = e^{-H} = \mathsf{T} = \frac{\mathsf{T}_0}{\tau_0^2} \cdot \frac{A}{B}, \quad & \arg \mathsf{H} = \pi - L = (\pi - L_0) - (\alpha + \beta), \\ \Delta L = \alpha + \beta. & \end{aligned} \right\} \tag{89a}$$

Mit der einfacheren Bezeichnung $\mathsf{H}_G' = x$, $\mathsf{H}_G'' = y$, $\mathsf{H}_G = z$ gilt dabei für die eingeführten Größen

$$\left. \begin{aligned} & A = \sqrt{(x - k\tau_0)^2 + y^2}, \quad B = \sqrt{\left(x + \frac{k}{\tau_0}\right)^2 + y^2}, \\ & \operatorname{tg}(\pi - \alpha) = -\operatorname{tg}\alpha = \frac{y}{x - k\tau_0}, \quad \operatorname{tg}\beta = \frac{y}{x + \frac{k}{\tau_0}} = \frac{\tau_0 y}{\tau_0 x + k}, \end{aligned} \right\} \tag{89b}$$

$$\operatorname{tg}\Delta L = \frac{-\frac{y}{x - k\tau_0} + \frac{y}{x + \frac{k}{\tau_0}}}{1 + \frac{y^2}{(x - k\tau_0)\left(x + \frac{k}{\tau_0}\right)}} = -k y \frac{\frac{1 + \tau_0^2}{\tau_0}}{|z|^2 + k \frac{1 - \tau_0^2}{\tau_0} x - k^2},$$

$$\operatorname{tg}\Delta L = \frac{2y}{k} \frac{1}{\left(1 - \frac{|z|^2}{k^2}\right) \sin P_0 - 2 \cos P_0 \frac{x}{k}}. \tag{89c}$$

Für den Übergang zu den geographischen Koordinaten ist die Merkator-Variable M durch H_G auszudrücken. Aus (88) ergibt sich

$$\left.\begin{aligned} \frac{\mathsf{H}}{\mathsf{H}_0} &= e^{-\Delta \mathsf{M}} = \frac{1-\frac{1}{k\tau_0}\mathsf{H}_G}{1+\frac{\tau_0}{k}\mathsf{H}_G} \\ \text{oder} \qquad \Delta\mathsf{M} &= \lg\left(1+\frac{\tau_0}{k}\mathsf{H}_G\right) - \lg\left(1-\frac{1}{k\tau_0}\mathsf{H}_G\right). \end{aligned}\right\} \tag{90}$$

Zur Berechnung von m^* und c^* bilden wir die Ableitung:

$$\begin{aligned} \frac{d\mathsf{M}}{d\mathsf{H}_G} &= \frac{d\mathsf{M}}{d\mathsf{H}}\cdot\frac{d\mathsf{H}}{d\mathsf{H}_G} = -\frac{1}{\mathsf{H}}\cdot\frac{-\mathsf{H}_0}{\tau_0^2}\cdot\frac{d}{d\mathsf{H}_G}\left(\frac{\mathsf{H}_G-n_G}{\mathsf{H}_G-s_G}\right) \\ &= \frac{n_G-s_G}{\tau_0^2}\,\frac{\mathsf{H}_0}{\mathsf{H}}\,\frac{1}{(\mathsf{H}_G-s_G)^2} = k\frac{\tau_0^2+1}{\tau_0^3}\,\frac{\mathsf{H}_0}{\mathsf{H}}\,\frac{1}{\left(\mathsf{H}_G+\frac{k}{\tau_0}\right)^2}. \end{aligned} \tag{91}$$

Daraus folgt wegen

$$\frac{\tau_0^2+1}{\tau_0^3} = \frac{2}{\tau_0^2\cos B_0}$$

durch Aufspalten in absoluten Betrag und Argument

$$\left.\begin{aligned} \left|\frac{d\mathsf{M}}{d\mathsf{H}_G}\right| &= k\frac{\tau_0^2+1}{\tau_0^3}\cdot\frac{\mathsf{T}_0}{\mathsf{T}}\,\frac{1}{|z|^2+2\frac{k}{\tau_0}x+\frac{k^2}{\tau_0^2}} = \frac{2k}{\cos B_0}\cdot\frac{1}{A\,B}, \\ \arg\frac{d\mathsf{M}}{d\mathsf{H}_G} &= c^* = \Delta L - 2\arg\left(z+\frac{k}{\tau_0}\right) = \Delta L - 2\beta = \alpha-\beta \end{aligned}\right\} \tag{91a}$$

oder

$$\operatorname{tg} c^* = \frac{\dfrac{-y}{x-k\tau_0} - \dfrac{y}{x+\frac{k}{\tau_0}}}{1-\dfrac{y^2}{(x-k\tau_0)\left(x+\frac{k}{\tau_0}\right)}} = -y\frac{2x+k\left(\frac{1}{\tau_0}-\tau_0\right)}{x^2-y^2+k\left(\frac{1}{\tau_0}-\tau_0\right)x-k^2}.$$

Für die Bildverschwenkung erhält man so die Formel

$$\operatorname{tg} c^* = 2\frac{y}{k}\,\frac{\frac{x}{k}+\operatorname{cotg} P_0}{1-2\operatorname{cotg} P_0\frac{x}{k}-\frac{x^2-y^2}{k^2}} \tag{92}$$

und für das Vergrößerungsverhältnis

$$\begin{aligned} m^* &= r\left|\frac{d\mathsf{M}}{d\mathsf{H}_G}\right| = \frac{2kr}{\cos B_0}\cdot\frac{1}{A\,B} = kr\frac{(1+\tau_0^2)\gamma_0^2}{\sigma_0^2|z|^2+2k\sigma_0\gamma_0 x+k^2\gamma_0^2}\cdot\frac{\mathsf{E}_0}{\mathsf{T}} \\ &= \frac{1}{k}\,\frac{r}{\tau g}\,\frac{1}{\sigma_0^2\frac{|z|^2}{k^2}+\sin P_0\frac{x}{k}+\gamma_0^2}. \end{aligned} \tag{93}$$

Eine Vereinfachung ist noch in folgender Weise möglich. Nach (72) gilt für das Quadrat des absoluten Betrages

$$1+\frac{|\mathsf{H}_G|^2}{k^2} = 1+\frac{|z|^2}{k^2} = \frac{2(\gamma^2+\sigma^2 g^2)}{2\gamma_0^2\gamma^2+2\sigma_0^2\sigma^2 g^2+g\sin P_0\sin P\cos\Delta L}$$

und damit unter Verwendung von (75)

$$m^* = \frac{1}{m} = \frac{2N}{kg} \frac{\gamma^2 + \sigma^2 g^2}{1 + \frac{|z|^2}{k^2}}. \tag{93a}$$

Zum Schluß geben wir noch die Gleichungen der *Meridian-* und *Parallelkreisbilder*. Für die ersteren folgt wegen $\operatorname{tg} \Delta L = \text{const.}$ direkt aus (89c) die Gleichung

$$\frac{|z|^2}{k^2} + 2 \operatorname{cotg} P_0 \frac{x}{k} + \frac{2y}{k \operatorname{tg} \Delta L \sin P_0} = 1$$

oder

$$\left(\frac{x}{k} + \operatorname{cotg} P_0\right)^2 + \left(\frac{y}{k} + \frac{1}{\operatorname{tg} \Delta L \sin P_0}\right)^2 = \frac{1}{(\sin \Delta L \sin P_0)^2}. \tag{94}$$

Für die zweiten müssen wir aus (67c) und (72) bei fester Breite ΔL eliminieren

$$\frac{|z|^2}{k^2} = \frac{2\tau_0 (1 + \tau^2 g^2)}{1 - \tau_0^2 \tau^2 g^2} \cdot \frac{x}{k} - \frac{\tau_0^2 - \tau^2 g^2}{1 - \tau_0^2 \tau^2 g^2}$$

oder

$$\left(\frac{x}{k} - \frac{\tau_0 (1 + \tau^2 g^2)}{1 - \tau_0^2 \tau^2 g^2}\right)^2 + \frac{y^2}{k^2} = \frac{\tau^2 g^2 (1 + \tau_0^2)^2}{(1 - \tau_0^2 \tau^2 g^2)^2}. \tag{95}$$

Ein Blick auf die Abbildung bestätigt die Richtigkeit des analytisch gefundenen Resultates: $\Delta L = \alpha + \beta, \quad c = -(\alpha - \beta)$.

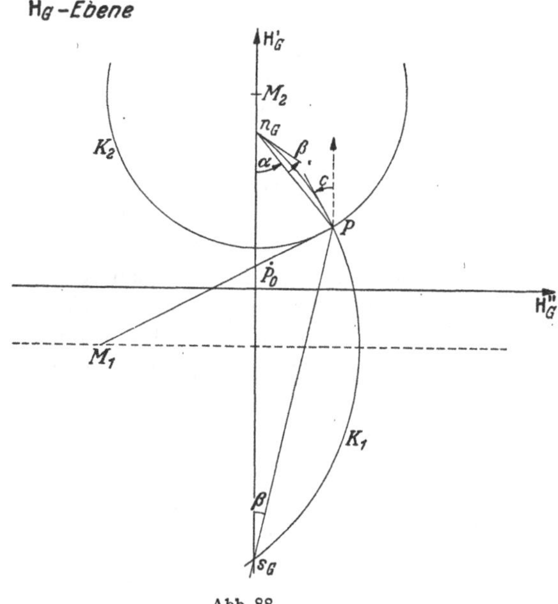

Abb. 88.

Für die praktische Durchführung wird man wieder von der geschlossenen Form zur Potenzreihenentwicklung in der Umgebung des

Zentralpunktes übergehen. Aus (90) folgt unter Verwendung der Logarithmusreihe

$$\Delta \mathsf{M} = \frac{\mathsf{H}_G}{k}\left(\frac{1+\tau_0^2}{\tau_0}\right) + \frac{1}{2}\frac{\mathsf{H}_G^2}{k^2}\left(\frac{1-\tau_0^4}{\tau_0^2}\right) + \frac{1}{3}\frac{\mathsf{H}_G^3}{k^3}\left(\frac{1+\tau_0^6}{\tau_0^3}\right) + \frac{1}{4}\frac{\mathsf{H}_G^4}{k^4}\left(\frac{1-\tau_0^8}{\tau_0^4}\right) + \cdots$$

Mit der getroffenen Normierung (80) vereinfachen sich die Koeffizienten noch:

$$\begin{aligned}\Delta \mathsf{M} = \frac{\mathsf{H}_G}{r_0} &+ \frac{1}{2}\frac{\mathsf{H}_G^2}{r_0^2}(\gamma_0^4 - \sigma_0^4) + \frac{1}{3}\frac{\mathsf{H}_G^3}{r_0^3}(\gamma_0^6 + \sigma_0^6) + \frac{1}{4}\frac{\mathsf{H}_G^4}{r_0^4}(\gamma_0^8 - \sigma_0^8) + \\ &+ \frac{1}{5}\frac{\mathsf{H}_G^5}{r_0^5}(\gamma_0^{10} + \sigma_0^{10}) + \frac{1}{6}\frac{\mathsf{H}_G^6}{r_0^6}(\gamma_0^{12} - \sigma_0^{12}) + \cdots\end{aligned} \tag{96}$$

[89]

Die Zerlegung in Real- und Imaginärteil ergibt bereits die Endformeln

$$\left.\begin{aligned}\Delta H &= \frac{x}{r_0} + \frac{1}{2}(\gamma_0^4 - \sigma_0^4)\left(\frac{x^2}{r_0^2} - \frac{y^2}{r_0^2}\right) + \frac{1}{3}(\gamma_0^6 + \sigma_0^6)\left(\frac{x^3}{r_0^3} - 3\frac{xy^2}{r_0^3}\right) + \\ &+ \frac{1}{4}(\gamma_0^8 - \sigma_0^8)\left(\frac{x^4}{r_0^4} - 6\frac{x^2y^2}{r_0^4} + \frac{y^4}{r_0^4}\right) + \\ &+ \frac{1}{5}(\gamma_0^{10} + \sigma_0^{10})\left(\frac{x^5}{r_0^5} - 10\frac{x^3y^2}{r_0^5} + 5\frac{xy^4}{r_0^5}\right) + \\ &+ \frac{1}{6}(\gamma_0^{12} - \sigma_0^{12})\left(\frac{x^6}{r_0^6} - 15\frac{x^4y^2}{r_0^6} + 15\frac{x^2y^4}{r_0^6} - \frac{y^6}{r_0^6}\right) + \cdots \\ \Delta L &= \frac{y}{r_0} + \frac{1}{2}(\gamma_0^4 - \sigma_0^4)\,2\frac{xy}{r_0^2} + \frac{1}{3}(\gamma_0^6 + \sigma_0^6)\left(\frac{3x^2y}{r_0^3} - \frac{y^3}{r_0^3}\right) + \\ &+ \frac{1}{4}(\gamma_0^8 - \sigma_0^8)\left(\frac{4x^3y}{r_0^4} - \frac{4xy^3}{r_0^4}\right) + \\ &+ \frac{1}{5}(\gamma_0^{10} + \sigma_0^{10})\left(\frac{5x^4y}{r_0^5} - 10\frac{x^2y^3}{r_0^5} + \frac{y^5}{r_0^5}\right) + \\ &+ \frac{1}{6}(\gamma_0^{12} - \sigma_0^{12})\left(6\frac{x^5y}{r_0^6} - 20\frac{x^3y^3}{r_0^6} + 6\frac{xy^5}{r_0^6}\right) + \cdots\end{aligned}\right\} \tag{96a}$$

Bei dem einfachen Koeffizientengesetz können noch beliebig viele weitere Glieder angegeben werden, wir wollen deshalb (96a) beibehalten und den Übergang $\Delta H \to \Delta B$ nach V (74b) [201] vollziehen. Eine etwas andere Form entsteht durch die Wahl des Nenners N_0[90] im Hinblick auf ΔB, wobei wir jetzt auch dieses letzte Zusammensetzen noch ausführen:

$$\left.\begin{aligned}\Delta L = \frac{y}{r_0} &+ t_0\frac{xy}{N_0 r_0} + \frac{1}{12}(1 + 4t^2 + \eta^2)_0\left(\frac{3x^2y - y^3}{r_0 N_0^2}\right) + \\ &+ \frac{t_0}{6}(3 + 6t^2 - \eta^2 - 4\eta^4)_0\left(\frac{x^3y - xy^3}{r_0 N_0^3}\right) + \\ &+ \frac{1}{240}(3 + 36t^2 + 48t^4 - 2\eta^2 - 4\eta^2t^2)_0\left(\frac{5x^4y - 10x^2y^3 + y^5}{r_0 N_0^4}\right) + \cdots\end{aligned}\right\} \tag{96b}$$

---

[89] Wl. K. Hristow [6] gibt die Entwicklung mit den Nennern N_0 bis zu Gliedern 8. Grades.

[90] Vgl. G. Lehmann [1] S. 363—365.

$$\left.\begin{aligned}\Delta B &= (1+\eta_0^2)\frac{x}{N_0} - \frac{3}{2}t_0(\eta^2+\eta^4)_0\frac{x^2}{N_0^2} - \frac{1}{2}t_0(1+\eta_0^2)\frac{y^2}{N_0^2} + \\ &+ \frac{1}{12}(-1-9\eta^2+6\eta^2t^2-14\eta^4+36\eta^4t^2)_0\frac{x^3}{N_0^3} - \\ &- \frac{1}{4}(1+2t^2+\eta^2-4\eta^2t^2-6\eta^4t^2)_0\frac{x\,y^2}{N_0^3} + \\ &+ \frac{7}{8}t_0\eta_0^2\frac{x^4}{N_0^4} + \frac{1}{4}t_0(-1-2t^2+6\eta^2+\eta^2t^2)_0\frac{x^2y^2}{N_0^4} + \\ &+ \frac{1}{8}t_0(1+\eta^2+t^2-2\eta^2t^2)_0\frac{y^4}{N_0^4} + \\ &+ \frac{1}{80}\frac{x^5}{N_0^5} - \frac{1}{8}(3t^2+4t^4)_0\frac{x^3y^2}{N_0^5} + \frac{1}{16}(1+6t^2+6t^4)_0\frac{x\,y^4}{N_0^5} + \cdots\end{aligned}\right\} \quad (97)$$

Die Entwicklung von m^*, c^* können wir an die Ableitung von (96) anknüpfen. Es ist danach

$$\begin{aligned}\frac{d\mathsf{M}}{d\mathsf{H}_G} &= \frac{1}{r_0}\left\{1+\frac{\mathsf{H}_G}{r_0}(\gamma_0^4-\sigma_0^4)+\frac{\mathsf{H}_G^2}{r_0^2}(\gamma_0^6+\sigma_0^6)+\frac{\mathsf{H}_G^3}{r_0^3}(\gamma_0^8-\sigma_0^8)+\cdots\right. \\ &= \frac{1}{r_0}\left\{1+\frac{\mathsf{H}_G}{r_0}\sin B_0+\frac{\mathsf{H}_G^2}{r_0^2}\left(1-\frac{3}{4}\cos^2 B_0\right)+\right. \\ &\qquad + \frac{\mathsf{H}_G^3}{r_0^3}\sin B_0\left(1-\frac{1}{2}\cos^2 B_0\right)+\frac{\mathsf{H}_G^4}{r_0^4}\left(1-\frac{5}{4}\cos^2 B_0+\frac{5}{16}\cos^4 B_0\right)+ \\ &\qquad + \frac{\mathsf{H}_G^5}{r_0^5}\sin B_0\left(1-\frac{3}{4}\cos^2 B_0\right)\left(1-\frac{1}{4}\cos^2 B_0\right)+\cdots\end{aligned}$$

$$\begin{aligned}\lg\frac{d\mathsf{M}}{d\mathsf{H}_G} &= -\lg r_0 + \frac{\mathsf{H}_G}{r_0}\sin B_0 + \frac{\mathsf{H}_G^2}{r_0^2}\left(\frac{1}{2}-\frac{1}{4}\cos^2 B_0\right) + \\ &+ \frac{\mathsf{H}_G^3}{r_0^3}\sin B_0\left(\frac{1}{3}-\frac{1}{12}\cos^2 B_0\right) + \\ &+ \frac{\mathsf{H}_G^4}{r_0^4}\left(\frac{1}{4}-\frac{1}{4}\cos^2 B_0+\frac{1}{32}\cos^4 B_0\right) + \\ &+ \frac{\mathsf{H}_G^5}{r_0^5}\sin B_0\left(\frac{6}{5}-\frac{7}{5}\cos^2 B_0+\frac{57}{160}\cos^4 B_0\right)+\cdots\end{aligned} \quad (98)$$

Ferner hat man aus (83), wenn jetzt die Koeffizientendarstellung 1. Art gewählt wird,

$$\begin{aligned}\lg\frac{r}{r_0} &= \sum_{\nu=1}^{\infty}(\mathfrak{r}_\nu)\frac{\Delta H^\nu}{\nu!} = -\sin B_0\,\Delta H - \frac{1}{2}\cos^2 B_0(1+\eta_0^2)\Delta H^2 + \\ &+ \frac{1}{3}t_0\cos^3 B_0(1+3\eta_0^2+2\eta_0^4)\Delta H^3 + \\ &+ \frac{\cos^4 B_0}{12}[(1+4\eta^2+5\eta^4)-t^2(2+14\eta^2+24\eta^4)]_0\Delta H^4 - \\ &- \frac{t_0\cos^5 B_0}{15}(2+15\eta^2-t^2-15\eta^2t^2)_0\Delta H^5+\cdots\end{aligned} \quad (99)$$

Da ΔH in (96a) bereits durch die ebenen rechtwinkligen Koordinaten ausgedrückt ist, lassen sich die Reihen zusammensetzen und man erhält

$$\begin{aligned} \lg m^* = \lg\frac{r}{r_0} + \Re\left(\lg r_0 \frac{d\mathsf{M}}{d\mathsf{H}_G}\right) &= -\frac{(1+2\eta_0^2)}{4}\left(\frac{x}{N_0}\right)^2 - \frac{1}{4}\left(\frac{y}{N_0}\right)^2 + \\ &+ \frac{1}{6}t_0\eta_0^2(3+4\eta_0^2)\left(\frac{x}{N_0}\right)^3 + \frac{1}{2}t_0\eta_0^2\frac{xy^2}{N_0^3} + \\ &+ \frac{1}{32}(1+8\eta_0^2-4\eta_0^2t_0^2)\left(\frac{x}{N_0}\right)^4 + \frac{1}{16}(1+4\eta_0^2-4\eta_0^2t_0^2)\frac{x^2y^2}{N_0^4} + \\ &+ \frac{1}{32}(1-4t_0^2\eta_0^2)\left(\frac{y}{N_0}\right)^4 + \frac{t_0}{32}(3+24t_0^2+32t_0^4)\left(\frac{x}{N_0}\right)^5 - \\ &- \frac{t_0}{16}(15+120t_0^2+160t_0^4)\frac{x^3y^2}{N_0^5} + \frac{t_0}{32}(23+120t_0^2+160t_0^4)\frac{xy^4}{N_0^5} + \cdots \end{aligned} \tag{100}$$

$$\begin{aligned} c^* = \Im\mathrm{m}\left(\lg\frac{d\mathsf{M}}{d\mathsf{H}_G}\right) &= \frac{y}{r_0}\sin B_0 + \frac{2-\cos^2 B_0}{2}\frac{xy}{r_0^2} + \\ &+ \frac{\sin B_0}{12}(4-\cos^2 B_0)\left(\frac{3xy^2-y^3}{r_0^3}\right) + \left(1-\cos^2 B_0 + \frac{1}{8}\cos^4 B_0\right)\frac{x^3y-xy^3}{r_0^4} + \\ &+ \frac{\sin B_0}{160}(192-224\cos^2 B_0+57\cos^4 B_0)\left(\frac{-10x^2y^3+5x^4y+y^5}{r_0^5}\right) + \cdots \end{aligned} \tag{101}$$

[91]

Zum Abschluß gehen wir in (100) noch zur Exponentialfunktion über[88]

$$\begin{aligned} m = \frac{1}{m^*} = 1 &+ \frac{1}{4}(1+2\eta_0^2)\left(\frac{x}{N_0}\right)^2 + \frac{1}{4}\left(\frac{y}{N_0}\right)^2 - \frac{1}{6}t_0\eta_0^2(3+4\eta_0^2)\left(\frac{x}{N_0}\right)^3 - \\ &- \frac{1}{2}t_0\eta_0^2\frac{xy^2}{N_0^3} - \frac{1}{6}\eta_0^2(1-t_0^2)\left(\frac{x}{N_0}\right)^4 - \frac{1}{8}\eta_0^2(1-2t_0^2)\frac{x^2y^2}{N_0^4} + \\ &+ \frac{1}{8}\eta_0^2t_0^2\left(\frac{y}{N_0}\right)^4 - \frac{t_0}{32}(3+24t_0^2+32t_0^4)\left(\frac{x}{N_0}\right)^5 + \\ &+ \frac{t_0}{16}(15+120t_0^2+160t_0^4)\frac{x^3y^2}{N_0^5} - \frac{t_0}{32}(23+120t_0^2+160t_0^4)\frac{xy^4}{N_0^5} + \cdots \end{aligned} \tag{100a}$$

L. Krüger[92] gewinnt durch spezielle Umformungen besser konvergente Potenzreihen für $\operatorname{tg}\frac{\Delta P}{2}$, $\operatorname{tg}\Delta L$, $\lg m^*$ und $\operatorname{tg} c^*$.

VII, 2 Die Klasse der Kegelprojektionen.

(J. H. Lambert [1772], J. L. Lagrange [1781], C. F. Gauß [1822][93].)

VII 2_1 Die Grund- oder Polarkegelprojektion Λ.

Vom funktionentheoretischen Standpunkt aus ist die nächstliegende komplexe Flächenvariable eine Potenz von H. Wir setzen

$$\Lambda = -e^{-\alpha\mathsf{M}}\begin{cases}|\Lambda| = e^{-\alpha H} = \mathsf{T}^\alpha \\ \arg\Lambda = \pi - \alpha L\end{cases}; \quad \alpha \text{ reelle positive Zahl.} \tag{102}$$

[91] Vgl. G. Lehmann [1] S. 366/367. [92] Siehe L. Krüger [4] S. 9 u. 11.
[93] Siehe J. H. Lambert [1], J. L. Lagrange [1], C. F. Gauß [1] S. 206.

Das längs des Meridians $L = \pm\pi$ aufgeschnittene Sphäroid wird auf einen von zwei Halbstrahlen begrenzten Sektor der Λ-Ebene von der Öffnung $2\alpha\pi$ derart konform abgebildet, daß den Meridianen die Halbstrahlen durch $\Lambda = 0$, den Parallelkreisen konzentrische Kreisbogen um $\Lambda = 0$ entsprechen; im Nord- und Südpol mit den Bildern n

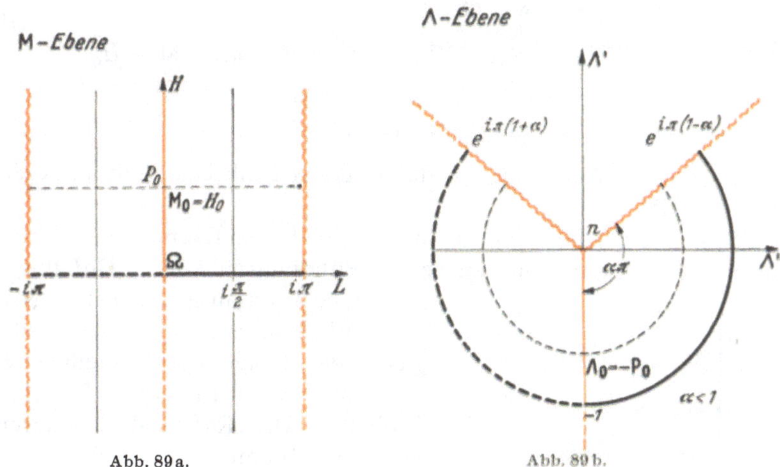

Abb. 89a. Abb. 89b.

und s werden die Winkel ver-α-facht. Für $\alpha > 1$ tritt also bei $\Lambda = 0$, ∞ je ein Windungspunkt auf, wobei die Λ-Ebene mehrfach überdeckt wird. Rollt man den Bildsektor zu einem Kegel zusammen, so entsteht eine konforme Abbildung des Sphäroids (der Kugel) auf einen Kegelmantel, daher der Name „Kegelprojektion“.

Wir betrachten die durch einem Ähnlichkeitsfaktor $k > 0$ etwas verallgemeinerte komplexe Variable

$$k\Lambda \begin{cases} |k\Lambda| \equiv \mathsf{P} = k\,\mathsf{T}^{\alpha} \\ \arg(k\Lambda) = \arg\Lambda = \pi - \alpha L, \end{cases} \tag{103}$$

$$\frac{d\Lambda}{d\mathsf{M}} = \alpha\, e^{-\alpha \mathsf{M}} \quad \begin{cases} \left|\frac{d\Lambda}{d\mathsf{M}}\right| = \alpha|\Lambda| \\ \arg\frac{d\Lambda}{d\mathsf{M}} = -\alpha L. \end{cases} \tag{104}$$

$$\left.\begin{aligned} m &= \frac{d s_{(k\Lambda)}}{d s_{\text{sph}}} = \left|\frac{d(k\Lambda)}{d\mathsf{M}}\right| \cdot \frac{|d\mathsf{M}|}{r\,|d\mathsf{M}|} = \frac{1}{r}\,\alpha \mathsf{P} = m(B), \\ c &= \arg\frac{d\Lambda}{d\mathsf{M}} = -\alpha L. \end{aligned}\right\} \tag{105}$$

Die beiden bis jetzt willkürlichen Konstanten α, k können nun dazu benutzt werden, gewisse Forderungen zu erfüllen.

A.

Es sei ein gewisser Normalparallelkreis (abgekürzt N.P.) der Breite $B_0 (B_0 > 0)$ ausgezeichnet. Wir fordern $m(B_0) = 1$ bei willkürlich, aber fest gewähltem α. Aus (105) folgt damit

$$\left.\begin{aligned} k &= \frac{r_0}{\alpha \mathsf{T}_0^\alpha}, \quad \mathsf{P}_0 = \frac{r_0}{\alpha} \quad \text{und mit} \quad \Lambda_0 = -e^{-\alpha H_0} = -\mathsf{T}_0^\alpha \\ k\Lambda &= k\Lambda_0 e^{-\alpha \Delta \mathsf{M}} = -\mathsf{P}_0 e^{-\alpha \Delta \mathsf{M}}, \quad \Delta \mathsf{M} = \mathsf{M} - \mathsf{M}_0 = \mathsf{M} - H_0. \end{aligned}\right\} \quad (106)$$

Beispiele.

1. $\alpha = \frac{1}{2}$: Abbildung auf die untere Λ-Halbebene (mit ausgezeichnetem N.P.).

2. $\alpha = 2$: Abbildung auf die zweiblättrige Riemannsche Fläche über der Λ-Ebene mit den beiden Windungspunkten 1. Ordnung bei $\Lambda = 0, \infty$ (und ausgezeichnetem N.P.).

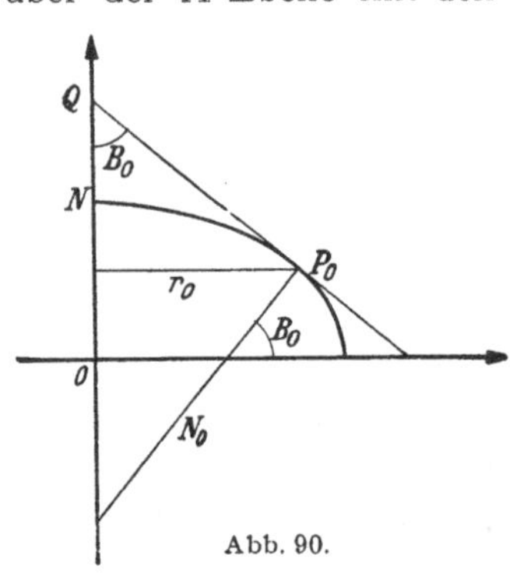

Abb. 90.

3. Wir fordern zusätzlich, daß P_0 gleich der Länge der Mantellinie $\mathbf{P}_0\mathbf{Q}$ des den N.P. berührenden Kegels ist (Abb. 90). Der Radius des Bildkreises von N.P. stimmt dann mit dem Radius der geodätischen Krümmung des Parallelkreises überein.

Aus

$$\mathbf{P}_0\mathbf{Q} = N_0 \operatorname{cotg} B_0$$

folgt nach (106)

$$\alpha = \frac{r_0}{\mathsf{P}_0} = \sin B_0, \qquad k = \frac{\mathsf{P}_0}{\mathsf{T}_0^\alpha} = \frac{N_0 \operatorname{cotg} B_0}{\mathsf{T}_0^\alpha}. \quad (107)$$

Bei dieser Festsetzung wird $\mathbf{P}_0$ ein „Zentralpunkt", wie später gezeigt werden soll [366].

B.

Es seien zwei Parallelkreise der Breiten B_1 und $B_2 (B_1 > B_2)$ ausgezeichnet; wir fordern $m(B_1) = m(B_2) = 1$ und erhalten aus (105)

$$\lg \alpha + \lg k + \alpha \lg \mathsf{T}_1 - \lg r_1 = \lg \alpha + \lg k + \alpha \lg \mathsf{T}_2 - \lg r_2 = 0$$

oder

$$\alpha = \frac{\lg r_1 - \lg r_2}{\lg \mathsf{T}_1 - \lg \mathsf{T}_2} = \frac{\lg r_1 - \lg r_2}{H_2 - H_1}; \qquad k = \frac{1}{\alpha} \frac{r_1}{\mathsf{T}_1^\alpha} = \frac{1}{\alpha} \frac{r_2}{\mathsf{T}_2^\alpha}. \quad (108)$$

Die Radien der Bildkreise sind $\mathsf{P}_i = \frac{r_i}{\alpha}$ $(i = 1, 2)$. Das Minimum der Verzerrung tritt für diejenige Breite $\overset{0}{B}$ ein, für welche $\cos \overset{0}{P} = \sin \overset{0}{B} = \alpha$ ist, wie man leicht durch logarithmische Differentiation von m erkennt:

$$\lg m = \lg(\alpha k) + \alpha \lg\left[\operatorname{tg}\frac{P}{2}\,\mathsf{E}(P)\right] - \lg[N \sin P],$$

$$\frac{dm}{m} = \alpha \frac{(1-e^2)\,dP}{E \sin P} - \operatorname{cotg} P\,dP + \frac{e^2 \cos P \sin P}{E}$$

$$= \frac{1}{E \sin P}\{\alpha(1-e^2) + e^2 \cos P \sin^2 P - E \cos P\}\,dP$$

$$= \frac{1}{E \sin P}\{(1-e^2)(\alpha - \cos P)\}\,dP.$$

Aus der für ein Minimum notwendigen Bedingung $dm = 0$ folgt

$$\alpha = \cos \overset{0}{P}.$$

C.

Es sei eine Zone mit dem Mittelparallel B_0 und zwei begrenzenden Parallelkreisen B_1 und B_2 gegeben, wir fordern

1. $m(B_1) = m(B_2)$,
2. $m(B_1) - 1 = 1 - m(B_0)$.

Aus der ersten Forderung folgt α wie oben unter B, aus der zweiten folgt

$$\frac{\alpha k \mathsf{T}_1^\alpha}{r_1} - 1 = 1 - \frac{\alpha k \mathsf{T}_0^\alpha}{r_0}$$

oder

$$k = \frac{2}{\alpha}\left\{\frac{\mathsf{T}_1^\alpha}{r_1} + \frac{\mathsf{T}_0^\alpha}{r_0}\right\}^{-1}. \qquad (109)$$

Vergleicht man $m(B_0)$ in beiden Fällen miteinander, so ergibt sich aus (108) und (109)

$$1 - m_{\mathrm{C}}(B_0) = \frac{1 - m_{\mathrm{B}}(B_0)}{1 + m_{\mathrm{B}}(B_0)},$$

d. h. die Differenz $1 - m_{\mathrm{C}}$ wird im Gebiet ungefähr auf die Hälfte gegenüber B herabgedrückt.

Die erste Abbildungsaufgabe.

Gegeben die geographischen Koordinaten (B, L), gesucht $\Lambda\,(\Lambda', \Lambda'')$, m, c.

Wir machen zunächst eine Parallelverschiebung, um den Schnittpunkt $\mathbf{P}_0$ des Hauptmeridians $\mathfrak{H}$ mit einem Parallelkreis $B = B_0$ in den Anfangspunkt zu bringen. Dabei ist B_0 noch *völlig* beliebig und kann später mit der Breite des N.P. oder $\overset{0}{B}$ identifiziert werden:

$$\dot{\Lambda} = k(\Lambda - \Lambda_0) = k\,\Delta\Lambda = \mathsf{P}\,e^{i(\pi - \alpha L)} + \mathsf{P}_0, \quad \Delta\mathsf{P} = \mathsf{P} - \mathsf{P}_0. \qquad (110)$$

Aufspaltung in Real- und Imaginärteil:

$$\left.\begin{aligned} x = \dot{\Lambda}' &= \mathsf{P}_0 - \mathsf{P}\cos\alpha L \\ &= -\Delta\mathsf{P} + \mathsf{P}(1 - \cos\alpha L) = -\Delta\mathsf{P} + 2\mathsf{P}\sin^2\frac{\alpha L}{2}, \\ y = \dot{\Lambda}'' &= \mathsf{P}\sin\alpha L = 2\mathsf{P}\sin\frac{\alpha L}{2}\cos\frac{\alpha L}{2}. \end{aligned}\right\} \qquad (110\mathrm{a})$$

Zur *Darstellung im ganzen Gebiet* mittels Polarkoordinaten dient die Reihe V (14_0) [168]

$$\lg\frac{\mathsf{P}}{\mathsf{P}_0} = -\alpha\varDelta H = \tag{111}$$

$$= \alpha\lg\frac{\tau}{\tau_0} - \alpha\sum_{\lambda=1}^{\infty} q_{2\lambda-1}\sin(2\lambda-1)B + \alpha\sum_{\lambda=1}^{\infty} q_{2\lambda-1}\sin(2\lambda-1)B_0$$

oder

$$\lg\frac{\mathsf{P}}{\mathsf{P}_0} = \alpha\lg\tau - \alpha\lg\tau_0 - 2\alpha\sum_{\lambda=1}^{\infty} q_{2\lambda-1}\cos(2\lambda-1)\frac{B+B_0}{2}\sin(2\lambda-1)\frac{\varDelta B}{2}.$$

Nach Abschnitt X [486] folgt daraus

$$\frac{\mathsf{P}}{\mathsf{P}_0} = \left(\frac{\tau}{\tau_0}\right)^{\alpha} \frac{Q_0^{(-\alpha)} + 2\sum\limits_{\lambda=1}^{\infty}[{}'Q_{2\lambda}^{(-\alpha)}\cos 2\lambda B + {}''Q_{2\lambda-1}^{(-\alpha)}\sin(2\lambda-1)B]}{Q_0^{(-\alpha)} + 2\sum\limits_{\lambda=1}^{\infty}[{}'Q_{2\lambda}^{(-\alpha)}\cos 2\lambda B_0 + {}''Q_{2\lambda-1}^{(-\alpha)}\sin(2\lambda-1)B_0]}. \tag{111a}$$

Für die praktische Berechnung verwendet man besser Potenzreihen; wir gehen daher zu ihnen über.

Darstellung in der Umgebung von $\mathbf{P}_0$.

Aus (102) folgt

$$\frac{\varDelta\varLambda}{\varLambda_0} = e^{-\alpha\varDelta\mathsf{M}} - 1 = e^{-\alpha\varDelta H}\cdot e^{-i\alpha\varDelta L} - 1 \tag{112}$$

und damit für die rechtwinkligen Koordinaten

$$\frac{\varDelta\varLambda'}{\varLambda_0} = \frac{x}{k\varLambda_0} = -1 + e^{-\alpha\varDelta H}\cos\alpha\varDelta L,\quad \frac{\varDelta\varLambda''}{\varLambda_0} = \frac{y}{k\varLambda_0} = -e^{-\alpha\varDelta H}\sin\alpha\varDelta L. \tag{112a}$$

Die Potenzreihenentwicklung von $e^{-\alpha\varDelta H}$ ergibt mit Hilfe von V (22b) [173]

$$\frac{\mathsf{P}}{\mathsf{P}_0} = e^{-\alpha\varDelta H} = \sum_{\nu=0}^{\infty}\frac{(-\alpha\varDelta H)^{\nu}}{\nu!} = 1 + \sum_{\nu=1}^{\infty}\mathsf{P}_{\nu}\frac{\varDelta B^{\nu}}{\nu!}. \tag{113}$$

Ist $\varDelta B$ sehr groß, so wird man zweckmäßig bei gegebenem $\varDelta B$ zunächst $\varDelta H$ nach Tabelle [172] berechnen, da sich diese durch die Koeffizientendarstellung 2. Art leicht auf Glieder höherer Ordnung ausdehnen läßt, und anschließend (113) verwenden. Für kleine $\varDelta B$-Werte ist es bequemer, die Reihe V (22b) [173] einzusetzen. Verwendet man dabei die Darstellung 1. Art, erste Form, so lauten die ersten Koeffizienten

$$\left.\begin{aligned}
\mathsf{P}_1 &= -\alpha b_1 = -\frac{\alpha}{E_0' c_0},\\
\mathsf{P}_2 &= -\alpha b_2 + \alpha^2 b_1^2 = -\frac{\alpha}{E_0'^2 c_0^2}[s(1+3\eta^2) - \alpha]_0,\\
\mathsf{P}_3 &= -\alpha b_3 + 3\alpha^2 b_1 b_2 - \alpha^3 b_1^3 =\\
&= -\frac{\alpha}{E_0'^3 c_0^3}[c^2(1+2t^2+4\eta^2+6\eta^2 t^2+3\eta^4+12\eta^4 t^2) -\\
&\quad - 3\alpha s(1+3\eta^2) + \alpha^2]_0,
\end{aligned}\right\} \tag{113a}$$

$$\begin{aligned} \mathsf{P}_4 &= -\alpha b_4 + \alpha^2(4b_1 b_3 + 3b_2^2) - 6\alpha^3 b_1^2 b_2 + \alpha^4 b_1^4 = \\ &= -\frac{\alpha}{E_0'^4 c_0^4}\{[s c^2(5+6t^2) - \alpha c^2(4+11t^2) + 6\alpha^2 s - \alpha^3] + \\ &\quad + \eta^2[s c^2(19+24t^2) - \alpha c^2(16+42t^2) + 18\alpha^2 s - \alpha^3] + \mathrm{Gl}_4\}_0 . \\ &\ldots\ldots\ldots\ldots \end{aligned}$$

Eine wesentliche Vereinfachung ist durch die spezielle Wahl von α zu erreichen. Mit $\alpha = \sin B_0$ (Breite B_0 des Normalparallels) erhält man (bis P_5 weitergeführt)[94]

$$\left.\begin{aligned} \mathsf{P}_1 &= -\frac{t_0}{E_0'}, \\ \mathsf{P}_2 &= -\frac{3t_0^2\eta_0^2}{E_0'^2}, \\ \mathsf{P}_3 &= -\frac{t_0}{E_0'^3}[1 + 4\eta^2 - 3\eta^2 t^2 + 3\eta^4 + 12\eta^4 t^2]_0, \\ \mathsf{P}_4 &= -\frac{t_0^2}{E_0'^4}[1 + 3\eta^2 + 35\eta^4 - 45\eta^4 t^2 + 33\eta^6 + 60\eta^6 t^2]_0, \\ \mathsf{P}_5 &= -\frac{t_0}{E_0'^5}[5+3t^2+24\eta^2+15\eta^2 t^2+66\eta^4-135\eta^4 t^2+45\eta^4 t^4+\mathrm{Gl}_6]_0 . \\ &\ldots\ldots\ldots\ldots \end{aligned}\right\} \quad (113\mathrm{b})$$

In der zweiten Form wollen wir die Entwicklung noch bis P_6 angeben:

$$\left.\begin{aligned} \mathsf{P}_1 &= -t_0[1 - \eta^2 + \eta^4 - \eta^6 + \eta^8]_0 + \mathrm{Gl}_{10}, \\ \mathsf{P}_2 &= -3t_0^2\eta_0^2[1 - 2\eta^2 + 3\eta^4 - 4\eta^6]_0 + \mathrm{Gl}_{10}, \\ \mathsf{P}_3 &= -t_0[1 + \eta^2 - 3\eta^2 t^2 - 3\eta^4 + 21\eta^4 t^2 + 5\eta^6 - 54\eta^6 t^2]_0 + \mathrm{Gl}_8, \\ \mathsf{P}_4 &= -t_0^2[1 - \eta^2 + 33\eta^4 - 45\eta^4 t^2]_0 + \mathrm{Gl}_6, \\ \mathsf{P}_5 &= -t_0[5 + 3t^2 - \eta^2]_0 + \mathrm{Gl}_4, \\ \mathsf{P}_6 &= -3t_0^2[7 + 4t^2]_0 + \mathrm{Gl}_2. \\ &\ldots\ldots\ldots\ldots \end{aligned}\right\} \quad (113\mathrm{c})$$

Statt der Breitendifferenz ΔB wird in der Praxis manchmal auch die zugehörige Meridianbogendifferenz ΔG verwendet, wobei besonders bequeme Koeffizienten auftreten.

$$\lg\frac{\mathsf{P}}{\mathsf{P}_0} = -\alpha\Delta H = -\alpha\sum_{\nu=1}^{\infty}[C_\nu)\frac{\Delta G^\nu}{\nu!}, \quad (114)$$

$$\frac{\mathsf{P}}{\mathsf{P}_0} = e^{-\alpha\Delta H} = 1 + \sum_{\nu=1}^{\infty}\tilde{\mathsf{P}}_\nu\frac{\Delta G^\nu}{\nu!} \quad (115)$$

[94] Siehe W. Jordan [2] S. 13.

oder ausführlich mit der Darstellung 1. Art, erste Form für (C_ν) V (35a) [179] und $\alpha = \sin B_0$

$$\left.\begin{aligned}
\tilde{\mathsf{P}}_1 &= -\frac{1}{\mathsf{P}_0} = -\frac{t_0}{N_0},\\
\tilde{\mathsf{P}}_2 &= 0,\\
\tilde{\mathsf{P}}_3 &= -\frac{t_0}{M_0 N_0^2},\\
\tilde{\mathsf{P}}_4 &= -\frac{t_0^2}{N_0^4}[1 - 3\eta^2 - 4\eta^4]_0,\\
\tilde{\mathsf{P}}_5 &= -\frac{t_0}{N_0^5}[5 + 3t^2 + 6\eta^2 + 3\eta^2 t^2 - 3\eta^4 + 24\eta^4 t^2]_0 + \mathrm{Gl}_6,\\
\tilde{\mathsf{P}}_6 &= -\frac{t_0^2}{N_0^6}[21 + 12t^2 + 10\eta^2]_0 + \mathrm{Gl}_4,\\
\tilde{\mathsf{P}}_7 &= -\frac{t_0}{N_0^7}[61 + 130t^2 + 60t^4 + 420t^6]_0 + \mathrm{Gl}_2.\\
&\dots\dots\dots
\end{aligned}\right\} \tag{115a}$$

Setzen wir jetzt die bisherige Entwicklung in (112a) ein, so entsteht eine *Querentwicklung* vom Normalparallel aus:

$$\frac{x}{k\Lambda_0} = -2\sin^2\frac{\alpha\Delta L}{2} + \sum_{\nu=1}^{\infty}\mathsf{P}_\nu\cos\alpha\Delta L\frac{\Delta B^\nu}{\nu!},$$

$$\frac{y}{k\Lambda_0} = -\sin\alpha\Delta L - \sum_{\nu=1}^{\infty}\mathsf{P}_\nu\sin\alpha\Delta L\frac{\Delta B^\nu}{\nu!}.$$

Bei kleinem Längenunterschied kann außerdem nach ΔL entwickelt werden[95]:

$$\left.\begin{aligned}
\frac{x}{k\Lambda_0} &= \mathsf{P}_1\Delta B + \mathsf{P}_2\frac{\Delta B^2}{2} - \sin^2 B_0\frac{\Delta L^2}{2} + \mathsf{P}_3\frac{\Delta B^3}{6} -\\
&\quad - \mathsf{P}_1\sin^2 B_0\frac{\Delta B\,\Delta L^2}{2} + \mathsf{P}_4\frac{\Delta B^4}{24} - \mathsf{P}_2\sin^2 B_0\frac{\Delta B^2\Delta L^2}{4} +\\
&\quad + \sin^4 B_0\frac{\Delta L^4}{24} + \mathsf{P}_5\frac{\Delta B^5}{120} - \mathsf{P}_3\sin^2 B_0\frac{\Delta B^3\Delta L^2}{24} +\\
&\quad + \mathsf{P}_1\sin^4 B_0\frac{\Delta B\,\Delta L^4}{24} + \mathsf{P}_6\frac{\Delta B^6}{720} - \mathsf{P}_4\sin^2 B_0\frac{\Delta B^4\Delta L^2}{48} +\\
&\quad + \mathsf{P}_2\sin^4 B_0\frac{\Delta B^2\Delta L^4}{48} - \sin^6 B_0\frac{\Delta L^6}{720} + \cdots\\
\frac{y}{k\Lambda_0} &= -\sin B_0\Delta L + \frac{1}{6}\sin^3 B_0\Delta L^3 - \frac{1}{120}\sin^5 B_0\Delta L^5 + \cdots\\
&\quad - \mathsf{P}_1\sin B_0\Delta B\,\Delta L - \mathsf{P}_2\sin B_0\frac{\Delta B^2\Delta L}{2} - \mathsf{P}_3\sin B_0\frac{\Delta B^3\Delta L}{6} +\\
&\quad + \mathsf{P}_1\sin^3 B_0\frac{\Delta B\,\Delta L^3}{6} - \mathsf{P}_4\sin B_0\frac{\Delta B^4\Delta L}{24} + \mathsf{P}_2\sin^3 B_0\frac{\Delta B^2\Delta L^3}{12} -\\
&\quad - \mathsf{P}_5\sin B_0\frac{\Delta B^5\Delta L}{120} + \mathsf{P}_3\sin^3 B_0\frac{\Delta B^3\Delta L^3}{36} - \mathsf{P}_1\sin^5 B_0\frac{\Delta B\,\Delta L^5}{120} + \cdots
\end{aligned}\right\} \tag{116}$$

[95] Vgl. W. Jordan [2] S. 19; für die 2. Form vgl. G. Lehmann [1] S. 342/343 und Wl. K. Hristow [13] S. 232.

Linienelement, Vergrößerungsverhältnis, Bildverschwenkung.

$$ds^2 = r^2 \frac{d\mathsf{M}}{d\Lambda} \frac{\overline{d\mathsf{M}}}{\overline{d\Lambda}} d\Lambda\, d\bar{\Lambda} = \lambda^2\, d\Lambda\, d\bar{\Lambda}; \qquad \lambda = \frac{r}{\left|\frac{d\Lambda}{d\mathsf{M}}\right|} = \frac{r}{\alpha\,|\Lambda|}, \tag{117}$$

$$m = \frac{d s_{(k\Lambda)}}{d s_{\mathrm{sph}}} = \frac{\alpha \mathsf{P}}{r} = \frac{r_0}{r}\left(\frac{\mathsf{T}}{\mathsf{T}_0}\right)^{\alpha} = \frac{r_0}{r}\,\frac{\mathsf{P}}{\mathsf{P}_0}, \tag{118}$$

$$c = \arg \frac{d\Lambda}{d\mathsf{M}} = -\,\alpha L. \tag{119}$$

Zur *Darstellung im Gesamtgebiet* haben wir die trigonometrischen Reihen für $1/r$ I (43) [21] und $\mathsf{P} = k e^{-\alpha H}$ (103) oder auch

$$\lg m = \alpha \lg \frac{\mathsf{T}}{\mathsf{T}_0} - \lg \frac{r}{r_0} = -\,\alpha \Delta H - \lg \frac{r}{r_0}. \tag{120}$$

Für eine *Darstellung in der Umgebung von* $\mathbf{P}_0$ brauchen wir in (120) nur die bekannten Potenzreihenentwicklungen einzusetzen:

$$\lg m = -\alpha \sum_{\nu=1}^{\infty} [b_\nu] \frac{\Delta B^\nu}{\nu!} + \sum_{\nu=1}^{\infty} [\hat{m}_\nu] \frac{\Delta B^\nu}{\nu!} = \sum_{\nu=1}^{\infty} \left(-\alpha\,[b_\nu] + [\hat{m}_\nu]\right) \frac{\Delta B^\nu}{\nu!} \tag{121}$$

und erhalten so eine Koeffizientendarstellung 2. Art, wobei die numerische Berechnung mit Hilfe der Tabellen [172], [235] durchgeführt werden kann. Die Koeffizienten 1. Art, 2. Form lauten nach [172] und [234]:

$$\left.\begin{aligned}
-\alpha(b_1) + (\hat{m}_1) &= -\frac{\alpha}{\cos B_0}[1 - \eta^2 + \eta^4 - \eta^6 + \eta^8 - \eta^{10}]_0 + \\
&\quad + t_0[1 - \eta^2 + \eta^4 - \eta^6 + \eta^8 - \eta^{10}]_0 + \mathrm{Gl}_{12}, \\
-\alpha(b_2) + (\hat{m}_2) &= -\frac{\alpha t_0}{\cos B_0}[1 + \eta^2 - 3\eta^4 + 5\eta^6 - 7\eta^8]_0 + \\
&\quad + [1 - \eta^2 + \eta^4 - \eta^6 + \eta^8]_0 + \\
&\quad + t_0^2[1 + \eta^2 - 3\eta^4 + 5\eta^6 - 7\eta^8]_0 + \mathrm{Gl}_{10}, \\
-\alpha(b_3) + (\hat{m}_3) &= -\frac{\alpha}{\cos B_0}[1 + 2t^2 + \eta^2 - 3\eta^4 + 6\eta^4 t^2 + 5\eta^6 - \\
&\quad - 20\eta^6 t^2]_0 + 2t_0[1 + 2\eta^2 - 5\eta^4 + 8\eta^6]_0 + \\
&\quad + 2t_0^3[1 + 3\eta^4 - 10\eta^6]_0 + \mathrm{Gl}_8, \\
-\alpha(b_4) + (\hat{m}_4) &= -\frac{\alpha t_0}{\cos B_0}[5 + 6t^2 - \eta^2 + 21\eta^4 - 6\eta^4 t^2]_0 + \\
&\quad + [2 + 4\eta^2 - 10\eta^4]_0 + 4t_0^2[2 - \eta^2 + 12\eta^4]_0 + \\
&\quad + 6t_0^4[1 - \eta^4]_0 + \mathrm{Gl}_6, \\
-\alpha(b_5) + (\hat{m}_5) &= -\frac{\alpha}{\cos B_0}[5 + 28t^2 + 24t^4 - \eta^2]_0 + \\
&\quad + 16t_0[1 - \eta^2]_0 + 40t_0^3 + 24t_0^5 + \mathrm{Gl}_4, \\
-\alpha(b_6) + (\hat{m}_6) &= -\frac{\alpha t_0}{\cos B_0}[61 + 180t^2 + 120t^4]_0 + \\
&\quad + [16 + 136t^2 + 240t^4 + 120t^6]_0 + \mathrm{Gl}_2.
\end{aligned}\right\} \tag{121a}$$

Für $\alpha = \sin B_0$ vereinfachen sich die Ausdrücke erheblich:

$$\lg m = [1 - \eta^2 + \eta^4 - \eta^6 + \eta^8]_0 \frac{\Delta B^2}{2!} + t_0 [1 + 3\eta^2 - 7\eta^4 + 11\eta^6]_0 \frac{\Delta B^3}{3!} +$$
$$+ [2 + 3t^2 + 4\eta^2 - 3\eta^2 t^2 - 10\eta^4 + 27\eta^4 t^2]_0 \frac{\Delta B^4}{4!} + \qquad (121\,\mathrm{b})$$
$$+ t_0 [11 + 12t^2 - 15\eta^2]_0 \frac{\Delta B^5}{5!} + [16 + 75t^2 + 60t^4]_0 \frac{\Delta B^6}{6!} + \cdots$$

Der Übergang zur Exponentialfunktion ergibt schließlich

$$m = 1 + [1 - \eta^2 + \eta^4 - \eta^6 + \eta^8]_0 \frac{\Delta B^2}{2!} + t_0 [1 + 3\eta^2 - 7\eta^4 + 11\eta^6]_0 \frac{\Delta B^3}{3!} +$$
$$+ [5 + 3t^2 - 2\eta^2 - 3\eta^2 t^2 - \eta^4 + 27\eta^4 t^2]_0 \frac{\Delta B^4}{4!} + \qquad (122)$$
$$+ t_0 [21 + 12t^2 + 5\eta^2]_0 \frac{\Delta B^5}{5!} + [166 + 185t^2 + 60t^4]_0 \frac{\Delta B^6}{6!} + \cdots$$

Wir sehen aus (121b) oder (122), daß für $\alpha = \sin B_0$ der Punkt $\mathbf{P}_0$ ein *Zentralpunkt* der $k\Lambda$-Abbildung ist ($k = \mathsf{P}_0/\mathsf{T}_0^\alpha$).

Eine entsprechende Potenzreihenentwicklung nach der Meridianbogendifferenz kann sehr leicht aus (115) hergeleitet werden:

$$\frac{d\mathsf{P}}{dG} = \frac{d\mathsf{P}}{dB} \cdot \frac{dB}{dG} = -\alpha \mathsf{P} \frac{dH}{dB} \cdot \frac{dB}{dG} = -\alpha \mathsf{P} \frac{M}{r} \cdot \frac{1}{M} = -\frac{\alpha \mathsf{P}}{r}.$$

Damit wird

$$m = -\frac{d\mathsf{P}}{dG} = -\mathsf{P}_0 \sum_{\nu=0}^{\infty} \tilde{\mathsf{P}}_{\nu+1} \frac{\Delta G^\nu}{\nu!} = 1 + \frac{1}{M_0 N_0} \frac{\Delta G^2}{2!} + \cdots \qquad (123)$$

[vgl. (115a)].

Die zweite Abbildungsaufgabe.

Gegeben die ebenen Koordinaten $k\Delta\Lambda' = x$, $k\Delta\Lambda'' = y$; gesucht $B, L; m^*, c^*$.

Darstellung im ganzen Gebiet.

Aus (110a) folgt unmittelbar

$$\operatorname{tg} \alpha L = \frac{y}{\mathsf{P}_0 - x}; \qquad \mathsf{P}^2 = (x - \mathsf{P}_0)^2 + y^2, \qquad (124)$$

$$\Delta H = -\lg \frac{\mathsf{T}}{\mathsf{T}_0} = -\frac{1}{\alpha} \lg \frac{\mathsf{P}}{\mathsf{P}_0} \to H = H_0 + \Delta H \to B, \qquad \text{V (74b) [201]}$$

$$m^* = \frac{r}{r_0} \frac{\mathsf{P}_0}{\mathsf{P}}; \qquad c^* = \alpha L. \qquad (125)$$

Darstellung in der Umgebung von P_0.

1. Man kann aus den rechtwinkligen Koordinaten x, y zuerst die Polarkoordinaten herstellen:

$$\begin{aligned}\frac{\Delta \mathsf{P}}{\mathsf{P}_0} &= \sqrt{\left(1-\frac{x}{\mathsf{P}_0}\right)^2+\frac{y^2}{\mathsf{P}_0^2}}-1=\left(1-\frac{x}{\mathsf{P}_0}\right)\frac{1}{\cos\alpha L}-1= \\ &= \frac{2\sin^2\frac{\alpha L}{2}}{\cos\alpha L}-\frac{\frac{x}{\mathsf{P}_0}}{\cos\alpha L}, \\ \operatorname{tg}\alpha L &= \frac{y}{\mathsf{P}_0}\left(1+\frac{x}{\mathsf{P}_0}+\frac{x^2}{\mathsf{P}_0^2}+\frac{x^3}{\mathsf{P}_0^3}+\frac{x^4}{\mathsf{P}_0^4}+\cdots\right)\end{aligned} \tag{124a}$$

und sich dann für ΔB der Umkehrreihe zu (113) bedienen:

$$\Delta B=\sum_{\nu=1}^{\infty}\frac{\dot{\mathsf{P}}^{\nu}}{\nu!}\left(\frac{\Delta \mathsf{P}}{\mathsf{P}_0}\right)^{\nu}, \tag{126}$$

wobei die ersten Koeffizienten speziell für $\alpha = \sin B_0$ ausführlich lauten (2. Form):

$$\left.\begin{aligned}\mathsf{P}_1 &= -\frac{1+\eta_0^2}{t_0}, \\ \dot{\mathsf{P}}_2 &= -\frac{3\eta_0^2+3\eta_0^4}{t_0}, \\ \dot{\mathsf{P}}_3 &= \frac{1}{t_0^3}\{[1+5\eta^2+7\eta^4+3\eta^6]_0-t_0^2[3\eta^2+18\eta^4+15\eta^6]_0\}, \\ \dot{\mathsf{P}}_4 &= -\frac{1}{t_0^3}[1-26\eta_0^2-112\eta_0^4+45t_0^2\eta_0^4]+\mathrm{Gl}_6, \\ \dot{\mathsf{P}}_5 &= \frac{1}{t_0^5}[-5-61\eta_0^2+t_0^2(3+33\eta_0^2)]+\mathrm{Gl}_4, \\ \dot{\mathsf{P}}_6 &= -\frac{1}{t_0^5}[-14+12t_0^2]+\mathrm{Gl}_2. \\ &\ldots\ldots\ldots\end{aligned}\right\} \tag{126a}$$

2. Durch Umkehrung gewinnen wir aus (112) die komplexe Entwicklung

$$\alpha\Delta \mathsf{M} = -\lg\left(1+\frac{\Delta\Lambda}{\Lambda_0}\right)=\frac{z}{\mathsf{P}_0}+\frac{1}{2}\frac{z^2}{\mathsf{P}_0^2}+\frac{1}{3}\frac{z^3}{\mathsf{P}_0^3}+\frac{1}{4}\frac{z^4}{\mathsf{P}_0^4}+\frac{1}{5}\frac{z^5}{\mathsf{P}_0^5}+\cdots \tag{127}$$

und nach Zerspaltung in Real- und Imaginärteil

$$\left.\begin{aligned}\alpha\Delta H &= \frac{x}{\mathsf{P}_0}+\frac{1}{2}\left(\frac{x^2-y^2}{\mathsf{P}_0^2}\right)+\frac{1}{3}\left(\frac{x^3-3xy^2}{\mathsf{P}_0^3}\right)+\frac{1}{4}\left(\frac{x^4-6x^2y^2+y^4}{\mathsf{P}_0^4}\right)+ \\ &\quad+\frac{1}{5}\left(\frac{x^5-10x^3y^2+5xy^4}{\mathsf{P}_0^5}\right)+\frac{1}{6}\left(\frac{x^6-15x^4y^2+15x^2y^4-y^6}{\mathsf{P}_0^6}\right)+\cdots, \\ \alpha L &= \frac{y}{\mathsf{P}_0}+\frac{xy}{\mathsf{P}_0^2}+\frac{1}{3}\left(\frac{3x^2y-y^3}{\mathsf{P}_0^3}\right)+\frac{x^3y-xy^3}{\mathsf{P}_0^4}+ \\ &\quad+\frac{1}{5}\left(\frac{5x^4y-10x^2y^3+y^5}{\mathsf{P}_0^5}\right)+\frac{1}{3}\left(\frac{3x^5y-10x^3y^3+3xy^5}{\mathsf{P}_0^6}\right)+\cdots\end{aligned}\right\} \tag{127a}$$

In der ersten Gleichung läßt sich noch unter Verwendung von V (22b) [173] die isometrische Breite durch ΔB ersetzen[96],

$$\begin{aligned}\Delta B = {} & \frac{E_0'}{t_0}\frac{x}{\mathsf{P}_0} - \frac{3}{2}\frac{E_0'\eta_0^2}{t_0}\frac{x^2}{\mathsf{P}_0^2} - \frac{1}{2}\frac{E_0'}{t_0}\frac{y^2}{\mathsf{P}_0^2} - \\ & - \frac{1}{6}\frac{E_0'}{t_0^3}(1+4\eta^2-3\eta^2t^2+3\eta^4-15\eta^4t^2)_0\frac{x^3}{\mathsf{P}_0^3} - \\ & - \frac{1}{2}\frac{E_0'(1-3\eta_0^2)}{t_0}\frac{x\,y^2}{\mathsf{P}_0^3} - \\ & - \frac{1}{24}\frac{E_0'}{t_0^3}(1-27\eta^2-85\eta^4+45\eta^4t^2-57\eta^6+105\eta^6t^2)_0\frac{x^4}{\mathsf{P}_0^4} - \\ & - \frac{1}{4}\frac{E_0'}{t_0^3}(-1+2t^2-4\eta^2-3\eta^2t^2-3\eta^4+15\eta^4t^2)_0\frac{x^2y^2}{\mathsf{P}_0^4} + \\ & + \frac{1}{8}\frac{E_0'}{t_0}(1-3\eta_0^2)\frac{y^4}{\mathsf{P}_0^4} + \frac{1}{120}\frac{E_0'}{t_0^5}(5-3t^2+56\eta^2-30\eta^2t^2)_0\frac{x^5}{\mathsf{P}_0^5} + \\ & + \frac{1}{12}\frac{E_0'}{t_0^3}(4-6t^2-15\eta^2+9\eta^2t^2)_0\frac{x^3y^2}{\mathsf{P}_0^5} + \\ & + \frac{1}{8}\frac{E_0'}{t_0^3}(-1+3t^2-4\eta^2-6\eta^2t^2)_0\frac{x\,y^4}{\mathsf{P}_0^5} + \cdots\end{aligned} \tag{127b}$$

oder nach Ausmultiplizieren mit E_0' unter Verwendung von $\mathsf{P}_0 t_0 = N_0$ [97]:

$$\begin{aligned}\Delta B = {} & (1+\eta_0^2)\frac{x}{N_0} + \frac{3}{2}t_0(-\eta^2-\eta^4)_0\frac{x^2}{N_0^2} + \frac{1}{2}t_0(-1-\eta_0^2)\frac{y^2}{N_0^2} + \\ & + \frac{1}{6}(-1-5\eta^2+3t^2\eta^2-7\eta^4+18t^2\eta^4)_0\frac{x^3}{N_0^3} + \\ & + \frac{1}{2}(-t^2+2t^2\eta^2+3t^2\eta^4)_0\frac{x\,y^2}{N_0^3} + \frac{1}{24}t_0(-1+26\eta^2)_0\frac{x^4}{N_0^4} + \\ & + \frac{1}{4}t_0(1-2t^2+5\eta^2+t^2\eta^2)_0\frac{x^2y^2}{N_0^4} + \frac{1}{8}t_0(t^2-2t^2\eta^2)_0\frac{y^4}{N_0^4} + \\ & + \frac{1}{120}(5-3t^2)_0\frac{x^5}{N_0^5} + \frac{1}{6}(2t^2-3t^4)_0\frac{x^3y^2}{N_0^5} + \frac{1}{8}(-t^2+3t^4)_0\frac{x\,y^4}{N_0^5} + \cdots\end{aligned} \tag{127c}$$

Aus Symmetriegründen geben wir auch noch ΔL aus (127a) mit dem Nenner N_0^ν an:

$$\begin{aligned}L\cos B_0 = {} & \frac{y}{N_0} + t_0\frac{x\,y}{N_0^2} + t_0^2\frac{x^2y}{N_0^3} - \frac{1}{3}t_0^2\frac{y^3}{N_0^3} + t_0^3\frac{x^3y}{N_0^4} - t_0^3\frac{x\,y^3}{N_0^4} + \\ & + t_0^4\left(\frac{x^4y-2x^2y^3+\frac{1}{5}y^5}{N_0^5}\right) + \cdots\end{aligned} \tag{127c}$$

Für das *Vergrößerungsverhältnis* m^* bzw. $1/m^*$ setzt man am einfachsten in die Reihe (122) statt ΔB die soeben gefundene Entwicklung

[96] Siehe W. Jordan [2] S. 23. [97] Siehe Wl. K. Hristow [13] S. 234.

von ΔB nach x, y ein und erhält unter Benutzung von $\varrho = \sqrt{MN}$ statt N nach Wl. K. Hristow[97]

$$\begin{aligned} \frac{1}{m^*} &= 1 + \frac{1}{2}\frac{x^2}{\varrho_0^2} + \frac{t_0}{48}(8 - 36\eta^2 + 19\eta^4)_0\frac{x^3}{\varrho_0^3} + \\ &+ \frac{t_0}{16}(-8 + 4\eta^2 - 11\eta^4)_0\frac{x\,y^2}{\varrho_0^3} + \frac{1}{24}(1 + 3t^2 - 4\eta^2 - 3t^2\eta^2)_0\frac{x^4}{\varrho_0^4} + \\ &+ \frac{1}{4}(-3t^2 + 7t^2\eta^2)_0\frac{x^2y^2}{\varrho_0^4} + \frac{1}{8}(t^2 - t^2\eta^2)\frac{y^4}{\varrho_0^4} + \frac{t_0}{20}(1 + 2t^2)_0\frac{x^5}{\varrho_0^5} + \\ &+ \frac{t_0}{12}(-1 - 12t^2)_0\frac{x^3y^2}{\varrho_0^5} + \frac{t_0^3}{2}\frac{x\,y^4}{\varrho_0^5} + \cdots \end{aligned} \tag{128}$$

Die Entwicklung von $c^* = \alpha L$ wurde bereits in (127a) aufgestellt.

VII, 2_2 Die allgemeinen (normalen) „Kegelprojektionen" Λ_A.

Wie wir in VII, 2_1 [358] gesehen haben, wird das längs $L = \pm\pi$ aufgeschnittene Sphäroid durch die komplexe Variable Λ auf ein Kreisbogenzweieck mit den Ecken $\Lambda = 0, \infty$ und den Winkeln $2\alpha\pi$ konform abgebildet, wobei das geographische Netz in ein Kreisnetz übergeht. Diese Eigenschaft bleibt dann und auch nur dann erhalten, wenn wir von Λ zu einer linearen Funktion

$$\Lambda_A = \frac{a\Lambda + b}{c\Lambda + d} \tag{129}$$

übergehen; dabei ist bei festem α eine Klasse von Projektionen genau abgegrenzt. (Für $\alpha = 1$ ist darin die allgemeine stereographische Projektion enthalten.) Diese Projektionen des Sphäroids auf die Ebene können auch durch Zusammensetzen erzeugt werden:

$$\left.\begin{aligned} &1.\ \text{Abbildung Sphäroid} \to \text{Kugel durch } \mu = \mathsf{M}(\lambda = \Lambda), \\ &2.\ \text{Abbildung Kugel} \to \text{Kugel durch } \lambda_A = \frac{a\lambda + b}{c\lambda + d}, \\ &3.\ \text{Abbildung Kugel} \to \text{Sphäroid durch } \Lambda_A = \lambda_A(\mathsf{M}_A = \mu_A). \end{aligned}\right\} \tag{130}$$

Wir betrachten im folgenden drei Unterklassen dieser allgemeinen Kegelprojektionen, welche für $\alpha = 1$ in die drei Unterklassen der stereographischen Projektionen $\mathsf{H}^*, \tilde{\mathsf{H}}, \mathsf{H}_G$ übergehen.

VII, 2_{2a} Die Kegelprojektionen mit pseudodiametralem Null- und Unendlichkeitspunkt $^*\Lambda$.

In dem durch (130) geschilderten Aufbau nehmen die Kugeldrehungen eine besondere Stellung ein. Wir normieren sie noch so, daß dem Meridian durch $\mathbf{P}_0$ die negative reelle Achse entspricht. Mit einem Ähnlichkeitsfaktor k ergibt sich nach (12) [319]

$$^*\lambda = k e^{i\alpha l_0}\frac{\lambda - \lambda_0}{\bar{\lambda}_0\lambda + 1} \tag{131}$$

oder durch Übergang zum Sphäroid

$$*\Lambda = k e^{i\alpha L_0} \frac{\Lambda - \Lambda_0}{\bar{\Lambda}_0 \Lambda + 1}. \tag{132}$$

Auf der λ-Kugel sind Null- und Unendlichkeitspunkt diametral, diese Eigenschaft überträgt sich im allgemeinen nicht auf das Sphäroid. Daher verwenden wir das Beiwort „pseudo"-diametral und setzen den Stern $*\Lambda$ abweichend von der entsprechenden stereographischen Projektion oben *links*.

Sonderfälle (vgl. S. [320 ff.]).

a) Drehung der λ-Kugel um den Durchmesser **NS**:

$$*\Lambda = e^{i\delta}\Lambda. \tag{133}$$

b) Drehung der λ-Kugel um den Durchmesser **OW**:

$$*\Lambda = \frac{\Lambda + \tau_0^\alpha}{-\tau_0^\alpha \Lambda + 1}, \qquad \tau_0 = \operatorname{tg}\frac{P_0}{2},$$

insbesondere für $\tau_0 = 1$, $(\mathbf{P}_0 = \Omega)$

die Lambertsche Äquatorialprojektion (Ω)

$$*\Lambda_{\ddot{A},\Omega} = -\frac{\Lambda + 1}{\Lambda - 1} = \operatorname{th}\frac{\alpha \mathsf{M}}{2}. \tag{134a}$$

Diese Abbildung durch die Funktion Tangenshyperbolicus wurde in Abschnitt III [116] eingehend untersucht. Hier sind hervorzuheben

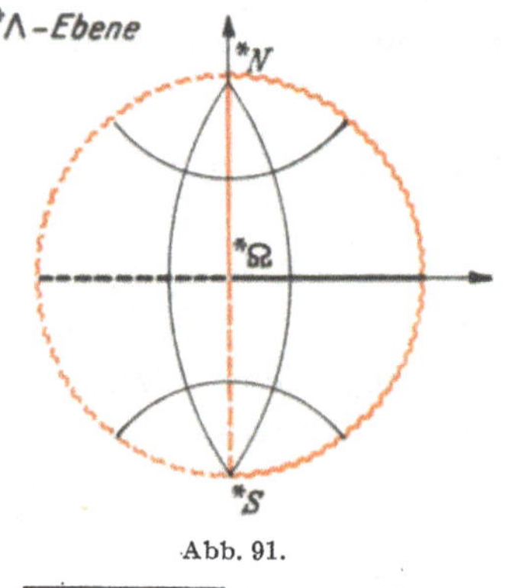

Abb. 91.

1. der Fall $\alpha = \frac{1}{2}$: „Lamberts winkeltreue Erdkarte". Es entsteht die Abbildung des längs $L = \pm\pi$ aufgeschnittenen Sphäroids auf das Innere des Einheitskreises[98]. (Im Gegensatz zur stereographischen Projektion [322] enthält der Kreis das Bild des *gesamten* Sphäroids.)

2. der Fall $\alpha = 2$: Die $*\Lambda$-Ebene wird doppelt überdeckt, ***N** und ***S** sind Windungspunkte 1. Ordnung. Im Fall der Kugel spricht man von der „Lambert-Littrow-Azimutmeßkarte"[99].

[98] A. Wedemeyer [1] untersucht mit elementaren Mitteln die Bilder von beliebigen Groß- und Kleinkreisen im Falle der Kugel. In der λ-Ebene sind dies im allgemeinen Cassinische Kurven, und in der $*\lambda$-Ebene erhält man die Bilder durch Spiegelung am Kreis als Kurven 3. und 4. Ordnung.

[99] A. Wedemeyer [1] untersucht die Bilder der Kugelkreise und der Azimutgleichen zunächst in der λ-Ebene (Pascalsche Schnecken, schiefe Strophoiden und Kreise) und gewinnt daraus durch Spiegelung die Bilder in der $*\lambda$-Ebene (konfokale Ellipsen und Hyperbeln, Bottsche und Bernoullische Lemniskaten, Gerade); siehe auch [2].

c) Drehung der λ-Kugel um den Durchmesser $\Omega\Omega'$ bzw. um einen beliebigen Äquatordurchmesser. Insbesondere entsteht für $\delta = \pi/2$

die allgemeine Äquatorialkegelprojektion

$$*\Lambda_{\hat{A}} = i\,\mathrm{th}\frac{\alpha\hat{\mathsf{M}}}{2} \quad \text{mit} \quad \hat{\mathsf{M}} = \mathsf{M} - i\,L_0. \tag{134b}$$

VII, 2_{2b} Die Kegelprojektion $\tilde{\Lambda}$ mit zur Äquatorebene symmetrischem Null- und Unendlichkeitspunkt.

Die in (130) auftretende λ-Kugelabbildung möge jetzt einen zur Äquatorebene symmetrischen Null- und Unendlichkeitspunkt haben und wie oben normiert sein, also nach [339]

$$\tilde{\lambda} = k e^{i\alpha l_0}\frac{\lambda + \lambda_0}{\bar{\lambda}_0\lambda + 1}. \tag{135}$$

Dann geht daraus durch die Rückkehr zum Sphäroid ein zweiter Typ von Kegelprojektionen hervor

$$\tilde{\Lambda} = k e^{i\alpha L_0}\frac{\Lambda + \Lambda_0}{\bar{\Lambda}_0\Lambda + 1}, \tag{136}$$

dessen nähere Behandlung wir aber übergehen.

VII, 2_{2c} Die Gauß-Lagrangsche Kegelprojektion Λ_G der Klasse α, insbesondere die spezielle Lagrangsche Projektion Λ_L.

Die Lagrangesche Kegelprojektion Λ_G

Durch die allgemeine lineare Funktion von Λ

$$\Lambda_A = \frac{a\Lambda + b}{c\Lambda + d} = C\,\frac{\Lambda - \Lambda_0}{\Lambda - \Lambda_\infty} \tag{137}$$

wird das Kreisbogenzweieck $\mathfrak{Z}$ der Λ-Ebene mit den Ecken $\mathbf{N}(\Lambda = 0)$ und $\mathbf{S}(\Lambda = \infty)$ wieder auf ein Kreisbogenzweieck $\mathfrak{Z}_A$ mit den Bildecken $\mathbf{N}_A\left(C\frac{\Lambda_0}{\Lambda_\infty}\right)$ und $\mathbf{S}_A(C)$ und der Öffnung $2\alpha\pi$ abgebildet, wobei das Innere von $\mathfrak{Z}$ in das Innere oder das Äußere von $\mathfrak{Z}_A$ übergehen kann, je nachdem Λ_∞ im Äußeren oder Inneren von $\mathfrak{Z}$ liegt. Die Konstanten der allgemeinen Abbildung werden nun durch folgende Forderungen eingeschränkt:

1. Der ausgezeichnete Punkt $\mathbf{P}_0(B_0 > 0, L_0)$ soll in den Nullpunkt gebildet werden; hiermit ist die Nullstelle Λ_0 bekannt.

2. Der Meridian $\mathfrak{M}_0$ durch $\mathbf{P}_0(\mathbf{N}, \mathbf{P}_0, \mathbf{S})$ soll auf die reelle Achse abgebildet werden. Diese Forderung ist, da bereits $\mathbf{P}_0$ in Null übergeht, äquivalent mit folgendem:

a) Das Bild s_G, d. i. C, soll reell sein; wir setzen $C = -c_2$.

b) Das Bild n_G, d. i. $C\frac{\Lambda_0}{\Lambda_\infty}$, soll reell sein, also $\frac{\Lambda_0}{\Lambda_\infty}$ reell. Wir setzen $\Lambda_\infty = -c_1\Lambda_0$.

3. Die beiden noch willkürlichen reellen Konstanten c_1, c_2 werden durch die Forderung festgelegt, daß $\mathbf{P}_0$ „Zentralpunkt" der Abbildung sein soll, d. h. $\mathbf{P}_0 = \dot{\mathbf{P}}_0$

$$\text{a)}\quad m|_{\dot{\mathbf{P}}_0} = 1; \qquad \text{b)}\quad \frac{\partial m}{\partial B}\bigg|_{\dot{\mathbf{P}}_0} = 0 .$$

Die Bedingung $\frac{\partial m}{\partial L}\Big|_{\dot{\mathbf{P}}_0} = 0$ ist wegen der Symmetrie der Abbildung von selbst erfüllt.

Aus 1. und 2. haben wir zunächst für Λ_G die Form

$$\Lambda_G = -c_2 \frac{\Lambda - \Lambda_0}{\Lambda + c_1 \Lambda_0} \tag{138}$$

mit reellen Konstanten c_1, c_2.

Zu ihrer Bestimmung brauchen wir das Vergrößerungsverhältnis nur auf dem Meridian $\mathfrak{M}_0$ zu berechnen, für den $\Lambda = e^{-\alpha \Delta H} \Lambda_0$ gilt:

$$\frac{d\Lambda_G}{d\Lambda} = -c_2 \frac{(1+c_1)\Lambda_0}{(\Lambda + c_1\Lambda_0)^2},$$

$$m = \frac{d s_{\Lambda_G}}{d s_{\text{sph}}} = \left|\frac{d\Lambda_G}{d\Lambda}\right| \cdot \left|\frac{d\Lambda}{d\mathsf{M}}\right| \frac{|d\mathsf{M}|}{r\,|d\mathsf{M}|} = |c_2(1+c_1)| \frac{|\Lambda_0|}{|\Lambda + c_1\Lambda_0|^2}\, \alpha \frac{|\Lambda|}{r},$$

$$m|_{\mathfrak{M}_0} = m(B) = |c_2(1+c_1)| \frac{e^{-\alpha\Delta H}}{(e^{-\alpha\Delta H} + c_1)^2} \frac{1}{N\cos B} \quad (\text{vgl. [342]})$$

oder

$$\frac{d \lg m}{dB} = \alpha \frac{(1-n)^2}{F\cos B} \frac{e^{-\alpha\Delta H} - c_1}{e^{-\alpha\Delta H} + c_1} - \frac{4n \sin B \cos B}{F} + \operatorname{tg} B .$$

Jetzt lassen sich die Konstanten bestimmen:

$$\left.\begin{aligned} &3\,\text{b)} \quad \frac{dm}{dB}\bigg|_{\dot{\mathbf{P}}_0} = 0 \to \quad c_1 = \frac{\alpha + \sin B_0}{\alpha - \sin B_0}, \\ &3\,\text{a)} \quad m|_{\dot{\mathbf{P}}_0} = 1 \to |c_2| = \frac{r_0\,|1+c_1|}{\alpha} = \frac{2 r_0}{|\alpha - \sin B_0|}. \end{aligned}\right\} \tag{139}$$

Das Vorzeichen von c_2 bleibt willkürlich, wir wählen

$$c_2 = \frac{2 r_0}{\alpha - \sin B_0} \quad \text{so, daß} \quad \frac{c_2}{c_1} = \frac{2 r_0}{\alpha + s_0}$$

positiv wird. Ein Vergleich mit (63a) zeigt, daß c_1 für $\alpha = 1$ in die entsprechende Konstante bei der geographischen Projektion übergeht. Wir führen daher in naheliegender Weise eine Hilfsbreite $\hat{B}_0$ bzw. Poldistanz $\hat{P}_0$ durch die Beziehung

$$c_1 = \frac{\alpha + \sin B_0}{\alpha - \sin B_0} = \operatorname{cotg}^2 \frac{\hat{P}_0}{2}, \qquad \hat{B}_0 = \frac{\pi}{2} - \hat{P}_0 \tag{140}$$

ein. Wenn α von $+\infty$ nach $\sin B_0 \geqq 0$ abnimmt, ist $\hat{P}_0$ reell und im Intervall $\frac{\pi}{2} > P_0 \geqq 0$ gelegen. Für $0 < \alpha < \sin B_0$ wird $\hat{P}_0$ rein imaginär, und wir wollen uns dabei zur eindeutigen Festlegung auf das Argument $+\frac{\pi}{2}$ beschränken:

$$\hat{P}_0 = |\hat{P}_0|\, i \quad \text{für} \quad \alpha < \sin B_0 .$$

In dieser Schreibweise lautet die zweite Konstante

$$c_2 = \frac{r_0}{\alpha \sin^2 \frac{\hat{P}_0}{2}} = \frac{r_0}{\alpha \hat{\sigma}_0^2}$$

und damit die endgültige Form der Lagrangeschen Kegelprojektion

$$\Lambda_G = -\frac{r_0}{\alpha \hat{\sigma}_0^2} \frac{\Lambda - \Lambda_0}{\Lambda + \operatorname{ctg}^2 \frac{1}{2} \hat{P}_0 \Lambda_0} = -\frac{2 r_0 (\Lambda - \Lambda_0)}{(\alpha - s_0)\Lambda + (\alpha + s_0)\Lambda_0} . \tag{141}$$

Für $\alpha = s_0$ oder $\hat{P}_0 = 0$ entsteht der bereits behandelte Grenzfall der Polarprojektion

$$\Lambda_G = -\frac{r_0}{s_0}\left(\frac{\Lambda}{\Lambda_0} - 1\right) = k\Lambda + \mathsf{P}_0 = k(\Lambda - \Lambda_0), \tag{110}$$

für $\alpha = 1$, $\hat{P}_0 = P_0$ wird $\Lambda_G = \mathsf{H}_G$ [343].

Die Abbildung ist zur reellen Achse symmetrisch, wenn wir $\dot{\mathbf{P}}_0$ auf dem Hauptmeridian annehmen, also $L_0 = 0$ wählen:

$$\Lambda_0 = \Lambda_0' = -|\Lambda_0| .$$

Für positives c_1 liegt der Unendlichkeitspunkt $\Lambda_\infty = -c_1 \Lambda_0$ außerhalb des Λ-Bereiches $\mathfrak{Z}$, und daher wird im Gegensatz zu $c_1 < 0$ $\mathfrak{Z}$ auf das Innere des Kreisbogenzweiecks $\mathfrak{Z}_G$ abgebildet. Der Betrag von c_1 ist stets größer als eins. Die anschließenden Skizzen sind unter der Annahme $\alpha < 1$ entworfen; für $\alpha > 1$ ist das Gesagte sinngemäß auf die zugehörigen Riemannschen Flächen zu übertragen.

Wie bei H_G [343] lassen wir in der Folge noch einen willkürlichen Faktor k bzw. $\hat{k}$ zu und behandeln den etwas allgemeineren Fall

$$\Lambda_G = -\frac{\hat{k}}{\hat{\tau}_0} \frac{\Lambda - \Lambda_0}{\Lambda + \frac{1}{\hat{\tau}_0^2}\Lambda_0} = -k \frac{c_0(\Lambda - \Lambda_0)}{(\alpha - s_0)\Lambda + (\alpha + s_0)\Lambda_0} \tag{142}$$

Zwischen den Konstanten besteht die Beziehung

$$\hat{k} = \frac{k \cos B_0}{\alpha \cos \hat{B}_0}; \quad \left(\hat{k} = k \quad \text{für} \quad \alpha = 1\right). \tag{143}$$

Die völlige Analogie zu der Gauß-Krügerschen stereographischen Projektion erlaubt uns nun, die entsprechenden Gleichungen ohne weitere Zwischenrechnung anzugeben.

Aus $\Lambda = -e^{-\alpha \mathsf{M}}$ folgt

$$\Lambda_G = \hat{k}_0 \hat{\tau}_0 \frac{1 - e^{-\alpha \Delta \mathsf{M}}}{1 + \hat{\tau}_0^2 e^{-\alpha \Delta \mathsf{M}}} = k c_0 \frac{1 - e^{-\alpha \Delta \mathsf{M}}}{(\alpha + s_0) + (\alpha - s_0) e^{-\alpha \Delta \mathsf{M}}} \tag{144}$$

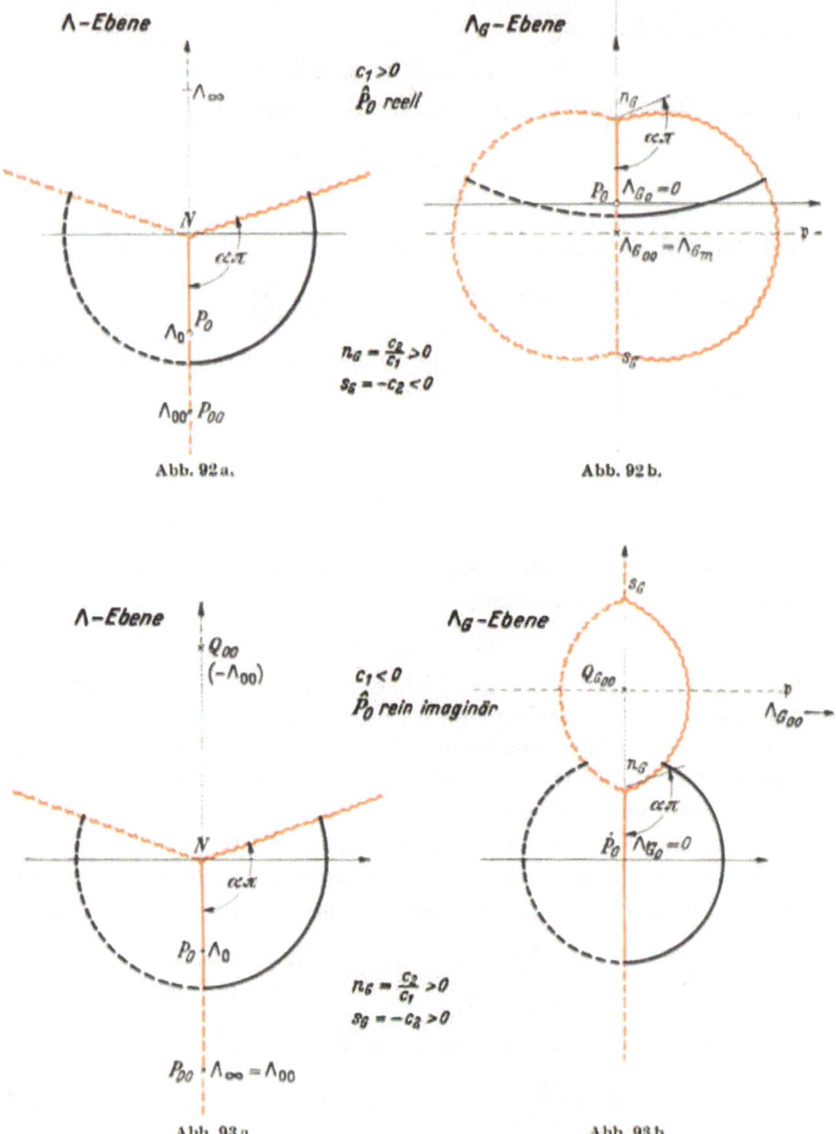

Abb. 92a. Abb. 92b.

Abb. 93a. Abb. 93b.

oder durch Einführen der Potenzlinie des Kreisbüschels mit den Grundpunkten n_G, s_G und der Gleichung $\Lambda'_G = \Lambda_{G_m} = \frac{\hat{k}}{2}\left(\hat{\tau}_0 - \frac{1}{\hat{\tau}_0}\right)$

$$\Lambda_G - \Lambda_{G_m} = \hat{k}\,\frac{1+\hat{\tau}_0^2}{2\hat{\tau}_0}\,\frac{1-\hat{\tau}_0^2 e^{-\alpha\Delta \mathrm{M}}}{1+\hat{\tau}_0^2 e^{-\alpha\Delta \mathrm{M}}}\,. \qquad (145)$$

Der Übergang zur th-Funktion geschieht wie früher durch die Wahl eines geeigneten Hilfspunktes.

$$\mathsf{M}_{00} = \mathsf{M}_0 + \frac{1}{\alpha} \lg |\hat{\tau}_0^2|, \quad \Delta \mathsf{M} = \mathsf{M} - \mathsf{M}_{00}. \tag{146}$$

Für $\alpha > \sin B_0$ werden $\hat{B}_0$, $\hat{P}_0$ reell und man erhält

$$\Lambda_G - \Lambda_{G_m} = \frac{\hat{k}}{\cos \hat{B}_0} \operatorname{th} \alpha \frac{\Delta \mathsf{M}}{2}; \quad \Lambda_G = \hat{k}\left\{-\operatorname{tg} \hat{B}_0 + \frac{1}{\cos \hat{B}_0} \operatorname{th} \alpha \frac{\Delta \mathsf{M}}{2}\right\}. \tag{147a}$$

Im Fall $\alpha < \sin B_0$ gilt entsprechend

$$\Lambda_G - \Lambda_{G_m} = \frac{\hat{k}}{\cos \hat{B}_0} \operatorname{coth} \alpha \frac{\Delta \mathsf{M}}{2}; \quad \Lambda_G = \hat{k}\left\{-\operatorname{tg} \hat{B}_0 + \frac{1}{\cos \hat{B}_0} \operatorname{coth} \alpha \frac{\Delta \mathsf{M}}{2}\right\}. \tag{147b}$$

Diese Unterscheidung läßt sich vermeiden, wenn in der Definition von M_{00} $\lg|\hat{\tau}_0^2|$ durch $\lg \hat{\tau}_0^2$ (ohne Absolutstriche) ersetzt wird; doch liegt dann M_{00} nicht mehr in jedem Falle auf dem Hauptmeridian.

Der Hilfspunkt

$$\mathsf{M}_{00} = H_{00} = H_0 + \frac{2}{\alpha} \lg |\hat{\tau}_0|$$

hat eine einfache geometrische Bedeutung:

Bei $\alpha > \sin B_0$ verschwindet für $\mathsf{M} = \mathsf{M}_{00}$ der Zähler von $\Lambda_G - \Lambda_{G_m}$, d. h. der Schnittpunkt der Potenzlinie $\mathfrak{p}$ mit der reellen Achse Λ_{G_m} ist Bildpunkt von M_{00}.

Bei $\alpha < \sin B_0$ verschwindet für $\mathsf{M} = \mathsf{M}_{00}$ der Nenner von $\Lambda_G - \Lambda_{G_m}$, daher wird der unendlich ferne Punkt in der Λ_G-Ebene Bildpunkt von M_{00} und der durch ihn gehende Kreis eine Gerade ($\Lambda_{00} = \Lambda_\infty$) (vgl. Abb. 92, 93).

$\mathbf{P}_{00}$ mit den komplexen Koordinaten M_{00} ist also derjenige auf dem Hauptmeridian gelegene Sphäroidpunkt, dessen Parallelkreis geradlinig, d. h. auf die Potenzlinie $\mathfrak{p}$ abgebildet wird.

Um nun Formeln für die rechtwinkligen Koordinaten zu gewinnen, braucht man nur die Gl. (144) in Real- und Imaginärteil zu zerspalten ($\Lambda_G = z$):

$$\left.\begin{aligned} \frac{x}{k} &= c_0 \frac{\alpha \operatorname{sh}(\alpha \Delta H) + s_0 \operatorname{ch}(\alpha \Delta H) - s_0 \cos \alpha L}{(\alpha^2 + s_0^2) \operatorname{ch}(\alpha \Delta H) + 2\alpha s_0 \operatorname{sh}(\alpha \Delta H) + (\alpha^2 - s_0^2) \cos \alpha L}, \\ \frac{y}{k} &= c_0 \frac{\alpha \sin \alpha L}{(\alpha^2 + s_0^2) \operatorname{ch}(\alpha \Delta H) + 2\alpha s_0 \operatorname{sh}(\alpha \Delta H) + (\alpha^2 - s_0^2) \cos \alpha L}. \end{aligned}\right\} \tag{144a}$$

Mit der Abkürzung

$$\hat{V} = \frac{\mathsf{T}^\alpha}{\mathsf{T}_0^\alpha} \hat{\tau}_0^2 = e^{-\alpha \Delta H} \hat{\tau}_0^2 \quad [\text{vgl. (70) für } \alpha = 1]$$

gibt es eine weitere Darstellung

$$\left.\begin{aligned} x \cdot \frac{\sin \hat{P}_0}{\hat{k}} &= \frac{(1 - \cos \hat{P}_0) - (1 + \cos \hat{P}_0) \hat{V}^2 - 2\hat{V} \cos \hat{P}_0 \cos \alpha L}{1 + \hat{V}^2 + 2\hat{V} \cos \alpha L}, \\ y \cdot \frac{\sin \hat{P}_0}{\hat{k}} &= \frac{2\hat{V} \sin \alpha L}{1 + \hat{V}^2 + 2\hat{V} \cos \alpha L}. \end{aligned}\right\} \tag{144b}$$

Wir wollen außerdem die Polarkoordinaten berechnen. Für das Quadrat des absoluten Betrages folgt aus der zweiten Form von (144)

$$|\Lambda_G|^2 = k^2 c_0^2 \frac{\operatorname{ch}(\alpha \Delta H) - \cos\alpha L}{(\alpha^2 + s_0^2)\operatorname{ch}(\alpha\Delta H) + 2\alpha s_0 \operatorname{sh}(\alpha\Delta H) + (\alpha^2 - s_0^2)\cos\alpha L} \quad (148\text{a})$$

und aus der ersten in Analogie zu (72)

$$|\Lambda_G|^2 = \hat{k}^2 \frac{\hat{t}_0^2 + \frac{1}{\hat{t}_0^2}\hat{V}^2 - 2\hat{V}\cos\alpha L}{1 + \hat{V}^2 + 2\hat{V}\cos\alpha L}. \quad (148\text{b})$$

Das Argument entnimmt man unmittelbar aus (144a, b):

$$\frac{y}{x} = \operatorname{tg}(\arg\Lambda_G) = \frac{\alpha\sin\alpha L}{\alpha\operatorname{sh}(\alpha\Delta H) + s_0\operatorname{ch}(\alpha\Delta H) - s_0\cos\alpha L} \quad (149\text{a})$$

oder

$$\operatorname{tg}(\arg\Lambda_G) = \frac{2\hat{V}\sin\alpha L}{(1 - \cos\hat{P}_0) - (1 + \cos\hat{P}_0)\hat{V}^2 - 2\hat{V}\cos\hat{P}_0\cos\alpha L}. \quad (149\text{b})$$

Die Methode, Kegelformeln aus der stereographischen Projektion durch Ersetzen von B_0, k durch $\hat{B}_0, \hat{k}$ und $\Delta\mathsf{M}$ durch $\alpha\Delta\mathsf{M}$ zu gewinnen, führt uns ohne weitere Rechnung zur Ableitung und ihrer Aufspaltung in absoluten Betrag und Argument:

$$\frac{d\Lambda_G}{d\mathsf{M}} = \frac{2\hat{k}\alpha\hat{t}_0^2 e^{-\alpha\Delta\mathsf{M}}}{\cos\hat{B}_0(1 + \hat{t}_0^2 e^{-\alpha\Delta\mathsf{M}})^2}, \quad (150)$$

$$\left|\frac{d\Lambda_G}{d\mathsf{M}}\right| = \frac{2\hat{k}\alpha}{\cos\hat{B}_0}\,\frac{\hat{V}}{1 + \hat{V}^2 + 2\hat{V}\cos\alpha L}, \quad (150\text{a})$$

$$\arg\frac{d\Lambda_G}{d\mathsf{M}} = -\alpha L + 2\operatorname{arctg}\frac{\hat{V}\sin\alpha L}{1 + \hat{V}\cos\alpha L}. \quad (150\text{b})$$

Die erste Abbildungsaufgabe.

Gegeben die geographischen Koordinaten B, L; gesucht $\Lambda_G(\Lambda'_G, \Lambda''_G)$; m und c.

Für die rechtwinkligen Koordinaten $x = \Lambda'_G$, $y = \Lambda''_G$ haben wir bereits in (144a, b) die geschlossenen Formeln erhalten. Da man sich aber in der Anwendung auf die Umgebung des Zentralpunktes $\dot{\mathbf{P}}_0$ beschränkt, ist es von Vorteil, zu einer Darstellung im Kleinen, d. h. zu einer Potenzreihenentwicklung, überzugehen. Aus (144) folgt analog zu (79) nach der Ersetzungsmethode mit Koeffizienten 1. Art in der dritten Form

$$\frac{2\alpha\Lambda_G}{k\cos B_0} = \frac{\Lambda_G(1 + \hat{t}_0^2)}{\hat{k}\hat{t}_0} = \alpha\Delta\mathsf{M} - \frac{\alpha^2\Delta\mathsf{M}^2}{2!}\sin\hat{B}_0 +$$

$$+ \frac{\alpha^3\Delta\mathsf{M}^3}{3!}\left(\frac{1}{4} - \frac{3}{4}\cos 2\hat{B}_0\right) - \frac{\alpha^4\Delta\mathsf{M}^4}{4!}\left(\frac{1}{4}\sin\hat{B}_0 - \frac{3}{4}\sin 3\hat{B}_0\right) + \cdots \quad (151)$$

$$\left(\hat{t}_0^2 = \frac{\alpha - \sin B_0}{\alpha + \sin B_0}\right)$$

oder zerspalten und in der ersten Form geschrieben[100]

$$\left.\begin{aligned}
\frac{2x}{k c_0} &= \Delta H - \tfrac{1}{2} s_0 (\Delta H^2 - L^2) - \tfrac{1}{12} (\alpha^2 - 3 s_0^2)(\Delta H^3 - 3\Delta H L^2) + \\
&\quad + \tfrac{1}{24} s_0 (2\alpha^2 - 3 s_0^2)(\Delta H^4 - 6\Delta H^2 L^2 + L^4) + \\
&\quad + \tfrac{1}{240} (2\alpha^4 - 15\alpha^2 s_0^2 + 15 s_0^4)(\Delta H^5 - 10\Delta H^3 L^2 + 5\Delta H L^4) + \cdots \\
\frac{2y}{k c_0} &= L - s_0 \Delta H L - \tfrac{1}{12} (\alpha^2 - 3 s_0^2)(3\Delta H^2 L - L^3) + \\
&\quad + \tfrac{1}{6} s_0 (2\alpha^2 - 3 s_0^2)(\Delta H^3 L - \Delta H L^3) + \\
&\quad + \tfrac{1}{240} (2\alpha^4 - 15\alpha^2 s_0^2 + 15 s_0^4)(5\Delta H^4 L - 10\Delta H^2 L^3 + L^5) + \cdots
\end{aligned}\right\} \quad (151\text{a})$$

Wählt man $k = 2N_0$, führt den geographischen Breitenunterschied statt des isometrischen ΔH ein und vernachlässigt in den Gliedern 1., 2., 3. bzw. 4. Grades die Größen 8., 6., 4. bzw. 2. Ordnung, so folgt[100]

$$\left.\begin{aligned}
\frac{x}{N_0} &= [1 - \eta^2 + \eta^4 - \eta^6]_0 \Delta B + \tfrac{3}{2} t_0 [\eta^2 - 2\eta^4]_0 \Delta B^2 + \tfrac{1}{2} s_0 c_0 L^2 + \\
&\quad + \tfrac{1}{12} [-\alpha^2 (1 + t^2)(1 - 3\eta^2 + 6\eta^4) + 2 + t^2 + 2\eta^2 - \\
&\qquad - 9\eta^2 t^2 - 6\eta^4 + 48\eta^4 t^2]_0 \Delta B^3 + \\
&\quad + \tfrac{1}{4} [(\alpha^2 - 3 s_0^2)(1 - \eta^2 + \eta^4)]_0 \Delta B L^2 + \\
&\quad + \tfrac{1}{24} t_0 [\alpha^2 (1 + t^2)(-1 - 5\eta^2) + 1 + t^2 - \eta^2 + 5\eta^2 t^2]_0 \Delta B^4 + \\
&\quad + \tfrac{1}{8} c_0 s_0 [\alpha^2 (1 + t^2)(-3 + 9\eta^2) + 3t^2 - 15\eta^2 t^2]_0 \Delta B^2 L^2 \\
&\quad + \tfrac{1}{24} c_0 s_0 [2\alpha^2 - 3 s_0^2] L^4 + \\
&\quad + \tfrac{1}{120} [(\alpha^4 - 5 s_0^2)(1 + t^2)^2 + 5 + 8t^2 + 4t^4]_0 \Delta B^5 + \\
&\quad + \tfrac{1}{24} [-2\alpha^4 (1 + t^2) + \alpha^2 (1 + 5t^2) - 3t^2]_0 \Delta B^3 L^2 + \\
&\quad + \tfrac{1}{48} [2\alpha^4 - 15\alpha^2 s_0^2 + 15 s_0^4] \Delta B L^4 + \cdots \\
\frac{y}{r_0} &= L - t_0 [1 - \eta^2 + \eta^4)]_0 \Delta B L - \\
&\quad - \tfrac{1}{4} [\alpha^2 (1 + t^2)(1 - 2\eta^2 + 3\eta^4) - t^2 + 8\eta^2 t^2 - 15\eta^4 t^2]_0 \Delta B^2 L + \\
&\quad + \tfrac{1}{12} (\alpha^2 - 3 s_0^2) L^3 + \\
&\quad + \tfrac{1}{12} t_0 [\alpha^2 (1 + t^2)(1 - 12\eta^2) - 2 - t^2 - 2\eta^2 + 18\eta^2 t^2]_0 \Delta B^3 L - \\
&\quad - \tfrac{1}{6} t_0 (2\alpha^2 - 3 s_0^2)(1 - \eta^2) \Delta B L^3 + \\
&\quad + \tfrac{1}{24} [\alpha^4 (1 + t^2)^2 - 2\alpha^2 - 3\alpha^2 t^2 - \alpha^2 t^4 + t^2]_0 \Delta B^4 L - \\
&\quad - \tfrac{1}{24} c_0^2 [2\alpha^4 (1 + t^2)^2 - 11\alpha^2 t^2 (1 + t^2) + 9t^4]_0 \Delta B^2 L^3 + \\
&\quad + \tfrac{1}{240} [2\alpha^4 - 15\alpha^2 s_0^2 + 15 s_0^4] L^5 + \cdots
\end{aligned}\right\} \quad (152\text{a})$$

---

[100] Vgl. G. Lehmann, S. 341/342.

Linienelement, Vergrößerungsverhältnis, Bildverschwenkung.

$$ds^2 = r^2 \frac{d\mathsf{M}}{d\Lambda_G} \frac{d\overline{\mathsf{M}}}{d\overline{\Lambda}_G} \cdot d\Lambda_G \cdot d\overline{\Lambda}_G = \lambda^2 d\Lambda_G\, d\overline{\Lambda}_G, \tag{153}$$

$$m = \frac{d s_{\Lambda_G}}{d s_{\text{sph}}} = \frac{1}{\lambda} = \frac{1}{r} \left| \frac{d\Lambda_G}{d\mathsf{M}} \right| = \frac{2\hat{k}\alpha\hat{V}}{r\cos\hat{B}_0 (1 + \hat{V}^2 + 2\hat{V}\cos\alpha L)} \tag{154}$$

oder (ohne die Hilfsbreite $\hat{B}_0$ zu verwenden)

$$m = k\frac{c_0}{r} \frac{2\alpha^2 e^{\alpha\Delta H}}{(\alpha - s_0)^2 + 2(\alpha^2 - s_0^2) e^{\alpha\Delta H}\cos\alpha L + (\alpha + s_0)^2 e^{2\alpha\Delta H}},$$

$$c = \arg\frac{d\Lambda_G}{d\mathsf{M}} = -\alpha L + 2\operatorname{arctg}\left(\frac{\hat{V}\sin\alpha L}{1 + \hat{V}\cos\alpha L}\right). \tag{155}$$

Wir wissen bereits, daß für $k = 2N_0$ auf dem Hauptmeridian $\dot{\mathbf{P}}_0$ ein Zentralpunkt ist:

$$m|_{B_0} = 1, \quad \left.\frac{dm}{dB}\right|_{B_0} = 0.$$

Man kann nun die Frage aufwerfen, ob für geeignete Wahl von α auch die zweite Ableitung von m in $\dot{\mathbf{P}}_0$ noch zu Null gemacht werden kann. Auf dem Hauptmeridian ist $L = L_0 = 0$ und daher

$$m r\cos\hat{B}_0 = \frac{2\hat{k}\alpha\hat{V}}{(1+\hat{V})^2} \quad \text{mit} \quad \hat{V} = \hat{\tau}_0^2 e^{-\alpha\Delta H}.$$

Durch Differentiation folgt wegen

$$\frac{d\hat{V}}{dB} = -\alpha\hat{V}\frac{M}{r}$$

die Gleichung

$$\left\{\frac{dr}{dB} m + r\frac{dm}{dB}\right\} = -\frac{2\alpha^2\hat{k}}{\cos\hat{B}_0} \frac{1 - \hat{V}}{(1+\hat{V})^3} \hat{V}\frac{M}{r} = -\alpha M m \frac{1 - \hat{V}}{1 + \hat{V}}$$

und wenn man die Beziehung $dr/dB = M\sin B$ verwendet

$$r\frac{dm}{dB} = Mm\left(-\alpha\frac{1 - \hat{V}}{1 + \hat{V}} + \sin B\right).$$

Nochmalige Differentiation ergibt

$$\frac{dr}{dB}\cdot\frac{dm}{dB} + r\frac{d^2m}{dB^2} = \frac{d(Mm)}{dB}\left(-\alpha\frac{1 - \hat{V}}{1 + \hat{V}} + \sin B\right) + Mm\left\{\frac{2\alpha^2\hat{V}}{(1+\hat{V})^2}\frac{M}{r} + \cos B\right\}.$$

Für $B = B_0$ erhalten wir wegen $m|_{B_0} = 1$, $\left.\frac{dm}{dB}\right|_{B_0} = 0$:

$$r_0 \left.\frac{d^2m}{dB^2}\right|_{B_0} = -\frac{2\alpha^2\hat{\tau}_0^2}{(1+\hat{\tau}_0^2)^2}\frac{M_0}{r_0} + \cos B_0 = -\frac{\alpha^2 - s_0^2}{2\cos B_0}\frac{(1-n)^2}{F_0} + \cos B_0.$$

Es verschwindet also in $\dot{\mathbf{P}}_0$ auch noch die zweite Ableitung von m, wenn α so gewählt wird, daß

$$\frac{\alpha^2 - s_0^2}{2} = \frac{\cos^2 B_0 F_0}{(1-n)^2} \quad \text{oder} \quad \alpha^2 = 1 + \cos^2 B_0 + 2\,e'^2 \cos^4 B_0 \tag{156}$$

wird. Wir wollen diese Abbildung „*spezielle Lagrangesche Projektion*" Λ_L [101] nennen. Sie wird sich besonders für ein Gebiet eignen, dessen Haupterstreckung in die Meridianrichtung fällt. Die Reihenentwicklungen stimmen hier bis zu den Gliedern 3. Grades mit den betreffenden bei $\dot{\Gamma}$ überein (VI [248]).

Aus dem geschlossenen Ausdruck für das Vergrößerungsverhältnis können wir für die Umgebung von $\dot{\mathbf{P}}_0(H_0, L_0 = 0)$ leicht eine Potenzreihenentwicklung gewinnen, indem wir $e^{\alpha \Delta H}$ und r (s. VI (19) [236]) nach Potenzen von ΔH und $\cos\alpha L$ nach Potenzen von L entwickeln; es ergibt sich für $k = 2N_0$ [102]:

$$\begin{aligned} m = 1 &+ \tfrac{1}{4}(1 - \alpha^2 + c_0^2 + 2\eta_0^2 c_0^2)\,\Delta H^2 + \tfrac{1}{4}(\alpha^2 - c_0^2)\,L^2 + \\ &+ \tfrac{1}{12} s_0 c_0^2(-4 + \alpha^2 + \alpha^2 t^2 - t^2 - 12\eta^2)_0 \Delta H^3 - \tfrac{1}{4} s_0(\alpha^2 - c_0^2)\Delta H L^2 + \\ &+ \tfrac{1}{48}(2 + 2\alpha^4 + \alpha^2 s_0^2 - 6\alpha^2 + 10 s_0^2 - 9 s_0^4)\,\Delta H^4 + \\ &+ \tfrac{1}{8}[-(\alpha^2 - s_0^2)^2 + \alpha^2 - s_0^2]\Delta H^2 L^2 + \tfrac{1}{48}(2\alpha^4 - 5\alpha^2 s_0^2 + 3 s_0^4) L^4 + \cdots \end{aligned} \tag{157}$$

Wird statt der isometrischen Breite H noch die geographische Breite B eingeführt (V (22b) [173]), so entsteht schließlich, wenn in den Gliedern 1. und 2. Grades die Terme bis η^4, in den Gliedern 3. Grades die Terme bis η^2 mitgeführt werden:

$$\begin{aligned} m = 1 &+ \tfrac{1}{4}[-\alpha^2(1 + t^2)(1 - 2\eta^2 + 3\eta^4) + \\ &\quad + 2 + t^2 - 2\eta^2 - 2\eta^2 t^2 + 2\eta^4 + 3\eta^4 t^2]_0\,\Delta B^2 + \\ &\quad + \tfrac{1}{4}[\alpha^2 - s_0^2]\,L^2 + \\ &\quad + \tfrac{1}{12} t_0[-\alpha^2(1 + t^2)(2 + 3\eta^2) + 2 + 2t^2 + 6\eta^2 + 3\eta^2 t^2]_0 \Delta B^3 - \\ &\quad - \tfrac{1}{4} t_0(\alpha^2 - s_0^2)(1 - \eta_0^2)\,\Delta B\,L^2 + \\ &\quad + \tfrac{1}{48}[(2\alpha^4 - 10\alpha^2)(1 + t^2)^2 + 10 + 16t^2 + 8t^4]_0\,\Delta B^4 + \\ &\quad + \tfrac{1}{48}[2\alpha^4 - 5\alpha^2 s_0^2 + 3 s_0^4]\,L^4 + \\ &\quad + \tfrac{1}{8}[-(\alpha^2 - s_0^2)^2(1 + t_0^2) + \alpha^2 - s_0^2]\,\Delta B^2 L^2 + \cdots \end{aligned} \tag{158}$$

Für die spezielle Lagrangesche Projektion wird insbesondere

$$\begin{aligned} m = 1 &+ \tfrac{1}{2} c_0^2(1 + \eta_0^2)\,L^2 - \tfrac{1}{6} t_0(1 + 2\eta_0^2)\,\Delta B^3 - \tfrac{1}{2} s_0 c_0 \Delta B\,L^2 - \\ &- \tfrac{1}{24}(1 + 3t_0^2)\,\Delta B^4 + \tfrac{1}{24} c_0^4(4 - t_0^2)\,L^4 - \tfrac{1}{4} c_0^2 \Delta B^2 L^2 + \cdots \end{aligned} \tag{158a}$$

---

[101] Diese Abbildung wurde von Lagrange nur für die Kugel abgeleitet.
[102] Siehe G. Lehmann, S. 361.

Die Bildverschwenkung c wurde bereits in geschlossener Form gegeben (155). Nach dem Additionstheorem der tg-Funktion erhält man die einfachere Gleichung

$$\operatorname{tg}\frac{c}{2}=\frac{-\operatorname{tg}\frac{\alpha L}{2}+\frac{\hat{V}\sin\alpha L}{1+\hat{V}\cos\alpha L}}{1+\operatorname{tg}\frac{\alpha L}{2}\cdot\frac{\hat{V}\sin\alpha L}{1+\hat{V}\cos\alpha L}}=-\operatorname{tg}\frac{\alpha L}{2}\,\frac{1-\hat{V}}{1+\hat{V}}. \tag{159}$$

Die Entwicklung von $\hat{V}$ nach Potenzen von $\varDelta H$ und von $\operatorname{tg}\frac{\alpha L}{2}$ nach Potenzen von L führt zu einer Reihe für $\operatorname{tg}\frac{c}{2}$. Mit Hilfe der arctg-Reihe

$$\frac{c}{2}=\operatorname{tg}\frac{c}{2}-\frac{1}{3}\operatorname{tg}^3\frac{c}{2}+\frac{1}{5}\operatorname{tg}^5\frac{c}{2}-\cdots$$

findet man daraus

$$\begin{aligned}c&=s_0L+\tfrac{1}{2}(\alpha^2-s_0^2)\varDelta H\,L-\tfrac{1}{12}s_0(\alpha^2-s_0^2)(3\varDelta H^2L-L^3)-\\&-\tfrac{1}{24}(\alpha^4-4\alpha^2s_0^2+3s_0^4)(\varDelta H^3L-\varDelta H\,L^3)+\cdots\end{aligned} \tag{160}$$

bzw. nach Einführung der geographischen Breite

$$\begin{aligned}c=s_0L&+\frac{1}{2c_0}(\alpha^2-s_0^2)(1-\eta^2+\eta^4)_0\varDelta BL+\frac{3}{4}\frac{t_0}{c_0}(\alpha^2-s_0^2)\eta_0^2\varDelta B^2L+\\&+\frac{1}{12}s_0(\alpha^2-s_0^2)L^3+\frac{1}{24c_0}(\alpha^4-4\alpha^2s_0^2+3s_0^4)\varDelta B^4-\\&-\frac{1}{24c_0^3}(\alpha^4-2\alpha^2+2s_0^2-s_0^4)\varDelta B^3L+\cdots\end{aligned} \tag{161}$$

Nachdem die Abbildung analytisch beschrieben ist, geben wir noch das geometrische Bild der Lagrangeschen Kegelprojektion, wobei wir uns auf den Fall $\alpha>\sin B_0$ beschränken wollen. Setzt man

$$z^*=\varLambda_G+\hat{k}\operatorname{tg}\hat{B}_0=d\operatorname{th}\frac{\alpha\dot{\varDelta}\mathsf{M}}{2},\qquad \varDelta z=\frac{\dot{\varDelta}\mathsf{M}}{2},\qquad d=\frac{\hat{k}}{\cos\hat{B}_0},$$

so stimmt die Funktion $z^*=z^*(z)$ mit der in Abschnitt III [111 ff.] untersuchten überein. Für die in der z^*-Ebene wie dort [112] definierten ebenen „pseudogeographischen" Koordinaten hat man daher die Abbildungsgleichungen

$$z^*=d\frac{\sin b'+i\cos b'\sin l'}{1+\cos b'\cos l'}=d\frac{\operatorname{sh}h'+i\sin l'}{\operatorname{ch}h'+\cos l'}=d\frac{v^2-1+2iv\sin l'}{v^2+1+2v\cos l'}$$

mit den Abkürzungen

$$\begin{aligned}&v=e^{h'}\\&h'=\lg\operatorname{tg}\left(\frac{b'}{2}+\frac{\pi}{4}\right)=\lg\operatorname{cotg}\frac{p'}{2}\qquad\text{vgl. [115]}\end{aligned} \tag{162}$$

und die Abbildung drückt sich nach III (41) [115] einfach durch die Beziehung

$$h' = \alpha \Delta \dot{H}, \quad l' = \alpha \Delta L \quad \rightarrow z^* = \Lambda_G + d\frac{s_0}{\alpha} \tag{163}$$

aus. Die Größe v ist dabei die Reziproke von $\hat{V}$: $\quad v = \hat{V}^{-1}$.

Vergrößerungsverhältnis und *Bildverschwenkung* lassen sich ebenfalls nach III [113, 115] durch die pseudogeographischen Koordinaten darstellen:

$$\begin{aligned} m &= \frac{1}{r}\left|\frac{dz^*}{d\mathsf{M}}\right| = \frac{1}{2r}\left|\frac{dz^*}{dz}\right| \\ &= \frac{d\alpha\cos b'}{r_{\cdot}(1+\cos b'\cos l')} \\ &= -\frac{d\alpha\sin c}{r\cdot\operatorname{tg} b'\sin l'}, \end{aligned} \tag{164}$$

$$-\operatorname{tg}\frac{c}{2} = \operatorname{tg}\frac{b'}{2}\operatorname{tg}\frac{l'}{2}.$$

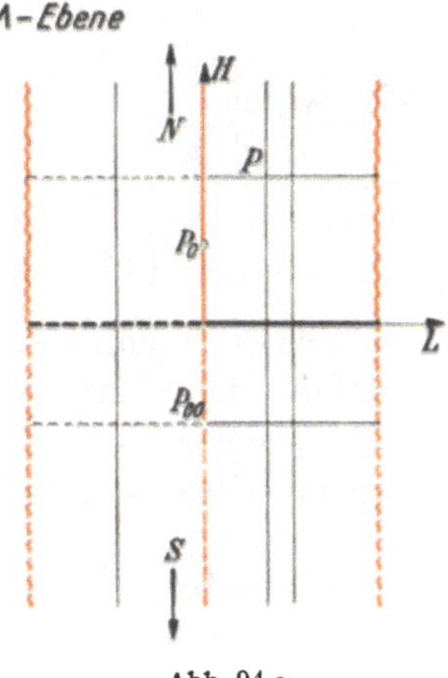

Abb. 94 a.

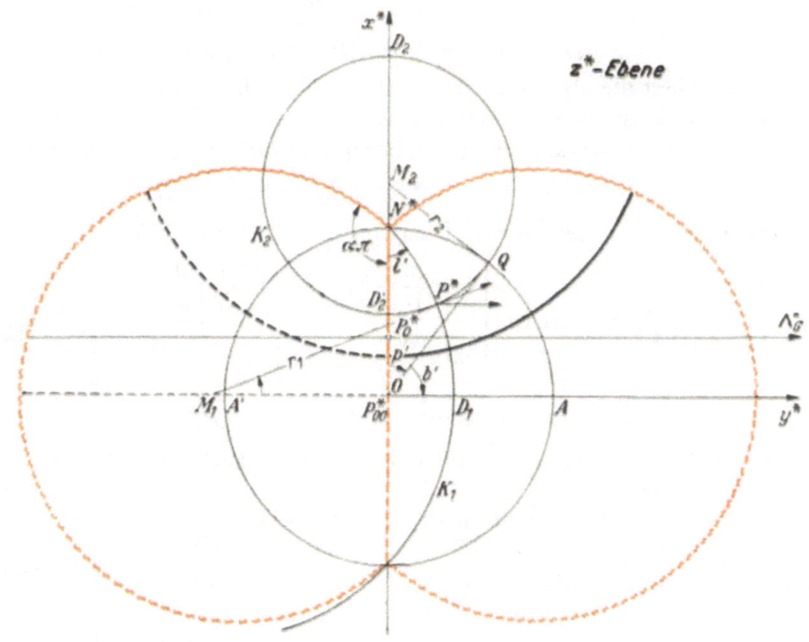

Die Gleichungen der Bildnetzkreise entnehmen wir dem Abschnitt III [114]

K_1: (Meridianbild)

$$x^{*2} + (y^* + d\operatorname{cotg} l')^2 - \frac{d^2}{\sin^2 l'} = 0, \quad l' = \alpha L.$$

K_2: (Parallelkreisbild)

$$\left(x^* - \frac{d}{\cos p'}\right)^2 + y^{*2} - d^2 \operatorname{tg}^2 p' = 0$$

oder wegen

$$v = e^{h'} = \operatorname{cotg}\frac{p'}{2}, \quad \sin p' = \frac{2v}{v^2+1}, \quad \cos p' = \frac{v^2-1}{v^2+1},$$

$$\left(x^* - d\,\frac{v^2+1}{v^2-1}\right)^2 + y^{*2} - d^2\left(\frac{2v}{v^2-1}\right)^2 = 0.$$

Der zweite Fall $\alpha < \sin B_0$ läßt sich völlig entsprechend geometrisch an Hand der Skizze Abb. 93b verfolgen. Der Zusammenhang mit den pseudogeographischen Koordinaten des Abschnittes III wird durch folgende Gleichungen beschrieben:

$$z^* = \Lambda_G - d\,\frac{s_0}{\alpha} = -d\coth\frac{\alpha \dot{\Delta}\mathsf{M}}{2} = -d\,\frac{\operatorname{sh}(\alpha\dot{\Delta}H) - i\sin(\alpha\Delta L)}{\operatorname{ch}(\alpha\dot{\Delta}H) - \cos(\alpha\Delta L)};$$

$$d = -\frac{\hat{k}}{\cos\hat{B}_0} > 0$$

und

$$h' = \alpha\dot{\Delta}H, \quad l' = \alpha\Delta L - \pi.$$

Die zweite Abbildungsaufgabe.

Gegeben die ebenen (rechtwinkligen) Koordinaten $\Lambda_G = z$, $\Lambda_G' = x$, $\Lambda_G'' = y$; gesucht B, L, m^* und c^*.

Mit den Relativkoordinaten in bezug auf die Kreisbüschelgrundpunkte

$$\Lambda_G - \Lambda_G(\mathrm{N}) = A e^{i(\pi-\alpha')}, \quad \Lambda_G - \Lambda_G(\mathrm{S}) = B e^{i\beta'} \text{ [103]} \tag{165}$$

findet man aus (88) durch Übergang zur Hilfsbreite $\hat{B}_0$

$$\frac{A}{\Lambda_0} = \frac{1}{\hat{\tau}_0^2}\,\frac{A}{B}\,e^{-i(\alpha'+\beta')}\left\{\begin{aligned} &\left|\frac{A}{\Lambda_0}\right| = e^{-\alpha\Delta H} = \left|\frac{1}{\hat{\tau}_0^2}\right|\frac{A}{B},\\ &\arg\frac{A}{\Lambda_0} = -\alpha\Delta L = \begin{cases} -\alpha' - \beta' \\ \pi - \alpha' - \beta' \end{cases}\end{aligned}\right. \tag{166}$$

(der zweite Fall tritt bei $\alpha < \sin B_0$ auf),

wobei die Abkürzungen nach (89b) folgende Bedeutung haben:

$$\left.\begin{aligned} A^2 &= (x - \hat{k}\hat{\tau}_0)^2 + y^2, & B^2 &= \left(x + \frac{\hat{k}}{\hat{\tau}_0}\right)^2 + y^2,\\ \operatorname{tg}(\pi - \alpha') &= \frac{y}{x - \hat{k}\hat{\tau}_0}, & \operatorname{tg}\beta' &= \frac{y}{x + \dfrac{\hat{k}}{\hat{\tau}_0}} \end{aligned}\right\} \tag{166a}$$

---

[103] Die Bezeichnung α' soll eine Verwechslung mit der für die Kegelabbildung charakteristischen Größe α ausschließen.

und entsprechend (89c):

$$\operatorname{tg}(\alpha \Delta L) = \operatorname{tg}(\alpha' + \beta') = \frac{2y}{\hat{k}} \frac{1}{\left(1 - \frac{|z|^2}{\hat{k}^2}\right)\sin \hat{P}_0 - 2\cos \hat{P}_0 \frac{x}{\hat{k}}}. \tag{166b}$$

Zur Berechnung der geographischen Koordinaten drücken wir im Anschluß an (90) die Merkator-Variable M durch Λ_G aus:

$$\Delta \mathsf{M} = \frac{1}{\alpha} \lg\left(1 + \frac{\hat{t}_0}{\hat{k}} \Lambda_G\right) - \frac{1}{\alpha} \lg\left(1 - \frac{1}{\hat{k}\hat{t}_0} \Lambda_G\right). \tag{167}$$

Bildverschwenkung und Vergrößerungsverhältnis entnehmen wir den Gl. (92) und (93):

$$\left.\begin{aligned} \operatorname{tg} c^* &= \frac{2y}{\hat{k}} \frac{\frac{x}{\hat{k}} + \operatorname{cotg} \hat{P}_0}{1 - 2\operatorname{cotg} \hat{P}_0 \frac{x}{\hat{k}} - \frac{x^2 - y^2}{\hat{k}^2}} \\ &= -\frac{2y}{k} \frac{(\alpha^2 - s_0^2)\frac{x}{k} + c_0 s_0}{(\alpha^2 - s_0^2)\frac{x^2 - y^2}{k^2} + 2c_0 s_0 \frac{x}{k} - c_0^2}, \\ m^* &= \frac{2\hat{k} r}{\cos \hat{B}_0} \cdot \frac{1}{AB} = \frac{r\hat{t}_0}{\hat{k}\hat{V}} \cdot \frac{1}{\hat{\sigma}_0^2 \frac{|z|^2}{\hat{k}^2} + \sin \hat{P}_0 \frac{x}{\hat{k}} + \hat{\gamma}_0^2}. \end{aligned}\right\} \tag{168}$$

Für die Umgebung des Zentralpunktes ($\Lambda_G = 0$) empfehlen sich wieder Potenzreihenentwicklungen. Wir können dazu entweder die geschlossene Umkehrformel (167) nach Potenzen von $\Lambda_G = z$ entwickeln oder die Reihe (151) umkehren. Aus (167) folgt:

$$\begin{aligned} \alpha \Delta \mathsf{M} = \frac{\Lambda_G}{\hat{k}}\left(\frac{1 + \hat{t}_0^2}{\hat{t}_0}\right) + \frac{1}{2} \frac{\Lambda_G^2}{\hat{k}^2}\left(\frac{1 - \hat{t}_0^4}{\hat{t}_0^2}\right) + \frac{1}{3} \frac{\Lambda_G^3}{\hat{k}^3}\left(\frac{1 + \hat{t}_0^6}{\hat{t}_0^3}\right) + \\ + \frac{1}{4} \frac{\Lambda_G^4}{\hat{k}^4}\left(\frac{1 - \hat{t}_0^8}{\hat{t}_0^4}\right) + \cdots \quad \text{vgl. [356].} \end{aligned} \tag{169}$$

Die Aufspaltung in Real- und Imaginärteil mit der speziellen Wahl $k = 2N_0$ ergibt[104]

$$\left.\begin{aligned} \Delta H &= \frac{x}{r_0} + \frac{t_0}{2} \frac{x^2 - y^2}{N_0 r_0} + \frac{\alpha^2 + 3s_0^2}{12c_0^2} \frac{x^3 - 3xy^2}{N_0^2 r_0} + \\ &+ \frac{t_0(\alpha^2 + s_0^2)}{8c_0^2} \frac{x^4 - 6x^2y^2 + y^4}{N_0^3 r_0} + \\ &+ \frac{\alpha^4 + 10\alpha^2 s_0^2 + 5s_0^4}{80c_0^4} \frac{x^5 - 10x^3y^2 + 5xy^4}{N_0^4 r_0} + \cdots \\ L &= \frac{y}{r_0} + t_0 \frac{xy}{N_0 r_0} + \frac{\alpha^2 + 3s_0^2}{12c_0^2} \frac{3x^2y - y^3}{N_0^2 r_0} + \\ &+ \frac{t_0(\alpha^2 + s_0^2)}{8c_0^2} \frac{4x^3y - 4xy^3}{N_0^3 r_0} + \\ &+ \frac{\alpha^4 + 10\alpha^2 s_0^2 + 5s_0^4}{80c_0^4} \frac{5x^4y - 10x^3y^2 + y^5}{N_0^4 r_0} + \cdots \end{aligned}\right\} \tag{169a}$$

[104] Siehe G. Lehmann [1] S. 363/364.

Der schon oft vollzogene Übergang zur geographischen Breite werde hier für die *spezielle Lagrangesche Kegelprojektion* durchgeführt[105]:

$$\begin{aligned}\Delta B = {} & (1+\eta_0^2)\frac{x}{N_0} - \frac{3t_0}{2}(\eta^2+\eta^4)_0\frac{x^2}{N_0^2} - \frac{t_0}{2}(1+\eta_0^2)\frac{y^2}{N_0^2} + \\ & + \frac{1}{2}[-\eta^2+\eta^2t^2-2\eta^4+6\eta^4t^2]_0\frac{x^3}{N_0^3} - \\ & - \frac{1}{2}[1+t^2+2\eta^2-2\eta^2t^2+\eta^4-3\eta^4t^3]_0\frac{xy^2}{N_0^3} + \\ & + \frac{t_0}{24}[1+18\eta_0^2]\frac{x^4}{N_0^4} + \frac{t_0}{4}[-3-2t^2+3\eta^2+\eta^2t^2]_0\frac{x^2y^2}{N_0^4} + \\ & + \frac{t_0}{8}[2+t^2+4\eta^2-2\eta^2t^2]_0\frac{y^4}{N_0^4} + \frac{1}{120}[1+3t_0^2]\frac{x^5}{N_0^5} - \\ & - \frac{1}{12}[3+13t^2+6t^4]_0\frac{x^3y^2}{N_0^5} + \frac{1}{8}[2+7t^2+3t^4]_0\frac{xy^4}{N_0^5} + \cdots\end{aligned} \tag{170}$$

Zur Entwicklung von m^* bzw. $m = 1/m^*$ gehen wir von (168) mit $k = 2N_0$ aus:

$$\begin{aligned}m = \frac{1}{m^*} = {} & \frac{r_0}{r}\left\{1-\frac{\alpha+s_0}{r_0}x+\frac{(\alpha+s_0)^2}{4r_0^2}(x^2+y^2)\right\}^{1/2}\times \\ & \times\left\{1+\frac{\alpha-s_0}{r_0}x+\frac{(\alpha-s_0)^2}{4r_0^2}(x^2+y^2)\right\}^{1/2} = \\ = {} & \frac{r_0}{r}\left\{1-t_0\frac{x}{N_0}-\frac{1}{4}(\alpha^2-s_0^2)\frac{x^2}{r_0^2}+\frac{1}{4}(\alpha^2+s_0^2)\frac{y^2}{r_0^2}+\right. \\ & \left.+\frac{\alpha^2s_0}{2}\frac{xy^2}{r_0^3}+\frac{1}{8}\alpha^2(\alpha^2+3s_0^2)\frac{x^2y^2}{r_0^4}-\frac{1}{8}\alpha^2s_0^2\frac{y^4}{r_0^4}+\cdots\right\}\end{aligned} \tag{171}$$

Anschließend ist noch r_0/r nach Potenzen von ΔH zu entwickeln (VI [237]) und für ΔH die Reihe (169) nach Potenzen von (x, y) einzusetzen:

$$\begin{aligned}\frac{r_0}{r} = {} & 1+t_0\frac{x}{N_0}+\frac{1}{2}[1+2t_0^2+\eta_0^2]\frac{x^2}{N_0^2}+\frac{1}{12}t_0[\alpha^2(1+t^2)+8+11t^2]_0\frac{x^3}{N_0^3} - \\ & - \frac{1}{4}t_0[\alpha^2(1+t^2)+2+5t^2+2\eta^2]_0\frac{xy^2}{N_0^3} + \\ & + \frac{1}{24}[\alpha^2(2+7t^2+5t^4)+1+17t^2+19t^4]_0\frac{x^4}{N_0^4} - \\ & - \frac{1}{4}[\alpha^2(1+5t^2+4t^4)+5t^2+8t^4]_0\frac{x^2y^2}{N_0^4}+\frac{1}{8}[\alpha^2(t^2+t^4)+t^2+2t^4]_0\frac{y^4}{N_0^4}+\cdots\end{aligned}$$

und damit erhält man schließlich[106]

$$\begin{aligned}\frac{1}{m^*} = m = {} & 1+\frac{1}{4}(1-\alpha^2+c_0^2+2\eta_0^2c_0^2)\frac{x^2}{r_0^2}+\frac{1}{4}(\alpha^2-s_0^2)\frac{y^2}{r_0^2} + \\ & + \frac{1}{6}s_0(1-\alpha^2-3\eta_0^2c_0^2)\frac{x^3}{r_0^3}-\frac{1}{2}s_0(1-\alpha^2+\eta_0^2c_0^2)\frac{xy^2}{r_0^3} + \\ & + \frac{1}{24}(1-\alpha^2)(1+2s_0^2)\frac{x^4}{r_0^4}+\frac{1}{8}(\alpha^2-1)(\alpha^2+5s_0^2)\frac{x^2y^2}{r_0^4} + \\ & + \frac{1}{8}s_0^2(1-\alpha^2)\frac{y^4}{r_0^4}+\cdots\end{aligned} \tag{172}$$

---

[105] Siehe G. Lehmann [1] S. 364/365. [106] Siehe G. Lehmann [1] S. 366.

Für die *spezielle Lagrangesche Projektion* [379] vereinfacht sich die Entwicklung noch:

$$m = \frac{1}{m^*} = 1 + \frac{1}{2}(1+\eta_0^2)\frac{y^2}{N_0^2} - \frac{t_0}{6}(1+5\eta_0^2)\frac{x^3}{N_0^3} + \frac{t_0}{2}(1+\eta_0^2)\frac{x\,y^2}{N_0^3} - \\ - \frac{1}{24}(1+3t_0^2)\frac{x^4}{N_0^4} + \frac{1}{4}(1+3t_0^2)\frac{x^2y^2}{N_0^4} - \frac{t_0^2}{8}\frac{y^4}{N_0^4} + \cdots \tag{172a}$$

Aus (168) gewinnen wir zunächst eine Reihe für $\operatorname{tg} c^*$, $(k = 2N_0)$

$$\operatorname{tg} c^* = t_0\frac{y}{N_0} + \frac{1}{2}(\alpha^2+s_0^2)\frac{x\,y}{r_0^2} + \frac{s_0}{4}(3\alpha^2+s_0^2)\frac{x^2y}{r_0^3} - \frac{s_0}{4}(\alpha^2-s_0^2)\frac{y^3}{r_0^3} + \\ + \frac{1}{8}(\alpha^4+6\alpha^2s_0^2+s_0^4)\frac{x^3y}{r_0^4} - \frac{1}{8}(\alpha^4+2\alpha^2s_0^2-3s_0^4)\frac{x\,y^3}{r_0^4} + \cdots \tag{173}$$

und mit Hilfe der arctg-Reihe schließlich[107]

$$c^* = t_0\frac{y}{N_0} + \frac{1}{2}(\alpha^2+s_0^2)\frac{x\,y}{r_0^2} + \frac{s_0}{12}(3\alpha^2+s_0^2)\frac{3x^2y-y^3}{r_0^3} + \\ + \frac{1}{8}(\alpha^4+6\alpha^2s_0^2+s_0^4)\frac{x^3y-x\,y^3}{r_0^4} + \cdots \tag{174}$$

Bemerkung[108]:

Die willkürliche Konstante α kann dazu benutzt werden, die Projektion Λ_G dem abzubildenden Gebiet anzupassen. Da die Verzerrung bis auf Glieder 3. Ordnung durch

$$m = 1 + \frac{1}{4}(1-\alpha^2+c_0^2+2\eta_0^2c_0^2)\frac{x^2}{r_0^2} + \frac{1}{4}(\alpha^2-s_0^2)\frac{y^2}{r_0^2}$$

beschrieben wird, führt die Eisenlohrsche Forderung, daß m auf dem Rande des Bildgebietes konstant sein soll,

für einen Meridianstreifen zu $\alpha^2 = 1 + c_0^2 + 2\eta_0^2c_0^2$ (vgl. Λ_L [379]),
für eine Parallelkreiszone zu $\alpha^2 = s_0^2$ (Λ [373]),
für ein kreisförmiges Bildgebiet zu $\alpha^2 = 1 + \eta_0^2c_0^2$.

Bei der letzten Wahl von α wird

$$m = 1 + \frac{1+\eta_0^2}{4}\,\frac{x^2+y^2}{N_0^2} - \frac{2}{3}t_0\eta_0^2\frac{x^3}{N_0^3} + \eta_0^2 \times \mathrm{Gl}_4 + \cdots$$

Die Abweichung der Verzerrungsgleichen von der Kreisform äußert sich also erst im Glied von der Ordnung $\eta^2\frac{x^3}{N_0^3}$. Für $s_0^2 < \alpha^2 < 1 + c_0^2 + 2c_0^2\eta_0^2$ sind die Verzerrungsgleichen (angenähert) Ellipsen. Bringt man m auf die allgemeine Form (s. den späteren Abschnitt XVIII)

$$m - 1 = \frac{1}{4M_0N_0}[(1-c)\xi^2 + (1+c)\eta^2],$$

[107] Siehe G. Lehmann [1] S. 367.
[108] Siehe G. Lehmann [1] S. 368/369.

so wird
$$c=\frac{\alpha^2-1-\eta_0^2 c_0^2}{c_0^2(1+\eta_0^2)}$$
und das Quadrat des Achsenverhältnisses der Verzerrungsellipse $p^2=\frac{1+c}{1-c}$. Die Auflösung nach α ergibt
$$\alpha^2=1+\eta_0^2 c_0^2+c_0^3(1+\eta_0^2)\frac{p^2-1}{p^2+1}.$$
In dieser Weise ist α zu wählen, wenn das (Bild-) Gebiet genähert die Form einer Ellipse mit dem Achsenverhältnis p hat. Durch geeignete weitere Forderungen kann $(m-1)$ im Gebiet auf die Hälfte herabgedrückt werden (vgl. [361]), wegen anderer Bedingungen (Tissot, Airy) s. G. Lehmann [1].

VII, 2₈ Die schiefen Kegelprojektionen, insbesondere die schiefe Polarprojektion der Kugel λ^*.

Aus der stereographischen Variablen H bzw. M haben wir nacheinander die Kegelvariablen $\Lambda, \Lambda_1={}^*\Lambda, \Lambda_2=\tilde{\Lambda}, \Lambda_3=\Lambda_G$ abgeleitet. Auf dieselbe Weise kann man aus H^* bzw. M^* eine Kette $\Lambda^*, \Lambda_1^*, \Lambda_2^*, \Lambda_3^*$ bilden und so z. B. die *schiefe Polarprojektion* erhalten:
$$k\Lambda^*=-k(-\mathsf{H}^*)^\alpha=k\mathsf{T}^{*\alpha}e^{i(\pi-\alpha\Delta L^*)}. \tag{175}$$
Insbesondere gilt für die Kugel:
$$k\lambda^*=-k(-\eta^*)^\alpha=k\tau^{*\alpha}e^{i(\pi-\alpha\Delta l^*)} \tag{175a}$$
mit $\tau^*=\operatorname{tg}\frac{p^*}{2}$, $\Delta l^*=l^*-l_0^*$ (s. Abb. 83). Der neue Pol ist $\mathbf{P}_0$; um der Willkür in der Wahl des neuen Nullmeridians Rechnung zu tragen, haben wir ΔL^* statt L^* eingeführt. Wird auf der Kugel ein Kleinkreis k_0^* (mit dem Pol $\mathbf{P}_0$) ausgezeichnet und die zu A_3 [360] analoge Forderung gestellt, daß das Vergrößerungsverhältnis auf k_0^* gleich 1 sein und der Radius des Bildkreises gleich dem Radius der geodätischen Krümmung von k_0^* sein soll, so sind die Konstanten k, α wie auf S. 360 zu wählen:
$$\alpha=\cos p_0^*,\quad k=\frac{a\operatorname{tg}p_0^*}{\tau_0^{*\alpha}}\quad (p_0^* \text{ Polabstand bezüglich } \mathbf{P}_0 \text{ als Pol}).$$
Die *normierte schiefe Polarprojektion* lautet daher
$$k\lambda^*=a\operatorname{tg}p_0^*\left(\frac{\operatorname{tg}\frac{p^*}{2}}{\operatorname{tg}\frac{p_0^*}{2}}\right)^\alpha e^{i(\pi-\alpha\Delta l^*)},\quad \begin{aligned}\alpha&=\cos p_0^*,\\ a&=\text{Kugelradius}.\end{aligned} \tag{176}$$
Das gedrehte geographische Netz (b^*, l^*) wird jetzt auf die Halbstrahlen durch 0 und die konzentrischen Kreise um 0 der λ^*-Ebene abgebildet; die Formeln sind dieselben wie früher.

In der Praxis wird nicht der neue Pol $\mathbf{P}_0$, sondern k_0^*, und zwar durch drei Punkte $\mathbf{P}_i$ $(i=1,2,3)$ gegeben sein. Die Bestimmung von

$\mathbf{P}_0$ (p_0, l_0) und p_0^* kann dann nach dem Cosinussatz [327] erfolgen, welcher für die drei Punkte $\mathbf{P}_i$ einzeln zu gelten hat:

$$\cos p_0^* = \cos p_0 \cos p_i + \sin p_0 \sin p_i \cos(l_i - l_0) \qquad i = 1, 2, 3. \tag{177}$$

Durch Subtraktion der ersten und zweiten sowie der zweiten und dritten Gleichung können wir zuerst p_0^* eliminieren:

$$\left.\begin{aligned}\cos p_0(\cos p_2 - \cos p_1) &= -\sin p_0[\sin p_2 \cos(l_2 - l_0) - \sin p_1 \cos(l_1 - l_0)],\\ \cos p_0(\cos p_3 - \cos p_2) &= -\sin p_0[\sin p_3 \cos(l_3 - l_0) - \sin p_2 \cos(l_2 - l_0)].\end{aligned}\right\} \tag{178}$$

Durch Division folgt dann

$$\frac{\cos p_3 - \cos p_2}{\cos p_2 - \cos p_1} = \frac{\sin p_3 \cos l_3 - \sin p_2 \cos l_2 + (\sin p_3 \sin l_3 - \sin p_2 \sin l_2) \operatorname{tg} l_0}{\sin p_2 \cos l_2 - \sin p_1 \cos l_1 + (\sin p_2 \sin l_2 - \sin p_1 \sin l_1) \operatorname{tg} l_0}$$

oder durch Auflösen nach $\operatorname{tg} l_0$

$$\operatorname{tg} l_0 = \frac{(\cos p_2 - \cos p_1)(\sin p_3 \cos l_3 - \sin p_2 \cos l_2) - (\cos p_3 - \cos p_2)(\sin p_2 \cos l_2 - \sin p_1 \cos l_1)}{(\cos p_3 - \cos p_2)(\sin p_2 \sin l_2 - \sin p_1 \sin l_1) - (\cos p_2 - \cos p_1)(\sin p_3 \sin l_3 - \sin p_2 \sin l_2)}. \tag{179}$$

Aus den beiden Gl. (178) erhält man nun mit bekanntem Wert für l_0 die Breite b_0 bzw. p_0 auf doppelte Weise (Kontrolle!). Durch Einsetzen in (177) entstehen schließlich drei Gleichungen für p_0^*, welche alle denselben Wert liefern müssen.

Eine Vereinfachung tritt ein, wenn k_0^* ein Großkreis ist, wobei nur zwei Punkte P_i gegeben zu sein brauchen[109]. Wegen $p^* = \pi/2$ folgt in diesem Fall aus (177) zur Bestimmung von p_0, l_0 das Gleichungssystem

$$\cos(l_i - l_0) = \operatorname{cotg} p_0 \operatorname{cotg} p_i.$$

VII,3 Die allgemeine gewöhnliche und modifizierte Bogenabbildung.

Wir behandeln noch diejenige konforme Abbildung der Kugel und des Sphäroids, welche dadurch definiert wird, daß eine von einem Punkt $\mathbf{P}_0$ unter dem Azimut α auslaufende geodätische Linie $\mathfrak{G}_\alpha$ längentreu auf die Halbgerade mit dem Argument α abgebildet wird.

VII,3_1 Die gewöhnliche und die modifizierte Bogenabbildung $\sigma_{(\alpha)}$, $\sigma_{(\alpha)}$ für die Kugel.

Durch die komplexe Veränderliche $\gamma - \frac{A\pi}{2}$ wird die längs der Halbkreise $\Omega\mathbf{S}\Omega'$ und $\mathbf{WSO}$ aufgeschnittene Kugel vom Radius A auf den Parallelstreifen der $\left(\gamma - \frac{A\pi}{2}\right)$-Ebene mit den Einkerbungen von $\frac{A\pi}{2} \ldots A\pi$ und von $-\frac{A\pi}{2} \cdots -A\pi$ abgebildet, so daß der Nordpol

[109] Siehe Driencourt-Laborde [1] Heft II S. 216.

in den Nullpunkt und der Halbkreis $\Omega\mathbf{N}\Omega'$ *längentreu* in das Stück $-\frac{A\pi}{2}\cdots 0\cdots+\frac{A\pi}{2}$ der reellen Achse übergeht. Aus

$$\mu=\lg\operatorname{tg}\left(\frac{\pi}{4}+\frac{\beta}{2}\right) \quad \text{und} \quad \beta=\dot{\gamma}\,, \qquad \gamma=A\dot{\gamma} \quad \text{(II (23b) [75])}$$

folgt

$$\eta=\operatorname{tg}\frac{1}{2A}\left(\gamma-\frac{A\pi}{2}\right); \qquad \gamma-\frac{A\pi}{2}=2A\operatorname{arctg}\eta. \tag{180}$$

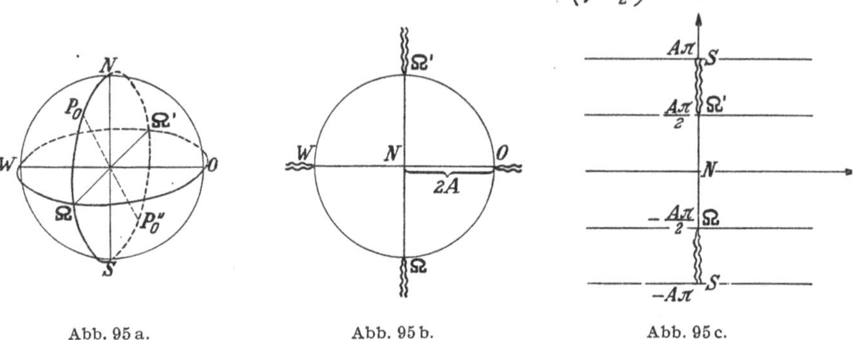

Abb. 95a. Abb. 95b. Abb. 95c.

Die hier nur skizzierte Abbildung $\gamma\longleftrightarrow\eta$ wurde in III [**116**] ausführlich untersucht.

Wir nehmen jetzt einen Punkt $\mathbf{P}_0(b_0, l_0)$ auf der nördlichen Halbkugel an[110] $\left(0\leqq b_0<\frac{\pi}{2}\right)$; $\mathbf{P}_0''$ sei sein Gegenpunkt. Wie Ω, Ω', $\mathbf{W}$, $\mathbf{0}$ zu den Polen $\mathbf{N}$, $\mathbf{S}$ gehören, mögen entsprechend Ω_0, Ω_0', $\mathbf{W}_0$, $\mathbf{0}_0$ auf dem „Äquator" zu $(\mathbf{P}_0, \mathbf{P}_0'')$ liegen und wir wollen die Kugel mit der analogen Einkerbung versehen. Dann leistet die Funktion

$$\eta^*=e^{i l_0}\frac{\eta-\eta_0}{\bar{\eta}_0\eta+1}=\frac{\eta_G}{2A} \qquad \text{((12) [319])}$$

dasselbe wie oben η und durch

$$\sigma_{(0)}=2A\operatorname{arctg}\eta^*=2A\operatorname{arctg}\frac{\eta_G}{2A} \tag{181}$$

wird die zerschnittene Kugel so auf die $\sigma_{(0)}$-Ebene abgebildet, daß $\mathbf{P}_0$ in 0 und der Großkreisbogen $\Omega_0\mathbf{P}_0\Omega_0'$ *längentreu* in das Stück $-\frac{A\pi}{2}\cdots 0\cdots+\frac{A\pi}{2}$ der reellen Achse übergeht.

Wollen wir, daß an Stelle des Großkreisbogens $\mathbf{P}_0\Omega_0'$ vom Azimut Null der mit dem Azimut α durch $\mathbf{P}_0$ laufende Großkreisbogen $\mathbf{P}_0\Omega_{0\alpha}'$ auf die reelle σ-Achse von 0 bis $\frac{A\pi}{2}$ abgebildet wird, so hat an Stelle von η_G die Variable $e^{-i\alpha}\eta_G$ zu treten, und wenn schließlich die Abbildung von $\mathbf{P}_0\Omega_{0\alpha}'$ auf die Halbgerade mit dem Argument α von 0 bis $e^{i\alpha}\frac{A\pi}{2}$

[110] In der Abb. 95a ist $l_0=0$ gewählt.

erfolgen soll, muß an Stelle von σ jetzt $e^{i\alpha}\sigma$ treten. Die gesuchte *verallgemeinerte* (*gewöhnliche*) *Bogenabbildung* wird daher durch die Gleichung

$$\sigma_{(\alpha)} = 2\,A\,e^{i\alpha}\operatorname{arctg}\frac{\eta_G}{2A\,e^{i\alpha}} \tag{182}$$

mit der Umkehrung

$$\eta_G = 2Ae^{i\alpha}\operatorname{tg}\frac{\sigma_{(\alpha)}}{2A\,e^{i\alpha}} \tag{182a}$$

dargestellt. Ihr Ausdruck in der komplexen Variablen μ lautet wegen

$$\eta_G = 2A\,\tau_0\frac{e^{\Delta\mu}-1}{e^{\Delta\mu}+\tau_0^2}, \qquad \tau_0 = \operatorname{tg}\frac{p_0}{2}$$

$$\sigma_{(\alpha)} = 2A\,e^{i\alpha}\operatorname{arctg}\left(\tau_0 e^{-i\alpha}\frac{e^{\Delta\mu}-1}{e^{\Delta\mu}+\tau_0^2}\right). \tag{183}$$

Die (entsprechend eingekerbte) Kugel wird konform auf den um den Winkel α gegen die reelle Achse gedrehten Streifen der Breite $2\pi A$ abgebildet, so daß $\mathbf{P}_0$ in den Nullpunkt und der Großkreishalbbogen mit dem Mittelpunkt $\mathbf{P}_0$ und dem Azimut α *längentreu* in das Geradenstück $-\frac{A\pi}{2}e^{i\alpha}\cdots 0 \cdots + \frac{A\pi}{2}e^{i\alpha}$ übergeht.

Sonderfälle:

$\alpha = 0$: *längsachsige Bogenabbildung* $\sigma_{(0)} = \gamma - \gamma_0$ für $l_0 = 0$,

$\alpha = \frac{\pi}{2}$: *querachsige Bogenabbildung* $\sigma_{(\pi/2)} = \mu - i\,l_0$ für $b_0 = 0$.

Durch das Einführen einer reellen positiven Konstanten $\varkappa$ läßt sich noch eine Erweiterung der Abbildungsfunktion vornehmen (vgl. III [117]).

Verallgemeinerte (modifizierte) Bogenabbildung.

$$\tilde{\sigma}_{(\alpha)} = 2\frac{A}{\varkappa}e^{i\alpha}\operatorname{arctg}\frac{\eta_G\varkappa}{2A\,e^{i\alpha}} \tag{184}$$

oder mit

$$A\,e^{i\alpha} = \frac{\varkappa}{a}, \qquad aA = \varkappa e^{-i\alpha},$$

kürzer

$$\tilde{\sigma}_{(\alpha)} = \frac{2}{a}\operatorname{arctg}\frac{a\,\eta_G}{2}. \tag{184a}$$

Die Abbildung der Kugel erfolgt jetzt auf einen Streifen der Breite $2\pi\frac{A}{\varkappa}$; die Längentreue geht verloren, aber es entsteht eine größere Beweglichkeit hinsichtlich des Vergrößerungsverhältnisses, wie wir noch zeigen wollen[111].

Im Grenzfall $\varkappa \to 0$, $a \to 0$ geht $\tilde{\sigma}_{(\alpha)}$ in η_G über.

Die erste Abbildungsaufgabe.

Gegeben die geographischen Koordinaten (b, l); gesucht $\tilde{\sigma}_{(\alpha)}, m, c$.

Wir haben oben [345] die Berechnung von η_G', η_G'' kennengelernt und können mit der in Abschnitt X gegebenen Zerspaltung der

[111] Siehe Jung [1].

arctg-Funktion die rechtwinkligen Koordinaten $\tilde{\sigma}'_{(\alpha)}$, $\tilde{\sigma}''_{(\alpha)}$ bestimmen. Statt dieser sehr umständlichen geschlossenen Ausdrücke wird man aber besser die Potenzreihenentwicklung in der Umgebung von $\mathbf{P}_0$ ($\eta_G = 0$ bzw. $\mu = \mu_0$) verwenden[111]. Es ist zunächst

$$\tilde{\sigma}_{(\alpha)} = \eta_G - \frac{a^2}{12}\eta_G^3 + \frac{a^4}{80}\eta_G^5 + \cdots = \eta_G\left\{1 - \frac{(a\eta_G)^2}{12} + \frac{(a\eta_G)^4}{80} + \cdots\right\}$$

und weiter mit Benutzung von (79a) für die Kugel ($k = 2A$)

$$\left.\begin{aligned}
\frac{\eta_G}{A} &= c_0\Delta\mu - \frac{t_0}{2}c_0^2\Delta\mu^2 + \frac{2t_0^2-1}{12}c_0^3\Delta\mu^3 + \frac{t_0(2-t_0^2)}{24}c_0^4\Delta\mu^4 + \\
&\quad + \frac{2-11t_0^2+2t_0^4}{240}c_0^5\Delta\mu^5 + \cdots \\
\frac{\tilde{\sigma}_{(\alpha)}}{A} &= c_0\Delta\mu - \frac{t_0}{2}c_0^2\Delta\mu^2 + \frac{2t_0^2-1-a^2A^2}{12}c_0^3\Delta\mu^3 + \\
&\quad + \frac{t_0(2-t_0^2+3a^2A^2)}{24}c_0^4\Delta\mu^4 + \\
&\quad + \frac{1}{240}(2-11t_0^2+2t_0^4-5(5t_0^2-1)a^2A^2+3a^4A^4)c_0^5\Delta\mu^5 + \cdots
\end{aligned}\right\} \quad (185)$$

Die Zerspaltung in Real- und Imaginärteil mit nachfolgender Ersetzung von Δh durch Δb übergehen wir, da sie auch durch Spezialisierung aus den entsprechenden Sphäroidformeln gewonnen werden kann.

Sonderfälle.

Längsachsige Bogenabbildung: $\alpha = 0$, $\varkappa = 1$, $aA = 1$.

$$\begin{aligned}
\frac{\sigma_{(0)}}{A} &= \dot{\gamma} - \dot{\gamma}_0 = c_0\Delta\mu - \frac{t_0}{2}c_0^2\Delta\mu^2 + \frac{t_0^2-1}{6}c_0^3\Delta\mu^3 + \\
&\quad + \frac{t_0(5-t_0^2)}{24}c_0^4\Delta\mu^4 + \frac{5-18t_0^2+t_0^4}{120}c_0^5\Delta\mu^5 + \cdots
\end{aligned} \quad (185\text{a})$$

Diese Entwicklung stimmt mit V (87) [210] überein.

Querachsige Bogenabbildung: $\alpha = \frac{\pi}{2}$, $\varkappa = 1$, $aA = \frac{1}{i}$.

$$\begin{aligned}
\frac{\sigma_{(\pi/2)}}{A} &= c_0\Delta\mu - \frac{t_0}{2}c_0^2\Delta\mu^2 + \frac{t_0^2}{6}c_0^3\Delta\mu^3 - \frac{t_0(1+t_0^2)}{24}c_0^4\Delta\mu^4 + \\
&\quad + \frac{t_0^2(7+t_0^2)}{120}c_0^5\Delta\mu^5 + \cdots
\end{aligned}$$

Zur Berechnung der Abbildungsgrößen gehen wir von der Ableitung aus. Nach (185) hat man

$$\begin{aligned}
\frac{d\tilde{\sigma}_{(\alpha)}}{d\mu} &= A c_0\left\{1 - t_0c_0\Delta\mu + \frac{2t_0^2-1-a^2A^2}{4}c_0^2\Delta\mu^2 + \right. \\
&\quad \left. + \frac{t_0(2-t_0^2+3a^2A^2)}{6}c_0^3\Delta\mu^3 + \cdots\right\}
\end{aligned} \quad (186)$$

und durch Übergang zum Logarithmus

$$\begin{aligned}\lg\frac{d\tilde{\sigma}_{(\alpha)}}{d\mu} &= \lg A\,c_0 - t_0 c_0 \Delta\mu - \frac{1+a^2A^2}{4}c_0^2\Delta\mu^2 + \\ &+ \frac{t_0(1+3a^2A^2)}{12}c_0^3\Delta\mu^3 + \cdots\end{aligned} \tag{187}$$

Die Zerspaltung in Real- und Imaginärteil ergibt

$$\left.\begin{aligned}\Re\mathfrak{e}\lg\frac{d\tilde{\sigma}_{(\alpha)}}{d\mu} &= \lg A\,c_0 - t_0 c_0\Delta h - \frac{1+\varkappa^2\cos 2\alpha_0}{4}c_0^2(\Delta h^2 - \Delta l^2) + \\ &- \frac{\varkappa^2\sin 2\alpha_0}{2}c_0^2\Delta h\Delta l + \\ &+ \frac{t_0(1+3\varkappa^2\cos 2\alpha_0)}{12}c_0^3(\Delta h^3 - 3\Delta h\Delta l^2) + \\ &+ \frac{1}{4}t_0\varkappa^2\sin 2\alpha_0 c_0^3(3\Delta h^2\Delta l - \Delta l^3) + \cdots \\ \Im\mathfrak{m}\lg\frac{d\tilde{\sigma}_{(\alpha)}}{d\mu} &= -t_0 c_0\Delta l - \frac{1+\varkappa^2\cos 2\alpha_0}{2}c_0^2\Delta h\Delta l + \\ &+ \frac{\varkappa^2\sin 2\alpha_0}{4}c_0^2(\Delta h^2 - \Delta l^2) + \\ &+ \frac{t_0(1+3\varkappa^2\cos 2\alpha_0)}{12}c_0^3(3\Delta h^2\Delta l - \Delta l^3) - \\ &- \frac{t_0\varkappa^2\sin 2\alpha_0}{4}c_0^3(\Delta h^3 - 3\Delta h\Delta l^2) + \cdots\end{aligned}\right\} \tag{188}$$

Nun gilt

$$m = \frac{d s_{\tilde{\sigma}}}{d s_K} = \frac{1}{r}\left|\frac{d\tilde{\sigma}_{(\alpha)}}{d\mu}\right|;\ \lg m = -\lg r + \Re\mathfrak{e}\lg\frac{d\tilde{\sigma}_{(\alpha)}}{d\mu},\ c = \Im\mathfrak{m}\lg\frac{d\tilde{\sigma}_{(\alpha)}}{d\mu},$$

$$-\lg\frac{r}{r_0} = -\lg\frac{\cos b}{\cos b_0} = t_0\Delta b + \frac{1}{2}(1+t_0^2)\Delta b^2 + \frac{t_0}{3}(1+t_0^2)\Delta b^3 + \cdots,$$

$$c_0\Delta h = \Delta b + \frac{t_0}{2}\Delta b^2 + \frac{(1+2\,t_0{}^2)}{6}\Delta b^3 + \cdots \qquad \text{V (22b) [173]}$$

und durch Einsetzen von (188) schließlich

$$\begin{aligned}\lg m &= \tfrac{1}{4}(1-\varkappa^2\cos 2\alpha_0)\Delta b^2 - \tfrac{1}{2}\varkappa^2 c_0\sin 2\alpha_0\Delta b\Delta l + \\ &+ \tfrac{1}{4}(1+\varkappa^2\cos 2\alpha_0)c_0^2\Delta l^2 + \tfrac{1}{2}t_0\varkappa^2\sin 2\alpha_0\,c_0\Delta l\Delta b^2 - \\ &- \tfrac{1}{4}t_0(1+3\varkappa^2\cos 2\alpha_0)c_0^2\Delta l^2\Delta b - \tfrac{1}{4}t_0\varkappa^2\sin 2\alpha_0\,c_0^3\Delta l^3 + \cdots\end{aligned} \tag{189}$$

$$\begin{aligned}c &= -t_0 c_0\Delta l + \tfrac{1}{4}\varkappa^2\sin 2\alpha_0(\Delta b^2 - c_0^2\Delta l^2) - \\ &- \tfrac{1}{2}(1+\varkappa^2\cos 2\alpha_0)c_0\Delta l\Delta b + \tfrac{1}{2}t_0\varkappa^2\cos 2\alpha_0\,c_0\Delta l\Delta b^2 + \\ &+ \tfrac{3}{4}t_0\varkappa^2\sin 2\alpha_0\,c_0^2\Delta l^2\Delta b - \tfrac{1}{12}t_0(1+3\varkappa^2\cos 2\alpha_0)c_0^3\Delta l^3 + \cdots\end{aligned} \tag{190}$$

Für das Vergrößerungsverhältnis selbst findet man aus (188) durch Übergang zur Exponentialfunktion

$$\begin{aligned} m = 1 &+ \tfrac{1}{4}(1-\varkappa^2\cos 2\alpha_0)\,\Delta b^2 - \tfrac{1}{2}\varkappa^2 \sin 2\alpha_0\, c_0\,\Delta l\,\Delta b + \\ &+ \tfrac{1}{4}(1+\varkappa^2\cos 2\alpha_0)\, c_0^2\,\Delta l^2 + \tfrac{1}{2} t_0 \varkappa^2 \sin 2\alpha_0\, c_0\,\Delta l\,\Delta b^2 - \\ &- \tfrac{1}{4} t_0 (1+3\varkappa^2\cos 2\alpha_0)\, c_0^2\,\Delta l^2\,\Delta b - \tfrac{1}{4} t_0\varkappa^2 \sin 2\alpha_0\, c_0^3\,\Delta l^3 + \cdots \end{aligned} \tag{191}$$

Der Punkt $\mathbf{P}_0$ ist ein Zentralpunkt der Abbildung. Für $\varkappa = 1$ wird insbesondere

$$\begin{aligned} m = 1 &+ \frac{\sin^2\alpha_0}{2}\,\Delta b^2 - \frac{c_0}{2}\sin 2\alpha_0\,\Delta b\,\Delta l + \frac{c_0^2}{2}\cos^2\alpha_0\,\Delta l^2 + \\ &+ \frac{t_0}{2}\sin 2\alpha_0\, c_0\,\Delta l\,\Delta b^2 - \frac{t_0}{4}(1+3\cos 2\alpha_0)\, c_0^2\,\Delta l^2\,\Delta b - \\ &- \frac{t_0}{4}\sin 2\alpha_0\, c_0^3\,\Delta l^3 + \cdots \end{aligned} \tag{191a}$$

$$\begin{aligned} c = &- s_0\,\Delta l + \frac{1}{4}\sin 2\alpha_0\,\Delta b^2 - c_0\cos^2\alpha_0\,\Delta b\,\Delta l - \frac{c_0^2}{4}\sin 2\alpha_0\,\Delta l^2 + \\ &+ \frac{t_0}{2}\cos 2\alpha_0\, c_0\,\Delta l\,\Delta b^2 + \frac{3t_0}{4}\sin 2\alpha_0\, c_0^2\,\Delta l^2\,\Delta b - \\ &- \frac{t_0}{12}(1+3\cos 2\alpha_0)\, c_0^3\,\Delta l^3 + \cdots \end{aligned} \tag{190a}$$

Die zweite Abbildungsaufgabe.

Gegeben die ebenen (rechtwinkligen) Koordinaten $\tilde{\sigma}_{(\alpha)} = z$; gesucht (b, l), m^* und c^*.

Die Umkehrung von (184a) gibt zunächst

$$\eta_G = \frac{2}{a}\,\mathrm{tg}\left(\frac{a}{2}\,\tilde{\sigma}_{(\alpha)}\right). \tag{192}$$

Mit der Formel (90)

$$\begin{aligned} \Delta\mu &= \lg\left(1 + \frac{\tau_0}{2A}\,\eta_G\right) - \lg\left(1 - \frac{1}{2A\tau_0}\,\eta_G\right) \\ &= \lg\left[1 + \frac{\tau_0}{aA}\,\mathrm{tg}\left(\frac{a}{2}\,\tilde{\sigma}_{(\alpha)}\right)\right] - \lg\left[1 - \frac{1}{\tau_0 aA}\,\mathrm{tg}\left(\frac{a}{2}\,\tilde{\sigma}_{(\alpha)}\right)\right] \end{aligned}$$

erhalten wir die Lösung, wenn noch Δb durch Δh nach II [76] ausgedrückt wird.

Die Reihenentwicklung in der Umgebung von $\tilde{\sigma}_{(\alpha)} = 0$ mit $z = \tilde{\sigma}_{(\alpha)}$ lautet[112]:

$$\begin{aligned} \Delta\mu\cos b_0 = \frac{z}{A} &+ \frac{t_0}{2}\cdot\frac{z^2}{A^2} + \frac{1+4t_0^2+a^2A^2}{12}\,\frac{z^3}{A^3} + \\ &+ \frac{t_0(3+6t_0^2+2a^2A^2)}{24}\,\frac{z^4}{A^4} + \\ &+ \frac{3+36t_0^2+48t_0^4+5(1+4t_0^2)\,a^2A^2+2\,a^4A^4}{240}\,\frac{z^5}{A^5} + \cdots \end{aligned} \tag{193}$$

Die Zerspaltung in Real- und Imaginärteil übergehen wir wieder.

[112] Siehe Jung [1] S. 625.

Sonderfälle.

Längsachsige Bogenabbildung: $\alpha = 0, \varkappa = 1, aA = 1$.

$$\Delta\mu \cos b_0 = \frac{z}{A} + \frac{t_0}{2}\frac{z^2}{A^2} + \frac{1+2t_0^2}{6}\frac{z^3}{A^3} + \\ + \frac{t_0(5+6t_0^2)}{24}\frac{z^4}{A^4} + \frac{5+28t_0^2+24t_0^4}{120}\frac{z^5}{A^5} + \cdots \tag{193a}$$

vgl. V (35) [178]

Querachsige Bogenabbildung: $\alpha = \pi/2, \varkappa = 1, aA = 1/i$.

$$\Delta\mu \cos b_0 = \frac{z}{A} + \frac{t_0}{2}\frac{z^2}{A^2} + \frac{t_0^2}{3}\frac{z^3}{A^3} + \\ + \frac{t_0(1+6t_0^2)}{24}\frac{z^4}{A^4} + \frac{t_0^2(1+3t_0^2)}{15}\frac{z^5}{A^5} + \cdots \tag{193b}$$

Für das Vergrößerungsverhältnis findet man aus (93a)

$$m^* = \frac{ds_K}{ds_z} = r\left|\frac{d\mu}{dz}\right| = r\left|\frac{d\mu}{d\eta_G}\right|\left|\frac{d\eta_G}{dz}\right| = \frac{1}{1+\left|\frac{\eta_G}{2A}\right|^2}\cdot\frac{1}{\left|\cos^2\left(\frac{az}{2}\right)\right|}$$

und wegen

$$\frac{\eta_G}{2A} = \frac{1}{aA}\operatorname{tg}\left(aA\cdot\frac{z}{2A}\right) = \frac{e^{i\alpha}}{\varkappa}\operatorname{tg}\left(\frac{\varkappa}{2A}\zeta\right) \quad \text{mit} \quad \zeta = e^{-i\alpha}z,$$

$$\frac{1}{m^*} = m = \left[1 + \frac{1}{\varkappa^2}\operatorname{tg}\left(\frac{\varkappa}{2A}\zeta\right)\operatorname{tg}\left(\frac{\varkappa}{2A}\bar\zeta\right)\right]\cdot\cos\left(\frac{\varkappa}{2A}\zeta\right)\cos\left(\frac{\varkappa}{2A}\bar\zeta\right)$$

$$= \cos\left(\frac{\varkappa}{2A}\zeta\right)\cos\left(\frac{\varkappa}{2A}\bar\zeta\right) + \frac{1}{\varkappa^2}\sin\left(\frac{\varkappa}{2A}\zeta\right)\sin\left(\frac{\varkappa}{2A}\bar\zeta\right)$$

$$= \frac{1}{2}\left[\left(1-\frac{1}{\varkappa^2}\right)\cos\left(\frac{\varkappa}{A}\xi\right) + \left(1+\frac{1}{\varkappa^2}\right)\operatorname{ch}\left(\frac{\varkappa}{A}\eta\right)\right]$$

oder

$$\frac{1}{m^*} = m = -\frac{1-\varkappa^2}{2\varkappa^2}\cos\left(\frac{\varkappa}{A}\xi\right) + \frac{1+\varkappa^2}{2\varkappa^2}\operatorname{ch}\left(\frac{\varkappa}{A}\eta\right)\,^{113}. \tag{194}$$

Die Reihenentwicklung in der Umgebung von $\mathbf{P}_0 (z = 0)$ beginnt mit den Gliedern[114]

$$m = \frac{1}{m^*} = 1 + \frac{(1-\varkappa^2)\xi^2 + (1+\varkappa^2)\eta^2}{4A^2} + \varkappa^2\frac{(\varkappa^2-1)\xi^2 + (1+\varkappa^2)\eta^4}{48A^4} + \cdots \tag{194a}$$

$\mathbf{P}_0$ ist ein „Zentralpunkt der Abbildung", wie wir bereits festgestellt haben. Bricht man die Entwicklung nach den quadratischen Gliedern ab, so lauten die Gleichungen der geometrischen Örter gleichen Vergrößerungsverhältnisses (Verzerrungsgleichen) angenähert

$$m - 1 = \frac{(1-\varkappa^2)\xi^2 + (1+\varkappa^2)\eta^2}{4A^2} = \text{const.} \tag{195}$$

[113] In $\zeta = \xi + i\eta$ ist der Imaginärteil η nicht mit der stereographischen Grundvariablen η auf der Kugel und der Abkürzung $\eta = e' \cos B$ auf dem Sphäroid zu verwechseln!

[114] Vgl. Jung [1] S. 565.

Es sind für

$\varkappa = 0$ Kreise,

$0 < \varkappa < 1$ Ellipsen mit dem Achsenverhältnis $\frac{b^2}{a^2} = \frac{1-\varkappa^2}{1+\varkappa^2}$,

$\varkappa = 1$ Parallelenpaar,

$1 < \varkappa$ Hyperbeln mit dem Achsenverhältnis $\frac{b^2}{a^2} = \frac{\varkappa^2-1}{\varkappa^2+1}$.

Allgemein können die Konstanten α und $\varkappa$ zur Anpassung der Abbildung an das Gebiet benutzt werden[115].

Zur Berechnung der Bildverschwenkung bilden wir zunächst die Ableitung

$$\begin{aligned}\frac{d\mu}{d\tilde{\sigma}_{(\alpha)}} &= 2A\,\frac{\tau_0^2+1}{\tau_0^3}\cdot\frac{\eta_0}{\eta}\,\frac{1}{\left(\eta_G+\dfrac{A}{2\tau_0}\right)^2}\cdot\frac{1}{\cos^2\dfrac{a\tilde{\sigma}}{2}}\\ &= \frac{1}{2A}\,\frac{\tau_0^2+1}{\tau_0}\,\frac{1}{\sin^2\dfrac{a\tilde{\sigma}}{2}+\dfrac{\tau_0^2-1}{\tau_0\,aA}\sin\dfrac{a\tilde{\sigma}}{2}\cos\dfrac{a\tilde{\sigma}}{2}-\dfrac{1}{a^2A^2}\cos^2\dfrac{a\tilde{\sigma}}{2}}\end{aligned} \tag{196}$$

und erhalten daraus in geschlossener Form

$$c^* = \mathfrak{Im}\,\lg\left(\frac{d\mu}{d\tilde{\sigma}}\right). \tag{197}$$

Einfacher ist die Reihenentwicklung in der Umgebung von $\mathbf{P}_0$ mit Hilfe von (193) und (197). Man findet[116]

$$\begin{aligned}c^* &= t_0\,y + \tfrac{1}{4}\left[-\varkappa^2\sin 2\alpha_0\,(x^2-y^2) + 2\,(1+2t_0^2+\varkappa^2\cos 2\alpha_0)\,x\,y\right] + \\ &+ \tfrac{t_0}{12}\left[-\varkappa^2\sin 2\alpha_0\,(x^3-3xy^2) + (3+4t_0^2+\varkappa^2\cos 2\alpha_0)\,(3x^2y-y^3)\right] - \\ &- \tfrac{1}{96}\left[4\,(1+2t_0^2)\,\varkappa^2\sin 2\alpha_0 + \varkappa^4\sin 4\alpha_0\right](x^4-6x^2y^2+y^4) + \\ &+ \tfrac{1}{96}\left[3(1+8t_0^2+8t_0^4)+4\,(1+2t_0^2)\varkappa^2\cos 2\alpha_0+\varkappa^4\cos 4\alpha_0\right](4x^3y-4xy^3)+\cdots\end{aligned}$$

VII, 3_2 Die Bogenabbildung $\sum_{(\alpha)}$ für das Sphäroid.

Es sei $\mathfrak{G}_{(\alpha)}$ eine von dem Punkt $\mathbf{P}_0$ unter dem Azimut α_0 auslaufende geodätische Linie. Ihre Parameterdarstellung durch die Bogenlänge S lautet nach dem späteren Abschnitt XII in der Umgebung von $\mathbf{P}_0$

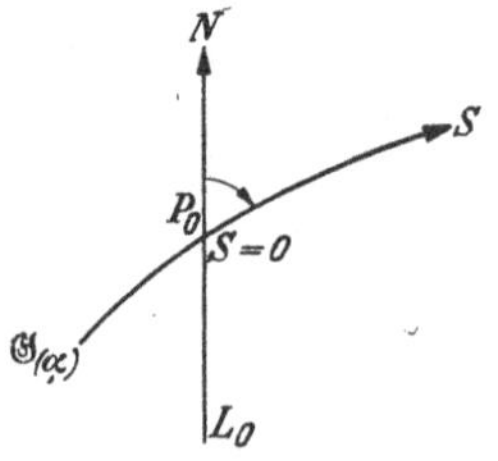

Abb. 96.

$$\mathfrak{G}_{(\alpha)}:\begin{cases} B - B_0 = \sum\limits_{\nu=1}^{\infty} \beta_\nu \dfrac{S^\nu}{\nu!} = \mathfrak{P}_1(S),\\[2ex] L - L_0 = \sum\limits_{\nu=1}^{\infty} \lambda_\nu \dfrac{S^\nu}{\nu!} = \mathfrak{P}_2(S).\end{cases} \tag{198}$$

---

[115] Siehe Jung [1] S. 629ff. [116] Siehe Jung [1] S. 626.

Die Koeffizienten 1. Art in der ersten Form haben die Gestalt

$$\left.\begin{aligned}
\beta_1 &= \frac{\cos\alpha_0}{M_0}, \\
\beta_2 &= -\frac{t_0}{M_0 N_0}(\sin^2\alpha_0 + 3\cos^2\alpha_0\cdot\eta^2)_0, \\
\beta_3 &= \frac{\cos\alpha_0}{M_0 N_0^2}[3\eta^2\cos^2\alpha_0(-1 + t^2 - \eta^2 + 5\eta^2 t^2) - \\
&\qquad - \sin^2\alpha_0(1 + 3t^2 + \eta^2 - 9\eta^2 t^2)]_0, \\
\beta_4 &= \frac{t_0}{M_0 N_0^3}[\sin^4\alpha_0(1 + 3t^2 + \eta^2 - 9\eta^2 t^2) - \\
&\quad - 2\sin^2\alpha_0\cos^2\alpha_0(4 + 6t^2 - 13\eta^2 - 9\eta^2 t^2) + 12\eta^2\cos^4\alpha_0]_0 + \mathrm{Gl}_4, \\
\beta_5 &= \frac{\sin^2\alpha_0\cos\alpha_0}{M_0 N_0^4}[\sin^2\alpha_0(1 + 30t^2 + 45t^4) - \\
&\qquad - 4\cos^2\alpha_0(2 + 15t^2 + 15t^4)] + \mathrm{Gl}_2. \\
&\dots\dots\dots\dots \\
\lambda_1 &= \frac{\sin\alpha_0}{r_0}, \\
\lambda_2 &= \frac{\sin 2\alpha_0\, t_0}{N_0 r_0}, \\
\lambda_3 &= \frac{1}{2N_0^2 r_0}[\sin\alpha_0(1 + \eta_0^2) + \sin 3\alpha_0(1 + 4t_0^2 + \eta_0^2)], \\
\lambda_4 &= \frac{t_0}{N_0^3 r_0}[2\sin 2\alpha_0 + \sin 4\alpha_0(3 + 6t_0^2 + 2\eta_0^2)] + \mathrm{Gl}_4, \\
\lambda_5 &= \frac{1}{N_0^4 r_0}[\sin\alpha_0 + \frac{5}{2}\sin 3\alpha_0(1 + 4t^2) + \\
&\qquad + \frac{3}{2}\sin 5\alpha_0(1 + 12t^2 + 16t^4)]_0 + \mathrm{Gl}_2. \\
&\dots\dots\dots\dots
\end{aligned}\right\} \quad (198\text{a})$$

Wir suchen diejenige konforme Abbildung des Sphäroids in eine $\Sigma_{(\alpha)}$-Ebene, bei der $\mathbf{P}_0$ in den Nullpunkt übergeht und der Bogen der geodätischen Linie längentreu auf den Halbstrahl mit dem Argument α_0 abgebildet wird. Zu dem Zweck stellen wir zunächst die Potenzreihe für ΔH her

$$\Delta H = \tilde{\mathfrak{P}}_1(S)$$

und haben damit auf der geodätischen Linie eine Parameterdarstellung für

$$\Delta \mathsf{M} = \Delta H + i\,\Delta L = \tilde{\mathfrak{P}}_1(S) + i\,\mathfrak{P}_2(S) = f(S).$$

Die analytische Fortsetzung der Funktion f über $\mathfrak{G}_{(\alpha)}$ hinaus wird durch die Ausdehnung von S in das komplexe Gebiet geliefert: $S = \zeta$. Die Funktion $\Delta\mathsf{M} = f(\zeta)$ bzw. $\zeta = f^{-1}(\Delta\mathsf{M})$ bildet dann eine gewisse Umgebung von $\mathbf{P}_0$ so auf die ζ-Ebene ab, daß $\mathfrak{G}_{(\alpha)}$ in die reelle Achse längentreu übergeht. Durch

$$z = e^{i\alpha_0}\zeta = \Sigma_{(\alpha)}$$

erfolgt schließlich die Abbildung in der oben geforderten Weise. Als Sonderfälle haben wir

für $\alpha_0 = 0$: die längsachsige (Meridianbogen-) Abbildung $\sum_{(0)}$
(für $L_0 = 0$: $\sum_{(0)} = \Gamma - \Gamma_0$),

für $\alpha_0 = \pi/2$: die querachsige Abbildung $\sum_{(\pi/2)}$
(für $B_0 = 0$: $\sum_{(\pi/2)} = a(\mathsf{M} - \mathsf{M}_0)$).

Nun zur Durchführung! Es ist nach V (22b) [173]

$$\Delta H = \sum_{\nu=1}^{\infty} [b_\nu) \frac{\Delta B^\nu}{\nu!}.$$

Nehmen wir für die Koeffizienten die erste Form (Darstellung 1. Art) (V (19b) [171] und I (64a) [35])

$$(b_1) = \frac{1}{E_0' c_0}, \qquad (b_2) = \frac{t_0}{E_0'^2 c_0} [1 + 3e_c'^2]_0,$$

$$(b_3) = \frac{1}{E_0'^3 c_0} [1 + 2t^2 + 4e_c'^2 + 6e_c'^2 t^2 + 3e_c'^4 + 12e_c'^4 t^2]_0,$$

$$(b_4) = \frac{t_0}{E_0'^4 c_0} [5 + 6t^2 + 19e_c'^2 + 24e_c'^2 t^2 + 47e_c'^4 + 30e_c'^4 t^2]_0 + \mathrm{Gl}_6,$$

$$(b_5) = \frac{1}{E_0'^5 c_0} [5 + 28t^2 + 24t^4 + 24e_c'^2 + 20e_c'^2 t^2 (7 + 6t^2)]_0 + \mathrm{Gl}_4,$$

$$(b_6) = \frac{t_0}{E_0'^6 c_0} [61 + 180t^2 + 120t^4]_0 + \mathrm{Gl}_2,$$

. . . .

so folgt aus (198)

$$\Delta H = \sum_{\nu=1}^{\infty} \tilde{\beta}_\nu \frac{S^\nu}{\nu!} \tag{199}$$

mit den Koeffizienten

$$\left.\begin{aligned}
\tilde{\beta}_1 &= \frac{\cos\alpha_0}{r_0}, \qquad \tilde{\beta}_2 = \frac{t_0 \cos 2\alpha_0}{N_0 r_0},\\
\tilde{\beta}_3 &= \frac{1}{2N_0^2 r_0} [\cos\alpha_0 (1 + \eta_0^2) + \cos 3\alpha_0 (1 + 4t_0^2 + \eta_0^2)],\\
\tilde{\beta}_4 &= \frac{t_0}{N_0^3 r_0} [-\eta_0^2 + 2\cos 2\alpha_0 + \cos 4\alpha_0 (3 + 6t_0^2 + 2\eta_0^2)],\\
\tilde{\beta}_5 &= \frac{1}{N_0^4 r_0} [\cos\alpha_0 + \frac{5}{2}\cos 3\alpha_0 (1 + 4t_0^2) +\\
&\qquad + \frac{3}{2}\cos 5\alpha_0 (1 + 12t_0^2 + 16t_0^4)] + \mathrm{Gl}_2.\\
&\ldots\ldots\ldots
\end{aligned}\right\} \tag{199a}$$

Damit lautet die Parameterdarstellung auf der geodätischen Linie $\mathfrak{G}_{(\alpha)}$

$$\Delta \mathsf{M} = \sum_{\nu=1}^{\infty} (\tilde{\beta}_\nu + i\lambda_\nu) \frac{S^\nu}{\nu!}$$

und nach analytischer Fortsetzung in das komplexe Gebiet

$$\left.\begin{aligned} & e^{i\alpha_0} S \to e^{i\alpha_0}\zeta = z, \\ & \Delta \mathsf{M} = \sum_{\nu=1}^{\infty} (\tilde{\beta}_\nu + i\lambda_\nu)\, e^{-i\nu\alpha_0} \frac{z^\nu}{\nu!} = \sum_{\nu=1}^{\infty} \sigma_\nu \frac{z^\nu}{\nu!} \end{aligned}\right\} \tag{200}$$

mit den Koeffizienten 1. Art

$$\left.\begin{aligned} \sigma_1 &= \frac{1}{r_0}, \\ \sigma_2 &= \frac{t_0}{N_0 r_0}, \\ \sigma_3 &= \frac{1}{2N_0^2 r_0}[e^{-2i\alpha_0}(1+\eta_0^2) + (1+4t_0^2+\eta_0^2)], \\ \sigma_4 &= \frac{t_0}{N_0^3 r_0}[-\eta_0^2 e^{-4i\alpha_0} + 2e^{-2i\alpha_0} + (3+6t_0^2+2\eta_0^2)] + \mathrm{Gl}_4, \\ \sigma_5 &= \frac{1}{N_0^4 r_0}[e^{-4i\alpha_0} + \tfrac{5}{2}e^{-2i\alpha_0}(1+4t_0^2) + \tfrac{3}{2}(1+12t_0^2+16t_0^4)] + \mathrm{Gl}_2, \\ & \dots\dots\dots\dots \end{aligned}\right\} \tag{200a}$$

Die Umkehrfunktion liefert nun die gewünschte Abbildung. In der Umgebung von $\mathbf{P}_0$ wird sie durch die Umkehrreihe zu (200) dargestellt:

$$\Sigma_{(\alpha)} = z = \sum_{\nu=1}^{\infty} \dot{\sigma}_\nu \frac{\Delta \mathsf{M}^\nu}{\nu!} \tag{201}$$

mit den Koeffizienten 1. Art

$$\left.\begin{aligned} \dot{\sigma}_1 &= r_0, \\ \dot{\sigma}_2 &= -r_0 s_0, \\ \dot{\sigma}_3 &= -\tfrac{1}{2} r_0 c_0^2 [e^{-2i\alpha_0}(1+\eta_0^2) + (1-2t_0^2+\eta_0^2)], \\ \dot{\sigma}_4 &= +r_0 s_0 c_0^2 [\eta_0^2 e^{-4i\alpha_0} + e^{-2i\alpha_0}(3+5\eta_0^2) + (2-t_0^2+3\eta_0^2)] + \mathrm{Gl}_4, \\ \dot{\sigma}_5 &= \tfrac{1}{2} r_0 c_0^4 [3e^{-4i\alpha_0} + 5e^{-2i\alpha_0}(1-5t_0^2) + (2-11t_0^2+2t_0^4)] + \mathrm{Gl}_2, \\ & \dots\dots\dots\dots \end{aligned}\right\} \tag{201a}$$

Für $\alpha_0 = 0$ haben wir bereits früher die Reihe $\Sigma_{(0)} = \Delta \Gamma = \sum_{\nu=1}^{\infty} (\dot{C}_\nu) \frac{\Delta \mathsf{M}^\nu}{\nu!}$, für $\alpha_0 = \pi/2$ entsteht[117]

$$\Sigma_{(\pi/2)} = r_0 \Big\{ \Delta \mathsf{M} - s_0 \frac{\Delta \mathsf{M}^2}{2!} + s_0^2 \frac{\Delta \mathsf{M}^3}{3!} - s_0 c_0^2 (1+t^2+\eta^2)_0 \frac{\Delta \mathsf{M}^4}{4!} + \\ + c_0^2 s_0^2 (7+t_0^2) \frac{\Delta \mathsf{M}^5}{5!} + \cdots \Big\}. \tag{202}$$

Die erste Abbildungsaufgabe.

Gegeben die geographischen Koordinaten (B, L);
gesucht $(\Sigma'_{(\alpha)}, \Sigma''_{(\alpha)}) = (x, y)$, m und c.

Die Reihe (201) ist in Real- und Imaginärteil zu zerspalten und ΔB statt ΔH einzuführen (V (22b) [173]). Der Übergang zu der geographischen Breite ergibt zunächst die Doppelreihe

$$\frac{z}{N_0} = \sum_{\mu,\nu} (S_{\mu\nu})\, \Delta B^\mu \Delta L^\nu \tag{203}$$

[117] Vgl. Wl. K. Hristow [9].

mit den komplexen Koeffizienten

$$\left.\begin{aligned}
&(S_{10})=\frac{1}{E_0'}, \quad (S_{01})=i\,c_0,\\
&(S_{20})=\frac{3t_0\eta_0^2}{2E_0'^2}, \quad (S_{11})=-\frac{i\,t_0\,c_0}{E_0'}, \quad (S_{02})=\frac{t_0\,c_0^2}{2},\\
&(S_{30})=\frac{1}{12E_0'^3}[-e^{-2i\alpha_0}(1+\eta_0^2)+(1+7\eta_0^2-6\eta_0^2t_0^2+6\eta_0^4+24\eta_0^4t_0^2)],\\
&\quad(S_{21})=\frac{-i\,c_0}{4E_0'^2}[e^{-2i\alpha_0}(1+\eta_0^2)+(1+\eta_0^2+6t_0^2\eta_0^2)],\\
&\quad(S_{12})=\frac{c_0^2}{4E_0'}[e^{-2i\alpha_0}(1+\eta_0^2)+(1-2t_0^2+\eta_0^2)],\\
&\quad(S_{03})=\frac{i\,c_0^3}{12}[e^{-2i\alpha_0}(1+\eta_0^2)+(1-2t_0^2+\eta_0^2)],\\
&(S_{40})=\frac{t_0}{24E_0'^4}[\eta_0^2e^{-4i\alpha_0}-7\eta_0^2e^{-2i\alpha_0}-6\eta_0^2]+\mathrm{Gl}_4,\\
&\quad(S_{31})=\frac{i\,t_0\,c_0}{12E_0'^3}[2\eta_0^2e^{-4i\alpha_0}+e^{-2i\alpha_0}(3-2\eta_0^2)+\\
&\qquad\qquad+(-1-14\eta_0^2+6\eta_0^2t_0^2)]+\mathrm{Gl}_4,\\
&\quad(S_{22})=-\frac{t_0\,c_0^2}{8E_0'^2}[2\eta_0^2e^{-4i\alpha_0}+e^{-2i\alpha_0}(5+6\eta_0^2)+\\
&\qquad\qquad+(3+2\eta_0^2+6\eta_0^2t_0^2)]+\mathrm{Gl}_4,\\
&\quad(S_{13})=-\frac{i\,t_0\,c_0^3}{6E_0'}[\eta_0^2e^{-4i\alpha_0}+e^{-2i\alpha_0}(3+5\eta_0^2)+\\
&\qquad\qquad+(2-t_0^2+3\eta_0^2)]+\mathrm{Gl}_4,\\
&\quad(S_{04})=\frac{t_0\,c_0^4}{24}[\eta_0^2e^{-4i\alpha_0}+e^{-2i\alpha_0}(3+5\eta_0^2)+\\
&\qquad\qquad+(2-t_0^2+3\eta_0^2)]+\mathrm{Gl}_4,\\
&(S_{50})=\frac{1}{240E_0'^5}[3e^{-4i\alpha_0}-5e^{-2i\alpha_0}+2]+\mathrm{Gl}_2,\\
&\quad(S_{41})=\frac{i\,c_0}{48E_0'^4}[3e^{-4i\alpha_0}+e^{-2i\alpha_0}-2]+\mathrm{Gl}_2,\\
&\quad(S_{32})=-\frac{c_0^2}{24E_0'^3}[3e^{-4i\alpha_0}+e^{-2i\alpha_0}(4-9t_0^2)+(1+t_0^2)]+\mathrm{Gl}_2,\\
&\quad(S_{23})=-\frac{i\,c_0^3}{24E_0'^2}[3e^{-4i\alpha_0}+e^{-2i\alpha_0}(5-19t_0^2)+\\
&\qquad\qquad+(2-7t_0^2)]+\mathrm{Gl}_2,\\
&\quad(S_{14})=\frac{c_0^4}{48E_0'^2}[3e^{-4i\alpha_0}+e^{-2i\alpha_0}(5-25t_0^2)+\\
&\qquad\qquad+(2-11t_0^2+2t_0^4)]+\mathrm{Gl}_2,\\
&\quad(S_{05})=\frac{i\,c_0^5}{240}[3e^{-4i\alpha_0}+e^{-2i\alpha_0}(5-25t_0^2)+\\
&\qquad\qquad+(2-11t_0^2+2t_0^4)]+\mathrm{Gl}_2.\\
&\ldots\ldots\ldots\ldots
\end{aligned}\right\}\quad(203\text{a})$$

Die weitere Aufspaltung ist nun unmittelbar ersichtlich, so daß wir sie nicht ausführlich anzugeben brauchen. In dem Sonderfall $\alpha_0 = 0$ kommt man auf die Entwicklung VI (54 a) [247] zurück, für $\alpha_0 = \pi/2$ vgl. W. Grossmann [2].

Zur Berechnung der Abbildungsgrößen bilden wir die Ableitung

$$\frac{d\,\Sigma_{(\alpha)}}{d\,\mathsf{M}} = \sum_0^\infty \dot{\sigma}_{\nu+1} \frac{\Delta\,\mathsf{M}^\nu}{\nu!} \tag{204}$$

und erhalten unter Verwendung von (201 a) für den Logarithmus die Entwicklung

$$\begin{aligned}\lg \frac{d\,\Sigma_{(\alpha)}}{d\,\mathsf{M}} &= \lg r_0 - s_0 \Delta\,\mathsf{M} - \frac{1}{4} c_0^2 [e^{-2i\alpha_0}(1+\eta_0^2) + (1+\eta_0^2)]\,\Delta\,\mathsf{M}^2 + \\ &+ \frac{s_0 c_0^2}{12} [2\eta_0^2 e^{-4i\alpha_0} + e^{-2i\alpha_0}(3+7\eta_0^2) + (1+3\eta_0^2)]\,\Delta\,\mathsf{M}^3 + \\ &+ \frac{c_0^4}{96} [3e^{-4i\alpha_0} + e^{-2i\alpha_0}(4-14t_0^2) + (1-2t_0^2)]\,\Delta\,\mathsf{M}^4 + \cdots\end{aligned} \tag{205}$$

Das Vergrößerungsverhältnis berechnet sich aus der Gleichung

$$m = \frac{d s_\Sigma}{d s_{\mathrm{sph}}} = \frac{1}{r} \left| \frac{d\,\Sigma_{(\alpha)}}{d\,\mathsf{M}} \right|; \quad \lg m = -\lg r + \Re\mathrm{e} \lg \frac{d\,\Sigma_{(\alpha)}}{d\,\mathsf{M}}. \tag{206}$$

Wir fügen daher zu (205) noch die Entwicklung (99) $\lg \frac{r}{r_0} = \sum_{\nu=1}^{\infty} (\mathfrak{r}_\nu) \frac{\Delta H^\nu}{\nu!}$ hinzu. Der Übergang zu der geographischen Breitendifferenz ΔB an Stelle von ΔH liefert schließlich nach Aufspaltung die Doppelreihen für $\lg m$ und c:

$$\begin{aligned}\lg m = \Re\mathrm{e} \lg\left(\frac{1}{r}\frac{d\,\Sigma_{(\alpha)}}{d\,\mathsf{M}}\right) &= \frac{1}{4E_0'}(1-\cos 2\alpha_0)\Delta B^2 - \frac{c_0}{2}\sin 2\alpha_0 \Delta L \Delta B + \\ &+ \frac{c_0^2}{4} E_0' (1+\cos 2\alpha_0)\Delta L^2 + \\ &+ \frac{t_0}{12E_0'^3}(2\eta_0^2 \cos 4\alpha_0 - 5\eta_0^2 \cos 2\alpha_0 + 3\eta_0^2 + \mathrm{Gl}_4)\Delta B^3 + \\ &+ \frac{s_0}{4E_0'^2}(2\eta_0^2 \sin 4\alpha_0 + \sin 2\alpha_0 (2+3\eta_0^2) + \mathrm{Gl}_4)\,\Delta B^2 \Delta L - \\ &- \frac{s_0 c_0}{4E_0'}(2\eta_0^2 \cos 4\alpha_0 + \cos 2\alpha_0 (3+7\eta_0^2) + (1+3\eta_0^2) + \mathrm{Gl}_4)\Delta B \Delta L^2 - \\ &- \frac{s_0 c_0^2}{12}(2\eta_0^2 \sin 4\alpha_0 + \sin 2\alpha_0 (3+7\eta_0^2) + \mathrm{Gl}_4)\,\Delta L^3 + \\ &+ \frac{1}{96E_0'^4}(3\cos 4\alpha_0 - 4\cos 2\alpha_0 + 1 + \mathrm{Gl}_2)\,\Delta B^4 + \\ &+ \frac{c_0}{24E_0'^3}(3\sin 4\alpha_0 + 2\sin 2\alpha_0 + \mathrm{Gl}_2)\,\Delta B^3 \Delta L - \\ &- \frac{c_0^2}{16E_0'^2}(3\cos 4\alpha_0 + \cos 2\alpha_0 (4-8t_0^2) + 1 + \mathrm{Gl}_2)\,\Delta B^2 \Delta L^2 - \\ &- \frac{c_0^3}{24E_0'}(3\sin 4\alpha_0 + \sin 2\alpha_0 (4-14t_0^2) + \mathrm{Gl}_2)\,\Delta B \Delta L^3 + \\ &+ \frac{c_0^4}{96}(3\cos 4\alpha_0 + \cos 2\alpha_0 (4-14t_0^2) + 1 - 2t_0^2 + \mathrm{Gl}_2)\,\Delta L^4 + \cdots\end{aligned} \tag{207}$$

und

$$
\begin{aligned}
c = \mathfrak{Jmlg}\left(\frac{1}{r}\frac{d\Sigma_{(\alpha)}}{d\mathsf{M}}\right) = &- s_0\,\Delta L + \frac{1}{4E_0'}\sin 2\alpha_0\,\Delta B^2 - \\
&- \frac{c_0}{2}(\cos 2\alpha_0 + 1)\,\Delta L\,\Delta B - \frac{c_0^2 E_0'}{4}\sin 2\alpha_0\,\Delta L^2 - \\
&- \frac{t_0}{12E_0'^3}(2\eta_0^2\sin 4\alpha_0 - 5\eta_0^2\sin 2\alpha_0 + \mathrm{Gl}_4)\,\Delta B^3 + \\
&+ \frac{s_0}{4E_0'^2}(2\eta_0^2\cos 4\alpha_0 + \cos 2\alpha_0(2 + 3\eta_0^2) - \eta_0^2 + \mathrm{Gl}_4)\,\Delta B^2\Delta L + \\
&+ \frac{s_0 c_0}{4E_0'}(2\eta_0^2\sin 4\alpha_0 + \sin 2\alpha_0(3 + 7\eta_0^2) + \mathrm{Gl}_4)\,\Delta B\,\Delta L^2 - \\
&- \frac{s_0 c_0^2}{12}(2\eta_0^2\cos 4\alpha_0 + \cos 2\alpha_0(3 + 7\eta_0^2) + (1 + 3\eta_0^2) + \mathrm{Gl}_4)\,\Delta L^3 - \\
&- \frac{1}{96E_0'^4}(3\sin 4\alpha_0 - 4\sin 2\alpha_0 + \mathrm{Gl}_2)\,\Delta B^4 + \\
&+ \frac{c_0}{24E_0'^3}(3\cos 4\alpha_0 + 2\cos 2\alpha_0 - 1 + \mathrm{Gl}_2)\,\Delta B^3\,\Delta L + \\
&+ \frac{c_0^2}{16E_0'^2}(3\sin 4\alpha_0 + \sin 2\alpha_0(4 - 8t_0^2) + \mathrm{Gl}_2)\,\Delta B^2\,\Delta L^2 - \\
&- \frac{c_0^3}{24E_0'}(3\cos 4\alpha_0 + \cos 2\alpha_0(4 - 14t_0^2) + (1 - 2t_0^2) + \mathrm{Gl}_2)\,\Delta B\,\Delta L^3 - \\
&- \frac{c_0^4}{96}(3\sin 4\alpha_0 + \sin 2\alpha_0(4 - 14t_0^2) + \mathrm{Gl}_2)\,\Delta L^4 + \cdots
\end{aligned}
\tag{208}
$$

Aus der Reihe (207) folgt außerdem die Darstellung von m, wobei in den Sonderfällen $\alpha_0 = 0$ VI (56) [249] bzw. $\alpha_0 = \frac{\pi}{2}$ (W. Großmann [2]) zu vergleichen ist:

$$
\begin{aligned}
m = 1 &+ \frac{1}{4E_0'}(1 - \cos 2\alpha_0)\,\Delta B^2 - \frac{c_0}{2}\sin 2\alpha_0\,\Delta L\,\Delta B + \\
&+ \frac{c_0^2}{4}E_0'(1 + \cos 2\alpha_0)\,\Delta L^2 + \\
&+ \frac{t_0}{12E_0'^3}(2\eta_0^2\cos 4\alpha_0 - 5\eta_0^2\cos 2\alpha_0 + 3\eta_0^2 + \mathrm{Gl}_4)\,\Delta B^3 + \\
&+ \frac{s_0}{4E_0'^2}(2\eta_0^2\sin 4\alpha_0 + \sin 2\alpha_0(2 + 3\eta_0^2) + \mathrm{Gl}_4)\,\Delta B^2\,\Delta L - \\
&- \frac{s_0 c_0}{4E_0'}(2\eta_0^2\cos 4\alpha_0 + \cos 2\alpha_0(3 + 7\eta_0^2) + (1 + 3\eta_0^2) + \mathrm{Gl}_4)\,\Delta B\,\Delta L^2 - \\
&- \frac{s_0 c_0^2}{12}(2\eta_0^2\sin 4\alpha_0 + \sin 2\alpha_0(3 + 7\eta_0^2) + \mathrm{Gl}_4)\,\Delta L^3 + \\
&+ \frac{1}{192E_0'^4}(9\cos 4\alpha_0 - 20\cos 2\alpha_0 + 11 + \mathrm{Gl}_2)\,\Delta B^4 + \\
&+ \frac{c_0}{24E_0'^3}(3\sin 4\alpha_0 - 2\sin 2\alpha_0 + \mathrm{Gl}_2)\,\Delta B^3\,\Delta L - \\
&- \frac{c_0^2}{32E_0'^2}(9\cos 4\alpha_0 + \cos 2\alpha_0(5 - 16t_0^2) + 2 + \mathrm{Gl}_2)\,\Delta B^2\,\Delta L^2 - \\
&- \frac{c_0^3}{48E_0'}(9\sin 4\alpha_0 + \sin 2\alpha_0(14 - 28t_0^2) + \mathrm{Gl}_2)\,\Delta B\,\Delta L^3 + \\
&+ \frac{c_0^4}{192}(9\cos 4\alpha_0 + \cos 2\alpha_0(20 - 28t_0^2) + 11 - 4t_0^2 + \mathrm{Gl}_2)\,\Delta L^4 + \cdots
\end{aligned}
\tag{209}
$$

Die zweite Abbildungsaufgabe.

Gegeben die rechtwinkligen Koordinaten $\sum_{(\alpha)} = z = x + iy$; gesucht (B, L), m^* und c^*.

Die Aufspaltung der Reihe (200) in Real- und Imaginärteil ergibt

$$\left.\begin{aligned}
\Delta H &= \sigma_1' x + \sigma_2' \frac{(x^2 - y^2)}{2!} + \sigma_3' \frac{(x^3 - 3xy^2)}{3!} - \sigma_3'' \frac{(3x^2 y - y^3)}{3!} + \\
&\quad + \sigma_4' \frac{(x^4 - 6x^2y^2 + y^4)}{4!} - \sigma_4'' \frac{(4x^3y - 4xy^3)}{4!} + \sigma_5' \frac{(x^5 - 10x^3y^2 + 5xy^4)}{5!} - \\
&\quad - \sigma_5'' \frac{(5x^4 y - 10x^2 y^3 + y^5)}{5!} + \cdots \\
\Delta L &= \sigma_1' y + \sigma_2' \frac{2xy}{2!} + \sigma_3'' \frac{x^3 - 3xy^2}{3!} + \sigma_3' \frac{3x^2 y - y^3}{3!} + \\
&\quad + \sigma_4'' \frac{x^4 - 6x^2 y^2 + y^4}{4!} + \sigma_4' \frac{4x^3 y - 4xy^3}{4!} \\
&\quad + \sigma_5'' \frac{x^5 - 10x^3 y^2 + 5xy^4}{5!} + \sigma_5' \frac{5x^4 y - 10x^2 y^3 + y^5}{5!} + \cdots
\end{aligned}\right\} \quad (210)$$

mit den Koeffizienten

$$\left.\begin{aligned}
\sigma_1' &= \frac{1}{r_0}, \\
\sigma_2' &= \frac{t_0}{N_0 r_0}, \\
\sigma_3' &= \frac{1}{2N_0^2 r_0} [\cos 2\alpha_0 (1 + \eta_0^2) + (1 + 4t_0^2 + \eta_0^2)], \\
\sigma_4' &= \frac{t_0}{N_0^3 r_0} [-\eta_0^2 \cos 4\alpha_0 + 2\cos 2\alpha_0 + 3 + 6t_0^2 + 2\eta_0^2] + \mathrm{Gl}_4, \\
\sigma_5' &= \frac{1}{2N_0^4 r_0} [2\cos 4\alpha_0 + 5\cos 2\alpha_0 (1 + 4t_0^2) + 3 + 36t_0^2 + 48t_0^4] + \mathrm{Gl}_2; \\
&\cdots\cdots\cdots\cdots \\
\sigma_1'' &= 0, \\
\sigma_2'' &= 0, \\
\sigma_3'' &= -\frac{1}{2N_0^2 r_0} \sin 2\alpha_0 (1 + \eta_0^2), \\
\sigma_4'' &= \frac{t_0}{N_0^3 r_0} [\eta_0^2 \sin 4\alpha_0 - 2\sin 2\alpha_0] + \mathrm{Gl}_4, \\
\sigma_5'' &= \frac{1}{2N_0^4 r_0} [-\sin 4\alpha_0 - 5\sin 2\alpha_0 (1 + 4t_0^2)] + \mathrm{Gl}_2, \\
&\cdots\cdots\cdots\cdots
\end{aligned}\right\} \quad (210a)$$

Bei der ersten Reihe (210) gehen wir noch zu der geographischen Breite über

$$\Delta B = \sum_{\nu=1}^{\infty} (\dot{b}_\nu) \frac{\Delta H^\nu}{\nu!}$$

mit den Koeffizienten

$$\left.\begin{aligned}
(\dot{b}_1) &= E_0' \cos B_0 = E_0' c_0,\\
(\dot{b}_2) &= -E_0' c_0^2 t_0 (1 + 3\eta_0^2),\\
(\dot{b}_3) &= -E_0' c_0^3 (1 - t_0^2 + 4\eta_0^2 - 12\eta_0^2 t^2 + 3\eta_0^4 - 15\eta_0^4 t_0^2),\\
(\dot{b}_4) &= E_0' c_0^4 t_0 (5 - t_0^2 + 51\eta_0^2 - 39\eta_0^2 t_0^2 + 103\eta_0^4 - 135\eta_0^4 t_0^2) + \mathrm{Gl}_6,\\
(\dot{b}_5) &= E_0' c_0^5 (5 - 18t_0^2 + t_0^4 + 56\eta_0^2 - 400\eta_0^2 t_0^2 + 120\eta_0^2 t_0^4) + \mathrm{Gl}_4,\\
(\dot{b}_6) &= -E_0' c_0^6 t_0 (61 - 58t_0^2 + t_0^4) + \mathrm{Gl}_2,\\
&\cdots\cdots\cdots
\end{aligned}\right\} \tag{211}$$

und erhalten

$$\begin{aligned}
\frac{\varDelta B}{E_0'} = {} & \frac{x}{N_0} - \frac{3}{2} t_0 \eta_0^2 \left(\frac{x}{N_0}\right)^2 - \frac{1}{2} t_0 \left(\frac{y}{N_0}\right)^2 + \\
& + \frac{1}{12}\left[\cos 2\alpha_0 (1+\eta_0^2) - 1 - 7\eta_0^2 + 6\eta_0^2 t_0^2 - 6\eta_0^4 + 30\eta_0^4 t_0^2\right]\left(\frac{x}{N_0}\right)^3 + \\
& + \frac{1}{4} \sin 2\alpha_0 (1 + \eta_0^2) \frac{x^2 y}{N_0^3} - \frac{1}{4}\left[\cos 2\alpha_0 (1 + \eta_0^2) + 1 + 2t_0^2 + \right.\\
& \qquad\qquad \left. + \eta_0^2 - 6\eta_0^2 t_0^2\right] \frac{x y^2}{N_0^3} + \\
& - \frac{1}{12} \sin 2\alpha_0 (1 + \eta_0^2) \frac{y^3}{N_0^3} + \frac{t_0}{24}\left[-\eta_0^2 \cos 4\alpha_0 - 8\eta_0^2 \cos 2\alpha_0 + \right.\\
& \qquad\qquad \left. + 21\eta_0^2 + \mathrm{Gl}_4\right] \frac{x^4}{N_0^4} + \\
& - \frac{t_0}{12}\left[2\eta_0^2 \sin 4\alpha_0 + \sin 2\alpha_0 (-1 + 12\eta_0^2) + \mathrm{Gl}_4\right] \frac{x^3 y}{N_0^4} + \\
& + \frac{t_0}{4}\left[\eta_0^2 \cos 4\alpha_0 + \cos 2\alpha_0 (-1 + 4\eta_0^2) - 1 - 2t_0^2 + 6\eta_0^2 + \right.\\
& \qquad\qquad \left. + 3\eta_0^2 t_0^2 + \mathrm{Gl}_4\right] \frac{x^2 y^2}{N_0^4} + \\
& + \frac{t_0}{12}\left[2\eta_0^2 \sin 4\alpha_0 + \sin 2\alpha_0 (-3 + 4\eta_0^2) + \mathrm{Gl}_4\right] \frac{x y^3}{N_0^4} + \\
& + \frac{t_0}{24}\left[-\eta_0^2 \cos 4\alpha_0 + 2\cos 2\alpha_0 + 3 + 3t_0^2 + 2\eta_0^2 - \right.\\
& \qquad\qquad \left. - 9\eta_0^2 t_0^2 + \mathrm{Gl}_4\right] \frac{y^4}{N_0^4} + \\
& + \frac{1}{240}\left[2\cos 4\alpha_0 - 5\cos 2\alpha_0 + 3 + \mathrm{Gl}_2\right] \frac{x^5}{N_0^5} + \\
& + \frac{1}{48}\left[\sin 4\alpha_0 + \sin 2\alpha_0 (5 + 4t_0^2) + \mathrm{Gl}_2\right] \frac{x^4 y}{N_0^5} - \\
& - \frac{1}{24}\left[2\cos 4\alpha_0 + \cos 2\alpha_0 (2 + 7t_0^2) + 9t_0^2 + 12t_0^4 + \mathrm{Gl}_2\right] \frac{x^3 y^2}{N_0^5} - \\
& - \frac{1}{24}\left[\sin 4\alpha_0 + \sin 2\alpha_0 (5 + 12t_0^2) + \mathrm{Gl}_2\right] \frac{x^2 y^3}{N_0^5} + \\
& + \frac{1}{48}\left[2\cos 4\alpha_0 + \cos 2\alpha_0 (5 + 10t_0^2) + 3 + 18t_0^2 + 18t_0^4 + \mathrm{Gl}_2\right] \frac{x y^4}{N_0^5} + \\
& + \frac{1}{240}\left[\sin 4\alpha_0 + \sin 2\alpha_0 (5 + 20t_0^2) + \mathrm{Gl}_2\right] \frac{y^5}{N_0^5} + \cdots
\end{aligned} \tag{212}$$

Vergrößerungsverhältnis und Bildverschwenkung werden nun am einfachsten aus den Reihen (207, 208, 209) berechnet, wobei die Entwicklungen (210), (211) einzusetzen sind. (Glieder 3. Grades bis η_0^2, Glieder 4. Grades sphärisch.)

$$\begin{aligned}
m = \frac{1}{m^*} = 1 &+ \frac{E_0'}{4}[1-\cos 2\alpha_0]\frac{x^2}{N_0^2} - \frac{E_0'}{2}\sin 2\alpha_0 \frac{xy}{N_0^2} + \\
&+ \frac{E_0'}{4}[1+\cos 2\alpha_0]\frac{y^2}{N_0^2} + \\
&+ \frac{t_0}{12}[2\eta_0^2\cos 4\alpha_0 + 4\eta_0^2\cos 2\alpha_0 - 6\eta_0^2]\frac{x^3}{N_0^3} + \\
&+ \frac{t_0}{2}[\eta_0^2\sin 4\alpha_0 + 2\eta_0^2\sin 2\alpha_0]\frac{x^2y}{N_0^3} - \\
&- \frac{t_0}{2}[\eta_0^2\cos 4\alpha_0 + 2\eta_0^2\cos 2\alpha_0 + \eta_0^2]\frac{xy^2}{N_0^3} - \\
&- \frac{t_0}{6}[\eta_0^2\sin 4\alpha_0 + 2\eta_0^2\sin 2\alpha_0]\frac{y^3}{N_0^3} + \\
&+ \frac{1}{192}[\cos 4\alpha_0 - 4\cos 2\alpha_0 + 3]\frac{x^4}{N_0^4} - \\
&- \frac{1}{24}[\sin 4\alpha_0 + 2\sin 2\alpha_0]\frac{x^3y}{N_0^4} - \\
&- \frac{1}{32}[\cos 4\alpha_0 - 3\cos 2\alpha_0(1+4t_0^2) + 2 - 4t_0^2]\frac{x^2y^2}{N_0^4} - \\
&- \frac{1}{48}[\sin 4\alpha_0 + 2\sin 2\alpha_0(1+12t_0^2)]\frac{xy^3}{N_0^4} + \\
&+ \frac{1}{192}[\cos 4\alpha_0 + 4\cos 2\alpha_0(1-18t_0^2) + 3 - 24t_0^2]\frac{y^4}{N_0^4} + \cdots
\end{aligned} \tag{213}$$

$$\begin{aligned}
c = -c^* = t_0\frac{y}{N_0} &+ \frac{1}{2}[\cos 2\alpha_0(1+\eta_0^2) + 1 + 2t_0^2 + \eta_0^2]\frac{xy}{N_0^2} - \\
&- \frac{1}{4}\sin 2\alpha_0(1+\eta_0^2)\frac{(x^2-y^2)}{N_0^2} + \\
&+ \frac{t_0}{12}[-2\eta_0^2\cos 4\alpha_0 + \cos 2\alpha_0(1-3\eta_0^2) + 3 + \\
&\qquad + 4t_0^2 + \eta_0^2]\frac{(3x^2y-y^3)}{N_0^3} + \\
&+ \frac{t_0}{12}[2\eta_0^2\sin 4\alpha_0 - \sin 2\alpha_0(1-3\eta_0^2)]\frac{(x^3-3xy^2)}{N_0^3} + \\
&+ \frac{1}{24}[4\cos 4\alpha_0 + \cos 2\alpha_0(7+32t_0^2) + 3 + \\
&\qquad + 36t_0^2 + 72t_0^4]\frac{(x^3y-xy^3)}{N_0^4} - \\
&- \frac{1}{96}[4\sin 4\alpha_0 + \sin 2\alpha_0(7+32t_0^2)]\frac{(x^4-6x^2y^2+y^4)}{N_0^4} + \cdots
\end{aligned} \tag{214}$$

Für die Sonderfälle verweisen wir wieder bei $\alpha_0 = 0$ auf VI (74) [259] und bei $\alpha_0 = \frac{\pi}{2}$ auf W. Großmann [2].

VII, 4 Anhang: Übersicht über die wichtigsten Abbildungen in Abschnitt VII.

$$\mathsf{M} \longrightarrow \mathsf{B} \longrightarrow \dot{\Gamma} \longrightarrow \Sigma_\alpha \longrightarrow \tilde{\Sigma}_{(\alpha)}(\tilde{\sigma}_{(\alpha)})$$

$$\downarrow \; \mathsf{H} = -e^{-\mathsf{M}},\; k\mathsf{H} \qquad \downarrow \; \mathsf{Z} = e^{i\mathsf{B}} \qquad \downarrow \; \Theta = e^{i\dot{\Gamma}} \qquad \downarrow \; \Sigma_{(0)} \text{ längsachsig}, \; \Sigma_{(\pi/2)} \text{ querachsig}$$

$$\downarrow \; \mathsf{H}_A = \frac{a\mathsf{H}+b}{c\mathsf{H}+d} \qquad \downarrow \; \mathsf{Z}_A \qquad \downarrow \; \Theta_A$$

$$\mathsf{H}^*,\ \tilde{\mathsf{H}},\ \mathsf{H}_G \qquad \ldots\ldots \qquad \ldots\ldots$$

$$\downarrow \; \mathsf{H}_A^* = \operatorname{th}\frac{\mathsf{M}}{2} \qquad \downarrow \; -\mathsf{Z}_A^* = \operatorname{tg}\frac{\mathsf{B}}{2} \qquad \downarrow \; -\Theta_A^* = \operatorname{tg}\frac{\dot{\Gamma}}{2}$$

$$\to \Lambda = -e^{-\alpha\mathsf{M}}$$

$$\downarrow \; \Lambda_A = \frac{a\Lambda+b}{c\Lambda+d}$$

$$\Lambda^*, \tilde{\Lambda}, \Lambda_G(\Lambda_L)$$

H = stereographische Grund- (Polar-) Projektion
H_G = Gauß-Krügersche stereographische Projektion
Λ = Grund- (Polar-) Kegelprojektion
Λ_G = Gauß-Lagrangsche Kegelprojektion
Λ_L = spezielle Lagrangsche Kegelprojektion

$\mu^* \longleftarrow \eta^*$ (Kugeldrehungen) $\longrightarrow \lambda^*$ (schiefe Kegelprojektion)

1_1 *Die stereographische Grund- oder Polarprojektion* H [314].

1. Abbildungsaufgabe [315].

$$\begin{cases} \mathsf{H}' = -\mathsf{T}\cos L, \\ \mathsf{H}'' = +\mathsf{T}\sin L, \end{cases} \qquad \mathsf{T} = \operatorname{tg}\frac{P}{2}\,\mathsf{E}(P) = e^{-H} =$$

$$= \operatorname{tg}\frac{P}{2}\left[Q_0^{(-1)} + 2\sum_{\nu=1}^{\infty}\left('Q_{2\nu}^{(-1)}\cos 2\nu B + ''Q_{2\nu-1}^{(-1)}\sin(2\nu-1)B\right)\right],$$

$$m = \frac{1}{2N}\,\frac{\mathsf{E}}{\cos^2\frac{P}{2}}, \qquad c = -L.$$

2. Abbildungsaufgabe [317].

$$\begin{cases} H = -\lg|\mathsf{H}| \to h = H \to b = b(h) \to B = b + \sum\limits_{\lambda=1}^{\infty} k_{2\lambda}\sin 2\lambda B \\ L = \pi - \arg\mathsf{H} \end{cases} \begin{cases} m^* = \dfrac{r}{|\mathsf{H}|} \\ c^* = L. \end{cases}$$

1_{2a} *Die stereographische Projektron* H^* *mit diametralem Null- und Unendlichkeitspunkt* [318].

$$\mathsf{H}^* = k e^{iL_0}\frac{\mathsf{H}-\mathsf{H}_0}{\overline{\mathsf{H}}_0\mathsf{H}+1} = k\frac{\mathsf{T}_0^2-1}{2\mathsf{T}_0} + k\frac{\mathsf{T}_0^2+1}{2\mathsf{T}_0}\operatorname{th}\frac{\Delta\mathsf{M}}{2} \quad [324],$$

$$k = r_0\frac{1+\mathsf{T}_0^2}{\mathsf{T}_0} \quad \text{für} \quad m(P_0) = 1.$$

1. Abbildungsaufgabe [329].

$$\lg \mathsf{T} = -H = \lg \operatorname{tg} \frac{P}{2} - \sum_{\lambda=1}^{\infty} q_{2\lambda-1} \sin(2\lambda - 1) B,$$

$$\begin{cases} \mathsf{H}^{*\prime} = k \dfrac{\operatorname{sh} H - \operatorname{sh} H_0 \cos \Delta L}{\operatorname{ch}(H+H_0) + \cos \Delta L} & |\mathsf{H}^*|^2 = k^2 \dfrac{\mathsf{T}^2 + \mathsf{T}_0^2 - 2\mathsf{T}\,\mathsf{T}_0 \cos \Delta L}{1 + \mathsf{T}^2\mathsf{T}_0^2 + 2\mathsf{T}\,\mathsf{T}_0 \cos \Delta L} \\ \mathsf{H}^{*\prime\prime} = k \dfrac{\operatorname{ch} H_0 \sin \Delta L}{\operatorname{ch}(H+H_0) + \cos \Delta L} & \operatorname{tg} L^* = -\dfrac{\operatorname{ch} H_0 \sin \Delta L}{\operatorname{sh} H - \operatorname{sh} H_0 \cos \Delta L} \end{cases}$$

$$m = \frac{k}{N \cos B} \cdot \frac{\operatorname{ch} H_0}{\operatorname{ch}(H+H_0) + \cos \Delta L}, \quad \operatorname{tg} \frac{c}{2} = -\operatorname{tg} \frac{\Delta L}{2} \frac{1 - \mathsf{T}_0 \mathsf{T}}{1 + \mathsf{T}_0 \mathsf{T}}$$

2. Abbildungsaufgabe [336].

$$e^{-H} = \frac{1}{\mathsf{T}_0} \frac{A^*}{B^*}; \quad A^{*2} = (x - k\mathsf{T}_0)^2 + y^2; \quad B^{*2} = \left(x + \frac{k}{\mathsf{T}_0}\right)^2 + y^2;$$

$$x = \mathsf{H}^{*\prime}, \quad y = \mathsf{H}^{*\prime\prime}.$$

$$\operatorname{tg} \Delta L = \frac{1 + \mathsf{T}_0^2}{\mathsf{T}_0} \cdot \frac{\frac{y}{k}}{1 - \frac{x^2 + y^2}{k^2} - \frac{1 - \mathsf{T}_0^2}{\mathsf{T}_0} \cdot \frac{x}{k}},$$

$$m^* = \frac{N \sin P}{2k \operatorname{ch} H} \cdot \frac{1}{1 + \frac{x^2 + y^2}{k^2}}, \qquad \operatorname{tg} c^* = \frac{y}{k} \frac{2\frac{x}{k} + \frac{1 - \mathsf{T}_0^2}{\mathsf{T}_0}}{1 - \frac{x^2 - y^2}{k^2} - \frac{1 - \mathsf{T}_0^2}{\mathsf{T}_0} \frac{x}{k}}$$

1_{2c} *Die Gauß-Krügersche stereographische Projektion* H_G.

$$\mathsf{H}_G = -\frac{k}{\tau_0} \frac{\mathsf{H} - \mathsf{H}_0}{\mathsf{H} + \frac{1}{\tau_0^2} \mathsf{H}_0} = k \left\{ -\operatorname{tg} B_0 + \frac{1}{\cos B_0} \operatorname{th} \frac{\dot{\Delta} \mathsf{M}}{2} \right\} \quad [343,\ 344]$$

$$k = 2N_0, \quad \dot{\mathrm{P}}_0 \text{ Zentralpunkt.}$$

1. Abbildungsaufgabe [345].

I)

$$\begin{cases} \dfrac{\mathsf{H}_G'}{k} = -\operatorname{ctg} P_0 + \dfrac{1}{\sin P_0} \dfrac{\operatorname{sh} \dot{\Delta} H}{\operatorname{ch} \dot{\Delta} H + \cos \Delta L} = \dfrac{\tau_0 (1 - \tau^2 g^2) - (1 - \tau_0^2) \tau g \cos \Delta L}{1 + \tau^2 \tau_0^2 g^2 + 2\tau \tau_0 g \cos \Delta L} \\ \dfrac{\mathsf{H}_G''}{k} = \dfrac{1}{\sin P_0} \dfrac{\sin \Delta L}{\operatorname{ch} \dot{\Delta} H + \cos \Delta L} = \dfrac{(1 + \tau_0^2) \tau g \sin \Delta L}{1 + \tau^2 \tau_0^2 g^2 + 2\tau \tau_0 g \cos \Delta L}, \end{cases}$$

$$\begin{cases} |\mathsf{H}_G|^2 = \mathsf{T}_G^2 = k^2 \dfrac{\tau_0^2 + \tau^2 g^2 - 2\tau_0 \tau g \cos \Delta L}{1 + \tau_0^2 \tau^2 g^2 + 2\tau_0 \tau g \cos \Delta L}; & \dot{\Delta} H = \Delta H - \lg \tau_0^2, \\ \operatorname{tg}(\pi - L_G) = \dfrac{(1 - \tau_0^2) \tau g \sin \Delta L}{\tau_0 (1 - \tau^2 g^2) - \tau g (1 - \tau_0^2) \cos \Delta L}; & \tau = \operatorname{tg} \dfrac{P}{2}, \\ & g = \dfrac{\mathsf{E}}{\mathsf{E}_0}. \end{cases}$$

$$m = \frac{1}{N \sin P} \frac{k \tau g (1 + \tau_0^2)}{(1 + \tau_0^2 \tau^2 g^2 + 2\tau_0 \tau g \cos \Delta L)}. \qquad \operatorname{tg} \frac{c}{2} = -\operatorname{tg} \frac{\Delta L}{2} \frac{1 - \tau_0 \tau g}{1 + \tau_0 \tau g}.$$

II)

$$\frac{\mathsf{H}_G}{k}\frac{1+\tau_0^2}{\tau_0} = \Delta\mathsf{M} - \frac{1}{2!}\sin B_0 \Delta\mathsf{M}^2 + \frac{1}{3!}\left(\frac{1}{4} - \frac{3}{4}\cos 2B_0\right)\Delta\mathsf{M}^3 + \cdots \qquad (79)\ [348]$$

$$= \Delta\mathsf{M} - \frac{t_0}{2}c_0\Delta\mathsf{M}^2 + \frac{2t_0^2-1}{12}c_0^2\Delta\mathsf{M}^3 + \cdots \qquad (79a)\ [348]$$

$$\mathsf{H}_G = \frac{a+b}{2}\sum_{\nu=1}^{\infty}(\mathfrak{g}_\nu)\frac{\Delta\mathsf{M}^\nu}{\nu!}, \qquad (81)\ [349]$$

$$\begin{cases} \dfrac{\mathsf{H}_G'}{N_0} = (1-\eta^2+\eta^4-\eta^6)_0\Delta B + \dfrac{3}{2}t_0(\eta^2-2\eta^4)_0\Delta B^2 + \dfrac{1}{2}s_0c_0L^2 + \cdots \\ \dfrac{\mathsf{H}_G''}{r_0} = L - t_0(1-\eta^2+\eta^4)_0\Delta BL + \cdots \end{cases} \qquad (81b)\ [350]$$

$$\lg\frac{d\mathsf{H}_G}{d\mathsf{M}} = \lg r_0 + \sum_{\nu=1}^{\infty}(l_\nu)\frac{\Delta\mathsf{M}^\nu}{\nu!}; \qquad \lg\frac{r}{r_0} = \sum_{\nu=1}^{\infty}[\mathfrak{r}_\nu]\frac{\Delta H^\nu}{\nu!}, \qquad (82)\ [351]\ (83)\ [351]$$

$$\lg\frac{m}{m_0} = \sum_{\nu=2}^{\infty} - [\mathfrak{r}_\nu]\frac{\Delta H^\nu}{\nu!} + (l_\nu)\frac{\Re e(\Delta\mathsf{M}^\nu)}{\nu!}; \quad c = \sum_{\nu=1}^{\infty}(l_\nu)\frac{1}{\nu!}\Im m(\Delta\mathsf{M}^\nu), \qquad [352]$$

$$m = 1 + \frac{1}{4}(1-\eta_0^2)\Delta B^2 + \frac{1}{4}c_0^2\Delta L^2 + \cdots \qquad (86)\ [352]$$

$$c = s_0 L + \frac{1}{2}c_0(1-\eta_0^2+\eta_0^4)\Delta BL + \cdots \qquad (87)\ [353]$$

2. Abbildungsaufgabe [353].

I*)

$$\begin{cases} e^{-H} = \mathsf{T} = \dfrac{\mathsf{T}_0}{\tau_0^2}\dfrac{A}{B}; \quad A^2 = (x-k\tau_0)^2 + y^2; \quad B^2 = \left(x+\dfrac{k}{\tau_0}\right)^2 + y^2; \\ \operatorname{tg}\Delta L = \dfrac{1+\tau_0^2}{\tau_0}\dfrac{\dfrac{y}{k}}{1 - \dfrac{x^2+y^2}{k^2} - \dfrac{1-\tau_0^2}{\tau_0}\dfrac{x}{k}}, \quad x = \mathsf{H}_G', \quad y = \mathsf{H}_G'', \end{cases}$$

$$m^* = \frac{2N}{k}\frac{\sigma^2 g + \dfrac{y^2}{g}}{1+\dfrac{x^2+y^2}{k^2}}; \qquad \operatorname{tg} c^* = 2\frac{y}{k}\frac{\dfrac{x}{k} + \operatorname{cotg} P_0}{1 - 2\operatorname{cotg} P_0\dfrac{x}{k} - \dfrac{x^2-y^2}{k^2}}.$$

II*)

$$\Delta\mathsf{M} = \frac{\mathsf{H}_G}{r_0} + \frac{1}{2}(\gamma_0^4 - \sigma_0^4)\frac{\mathsf{H}_G^2}{r_0^2} + \frac{1}{3}(\gamma_0^6 + \sigma_0^6)\frac{\mathsf{H}_G^3}{r_0^3} + \cdots \qquad (96)\ [356]$$

$$\Delta B = (1+\eta_0^2)\frac{x}{N_0} - \frac{3t_0}{2}(\eta_0^2+\eta_0^4)\frac{x^2}{N_0^2} - \frac{t_0}{2}(1+\eta_0^2)\frac{y^2}{N_0^2} + \cdots \qquad (97)\ [357]$$

$$\Delta L = \frac{y}{r_0} + t_0\frac{xy}{N_0 r_0} + \cdots \qquad (96b)\ [356]$$

$$\lg\frac{d\mathsf{M}}{d\mathsf{H}_G} = -\lg r_0 + \frac{\mathsf{H}_G}{r_0}\sin B_0 + \frac{\mathsf{H}_G^2}{r_0^2}\left(\frac{1}{2} - \frac{1}{4}\cos^2 B_0\right) + \cdots \qquad (98)\ [357]$$

$$\lg\frac{r}{r_0} = \sum_{\nu=1}^{\infty}(\mathfrak{r}_\nu)\frac{\Delta H^\nu}{\nu!}, \qquad (99)\ [357]$$

$$\lg m^* = -\frac{1}{4}(1+2\eta_0^2)\frac{x^2}{N_0^2} - \frac{1}{4}\frac{y^2}{N_0^2} + \cdots \qquad (100)\ [358]$$

$$c^* = \frac{y}{r_0}\sin B_0 + \frac{1}{2}(2-\cos^2 B_0)\frac{xy}{r_0^2} + \cdots \qquad (101)\ [358]$$

$$m = \frac{1}{m^*} = 1 + \frac{1}{4}(1+2\eta_0^2)\frac{x^2}{N_0^2} + \frac{1}{4}\frac{y^2}{N_0^2} + \cdots \qquad (100\text{a})\ [358]$$

2_1 *Die Grund- oder Polar-Kegelprojektion Λ.*

$$\Lambda = -e^{-\alpha \mathsf{M}};\quad \dot{\Lambda} = k(\Lambda - \Lambda_0) = k\Delta\Lambda = \mathsf{P}e^{i(\pi-\alpha L)} + \mathsf{P}_0;\quad \Delta\mathsf{P} = \mathsf{P} - \mathsf{P}_0;$$

$$\alpha = \sin B_0, \qquad \mathbf{P}_0 \text{ Zentralpunkt}$$

1. Abbildungsaufgabe [361].

I)
$$\begin{cases} x = \dot{\Lambda}' = \mathsf{P}_0 - \mathsf{P}\cos\alpha L, \\ y = \dot{\Lambda}'' = \qquad \mathsf{P}\sin\alpha L, \end{cases}$$

$$\lg\frac{\mathsf{P}}{\mathsf{P}_0} = \alpha\lg\frac{\tau}{\tau_0} - 2\alpha\sum_{\lambda=1}^{\infty} q_{2\lambda-1}\cos(2\lambda-1)\frac{B+B_0}{2}\sin(2\lambda-1)\frac{\Delta B}{2},$$

$$\frac{\Delta\Lambda'}{\Lambda_0} = \frac{x}{k\Lambda_0} = -1 + e^{-\alpha\Delta H}\cos\alpha\Delta L, \qquad \frac{\Delta\Lambda''}{\Lambda_0} = \frac{y}{k\Lambda_0} = e^{-\alpha\Delta H}\sin\alpha\Delta L.$$

II)
$$\frac{\mathsf{P}}{\mathsf{P}_0} = 1 + \sum_{\nu=1}^{\infty}\mathsf{P}_\nu\frac{\Delta B^\nu}{\nu!}, \qquad \frac{\mathsf{P}}{\mathsf{P}_0} = 1 + \sum_{\nu=1}^{\infty}\tilde{\mathsf{P}}_\nu\frac{\Delta G^\nu}{\nu!}, \qquad (113)\ [362]$$

(115) [363]

$$\begin{cases} \dfrac{x}{k\Lambda_0} = \mathsf{P}_1\Delta B + \mathsf{P}_2\dfrac{\Delta B^2}{2} - \sin^2 B_0\dfrac{\Delta L^2}{2} + \cdots \\ \dfrac{y}{k\Lambda_0} = \mathsf{P}_1\sin B_0\,\Delta B\,\Delta L + \cdots \end{cases} \qquad (116)\ [364]$$

$$m = \frac{r_0}{r}\frac{\mathsf{P}}{\mathsf{P}_0}, \qquad c = -\alpha L,$$

$$\lg m = -\alpha\sum_{\nu=1}^{\infty}[b_\nu]\frac{\Delta B^\nu}{\nu!} + \sum_{\nu=1}^{\infty}[\hat{m}_\nu]\frac{\Delta B^\nu}{\nu!}. \qquad (121)\ [365]$$

speziell $\alpha = \sin B_0$: $m = 1 + (1-\eta^2+\eta^4)_0\dfrac{\Delta B^2}{2!} + \cdots$ (122) [366]

2. Abbildungsaufgabe [366].

I*)
$$\begin{cases} \operatorname{tg}\alpha L = \dfrac{y}{\mathsf{P}_0 - x}; \quad \mathsf{P}^2 = (x-\mathsf{P}_0)^2 + y^2, \qquad m^* = \dfrac{r}{r_0}\dfrac{\mathsf{P}_0}{\mathsf{P}}, \\ \Delta H = -\lg\dfrac{\mathsf{T}}{\mathsf{T}_0} = -\dfrac{1}{\alpha}\lg\dfrac{\mathsf{P}}{\mathsf{P}_0}, \qquad c^* = \alpha L, \end{cases}$$

II*)
$$\begin{cases} \operatorname{tg}\alpha L = \dfrac{y}{\mathsf{P}_0}\left(1 + \dfrac{x}{\mathsf{P}_0} + \dfrac{x^2}{\mathsf{P}_0^2} + \cdots\right); \quad \dfrac{\Delta\mathsf{P}}{\mathsf{P}_0} = \dfrac{2\sin^2\dfrac{\alpha L}{2}}{\cos\alpha L} - \dfrac{\dfrac{x}{\mathsf{P}_0}}{\cos\alpha L}, \qquad (124\text{a})\ [367] \\ \Delta B = \displaystyle\sum_{\nu=1}^{\infty}\frac{\dot{\mathsf{P}}_\nu}{\nu!}\left(\frac{\Delta\mathsf{P}}{\mathsf{P}_0}\right)^\nu, \qquad (126)\ [367] \end{cases}$$

$$\alpha\Delta\mathsf{M} = \frac{z}{\mathsf{P}_0} + \frac{1}{2}\frac{z^2}{\mathsf{P}_0^2} + \frac{1}{3}\frac{z^3}{\mathsf{P}_0^3} + \cdots \qquad (127)\ [367] \quad \rightarrow \Delta H,\ \Delta L,$$

$$\left\{\begin{aligned} \Delta B &= \frac{E_0'}{t_0}\frac{x}{\mathsf{P}_0} - \frac{3}{2}\frac{E_0'}{t_0}\eta_0^2\frac{x^2}{\mathsf{P}_0^2} - \frac{1}{2}\frac{E_0'}{t_0}\frac{y^2}{\mathsf{P}_0^2} + \cdots \\ &= (1+\eta_0^2)\frac{x}{N_0} - \frac{3}{2}t_0(\eta_0^2+\eta_0^4)\frac{x^2}{N_0^2} - \frac{t_0}{2}(1+\eta_0^2)\frac{y^2}{N_0^2} + \cdots \\ L\cos B_0 &= \frac{y}{N_0} + t_0\frac{xy}{N_0^2} + \cdots \end{aligned}\right. \qquad (127\,\text{b, c})\ [368]$$

$$\frac{1}{m^*} = 1 + \frac{1}{2}\frac{x^2}{\varrho_0^2} + \cdots \quad (128)\ [369]; \qquad c^* = \alpha L.$$

2_{2c} *Die Gauß-Lagrangesche Kegelprojektion Λ_G der Klasse α.*

$$\Lambda_G = -\frac{\hat{k}}{\hat{t}_0}\frac{\Lambda - \Lambda_0}{\Lambda + \frac{1}{\hat{t}_0^2}\Lambda_0} = -k\frac{c_0(\Lambda - \Lambda_0)}{(\alpha - s_0)\Lambda + (\alpha + s_0)\Lambda_0} \qquad (142)\ [373]$$

$$\Lambda_G = \hat{k}\left\{-\operatorname{tg}\hat{B}_0 + \frac{1}{\cos\hat{B}_0}\operatorname{th}\alpha\frac{\Delta\mathsf{M}}{2}\right\} \quad \alpha > \sin B_0, \qquad \frac{\alpha + \sin B_0}{\alpha - \sin B_0} = \operatorname{ctg}^2\frac{\hat{P}_0}{2},$$

$$\Lambda_G = \hat{k}\left\{-\operatorname{tg}\hat{B}_0 + \frac{1}{\cos\hat{B}_0}\operatorname{cth}\alpha\frac{\Delta\mathsf{M}}{2}\right\} \quad \alpha < \sin B_0 \qquad \hat{k} = \frac{k\cos B_0}{\alpha\cos\hat{B}_0}.$$

1. Abbildungsaufgabe [376].

I)

$$x\frac{\sin\hat{P}_0}{\hat{k}} = \frac{(1-\cos\hat{P}_0) - (1+\cos\hat{P}_0)\hat{V}^2 - 2\hat{V}\cos\hat{P}_0\cos\alpha L}{1 + \hat{V}^2 + 2\hat{V}\cos\alpha L},$$

$$y\frac{\sin\hat{P}_0}{\hat{k}} = \frac{2\hat{V}\sin\alpha L}{1 + \hat{V}^2 + 2\hat{V}\cos\alpha L}, \qquad \hat{V} = \frac{\mathsf{T}^\alpha}{\mathsf{T}_0^\alpha}\hat{t}_0^2 = e^{-\alpha\Delta H}\hat{t}_0^2.$$

$$|\Lambda_G|^2 = k^2 c_0^2 \frac{\operatorname{ch}(\alpha\Delta H) - \cos\alpha L}{(\alpha^2+s_0^2)\operatorname{ch}(\alpha\Delta H) + 2\alpha s_0\operatorname{sh}(\alpha\Delta H) + (\alpha^2 - s_0^2)\cos\alpha L},$$

$$\operatorname{tg}(\arg\Lambda_G) = \frac{\alpha\sin\alpha L}{\alpha\operatorname{sh}(\alpha\Delta H) + s_0\operatorname{ch}(\alpha\Delta H) - s_0\cos\alpha L},$$

$$m = \frac{2\hat{k}\alpha\hat{V}}{r\cos\hat{B}_0(1 + \hat{V}^2 + 2\hat{V}\cos\alpha L)},$$

$$c = -\alpha L + 2\operatorname{arctg}\left(\frac{\hat{V}\sin\alpha L}{1 + \hat{V}\cos\alpha L}\right).$$

II)

$$\frac{2\alpha\Lambda_G}{k\cos B} = \frac{\Lambda_G(1+\hat{t}_0^2)}{\hat{k}\hat{t}_0} = \alpha\Delta\mathsf{M} - \frac{\alpha^2\Delta\mathsf{M}^2}{2!}\sin\hat{B}_0 + \cdots \quad (151) \rightarrow \frac{2x}{k c_0}, \frac{2y}{k c_0},$$

$$k = 2N_0\left\{\begin{aligned} \frac{x}{N_0} &= (1-\eta^2+\eta^4-\eta^6)_0\Delta B + \frac{3}{2}t_0(\eta^2 - 2\eta^4)_0\Delta B^2 + \frac{1}{2}s_0c_0L^2 + \cdots \\ \frac{y}{r_0} &= L - t_0(1-\eta^2+\eta^4)_0\Delta BL + \cdots \end{aligned}\right. \qquad (152\text{a})\ [377]$$

$$m = 1 + \frac{1}{4}(1 - \alpha^2 + c_0^2 + 2\eta_0^2c_0^2)\Delta H^2 + \frac{1}{4}(\alpha^2 - c_0^2)L^2 + \cdots \quad (157)\ [379]$$

$$m = 1 + \frac{1}{4}[-\alpha^2(1+t^2)(1-2\eta^2+3\eta^4) + 2 + t^2 - 2\eta^2 - 2\eta^2 t^2 +$$
$$+ 2\eta^4 + 3\eta^4 t^2]_0 \Delta B^2 + \frac{1}{4}(\alpha^2 - s_0^2) L^2 + \cdots \quad (158)\ [379]$$

spezielle Lagrangesche Projektion: $\alpha^2 = 1 + c_0^2 + 2\eta_0^2 c_0^2$

$$c = s_0 L + \frac{1}{2}(\alpha^2 - s_0^2)\Delta H L + \cdots = s_0 L + \frac{1}{2c_0}(\alpha^2 - s_0^2)(1-\eta^2+\eta^4)_0 \Delta B L + \cdots$$
(160), (161) [380]

2. Abbildungsaufgabe [382].

I*)

$$\begin{cases} e^{-\alpha\Delta H} = \frac{1}{|\hat{\tau}_0{}^2|}\frac{A}{B}; \quad A^2 = (x - \hat{k}\hat{\tau}_0)^2 + y^2, \quad B^2 = \left(x + \frac{\hat{k}}{\hat{\tau}_0}\right)^2 + y^2, \\ \operatorname{tg}\alpha\Delta L = \frac{2y}{\hat{k}}\frac{1}{\left(1 - \frac{x^2+y^2}{\hat{k}^2}\right)\sin\hat{P}_0 - 2\cos\hat{P}_0\frac{x}{\hat{k}}}, \end{cases}$$

$$m^* = \frac{2\hat{k}r}{\cos\hat{B}_0}\frac{1}{AB}; \quad \operatorname{tg} c^* = \frac{2y}{\hat{k}}\frac{\frac{x}{\hat{k}} + \operatorname{ctg}\hat{P}_0}{1 - 2\operatorname{ctg}\hat{P}_0\frac{x}{\hat{k}} - \frac{x^2-y^2}{\hat{k}^2}},$$

II*)

$$\alpha\Delta\mathsf{M} = \frac{\Lambda_G}{\hat{k}}\left(\frac{1+\hat{\tau}_0{}^2}{\hat{\tau}_0}\right) + \frac{1}{2}\frac{\Lambda_G^2}{\hat{k}^2}\frac{1-\hat{\tau}_0{}^4}{\hat{\tau}_0{}^2} + \cdots \quad (169) \rightarrow \Delta H, L,$$

$$\Lambda_L\begin{cases} \Delta B = \frac{x}{N_0}(1+\eta_0^2) - \frac{3}{2}t_0(\eta_0^2+\eta_0^4)\frac{x^2}{N_0{}^2} - \frac{t_0}{2}(1+\eta_0^2)\frac{y^2}{N_0{}^2} + \cdots \\ L = \frac{y}{r_0} + t_0\frac{xy}{r_0 N_0} + \cdots \quad (169\text{a})\ [383] \end{cases}$$
(170) [384]

$$m = \frac{1}{m^*} = 1 + \frac{1}{4}(1 - \alpha^2 + c_0^2 + 2\eta_0^2 c_0^2)\frac{x^2}{r_0{}^2} + \frac{1}{4}(\alpha^2 - s_0^2)\frac{y^2}{r_0{}^2} + \cdots$$
(172) [384]

$$c^* = \frac{t_0}{N_0}y + \frac{\alpha^2 + s_0{}^2}{2}\cdot\frac{xy}{r_0{}^2} + \cdots \quad (174)\ [385]$$

3₂ *Die Bogenabbildung* $\sum_{(\alpha)}$ *für das Späroid.*

$$\Delta\mathsf{M} = \sum_{\nu=1}^{\infty}\sigma_\nu\frac{z^\nu}{\nu!} \quad (200)\ [397]; \qquad \sum\nolimits_{(\alpha)} = z = \sum_{\nu=1}^{\infty}\dot{\sigma}_\nu\frac{\Delta\mathsf{M}^\nu}{\nu!} \quad (201)\ [397].$$

1. Abbildungsaufgabe [397].

II) $$\frac{z}{N_0} = \sum_{\mu,\nu}(S_{\mu\nu})\Delta B^\mu \Delta L^\nu, \quad (203)\ [397]$$

$$\lg m = \frac{1}{4E_0'}(1 - \cos 2\alpha_0)\Delta B^2 - \frac{1}{2}c_0\sin 2\alpha_0\Delta B\Delta L +$$
$$+ \frac{1}{4}E_0' c_0^2(1 + \cos 2\alpha_0)\Delta L^2 + \cdots \quad (207)\ [399]$$

$$m = 1 + \frac{1}{4E_0'}(1 - \cos 2\alpha_0)\,\Delta B^2 - \frac{1}{2}c_0 \sin 2\alpha_0\,\Delta B\,\Delta L +$$
$$+ \frac{1}{4}E_0' c_0^2 (1 + \cos 2\alpha_0)\,\Delta L^2 + \cdots \qquad (209)\ [400]$$

$$c = -s_0\,\Delta L + \frac{1}{4E_0'}\sin 2\alpha_0\,\Delta B^2 -$$
$$-\frac{1}{2}c_0(1+\cos 2\alpha_0)\Delta B\Delta L - \frac{E_0' c_0^2}{4}\sin 2\alpha_0 \Delta L^2 + \cdots \qquad (208)\ [400]$$

2. Abbildungsaufgabe [401].

$$\Delta H = \sigma_1' x + \sigma_2' \frac{x^2 - y^2}{2!} + \cdots \qquad (210)\ [401]$$

$$\Delta L = \sigma_1' y + \sigma_2' \frac{2xy}{2!} + \cdots \qquad (210)\ [401]$$

$$\frac{\Delta B}{E_0'} = \frac{x}{N_0} - \frac{3}{2}t_0\eta_0^2\left(\frac{x}{N_0}\right)^2 - \frac{1}{2}t_0\left(\frac{y}{N_0}\right)^2 + \cdots \qquad (212)\ [402]$$

$$m = \frac{1}{m^*} = 1 + \frac{E_0'}{4}(1 - \cos 2\alpha_0)\left(\frac{x}{N_0}\right)^2 - \frac{E_0'}{2}\sin 2\alpha_0 \frac{xy}{N_0^2} +$$
$$+ \frac{E_0'}{4}(1 + \cos 2\alpha_0)\left(\frac{y}{N_0}\right)^2 + \cdots \qquad (213)\ [403]$$

$$-c^* = t_0\frac{y}{N_0} + \frac{1}{2}\left[\cos 2\alpha_0 (1 + \eta_0^2) + 1 + 2t_0^2 + \eta_0^2\right]\frac{xy}{N_0^2} -$$
$$-\frac{1}{4}\sin 2\alpha_0 (1 + \eta_0^2)\frac{x^2 - y^2}{N_0^2} + \cdots \qquad (214)\ [403]$$

VII, 5 Anhang: Numerische Beispiele für die Abbildungen H_G und $\dot{\Lambda}$.

Soweit die Berechnung eines Punktes mit geschlossenen Formeln oder mit Reihen geschieht, die für das ganze Gebiet eine Darstellung erlauben, sind für Fehler und Größenabschätzungen die Methoden des Teiles I heranzuziehen. Da wir alle Koeffizienten in Zahlwerten gegeben haben, läßt sich bei den trigonometrischen Reihen ohne weiteres der Einfluß eines Gliedes aus den Tabellen ablesen. Das gleiche gilt nun auch für solche Potenzreihen, in denen Koeffizientendarstellungen 2. Art vorliegen. Die angegebenen Tabellen erlauben nicht nur in den praktisch wichtigen Fällen sofort eine Angabe der Größe der vernachlässigten Glieder, sondern man kann sie auch ohne Mühe zu höheren Ableitungen fortsetzen, so daß für sehr große Distanzen ebenfalls rasch Abschätzungen gewonnen werden können. Liegen nur Koeffizienten in der ersten Darstellungsart vor, wie es in diesem Abschnitt manchmal unvermeidbar ist, so schließen wir die Berechnung nur an solche Reihen an, die ebenfalls durch ihr einfaches Bildungsgesetz einen vollständigen Überblick über die Größenordnung späterer Glieder gestatten. Aus diesem Grunde werden die zusammengesetzten Reihen, die für kleine Differenzen sehr bequem, aber völlig unübersichtlich in ihrer Koeffizientenstruktur sind, in der Berechnung vermieden.

Die Gauß-Krügersche stereographische Projektion H_G.

$$1.\ \mathbf{P}\begin{cases} B = 50^\circ\, 51'\, 18''.3891 \\ L = \ \ 1^\circ\, 59'\, 43''.1538 \end{cases}$$

Als Nullpunkt $\mathbf{P}_0$ wählen wir den Punkt

$$\begin{cases} B_0 = 50^\circ\, 0'\, 0''; \qquad L_0 = 0 \\ k = 2N_0 \end{cases}$$

$$\text{I)} \qquad \lg g = \lg \mathsf{E} - \lg \mathsf{E}_0 = -\sum_{\lambda=1}^{\infty} q_{2\lambda-1}\left(\sin(2\lambda-1)B - \sin(2\lambda-1)B_0\right) \qquad [168]$$

$\sin B = +0.7755\,5202\,70$	$\sin B_0 = +0.7660\,4444\,31$	$q_1 = -0.0066\,8554\,6363$
$\sin 3B = +0.4607\,3701\,2$	$\sin 3B_0 = +0.5000\,0000\,0$	$q_3 = +0.0000\,0373\,0947$
$\sin 5B = -0.9625\,7614$	$\sin 5B_0 = -0.9396\,9262$	$q_5 = -0.0000\,0000\,3748$
$\sin 7B = -0.0700\,045$	$\sin 7B_0 = -0.1736\,482$	$q_7 = +0.0000\,0000\,0005$

$\lg g =$	$0.0000\,6370\,9795$	$g =$	$1.0000\,6371\,18$
$\frac{P}{2} =$	$19^\circ\,34'\,20''.8054\,5$	$\Delta L =$	$1^\circ\,59'\,43''.1538$
$\tau =$	$0.3555\,4218\,95$	$\sin\Delta L =$	$0.0348\,1787\,37$
$\tau_0 =$	$0.3639\,7023\,43$	$\cos\Delta L =$	$0.9993\,9367\,40$
$\tau g =$	$0.3555\,6484\,17$	$\tau g \sin\Delta L =$	$0.0123\,8001\,17$
$V = \tau_0 \tau g =$	$0.1294\,1501\,87$	$\tau g \cos\Delta L =$	$0.3553\,4925\,35$
$V^2 =$	$0.0167\,4824\,71$	$\tau_0(1-\tau^2 g^2) =$	$0.3179\,5480\,36$
$\tau^2 g^2 =$	$0.1264\,2635\,67$	$(1-\tau_0^2)\tau g \cos\Delta L =$	$0.3082\,7459\,88$
$1-\tau^2 g^2 =$	$0.8735\,7364\,33$		$0.0096\,8020\,48$
$\tau_0^2 =$	$0.1324\,7433\,14$	$(1+\tau_0^2)\tau g \sin\Delta L =$	$0.0140\,2004\,55$
		$1+V^2+2V\cos\Delta L =$	$1.2754\,2134\,92$
$\frac{\mathsf{H}_G'}{k} =$	$0.0075\,8980\,93_2$	$\frac{\mathsf{H}_G''}{k} =$	$0.0109\,9248\,14_4$

$(N_0) = +1.0033\,5187\,557$		
$(N_2) = -0.0016\,7979\,705$	$\cos 2B_0 = -0.1736\,4818$	$\cos 2B = -0.2029\,6189$
$(N_4) = +0.0000\,0210\,922$	$\cos 4B_0 = -0.9396\,93$	$\cos 4B = -0.9176\,13$
$(N_6) = -0.0000\,0000\,294$	$\cos 6B_0 = +0.5000$	$\cos 6B = +0.5754$

$$\frac{2}{a+b}N_0 = 1.0036\,4158\,578 \qquad \frac{2}{a+b}N = 1.0036\,9087\,32_2$$

$$a + b = 12\,733\,476.1182\,5 \qquad \cos B = 0.6312\,8365\,52$$

$$k = 2N_0 = 12\,779\,846.1638 \qquad \frac{2}{a+b}N\cos B = 0.6336\,1364\,31$$

$\mathsf{H}_G' = \ \ 96\,996.595_5\ m$

$\mathsf{H}_G'' = 140\,482.222\ m$

$\frac{\Delta L}{2} = 59' \, 51''.5769$ $\qquad \frac{k}{N \sin P} = 3.1679\,9234\,56$

$\operatorname{tg}\frac{\Delta L}{2} = 0.0174\,1422$ $\qquad \frac{k}{N \sin P}\tau g(1+\tau_0^2) = 1.2756\,4932\,40$

$\frac{1-V}{1+V} = 0.7708\,2823$

$-\operatorname{tg}\frac{c}{2} = 0.0134\,2337$ $\qquad m = 1.0001\,7874$

$-\frac{c}{2} = 0°\,46'\,8''.60_2$ $\qquad c = -1°\,32'\,17''.20_4$

II) Als erstes ist zu gegebenem ΔB mit Hilfe der ΔM-Tabelle [172] die Größe ΔH zu berechnen.

	Δ**M-Tabelle**
$\Delta B = 51'\,18''.3891 = 0^\circ.8551\,0808\,333$	[1] = 1.5514 1675 365
$\Delta B^2 = 0.7312\,0983\,42$	[2] = 0.0162 2409 211
$\Delta B^3 = 0.6252\,6344$	[3] = 0.0003 0356 266
$\Delta B^4 = 0.5346\,678$	[4] = 0.0000 0555 244
$\Delta B^5 = 0.4571\,99$	[5] = 0.0000 0011 209
$\Delta B^6 = 0.3909\,5$	[6] = 0.0000 0000 232
$\Delta B^7 = 0.3343$	[7] = 0.0000 0000 005
$\Delta L = 1^\circ.9953\,2050\,00$	$\Delta H = 1^\circ.3386\,8504\,97$

$\Delta H = 1.3386\,8504\,97$	$\Delta L = 1.9953\,2050\,00$	$\Delta H\Delta L = 2.6711\,0572$
$\Delta H^2 = 1.7920\,7766$	$\Delta L^2 = 3.9813\,0390$	$\Delta H\Delta L^2 = 5.3297\,12$
$\Delta H^3 = 2.3990\,28$	$\Delta L^3 = 7.9439\,77$	$\Delta H\Delta L^3 = 10.6345$
$\Delta H^4 = 3.2115$	$\Delta L^4 = 15.8508$	$\Delta H\Delta L^4 = 21.22$
$\Delta H^5 = 4.30$	$\Delta L^5 = 31.63$	$\Delta H\Delta L^5 = 42.$
$\Delta H^6 = 6.$	$\Delta L^6 = 63.$	

$\Delta H^2\Delta L = 3.5757\,69$	$\Delta H^3\Delta L = 4.7868$	$\Delta H^4\Delta L = 6.41$
$\Delta H^2\Delta L^2 = 7.1348$	$\Delta H^3\Delta L^2 = 9.55$	$\Delta H^4\Delta L^2 = 13.$
$\Delta H^2\Delta L^3 = 14.24$	$\Delta H^3\Delta L^3 = 19.$	
$\Delta H^2\Delta L^4 = 28.$		$\Delta H^5\Delta L = 9.$

Δ H$_G$-**Tabelle**	$\Re e\,(\Delta M^\nu)$	$\Im m\,(\Delta M^\nu)$
[1] = + 71687.0146 3	+ 1.3386 8504 97	+ 1.9953 2050 000
[2] = − 479.2276 1	− 2.1892 2624	+ 5.3422 1144
[3] = + 1.3838 8	− 13.5901 08	+ 2.7833 30
[4] = + 0.0029 14	− 23.7465	− 23.3908
[5] = − 0.0000 45	+ 14.90	− 78.72
[6] = + 0.0000 002	+ 168.	− 74.
	$H'_G = 96996.595_5\,m$	$H''_G = 140482.222\,m$

$\log \frac{m}{m_0}$-Tabelle [352]

$$
\begin{aligned}
[2] &= +0.0000\,1374\,10 \\
\{2\} &= -0.0000\,1366\,51 \\
[3] &= -0.0000\,0018\,473 \\
\{3\} &= +0.0000\,0006\,090 \\
[4] &= +0.0000\,0000\,095 \\
\{4\} &= -0.0000\,0000\,014 \\
[5] &= +0.0000\,0000\,0003 \\
\{5\} &= +0.0000\,0000\,0000
\end{aligned}
$$

$$\log \frac{m}{m_0} = 0.0000\,7761\,98$$

$$\frac{m}{m_0} = 1.0001\,7874$$

$f = 474942.2681$ [352]

$$
\begin{aligned}
-\Delta L'' \sin B_0 &= -5502''.6151 \\
f\{2\} = -6.4901\,3 \quad & - \quad 34''.6716 \\
f\{3\} = +0.0289\,24 \quad & + \quad 0''.0805 \\
f\{4\} = -0.0000\,066 \quad & + \quad 0''.0002 \\
c'' &= - \quad 5537''.20_6 \\
c &= -1^\circ\,32'\,17''.20_6
\end{aligned}
$$

Umkehrung.

2. $x = \mathsf{H}'_G = 96\,996.596\,m \qquad B_0 = 50^\circ$

$y = \mathsf{H}''_G = 140\,482.222\,m \qquad b_0 = 49^\circ\,48'\,39''.8948\,2$

$k = 2\,N_0 = 12\,779\,846.1638\,m \qquad H_0 = h_0 = 1.0055\,6363\,2030$

I*) $\frac{x}{k} = 0.0075\,8980\,94 \qquad \frac{y}{k} = 0.0109\,9248\,15$

$\tau_0 = 0.3639\,7023\,43$

$\frac{1}{\tau_0} = 2.7474\,7741\,95 \qquad \frac{A^2}{k^2} = \left(\frac{x}{k} - \tau_0\right)^2 + \left(\frac{y}{k}\right)^2 = 0.1271\,2784\,191$

$\tau_0^2 = 0.1324\,7433\,14 \qquad \frac{B^2}{k^2} = \left(\frac{x}{k} + \frac{1}{\tau_0}\right)^2 + \left(\frac{y}{k}\right)^2 = 7.5905\,1626\,991$

$\tau_0^4 = 0.0175\,4944\,85$

$$\tau_0^4 \frac{B^2}{k^2} = 0.1332\,0937\,428$$

$$\frac{A^2}{\tau_0^4 B^2} = \frac{A^2}{k^2} \cdot \frac{k^2}{\tau_0^4 B^2} = 0.9543\,4606\,309$$

$$\lg \frac{A^2}{\tau_0^4 B^2} = -2\Delta H = -0.0467\,2892\,374$$

$e^{h-1} = 1.0293\,5057\,52 \qquad \Delta H = 0.0233\,6446\,19$

$e^h = 2.7980\,6496\,37 \qquad H_0 = 1.0055\,6363\,20$

$$h = H = 1.0289\,2809\,39$$

$$\operatorname{th} \frac{h}{2} = \frac{e^h - 1}{e^h + 1} = 0.4734\,1606\,34 = \operatorname{tg} \frac{b}{2}\,; \quad \frac{b}{2} = 25^\circ\,20'\,1''.0552\,6$$

$$b = 50^\circ\,40'\,2''.1105\,2$$

nach Tabelle [230] $\begin{cases} + & 676.2814\,1 \\ - & 28\,306 \\ + & 39 \end{cases}$

$$B = 50^\circ\,51'\,18''.3891$$

$$\frac{1}{\tau_0} + \tau_0 = 3.1114\,4765\,37 \qquad \left(\frac{x}{k}\right)^2 = 0.0000\,5760\,52$$

$$\frac{1}{\tau_0} - \tau_0 = 2.3835\,0718\,52 \qquad \left(\frac{y}{k}\right)^2 = 0.0001\,2083\,46$$

$$0.0001\,7843\,98$$

$$\operatorname{tg} \Delta L = \frac{0.0342\,0253\,06}{0.9817\,3119\,50} = 0.0348\,3899\,75; \qquad \underline{\Delta L = 1^\circ\,59'\,43''\!.1538}$$

$$\frac{2}{a+b} N = 1.0036\,9087\,32 \quad \sigma = 0.3349\,9848\,73 \quad \sigma^2 = 0.1122\,2398\,65$$

$$\frac{k}{a+b} = 1.0036\,4158\,58 \quad \gamma = 0.9422\,1866\,54 \quad \gamma^2 = 0.8877\,7601\,35$$

$$\frac{2N}{k} = 1.0000\,4910\,86 \quad g = 1.0000\,6371\,18 \quad \operatorname{ctg} P_0 = 1.1917\,5359\,26$$

$$\frac{1}{g} = 0.9999\,3629\,22$$

$$\underline{m^* = 0.9998\,2129} \quad \operatorname{tg} c^* = 0.0268\,5158 \qquad \underline{c^* = 1^\circ\,32'\,17''\!.205}$$

II*)

$$r_0 = 4\,107\,363.3839\,3 \quad \gamma_0 = 0.9396\,9262\,08 \quad \sigma_0 = 0.3420\,2014\,33$$

$$\varrho^\circ = 57.2957\,7951\,31$$

$$\gamma_0^4 = 0.7797\,2824\,38 \quad \sigma_0^4 = 0.0136\,8380\,06 \quad \frac{\varrho}{2}(\gamma_0^4 - \sigma_0^4) = 21.9455\,5676$$

$$\gamma_0^6 = 0.6885\,1736\,6 \quad \sigma_0^6 = 0.0016\,0070\,1 \quad \frac{\varrho}{3}(\gamma_0^6 + \sigma_0^6) = 13.1802\,841$$

$$\gamma_0^8 = 0.6079\,7613 \quad \sigma_0^8 = 0.0001\,8725 \quad \frac{\varrho}{4}(\gamma_0^8 - \sigma_0^8) = 8.7059\,35$$

$$\gamma_0^{10} = 0.5368\,564 \quad \sigma_0^{10} = 0.0000\,219 \quad \frac{\varrho}{5}(\gamma_0^{10} + \sigma_0^{10}) = 6.1521\,7$$

$$\gamma_0^{12} = 0.4740\,56 \quad \sigma_0^{12} = 0.0000\,03 \quad \frac{\varrho}{6}(\gamma_0^{12} - \sigma_0^{12}) = 4.5269$$

$$\frac{x}{r_0} = 0.0236\,1529\,45$$

$$\frac{x^2 - y^2}{r_0^2} = -0.0006\,1213\,10$$

$$\frac{x^3 - 3xy^2}{r_0^3} = -0.0000\,6970\,66$$

$$\frac{x^4 - 6x^2y^2 + y^4}{r_0^4} = -0.0000\,0223\,48$$

$$\frac{x^5 - 10x^3y^2 + 5xy^4}{r_0^5} = +0.0000\,0001\,49$$

$$\frac{x^6 - 15x^4y^2 + 15x^2y^4 - y^6}{r_0^6} = +0.0000\,0000\,46$$

$$\Delta H = 1.3386\,8505$$

nach [201] $\Delta B = 0.8551\,0809\,93$

$$\underline{\Delta B = 51'\,18''\!.3891_5}$$

$$\frac{y}{r_0} = 0.0342\,0253\,06$$

$$\frac{2xy}{r_0^2} = 0.0016\,1540\,57$$

$$\frac{3x^2y - y^3}{r_0^3} = 0.0000\,1721\,19$$

$$\frac{4x^3y - 4xy^3}{r_0^4} = -0.0000\,0197\,77$$

$$\frac{5x^4y - 10x^2y^3 + y^5}{r_0^5} = -0.0000\,0012\,31$$

$$\frac{6x^5y - 20x^3y^3 + 6xy^5}{r_0^6} = -0.0000\,0000\,24$$

$$\Delta L = 1.9953\,2050\,24$$
$$= 1°\,59'\,43''\!.1538$$

$\sin B_0 = 0.7660\,4444\,31$	$\frac{x}{r_0}$	$\frac{y}{r_0}$
$\frac{1}{2} - \frac{1}{4}\cos^2 B_0 = 0.3967\,0602$	$\frac{x^2-y^2}{r_0^2}$	$\frac{2xy}{r_0^2}$
$\sin B_0\left(\frac{1}{3} - \frac{1}{12}\cos^2 B_0\right) = 0.2289\,72$	$\frac{x^3-3xy^2}{r_0^3}$	$\frac{3x^2y-y^3}{r_0^3}$
$\frac{1}{4} - \frac{1}{4}\cos^2 B_0 + \frac{1}{32}\cos^4 B_0 = 0.1520$	$\frac{x^4-6x^2y^2+y^4}{r_0^4}$	$\frac{4x^3y-4xy^3}{r_0^4}$
$\frac{\sin B_0}{160}(192-224\cos^2 B_0+57\cos^4 B_0) = 0.52$	$\frac{x^5-10x^3y^2+5xy^4}{r_0^5}$	$\frac{5x^4y-10x^2y^3+y^5}{r_0^5}$

$\Re\,\lg r_0 \frac{d\mathsf{M}}{d\mathsf{H}_\sigma} = 0.0178\,3123\,63$ $\quad\Im\,\lg \frac{d\mathsf{M}}{d\mathsf{H}_\sigma} = 0.0268\,4514$

nach VI [251] $\lg \frac{r}{r_0} = -0.0180\,0995\,64$ $\quad \varrho'' = 206\,264.8062\,471$

$\lg m = -\lg m^* = 0.0001\,7872\,0$

$m = \frac{1}{m^*} = 1.0001\,7874$ $\quad c^* = 5537''\!.207 = 1°\,32'\,17''\!.20_7$

Die Lambertsche Kegelprojektion $\dot{\Lambda}$.

1. Gegeben: $\mathbf{P}\begin{cases} B = 50°\,51'\,18''\!.3891 \\ L = \;\;1°\,59'\,43''\!.1538 \end{cases}$ Als Nullpunkt wählen wir wie oben den Punkt $B_0 = 50°,\ L_0 = 0.$

Konstanten: $N_0 = 6\,389\,923.0819\,2$

$\mathsf{P}_0 = N_0 \operatorname{ctg} B_0 = 5\,361\,782.1012\,9$

$\alpha = \sin B_0 \quad = 0.7660\,4444\,3119$

I) $\lg g = 0.0000\,6370\,98$ $\qquad \tau = 0.3555\,4218\,95$

$\alpha \lg g = 0.0000\,4880\,45$ $\qquad \tau_0 = 0.3639\,7023\,43$

$\alpha \lg \frac{\tau}{\tau_0} = -0.0179\,4702\,06$ $\qquad \frac{\tau}{\tau_0} = 0.9768\,4413\,73$

$\lg \frac{\mathsf{P}}{\mathsf{P}_0} = -0.0178\,9821\,61$ $\qquad \lg \frac{\tau}{\tau_0} = -0.0234\,2817\,16$

$\frac{\mathsf{P}}{\mathsf{P}_0} = 0.9822\,6100\,56$

$\mathsf{P} = 5\,266\,669.4787$

$L = 7183''.1538$

$c = -\alpha L = -5502''.6150_5$

$\alpha L = 1^\circ\,31'\,42''.6150_5$ $\qquad \mathsf{P}_0 = 5\,361\,782.1013$

$\cos \alpha L = 0.9996\,4417\,85$ $\qquad \mathsf{P} \cos \alpha L = 5\,264\,795.4843$

$\sin \alpha L = 0.0266\,7426\,64$ $\qquad \mathsf{P} \sin \alpha L = 140\,484.5446$

$x = \dot{\varLambda}' = 96\,986.617$

$y = \dot{\varLambda}'' = 140\,484.545$

$r_0 = 4\,107\,363.384$

$r = 4\,034\,052.097$

$\frac{r_0}{r} = 1.0181\,7311\,37$

$m = \frac{r_0}{r} \frac{\mathsf{P}}{\mathsf{P}_0} = 1.0001\,1175$

II)

$\eta_0^2 = 0.0027\,7621\,93$ $\qquad \mathsf{P}_1 = -\;1.1884\,5418\,31$ $\qquad \sin B_0 = 0.7660\,4444\,31$

$\eta_0^4 = 0.0000\,0770\,74$ $\qquad \mathsf{P}_2 = -\;0.0117\,6359$ $\qquad \sin^2 B_0 = 0.5868\,2407\,9$

$\eta_0^6 = 0.0000\,0002\,14$ $\qquad \mathsf{P}_3 = -\;1.1812\,19$ $\qquad \sin^3 B_0 = 0.4495\,3332$

$\eta_0^8 = 0.0000\,0000\,01$ $\qquad \mathsf{P}_4 = -\;1.4160$ $\qquad \sin^4 B_0 = 0.3443\,63$

$t_0 = 1.1917\,5359\,26$ $\qquad \mathsf{P}_5 = -11.03$ $\qquad \sin^5 B_0 = 0.2638$

$t_0^2 = 1.4202\,7662\,55$ $\qquad \mathsf{P}_6 = -54.$

$\varDelta B = 51'\,18''.3891 = 3078''.3891$ $\qquad \varDelta L = 1^\circ\,59'43''.1538 = 7183''.1538$

$$\frac{1}{\varrho''} = 0.0000\,0484\,8136\,811$$

Bogenmaß:

$\varDelta B = 0.0149\,2445\,15$ $\qquad \varDelta L = 0.0348\,2491\,24$ $\qquad \varDelta B \varDelta L = 0.0005\,1974\,27$

$\varDelta B^2 = 0.0002\,2273\,93$ $\qquad \varDelta L^2 = 0.0012\,1277\,45$ $\qquad \varDelta B \varDelta L^2 = 0.0000\,1810\,00$

$\varDelta B^3 = 0.0000\,0332\,43$ $\qquad \varDelta L^3 = 0.0000\,4223\,48$ $\qquad \varDelta B \varDelta L^3 = 0.0000\,0063\,03$

$\varDelta B^4 = 0.0000\,0004\,96$ $\qquad \varDelta L^4 = 0.0000\,0147\,08$ $\qquad \varDelta B \varDelta L^4 = 0.0000\,0002\,20$

$\varDelta B^5 = 0.0000\,0000\,07$ $\qquad \varDelta L^5 = 0.0000\,0005\,12$ $\qquad \varDelta B \varDelta L^5 = 0.0000\,0000\,08$

$\varDelta B^6 = 0.0000\,0000\,00$ $\qquad \varDelta L^6 = 0.0000\,0000\,18$

$\varDelta B^2 \varDelta L = 0.0000\,0775\,69$ $\qquad \varDelta B^3 \varDelta L = 0.0000\,0011\,58$ $\qquad \varDelta B^4 \varDelta L = 0.0000\,0000\,17$

$\varDelta B^2 \varDelta L^2 = 0.0000\,0027\,01$ $\qquad \varDelta B^3 \varDelta L^2 = 0.0000\,0000\,40$ $\qquad \varDelta B^4 \varDelta L^2 = 0.0000\,0000\,01$

$\varDelta B^2 \varDelta L^3 = 0.0000\,0000\,94$ $\qquad \varDelta B^3 \varDelta L^3 = 0.0000\,0000\,01$

$\varDelta B^2 \varDelta L^4 = 0.0000\,0000\,03$ $\qquad \varDelta B^5 \varDelta L = 0.0000\,0000\,00$

Koeffizienten [364]:

$$\mathsf{P}_1 = -1.1884\,5418\,31 \qquad -\mathsf{P}_1 \sin B_0 = +0.9104\,0872$$

$$\frac{\mathsf{P}_2}{2} = -0.0058\,8180 \qquad -\frac{\mathsf{P}_2 \sin B_0}{2} = +0.0045\,06$$

$$-\frac{\sin^2 B_0}{2} = -0.2934\,1204 \qquad -\frac{\mathsf{P}_3 \sin B_0}{6} = +0.1508$$

$$\frac{\mathsf{P}_3}{6} = -0.1968\,70 \qquad \frac{\mathsf{P}_1 \sin^3 B_0}{6} = -0.0890$$

$$-\frac{\mathsf{P}_1 \sin^2 B_0}{2} = +0.3487\,07 \qquad -\frac{\mathsf{P}_4 \sin B_0}{24} = +0.05$$

$$\frac{\mathsf{P}_4}{24} = -0.0590 \qquad \frac{\mathsf{P}_2 \sin^3 B_0}{12} = -0.00$$

$$-\frac{\mathsf{P}_2 \sin^2 B_0}{4} = +0.0017$$

$$\frac{\sin^4 B_0}{24} = +0.0143$$

$$\frac{\mathsf{P}_5}{120} = -0.09 \qquad -\sin B_0 = -0.7660\,4444\,31$$

$$-\frac{\mathsf{P}_3 \sin^2 B_0}{24} = +0.03 \qquad \frac{1}{6}\sin^3 B_0 = +0.0749\,22$$

$$\frac{\mathsf{P}_1 \sin^4 B_0}{24} = -0.02 \qquad -\frac{1}{120}\sin^5 B_0 = -0.0022$$

$$\frac{x}{k\Lambda_0} = -0.0180\,8850\,41 \qquad \frac{y}{k\Lambda_0} = -0.0262\,0109\,17$$

$$k\Lambda_0 = -\mathsf{P}_0$$

$$x = 96\,986.617 \qquad y = 140\,484.545$$

Für das Vergrößerungsverhältnis hat man die Potenzreihenentwicklung (121b) [366] mit den Koeffizienten

$$\hat{m}_2 = 0.4986\,1573 \qquad \Delta B^2 = 0.0002\,2273\,93$$

$$\hat{m}_3 = 0.2002\,69 \qquad \Delta B^3 = 0.0000\,0332\,43$$

$$\hat{m}_4 = 0.2608 \qquad \Delta B^4 = 0.0000\,0004\,96$$

$$\lg m = 0.0001\,1174\,00$$

$$m = 1.0001\,1175 \qquad c = -\alpha L = -5502''.61_5$$

Umkehrung.

2. Gegeben: $\mathbf{P}^* \begin{cases} x = 96\,986.617 \\ y = 140\,484.545 \end{cases} \qquad \mathsf{P}_0 = 5361\,782.1012\,9$

I*) [366]

$$\mathsf{P}_0 - x = 5\,264\,795.484$$
$$\mathsf{P}^2 = 27\,737\,807\,396\,000$$
$$\mathsf{P} = 5\,266\,669.478$$
$$\frac{\mathsf{P}}{\mathsf{P}_0} = 0.9822\,6100\,55$$
$$\lg\frac{\mathsf{P}}{\mathsf{P}_0} = -0.0178\,9821\,62$$
$$-\frac{1}{\alpha}\lg\frac{\mathsf{P}}{\mathsf{P}_0} = 0.0233\,6446\,19$$
$$\varrho^\circ = 57.2957\,7951\,31$$
$$\Delta H = 1.3386\,8505\,64$$

$$\operatorname{tg}\alpha\Delta L = 0.0266\,8376\,11$$
$$\alpha\Delta L = 1^\circ\,31'\,42''.61507$$
$$= 5502''.6150\,7$$
$$L = \Delta L = 7183''.1538$$

$$\left.\begin{aligned} m^* &= \frac{r}{r_0}\cdot\frac{\mathsf{P}_0}{\mathsf{P}} \\ c^* &= \alpha L \end{aligned}\right\}\text{vgl. [416]}$$

$$\frac{x}{\mathsf{P}_0} = 0.0180\,8850\,40 \qquad \frac{y}{\mathsf{P}_0} = 0.0262\,0109\,18$$
$$\left(\frac{x}{\mathsf{P}_0}\right)^2 = 0.0003\,2719\,40 \qquad \left(\frac{y}{\mathsf{P}_0}\right)^2 = 0.0006\,8649\,72$$
$$\left(\frac{x}{\mathsf{P}_0}\right)^3 = 0.0000\,0591\,85 \qquad \left(\frac{y}{\mathsf{P}_0}\right)^3 = 0.0000\,1798\,70$$
$$\left(\frac{x}{\mathsf{P}_0}\right)^4 = 0.0000\,0010\,71 \qquad \left(\frac{y}{\mathsf{P}_0}\right)^4 = 0.0000\,0047\,13$$
$$\left(\frac{x}{\mathsf{P}_0}\right)^5 = 0.0000\,0000\,19 \qquad \left(\frac{y}{\mathsf{P}_0}\right)^5 = 0.0000\,0001\,23$$
$$\left(\frac{x}{\mathsf{P}_0}\right)^6 = 0.0000\,0000\,00 \qquad \left(\frac{y}{\mathsf{P}_0}\right)^6 = 0.0000\,0000\,03$$
$$\frac{x^2-y^2}{\mathsf{P}_0^2} = -0.0003\,5930\,32 \qquad \frac{xy}{\mathsf{P}_0^2} = 0.0004\,7393\,86$$
$$\frac{x^3-3xy^2}{\mathsf{P}_0^3} = -0.0000\,3133\,47 \qquad \frac{3x^2y-y^3}{\mathsf{P}_0^3} = 0.0000\,0773\,15$$
$$\frac{x^4-6x^2y^2+y^4}{\mathsf{P}_0^4} = -0.0000\,0076\,94 \qquad \frac{x^3y-xy^3}{\mathsf{P}_0^4} = -0.0000\,0017\,03$$
$$\frac{x^5-10x^3y^2+5xy^4}{\mathsf{P}_0^5} = +0.0000\,0000\,39 \qquad \frac{5x^4y-10x^2y^3+y^5}{\mathsf{P}_0^5} = -0.0000\,0003\,25$$
$$\frac{x^6-15x^4y^2+15x^2y^4-y^6}{\mathsf{P}_0^6} = +0.0000\,0000\,09 \qquad \frac{3x^5y-10x^3y^3+3xy^5}{\mathsf{P}_0^6} = -0.0000\,0000\,02$$

$$\alpha\Delta H = 0.0178\,9821\,61 \qquad c^* = \alpha\Delta L = 0.0266\,7743\,07 = 5502''.615$$
$$\Delta H = 0.0233\,6446\,18 \qquad \Delta L = 0.0348\,2491\,24$$
$$\Delta H = 1^\circ.3386\,8505 \qquad \Delta L = 1^\circ.9953\,2050$$
$$\Delta B = 51'\,18''.3891 \qquad \Delta L = 1^\circ\,59'\,43''.1538$$

Für das Vergrößerungsverhältnis verwenden wir die Entwicklung (128) [369]. Man hat dazu zunächst den mittleren Krümmungshalbmesser ϱ_0 zu berechnen:

$$\varrho_0 = \sqrt{M_0 N_0}\,; \quad \frac{\mathsf{P}_0}{\varrho_0} = \sqrt{\frac{N_0}{M_0}}\,\mathrm{ctg} B_0 = \sqrt{E_0'}\,\mathrm{ctg} B_0,$$

$$\sqrt{E_0'} = 1 + \frac{1}{2}\eta_0^2 - \frac{1}{8}\eta_0^4 + \frac{1}{16}\eta_0^6 - \frac{5}{128}\eta_0^8 + \cdots = 1.0013\,8714\,7586$$

$$\frac{\mathsf{P}_0}{\varrho_0} = 0.8402\,6358\,62$$

$$\left(\frac{\mathsf{P}_0}{\varrho_0}\right)^2 = 0.7060\,4289$$

$$\left(\frac{\mathsf{P}_0}{\varrho_0}\right)^3 = 0.5932\,62$$

$$\left(\frac{\mathsf{P}_0}{\varrho_0}\right)^4 = 0.4985$$

$$\left(\frac{\mathsf{P}_0}{\varrho_0}\right)^5 = 0.42$$

Durch Multiplikation der Potenzprodukte $\frac{x^\mu y^\nu}{\mathsf{P}_0^{\mu+\nu}}$ mit $\left(\frac{\mathsf{P}_0}{\varrho_0}\right)^{\mu+\nu}$ erhält man die benötigten Ausdrücke $\frac{x^\mu y^\nu}{\varrho_0^{\mu+\nu}}$ und damit für m^*:

$$\begin{array}{rr}
\frac{1}{m^*} = & 1.0000\,0000\,0 \\
+ & 0.0001\,1550\,7 \\
+ & 0.0000\,0068\,9 \\
- & 438\,4 \\
+ & 1\,2 \\
- & 11\,9 \\
+ & 4\,2 \\
+ & 0 \\
- & 3 \\
+ & 3 \\
\hline
\frac{1}{m^*} = & 1.0001\,1175
\end{array}$$

VIII. Abschnitt.

Die Transformationen der isothermen Koordinatensysteme.

Es handelt sich darum, erstens den Übergang von einem isothermen System zu einem anderen der gleichen Art, aber mit verschiedenen Anfangselementen, zu finden, zweitens den Übergang von einem System zu einem anderen durchzuführen (vgl. die Übersicht am Schluß des vorigen Abschnittes). Es gibt dazu drei Methoden:

1. die Zwischenschaltung von M,
2. die Zwischenschaltung der geographischen Koordinaten B, L,
3. die Zwischenschaltung der geodätischen Linie, welche den Anfangspunkt mit dem variablen Punkt verbindet.

Wir führen die 1. Methode allgemein und bei den wichtigsten Systemen durch und verweisen wegen der 2. und 3. Methode auf das von Krüger gegebene Beispiel der Transformation zweier Gauß-Krügerscher Systeme[118].

[118] Siehe L. Krüger [1] S. 163 und 164.

VIII, 1 Die allgemeine Methode.

Es seien auf dem Sphäroid zwei Gebiete $\mathfrak{U}(\mathbf{P}_i)$, die Umgebungen zweier Punkte $\mathbf{P}_i$ $(i = 1, 2)$ gegeben, die sich teilweise oder ganz überdecken. In dem gemeinsamen Gebiet $\mathfrak{D}$ [„Durchschnitt“ von $\mathfrak{U}(\mathbf{P}_1)$ und $\mathfrak{U}(\mathbf{P}_2)$] nehmen wir einen Punkt $\mathbf{P}_0$ an, so daß $\mathfrak{D}$ auch als Umgebung

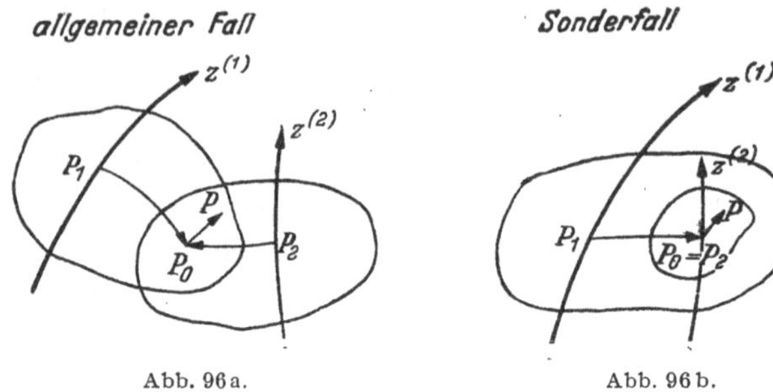

Abb. 96a. Abb. 96b.

$\mathfrak{U}(\mathbf{P}_0)$ erscheint, und wählen als variablen Punkt in der Umgebung $\mathfrak{U}(\mathbf{P}_0)$ den Punkt $\mathbf{P}$ (vgl. die Skizzen 96a, b). Die Umgebung $\mathfrak{U}(\mathbf{P}_1)$ sei auf eine komplexe Flächenvariable $z^{(1)}$ und $\mathfrak{U}(\mathbf{P}_2)$ auf $z^{(2)}$ bezogen, wobei die $\mathbf{P}_i$ nicht die Anfangspunkte der Variablen $z^{(i)}$ zu sein brauchen. Unsere Aufgabe ist es nun,

die Transformation $z^{(1)} \longleftrightarrow z^{(2)}$

zu bestimmen. Wir wollen uns dabei der Zwischenschaltung von M bedienen.

Bezeichnet man mit dem Symbol f eine analytische Funktion, so gilt

$$\text{in } \mathfrak{U}(\mathbf{P}_1)\colon\quad \mathsf{M} = f_1(z^{(1)}) \qquad \text{in } \mathfrak{U}(\mathbf{P}_2)\colon\quad \mathsf{M} = f(z^{(2)}) \tag{1}$$

insbesondere in $\mathbf{P}_0$: $\mathsf{M}_0 = f_1(z_0^{(1)})$, insbesondere in $\mathbf{P}_0$: $\mathsf{M}_0 = f_2(z_0^{(2)})$, also mit $z^{(i)} = z_0^{(i)} + \Delta z^{(i)}$ in $\mathfrak{D}$:

$$\mathsf{M} - \mathsf{M}_0 = f_1(z_0^{(1)} + \Delta z^{(1)}) - f_1(z_0^{(1)}) = f_2(z_0^{(2)} + \Delta z^{(2)}) - f_2(z_0^{(2)}). \tag{2}$$

Das ist bereits die gesuchte Transformationsgleichung mit ihrer Ableitung

$$\frac{df_1}{dz^{(1)}}\,dz^{(1)} = \frac{df_2}{dz^{(2)}}\,dz^{(2)}.$$

Eine Auflösung nach $z^{(1)}$ oder $z^{(2)}$ kann je nach den vorhandenen Darstellungsmitteln erfolgen. Wir haben z. B. in der Umgebung $\mathfrak{U}(\mathbf{P}_1)$

1. einen expliziten Ausdruck $\mathsf{M} = f_1(z^{(1)})$,
2. eine „Darstellung im Großen“ durch eine trigonometrische Reihe

$$\mathsf{M} = \mathsf{M}_K + \sum_{\lambda=1}^{\infty} c_{2\lambda-1} \sin(2\lambda - 1)\, z^{(1)},$$

3. eine „Darstellung im Kleinen“ durch eine gewöhnliche Potenzreihe

$$\mathsf{M} - \mathsf{M}_1 = \mathfrak{P}_1(z^{(1)} - z_1^{(1)}).$$

Im *Sonderfall*, wo die Umgebung $\mathfrak{U}(\mathbf{P}_2)$ in $\mathfrak{U}(\mathbf{P}_1)$ enthalten ist (Abb. 96b), wählen wir $\mathbf{P}_0 = \mathbf{P}_2$ und erhalten

a) durch Auflösung nach $z^{(1)}$ die Transformation von (lokalen) Spezialkoordinaten in ein (größeres) Landessystem,

b) durch Auflösung nach $z^{(2)}$ die Transformation der Landeskoordinaten in ein (lokales) Spezialsystem.

VIII, 2 Der Übergang von einem System zu einem anderen der gleichen Art, aber mit verschiedenen Anfangselementen.

Als wichtigste Fälle greifen wir heraus

1. die Transformation zwischen zwei Gauß-Krügerschen Projektionen $\dot{\Gamma}^{(1)}$ und $\dot{\Gamma}^{(2)}$ mit verschiedenen Hauptmeridianen,

2. die Transformation zwischen zwei Gauß-Krügerschen stereographischen Projektionen $H_G^{(1)}$ und $H_G^{(2)}$ mit verschiedenen Anfangspunkten,

3. die Transformation zwischen zwei Kegelprojektionen $\Lambda^{(1)}$ und $\Lambda^{(2)}$ mit verschiedenen Anfangs-Breitenkreisen und verschiedenen Exponenten α_1, α_2.

VIII, 2₁ Transformation zweier Gauß-Krügerscher Systeme[119].

VIII, 2₁ₐ Allgemeiner Fall (Transformation zwischen zwei Streifen).

Zwei Streifen $\mathfrak{S}_i$ $(i = 1, 2)$ mit den Hauptmeridianen $\mathfrak{M}_i$ mögen sich teilweise im Streifen $\mathfrak{S}_0$ überdecken, $\mathfrak{M}_0$ sei zunächst beliebig in $\mathfrak{S}_0$ gewählt, später zweckmäßigerweise $L_0 = \frac{L_1 + L_2}{2}$.

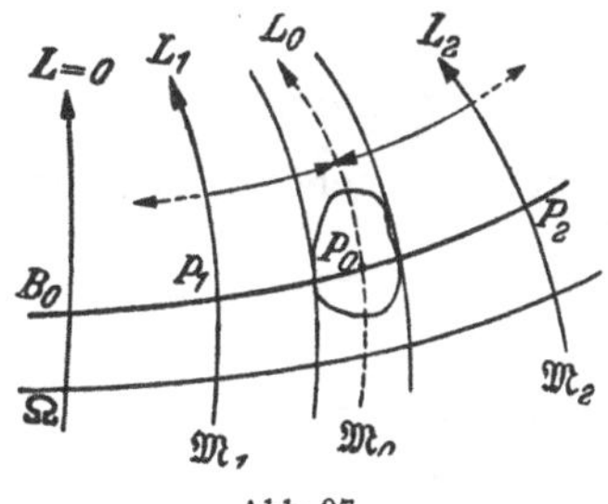

Abb. 97.

Zu $\mathfrak{S}_i$ gehört das System $z^{(i)} = \dot{\Gamma}^{(i)}$; es werde in einer gewissen Umgebung $\mathfrak{U}(\mathbf{P}_0)$ nach dem Zusammenhang $z^{(1)} \longleftrightarrow z^{(2)}$ gefragt (Abb. 97).

---

119 Vgl. L. Krüger [3].

I. Transformation „im Großen".

Der Streifen $\mathfrak{S}_0$ sei sowohl im Bereich $\mathfrak{B}_2^{(1)}|$ wie in $\mathfrak{B}_2^{(2)}|$ enthalten, dann gilt in ihm gleichzeitig (s. V (33) [177])

$$\left.\begin{aligned}\mathsf{M} &= iL_1 + \lg\operatorname{tg}\left(\frac{\pi}{4} + \frac{\dot{\Gamma}^{(1)}}{2}\right) + \sum_{\lambda=1}^{\infty} r_{2\lambda-1}\sin(2\lambda-1)\,\dot{\Gamma}^{(1)} = f_1(z^{(1)}),\\ \mathsf{M} &= iL_2 + \lg\operatorname{tg}\left(\frac{\pi}{4} + \frac{\dot{\Gamma}^{(2)}}{2}\right) + \sum_{\lambda=1}^{\infty} r_{2\lambda-1}\sin(2\lambda-1)\,\dot{\Gamma}^{(2)} = f_2(z^{(2)}).\end{aligned}\right\} \tag{3}$$

$$\left.\begin{aligned}\frac{df_i}{dz^{(i)}}\bigg|_{\mathbf{P}_0} &= \frac{1}{\cos\dot{\Gamma}_0^{(i)}} + \sum_{\lambda=1}^{\infty}(2\lambda-1)\,r_{2\lambda-1}\cos(2\lambda-1)\,\dot{\Gamma}_0^{(i)},\\ \frac{d^2f_i}{dz^{(i)^2}}\bigg|_{\mathbf{P}_0} &= \frac{\sin\dot{\Gamma}_0^{(i)}}{\cos^2\dot{\Gamma}_0^{(i)}} - \sum_{\lambda=1}^{\infty}(2\lambda-1)^2\,r_{2\lambda-1}\sin(2\lambda-1)\,\dot{\Gamma}_0^{(i)},\\ &\dots\dots\dots\end{aligned}\right\} \tag{4}$$

$z^{(2)}$ ist in $\mathfrak{U}(\mathbf{P}_0) \subset \mathfrak{S}_0$ eine regulär analytische Funktion von $z^{(1)}$, die sich in eine Taylor-Reihe entwickeln läßt:

$$z^{(2)} - z_0^{(2)} = \sum_{\nu=1}^{\infty} A_\nu \frac{(z^{(1)} - z_0^{(1)})^\nu}{\nu!}. \tag{5}$$

Die Koeffizienten A_ν findet man durch fortgesetztes Differenzieren der Transformationsgleichung (2)

$$\left.\begin{aligned}\frac{df_1}{dz^{(1)}} &= \frac{df_2}{dz^{(2)}}\cdot\frac{dz^{(2)}}{dz^{(1)}},\\ \frac{d^2f_1}{dz^{(1)^2}} &= \frac{d^2f_2}{dz^{(2)^2}}\cdot\left(\frac{dz^{(2)}}{dz^{(1)}}\right)^2 + \frac{df_2}{dz^{(2)}}\,\frac{d^2z^{(2)}}{dz^{(1)^2}}\\ &\dots\dots\dots\end{aligned}\right\} \tag{5a}$$

(für die allgemeine Weiterführung vgl. Abschnitt X [452]). Die Werte der Ableitungen an der Stelle $\mathbf{P}_0$ sind aus den Reihen (4) zu entnehmen.

II. Transformation „im Kleinen".

Zu $\mathfrak{M}_j$ als Hauptmeridian gehören die komplexen Variablen

$$\mathsf{M}^{(j)} = \mathsf{M} - iL_j;\quad \mathsf{B}^{(j)};\quad \dot{\Gamma}^{(j)} = z^{(j)},$$

wobei auf $L = L_j$

$$\mathsf{M}^{(j)} = H,\quad \mathsf{B}^{(j)} = B,\quad \dot{\Gamma}^{(j)} = \dot{G}$$

und speziell in $\mathbf{P}_j$

$$\mathsf{M}_j^{(j)} = H_j = H_0,\quad \mathsf{B}_j^{(j)} = \dot{B}_j = B_0,\quad \dot{\Gamma}_j^{(j)} = \dot{G}_j = \dot{G}_0$$

wird; ferner setzen wir

$$\mathsf{M}_0 - \mathsf{M}_j = i(L_0 - L_j) = il_j.$$

Nun sollen die Meridiane $\mathfrak{M}_j$ so benachbart und $\mathfrak{U}(\mathbf{P}_0)$ so klein sein, daß folgende Potenzreihenentwicklungen gelten:

$$\left.\begin{aligned} \mathsf{M} - \mathsf{M}_j &= \mathfrak{P}_j\left(\dot{\mathsf{r}}^{(j)} - \dot{\mathsf{r}}_j^{(j)}\right) = \sum_{\nu=1}^{\infty} [c_\nu] \frac{\left(\dot{\mathsf{r}}^{(j)} - \dot{G}_0\right)^\nu}{\nu!}, \\ \dot{\mathsf{r}}^{(j)} - \dot{\mathsf{r}}_j^{(j)} &= \mathfrak{Q}_j(\mathsf{M} - \mathsf{M}_j) = \sum_{\nu=1}^{\infty} [\dot{c}_\nu] \frac{(\mathsf{M} - \mathsf{M}_j)^\nu}{\nu!}. \end{aligned}\right\} \tag{6}$$

Die Koeffizienten (c_ν), $(\dot{c}_\nu)$ sind mit $B = B_j = B_0$ und diejenigen 2. Art $[c_\nu]$, $[\dot{c}_\nu]$ mit $\dot{\mathsf{r}}_j^{(j)} = \dot{G}_j = \dot{G}_0$ bzw. $\dot{\gamma}_0 = \dot{g}_0 = b_0$ zu bilden. Da $z^{(2)}$ in $\mathfrak{U}(\mathbf{P}_0)$ eine reguläre Funktion von $z^{(1)}$ ist, existiert eine Taylor-Entwicklung der Art (5), deren Koeffizienten sich durch schrittweises Differenzieren ergeben:

$$\left.\begin{aligned} A_1 &= \left.\frac{d z^{(2)}}{d z^{(1)}}\right|_{\mathbf{P}_0} = \left.\frac{d\dot{\mathsf{r}}^{(2)}}{d\mathsf{M}}\right|_{\mathbf{P}_0} \cdot \left.\frac{d\mathsf{M}}{d\dot{\mathsf{r}}^{(1)}}\right|_{\mathbf{P}_0}, \\ A_2 &= \left.\frac{d^2\dot{\mathsf{r}}^{(2)}}{d\mathsf{M}^2}\right|_{\mathbf{P}_0} \left(\frac{d\mathsf{M}}{d\dot{\mathsf{r}}^{(1)}}\right)^2_{\mathbf{P}_0} + \left.\frac{d\dot{\mathsf{r}}^{(2)}}{d\mathsf{M}}\right|_{\mathbf{P}_0} \cdot \left.\frac{d^2\mathsf{M}}{d\dot{\mathsf{r}}^{(1)2}}\right|_{\mathbf{P}_0}, \\ &\ldots\ldots\ldots\ldots \end{aligned}\right\} \tag{7}$$

Die Ableitungen findet man aus den Reihen (6):

$$\left.\begin{aligned} \left.\frac{d\dot{\mathsf{r}}^{(2)}}{d\mathsf{M}}\right|_{\mathbf{P}_0} &= \left.\frac{d\mathfrak{Q}_2}{d\mathsf{M}}\right|_{\mathbf{P}_0} = \sum_{\nu=1}^{\infty} [\dot{c}_\nu] \frac{(i\,l_2)^{\nu-1}}{(\nu-1)!}, \\ \left.\frac{d^2\dot{\mathsf{r}}^{(2)}}{d\mathsf{M}^2}\right|_{\mathbf{P}_0} &= \left.\frac{d^2\mathfrak{Q}_2}{d\mathsf{M}^2}\right|_{\mathbf{P}_0} = \sum_{\nu=2}^{\infty} [\dot{c}_\nu] \frac{(i\,l_2)^{\nu-2}}{(\nu-2)!}, \\ &\ldots\ldots\ldots\ldots \end{aligned}\right\} \tag{8}$$

und entsprechend

$$\left.\begin{aligned} \left.\frac{d\mathsf{M}}{d\dot{\mathsf{r}}^{(1)}}\right|_{\mathbf{P}_0} &= \left.\frac{d\mathfrak{P}_1}{d\dot{\mathsf{r}}^{(1)}}\right|_{\mathbf{P}_0} = \sum_{\nu=1}^{\infty} [c_\nu] \frac{\left(\dot{\mathsf{r}}_0^{(1)} - \dot{G}_0\right)^{\nu-1}}{(\nu-1)!}, \\ \left.\frac{d^2\mathsf{M}}{d\dot{\mathsf{r}}^{(1)2}}\right|_{\mathbf{P}_0} &= \left.\frac{d^2\mathfrak{P}_1}{d\dot{\mathsf{r}}^{(1)2}}\right|_{\mathbf{P}_0} = \sum_{\nu=2}^{\infty} [c_\nu] \frac{\left(\dot{\mathsf{r}}_0^{(1)} - \dot{G}_0\right)^{\nu-2}}{(\nu-2)!}, \\ &\ldots\ldots\ldots\ldots \end{aligned}\right\} \tag{9}$$

wobei noch die Differenzen $\left(\dot{\mathsf{r}}^{(1)} - \dot{G}_0\right)$ und ihre Potenzen (nach X [462])

$$\left.\begin{aligned} \dot{\mathsf{r}}_0^{(1)} - \dot{G}_0 &= \mathfrak{Q}_1(\mathsf{M}_0 - \mathsf{M}_1) = \sum_{\nu=1}^{\infty} (\dot{c}_\nu) \frac{(i\,l_1)^\nu}{\nu!}, \\ \left(\dot{\mathsf{r}}_0^{(1)} - \dot{G}_0\right)^\varkappa &= \mathfrak{Q}_1^\varkappa(\mathsf{M}_0 - \mathsf{M}_1) = \sum_{\nu=\varkappa}^{\infty} (\dot{c}_\nu)^{(\varkappa)} \frac{(i\,l_1)^\nu}{\nu!} \end{aligned}\right\} \tag{10}$$

einzusetzen sind. Die Koeffizienten (d_μ) der zusammengesetzten Reihen werden nach X [459] berechnet:

$$\left.\frac{d\mathsf{M}}{d\dot{\Gamma}^{(1)}}\right|_{P_0} = \sum_{\mu=1}^{\infty} (d_\mu)_1 \frac{(i\,l_1)^\mu}{\mu!},$$

$$\left.\frac{d^2\mathsf{M}}{d\dot{\Gamma}^{(1)2}}\right|_{P_0} = \sum_{\mu=1}^{\infty} (d_\mu)_2 \frac{(i\,l_1)^\mu}{\mu!},$$

$$\cdots\cdots\cdots\cdots$$

Unter Verwendung der 1. Form für die Koeffizienten (c_ν), $(\dot{c}_\nu)$ erhält man die gesuchte Entwicklung

$$\dot{\Gamma}^{(2)} - \dot{\Gamma}^{(2)}_0 = \sum_{\nu=1}^{\infty} A_\nu \frac{(\dot{\Gamma}^{(1)} - \dot{\Gamma}^{(1)}_0)^\nu}{\nu!} \tag{11}$$

bzw. durch Übergang zu dem nicht normierten komplexen Bogen $\Gamma^{(j)} = G^{(m)} \cdot \dot{\Gamma}^{(j)}$

$$\Gamma^{(2)} - \Gamma^{(2)}_0 = \sum_{\nu=1}^{\infty} \mathsf{A}_\nu \frac{(\Gamma^{(1)} - \Gamma^{(1)}_0)^\nu}{\nu!}.$$

Ausführlich ergibt sich nach Zerspaltung in Real- und Imaginärteil $\mathsf{A}_\nu = \mathsf{A}'_\nu + i\,\mathsf{A}''_\nu$ für die ersten Koeffizienten die Darstellung[120]

$$\left.\begin{aligned}
\mathsf{A}'_1 &= 1 + \frac{c_0^2}{2}[(-1-t^2-\eta^2)_0\, l_1^2 + 2t_0^2 l_1 l_2 + (1-t^2+\eta^2)_0\, l_2^2] + \\
&\quad + \frac{c_0^4}{24}[(1+2t^2+t^4)_0 l_1^4 - 4(t^2+t^4)_0 l_1^3 l_2 + 6(-1+t_0^4) l_1^2 l_2^2 + \\
&\quad + 4(5t^2-t^4)_0 l_1 l_2^3 + (5-18t^2+t^4)_0\, l_2^4] + \cdots \\
\mathsf{A}''_1 &= s_0(l_1 - l_2) + \frac{s_0 c_0^2}{6}[(-1-t^2+3\eta^2)_0 l_1^3 + 3(1+t^2+\eta^2)_0 l_1^2 l_2 + \\
&\quad + 3(1-t^2+\eta^2)_0 l_1 l_2^2 + (-5+t^2-9\eta^2)_0\, l_2^3] + \cdots \\
\mathsf{A}'_2 &= \frac{s_0 c_0}{N_0}[(-1+\eta_0^2)\, l_1^2 + 3(1+\eta_0^2)\, l_1 l_2 + 2(-1-2\eta_0^2)\, l_2^2] + \cdots \\
\mathsf{A}''_2 &= \frac{c_0}{N_0}[(1+\eta_0^2)\, l_1 + (-1-\eta_0^2)\, l_2] + \frac{c_0^3}{12 N_0}[4(-1-t_0^2)\, l_1^3 + \\
&\quad + 6(1+3t_0^2) l_1^2 l_2 + 3(1-9t_0^2) l_1 l_2^2 + (-5+13t_0^2) l_2^3] + \cdots \\
\mathsf{A}'_3 &= \frac{c_0^2}{N_0^2}[(-1+2t_0^2)\, l_1^2 + (3-4t_0^2)\, l_1 l_2 + 2(-1+t_0^2)\, l_2^2] + \cdots \\
\mathsf{A}''_3 &= \frac{s_0}{N_0^2}[(-1-5\eta_0^2)\, l_1 + (1+5\eta_0^2)\, l_2] + \cdots \\
&\cdots\cdots\cdots\cdots
\end{aligned}\right\} \tag{11a}$$

[120] Siehe Wl. K. Hristow [8] S. 285.

Wählt man $L_0 = \frac{L_1 + L_2}{2}$, so wird $l_1 = \frac{L_2 - L_1}{2} = -l_2$, wodurch sich die obigen Ausdrücke vereinfachen[121].

VIII, 2_{1b} Erster Sonderfall: Transformation von (lokalen) Spezialkoordinaten in ein Landessystem.

1. Großes (Landes-) System, Streifen $\mathfrak{S}_1$,
2. Kleines (Spezial-) System, Streifen $\mathfrak{S}_2$

$$\mathbf{P}_0 = \mathbf{P}_2, \quad \mathfrak{S}_0 = \mathfrak{S}_2 \subset \mathfrak{S}_1.$$

Es wird die Einrechnung von 2. in 1. in einer Umgebung $\mathfrak{U}(\mathbf{P}_0)$ gefordert, es sei der Einfachheit halber $z_0^{(2)} = 0$.

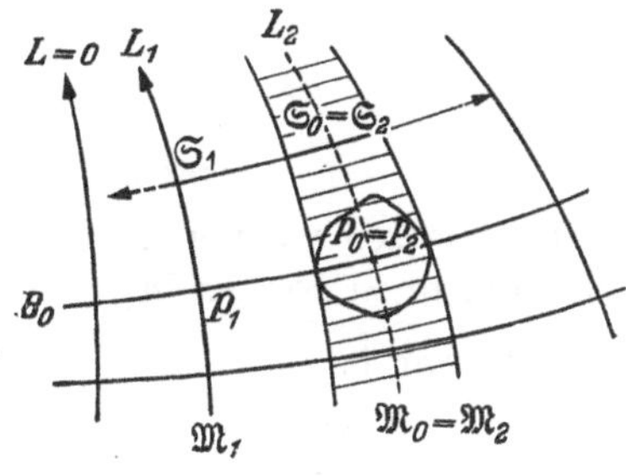

Abb. 98.

I Große Entfernung der Hauptmeridiane L_1, L_2.

Für das 1. System haben wir das Darstellungsmittel

$$\mathsf{M} = i L_1 + \lg \operatorname{tg}\left(\frac{\pi}{4} + \frac{\dot{\mathfrak{r}}^{(1)}}{2}\right) + \sum_{\lambda=1}^{\infty} r_{2\lambda-1} \sin(2\lambda - 1)\,\dot{\mathfrak{r}}^{(1)} \quad \text{in} \quad \mathfrak{B}_2^{(1)}|,$$

wobei wieder vorauszusetzen ist, daß die Umgebung $\mathfrak{U}(\mathbf{P}_0)$ in $\mathfrak{S}_0$ innerhalb $\mathfrak{B}_2|^{(1)}$ liegt.

Für das 2. System haben wir das Darstellungsmittel

$$\mathsf{M} - \mathsf{M}_2 = \mathfrak{P}_2\left(\dot{\mathfrak{r}}^{(2)} - \dot{\mathfrak{r}}_2^{(2)}\right) = \sum_{\nu=1}^{\infty} [c_\nu] \frac{(\dot{\mathfrak{r}}^{(2)}) - \dot{G}_0)^\nu}{\nu!}.$$

Die Umgebung $\mathfrak{U}(\mathbf{P}_0)$ soll ebenfalls im Konvergenzkreis der Reihe enthalten sein, so daß in ihr gleichzeitig beide Reihen gelten. Es existiert dann eine Entwicklung

$$z^{(1)} - z_0^{(1)} = \sum_{\nu=1}^{\infty} \dot{A}_\nu \frac{z^{(2)\nu}}{\nu!}, \quad \dot{A}_\nu = \frac{d^\nu z^{(1)}}{d z^{(2)\nu}}, \tag{12}$$

deren Koeffizienten aus den Gleichungen

$$\left.\begin{aligned} \left.\frac{d\mathsf{M}}{dz^{(2)}}\right|_{\mathbf{P}_0} &= \left.\frac{d\mathsf{M}}{dz^{(1)}}\right|_{\mathbf{P}_0} \cdot \left.\frac{dz^{(1)}}{dz^{(2)}}\right|_{\mathbf{P}_0}, \\ \left.\frac{d^2\mathsf{M}}{dz^{(2)2}}\right|_{\mathbf{P}_0} &= \left.\frac{d^2\mathsf{M}}{dz^{(1)2}}\right|_{\mathbf{P}_0} \left(\frac{dz^{(1)}}{dz^{(2)}}\right)^2_{\mathbf{P}_0} + \left.\frac{d\mathsf{M}}{dz^{(1)}}\right|_{\mathbf{P}_0} \cdot \left.\frac{d^2 z^{(1)}}{dz^{(2)2}}\right|_{\mathbf{P}_0} \\ &\dots\dots\dots\dots \end{aligned}\right\} \tag{13}$$

[121] Siehe Wl. K. Hristow [8] S. 286 und [1] S. 35—40.

zu bestimmen sind. Die Ableitungen berechnen sich entweder aus der Reihe

$$\frac{d\mathsf{M}}{dz^{(1)}}\bigg|_0 = \frac{1}{\cos\dot{\Gamma}_0^{(1)}} + \sum_{\lambda=1}^{\infty} r_{2\lambda-1}(2\lambda-1)\cos(2\lambda-1)\dot{\Gamma}_0^{(1)}$$

. . . .

oder sind mit den Koeffizienten $[c_\nu)$ identisch

$$\frac{d\mathsf{M}}{dz^{(2)}}\bigg|_0 = \frac{d\mathfrak{P}_2}{d\dot{\Gamma}^{(2)}}\bigg|_0 = [c_1)$$

. . . .

II Benachbarte Hauptmeridiane L_1, L_2.

Hier setzen wir voraus, daß $\mathfrak{U}(\mathbf{P}_0)$ im Konvergenzgebiet der beiden nachstehenden Reihen liegt.

System 1:

$$\dot{\Gamma}^{(1)} - \dot{\Gamma}_1^{(1)} = \mathfrak{Q}_1(\mathsf{M}-\mathsf{M}_1) = \sum_{\nu=1}^{\infty}[\dot{c}_\nu)\frac{(\mathsf{M}-\mathsf{M}_1)^\nu}{\nu!}.$$

System 2:

$$\mathsf{M}-\mathsf{M}_2 = \mathfrak{P}_2\left(\dot{\Gamma}^{(2)} - \dot{\Gamma}_2^{(2)}\right) = \sum_{\nu=1}^{\infty}[c_\nu)\frac{(\dot{\Gamma}^{(2)} - \dot{G}_0)^\nu}{\nu!}.$$

Darum existiert in $\mathfrak{U}(\mathbf{P}_0)$ eine Entwicklung

$$z^{(1)} - z_0^{(1)} = \sum_{\nu=1}^{\infty}\dot{A}_\nu\frac{z^{(2)\nu}}{\nu!} \tag{14}$$

mit den Bestimmungsgleichungen für die Koeffizienten

$$\left.\begin{aligned}
\frac{dz^{(1)}}{dz^{(2)}}\bigg|_{\mathbf{P}_0} &= \frac{d\dot{\Gamma}^{(1)}}{d\mathsf{M}}\bigg|_{\mathbf{P}_0}\frac{d\mathsf{M}}{d\dot{\Gamma}^{(2)}}\bigg|_{\mathbf{P}_0}\\
\frac{d^2z^{(1)}}{dz^{(2)2}}\bigg|_{\mathbf{P}_0} &= \frac{d^2\dot{\Gamma}^{(1)}}{d\mathsf{M}^2}\bigg|_{\mathbf{P}_0}\left(\frac{d\mathsf{M}}{d\dot{\Gamma}^{(2)}}\right)^2_{\mathbf{P}_0} + \frac{d\dot{\Gamma}^{(1)}}{d\mathsf{M}}\bigg|_{\mathbf{P}_0}\frac{d^2\mathsf{M}}{d\dot{\Gamma}^{(2)2}}\bigg|_{\mathbf{P}_0}\\
&\dots\dots\dots\dots
\end{aligned}\right\} \tag{15}$$

Die Ableitungen an der Stelle $\mathbf{P}_0$ berechnen sich entweder aus der Reihe

$$\frac{d\dot{\Gamma}^{(1)}}{d\mathsf{M}}\bigg|_{\mathbf{P}_0} = \frac{d\mathfrak{Q}_1}{d\mathsf{M}}\bigg|_{\mathbf{P}_0} = \sum_{\nu=1}^{\infty}[\dot{c}_\nu)\frac{(i\,l_1)^{\nu-1}}{(\nu-1)!}$$

. . . .

oder sind mit den Koeffizienten identisch

$$\frac{d\mathsf{M}}{d\dot{\Gamma}^{(2)}}\bigg|_{\mathbf{P}_0} = \frac{d\mathfrak{P}_2}{d\dot{\Gamma}^{(2)}}\bigg|_{\mathbf{P}_0} = [c_1).$$

. . . .

Verwendet man die Darstellung 1. Art für die Koeffizienten (c_ν), $(\dot{c}_\nu)$ in der ersten Form und spaltet die Koeffizienten $\dot{\mathsf{A}}_\nu$ der Transformationsreihe

$$\Gamma^{(1)} - \Gamma_0^{(1)} = \sum_{\nu=1}^{\infty}\dot{\mathsf{A}}_\nu\frac{\Gamma^{(2)\nu}}{\nu!} \tag{16}$$

in Real- und Imaginärteil auf, $\dot{\mathsf{A}}_\nu = \dot{\mathsf{A}}'_\nu + i\,\dot{\mathsf{A}}''_\nu$, so ergibt sich ausführlich[122]

$$\left.\begin{aligned}
\dot{\mathsf{A}}'_1 &= 1 + \frac{c_0^2}{2}(1 - t^2 + \eta^2)_0\, l_1^2 + \\
&\quad + \frac{c_0^4}{24}(5 - 18t^2 + t^4 + 14\eta^2 - 58\eta^2 t^2 + 13\eta^4 - 64\eta^4 t^2 + \mathrm{Gl}_6)_0\, l_1^4 + \\
&\quad + \frac{c_0^6}{720}(61 - 479t^2 + 179t^4 - t^6 + \mathrm{Gl}_2)_0\, l_1^6 + \cdots \\
\dot{\mathsf{A}}''_1 &= -s_0 l_1 - \frac{t_0}{6}(5 - t^2 + 9\eta^2 + 4\eta^4)_0 (c_0 l_1)^3 - \\
&\quad - \frac{t_0}{120}(61 - 58t^2 + t^4 + 270\eta^2 - 330\eta^2 t^2 + \mathrm{Gl}_4)_0 (c_0 l_1)^5 + \cdots \\
\dot{\mathsf{A}}'_2 &= -\frac{2t_0}{N_0}(1 + 2\eta^2 + \eta^4)_0 (c_0 l_1)^2 - \\
&\quad - \frac{t_0}{3N_0}(7 - 5t^2 + 32\eta^2 - 34\eta^2 t^2 + \mathrm{Gl}_4)_0 (c_0 l_1)^4 + \cdots \\
\dot{\mathsf{A}}''_2 &= -\frac{1+\eta_0^2}{N_0}(c_0 l_1) - \\
&\quad - \frac{1}{6N_0}(5 - 13t^2 + 14\eta^2 - 49\eta^2 t^2 + 13\eta^4 - 60\eta^4 t^2 + \mathrm{Gl}_6)(c_0 l_1)^3 - \\
&\quad - \frac{1}{120N_0}(61 - 418t^2 + 121t^4 + \mathrm{Gl}_2)_0 (c_0 l_1)^5 + \cdots \\
\dot{\mathsf{A}}'_3 &= -\frac{2}{N_0^2}(1 - t^2 + 3\eta^2 - 8\eta^2 t^2 + 3\eta^4 - 13\eta^4 t^2 + \mathrm{Gl}_6)_0 (c_0 l_1)^2 - \\
&\quad - \frac{1}{3N_0^2}(7 - 36t^2 + 5t^4 + \mathrm{Gl}_2)_0 (c_0 l_1)^4 + \cdots \\
\dot{\mathsf{A}}''_3 &= \frac{t_0}{N_0^2}(1 + 5\eta^2 + 4\eta^4)_0 (c_0 l_1) + \\
&\quad + \frac{t_0}{6N_0^3}(41 - 13t^2 + 214\eta^2 - 173\eta^2 t^2 + \mathrm{Gl}_4)_0 (c_0 l_1)^3 + \cdots \\
\dot{\mathsf{A}}'_4 &= \frac{4t_0}{N_0^3}(2 + 17\eta^2 - 9\eta^2 t^2 + \mathrm{Gl}_4)_0 (c_0 l_1)^3 + \cdots \\
\dot{\mathsf{A}}''_4 &= \frac{1}{N_0^3}(1 + 6\eta^2 - 12\eta^2 t^2 + 9\eta^4 - 36\eta^4 t^2 + \mathrm{Gl}_6)_0\, c_0 l_1 + \\
&\quad + \frac{1}{6N_0^3}(41 - 121t^2 + \mathrm{Gl}_2)(c_0 l_1)^3 + \cdots \\
&\cdots\cdots\cdots\cdots
\end{aligned}\right\} \quad (16\mathrm{a})$$

Durch Umkehrung der Querentwicklung (VI (55) [249]), d. h. in unserem Falle

$$\Gamma^{(1)''} = (\dot{C}_1)\frac{l_1}{1!} - (\dot{C}_3)\frac{l_1^3}{3!} + \cdots$$

kann man in den obigen Ausdrücken auch $\Gamma^{(1)''}$ statt l_1 einführen[123].

---

[122] Siehe W. Grossmann [1] S. 364.
[123] Siehe W. Grossmann [1] S. 365.

VIII, 21 c Zweiter Sonderfall: Transformation von Landeskoordinaten in ein Spezialsystem.

I Große Entfernung der Hauptmeridiane L_1, L_2.

Unter denselben Verhältnissen wie oben [425] haben wir hier

$$z^{(2)} = \sum_{\nu=1}^{\infty} A_\nu \frac{(z^{(1)} - z_0^{(1)})^\nu}{\nu!}, \qquad A_\nu = \left.\frac{d^\nu z^{(2)}}{d z^{(1)\nu}}\right|_{P_0} \tag{17}$$

mit den Bestimmungsgleichungen für die Koeffizienten

$$\left.\begin{aligned} \left.\frac{d\mathsf{M}}{dz^{(1)}}\right|_{P_0} &= \left.\frac{d\mathsf{M}}{dz^{(2)}}\right|_{P_0} \cdot \left.\frac{dz^{(2)}}{dz^{(1)}}\right|_{P_0}, \\ \left.\frac{d^2\mathsf{M}}{dz^{(1)2}}\right|_{P_0} &= \left.\frac{d^2\mathsf{M}}{dz^{(2)2}}\right|_{P_0} \left(\frac{dz^{(2)}}{dz^{(1)}}\right)^2_{P_0} + \left.\frac{d\mathsf{M}}{dz^{(2)}}\right|_{P_0} \cdot \left.\frac{d^2 z^{(2)}}{dz^{(1)2}}\right|_{P_0}, \\ &\ldots\ldots\ldots\ldots \end{aligned}\right\} \tag{18}$$

Die Ableitungen $\left.\frac{d\mathsf{M}}{dz^{(1)}}\right|_{P_0}$, $\left.\frac{d\mathsf{M}}{dz^{(2)}}\right|_{P_0}$ usw. sind von S. [426] zu übernehmen.

II Benachbarte Hauptmeridiane L_1, L_2.

Hier läßt sich wie oben die Berechnung weiter durchführen. Zunächst haben wir durch fortgesetztes Differenzieren

$$\left.\begin{aligned} \left.\frac{dz^{(2)}}{dz^{(1)}}\right|_{P_0} &= \left.\frac{d\dot{\Gamma}^{(2)}}{d\mathsf{M}}\right|_{P_0} \cdot \left.\frac{d\mathsf{M}}{d\dot{\Gamma}^{(1)}}\right|_{P_0}, \\ \left.\frac{d^2 z^{(2)}}{dz^{(1)2}}\right|_{P_0} &= \left.\frac{d^2\dot{\Gamma}^{(2)}}{d\mathsf{M}^2}\right|_{P_0} \left(\frac{d\mathsf{M}}{d\dot{\Gamma}^{(1)}}\right)^2_{P_0} + \left.\frac{d\dot{\Gamma}^{(2)}}{d\mathsf{M}}\right|_{P_0} \cdot \left.\frac{d^2\mathsf{M}}{d\dot{\Gamma}^{(1)2}}\right|_{P_0}, \\ &\ldots\ldots\ldots\ldots \end{aligned}\right\} \tag{19}$$

mit den Ableitungswerten an der Stelle P_0

$$\left.\frac{d\dot{\Gamma}^{(2)}}{d\mathsf{M}}\right|_{P_0} = \left.\frac{d\mathfrak{Q}_2}{d\mathsf{M}}\right|_{P_0} = (\dot{c}_1)$$
$$\ldots\ldots\ldots\ldots$$

bzw.

$$\left.\frac{d\mathsf{M}}{d\dot{\Gamma}^{(1)}}\right|_{P_0} = \left.\frac{d\mathfrak{P}_1}{d\dot{\Gamma}^{(1)}}\right|_{P_0} = \sum_{\nu=1}^{\infty} [c_\nu] \frac{(\dot{\Gamma}_0^{(1)} - \dot{G}_0)^{\nu-1}}{(\nu-1)!}, \tag{20}$$
$$\ldots\ldots\ldots\ldots$$

Die Reihen können noch umgeformt werden. Für die Differenz $\dot{\Gamma}^{(1)} - \dot{G}_0$ und ihre Potenzen haben wir die Entwicklungen

$$\left.\begin{aligned} \dot{\Gamma}_0^{(1)} - \dot{G}_0 &= \mathfrak{Q}_1(\mathsf{M}_0 - \mathsf{M}_1) = \sum_{\nu=1}^{\infty} (\dot{c}_\nu) \frac{(i\, l_1)^\nu}{\nu!}, \\ (\dot{\Gamma}_0^{(1)} - \dot{G}_0)^\varkappa &= \mathfrak{Q}_1^\varkappa(\mathsf{M}_0 - \mathsf{M}_1) = \sum_{\nu=\varkappa}^{\infty} (\dot{c}_\nu)^{(\varkappa)} \frac{(i\, l_1)^\nu}{\nu!}. \end{aligned}\right\} \tag{21}$$

Durch Einsetzen folgt die Darstellung

$$\left.\begin{aligned} \left.\frac{d\mathsf{M}}{d\dot{\Gamma}^{(1)}}\right|_{P_0} &= \sum_{\mu=1}^{\infty} (d_\mu)_1 \frac{(i\, l_1)^\mu}{\mu!}, \\ \left.\frac{d^2\mathsf{M}}{d\dot{\Gamma}^{(1)2}}\right|_{P_0} &= \left.\frac{d^2\mathfrak{P}_1}{d\dot{\Gamma}^{(1)2}}\right|_{P_0} = \sum_{\mu=1}^{\infty} (d_\mu)_2 \frac{(i\, l_1)^\mu}{\mu!}, \\ &\ldots\ldots\ldots\ldots \end{aligned}\right\} \tag{20a}$$

Spaltet man die Koeffizienten der Transformationsreihe in Real- und Imaginärteil auf und geht außerdem zu den nicht normierten Variablen $\Gamma^{(j)}$ über

$$\Gamma^{(2)} = \sum_{\nu=1}^{\infty} \mathsf{A}_\nu \frac{(\Gamma^{(1)} - G_0)^\nu}{\nu!}, \tag{22}$$

so gilt ausführlich mit $\mathsf{A}_\nu = \mathsf{A}'_\nu + i\,\mathsf{A}''_\nu$ [124]

$$\left.\begin{aligned}
\mathsf{A}'_1 &= 1 - \frac{1}{2}(1 + t^2 + \eta^2)_0 (c_0 l_1)^2 + \\
&\quad + \frac{1}{24}(1 + 2t^2 + t^4 - 2\eta^2 + 10\eta^2 t^2 - 7\eta^4 + 32\eta^4 t^2 + \mathrm{Gl}_6)(c_0 l_1)^4 - \\
&\quad - \frac{1}{720}(1 + 3t^2 + 3t^4 + t^6 + \mathrm{Gl}_2)_0 (c_0 l_1)^6 + \cdots \\
\mathsf{A}''_1 &= s_0 l_1 - \frac{t_0}{6}(1 + t^2 - 3\eta^2 - 4\eta^4)_0 (c_0 l_1)^3 + \\
&\quad + \frac{t_0}{120}(1 + 2t^2 + t^4 + 30\eta^2 - 30\eta^2 t^2 + \mathrm{Gl}_4)(c_0 l_1)^5 + \cdots \\
\mathsf{A}'_2 &= -\frac{t_0}{N_0}(1 - \eta^2 - 2\eta^4)_0 (c_0 l_1)^2 + \\
&\quad + \frac{t_0}{3N_0}(1 + t^2 - \eta^2 - \eta^2 t^2 + \mathrm{Gl}_4)_0 (c_0 l_1)^4 + \cdots \\
\mathsf{A}''_2 &= \frac{1 + \eta_0^2}{N_0} c_0 l_1 - \frac{2}{3N_0}(1 + t^2 + \eta^2 + \eta^2 t^2 - \eta^4 + 6\eta^4 t^2 + \mathrm{Gl}_6)_0 (c_0 l_1)^3 + \\
&\quad + \frac{2}{15N_0}(1 + 2t^2 + t^4 + \mathrm{Gl}_2)_0 (c_0 l_1)^5 + \cdots \\
\mathsf{A}'_3 &= -\frac{1}{N_0^2}(1 - 2t^2 - 4\eta^2 t^2 - 3\eta^4 + 10\eta^4 t^2 + \mathrm{Gl}_6)_0 (c_0 l_1)^2 + \\
&\quad + \frac{5}{6N_0^2}(1 - t^2 - 2t^4 + \mathrm{Gl}_2)_0 (c_0 l_1)^4 + \cdots \\
\mathsf{A}''_3 &= -\frac{t_0}{N_0^2}(1 + 5\eta^2 + 4\eta^4)_0 (c_0 l_1) + \\
&\quad + \frac{t_0}{6N_0^2}(1 + 13t^2 + 38\eta^2 + 29\eta^2 t^2 + \mathrm{Gl}_4)_0 (c_0 l_1)^3 + \cdots \\
\mathsf{A}'_4 &= \frac{t_0}{N_0^3}(7 + 22\eta^2 - 24\eta^2 t^2 + \mathrm{Gl}_4)_0 (c_0 l_1)^2 + \cdots \\
\mathsf{A}''_4 &= -\frac{1}{N_0^3}(1 + 6\eta^2 - 12\eta^2 t^2 + 9\eta^4 - 36\eta^4 t^2 + \mathrm{Gl}_6)_0 (c_0 l_1) + \\
&\quad + \frac{2}{3N_0^3}(1 + 19t^2 + \mathrm{Gl}_2)_0 (c_0 l_1)^3 + \cdots \\
&\ldots\ldots\ldots
\end{aligned}\right\} \tag{22a}$$

Auch hier kann wie oben auf S. [427] mit Hilfe der Querentwicklung die Größe $\Gamma^{(1)''}$ statt l_1 eingeführt werden[125].

[124] Siehe W. Grossmann [1] S. 367.
[125] Siehe W. Grossmann [1] S. 368.

VIII, 2₂ Transformation zweier stereographischer Projektionen[126].

Es seien nach Gauß-Krüger zwei stereographische Projektionen $\mathsf{H}^{(1)}, \mathsf{H}_G^{(2)}$ mit den Zentralpunkten $\dot{\mathrm{P}}_0^{(1)}, \dot{\mathrm{P}}_0^{(2)}$ gegeben (s. VII [343]):

$$\mathsf{H}_G^{(i)} = z^{(i)} = k^{(i)} \frac{\tau_0^{(i)} - \tau g^{(i)} e^{-i\left(L-L_0^{(i)}\right)}}{1 + \tau_0^{(i)} \tau g^{(i)} e^{-i\left(L-L_0^{(i)}\right)}},$$

$$g^{(i)} = \frac{\mathsf{E}}{\mathsf{E}_0^{(i)}}, \quad \frac{g^{(1)}}{g^{(2)}} = \frac{\mathsf{E}_0^{(2)}}{\mathsf{E}_0^{(1)}} = g^{(1)}\left(\dot{\mathrm{P}}_0^{(2)}\right) = g_0, \quad L_0^{(1)} - L_0^{(2)} = \lambda_0.$$

Da das Sphäroid sowohl durch $z^{(1)}$ wie durch $z^{(2)}$ umkehrbar eindeutig auf die Vollebene abgebildet wird, muß zwischen $z^{(1)}$ und $z^{(2)}$ ein linearer Zusammenhang bestehen:

$$\frac{z^{(2)}}{k^{(2)}} = C \frac{\dfrac{z^{(1)}}{k^{(1)}} - a}{\dfrac{z^{(1)}}{k^{(1)}} - b},$$

worin wir die drei Konstanten a, b, C zu bestimmen haben.

Für $z^{(2)} = 0$ oder $\tau = \dfrac{\tau_0^{(2)}}{g^{(2)}} e^{i\left(L-L_0^{(2)}\right)}$ wird $\dfrac{z^{(1)}}{k^{(1)}} = a = \dfrac{\tau_0^{(1)} - \tau_0^{(2)} g_0 e^{i\lambda_0}}{1 + \tau_0^{(1)} \tau_0^{(2)} g_0 e^{i\lambda_0}}$.

Für $z^{(2)} = \infty$ oder $\tau = -\dfrac{1}{\tau_0^{(2)} g^{(2)}} e^{i\left(L-L_0^{(2)}\right)}$ wird $\dfrac{z^{(1)}}{k^{(1)}} = b = \dfrac{\tau_0^{(1)} \tau_0^{(2)} + g_0 e^{i\lambda_0}}{\tau_0^{(2)} - \tau_0^{(1)} g_0 e^{i\lambda_0}}$.

Für $z^{(1)} = \infty$ oder $\tau = -\dfrac{1}{\tau_0^{(1)} g^{(1)}} e^{i\left(L-L_0^{(1)}\right)}$ wird $\dfrac{z^{(2)}}{k^{(2)}} = C = \dfrac{1 + \tau_0^{(1)} \tau_0^{(2)} g_0 e^{i\lambda_0}}{\tau_0^{(1)} g_0 e^{i\lambda_0} - \tau_0^{(2)}}$.

Setzt man die Konstanten ein und erweitert den Doppelbruch, so entsteht die gesuchte Transformationsgleichung

$$\frac{z^{(2)}}{k^{(2)}} = \frac{\left(\dfrac{z^{(1)}}{k^{(1)}} - \tau_0^{(1)}\right) + \tau_0^{(2)} g_0 \left(\tau_0^{(1)} \dfrac{z^{(1)}}{k^{(1)}} + 1\right) e^{i\lambda_0}}{-\tau_0^{(2)} \left(\dfrac{z^{(1)}}{k^{(1)}} - \tau_0^{(1)}\right) + g_0 \left(\tau_0^{(1)} \dfrac{z^{(1)}}{k^{(1)}} + 1\right) e^{i\lambda_0}}. \tag{23}$$

Um die Trennung in Real- und Imaginärteil vorzunehmen, erweitern wir den Bruch $z^{(2)}/k^{(2)}$ mit dem konjugierten Wert des Nenners und setzen dabei zur Abkürzung

$$\frac{z^{(1)}}{k^{(1)}} - \tau_0^{(1)} = \zeta, \qquad \tau_0^{(1)} \frac{z^{(1)}}{k^{(1)}} + 1 = \vartheta. \tag{24}$$

Die Durchführung ergibt

$$\frac{z^{(2)}}{k^{(2)}} = \frac{\zeta + \tau_0^{(2)} g_0 \vartheta e^{i\lambda_0}}{-\tau_0^{(2)} \zeta + g_0 \vartheta e^{i\lambda_0}} \cdot \frac{-\tau_0^{(2)} \bar{\zeta} + g_0 \bar{\vartheta} e^{-i\lambda_0}}{-\tau_0^{(2)} \bar{\zeta} + g_0 \bar{\vartheta} e^{-i\lambda_0}}$$

oder

$$\frac{z^{(2)}}{k^{(2)}} = \frac{Z' + iZ''}{N} = \frac{-\tau_0^{(2)} \zeta\bar{\zeta} - [\tau_0^{(2)}]^2 g_0 \vartheta \bar{\zeta} e^{i\lambda_0} + g_0 \bar{\vartheta} \zeta e^{-i\lambda_0} + \tau_0^{(2)} g_0^2 \vartheta\bar{\vartheta}}{[\tau_0^{(2)}]^2 \zeta\bar{\zeta} - g_0 \tau_0^{(2)} (\zeta \bar{\vartheta} e^{-i\lambda_0} + \bar{\zeta} \vartheta e^{i\lambda_0}) + g_0^2 \vartheta\bar{\vartheta}}.$$

---

[126] Siehe L. Krüger [4] S. 16 und G. F. Gauß' Werke Bd. IX S. 133.

Mit den ursprünglichen Größen erhält man daraus, wenn zur Vereinfachung jetzt der Index (1) unterdrückt wird,

$$\left.\begin{aligned}
N = {} & \frac{x^2+y^2}{k^2}\left([\tau_0^{(2)}]^2 - 2g_0\tau_0\tau_0^{(2)}\cos\lambda_0 + g_0^2\tau_0^2\right) - \\
& - \frac{2x}{k}\left([\tau_0^{(2)}]^2\tau_0 + g_0\tau_0^{(2)}\cos\lambda_0(1-\tau_0^2) - g_0^2\tau_0\right) - \\
& - \frac{2y}{k} g_0\tau_0^{(2)}(\tau_0^2+1)\sin\lambda_0 + \left([\tau_0^{(2)}]^2\tau_0^2 + 2g_0\tau_0\tau_0^{(2)}\cos\lambda_0 + g_0^2\right), \\
N\frac{x^{(2)}}{k^{(2)}} = Z' = {} & \frac{x^2+y^2}{k^2}\left(g_0^2\tau_0^2\tau_0^{(2)} - \tau_0^{(2)} + g_0\cos\lambda_0(1-[\tau_0^{(2)}]^2)\right) + \\
& + \frac{x}{k}\left(2\tau_0\tau_0^{(2)}(1+g_0^2) - g_0(\tau_0^2-1)\cos\lambda_0(1-[\tau_0^{(2)}]^2)\right) + \\
& + \frac{y}{k} g_0(\tau_0^2+1)\sin\lambda_0\left(1-[\tau_0^{(2)}]^2\right) + \\
& + \left(g_0^2\tau_0^{(2)} - \tau_0^2\tau_0^{(2)} - g_0\cos\lambda_0(1-[\tau_0^{(2)}]^2)\right), \\
N\frac{y^{(2)}}{k^{(2)}} = Z'' = {} & \left(1+[\tau_0^{(2)}]^2\right) g_0\left\{(1+\tau_0^2)\frac{y}{k}\cos\lambda_0 - \right. \\
& \left. - \left(\frac{x^2+y^2}{k^2} - 1\right)\sin\lambda_0 + (\tau_0^2-1)\frac{x}{k}\sin\lambda_0\right\}.
\end{aligned}\right\} \quad (25)$$

VIII, 2_3 Transformation zweier Lambertscher Kegelprojektionen.

1. Fall: Verschiedene Anfangsmeridiane, gleiche Normalparallelkreise und gleiche Exponenten α.

$$\Lambda^{(1)} = -e^{-\alpha(M - iL_1)},\quad \Lambda^{(2)} = -e^{-\alpha(M-iL_2)} \rightarrow \Lambda^{(2)} = e^{i\alpha(L_2-L_1)}\cdot\Lambda^{(1)}. \quad (26)$$

2. Fall: Gleicher Anfangsmeridian ($L=0$), verschiedene Normalparallelkreise und verschiedene Exponenten α.

Gegeben sind zwei verschiedene Zonen $\mathfrak{Z}_1$ und $\mathfrak{Z}_2$, die einander teilweise in der Zone $\mathfrak{Z}_0$ überdecken:

$$\mathfrak{U}(\mathbf{P}_0^{(1)}) = \mathfrak{Z}_1,\quad \mathfrak{U}(\mathbf{P}_0^{(2)}) = \mathfrak{Z}_2.$$

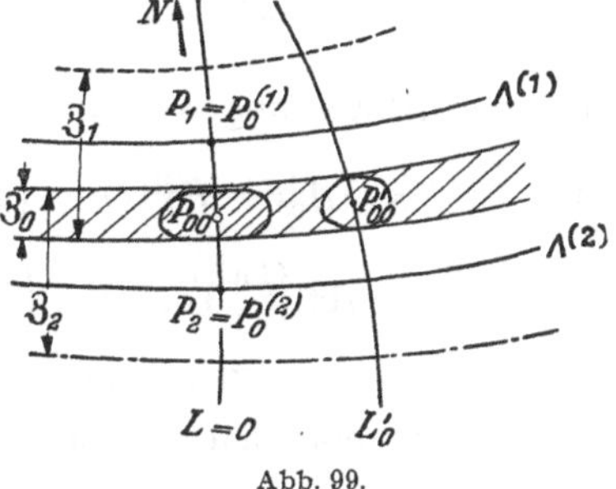

Abb. 99.

Es handelt sich um die Transformation der Koordinaten innerhalb der Zone $\mathfrak{Z}_0$ zunächst in der Umgebung $\mathfrak{U}(\mathbf{P}_{00})$[127]. Die ganze Zone kann anschließend durch Heranziehen des 1. Falles ausgeschöpft werden.

[127] Um Verwechslungen mit den Nullpunkten der einzelnen Zonen zu vermeiden, soll der Nullpunkt der gemeinsamen Umgebung mit $\mathbf{P}_{00}$ bezeichnet werden.

Die Umgebung $\mathfrak{U}(\mathbf{P}'_{00})$ wird dabei auf $\mathfrak{U}(\mathbf{P}_{00})$ zurückgeführt. Es gilt (vgl. VII [359/361])

$$\left.\begin{aligned}
&\text{in } \mathfrak{Z}_1\colon\quad \mathsf{M} = -\frac{1}{\alpha^{(1)}}\lg\left(-\Delta\Lambda^{(1)} + \frac{\mathsf{P}_0^{(1)}}{k^{(1)}}\right)\\
&\text{speziell für } \mathbf{P}_{00}\colon\\
&\qquad \mathsf{M}_{00} = -\frac{1}{\alpha^{(1)}}\lg\left(-\Delta\Lambda_{00}^{(1)} + \frac{\mathsf{P}_0^{(1)}}{k^{(1)}}\right);\\
&\text{in } \mathfrak{Z}_2\colon\quad \mathsf{M} = -\frac{1}{\alpha^{(2)}}\lg\left(-\Delta\Lambda^{(2)} + \frac{\mathsf{P}_0^{(2)}}{k^{(2)}}\right)\\
&\text{speziell für } \mathbf{P}_{00}\colon\\
&\qquad \mathsf{M}_{00} = -\frac{1}{\alpha^{(2)}}\lg\left(-\Delta\Lambda_{00}^{(2)} + \frac{\mathsf{P}_0^{(2)}}{k^{(2)}}\right).
\end{aligned}\right\} \tag{27}$$

Damit lautet die allgemeine Transformationsgleichung in $\mathfrak{Z}_0$:

$$\mathsf{M} - \mathsf{M}_{00} = -\frac{1}{\alpha^{(1)}}\lg\left[\frac{-\dot\Lambda^{(1)} + \mathsf{P}_0^{(1)}}{-\dot\Lambda_{00}^{(1)} + \mathsf{P}_0^{(1)}}\right] = -\frac{1}{\alpha^{(2)}}\lg\left[\frac{-\dot\Lambda^{(2)} + \mathsf{P}_0^{(2)}}{-\dot\Lambda_{00}^{(2)} + \mathsf{P}_0^{(2)}}\right]. \tag{28}$$

Sie kann explizit aufgelöst werden:

$$\frac{\dot\Lambda^{(2)} - \mathsf{P}_0^{(2)}}{\dot\Lambda_{00}^{(2)} - \mathsf{P}_0^{(2)}} = \left(\frac{\dot\Lambda^{(1)} - \mathsf{P}_0^{(1)}}{\dot\Lambda_{00}^{(1)} - \mathsf{P}_0^{(1)}}\right)^{\frac{\alpha^{(2)}}{\alpha^{(1)}}}. \tag{28a}$$

Zur Berechnung wird man eine Potenzreihenentwicklung heranziehen und sich daher zunächst auf $\mathfrak{U}(\mathbf{P}_{00})$ beschränken. Nach der Umformung

$$\begin{aligned}
\frac{\dot\Lambda^{(1)} - \mathsf{P}_0^{(1)}}{\dot\Lambda_{00}^{(1)} - \mathsf{P}_0^{(1)}} &= \frac{k^{(1)}(\Lambda^{(1)} - \Lambda_0^{(1)}) - \mathsf{P}_0^{(1)}}{k^{(1)}(\Lambda_{00}^{(1)} - \Lambda_0^{(1)}) - \mathsf{P}_0^{(1)}}\\
&= \frac{k^{(1)}(\Lambda^{(1)} - \Lambda_{00}^{(1)}) + k^{(1)}(\Lambda_{00}^{(1)} - \Lambda_0^{(1)}) - \mathsf{P}_0^{(1)}}{k^{(1)}(\Lambda_{00}^{(1)} - \Lambda_0^{(1)}) - \mathsf{P}_0^{(1)}} = 1 + \delta\Lambda^{(1)}
\end{aligned}$$

mit

$$\delta\Lambda^{(1)} = \frac{\Lambda^{(1)} - \Lambda_{00}^{(1)}}{\Lambda_{00}^{(1)} - \Lambda_0^{(1)} - \frac{1}{k^{(1)}}\mathsf{P}_0^{(1)}} = \frac{\Lambda^{(1)} - \Lambda_{00}^{(1)}}{\Lambda_{00}^{(1)}} \quad \text{für} \quad L = 0$$

und der Abkürzung $\alpha = \alpha^{(2)}/\alpha^{(1)}$ erhält man für $|\delta\Lambda^{(1)}| < 1$

$$\left.\begin{aligned}
\dot\Lambda^{(2)} - \mathsf{P}_0^{(2)} &= (\dot\Lambda_{00}^{(2)} - \mathsf{P}_0^{(2)})\left\{1 + \binom{\alpha}{1}\delta\Lambda^{(1)} + \binom{\alpha}{2}[\delta\Lambda^{(1)}]^2 + \cdots\right\}\\
\Lambda^{(2)} - \Lambda_{00}^{(2)} &= \Lambda_{00}^{(2)}\left\{\binom{\alpha}{1}\delta\Lambda^{(1)} + \binom{\alpha}{2}[\delta\Lambda^{(1)}]^2 + \binom{\alpha}{3}[\delta\Lambda^{(1)}]^3 + \cdots\right\}
\end{aligned}\right\} \tag{29}$$

Hieraus kann die Trennung in Real- und Imaginärteil in bekannter Weise vorgenommen werden.

S o n d e r f a l l: Die Zone $\mathfrak{Z}_2$ ist in der Zone $\mathfrak{Z}_1$ enthalten, $\mathfrak{Z}_2 \subset \mathfrak{Z}_1$; Transformation der Spezialkoordinaten in ein Landessystem.

Wir wählen $\mathbf{P}_{00} = \mathbf{P}_0^{(2)}$ und haben dann aus (28a) wegen $\dot\Lambda_{00}^{(2)} = 0$

$$1 + \delta\Lambda^{(1)} = \left(1 - \frac{\dot\Lambda^{(2)}}{\mathsf{P}_0^{(2)}}\right)^{\dot\alpha} \quad \text{mit} \quad \dot\alpha = \frac{\alpha^{(1)}}{\alpha^{(2)}} = \frac{1}{\alpha}. \tag{30}$$

Die Potenzreihenentwicklung ergibt

$$\left.\begin{aligned} \delta\Lambda^{(1)} &= -\binom{\dot\alpha}{1}\frac{\dot\Lambda^{(2)}}{\mathsf{P}_0^{(2)}} + \binom{\dot\alpha}{2}\left[\frac{\dot\Lambda^{(2)}}{\mathsf{P}_0^{(2)}}\right]^2 - \binom{\dot\alpha}{3}\left[\frac{\dot\Lambda^{(2)}}{\mathsf{P}_0^{(2)}}\right]^3 + \cdots \\ \delta\Lambda^{(1)} &= \frac{\Lambda^{(1)} - \Lambda_{00}^{(1)}}{\Lambda_{00}^{(1)}} = \frac{k^{(1)}(\Lambda^{(1)} - \Lambda_{00}^{(1)})}{-k^{(1)} e^{-\alpha^{(1)} H_{00}}} = \frac{\dot\Lambda^{(1)} - \dot\Lambda_{00}^{(1)}}{-\mathsf{P}_0^{(1)} e^{\alpha^{(1)}(H_0{}^{(1)} - H_{00})}}\,. \end{aligned}\right\} \quad (31)$$

Analog ist bei der Transformation der Landeskoordinaten in ein Spezialsystem zu verfahren. Ist mit $\mathfrak{U}(\mathbf{P}_{00})$ das zu transformierende Gebiet noch nicht erschöpft, müssen mehrere Punkte $\mathbf{P}_{00}$ usw. herangezogen werden.

VIII, 3 Übergang von einem isothermen System zu einem anderen verschiedener Art.

Die analytischen Zusammenhänge zwischen den verschiedenen komplexen Flächenvariablen sind großenteils schon in den Abschnitten V bis VII entwickelt worden (s. Übersicht V und VII). Wir behandeln hier — der besonderen Wichtigkeit wegen — noch die Transformationen

$$\mathsf{\Gamma} \longleftrightarrow \Sigma_{(\alpha)}; \quad \mathsf{H},\ \mathsf{H}_G; \quad \Lambda,\ \Lambda_G \text{ [128]}.$$

VIII, 3_1 Transformation zwischen der Gauß-Krügerschen Meridianbogenabbildung und der allgemeinen (insbesondere querachsigen) Bogenabbildung.

Die allgemeine Lage ist durch die nebenstehende Skizze veranschaulicht.

1. System: Gauß-Krüger-Streifen $\mathfrak{S}_2$: $\mathsf{\Gamma}^{(1)}$ mit $\mathfrak{M}_1$,

2. System: Schiefachsiges, durch $\mathfrak{G}(\mathbf{P}_2, \alpha)$ bestimmtes System $\Sigma_{(\alpha)}$ (s. VII, 3_2).

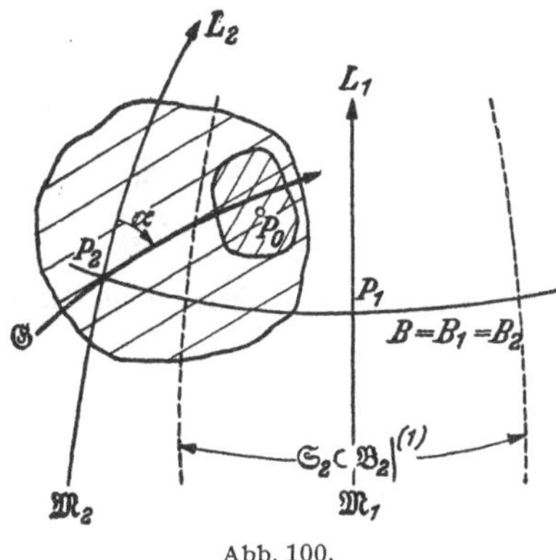

Abb. 100.

Darstellungsmittel für das erste System:

Die trigonometrische Reihe $\mathsf{M} = \mathsf{M}(\dot{\mathsf{\Gamma}})$. V (33) [177]

Die Potenzreihe $\mathsf{M} - \mathsf{M}_1 = \mathfrak{P}_1(\dot{\mathsf{\Gamma}}^{(1)} - \dot{\mathsf{\Gamma}}_1^{(1)})$ V (35) [178]

mit ihrer Umkehrung $\dot{\mathsf{\Gamma}}^{(1)} - \dot{\mathsf{\Gamma}}_1^{(1)} = \mathfrak{Q}_1(\mathsf{M} - \mathsf{M}_1)$; $\dot{\mathsf{\Gamma}}_1^{(1)} = \dot{G}_1$ V (88) [210]

Darstellungsmittel für das zweite System:

Die Potenzreihe $\mathsf{M} - \mathsf{M}_2 = \mathfrak{P}_2(\Sigma_{(\alpha)})$ VII (200) [397]

mit ihrer Umkehrung $\Sigma_{(\alpha)} = \mathfrak{Q}_2(\mathsf{M} - \mathsf{M}_2)$ VII (201) [397]

[128] Vgl. auch Wl. K. Hristow [10].

Der Entwicklungsmittelpunkt ist hier $\mathbf{P}_2$, man hat also an Stelle des Index „Null" den Index „Zwei" zu setzen.

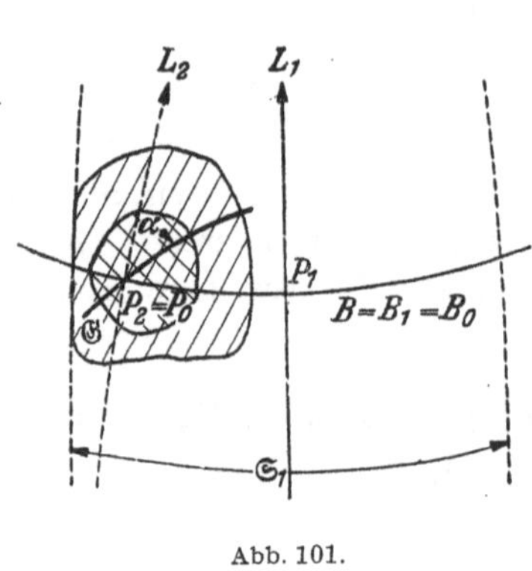

Abb. 101.

Je nachdem es sich um „entfernte" oder „nahe" Systeme handelt, können die Transformationsgleichungen analog zu 2_{1a} I bzw. II aufgestellt und behandelt werden. Von Interesse ist der *Sonderfall*, daß das zweite Gebiet ganz im ersten liegt (s. Skizze 101). Hier wird durch die Wahl $\mathbf{P}_0=\mathbf{P}_2$ und $\mathbf{P}_1$ auf $B=B_2=B_0$ die Rechnung besonders vereinfacht. Sind die Meridiane L_1, L_2 überdies nahe, so hat man in einer genügend kleinen Umgebung $\mathfrak{U}(\mathbf{P}_0)$:

$$\left.\begin{aligned} \mathsf{M}-\mathsf{M}_1 &= \mathfrak{P}_1\left(\dot{\mathfrak{r}}^{(1)}-\dot{G}_1\right), \\ \text{insbesondere}\quad \mathsf{M}_0-\mathsf{M}_1 &= i\,(L_0-L_1)=il=\mathfrak{P}_1\left(\dot{\mathfrak{r}}_0^{(1)}-\dot{G}_1\right) \end{aligned}\right\} \tag{32}$$

mit Umkehrung:

$$\left.\begin{aligned} &\dot{\mathfrak{r}}^{(1)}-\dot{G}_1=\mathfrak{Q}_1(\mathsf{M}-\mathsf{M}_1), \\ &\dot{\mathfrak{r}}_0^{(1)}-\dot{G}_1=\mathfrak{Q}_1(il); \qquad \dot{\mathfrak{r}}^{(1)}=z^{(1)}. \end{aligned}\right\} \tag{33}$$

Andererseits gilt für das zweite System

$$\left.\begin{aligned} \mathsf{M}-\mathsf{M}_0=\mathfrak{P}_2(\Sigma_{(\alpha)}); \qquad \Sigma_{(\alpha)}=z^{(2)}, \\ \Sigma_{(\alpha)}=\mathfrak{Q}_2(\mathsf{M}-\mathsf{M}_0). \end{aligned}\right\} \tag{34}$$

Dann lautet die Transformationsgleichung in $\mathfrak{U}(\mathbf{P}_0)$

$$\mathsf{M}-\mathsf{M}_0=\mathfrak{P}_1\left(\dot{\mathfrak{r}}^{(1)}-\dot{G}_1\right)-\mathfrak{P}_1\left(\dot{\mathfrak{r}}_0^{(1)}-\dot{G}_1\right)=\mathfrak{P}_2\left(\Sigma_{(\alpha)}\right). \tag{35}$$

Auflösung nach $z^{(2)}$: (vgl. [428, 429])

$$z^{(2)}=\sum_{\nu=1}^{\infty}A_\nu\frac{\left(z^{(1)}-z_0^{(1)}\right)^\nu}{\nu!}, \qquad A_\nu=\left.\frac{d^\nu z^{(2)}}{d z^{(1)\nu}}\right|_{\mathbf{P}_0}. \tag{36}$$

Für die Koeffizienten erhält man durch fortgesetztes Differenzieren

$$\left.\frac{dz^{(2)}}{dz^{(1)}}\right|_{\mathbf{P}_0}=\left.\frac{d\Sigma_{(\alpha)}}{d\mathsf{M}}\right|_{\mathbf{P}_0}\cdot\left.\frac{d\mathsf{M}}{d\dot{\mathfrak{r}}^{(1)}}\right|_{\mathbf{P}_0},$$

. . . . usw. wie S. [428],

wobei für die Ableitungen

$$\left.\frac{d\Sigma_{(\alpha)}}{d\mathsf{M}}\right|_{\mathbf{P}_0}=\left.\frac{d\mathfrak{Q}_2}{d\mathsf{M}}\right|_{\mathbf{P}_0}=r_0, \quad \text{bzw.} \quad \left.\frac{d\mathsf{M}}{d\dot{\mathfrak{r}}^{(1)}}\right|_{\mathbf{P}_0}=\left.\frac{d\mathfrak{P}_1}{d\dot{\mathfrak{r}}^{(1)}}\right|_{\mathbf{P}_0},$$

. . . .

einzutragen ist. Die zweiten Ausdrücke sind Potenzreihen in $\left(\dot{\Gamma}_0^{(1)} - \dot{G}_1\right)$ und wegen $\dot{\Gamma}_0^{(1)} - \dot{G}_1 = \mathfrak{Q}_1(il)$ schließlich Potenzreihen in il.

Auflösung nach $z^{(1)}$: (vgl. S. [425])

$$z^{(1)} - z_0^{(1)} = \sum_{\nu=1}^{\infty} \dot{A}_\nu \frac{z^{(2)\nu}}{\nu!}; \qquad \dot{A}_\nu = \left.\frac{d^\nu z^{(1)}}{dz^{(2)\nu}}\right|_{P_0}. \tag{37}$$

Wie oben hat man für die Koeffizienten das Gleichungssystem

$$\left.\frac{dz^{(1)}}{dz^{(2)}}\right|_{P_0} = \left.\frac{d\dot{\Gamma}^{(1)}}{d\mathsf{M}}\right|_{P_0} \left.\frac{d\mathsf{M}}{d\Sigma_{(\alpha)}}\right|_{P_0}$$

. . . . usw. wie S. [425]

mit den Ableitungen

$$\left.\frac{d\dot{\Gamma}^{(1)}}{d\mathsf{M}}\right|_{P_0} = \frac{d\mathfrak{Q}_1}{d\mathsf{M}}(il),$$

. . . .

$$\left.\frac{d\mathsf{M}}{d\Sigma_{(\alpha)}}\right|_{P_0} = \frac{d\mathfrak{P}_2}{d\Sigma_{(\alpha)}}(0),$$

. . . .

Wir übergehen die numerische Durchführung und verweisen für den *querachsigen Sonderfall* ($\alpha = \pi/2$) auf W. Grossmann [2] S. 533—545 [129].

VIII, 3_2 Transformation zwischen $\dot{\Gamma}$ und H, H_G.

$\dot{\Gamma} \longleftrightarrow k\mathsf{H}$.

Wir können und wollen annehmen, daß beide Systeme $z^{(1)} = \dot{\Gamma}$, $z^{(2)} = k\mathsf{H}$ denselben Hauptmeridian $L = 0$ haben.

Transformationsgleichung (V (39) [181])

$$\frac{1}{k} z^{(2)} = -\operatorname{tg}\left(\frac{\pi}{4} - \frac{z^{(1)}}{2}\right) \times$$
$$\times \left\{R_0^{(-1)} + 2 \sum_{\lambda=1}^{\infty} \left[{}'R_{2\lambda}^{(-1)} \cos 2\lambda z^{(1)} + {}''R_{2\lambda-1}^{(-1)} \sin(2\lambda - 1) z^{(1)}\right]\right\} \tag{38}$$

in $\mathfrak{B}_2(\dot{\Gamma})$

(über die Auflösung nach $z^{(1)}$ siehe V, 8_2).

$\dot{\Gamma} \longleftrightarrow \mathsf{H}_G$.

$z^{(1)} = \dot{\Gamma}^{(1)}$ habe den Hauptmeridian $\mathfrak{M}_1$,

$z^{(2)} = \mathsf{H}_G$ habe den Zentralpunkt $\mathbf{P}_0^{(2)} = \mathbf{P}_2$,

$\mathbf{P}_1$ sei auf $\mathfrak{M}_1$ mit $B_1 = B_2$ gewählt,

$\mathbf{P}_0$ sei gleich $\mathbf{P}_2$ gewählt und die Transformation in einer Umgebung $\mathfrak{U}(\mathbf{P}_0)$ verlangt.

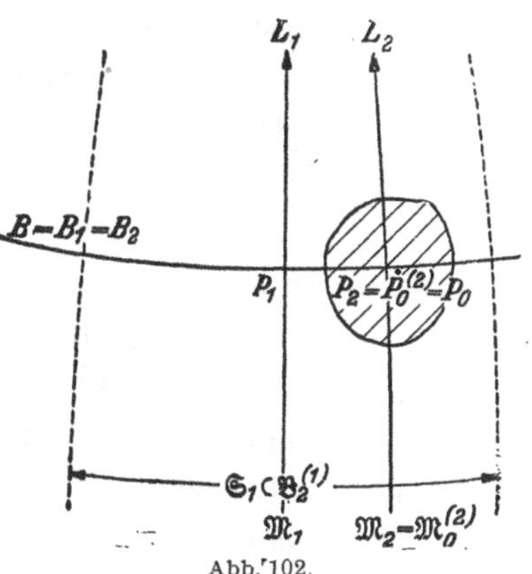

Abb. 102.

[129] Siehe auch Wl. K. Hristow [8] S. 294.

I Weit entfernte Meridiane $\mathfrak{M}_1, \mathfrak{M}_2$.

Zu $\mathfrak{M}_1$ als Hauptmeridian gehört $\mathsf{M}^{(1)} = \mathsf{M} - iL_1$ und $\mathsf{H}^{(1)} = e^{iL_1}\mathsf{H}$. Damit haben wir nach VII (88) [353] für $\mathfrak{U}(\mathbf{P}_0) \subset \mathfrak{B}_2^{(1)}(\dot{\mathsf{r}})$ die Transformationsgleichung

$$\begin{aligned} \mathsf{M}^{(1)} = \mathsf{M} - iL_1 &= -\lg\left[\frac{\mathsf{H}_0}{\tau_0^2}\,\frac{z^{(2)} - k\tau_0}{z^{(2)} + \dfrac{k}{\tau_0}}\right] - iL_1 \\ &= \lg\operatorname{tg}\left(\frac{\pi}{4} + \frac{z^{(1)}}{2}\right) + \sum_{\lambda=1}^{\infty} r_{2\lambda-1}\sin(2\lambda-1)\,z^{(1)}. \end{aligned} \tag{39}$$

Auflösung nach $z^{(2)}$: (vgl. VII [347]

$$z^{(2)} = k\tau_0\frac{e^{\Delta\mathsf{M}^{(1)}} - 1}{e^{\Delta\mathsf{M}^{(1)}} + \tau_0^2} = k\tau_0\frac{e^{-\mathsf{M}_0^{(1)}} - e^{-\mathsf{M}^{(1)}}}{e^{-\mathsf{M}_0^{(1)}} + \tau_0^2\,e^{-\mathsf{M}^{(1)}}}. \tag{40}$$

Für die auftretenden e-Funktionen sind nach X [486] folgende Reihen einzusetzen:

$$\begin{aligned} e^{-\mathsf{M}^{(1)}} &= \operatorname{tg}\left(\frac{\pi}{4} - \frac{z^{(1)}}{2}\right) \times \\ &\times\left\{R_0^{(-1)} + 2\sum_{\lambda=1}^{\infty}\left['R_{2\lambda}^{(-1)}\cos 2\lambda z^{(1)} + ''R_{2\lambda-1}^{(-1)}\sin(2\lambda-1)z^{(1)}\right]\right\} \end{aligned}$$

und die entsprechende Reihe für $e^{-\mathsf{M}_0^{(1)}}$ $(\Delta\mathsf{M}^{(1)} = \Delta\mathsf{M})$.

Auflösung nach $z^{(1)}$:

Hier können wir uns einer Potenzreihenentwicklung bedienen:

$$z^{(1)} - z_0^{(1)} = \sum_{\nu=1}^{\infty}\dot{A}_\nu\frac{z^{(2)\nu}}{\nu!}\,; \qquad \dot{A}_\nu = \left.\frac{d^\nu z^{(1)}}{dz^{(2)\nu}}\right|_{\mathbf{P}_0} \tag{41}$$

wobei die Koeffizienten aus

$$\begin{aligned} \left.\frac{d\mathsf{M}^{(1)}}{dz^{(2)}}\right|_{\mathbf{P}_0} &= \left.\frac{d\mathsf{M}^{(1)}}{dz^{(1)}}\right|_{\mathbf{P}_0}\cdot\left.\frac{dz^{(1)}}{dz^{(2)}}\right|_{\mathbf{P}_0} \\ \left.\frac{d^2\mathsf{M}^{(1)}}{dz^{(2)2}}\right|_{\mathbf{P}_0} &= \left.\frac{d^2\mathsf{M}^{(1)}}{dz^{(1)2}}\right|_{\mathbf{P}_0}\cdot\left.\frac{dz^{(1)}}{dz^{(2)}}\right|_{\mathbf{P}_0}^2 + \left.\frac{d\mathsf{M}^{(1)}}{dz^{(1)}}\right|_{\mathbf{P}_0}\cdot\left.\frac{d^2z^{(1)}}{dz^{(2)2}}\right|_{\mathbf{P}_0}, \\ &\ldots\ldots\ldots\ldots \end{aligned}$$

zu entnehmen sind. Die Ableitungen

$$\left.\frac{d\mathsf{M}^{(1)}}{dz^{(2)}}\right|_{\mathbf{P}_0} = \left.\frac{d(\Delta\mathsf{M})}{dz^{(2)}}\right|_{\mathbf{P}_0} \quad \text{usw.}$$

gewinnt man aus der Reihe VII [356], die anderen durch Differentiation der trigonometrischen Reihe

$$\left.\frac{d\mathsf{M}^{(1)}}{dz^{(1)}}\right|_{\mathbf{P}_0} = \frac{1}{\cos\dot{\mathsf{r}}_0^{(1)}} + \sum_{\lambda=1}^{\infty}(2\lambda-1)\cos(2\lambda-1)\,\dot{\mathsf{r}}_0^{(1)}.$$

II Benachbarte Systeme.

Es sei $\mathfrak{M}_2 = \mathfrak{M}_0$ so nahe an $\mathfrak{M}_1$ und $\mathfrak{U}(\mathbf{P}_0)$ so klein gewählt, daß $\mathfrak{U}(\mathbf{P}_0)$ in den Konvergenzkreis der Reihe

$$\mathsf{M}^{(1)} - \mathsf{M}_1^{(1)} = \sum_{\nu=1}^{\infty} [c_\nu) \frac{(\dot{\Gamma}^{(1)} - \dot{\Gamma}_1^{(1)})^\nu}{\nu!}$$

fällt $\left[\dot{\Gamma}_1^{(1)} = \dot{G}_1, (c_\nu) \text{ mit dem Argument } B_1 = B_0\right]$.

Transformationsgleichung:

$$\begin{aligned} \mathsf{M}^{(1)} - \mathsf{M}_0^{(1)} = \mathsf{M}^{(2)} - \mathsf{M}_0^{(2)} &= \frac{1}{r_0}\left\{z^{(2)} + \frac{t_0}{N_0}\frac{z^{(2)^2}}{2} + \cdots\right\} \\ &= \sum_{\nu=1}^{\infty} [c_\nu) \frac{(z^{(1)} - \dot{G}_1)^\nu}{\nu!} - \sum_{\nu=1}^{\infty} [c_\nu) \frac{(z_0^{(1)} - \dot{G}_1)^\nu}{\nu!}. \end{aligned} \tag{42}$$

Die Auflösung kann nach der früher angegebenen Methode (vgl. VIII, 2) durchgeführt werden.

Eine besondere Vereinfachung tritt ein, wenn beide Systeme denselben Hauptmeridian $L_1 = L_2 = L_0$ haben.

VIII, 3_3 Transformation zwischen $\dot{\Gamma}$ und Λ, Λ_G.

$$\dot{\Gamma} \leftrightarrow \Lambda.$$

$z^{(1)} = \dot{\Gamma}^{(1)}$: Hauptmeridian $\mathfrak{M}_1$,

$z^{(2)} = \dot{\Lambda}^{(2)}$: Hauptmeridian $\mathfrak{M}_2$ mit Zentralpunkt $\dot{\mathbf{P}}_0^{(2)} = \mathbf{P}_2$.

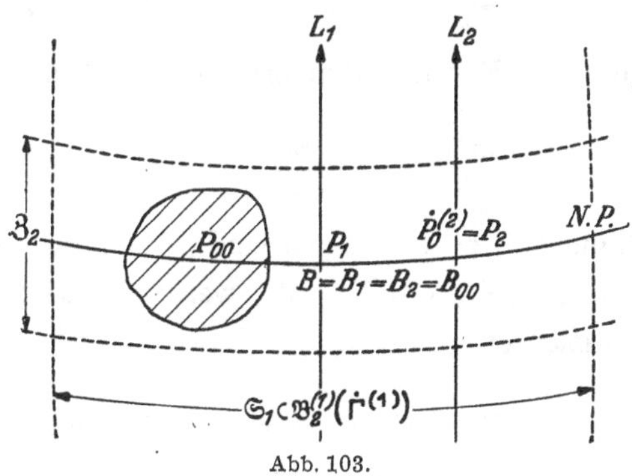

Abb. 103.

$$\left.\begin{aligned} \Lambda^{(2)} &= -e^{-\alpha_2(\mathsf{M} - iL_2)} \begin{cases} |\Lambda^{(2)}| = e^{-\alpha_2 H} = \mathsf{T}^{\alpha_2}, \\ \arg \Lambda^{(2)} = \pi - \alpha_2 \Delta L;\ \Delta L = L - L_2, \end{cases} \\ \Lambda_2^{(2)} &= -e^{-\alpha_2(\mathsf{M}_2 - iL_2)} = -e^{-\alpha_2 H_2} = -\mathsf{T}_2^{\alpha_2}. \end{aligned}\right\} \tag{43}$$

$$\left.\begin{aligned} & k_2\Lambda^{(2)} \begin{cases} |k_2\Lambda^{(2)}| \equiv \mathsf{P}^{(2)} = k_2 \mathsf{T}^{\alpha_2}, \\ \arg(k_2\Lambda^{(2)}) = \pi - \alpha_2 \Delta L, \end{cases} \\ & \dot{\Lambda}^{(2)} = k_2(\Lambda^{(2)} - \Lambda_2^{(2)}) = k_2\Lambda^{(2)} + k_2\mathsf{T}_2^{\alpha_2} = k_2\Lambda^{(2)} + \mathsf{P}_2^{(2)}. \end{aligned}\right\} \tag{44}$$

Es sei ein Normalparallelkreis der Breite B_{00} ausgezeichnet und seine Schnittpunkte mit $\mathfrak{M}_1$ bzw. $\mathfrak{M}_2$ seien $\mathbf{P}_1$ bzw. $\dot{\mathbf{P}}_0^{(2)} = \mathbf{P}_2$. Der Einfachheit halber setzen wir $\alpha_2 = \alpha$, $k_2 = k$, und es gilt $\mathsf{P}_2^{(2)} = \mathsf{P}_2 = \mathsf{P}_{00}$. Die Transformation ist in der Umgebung $\mathfrak{U}(\mathbf{P}_{00})$ auszuführen.

I Weit entfernte Meridiane $\mathfrak{M}_1$, $\mathfrak{M}_2$.

In dem der Zone $\mathfrak{Z}_2$ und dem Streifen $\mathfrak{S}_1$ gemeinsamen Gebiet herrscht die Transformationsgleichung

$$\begin{aligned} \mathsf{M}^{(1)} \equiv \mathsf{M} - iL_1 &= \lg \operatorname{tg}\left(\frac{\pi}{4} + \frac{z^{(1)}}{2}\right) + \sum_{\lambda=1}^{\infty} r_{2\lambda-1} \sin(2\lambda - 1)\, z^{(1)} \\ &= -\frac{1}{\alpha} \lg \frac{\mathsf{P}_2 - z^{(2)}}{k} + il; \qquad l = L_2 - L_1. \end{aligned} \tag{45}$$

Auflösung nach $z^{(2)}$:

$$\begin{aligned} z^{(2)} &= \mathsf{P}_2 - k e^{i\alpha l} \operatorname{tg}\left(\frac{\pi}{4} - \frac{z^{(1)}}{2}\right)^{\alpha} \times \\ &\times \left\{ R_0^{(-\alpha)} + 2 \sum_{\lambda=1}^{\infty} \left[{}' R_{2\lambda}^{(-\alpha)} \cos 2\lambda z^{(1)} + {}'' R_{2\lambda-1}^{(-\alpha)} \sin(2\lambda - 1) z^{(1)}\right] \right\}. \end{aligned} \tag{46}$$

(Berechnung nach X [486] unter Vertauschung $r|q$, $R|Q$.)

Für die *Auflösung nach* $z^{(1)}$ muß man sich auf die Umgebung eines Punktes, z. B. $\mathbf{P}_{00}$, beschränken (s. Abb. 103):

$$z^{(1)} - z_{00}^{(1)} = \sum_{\nu=1}^{\infty} \dot{A}_\nu \frac{(z^{(2)} - z_{00}^{(2)})^\nu}{\nu!}\,; \qquad \dot{A}_\nu = \left.\frac{d^\nu z^{(1)}}{d z^{(2)\nu}}\right|_{\mathbf{P}_{00}}. \tag{47}$$

Die Bestimmung der Koeffizienten erfolgt wie oben [436], wobei die Ableitungen

$$\left.\frac{d\mathsf{M}^{(1)}}{dz^{(1)}}\right|_{\mathbf{P}_{00}}; \qquad \left.\frac{d\mathsf{M}^{(1)}}{dz^{(2)}}\right|_{\mathbf{P}_{00}} \qquad \text{usw.}$$

aus der Gleichung (45) zu berechnen sind. Wenn $\mathbf{P}_{00}$ mit dem Zentralpunkt übereinstimmt, $\mathbf{P}_{00} = \dot{\mathbf{P}}_0^{(2)} = \mathbf{P}_2$, werden diese Ableitungen und damit die Koeffizienten $\dot{A}_\nu$ reell.

II Benachbarte Meridiane $\mathfrak{M}_1$, $\mathfrak{M}_2$.

Transformation $z^{(1)} \to z^{(2)}$.

Darstellungsmittel:

1) $$\mathsf{M}^{(1)} - \mathsf{M}_1^{(1)} = \mathsf{M} - \mathsf{M}_1 = \sum_{\nu=1}^{\infty} [c_\nu) \frac{(\dot{\mathfrak{r}}^{(1)} - \dot{\mathfrak{r}}_1^{(1)})^\nu}{\nu!}.$$

Die Koeffizienten $[c_\nu)$ sind mit dem Argument $B_1 = B_{00}$ zu bilden, und wir wollen voraussetzen, daß $\mathbf{P}_{00}$ in den Konvergenzkreis der Reihe fällt.

$$2)\quad \frac{\dot{\Lambda}^{(2)}}{k_2 \Lambda_2^{(2)}} = \frac{\Lambda^{(2)}}{\Lambda_2^{(2)}} - 1 = e^{-\alpha_2(\mathsf{M}-\mathsf{M}_2)}; \quad \mathsf{M}_{00} - \mathsf{M}_2 = i\,(L_{00} - L_2).$$

Die Transformationsgleichung lautet

$$z^{(2)} - z_{00}^{(2)} = \sum_{\nu=1}^{\infty} A_\nu \frac{(z^{(1)} - z_{00}^{(1)})^\nu}{\nu!}; \qquad A_\nu = \left.\frac{d^\nu z^{(2)}}{d z^{(1)\nu}}\right|_{\mathbf{P}_{00}} \tag{48}$$

mit den Bestimmungsgleichungen für die Koeffizienten

$$\left.\frac{dz^{(2)}}{dz^{(1)}}\right|_{\mathbf{P}_{00}} = \left.\frac{d\dot{\Lambda}^{(2)}}{d\mathsf{M}^{(1)}}\right|_{\mathbf{P}_{00}} \cdot \left.\frac{d\mathsf{M}^{(1)}}{d\dot{\Gamma}^{(1)}}\right|_{\mathbf{P}_{00}},$$

. . . .

$$\left.\frac{d\mathsf{M}^{(1)}}{d\dot{\Gamma}^{(1)}}\right|_{\mathbf{P}_{00}} = \sum_{\nu=1}^{\infty} [c_\nu) \frac{(\dot{\Gamma}_{00}^{(1)} - \dot{\Gamma}_1^{(1)})^{\nu-1}}{(\nu-1)!}$$

$$= [c_1) \text{ im Sonderfall } \mathbf{P}_{00} = \mathbf{P}_1;$$

$$\left.\frac{d\dot{\Lambda}^{(2)}}{d\mathsf{M}^{(1)}}\right|_{\mathbf{P}_{00}} = -k_2 \Lambda_2^{(2)} \alpha_2 e^{i\alpha_2(L_2 - L_{00})}, \text{ (reell im Sonderfall } \mathbf{P}_{00} = \mathbf{P}_2).$$

. . . .

Transformation $z^{(2)} \to z^{(1)}$.

Darstellungsmittel:

$$1)\quad \dot{\Gamma}^{(1)} - \dot{\Gamma}_1^{(1)} = \sum_{\nu=1}^{\infty} [\dot{c}_\nu) \frac{(\mathsf{M} - \mathsf{M}_1)^\nu}{\nu!}; \qquad \mathsf{M}^{(1)} - \mathsf{M}_1^{(1)} = \mathsf{M} - \mathsf{M}_1,$$

$[\dot{c}_\nu)$ mit dem Argument $B_1 = B_{00}$.

Voraussetzung: $\mathbf{P}_{00}$ liegt im Konvergenzkreis der Reihe.

2) Nach VII (127) [367] gilt für $\Lambda_0^{(2)} = \Lambda_2^{(2)}$:

$$\alpha_2 (\mathsf{M}^{(2)} - \mathsf{M}_2^{(2)}) = \frac{\dot{\Lambda}^{(2)}}{k_2 \Lambda_2^{(2)}} - \frac{1}{2}\left(\frac{\dot{\Lambda}^{(2)}}{k_2 \Lambda_2^{(2)}}\right)^2 + \frac{1}{3}\left(\frac{\dot{\Lambda}^{(2)}}{k_2 \Lambda_2^{(2)}}\right)^3 - \cdots$$

Voraussetzung: $\mathbf{P}_{00}$ liegt auch in dem Konvergenzkreis dieser Reihe

$$|\dot{\Lambda}^{(2)}| < k_2 |\Lambda_2^{(2)}|.$$

Als Transformationsgleichung erhält man

$$z^{(1)} - z_{00}^{(1)} = \sum_{\nu=1}^{\infty} \dot{A}_\nu \frac{(z^{(2)} - z_{00}^{(2)})^\nu}{\nu!}; \qquad \dot{A}_\nu = \left.\frac{d^\nu z^{(1)}}{d z^{(2)\nu}}\right|_{\mathbf{P}_{00}} \tag{49}$$

mit den entsprechenden Bestimmungsgleichungen

$$\left.\frac{dz^{(1)}}{dz^{(2)}}\right|_{\mathbf{P}_{00}} = \left.\frac{d\dot{\Gamma}^{(1)}}{d\mathsf{M}^{(1)}}\right|_{\mathbf{P}_{00}} \cdot \left.\frac{d\mathsf{M}^{(1)}}{d\mathsf{M}^{(2)}}\right|_{\mathbf{P}_{00}} \left.\frac{d\mathsf{M}^{(2)}}{d\dot{\Lambda}^{(2)}}\right|_{\mathbf{P}_{00}},$$

. . . .

$$\left.\frac{d\dot{\Gamma}^{(1)}}{d\mathsf{M}^{(1)}}\right|_{\mathbf{P}_{00}} = \sum_{\nu=1}^{\infty} (\dot{c}_\nu) \frac{[i\,(L_{00} - L_1)]^{\nu-1}}{(\nu-1)!},$$

$$= (\dot{c}_1) \text{ im Sonderfall } \mathbf{P}_{00} = \mathbf{P}_1;$$

. . . .

$$\frac{d\,\mathsf{M}^{(1)}}{d\,\mathsf{M}^{(2)}} = 1\,,$$

$$\left.\frac{d\,\mathsf{M}^{(2)}}{d\dot{\Lambda}^{(2)}}\right|_{\mathbf{P}_{00}} = \frac{1}{\alpha_2}\left\{\frac{1}{k_2\Lambda_2^{(2)}} - \frac{\dot{\Lambda}^{(2)}}{(k_2\Lambda_2^{(2)})^2} + \frac{(\dot{\Lambda}^{(2)})^2}{(k_2\Lambda_2^{(2)})^3} - \frac{(\dot{\Lambda}^{(2)})^3}{(k_2\Lambda_2^{(2)})^4} + \cdots\right\}_{00},$$

$$= \frac{1}{\alpha_2 k_2 \Lambda_2^{(2)}} \quad \text{im Sonderfall } \mathbf{P}_{00} = \mathbf{P}_2.$$

. . . .

$$\dot{\Gamma} \longleftrightarrow \Lambda_G$$

Wir nehmen die Verhältnisse wie bei der Transformation $\dot{\Gamma} \longleftrightarrow \mathsf{H}_G$ an (s. Abb. 102):

$z^{(1)} = \dot{\Gamma}^{(1)}$ habe den Hauptmeridian $\mathfrak{M}_1$,

$z^{(2)} = \Lambda_G$ habe den Zentralpunkt $\dot{\mathbf{P}}_0^{(2)} = \mathbf{P}_2$,

$\mathbf{P}_1$ sei auf $\mathfrak{M}_1$ mit $B_1 = B_2$ gewählt.

Meridianstreifen $\mathfrak{S}_1 \subset \mathfrak{B}_2(\dot{\Gamma}^{(1)})$.

Darstellungsmittel „im Großen“:

$$\mathsf{M}^{(1)} = \mathsf{M} - iL_1 = \operatorname{lg}\operatorname{tg}\left(\frac{\pi}{4} + \frac{\dot{\Gamma}^{(1)}}{2}\right) + \sum_{\lambda=1}^{\infty} r_{2\lambda-1} \sin(2\lambda - 1)\,\dot{\Gamma}^{(1)},$$

$$\mathsf{M} - \mathsf{M}_2 = -\frac{1}{\alpha}\lg\frac{1 - \frac{\alpha + s_2}{k c_2}\Lambda_G}{1 + \frac{\alpha - s_2}{k c_2}\Lambda_G} \qquad \begin{array}{l} s_2 = \sin B_2 \\ c_2 = \cos B_2 \end{array} \qquad \text{(VII (167) [383])}.$$

Transformationsgleichung im gemeinsamen Gebiet:

$$\left.\begin{aligned} \mathsf{M} &= iL_1 + \operatorname{lg}\operatorname{tg}\left(\frac{\pi}{4} + \frac{z^{(1)}}{2}\right) + \sum_{\lambda=1}^{\infty} r_{2\lambda-1} \sin(2\lambda - 1)\,z^{(1)}, \\ \mathsf{M} &= \mathsf{M}_2 - \frac{1}{\alpha}\lg\frac{1 - \frac{\alpha + s_2}{k c_2}z^{(2)}}{1 + \frac{\alpha - s_2}{k c_2}z^{(2)}} \end{aligned}\right\} \tag{50}$$

Darstellungsmittel „im Kleinen“:

Potenzreihen $\Delta\,\mathsf{M}^{(1)} \longleftrightarrow \Delta\,\dot{\Gamma}^{(1)}$ (vgl. Übersicht V),

Potenzreihen $\Delta\,\mathsf{M}^{(2)} \longleftrightarrow \Lambda_G$ (vgl. Übersicht VII).

Die Auflösung in einer Umgebung $\mathfrak{U}(\mathbf{P}_0)$ mit $\mathbf{P}_0 = \mathbf{P}_2$ überlassen wir dem Leser (vgl. VIII, 3_2).

VIII, 4 Näherungsmethoden.[130]

Statt den strengen analytischen Zusammenhang $z^{(2)} = f(z^{(1)})$ anzugeben, wird man sich in der Praxis unter Umständen mit einer Nähe-

[130] Die Näherungsmethoden werden teilweise auch in Abschnitt XVII durchgeführt.

rung begnügen, etwa damit, daß

$$z^{(2)} = \text{Polynom 1., 2., 3. Grades in } z^{(1)}$$

gesetzt wird. Die unbekannten Koeffizienten des Polynoms sind durch Vergleichen identischer Punkte in beiden Systemen zu bestimmen. Ist ein Überschuß an solchen Punkten vorhanden, muß eine Ausgleichung nach der Methode der kleinsten Quadrate vorgenommen werden.

Neben der komplexen linearen Transformation

$$z^{(2)} = a z^{(1)} + b \text{ (Parallelverschiebung und Drehstreckung)}$$

kommt auch die *allgemeine (reelle) affine Transformation*

$$z^{(2)\prime} = a_{11} z^{(1)\prime} + a_{12} z^{(1)\prime\prime} + a_{13},$$
$$z^{(2)\prime\prime} = a_{21} z^{(1)\prime} + a_{22} z^{(1)\prime\prime} + a_{23}$$

häufig zur Anwendung. (In aller Strenge ist eine solche Beziehung jedoch nicht möglich, da affine Transformationen nicht konform sind.)

Bei geringeren Genauigkeitsanforderungen können auch graphische Verfahren herangezogen werden, auf die wir nicht eingehen wollen. Es sei hierzu auf die Arbeit von Donath [1] verwiesen, wo man weitere Literaturverweise findet, ferner auf Arbeiten von Wl. K. Hristow [12] und F. Hunger [1].

IX. Abschnitt.

Verschiedene Projektionen des Erdsphäroids auf Ebene, Kugel und Drehellipsoid.

IX, 1 Konforme (winkeltreue) Projektionen.

Wir wollen in diesem Abschnitt noch einige allgemeine Bemerkungen über die konformen Abbildungen des Sphäroids zu den bisherigen Untersuchungen hinzufügen.

IX, 1_1 Allgemeines.

Die allgemeinste konforme Abbildung

a) Sphäroid (komplexe Flächenvariable z) ⟶ Ebene (komplexe Variable z^*)

erfolgt durch eine analytische Funktion $z^* = f(z)$ bzw. $z^* = f(\bar{z})$. Wir haben oben die wichtigsten Projektionen dieser Art kennengelernt, wobei in systematischer Reihenfolge von den drei komplexen Grundvariablen $\mathsf{A} = \mathsf{M}$, B, Γ ausgegangen wurde. Darunter finden sich insbesondere Beispiele zu der in der allgemeinen Funktionentheorie wichtigen Unterscheidung:

1. Abbildung des Sphäroids auf die Vollebene; Klasse der stereographischen Projektionen (H und lineare Funktionen hiervon),

2. Abbildung des punktierten Sphäroids auf die punktierte Ebene,

3. Abbildung der aufgeschnittenen, einfach zusammenhängenden Sphäroidfläche auf das Innere des Einheitskreises [Lambertsche Äquatorialprojektion (Ω) $\quad {}^*\Lambda_{\ddot{A},\Omega} = \operatorname{th}\frac{\alpha\mathsf{M}}{2}$, VII (134a) [370]].

Durch Verknüpfung von a) mit den in Abschnitt III betrachteten ebenen konformen Abbildungen entstehen neue Projektionen des Sphäroids in die Ebene, insbesondere auf rechteckige oder sternförmige Bereiche (H. A. Schwarz), das Innere einer Ellipse (H. A. Schwarz) u. a. m.[131]

Bei der konformen Abbildung

b) Sphäroid (komplexe Flächenvariable M) $\longrightarrow$ Kugel (komplexe Flächenvariable μ)

haben wir uns auf die ganze lineare Funktion $\mu = a\mathsf{M} + b$ beschränkt (Gaußsche Schmiegkugel VI, 2_3) und bei der konformen Abbildung

c) Sphäroid (komplexe Flächenvariable M) $\longrightarrow$ Drehellipsoid (komplexe Flächenvariable $\tilde{\mathsf{M}}$)

auf infinitesimale Abbildungen durch ein Polynom 1., 2., 3. Grades (VI, 3).

In einem späteren Abschnitt werden wir die allgemeine konforme Abbildung einer Fläche auf eine andere unter Verwendung beliebiger Flächenparameter ausführlich untersuchen.

IX, 1_2 Projektionen mit vorheriger Zerlegung des Sphäroids.

Bisher war stets angenommen worden, daß es sich um die Abbildung des *ganzen* Sphäroids handelt. Für die Praxis entstehen aber — sowohl in topographischer (kartographischer) wie geodätischer Hinsicht — Schwierigkeiten dadurch, daß bei großer Entfernung vom Hauptmeridian, -parallel, -punkt die Abbildungsgrößen m, c, sowie die später zu besprechenden „Winkel- und Entfernungsreduktionen" zu große Werte annehmen und die Konvergenz der Reihen für die Berechnung der Koordinaten u. a. zu ungünstig wird. Man wird daher das Sphäroid vorher *zerlegen*, und zwar

a) in Meridianstreifen,
b) in Parallelkreiszonen,
c) in Gradabteilungstrapeze

und jeden Teil für sich abbilden.

a) Die Meridianstreifen verdienen unter diesen Zerlegungen (und auch sonstigen anderen Zerlegungen oder Überdeckungen des Sphäroids, etwa mit Kalotten) den Vorzug, weil die Teile einander kongruent

---

[131] Siehe hierzu A. Frank [1] und für den Sonderfall der Kugel Driencourt-Laborde [1] Teil I und II.

sind und daher die für einen Teil vorgenommene Abbildung, Koordinatenrechnung usw. unverändert für jeden anderen Teil gilt. Der einzelne Streifen wird am zweckmäßigsten durch die auf seinen Mittelmeridian bezogene *Gauß-Krügersche Variable* Γ konform abgebildet.

Deutschland (1922) und mehrere andere europäische Staaten haben daher dieses System für die Herstellung ebener rechtwinkliger Koordinaten angenommen[132], es würde sich als Welt-Einheits-System am besten eignen.

b) Für die Parallelzonen bietet sich die konforme Abbildung jeder einzelnen Zone mit Hilfe von Λ dar (Kegelprojektion mit ausgezeichnetem Normalparallel und zwei längentreu abgebildeten Parallelkreisen). Dieses System (mit drei Zonen) findet sich in Frankreich.

c) Die Trapezzerlegung wird bei der Herstellung der „Meßtischblätter" 1 : 25000 der „Preußischen Landesaufnahme" verwendet. Ein solches Blatt mit dem Mittelpunkt $\mathbf{P}_0(B_0, L_0)$ und den Ecken $\mathbf{P}_i$ $(i = 1, 2, 3, 4)$ umfaßt 6′ in Breite und 10′ in geographischer Länge und kann durch konforme Kegelprojektion mit B_0 als ausgezeichnetem Parallelkreis und $\mathbf{P}_0$ als Zentralpunkt erhalten gedacht werden. Die Begrenzung ist geradlinig, die ostwestlichen Seiten des Trapezes sind die Bilder der begrenzenden Meridianstücke des Sphäroids, die nordsüdlichen Seiten weichen als geradlinige Verbindungen der Bildecken von den Bildern der begrenzenden Parallelkreise, welche als durchgebogene Kreisbogenstücke erscheinen würden, ab.

Wegen der Kleinheit des Gebietes und des Maßstabes ist ein solches Meßtischblatt (nahezu) identisch mit dem ebenen Trapez, welches dadurch entsteht, daß man die Punkte der im Maßstab 1 : 25000 verkleinerten Sphäroidfläche bzw. das Teilstück mit den Ecken $\mathbf{P}_i$ auf die durch die Eckpunkte gelegte Ebene in Richtung des Lotes projiziert, wobei aber der Nord- und Südrand ebenfalls durch die geradlinige Verbindung der Ecken ersetzt wird. Fügt man die so entstehenden Trapeze aneinander, so erscheint das Sphäroid durch ein Polyeder ersetzt („Preußische Polyederprojektion"). Werden die Meßtischblätter in der Ebene aneinandergelegt, so schließen sie sich wohl in ostwestlicher Richtung zu einer ringförmigen Zone lückenlos zusammen, aber zwischen den einzelnen Zonen bestehen Klaffungen. (Näheres siehe in der Spezialuntersuchung von Th. Siewke [1].)

IX, 1_3 Konforme Doppelprojektionen.

Wird das Sphäroid zuerst auf die Kugel und dann die Kugel auf die Ebene konform abgebildet, so entstehen die sogenannten Doppelprojektionen. Besonders erwähnenswert sind dabei folgende:

Sphäroid → Gaußsche Schmiegkugel (mittels $\mu = \alpha \mathsf{M} - \varkappa$),
Gaußsche Schmiegkugel → Ebene mittels

[132] Siehe L. Krüger [1], Wl. K. Hristow [1] S. 41—43.

1. $\beta = \dot{\gamma}$ konforme Doppelprojektion der Preußischen Landesaufnahme[133],
2. $\sigma_{(\alpha)}$ insbesondere $\sigma_{(\pi/2)}$ (Schweiz[134]),
3. η bzw. $\eta^* = \eta_G$ (Holland[135]),
4. λ bzw. λ^* (normale und schiefe Kegelprojektion).

Auch Polynome von diesen Variablen kommen vor, z. B. $z^* = \beta + c\beta^3$, wobei die komplexe Konstante c zur Vereinfachung des Ausdruckes für das Vergrößerungsverhältnis m gebraucht werden kann[136].

Der Gedanke der Zerlegung des Sphäroids und des Aneinanderreihens von Abbildungen ist natürlich unabhängig von der Konformität und findet auch für andere Zwecke Verwendung. Zum Beispiel wird die Zerlegung in Trapeze auch bei der Herstellung von Pencks Weltkarte „Carte Internationale du Monde" 1 : 1000000 verwendet[137].

IX, 2 Flächentreue Projektionen.

Unter allen Projektionen zeichnen sich diejenigen besonders aus, bei denen die Strecken (Linienelemente) im Kleinen oder die Winkel oder die Flächen (Flächenelemente) erhalten bleiben. Da die beiden ersten Eigenschaften, die Streckentreue im Kleinen und die Winkeltreue, miteinander gekoppelt sind — wobei Streckentreue im Kleinen allerdings so zu verstehen ist, daß die von einem Punkt ausgehenden Linienelemente nur mit einem Ortsfaktor vergrößert werden —, so bleibt nur die Unterscheidung in die vorher genannten „konformen", d. h. im Kleinen strecken- und winkeltreue Abbildungen, und in die „flächentreuen" Abbildungen.

Die letzteren werden im zweiten Teil im Rahmen der Untersuchung über die allgemeine Abbildung zweier Flächen aufeinander behandelt. Wichtige Beispiele sind die sog. „Bonnesche Projektionskarte" von Frankreich 1 : 80000 und Lamberts flächentreue Zylinderprojektion[138].

IX, 3 Geometrisch definierte Projektionen.

Die von uns bisher untersuchten Abbildungen waren zunächst analytisch definiert; dann sind wir in die geometrischen Abbildungseigenschaften mehr oder weniger tief eingedrungen. Bei vielen Projektionsarten ist es umgekehrt, hier steht die geometrische Erzeugungsweise voran. Wir erwähnen als wichtige Typen

---

133 Siehe Gauß [1] Bd. IV und Bd. IX S. 105—116, O. Schreiber [2], L. Krüger [1], [2] (Vorwort).

134 Siehe M. Rosenmund [1]. 135 Siehe Heuvelingk [1].

136 Siehe Driencourt-Laborde Teil IV.

137 Siehe Driencourt-Laborde [1] I S. 165 oder Baumgart [1] S. 129—130.

138 Zahlreiche Beispiele für die Kugel gibt Driencourt-Laborde [1] Teil 2 S. 145—165.

A) die Sphäroidprojektionen in des Wortes ursprünglicher Bedeutung, wie z. B. die perspektivische Projektion des Drehellipsoids (Kugel) auf eine berührende Ebene, Kegel oder Zylinder vom Mittelpunkt oder einem anderen Punkt der Nord-Süd-Achse aus mit dem Sonderfall der Parallelprojektion, insbesondere der orthogonalen Projektion;

B) die Projektion mit geometrisch definierter Abbildung des geographischen Netzes, z. B. die sog. rechtwinklige polykonische Projektion des U. S. A. Coast and Geodetic Survey:

Hauptmeridian und Äquator werden in wahrer Größe auf zwei sich einander rechtwinklig schneidende Achsen abgebildet, jeder Breitenkreis geht in einen Kreis, dessen Mittelpunkt auf dem Hauptmeridian liegt und dessen Radius gleich der Mantellinie des berührenden Kegels ist, über. Die Längen der Parallelbögen werden unverändert aufgetragen[139]. Auch die unter IX, 2 genannte „Bonnesche Projektion" ist an dieser Stelle einzuordnen;

C) die durch „geodätische Parallel- und Polarkoordinaten" erzeugten Projektionen des Sphäroids auf Ebene, Kugel, Drehellipsoid. Diese auf dem Sphäroid definierten Koordinaten (p, q) bzw. (σ, γ) werden ungeändert auf die Bildfläche als rechtwinklige bzw. Polarkoordinaten übernommen (s. Abschnitt XIII). (Projektionen von Soldner bzw. von Hatt im Fall der Ebene.)

IX, 4 Projektionen mit vorgegebenen Netz- oder Verzerrungseigenschaften.

A. Eigenschaften der Netzlinien.

Lagrange [1] hatte sich die Aufgabe gestellt, alle konformen Abbildungen des Sphäroids (allgemeiner einer Drehfläche) zu finden, bei welchen die geographischen Netzlinien in Kreisbögen übergehen. Wir kennen die Lösung in Gestalt der Linearfunktionen von Λ, wobei die Linearfunktionen von H (für $\alpha = 1$) und von M (für $\alpha = 0$) einen Sonderfall bilden (s. Abschnitt VII).

B. Verzerrungseigenschaften.

Für einen begrenzten Gebietsteil $\mathfrak{B}$ wird man die Forderung stellen, daß seine „Verzerrung" bei der Abbildung eine möglichst günstige ist. Darunter kann aber vielerlei verstanden werden; z. B. man fordert eine Projektion

1. bei der der Maximalwert von m im Gebiet möglichst klein wird (Tissot [1], Hauer [1]),

---

[139] Siehe Adams [1].

2. bei der das mittlere Fehlerquadrat

$$\iint_{\mathfrak{B}} (m^2 - 1)\, do = \text{Minimum wird}$$

(s. L. Krüger [1] S. 77, G. Lehmann [1] S. 368),

3. bei der das mittlere Quadrat der größten Kurvenbildkrümmung ein Minimum ist (s. Eisenlohr [1] S. 144),

4. bei denen die sog. „Richtungs- und Längenreduktion" möglichst günstig ausfällt (s. H. Bodemüller [1]), u. a. m.

Wir werden in einem späteren Abschnitt auf diese Fragen eingehen.

IX, 5 Zusammengesetzte und überlagerte Projektionen.

A) Einen Fall der Zusammensetzung (Aneinanderreihung) von Projektionen, den der konformen Doppelprojektion, haben wir oben schon erwähnt. Aber es können zur Erreichung verschiedener Zwecke auch Abbildungen verschiedener Art aneinandergereiht werden, z. B. an die durch **M** gegebene konforme Abbildung des Sphäroids auf die Ebene eine perspektivische Abbildung dieser Ebene auf eine andere [analytisch eine lineargebrochene Transformation der Koordinaten (H, L)]. Dadurch bleiben die Loxodromen als gerade Linien erhalten, aber das durch **M** stark verzerrte Polargebiet kann in eine wesentlich günstigere Form gebracht werden, was für die Navigation in höheren Breiten vorteilhaft ist (vgl. K. Siemon [1], [2]).

B) Den neueren Karten der meisten europäischen Staaten sind quadratische Gitternetze aufgedruckt. Mathematisch handelt es sich hierbei darum, daß der Abbildung, in welcher die Karte hergestellt ist, eine zweite konforme Projektion durch das Eintragen ihrer Gitterlinien überlagert wird. Ein kleines durch die Karte gegebenes Gebiet (etwa ein Meßtischblatt) soll dadurch in ein größeres Projektionssystem (z. B. Gauß-Krügersche Projektion) eingeordnet und mittels der meist von Kilometer zu Kilometer eingedruckten Gitterlinien Entfernungen und Richtungen ermittelt werden.

Statt der strengen mathematischen Behandlung verfährt man in der Praxis so, daß aus den geographischen Koordinaten der Blattecken (runde Grad- und Minutenzahlen) die Werte der rechtwinkligen Koordinaten der zweiten zu überlagernden Projektion berechnet werden. Von diesen setzt man die nächsten runden km-Werte an den Blatträndern ab und zieht nach proportionaler Unterteilung die Gitterlinien als gerade Linien durch, was bei der vorausgesetzten Kleinheit meist zulässig sein wird. Statt von den Blattecken kann man auch von vier trigonometrischen Punkten ausgehen. (Näheres hierzu siehe in Baumgart [1] S. 135—139.)

IX, 6 Kartographischer Ausblick.

Für die Herstellung einer Karte[140] bietet sich ein zweifacher Ausgangspunkt dar:

Entweder wird das geographische Netz nach bestimmter analytischer oder geometrischer Vorschrift gegeben (konstruiert); dann entsteht die Aufgabe, ihm ein maßgerechtes km-Gitternetz in der eigenen oder einer fremden Projektion aufzuprägen (IX, 5, B), um quantitative Angaben, das sind Entfernungen und Richtungen, der Karte entnehmen zu können,

oder es wird mit dem Gitternetz einer bestimmten Projektion begonnen, wie z. B. bei der Katasterplankarte, dann ist das geographische Netz einzutragen oder wenigstens an den Rändern anzudeuten. Über diese Aufgabe „Einrechnen geographischer Netzlinien in ein rechtwinkliges ebenes Koordinatennetz" siehe etwa R. Wandelt [1] und die dort angegebene Literatur.

In der Praxis werden beide Aufgaben nur näherungsweise gelöst, für den Mathematiker ergibt sich hier ein weites Feld der Untersuchung.

X. Abschnitt.

Hilfsmittel aus der Analysis.

X, 1 Komplexe Zahlen und elementare Funktionen.

Geometrische Deutung der *komplexen Zahlen* $z = x + iy = re^{i\varphi}$ ($r = |z|$ = absoluter Betrag, φ = Argument von z), entweder in der Gaußschen Zahlenebene oder auf der Riemannschen Zahlenkugel (stereographische Projektion der Kugel mit dem Radius 1 vom Südpol auf die Äquatorebene).

Die nebenstehende Gebietseinteilung der Ebene oder die Zerlegung der Zahlenkugel in ihre acht Oktanten wird durch die Substitutionen bewirkt[141]:

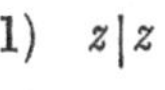

1) $z|z$ 5) $z|\bar{z}$

2) $z|-z$ 6) $z|-\bar{z}$

3) $z\left|\frac{1}{z}\right.$ 7) $z\left|\frac{1}{\bar{z}}\right.$

4) $z\left|-\frac{1}{z}\right.$ 8) $z\left|-\frac{1}{\bar{z}}\right.$

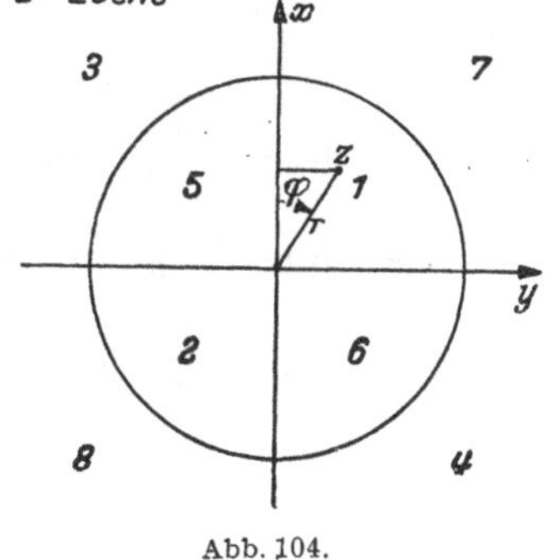

Abb. 104.

[140] Einen Überblick über die Kartenwerke der europäischen Staaten gibt Baumgart [1] S. 116—156.

[141] $z|-z$ bedeutet z. B.: Die Variable z ist durch $-z$ zu ersetzen.

1) bis 4) bilden die sog. „Vierergruppe", 1) bis 8) die „erweiterte Vierergruppe". 2), 3), 5) sind erzeugende Operationen der Gruppe, 5) bis 8) bedeuten die Spiegelungen an der reellen Achse, an der imaginären Achse, am Einheitskreis, am Mittelpunkt der Kugel.

Die elementaren Funktionen.

$z = x + iy = re^{i\varphi}$ $\qquad$ $w = u + iv = \varrho e^{i\psi}$

(1) $w = z^n$ $\quad n$ ganz positiv

$= P(z)$ Polynom von z

$= R(z) = \dfrac{P(z)}{Q(z)}$ rationale Funktion

(1*) $z = \sqrt[n]{w} = w^{1/n}$

(2) $w = e^z$

$$\begin{cases} \varrho = e^x \\ \psi = y + g\,2\pi \end{cases} \qquad \begin{cases} u = e^x \cos y \\ v = e^x \sin y \end{cases}$$

$g = 0, \pm 1, \pm 2, \ldots$

(2*) $z = \lg w$

$$\begin{cases} x = \lg \varrho \\ y = \psi + g\,2\pi \end{cases}$$

$g = 0, \pm 1, \pm 2, \ldots$

(3) $w = \sin z = \dfrac{e^{iz} - e^{-iz}}{2i}$

$w = \cos z = \dfrac{e^{iz} + e^{-iz}}{2}$

$w = \operatorname{tg} z = \dfrac{1}{i}\,\dfrac{e^{2iz} - 1}{e^{2iz} + 1}$

(3*) $z = \arcsin w = \dfrac{1}{i} \lg\left(iw + \sqrt{1 - w^2}\right)$

$z = \arccos w = \dfrac{1}{i} \lg\left(w + \sqrt{w^2 - 1}\right)$

$$\begin{aligned} z = \operatorname{arctg} w &= \frac{1}{2i} \lg\left(-\frac{w - i}{w + i}\right) \\ &= \frac{1}{2i} \lg\left(\frac{1 + iw}{1 - iw}\right) \\ &= \frac{i}{2} \lg \frac{w + i}{w - i} + \frac{\pi}{2} \\ &= \frac{1}{2i} \lg\left(\frac{iw + 1}{iw - 1}\right) + \frac{\pi}{2} \end{aligned}$$

(3′) $w = \operatorname{sh} z = \dfrac{e^z - e^{-z}}{2} = -i \sin iz$

$w = \operatorname{ch} z = \dfrac{e^z + e^{-z}}{2} = \cos iz$

$w = \operatorname{th} z = \dfrac{e^{2z} - 1}{e^{2z} + 1} = -i \operatorname{tg} iz$

(3′*) $z = \operatorname{arsh} w = \lg\left(w + \sqrt{w^2 + 1}\right) = \dfrac{1}{i} \arcsin iw$

$z = \operatorname{arch} w = \lg\left(w + \sqrt{w^2 - 1}\right) = \dfrac{1}{i} \arccos w$

$z = \operatorname{arth} w = \dfrac{1}{2} \lg \dfrac{1 + w}{1 - w} = \dfrac{1}{i} \operatorname{arc\,tg} iw$

(4) $z^\alpha = e^{\alpha \lg z}$, $\quad\alpha$ komplexe Zahl.

Zerlegung in Real- und Imaginärteil.

Für $\sin z = w = u + iv = \varrho e^{i\varphi}$; $\quad \frac{1}{\sin z} = \frac{u}{\varrho^2} - i\frac{v}{\varrho^2} = \frac{1}{\varrho} e^{-i\varphi}$,

$$\begin{matrix} u = \sin x \operatorname{ch} y \\ v = \cos x \operatorname{sh} y \end{matrix} \left\{ \begin{matrix} \varrho^2 = \sin^2 x + \operatorname{sh}^2 y = -\cos^2 x + \operatorname{ch}^2 y = \frac{\operatorname{ch} 2y - \cos 2x}{2} \\ \operatorname{tg}\psi = \operatorname{cotg} x \operatorname{th} y, \end{matrix} \right. \tag{5}$$

$$\lg \sin z = \frac{1}{2} \lg \left(\frac{\operatorname{ch} 2y - \cos 2x}{2}\right) + i \operatorname{arc\,tg} (\operatorname{cotg} x \operatorname{th} y). \tag{6}$$

Für $\operatorname{sh} z$:

$$\begin{matrix} u = \operatorname{sh} x \cos y \\ v = \operatorname{ch} x \sin y \end{matrix} \left\{ \begin{matrix} \varrho^2 = \operatorname{sh}^2 x + \sin^2 y = \operatorname{ch}^2 x - \cos^2 y = \frac{\operatorname{ch} 2x - \cos 2y}{2} \\ \operatorname{tg}\psi = \operatorname{coth} x \operatorname{tg} y, \end{matrix} \right. \tag{7}$$

$$\lg \operatorname{sh} z = \frac{1}{2} \lg \left(\frac{\operatorname{ch} 2x - \cos 2y}{2}\right) + i \operatorname{arc\,tg} (\operatorname{coth} x \operatorname{tg} y). \tag{8}$$

Für $\cos z = w = u + iv = \varrho e^{i\varphi}$; $\quad \frac{1}{\cos z} = \frac{u}{\varrho^2} - i\frac{v}{\varrho^2} = \frac{1}{\varrho} e^{-i\varphi}$,

$$\begin{matrix} u = \cos x \operatorname{ch} y \\ v = -\sin x \operatorname{sh} y \end{matrix} \left\{ \begin{matrix} \varrho^2 = \cos^2 x + \operatorname{sh}^2 y = -\sin^2 x + \operatorname{ch}^2 y = \frac{\cos 2x + \operatorname{ch} 2y}{2} \\ \operatorname{tg}\psi = -\operatorname{tg} x \operatorname{th} y, \end{matrix} \right. \tag{9}$$

$$\lg \cos z = \frac{1}{2} \lg \left(\frac{\cos 2x + \operatorname{ch} 2y}{2}\right) - i \operatorname{arc\,tg} (\operatorname{tg} x \operatorname{th} y). \tag{10}$$

Für $\operatorname{ch} z$:

$$\begin{matrix} u = \operatorname{ch} x \cos y \\ v = \operatorname{sh} x \sin y \end{matrix} \left\{ \begin{matrix} \varrho^2 = \operatorname{ch}^2 x - \sin^2 y = \operatorname{sh}^2 x + \cos^2 y = \frac{\operatorname{ch} 2x + \cos 2y}{2} \\ \operatorname{tg}\psi = \operatorname{th} x \operatorname{tg} y, \end{matrix} \right. \tag{11}$$

Für $\operatorname{tg} z$:

$$\begin{matrix} u = \frac{\sin 2x}{\cos 2x + \operatorname{ch} 2y}, & \varrho^2 = \frac{\operatorname{ch} 2y - \cos 2x}{\operatorname{ch} 2y + \cos 2x}, \\ v = \frac{\operatorname{sh} 2y}{\cos 2x + \operatorname{ch} 2y}, & \operatorname{tg}\psi = \frac{\operatorname{sh} 2y}{\sin 2x}, \end{matrix} \tag{12}$$

$$\begin{aligned} \lg \operatorname{tg} z &= \frac{1}{2} \lg \frac{1 - \frac{\cos 2x}{\operatorname{ch} 2y}}{1 + \frac{\cos 2x}{\operatorname{ch} 2y}} + i \operatorname{arc\,tg} \frac{\operatorname{sh} 2y}{\sin 2x} \\ &= -\operatorname{arth}\left(\frac{\cos 2x}{\operatorname{ch} 2y}\right) + i \operatorname{arc\,tg}\left(\frac{\operatorname{sh} 2y}{\sin 2x}\right). \end{aligned} \tag{13}$$

Für $\operatorname{th} z$:

$$\begin{matrix} u = \frac{\operatorname{sh} 2x}{\operatorname{ch} 2x + \cos 2y}, & \varrho^2 = \frac{\operatorname{ch} 2x - \cos 2y}{\operatorname{ch} 2x + \cos 2y}, \\ v = \frac{\sin 2y}{\operatorname{ch} 2x + \cos 2y}, & \operatorname{tg}\psi = \frac{\sin 2y}{\operatorname{sh} 2x}, \end{matrix} \tag{14}$$

$$\begin{aligned} \lg \operatorname{th} z &= \frac{1}{2} \lg \frac{1 - \frac{\cos 2y}{\operatorname{ch} 2x}}{1 + \frac{\cos 2y}{\operatorname{ch} 2x}} + i \operatorname{arc\,tg}\left(\frac{\sin 2y}{\operatorname{sh} 2x}\right) \\ &= -\operatorname{arth}\left(\frac{\cos 2y}{\operatorname{ch} 2x}\right) + i \operatorname{arc\,tg}\left(\frac{\sin 2y}{\operatorname{sh} 2x}\right). \end{aligned} \tag{15}$$

Verwandlung von Produkten und Quotienten trigonometrischer Funktionen in endliche trigonometrische Reihen.

Zur Verwendung kommen die algebraischen Identitäten:

$$\left.\begin{aligned}
\frac{z^{2\mu}+z^{-2\mu}}{z+z^{-1}} &= \sum_{\alpha=1}^{\mu}(-1)^{\mu-\alpha}\left(z^{2\alpha-1}+z^{-(2\alpha-1)}\right)+\frac{2(-1)^{\mu}}{z+z^{-1}},\\
\frac{z^{2\mu+1}+z^{-(2\mu+1)}}{z+z^{-1}} &= \sum_{\alpha=1}^{\mu}(-1)^{\mu-\alpha}\left(z^{2\alpha}+z^{-2\alpha}\right)+(-1)^{\mu},\\
\frac{z^{2\mu}-z^{-2\mu}}{z+z^{-1}} &= \sum_{\alpha=1}^{\mu}(-1)^{\mu-\alpha}\left(z^{2\alpha-1}-z^{-(2\alpha-1)}\right),\\
\frac{z^{2\mu+1}-z^{-(2\mu+1)}}{z+z^{-1}} &= \sum_{\alpha=1}^{\mu}(-1)^{\mu-\alpha}\left(z^{2\alpha}-z^{-2\alpha}\right)+(-1)^{\mu}\frac{z-z^{-1}}{z+z^{-1}},
\end{aligned}\right\} \tag{16}$$

sowie die entsprechenden mit dem Nenner $z - z^{-1}$, ferner die Substitution $z = e^{it}$ und die Binomialformel

$$\sum_{\mu=1}^{\lambda}\binom{2\lambda+1}{1+\lambda-\mu} = 2^{2\lambda}.$$

a) $$\sin^{2\lambda} t = \frac{1}{2^{2\lambda-1}}\sum_{\mu=1}^{\lambda}(-1)^{\mu}\binom{2\lambda}{\lambda-\mu}\cos 2\mu t + \frac{1}{2^{2\lambda}}\binom{2\lambda}{\lambda} \tag{17}$$

usw. (bekannte „Moivresche Formeln“);

b) $$\begin{aligned}\sin^{2\lambda} t\cdot\cos^{2\mu} t &= (1-\cos^2 t)^{\lambda}\cos^{2\mu} t = \sum_{\nu=0}^{\lambda}(-1)^{\nu}\binom{\lambda}{\nu}\cos^{2(\nu+\mu)} t\\ &= (1-\sin^2 t)^{\mu}\sin^{2\lambda} t = \sum_{\nu=0}^{\lambda}(-1)^{\nu}\binom{\mu}{\nu}\sin^{2(\lambda+\nu)} t\end{aligned} \tag{18}$$

usw. [weitere Umwandlung mittels a)];

c) $$\begin{aligned}\sin 2\mu t\cdot\sin t &= \frac{z^{2\mu}-z^{-2\mu}}{2i}\cdot\frac{z-z^{-1}}{2i}\\
&= -\frac{z^{2\mu+1}+z^{-2\mu-1}-z^{-2\mu+1}-z^{2\mu-1}}{4}\\
&= -\frac{1}{2}\cos(2\mu+1)\,t+\frac{1}{2}\cos(2\mu-1)\,t,\\[1ex]
\sin 2\mu t\cdot\cos t &= \frac{z^{2\mu}-z^{-2\mu}}{2i}\cdot\frac{z+z^{-1}}{2}\\
&= \frac{z^{2\mu+1}-z^{-2\mu-1}+z^{2\mu-1}-z^{-2u+1}}{4i}\\
&= \frac{1}{2}\sin(2\mu+1)\,t+\frac{1}{2}\sin(2\mu-1)\,t,\end{aligned}$$

$$\left.\begin{aligned}
\sin 2\mu t\cdot \operatorname{tg} t &= -\frac{1}{2}(z^{2\mu}-z^{-2\mu})\frac{z-z^{-1}}{z+z^{-1}}\\
&= -\frac{1}{2}(z-z^{-1})\sum_{\alpha=1}^{\mu}(-1)^{\mu-\alpha}(z^{2\alpha-1}-z^{-(2\alpha-1)})\\
&= -\frac{1}{2}\sum_{\alpha=1}^{\mu}(-1)^{\mu-\alpha}[(z^{2\alpha}+z^{-2\alpha})-(z^{2\alpha-2}+z^{-(2\alpha-2)})]\\
&= -\frac{1}{2}\Bigl[\sum_{\alpha=1}^{\mu}(-1)^{\mu-\alpha}(z^{2\alpha}+z^{-2\alpha})-\\
&\qquad -\sum_{\alpha=0}^{\mu-1}(-1)^{\mu-\alpha-1}(z^{2\alpha}+z^{-2\alpha})\Bigr]\\
&= -\frac{1}{2}\Bigl[2(-1)^{\mu}+2\sum_{\alpha=1}^{\mu-1}(-1)^{\mu-\alpha}(z^{2\alpha}+z^{-2\alpha})+\\
&\qquad +(z^{2\mu}+z^{-2\mu})\Bigr]\\
&= -\cos 2\mu t-2\sum_{\alpha=1}^{\mu-1}(-1)^{\mu-\alpha}\cos 2\alpha t-(-1)^{\mu},\\
\sin(2\mu+1)t\cdot\operatorname{tg} t &= -\cos(2\mu+1)t-\\
&\qquad -2\sum_{\alpha=0}^{\mu-1}(-1)^{\mu-\alpha}\cos(2\alpha+1)t+\frac{(-1)^{\mu}}{\cos t},\\
\cos 2\mu t\cdot\operatorname{tg} t &= \sin 2\mu t+2\sum_{\alpha=1}^{\mu-1}(-1)^{\mu-\alpha}\sin 2\alpha t+(-1)^{\mu}\operatorname{tg} t,\\
\cos(2\mu+1)t\cdot\operatorname{tg} t &= \sin(2\mu+1)t+2\sum_{\alpha=0}^{\mu-1}(-1)^{\mu-\alpha}\sin(2\alpha+1)t;
\end{aligned}\right\}\quad(19)$$

d)

$$\left.\begin{aligned}
\frac{\cos 2\mu t}{\cos t} &= \frac{z^{2\mu}+z^{-2\mu}}{z+z^{-1}}=\sum_{\alpha=1}^{\mu}(-1)^{\mu-\alpha}(z^{2\alpha-1}+z^{-(2\alpha-1)})+\\
&\qquad +2\frac{(-1)^{\mu}}{z+z^{-1}}=2\sum_{\alpha=1}^{\mu}(-1)^{\mu-\alpha}\cos(2\alpha-1)t+\frac{(-1)^{\mu}}{\cos t},\\
\frac{\cos(2\mu+1)t}{\cos t} &= 2\sum_{\alpha=1}^{\mu}(-1)^{\mu-\alpha}\cos 2\alpha t+(-1)^{\mu},\\
\frac{\cos 2\mu t}{\sin t} &= -2\sum_{\alpha=1}^{\mu}\sin(2\alpha-1)t+\frac{1}{\sin t},\\
\frac{\cos(2\mu+1)t}{\sin t} &= -2\sum_{\alpha=1}^{\mu}\sin 2\alpha t+\operatorname{cotg} t,\\
\frac{\sin 2\mu t}{\sin t} &= 2\sum_{\alpha=1}^{\mu}\cos(2\alpha-1)t,\\
\frac{\sin(2\mu+1)t}{\sin t} &= 2\sum_{\alpha=1}^{\mu}\cos 2\alpha t+1,\\
\frac{\sin 2\mu t}{\cos t} &= 2\sum_{\alpha=1}^{\mu}(-1)^{\mu-\alpha}\sin(2\alpha-1)t,\\
\frac{\sin(2\mu+1)t}{\cos t} &= 2\sum_{\alpha=1}^{\mu}(-1)^{\mu-\alpha}\sin 2\alpha t+(-1)^{\mu}\operatorname{tg} t.
\end{aligned}\right\}\quad(20)$$

X, 2 Differentation von Produkten und von zusammengesetzten Funktionen.

„Leibniz' Produktformel" $\left(u = f(z),\quad u^{(j)} = \frac{d^j f(z)}{dz^j}\right)$

$$\left.\begin{aligned} (uv)^{(j)} &= \sum_{k=0}^{j} \binom{j}{k} u^{(k)} v^{(j-k)}, \\ (u\cdot v\cdot w)^{(n)} &= \sum_{j=0,}^{n} \sum_{k=0}^{j} \binom{n}{j}\binom{j}{k} u^{(k)} v^{(j-k)} w^{(n-j)}. \end{aligned}\right\} \quad (21)$$

Zusammengesetzte Funktionen: $v = g(u) = g(f(z)) = h(z)$

$$\left.\begin{aligned} \frac{dv}{dz} &= \frac{dv}{du}\cdot\frac{du}{dz}, \\ \frac{d^2v}{dz^2} &= \frac{d^2v}{du^2}\left(\frac{du}{dz}\right)^2 + \frac{dv}{du}\frac{d^2u}{dz^2}, \\ \frac{d^3v}{dz^3} &= \frac{d^3v}{du^3}\left(\frac{du}{dz}\right)^3 + 3\frac{d^2v}{du^2}\frac{du}{dz}\cdot\frac{d^2u}{dz^2} + \frac{dv}{du}\cdot\frac{d^3u}{dz^3}, \\ \frac{d^4v}{dz^4} &= \frac{d^4v}{du^4}\left(\frac{du}{dz}\right)^4 + 6\frac{d^3v}{du^3}\left(\frac{du}{dz}\right)^2\frac{d^2u}{dz^2} + 3\frac{d^2v}{du^2}\left(\frac{d^2u}{dz^2}\right)^2 + \\ &\quad + 4\frac{d^2v}{du^2}\cdot\frac{du}{dz}\cdot\frac{d^3u}{dz^3} + \frac{dv}{du}\frac{d^4u}{dz^4}, \\ \frac{d^5v}{dz^5} &= \frac{d^5v}{du^5}\left(\frac{du}{dz}\right)^5 + 10\frac{d^4v}{du^4}\left(\frac{du}{dz}\right)^3\frac{d^2u}{dz^2} + 15\frac{d^3v}{du^3}\frac{du}{dz}\left(\frac{d^2u}{dz^2}\right)^2 + \\ &\quad + 10\frac{d^3v}{du^3}\cdot\left(\frac{du}{dz}\right)^2\frac{d^3u}{dz^3} + 10\frac{d^2v}{du^2}\frac{d^2u}{dz^2}\frac{d^3u}{dz^3} + \\ &\quad + 5\frac{d^2v}{du^2}\frac{du}{dz}\frac{d^4u}{dz^4} + \frac{dv}{du}\frac{d^5u}{dz^5}.\ ^{142} \end{aligned}\right\} \quad (22)$$

. . . .

X, 3 Die allgemeine analytische Funktion und ihre Darstellungsmittel.

Eine im Gebiet $\mathfrak{G}$ eindeutige Funktion $w = f(z)$ heißt nach B. Riemann daselbst (regulär) *analytisch*, wenn sie in jedem Punkt eine endliche Ableitung df/dz besitzt. Für eine solche Funktion haben wir *zwei Darstellungsmittel durch Reihen*:

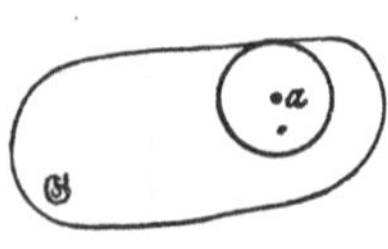

Abb. 105.

1. Ist a ein innerer Punkt von $\mathfrak{G}$, dann kann $w = f(z)$ in einer mindestens bis an den Rand von $\mathfrak{G}$ reichenden Kreisscheibe durch eine nach positiven ganzen Potenzen von $(z-a)$ fortschreitende Reihe dargestellt werden:

$$f(z) = \sum_{\nu=0}^{\infty} c_\nu (z-a)^\nu = \mathfrak{P}(z-a) \quad \text{„gewöhnliche Potenzreihe“}^{143}. \quad (23)$$

[142] Die 6. und 7. Ableitung sind bei Wl. K. Hristow [6] S. 51 angegeben.
[143] Wir schließen uns der Terminologie von Weierstrass an [2] S. 70.

Der wahre Konvergenzkreis $\mathfrak{K}$ der Entwicklung reicht bis an den nächsten singulären Punkt von $f(z)$.

2. Ist $f(z)$ innerhalb eines ringförmigen, die Kreislinie $\mathfrak{k}$ im Innern enthaltenden (zweifach zusammenhängenden) Gebietes $\mathfrak{G}$ regulär analytisch, so gestattet $f(z)$ in dem mit $\mathfrak{k}$ konzentrischen Ringgebiet $(\mathfrak{k}_1 \longleftrightarrow \mathfrak{k}_2)$, das mindestens bis an die Ränder von $\mathfrak{G}$ reicht, eine Darstellung durch eine Reihe, welche nach positiven und negativen ganzen Potenzen von $(z-a)$ fortschreitet:

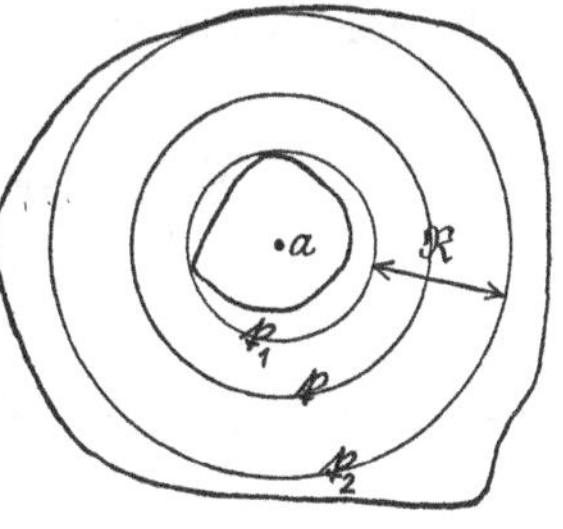

Abb. 106.

$$f(z) = \sum_{\nu=-\infty}^{+\infty} c_\nu (z-a)^\nu = P(z-a) \tag{24}$$

„allgemeine Potenzreihe"

(K. Weierstrass[144], Laurent).

Der wahre Konvergenzring $\mathfrak{R}$ reicht innen und außen bis zu den nächsten singulären Punkten von $f(z)$.

Für die Koeffizienten gilt die Integraldarstellung

$$c_\nu = \frac{1}{2\pi i}\int_{\mathfrak{k}} f(\zeta)\frac{d\zeta}{(\zeta-a)^{\nu+1}}. \tag{25}$$

Sonderfall.

Es sei $a=0$ und $\mathfrak{k}$ der Einheitskreis, ferner $c_{-\nu} = \pm c_\nu$. Durch die Substitution $z = e^{it}$ geht der (längs der negativen reellen Achse aufgeschnittene) Ring $\mathfrak{R}$ über in einen Streifen $\mathfrak{S}$ der t-Ebene, der oben und unten durch die Geraden $\Re(t) = \pm\pi$ begrenzt wird, der Einheitskreis in das Stück der reellen Achse von $-\pi$ bis $+\pi$. Die allgemeine Potenzreihe für $f(z)$ geht in eine in $\mathfrak{S}$ konvergente *trigonometrische Reihe* über:

$$\left.\begin{aligned} &\text{a) } c_{-\mu}=c_\mu: \quad f(e^{it}) = c_0 + 2\sum_{\lambda=1}^{\infty} c_\lambda \cos\lambda t; \quad c_\lambda = \frac{1}{2\pi}\int_{-\pi}^{+\pi} f\cos\lambda t\,dt,\\ &\text{b) } c_{-\mu}=-c_\mu: \quad f(e^{it}) = 2\sum_{\lambda=1}^{\infty} (ic_\lambda)\sin\lambda t; \quad ic_\lambda = \frac{1}{2\pi}\int_{-\pi}^{+\pi} f\sin\lambda t\,dt. \end{aligned}\right\} \tag{26}$$

Ist insbesondere f auf $\mathfrak{k}$ reell, so hat man im Intervall $I: -\pi \leqq t \leqq +\pi$ für die reell periodische Funktion $F(t) = f(e^{it})$, je nachdem sie gerade oder ungerade ist, die vorstehende, in I absolut und gleichmäßig konvergente trigonometrische Entwicklung a) bzw. b).

[144] Weierstrass, der auch diese Reihen zuerst und sogar für n Variable untersucht hat, siehe [1], [2], spricht schlechtweg von Potenzreihen; in den funktionentheoretischen Lehrbüchern hat sich der Name Laurent-Reihen eingebürgert.

Erscheint oben die Potenzreihe als *Darstellungsmittel* einer gegebenen analytischen Funktion, so wird umgekehrt durch eine in einem Gebiet konvergente Potenzreihe daselbst eine analytische Funktion *definiert*, wie es z. B. bei der Herstellung der komplexen Variablen $\sum_{(\alpha)}$ (VII, 3_2) der Fall ist.

Es folgen die wichtigsten Rechenprozesse mit diesen Reihen.

X, 4 Gewöhnliche Potenzreihen[145].

X, 4_1 Die vier Species.

1\. 2. $\mathfrak{P}_1(z) = \sum_{\nu=0}^{\infty} a_\nu z^\nu$, $\mathfrak{P}_2(z) = \sum_{\nu=0}^{\infty} b_\nu z^\nu$; $\mathfrak{P}_1(z) \pm \mathfrak{P}_2(z) = \sum_{\nu=0}^{\infty} (a_\nu \pm b_\nu) z^\nu$, (27)

3\. $\mathfrak{P}_1(z) \cdot \mathfrak{P}_2(z) = \sum_{\nu=0}^{\infty} c_\nu z^\nu$ mit $c_\nu = \sum_{\varkappa+\lambda=\nu} a_\varkappa b_\lambda$ (Cauchy), (28)

3a. $\mathfrak{P}^l(z)$, l positiv ganz.

A) Es sei zunächst das konstante Glied gleich Null: $c_0 = 0$.

Setzt man $q = \sum_{\nu=1}^{\infty} c_\nu z^\nu$, so folgt $q^l = \sum_{\nu=l}^{\infty} c_\nu^{(l)} z^\nu$ (29)

mit

$$c_\nu^{(l)} = \sum_{\substack{\mu_1,\mu_2,\ldots,\mu_l>0 \\ \mu_1+\mu_2+\cdots+\mu_l=\nu}} c_{\mu_1} c_{\mu_2} \ldots c_{\mu_l} = \sum_{\substack{\lambda_1,\lambda_2,\cdots \geqq 0 \\ \lambda_1+\lambda_2+\cdots=l \\ \lambda_1+2\lambda_2+3\lambda_3+\cdots=\nu}} \frac{l!}{\lambda_1!\,\lambda_2!\,\lambda_3!\ldots} c_1^{\lambda_1} c_2^{\lambda_2} c_3^{\lambda_3} \cdots = l!\left[{l \atop \nu}\right]. \quad (29\text{a})$$

Die $\left[{l \atop \nu}\right]$ sind homogene Polynome l-ten Grades in den Koeffizienten, wobei alle Glieder vom Gewicht ν sind. Nachstehend folgen die ersten $\left[{l \atop \nu}\right]$ für $l = 1, 2, 3, \ldots, 8$.

$$\begin{aligned}
\left[{1 \atop \nu}\right] &= c_\nu, \\
\left[{2 \atop 2}\right] &= \tfrac{1}{2} c_1^2, \\
\left[{2 \atop 3}\right] &= c_1 c_2, \\
\left[{2 \atop 4}\right] &= c_1 c_3 + \tfrac{1}{2} c_2^2, \\
\left[{2 \atop 5}\right] &= c_1 c_4 + c_2 c_3, \\
\left[{2 \atop 6}\right] &= c_1 c_5 + c_2 c_4 + \tfrac{1}{2} c_3^2, \\
\left[{2 \atop 7}\right] &= c_1 c_6 + c_2 c_5 + c_3 c_4, \\
\left[{2 \atop 8}\right] &= c_1 c_7 + c_2 c_6 + c_3 c_5 + \tfrac{1}{2} c_4^2, \\
&\cdots\cdots\cdots
\end{aligned}$$

[145] Siehe hierzu C. F. Gauß [7]. Der Einfachheit halber wählen wir $a = 0$.

$$\left.\begin{aligned}
\left[{3 \atop 3}\right] &= \tfrac{1}{6}\, c_1^3\,,\\
\left[{3 \atop 4}\right] &= \tfrac{1}{2}\, c_1^2\, c_2\,,\\
\left[{3 \atop 5}\right] &= \tfrac{1}{2}\, c_1^2\, c_3 + \tfrac{1}{2}\, c_1\, c_2^2\,,\\
\left[{3 \atop 6}\right] &= \tfrac{1}{2}\, c_1^2\, c_4 + c_1\, c_2\, c_3 + \tfrac{1}{6}\, c_2^3\,,\\
\left[{3 \atop 7}\right] &= \tfrac{1}{2}\, c_1^2\, c_5 + c_1\, c_2\, c_4 + \tfrac{1}{2}\, c_1\, c_3^2 + \tfrac{1}{2}\, c_2^2\, c_3\,,\\
\left[{3 \atop 8}\right] &= \tfrac{1}{2}\, c_1^2\, c_6 + c_1\, c_2 c_5 + c_1\, c_3\, c_4 + \tfrac{1}{2}\, c_2^2\, c_4 + \tfrac{1}{2}\, c_2\, c_3^2\,,\\
&\ldots\ldots\ldots\ldots\\
\left[{4 \atop 4}\right] &= \tfrac{1}{24}\, c_1^4\,,\\
\left[{4 \atop 5}\right] &= \tfrac{1}{6}\, c_1^3\, c_2\,,\\
\left[{4 \atop 6}\right] &= \tfrac{1}{6}\, c_1^3\, c_3 + \tfrac{1}{4}\, c_1^2\, c_2^2\,,\\
\left[{4 \atop 7}\right] &= \tfrac{1}{6}\, c_1^3\, c_4 + \tfrac{1}{2}\, c_1^2\, c_2\, c_3 + \tfrac{1}{6}\, c_1\, c_2^3\,,\\
\left[{4 \atop 8}\right] &= \tfrac{1}{6}\, c_1^3\, c_5 + \tfrac{1}{2}\, c_1^2\, c_2\, c_4 + \tfrac{1}{4}\, c_1^2\, c_3^2 + \tfrac{1}{2}\, c_1\, c_2^2\, c_3 + \tfrac{1}{24}\, c_2^4\,,\\
&\ldots\ldots\ldots\ldots\\
\left[{5 \atop 5}\right] &= \tfrac{1}{120}\, c_1^5\,,\\
\left[{5 \atop 6}\right] &= \tfrac{1}{24}\, c_1^4\, c_2\,,\\
\left[{5 \atop 7}\right] &= \tfrac{1}{24}\, c_1^4\, c_3 + \tfrac{1}{12}\, c_1^3\, c_2^2\,,\\
\left[{5 \atop 8}\right] &= \tfrac{1}{24}\, c_1^4\, c_4 + \tfrac{1}{6}\, c_1^3\, c_2\, c_3 + \tfrac{1}{12}\, c_1^2\, c_2^3\,,\\
&\ldots\ldots\ldots\ldots\\
\left[{6 \atop 6}\right] &= \tfrac{1}{720}\, c_1^6\,,\\
\left[{6 \atop 7}\right] &= \tfrac{1}{120}\, c_1^5\, c_2\,,\\
\left[{6 \atop 8}\right] &= \tfrac{1}{120}\, c_1^5\, c_3 + \tfrac{1}{48}\, c_1^4\, c_2^2\,,\\
&\ldots\ldots\ldots\ldots\\
\left[{7 \atop 7}\right] &= \tfrac{1}{7!}\, c_1^7 = \tfrac{1}{5040}\, c_1^7\,,\\
\left[{7 \atop 8}\right] &= \tfrac{1}{720}\, c_1^6\, c_2\,,\\
&\ldots\ldots\ldots\ldots\\
\left[{8 \atop 8}\right] &= \tfrac{1}{8!}\, c_1^8 = \tfrac{1}{40320}\, c_1^8\,,\\
&\ldots\ldots\ldots\ldots
\end{aligned}\right\} \tag{30}$$

Für $q = e^z - 1 = \sum\limits_{\nu=1}^{\infty} c_\nu\, z^\nu\,,\quad c_\nu = \dfrac{1}{\nu!}$ wird speziell

$$q^l = \sum_{\nu=l}^{\infty} c_\nu^{(l)}\, z^\nu \qquad \text{mit} \qquad c_\nu^{(l)} = l!\left[{l \atop \nu}\right] = \sum_{\substack{\nu_\iota = 1\\ \nu_1+\nu_2+\cdots+\nu_l=\nu}}^{\infty} \frac{1}{\nu_1!\,\nu_2!\,\ldots\,\nu_l!} \tag{31}$$

oder nach Taylor

$$\begin{aligned} c_\nu^{(l)} &= \frac{1}{\nu!}\frac{d^\nu(e^z-1)^l}{dz^\nu}\bigg|_{z=0} = \frac{1}{\nu!}\frac{d^\nu}{dz^\nu}\left[\sum_{\varkappa=0}^{l}\binom{l}{\varkappa}e^{(l-\varkappa)z}(-1)^\varkappa\right]_{z=0} \\ &= \frac{1}{\nu!}\sum_{\varkappa=0}^{l-1}(-1)^\varkappa\binom{l}{\varkappa}(l-\varkappa)^\nu e^{(l-\varkappa)z}\bigg|_{z=0} = \frac{1}{\nu!}\sum_{\varkappa=0}^{l-1}(-1)^\varkappa\binom{l}{\varkappa}(l-\varkappa)^\nu. \end{aligned} \tag{31a}$$

B) Es sei jetzt in $\mathfrak{P}(z)$ das konstante Glied ungleich Null, also

$$\mathfrak{P}(z) = w = a_0[1 + c_1 z + c_2 z^2 + \cdots + c_\nu z^\nu + \cdots] = a_0[1+q] \tag{32}$$

mit

$$c_\nu = \frac{a_\nu}{a_0}, \qquad q = \sum_{\nu=1}^{\infty} c_\nu z^\nu,$$

dann folgt nach dem binomischen Satz und (29)

$$\frac{w^m}{a_0^m} = (1+q)^m = 1 + \sum_{\lambda=1}^{m}\binom{m}{\lambda}q^\lambda = 1 + \sum_{\lambda=1}^{m}\binom{m}{\lambda}\left\{\sum_{\nu=\lambda}^{\infty}\lambda!\begin{bmatrix}\lambda\\ \nu\end{bmatrix}z^\nu\right\}.$$

Ordnet man die letzte Entwicklung nach fortschreitenden Potenzen von z um, so wird

$$\frac{w^m}{a_0^m} = 1 + \sum_{\nu=1}^{\infty}[m,\nu]\,z^\nu \tag{33}$$

mit

$$[m,\nu] = \sum_{\lambda=1}^{\nu} m(m-1)\cdots(m-\lambda+1)\begin{bmatrix}\lambda\\ \nu\end{bmatrix}. \tag{33a}$$

Die Summe über λ bricht bei $\lambda = m$ ab. Es ist also für $\nu \geqq m$

$$\begin{aligned} [m,\nu] &= m\begin{bmatrix}1\\ \nu\end{bmatrix} + m(m-1)\begin{bmatrix}2\\ \nu\end{bmatrix} + \cdots + m(m-1)(m-2)\cdots 1\begin{bmatrix}m\\ \nu\end{bmatrix} \\ &= \binom{m}{1}c_\nu^{(1)} + \binom{m}{2}c_\nu^{(2)} + \cdots + \binom{m}{m}c_\nu^{(m)}. \end{aligned} \tag{34}$$

Sonderfälle:

$$\begin{aligned} m = 2:\ [2,1] &= 2c_1, \\ [2,2] &= 2c_2 + c_1^2, \\ [2,3] &= 2c_3 + 2c_1c_2, \\ [2,4] &= 2c_4 + 2c_1c_3 + c_2^2, \\ [2,5] &= 2c_5 + 2c_1c_4 + 2c_2c_3, \\ [2,6] &= 2c_6 + 2c_1c_5 + 2c_2c_4 + c_3^2, \\ [2,7] &= 2c_7 + 2c_1c_6 + 2c_2c_5 + 2c_3c_4, \\ [2,8] &= 2c_8 + 2c_1c_7 + 2c_2c_6 + 2c_3c_5 + c_4^2, \end{aligned}$$

. . . .

$$\left.\begin{aligned}
m = 3:\ [3,1] &= 3c_1,\\
[3,2] &= 3c_2 + 3c_1^2,\\
[3,3] &= 3c_3 + 6c_1c_2 + c_1^3,\\
[3,4] &= 3c_4 + 6c_1c_3 + 3c_2^2 + 3c_1^2c_2,\\
[3,5] &= 3c_5 + 6c_1c_4 + 6c_2c_3 + 3c_1^2c_3 + 3c_1c_2^2,\\
[3,6] &= 3c_6 + 6c_1c_5 + 6c_2c_4 + 3c_3^2 + 3c_1^2c_4 + 6c_1c_2c_3 + c_2^3,\\
[3,7] &= 3c_7 + 6c_1c_6 + 6c_2c_5 + 6c_3c_4 + 3c_1^2c_5 + 6c_1c_2c_4 +\\
&\quad + 3c_1c_3^2 + 3c_2^2c_3,\\
[3,8] &= 3c_8 + 6c_1c_7 + 6c_2c_6 + 6c_3c_5 + 3c_4^2 + 3c_1^2c_6 +\\
\dots\dots\dots &\quad + 6c_1c_2c_5 + 6c_1c_3c_4 + 3c_2^2c_4 + 3c_2c_3^2,\\
m = 4:\ [4,1] &= 4c_1,\\
[4,2] &= 4c_2 + 6c_1^2,\\
[4,3] &= 4c_3 + 12c_1c_2 + 4c_1^3,\\
[4,4] &= 4c_4 + 12c_1c_3 + 6c_2^2 + 12c_1^2c_2 + c_1^4,\\
[4,5] &= 4c_5 + 12c_1c_4 + 12c_2c_3 + 12c_1^2c_3 + 12c_1c_2^2 + 4c_1^3c_2,\\
[4,6] &= 4c_6 + 12c_1c_5 + 12c_2c_4 + 6c_3^2 + 12c_1^2c_4 +\\
&\quad + 24c_1c_2c_3 + 4c_2^3 + 4c_1^3c_3 + 6c_1^2c_2^2,\\
[4,7] &= 4c_7 + 12c_1c_6 + 12c_2c_5 + 12c_3c_4 + 12c_1^2c_5 +\\
&\quad + 24c_1c_2c_4 + 12c_1c_3^2 + 12c_2^2c_3 + 4c_1^3c_4 +\\
&\quad + 12c_1^2c_2c_3 + 4c_1c_2^3,\\
[4,8] &= 4c_8 + 12c_1c_7 + 12c_2c_6 + 12c_3c_5 + 6c_4^2 + 12c_1^2c_6 +\\
&\quad + 24c_1c_2c_5 + 24c_1c_3c_4 + 12c_2^2c_4 + 12c_2c_3^2 +\\
\dots\dots\dots &\quad + 4c_1^3c_5 + 12c_1^2c_2c_4 + 6c_1^2c_3^2 + 12c_1c_2^2c_3 + c_2^4,\\
m = 5:\ [5,1] &= 5c_1,\\
[5,2] &= 5c_2 + 10c_1^2,\\
[5,3] &= 5c_3 + 20c_1c_2 + 10c_1^3,\\
[5,4] &= 5c_4 + 20c_1c_3 + 10c_2^2 + 30c_1^2c_2 + 5c_1^4,\\
[5,5] &= 5c_5 + 20c_1c_4 + 20c_2c_3 + 30c_1^2c_3 + 30c_1c_2^2 + 20c_1^3c_2 + c_1^5,\\
[5,6] &= 5c_6 + 20c_1c_5 + 20c_2c_4 + 10c_3^2 + 30c_1^2c_4 + 60c_1c_2c_3 +\\
&\quad + 10c_2^3 + 20c_1^3c_3 + 30c_1^2c_2^2 + 5c_1^4c_2,\\
[5,7] &= 5c_7 + 20c_1c_6 + 20c_2c_5 + 20c_3c_4 + 30c_1^2c_5 +\\
&\quad + 60c_1c_2c_4 + 30c_1c_3^2 + 30c_2^2c_3 + 20c_1^3c_4 +\\
&\quad + 60c_1^2c_2c_3 + 20c_1c_2^3 + 5c_1^4c_3 + 10c_1^3c_2^2,\\
[5,8] &= 5c_8 + 20c_1c_7 + 20c_2c_6 + 20c_3c_5 + 10c_4^2 + 30c_1^2c_6 +\\
&\quad + 60c_1c_2c_5 + 60c_1c_3c_4 + 30c_2^2c_4 + 30c_2c_3^2 +\\
&\quad + 20c_1^3c_5 + 60c_1^2c_2c_4 + 30c_1^2c_3^2 + 60c_1c_2^2c_3 +\\
\dots\dots\dots &\quad + 5c_2^4 + 5c_1^4c_4 + 20c_1^3c_2c_3 + 10c_1^2c_2^3,
\end{aligned}\right\} \quad (35)$$

$$
\left.\begin{aligned}
m = 6:\ [6,1] &= 6c_1,\\
[6,2] &= 6c_2 + 15c_1^2,\\
[6,3] &= 6c_3 + 30c_1c_2 + 20c_1^3,\\
[6,4] &= 6c_4 + 30c_1c_3 + 15c_2^2 + 60c_1^2c_2 + 15c_1^4,\\
[6,5] &= 6c_5 + 30c_1c_4 + 30c_2c_3 + 60c_1^2c_3 + 60c_1c_2^2 + 60c_1^3c_2 + 6c_1^5,\\
[6,6] &= 6c_6 + 30c_1c_5 + 30c_2c_4 + 15c_3^2 + 60c_1^2c_4 + 120c_1c_2c_3 +\\
&\quad + 20c_2^3 + 60c_1^3c_3 + 90c_1^2c_2^2 + 30c_1^4c_2 + c_1^6,\\
[6,7] &= 6c_7 + 30c_1c_6 + 30c_2c_5 + 30c_3c_4 + 60c_1^2c_5 +\\
&\quad + 120c_1c_2c_4 + 60c_1c_3^2 + 60c_2^2c_3 + 60c_1^3c_4 +\\
&\quad + 180c_1^2c_2c_3 + 60c_1c_2^3 + 30c_1^4c_3 + 60c_1^3c_2^2 + 6c_1^5c_2,\\
[6,8] &= 6c_8 + 30c_1c_7 + 30c_2c_6 + 30c_3c_5 + 15c_4^2 + 60c_1^2c_6 +\\
&\quad + 120c_1c_2c_5 + 120c_1c_3c_4 + 60c_2^2c_4 + 60c_2c_3^2 +\\
&\quad + 60c_1^3c_5 + 180c_1^2c_2c_4 + 90c_1^2c_3^2 + 180c_1c_2^2c_3 +\\
&\quad + 15c_2^4 + 30c_1^4c_4 + 120c_1^3c_2c_3 + 60c_1^2c_2^3 +\\
&\quad + 6c_1^5c_3 + 15c_1^4c_2^2,\\
&\dots\dots\dots
\end{aligned}\right|
$$

Für $\mathfrak{P} = e^z = 1 + q = \sum_{\nu=0}^{\infty} \frac{z^\nu}{\nu!}$ wird speziell

$$
\mathfrak{P}^m = 1 + \sum_{\nu=1}^{\infty} [m, \nu]\, z^\nu, \tag{36}
$$

wobei

$$
\left.\begin{aligned}
[m,\nu] &= \sum_{\substack{\nu_\iota=0\\ \nu_1+\nu_2+\cdots+\nu_m=\nu}}^{\infty} \frac{1}{\nu_1!\,\nu_2!\dots\nu_m!} = \frac{m^\nu}{\nu!},\\
&= \binom{m}{1} c_\nu^{(1)} + \binom{m}{2} c_\nu^{(2)} + \cdots + \binom{m}{m} c_\nu^{(m)} \quad \text{mit} \quad c_\nu^{(1)} = c_\nu = \frac{1}{\nu!}.
\end{aligned}\right\} \tag{36a}
$$

4. Division (reziproke Reihe und ganzzahlige negative Potenz).

Es sei zunächst

$$
w = 1 + c_1 z + c_2 z^2 + \cdots + c_\nu z^\nu + \cdots : \mathfrak{R},
$$

dann ist

$$
\frac{1}{w} = 1 + \sum_{\nu=1}^{\infty} c'_\nu z^\nu = 1 + \sum_{\nu=1}^{\infty} (1,\nu) z^\nu : \mathfrak{R}', \tag{37}
$$

wobei $\mathfrak{R}'$ bis an die dem Nullpunkt am nächsten gelegene Nullstelle von w in $\mathfrak{R}$ reicht; hat w in $\mathfrak{R}$ keine Nullstellen, so ist $\mathfrak{R}' \supseteq \mathfrak{R}$. Die Koeffizienten c'_ν kann man nach der Methode der unbestimmten Koeffizienten aus

$$
(1 + c_1 z + c_2 z^2 + \cdots + c_\nu z^\nu + \cdots)(1 + c'_1 z + c'_2 z^2 + \cdots c'_\nu z^\nu + \cdots) = 1
$$

finden. Sie können allgemein in Determinantenform angegeben werden (s. Mangoldt-Knopp [1] Bd. II, 6. Aufl., S. 271). Insbesondere ist

$$\left.\begin{aligned}
c_1' &= -c_1,\\
c_2' &= -c_2 + c_1^2,\\
c_3' &= -c_3 + 2c_1c_2 - c_1^3,\\
c_4' &= -c_4 + 2c_1c_3 + c_2^2 - 3c_1^2c_2 + c_1^4,\\
c_5' &= -c_5 + 2c_1c_4 + 2c_2c_3 - 3c_1^2c_3 - 3c_1c_2^2 + 4c_1^3c_2 - c_1^5,\\
c_6' &= -c_6 + 2c_1c_5 + 2c_2c_4 + c_3^2 - 3c_1^2\,c_4 - 6c_1c_2c_3 - c_2^3 +\\
&\quad + 4c_1^3c_3 + 6c_1^2c_2^2 - 5c_1^4c_2 + c_1^6,\\
c_7' &= -c_7 + 2c_1c_6 + 2c_2c_5 + 2c_3c_4 - 3c_1^2c_5 - 6c_1c_2c_4 - 3c_1c_3^2 -\\
&\quad - 3c_2^2c_3 + 4c_1^3c_4 + 12c_1^2c_2c_3 + 4c_1c_2^3 - 5c_1^4c_3 - 10c_1^3c_2^2 +\\
&\quad + 6c_1^5c_2 - c_1^7,\\
c_8' &= -c_8 + 2c_1c_7 + 2c_2c_6 + 2c_3c_5 + c_4^2 - 3c_1^2c_6 - 6c_1c_2c_5 -\\
&\quad - 6c_1c_3c_4 - 3c_2^2c_4 - 3c_2c_3^2 + 4c_1^3c_5 + 12c_1^2c_2c_4 + 6c_1^2c_3^2 +\\
&\quad + 12c_1c_2^2c_3 + c_2^4 - 5c_1^4c_4 - 20c_1^3c_2c_3 - 10c_1^2c_2^3 + 6c_1^5c_3 +\\
&\quad + 15c_1^4c_2^2 - 7c_1^6c_2 + c_1^8,\\
&\cdots\cdots\cdots
\end{aligned}\right\} \tag{37a}$$

$$w^{-m} = \left(\frac{1}{w}\right)^m = \left\{1 + \sum_{\nu=1}^{\infty} c_\nu' z^\nu\right\}^m = 1 + \sum_{\nu=1}^{\infty} (m,\nu)\, z^\nu \tag{38}$$

mit

$$(m,\nu) = [m,\nu]',$$

wobei $[m,\nu]'$ bedeutet, daß $[m,\nu]$ aus c' zu bilden ist[146].

Wenn $\mathfrak{P}(z)$ zunächst die Form hat

$$\mathfrak{P}(z) = a_0 + a_1 z + a_2 z^2 + \cdots + a_\nu z^\nu + \cdots,$$

so setzt man

im Fall $a_0 \neq 0$ zuerst $w = \frac{1}{a_0}\mathfrak{P}(z) = 1 + c_1 z + c_2 z^2 + \cdots,$

im Fall $a_0 = 0,\ a_1 \neq 0$ zuerst $w = \frac{1}{a_1 z}\mathfrak{P}(z) = 1 + c_1 z + c_2 z^2 + \cdots$

usw.

X, 4_2 Zusammensetzung von Potenzreihen, insbesondere $e^{k\mathfrak{P}(z)}$, $\lg\mathfrak{P}(z)$, $\mathfrak{P}^\alpha(z)$.

Ist $w = f(v)$ eine analytische Funktion von v, $v = \varphi(z)$ eine analytische Funktion von z, so ist die zusammengesetzte Funktion $w = f[\varphi(z)] = F(z)$ bekanntlich wieder analytisch. Gestattet also $w = f(v)$ in der Umgebung von $v = v_0$ die Entwicklung

$$w - w_0 = \sum_{\lambda=1}^{\infty} b_\lambda (v - v_0)^\lambda, \qquad w_0 = f(v_0):\ \text{Konvergenzkreis } \mathfrak{K}_v \tag{39,1}$$

---

146 Siehe später (47), (47a).

und $v = \varphi(z)$ in der Umgebung von $z = z_0$ die Entwicklung

$$v - v_0 = \sum_{\mu=1}^{\infty} a_\mu (z - z_0)^\mu, \quad v_0 = \varphi(z_0): \text{ Konvergenzkreis } \mathfrak{k}_z, \tag{39,2}$$

so gestattet $w = F(z)$ in einer Umgebung von $z = z_0$ die Entwicklung

$$w - w_0 = \sum_{\nu=1}^{\infty} C_\nu (z - z_0)^\nu, \quad w_0 = F(z_0): \text{ Konvergenzkreis } \mathfrak{K}_z, \tag{40}$$

wobei $\mathfrak{K}_z$ mindestens gleich dem kleinsten Kreise um z_0 ist, für welchen die Funktionswerte $v(z)$ innerhalb $\mathfrak{K}_v$ liegen.

Nach (29) ist

$$(v - v_0)^\lambda = \sum_{\nu=\lambda}^{\infty} \lambda! \left[\begin{matrix} \lambda \\ \nu \end{matrix} \right] (z - z_0)^\nu,$$

damit wird

$$w - w_0 = \sum_{\lambda=1}^{\infty} b_\lambda \left(\sum_{\nu=\lambda}^{\infty} a_\nu^{(\lambda)} (z - z_0)^\nu \right) = \sum_{\nu=1}^{\infty} C_\nu (z - z_0)^\nu \tag{41}$$

mit

$$C_\nu = \sum_{\lambda=1}^{\nu} b_\lambda a_\nu^{(\lambda)}, \quad a_\nu^{(\lambda)} = \lambda! \left[\begin{matrix} \lambda \\ \nu \end{matrix} \right]. \tag{41a}$$

Insbesondere ist

$$\left.\begin{aligned}
C_1 &= b_1 a_1, \\
C_2 &= b_1 a_2 + b_2 a_1^2, \\
C_3 &= b_1 a_3 + 2 b_2 a_1 a_2 + b_3 a_1^3, \\
C_4 &= b_1 a_4 + b_2 (2 a_1 a_3 + a_2^2) + 3 b_3 a_1^2 a_2 + b_4 a_1^4, \\
C_5 &= b_1 a_5 + 2 b_2 (a_1 a_4 + a_2 a_3) + 3 b_3 (a_1^2 a_3 + a_1 a_2^2) + 4 b_4 a_1^3 a_2 + b_5 a_1^5, \\
C_6 &= b_1 a_6 + b_2 (2 a_1 a_5 + 2 a_2 a_4 + a_3^2) + b_3 (3 a_1^2 a_4 + 6 a_1 a_2 a_3 + a_2^3) + \\
&\quad + b_4 (4 a_1^3 a_3 + 6 a_1^2 a_2^2) + 5 b_5 a_1^4 a_2 + b_6 a_1^6, \\
C_7 &= b_1 a_7 + 2 b_2 (a_1 a_6 + a_2 a_5 + a_3 a_4) + b_3 (3 a_1^2 a_5 + 6 a_1 a_2 a_4 + \\
&\quad + 3 a_1 a_3^2 + 3 a_2^2 a_3) + 4 b_4 (a_1^3 a_4 + 3 a_1^2 a_2 a_3 + a_1 a_2^3) + \\
&\quad + 5 b_5 (a_1^4 a_3 + 2 a_1^3 a_2^2) + 6 b_6 a_1^5 a_2 + b_7 a_1^7, \\
C_8 &= b_1 a_8 + b_2 (2 a_1 a_7 + 2 a_2 a_6 + 2 a_3 a_5 + a_4^2) + \\
&\quad + b_3 (3 a_1^2 a_6 + 6 a_1 a_2 a_5 + 6 a_1 a_3 a_4 + 3 a_2^2 a_4 + 3 a_2 a_3^2) + \\
&\quad + b_4 (4 a_1^3 a_5 + 12 a_1^2 a_2 a_4 + 6 a_1^2 a_3^2 + 12 a_1 a_2^2 a_3 + a_2^4) + \\
&\quad + 5 b_5 (a_1^4 a_4 + 4 a_1^3 a_2 a_3 + 2 a_1^2 a_2^3) + \\
&\quad + b_6 (6 a_1^5 a_3 + 15 a_1^4 a_2^2) + 7 b_7 a_1^6 a_2 + b_8 a_1^8.
\end{aligned}\right\} \tag{41b}$$

Sind die Reihen in der Form gegeben

$$\left.\begin{aligned}
w - w_0 &= \sum_{\lambda=1}^{\infty} b_\lambda \frac{(v - v_0)^\lambda}{\lambda!}, \quad \text{wobei} \quad b_\lambda = \left.\frac{d^\lambda w}{d v^\lambda}\right|_{v_0}, \\
v - v_0 &= \sum_{\mu=1}^{\infty} a_\mu \frac{(z - z_0)^\mu}{\mu!}, \quad \text{wobei} \quad a_\mu = \left.\frac{d^\mu v}{d z^\mu}\right|_{z_0}, \\
w - w_0 &= \sum_{\nu=1}^{\infty} C_\nu \frac{(z - z_0)^\nu}{\nu!}, \quad \text{wobei} \quad C_\nu = \left.\frac{d^\nu w}{d z^\nu}\right|_{z_0},
\end{aligned}\right\} \tag{42}$$

dann ist insbesondere

$$\left.\begin{aligned}
C_1 &= b_1 a_1,\\
C_2 &= b_1 a_2 + b_2 a_1^2,\\
C_3 &= b_1 a_3 + 3 b_2 a_1 a_2 + b_3 a_1^3,\\
C_4 &= b_1 a_4 + b_2(4 a_1 a_3 + 3 a_2^2) + 6 b_3 a_1^2 a_2 + b_4 a_1^4,\\
C_5 &= b_1 a_5 + 5 b_2 (a_1 a_4 + 2 a_2 a_3) + 5 b_3 (2 a_1^2 a_3 + 3 a_1 a_2^2) +\\
&\qquad + 10 b_4 a_1^3 a_2 + b_5 a_1^5,\\
C_6 &= b_1 a_6 + b_2 (6 a_1 a_5 + 15 a_2 a_4 + 10 a_3^2) +\\
&\quad + 15 b_3 (a_1^2 a_4 + 4 a_1 a_2 a_3 + a_2^3) + 5 b_4 (4 a_1^3 a_3 + 9 a_1^2 a_2^2) +\\
&\quad + 15 b_5 a_1^4 a_2 + b_6 a_1^6,\\
C_7 &= b_1 a_7 + 7 b_2 (a_1 a_6 + 3 a_2 a_5 + 5 a_3 a_4) +\\
&\quad + 7 b_3 (3 a_1^2 a_5 + 15 a_1 a_2 a_4 + 10 a_1 a_3^2 + 15 a_2^2 a_3) +\\
&\quad + 35 b_4 (a_1^3 a_4 + 6 a_1^2 a_2 a_3 + 3 a_1 a_2^3) + 35 b_5 (a_1^4 a_3 + 3 a_1^3 a_2^2) +\\
&\quad + 21 b_6 a_1^5 a_2 + b_7 a_1^7.
\end{aligned}\right\} \quad (42\text{a})$$

Wichtige Beispiele.

1. $w = e^{k\mathfrak{P}(z)}, \quad \mathfrak{P}(z) = 1 + a_1 \frac{z}{1!} + \cdots + a_\nu \frac{z^\nu}{\nu!} + \cdots$

$$\left.\begin{aligned}
&v - 1 = \sum_{\mu=1}^{\infty} a_\mu \frac{z^\mu}{\mu!}, \quad w - e^k = e^k \cdot \sum_{\lambda=1}^{\infty} k^\lambda \frac{(v-1)^\lambda}{\lambda!},\\
&e^{-k}(w - e^k) = \sum_{\nu=1}^{\infty} C_\nu \frac{z^\nu}{\nu!}, \quad C_\nu \text{ aus } a_\mu \text{ und } b_\lambda = k^\lambda \text{ nach (42a)}
\end{aligned}\right\} \quad (43)$$

2. $w = \lg \mathfrak{P}(z), \quad \mathfrak{P}(z)$ wie oben.

$$\left.\begin{aligned}
&v - 1 = \sum_{\mu=1}^{\infty} a_\mu \frac{z^\mu}{\mu!},\\
&w = \sum_{\lambda=1}^{\infty} (-1)^{\lambda-1} \frac{(v-1)^\lambda}{\lambda} = \sum_{\lambda=1}^{\infty} (-1)^{\lambda-1} (\lambda-1)! \frac{(v-1)^\lambda}{\lambda!},\\
&w = \sum_{\nu=1}^{\infty} C_\nu \frac{z^\nu}{\nu!}, \quad C_\nu \text{ aus } a_\mu \text{ und } b_\lambda = (-1)^{\lambda-1} (\lambda-1)! \text{ nach (42a)}
\end{aligned}\right\} \quad (44)$$

3. $w = \mathfrak{P}^\alpha(z)$ (allgemeine Potenz), $\mathfrak{P}(z) = 1 + \sum_{\nu=1}^{\infty} c_\nu z^\nu$.

Es ist (29, 29a, 39—41)

$$q = v - 1 = \sum_{\mu=1}^{\infty} c_\mu z^\mu, \quad w - 1 = \sum_{l=1}^{\infty} \binom{\alpha}{l} (v-1)^l,$$

$$w = 1 + \sum_{\nu=1}^{\infty} [\alpha, \nu] z^\nu, \tag{45}$$

$$[\alpha, \nu] = \sum_{l=1}^{\nu} \binom{\alpha}{l} c_\nu^{(l)} = \sum_{l=1}^{\nu} \alpha(\alpha-1)\ldots(\alpha-l+1) \begin{bmatrix} l \\ \nu \end{bmatrix}. \tag{45a}$$

$\mathfrak{K}_z$ reicht mindestens bis zu der dem Nullpunkt am nächsten gelegenen Nullstelle von $\mathfrak{P}(z)$; wenn keine solche vorhanden ist, ist $\mathfrak{K}_z \supseteq \mathfrak{k}_z$.

Sonderfälle:

3,1) $\alpha = m$ (ganz positiv): $[\alpha, \nu] \longrightarrow [m, \nu]$, (33a)

insbesondere ist

$$
\left.\begin{aligned}
[m, 1] &= m c_1, \\
[m, 2] &= m c_2 + m(m-1)\frac{1}{2} c_1^2, \\
[m, 3] &= m c_3 + m(m-1) c_1 c_2 + m(m-1)(m-2)\frac{1}{6} c_1^3, \\
[m, 4] &= m c_4 + m(m-1)\left(c_1 c_3 + \frac{1}{2} c_2^2\right) + \\
&\quad + m(m-1)(m-2)\frac{1}{2} c_1^2 c_2 + m(m-1)(m-2)(m-3)\frac{1}{24} c_1^4, \\
[m, 5] &= m c_5 + m(m-1)(c_1 c_4 + c_2 c_3) + \\
&\quad + m(m-1)(m-2)\frac{1}{2}(c_1^2 c_3 + c_1 c_2^2) + \\
&\quad + m(m-1)(m-2)(m-3)\frac{1}{6} c_1^3 c_2 + \\
&\quad + m(m-1)(m-2)(m-3)(m-4)\frac{1}{120} c_1^5, \\
[m, 6] &= m c_6 + m(m-1)\left(c_1 c_5 + c_2 c_4 + \frac{1}{2} c_3^2\right) + \\
&\quad + \frac{m!}{(m-3)!}\left(\frac{1}{2} c_1^2 c_4 + c_1 c_2 c_3 + \frac{1}{6} c_2^3\right) + \\
&\quad + \frac{m!}{(m-4)!}\left(\frac{1}{6} c_1^3 c_3 + \frac{1}{4} c_1^2 c_2^2\right) + \frac{m!}{(m-5)!}\,\frac{1}{24} c_1^4 c_2 + \\
&\quad + \frac{m!}{(m-6)!}\,\frac{1}{720} c_1^6, \\
[m, 7] &= m c_7 + m(m-1)(c_1 c_6 + c_2 c_5 + c_3 c_4) + \\
&\quad + \frac{m!}{(m-3)!}\left(\frac{1}{2} c_1^2 c_5 + c_1 c_2 c_4 + \frac{1}{2} c_1 c_3^2 + \frac{1}{2} c_2^2 c_3\right) + \\
&\quad + \frac{m!}{(m-4)!}\left(\frac{1}{6} c_1^3 c_4 + \frac{1}{2} c_1^2 c_2 c_3 + \frac{1}{6} c_1 c_2^3\right) + \\
&\quad + \frac{m!}{(m-5)!}\left(\frac{1}{24} c_1^4 c_3 + \frac{1}{12} c_1^3 c_2^2\right) + \frac{m!}{(m-6)!}\,\frac{1}{120} c_1^5 c_2 + \\
&\quad + \frac{m!}{(m-7)!}\,\frac{1}{7!} c_1^7, \\
[m, 8] &= m c_8 + m(m-1)\left(c_1 c_7 + c_2 c_6 + c_3 c_5 + \frac{1}{2} c_4^2\right) + \\
&\quad + \frac{m!}{(m-3)!}\left(\frac{1}{2} c_1^2 c_6 + c_1 c_2 c_5 + c_1 c_3 c_4 + \frac{1}{2} c_2^2 c_4 + \frac{1}{2} c_2 c_3^2\right) + \\
&\quad + \frac{m!}{(m-4)!}\left(\frac{1}{6} c_1^3 c_5 + \frac{1}{2} c_1^2 c_2 c_4 + \frac{1}{4} c_1^2 c_3^2 + \frac{1}{2} c_1 c_2^2 c_3 + \frac{1}{24} c_2^4\right) + \\
&\quad + \frac{m!}{(m-5)!}\left(\frac{1}{24} c_1^4 c_4 + \frac{1}{6} c_1^3 c_2 c_3 + \frac{1}{12} c_1^2 c_2^3\right) + \\
&\quad + \frac{m!}{(m-6)!}\left(\frac{1}{120} c_1^5 c_3 + \frac{1}{48} c_1^4 c_2^2\right) + \frac{m!}{(m-7)!}\,\frac{1}{720} c_1^6 c_2 + \\
&\quad + \frac{m!}{(m-8)!}\,\frac{1}{8!} c_1^8, \\
&\ldots\ldots\ldots\ldots
\end{aligned}\right\} \qquad (46)
$$

3,2) $\alpha = -m$

$$\left.\begin{aligned} w &= [\mathfrak{P}(z)]^{-m} = 1 + \sum_{\nu=1}^{\infty} [-m, \nu]\, z^\nu = 1 + \sum_{\nu=1}^{\infty} (m, \nu)\, z^\nu \quad (38) \\ &\text{mit} \\ (m, \nu) &= \sum_{\lambda=1}^{\nu} (-1)^\lambda\, m(m+1) \cdots (m+\lambda-1) \left[\begin{matrix}\lambda \\ \nu\end{matrix}\right]. \end{aligned}\right\} \quad (47)$$

Insbesondere

$$\left.\begin{aligned}
(m,1) &= -mc_1, \\
(m,2) &= -mc_2 + m(m+1)\frac{1}{2}c_1^2, \\
(m,3) &= -mc_3 + m(m+1)c_1c_2 - m(m+1)(m+2)\frac{1}{6}c_1^3, \\
(m,4) &= -mc_4 + m(m+1)\left(c_1c_3 + \frac{1}{2}c_2^2\right) - \\
&\quad - m(m+1)(m+2)\frac{1}{2}c_1^2c_2 + \\
&\quad + m(m+1)(m+2)(m+3)\frac{1}{24}c_1^4, \\
(m,5) &= -mc_5 + m(m+1)(c_1c_4 + c_2c_3) - \\
&\quad - m(m+1)(m+2)\frac{1}{2}(c_1^2c_3 + c_1c_2^2) + \\
&\quad + m(m+1)(m+2)(m+3)\frac{1}{6}c_1^3c_2 - \\
&\quad - m(m+1)(m+2)(m+3)(m+4)\frac{1}{120}c_1^5, \\
(m,6) &= -mc_6 + m(m+1)\left(c_1c_5 + c_2c_4 + \frac{1}{2}c_3^2\right) - \\
&\quad - m(m+1)(m+2)\left(\frac{1}{2}c_1^2c_4 + c_1c_2c_3 + \frac{1}{6}c_2^3\right) + \\
&\quad + m(m+1)(m+2)(m+3)\left(\frac{1}{6}c_1^3c_3 + \frac{1}{4}c_1^2c_2^2\right) - \\
&\quad - m(m+1)(m+2)(m+3)(m+4)\frac{1}{24}c_1^4c_2 + \\
&\quad + m(m+1)(m+2)(m+3)(m+4)(m+5)\frac{1}{720}c_1^6, \\
(m,7) &= -mc_7 + m(m+1)(c_1c_6 + c_2c_5 + c_3c_4) - \\
&\quad - \frac{(m+2)!}{(m-1)!}\left(\frac{1}{2}c_1^2c_5 + c_1c_2c_4 + \frac{1}{2}c_1c_3^2 + \frac{1}{2}c_2^2c_3\right) + \\
&\quad + \frac{(m+3)!}{(m-1)!}\left(\frac{1}{6}c_1^3c_4 + \frac{1}{2}c_1^2c_2c_3 + \frac{1}{6}c_1c_2^3\right) - \\
&\quad - \frac{(m+4)!}{(m-1)!}\left(\frac{1}{24}c_1^4c_3 + \frac{1}{12}c_1^3c_2^2\right) + \\
&\quad + \frac{(m+5)!}{(m-1)!}\frac{1}{120}c_1^5c_2 - \frac{(m+6)!}{(m-1)!}\frac{1}{7!}c_1^7,
\end{aligned}\right\} \quad (47\text{a})$$

$$\left.\begin{aligned}(m,8) = & -m c_8 + m(m+1)\left(c_1 c_7 + c_2 c_6 + c_3 c_5 + \frac{1}{2} c_4^2\right) - \\ & -\frac{(m+2)!}{(m-1)!}\left(\frac{1}{2} c_1^2 c_6 + c_1 c_2 c_5 + c_1 c_3 c_4 + \frac{1}{2} c_2^2 c_4 + \frac{1}{2} c_2 c_3^2\right) + \\ & + \frac{(m+3)!}{(m-1)!}\left(\frac{1}{6} c_1^3 c_5 + \frac{1}{2} c_1^2 c_2 c_4 + \frac{1}{4} c_1^2 c_3^2 + \right. \\ & \qquad\qquad \left. + \frac{1}{2} c_1 c_2^2 c_3 + \frac{1}{24} c_2^4\right) - \\ & - \frac{(m+4)!}{(m-1)!}\left(\frac{1}{24} c_1^4 c_4 + \frac{1}{6} c_1^3 c_2 c_3 + \frac{1}{12} c_1^2 c_2^3\right) + \\ & + \frac{(m+5)!}{(m-1)!}\left(\frac{1}{120} c_1^5 c_3 + \frac{1}{48} c_1^4 c_2^2\right) - \\ & - \frac{(m+6)!}{(m-1)!} \frac{1}{720} c_1^6 c_2 + \frac{(m+7)!}{(m-1)!} \frac{1}{8!} c_1^8, \\ & \cdots\cdots\cdots\end{aligned}\right|$$

3,3) $\alpha = \frac{1}{2}$

$$[\mathfrak{P}(z)]^{1/2} = 1 + \sum_{\nu=1}^{\infty} [\tfrac{1}{2}, \nu] z^\nu; \tag{48}$$

wir setzen $[\frac{1}{2}, \nu] = c_\nu^{(1/2)}$ und haben

$$\left.\begin{aligned} c_\nu^{(1/2)} &= \sum_{\lambda=1}^{\nu} \frac{1}{2}\left(-\frac{1}{2}\right)\left(-\frac{3}{2}\right)\cdots\left(\frac{1-2(\lambda-1)}{2}\right)\begin{bmatrix}\lambda\\ \nu\end{bmatrix} \\ &= \frac{1}{2}\begin{bmatrix}1\\ \nu\end{bmatrix} - \sum_{\lambda=2}^{\nu} (-1)^\lambda \frac{1\cdot 3\cdot 5\cdots(2\lambda-3)}{2^\lambda}\begin{bmatrix}\lambda\\ \nu\end{bmatrix},\end{aligned}\right\} \tag{48a}$$

insbesondere

$$\left.\begin{aligned} c_1^{(1/2)} &= \tfrac{1}{2} c_1, \\ c_2^{(1/2)} &= \tfrac{1}{2} c_2 - \tfrac{1}{8} c_1^2, \\ c_3^{(1/2)} &= \tfrac{1}{2} c_3 - \tfrac{1}{4} c_1 c_2 + \tfrac{1}{16} c_1^3, \\ c_4^{(1/2)} &= \tfrac{1}{2} c_4 - \tfrac{1}{4} c_1 c_3 - \tfrac{1}{8} c_2^2 + \tfrac{3}{16} c_1^2 c_2 - \tfrac{5}{128} c_1^4, \\ c_5^{(1/2)} &= \tfrac{1}{2} c_5 - \tfrac{1}{4} c_1 c_4 - \tfrac{1}{4} c_2 c_3 + \tfrac{3}{16} c_1^2 c_3 + \tfrac{3}{16} c_1 c_2^2 - \tfrac{5}{32} c_1^3 c_2 + \tfrac{7}{256} c_1^5, \\ c_6^{(1/2)} &= \tfrac{1}{2} c_6 - \tfrac{1}{4} c_1 c_5 - \tfrac{1}{4} c_2 c_4 - \tfrac{1}{8} c_3^2 + \tfrac{3}{16} c_1^2 c_4 + \tfrac{3}{8} c_1 c_2 c_3 + \\ &\quad + \tfrac{1}{16} c_2^3 - \tfrac{5}{32} c_1^3 c_3 - \tfrac{15}{64} c_1^2 c_2^2 + \tfrac{35}{256} c_1^4 c_2 - \tfrac{21}{1024} c_1^6, \\ & \cdots\cdots\cdots \end{aligned}\right\} \tag{48b}$$

3,4) $\alpha = -\frac{1}{2}$

$$[\mathfrak{P}(z)]^{-1/2} = 1 + \sum_{\nu=1}^{\infty} [-\tfrac{1}{2}, \nu] z^\nu; \tag{49}$$

wir setzen $[-\frac{1}{2}, \nu] = c_\nu^{(-1/2)}$ und haben

$$c_\nu^{(-1/2)} = \sum_{\lambda=1}^{\nu} (-1)^\lambda \frac{1\cdot 3\cdot 5\cdots(2\lambda-1)}{2^\lambda}\begin{bmatrix}\lambda\\ \nu\end{bmatrix}, \tag{49a}$$

insbesondere

$$\left.\begin{aligned}
c_1^{(-1/2)} &= -\tfrac{1}{2}\,c_1\,,\\
c_2^{(-1/2)} &= -\tfrac{1}{2}\,c_2 + \tfrac{3}{8}\,c_1^2\,,\\
c_3^{(-1/2)} &= -\tfrac{1}{2}\,c_3 + \tfrac{3}{4}\,c_1c_2 - \tfrac{15}{48}\,c_1^3\,,\\
c_4^{(-1/2)} &= -\tfrac{1}{2}\,c_4 + \tfrac{3}{4}\,c_1c_3 + \tfrac{3}{8}\,c_2^2 - \tfrac{15}{16}\,c_1^2c_2 + \tfrac{35}{128}\,c_1^4\,,\\
c_5^{(-1/2)} &= -\tfrac{1}{2}\,c_5 + \tfrac{3}{4}\,c_1c_4 + \tfrac{3}{4}\,c_2c_3 - \tfrac{15}{16}\,c_1^2c_3 - \tfrac{15}{16}\,c_1c_2^2 +\\
&\qquad + \tfrac{35}{32}\,c_1^3c_2 - \tfrac{63}{256}\,c_1^5\,,\\
c_6^{(-1/2)} &= -\tfrac{1}{2}\,c_6 + \tfrac{3}{4}\,c_1c_5 + \tfrac{3}{4}\,c_2c_4 + \tfrac{3}{8}\,c_3^2 - \tfrac{15}{16}\,c_1^2c_4 - \tfrac{15}{8}\,c_1c_2c_3 -\\
&\qquad - \tfrac{5}{16}\,c_2^3 + \tfrac{35}{32}\,c_1^3c_3 + \tfrac{105}{64}\,c_1^2c_2^2 - \tfrac{315}{256}\,c_1^4c_2 + \tfrac{231}{1024}\,c_1^6\,,\\
&\ldots\ldots\ldots\ldots
\end{aligned}\right\}\qquad(49\text{b})$$

X, 4_3 Umkehrung von Potenzreihen.

A) Spezielle Aufgabe und Lösung durch Rekursionsformel.

Es sei $w = \mathfrak{P}(z) = a_1 z + a_2 z^2 + \cdots + a_\nu z^\nu + \cdots$; $\quad a_1 \neq 0$: $\quad \mathfrak{K}$, dann gilt in einer gewissen Umgebung von $w = 0$

$$z = \mathfrak{P}^{-1}(w) = \dot{a}_1 w + \dot{a}_2 w^2 + \cdots + \dot{a}_\nu w^\nu + \cdots \; : \dot{\mathfrak{K}} \qquad (50)$$

Aus der Identität (41)

$$\begin{aligned}
z &= \dot{a}_1(a_1 z + a_2 z^2 + \cdots) + \dot{a}_2(a_1 z + a_2 z^2 + \cdots)^2 + \cdots\\
&= \sum_{\nu=1}^{\infty}\left\{\sum_{\lambda=1}^{\nu} \dot{a}_\lambda\,\lambda!\begin{bmatrix}\lambda\\ \nu\end{bmatrix}\right\} z^\nu
\end{aligned}$$

folgt durch Koeffizientenvergleich

$$\dot{a}_1\begin{bmatrix}1\\ 1\end{bmatrix} = \dot{a}_1 a_1 = 1, \qquad \sum_{\lambda=1}^{\nu} \dot{a}_\lambda\,\lambda!\begin{bmatrix}\lambda\\ \nu\end{bmatrix} = 0 \quad \text{für} \quad \nu > 1$$

und damit die Rekursionsformel für die Koeffizienten der Umkehrreihe

$$\dot{a}_\nu = -\frac{1}{a_1{}^\nu}\left\{\sum_{\lambda=1}^{\nu-1} \dot{a}_\lambda\,\lambda!\begin{bmatrix}\lambda\\ \nu\end{bmatrix}\right\}. \qquad (50\text{a})$$

Insbesondere ist

$$\left.\begin{aligned}
\dot{a}_1 &= \frac{1}{a_1}\,,\\
\dot{a}_2 &= -\frac{a_2}{a_1^3}\,,\\
\dot{a}_3 &= -\frac{a_3}{a_1^4} + 2\,\frac{a_2^2}{a_1^5}\,,\\
\dot{a}_4 &= -\frac{a_4}{a_1^5} + 5\,\frac{a_2 a_3}{a_1^6} - 5\,\frac{a_2^3}{a_1^7}\,,\\
\dot{a}_5 &= -\frac{a_5}{a_1^6} + 6\,\frac{a_2 a_4}{a_1^7} + 3\,\frac{a_3^2}{a_1^7} - 21\,\frac{a_2^2 a_3}{a_1^8} + 14\,\frac{a_2^4}{a_1^9}\,,
\end{aligned}\right\}\qquad(50\text{b})$$

$$\begin{aligned}\dot a_6 &= -\frac{a_6}{a_1^7} + 7\frac{a_2a_5}{a_1^8} + 7\frac{a_3a_4}{a_1^8} - 28\frac{a_2^2a_4}{a_1^9} - 28\frac{a_2a_3^2}{a_1^9} + 84\frac{a_2^3a_3}{a_1^{10}} - \\ &\quad - 42\frac{a_2^5}{a_1^{11}},\\ \dot a_7 &= -\frac{a_7}{a_1^8} + 8\frac{a_2a_6}{a_1^9} + 8\frac{a_3a_5}{a_1^9} + 4\frac{a_4^2}{a_1^9} - 36\frac{a_2^2a_5}{a_1^{10}} - 72\frac{a_2a_3a_4}{a_1^{10}} - \\ &\quad - 12\frac{a_3^3}{a_1^{10}} + 120\frac{a_2^3a_4}{a_1^{11}} + 180\frac{a_2^2a_3^2}{a_1^{11}} - 330\frac{a_2^4a_3}{a_1^{12}} + 132\frac{a_2^6}{a_1^{13}},\end{aligned}$$

. . . .

Werden die Reihen in der Form angeschrieben

$$w = \sum_{\nu=1}^{\infty} d_\nu \frac{z^\nu}{\nu!}, \qquad z = \sum_{\nu=1}^{\infty} \dot d_\nu \frac{w^\nu}{\nu!},$$

so ist insbesondere

$$\left.\begin{aligned}\dot d_1 &= \frac{1}{d_1},\\ \dot d_2 &= -\frac{d_2}{d_1^3},\\ \dot d_3 &= -\frac{d_3}{d_1^4} + 3\frac{d_2^2}{d_1^5},\\ \dot d_4 &= -\frac{d_4}{d_1^5} + 10\frac{d_2d_3}{d_1^6} - 15\frac{d_2^3}{d_1^7},\\ \dot d_5 &= -\frac{d_5}{d_1^6} + 15\frac{d_2d_4}{d_1^7} + 10\frac{d_3^2}{d_1^7} - 105\frac{d_2^2d_3}{d_1^8} + 105\frac{d_2^4}{d_1^9},\\ \dot d_6 &= -\frac{d_6}{d_1^7} + 21\frac{d_2d_5}{d_1^8} + 35\frac{d_3d_4}{d_1^8} - 210\frac{d_2^2d_4}{d_1^9} - 280\frac{d_2d_3^2}{d_1^9} + \\ &\qquad + 1260\frac{d_2^3d_3}{d_1^{10}} - 945\frac{d_2^5}{d_1^{11}},\\ \dot d_7 &= -\frac{d_7}{d_1^8} + 28\frac{d_2d_6}{d_1^9} + 56\frac{d_3d_5}{d_1^9} + 35\frac{d_4^2}{d_1^9} - 378\frac{d_2^2d_5}{d_1^{10}} - \\ &\quad - 1260\frac{d_2d_3d_4}{d_1^{10}} - 280\frac{d_3^3}{d_1^{10}} + 3150\frac{d_2^3d_4}{d_1^{11}} + 6300\frac{d_2^2d_3^2}{d_1^{11}} - \\ &\qquad - 17325\frac{d_2^4d_3}{d_1^{12}} + 10395\frac{d_2^6}{d_1^{13}}.\end{aligned}\right\} \quad (50\text{c})$$

B) Allgemeines Umkehrproblem[147].

Die vorhin behandelte Aufgabe, die Potenzreihe

$$w = \mathfrak{P}(z) = z(1 + c_1 z + c_2 z^2 + \cdots) \tag{51}$$

— in etwas anderer Schreibweise — umzukehren, ist ein Sonderfall der allgemeinen Aufgabe, die Gleichung

$$G(z, w) \equiv p(z) - q(z)w = 0 \tag{52}$$

in der Umgebung von $w = 0$ nach z aufzulösen. Hierbei seien in $\mathfrak{K}$, d. h. für $|z| < R$, $p(z)$, $q(z)$ zwei reguläre analytische Funktionen, wobei

[147] Vgl. hierzu Hermann Schmidt [2], Oskar Perron [1].

über $p(z)$ noch vorausgesetzt ist

$$\begin{aligned} &1. \quad p(0) = p'(0) = \cdots = p^{(n-1)}(0) = 0, \qquad p^{(n)}(0) \neq 0, \\ &2. \quad \frac{p(z)}{z^n} = \tilde{p}(z) \neq 0 \quad \text{für} \quad |z| \leqq r < R: \qquad \mathfrak{k} \subset \mathfrak{K}. \end{aligned} \tag{53}$$

Es wird gefragt erstens nach dem Vorhandensein von Lösungen $z \subset \mathfrak{k}$ von (52) bei gegebenem w und zweitens nach ihrer Darstellung als Potenzreihe von w.

Wegen der zweiten Voraussetzung hat in $\mathfrak{k}$ $G(z, w) = 0$ dieselbe Lösungsmannigfaltigkeit wie

$$F(z, w) \equiv \frac{G(z, w)}{\tilde{p}(z)} \equiv z^n - w\varphi(z) = 0, \qquad \varphi(z) = \frac{q}{\tilde{p}} = z^n : \frac{p}{q}. \tag{52a}$$

Es sei nun in $\mathfrak{k}$ $|\varphi(z)| \leqq M$ und $\overline{w}$ ein der Bedingung $|\overline{w}|\, M < r^n$ genügender Wert. Für die in $\mathfrak{k}$ regulären Funktionen z^n, $-\overline{w}\varphi(z)$ gilt auf $\mathfrak{k}$, d. h. für $|z| = r$: $r^n > |\overline{w}|\, M \geqq |\overline{w}|\, |\varphi(z)|$; daher haben nach einem Hilfssatz von Rouché die Funktionen z^n und $z^n - \overline{w}\varphi(z)$ gleichviel Nullstellen innerhalb von $\mathfrak{k}$, d. h. n. Mit dem Vorhandensein dieser n Wurzeln z_j $(j = 1, 2, \ldots, n)$ von $F(z, \overline{w}) = 0$ innerhalb $\mathfrak{k}$ ist die erste Frage gelöst.

Wir wenden uns jetzt der zweiten Frage zu und betrachten statt z_j gleich allgemeiner $\psi(z_j)$, wobei $\psi(z)$ eine beliebige, in $\mathfrak{k}$ reguläre analytische Funktion sei. Nach dem Residuensatz ist

$$\sum_{j=1}^{n} \psi(z_j) = \frac{1}{2\pi i} \int_{\mathfrak{k}} \psi(\zeta) \frac{\frac{\partial F}{\partial \zeta}(\zeta, \overline{w})}{F(\zeta, \overline{w})}\, d\zeta,$$

$$F(\zeta, \overline{w}) = \zeta^n - \overline{w}\varphi(\zeta) = \zeta^n \left[1 - \overline{w}\frac{\varphi(\zeta)}{\zeta^n}\right],$$

$$\lg F(\zeta, \overline{w}) = n \lg \zeta + \lg\left[1 - \overline{w}\frac{\varphi(\zeta)}{\zeta^n}\right],$$

$$\frac{\partial \lg F(\zeta, \overline{w})}{\partial \zeta} = \frac{n}{\zeta} + \frac{\partial}{\partial \zeta} \lg\left[1 - \overline{w}\frac{\varphi(\zeta)}{\zeta^n}\right].$$

Da auf $\mathfrak{k}$ $(|z| = r)$ $\left|\frac{\overline{w}\varphi(\zeta)}{\zeta^n}\right| \leqq \frac{|\overline{w}|\, M}{r^n} < 1$ gilt, ist jeder Zweig des obigen Logarithmus auf $\mathfrak{k}$ eindeutig, daher ergibt sich durch partielle Integration

$$\begin{aligned} \sum_{j=1}^{n} \psi(z_j) &= \frac{n}{2\pi i} \int_{\mathfrak{k}} \psi(\zeta) \frac{d\zeta}{\zeta} - \frac{1}{2\pi i} \int_{\mathfrak{k}} \psi'(\zeta) \lg\left[1 - \frac{\overline{w}\varphi(\zeta)}{\zeta^n}\right] d\zeta \\ &= n\,\psi(0) + \frac{1}{2\pi i} \int_{\mathfrak{k}} \psi'(\zeta) \lg\left[1 - \frac{\overline{w}\varphi(\zeta)}{\zeta^n}\right]^{-1} d\zeta. \end{aligned} \tag{54}$$

Entwickelt man den Logarithmus in die für $|z| = r$ absolut und gleichmäßig konvergente Reihe

$$\lg\left[1 - \frac{\overline{w}\varphi(\zeta)}{\zeta^n}\right]^{-1} = \sum_{\nu=1}^{\infty} \frac{1}{\nu} \frac{\overline{w}^\nu \varphi^\nu}{\zeta^{n\nu}},$$

so folgt durch gliedweise Integration

$$\sum_{j=1}^{n} \psi(z_j) = n\,\psi(0) + \sum_{\nu=1}^{\infty} \bar{w}\ \frac{1}{2\pi i \nu} \int_{\mathfrak{k}} \psi'(\zeta) \frac{\varphi^{\nu}(\zeta)}{\zeta^{n\nu}}\, d\zeta$$

$$= b_0 + \sum_{\nu=1}^{\infty} b_\nu \bar{w}^{\nu} \tag{55}$$

mit

$$b_\nu = \frac{1}{2\pi i \nu} \int_{\mathfrak{k}} \psi'(\zeta) \frac{\varphi^{\nu}(\zeta)}{\zeta^{n\nu}}\, d\zeta = \frac{1}{\nu} \frac{1}{(n\nu-1)!} \frac{d^{n\nu-1}}{d\zeta^{n\nu-1}} [\psi'\,\varphi^{\nu}]_{\zeta=0}\,.$$

Speziell ergibt sich für $n = 1$ $(z_1 = \bar{z})$ die mindestens im Kreise $|\bar{w}| < \frac{r}{M}$ konvergente, nach **Bürmann-Lagrange** benannte Entwicklung

$$\psi(\bar{z}) = \psi(0) + \sum_{\nu=1}^{\infty} b_\nu \bar{w}^{\nu}; \quad b_\nu = \frac{1}{2\pi i \nu} \int_{\mathfrak{k}} \psi'(\zeta) \frac{\varphi^{\nu}}{\zeta^{\nu}}\, d\zeta = \frac{1}{\nu!} \frac{d^{\nu-1}}{d\zeta^{\nu-1}} [\psi'\,\varphi^{\nu}]_{\zeta=0} \tag{56}$$

insbesondere für $\psi = z^l$ (l positiv, ganz) — wenn wir die Striche über z und w weglassen —

$$z^l = \sum_{\nu=1}^{\infty} b_\nu w^{\nu}; \quad b_\nu = \frac{l}{2\pi i \nu} \int_{\mathfrak{k}} \frac{\zeta^{l-1}\varphi^{\nu}}{\zeta^{\nu}}\, d\zeta = \frac{l}{\nu!} \frac{d^{\nu-1}}{d\zeta^{\nu-1}} [\zeta^{l-1}\varphi^{\nu}]_{\zeta=0}\,. \tag{57}$$

Der Fall $l = 1$ zeigt, daß z eine (mindestens) in $\mathfrak{k}^* \left(|w| < \frac{r}{M}\right)$ reguläre analytische Funktion ist.

Bei der anfänglich gestellten Umkehraufgabe ist

$$q(z) = 1, \qquad p(z) = \mathfrak{P}(z), \qquad \varphi = \frac{z}{\mathfrak{P}(z)},$$

also

$$\psi(z) = \psi(0) + \sum_{\nu=1}^{\infty} b_\nu w^{\nu}; \quad b_\nu = \frac{1}{2\pi i \nu} \int_{\mathfrak{k}} \psi'(\zeta) \frac{d\zeta}{\mathfrak{P}^{\nu}(\zeta)} = \frac{1}{\nu!} \frac{d^{\nu-1}}{d\zeta^{\nu-1}} \left[\psi' \left(\frac{\zeta}{\mathfrak{P}}\right)^{\nu}\right]_{\zeta=0}. \tag{58}$$

Damit hat man speziell

$$\left.\begin{aligned} z &= \sum_{\nu=1}^{\infty} b_\nu w^{\nu}; \qquad b_\nu = \frac{1}{\nu(\nu-1)!} \frac{d^{\nu-1}}{d\zeta^{\nu-1}} \left[\frac{\zeta}{\mathfrak{P}(\zeta)}\right]^{\nu}_{\zeta=0}, \\ z^l &= \sum_{\nu=l}^{\infty} b_\nu w^{\nu}; \qquad b_\nu = \frac{1}{\nu} \frac{l}{(\nu-1)!} \frac{d^{\nu-1}}{d\zeta^{\nu-1}} \left[\frac{\zeta^{l+\nu-1}}{\mathfrak{P}^{\nu}(\zeta)}\right]_{\zeta=0}. \end{aligned}\right\} \tag{59}$$

Setzen wir hierin den Ausdruck für

$$\mathfrak{P}(z) = z(1 + c_1 z + c_2 z^2 + \cdots) = z(1 + \tilde{q})$$

ein, so wird nach (47)

$$\frac{l}{\nu!}\,\frac{d^{\nu-1}}{d\zeta^{\nu-1}}\left[\frac{\zeta^{l+\nu-1}}{\mathfrak{P}^{\nu}(\zeta)}\right]_{\zeta=0}=\frac{l}{\nu!}\,\frac{d^{\nu-1}}{d\zeta^{\nu-1}}\left[\frac{\zeta^{l-1}}{(1+\tilde{q})^{\nu}}\right]_{\zeta=0}$$

$$=\frac{l}{\nu!}\,\frac{d^{\nu-1}}{d\zeta^{\nu-1}}\left[\zeta^{l-1}+\sum_{\mu=1}^{\infty}(\nu,\mu)\,\zeta^{\mu+l-1}\right]_{\zeta=0}=\begin{cases}1 & \text{für } \nu=l,\\ \dfrac{l}{\nu}(\nu,\nu-l) & \text{für } \nu>l,\end{cases}$$

und es ergibt sich nach Gauß[148] das Gesetz

$$\frac{1}{l}\,[z^{l}]_{\nu}=\frac{1}{\nu}\,[w^{-\nu}]_{-l}, \tag{60}$$

wobei die eckige Klammer links bzw. rechts den Koeffizienten der ν-ten bzw. $(-l)$-ten Potenz in z^l bzw. $w^{-\nu}$ bedeutet.

Insbesondere werden die ersten Koeffizienten der Umkehrreihe

$$z=\sum_{\nu=1}^{\infty}b_{\nu}\,w^{\nu}=w\,(1+\dot{c}_1 w+\dot{c}_2 w^2+\cdots) \tag{61}$$

gleich

$$\left.\begin{aligned}
\dot{c}_1&=-c_1,\\
\dot{c}_2&=-c_2+2c_1^2,\\
\dot{c}_3&=-c_3+5c_1c_2-5c_1^3,\\
\dot{c}_4&=-c_4+6c_1c_3+3c_2^2-21c_1^2c_2+14c_1^4,\\
\dot{c}_5&=-c_5+7c_1c_4+7c_2c_3-28c_1^2c_3-28c_1c_2^2+84c_1^3c_2-42c_1^5,\\
\dot{c}_6&=-c_6+8c_1c_5+8c_2c_4+4c_3^2-36c_1^2c_4-72c_1c_2c_3-12c_2^3+\\
&\quad+120c_1^3c_3+180c_1^2c_2^2-330c_1^4c_2+132c_1^6.
\end{aligned}\right\} \tag{61a}$$

Liegt die Reihe in der Form vor

$$z^*=a_1z+a_2z^2+\cdots+a_nz^n+\cdots,\quad\text{so ist}\quad c_n=\frac{a_{n+1}}{a_1}$$

und die Umkehrung

$$z=a_1'z^*+a_2'z^{*2}+\cdots+a_n'z^{*n}+\cdots\quad\text{mit}\quad a_n'=\frac{\dot{c}_{n-1}}{a_1^n},\quad a_1'=\frac{1}{a_1},$$

also insbesondere

$$\left.\begin{aligned}
a_2'&=-\frac{a_2}{a_1^3},\\
a_3'&=-\frac{a_3}{a_1^4}+\frac{2a_2^2}{a_1^5},\\
a_4'&=-\frac{a_4}{a_1^5}+\frac{5a_2a_3}{a_1^6}-\frac{5a_2^3}{a_1^7},\\
&\cdots\cdots\cdots\cdots
\end{aligned}\right\} \tag{61b}$$

vgl. (50b), wo die Koeffizienten bis a_7' angegeben sind.

---

[148] C. F. Gauß [7] S. 70.

Der allgemeine Ausdruck für die l-te Potenz der Umkehrreihe ist nach (29a) und (47)

$$z^l = \sum_{\nu=l}^{\infty} \frac{l}{\nu} (\nu, \nu - l)\, w^\nu = \sum_{\nu=1}^{\infty} \frac{l}{l+\nu} (l + \nu, \nu)\, w^{l+\nu},$$

wobei

$$\frac{l}{l+\nu} (l+\nu, \nu) = l \sum_{\lambda=1}^{\nu} (-1)^\lambda (l+\nu+1)(l+\nu+2) \cdots (l+\nu+\lambda-1) \begin{bmatrix} \lambda \\ \nu \end{bmatrix}$$

$$= l \sum_{\lambda=1}^{\nu} (-1)^\lambda (l+\nu+1) \cdots (l+\nu+\lambda-1) \sum_{\substack{\lambda_1, \lambda_2, \lambda_3 \ldots \geqq 0 \\ \lambda_1 + \lambda_2 + \lambda_3 + \ldots = \lambda \\ \lambda_1 + 2\lambda_2 + 3\lambda_3 + \ldots = \nu}} \frac{1}{\lambda_1!\, \lambda_2!\, \lambda_3! \ldots} c_1^{\lambda_1} c_2^{\lambda_2} c_3^{\lambda_3} \cdots \tag{62}$$

Lautet die vorgegebene Gleichung

$$p(z) - (w - b)\, q(z) = 0 \tag{63}$$

und sind $z = a$ und $w = b$ einander entsprechende Punkte, so setze man zuerst $z - a = Z$, $w - b = W$,

$$p(z) = p(a + Z) = P(Z), \qquad q(z) = q(a + Z) = Q(Z), \qquad \varphi(z) = \Phi(Z).$$

Hierdurch geht $p(z) - (w - b)\, q(z)$ über in $P(Z) - WQ(Z)$, wobei für $Z, P(Z), Q(Z), W$ jetzt dieselben Voraussetzungen zu treffen sind wie früher für $z, p(z), q(z), w$. Man erhält für $n = 1$ (und analog für $n > 1$) aus der Entwicklung für

$$\Psi(Z) = \Psi(z - a) = \psi(z),$$

d. i.

$$\Psi(Z) = \Psi(0) + \sum_{\nu=1}^{\infty} b_\nu W^\nu; \quad b_\nu = \frac{1}{\nu!} \frac{d^{\nu-1}}{dZ^{\nu-1}} [\Psi'(Z)\, \Phi^\nu]_{Z=0},$$

die Entwicklung für

$$\psi(z) = \psi(a) + \sum_{\nu=1}^{\infty} b_\nu (w - b)^\nu \quad \text{mit} \quad b_\nu = \frac{1}{\nu!} \frac{d^{\nu-1}}{d\zeta^{\nu-1}} [\psi'(\zeta)\, \varphi^\nu(\zeta)]_{\zeta=a}. \tag{64}$$

Die Verallgemeinerung des Problems der Auflösung von

$$G(z, w) \equiv p(z) - w\, q(z) = 0$$

mit einer Veränderlichen w zu

$$G(z; w_1, w_2, \ldots, w_k) \equiv p(z) - \sum_{\varkappa=1}^{k} w_\varkappa\, q_\varkappa(z) = 0$$

mit k Veränderlichen w_k und zu

$$G(z; w_1, w_2, \ldots) \equiv p(z) - \sum_{\varkappa=1}^{\infty} w_\varkappa\, q_\varkappa(z) = 0$$

mit unendlich vielen Veränderlichen wird von Hermann Schmidt[147] behandelt. Die implizit gegebene Funktion z von $w_1, w_2, \ldots$ läßt sich durch eine analog gebaute Potenzreihe von k (bzw. ∞ vielen) Veränderlichen darstellen.

X, 5 Allgemeiner Umordnungssatz.

Es sei ein Zahlenschema (a_{ik}) $i, k = 0, \pm 1, \pm 2, \pm \cdots$ gegeben. Zur geometrischen Veranschaulichung ordnen wir a_{ik} die Ecke (i, k) des quadratischen Gitters in der (x, y)-Ebene zu.

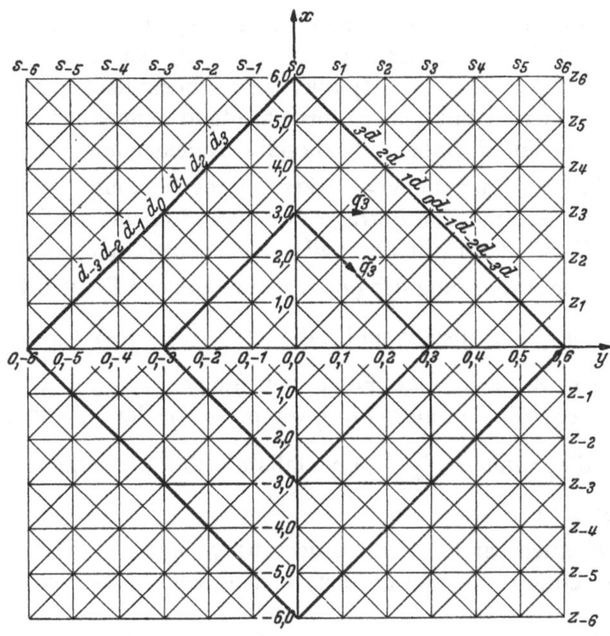

Abb. 107.

Die a_{ik} lassen sich auf mannigfache Weise

a) in eine einfache Zahlenfolge (b_n) mit $n = 0, 1, 2, \ldots$ ordnen, z. B.

1. nach achsenparallelen Quadraten: $q_0, q_1, q_2, q_3, \ldots,$ wobei auf q_l die Gitterpunkte vom Achsenschnittpunkt $(l, 0)$ beginnend in der positiven (durch den Pfeil angedeuteten) Richtung durchlaufen werden sollen, also

$$a_{00};\ a_{10}, a_{11}, a_{01}, a_{-11}, a_{-10}, a_{-1-1}, a_{0-1}, a_{1-1};\ a_{2,0}\ \ldots$$

2. nach diagonalparallelen Quadraten: $\tilde{q}_0, \tilde{q}_1, \tilde{q}_2, \tilde{q}_3, \ldots;\ \tilde{q}_0 = q_0 = (0,0)$, mit der analogen Vorschrift wie vorhin, also

$$a_{00};\ a_{10}, a_{01}, a_{-10}, a_{0-1};\ a_{20}, a_{11}, a_{02}, a_{-11}, a_{-20}, a_{-1-1}, a_{0-2}, a_{1-1};\ \ldots$$

Die auf $\tilde{q}_l$ liegenden Punkte haben alle dasselbe „Gewicht“ $|i| + |k| = l$;

b) ferner ist die Anordnung in eine Folge von Folgen (f_j) möglich, z. B.

3. Anordnung nach Zeilen: $z_0, z_1, z_{-1}, z_2, z_{-2}, \ldots,$ wobei in der i-ten Zeile der 1. Index i fest ist und der 2. Index k die Werte $0, \pm 1, \pm 2, \pm 3, \ldots$ durchläuft;

4. Anordnung nach Spalten: $s_0, s_1, s_{-1}, s_2, s_{-2}, \ldots$, wobei in der k-ten Spalte der 2. Index k fest ist und der 1. Index i die Werte $0, \pm 1, \pm 2, \pm 3, \ldots$ durchläuft;

5. Anordnung nach Diagonalen 1. Art: ${}_0d, {}_1d, {}_{-1}d, {}_2d, {}_{-2}d, \ldots$ parallel zur 1. Winkelhalbierenden $x - y = 0$;

6. Anordnung nach Diagonalen 2. Art: $d_0, d_1, d_{-1}, d_2, d_{-2}, \ldots$ parallel zur 2. Winkelhalbierenden $x + y = 0$, wobei die Gitterpunkte auf d_j vom Achsenabschnittpunkt $(j, 0)$, beginnend gleichmäßig nach rechts unten und links oben, fortschreitend genommen werden sollen. Die Punkte auf d_j haben alle dieselbe Indexsumme $i + k = j$.

Machen wir nun die Voraussetzung, es gebe eine positive Zahl K, so daß die Summe der Beträge von irgendwelchen endlich vielen a_{ik} stets $\leqq K$ ist, dann gilt der „*allgemeine Umordnungssatz*“:

Für jede Anordnung der (a_{ik}) in eine einfache Folge (b_n) konvergiert die Summe $\sum\limits_{n=0}^{\infty} b_n$ absolut und hat stets denselben Wert S; für die Anordnungen 3—6 in eine Folge von Folgen (f_j) $j = 0, \pm 1, \pm 2, \ldots$ wird — wenn die Summe der in f_j vereinten Glieder a_{ik} mit A_j bezeichnet wird — die Summe $\sum\limits_{j=-\infty}^{+\infty} A_j$ ebenfalls absolut konvergent und hat dieselbe Summe S wie oben.

Bezeichnen wir die Summe der auf $q_l, \tilde{q}_l, z_i, s_k, {}_jd, d_j$ liegenden a_{ik} mit den entsprechenden großen Buchstaben, so ist also

$$S = \sum_{l=0}^{\infty} Q_l = \sum_{l=0}^{\infty} \tilde{Q}_l = \sum_{i=-\infty}^{+\infty} Z_i = \sum_{k=-\infty}^{+\infty} S_k = \sum_{j=-\infty}^{+\infty} {}_jD = \sum_{j=-\infty}^{+\infty} D_j, \quad (65)$$

hierbei ist insbesondere

$$\sum_{l=0}^{m} \tilde{Q}_l = \sum_{|i|+|k| \leqq m} a_{ik}; \quad \sum_{j=-m}^{+m} D_j = \sum_{-m \leqq i+k \leqq m} a_{ik}. \quad (66)$$

Beweis[149]: Es sei (b_n) die Anordnung 1; da $\sum\limits_{\nu=0}^{n} |b_\nu| \leqq K$ für jedes $n \geqq 0$, folgt, daß $\sum\limits_{\nu=0}^{\infty} |b_\nu|$ und daher um so mehr $\sum\limits_{\nu=0}^{\infty} b_\nu$ konvergiert. Wir setzen $\sum\limits_{\nu=0}^{\infty} b_\nu = S$. Da bei absolut konvergenten Reihen eine beliebige Umstellung der Glieder erlaubt ist, gilt also für jede andere Anordnung (b'_n) ebenfalls $\sum\limits_{\nu=0}^{\infty} b'_\nu = S$.

---

[149] Analog dem Beweis für den großen Umordnungssatz bei Mangoldt-Knopp [1] Bd. II S. 236 N. 81, Spezialfall mit $i, k \geqq 0$.

Es liege jetzt die Anordnung nach Zeilen vor. Zunächst folgt, wegen

$$|a_{i0}| + |a_{i1}| + |a_{i-1}| + \cdots + |a_{in}| + |a_{i-n}| \leqq K$$

für jedes $n \geqq 0$, daß jede Zeilenreihe absolut konvergent ist; wir setzen

$$\sum_{k=-\infty}^{+\infty} a_{ik} = Z_i$$

und zeigen, daß $\sum\limits_{i=-\infty}^{+\infty} Z_i = S$ ist.

Zusatz: Die Voraussetzung ist z. B. dann erfüllt, wenn die Zeilensummen absolut konvergieren — es sei $\sum\limits_{k=-\infty}^{+\infty} |a_{ik}| = A_i$ — und die Reihe $\sum\limits_{i=-\infty}^{+\infty} A_i$ konvergiert; analog für die Spalten und Diagonalen.

Sei (b_n) die Anordnung 1, dann läßt sich zu beliebigem $\varepsilon > 0$ m so bestimmen, daß

$$|b_{m+1}| + |b_{m+2}| + \cdots < \varepsilon$$

wird.

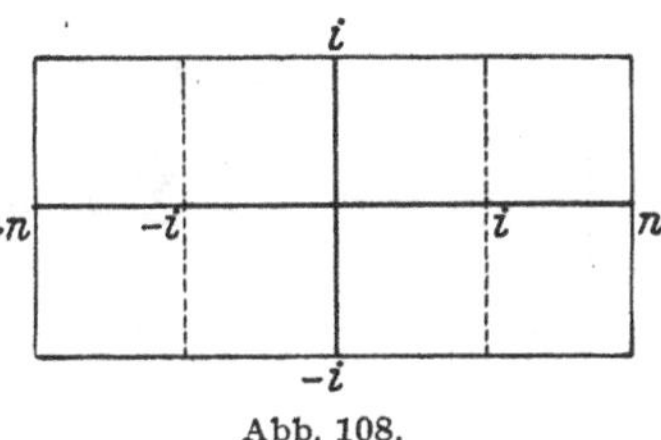

Abb. 108.

Betrachten wir für ein $i > m$ die Differenz

$$\left(\sum_{\nu=-n}^{+n} a_{-i\nu} + \cdots + \sum_{\nu=-n}^{+n} a_{-1\nu} + \sum_{\nu=-n}^{+n} a_{0\nu} + \sum_{\nu=-n}^{+n} a_{1\nu} + \cdots + \sum_{\nu=-n}^{+n} a_{i\nu}\right) - \\ - \sum_{\lambda=0}^{(2i+1)^2} b_\lambda = \Delta_i^n .$$

In ihr heben sich alle angeführten Glieder b_λ weg, wenn $n > i$ ist. Es bleiben nur solche (endlich viele) Glieder a_{ik} stehen, deren Nummer in der Reihe mindestens gleich $(2i + 1)^2 + 1$ ist, also gewiß nur solche, deren Nummer größer m ist, daher ist $|\Delta_i^n| < \varepsilon$. Da dieses für jedes $n > i$ gilt, kann man $n \to \infty$ gehen lassen und findet damit, daß

$$\lim_{n\to\infty} |\Delta_i^n| = |\Delta_i| = |(Z_{-i} + \cdots + Z_{-1} + Z_0 + Z_1 + \cdots + Z_i) - \sum_{\lambda=0}^{(2i+1)^2} b_\lambda| \leqq \varepsilon .$$

Nach Wahl von ε läßt sich also m so bestimmen, daß diese Beziehung für jedes $i > m$ richtig ist, d. h. aber

$$\lim_{i\to\infty} |\Delta_i| = 0 \quad \text{oder} \quad \sum_{i=-\infty}^{+\infty} Z_i = \sum_{\lambda=0}^{\infty} b_\lambda = S .$$

Damit ist der Beweis für die Anordnung 3 gebracht; für die Anordnungen 4—6 braucht man nur dieselbe Schlußweise mit der um 90°, 45°, —45° gedrehten Figur vorzunehmen.

X, 6 Allgemeine Potenzreihen (Weierstraß-Laurent-Reihen).

Sonderfall: Trigonometrische Reihen.

X, 6_1 Die vier Species (insbesondere ganzzahlige Potenz).

$$P_1(z) = \sum_{\nu=-\infty}^{+\infty} a_\nu z^\nu : \ \mathfrak{R}_1, \quad P_2(z) = \sum_{\nu=-\infty}^{+\infty} b_\nu z^\nu : \ \mathfrak{R}_2, \tag{67}$$

$$P_1(z) \pm P_2(z) = \sum_{\nu=-\infty}^{+\infty} (a_\nu + b_\nu) z^\nu : \ \mathfrak{R} \supseteq \mathrm{Min}(\mathfrak{R}_1, \mathfrak{R}_2), \tag{68}$$

$$P_1(z) \cdot P_2(z) = \sum_{\nu=-\infty}^{+\infty} c_\nu z^\nu \ \text{ mit } \ c_\nu = \sum_{\varkappa+\lambda=\nu} a_\varkappa b_\lambda : \ \mathfrak{R} \text{ wie oben.} \tag{69}$$

(Folge von X, 5, Anordnung 6 und der absoluten Konvergenz von P_1, P_2.)

Sonderfall: Trigonometrische Reihen.

$$\text{a)} \left\{ \begin{array}{ll} T_1(t) = a_0 + 2 \sum_{\varkappa=1}^{\infty} a_\varkappa \cos \varkappa t & \text{absolut und gleichmäßig konvergent in } \mathfrak{S}_1, \\ T_2(t) = b_0 + 2 \sum_{\varkappa=1}^{\infty} b_\varkappa \cos \varkappa t & \text{absolut und gleichmäßig konvergent in } \mathfrak{S}_2. \end{array} \right\} \tag{70a}$$

Nach Überführung — vermöge $e^{it} = z$, $a_{-\varkappa} = a_\varkappa$, $b_{-\varkappa} = b_\varkappa$ — in

$$P_1(z) = \sum_{\varkappa=-\infty}^{+\infty} a_\varkappa z^\varkappa \quad \text{absolut und gleichmäßig konvergent in } \mathfrak{R}_1,$$

$$P_2(z) = \sum_{\varkappa=-\infty}^{+\infty} b_\varkappa z^\varkappa \quad \text{absolut und gleichmäßig konvergent in } \mathfrak{R}_2$$

hat man in $\mathfrak{R} \supseteq \mathrm{Min}(\mathfrak{R}_1, \mathfrak{R}_2)$ bzw. $\mathfrak{S} \supseteq \mathrm{Min}(\mathfrak{S}_1, \mathfrak{S}_2)$

$$P_1 \cdot P_2 = \sum_{\nu=-\infty}^{+\infty} c_\nu z^\nu; \quad c_\nu = \sum_{\varkappa+\lambda=\nu} a_\varkappa b_\lambda; \quad c_{-\nu} = c_\nu; \quad \nu \gtreqless 0;$$

$$T_1 \cdot T_2 = c_0 + 2 \sum_{\nu=1}^{\infty} c_\nu \cos \nu t : \quad \mathfrak{S}. \tag{70a'}$$

$$\text{b)} \left\{ \begin{array}{ll} T_1(t) = a_0 + 2 \sum_{\varkappa=1}^{\infty} a_\varkappa \cos \varkappa t & \text{absolut und gleichmäßig konvergent in } \mathfrak{S}_1, \\ T_2(t) = \sum_{\varkappa=1}^{\infty} b_\varkappa \sin \varkappa t & \text{absolut und gleichmäßig konvergent in } \mathfrak{S}_2. \end{array} \right\} \tag{70b}$$

Nach Überführung — vermöge $e^{it} = z$, $a_{-\varkappa} = a_\varkappa$, $b_{-\varkappa} = -b_\varkappa$ — in

$$P_1(z) = \sum_{\varkappa=-\infty}^{+\infty} a_\varkappa z^\varkappa; \quad \frac{1}{2i} P_2(z) = \frac{1}{2i} \sum_{\varkappa=-\infty}^{+\infty} b_\varkappa z^\varkappa$$

hat man in $\mathfrak{R} \supseteq \text{Min}(\mathfrak{R}_1, \mathfrak{R}_2)$ bzw. $\mathfrak{S} \supseteq \text{Min}(\mathfrak{S}_1, \mathfrak{S}_2)$

$$\frac{1}{2i} P_1 \cdot P_2 = \frac{1}{2i} \sum_{\nu=-\infty}^{+\infty} c_\nu z^\nu; \quad c_\nu = \sum_{\varkappa+\lambda=\nu} a_\varkappa b_\lambda; \quad c_{-\nu} = -c_\nu \text{ für } \nu > 0$$
$$c_0 = 0$$
$$T_1 \cdot T_2 = \sum_{\nu=1}^{\infty} c_\nu \sin \nu t: \quad \mathfrak{S}. \tag{70b'}$$

$$\text{c)} \left\{ \begin{array}{ll} T_1(t) = \sum\limits_{\varkappa=1}^{\infty} a_\varkappa \sin \varkappa t & \text{absolut und gleichmäßig konvergent in } \mathfrak{S}_1, \\ T_2(t) = \sum\limits_{\varkappa=1}^{\infty} b_\varkappa \sin \varkappa t & \text{absolut und gleichmäßig konvergent in } \mathfrak{S}_2. \end{array} \right. \tag{70c}$$

Nach Überführung — vermöge $e^{it} = z$, $a_{-\varkappa} = -a_\varkappa$, $b_{-\varkappa} = -b_\varkappa$, $a_0 = b_0 = 0$ — in

$$\frac{1}{2i} P_1(z) = \frac{1}{2i} \sum_{\varkappa=-\infty}^{+\infty} a_\varkappa z^\varkappa, \qquad \frac{1}{2i} P_2(z) = \frac{1}{2i} \sum_{\varkappa=-\infty}^{+\infty} b_\varkappa z^\varkappa$$

hat man in $\mathfrak{R}$ bzw. $\mathfrak{S}$

$$-\tfrac{1}{4} P_1 P_2 = -\tfrac{1}{4} \sum_{\nu=-\infty}^{+\infty} c_\nu z^\nu, \quad c_\nu = \sum_{\varkappa+\lambda=\nu} a_\varkappa b_\lambda, \quad c_{-\nu} = c_\nu, \quad \nu \geqq 0,$$
$$T_1 T_2 = c_0 + 2 \sum_{\nu=1}^{\infty} c_\nu \cos \nu t: \quad \mathfrak{S}. \tag{70c'}$$

X, 6₁ₐ Ganzzahlige positive Potenz P^l.

A) Es sei in $P(z)$ zunächst das konstante Glied gleich Null; setzt man in diesem Falle

$$P = L = \sum_{\nu=-\infty}^{+\infty} c_\nu z^\nu \qquad (c_0 = 0), \tag{71}$$

so folgt

$$L^l = \sum_{\nu=-\infty}^{+\infty} c_\nu^{(l)} z^\nu \quad \text{mit} \quad c_\nu^{(l)} = \sum_{\mu_1+\mu_2+\mu_3+\cdots+\mu_l=\nu} c_{\mu_1} c_{\mu_2} \ldots c_{\mu_l}: \ \mathfrak{R}, \tag{72}$$

wobei jetzt über alle positiven und negativen ganzzahligen Werte von μ zu summieren ist.

Verwenden wir neben dem oben eingeführten Symbol (33a)

$$l! \begin{bmatrix} l \\ \nu \end{bmatrix} = \sum_{\substack{\mu_1, \mu_2, \ldots, \mu_l > 0 \\ \mu_1+\mu_2+\cdots+\mu_l=\nu}} c_{\mu_1} c_{\mu_2} \ldots c_{\mu_l} = l! \begin{bmatrix} l \\ \nu \end{bmatrix}^+ \quad \text{für} \quad \nu > 0 \tag{73,1}$$

jetzt auch das Symbol

$$l! \begin{bmatrix} l \\ \nu \end{bmatrix}^- = \sum_{\substack{\mu_1, \mu_2, \ldots, \mu_l < 0 \\ |\mu_1|+|\mu_2|+\cdots+|\mu_l|=\nu}} c_{\mu_1} c_{\mu_2} \ldots c_{\mu_l} \quad \text{für} \quad \nu > 0, \tag{73,2}$$

wobei für

$$\begin{cases} l > \nu \\ l \leqq 0 \end{cases} \qquad \begin{bmatrix} l \\ \nu \end{bmatrix}^+ = \begin{bmatrix} l \\ \nu \end{bmatrix}^- = 0 \tag{74}$$

sein soll, so läßt sich folgendermaßen aufspalten

$$\left.\begin{aligned}
\nu > 0:\quad & \frac{c_\nu^{(l)}}{l!} = \begin{bmatrix} l \\ \nu \end{bmatrix}^+ + \sum_{j=1}^{\infty} \sum_{k=1}^{\infty} \begin{bmatrix} k \\ j \end{bmatrix}^- \begin{bmatrix} l-k \\ \nu+j \end{bmatrix}^+ ; \\
\nu < 0:\quad & \frac{c_\nu^{(l)}}{l!} = \begin{bmatrix} l \\ |\nu| \end{bmatrix}^- + \sum_{j=1}^{\infty} \sum_{k=1}^{\infty} \begin{bmatrix} k \\ j \end{bmatrix}^+ \begin{bmatrix} l-k \\ |\nu|+j \end{bmatrix}^- , \\
\nu = 0:\quad & \frac{c_0^{(l)}}{l!} = \sum_{j=1}^{\infty} \sum_{k=1}^{\infty} \begin{bmatrix} k \\ j \end{bmatrix}^- \begin{bmatrix} l-k \\ j \end{bmatrix}^+ \\
& \qquad = \sum_{j=1}^{\infty} \sum_{k=1}^{\infty} \begin{bmatrix} k \\ j \end{bmatrix}^+ \begin{bmatrix} l-k \\ j \end{bmatrix}^- .
\end{aligned}\right\} \tag{75}$$

Da die Summe über k wegen (74) von selbst abbricht, wenn $k > j$, $l - k > |\nu| + j$ geworden ist, und da ferner $|\nu| + 2j \geqq l$, so folgen für k, j die Schranken

$$\operatorname{Max}(1, l - |\nu| - j) \leqq k \leqq \operatorname{Min}(l-1, j),$$

$$\operatorname{Max}\left(1, \frac{l-|\nu|}{2}\right) \leqq j \quad \text{und überdies} \quad j \leqq \frac{n-|\nu|}{2},$$

falls man nur Glieder bis höchstens vom Gewicht n in Betracht zieht.

Im folgenden sind die Koeffizienten von

$$\left(\sum_{\nu=-\infty}^{+\infty} c_\nu z^\nu\right)^l = \sum_{\nu=-\infty}^{+\infty} c_\nu^{(l)} z^\nu \qquad (c_0 = 0)$$

bis zu Gliedern vom Gewicht $10 - l$ angegeben:

$$\begin{aligned}
l = 2:\quad c_0^{(2)} &= 2c_1c_{-1} + 2c_2c_{-2} + 2c_3c_{-3} + 2c_4c_{-4} + \cdots \\
c_1^{(2)} &= 2c_2c_{-1} + 2c_3c_{-2} + 2c_4c_{-3} + \cdots \\
c_{-1}^{(2)} &= 2c_{-2}c_1 + 2c_{-3}c_2 + 2c_{-4}c_3 + \cdots \\
c_2^{(2)} &= c_1^2 + 2c_3c_{-1} + 2c_4c_{-2} + 2c_5c_{-3} + \cdots \\
c_{-2}^{(2)} &= c_{-1}^2 + 2c_{-3}c_1 + 2c_{-4}c_2 + 2c_{-5}c_3 + \cdots \\
c_3^{(2)} &= 2c_1c_2 + 2c_4c_{-1} + 2c_5c_{-2} + \cdots \\
c_{-3}^{(2)} &= 2c_{-1}c_{-2} + 2c_{-4}c_1 + 2c_{-5}c_2 + \cdots \\
c_4^{(2)} &= 2c_1c_3 + c_2^2 + 2c_5c_{-1} + 2c_6c_{-2} + \cdots \\
c_{-4}^{(2)} &= 2c_{-1}c_{-3} + c_{-2}^2 + 2c_{-5}c_1 + 2c_{-6}c_2 + \cdots \\
c_5^{(2)} &= 2c_1c_4 + 2c_2c_3 + 2c_6c_{-1} + \cdots \\
c_{-5}^{(2)} &= 2c_{-1}c_{-4} + 2c_{-2}c_{-3} + 2c_{-6}c_1 + \cdots \\
c_6^{(2)} &= 2c_1c_5 + 2c_2c_4 + c_3^2 + 2c_7c_{-1} + \cdots \\
c_{-6}^{(2)} &= 2c_{-1}c_{-5} + 2c_{-2}c_{-4} + c_{-3}^2 + 2c_{-7}c_1 + \cdots \\
c_7^{(2)} &= 2c_1c_6 + 2c_2c_5 + 2c_3c_4 + \cdots \\
c_{-7}^{(2)} &= 2c_{-1}c_{-6} + 2c_{-2}c_{-5} + 2c_{-3}c_{-4} + \cdots
\end{aligned}$$

$$
\left.
\begin{aligned}
& & c_8^{(2)} &= 2c_1c_7 + 2c_2c_6 + 2c_3c_5 + c_4^2 + \cdots \\
& & c_{-8}^{(2)} &= 2c_{-1}c_{-7} + 2c_{-2}c_{-6} + 2c_{-3}c_{-5} + c_{-4}^2 + \cdots \\
&\ldots\ldots\ldots & & \\
&l = 3: & c_0^{(3)} &= 3c_1^2c_{-2} + 3c_2c_{-1}^2 + 6c_1c_2c_{-3} + 6c_3c_{-1}c_{-2} + \cdots \\
& & c_1^{(3)} &= 3c_1^2c_{-1} + 6c_1c_2c_{-2} + 3c_3c_{-1}^2 + 6c_1c_3c_{-3} + \\
& & &\qquad + 3c_2^2c_{-3} + 6c_4c_{-1}c_{-2} + \cdots \\
& & c_{-1}^{(3)} &= 3c_{-1}^2c_1 + 6c_{-1}c_{-2}c_2 + 3c_{-3}c_1^2 + 6c_{-1}c_{-3}c_3 + \\
& & &\qquad + 3c_{-2}^2c_3 + 6c_{-4}c_1c_2 + \cdots \\
& & c_2^{(3)} &= 6c_1c_2c_{-1} + 6c_1c_3c_{-2} + 3c_2^2c_{-2} + 3c_4c_{-1}^2 + \cdots \\
& & c_{-2}^{(3)} &= 6c_{-1}c_{-2}c_1 + 6c_{-1}c_{-3}c_2 + 3c_{-2}^2c_2 + 3c_{-4}c_1^2 + \cdots \\
& & c_3^{(3)} &= c_1^3 + 6c_1c_3c_{-1} + 3c_2^2c_{-1} + 6c_1c_4c_{-2} + \\
& & &\qquad + 6c_2c_3c_{-2} + 3c_5c_{-1}^2 + \cdots \\
& & c_{-3}^{(3)} &= c_{-1}^3 + 6c_{-1}c_{-3}c_1 + 3c_{-2}^2c_1 + 6c_{-1}c_{-4}c_2 + \\
& & &\qquad + 6c_{-2}c_{-3}c_2 + 3c_{-5}c_1^2 + \cdots \\
& & c_4^{(3)} &= 3c_1^2c_2 + 6c_1c_4c_{-1} + 6c_2c_3c_{-1} + \cdots \\
& & c_{-4}^{(3)} &= 3c_{-1}^2c_{-2} + 6c_{-1}c_{-4}c_1 + 6c_{-2}c_{-3}c_1 + \cdots \\
& & c_5^{(3)} &= 3c_1^2c_3 + 3c_1c_2^2 + 6c_1c_5c_{-1} + 6c_2c_4c_{-1} + 3c_3^2c_{-1} + \cdots \\
& & c_{-5}^{(3)} &= 3c_{-1}^2c_{-3} + 3c_{-1}c_{-2}^2 + 6c_{-1}c_{-5}c_1 + \\
& & &\qquad + 6c_{-2}c_{-4}c_1 + 3c_{-3}^2c_1 + \cdots \\
& & c_6^{(3)} &= 3c_1^2c_4 + 6c_1c_2c_3 + c_2^3 + \cdots \\
& & c_{-6}^{(3)} &= 3c_{-1}^2c_{-4} + 6c_{-1}c_{-2}c_{-3} + c_{-2}^3 + \cdots \\
& & c_7^{(3)} &= 3c_1^2c_5 + 6c_1c_2c_4 + 3c_1c_3^2 + 3c_2^2c_3 + \cdots \\
& & c_{-7}^{(3)} &= 3c_{-1}^2c_{-5} + 6c_{-1}c_{-2}c_{-4} + 3c_{-1}c_{-3}^2 + 3c_{-2}^2c_{-3} + \cdots \\
&\ldots\ldots\ldots & & \\
&l = 4: & c_0^{(4)} &= 6c_1^2c_{-1}^2 + 4c_1^3c_{-3} + 24c_1c_2c_{-1}c_{-2} + 4c_3c_{-1}^3 + \cdots \\
& & c_1^{(4)} &= 4c_1^3c_{-2} + 12c_1c_2c_{-1}^2 + \cdots \\
& & c_{-1}^{(4)} &= 4c_{-1}^3c_2 + 12c_{-1}c_{-2}c_1^2 + \cdots \\
& & c_2^{(4)} &= 4c_1^3c_{-1} + 12c_1^2c_2c_{-2} + 12c_1c_3c_{-1}^2 + 6c_2^2c_{-1}^2 + \cdots \\
& & c_{-2}^{(4)} &= 4c_{-1}^3c_1 + 12c_{-1}^2c_{-2}c_2 + 12c_{-1}c_{-3}c_1^2 + 6c_{-2}^2c_1^2 + \cdots \\
& & c_3^{(4)} &= 12c_1^2c_2c_{-1} + \cdots \\
& & c_{-3}^{(4)} &= 12c_{-1}^2c_{-2}c_1 + \cdots \\
& & c_4^{(4)} &= c_1^4 + 12c_1^2c_3c_{-1} + 12c_1c_2^2c_{-1} + \cdots \\
& & c_{-4}^{(4)} &= c_{-1}^4 + 12c_{-1}^2c_{-3}c_1 + 12c_{-1}c_{-2}^2c_1 + \cdots \\
& & c_5^{(4)} &= 4c_1^3c_2 + \cdots \\
& & c_{-5}^{(4)} &= 4c_{-1}^3c_{-2} + \cdots \\
& & c_6^{(4)} &= 4c_1^3c_3 + 6c_1^2c_2^2 + \cdots \\
& & c_{-6}^{(4)} &= 4c_{-1}^3c_{-3} + 6c_{-1}^2c_{-2}^2 + \cdots \\
&\ldots\ldots\ldots & &
\end{aligned}
\right\}
\qquad (76)
$$

$$
\left.\begin{aligned}
l = 5:\quad & c_0^{(5)} = \cdots \\
& c_1^{(5)} = 10\, c_1^3 c_{-1}^2 + \cdots \\
& c_{-1}^{(5)} = 10\, c_{-1}^3 c_1^2 + \cdots \\
& c_{\pm 2}^{(5)} = \cdots \\
& c_3^{(5)} = 5\, c_1^4 c_{-1} + \cdots \\
& c_{-3}^{(5)} = 5\, c_{-1}^4 c_1 + \cdots \\
& c_{\pm 4}^{(5)} = \cdots \\
& c_5^{(5)} = c_1^5 + \cdots \\
& c_{-5}^{(5)} = c_{-1}^5 + \cdots \\
& \cdots\cdots\cdots
\end{aligned}\right|
$$

A′) Spezialfall: Verwandlung von Potenzen trigonometrischer Reihen in trigonometrische Reihen[150]:

$$
\left.\begin{aligned}
&\text{a)}\quad T(t) = 2\sum_{\nu=1}^{\infty} c_\nu \cos \nu t && \text{absolut und gleichmäßig konvergent in } \mathfrak{S}, \\
&\downarrow \\
&L(z) = \sum_{\nu=-\infty}^{+\infty} c_\nu z^\nu;\quad c_{-\nu} = c_\nu,\; c_0 = 0 && \text{absolut und gleichmäßig konvergent in } \mathfrak{R}, \\
&L^l(z) = \sum_{\nu=-\infty}^{+\infty} c_\nu^{(l)} z^\nu && \text{absolut und gleichmäßig konvergent in } \mathfrak{R};\ c_\nu^{(l)} \text{ s. (72), (75), (76).}
\end{aligned}\right\} \tag{77}
$$

Aus $c_\nu = c_{-\nu}$ folgt $L(z) = L(1/z)$ und damit $L^l(z) = L^l(1/z)$ bzw. $c_\nu^{(l)} = c_{-\nu}^{(l)}$ wie auch direkt aus (75) abzulesen ist; also

$$
T(t) = c_0^{(l)} + 2\sum_{\nu=1}^{\infty} c_\nu^{(l)} \cos \nu t. \tag{77a}
$$

Verschwinden überdies die geraden bzw. ungeraden Koeffizienten, so entstehen folgende Beziehungen:

$$
\left.\begin{aligned}
c_{2\lambda-1} = 0 &\to L(z) = L(-z) \to L^l(z) = L^l(-z) \to c_{2\lambda-1}^{(l)} = 0, \\
c_{2\lambda} = 0 &\to L(z) = -L(-z) \to \begin{cases} L^{2l'}(z) = L^{2l'}(-z) \to c_{2\lambda-1}^{(2l')} = 0, \\ L^{2l'-1}(z) = -L^{2l'-1}(-z) \to c_{2\lambda}^{(2l'-1)} = 0. \end{cases}
\end{aligned}\right\} \tag{78}
$$

Damit ist

$$
\left[2\sum_{\lambda=1}^{\infty} r_{2\lambda} \cos 2\lambda t\right]^l = r_0^{(l)} + 2\sum_{\lambda=1}^{\infty} r_{2\lambda}^{(l)} \cos 2\lambda t, \tag{79}
$$

$$
\left.\begin{aligned}
\left[2\sum_{\lambda=1}^{\infty} s_{2\lambda-1} \cos (2\lambda-1)t\right]^{2l'} &= s_0^{(2l')} + 2\sum_{\lambda=1}^{\infty} s_{2\lambda}^{(2l')} \cos 2\lambda t, \\
\left[2\sum_{\lambda=1}^{\infty} s_{2\lambda-1} \cos (2\lambda-1)t\right]^{2l'-1} &= 2\sum_{\lambda=1}^{\infty} s_{2\lambda-1}^{(2l'-1)} \cos (2\lambda-1)t.
\end{aligned}\right\} \tag{80}
$$

[150] Vgl. auch C. F. Gauß [6].

Zum Schluß geben wir für $l = 2, 3, 4, 5$ die ersten Koeffizienten an. Wir nehmen hierbei an, wie es in den Anwendungen der Fall ist, daß jeder Koeffizient eine Größenordnung hat, und zwar $r_{2\lambda}$ sowie $s_{2\lambda-1}$ die Ordnung λ. Beschränken wir uns auf die Ordnung m, so brauchen wir in den Gliedern von $r_{2\lambda}^{(l)}$ bzw. $s_{2\lambda}^{(2l')}$ bzw. $s_{2\lambda-1}^{(2l'-1)}$ nur bis zu den Gliedern vom Gewicht $g \leqq 2m$ bzw. $g \leqq 2m - 2l'$ bzw. $g \leqq 2m - (2l' - 1)$ zu gehen. Denn

$$r_{2\alpha_1} r_{2\alpha_2} \ldots r_{2\alpha_l} \quad \text{hat} \begin{cases} \text{das Gewicht } g = \sum\limits_{i=1}^{l} 2\alpha_i \\ \text{die Ordnung } m = \sum\limits_{i=1}^{l} \alpha_i \end{cases} \quad \text{also} \quad g = 2m,$$

$$s_{2\alpha_1-1} s_{2\alpha_2-1} \ldots s_{2\alpha_{2l'}-1} \quad \text{hat} \begin{cases} \text{das Gewicht } g = \sum\limits_{i=1}^{2l'} (2\alpha_i - 1) \\ \text{die Ordnung } m = \sum\limits_{i=1}^{2l'} \alpha_i \end{cases} \quad \text{also} \quad g = 2m - 2l'.$$

Entsprechendes gilt für $s_{2\lambda-1}^{(2l'-1)}$. Damit ist also bis zu den Gliedern 5. Ordnung:

$$\left.\begin{aligned}
&r_0^{(2)} = 2r_2^2 + 2r_4^2 + \cdots && r_0^{(4)} = 6r_2^4 + \cdots \\
&r_2^{(2)} = 2r_2 r_4 + 2r_4 r_6 + \cdots && r_2^{(4)} = 16 r_2^3 r_4 + \cdots \\
&r_4^{(2)} = r_2^2 + 2r_2 r_6 + \cdots && r_4^{(4)} = 4r_2^4 + \cdots \\
&r_6^{(2)} = 2r_2 r_4 + 2r_2 r_8 + \cdots && r_6^{(4)} = 12 r_2^3 r_4 + \cdots \\
&r_8^{(2)} = 2r_2 r_6 + r_4^2 + \cdots && r_8^{(4)} = r_2^4 + \cdots \\
&r_{10}^{(2)} = 2r_2 r_8 + 2r_4 r_6 + \cdots && r_{10}^{(4)} = 4r_2^3 r_4 + \cdots \\
&\cdots\cdots\cdots && \cdots\cdots\cdots \\
&r_0^{(3)} = 6r_2^2 r_4 + \cdots && r_0^{(5)} = \cdots \\
&r_2^{(3)} = 3r_2^3 + 3r_2^2 r_6 + 6r_2 r_4^2 + \cdots && r_2^{(5)} = 10 r_2^5 + \cdots \\
&r_4^{(3)} = 6r_2^2 r_4 + \cdots && r_4^{(5)} = \cdots \\
&r_6^{(3)} = r_2^3 + 6r_2^2 r_6 + 3r_2 r_4^2 + \cdots && r_6^{(5)} = 5r_2^5 + \cdots \\
&r_8^{(3)} = 3r_2^2 r_4 + \cdots && r_8^{(5)} = \cdots \\
&r_{10}^{(3)} = 3r_2^2 r_6 + 3r_2 r_4^2 + \cdots && r_{10}^{(5)} = r_2^5 + \cdots \\
&\cdots\cdots\cdots && \cdots\cdots\cdots
\end{aligned}\right\} \quad (79\text{a})$$

$$\left.\begin{aligned}
&s_0^{(2)} = 2s_1^2 + 2s_3^2 + \cdots && s_0^{(4)} = 6s_1^4 + 8s_1^3 s_3 + \cdots \\
&s_2^{(2)} = s_1^2 + 2s_1 s_3 + 2s_3 s_5 + \cdots && s_2^{(4)} = 4s_1^4 + 12 s_1^3 s_3 + \cdots \\
&s_4^{(2)} = 2s_1 s_3 + 2s_1 s_5 + \cdots && s_4^{(4)} = s_1^4 + 12 s_1^3 s_3 + \cdots \\
&s_6^{(2)} = 2s_1 s_5 + s_3^2 + 2s_1 s_7 + \cdots && s_6^{(4)} = 4s_1^3 s_3 + \cdots \\
&s_8^{(2)} = 2s_1 s_7 + 2s_3 s_5 + \cdots && s_8^{(4)} = \cdots \\
&s_{10}^{(2)} = \cdots && s_{10}^{(4)} = \cdots \\
&\cdots\cdots\cdots && \cdots\cdots\cdots
\end{aligned}\right\} \quad (80\text{a})$$

$$\left.\begin{aligned}
&s_1^{(3)} = 3 s_1^3 + 3 s_1^2 s_3 + 6 s_3^2 s_1 + \cdots && s_1^{(5)} = 10 s_1^5 + \cdots\\
&s_3^{(3)} = s_1^3 + 6 s_1^2 s_3 + 3 s_1^2 s_5 + \cdots && s_3^{(5)} = 5 s_1^5 + \cdots\\
&s_5^{(3)} = 3 s_1^2 s_3 + 6 s_1^2 s_5 + 3 s_1 s_3^2 + \cdots && s_5^{(5)} = s_1^5 + \cdots\\
&s_7^{(3)} = 3 s_1^2 s_5 + 3 s_1 s_3^2 + \cdots && s_7^{(5)} = \cdots\\
&s_9^{(3)} = \cdots && s_9^{(5)} = \cdots\\
&\dots\dots\dots\dots && \dots\dots\dots\dots
\end{aligned}\right\} \quad (80\,\mathrm{b})$$

b)

$$\left.\begin{aligned}
&T(t) = 2i \sum_{\nu=1}^{\infty} c_\nu \sin \nu t && \text{absolut und gleichmäßig konvergent in } \mathfrak{S},\\
&\downarrow\\
&L(z) = \sum_{\nu=-\infty}^{+\infty} c_\nu z^\nu;\ c_{-\nu} = -c_\nu; && \text{absolut und gleichmäßig konvergent in } \mathfrak{R},\\
&L^l(z) = \sum_{\nu=-\infty}^{+\infty} c_\nu^{(l)} z^\nu && \text{absolut und gleichmäßig konvergent in } \mathfrak{R},\ c_\nu^{(l)} \text{ siehe S. [476].}
\end{aligned}\right\} \quad (81)$$

Aus $c_\nu = -c_{-\nu}$ folgt $L(z) = -L(1/z)$ und damit

$$\begin{aligned} L^{2l'}(z) &= L^{2l'}(1/z) \\ L^{2l'-1}(z) &= -L^{2l'-1}(1/z) \end{aligned} \quad \text{bzw.} \quad \begin{aligned} c_\nu^{(2l')} &= c_{-\nu}^{(2l')}, \\ c_\nu^{(2l'-1)} &= -c_{-\nu}^{(2l'-1)}, \end{aligned}$$

wie auch direkt aus (75) abzulesen ist, also

$$\left.\begin{aligned}
T^{2l'}(t) &= c_0^{(2l')} + 2 \sum_{\nu=1}^{\infty} c_\nu^{(2l')} \cos \nu t,\\
T^{2l'-1}(t) &= 2i \sum_{\nu=1}^{\infty} c_\nu^{(2l'-1)} \sin \nu t.
\end{aligned}\right\} \quad (81\,\mathrm{a})$$

Ist überdies

$$\begin{aligned} c_{2\lambda-1} &= 0, \\ c_{2\lambda} &= 0, \end{aligned} \quad \text{so folgt wie oben} \quad \begin{aligned} &c_{2\lambda-1}^{(l)} = 0, \\ &c_{2\lambda-1}^{(2l')} = 0, \quad c_{2\lambda}^{(2l'-1)} = 0, \end{aligned}$$

also

$$\left.\begin{aligned}
\left[2i \sum_{\lambda=1}^{\infty} p_{2\lambda} \sin 2\lambda t\right]^{2l'} &= p_0^{(2l')} + 2 \sum_{\lambda=1}^{\infty} p_{2\lambda}^{(2l')} \cos 2\lambda t,\\
\left[2i \sum_{\lambda=1}^{\infty} p_{2\lambda} \sin 2\lambda t\right]^{2l'-1} &= 2i \sum_{\lambda=1}^{\infty} p_{2\lambda}^{(2l'-1)} \sin 2\lambda t,
\end{aligned}\right\} \quad (82)$$

$$\left.\begin{aligned}
\left[2i \sum_{\lambda=1}^{\infty} q_{2\lambda-1} \sin (2\lambda-1) t\right]^{2l'} &= q_0^{(2l')} + 2 \sum_{\lambda=1}^{\infty} q_{2\lambda}^{(2l')} \cos 2\lambda t,\\
\left[2i \sum_{\lambda=1}^{\infty} q_{2\lambda-1} \sin (2\lambda-1) t\right]^{2l'-1} &= 2i \sum_{\lambda=1}^{\infty} q_{2\lambda-1}^{(2l'-1)} \sin (2\lambda-1) t.
\end{aligned}\right\} \quad (83)$$

Zum Schluß seien wieder die ersten Koeffizienten, und zwar bis zur Größenordnung 5, explizit angegeben; man beachte, daß jetzt bei der

Bildung von $p_0^{(2l')}$, $q_0^{(2l')}$ usw. stets zum Unterschied gegen das Vorige S. 479 zu verwenden ist

$$p_{-\nu} = -p_\nu; \quad q_{-\nu} = -q_\nu.$$

$$\left.\begin{array}{ll}
p_0^{(2)} = -2p_2^2 - 2p_4^2 + \cdots & p_0^{(4)} = 6p_2^4 + \cdots \\
p_2^{(2)} = -2p_2p_4 - 2p_4p_6 + \cdots & p_2^{(4)} = 8p_2^3p_4 + \cdots \\
p_4^{(2)} = p_2^2 - 2p_2p_6 + \cdots & p_4^{(4)} = -4p_2^4 + \cdots \\
p_6^{(2)} = 2p_2p_4 - 2p_2p_8 + \cdots & p_6^{(4)} = -12p_2^3p_4 + \cdots \\
p_8^{(2)} = 2p_2p_6 + p_4^2 + \cdots & p_8^{(4)} = p_2^4 + \cdots \\
p_{10}^{(2)} = 2p_2p_8 + 2p_4p_6 + \cdots & p_{10}^{(4)} = 4p_2^3p_4 + \cdots \\
\cdots\cdots\cdots & \cdots\cdots\cdots
\end{array}\right\} \quad (82\text{a})$$

$$\left.\begin{array}{ll}
p_0^{(3)} = 0 + \cdots & p_0^{(5)} = \cdots \\
p_2^{(3)} = -3p_2^3 - 6p_2p_4^2 + 3p_2^2p_6 + \cdots & p_2^{(5)} = 10p_2^5 + \cdots \\
p_4^{(3)} = -6p_2^2p_4 + \cdots & p_4^{(5)} = \cdots \\
p_6^{(3)} = p_2^3 - 6p_2^2p_6 - 3p_2p_4^2 + \cdots & p_6^{(5)} = -5p_2^5 + \cdots \\
p_8^{(3)} = 3p_2^2p_4 + \cdots & p_8^{(5)} = \cdots \\
p_{10}^{(3)} = 3p_2^2p_6 + 3p_2p_4^2 + \cdots & p_{10}^{(5)} = p_2^5 + \cdots \\
\cdots\cdots\cdots & \cdots\cdots\cdots
\end{array}\right\} \quad (82\text{b})$$

$$\left.\begin{array}{ll}
q_0^{(2)} = -2q_1^2 - 2q_3^2 + \cdots & q_0^{(4)} = 6q_1^4 - 8q_1^3q_3 + \cdots \\
q_2^{(2)} = q_1^2 - 2q_1q_3 - 2q_3q_5 + \cdots & q_2^{(4)} = -4q_1^4 + 12q_1^3q_3 + \cdots \\
q_4^{(2)} = 2q_1q_3 - 2q_1q_5 + \cdots & q_4^{(4)} = q_1^4 - 12q_1^3q_3 + \cdots \\
q_6^{(2)} = 2q_1q_5 + q_3^2 - 2q_1q_7 + \cdots & q_6^{(4)} = 4q_1^3q_3 + \cdots \\
q_8^{(2)} = 2q_1q_7 + 2q_3q_5 + \cdots & q_8^{(4)} = \cdots \\
q_{10}^{(2)} = \cdots & q_{10}^{(4)} = \cdots \\
\cdots\cdots\cdots & \cdots\cdots\cdots
\end{array}\right\} \quad (83\text{a})$$

$$\left.\begin{array}{ll}
q_1^{(3)} = -3q_1^3 + 3q_1^2q_3 - 6q_1q_3^2 + \cdots & q_1^{(5)} = 10q_1^5 + \cdots \\
q_3^{(3)} = q_1^3 - 6q_1^2q_3 + 3q_1^2q_5 + \cdots & q_3^{(5)} = -5q_1^5 + \cdots \\
q_5^{(3)} = 3q_1^2q_3 - 6q_1^2q_5 - 3q_1q_3^2 + \cdots & q_5^{(5)} = q_1^5 + \cdots \\
q_7^{(3)} = 3q_1^2q_5 + 3q_1q_3^2 + \cdots & q_7^{(5)} = \cdots \\
q_9^{(3)} = \cdots & q_9^{(5)} = \cdots \\
\cdots\cdots\cdots & \cdots\cdots\cdots
\end{array}\right\} \quad (83\text{b})$$

B) Es sei jetzt das konstante Glied in $P(z)$ ungleich Null. Setzt man

$$P(z) = a_0 + \sum_{\nu=-\infty}^{+\infty}{}' a_\nu z^\nu = a_0 \left[1 + \sum_{\nu=-\infty}^{+\infty}{}' c_\nu z^\nu\right] = a_0 [1 + L]\ ^{151}, \qquad (84)$$

[151] Der Strich am Summenzeichen Σ' bedeutet, daß nicht über $\nu = 0$ summiert werden soll.

so folgt — unter der Voraussetzung, daß auf $\mathfrak{k}$ (und daher auch noch in einer gewissen ringförmigen Umgebung $\mathfrak{r}$ von $\mathfrak{k}$) $|L(z)| < 1$ ist —

$$\frac{P^m}{a_0^m} = (1 + L)^m = 1 + \sum_{\lambda=1}^{m} \binom{m}{\lambda} L^\lambda = 1 + \sum_{\lambda=1}^{m} \binom{m}{\lambda} \left\{ \sum_{\nu=-\infty}^{+\infty} c_\nu^{(\lambda)} z^\nu \right\}$$

und wenn man nach dem allgemeinen Umordnungssatz umordnet

$$\frac{P^m}{a_0^m} = \sum_{\nu=-\infty}^{+\infty} \{m, \nu\} z^\nu \tag{85}$$

mit

$$\{m, 0\} = 1 + \sum_{\lambda=1}^{\infty} \binom{m}{\lambda} c_0^{(\lambda)}, \qquad \{m, \nu\} = \sum_{\lambda=1}^{\infty} \binom{m}{\lambda} c_\nu^{(\lambda)} \quad [\text{s. } (72)]. \tag{85a}$$

Da $P(z)$ und $P^m(z)$ aber denselben Konvergenzring $\mathfrak{R} \supseteq \mathfrak{r}$ haben, so gilt die gefundene Entwicklung in $\mathfrak{R}$.

Sonderfall: Trigonometrische Reihe.

$$\left.\begin{aligned} T(t) &= a_0 + 2 \sum_{\nu=1}^{\infty} a_\nu \cos \nu t, \\ &\downarrow \\ P(z) &= a_0 \sum_{\nu=-\infty}^{+\infty} c_\nu z^\nu, \quad c_0 = 1, \quad c_{-\nu} = c_\nu, \end{aligned}\right\} \tag{86}$$

$$P^m(z) = a_0^m \sum_{\nu=-\infty}^{+\infty} \{m, \nu\} z^\nu, \quad \text{wobei} \quad c_{-\nu}^{(\lambda)} = c_\nu^{(\lambda)} \to \{m, -\nu\} = \{m, \nu\} \tag{87}$$

und daher

$$T^m(t) = a_0^{(m)} + 2 \sum_{\nu=1}^{\infty} a_\nu^{(m)} \cos \nu t \tag{88}$$

mit

$$a_0^{(m)} = a_0^m \{m, 0\}, \qquad a_\nu^{(m)} = a_0^m \{m, \nu\}. \tag{88a}$$

X, 6_{1b} Ganzzahlige negative Potenz P^{-m} (Division).

Es sei in $P(z)$ das konstante Glied ungleich Null, so daß wir setzen können

$$P(z) = \sum_{\nu=-\infty}^{+\infty} a_\nu z^\nu = a_0 \left\{ 1 + \sum_{\nu=-\infty}^{+\infty}{}' c_\nu z^\nu \right\} = a_0 \{1 + L\}; \quad c_\nu = \frac{a_\nu}{a_0}. \tag{89}$$

Dann gilt unter derselben Voraussetzung hinsichtlich L zunächst in $\mathfrak{r}$ (s. oben)

$$\begin{aligned} P^{-1}(z) &= \frac{1}{a_0} (1 + L)^{-1} = \frac{1}{a_0} \left\{ 1 + \sum_{\lambda=1}^{\infty} (-1)^\lambda L^\lambda \right\} \\ &= \frac{1}{a_0} \left\{ 1 + \sum_{\lambda=1}^{\infty} (-1)^\lambda \left[\sum_{\nu=-\infty}^{+\infty} c_\nu^{(\lambda)} z^\nu \right] \right\} \\ &= \frac{1}{a_0} \sum_{\nu=-\infty}^{+\infty} \{-1, \nu\} z^\nu = \sum_{\nu=-\infty}^{+\infty} a_\nu^{(-1)} z^\nu \end{aligned} \tag{90}$$

mit

$$\{-1, 0\} = 1 + \sum_{\lambda=1}^{\infty} (-1)^\lambda c_0^{(\lambda)}, \qquad \{-1, \nu\} = \sum_{\lambda=1}^{\infty} (-1)^\lambda c_\nu^{(\lambda)}. \tag{90a}$$

Hat $P(z)$ in $\mathfrak{R}$ keine Nullstellen, so ist $1/P(z)$ dort regulär, besitzt also eine allgemeine Potenzreihenentwicklung in $\mathfrak{R}$, welche mit der oben für $|L| < 1$ gefundenen identisch sein muß. Sonst reicht der Konvergenzring $\mathfrak{R}^{(-1)}$ nur bis zur nächsten Nullstelle (innen oder außen).

Sonderfall: Trigonometrische Reihe.

$$\left.\begin{aligned} &T(t) = 1 + 2\sum_{\nu=1}^{\infty} c_\nu \cos \nu t: && \mathfrak{S} \text{ enthalte die reelle Achse,} \\ &\downarrow && \\ &P(z) = 1 + \sum_{\nu=-\infty}^{\infty}{}' c_\nu z^\nu: && \mathfrak{R} \supset \mathfrak{k} = \text{Einheitskreis.} \end{aligned}\right\} \tag{91}$$

Voraussetzung: Auf $\mathfrak{k}$ sei $|\sum' c_\nu z^\nu| < 1$; dieses ist sicher für die Ungleichung $\sum_{\nu=1}^{\infty} |c_\nu| < \frac{1}{2}$ erfüllt. Da wegen $c_{-\nu} = c_\nu$ auch $c_{-\nu}^{(\lambda)} = c_\nu^{(\lambda)}$ wird, erhält man

$$T^{-1}(t) = c_0^{(-1)} + 2\sum_{\nu=1}^{\infty} c_\nu^{(-1)} \cos \nu t. \tag{92}$$

Wenn überdies $c_{2\lambda-1} = 0$ ist, folgt [mit der früheren Bezeichnung (72)] $c_{2\lambda-1}^{(\lambda)} = 0$ und daraus $\{-1, 2\lambda - 1\} = 0$, also wird für

$$T(t) = 1 + 2\sum_{\lambda=1}^{\infty} r_{2\lambda} \cos 2\lambda t \to T^{-1}(t) = r_0^{(-1)} + 2\sum_{\lambda=1}^{\infty} r_{2\lambda}^{(-1)} \cos 2\lambda t. \tag{93}$$

Insbesondere ist bis zu den Gliedern 5. Ordnung (79a):

$$\left.\begin{aligned} r_0^{(-1)} &= 1 + 2r_2^2 + 2r_4^2 - 6r_2^2 r_4 + 6r_2^4 + \cdots \\ r_2^{(-1)} &= -r_2 + 2r_2 r_4 + 2r_4 r_6 - 3r_2^3 - 3r_2^2 r_6 - 6r_2 r_4^2 + \\ &\qquad + 16 r_2^3 r_4 - 10 r_2^5 + \cdots \\ r_4^{(-1)} &= -r_4 + r_2^2 + 2r_2 r_6 - 6r_2^2 r_4 + 4r_2^4 + \cdots \\ r_6^{(-1)} &= -r_6 + 2r_2 r_4 + 2r_2 r_8 - r_2^3 - 6r_2^2 r_6 - 3r_2 r_4^2 + \\ &\qquad + 12 r_2^3 r_4 - 5r_2^5 + \cdots \\ r_8^{(-1)} &= -r_8 + 2r_2 r_6 + r_4^2 - 3r_2^2 r_4 + r_2^4 + \cdots \\ r_{10}^{(-1)} &= -r_{10} + 2r_2 r_8 + 2r_4 r_6 - 3r_2^2 r_6 - 3r_2 r_4^2 + 4r_2^3 r_4 - r_2^5 + \cdots \\ &\cdots\cdots\cdots \end{aligned}\right\} \tag{93a}$$

Für $m > 1$ ist

$$P^{-m}(z) = \frac{1}{a_0^m}(1 + L)^{-m} = \sum_{\nu=-\infty}^{+\infty} a_\nu^{(-m)} z^\nu, \tag{94}$$

$$a_0^{(-m)} = \frac{1}{a_0^m}\left\{1 + \sum_{\lambda=1}^{\infty} \binom{-m}{\lambda} c_0^{(\lambda)}\right\}, \qquad a_\nu^{(-m)} = \frac{1}{a_0^m}\sum_{\lambda=1}^{\infty} \binom{-m}{\lambda} c_\nu^{(\lambda)}. \tag{94a}$$

X, 7 Zusammensetzung einer gewöhnlichen und einer allgemeinen Potenzreihe.

Es sei $w = f(v)$ eine in einer gewissen Umgebung von $v = 0$ regulär analytische Funktion, $v = \varphi(z)$ eine in einer gewissen Umgebung von $\mathfrak{k}$ ($|z| = r_0$) regulär analytische Funktion und es gelte in $\mathfrak{K}$ ($|z| < R$):

$$\left.\begin{aligned} w &= \mathfrak{P}(v) = \sum_{\lambda=1}^{\infty} b_\lambda v^\lambda \quad \text{(absolut und gleichmäßig konvergent)}, \\ &\text{in } \mathfrak{r}\ (r_1 < |z| < r_2) \\ v &= P(z) = \sum_{\mu=-\infty}^{+\infty}{}' a_\mu z^\mu \quad \text{(absolut und gleichmäßig konvergent)}. \end{aligned}\right\} \tag{95}$$

Ferner sei $|P(z)| < R$ für $|z| = r_0$ (und damit auch in einer gewissen Umgebung $\mathfrak{U}$ von $\mathfrak{k}$). Dann gilt — zunächst mindestens in $\mathfrak{U}$ — nach dem allgemeinen Umordnungssatz

$$w = \sum_{\lambda=1}^{\infty} b_\lambda \left[\sum_{\mu=-\infty}^{+\infty}{}' a_\mu^{(\lambda)} z^\mu\right] = \sum_{\nu=-\infty}^{+\infty} C_\nu z^\nu \tag{96}$$

mit

$$C_\nu = \sum_{\lambda=1}^{\infty} b_\lambda a_\nu^{(\lambda)}. \tag{96a}$$

Das wahre Konvergenzgebiet der Reihe ist das größte $\mathfrak{k}$ umfassende Ringgebiet $\mathfrak{R}$, in dem die zusammengesetzte Funktion $w = f(\varphi(z)) = F(z)$ regulär analytisch ist.

An Stelle von z, v, w kann natürlich $z - z_0, v - v_0, w - w_0$ treten. Die wichtigsten Anwendungen sind folgende:

Anwendungen.

X, 7₁. $\underline{e^{L(z)}}.$

$$\left.\begin{aligned} L(z) &= \sum_{\nu=-\infty}^{+\infty}{}' c_\nu z^\nu \quad \text{absolut und gleichmäßig konvergent in } \mathfrak{r}, \\ w = e^{L(z)} - 1 &= \sum_{\lambda=1}^{\infty} \frac{L^\lambda}{\lambda!} = \sum_{\nu=-\infty}^{+\infty} C_\nu z^\nu \quad \text{absolut und gleichmäßig konvergent in } \mathfrak{R} \supseteqq \mathfrak{r} \\ \text{mit} \quad C_\nu &= \sum_{\lambda=1}^{\infty} \frac{c_\nu^{(\lambda)}}{\lambda!} \quad \text{[s. (72)]}. \end{aligned}\right\} \tag{97}$$

Sonderfälle:

Wenn $c_1 = -c_{-1} = k/2$ und alle übrigen c_ν Null sind, erhält man die sog. erzeugende Relation für die Besselsche Funktion der Ordnung μ:

$$e^{\frac{k}{2}(z-z^{-1})} = \sum_{\mu=-\infty}^{+\infty} J_\mu(k)\, z^\mu = J_0(k) + \sum_{\nu=1}^{\infty} J_\nu(k)[z^\nu + (-1)^\nu z^{-\nu}] \tag{98}$$

oder mit $z = e^{it}$

$$e^{ik\sin t} = J_0(k) + 2\sum_{\lambda=1}^{\infty} J_{2\lambda}(k)\cos 2\lambda t + 2i\sum_{\lambda=1}^{\infty} J_{2\lambda-1}(k)\sin(2\lambda-1)t; \tag{98a}$$

hierbei ist

$$J_{-2\lambda} = J_{2\lambda}, \qquad J_{-(2\lambda-1)} = -J_{2\lambda-1}.$$

Wenn $c_1 = c_{-1} = ik/2$ und alle übrigen c_ν Null sind, ist

$$\begin{aligned} e^{\frac{ik}{2}(z+z^{-1})} &= \sum_{\mu=-\infty}^{+\infty} i^\mu J_\mu(k)\, z^\mu = J_0(k) + \sum_{\lambda=1}^{\infty} (-1)^\lambda J_{2\lambda}(k)[z^{2\lambda} + z^{-2\lambda}] + \\ &\quad + i\sum_{\lambda=1}^{\infty} (-1)^\lambda J_{2\lambda-1}(k)\,[z^{2\lambda-1} + z^{-(2\lambda-1)}] \end{aligned} \tag{99}$$

oder mit $z = e^{it}$,

$$\begin{aligned} e^{ik\cos t} &= J_0(k) + 2\sum_{\lambda=1}^{\infty} (-1)^\lambda J_{2\lambda}(k)\cos 2\lambda t + \\ &\quad + 2i\sum_{\lambda=1}^{\infty} (-1)^\lambda J_{2\lambda-1}(k)\cos(2\lambda-1)t. \end{aligned} \tag{99a}$$

Wenn $c_1 = c_{-1} = k/2$ und alle übrigen c_ν Null sind, ist

$$\begin{aligned} e^{\frac{k}{2}(z+z^{-1})} &= e^{k\cos t} \\ &= J_0(ik) + 2\sum_{\lambda=1}^{\infty} (-1)^\lambda J_{2\lambda}(ik)\cos 2\lambda t - \\ &\quad - 2i\sum_{\lambda=1}^{\infty} (-1)^\lambda J_{2\lambda-1}(ik)\cos(2\lambda-1)t. \end{aligned} \tag{100}$$

Wenn $c_1 = -c_{-1} = -ik/2$ und alle übrigen c_ν Null sind, ist

$$\begin{aligned} e^{-\frac{ik}{2}(z-z^{-1})} &= e^{k\sin t} \\ &= J_0(ik) + 2\sum_{\lambda=1}^{\infty} J_{2\lambda}(ik)\cos 2\lambda t - 2i\sum_{\lambda=1}^{\infty} J_{2\lambda-1}(ik)\sin(2\lambda-1)t. \end{aligned} \tag{101}$$

Aus (98a) und (99a) folgt

$$\left.\begin{aligned} \cos(k\cos t) &= J_0(k) + 2\sum_{\lambda=1}^{\infty} (-1)^\lambda J_{2\lambda}(k)\cos 2\lambda t, \\ \sin(k\cos t) &= 2\sum_{\lambda=1}^{\infty} (-1)^\lambda J_{2\lambda-1}(k)\cos(2\lambda-1)t, \\ \cos(k\sin t) &= J_0(k) + 2\sum_{\lambda=1}^{\infty} J_{2\lambda}(k)\cos 2\lambda t, \\ \sin(k\sin t) &= 2\sum_{\lambda=1}^{\infty} J_{2\lambda-1}(k)\sin(2\lambda-1)t. \end{aligned}\right\} \tag{102}$$

X, 7₂. $$e^{k\sum_{\nu=1}^{\infty} q_{2\nu-1}\sin(2\nu-1)t} = e^{-\frac{ik}{2}T}; \quad k \text{ reelle Zahl.}$$

Vgl. (81), (83) mit $c_{-\nu} = -c_\nu$, für $\nu \geqq 0$ $\begin{cases} c_{2\nu} = 0, \\ c_{2\nu-1} = q_{2\nu-1}. \end{cases}$

$$\begin{aligned} e^{-\frac{ik}{2}T} &= 1 + \sum_{\mu=1}^{\infty} \frac{1}{\mu!}\left(-\frac{ik}{2}T\right)^{\mu} \\ &= 1 + \sum_{m=1}^{\infty}(-1)^m \frac{k^{2m}T^{2m}}{2^{2m}(2m)!} + i\sum_{m=1}^{\infty}(-1)^m \frac{k^{2m-1}T^{2m-1}}{2^{2m-1}(2m-1)!} \\ &= 1 + \sum_{m=1}^{\infty} \frac{(-1)^m k^{2m}}{2^{2m}(2m)!}\left\{q_0^{(2m)} + 2\sum_{\lambda=1}^{\infty} q_{2\lambda}^{(2m)}\cos 2\lambda t\right\} + \\ &\quad + i\sum_{m=1}^{\infty}\frac{(-1)^m k^{2m-1}}{2^{2m-1}(2m-1)!}\left\{2i\sum_{\lambda=1}^{\infty} q_{2\lambda-1}^{(2m-1)}\sin(2\lambda-1)t\right\} \\ &= Q_0^{(k)} + 2\sum_{\lambda=1}^{\infty}{}'Q_{2\lambda}^{(k)}\cos 2\lambda t + 2\sum_{\lambda=1}^{\infty}{}''Q_{2\lambda-1}^{(k)}\sin(2\lambda-1)t. \end{aligned} \tag{103}$$

$$\left.\begin{aligned} Q_0^{(k)} &= 1 + \sum_{m=1}^{\infty}\frac{(-1)^m k^{2m}}{2^{2m}(2m)!}q_0^{(2m)} = 1 - \frac{k^2}{8}q_0^{(2)} + \frac{k^4}{384}q_0^{(4)} + \cdots \\ {}'Q_{2\lambda}^{(k)} &= \sum_{m=1}^{\infty}\frac{(-1)^m k^{2m}}{2^{2m}(2m)!}q_{2\lambda}^{(2m)} = -\frac{k^2}{8}q_{2\lambda}^{(2)} + \frac{k^4}{384}q_{2\lambda}^{(4)} + \cdots \\ {}''Q_{2\lambda-1}^{(k)} &= -\sum_{m=1}^{\infty}\frac{(-1)^m k^{2m-1}}{2^{2m-1}(2m-1)!}q_{2\lambda-1}^{(2m-1)} \\ &= \frac{k}{2}q_{2\lambda-1} - \frac{k^3}{48}q_{2\lambda-1}^{(3)} + \frac{k^5}{3840}q_{2\lambda-1}^{(5)} + \cdots, \end{aligned}\right\} \tag{103a}$$

wobei die $q_\mu^{(\nu)}$ aus (83a, b) zu entnehmen sind.

Definiert man ${}'Q_{-2\lambda} = {}'Q_{2\lambda}$ und ${}''Q_{-(2\lambda-1)} = -{}''Q_{(2\lambda-1)}$[152], so läßt sich mit $z = e^{it}$ die Reihe (103) auch schreiben

$$e^{-\frac{ik}{2}T} = e^{k\sum_{\nu=1}^{\infty} q_{2\nu-1}\sin(2\nu-1)t} = \sum_{\mu=-\infty}^{+\infty} Q_\mu^{(k)} z^\mu, \tag{104}$$

wobei

$$Q_{2\lambda} = {}'Q_{2\lambda}, \qquad Q_{2\lambda-1} = -i\,{}''Q_{2\lambda-1}.$$

[152] Zur Vereinfachung wird bisweilen, wenn Verwechslungen ausgeschlossen sind, der obere eingeklammerte Index weggelassen.

Die ersten $Q_\mu^{(k)}$ lauten, wenn wir uns auf die Größenordnung 5 beschränken (s. S. [481]) für $k = -1$:

$$\left.\begin{aligned}
Q_0^{(-1)} &= 1 + \tfrac{1}{4} q_1^2 + \tfrac{1}{4} q_3^2 + \tfrac{1}{64} q_1^4 - \tfrac{1}{48} q_1^3 q_3 + \cdots \\
i Q_1^{(-1)} &= -\tfrac{1}{2} q_1 - \tfrac{1}{16} q_1^3 + \tfrac{1}{16} q_1^2 q_3 - \tfrac{1}{8} q_1 q_3^2 - \tfrac{1}{384} q_1^5 + \cdots \\
Q_2^{(-1)} &= -\tfrac{1}{8} q_1^2 + \tfrac{1}{4} q_1 q_3 - \tfrac{1}{96} q_1^4 + \tfrac{1}{4} q_3 q_5 + \tfrac{1}{32} q_1^3 q_3 + \cdots \\
i Q_3^{(-1)} &= -\tfrac{1}{2} q_3 + \tfrac{1}{48} q_1^3 - \tfrac{1}{8} q_1^2 q_3 + \tfrac{1}{16} q_1^2 q_5 + \tfrac{1}{768} q_1^5 + \cdots \\
Q_4^{(-1)} &= -\tfrac{1}{4} q_1 q_3 + \tfrac{1}{4} q_1 q_5 + \tfrac{1}{384} q_1^4 - \tfrac{1}{32} q_1^3 q_3 + \cdots \\
i Q_5^{(-1)} &= -\tfrac{1}{2} q_5 + \tfrac{1}{16} q_1^2 q_3 - \tfrac{1}{8} q_1^2 q_5 - \tfrac{1}{16} q_1 q_3^2 - \tfrac{1}{3840} q_1^5 + \cdots \\
Q_6^{(-1)} &= -\tfrac{1}{4} q_1 q_5 - \tfrac{1}{8} q_3^2 + \tfrac{1}{4} q_1 q_7 + \tfrac{1}{96} q_1^3 q_3 + \cdots \\
i Q_7^{(-1)} &= -\tfrac{1}{2} q_7 + \tfrac{1}{16} q_1^2 q_5 + \tfrac{1}{16} q_1 q_3^2 + \cdots \\
Q_8^{(-1)} &= -\tfrac{1}{4} q_1 q_7 - \tfrac{1}{4} q_3 q_5 + \cdots \\
i Q_9^{(-1)} &= -\tfrac{1}{2} q_9 + \cdots .
\end{aligned}\right\} \qquad (104\text{a})$$

X,7₃. $\underline{e^{ik \sum_{\nu=1}^{\infty} q_{2\nu-1} \sin(2\nu-1)t} = e^{\frac{k}{2} T}}$; k reelle Zahl.

Vgl. (81); hier ist $c_{-\nu} = -c_\nu$, für $\nu \geqq 0$ $\begin{cases} c_{2\nu} = 0, \\ c_{2\nu-1} = q_{2\nu-1}. \end{cases}$

$$\begin{aligned}
e^{\frac{k}{2} T} &= 1 + \sum_{\mu=1}^{\infty} \frac{1}{\mu!} \left(\frac{k}{2} T\right)^\mu \\
&= 1 + \sum_{m=1}^{\infty} \frac{k^{2m}}{2^{2m}(2m)!} T^{2m} + \sum_{m=1}^{\infty} \frac{k^{2m-1}}{2^{2m-1}(2m-1)!} T^{2m-1} \\
&= 1 + \sum_{m=1}^{\infty} \frac{k^{2m}}{2^{2m}(2m)!} \left\{ q_0^{(2m)} + 2 \sum_{\lambda=1}^{\infty} q_{2\lambda}^{(2m)} \cos 2\lambda t \right\} + \\
&\quad + \sum_{m=1}^{\infty} \frac{k^{2m-1}}{2^{2m-1}(2m-1)!} \left\{ 2i \sum_{\lambda=1}^{\infty} q_{2\lambda-1}^{(2m-1)} \sin(2\lambda-1)t \right\} \\
&= Q_0^{(ik)} + 2 \sum_{\lambda=1}^{\infty} Q_{2\lambda}^{(ik)} \cos 2\lambda t + 2i \sum_{\lambda=1}^{\infty} Q_{2\lambda-1}^{(ik)} \sin(2\lambda-1)t.
\end{aligned} \qquad (105)$$

$$\left.\begin{aligned}
Q_0^{(ik)} &= 1 + \sum_{m=1}^{\infty} \frac{k^{2m}}{2^{2m}(2m)!} q_0^{(2m)} = 1 + \frac{k^2}{8} q_0^{(2)} + \frac{k^4}{384} q_0^{(4)} + \cdots \\
Q_{2\lambda}^{(ik)} &= \sum_{m=1}^{\infty} \frac{k^{2m}}{2^{2m}(2m)!} q_{2\lambda}^{(2m)} = \frac{k^2}{8} q_{2\lambda}^{(2)} + \frac{k^4}{384} q_{2\lambda}^{(4)} + \cdots \\
Q_{2\lambda-1}^{(ik)} &= \sum_{m=1}^{\infty} \frac{k^{2m-1}}{2^{2m-1}(2m-1)!} q_{2\lambda-1}^{(2m-1)} \\
&= \frac{k}{2} q_{2\lambda-1} + \frac{k^3}{48} q_{2\lambda-1}^{(3)} + \frac{k^5}{3840} q_{2\lambda-1}^{(5)} + \cdots .
\end{aligned}\right\} \qquad (105\text{a})$$

Definiert man $Q_{-2\lambda} = Q_{2\lambda}$, $Q_{-(2\lambda-1)} = -Q_{2\lambda-1}$ für $\lambda \geqq 1$[152], so kann die Reihe (105) mit $z = e^{it}$ auch so geschrieben werden:

$$e^{\frac{k}{2}T} = \sum_{\mu=-\infty}^{+\infty} Q_\mu^{(ik)} z^\mu. \tag{106}$$

Ferner ist

$$Q_{2\lambda}^{(-ik)} = Q_{2\lambda}^{(ik)}, \quad Q_{2\lambda-1}^{(-ik)} = -Q_{2\lambda-1}^{(ik)} = Q_{-(2\lambda-1)}^{(ik)}. \tag{107}$$

Ist $q_1 = 1$ und sind alle übrigen $q_{2\nu-1}$ gleich Null, so wird

$$Q_\mu^{(ik)} = J_\mu(k), \quad \mu \geqq 0 \tag{108}$$

und damit wie bereits oben (98a)

$$e^{\pm ik\sin t} = J_0(k) + 2\sum_{\lambda=1}^{\infty} J_{2\lambda}(k)\cos 2\lambda t \pm 2i\sum_{\lambda=1}^{\infty} J_{2\lambda-1}(k)\sin(2\lambda-1)t, \tag{109}$$

wobei $J_\mu(k)$ die Besselschen Funktionen μ-ter Ordnung sind, wie direkt aus der Entwicklung der $J_\mu(k)$ oder aus der „erzeugenden Relation" (98) folgt.

X, 7₄. $\underline{e^{k\sum_{\nu=1}^{\infty} p_{2\nu}\sin 2\nu t} = e^{-\frac{ik}{2}T}}$, k reelle Zahl.

Vgl. (81), hier ist $c_{-\nu} = -c_\nu$ für $\nu \geqq 0$ $\begin{cases} c_{2\nu} = p_{2\nu}, \\ c_{2\nu-1} = 0. \end{cases}$

$$\begin{aligned} e^{-\frac{ik}{2}T} &= 1 + \sum_{m=1}^{\infty}(-1)^m \frac{k^{2m}T^{2m}}{2^{2m}(2m)!} + i\sum_{m=1}^{\infty}(-1)^m \frac{k^{2m-1}}{2^{2m-1}(2m-1)!}T^{2m-1} \\ &= 1 + \sum_{m=1}^{\infty}\frac{(-1)^m k^{2m}}{2^{2m}(2m)!}\left\{p_0^{(2m)} + 2\sum_{\lambda=1}^{\infty} p_{2\lambda}^{(2m)}\cos 2\lambda t\right\} + \\ &\quad + i\sum_{m=1}^{\infty}\frac{(-1)^m k^{2m-1}}{2^{2m-1}(2m-1)!}\left\{2i\sum_{\lambda=1}^{\infty} p_{2\lambda}^{(2m-1)}\sin 2\lambda t\right\} \\ &= P_0^{(k)} + 2\sum_{\lambda=1}^{\infty}{}'P_{2\lambda}^{(k)}\cos 2\lambda t + 2\sum_{\lambda=1}^{\infty}{}''P_{2\lambda}^{(k)}\sin 2\lambda t. \end{aligned} \tag{110}$$

$$\left.\begin{aligned} P_0^{(k)} &= 1 + \sum_{m=1}^{\infty}\frac{(-1)^m k^{2m}}{2^{2m}(2m)!}p_0^{(2m)} = 1 - \frac{k^2}{8}p_0^{(2)} + \frac{k^4}{384}p_0^{(4)} + \cdots \\ {}'P_{2\lambda}^{(k)} &= \sum_{m=1}^{\infty}\frac{(-1)^m k^{2m}}{2^{2m}(2m)!}p_{2\lambda}^{(2m)} = -\frac{k^2}{8}p_{2\lambda}^{(2)} + \frac{k^4}{384}p_{2\lambda}^{(4)} + \cdots \\ {}''P_{2\lambda}^{(k)} &= -\sum_{m=1}^{\infty}\frac{(-1)^m k^{2m-1}}{2^{2m}(2m)!}p_{2\lambda}^{(2m-1)} = \frac{k}{2}p_{2\lambda} - \frac{k^3}{48}p_{2\lambda}^{(3)} + \frac{k^5}{3840}p_{2\lambda}^{(5)} + \cdots . \end{aligned}\right\} \tag{110a}$$

Definiert man ${}'P_{-2\lambda} = {}'P_{2\lambda}$, ${}''P_{-2\lambda} = -{}''P_{2\lambda}$ für $\lambda \geqq 1$[152], so kann die Reihe (110) in $z = e^{it}$ auch so geschrieben werden:

$$e^{-\frac{ik}{2}T} = \sum_{\lambda=-\infty}^{+\infty} P_{2\lambda}^{(k)} z^{2\lambda}, \tag{111}$$

wobei

$$P_{2\lambda} = {}'P_{2\lambda} - i\,{}''P_{2\lambda}, \quad P_{-2\lambda} = {}'P_{2\lambda} + i\,{}''P_{2\lambda} \quad \text{für} \quad \lambda \geqq 1.$$

Hierbei kann man bemerken, daß

$$P_0^{(-k)} = P_0^{(k)}, \quad {}'P_{2\lambda}^{(-k)} = {}'P_{2\lambda}^{(k)}, \quad {}''P_{2\lambda}^{(-k)} = -{}''P_{2\lambda}^{(k)}, \quad P_{-2\lambda}^{(-k)} = P_{2\lambda}^{(k)}. \tag{112}$$

X, 7₅. $\underline{e^{ik\sum\limits_{\nu=1}^{\infty} p_{2\nu}\sin 2\nu t} = e^{\frac{k}{2}T}}$, k reelle Zahl.

Vgl. (81), hier ist $c_{-\nu} = -c_\nu$ für $\nu \geqq 0$ $\begin{cases} c_{2\nu} = p_{2\nu}, \\ c_{2\nu-1} = 0. \end{cases}$

$$\begin{aligned} e^{\frac{k}{2}T} &= 1 + \sum_{\mu=1}^{\infty} \frac{1}{\mu!}\left(\frac{k}{2}T\right)^{\mu} = 1 + \sum_{m=1}^{\infty} \frac{k^{2m}}{2^{2m}(2m)!} T^{2m} + \sum_{m=1}^{\infty} \frac{k^{2m-1}}{2^{2m-1}(2m-1)!} T^{2m-1} \\ &= 1 + \sum_{m=1}^{\infty} \frac{k^{2m}}{2^{2m}(2m)!}\left\{p_0^{(2m)} + 2\sum_{\lambda=1}^{\infty} p_{2\lambda}^{(2m)} \cos 2\lambda t\right\} + \\ &\quad + \sum_{m=1}^{\infty} \frac{k^{2m-1}}{2^{2m-1}(2m-1)!}\left\{2i \sum_{\lambda=1}^{\infty} p_{2\lambda}^{(2m-1)} \sin 2\lambda t\right\} \\ &= P_0^{(ik)} + 2\sum_{\lambda=1}^{\infty} {}'P_{2\lambda}^{(ik)} \cos 2\lambda t + 2i \sum_{\lambda=1}^{\infty} {}''P_{2\lambda}^{(ik)} \sin 2\lambda t. \end{aligned} \tag{113}$$

$$\left.\begin{aligned} P_0^{(ik)} &= 1 + \sum_{m=1}^{\infty} \frac{k^{2m}}{2^{2m}(2m)!} p_0^{(2m)} = 1 + \frac{k^2}{8} p_0^{(2)} + \frac{k^4}{384} p_0^{(4)} + \cdots \\ {}'P_{2\lambda}^{(ik)} &= \sum_{m=1}^{\infty} \frac{k^{2m}}{2^{2m}(2m)!} p_{2\lambda}^{(2m)} = \frac{k^2}{8} p_{2\lambda}^{(2)} + \frac{k^4}{384} p_{2\lambda}^{(4)} + \cdots \\ {}''P_{2\lambda}^{(ik)} &= \sum_{m=1}^{\infty} \frac{k^{2m-1}}{2^{2m-1}(2m-1)!} p_{2\lambda}^{(2m-1)} = \frac{k}{2} p_{2\lambda} + \frac{k^3}{48} p_{2\lambda}^{(3)} + \frac{k^5}{3840} p_{2\lambda}^{(5)} + \cdots. \end{aligned}\right\} \tag{113a}$$

Definiert man ${}'P_{-2\lambda} = {}'P_{2\lambda}$, ${}''P_{-2\lambda} = -{}''P_{2\lambda}$ für $\lambda \geqq 1$, so kann die Reihe (113) in $z = e^{it}$ auch geschrieben werden:

$$e^{\frac{k}{2}T} = \sum_{\lambda=-\infty}^{+\infty} P_{2\lambda}^{(ik)} z^{2\lambda}, \tag{114}$$

wobei

$$P_{2\lambda} = {}'P_{2\lambda} + {}''P_{2\lambda}, \quad P_{-2\lambda} = {}'P_{2\lambda} - {}''P_{2\lambda} \quad \text{für} \quad \lambda \geqq 1$$ [152].

Hierbei kann man bemerken, daß

$$P_0^{(-ik)} = P_0^{(ik)}, \quad {}'P_{2\lambda}^{(-ik)} = {}'P_{2\lambda}^{(ik)}, \quad {}''P_{2\lambda}^{(-ik)} = -{}''P_{2\lambda}^{(ik)}, \quad {}''P_{-2\lambda}^{(-ik)} = {}''P_{2\lambda}^{(ik)},$$

also

$$P_{-2\lambda}^{(-ik)} = P_{2\lambda}^{(ik)} \tag{115}$$

ist.

Insbesondere wird — bis zu den Gliedern der Größenordnung $5-\frac{k}{2}$

für $k=1$:

$$\left.\begin{aligned}
P_0^{(i)} &= 1-\tfrac{1}{4}p_2^2-\tfrac{1}{4}p_4^2+\tfrac{1}{64}p_2^4+\cdots\\
P_{\pm 2}^{(i)} &= \left(-\tfrac{1}{4}p_2p_4+\cdots\right)\pm\left(\tfrac{1}{2}p_2-\tfrac{1}{16}p_2^3+\cdots\right)\\
P_{\pm 4}^{(i)} &= \left(\tfrac{1}{8}p_2^2-\tfrac{1}{4}p_2p_6-\tfrac{1}{96}p_2^4+\cdots\right)\pm\left(\tfrac{1}{2}p_4-\tfrac{1}{8}p_2^2p_4+\cdots\right)\\
P_{\pm 6}^{(i)} &= \left(\tfrac{1}{4}p_2p_4+\cdots\right)\pm\left(\tfrac{1}{2}p_6+\tfrac{1}{48}p_2^3+\cdots\right)\\
P_{\pm 8}^{(i)} &= \left(\tfrac{1}{4}p_2p_6+\tfrac{1}{8}p_4^2+\tfrac{1}{384}p_2^4+\cdots\right)\pm\\
&\qquad\pm\left(\tfrac{1}{2}p_8+\tfrac{1}{16}p_2^2p_4+\cdots\right)\\
&\ldots\ldots\ldots\ldots
\end{aligned}\right\}\quad(116_1)$$

für $k=2$:

$$\left.\begin{aligned}
P_0^{(2i)} &= 1-p_2^2-p_4^2+\tfrac{1}{4}p_2^4+\cdots\\
P_{\pm 2}^{(2i)} &= \pm p_2-p_2p_4\mp\tfrac{1}{2}p_2^3+\cdots\\
P_{\pm 4}^{(2i)} &= \pm p_4+\tfrac{1}{2}p_2^2-p_2p_6\mp p_2^2p_4-\tfrac{1}{6}p_2^4+\cdots\\
P_{\pm 6}^{(2i)} &= \pm p_6+p_2p_4\pm\tfrac{1}{6}p_2^3+\cdots\\
P_{\pm 8}^{(2i)} &= \pm p_8+p_2p_6+\tfrac{1}{2}p_4^2\pm\tfrac{1}{2}p_2^2p_4+\tfrac{1}{24}p_2^4+\cdots\\
&\ldots\ldots\ldots\ldots
\end{aligned}\right\}\quad(116_2)$$

für $k=3$:

$$\left.\begin{aligned}
P_0^{(3i)} &= 1-\tfrac{9}{4}p_2^2+\cdots\\
P_{\pm 2}^{(3i)} &= \pm\tfrac{3}{2}p_2-\tfrac{9}{4}p_2p_4\mp\tfrac{27}{16}p_2^3+\cdots\\
P_{\pm 4}^{(3i)} &= \pm\tfrac{3}{2}p_4+\tfrac{9}{8}p_2^2+\cdots\\
P_{\pm 6}^{(3i)} &= \pm\tfrac{3}{2}p_6+\tfrac{9}{4}p_2p_4\pm\tfrac{9}{16}p_2^3+\cdots\\
&\ldots\ldots\ldots\ldots
\end{aligned}\right\}\quad(116_3)$$

für $k=4$:

$$\left.\begin{aligned}
P_0^{(4i)} &= 1-4p_2^2+\cdots\\
P_{\pm 2}^{(4i)} &= \pm 2p_2-4p_2p_4\mp 4p_2^3+\cdots\\
P_{\pm 4}^{(4i)} &= \pm 2p_4+2p_2^2+\cdots\\
P_{\pm 6}^{(4i)} &= \pm 2p_6+4p_2p_4\pm\tfrac{4}{3}p_2^3+\cdots\\
&\ldots\ldots\ldots\ldots
\end{aligned}\right\}\quad(116_4)$$

für $k=5$:

$$\left.\begin{aligned}
P_0^{(5i)} &= 1-\tfrac{25}{4}p_2^2+\cdots\\
P_{\pm 2}^{(5i)} &= \pm\tfrac{5}{2}p_2+\cdots\\
P_{\pm 4}^{(5i)} &= \pm\tfrac{5}{2}p_4+\tfrac{25}{8}p_2^2+\cdots\\
&\ldots\ldots\ldots\ldots
\end{aligned}\right\}\quad(116_5)$$

für $k=6$:

$$\left.\begin{aligned}
P_0^{(6i)} &= 1-9p_2^2+\cdots\\
P_{\pm 2}^{(6i)} &= \pm 3p_2+\cdots\\
P_{\pm 4}^{(6i)} &= \pm 3p_4+\tfrac{9}{2}p_2^2+\cdots\\
&\ldots\ldots\ldots\ldots
\end{aligned}\right\}\quad(116_6)$$

$$\text{für } k=7:\quad \left.\begin{aligned} &P_0^{(7i)} = 1 + \cdots \\ &P_{\pm 2}^{(7i)} = \pm \tfrac{7}{2} p_2 + \cdots \\ &\ldots\ldots\ldots\ldots \end{aligned}\right\} \tag{116$_7$}$$

$$\text{für } k=8:\quad \left.\begin{aligned} &P_0^{(8i)} = 1 + \cdots \\ &P_{\pm 2}^{(8i)} = \pm 4 p_2 + \cdots \\ &\ldots\ldots\ldots\ldots \end{aligned}\right\} \tag{116$_8$}$$

X, 8 Trigonometrische Funktionen von allgemeinen Potenzreihen, speziell von trigonometrischen Reihen.

X, 8. Es sei

$$v = u + \sum_{\lambda=1}^{\infty} p_{2\lambda} \sin 2\lambda u,$$

gesucht wird $\sin \mu v$.

Mit der Bezeichnung $e^{iu} = U$, $e^{iv} = V$ ist [nach X, 7_5 und (20)]

$$\begin{aligned} \sin \mu v &= \frac{1}{2i}(V^{\mu} - V^{-\mu}) \\ &= \frac{1}{2i}\left\{U^{\mu} \sum_{\lambda=-\infty}^{+\infty} P_{2\lambda}^{(i\mu)} U^{2\lambda} - U^{-\mu} \sum_{\lambda=-\infty}^{+\infty} P_{2\lambda}^{(-i\mu)} U^{2\lambda}\right\} \\ &= \frac{1}{2i}\left\{\sum_{\lambda=-\infty}^{+\infty} P_{2\lambda}^{(i\mu)} U^{2\lambda+\mu} - \sum_{\lambda=-\infty}^{+\infty} P_{-2\lambda}^{(-i\mu)} U^{-(2\lambda+\mu)}\right\} \\ &= \frac{1}{2i} \sum_{\lambda=-\infty}^{+\infty} P_{2\lambda}^{(i\mu)} (U^{2\lambda+\mu} - U^{-(2\lambda+\mu)}), \end{aligned} \tag{117}$$

$$\begin{aligned} \mu = 2\mu':\quad \underline{\sin 2\mu' v} &= \frac{1}{2i} \sum_{\lambda=-\infty}^{+\infty} P_{2\lambda}^{(2i\mu')} [U^{2\lambda+2\mu'} - U^{-(2\lambda+2\mu')}] \\ &= \frac{1}{2i} \sum_{\nu=-\infty}^{+\infty} P_{2\nu-2\mu'}^{(2i\mu')} (U^{2\nu} - U^{-2\nu}) \\ &= \underline{\sum_{\nu=1}^{\infty} (P_{2\nu-2\mu'} - P_{-2\nu-2\mu'}) \sin 2\nu u} \quad ^{152} \end{aligned} \tag{118}$$

$$= 2 \sin u \sum_{\nu=1}^{\infty} (P_{2\nu-2\mu'} - P_{-2\nu-2\mu'}) \sum_{\alpha=1}^{\nu} \cos(2\alpha - 1) u,$$

$$\sin 2\mu' v = 2 \sin u \sum_{\alpha=1}^{\infty} \mathsf{A}_{2\alpha-1}^{(2i\mu')} \cos(2\alpha - 1) u \tag{118a}$$

mit

$$\mathsf{A}_{2\alpha-1}^{(2i\mu')} = \sum_{\beta=\alpha}^{\infty} [P_{-2\mu'+2\beta}^{(2i\mu')} - P_{-2\mu'-2\beta}^{(2i\mu')}],$$

$\mu = 2\mu' - 1$:

$$\underline{\sin(2\mu'-1)v} = \frac{1}{2i}\sum_{\lambda=-\infty}^{+\infty} P_{2\lambda}^{(2\mu'-1)i}\left[U^{2(\lambda+\mu')-1} - U^{-[2(\lambda+\mu')-1]}\right]$$

$$= \frac{1}{2i}\sum_{\nu=-\infty}^{+\infty} P_{2\nu-2\mu'}\left(U^{2\nu-1} - U^{-2\nu+1}\right) \quad {}^{152}$$

$$= \underline{\sum_{\nu=1}^{\infty}\left(P_{2\nu-2\mu'} - P_{-2\nu-2\mu'+2}\right)\sin(2\nu-1)u} \tag{119}$$

$$= \left(P_{2-2\mu'} - P_{-2\mu'}\right)\sin u +$$

$$+ \sum_{\nu=2}^{\infty}\left(P_{2\nu-2\mu'} - P_{-2\nu-2\mu'+2}\right)\left[2\sum_{\alpha=1}^{\nu-1}\cos 2\alpha u + 1\right]\sin u$$

$$= \sin u\left\{\sum_{\nu=1}^{\infty}\left(P_{2\nu-2\mu'} - P_{-2\nu-2\mu'+2}\right) + \right.$$

$$\left. + 2\sum_{\alpha=1}^{\infty}\left[\sum_{\beta=\alpha}^{\infty}\left(P_{2\beta-2\mu'+2} - P_{-2\beta-2\mu'}\right)\right]\cos 2\alpha u\right\},$$

$$\sin(2\mu'-1)v = \sin u\left\{\mathsf{A}_0^{(2\mu'-1)i} + 2\sum_{\alpha=1}^{\infty}\mathsf{A}_{2\alpha}^{(2\mu'-1)i}\cos 2\alpha u\right\} \tag{119a}$$

mit

$$\left.\begin{aligned} \mathsf{A}_0^{(2\mu'-1)i} &= \sum_{\nu=1}^{\infty}\left(P_{2\nu-2\mu'}^{(2\mu'-1)i} - P_{-2\nu-2\mu'+2}^{(2\mu'-1)i}\right), \\ \mathsf{A}_{2\alpha}^{(2\mu'-1)i} &= \sum_{\beta=\alpha}^{\infty}\left(P_{2\beta-2\mu'+2}^{(2\mu'-1)} - P_{-2\beta-2\mu'}^{(2\mu'-1)i}\right). \end{aligned}\right\} \tag{119b}$$

X, 8_2. Es sei

$$v = u + \sum_{\lambda=1}^{\infty} p_{2\lambda}\sin 2\lambda u,$$

gesucht wird **$\cos\mu v$.**

Mit der Bezeichnung $e^{iu} = U$, $e^{iv} = V$ ist [nach X, 7_5 und (20)]

$$\cos\mu v = \tfrac{1}{2}\left(V^{\mu} + V^{-\mu}\right)$$

$$= \tfrac{1}{2}\left\{U^{\mu}\sum_{\lambda=-\infty}^{+\infty} P_{2\lambda}^{(i\mu)}U^{2\lambda} + U^{-\mu}\sum_{\lambda=-\infty}^{+\infty} P_{2\lambda}^{(-i\mu)}U^{2\lambda}\right\}$$

$$= \tfrac{1}{2}\left\{\sum_{\lambda=-\infty}^{+\infty} P_{2\lambda}^{(i\mu)}U^{2\lambda+\mu} + \sum_{\lambda=-\infty}^{+\infty} P_{-2\lambda}^{(-i\mu)}U^{-(2\lambda+\mu)}\right\} \tag{120}$$

$$= \tfrac{1}{2}\sum_{\lambda=-\infty}^{+\infty} P_{2\lambda}^{(i\mu)}\left[U^{2\lambda+\mu} + U^{-(2\lambda+\mu)}\right],$$

$\mu = 2\mu'$:

$$\underline{\cos 2\mu' v} = \tfrac{1}{2} \sum_{\lambda=-\infty}^{+\infty} P_{2\lambda}^{(2i\mu')} [U^{2\lambda+2\mu'} + U^{-(2\lambda+2\mu')}]$$

$$= \tfrac{1}{2} \sum_{\nu=-\infty}^{+\infty} P_{2\nu-2\mu'}^{(2i\mu')} [U^{2\nu} + U^{-2\nu}]$$

$$= \underline{P_{-2\mu'} + \sum_{\nu=1}^{\infty} [P_{2\nu-2\mu'} + P_{-2\nu-2\mu'}] \cos 2\nu u} \qquad (121)$$ 152

$$= P_{-2\mu'} + \sum_{\nu=1}^{\infty} [P_{2\nu-2\mu'} + P_{-2\nu-2\mu'}] \times$$

$$\times \left[2 \sum_{\alpha=1}^{\nu} (-1)^{\nu-\alpha} \cos(2\alpha - 1)u + \frac{(-1)^{\nu}}{\cos u}\right] \cos u$$

$$= P_{-2\mu'} + \sum_{\nu=1}^{\infty} (-1)^{\nu} [P_{2\nu-2\mu'} + P_{-2\nu-2\mu'}] +$$

$$+ 2\cos u \cdot \sum_{\alpha=1}^{\infty} \left[\sum_{\beta=\alpha}^{\infty} (-1)^{\beta-\alpha} (P_{-2\mu'+2\beta} + P_{-2\mu'-2\beta}) \cos(2\alpha - 1)u\right],$$

$$\cos 2\mu' v = \mathsf{B}_0^{(2i\mu')} + 2\cos u \sum_{\alpha=1}^{\infty} \mathsf{B}_{2\alpha-1}^{(2i\mu')} \cos(2\alpha - 1)u, \qquad (121\text{a})$$

$$\left.\begin{aligned} \mathsf{B}_0^{(2i\mu')} &= P_{-2\mu'}^{(2i\mu')} + \sum_{\nu=1}^{\infty} (-1)^{\nu} (P_{2\nu-2\mu'}^{(2i\mu')} + P_{-2\nu-2\mu'}^{(2i\mu')}), \\ \mathsf{B}_{2\alpha-1}^{(2i\mu')} &= \sum_{\beta=\alpha}^{\infty} (-1)^{\beta-\alpha} (P_{-2\mu'+2\beta}^{(2i\mu')} + P_{-2\beta-2\mu'}^{(2i\mu')}), \end{aligned}\right\} \qquad (121\text{b})$$

$\mu = 2\mu' - 1$:

$$\underline{\cos(2\mu' - 1)v} = \tfrac{1}{2} \sum_{\lambda=-\infty}^{+\infty} P_{2\lambda}^{i(2\mu'-1)} [U^{2\lambda+2\mu'-1} + U^{-(2\lambda+2\mu'-1)}]$$

$$= \tfrac{1}{2} \sum_{\nu=-\infty}^{+\infty} P_{2\nu-2\mu'} (U^{2\nu-1} + U^{-(2\nu-1)})$$ 152

$$= \underline{\sum_{\nu=1}^{\infty} (P_{2\nu-2\mu'} + P_{-2\nu-2\mu'+2}) \cos(2\nu - 1)u} \qquad (122)$$

$$= (P_{2-2\mu'} + P_{-2\mu'}) \cos u + \sum_{\nu=2}^{\infty} (P_{2\nu-2\mu'} + P_{-2\nu-2\mu'+2}) \times$$

$$\times \left[2 \sum_{\alpha=1}^{\nu-1} (-1)^{\nu-1-\alpha} \cos 2\alpha u + (-1)^{\nu-1}\right] \cos u$$

$$= \cos u \left\{\sum_{\nu=1}^{\infty} (-1)^{\nu-1} (P_{2\nu-2\mu'} + P_{-2\nu-2\mu'+2}) +\right.$$

$$\left. + 2 \sum_{\alpha=1}^{\infty} \left[\sum_{\beta=\alpha}^{\infty} (-1)^{\beta-\alpha} (P_{2\beta-2\mu'+2} + P_{-2\beta-2\mu'})\right] \cos 2\alpha u\right\},$$

$$\cos(2\mu'-1)\,v = \cos u\left\{\mathsf{B}_0^{(2\mu'-1)i} + 2\sum_{\alpha=1}^{\infty} \mathsf{B}_{2\alpha}^{(2\mu'-1)i}\cos 2\alpha u\right\} \tag{122a}$$

mit

$$\left.\begin{aligned}\mathsf{B}_0^{(2\mu'-1)i} &= \sum_{\nu=1}^{\infty} (-1)^{\nu-1}\left(P_{2\nu-2\mu'}^{(2\mu'-1)i} + P_{-2\nu-2\mu'+2}^{(2\mu'-1)i}\right),\\ \mathsf{B}_{2\alpha}^{(2\mu'-1)i} &= \sum_{\beta=\alpha}^{\infty} (-1)^{\beta-\alpha}\left(P_{2\beta-2\mu'+2}^{(2\mu'-1)i} + P_{-2\beta-2\mu'}^{(2\mu'-1)i}\right).\end{aligned}\right\} \tag{122b}$$

X, 8₃. Es sei

$$v = u + \sum_{\lambda=1}^{\infty} p_{2\lambda}\sin 2\lambda u,$$

gesucht wird $\mathbf{tg}\,\mu\,\boldsymbol{v}$.

$\mu = 2\mu'$: $\quad \operatorname{tg} 2\mu' v = \dfrac{\sin 2\mu' v}{\cos 2\mu' v}$,

$$\sin 2\mu' v = \sin u\cdot\sum_{\alpha=1}^{\infty} 2\mathsf{A}_{2\alpha-1}^{(2\mu' i)}\cos(2\alpha-1)u, \qquad \text{siehe (118a)}$$

$$\cos 2\mu' v = P_{-2\mu'}^{(2\mu' i)}\left[1 + 2\sum_{\nu=1}^{\infty} R_{2\nu}^{(2\mu' i)}\cos 2\nu u\right]$$

mit

$$R_{2\nu}^{(2\mu' i)} = \frac{1}{2P_{-2\mu'}}\left(P_{2\nu-2\mu'}^{(2\mu' i)} + P_{-2\nu-2\mu'}^{(2\mu' i)}\right), \quad ^{152} \text{ siehe (121a, b)}$$

$$\frac{1}{\cos 2\mu' v} = \frac{1}{P_{-2\mu'}}\left[R_0^{(-1)} + 2\sum_{\nu=1}^{\infty} R_{2\nu}^{(-1)}\cos 2\nu u\right], \quad \text{siehe (93)}$$

wobei die $R_{2\nu}^{(-1)}$ aus den $R_{2\nu}^{(2\mu' i)}$ wie die $r_{2\nu}^{(-1)}$ aus den $r_{2\nu}$ (93) zu bilden sind.

$$\underline{\operatorname{tg} 2\mu' v} = \frac{\sin u}{P_{-2\mu'}}[* + 2\mathsf{A}_1\cos u + 2\mathsf{A}_3\cos 3u + \cdots]\times$$
$$\times[R_0^{(-1)} + 2R_2^{(-1)}\cos 2u + 2R_4^{(-1)}\cos 4u + \cdots]$$
$$= \underline{\frac{\sin u}{P_{-2\mu'}}\left[c_0 + 2\sum_{\nu=1}^{\infty} c_\nu\cos\nu u\right]}, \quad \text{vgl. (70a')} \tag{123}$$

mit

$$c_0 = 0,\quad c_{2\nu'} = 0,\quad c_{2\nu'-1} = \sum_{\substack{\varkappa,\,\lambda=-\infty\\ \varkappa+\lambda=2\nu'-1}}^{+\infty} a_\varkappa b_\lambda \quad \begin{cases} a_\varkappa = a_{-\varkappa} = \mathsf{A}_\varkappa^{(2\mu' i)}\\ b_\lambda = b_{-\lambda} = R_\lambda^{(-1)}\end{cases} \tag{123a}$$

$$\underline{\operatorname{tg} 2\mu' v} = \frac{\operatorname{tg} u}{P_{-2\mu'}}[2c_1\cos u\cos u + 2c_3\cos u\cos 3u + 2c_5\cos u\cos 5u + \cdots]$$
$$= \frac{\operatorname{tg} u}{P_{-2\mu'}}[c_1 + (c_1 + c_3)\cos 2u + (c_3 + c_5)\cos 4u + \cdots]$$
$$= \underline{\frac{\operatorname{tg} u}{P_{-2\mu'}}\left\{\Gamma_0^{(2\mu' i)} + 2\sum_{\alpha=1}^{\infty}\Gamma_{2\alpha}^{(2\mu' i)}\cos 2\alpha u\right\}}, \qquad \Gamma_0 = c_1,\quad \Gamma_{2\alpha} = \frac{c_{2\alpha-1} + c_{2\alpha+1}}{2} \tag{124}$$

$\mu = 2\mu' - 1$:

$$\operatorname{tg}(2\mu' - 1)v = \frac{\sin(2\mu' - 1)v}{\cos(2\mu' - 1)v},$$

$$\sin(2\mu' - 1)v = \sin u\left\{\mathsf{A}_0^{(2\mu'-1)i} + 2\sum_{\alpha=1}^{\infty}\mathsf{A}_{2\alpha}^{(2\mu'-1)i}\cos 2\alpha u\right\}, \text{ siehe (119a)}$$

$$\cos(2\mu' - 1)v = \cos u\left\{\mathsf{B}_0^{(2\mu'-1)i} + 2\sum_{\alpha=1}^{\infty}\mathsf{B}_{2\alpha}^{(2\mu'-1)i}\cos 2\alpha u\right\} \text{ siehe (122a)}$$

$$= \cos u\,\mathsf{B}_0^{(2\mu'-1)i}\left\{1 + 2\sum_{\nu=1}^{\infty}R_{2\nu}^{(2\mu'-1)i}\cos 2\nu u\right\}, \qquad R_{2\nu}^{(2\mu'-1)i} = \frac{\mathsf{B}_{2\nu}}{\mathsf{B}_0},$$

$$\frac{1}{\cos(2\mu' - 1)v} = \frac{1}{\cos u}\cdot\frac{1}{\mathsf{B}_0}\left\{R_0^{(-1)} + 2\sum_{\nu=1}^{\infty}R_{2\nu}^{(-1)}\cos 2\nu u\right\}^{(2\mu'-1)i} \text{ (wie oben)}$$ [152]

$\operatorname{tg}(2\mu' - 1)v$

$$= \operatorname{tg} u\frac{1}{\mathsf{B}_0}\left[\mathsf{A}_0 + 2\sum_{\varkappa=1}^{\infty}\mathsf{A}_{2\varkappa}\cos 2\varkappa u\right]\left[R_0^{(-1)} + 2\sum_{\lambda=1}^{\infty}R_{2\lambda}^{(-1)}\cos 2\lambda u\right].$$

$$\operatorname{tg}(2\mu' - 1)v = \operatorname{tg} u\frac{1}{\mathsf{B}_0}\left[c_0 + 2\sum_{\nu=1}^{\infty}c_\nu\cos\nu u\right], \quad \text{vgl. (70a')} \tag{125}$$

mit

$$\left.\begin{aligned} c_0 &= \mathsf{A}_0 R_0^{-1} + 2\sum_{\alpha=1}^{\infty}\mathsf{A}_{2\alpha}R_{2\alpha}^{(-1)}, \\ c_{2\nu'} &= \sum_{\substack{\varkappa,\,\lambda=0\\ \varkappa+\lambda=\nu'}}^{\infty}\mathsf{A}_{2\varkappa}R_{2\lambda}^{(-1)}, \quad c_{2\nu'-1} = 0, \end{aligned}\right\} \tag{125a}$$ [152]

also

$$\operatorname{tg}(2\mu' - 1)v = \frac{\operatorname{tg} u}{\mathsf{B}_0}\left\{\Gamma_0^{(2\mu'-1)i} + 2\sum_{\alpha=1}^{\infty}\Gamma_{2\alpha}^{(2\mu'-1)i}\cos 2\alpha u\right\}, \tag{126}$$

$$\Gamma_0 = c_0, \quad \Gamma_{2\alpha} = c_{2\alpha}.$$

Ähnlich verläuft die Bildung der *hyperbolischen* Funktionen.

X,9 Zusammensetzung zweier allgemeiner Potenzreihen, insbesondere zweier trigonometrischer Reihen.

Es seien zwei analytische Funktionen $v = \varphi(z)$ und $w = f(z)$ gegeben durch

$$\left.\begin{aligned} v &= \sum_{\mu=-\infty}^{+\infty}a_\mu z^\mu \quad \text{absolut und gleichmäßig konvergent in } \mathfrak{U}(\mathfrak{k}_0) = \mathfrak{R}_z;\ v \neq 0 \text{ in } \mathfrak{R}_z, \\ w &= \sum_{\lambda=-\infty}^{+\infty}b_\lambda v^\lambda \quad \text{absolut und gleichmäßig konvergent in } \mathfrak{R}_v \end{aligned}\right\} \tag{127}$$

und es möge $\mathfrak{k}_0$ ein ganz im Innern von $\mathfrak{R}_v$ liegendes Bild $\mathfrak{k}_0^*$ haben; dann gibt es eine gewisse ringförmige Umgebung $\mathfrak{u}(\mathfrak{k}_0) = \mathfrak{r}_z \subseteq \mathfrak{R}_z$, so daß ihr Bild in $\mathfrak{R}_v$ liegt. Mindestens in $\mathfrak{r}_z$ ist $w = f(\varphi(z)) = F(z)$ eine analytische Funktion von z und läßt sich in eine allgemeine Potenzreihe entwickeln, die nach dem „allgemeinen Umordnungssatz“ so gefunden werden kann:

$$w = \sum_{\lambda=-\infty}^{+\infty} b_\lambda \left(\sum_{\mu=-\infty}^{+\infty} a_\mu^{(\lambda)} z^\mu \right) = \sum_{\nu=-\infty}^{+\infty} C_\nu z^\nu, \qquad C_\nu = \sum_{\lambda=-\infty}^{+\infty} b_\lambda a_\nu^{(\lambda)}. \tag{128}$$

[vgl. (96a)]

Der wahre Konvergenzring ist durch die Singularitäten der zusammengesetzten analytischen Funktion $F(z)$ bestimmt.

Beispiel: Es sei — mit etwas anderer Bezeichnung —

$$v = u + \sum_{\lambda=1}^{\infty} p_{2\lambda} \sin 2\lambda u, \qquad p_{2\lambda} \text{ reell.} \tag{129a}$$

Der Konvergenzstreifen $\mathfrak{S}_u$ enthält die reelle Achse im Innern, der Konvergenzring $\mathfrak{R}_u (U = e^{iu})$ enthält den Einheitskreis $\mathfrak{k}_0$ im Innern.

$$w = w_0 + \sum_{\mu=1}^{\infty} b_\mu \sin \mu v \quad : \quad \mathfrak{S}_v \tag{129b}$$

$\mathfrak{S}_v$ enthalte ebenfalls die reelle Achse im Innern. Dann gilt in einem die reelle Achse enthaltenden Streifen $\mathfrak{S}_u^*$

$$\begin{aligned} w - w_0 &= \sum_{\mu'=1}^{\infty} b_{2\mu'} \left[\sum_{\nu=1}^{\infty} \left(P_{2\nu-2\mu'}^{(2\mu' i)} - P_{-2\nu-2\mu'}^{(2\mu' i)} \right) \right] \sin 2\nu u + \\ &\quad + \sum_{\mu'=1}^{\infty} b_{2\mu'-1} \left[\sum_{\nu=1}^{\infty} \left(P_{2\nu-2\mu'}^{(2\mu'-1)i} - P_{-2\nu-2\mu'+2}^{(2\mu'-1)i} \right) \right] \sin (2\nu - 1) u \\ &= \sum_{\nu=1}^{\infty} C_{2\nu-1} \sin (2\nu - 1) u + \sum_{\nu=1}^{\infty} C_{2\nu} \sin 2\nu u \end{aligned} \tag{130}$$

mit

$$\begin{aligned} C_{2\nu-1} &= \sum_{\mu'=1}^{\infty} b_{2\mu'-1} \left(P_{2\nu-2\mu'}^{(2\mu'-1)i} - P_{-2\nu-2\mu'+2}^{(2\mu'-1)i} \right); \\ C_{2\nu} &= \sum_{\mu'=1}^{\infty} b_{2\mu'} \left(P_{2\nu-2\mu'}^{(2\mu' i)} - P_{-2\nu-2\mu'}^{(2\mu' i)} \right). \end{aligned} \tag{130a}$$

Insbesondere wird also für

$$\begin{aligned} w - w_0 &= \sum_{\mu=1}^{\infty} k_{2\mu-1} \sin (2\mu - 1) v \\ &= \sum_{\nu=1}^{\infty} l_{2\nu-1} \sin (2\nu - 1) u, \qquad l_{2\nu-1} = C_{2\nu-1}; \end{aligned} \tag{131}$$

$$\begin{aligned} \text{für } w - w_0 &= v + \sum_{\mu=1}^{\infty} k_{2\mu} \sin 2\mu v \\ &= u + \sum_{\nu=1}^{\infty} l_{2\nu} \sin 2\nu u, \qquad l_{2\nu} = p_{2\nu} + C_{2\nu}. \end{aligned} \tag{132}$$

Die ersten $l_{2\nu-1}$ bzw. $l_{2\nu}$ lauten — bis zu Gliedern 4. Ordnung —

$$
\left.\begin{aligned}
l_1 &= k_1(P_0^{(i)} - P_{-2}^{(i)}) + k_3(P_{-2}^{(3i)} - P_{-4}^{(3i)}) + k_5(P_{-4}^{(5i)} - P_{-6}^{(5i)}) + \\
&\quad + k_7(P_{-6}^{(7i)} - P_{-8}^{(7i)}) + \cdots \\
&= k_1(1 + \tfrac{1}{2}p_2 - \tfrac{1}{4}p_2^2 + \tfrac{1}{4}p_2p_4 - \tfrac{1}{4}p_4^2 - \tfrac{1}{16}p_2^3 + \tfrac{1}{64}p_2^4 + \cdots) + \\
&\quad + k_3(-\tfrac{3}{2}p_2 + \tfrac{3}{2}p_4 - \tfrac{9}{8}p_2^2 - \tfrac{9}{4}p_2p_4 + \tfrac{27}{16}p_2^3 + \cdots) + \\
&\quad + k_5(-\tfrac{5}{2}p_4 + \tfrac{25}{8}p_2^2 + \cdots) + \cdots \\
l_3 &= k_1(P_2^{(i)} - P_{-4}^{(i)}) + k_3(P_0^{(3i)} - P_{-6}^{(3i)}) + k_5(P_{-2}^{(5i)} - P_{-8}^{(5i)}) + \cdots \\
&= k_1(\tfrac{1}{2}p_2 + \tfrac{1}{2}p_4 - \tfrac{1}{8}p_2^2 - \tfrac{1}{4}p_2p_4 + \tfrac{1}{4}p_2p_6 - \tfrac{1}{16}p_2^3 + \tfrac{1}{96}p_2^4 - \\
&\quad - \tfrac{1}{8}p_2^2p_4 + \cdots) + \\
&\quad + k_3(1 + \tfrac{3}{2}p_6 - \tfrac{9}{4}p_2^2 - \tfrac{9}{4}p_2p_4 + \tfrac{9}{16}p_2^3 + \cdots) + \\
&\quad + k_5(-\tfrac{5}{2}p_2 + \cdots) + \cdots \\
l_5 &= k_1(P_4^{(i)} - P_{-6}^{(i)}) + k_3(P_2^{(3i)} - P_{-8}^{(3i)}) + k_5(P_0^{(5i)} - P_{-10}^{(5i)}) + \\
&\quad + k_7(P_{-2}^{(7i)} - P_{-12}^{(7i)}) + \cdots \\
&= k_1(\tfrac{1}{2}p_4 + \tfrac{1}{2}p_6 + \tfrac{1}{8}p_2^2 - \tfrac{1}{4}p_2p_4 - \tfrac{1}{4}p_2p_6 + \tfrac{1}{48}p_2^3 - \tfrac{1}{8}p_2^2p_4 - \\
&\quad - \tfrac{1}{96}p_2^4 + \cdots) + \\
&\quad + k_3(\tfrac{3}{2}p_2 - \tfrac{9}{4}p_2p_4 - \tfrac{27}{16}p_2^3 + \cdots) + k_5(1 - \tfrac{25}{4}p_2^2 + \cdots) + \\
&\quad + k_7(-\tfrac{7}{2}p_2 + \cdots) + \cdots \\
l_7 &= k_1(P_6^{(i)} - P_{-8}^{(i)}) + k_3(P_4^{(3i)} - P_{-10}^{(3i)}) + k_5(P_2^{(5i)} - P_{-12}^{(5i)}) + \\
&\quad + k_7(P_0^{(7i)} - P_{-14}^{(7i)}) + \cdots \\
&= k_1(\tfrac{1}{2}p_6 + \tfrac{1}{2}p_8 + \tfrac{1}{4}p_2p_4 - \tfrac{1}{4}p_2p_6 - \tfrac{1}{8}p_4^2 + \tfrac{1}{48}p_2^3 + \\
&\quad + \tfrac{1}{16}p_2^2p_4 - \tfrac{1}{384}p_2^4 + \cdots) + \\
&\quad + k_3(\tfrac{3}{2}p_4 + \tfrac{9}{8}p_2^2 + \cdots) + k_5(\tfrac{5}{2}p_2 + \cdots) + k_7(1 + \cdots) + \cdots \\
&\quad \cdots\cdots\cdots\cdots
\end{aligned}\right\} \tag{131a}
$$

$$
\begin{aligned}
l_2 &= p_2 + k_2(P_0^{(2i)} - P_{-4}^{(2i)}) + k_4(P_{-2}^{(4i)} - P_{-6}^{(4i)}) + k_6(P_{-4}^{(6i)} - P_{-8}^{(6i)}) + \cdots \\
&= p_2 + k_2(1 + p_4 - \tfrac{3}{2}p_2^2 - p_4^2 + p_2p_6 - p_2^2p_4 + \tfrac{5}{12}p_2^4 + \cdots) + \\
&\quad + k_4(-2p_2 + 2p_6 - 8p_2p_4 + \tfrac{16}{3}p_2^3 + \cdots) + \\
&\quad + k_6(-3p_4 + \tfrac{9}{2}p_2^2 + \cdots) + \cdots \\
l_4 &= p_4 + k_2(P_2^{(2i)} - P_{-6}^{(2i)}) + k_4(P_0^{(4i)} - P_{-8}^{(4i)}) + k_6(P_{-2}^{(6i)} - P_{-10}^{(6i)}) + \cdots \\
&= p_4 + k_2(p_2 + p_6 - 2p_2p_4 - \tfrac{1}{3}p_2^3 + \cdots) + \\
&\quad + k_4(1 - 4p_2^2 + \cdots) + k_6(-3p_2 + \cdots) + \cdots
\end{aligned}
$$

$$\left.\begin{aligned}
l_6 &= p_6 + k_2\,(P_4^{(2i)} - P_{-8}^{(2i)}) + k_4\,(P_2^{(4i)} - P_{-10}^{(4i)}) + k_6\,(P_0^{(6i)} - P_{-12}^{(6i)}) + \\
&\quad + k_8\,(P_{-2}^{(8i)} - P_{-14}^{(8i)}) + \cdots \\
&= p_6 + k_2(p_4 + p_8 + \tfrac{1}{2}p_2^2 - 2p_2p_6 - \tfrac{1}{2}p_4^2 - \tfrac{5}{24}p_2^4 + \tfrac{1}{2}p_2^2p_4 + \cdots) + \\
&\quad + k_4(2p_2 - 4p_2p_4 - 4p_2^3 + \cdots) + k_6\,(1 - 9p_2^2 + \cdots) + \\
&\quad + k_8\,(-4p_2 + \cdots) + \cdots \\
l_8 &= p_8 + k_2(P_6^{(2i)} - P_{-10}^{(2i)}) + k_4(P_4^{(4i)} - P_{-12}^{(4i)}) + k_6\,(P_2^{(6i)} - P_{-14}^{(6i)}) + \\
&\quad + k_8\,(P_0^{(8i)} - P_{-16}^{(8i)}) + \cdots \\
&= p_8 + k_2\,(p_6 + p_2p_4 + \tfrac{1}{6}p_2^3 + \cdots) + k_4\,(2p_4 + 2p_2^2 + \cdots) + \\
&\quad + k_6\,(3p_2 + \cdots) + k_8\,(1 + \cdots) + \cdots . \\
&\quad \ldots\ldots\ldots\ldots
\end{aligned}\right\} \tag{132a}$$

X, 10 Umkehrung von allgemeinen Potenzreihen, insbesondere von trigonometrischen Reihen[153].

Es sei die allgemeine Potenzreihe gegeben

$$w = f(z) = \sum_{\nu=-\infty}^{+\infty} a_\nu\, z^\nu \text{ absolut und gleichmäßig konvergent in } \mathfrak{U}(\mathfrak{k}_0) = \mathfrak{R}.$$

Bei der Abbildung $z \to w$ gehe $\mathfrak{k}_0$ (Mittelpunkt $z = 0$) in eine Kreislinie $\mathfrak{k}_0^*$ (Mittelpunkt $w = 0$) und $\mathfrak{U}'(\mathfrak{k}_0) \subseteq \mathfrak{U}(\mathfrak{k}_0)$ in eine *schlichte* Umgebung $\mathfrak{U}'^*(\mathfrak{k}_0^*)$ über; hier ist also umgekehrt z eine eindeutige, regulär analytische Funktion von w und läßt sich infolgedessen in einem mit $\mathfrak{k}_0^*$ konzentrischen und in $\mathfrak{U}'^*$ enthaltenen Ring $\mathfrak{R}^*$ in eine allgemeine Potenzreihe entwickeln

$$z = \varphi(w) = \sum_{\nu=-\infty}^{+\infty} \dot{a}_\nu\, w^\nu \quad : \quad \mathfrak{R}^* \tag{133}$$

mit

$$a_\nu = \frac{1}{2\pi i}\int\limits_{\mathfrak{k}_0} \frac{f(z)\,dz}{z^{\nu+1}}\,; \qquad \dot{a}_\nu = \frac{1}{2\pi i}\int\limits_{\mathfrak{k}_0^*} \frac{\varphi(w)\,dw}{w^{\nu+1}}$$

und weiter für

$$\left.\begin{aligned}
\nu \neq 0:\quad \dot{a}_\nu &= \frac{1}{2\pi i}\int\limits_{\mathfrak{k}_0^*} z\,w^{-\nu-1}\,dw = -\frac{1}{2\pi i\nu}\int\limits_{\mathfrak{k}_0^*} z\,d\,(w^{-\nu}) \\
&= \frac{1}{2\pi i\nu}\int\limits_{\mathfrak{k}_0} w^{-\nu}\,dz = \frac{1}{2\pi i\nu}\int\limits_{\mathfrak{k}_0} \left[\frac{z}{f(z)}\right]^\nu \frac{dz}{z^\nu}\,.
\end{aligned}\right. \tag{133a}$$

$$\left.\begin{aligned}
\nu = 0:\quad \dot{a}_0 &= \frac{1}{2\pi i}\int\limits_{\mathfrak{k}_0^*} z\,w^{-1}\,dw = \frac{1}{2\pi i}\int\limits_{\mathfrak{k}_0} z\left(\frac{dz}{z} + d\lg\frac{w}{z}\right) \\
&= -\frac{1}{2\pi i}\int\limits_{\mathfrak{k}_0} \lg\frac{w}{z}\,dz = \frac{1}{2\pi i}\int\limits_{\mathfrak{k}_0} \lg\left[\frac{z}{f(z)}\right]dz.
\end{aligned}\right. \tag{133b}$$

---

[153] Siehe U. T. Bödewadt [1], C. F. Gauß [5] S. 173, R. König [1], Schlömilch [1], H. Schmidt [2].

Auf $\mathfrak{k}_0$ und in einer gewissen Umgebung $\mathfrak{U}(\mathfrak{k}_0)$ ist $w \neq 0$, es gilt also in einem $\mathfrak{k}_0$ umfassenden Kreisring eine Entwicklung

$$\left[\frac{z}{f(z)}\right]^{\nu} = \sum_{\lambda=-\infty}^{+\infty} A_{\lambda}^{(\nu)} z^{\lambda}.$$

Damit wird für $\nu \neq 0$

$$\dot{a}_{\nu} = \frac{1}{\nu} A_{\nu-1}^{(\nu)}. \tag{133 c}$$

Beispiel:

Es sei die Reihe umzukehren

$$v = u + \sum_{\lambda=1}^{\infty} p_{2\lambda} \sin 2\lambda u, \qquad p_{2\lambda} \quad \text{reell.} \tag{134}$$

Der Konvergenzstreifen $\mathfrak{S}_u$ enthält die reelle Achse, der Konvergenzring $\mathfrak{R}$ in der $e^{iu} = U$-Ebene den Einheitskreis $\mathfrak{k}_0$. Bei der Abbildung $u \to v$ bzw. $U \to V = e^{iv}$ gehe $\mathfrak{k}_0$ in den Einheitskreis $\mathfrak{k}_0^*$ und eine gewisse Umgebung $\mathfrak{U}'(\mathfrak{k}_0)$ in eine *schlichte* Umgebung $\mathfrak{U}'^*(\mathfrak{k}_0^*)$ über; $\mathfrak{R}^* \subset \mathfrak{U}'^*$.

Bei den erzeugenden Operationen der erweiterten Vierergruppe (s. S. [448]) verhalten sich U und V wie folgt: Wegen

$$\left.\begin{aligned} V = e^{iv} &= U \sum_{\lambda=-\infty}^{+\infty} P_{2\lambda}^{(i)} U^{2\lambda}, \qquad P_{2\lambda}^{(i)} = P_{2\lambda}, \\ V^{-1} = e^{-iv} &= U^{-1} \sum_{\lambda=-\infty}^{+\infty} P_{2\lambda}^{(-i)} U^{2\lambda} = U^{-1} \sum_{\lambda=-\infty}^{+\infty} P_{-2\lambda}^{(-i)} U^{-2\lambda} \\ &= U^{-1} \sum_{\lambda=-\infty}^{+\infty} P_{2\lambda}^{(i)} U^{-2\lambda} \end{aligned}\right\} \tag{135}$$

ist mit[141]

$$\left.\begin{array}{llll} U \mid -U & \text{auch } V \mid -V & \text{und daher} & i(u-v) \mid i(u-v), \\ U \mid \frac{1}{U} & \text{auch } V \mid \frac{1}{V} & \text{und daher} & i(u-v) \mid -i(u-v), \\ U \mid \overline{U} & \text{auch } V \mid \overline{V} & \text{und daher} & i(u-v) \mid \overline{i(u-v)}. \end{array}\right\} \tag{136}$$

Nach dieser Vorbemerkung zur Umkehrung!

U ist in $\mathfrak{R}^*$ eine eindeutige, regulär analytische Funktion von V, ebenso U/V und auch jeder Zweig von $\lg U/V$. Also gibt es für den Hauptwert von $\lg U/V$ eine in $\mathfrak{R}^*$ gültige allgemeine Potenzreihenentwicklung

$$\lg \frac{U}{V} = i(u-v) = \frac{1}{2} \sum_{\mu=-\infty}^{+\infty} \dot{p}_{\mu} V^{\mu}.$$

Wegen des obigen Verhaltens folgt aber

$$\dot{p}_{2\mu'-1} = 0, \quad \dot{p}_{-2\mu'} = -\dot{p}_{2\mu'}, \quad \dot{p}_{2\mu'} \text{ reell,}$$

also

$$u = v + \sum_{\nu=1}^{\infty} \dot{p}_{2\nu} \sin 2\nu v, \quad \dot{p}_{2\nu} \text{ reell,} \tag{137}$$

und

$$U = V \sum_{\lambda=-\infty}^{+\infty} \dot{P}_{2\lambda} V^{2\lambda}, \quad \dot{P}_{2\lambda} = P_{2\lambda}^{(i)} \text{ gebildet mit den } \dot{p}_{2\nu}. \tag{138}$$

Hierbei ist, wegen $dU = iU\,du, \quad dV = iV\,dv$,

$$\dot{p}_{2\nu} = \frac{1}{\pi i}\int_{\mathfrak{k}_0^*} \frac{i(u-v)}{V^{2\nu+1}}\,dV = -\frac{1}{2\pi\nu}\int_{\mathfrak{k}_0^*} (u-v)\,d(V^{-2\nu})$$

$$= \frac{1}{2\pi\nu}\int_{\mathfrak{k}_0^*} V^{-2\nu}\,d(u-v) = \frac{1}{2\pi i\nu}\int_{\mathfrak{k}_0} V^{-2\nu}\frac{dU}{U} - \frac{1}{2\pi i\nu}\int_{\mathfrak{k}_0^*}\frac{dV}{V^{2\nu+1}}$$

$$= \frac{1}{\nu}\cdot\frac{1}{2\pi i}\int_{\mathfrak{k}_0}\left[\frac{U}{V}\right]^{2\nu}\frac{dU}{U^{2\nu+1}}.$$

Mit

$$V^{-2\nu} = U^{-2\nu}\sum_{\lambda=-\infty}^{+\infty} P_{2\lambda}^{(-i2\nu)} U^{2\lambda} = U^{-2\nu}\sum_{\lambda=-\infty}^{+\infty} P_{2\lambda}^{(i2\nu)} U^{-2\lambda}$$

wird

$$\dot{p}_{2\nu} = \frac{1}{\nu}\cdot\frac{1}{2\pi i}\int_{\mathfrak{k}_0}\left(\sum_{\lambda=-\infty}^{+\infty} P_{2\lambda}^{(i2\nu)} U^{-2\lambda}\right)\frac{dU}{U^{2\nu+1}} = \frac{1}{\nu}P_{-2\nu}^{(i2\nu)}. \tag{139}$$

Dabei ist nach (113, 114)

$$P_{-2\nu}^{(i2\nu)} = {}'P_{+2\nu}^{(i2\nu)} - {}''P_{+2\nu}^{(i2\nu)} = \sum_{\mu=1}^{\infty}(-1)^{\mu}\frac{\nu^{\mu}}{\mu!}p_{2\nu}^{(\mu)}. \tag{140}$$

Insbesondere lauten die ersten Koeffizienten der Umkehrreihe

$$\left.\begin{aligned}
\dot{p}_2 &= -p_2 - p_2p_4 + \tfrac{1}{2}p_2^3 - p_4p_6 + p_2p_4^2 - \tfrac{1}{2}p_2^2p_6 + \\
&\quad + \tfrac{1}{3}p_2^3p_4 - \tfrac{1}{12}p_2^5 + \cdots \\
\dot{p}_4 &= -p_4 + p_2^2 - 2p_2p_6 + 4p_2^2p_4 - \tfrac{4}{3}p_2^4 + \cdots \\
\dot{p}_6 &= -p_6 + 3p_2p_4 - \tfrac{3}{2}p_2^3 - 3p_2p_8 + \tfrac{9}{2}p_2p_4^2 + 9p_2^2p_6 - \\
&\quad - \tfrac{27}{2}p_2^3p_4 + \tfrac{27}{8}p_2^5 + \cdots \\
\dot{p}_8 &= -p_8 + 2p_4^2 + 4p_2p_6 - 8p_2^2p_4 + \tfrac{8}{3}p_2^4 + \cdots \\
\dot{p}_{10} &= -p_{10} + 5p_4p_6 + 5p_2p_8 - \tfrac{25}{2}p_2^2p_6 - \tfrac{25}{2}p_2p_4^2 + \\
&\quad + \tfrac{125}{6}p_2^3p_4 - \tfrac{125}{24}p_2^5 + \cdots
\end{aligned}\right\} \tag{137a}$$

X, 11 Potenzreihen von zwei Veränderlichen. Reihenumkehrung [154].

A. *Allgemeine Form.*

Gegeben sind die Reihen (141) für ξ und η:

$$\left.\begin{aligned} \xi &= \sum_{i,k=0}^{\infty} (ik)\, x^i y^k \quad (00) = 0, \\ \eta &= \sum_{i,k=0}^{\infty} (\overline{ik})\, x^i y^k \quad (\overline{00}) = 0. \end{aligned}\right\} \tag{141}$$

Ihre Umkehrungen mögen lauten

$$\left.\begin{aligned} x &= \sum_{i,k=0}^{\infty} [ik]\, \xi^i \eta^k \quad [00] = 0, \\ y &= \sum_{i,k=0}^{\infty} [\overline{ik}]\, \xi^i \eta^k \quad [\overline{00}] = 0. \end{aligned}\right\} \tag{142}$$

Die Umkehrung wird schrittweise durch Näherungen durchgeführt.

1. Näherung durch Auflösung der Gleichungen

$$\left.\begin{aligned} \xi &= (10)\,x + (01)\,y, \\ \eta &= (\overline{10})\,x + (\overline{01})\,y. \end{aligned}\right\} \tag{143}$$

Sie ergibt

$$\left.\begin{aligned} x &= [10]\,\xi + [01]\,\eta, \\ y &= [\overline{10}]\,\xi + [\overline{01}]\,\eta \end{aligned}\right\} \tag{144}$$

mit

$$\begin{array}{llc} [10] = (\overline{01})\,D^{-1} & [\overline{10}] = -(\overline{10})\,D^{-1} & \multirow{2}{*}{$D = \begin{vmatrix} (10) & (01) \\ (\overline{10}) & (\overline{01}) \end{vmatrix}$} \\ [01] = -(01)\,D^{-1} & [\overline{01}] = (10)\,D^{-1} & \end{array} \tag{145}$$

Mit (144) werden die zweiten Potenzen gebildet

$$\left.\begin{aligned} x^2 &= [10]^2\xi^2 + 2[10][01]\,\xi\eta + [01]^2\eta^2 \\ y^2 &= [\overline{10}]^2\xi^2 + 2[\overline{10}][\overline{01}]\,\xi\eta + [\overline{01}]^2\eta^2 \\ xy &= [10][\overline{10}]\,\xi^2 + ([10][\overline{01}] + [01][\overline{10}])\,\xi\eta + [01][\overline{01}]\,\eta^2 \end{aligned}\right\} \tag{146}$$

und in (141) eingesetzt.

2. Näherung durch Auflösung der Gleichungen

$$\left.\begin{aligned} \xi + F &= (10)\,x + (01)\,y, \\ \eta + \overline{F} &= (\overline{10})\,x + (\overline{01})\,y. \end{aligned}\right\} \tag{147}$$

Darin bedeuten:

$$\left.\begin{aligned} F &= f_{20}\,\xi^2 + f_{11}\,\xi\eta + f_{02}\,\eta^2 \\ \overline{F} &= \overline{f}_{20}\,\xi^2 + \overline{f}_{11}\,\xi\eta + \overline{f}_{02}\,\eta^2 \end{aligned}\right\} \tag{148a}$$

[154] Siehe K. Rinner [1], [2].

$$\left.\begin{aligned}
-f_{20} &= [10]^2(20) + [10][\overline{10}](11) + [\overline{10}]^2(02)\\
-f_{02} &= [01]^2(20) + [01][\overline{01}](11) + [\overline{01}]^2(02)\\
-f_{11} &= 2[10][01](20) + ([10][\overline{01}] + [01][\overline{10}])(11) + 2[\overline{10}][\overline{01}](02)\\
-\bar{f}_{20} &= [10]^2(\overline{20}) + [10][\overline{10}](\overline{11}) + [\overline{10}]^2(\overline{02})\\
-\bar{f}_{02} &= [01]^2(\overline{20}) + [01][\overline{01}](\overline{11}) + [\overline{01}]^2(\overline{02})\\
-\bar{f}_{11} &= 2[10][01](\overline{20}) + ([10][\overline{01}] + [01][\overline{10}])(\overline{11}) + 2[\overline{10}][\overline{01}](\overline{02})
\end{aligned}\right\} \quad (148\text{b})$$

(147) ergibt

$$x = \begin{vmatrix} (\xi + F) & (01) \\ (\eta + \bar{F}) & (\overline{01}) \end{vmatrix} D^{-1} \qquad y = \begin{vmatrix} (10) & (\xi + F) \\ (\overline{10}) & (\eta + \bar{F}) \end{vmatrix} D^{-1}. \quad (149)$$

Hieraus erhält man unter Beachtung von (145) und der Sätze über das Addieren von Determinanten

$$\left.\begin{aligned}
x &= [10]\xi + [01]\eta + \begin{vmatrix} f_{20} & (01) \\ \bar{f}_{20} & (\overline{01}) \end{vmatrix} D^{-1}\xi^2 + \\
&\quad + \begin{vmatrix} f_{11} & (01) \\ \bar{f}_{11} & (\overline{01}) \end{vmatrix} D^{-1}\xi\eta + \begin{vmatrix} f_{02} & (01) \\ \bar{f}_{02} & (\overline{01}) \end{vmatrix} D^{-1}\eta^2,\\
y &= [\overline{10}]\xi + [\overline{01}]\eta + \begin{vmatrix} (10) & f_{20} \\ (\overline{10}) & \bar{f}_{20} \end{vmatrix} D^{-1}\xi^2 + \\
&\quad + \begin{vmatrix} (10) & f_{11} \\ (\overline{10}) & \bar{f}_{11} \end{vmatrix} D^{-1}\xi\eta + \begin{vmatrix} (10) & f_{02} \\ (\overline{10}) & \bar{f}_{02} \end{vmatrix} D^{-1}\eta^2.
\end{aligned}\right\} \quad (150)$$

Ersetzen wir darin f und $\bar{f}$ durch (148b), so erhält man

$$-[ik] = \sum_{\substack{1<l+m\\=i+k=2}} K^{ik}_{lm} D_{lm} \qquad -[\overline{ik}] = \sum_{\substack{1<l+m\\=i+k=2}} K^{ik}_{lm} \bar{D}_{lm}, \quad (151)$$

$$\left.\begin{aligned}
K^{20}_{20} &= [10]^2 & K^{20}_{11} &= [10][\overline{10}] & K^{20}_{02} &= [\overline{10}]^2\\
K^{11}_{20} &= 2[10][01] & K^{11}_{11} &= [10][\overline{01}] + [\overline{10}][01] & K^{11}_{02} &= 2[\overline{10}][\overline{01}]\\
K^{02}_{20} &= [01]^2 & K^{02}_{11} &= [01][\overline{01}] & K^{02}_{02} &= [\overline{01}]^2
\end{aligned}\right\} \quad (152)$$

$$\left.\begin{aligned}
D_{ik} &= \begin{vmatrix} (ik) & (01) \\ (\overline{ik}) & (\overline{01}) \end{vmatrix} D^{-1} = \big(-(\overline{ik})(01) + (ik)(\overline{01})\big) D^{-1},\\
\bar{D}_{ik} &= \begin{vmatrix} (10) & (ik) \\ (\overline{10}) & (\overline{ik}) \end{vmatrix} D^{-1} = \big((\overline{ik})(10) - (ik)(\overline{10})\big) D^{-1}.
\end{aligned}\right\} \quad (153)$$

Für die K bestehen die Kontrollgleichungen

$$\sum K_{20} = S_1^2, \quad \sum K_{11} = S_1 \bar{S}_1 \quad \sum K_{02} = \bar{S}_1^2, \quad (154)$$

wenn S_i und $\overline{S}_i$ die Summe der Koeffizienten von Gliedern i-ter Ordnung bezeichnen. Aus (151) folgt

$$\left.\begin{aligned} -S_2 &= S_1^2 D_{20} + S_1 \overline{S}_1 D_{11} + \overline{S}_1^2 D_{02}, \\ -\overline{S}_2 &= S_1^2 \overline{D}_{20} + S_1 \overline{S}_1 \overline{D}_{11} + \overline{S}_1^2 \overline{D}_{02}. \end{aligned}\right\} \quad (155)$$

So läßt sich das Näherungsverfahren fortsetzen. Aus den Gl. (151) bis (155) ist das allgemeine Bildungsgesetz für die Koeffizienten $[ik]$ und $[\overline{ik}]$ ablesbar, das man in voller Allgemeinheit beweisen kann:

Für $i + k > 1$ gilt

$$-[ik] = \sum_{\substack{1<l+m\\ \leqq i+k}} K_{lm}^{ik} D_{lm}, \qquad -[\overline{ik}] = \sum_{\substack{1<l+m\\ \leqq i+k}} K_{lm}^{ik} \overline{D}_{lm},$$

mit den Abkürzungen

$$D_{ik} = \begin{vmatrix} (ik) & (01) \\ (\overline{ik}) & (\overline{01}) \end{vmatrix} D^{-1} = \left(-(\overline{ik})(01) + (ik)(\overline{01})\right) D^{-1},$$

$$\overline{D}_{ik} = \begin{vmatrix} (10) & (ik) \\ (\overline{10}) & (\overline{ik}) \end{vmatrix} D^{-1} = \left((\overline{ik})(10) - (ik)(\overline{10})\right) D^{-1}, \quad (156)$$

$$K_{lm}^{ik} = \sum_{\substack{\Sigma r_\lambda + \Sigma t_\mu = i\\ \Sigma s_\lambda + \Sigma u_\mu = k}} \prod_{\lambda,\mu}^{l,m} [r_\lambda s_\lambda] [\overline{t_\mu u_\mu}]$$

und den Kontrollgleichungen

$$-S_{i+k} = \sum_{l,m} D_{lm} \sum_{i,k} K_{lm}^{ik}, \qquad -\overline{S}_{i+k} = \sum_{l,m} \overline{D}_{lm} \sum_{i,k} K_{lm}^{ik}.$$

B. *Spezielle (Diagonal-) Form.*

I. $(01) = (\overline{10}) = 0.$

Die Reihen lauten dann

$$\left.\begin{aligned} \xi &= +(10)x + (20)x^2 + (11)xy + (02)y^2 + \cdots \\ \eta &= +(\overline{01})y + (\overline{20})x^2 + (\overline{11})xy + (\overline{02})y^2 + \cdots \end{aligned}\right\} \quad (141')$$

Zur Ermittlung der Potenzreihen für x und y kehren wir wieder die Reihen durch schrittweise Näherung um. Durch die *erste Näherung* erhalten wir

$$D = (10)(\overline{01}) \qquad \begin{matrix} [10] = (10)^{-1} & [\overline{10}] = 0 \\ [01] = 0 & [\overline{01}] = (\overline{01})^{-1} \end{matrix} \quad (145')$$

$$\left.\begin{aligned} x &= [10]\xi, \\ y &= [\overline{01}]\eta. \end{aligned}\right\} \quad (144')$$

Mit (144′) erhalten wir die zweiten Potenzen

$$\left.\begin{aligned} x^2 &= [10]^2\,\xi^2 \\ x\,y &= [10]\,[\overline{10}]\,\xi\,\eta \\ y^2 &= [\overline{01}]^2\,\eta^2. \end{aligned}\right\} \qquad (146')$$

In (141′) eingesetzt, erhalten wir die *2. Näherung* durch Auflösung der Gleichungen

$$\left.\begin{aligned} \xi + F &= (10)\,x, \\ \eta + \bar{F} &= (\overline{01})\,y. \end{aligned}\right\} \qquad (147')$$

Darin bedeuten wieder

$$\left.\begin{aligned} F &= f_{20}\,\xi^2 + f_{11}\,\xi\eta + f_{02}\,\eta^2, \\ \bar{F} &= \bar{f}_{20}\,\xi^2 + \bar{f}_{11}\,\xi\eta + \bar{f}_{02}\eta^2, \end{aligned}\right\} \qquad (148a')$$

$$\left.\begin{aligned} -f_{20} &= [10]^2\,(20), \\ -f_{11} &= [10]\,[\overline{01}]\,(11), \\ -f_{02} &= [\overline{01}]^2\,(02), \\ -\bar{f}_{20} &= [10]^2\,(\overline{20}), \\ -\bar{f}_{11} &= [10]\,[\overline{01}]\,(\overline{11}), \\ -\bar{f}_{02} &= [\overline{01}]^2\,(\overline{02}). \end{aligned}\right\} \qquad (148b')$$

(147′) ergibt:

$$x = (10)^{-1}\,(\xi + F), \qquad y = (\overline{01})^{-1}\,(\xi + \bar{F}), \qquad (149')$$

oder

$$\begin{aligned} x &= (10)^{-1}\xi + f_{20}\,(10)^{-1}\xi^2 + f_{11}\,(10)^{-1}\xi\,\eta + f_{02}\,(10)^{-1}\eta^2, \\ y &= (\overline{01})^{-1}\eta + \bar{f}_{20}\,(\overline{01})^{-1}\xi^2 + \bar{f}_{11}\,(\overline{01})^{-1}\xi\,\eta + \bar{f}_{02}\,(\overline{01})^{-1}\eta^2, \end{aligned}$$

oder da nach (145′) $(10)^{-1} = [10]$ ist und $(\overline{01})^{-1} = [\overline{01}]$, so wird

$$\left.\begin{aligned} x &= [10]\,\xi + f_{20}\,[10]\,\xi^2 + f_{11}\,[10]\,\xi\,\eta + f_{02}\,[10]\,\eta^2, \\ y &= [\overline{01}]\,\eta + \bar{f}_{20}\,[\overline{01}]\,\xi^2 + \bar{f}_{11}\,[\overline{01}]\,\xi\,\eta + \bar{f}_{02}\,[\overline{01}]\,\eta^2. \end{aligned}\right\} \qquad (150')$$

Daraus ergeben sich durch Vergleich mit (148b′) die Koeffizienten

$$\left.\begin{array}{ll|l} -[20] = -f_{20}\,[10] & & -[20] = [10]^3\,(20) \\ -[11] = -f_{11}\,[10] & & -[11] = [10]^2\,[\overline{01}]\,(11) \\ -[02] = -f_{02}\,[10] & & -[02] = [10]\,[\overline{01}]^2\,(02) \\ \hline -[\overline{20}] = -\bar{f}_{20}\,[\overline{01}] & & -[\overline{20}] = [10]^2\,[\overline{01}]\,(\overline{20}) \\ -[\overline{11}] = -\bar{f}_{11}\,[\overline{01}] & & -[\overline{11}] = [10]\,[\overline{01}]^2\,(\overline{11}) \\ -[\overline{02}] = -\bar{f}_{02}\,[\overline{01}] & & -[\overline{02}] = [\overline{01}]^3\,(\overline{02}) \end{array}\right\} \qquad (151')$$

Mit

$$\left.\begin{aligned} x &= [10]\,\xi \qquad\quad + [20]\,\xi^2 + [11]\,\xi\,\eta + [02]\,\eta^2, \\ y &= \qquad [\overline{01}]\,\eta + [\overline{20}]\,\xi^2 + [\overline{11}]\,\xi\,\eta + [\overline{02}]\,\eta^2 \end{aligned}\right\} \quad (144'')$$

bilden wir die zweiten und dritten Potenzen, von denen uns aber nur die dritten Potenzen in ξ und η interessieren.

$$\left.\begin{aligned} x^2 &= 2\,[10]\,[20]\,\xi^3 + 2\,[10]\,[11]\,\xi^2\eta + 2\,[10]\,[02]\,\xi\,\eta^2 + \cdots \\ x\,y &= [10]\,[\overline{20}]\,\xi^3 + ([10]\,[\overline{11}] + [20]\,[\overline{01}])\,\xi^2\eta + \\ &\quad + ([10]\,[\overline{02}] + [11]\,[\overline{01}])\,\xi\,\eta^2 + [02]\,[\overline{01}]\,\eta^3 + \cdots \\ y^2 &= + 2\,[\overline{01}]\,[\overline{20}]\,\xi^2\eta + 2\,[\overline{01}]\,[\overline{11}]\,\xi\,\eta^2 + [\overline{01}]\,[\overline{02}]\,\eta^3 + \cdots \\ x^3 &= [10]^3\,\xi^3 + \cdots \\ x^2 y &= \qquad [10]^2\,[\overline{01}]\,\xi^2\eta + \cdots \\ x\,y^2 &= \qquad\qquad [10]\,[\overline{01}]^2\,\xi\,\eta^2 + \cdots \\ y^3 &= \qquad\qquad\qquad [\overline{01}]^3\,\eta^3 + \cdots \end{aligned}\right\} \quad (146'')$$

Wir setzen die Werte in (141′) ein und betrachten als *dritte Näherung*

$$\xi + F + F' = (10)\,x, \qquad \eta + \bar{F} + \bar{F}' = (\overline{01})\,y, \qquad (147'')$$

mit

$$\left.\begin{aligned} F' &= f_{30}\,\xi^3 + f_{21}\,\xi^2\,\eta + f_{12}\,\xi\eta^2 + f_{03}\,\eta^3, \\ \bar{F}' &= \bar{f}_{30}\,\xi^3 + \bar{f}_{21}\,\xi^2\,\eta + \bar{f}_{12}\,\xi\eta^2 + \bar{f}_{30}\,\eta^3. \end{aligned}\right\} \quad (148\text{a}'')$$

$$\left.\begin{aligned} -f_{30} &= [10]^3(30) + 2\,[10]\,[20]\,(20) + [10]\,[\overline{20}]\,(11) \\ -f_{21} &= [10]^2\,[\overline{01}]\,(21) + 2\,[10]\,[11]\,(20) + ([10]\,[\overline{11}] + [20]\,[\overline{01}])\,(11) + 2\,[\overline{01}]\,[\overline{20}]\,(02) \\ -f_{12} &= [10]\,[\overline{01}]^2\,(12) + 2\,[10]\,[02]\,(20) + ([10]\,[\overline{02}] + [11]\,[\overline{01}])\,(11) + 2\,[\overline{01}]\,[\overline{11}]\,(02) \\ -f_{03} &= [\overline{01}]^3\,(03) + [02]\,[\overline{01}]\,(11) + [\overline{01}]\,[\overline{02}]\,(02) \\ -\bar{f}_{30} &= [10]^3\,(\overline{30}) + 2\,[10]\,[20]\,(\overline{20}) + [10]\,[\overline{20}]\,(\overline{11}) \\ -\bar{f}_{21} &= [10]^2\,[\overline{01}]\,(\overline{21}) + 2\,[10]\,[11]\,(\overline{20}) + ([10]\,[\overline{11}] + [20]\,[\overline{01}])\,(\overline{11}) + 2\,[\overline{01}]\,[\overline{20}]\,(\overline{02}) \\ -\bar{f}_{12} &= [10]\,[\overline{01}]^2\,(\overline{12}) + 2\,[10]\,[02]\,(\overline{20}) + ([10]\,[\overline{02}] + [11]\,[\overline{01}])\,(\overline{11}) + 2\,[\overline{01}]\,[\overline{11}]\,(\overline{02}) \\ -\bar{f}_{03} &= [\overline{01}]^3\,(\overline{03}) + [02]\,[\overline{01}]\,(\overline{11}) + [\overline{01}]\,[\overline{02}]\,(\overline{02}) \end{aligned}\right\} \quad (148\text{b}'')$$

Die Auflösung von (147″) ergibt

$$x = [10]\,(\xi + F + F'), \qquad y = [\overline{01}]\,(\eta + \bar{F} + \bar{F}') \qquad (149'')$$

oder

$$\left.\begin{aligned} x &= [10]\,\xi + [20]\,\xi^2 + [11]\,\xi\,\eta + [02]\,\eta^2 + f_{30}\,[10]\,\xi^3 + \\ &\quad + f_{21}\,[10]\,\xi^2\eta + f_{12}\,[10]\,\xi\,\eta^2 + f_{03}\,[10]\,\eta^3, \\ y &= [\overline{01}]\,\eta + [\overline{20}]\,\xi^2 + [\overline{11}]\,\xi\,\eta + [\overline{02}]\,\eta^2 + \bar{f}_{30}\,[\overline{01}]\,\xi^3 + \\ &\quad + \bar{f}_{21}\,[\overline{01}]\,\xi^2\eta + \bar{f}_{12}\,[\overline{01}]\,\xi\,\eta^2 + \bar{f}_{03}\,[\overline{01}]\,\eta^3. \end{aligned}\right\} \quad (150'')$$

Daraus ergeben sich durch Vergleich mit (148b″) die Koeffizienten

$$\begin{aligned}
-[30] &= -f_{30}[10] \\
&= [10]^2\,\{\,[10]^2(30) + 2[20](20) + [\overline{20}]\,(11)\,\} \\
-[21] &= -f_{21}[10] \\
&= [10]\,\{[10]^2[\overline{01}]\,(21) + 2[10][11](20) + ([10][\overline{11}] + [20][\overline{01}])(11) + 2[\overline{01}][\overline{20}](02)\} \\
-[12] &= -f_{12}[10] \\
&= [10]\,\{[10]\,[\overline{01}]^2(12) + 2[10][02](20) + ([10][\overline{02}] + [11][\overline{01}])(11) + 2[\overline{01}][\overline{11}](02)\} \\
-[03] &= -f_{03}[10] \\
&= [10][\overline{01}]\,\{[\overline{01}]^2(03) + [\overline{02}]\,(11) + [\overline{02}](02)\} \\
-[\overline{30}] &= -\overline{f}_{30}[\overline{01}] \\
&= [10][\overline{01}]\,\{[10]^2(\overline{30}) + 2[20](\overline{20}) + [\overline{20}]\,(\overline{11})\,\} \\
-[\overline{21}] &= -\overline{f}_{21}[\overline{01}] \\
&= [\overline{01}]\,\{[10]^2[\overline{01}]\,(\overline{21}) + 2[10][11](\overline{20}) + ([10][\overline{11}] + [20][\overline{01}])(\overline{11}) + 2[\overline{01}][\overline{20}](\overline{02})\} \\
-[\overline{12}] &= -\overline{f}_{12}[\overline{01}] \\
&= [\overline{01}]\,\{[10]\,[\overline{01}]^2(\overline{12}) + 2[10][02](\overline{20}) + ([10][\overline{02}] + [11][\overline{01}])(\overline{11}) + 2[\overline{01}][\overline{11}](\overline{02})\} \\
-[\overline{03}] &= -\overline{f}_{03}[\overline{01}] \\
&= [\overline{01}]^2\,\{\,[\overline{01}]^2(\overline{03}) + [02](\overline{11}) + [\overline{02}](\overline{02})\}
\end{aligned} \tag{151''}$$

In entsprechender Weise setzen wir die Näherungsschritte fort wie bei allgemeinen Potenzreihen. Das Bildungsgesetz liest man wieder in (156) ab, wenn wir $(01) = (\overline{10}) = [01] = [\overline{10}] = 0$ setzen.

Für $i + k > 1$ gilt dann

$$-[ik] = K^{ik}_{ik} D_{ik} + \sum_{\substack{1<l+m\\<i+k}} K^{ik}_{lm} D_{lm},$$

$$-[\overline{ik}] = K^{ik}_{ik} \overline{D}_{ik} + \sum_{\substack{1<l+m\\<i+k}} K^{ik}_{lm} \overline{D}_{lm}$$

mit den Abkürzungen

$$D_{ik} = (ik)\,(10)^{-1}, \qquad \overline{D}_{ik} = (\overline{ik})\,(\overline{01})^{-1},$$

$$K^{ik}_{lm} = \sum_{\substack{\Sigma r_\lambda + \Sigma t_\mu = i\\ \Sigma s_\lambda + \Sigma u_\mu = k\\ [r_\lambda s_\lambda] \neq [01]\\ [\overline{t_\mu u_\mu}] \neq [\overline{10}]}} \prod_{\lambda\mu}^{lm} [r_\lambda s_\lambda]\,[\overline{t_\mu u_\mu}] \tag{156'}$$

Wenn $l + m = i + k$ ist, treten $i + k$ Koeffizienten als Faktoren auf, jeder kann daher nur die Gestalt $[10]$, $[01]$, $[\overline{10}]$, $[\overline{01}]$ haben. Da $[01] = [\overline{10}] = 0$ ist, kann nur das Produkt $[10]^l\,[\overline{01}]^m$ auftreten. Das heißt aber $l = i,\ m = k$, und es gilt die obige Entwicklung für $[ik]$ und $[\overline{ik}]$ in (156′).

II. *Sonderfall der Diagonalform* $(i, 2k'+1) = \overline{(i, 2k')} = 0$.

Die Reihen lauten dann

$$\xi = \sum_{i,\,k'=0}^{\infty} (i, 2k')\, x^i\, y^{2k'}, \qquad \eta = \sum_{i,\,k'=0}^{\infty} \overline{(i, 2k'+1)}\, x^i\, y^{2k'+1}. \tag{141*}$$

Da für sie die Voraussetzungen von I erfüllt sind, gelten für die Koeffizienten der Umkehrreihen die Gl. (145′) und (156′).

$$D = (10)\,\overline{(01)} \qquad \begin{array}{ll} [10] = (10)^{-1} & \overline{[10]} = 0 \\ [01] = 0 & \overline{[01]} = \overline{(01)}^{-1} \end{array} \tag{145*}$$

Dagegen vereinfacht sich (156′) noch weiter. Man liest sofort ab

$$\begin{array}{ll} D_{i,\,2k'} = (i\,2k')\,(10)^{-1} & \overline{D}_{i,\,2k'} = 0 \\ D_{i,\,2k'+1} = 0 & \overline{D}_{i,\,2k'+1} = \overline{(i, 2k'+1)}\,\overline{(01)}^{-1} \end{array} \tag{156*a}$$

Wir behaupten, daß auch gilt:

$$[i, 2k'+1] = \overline{[i, 2k']} = 0. \tag{156*b}$$

Für die Indexsumme 1 ist (156*b) nach (145*) sicher richtig. Nehmen wir an, sie sei auch richtig für alle Indizes, deren Summe kleiner ist als $i+k$. Wir zeigen, daß sie dann auch für $i+k$ richtig ist. Nach (156′) hängen $[ik]$ und $\overline{[ik]}$ nur von K_{lm}^{ik} ab, welche Koeffizienten $[r_\lambda s_\lambda]$ und $\overline{[t_\mu u_\mu]}$ enthält. Diese haben alle die Eigenschaft, daß ihre Indexsumme kleiner ist als $i+k$. Wir können daher schreiben

$$K_{lm}^{ik} = \sum_{\substack{r+t=i \\ 2s'+2u'+m=k}} \prod_{\lambda\mu}^{lm} [r_\lambda\, 2s'_\lambda]\,\overline{[t_\mu\, 2u'_\mu + 1]}. \tag{157}$$

Für die zweiten Indices gilt die Beziehung

$$\sum_{\lambda=1}^{l} 2s'_\lambda + \sum_{\mu=1}^{m} (2u'_\mu + 1) = k. \tag{158}$$

Die erste Summe ergibt stets eine gerade Zahl, die zweite eine gerade oder ungerade, je nachdem m gerade oder ungerade ist, d. h.

$$\left.\begin{array}{lll} k = 2k' & \text{wenn} & m = 2m', \\ k = 2k'+1 & \text{wenn} & m = 2m'+1. \end{array}\right\} \tag{159}$$

Für ungerade m ist aber $D_{lm} = 0$, für gerade m ist $\overline{D}_{lm} = 0$ (156*a) und daher folgt die Behauptung (156*b) für die Indexsumme $i+k$. Aus (158) folgt, daß in (157) stets $k - m = 2\nu$ ist. Ist nun $i + k = l + m + N$, so muß auch die Beziehung für die ersten Indizes entsprechend (158) gelten

$$i - l = N - 2\nu \quad \text{für} \quad 2\nu \leqq N \quad \text{und} \quad \nu \geqq 0. \tag{160}$$

Alle anderen K^{ik}_{lm} verschwinden. Wir können daher die Koeffizienten in der Form schreiben

$$
\begin{array}{|l|}
\hline
\text{Für } i+k>1: \\
-[i,2k'+1]=0, \\
\qquad -[i,2k'] = K^{i2k'}_{i2k'} D_{i2k'} + \sum\limits_{\substack{1<l+2m'\\<i+2k'\\i-l=N-2\nu}} K^{i2k'}_{l2m'} D_{l2m'}, \\
-[\overline{i,2k'+1}] = K^{i2k'+1}_{i2k'+1} \overline{D}_{i,2k'+1} + \sum\limits_{\substack{1<l+2m'+1\\<i+2k'+1\\i-l=N-2\nu}} K^{i2k'+1}_{l2m'+1} \overline{D}_{l,2m'+1} \\
\text{mit den Abkürzungen} \\
D_{i2k'} = (i\,2k')\,(10)^{-1}, \qquad \overline{D}_{i,2k'+1} = (\overline{i,2k'+1})\,(\overline{01})^{-1}, \\
\qquad K^{ik}_{lm} = \sum\limits_{\substack{r+t=i\\2s'+2u'+m=k}} \prod\limits_{\lambda\mu}^{lm} [r_\lambda\, 2s'_\lambda]\,[\overline{t_\mu\, 2u'_\mu+1}]. \\
\hline
\end{array}
\tag{156*}
$$

Wir berechnen nach (156*) die Koeffizienten bis zur Indexsumme 4[155]:

1) *Indexsumme = 1* siehe Gl. (145*),

2) *Indexsumme = 2*

$$
\begin{array}{ll}
D_{20} = (20)\,(10)^{-1} & K^{20}_{20} = [10]^2 = (10)^{-2} \\
D_{02} = (02)\,(10)^{-1} & K^{02}_{02} = [\overline{01}]^2 = (\overline{01})^{-2} \\
\overline{D}_{11} = (\overline{11})\,(\overline{01})^{-1} & K^{11}_{11} = [10]\,[\overline{01}] = (10)^{-1}\,(\overline{01})^{-1}
\end{array}
$$

$$
\begin{aligned}
-[20] &= K^{20}_{20} D_{20} = (10)^{-2}\,(20)\,(10)^{-1} \\
-[02] &= K^{02}_{02} D_{02} = (\overline{01})^{-2}\,(02)\,(10)^{-1} \\
-[\overline{11}] &= K^{11}_{11} \overline{D}_{11} = (10)^{-1}\,(\overline{01})^{-1}\,(\overline{11})\,(\overline{01})^{-1}
\end{aligned}
$$

$$
\boxed{
\begin{aligned}
-[20] &= (10)^{-3}\,(20) \\
-[02] &= (10)^{-1}\,(02)\,(\overline{01})^{-2} \\
-[\overline{11}] &= (10)^{-1}\,(\overline{01})^{-2}\,(\overline{11})
\end{aligned}
}
\tag{161}
$$

3) *Indexsumme = 3*

$$
\begin{array}{ll}
D_{30} = (30)\,(10)^{-1} & K^{30}_{30} = [10]^3 = (10)^{-3} \\
D_{12} = (12)\,(10)^{-1} & K^{12}_{12} = [10]\,[\overline{01}]^2 = (10)^{-1}\,(\overline{01})^{-2} \\
\overline{D}_{21} = (\overline{21})\,(\overline{01})^{-1} & K^{21}_{21} = [10]^2\,[\overline{01}] = (10)^{-2}\,(\overline{01})^{-1} \\
\overline{D}_{03} = (\overline{03})\,(\overline{01})^{-1} & K^{03}_{03} = [\overline{01}]^3 = (\overline{01})^{-3}
\end{array}
$$

[155] Siehe auch K. Rinner [1].

$$K_{20}^{30} = 2\,[10]\,[20] = -2\,(10)^{-4}\,(20)$$
$$K_{11}^{21} = [20][\overline{01}]+[10][\overline{11}] = -(10)^{-2}(\overline{01})^{-1}\{(10)^{-1}(20)+(\overline{01})^{-1}(\overline{11})\}$$
$$K_{02}^{12} = 2\,[\overline{11}]\,[\overline{01}] = -2\,(10)^{-1}\,(\overline{01})^{-3}\,(\overline{11})$$
$$K_{20}^{12} = 2\,[10]\,[02] = -2\,(10)^{-2}\,(02)\,(\overline{01})^{-2}$$
$$K_{11}^{03} = [02]\,[\overline{01}] = -(10)^{-1}\,(02)\,(\overline{01})^{-3}$$

$$-[30] = K_{30}^{30} D_{30} + K_{20}^{30} D_{20} = (10)^{-4}\,(30) - 2\,(10)^{-5}\,(20)^2$$
$$-[12] = K_{12}^{12} D_{12} + K_{20}^{12} D_{20} + K_{02}^{12} D_{02} = (10)^{-2}\,(12)\,(\overline{01})^{-2} -$$
$$- 2\,(10)^{-3}\,(02)\,(20)\,(\overline{01})^{-2} - 2\,(10)^{-2}\,(02)\,(\overline{01})^{-3}\,(\overline{11})$$
$$-[\overline{21}] = K_{21}^{21} \overline{D}_{21} + K_{11}^{21} \overline{D}_{11} = (10)^{-2}\,(\overline{01})^{-2}\,(\overline{21}) -$$
$$-(10)^{-2}\,(\overline{01})^{-2}\,(\overline{11})\,\{(10)^{-1}\,(20) + (\overline{01})^{-1}\,(\overline{11})\}$$
$$-[\overline{03}] = K_{03}^{03} \overline{D}_{03} + K_{11}^{03} \overline{D}_{11} = (\overline{01})^{-4}\,(\overline{03}) - (10)^{-1}\,(02)\,(\overline{01})^{-4}\,(\overline{11})$$

$$\boxed{\begin{aligned} -[30] &= (10)^{-5}\{(10)\,(30) - 2\,(20)^2\} \\ -[12] &= (10)^{-3}\,(\overline{01})^{-3} \times \\ &\quad \times (10)\,(12)\,(\overline{01}) - 2\,(02)\,\big((10)\,(\overline{11}) + (20)\,(\overline{01})\big)\} \\ -[\overline{21}] &= (10)^{-3}\,(\overline{01})^{-3} \times \\ &\quad \times \{(10)\,(\overline{01})\,(\overline{21}) - (\overline{11})\,\big((10)\,(\overline{11}) + (20)\,(\overline{01})\big)\} \\ -[\overline{03}] &= (10)^{-1}\,(\overline{01})^{-4}\{(10)\,(\overline{03}) - (02)\,(\overline{11})\} \end{aligned}} \quad (162)$$

4) *Indexsumme = 4*

$$D_{40} = (40)\,(10)^{-1} \qquad K_{40}^{40} = [10]^4 = (10)^{-4}$$
$$D_{22} = (22)\,(10)^{-1} \qquad K_{22}^{22} = [10]^2\,[\overline{01}]^2 = (10)^{-2}\,(\overline{01})^{-2}$$
$$D_{04} = (04)\,(10)^{-1} \qquad K_{04}^{04} = [\overline{01}]^4 = (\overline{01})^{-4}$$
$$\overline{D}_{31} = (\overline{31})\,(\overline{01})^{-1} \qquad K_{31}^{31} = [10]^3\,[\overline{01}] = (10)^{-3}\,(\overline{01})^{-1}$$
$$\overline{D}_{13} = (\overline{13})\,(\overline{01})^{-1} \qquad K_{13}^{13} = [10]\,[\overline{01}]^3 = (10)^{-1}\,(\overline{01})^{-3}$$

$$K_{30}^{40} = 3\,[10]^2\,[20] = -3\,(10)^{-5}\,(20)$$
$$K_{30}^{22} = 3\,[10]^2\,[02] = -3\,(10)^{-3}\,(02)\,(\overline{01})^{-2}$$
$$K_{12}^{22} = 2\,[10]\,[\overline{11}]\,[\overline{01}] + [20]\,[\overline{01}]^2 = -2\,(10)^{-2}\,(\overline{01})^{-3}\,(\overline{11}) -$$
$$-(10)^{-3}\,(20)\,(\overline{01})^{-2}$$
$$K_{12}^{04} = [\overline{01}]^2\,[02] = -(10)^{-1}\,(02)\,(\overline{01})^{-4}$$
$$K_{21}^{31} = 2\,[10]\,[20]\,[\overline{01}] + [10]^2\,[\overline{11}] = -2\,(10)^{-4}\,(20)\,(\overline{01})^{-1} -$$
$$-(10)^{-3}\,(\overline{01})^{-2}\,(\overline{11})$$

$$K_{21}^{13} = 2\,[10]\,[02]\,[\overline{01}] = -2\,(10)^{-2}\,(02)\,(\overline{01})^{-3}$$
$$K_{03}^{13} = 3\,[\overline{01}]^2\,[\overline{11}] = -3\,(10)^{-1}\,(\overline{01})^{-4}\,(\overline{11})$$
$$K_{20}^{40} = [20]^2 + 2\,[10]\,[30]$$
$$= (10)^{-6}\,(20)^2 - 2\,(10)^{-6}\,\{(10)\,(30) - 2\,(20)^2\}$$
$$K_{02}^{22} = [\overline{11}]^2 + 2\,[\overline{01}]\,[\overline{21}] = (10)^{-2}\,(\overline{01})^{-4}\,(\overline{11})^2 -$$
$$-2\,(10)^{-3}\,(\overline{01})^{-4}\,\{(10)\,(\overline{01})\,(\overline{21}) - (20)\,(\overline{01})\,(\overline{11}) - (10)\,(\overline{11})^2\}$$
$$K_{20}^{22} = 2\,[20]\,[02] + 2\,[10]\,[12] = 2\,(10)^{-4}\,(20)\,(02)\,(\overline{01})^{-2} -$$
$$-2\,(10)^{-4}(\overline{01})^{-3}\,\{(10)\,(12)\,(\overline{01}) - 2\,(20)\,(02)(\overline{01}) - 2(10)(02)(\overline{11})\}$$
$$K_{02}^{04} = 2\,[\overline{03}]\,[\overline{01}] = -2\,(10)^{-1}\,(\overline{01})^{-5}\,\{(10)\,(\overline{03}) - (02)\,(\overline{11})\}$$
$$K_{20}^{04} = [02]^2 = (10)^{-2}\,(02)^2\,(\overline{01})^{-4}$$
$$K_{11}^{31} = [10]\,[\overline{21}] + [20]\,[\overline{11}] + [30]\,[\overline{01}]$$
$$= -(10)^{-4}\,(\overline{01})^{-3}\,\{(10)\,(\overline{01})\,(\overline{21}) - (20)\,(\overline{01})\,(\overline{11}) - (10)\,(\overline{11})^2\} +$$
$$+ (10)^{-4}\,(20)\,(\overline{01})^2\,(\overline{11}) - (10)^{-5}\,(\overline{01})^{-1}\,\{(10)\,(30) - 2\,(20)^2\}$$
$$K_{11}^{13} = [10]\,[\overline{03}] + [02]\,[\overline{11}] + [12]\,[\overline{01}]$$
$$= -(10)^{-2}\,(\overline{01})^{-4}\,\{(10)\,(\overline{03}) - (02)\,(\overline{11})\} +$$
$$+ (10)^{-2}\,(02)\,(\overline{01})^{-4}\,(\overline{11}) -$$
$$-(10)^{-3}(\overline{01})^{-4}\,\{(10)\,(12)\,(\overline{01}) - 2\,(20)\,(02)\,(\overline{01}) - 2\,(10)\,(02)\,(\overline{11})\}$$
$$-[40] = K_{40}^{40}\,D_{40} + K_{30}^{40}\,D_{30} + K_{20}^{40}\,D_{20} = (10)^{-5}\,(40) -$$
$$-3\,(10)^{-6}\,(20)\,(30) - (10)^{-7}\,(20)\,\{2\,(10)\,(30) - 5\,(20)^2\}$$
$$-[22] = K_{22}^{22}\,D_{22} + K_{30}^{22}\,D_{30} + K_{12}^{22}\,D_{12} + K_{02}^{22}\,D_{02} + K_{20}^{22}\,D_{20}$$
$$= (10)^{-3}\,(\overline{01})^{-2}\,(22) - 3\,(10)^{-4}\,(02)\,(30)\,(\overline{01})^{-2} -$$
$$-2\,(10)^{-3}\,(12)\,(\overline{01})^{-3}\,(\overline{11}) - (10)^{-4}\,(12)\,(20)\,(\overline{01})^{-2} -$$
$$-(10)^{-4}\,(\overline{01})^{-4}\,(02)\,\{2\,(10)\,(\overline{01})\,(\overline{21}) - 2\,(20)\,(\overline{01})\,(\overline{11}) -$$
$$-3\,(10)\,(\overline{11})^2\} - 2\,(10)^{-5}\,(\overline{01})^{-3}\,(20)\,\{(10)\,(12)\,(\overline{01}) -$$
$$-3\,(20)\,(02)\,(\overline{01}) - 2\,(10)\,(02)\,(\overline{11})\}$$
$$-[04] = K_{04}^{04}\,D_{04} + K_{12}^{04}\,D_{12} + K_{20}^{04}\,D_{20} + K_{02}^{04}\,D_{02}$$
$$= (04)\,(10)^{-1}\,(\overline{01})^{-4} - (10)^{-2}\,(02)\,(12)\,(\overline{01})^{-4} +$$
$$+ (10)^{-3}\,(02)^2\,(20)\,(\overline{01})^{-4} - 2\,(10)^{-2}\,(02)\,(\overline{01})^{-5} \times$$
$$\times \{(10)\,(\overline{03}) - (02)\,(\overline{11})\}$$
$$-[\overline{31}] = K_{31}^{31}\,\overline{D}_{31} + K_{21}^{31}\,\overline{D}_{21} + K_{11}^{31}\,\overline{D}_{11} = (10)^{-3}\,(\overline{01})^{-2}\,(\overline{31}) -$$
$$-2\,(10)^{-4}\,(\overline{01})^{-2}\,(20)\,(\overline{21}) - (10)^{-3}\,(\overline{01})^{-3}\,(\overline{11})\,(\overline{21}) -$$
$$-(10)^{-4}\,(\overline{01})^{-4}\,(\overline{11})\,\{(10)\,(\overline{01})\,(\overline{21}) - 2\,(\overline{01})\,(20)\,(\overline{11}) -$$
$$-(10)\,(\overline{11})^2\} - (10)^{-5}\,(\overline{01})^{-2}\,(\overline{11})\,\{(10)\,(30) - 2\,(20)^2\}$$

$$\begin{aligned}-[\overline{13}] &= K^{13}_{13}\overline{D}_{13} + K^{13}_{21}\overline{D}_{21} + K^{13}_{03}\overline{D}_{03} + K^{13}_{11}\overline{D}_{11}\\ &= (10)^{-1}(\overline{01})^{-4}(\overline{13}) - 2(10)^{-2}(\overline{01})^{-4}(02)(\overline{21}) -\\ &\quad - 3(10)^{-1}(\overline{01})^{-5}(\overline{11})(\overline{03}) - (10)^{-1}(\overline{01})^{-5}(\overline{03})(\overline{11}) -\\ &\quad - (10)^{-3}(\overline{01})^{-5}(\overline{11})\{(10)(12)(\overline{01}) - 2(20)(02)(\overline{01}) -\\ &\quad - 4(10)(02)(\overline{11})\}\end{aligned}$$

$$\boxed{\begin{aligned}-[40] &= (10)^{-7}\{(10)^2(40) - 5(20)\big((10)(30) - (20)^2\big)\}\\ -[22] &= (10)^{-5}(\overline{01})^{-4}\{(10)(\overline{01})\big((10)(\overline{01})(22) -\\ &\quad - (02)\big(3(\overline{01})(30) + 2(10)(\overline{21})\big)\big) -\\ &\quad - (\overline{01})\big(3(\overline{01})(20) + 2(10)(\overline{11})\big)\big((10)(12) -\\ &\quad - 2(20)(02)\big) + (10)\big(2(\overline{01})(20) + 3(10)(\overline{11})\big)(02)(\overline{11})\}\\ -[04] &= (10)^{-3}(\overline{01})^{-5}\{(10)^2(\overline{01})(04) - (\overline{01})(02)\big((10)(12) -\\ &\quad - (02)(20)\big) - 2(10)(02)\big((10)(\overline{03}) - (02)(\overline{11})\big)\}\\ -[\overline{31}] &= (10)^{-5}(\overline{01})^{-4}\{(10)(\overline{01})^2\big((10)(\overline{31}) - (\overline{11})(30)\big) -\\ &\quad - 2(\overline{01})\big((\overline{01})(20) + (10)(\overline{11})\big)\big((10)(\overline{21}) -\\ &\quad - (\overline{11})(20)\big) + (10)^2(\overline{11})^3\}\\ -[\overline{13}] &= (10)^{-3}(\overline{01})^{-5}\{(10)(\overline{01})\big((10)(\overline{13}) - (\overline{11})(12)\big) -\\ &\quad - 2(\overline{01})(02)\big((10)(\overline{21}) - (\overline{11})(20)\big) -\\ &\quad - 4(10)(\overline{11})\big((10)(\overline{03}) - (\overline{11})(02)\big)\}\end{aligned}} \tag{163}$$

X, 12 Zweidimensionale Interpolation.

Die zweidimensionale Interpolation wird beim Gebrauch von Tafeln mit zwei Eingängen notwendig. Es sei $f(x, y)$ eine in einem gewissen Bereich der reellen Veränderlichen (x, y) gegebene Funktion, $f_i = f(x_i, y_i)$ — $i = 1, 2, 3, 4$ — ihre Werte in den vier Ecken $\mathbf{P}_i$ eines Rechteckes.

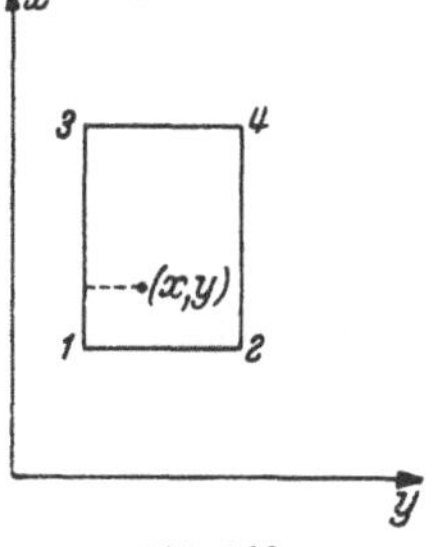

Abb. 108.

$$\Delta f = f_2 - f_1 \qquad \Delta' f = f_3 - f_1,$$

$$\Delta_2 f = (f_4 - f_2) - (f_3 - f_1) = (f_4 - f_3) - (f_2 - f_1).$$

Ferner sei (x, y) eine beliebige Stelle in $\mathfrak{R}$, für welche

$$\frac{x - x_1}{x_3 - x_1} = k, \qquad \frac{y - y_1}{y_3 - y_1} = k'$$

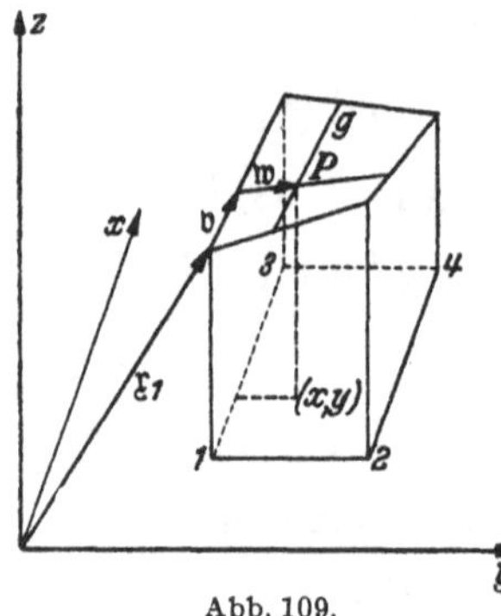

Abb. 109.

ist; gesucht wird $f(x, y)$. In der räumlichen Darstellung führt von 0 zum Punkt $\mathbf{P}(x, y, f(x, y))$ der Vektorzug $\mathfrak{x}_1 + \mathfrak{v} + \mathfrak{w}$, wobei

$$\mathfrak{x}_1 \begin{cases} x_1 \\ y_1 \\ f_1 \end{cases} \quad \mathfrak{v} \begin{cases} x - x_1 \\ 0 \\ f(x, y_1) - f_1 \end{cases} \quad \mathfrak{w} \begin{cases} 0 \\ y - y_1 \\ f(x, y) - f(x, y_1) \end{cases}$$

Interpolieren wir auf den vier Seiten des Vierecks (1 2 3 4) die Funktion $f(x, y)$ linear, so ist

$$\text{auf Seite } \overline{13}: \begin{cases} f(x, y_1) - f(x_1, y_1) = \dfrac{x - x_1}{x_3 - x_1}(f_3 - f_1) = k\Delta' f \qquad \text{oder} \\ f(x, y_1) = \dfrac{x_3 - x}{x_3 - x_1} f_1 + \dfrac{x - x_1}{x_3 - x_1} f_3, \end{cases}$$

$$\text{auf Seite } \overline{24}: \begin{cases} f(x, y_2) - f(x_2, y_2) = \dfrac{x - x_2}{x_4 - x_2}(f_4 - f_2) \qquad \text{oder} \\ f(x, y_2) = \dfrac{x_4 - x}{x_4 - x_2} f_2 + \dfrac{x - x_2}{x_4 - x_2} f_4 = \dfrac{x_3 - x}{x_3 - x_1} f_2 + \dfrac{x - x_1}{x_3 - x_1} f_4; \end{cases}$$

auf der Trägergeraden von $\mathfrak{w}$:

$$\begin{aligned} f(x, y) - f(x, y_1) &= \frac{y - y_1}{y_2 - y_1}\left(f(x, y_2) - f(x, y_1)\right) \\ &= k'\left[\frac{x_3 - x}{x_3 - x_1} f_2 + \frac{x - x_1}{x_3 - x_1} f_4 - \frac{x_3 - x}{x_3 - x_1} f_1 - \frac{x - x_1}{x_3 - x_1} f_3\right] \\ &= k'\left[\frac{x_3 - x}{x_3 - x_1}\Delta f + \frac{x - x_1}{x_3 - x_1}(\Delta f + \Delta_2 f)\right] = k'[\Delta f + k\Delta_2 f], \end{aligned}$$

$$f(x, y) = f(x_1, y_1) + k\Delta' f + k'\Delta f + kk'\Delta_2 f. \tag{164}$$

Interpoliert man auf den Rechteckseiten $\overline{13}$ bzw. $\overline{12}$ quadratisch statt linear, so erhält man die genauere Newtonsche Interpolationsformel für zwei Veränderliche[156]:

$$f(x, y) = f(x_1, y_1) + k\Delta' f + k'\Delta f + kk'\Delta_2 f + \binom{k}{2}\Delta_2 f_{xx} + \binom{k'}{2}\Delta_2 f_{yy} \tag{165}$$

mit

$$\Delta_2 f_{xx} = f(2x_3 - x_1, y_1) - 2f_3 + f_1,$$

$$\Delta_2 f_{yy} = f(x_1, 2y_2 - y_1) - 2f_2 + f_1.$$

[156] Siehe auch K. Hubeny [1].

Schriftenverzeichnis zu Teil I.

Zeitschriften mit Abkürzungen.

Allg. Vermess.-Nachr. . . .	Allgemeine Vermessungsnachrichten. Verlag Herbert Wichmann, Berlin-Bad Liebenwerda.
Arch. D. Seewarte	Aus dem Archiv der Deutschen Seewarte in Hamburg, Berlin.
J. reine angew. Math. . .	Journal für die reine und angewandte Mathematik. Berlin: W. de Gruyter u. Co.
Klass. ex. Wiss.	Ostwalds Klassiker der exakten Wissenschaften. Leipzig: Wilhelm Engelmann.
Leipzig. Ber.	Berichte der Math.-Phys. Klasse der Sächsischen Akademie der Wissenschaften zu Leipzig. Leipzig: S. Hirzel.
Mitt. Reichsamt Landesaufn.	Mitteilungen des Reichsamtes für Landesaufnahme. Berlin: Mittler und Sohn.
Pr. Geod. Inst.	Veröffentlichungen des (Königlich) Preußischen Geodätischen Instituts Potsdam. Leipzig: B. G. Teubner.
Spec. Publ.	U. S. Coast and Geodetic Survey Special Publication, Washington.
Z. Vermessungsw., Stuttg. .	Zeitschrift für Vermessungswesen. Stuttgart: Konr. Witwer.

Adams, O.

[1] General theory of polyconic projections. Spec. Publ. No. 57, Washington 1919.

Baeschlin, C. F.

[1] Lehrbuch der Geodäsie. Zürich: Orell Füssli 1948.

Baumgart, G.

[1] Gelände- und Kartenkunde, 5. Aufl. Berlin: Mittler und Sohn.

Bödewadt, U. T.

[1] Die Fourier-Entwicklung des Sinus, Cosinus und die Umkehrung einer Fourier-Reihe. Math. Zeitschr. Bd. 47 (1942) S. 655—662. Berlin: Springer.

Bodemüller, H.

[1] Ellipsoidische Abbildungen von Rotationsellipsoiden mit Hilfe von Differentialformeln. Berlin: Verlag Mittler und Sohn.

[2] Über die konforme Abbildung der Erdoberfläche mit günstigster Richtungs- und Längenreduktion für die Zwecke der Landesvermessung. Diss. Techn. Hochschule Karlsruhe 1934. Berlin-Bad Liebenwerda: Verlag H. Wichmann.

Boltz, H.

[1] Formeln und Tafeln zur numerischen (nicht logarithmischen) Berechnung Gauß-Krügerscher Koordinaten aus den geographischen Koordinaten. Pr. Geod. Inst., Neue Folge Nr. 111. Potsdam 1943.

Clauss, G.

[1] Das Verhältnis der Soldnerschen und der Gaußschen Bildkugel zum Besselschen Erdsphäroid. Z. Vermessungsw., Stuttg. Bd. 46 (1917) S. 249, 295, 316ff.

[2] Einheitliche Bezeichnung der geodätischen Begriffe und Größen mit Buchstaben. Z. Vermessungsw., Stuttg. Bd. 59 (1930) S. 120—129.

Deelwater

[1] Über die hannoversche Triangulation von 1821—44. Z. Vermessungsw., Stuttg. Bd. 70 (1941) S. 41—46.

Deetz, Ch.

[1] The Lambert Conformal Conic Projection with two Standard Parallels. Spec. Publ. No. 47. Washington 1918.

Deetz, Ch. u. O. Adams

[2] General theory of Lambert conformal conic projection. Spec. Publ. No. 53. Washington 1918.

Deimler, Wilh.

[1] Konforme Abbildung des ganzen Erdellipsoids auf die Kugel. Abhandlungen der Königlich Bayrischen Akademie der Wissenschaften, Math.-phys. Klasse, XXVII. Bd. 1914.

Donath

[1] Gegenüberstellung verschiedener Netzverknüpfungsverfahren. Z. Vermessungsw., Stuttg. Bd. 71 (1942) S. 67—73.

Driencourt, L. u. J. Laborde

[1] Traité des Projections des Cartes Géographiques. Fascicule I—IV. Paris: Hermann et C° 1932.

Eisenlohr, F.

[1] Über Flächenabbildung. J. reine angew. Math. Bd. 72 (1870) S. 143—151.

Förster, G.

[1] Geodäsie. Sammlung Göschen, Nr. 102. Berlin: W. de Gruyter u. Co.

Frank, A.

[1] Beiträge zur winkeltreuen Abbildung des Erdellipsoids. Diss. Stuttgart 1939. Z. Vermessungsw., Stuttg. Bd. 69 S. 97, 195ff.

Gauß, C. Fr.

[1] Allgemeine Lösung der Aufgabe, die Teile einer gegebenen Fläche auf eine andere gegebene Fläche so abzubilden, daß die Abbildung dem Abgebildeten in den kleinsten Teilen ähnlich wird. Göttingen 1822. C. F. Gauß' Werke, herausgegeben von der Kgl. Gesellschaft der Wissenschaften zu Göttingen, Bd. IV (1880) S. 189—216.

[2] Disquisitiones generales circa superficies curvas. (Göttingen 1827.) Ebenda Bd. IV S. 217—258.

[3] Untersuchungen über Gegenstände der höheren Geodäsie. 1. Abhandlung. (Göttingen 1843.) Ebenda Bd. IV S. 259—300.

[4] Untersuchungen über Gegenstände der höheren Geodäsie. 2. Abhandlung. (Göttingen 1896.) Ebenda Bd. IV S. 301—340.

[5] Conforme Abbildung des Sphäroids in der Ebene. (Projektionsmethode der Hannoverschen Landesvermessung.) Ebenda Bd. IX (1903) S. 141—194.

[6] De Integratione Formulae Differentialis $(1 + n \cos\varphi)^{\nu}\, d\varphi$. Ebenda Bd. VIII S. 35—64.

[7] Vier Notizen über Inversion der Potenzreihen. Ebenda Bd. VIII S. 69—75.

[8] Neue allgemeine Untersuchungen über die krummen Flächen. Ebenda Bd. VIII S. 408ff.

Grossmann, W.
[1] Zur Transformation der Gauß-Krügerschen Koordinaten mit der Rechenmaschine. Z. Vermessungsw., Stuttg. Bd. 64 (1935) S. 353—394.
[2] Entwicklung und Transformation ebener querachsiger Koordinaten. Z. Vermessungsw., Stuttg. Bd. 63 (1934) S. 481, 529ff.
[3] Restfehler bei der linearen Transformation konformer Systeme. Z. Vermessungsw. Stuttg. Bd. 73 (1944) S. 173—180.
[4] Geodätische Rechnungen und Abbildungen in der Landesvermessung. Hannover: Wissensch. Verlagsanstalt u. Wolfenbüttel: Wolfenbütteler Verlagsanstalt 1949.

Haentzschel, E.
[1] Das Erdsphäroid und seine Abbildung. Leipzig: B. G. Teubner 1903.

Hauer, F.
[1] Flächentreue Abbildung kleiner Bereiche des Rotationsellipsoids in die Ebene durch Systeme geringster Streckenverzerrung. Z. Vermessungsw., Stuttg. Bd. 70 (1941) S. 194—215.

Helmert, F. R.
[1] Die Mathematischen und Physikalischen Theorien der Höheren Geodäsie, 1. Teil (1880), 2. Teil (1884). Leipzig: B. G. Teubner.
[2] Lotabweichungen, Heft 1. Pr. Geod. Inst. Berlin 1886.

Heuvelink, Hk. J.
[1] Nederlandsche Rijksdriehocksmeting. De stereografische kaartprojectic in hersetoepassing bij de Rijksdriehocksmeting. Delft: Waltmann 1918.

Hopfner, F.
[1] Zur Berechnung des Meridianbogens. Z. Vermessungsw., Stuttg. Bd. 67 (1938) S. 620—627.
[2] Die Parallelkurven eines Büschels geodätischer Kurven des abgeplatteten Rotationsellipsoids. Z. Vermessungsw., Stuttg. Bd. 71 (1942) S. 153—176.
[3] Grundlagen der höheren Geodäsie. Wien: Springer 1949.

Hristow, Wl. K.
[1] Die Gauß-Krügerschen Koordinaten auf dem Ellipsoid. Leipzig: B. G. Teubner 1943.
[2] Über die Transformation von Gauß' Mercator-Koordinaten in Gauß-Krügersche Koordinaten und umgekehrt. Z. Vermessungsw., Stuttg. Bd. 63 (1934) S. 465—470.
[3] Reihenentwicklungen für das Vergrößerungsverhältnis der Gauß-Krügerschen Projektion. Z. Vermessungsw., Stuttg. Bd. 68 (1939) S. 605—612.
[4] Reihenentwicklungen für die ebene Meridian-Konvergenz der Gauß-Krügerschen Projektion. Z. Vermessungsw., Stuttg. Bd. 67 (1938) S. 609—619.
[5] Transformationsformeln zwischen den Gauß-Krügerschen und den geographischen Koordinaten und umgekehrt. Z. Vermessungsw., Stuttg. Bd. 67 (1938) S. 598—600.
[6] Über die Transformation von Mercator und Gauß-Krügerschen Koordinaten in stereographische Koordinaten und umgekehrt. Z. Vermessungsw., Stuttg. Bd. 64 (1935) S. 47—53.
[7] Potenzreihen zwischen den stereographischen und den geographischen Koordinaten und umgekehrt. Z. Vermessungsw., Stuttg. Bd. 66 (1937) S. 84—89.
[8] Allgemeine Formeln zur Transformation zwischen zwei Gauß-Krügerschen Streifen. Z. Vermessungsw., Stuttg. Bd. 70 (1941) S. 283—287.
[9] Über die Transformation von Mercator-Koordinaten in konforme quer- und schiefachsige Koordinaten und umgekehrt. Z. Vermessungsw., Stuttg. Bd. 64 (1935) S. 289—296.

[10] Über die Transformation von verschiedenartigen isometrischen Koordinaten von isothermen Katastersystemen in allgemeiner gegenseitiger Lage. Z. Vermessungsw., Stuttg. Bd. 64 (1935) S. 545—550.

[11] Potenzreihen zwischen den konformen ebenen Koordinaten und den geographischen Koordinaten und umgekehrt, angesetzt für einen beliebigen Anfangspunkt. Z. Vermessungsw., Stuttg. Bd. 65 (1936) S. 529—530.

[12] Über die Transformation zwischen zwei Gauß-Krügerschen Streifen mit Anwendung auf Deutschland. Z. Vermessungsw., Stuttg. Bd. 67 (1938) S. 534—540.

[13] Zahlenmäßige Aufstellung von Transformationsformeln zwischen isothermen Katastersystemen. Z. Vermessungsw., Stuttg. Bd. 66 (1937) S. 146—149.

[14] Die Mecklenburgischen Koordinaten (normale konforme Kegelprojektion). Z. Vermessungsw., Stuttg. Bd. 72 (1943) S. 230—238.

[15] Transformationsformeln zwischen den Gauß-Krügerschen und den Soldnerschen Koordinaten. Z. Vermessungsw., Stuttg. Bd. 73 (1944) S. 157—165.

Hubeny, K.

[1] Interpolationstafeln für Abbildungsfunktionen. Z. Vermessungsw., Stuttg. Bd. 73 (1944) S. 149—156.

Hunger, F.

[1] Die Übertragung von Gauß-Krüger-Koordinaten in das System des benachbarten Meridianstreifens. Z. Vermessungsw., Stuttg. Bd. 67 (1938) S. 687—693.

Hurwitz, A. u. R. Courant

[1] Funktionentheorie, 3. Aufl. Berlin: Springer 1929.

Jordau, W.

[1] Jordan-Eggert: Handbuch der Vermessungskunde. 3. Band, 1. und 2. Halbband, 8. Aufl. Stuttgart: Metzlersche Verlagsbuchhandlung 1939 und 1941.

[2] Jordan-Manck-Vogeler: Großherzoglich-Mecklenburgische Landesvermessung. V. Teil. Die konforme Kegelprojektion und ihre Anwendung auf das Trigonometrische Netz 1. Ordnung. Schwerin 1895.

Jung, J.

[1] Zur konformen Abbildung eines begrenzten Teils der Erdkugel auf die Ebene. Z. Vermessungsw., Stuttg. Bd. 59 (1930) S. 559—568, 623—633.

Knöll, L.

[1] Krümmungsverhältnis von Niveaulinien in der Kreisabbildung einfach zusammenhängender schlichter Gebiete. Mitteilungen des Math. Seminars der Univ. Gießen, 27. Heft. 1937.

König, R.

[1] Über die Umkehrung einer trigonometrischen Reihe. Leipzig. Ber. Bd. 90 (1938) S. 69—82.

König, R. u. M. Krafft

[2] Elliptische Funktionen. Leipzig: W. de Gruyter u. Co. 1928.

Krüger, L.

[1] Konforme Abbildung des Erdsphäroids in der Ebene. Pr. Geod. Inst., Neue Folge Nr. 51. Potsdam 1912.

[2] Transformation der Koordinaten bei der konformen Doppelprojektion des Erdellipsoids auf die Kugel und die Ebene. Pr. Geod. Inst., Neue Folge Nr. 60. Potsdam 1914.

[3] Formeln zur konformen Abbildung des Erdellipsoids in der Ebene. Herausgegeben von der preußischen Landesaufnahme. Berlin 1919. (Berlin: Buchhandlung Mittler u. Sohn.)

[4] Zur Stereographischen Projektion. Pr. Geod. Inst., Neue Folge Nr. 89. Potsdam 1922.

De Lagrange, J. L.

[1] Sur la construction des cartes géographiques (1781) = Über die Konstruktion geographischer Karten. Neu herausgegeben von A. A. Wangerin. Klass. ex. Wiss. Nr. 55. Leipzig 1894.

Lambert, Joh. Heinr.

[1] Anmerkungen und Zusätze zur Entwerfung der Land- und Himmelscharten (1772). Neu herausgegeben von A. Wangerin. Klass. ex. Wiss. Nr. 54. Leipzig 1894.

Lehmann, G.

[1] Über die Lagrangeschen Projektionen. Z. Vermessungsw., Stuttg. Bd. 68 (1939) S. 329, 361, 425ff.

Lips

[1] Die Abplattungsformeln für das Erdellipsoid. Z. Vermessungsw., Stuttg. Bd. 66 (1937) S. 76—89.

Ludwig, K.

[1] Die der transversalen Mercatorkarte der Kugel entsprechende Abbildung des Rotationsellipsoids. J. reine angew. Math. Bd. 185 (1943) S. 193—230.

Mahnkopf

[1] Niedersachsen in der Geodäsie. Z. Vermessungsw., Stuttg. Bd. 61 (1932) S. 23—33.

Mangoldt-Knopp

[1] H. v. Mangoldts Einführung in die Höhere Mathematik. Vollständig neu bearbeitet von K. Knopp. 3 Bde. 6. Aufl. Leipzig: S. Hirzel 1932.

Maurer

[1] Ebene Kugelbilder. Ein Linnésches System der Kartenentwürfe. Petermanns Mitteilungen 1935. Ergänzungsheft 221. Gotha: Justus Perthes.

Müller, Franz Joh.

[1] Über eine Kurve 4. Ordnung 1. Art, die in der Geodäsie eine Rolle spielt. Z. Vermessungsw., Stuttg. Bd. 47 (1918) S. 241, 273.

[2] Bestimmung des Maximalabstandes der bayerischen Gauß-Kugel vom Besselschen Erdsphäroid. Z. Vermessungsw., Stuttg. Bd. 48 (1919) S. 17, 169.

Näbauer, M.

[1] Beziehungen am Meridian des Erdellipsoids. Z. Vermessungsw., Stuttg. Bd. 72 (1943) S. 130—135.

Perron, O.

[1] Über eine Formel von Herrn Schwatt. Math. Z. Bd. 31 (1920) S. 159—160.

Rinner, K.

[1] Allgemeine Koeffizientenbedingungen in Reihen für konforme Abbildungen des Ellipsoides in der Ebene. Z. Vermessungsw., Stuttg. Bd. 73 (1944) S. 102 bis 107.

Rosenmund, M.

[1] Die Änderung des Projektionssystems der schweizerischen Landesvermessung. Bern: Verlag der Abteilung für Landestopographie 1903.

Schlömilch, O.

[1] Die allgemeine Umkehrung gegebener Funktionen. Halle: Verlag H. W. Schmidt 1849.

Schmehl, H.

[1] Zur Geometrie der Meridianellipse. Z. Vermessungsw., Stuttg. Bd. 71 (1942) S. 253—256.

Schmidt, Hermann

[1] Elementare Krümmungsbetrachtungen bei konformer Abbildung. Semesterberichte des Mathematischen Seminars der Universität Münster i. W. Herausgegeben von H. Behnke. 13. Semester, Winter 1938/39, S. 54.

[2] Zum Umkehrproblem bei periodischen und fastperiodischen Funktionen. Leipzig. Ber. Bd. 90 (1938) S. 83—96.

[3] Über die Reihendarstellung implizit gegebener Funktionen von endlich oder unendlich vielen Veränderlichen. Math. Zeitschr. Bd. 40 (1935) S. 206—278. Berlin: Springer.

Schreiber, O.

[1] Theorie der Projektionsmethode der Hannoverschen Landesvermessung. Hannover: Hahn'sche Hofbuchhandlung 1866.

[2] Zur konformen Doppelprojektion der Kgl. Preuß. Landesaufnahme. a) Z. Vermessungsw., Stuttg. Bd. 28 (1899) S. 491—502, 593—613; b) Z. Vermessungsw., Stuttg. Bd. 29 (1900) S. 257—281, 289—310.

Schwarz, H. A.

[1] Über einige Abbildungsaufgaben. Gesammelte mathematische Abhandlungen Bd. II S. 76. Berlin: Springer 1890.

Siemon, K.

[1] Neue Netzentwürfe für Kurskarten von Gebieten höherer Breiten. Mitt. Reichsamt Landesaufn. Berlin 1935.

[2] Die Verzerrungen und Maßstäbe der loxodromlinearen Entwürfe; die Berücksichtigung der Abplattung. Mitt. Reichsamt Landesaufn. Berlin.

Siewke, T.

[1] Die konstruktiven Grundlagen des Reichsamts für Landesaufnahme Berlin unter besonderer Berücksichtigung der Preußischen Polyederprojektion. A.V.N. Jahrgang 1928 Nr. 30–40. Als Einzelschrift erschienen in Liebenwerda, Verlag R. Reiß.

Tissot, A.

[1] Mémoire sur la représentation des surfaces géographiques et des projections des cartes. Paris 1881. In deutscher Bearbeitung von E. Hauser: Die Netzentwürfe Geographischer Karten. Stuttgart 1887.

Tricomi, F.

[1] Elliptische Funktionen. Übersetzt und bearbeitet von M. Krafft. Leipzig: Akad. Verlagsges. 1948.

Wandelt, R.

[1] Zur Einrechnung geographischer Netzlinien in das Meridianstreifensystem. Z. Vermessungsw., Stuttg. Bd. 68 (1939) S. 129—137.

Wedemeyer, A.

[1] Winkeltreue Kartennetze in elementarer Betrachtung. Behandlung. Arch. D. Seewarte Bd. 55 (1936) S. 32.

[2] Winkeltreue Kartennetze und Abbildungen. Z. Vermessungsw., Stuttg. Bd. 64 (1935) S. 267—273.

Weierstrass, K.

[1] Darstellung einer analytischen Funktion einer komplexen Veränderlichen, deren absoluter Betrag zwischen zwei gegebenen Grenzen liegt. Münster 1841. Math. Werke von K. Weierstrass, I. Band, S. 51—66. Berlin: Mayer und Müller 1894.

[2] Zur Theorie der Potenzreihen. Ebenda S. 67—74. 1894.

Wittke, H.

[1] Entwicklung und Umformung konformer Lambert-Abbildungen. Diss. Techn. Hochschule Hannover 1946.

Namen- und Sachverzeichnis.

Leipziger Druckhaus, Leipzig (M 115).
Gen.-Nr. 721/26/50.

Zeitfracht Medien GmbH
Ferdinand-Jühlke-Straße 7
99095 Erfurt, Deutschland
produktsicherheit@kolibri360.de